U0278774

永磁直流无刷电机
实用设计及应用技术

邱国平　丁旭红　著

上海科学技术出版社

图书在版编目(CIP)数据

永磁直流无刷电机实用设计及应用技术 / 邱国平，丁旭红著. —上海：上海科学技术出版社，2015.6 (2024.3重印)
ISBN 978-7-5478-2547-1

Ⅰ.①永… Ⅱ.①邱… ②丁… Ⅲ.①永磁直流电机—无刷电机—设计 Ⅳ.①TM345.02

中国版本图书馆CIP数据核字(2015)第041344号

永磁直流无刷电机实用设计及应用技术
邱国平　丁旭红　著

上海世纪出版(集团)有限公司
上　海　科　学　技　术　出　版　社　出版、发行
(上海市闵行区号景路159弄A座9F-10F)
邮政编码 201101　www.sstp.cn
上海中华商务联合印刷有限公司印刷
开本 889×1194　1/16　印张 22　插页 4
字数 660千字
2015年6月第1版　2024年3月第7次印刷
ISBN 978-7-5478-2547-1/TM·54
定价：98.00元

作者简介

邱国平，浙江南浔人，1946 年生，曾获“江苏省科技先进工作者”称号，全国科学重大科研项目主要负责人，曾获全国科学大会奖。

自 1971 年起从事光机电仪器及电机设计、制造和理论研究工作，设计过各类直流电机、交流电机、齿轮电机、步进电机、无刷电机、同步电机等。

在国内率先开发了智能点钞机电机、塑封变频空调步进电机、交流磁滞同步电机等，领导参加了具有国际、国内一流水平的一微米校正望远镜、一秒级直角棱镜等设计制造工作，有丰富的理论和实践经验，对电机设计理论有独到见解，并提出了电机的实用设计方法。著有《永磁直流电机实用设计及应用技术》一书。

丁旭红，江苏溧阳人，1967 年生，现任常州市旭泉精密电机有限公司总经理。

自 1990 年起至今，长期从事电机制造、工艺和电机生产机械的设计生产和电机设计的基础理论研究工作。

对电机的实用设计研究有独特的见解和方法，并在步进电机、无刷电机、伺服电机和直流电机的设计中取得了很好的效果；在电机生产和理论设计中拥有 12 项国家专利。

关于本书

本书是一本阐述永磁无刷电机和永磁同步电机基本知识和理论，电机实用设计，计算机辅助设计的“实战型”电机设计普及书籍。

本书介绍了无刷电机的基本知识，作者站在新的角度介绍了无刷电机内部和外部的特征，阐述了分数槽集中绕组和大节距电机的相关内容，特别是对无刷电机的机械特性、主要常数和目标参数进行了分析，提出了电机分区和基本绕组单元等全新概念，对分数槽集中绕组的排列和霍尔元件的正确安放提出了许多新的方法和观点。

本书主要介绍的是永磁无刷电机和永磁同步电机的实用设计方法，其中包括：电机目标设计法，电机的 K_T、K_E 设计法，电机感应电动势法，电机推算法，电机通用公式设计法等，方法简单、可靠、实用、设计符合率好。本书还简单介绍了 Maxwell 的无刷电机设计计算的基本知识。

本书用多种实用设计方法对无刷电机进行计算，并与电机的技术指标和实测性能进行对比分析，用其他设计程序对实例电机进行核算、相互印证，证明实用设计方法的简便、可靠并有相当精度的设计符合率。作者特地介绍广泛应用的电动自行车、电动摩托车、微型电动车和微型电动汽车电机的实用设计，电动车动力性能及其计算。作者还用新的观点对永磁同步电机进行了实用设计介绍，用最简捷的方法就能求出永磁同步电机的主要尺寸参数。

本书介绍了数十种功率从数瓦至数百千瓦的无刷电机和永磁同步电机实例设计，许多内容是传统的电机理论著作中还没有分析过的，反映了作者实际工作的经验和研究成果。

本书力求通俗易懂、知识面广、实用性强，作者引用众多的电机设计实例，图文并茂且有新意，读者通过阅读本书能对永磁无刷直流电机和永磁同步电机的实用设计有一个新的清晰的了解，使无刷电机设计不成为一种深不可测的工作，并能迅速地掌握这门电机设计制造技术，一般具有初高中文化程度的人都能接受和理解。本书是电机设计技术人员和相关大专院校师生的一本很好的电机设计参考书。

前言

>>>>>>

永磁直流无刷电机是随着电子科学技术和电机控制理论的发展而产生的一种机电一体化控制系统的新型电机，广泛应用于航天、军事、工业自动化控制、机械、船泊、医疗器械、机床加工、办公用品、家用电器、汽车、摩托车、电动自行车等行业。直流无刷电机包括永磁同步电机具有良好的机械特性和伺服性能、很高的效率，正在逐步替代直流、交流、步进等电机。

但是，无刷电机的设计技术跟不上生产的发展需要。许多无刷电机的设计还是沿用了以往永磁直流电机设计的观点和方法：用"磁路"这一观点的程序和方法设计无刷电机，计算量大，且误差也大；用"磁场"方法的 2D、3D 软件设计计算电机，需要的时间多、花费也多，还需要配备一流的电机设计和软件操作水平。

在实际生产中，很多单位花重金聘请相关单位设计研制所需要的无刷电机或永磁同步电机，虽然经过了较长的研制时间，但最终设计出的电机效果有时仍不能令人十分满意。这使电机生产企业和设计技术人员都感到困惑，他们非常需要一套比较实用的永磁无刷电机设计思路和方法，以便有效、快速、简便、正确地对电机进行设计以适应实际生产的需要。

在目前图书市场上，无刷电机包括永磁同步电机的专著对电机研究得比较精深，把电机千头万绪的要素分析得非常细致；但是，介绍电机设计的实例却较少，许多计算参数都是"预先设置"，才能展示出一个较好的结果；当前有些电机分析理论在实际的无刷电机设计中并不能很好运用。

本书作者从事电机设计工作多年，对永磁无刷电机的设计有了一些经验和体会，在这个过程中，作者用新的视角和观点对永磁无刷电机设计提出了一些系统的电机实用设计的观点、方法、公式及技术。作者在实际的设计工作中摒弃了一些烦琐的设计公式及数学计算，用较实用简捷的方法，有目的地设计出较完满的电机。这些都是作者多年工作经验的积累，并在实际的设计工作中得到了不断验证，虽然部分内容作者在相关的杂志和著作中提出过，但迄今为止没有很好地系统归纳起来。作者认为，这些电机的设计理念和方法应该为广大电机设计技术人员所共享、接受和掌握，为社会服务；为此，作者把自己的设计思路、观点、方法整理成册，出版成书。

这本书用新的观点阐述永磁无刷电机内部参数和外部特性的关系，使读者容易理解如何通过设计获得内部参数和外部特性，作者所提出的多种简捷的设计方法，能快速、有效地获得设计结果。

集中绕组永磁电机的设计与传统的永磁电机的设计有非常大的区别，由于传统电机的设计沿用感应电机的设计思想和方法，这与集中绕组电机的设计思想相违背，本书根据当前永磁电机发生的重大变化，对“集中绕组”设计问题进行了翔实的介绍，可以帮助一些设计人员解决这方面的设计困惑。

本书就电动车电机设计有非常详细的介绍，从电动车本体动力性能的计算和电动车电机的实用设计，包括相关的行业标准等内容都有实例提供，是目前相关电动车设计内容较丰富的实用设计书籍。

作者在书中提出了一些新的电机设计理念和方法，如磁链、齿磁通的认识与计算、绕组系数的认识、槽利用率的提出与计算、设计符合率、电机外部特征和内部特征的关系、电机气隙体积、电机定子长度、绕组通电导体数的目标计算、冲片最佳设计等，从而总结出永磁无刷电机的实用设计方法，其中包括：电机目标设计法、电机常数设计法、电机感应电动势法、电机推算法、电机通用公式设计法、电机实用变形法、电机设计转换法、分步实用设计法等。这些系统的实用电机设计的观点、方法、公式及技术，可以摒弃烦琐的设计模式及数学计算，避开电机设计中部分计算参数的计算，简捷而有针对性地求出无刷电机、永磁同步电机模型和主要尺寸参数，简化了电机设计的过程。这些方法能够在较短的时间内，有目的地简捷设计、计算出具有一定精度并符合设计技术要求、机械性能的电机结构和主要尺寸参数的无刷电机和永磁同步电机。本书还简单介绍了 Maxwell 计算机辅助设计的基本操作知识和 Maxwell 分步设计等方法。

作者出版本书是想为大家奉献一本通俗的有理论支撑的实用电机设计书籍，力求做到通俗化、简单化、实用化；因此本书没有用过多的篇幅介绍和阐述电机基础理论，尽量多介绍一些实用的电机设计新理念和经验与大家探讨。

作者在书中所列举的大量实例，大多是作者经历的电机设计内容，部分是由友人提供的，所有实例都是真实可信的；个别引用了其他电机设计书上的内容也注明了出处。书中的许多设计理念和实用设计方法是传统的国内外电机设计理论著作中没有分析过的，反映了作者实际工作的经验和研究成果。

本书只是作者对永磁无刷电机设计某些经历的主观认识的阐述，难免有许多局限、错漏和不当之处，敬请读者和同行批评、指正。如果读者看了本书，能用作者介绍的理论、经验、方法去分析和设计无刷电机和永磁同步电机，作者就觉得无限宽慰了。

作者写这本书乃至出版，得到了上海科学技术出版社和许多同行、厂家的大力支持，在此深表感谢。常州亚美柯宝马电机有限公司、常州市旭泉精密电机有限公司、常州市创谊电机电器有限公司、无锡德信微特电机有限公司、常州市运控电子有限公司等对作者写这本书给予了极大的鼓励和支持，为此作者表示诚挚的感谢。

本书主要由邱国平和丁旭红著述，王秋平、王增元、许建国、姚欣良、丁立、顾丰乐、吴震、邱明参加了全书的编写工作，参加本书部分章节编写者在相关章节表明。作者在本书著作过程中得到哈尔滨工业大学李铁才教授、东南大学余海涛教授、上海交通大学姜淑忠教授和王孝伟博士、杨锟总工程师的指导和帮助。本书由李铁才教授、丁泉军总经理、王增元总经理、孙明庆总工程师分别进行了审核。感谢江思敏博士、谭洪涛高级工程师的帮助。全书文图由阿甘整理和审阅。

邱国平(qgp32@sohu.com)　丁旭红(dxh@prostepper.cn)

目录

第 1 章　永磁直流无刷电机简介

>>>>>>

1.1　永磁直流无刷电机概述

电机作为机电能量的转换装置,应用范围已遍及国民经济的各个领域以及人们的日常生活。永磁直流有刷电机有许多优点,但最大的缺点是电刷容易磨损,运行寿命远远不如无刷交流电机、交流同步电机等。针对传统直流有刷电机的弊病,早在 20 世纪 30 年代就有人开始研制以电子换向代替电刷机械换向的永磁直流电机。70 年代以来,随着电力电子工业的飞速发展,许多高性能半导体功率器件相继出现和高性能永磁材料的问世,均为永磁直流无刷电机(以下简称"无刷电机")的广泛应用奠定了坚实的基础。无刷电机有交流异步电机、步进电机和直流有刷电机等不具备的优点,一般适合用永磁直流有刷电机的场合,基本上都可以用无刷电机所替代。

无刷电机主要有以下优点:

(1) 具有很好的机械特性和调节特性,可以替代直流有刷电机调速、变频电机调速、异步电机加减速器调速。

(2) 可以低速大功率运行,省去减速器,直接驱动大的负载。

(3) 具有传统直流有刷电机的所有优点,同时又取消了电刷、集电环结构。

(4) 转矩特性优异,中、低速转矩性能好,启动转矩大,启动电流小。

(5) 无级调速,调速范围广,过载能力强。

(6) 体积小、质量轻、出力大。

(7) 软启软停、制动特性好,可省去原有的机械制动或电磁制动装置。

(8) 电机本身没有励磁损耗和电刷损耗,效率高,综合节电效果好。

(9) 可靠性高、稳定性好、适应性强、维修与保养简单。

(10) 耐颠簸震动、噪声低、震动小、运转平滑、寿命长。

(11) 不产生火花,特别适合公共场所,抗干扰,安全性能好。

无刷电机广泛应用于国防军事、航天、办公机械、计算机、音响、通风设备、家用空调、自动控制、仪器仪表、汽车等领域,在计算机中光盘驱动器、硬盘等大量使用了非常精密、形式不一的无刷电机。

目前电动自行车、电动摩托车、微型电动汽车的电机,绝大多数采用了无刷电机。电动自行车用无刷电机,全国每年产量达数千万台,也有年产达数百万台的电动自行车电机厂家。现在观光车、游览车、叉车、电动汽车中也逐步应用无刷电机,电动车用无刷电机是使用最广泛、产量最高的一类无刷电机。

无刷电机越来越受到重视,它不但能代替一般的永磁直流有刷电机使用,而且在数控机床、加工中心、智能机器人等要求高精度的应用场合得到广泛使用。无刷电机在较大的转速范围内可以获得较高的效率,更适合家电变频调速的需要,在空调、冰箱、洗衣机等产品中,逐步由常规的单相异步电机转向无刷电机变频调速。因此无刷电机具有广阔的发展前景。

随着控制器的小型化、模块化,以前做得较大的控制器现在可以做得更小,有的可以和电机做在一起,使无刷电机使用起来非常方便。研究、开发、生产无刷电机是一种新的趋势,这方面的论著也比以往多了起来。

图 1 - 1 所示是常用的无刷电机的外形图,这几种电机在无刷电机生产中占有很大的比例,形成了不同的无刷电机产业。

王卓翊参加了本章的编写。

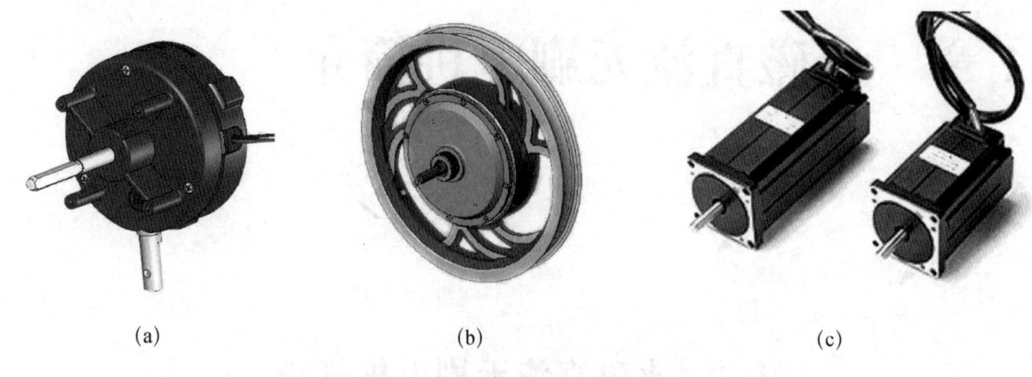

(a)　　(b)　　(c)

图 1-1　不同形式的无刷电机

(a) 无刷风扇电机；(b) 无刷电动自行车电机；(c) 驱动无刷电机

1.2　无刷电机和永磁直流有刷电机的区别

可以这样理解无刷电机：无刷电机是用电子换向的方法替代永磁直流有刷电机中机械换向器的一种电机，无刷电机的机械性能和永磁直流有刷电机的机械性能非常相似。

表 1-1 列出了永磁直流有刷电机和无刷电机的基本性能比较。

从表 1-1 可以看出：无刷电机在功率密度、峰值效率、转速范围、可靠性、运行寿命、结构坚固性方面都比直流有刷电机强，仅控制器成本上高于永磁直流有刷电机，无刷电机在性能和其他方面比永磁直流有刷电机具有更强大的优势。随着电子控制技术的迅速发展和普及，控制器的成本会更低，体积会更小，功率密度会更大，相信无刷电机在更多的场合会取代永磁直流有刷电机。

表 1-1　驱动电机的基本性能比较

项　　目	永磁直流有刷电机	无刷电机
功率密度	低	高
峰值效率(%)	85～89	95～97
负载效率(%)	80～87	85～97
转速范围(r/min)	1 000～10 000 以上	500～10 000 以上
可靠性	一般	优秀
运行寿命	短	长
结构坚固性	差	一般
电机外形尺寸	大	小
控制操作性能	好	好
控制器成本	低	高

1.3　无刷电机输入、输出功率的计算

无刷电机输入的是电能，以每小时输入的功即功率来表示，称输入功率，用 P_1 表示。

$$P_1 = UI \tag{1-1}$$

式中　P_1——输入功率(W)；
U——额定电压(V)；
I——输入电流(A)。

无刷电机的输出功率按下式计算。

$$P_2(\mathrm{W}) = F(\mathrm{N}) \cdot r(\mathrm{m}) \cdot \omega(\mathrm{rad/s})$$

$$= T(\mathrm{N \cdot m}) \cdot \left(\frac{2\pi}{60} \times n\right)\left(\frac{\mathrm{r}}{\mathrm{min}}\right)$$

$$= \frac{Tn}{9.5493}(\mathrm{W}) \tag{1-2}$$

式中　P_2——输出功率(W)；
n——额定转速(r/min)；
T——额定转矩(N·m)。

无刷电机的效率则为

$$\eta = (P_2/P_1) \times 100\% \tag{1-3}$$

1.4　无刷电机结构、工作原理和工作模式

1）无刷电机结构　无刷电机的品种非常多，结构各不相同，它归根结底由转子、定子及电机控制部分组成了无刷电机系统，其中转子由永磁体等组成，定子由线圈绕组和铁心组成，电机控制部分由换相和检相元件以及无刷电机控制器组成。转子分为外转子和内转子，转子上有多极块形磁钢或环形磁钢，定子极上有绕组，在定子上特定位置处安放位置检测元件和控制器相互配合，控制电机的正常换相，现在大多数用的是霍尔元件，也有其他方法控制换相。不考虑电子换向部分的话，无刷电机的结构是非常简单的，完全可以和交流同步电机相比。图 1－2 所示是无刷电机内转子结构。

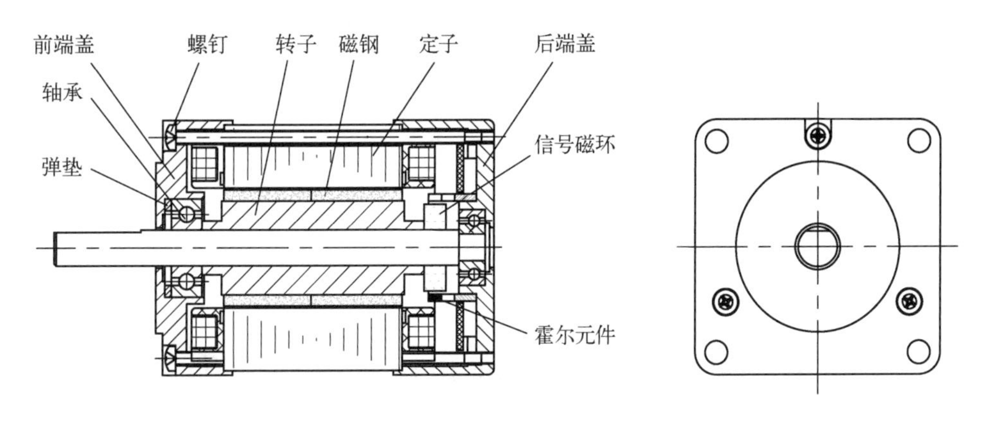

图 1－2　无刷电机内转子结构

2）无刷电机工作原理　无刷电机是在永磁直流有刷电机的基础上发展出来的，随着电子控制技术的发展，无刷电机电源波形从方波输入，发展到正弦波输入和同步控制，形成同步运行无刷电机，又称同步电机。现在仍把单一方波（梯形波）电源输入，不涉及同步控制技术的电机称为无刷电机。

无刷电机比永磁直流有刷电机复杂，因为电子换向技术改变了电机的结构形式，把通电的线圈固定不动，并产生一个可以旋转的磁场，使磁钢转动，控制信号跟随转子转动的情况而相应变化。

无刷电机是一个机电一体化的产品，由电机、传感器、驱动器构成，位置传感器检测转子的磁极信号，控制器对比此信号进行逻辑处理，并产生相应的开关信号，开关信号以一定的顺序触发驱动器中的功率开关器件，将电源电流以一定的逻辑关系分配给电机的各相绕组，使电机旋转并产生连续的转矩，图 1－3 所示是无刷电机工作原理。

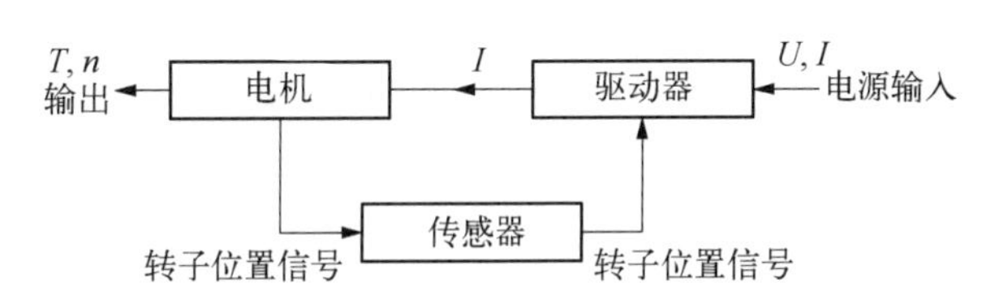

图 1－3　无刷电机工作原理

3）无刷电机工作模式　方波（梯形波）的无刷电机具有普通有刷电机的特性，工作模式是典型的无刷电机模式，这样可以把无刷电机的研究简化到基本的无刷电机模式中去，对方波（梯形波）的无刷电机研究透了，那么研究斩波（PWM）的无刷电机和正弦波的无刷电机就觉得容易理解了。

本书主要介绍三相绕组星形接法的无刷电机，如果对三相绕组星形接法的无刷电机有了非常深刻的了解，再分析无刷电机三角形接法和多相无刷电机，那么也就非常容易理解了。

1.5　无刷电机的电磁转矩和感应电动势

1）电磁转矩　无刷电机中的通电导体在磁场中受力产生电磁转矩，单根导体的电磁转矩为

$$T' = Fr = Bli_{\mathrm{a}}r = Bli_{\mathrm{a}}\frac{D_{\mathrm{a}}}{2} \tag{1-4}$$

式中 F——作用在导体上的电磁力(N)；

B——磁场中的磁通密度(T)；

i_a——导体中的电流(A)；

l——导体在磁场中的长度(m)；

D_a——无刷电机磁钢的表面直径(m)。

无刷电机的电磁转矩为无刷电机的通电线圈 N 根导体所产生的转矩总和。B 用平均磁通密度 B_{av} 代替，再乘以有效线圈 N 根导体而得电磁转矩为

$$\begin{aligned} T' &= B_{av} l i_a D_a N/2 \\ &= \frac{B_{av}\pi D_a l N i_a P}{2P\pi} = \frac{\phi N i_a P}{\pi} = \frac{\phi N I P}{\pi a} \\ &= \frac{\phi N I \times 2P}{2\pi a} = \frac{(\phi \times 2P) N I}{2\pi a} \\ &= \frac{1}{a}\frac{\Phi N I}{2\pi} \end{aligned} \tag{1-5}$$

式中 ϕ——电机每极与线圈交链的有效工作磁通，$\phi = B_{av}\pi D_a l/2P$；

Φ——电机磁钢与线圈交链的工作总磁通，$\Phi = \phi \times 2P$；

i_a——电机线圈电流，无刷电机星形接法时，$i_a = I/a$；

a——电机线圈并联支路数(不是并联支路对数)；

P——电机定子磁极对数。

2) 感应电动势 无刷电机磁钢旋转，电机线圈切割磁力线就会产生感应电动势，根据电磁感应定律，电枢绕组中一根导体的感应电动势可以用 $e = Blv$ 来表示，把电枢每条支路的所有导体的总电动势 E 求出，B 用 B_{av} 代替，磁钢的极距为 τ，$\nu = 2p\tau n/60$，如果每极的磁通 ϕ 已知，$B_{av} = \phi/l\tau$，则电动势 E 由下式决定。

$$\begin{aligned} E &= B_{av} l \nu \frac{N}{a} = \frac{\phi}{l\tau} l \nu \frac{N}{a} \\ &= \frac{Np}{60a}\phi n = \frac{1}{a}\frac{N\Phi n}{60} \end{aligned} \tag{1-6}$$

1.6 无刷电机的标准和技术指标的确定

无刷电机有基本标准 GB/T 21418—2008《永磁无刷电动机系统通用技术条件》。该标准规定了永磁无刷电机及构成系统的永磁无刷电机、驱动器的术语和定义，运行条件，基本要求，试验方法和验收标准等。

一些专业的无刷电机有行业标准，例如电动自行车电机就有了行业标准 QB/T 2946—2008《电动自行车用电动机及控制器》。国家有军用无刷电机的标准 GJB 1863—1994《无刷直流电动机通用规范》。一些厂家自己制定了企业无刷电机的标准，有些厂家参照其他标准在生产无刷电机，如 GB/T 5171.1—2014《小功率电动机 第1部分：通用技术条件》。有些无刷电机又属于伺服无刷电机，对于伺服无刷电机国家又有一些标准。专业无刷电机如汽车无刷电机又有汽车无刷电机的标准。标准不同，对无刷电机的有些要求也不同。

无刷电机使用的电压等级可以参照表 1-2 给出的通用电压。

表 1-2 无刷电机电源工作频率和电压等级表

频率(Hz)	电压(V)
直流	1.5,3,5,6,9,12,24,27,36,40,48,60,110,220,270,310,400,480,500,610,700
单相 50,60,400	12,24,36,115,220
三相 50,60,400	36,60,200,220,380

常用的电源电压(V)有：6、9、12、24、36、48、60、72、110、220、380。

现在由于锂电池和镍氢、镍镉电池的出现，电池会有各种不同的电压，所以无刷电机的国家电压标准应该随电池的发展而增加一些标准电压等级。

在设计无刷电机时，选用电源电压既要适合使用要求，又尽量采用标准电压。电源电流的要求与电源的供电情况有关，如果是用交流电整流提供的直流电源给无刷电机使用，一般要求电源的纹波系数要小，电源的内阻要小。

小型无刷电机现在有一种趋势，机座号向步进电机机座号靠拢并与伺服电机统一起来，这样无刷电机的外形尺寸、安装孔尺寸都能得到统一，如：

机座号 20、24、28、36、42、57、86、110、130

无刷电机外径(mm) 20、24、28、36、42、57、86、110、130

无刷电机机座号的制定有与国际接轨的问题，机座号及外径选得合理，既可以适合我国生产及应用，又可以替代国外无刷电机，从而进行国产化。尽量减少进口，发展民族工业，并使产品走出国门，因此认真选择机座号是必要的。

产品的铭牌中标示的技术参数仅是无刷电机

主要的性能，特别是无刷电机额定点的性能，即无刷电机满足外界的需要，正常工作所能达到的性能。

无刷电机的输出功率是通过电机的输出转矩和输出转速来输出的。无刷电机在确定额定输出功率时必须确定额定转矩和额定转速。确定无刷电机输入功率必须确定电机的额定电压和额定电流。为了表征该无刷电机的能量转换能力，必须对电机的效率提出一定的要求，同样输出功率，电机的效率越高，输入功率可以越小。这样无刷电机的体积就可以设计得比较合理。电机的空载转速有时也被设计者作为考核项目，这是设计的需要。因此无刷电机主要技术指标一般为：额定电压 U_N(V)，额定转矩 T_N(N·m)，额定电流 I_N(A)，额定转速 n_N(r/min)，空载转速 n_0(r/min)，空载电流 I_0(A)。

以此可以算出如下三项电机的重要参数：

$$P_1 = U_N I_N (\text{W})$$

$$P_2 = nT_N / 9.5493 (\text{W})$$

$$\eta = (P_2/P_1) \times 100\%$$

以上这些可以作为无刷电机的主要性能和技术指标，用以判断无刷电机的好坏。

1.7　无刷电机的其他相关技术指标

1.7.1　无刷电机的负载

无刷电机对外界做功，一般常有三种形式：① 重物提升做功；② 对重物牵引做功；③ 对重物旋转做功。

无刷电机的负载存在选取和计算的问题，作者在《永磁直流电机实用设计及应用技术》的第3章做了一些基本介绍，读者可以参看，这里不多做介绍。作者会在本书的其他章节阐述一些车用无刷电机负载和动力性能的介绍和计算，里面会涉及无刷电机的负载选用和计算。

1.7.2　无刷电机的电路

可以把无刷电机看作电路和磁路两部分。电机的电路是电流通过电机形成的回路。在这个回路中，必须要有电源供电和接受供电的无刷电机。无刷电机通电后，回路中形成电流 I，电机运转起来，如果电机的出轴受到一个力的作用，那么电机轴会产生一个相应的转矩和转速，并产生一个感应电动势 E。如果是简化的无刷电机，不考虑电机绕组的电感，不考虑驱动控制器的影响，那么电机电路的简化电路如图1-4所示。

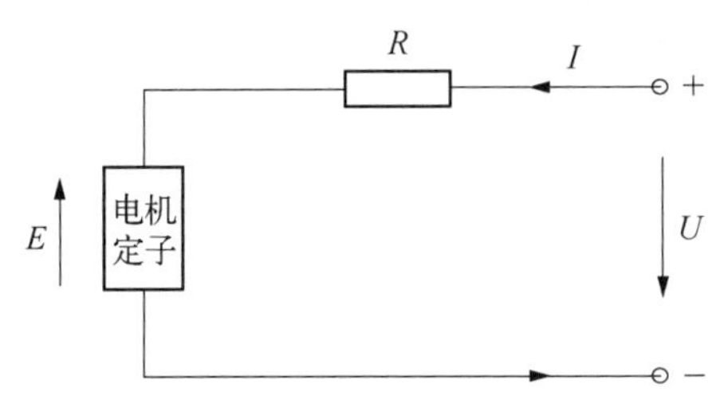

图1-4　无刷电机电路的简化电路

电机的电压平衡方程为

$$U = E + IR \tag{1-7}$$

式中　U——电机供电电压；

I——电源输入电流，在无刷电机为三相星形绕组时，也是无刷电机通电线圈的导通电流；

R——电机的内阻；

E——电机以某一速度 n(r/min)转动时产生的反电动势。

也就是说，直流供电电压 U 等于电机转动所产生的反电动势和电机内阻的压降之和。这样无刷电机的机械特性曲线理论上应该和永磁直流有刷电机是一样的。

1.7.3　无刷电机的磁路

无刷电机转子磁钢的磁力线都是经过电机气隙再通过电机定子齿的。线圈绕在通过磁力线的齿上与磁力线交链。电机的磁路和电机的电路形式相同，遵循磁路欧姆定律，无刷电机的磁路比有刷电机的磁路要复杂。

无刷电机的磁路计算在无刷电机的设计和计算中是一项重要工作。在磁路中，电机磁钢产生的磁通和气隙磁通、齿磁通、轭磁通是不一样的。这样给电机设计计算带来了麻烦。要精确计算无刷电机各段磁路上的磁场状况是比较复杂的，以往的计算都是把电机的磁场用“路”的方法简化，使得电机设计、计算比较简单。现在计算机功能非常强大，借用计算机对无刷电机从磁场的角度进行计算，可以用有限元等数值的分析方法进行计算(图1-5)。

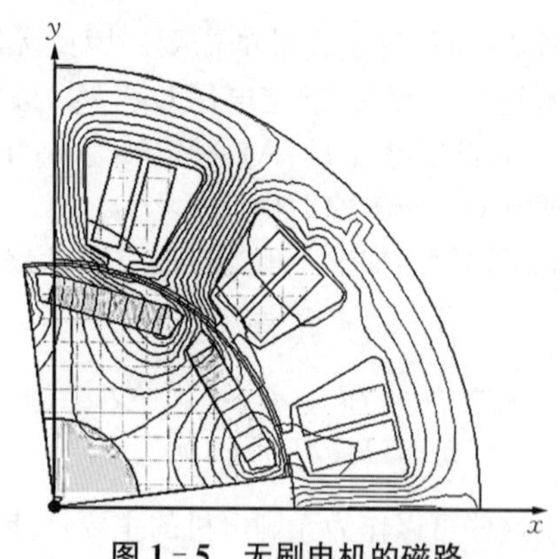

图 1－5 无刷电机的磁路

1.7.4 无刷电机的通电形式

从电磁原理看，无刷电机由一个多极永磁磁钢的转子和由相对应极数线圈的定子组成，定子线圈如果能够产生一个单向的旋转磁场（不是脉振磁场），转子因该磁场的磁极作用而跟转，这样电机就可以转动起来，如果转子上加有负载，为了使转子能够与磁场同步转动，电源必须供给电机定子更大的电流，从而产生相应的磁场，电机就能做功。

无刷电机定子要产生一个旋转磁场，要满足以下两个条件：

（1）定子必须有产生均匀旋转磁场的线圈。

（2）把直流电转换成按一定的规律分配给定子相应线圈电能的电源分配装置。

因此无刷电机必定由电机和驱动器这两部分组成。无刷电机的驱动线路各式各样，最简单的是用现有的集成块加上功率放大部分。图 1－6 所示是 MC33035 无刷电机集成块及功放部分和无刷电机部分的连接总图。从图上虚线框的无刷电机看：电机一般应该有八根引出线，不管是星形接法或三角形接法，电机线圈引出线有三根；三个霍尔元件电源线共用一根引出线，加一根公共接地线，再加三根信号线，共五根，驱动器的三根电源线接在电机的三根进线上，驱动器的三根信号接收线和电机的霍尔信号引出线相连，这三根线不能连接错误，否则电机无法正常运转，电机的电流就会很大，以致把驱动器的功率管烧毁。

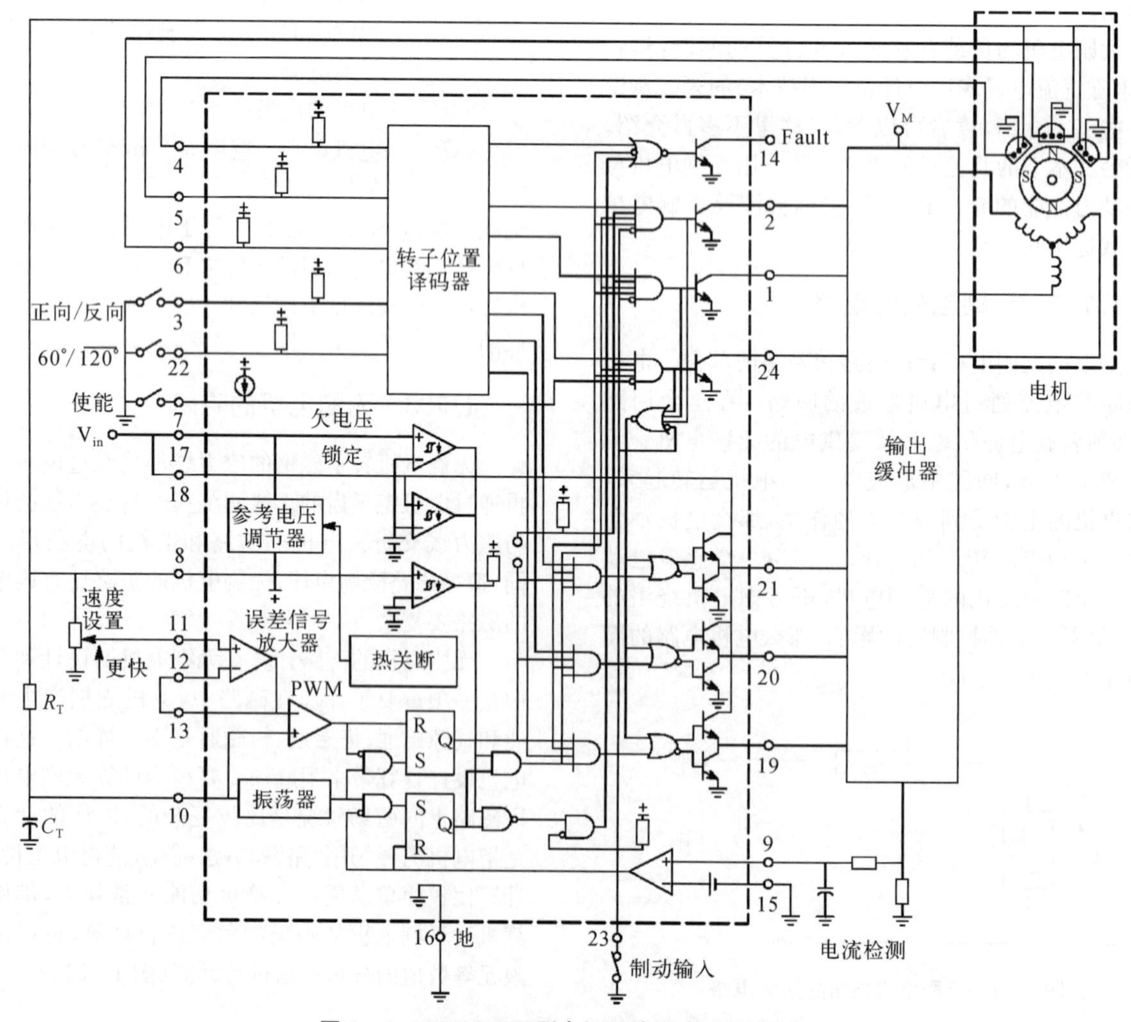

图 1－6 MC33035 无刷电机驱动线路(星形接法)

三相无刷电机通常有星形接法(Y形接法)和三角形接法(△接法)两种。图1-7和图1-8所示是两种通电形式的简单原理图。

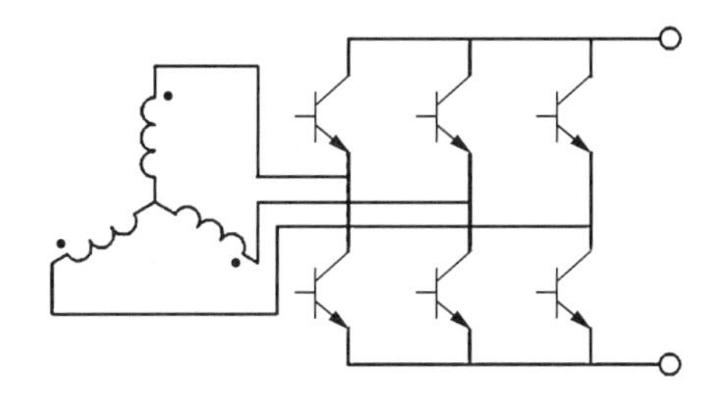

图1-7　无刷电机星形接法通电形式

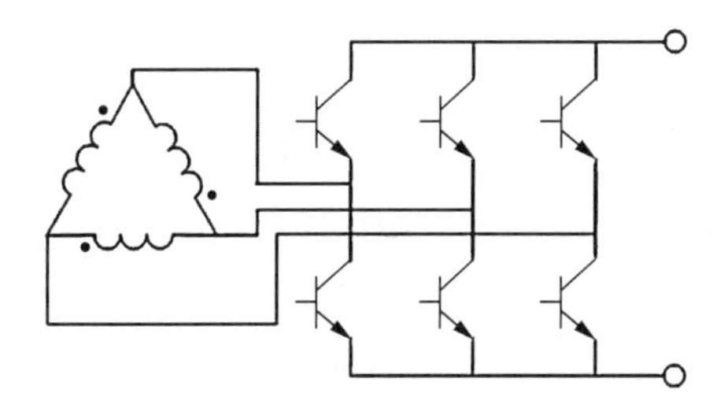

图1-8　无刷电机三角形接法通电形式

图1-9所示是MC33035产品技术资料中介绍的放大管工作时A、B、C三相线圈电流通电情况。

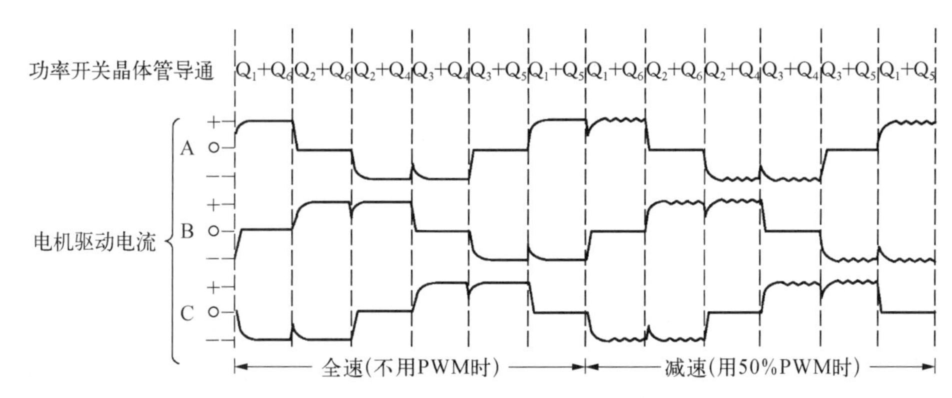

图1-9　三相线圈电流通电波形情况

可以看出,驱动电源输出的三根线中的电流每时间段只有两组线圈通电(数值相等、方向相反),一组是不通电的。通常讲的“两两通电”就是这种状态。也就是说,三相星形接法的无刷电机,在某一时刻,电机的线圈只有两组线圈在通电工作。

在第一时间段,A相电流正向流入,C相电流反相流出。因此电机的内部电流流动方向如图1-10所示。

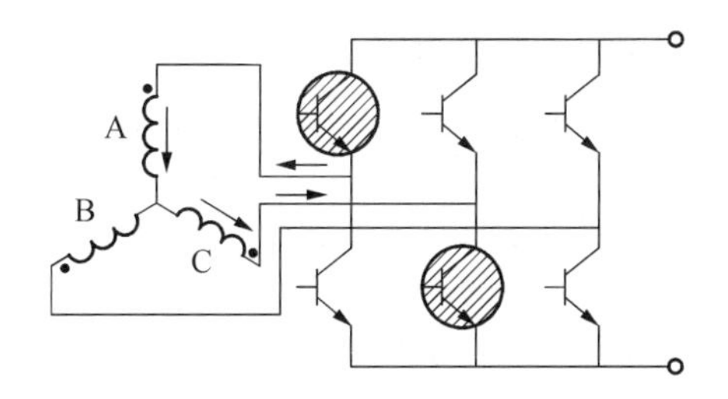

图1-10　无刷电机A、C相通电

在第二时间段,B相电流正向流入,C相电流反相流出。因此电机的内部电流流动方向如图1-11所示。

在第三时间段,B相电流正向流入,A相电流反相流出。因此电机的内部电流流动方向如图1-12所示。

这样通电下去,无刷电机的定子线圈就会产生一个旋转磁场。无刷电机的转子会跟随定子磁场而相应转动。无刷电机线圈换向电流是由控制器来分配的,无刷电机线圈在什么时候换向是由位置传感

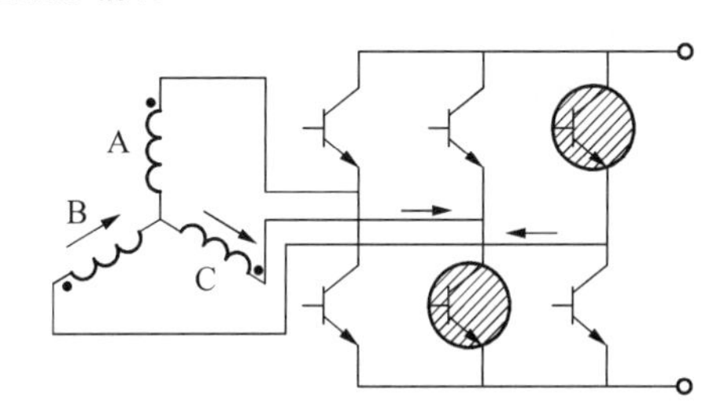

图1-11　无刷电机B、C相通电

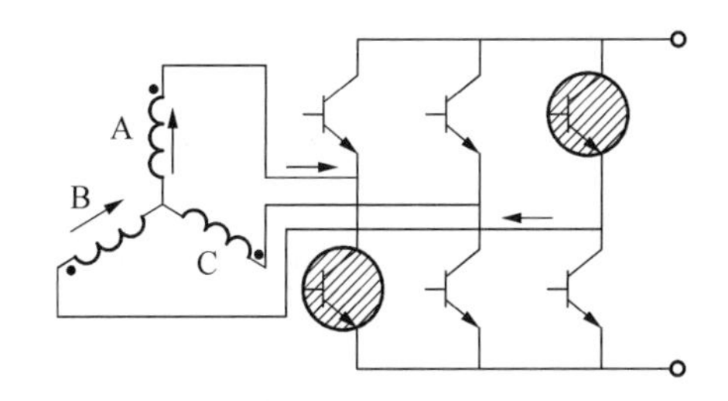

图1-12　无刷电机B、A相通电

器控制的,位置传感器发出信号是由电机转子磁钢运转速度和极性所决定的,无刷电机位置传感器最常用的是霍尔元件。随着电子控制技术的发展,无霍尔元件的无刷电机相继问世,这又给无刷电机增添了一个新品种。

一般无刷电机定子与交流电机定子相似,转子与永磁同步电机转子相似。大多数电机上还增加了转子位置检测传感器,这是一种真正的机电一体化

的电机。

1.7.5 无刷电机的换向

无刷电机的定子线圈要产生一个可以“旋转”的磁场，才可以使带有磁钢的转子紧跟着旋转起来，那么定子线圈必须要进行“换向”。所谓“换向”，就是要有规律地去改变定子线圈电流的流动方向，从而使定子线圈产生极性相反的磁场。在永磁直流有刷电机中，线圈内电流换向是通过电刷和换向器完成的。在方波驱动的无刷电机中，电机定子线圈电流的换向一般是由位置传感器和控制器对定子线圈完成的。

一个无刷电机有均匀分布的三组线圈，这三组线圈自始至终沿着一个方向有两个线圈导通，这样电机的定子线圈产生的两个不同极性的磁场在定子内沿着一个方向旋转，产生了一个旋转磁场。这是上面介绍的星形接法的无刷电机运行所产生的旋转磁场的情况。如果无刷电机是三角形接法，其三相的三个线圈会同时通电，那么无刷电机同样会产生一个旋转磁场。

无刷电机星形接法产生旋转磁场比较容易理解。现在来分析无刷电机在三角形接法时是如何产生旋转磁场的。

在第一时间段，A相电流正向流入，C相电流反相流出。因此电机的内部电流流动方向如图1-13所示。

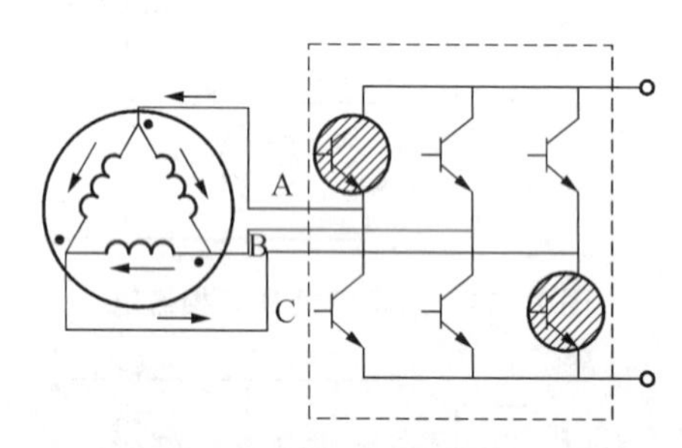

图1-13 无刷电机三角形接法通电状态1

在第二时间段，B相电流正向流入，C相电流反相流出。因此电机的内部电流流动方向如图1-14所示。

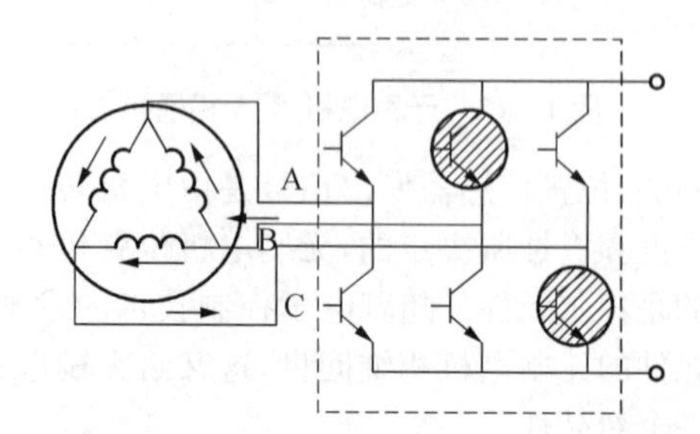

图1-14 无刷电机三角形接法通电状态2

在第三时间段，B相电流正向流入，A相电流反相流出。因此电机的内部电流流动方向如图1-15所示。

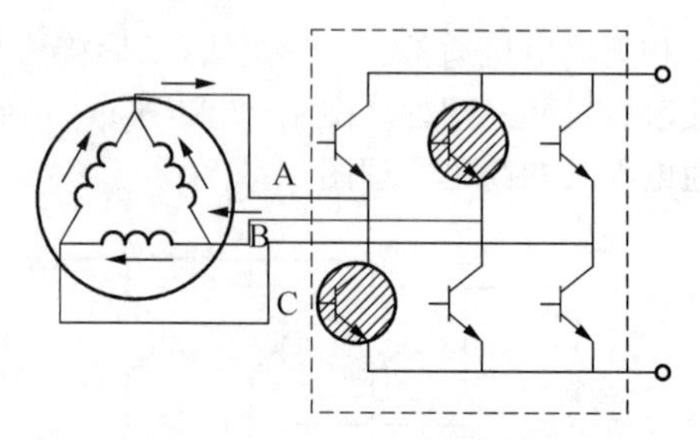

图1-15 无刷电机三角形接法通电状态3

在第四时间段，C相电流正向流入，A相电流反相流出。因此电机的内部电流流动方向如图1-16所示。

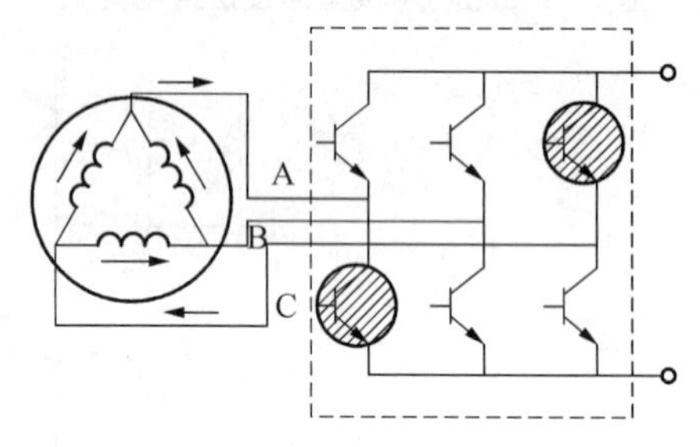

图1-16 无刷电机三角形接法通电状态4

这样通电下去，无刷电机的定子线圈就会产生一个旋转磁场。无刷电机的转子会跟随定子磁场而相应转动。

无刷电机在工作中与有刷直流电机相比，最大的区别仅在于多槽永磁直流有刷电机转子两边支路的线圈匝数是基本相等的，无刷电机三角形接法中两边支路的匝数，一边是另一边的2倍。因为电流仅有一半，所以两支路的安匝数是一样的。可以把串联的两组线圈等效成另一支路的线圈，那么转子的状态完全和永磁直流有刷电机一样了。实际三槽永磁直流有刷电机转子的绕组接法和三相无刷电机定子的绕组接法完全相同。

1.7.6 无刷电机的位置传感器

无刷电机定子线圈的磁场在转动，转子的磁钢也相应跟着电机线圈的磁场在转动，这样形成了无刷电机转子的旋转。当转子某块磁钢通过定子一个线圈磁场进入定子另一个相反磁场时，定子线圈必须把磁场极性调整过来，使转子磁钢永远跟着定子线圈磁场转动而转动。改变定子线圈的通电时间和方向是根据转子的磁钢和定子线圈相对位置所确定的，检测转子磁钢位置的元件称为无刷电机的转子位置传感器。

在定子三相线圈的方波无刷电机中，通过控制器输入电机的是直流电，控制器以六状态方式给无刷电机通电，形成定子线圈两两通电的旋转磁场，某一相线圈通电时接收到的是断续的直流方波，因为控制器的原因，线圈接收的不是标准的方波，而是梯形波或者类似梯形波,总的来说,通入无刷电机定子线圈的电流波形应该是间断的直流方波。这种控制器比较简单,只要使线圈产生六个状态的电流,电压就是输入控制器的电源直流电压(不考虑控制晶体管的压降)。那么只要三个位置传感器就可以检测转子位置并由传感器对控制器输入位置信号,再由控制器根据信号分别对三相线圈输出相应的电流。这和三槽有刷电机的转子工作原理完全相同。电机的转速则是调节电源电压来实现的。不考虑控制器的影响,理论上这样的无刷电机的机械特性完全和永磁直流有刷电机的机械特性相同。这样只要磁开关元件就可以实现转子位置传感器的功能,一般采用霍尔元件。因为霍尔元件的体积小、价格低,所以广泛应用于普通的无刷电机。

由于无刷电机霍尔元件导通或关闭在360°圆周中占60°,波形是方波或梯形波,因此无刷电机线圈通电是跳跃式的,不像三相感应电机输入的是对称的平滑的三相正弦波。再加上无刷电机的分区中三相线圈圆周两两不对称通电,如果各个分区电机的槽数不一,又是非力偶电机的话,无刷电机的运行不平稳性是不可避免的。这样无刷电机在某些领域的应用受到了较大的限制。

1.8　方波无刷电机的控制器

方波无刷电机转子位置传感器和控制器比较简单、体积小、控制成本低,在无刷电机中占有很高的比例。控制器的产量很大,特别是电动自行车的控制器全国的产量非常大,每年要生产数千万只,其中大多数是外置式的方波无刷电机控制器(图1-17)。

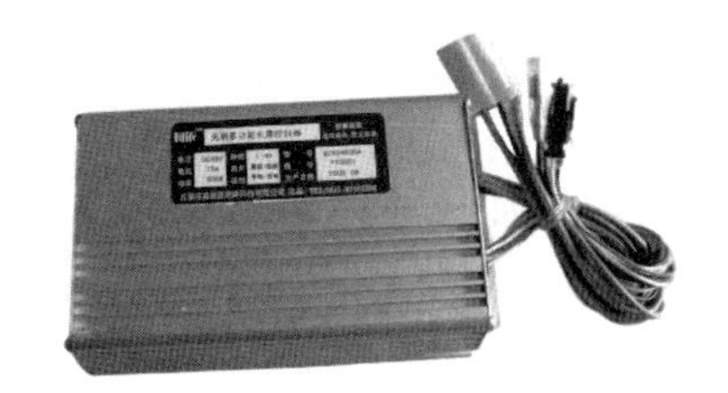

图1-17　外置式的方波无刷电机控制器

由于无刷电机控制器元件的小型化、集成化,许多控制器做得非常小巧直接安装在无刷电机的内部,这样许多无刷电机真正实现了机电一体化。图1-18所示是用ECN30207控制模块的无刷电机内置控制器,该控制器适用于供电电源直接来自220 V市电。因此集成的无刷电机外观非常简单,从供电电源角度看,这种电机使用交流电源,有直流有刷电机的机械性能,所以是一种“可控制的具有直流电机机械性能的交流电机”。从电机性能角度看,这种电机是“用交流电源的具有直流电机性能的无刷电机”。

图1-18　内置式的方波无刷电机控制器

第 2 章　无刷电机的机械特性、主要常数和外部特征

本章主要讲述无刷电机的机械特性、主要常数和外部特征，提出了电机的三大重要常数（转矩常数、反电动势常数、转速常数）并进行了详细的讲述和分析；讲述了机械特性曲线与电机磁链的关系；介绍了无刷电机的调节特性，机械特性曲线上重要点性能的调整方法，还介绍了如电机效率平台、电机损耗等相关知识。这样能够使读者对电机的机械特性、主要常数和外部特征有一个较清晰的了解，为永磁直流无刷电机实用设计做一些准备。

2.1　无刷电机的机械特性与机械特性曲线

无刷电机的机械特性是指在一定条件下，电机的转速 n 与转矩 T 之间的关系，这是一个函数关系：$n=f(T)$。

转速特性

$$n=\frac{60E}{N\Phi}=\frac{60(U-IR)}{N\Phi} \tag{2-1}$$

机械特性

$$\begin{aligned} n &= n_0\left(1-\frac{T}{T_{\mathrm{D}}}\right) \\ &= n_0-\frac{RT}{K_{\mathrm{T}}K_{\mathrm{E}}} \\ &= n_0-K_{\mathrm{n}}T \end{aligned} \tag{2-2}$$

无刷电机的机械特性可以分自然机械特性和人为机械特性。无刷电机的机械特性主要是电机的自然机械特性，即在电机电压不变和不改变电机内部特征的情况下，电机出轴受到一个转矩后的机械特性。电机的自然机械特性的电压是额定电压，电机电路中不串接降压电阻 R_{S}，即 $U=U_{\mathrm{N}}$，$R_{\mathrm{S}}=0$。

无刷电机在工作电压 U 下，电机的出轴会随施加的转矩 T 大小的不同而产生不同的转速 n，输出不同的功率 P_2，无刷电机需要不同的输入功率 P_1 和电流 I，并有相应效率 η。

电机的机械性能是由电机的机械特性曲线体现的，这是对电机施加了不同的转矩而产生的，因此它们都是外加转矩 T 的函数：$(n,\ P_2,\ I,\ \eta)=f(T)$。电机的机械特性曲线一般包括 $T-n$、$T-I$、$T-\eta$、$T-P_2$ 四条曲线，图 2-1 所示是无刷电机的理想机械特性曲线，该机械特性曲线以电机输出转矩为变量。

无刷电机的机械特性也可以把转速 n 作为横坐标，机械特性曲线就是转速 n 的函数：$(T,\ P_2,\ P_1,\ I,\ \eta)=f(n)$，那么同一无刷电机的机械特性曲线的形状是不一样的，但是无刷电机的机械特性之间的关系和数值是一样的，可以用图 2-1 和图 2-2 中同一的转矩相对应的电流、转速、效率、输出功率曲线数值相对比。

图 2-3 所示是一种无刷电机的机械特性曲线，由于受电机绕组、电感和控制器的影响，其 $T-n$、$T-I$ 曲线不是理论上的直线。

在无刷电机的机械特性曲线中能够清晰地看出无刷电机的机械特性，电机设计人员必须对电机的机械特性曲线非常熟悉，这样对电机的设计、电机性能的调整、电机的改进和优化是非常有用的，给无刷电机的选购和使用也带来了极大的方便。

王桢韬参加了本章的编写。

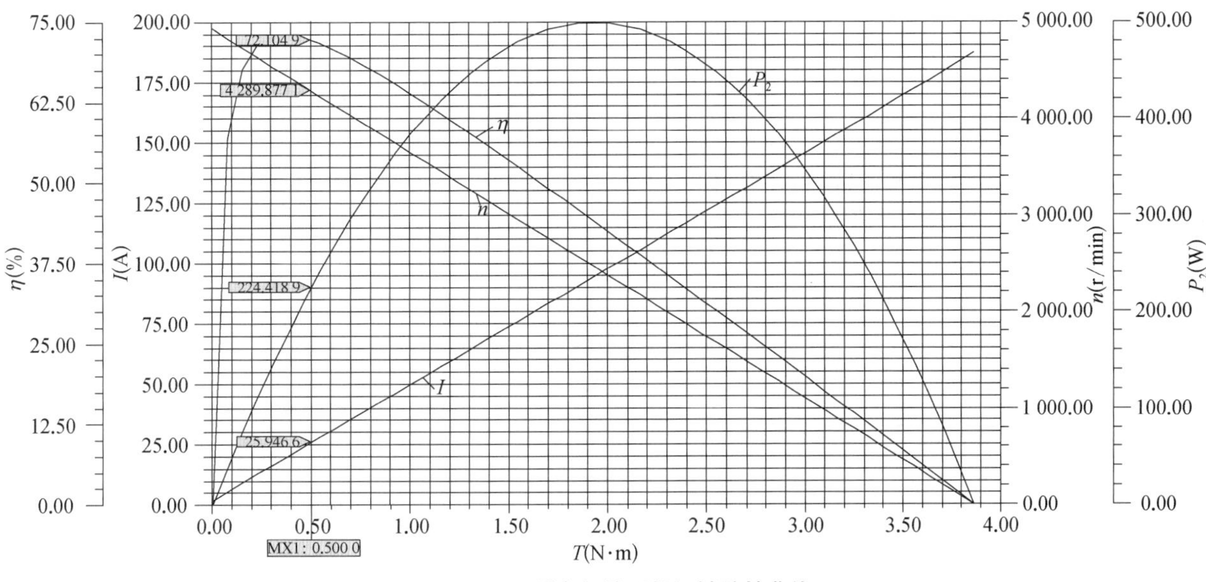

图 2-1　无刷电机的理想机械特性曲线

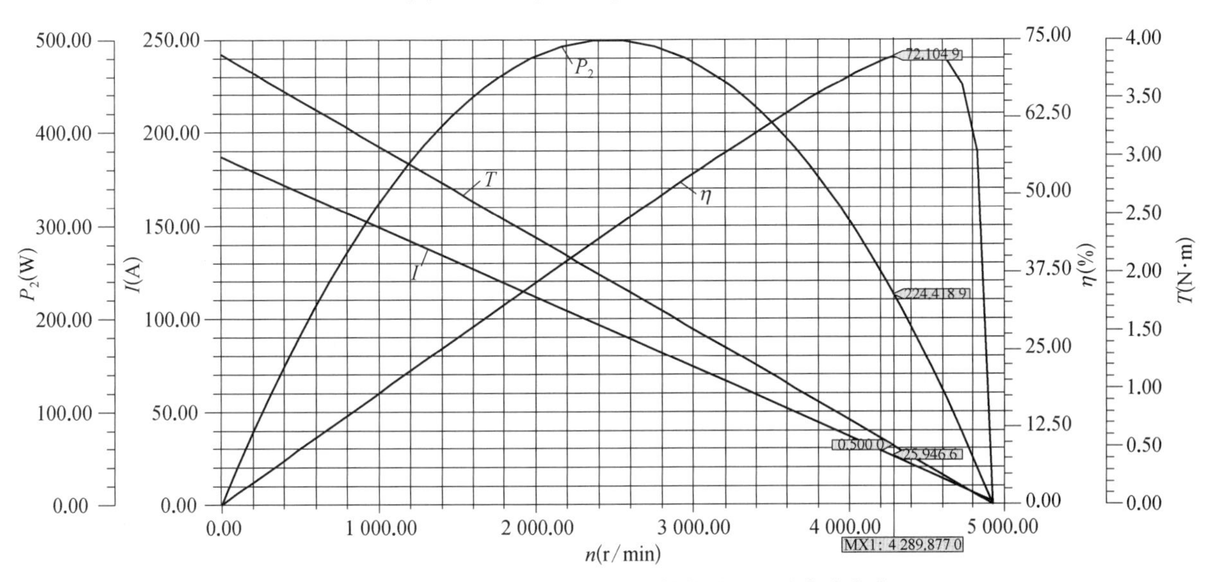

图 2-2　无刷电机的理想机械特性曲线另一种表达方式

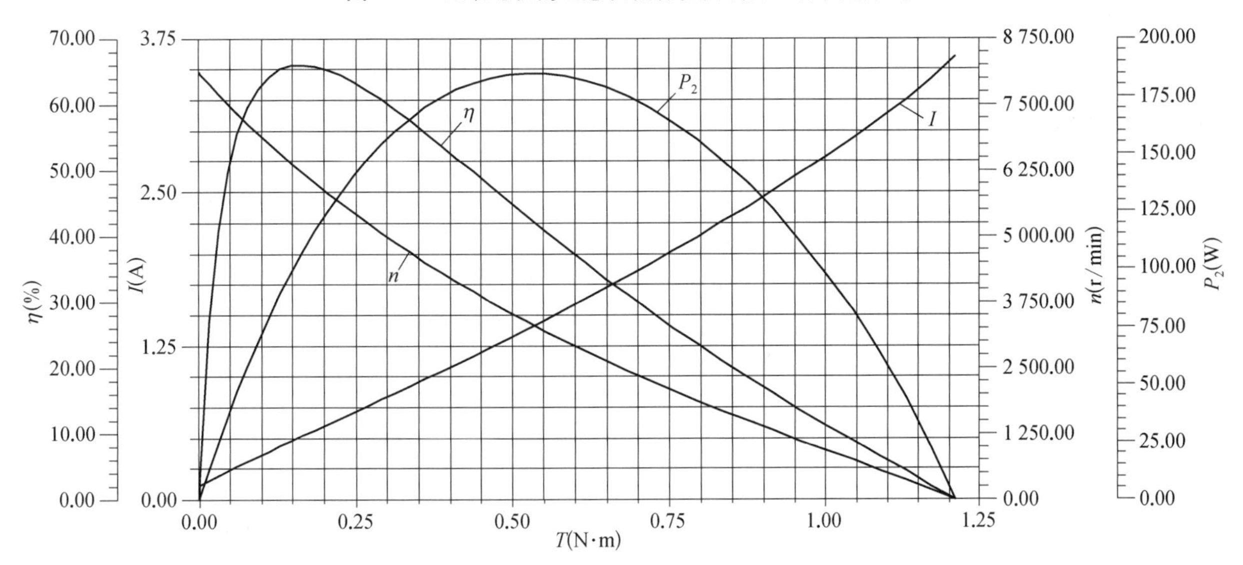

图 2-3　一种无刷电机的机械特性曲线

2.2 无刷电机三大重要常数 K_T、K_E、K_n

无刷电机有三个非常重要的常数，分别是：转矩常数 K_T，反电动势常数 K_E，转速常数 K_n。

这些常数代表了无刷电机的基本特征和由这些基本特征所产生的无刷电机机械特性。分析和研究无刷电机的这些重要常数对于电机技术人员进行电机设计是非常重要的。

2.2.1 无刷电机的转矩常数 K_T

电磁转矩 $T' = \frac{1}{a}\frac{N\Phi I}{2\pi}$ 中，如果 $a = 1$，可以推导出转矩常数

$$K_T = \frac{T'}{I} = \frac{N\Phi}{2\pi} \tag{2-3}$$

由 $K_T = T'/I$ 知，K_T 表示的是电机在单位电流时所能产生的转矩，就是加给电机一定转矩就决定了电机需要多少电流。电机的 K_T 越大，单位电流所产生的转矩就越大。电机的 K_T 越大，电机产生一定转矩所需要的电流就越小。这是电机的转矩常数 K_T 与电机的机械特性之间的联系所在。

由 $K_T = N\Phi/(2\pi)$ 知，$K_T \propto N\Phi$，如果要求某电机达到指定的转矩常数，只要使 N 与 Φ 的乘积达到预定值就可以了。一旦电机定子的磁钢确定了，则电机的磁通是一个定值，那么电机电枢通电有效绕组匝数 $W = N/2$ 的多少就决定了电机的 K_T，即电机的外部特征可以随电机电枢通电有效绕组匝数$N/2$的多少而改变。反过来讲，电机的电枢绕组确定之后，电机的机械特性可随电机定子磁钢磁通的大小而改变。所以只要抓住电机的 N、Φ，就抓住了电机设计的主要关键。而 N 与 Φ 是电机的“硬特征”，因此，电机的转矩常数 K_T 是电机设计中的关键常数。

由 $K_T = T'/I$ 知，K_T 是电机机械特性曲线中的电流曲线 $I = f(T)$ 与 x 轴（转矩横坐标）的夹角 α 的余切值 $\cot\alpha$，即

$$\cot\alpha = \frac{T'}{I} = K_T \tag{2-4}$$

由图 2-4 所示的电机电流曲线 $I = f(T)$ 知，$T' = T_0 + T$，所以

$$K_T = \frac{T'}{I} = \cot\alpha = \frac{\Delta T}{\Delta I}$$

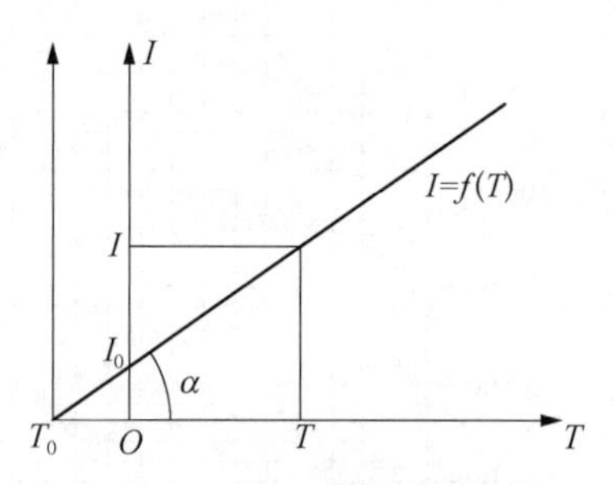

图 2-4 T-I 机械特性曲线

$$= \frac{T' - T_0}{I - I_0} = \frac{T}{I - I_0} \tag{2-5}$$

不管是无刷电机或其他电机，公式 $T' = N\Phi I/(2\pi)$都是适用的。公式中一方面是 N 和 Φ 交链，另一方面是 N 和 I 交链，从而使线圈导体 N 产生相应的转矩 T'，由线圈导体完成由电能变成机械能的转换。公式 $T'=N\Phi I/(2\pi)$是电机设计的主要内容和研究课题，正确计算和确定电机的 Φ、N、I 是本书讲述的主要内容。

特别要指出的是：由于受电机电感和控制器的影响，无刷电机 T-n、T-I 曲线不是理论上的直线，有时 T-I 曲线很弯曲，因此 T-n、T-I 曲线上各点的 K_T 值是不等的。但是把 N 认定是一个恒量，而把 Φ 认定为“有效工作”磁通，这也应该是一个恒量，那么无刷电机的“物理”转矩常数 K_T 是由两个恒定的物理量 N、Φ 所决定的。电机的“机电”转矩常数 K_T 应该表示为 $K_T = T/(I - I_0)$，这样才能正确表达电机的单位电流输出多少转矩的真正含义，$K_T = T/(I - I_0)$ 和 $K_T = N\Phi/(2\pi)$ 是相对应的，有内在联系的。当把无刷电机的 T-n、T-I 曲线看作直线时，“物理”转矩常数 K_T 和“机电”转矩常数 K_T 相等。

2.2.2 无刷电机的反电动势常数 K_E

感应电动势 $E = \frac{1}{a}\frac{N\Phi n}{60}$ 中，如果 $a = 1$，可以推导出感应电动势常数为

$$K_E = \frac{N\Phi}{60}[\mathrm{V/(r/min)}] \tag{2-6}$$

感应电动势常数 K_E 表示电机在单位转速时能产生的感应电压，在电机中，称为反电动势常数。可以从公式中看出：如果要求某电机要达到指定的反电动势常数，只要 N 与 Φ 的乘积达到预定值就可以

了。一个无刷电机定子的磁钢材料确定了，则 Φ 是定值，电机电枢工作绕组匝数 $W=N/2$ 的多少就决定了 K_E，电机的外部特征可以随电机电枢工作绕组匝数 $N/2$ 的多少而改变，反过来讲，电机的电枢绕组确定之后，电机的机械特性可随电机定子磁钢磁通的大小而改变。

当电机 a 确定以后，K_E 仅与 N 和 Φ 这两个变量有关，所以电机的性能主要与电机内部的 N、Φ 有关，电机的 K_E 是电机设计中的关键常数。

$K_T=\dfrac{N\Phi}{2\pi}$，$K_E=\dfrac{N\Phi}{60}$，所以

$$K_T=9.549\,3K_E \tag{2-7}$$

K_T 和 K_E 在数值上仅相差一个系数，求出 K_T 即可求出 K_E。

$$K_E=\frac{E}{n}=\frac{U}{n'_0}=\frac{N\Phi}{60} \tag{2-8}$$

$$n'_0=\frac{60U}{N\Phi} \tag{2-9}$$

以电机的电压 U 为横坐标，电机的转速 n 为纵坐标，可以画出电机的 $U-n$ 机械特性曲线，如图 2-5 所示。

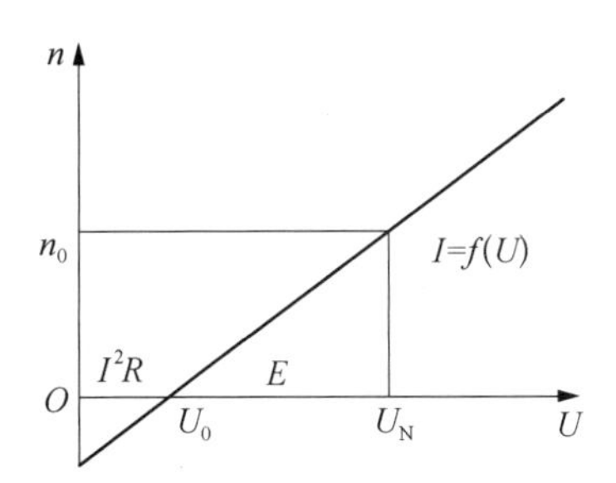

图 2-5　*U*-*n* 机械特性曲线

图 2-5 中，U_0 是电机的始动电压，U_N 是电机的额定电压，$E=U_N-U_0$。

$$K_E=\frac{U}{n'_0}=\frac{\Delta U}{\Delta n}=\frac{E}{n}$$

$$n=\frac{E}{K_E} \tag{2-10}$$

这里的 E 是电机在该转速时线圈产生的电动势，称为反电动势。因为 $U=E+IR$，电机的内阻越小，则 E 越接近电机输入电压 U；当电机的电阻等于零时，则 $E=U$。当电机的内阻等于零时，不管电机接收的转矩大小，电机的转速 n 恒等于电机的理想空载转速 n'_0，它是平行于 x 轴的一条直线，如图 2-6所示。电机的内阻越大，则该线越倾斜，即电机的转速就越往下跌，其特性就越“软”。因此 n'_0或电机的反电动势常数 K_E 决定了电机转速的上限。因为 $K_T=9.549\,3K_E$，因此 K_T 等效地决定了电机转速的上限。

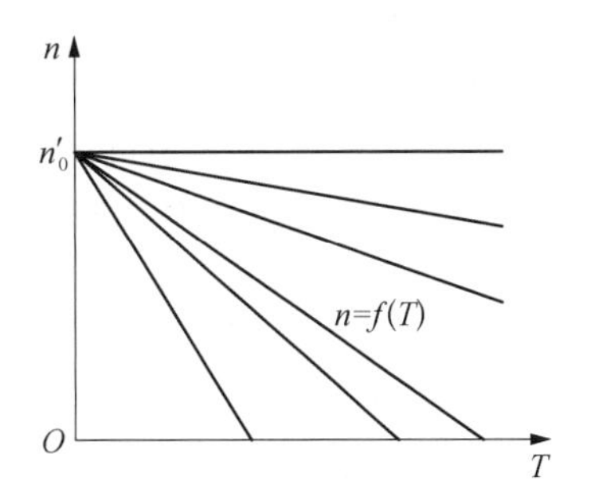

图 2-6　通过理想空载点的 *T*-*n* 曲线簇

在无刷电机测试的机械特性曲线中，电机的反电动势 E 是无法显示的。无刷电机的机械特性$T-n$曲线不是一条理想的直线，各点的 $K_E=\Delta U/\Delta n$ 并不是恒值，只有在 $K_E=U/n'_0$的情况下才与 $K_E=N\Phi/60$ 有直接的关联，因为这时电机是在没有损耗的情况下，因此电机的阻抗和感抗为零，这相当于电机的发电机无负载状态。

$$K_E=\frac{U}{n'_0}=\frac{E}{n}=\frac{N\Phi}{60}$$

这个公式意义较大，也就是说，电机在理想空载转速 n'_0状态时，电机的 E 与 U 相等，Φ 是电机的空载磁通。一般无刷电机的效率比较高，电机的理想空载转速和实际空载转速相差不大，可以用 $K_E=U/n_0=N\Phi/60$ 来表示电机的内部和外部特征之间的关系，非常单纯，这样不像 $K_T=T/(I-I_0)$ 还涉及电机的阻抗和感抗给电流带来的影响。

从式(2-8)知，Φ 是电机理想空载时的工作磁通，相当于电机的空载磁通，求取电机的机械特性，只要求取电机的空载磁通而不需要求取电机负载时的工作磁通。就是说在求解电机的工作磁通时不需要用磁铁工作图求取电机的额定工作磁通，只要求出电机的空载磁通，这样给无刷电机实用设计带来了极大的方便。

也可以用无刷电机测试发电机法求取电机的感应反电动势 E，从而给求取电机的磁链 $N\Phi$ 带来了理论依据和极大的方便。这个方法比从无刷电机机械特性曲线中用电机空载转速求取电机的 K_E 更正确，这样完全避免了无刷电机控制器原因对无刷电机空载转速的影响从而产生设计计算误差。

2.2.3　无刷电机的转速常数 K_n

无刷电机没有负载时的运行称为电机空载运

行，这时电机的运行转速称为空载转速 n_0。电机加了负载转矩后，电机的转速会随着负载转矩 T 的加大几乎成比例的下降。电机转速下降速率小，那么电机的特性就硬。如果电机一有负载，电机的转速就下降得非常快，那么电机的特性就非常软。这样必须用电机的转速常数 K_n 对电机进行考核。

电机出轴上没有负载时称为电机空载，实际电机还是有负载的，例如电机的轴承对电机转子的摩擦力产生的摩擦转矩，电机转子转动时的风阻所产生的风摩损耗，电机的铁耗。这些损耗都是电机在空载时的损耗 P_0，这些都可以归结于电机的空载转矩 T_0，如果没有这些损耗，电机在空载时的转速会比现在的空载转速高，这个没有空载转矩 T_0 的转速，称为电机的理想空载转速 n'_0，如图 2-7 所示。

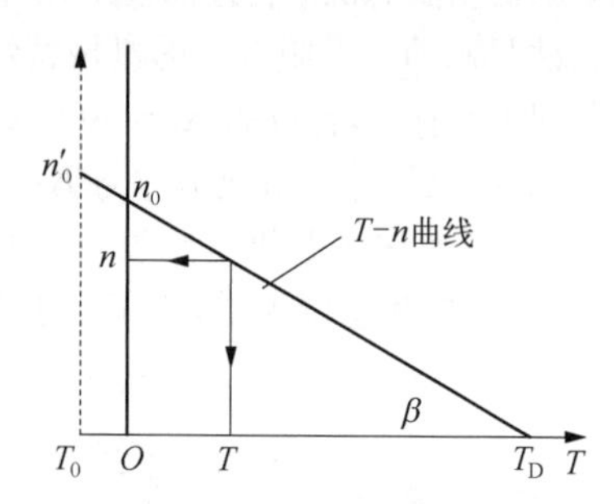

图 2-7　T-n 机械特性曲线

在不考虑无刷电机绕组的电感、控制器等影响时，无刷电机的 T-n 曲线是一条直线。设

$$K_n = \frac{-\Delta n}{\Delta T} = \frac{n_k - n_{k+1}}{T_{k+1} - T_k} = \frac{n_0 - n}{T} = \frac{n'_0}{T_D + T_0} = \frac{n_0}{T_D} = \tan\beta \tag{2-11}$$

在永磁直流电机中，K_n 永远是正的，其大小就表明电机受单位负载转矩后，电机下降的转速数值。

因为

$$K_n = \frac{n_0 - n}{T} = \frac{n'_0}{T'_D} = \frac{n_0}{T_D} = \tan\beta$$

$$(n_0 - n)T'_D = n'_0 T$$

$$n'_0 = \frac{U}{K_E},\ K_T = \frac{T'_D}{I_D},\ T'_D = K_T I_D,\ R = \frac{U}{I_D}$$

所以
$$n = n_0 - \frac{R}{K_T K_E} T$$

$$\frac{R}{K_T K_E} = \frac{n_0 - n}{T},\ K_n = \frac{n_0 - n}{T}$$

故
$$K_n = \frac{R}{K_T K_E} \tag{2-12}$$

K_n 表示电机在单位转矩时电机转速下降的值。这表明：当电机受到 T 的转矩时，就可以知道电机会从空载转速 n_0 下降到 n 的数值，即

$$n = n_0 - K_n T \tag{2-13}$$

当电机增加一定转矩 T 时，就可以知道电机会因此下降多少转速，即

$$\Delta n = K_n \Delta T \tag{2-14}$$

K_n 越大，单位转矩使电机的转速下降越大。K_n 越大，要使电机降低一定转速的转矩就可以小些，这是电机的转速常数 K_n 与电机的机械特性之间的联系所在。

从式(2-12)知，K_n 正比于 R，与 N 和 Φ 的乘积的平方成反比。

如果要求某电机要达到指定的转速常数，只要使 $R/(K_T K_E)$ 的值达到 K_n 值即可。

如果电机定子的磁钢确定了，则电机的 Φ 是一个定值，那么电机电枢绕组有效工作匝数 $W=N/2$ 的多少就决定了电机的 K_T，也就是说，电机的转速特性可以随电机电枢绕组有效匝数 $W=N/2$ 的多少和电机电枢内阻即导线电阻等因素而改变。电机的电枢绕组确定了以后，电机的转速特性可以随电机定子的磁钢有效工作磁通的大小而改变。而这些都可以用公式 $K_n=R/(K_T K_E)$ 计算出来。

电机的转速常数 K_n 仅与 N、Φ 和 R 这三个变量有关，只要抓住电机的 N、Φ、R，就抓住了电机设计的主要关键。而电机的 N、Φ 和 R 是电机本身决定其机械特性的内部三大重要因素，因此，电机的转速常数 K_n 是电机设计中的关键三常数之一。

2.2.4　电机的转速 n

根据电机 T-n 曲线的分析，电机的转速可以用公式表示。

电机任意点的转速 n 为

$$n = n_0\left(1 - \frac{T}{T_D}\right) = n_0 - \frac{RT}{K_T K_E} \tag{2-15}$$

所以
$$n = n_0 - K_n T$$

即电机的负载转速是一条直线，其最高转速不会大于 n_0，其转速与负载转矩成反比，T-n 曲线的斜率为

$$\tan\beta = \frac{R}{K_T K_E} \tag{2-16}$$

在无刷电机中，电机的电源电压确定后，式(2-15)中，电机的 K_T、K_E、R、n_0 都是定值，很明显，电机的转速是电机负载的函数：$n=f(T)$，只要确定电机的 K_T、K_E、R、n_0，电机的转速 n 和电机的

负载转矩是一一对应的，转速就很容易计算出来。

2.2.5　无刷电机的感应电动势 *E*

在无刷电机中，公式 $U = E + IR$ 也是成立的。在电机绝对没有负载 $T_0 = 0$，空载电流 $I = 0$ 的情况下，$U = E$。这种情况在电机上是不会发生的，因此，在无刷电机中，电机的电源电压 U 始终大于电机内部的反电动势 E。

电机被拖动，成为发电机，当发电机发出感应电动势 E 等于电机的额定电压 U 时，该发电机的转速不是电机的空载转速 n_0，而是电机的理想空载转速 n_0'，$n_0' > n_0$。

$K_E = E/n$，因此通过对电机的拖动，根据对电机的拖动的转速 n 和发电机产生的感应电动势 E，可以求出 K_E，$N\Phi = 60K_E$，$K_T = 9.5493K_E$，这样整个电机的机械特性就比较清楚了。这种电机的感应电动势方法给分析电机和设计电机提供了一个重要手段。

2.3　电机 *T*-*n* 曲线与电机各参数关系

2.3.1　*T*-*n* 曲线与磁链 *NΦ* 和内阻 *R* 的关系

前面谈到电机的转速常数

$$K_n = \frac{n_0 - n}{T} = \frac{n_0'}{T_D'} = \frac{n_0}{T_D} = \tan\beta$$

表明了 K_n 和 T-n 曲线转速和转矩之间的关系，也表明了 T-n 曲线在电机机械特性曲线中相应的位置和状态。

如果从 K_n 的另外一种表达形式看，$K_n = R/(K_T K_E)$。

又 $$K_T = \frac{N\Phi}{2\pi},\ K_E = \frac{N\Phi}{60}$$

所以

$$K_n = \frac{R}{K_T K_E} = \frac{R}{(N\Phi)^2/(2\pi \times 60)} \tag{2-17}$$

这就说明了电机的 K_n 或者说 T-n 曲线的斜率 $\tan\beta$ 仅与 N、Φ、R 有关。

因为同一斜率有无数条相平行的 T-n 曲线，但只要决定 T-n 曲线的电机空载转速 n_0，电机的堵转转矩 T_D，那么电机的 T-n 曲线就是唯一的。

n_0 与 U 和 N、Φ 有关，也就是说电机的 n_0 主要与电机的磁链 $N\Phi$ 有关，即

$$n_0 \approx \frac{U}{K_E} = \frac{60U}{N\Phi}$$

T-n 曲线的堵转转矩 T_D 与 U、N、Φ 和 R 有关，即

$$T_D \approx K_T I_D = \frac{N\Phi}{2\pi}\frac{U}{R} \tag{2-18}$$

从上面两种情况分析，电机的 T-n 曲线是由电机内部的 N、Φ、R 以及施加于电机的电压 U 所决定的。只要有这四个因素就可以决定电机的 T-n 曲线了。

在这四个因素中，U 是根据电机实际使用要求确定的，N、Φ、R 是电机的内部因素，正确确定电机的这四个因素，就可以正确地实现所设想的电机的机械特性曲线。

2.3.2　*T*-*n* 曲线与工作电压 *U* 的关系

假设电机的空载转速和电机堵转时的电机电压不变，那么电机的工作电压是如何确定的呢？

首先要看设计电机的环境允许工作电压是怎样的，如电机装在固定场合的仪器中，一般可以用市电，我国是通用 220 V 单相交流电，因为是永磁直流无刷电机，那么可以用单相交流电整流成直流电输入控制器。

如果是用于移动场合，那么就要求用直流电源供电。一般可以用各种直流电源供电，如 12 V、24 V、36 V、48 V、60 V、72 V 等甚至更高的直流电压。

究竟选用什么电压呢？应该从以下方面考虑：首先应该看电机的额定点的要求，如额定点是多少负载转矩，确定每 1 N・m 需要多少消耗电流，确定后求出该电机的转矩常数 K_T，$K_T = \Delta T/\Delta I$，相应求出电机的反电动势常数 K_E，$K_E = K_T/9.5493$，再分别以各种 U 代入 $n_0 \approx U/K_E$，求出电机的空载转速 n_0，这个电机的空载转速 n_0 应该大于电机的额定转速 n_N，并且是比较合适的转速。

作者在《永磁直流电机实用设计及应用技术》第 6 章中分析过：合理的空载转速 n_0 选取范围应在 $(2-\sqrt{\eta})n_N \sim 2n_N$，因此大于 $2n_N$ 或小于 $1.1n_N$ 的 n_0 可以看作要求不合理或不优。假如兼顾功率与

效率，那么 n_0 可以在 $(2-\sqrt{\eta})n_N \sim 2n_N$ 间选取。

如果设计的无刷电机的最大效率在 0.8 左右，额定转速设计在 3 000 r/min，那么

$$n_0=(2-\sqrt{\eta})n_N=(2-\sqrt{0.8})\times 3\,000 = 3\,317(\text{r/min})$$

如果设计的电机每 1 A 产生 0.1 N·m 转矩，即 $K_T=0.1\text{ N}\cdot\text{m/A}$，则

$$K_E=K_T/9.549\,3=0.1/9.549\,3 = 0.010\,47[\text{V/(r/min)}]$$

$$U=K_E n_0=0.010\,47\times 3\,317 = 34.73(\text{V})$$

因此该电机可以选取 36 V 电压的直流电源。

还有一种情况是，电机的空载转速 n_0 和电机的转矩常数 K_T 是确定的，这样也可以求出电机的工作电压。

$$U\approx n_0K_E=n_0K_T/9.549\,3$$

仍取上面的例子计算，则

$$U\approx n_0K_E=n_0K_T/9.549\,3 = 3\,317\times 0.1/9.549\,3 = 34.73(\text{V})$$

用这两种方法求取的电机工作电压是相同的。

有些场合，为了无刷电机取用较小的工作电流，那么电机的电源电压就要较高，当电源电压较高时，电机的空载转速 n_0 相应会提高，综合考虑电机的空载转速 n_0 和电机的反电动势常数 K_E，从而决定电机的电源电压，这也是电机设计人员经常取用的方法。

2.4 无刷电机的调节特性

电机的输入电压，内部电阻的改变都会影响电机的机械特性。在电机运行时，输入电压的波动或改变，电机长时间运行后电机温度升高，都会影响电机额定运行时机械特性的改变。这种电机的特性称为电机的调节特性。电机的调节特性和电机的原有机械特性、电机的电压、电阻的改变有着密切关系，并有一定的规律可循，可以利用电机的这种调节特性对电机进行机械特性的分析，对电机进行额定工作点的调整等。这种调节特性在实用电机设计和生产中有很大作用。

2.4.1 无刷电机的电压调节特性

现在来分析电机的电压和机械特性 $T-n$ 的关系。

$$n_0'=\frac{U}{K_E}=\frac{60U}{N\Phi}$$

一旦电机加工完成，电机的 $N\Phi$ 是不变的，n_0' 与 U 成正比。也就是说，随着电机电压增高，电机的转速会相应加快，而且是成正比的。

另外，电机的转速常数

$$K_n=\frac{R}{K_TK_E}=\frac{R}{(N\Phi)^2/(2\pi\times 60)}=\tan\beta \tag{2-19}$$

电机一旦制成，电机的 K_n 是恒值，$T-n$ 曲线与 x 轴（T 函数轴）的夹角保持不变，综合以上两个分析可以看出，如果 U 发生变化，n_0 会相应变化，这时 $K_n=\tan\beta$ 是个恒值，电机的 $T-n$ 曲线是随电压 U 的变化而上下平移。这就是电机的电压调节特性，如图 2-8 所示。

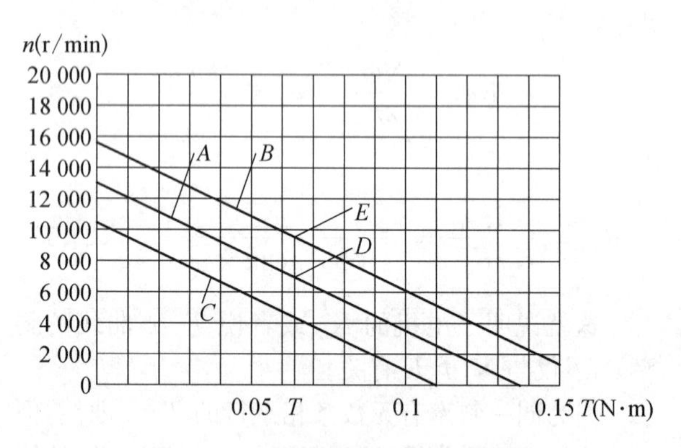

图 2-8 无刷电机的电压调节特性

从另外的角度分析：电机的输入电压 U 的改变会使电机的机械特性改变。电压改变后电机的 $T-n$ 曲线的变化将如何呢？

$$n=\frac{U-IR}{K_E}=\frac{U}{K_E}-\frac{IR}{K_E}$$

因此
$$dn=d\left(\frac{U}{K_E}\right)-d\left(\frac{IR}{K_E}\right)=\frac{1}{K_E}dU \tag{2-20}$$

因为 $K_E=N\Phi/60$，所以电机一旦做成，K_E 也就成为定值。从这个角度讲，电压的增量和转速的

增量是成正比的。

如图2-8所示，无刷电机 $T-n$ 曲线为 A，电机的工作电压提高后，电机的机械特性 $T-n$ 曲线就往上抬，反之就往下移。它们都是平行于曲线 A 的一簇线。

如果电机的额定转矩不变，要求电机输出转速要从 D 点提高到 E 点，那么最简单的办法就是把电机的工作电压相应抬高，但必须考虑电机的导线电流密度是否过大。

由于电压的变化和转速的变化是成正比的，所以在固定的负载下，改变电机的输入电压，电机的转速成比例变化。这就是调速电机的原理。

$$K_E = (U - IR)/n \tag{2-21}$$

$$n = (U - IR)/K_E \tag{2-22}$$

n'_0 和 n_0 相差不多，如果 n_0 在 1 000～10 000 r/min，电压在 100 V 左右，那么 $K_E \approx U/n_0 = 100/(1\,000 \sim 10\,000) = 0.1 \sim 0.01$ V/(r/min)，即转速增量比电压的增量大数十倍乃至数百倍：$dn = (10 \sim 100)dU$。所以在调速电机的系统中，要精确地调节控制电压才能精确控制电机转速，这种以小控大的方法较难做到精密控制电机的转速，如果要使控制电机转速达到几分之一转的精度，用单一的调节电压方法是很难实现的。

2.4.2　无刷电机的电阻调节特性

电机的输入电阻的改变会使电机的机械特性改变。电阻改变后电机的 $T-n$ 曲线的变化将如何呢？

由 $n = (U - IR)/K_E$ 可知，如果其他不变，只改变电机转子的电阻，那么电机的转速和电机的电阻在理论上是成反比的，如图2-9所示。

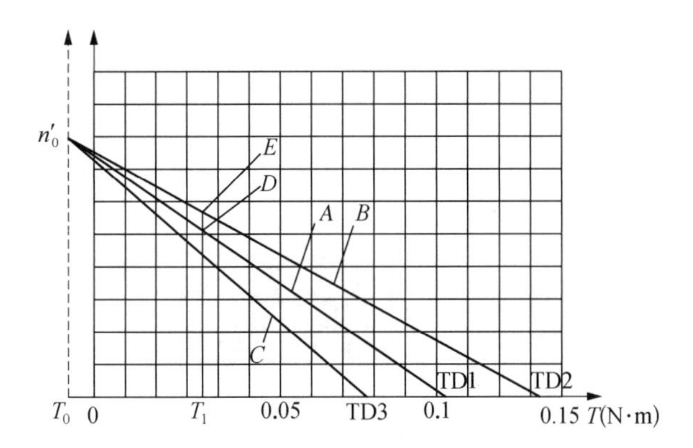

图2-9　无刷电机的电阻调节特性

如图2-9所示，电机的机械特性 $T-n$ 曲线为 A，电机的转子电阻提高后，电机的机械特性 $T-n$ 曲线与 x 轴的夹角就会增大，反之就会减小。它们都是通过同一个理想空载点 n'_0 的一簇线。很明显，它们的堵转转矩大小不一，转子电阻小的堵转转矩大，反之就小。堵转转矩大的即与 x 轴夹角大的为特性硬，反之为特性软。电机的特性硬就意味着电机承受与特性软的电机同样的转矩时其转速下降少。

在各种需要带负载的电机中，当电机负载有改变时要求电机的负载转速改变不大，这时就需要特性硬的电机。输出转矩比较大，转速比较低，转速变化不太大的电机往往称为转矩电机或者直驱电机(DDR、DDL)。特性硬的电机的转子电阻相对较小，转子的线径就相对较大。

电机的电路中如果带有不同阻值的电阻，电机的机械特性也会改变。电机在不同的负载情况下会产生不同的电流，电阻的压降也会随电流的增大而增大，该电阻不仅起压降作用，还与定子的内阻相加作为定子的附加电阻，起到电阻调节特性的作用，电机的机械特性是符合图2-9所示特征的。改变定子的绕组电阻是比较困难的，但是在电机的绕组回路中增加一个可调电阻改变电机的负载转速进行电机的调速也是一种调速的方法。

2.4.3　无刷电机的脉宽调制调速方法

一般的无刷电机都是在固定的电压下工作的，如计算机和汽车中的散热风扇等。但是在许多场合，如电动汽车、电动自行车、家用电风扇等，这些电机都需要调速。要调速，那么就需研究电机的调速特性。

2.4.1节和2.4.2节介绍了无刷电机的调节特性，实际上就是无刷电机调速的两种方法，这两种方法起到了无刷电机的调速作用。用直接改变无刷电机电源电压对无刷电机进行调速，这种方法理论上是可行的，但是不可能像交流电源一样，用交流调压器对电源调压，如果用功率三极管的输出控制无刷电机，虽然其线性驱动电路结构简单，成本低廉，但是功率损耗大，特别是低速大转矩运行时，通过电阻的电流很大，发热厉害，损耗大，效率低。如果用另外的方法即直接用电阻串入电源输入电路，那么，同样是电阻发热厉害，电阻上损耗大，调速结构极不合理，很不简便。

现在无刷电机的调速基本上不是靠直接调整无刷电机的电源电压或在无刷电机的定子线圈中串联电阻来实现的。无刷电机的电源是直流电源，许多场合是蓄电池电源，调节直流电源电压是一件比较困难的事情，因此用脉宽调制(pulse width modulation，PWM)技术实现无刷电机的有效电压的调制，实现所谓的调压目的。

脉宽调制就是通过控制器电路把直流电流细分为多个相同或不同宽度的脉冲电流，它们之间有一定的间隔，各脉冲电流的电流峰值仍是相等的电源电压幅值，但其有效值比纯直流电流的有效值低，效果上相当于把电源电压降低了。选用简单的脉宽调制方式，其优越性在于：主电路比较简单、需要的功率元件少，开关频率高，电流容易连续，谐波少，电机损耗和发热小，调速特性优良、调整平滑，过载能力强，低速性能好，稳速精度高，系统频带宽，调速范围宽，快速响应性能好，动态抗扰能力强，能承受频繁负载冲击，实现无级快速启动、制动和反转，主电路工作在开关状态，导通损耗极小，控制器效率高等。

下面简单分析一下 PWM 的调速。如果在某一时间段有直流电流通过，那么这个电流的有效值是确定的，即为 I，如果把该电流变成导通和断开时间相等的电流脉冲，那么该电流的有效值只有 $I/2$。因为电压和电流都是用有效值来计算做功的，因此就可以看作把电流下调了 1/2(图 2-10)，调压的原理同样如此。

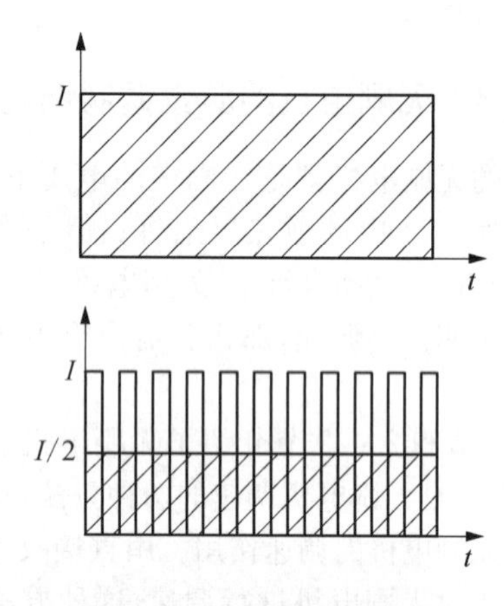

图 2-10 电流等脉宽调制

只要控制电流导通和断开时间的宽度(脉宽)，就可以起到调压和限流作用，这就是脉宽调制的基本原理，单位时间内导通的脉冲数称为调制频率。

相等的导通和断开时间的控制是比较容易实现的，把导通和断开时间变成不相同(占空比不同)，那就会产生各种波形，包括 PWM 的正弦波，这种正弦波控制技术较为复杂。图 2-11 所示的波形是正弦波脉宽调制的实际电压斩波波形，下面的是直流电压通过脉宽调制后正弦波电压波形。

图 2-12 所示是 PWM 模拟正弦波电压，并表明了其占空比变化的过程。图 2-12 中下方的是电压有效值，两种电压波形有一个延时，这是 RC 电路造成的。

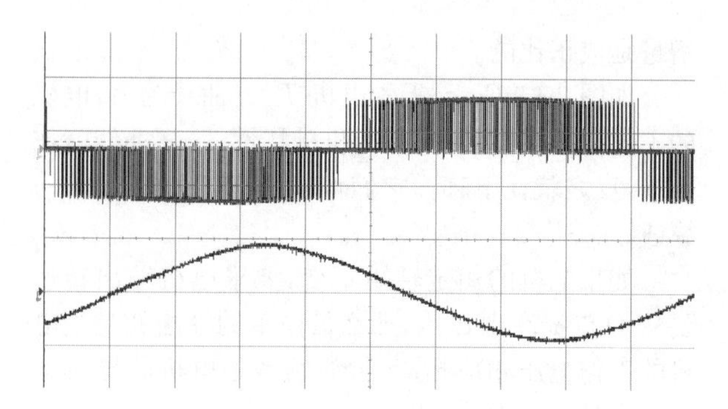
图 2-11 正弦波脉宽调制电压斩波波形

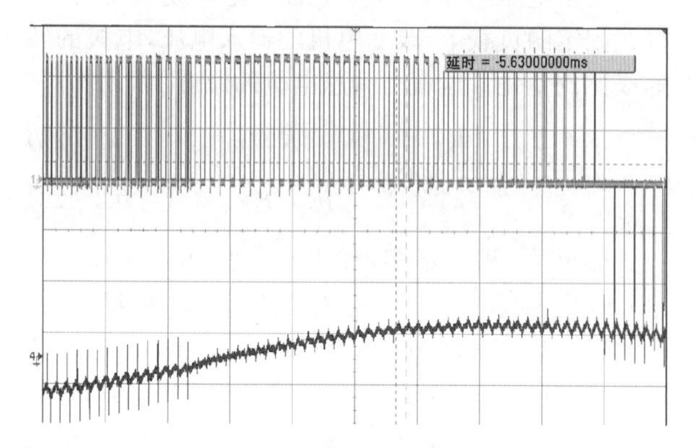

图 2-12 PWM 模拟正弦波电压其占空比变化的过程示意

在示波器中一般只能看到 PWM 正弦波的实际波形，用 RC 积分电路就可以看到电压的正弦波形(图 2-13)，如看电流波形要通过示波器电流探头观看，如泰克的 A622 电流探头(图 2-14)。

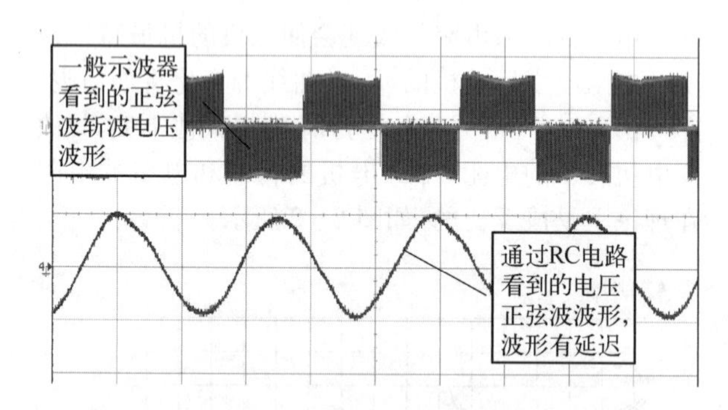

图 2-13 两种不同的波形显示(不是同一波形)

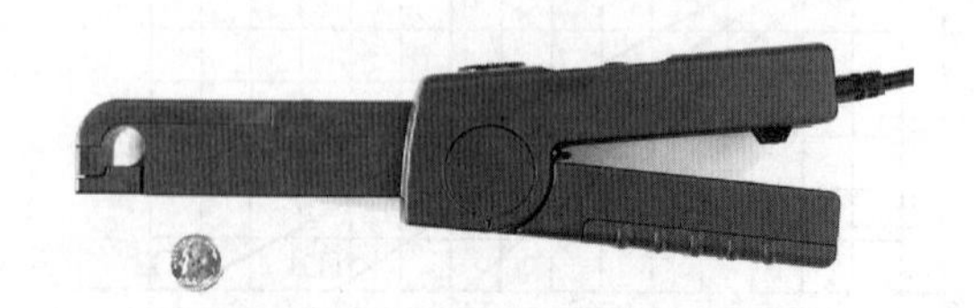
图 2-14 泰克的 A622 电流探头

可以把通过 PWM 调速的控制器看作一个与交流调压变压器相似的直流调压器，应该说电源电压通过控制器后其波形是改变的，但是控制器的输入和输出功率是“不变”的。把无刷电机的控制器和无刷电机一起，看作一个电子换向的直流电机，那么无刷电机可以简化，电机内部的情况就不需要太多的考虑，电机仍遵循简化了的无刷电机机械特性的基本原则。

2.5　电机特性曲线分析

2.5.1　电机的转矩常数 K_T 对 $T-n$ 曲线的作用

在电机电源电压 U 确定后，电机的 $T-n$ 曲线可以近似认为是无数根通过空载点 n_0 的曲线簇。如果电机的 K_E 或 K_T 确定后，n'_0 也就确定了，电机的 n_0 略小于 n'_0，因此 n_0 也基本确定了。在电机的性能中，只要确定了电机的空载点和其他一点，电机的整个机械特性曲线也就确定了。如果仅有一个空载点相同，电机的机械特性曲线簇是通过空载点的许多条直线，从图 2－15 可以看出，同一空载点，如果两条曲线的堵转转矩相差较大，但在额定转矩 T_N 时，电机的转速相差很小。在确定了电机的工作电压的情况下，电机电阻 R 在某些场合对电机性能的影响要比电机的磁链 $N\Phi$ 对电机的影响要小，这样决定电机 $T-n$ 曲线的主要因素是电机 N、Φ，N、Φ 决定了电机的 K_T、K_E，而 $K_T=9.549\,3K_E$，因此电机的转矩常数 K_T 是决定电机机械特性 $T-n$ 曲线的关键因素。

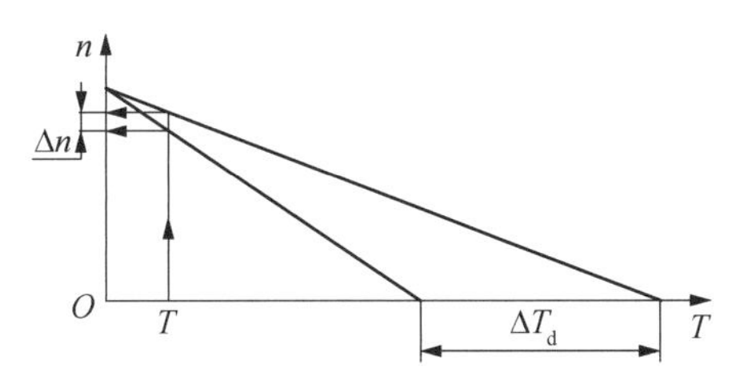

图 2－15　ΔT_d 和 Δn 的大小判断

2.5.2　电机 $T-n$ 曲线的非线性分析

理想的无刷电机 $T-n$ 曲线是一直线，但是在实践中并非是一很直的直线(图 2－16)。无刷电机的机械特性 $T-n$ 曲线在电机将近堵转时，发生下垂。这种现象主要是由电机的电阻引起的。这里不仅包括电机电枢电阻，还包含了电机电源线的引线电阻。当电机负载增加时，电机的电流相应增大，线圈温升提高，使电机的线圈内阻增加，$K_n=\tan\beta$ 的值变大，控制器 MOS 管的管压降增大，这样电机的转速比理想转速低，造成了电机 $T-n$ 曲线的下垂现象。

无刷电机在轻载时会转速偏高，造成电机 $T-n$ 曲线的空载转速段上翘。由于无刷电机空载电流，

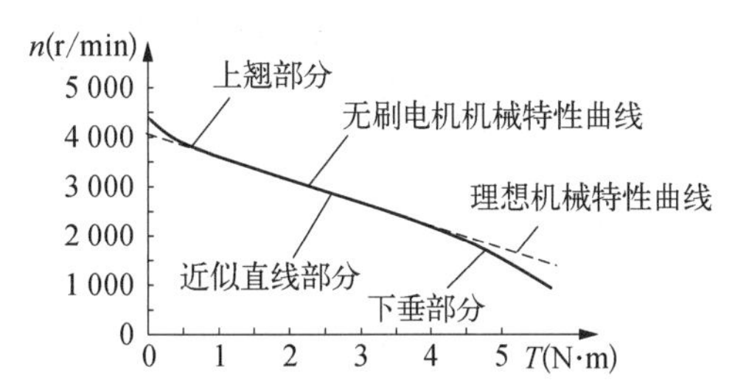

图 2－16　理想 $T-n$ 曲线与实际 $T-n$ 曲线比较

控制器 MOS 管的管压降，使控制器输出电压不是一个恒压源，空载电压高于电机的额定电压，因此空载转速会出现上翘现象。

但是它们中间都有很长一段近似直线部分是电机的实际使用区，这一段线性的电机机械特性是所需要的。

2.5.3　负载点的理想机械特性曲线

各种电机都应遵循 $T'=N\Phi I/(2\pi)$，在电机 $T-n$ 曲线的额定点 T_N 上，电机的转矩常数是：$K_T=N\Phi/(2\pi)$。由于无刷电机的 $T-n$ 曲线不是一条纯粹的直线，可以找到一条通过额定点(T_N，n_N)的理想机械特性曲线，这条曲线是一条直线，是一条通过(T_N，n_N)点并与 $T-n$ 曲线相切的直线(图2－17)。那么与此对应的各种曲线就是包含了负载(T_N，n_N)点的理想机械特性曲线。负载点的理想机械特性曲线的确定给电机设计带来许多方便。

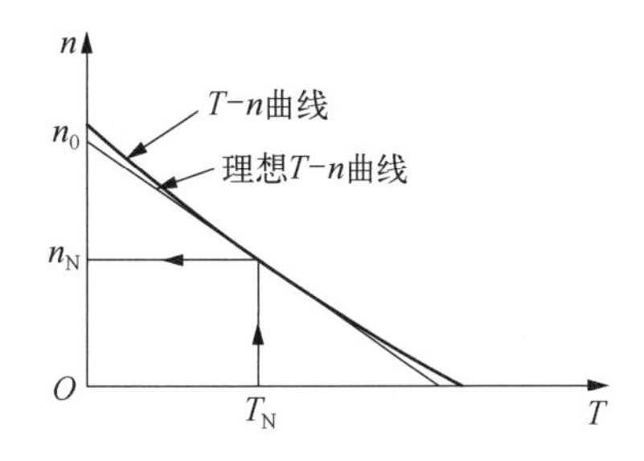

图 2－17　额定点的理想 $T-n$ 曲线与实际 $T-n$ 曲线比较

2.5.4　电机的转矩常数 K_T 与 $T-I$ 曲线的关系

电机的机械特性 $T-I$ 曲线是表示电机单位电

流能产生多少扭矩的关系曲线。在无刷电机中，忽略一些影响因素的前提下，理论上可以认为这是一条直线，这条 $T-I$ 直线与电机的转矩常数 K_T 有关，$K_T=\Delta T/\Delta I$。图 2-18 中 $T-I$ 曲线交 y 轴于 I_0，与 x 轴的反向延长线交于 T_0。I_0 是电机的空载电流，T_0 则是电机的空载转矩。空载转矩 T_0 是由电机转子的摩擦转矩、风摩损耗等造成的。T_0 越大，则电机的空载电流越大，电机的空载损耗就越大，$I_0=T_0/K_T$，电机的效率就会降低。因此在一个电机的磁链 $N\Phi$ 确定后，要尽可能减小电机的 T_0，从而降低电机的空载电流 I_0，使电机的效率得到提高。

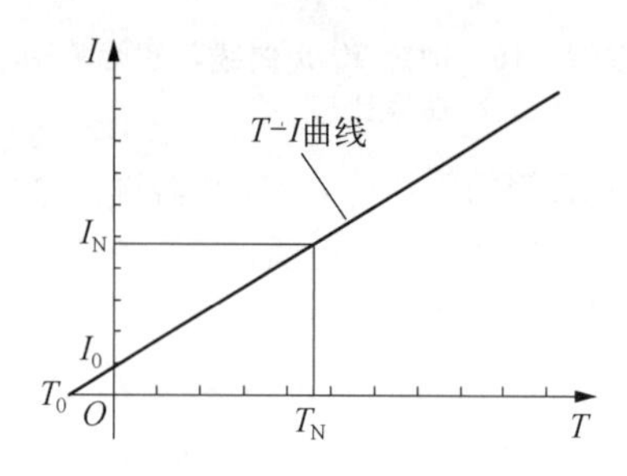

图 2-18　$T-I$ 曲线决定 T_0

可以看出，电机的转矩常数 K_T 直接影响和决定了电机特性曲线的姿态，因此必须对电机的转矩常数 K_T 有一个很好的认识。事实上，现在许多类型电机的技术数据中都标明了电机的转矩常数 K_T，无刷电机无一例外。

2.5.5　电机的 $T-\eta$ 曲线

无刷电机 $T-\eta$ 曲线是电机机械特性曲线中一条很重要的曲线，它表示了电机在输出各种转矩时的电能转换成机械能的效率，下面从多方面和多角度分析电机的 $T-\eta$ 曲线。

(1) 无刷电机的效率 η。电机的输出功率和输入功率之比称为电机的效率，这是从电机的能量方面考核电机将电能转换成机械能的转换效率。是否可以从另外的角度看电机的效率呢？

$$\eta=\frac{P_2}{P_1}=\frac{\frac{Tn}{9.549\,3}}{UI}=\left(\frac{T}{I}\,\frac{1}{\frac{U}{n}}\right)\Big/9.549\,3$$

$$=\left(\frac{T'-T_0}{I}\,\frac{1}{\frac{E+IR}{n}}\right)\Big/9.549\,3$$

当 $T_0=0$，$R=0$，上式变为

$$\eta=\frac{P_2}{P_1}=\frac{T'}{I}\,\frac{1}{\frac{E}{n}}\Big/9.549\,3=\frac{K_T}{9.549\,3K_E}$$

因为 $K_T=9.549\,3K_E$，所以 $\eta=1$。

从上面的公式推导可以看出，电机的效率小于 1 是由于电机的空载转矩 T_0 和电阻 R 的存在，它们越大，电机的效率越低。

有些地方，技术人员把转矩常数确定为 $K_T=(T'-T_0)/I=T/I$，反电动势常数确定为 $K_E=(E+IR)/n=U/n$，在整个电机机械特性曲线中，电机的 T_0 是随电机的转速、工作频率、轴承的摩擦损耗、风摩损耗、铁耗变化等因素而变化的。电机的转矩常数不会有太大的变化，但是电机的反电动势常数会随电机的工作电流变化而产生相当大的变化，因此这种 K_T、K_E 在电机指定的某一工作状态(如电机额定工作点)还是有一定意义的。

(2) 无刷电机的效率曲线。无刷电机的 $T-\eta$ 曲线如图 2-19 所示。

$T-\eta$ 曲线是一前期上升较快、后期下降较慢的弧形曲线。它有一个最大值，称为最大效率点。无刷电机的效率应该比永磁直流电机的效率大些，做得好一些的无刷电机的效率会在 90% 以上(80% 左右即认为是比较好的效率)。最大效率点左边是效率的上升区，右边是效率的下降区。在 $\eta=f(T)$ 的坐标中，电机的最大效率点始终在电机的最大输出功率点左边。电机的最大效率点是电机机械特性中非常重要的点，它的数值直接影响整个电机的机械特性曲线。

(3) 最大效率点与机械特性曲线。电机的理想空载转速 n'_0 为

$$n'_0=\frac{n_\eta}{\sqrt{\eta}} \tag{2-23}$$

电机的空载转速 n_0 为

$$n_0=n_\eta(2-\sqrt{\eta})=n'_0(2\sqrt{\eta}-\eta) \tag{2-24}$$

电机的空载电流 I_0 为

$$I_0=(1-\sqrt{\eta})I_\eta \tag{2-25}$$

电机的空载转矩 T_0 为

$$T_0=\frac{1-\sqrt{\eta}}{\sqrt{\eta}}T_\eta \tag{2-26}$$

电机的堵转转矩 T_D 为

$$T_D=\frac{T_\eta(2-\sqrt{\eta})}{1-\sqrt{\eta}}=\frac{n_0T_\eta}{n_0-n_\eta} \tag{2-27}$$

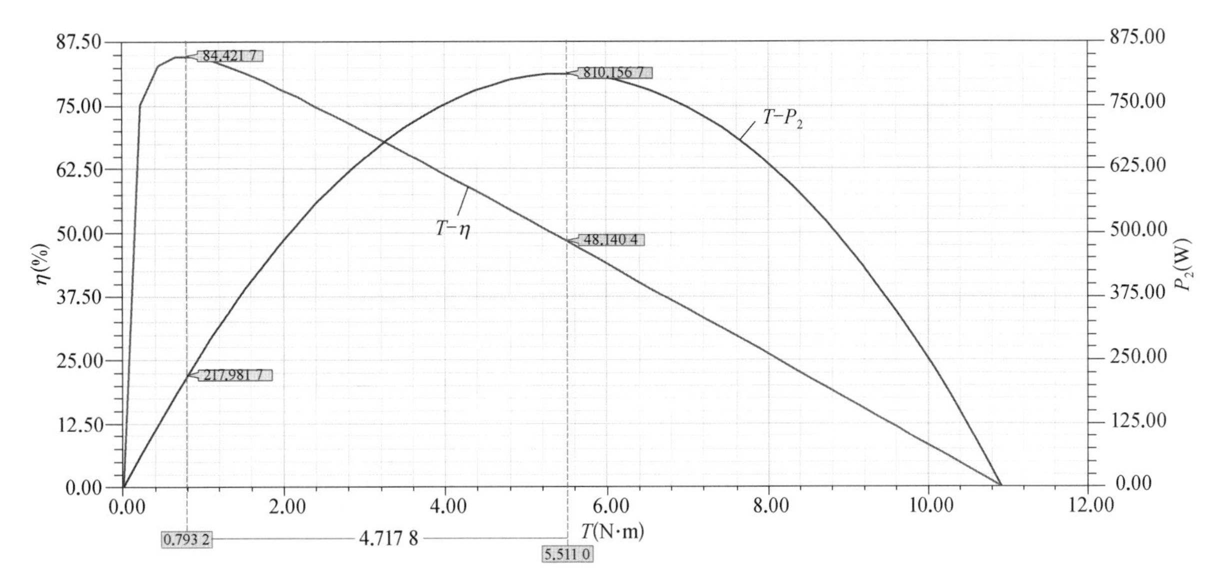

图 2-19　无刷电机 T-η 曲线

电机的计算堵转转矩 T'_D 为

$$T'_D = T_D + T_0 = \frac{T_\eta}{\sqrt{\eta} - \eta} \tag{2-28}$$

电机的转矩常数 K_T 为

$$K_T = \frac{9.549\,3U}{n'_0} = \frac{T_0}{I_0} = \frac{T_\eta'}{I_\eta} = \frac{T_\eta}{I_\eta - I_0} \tag{2-29}$$

电机的反电动势常数 K_E 为

$$K_E = \frac{K_T}{9.549\,3} = \frac{U}{n'_0} = \frac{E}{n_0} \tag{2-30}$$

电机的堵转电流 I_D 为

$$I_D = \frac{T_D}{K_T} + I_0 = \frac{T'_D}{T_0} I_0 = \frac{T'_D}{K_T} \tag{2-31}$$

电机的电枢电阻 R 为

$$R = \frac{UK_T}{T'_D} = \frac{U}{I_D} = \frac{n_0 K_T K_E}{T_D} = \frac{U(1-\sqrt{\eta})^2}{I_0} \tag{2-32}$$

电机的输出功率 $P_{2\eta}$ 为

$$P_{2\eta} = \frac{n_\eta T_\eta}{9.549\,3} \tag{2-33}$$

电机的输入功率 $P_{1\eta}$ 为

$$P_{1\eta} = UI_\eta \tag{2-34}$$

电机任何点的转速 n 为

$$n = n_0\left(1 - \frac{T}{T_D}\right) = n_0 - \frac{RT}{K_T K_E} \tag{2-35}$$

式(2-23)～式(2-35)作者称之为理想无刷电机机械特性内部关系公式。

电机的各项机械特性决定了电机最大效率点的电机性能，更重要的是上面的一系列公式表明：电机机械特性的各项性能都和电机最大效率点的数据有关，电机的最大效率 η_{max} 决定了电机机械特性曲线上的各种重要点。也就是说，确定了电机的最大效率，那么整个电机的机械特性曲线就可以方便地求出了。

2.5.6　电机的 T-P_2 曲线

理想的永磁无刷电机输出功率曲线(图2-20)是一条标准的抛物线，最大输出功率点在堵转转矩 T_D 的1/2处。

2.5.7　电机机械特性曲线重要点的分析与调整

无刷电机的机械特性曲线中有多个重要的点，这些点表达了无刷电机的重要机械特性，对这些点了解得比较透彻，对无刷电机的机械特性也就了如指掌。如果可以对这些重要的点随意地调整，那么对无刷电机的设计就能随心所欲了，为此有必要对无刷电机机械特性的重要点进行分析并熟悉如何调整和应用。

1) 电机的空载转速 n_0　电机的空载转速 n_0 是由电机的反电动势常数 K_E 决定的，有

$$n_0 = \frac{U}{K_E}(2\sqrt{\eta} - \eta) \tag{2-36}$$

当 $\eta = 0.65 \sim 0.9$，$(2\sqrt{\eta} - \eta) = 0.962 \sim$

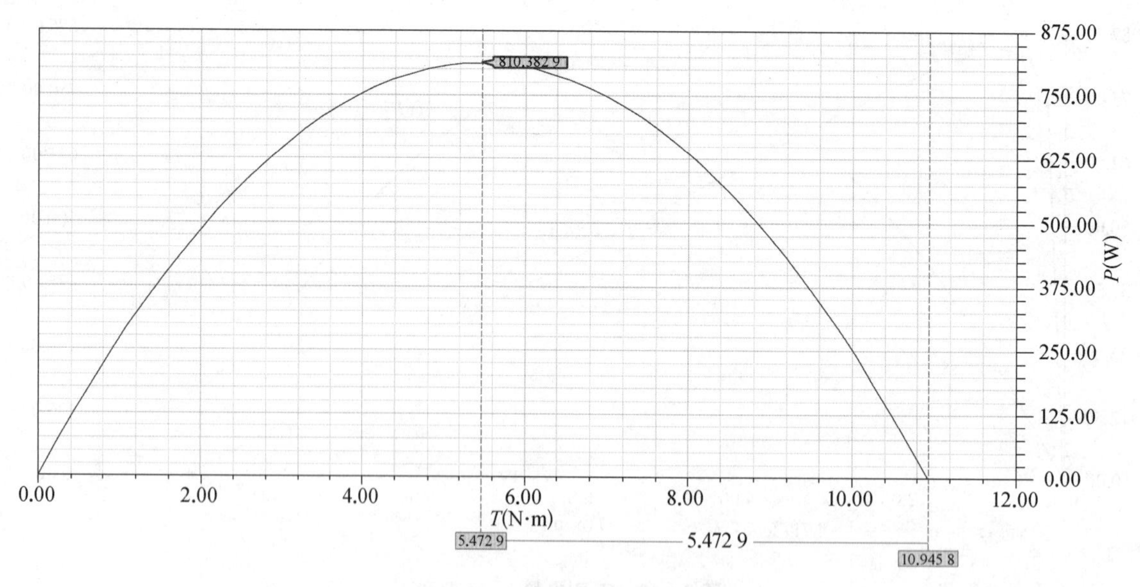

图 2-20 无刷电机 $T-P_2$ 曲线

0.997，这样可以近似认为 $n_0 = U/K_E$，一旦电机的工作电压确定，电机的空载转速仅与电机的 K_E 有关。$K_E = N\Phi/60$，所以

$$n_0 = \frac{U}{K_E} = \frac{60U}{N\Phi}$$

电机的空载转速与电机的额定工作电压成正比，与电机磁链 $N\Phi$ 的乘积成反比。

增加电机空载转速的方法(降低空载转速方法相反)有以下几种：

(1) 提高电机的工作电压 U。

(2) 降低电机的 K_T、K_E，即要减少 N 或 Φ，或者减小电机的 $N\Phi$ 值。

(3) 降低电机的工作磁通方法：用磁性能 B_r 低的磁钢，减小定子和转子的硅钢片厚度，用磁导率差的硅钢片，减小磁钢极弧系数，减小转子的齿宽，降低转子叠压系数，定子、转子的气隙改为不均匀气隙，减薄导磁环的厚度，轭部变窄，转子轴用非导磁材料。

(4) 减少电机的定位转矩，特别是高性能磁钢，不采用整数槽，可以采用分数槽，如果要采用整数槽，则要进行定子斜槽处理。减小轴承阻力，减小转子转动惯量，提高转子动平衡要求，减少电机风摩损耗。

2) 电机的堵转转矩 T_D　电机堵转转矩 $T_D = (U/R)K_T$，电机的堵转转矩与电机的额定电压、电机的转矩常数成正比，与电机的电枢内阻成反比。

增加电机堵转转矩的方法(减小电机堵转转柜方法相反)有以下几种：

(1) 提高电机的工作电压 U，则整个电机 $T-n$ 曲线平行往上抬，电机的堵转转矩提高了，电机的空载转矩相应抬高，电机的转速常数不变。

(2) 提高 K_T，n_0 会相应下降。电机的机械特性会变硬，即电机的转速常数会变小，即每单位转矩电机下降的转速会变小。

(3) 减小 R，采用铜纯度较高的导线，不采用铝线或铜包铝线。加大电机电枢导线的截面积，即把导线加粗或增加线圈导线的并联股数。采用扁形转子，减小转子有效导体长度，尽量减小转子端部长度。直流无刷电机宜采用分数槽集中绕组电机。

(4) 提高 Φ，尽量减少 N，使 R 减小而要确保电机的 K_T 不变或增加。

3) 电机的空载转矩 T_0　电机的空载转矩 T_0 是由电机的各种空载损耗所决定的。T_0 大则电机的空载损耗就大，会影响电机的最大效率和最大效率点的位置，以及电机在某效率点的效率平台的宽度。

T_0 一般是电机的固定转矩，电机的空载损耗与电机的铁耗、电机空载电流引起的铜损耗、控制器的管压降、MOS 管内阻、电机转子的风摩损耗、电机轴承运行时的摩擦损耗等有关。实际电机转速提高后，电机的风摩损耗、电机的轴承摩擦损耗相应增大，电机的空载转矩 T_0 也就相应增大。

减小电机空载转矩的方法有以下几种：

(1) 减小电机转子或无刷电机定子的铁耗，提高冲片的材料牌号。

(2) 减小电机转子的风摩损耗，转子表面粗糙度要求等级提高。采用磁性泥槽楔填充定子槽口，采用细长形转子。

(3) 正确选用轴承，不宜采用超过要求的大轴承，严格控制轴承的滑道加工要求，合理选择轴承滚珠和滑道之间的间隙，合理选用轴承油脂。

4) 电机的空载电流 I_0　电机的空载电流 $I_0 = T_0/K_T$。

减小电机空载电流的方法有以下几种：

(1) 电机在 K_T 不变的情况下，降低 T_0，电机的 I_0 相应降低。

(2) 如果电机的 K_T 增大，那么电机的 I_0 也会相应降低。

(3) 提高定子冲片的材料牌号。

(4) 在 K_T 不变的前提下，增加磁钢的 B_r，减少电机的 N。

5) 电机的堵转电流 I_D　在永磁直流电机中，一般认为，电机的堵转转矩 T_D 就是电机的启动转矩 T_{st}，但是细致地分析，两者是有一定区别的。电机的堵转转矩应该是电机被施加一个转矩，这个转矩逐渐增大，最终使电机停止运转，这时电机输出的转矩和电机被外加的制动转矩相等，这个转矩可以认为是电机的堵转转矩。这时电机需要的电流是电机的堵转电流，$I_D=U/R$，R 为电机的内阻。

如果电机静止不动，给电机一个额定电压，那么电机会通过一个时间过渡过程而启动，这个时间过渡过程中，电机输入的电流是不等的，如图2-21所示。

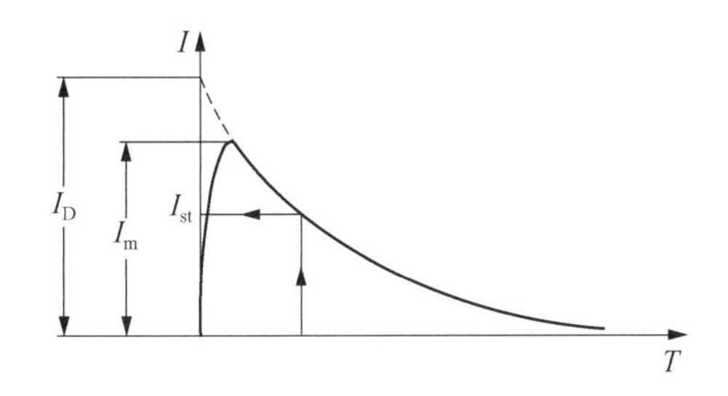

图2-21　无刷电机启动电流过渡过程

这个电流波形是一个单脉冲波，其峰值 I_m 就是电机的电流峰值，I_m 应该小于电机的堵转电流 I_D。电机的内阻 R 大，电机的堵转电流 I_D 就小，电机的机械特性就会变软。电机的转速常数 K_n 就会变小，即电机受力后的转速下降太快。因此，适当取用电机的堵转电流是非常重要的。

有的电机的堵转电流大，一经堵转，电机很快发热，很容易烧毁。电机的堵转电流小了，电机的启动电流也会小，启动电流小到不能使电机启动，那就麻烦了。

交流爪极永磁(磁滞)同步电机、交流罩极电机和某些交流伺服电机的线圈内阻就非常大，任凭电机被堵住，电机的堵转电流也很小，电机线圈的导线电流密度较小，所以电机不会烧毁，这些电机加了齿轮箱后，往往用在阀门等场合。无刷电机的内阻一般比较小，电机一般不得长期堵转。有些交流爪极永磁同步电机的厂家，为了节约成本，把电机的线圈线径取得很小，这样电机的堵转电流就会变小，电机所需要的启动电流往往接近电机的堵转电流，在做启动试验时电机的负载稍有变化，经常会有电机启动不起来的“死机”现象，电机一会儿能够启动，一会儿又启动不起来，找来找去找不出原因，还一味怪技术人员没有水平，这是耐人寻味的。

减小电机堵转电流的方法有以下几种：

(1) 增加电机的电枢电阻，即在不影响电机性能和电流密度时电机的线径不宜太大。在电机需要靠电池或整流电源供电的情况下，尤其需要考虑电机的堵转电流。

(2) 减小电机电枢冲片的直径 D，增加电机电枢长度 L，即减小电机的细长比($K=D/L$)。电机电枢长了，相应电枢绕组电阻就大，这样也可以适当限制电机的堵转电流和启动峰值电流。

(3) 在电机供电回路中串入限流电阻，不使电机堵转时的堵转电流和启动时的峰值电流太大。但是限流电阻是要消耗功率的，电阻要发热，这点需注意。

6) 电机的额定电流 I_N　电机的额定电流 I_N 一般用户是有要求的，它涉及用户选用直流电源的功率和放电的电量(安时)。电机取用电池的电流越小，电池一次充电可使用的时间就越长，特别是在电动自行车电机中，用户希望电机的续行公里数要长，那电机的额定电流相对要小，电机额定电流的确定是非常有讲究的。

影响电机额定电流的因素有以下几方面：

(1) 电机在额定点的输入功率 P_1 是确定的，电机的效率 η 基本是确定的，电机的额定电压 U_N 越高，I_N 就越小。

$$P_2 = UI\eta,\ I = \frac{P_2}{U\eta}$$

(2) 电机的转矩常数 K_T 越大，电机的额定电流 I_N 就越小，$I_N = T'_N/K_T$。

(3) 尽量减小电机的 T_0，即减小电机的空载损耗，使电机的空载电流减小，这样电机的额定电流也会相应减小，但是减小得不是很多。

电机的额定电压提高后，电机的空载转速 n_0 也会随之升高，$K_E=U/n'_0$。如果确定了电机的额定转速，电机的最大效率相差不大，那么就可以计算出电机的空载转速。如果提高了电机的额定电压 U_N，为了确保电机的额定转速 n_N，就意味着电机的反电动势常数 K_E 要与额定电压 U_N 成正比的提高。如果电机的形状不变,即电机的工作磁通Φ不变,那么必定要成正比地提高电机的有效导体数$N(K_E=N\Phi/60)$,对于一定面积的槽形来说,这不是问题。电机的电枢电阻也会相应增加,电机的内阻就大。但是电机的电流也相应减小,电机的铜损耗$P_{Cu}=I^2R$中,电流的减小成平方的关系,而电机的电阻增加成正比关系。因此电机的铜损耗不会增加,反而有所下降。因此,同一电机做成高压电机的效率会比做成低压电机的效率高,主要是电机的铜损耗小了。电力输送都采用高压电输送,就是为了减少线路中的电流引起的损耗。电压高了会引起对人身的伤害,为此正确选用直流电机的电源电压是设计人员需要认真考虑的。

7) 电机的额定转矩T_N　电机的额定转矩T_N就是电机的负载转矩,这不是电机所确定的,而是由用户的需要决定的。

从其他的书中可以看到介绍了许多电机的负载确定的各种公式,求取电机负载功率的方法也是比较简单的,思路也是比较清晰的。只要求出负载运行时要做出的功和时间求出其功率。考虑连接机构或齿轮变速变矩结构对负载的速度改变量,这个量就是电机的转速,不考虑机械结构效率的损失,那么电机的输出转矩与该速度的乘积等于负载运行的功率。实际电机的输出功率要大些,因为要考虑机械的效率损耗。

如某一旋转负载以500 r/min的速度旋转,运行功率为300 W,电机带有减速比为30的齿轮箱,齿轮箱效率为0.9。求电机的输出转矩。

(1) 求出电机的额定转速。

$$n=500\times30=15\,000(\text{r/min})$$

(2) 电机的输出功率为

$$P_2=\frac{300}{0.9}=333(\text{W})$$

(3) 电机的输出功率的计算公式为$P_2=\dfrac{Tn}{9.549\,3}$,所以

$$T=\frac{P_2\times9.549\,3}{n}=\frac{333\times9.549\,3}{15\,000}=0.21(\text{N}\cdot\text{m})$$

负载的确定是很简单的,只要认定能量守恒定律就行,负载运行所消耗的功,必须由电机来付出。如果从负载到电机中间有机械传动机构,那么这个机械消耗的功也由电机来付出。关键就要掌握负载运行的速度通过传动机构转换成电机需要产生的旋转速度,这点必须要计算正确。

8) 电机的最大效率η　在整个机械特性曲线中,电机的效率有个最大值,就是电机的最大效率η,从电机的最大效率点的数据就可以求出电机整个机械特性曲线。

电机最大效率点的位置是否可以判别呢?其实是可以的:当电机的其他总损耗与负载铜损耗相等时,这时这个负载点就是电机的最大效率点。

电机的总的输入功率为

$$P_1=\frac{T'n'_0}{9.549\,3}\tag{2-37}$$

从图2-22中可以看出:电机的固定总损耗为

$$P_{固定}=\frac{nT_0}{9.549\,3}\tag{2-38}$$

电机输出功率为

$$P_2=\frac{Tn}{9.549\,3}\tag{2-39}$$

电机负载铜损耗为

$$P_{Cu}=P_1-P_2-P_{固定}\tag{2-40}$$

则
$$P_{Cu}=\frac{(n'_0-n)T}{9.549\,3}\tag{2-41}$$

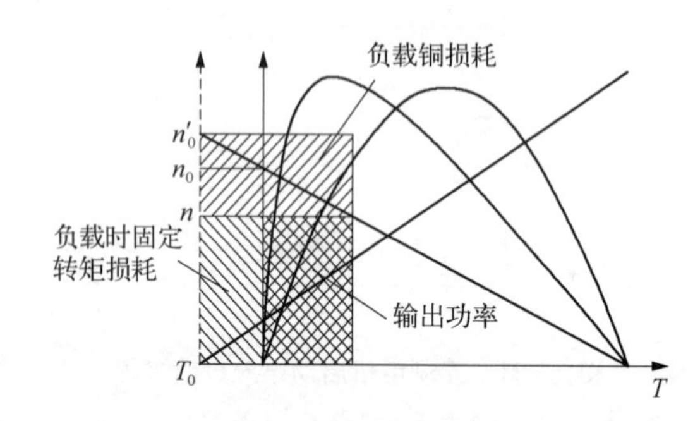

图2-22　机械特性曲线中的电机各种损耗分布

可以证明:当$T=T_\eta$, $n=n_\eta$时, $n'_0=\dfrac{n_\eta}{\sqrt{\eta}}$, $T_0=\left(\dfrac{1}{\sqrt{\eta}}-1\right)T_\eta$, $n_0=(2-\sqrt{\eta})n_\eta$。

电机的负载铜损耗为

$$P_{Cu}=\frac{(n'_0-n)T}{9.549\,3}=\frac{\left(\dfrac{n_\eta}{\sqrt{\eta}}-n_\eta\right)T_\eta}{9.549\,3}=\frac{\left(\dfrac{1}{\sqrt{\eta}}-1\right)n_\eta T_\eta}{9.549\,3}\tag{2-42}$$

电机的其他损耗为

$$P_{固定} = \frac{nT_0}{9.5493} = \frac{\left(\frac{1}{\sqrt{\eta}} - 1\right)T_\eta n_\eta}{9.5493} \quad (2-43)$$

所以,当电机的固定总损耗与负载铜损耗相等时,这时这个负载点就是电机的最大效率点。一旦电机做成,电机的铁损和其他损耗,如风摩损耗、空载铜损耗、轴承摩擦损耗等总损耗相对是固定的,因此只要给电机加负载,使固定总损耗之和与电机的内阻产生的负载铜损耗相等,这时电机达到的效率最高。

空载时的损耗如图 2-23 所示。

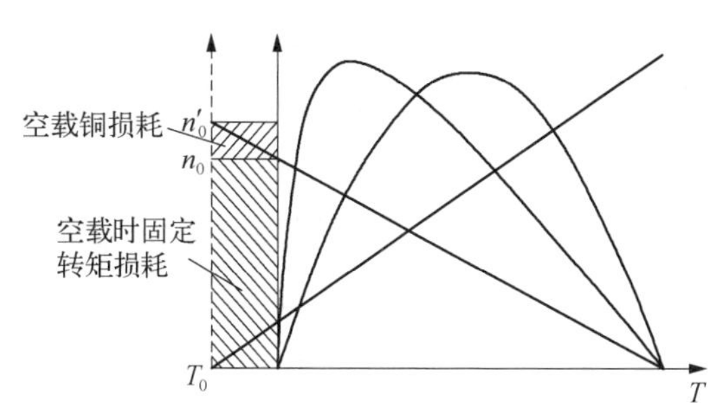

图 2-23　机械特性曲线中的电机空载损耗

2.6　电机的效率平台

从电机的效率可以看出,电机的固定损耗越小,电机在最大效率时的电流也越小,电机的最大效率点随电机的其他损耗的减小而往左移。电机各负载点的效率随电机其他损耗的减小而增加。这样一定效率的范围就会变宽,即电机一定数值的效率平台就会变宽。

因此,要使电机一定数值的效率平台越宽,就应该使电机的固定损耗越小,就要使电机的固定转矩减小,如减小冲片单位体积的铁耗,减小风摩损耗,这样电机的最大效率点就会往左移,电机的效率平台就会放宽。

2.7　无刷电机的电磁功率与损耗

1) 功率　从电机外部看,无刷电机参与电机能量转换的功率为电磁功率 P',电磁功率是电磁转矩 T' 和电机转子的角速度 ω 的乘积。即

$$P' = T'\omega = T'\frac{2\pi n}{60} = \frac{T'n}{9.5493} \quad (2-44)$$

从电机内部看,电机绕组与负载组成的闭合回路中,存在电枢反电动势 E 和电枢电流 I(两者方向相反)。电枢反电动势 E 产生电枢电流 I,从而产生了电机的电磁功率 P'。

$$P' = EI \quad (2-45)$$

综合式(2-44)和式(2-45),有

$$T'\omega = EI$$

$$T' = \frac{EI}{\omega} = EI \times \frac{60}{2\pi n} \quad (2-46)$$

把式(2-46)改写为

$$\frac{T'}{I} = \frac{E}{n} \times \frac{60}{2\pi} \quad (2-47)$$

$$K_T = K_E \times \frac{60}{2\pi} = 9.5493K_E \quad (2-48)$$

当电机被通以额定电压,并受到一个负载转矩后,电机会运转起来,电机的转速会趋向恒定,由于无刷电机定子线圈的电阻和控制器的内阻之和为 R,如果电机的端电压为 U,根据电路定律可以得出反电动势和电压的关系为

$$U = E + IR \quad (2-49)$$

用电枢电流 I 乘式(2-49)各项,得

$$UI = EI + I^2R \quad (2-50)$$

上式表明:电机的输入功率等于电机的电磁功率与电机电枢回路内电阻所消耗的功率之和。

$$P_1 = P_2 + \sum P \quad (2-51)$$

式中　$\sum P$——电机的总损耗功率。

2) 损耗　无刷电机的损耗和有刷电机的损耗略有差别,主要是无刷电机没有换向器的损耗,取而代之的是控制器的损耗。

控制器中损耗包括 MOS 管的管压降、MOS 管的内阻所引起的功率损耗等。无刷电机的其他损耗和有刷电机的损耗是一样的,这里就不多谈了,可以参看各种电机书籍。

无刷电机各种损耗与电机的转矩、转速之间的关系如图 2-24 所示。

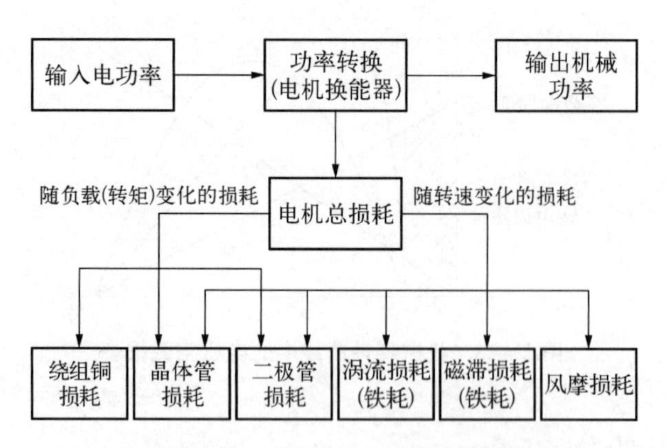

图 2-24　无刷电机各种损耗分析

(1) 电机的固定总损耗与负载铜损耗相等时的最大效率点。下面要求出电机的固定总损耗与负载铜损耗相等时的最大效率点。效率最大点，电机的固定总损耗与负载铜损耗相等，即

$$(n_0'-n_\eta)T_\eta = n_\eta T_0$$

因为
$$\frac{n_0'}{(T_0+T_D)} = \frac{n_\eta}{(T_D-T_\eta)}$$

所以
$$n_\eta = \frac{n_0'(T_D-T_\eta)}{(T_D+T_0)}$$

式 $(n_0'-n)T_\eta = n_\eta T_0$ 就可以变为

$$\left[n_0'-\frac{n_0'(T_D-T_\eta)}{T_D+T_0}\right]T = \frac{n_0'(T_D-T_\eta)T_0}{T_D+T_0}$$

化简后得　$T^2+2T_0T-T_DT_0=0$

所以　$T_\eta = -T_0+\sqrt{T_0^2+T_DT_0}$

又
$$\frac{n_0}{T_D} = \frac{n_\eta}{(T_D-T_\eta)}$$

因此
$$n_\eta = \frac{n_0(T_D-T_\eta)}{T_D}$$

最大效率
$$\eta = \left(2-\frac{n_0}{n_\eta}\right)^2 \tag{2-52}$$

因此只要知道 T_0、T_D、n_0，就可以求出电机最大效率点的转矩 T_η、转速 n_η 和电机的最大效率 η，读者可以进行验算。

(2) 电机损耗和效率的面积求法。从图 2-22 可知，电机的输出功率为

$$P_2 = \frac{Tn}{9.5493}$$

电机的输入功率为

$$P_1 = \frac{(T+T_0)n_0'}{9.5493} = \frac{T'n_0'}{9.5493}$$

电机的效率为

$$\eta = \frac{Tn}{T'n_0'}$$

电机负载铜损耗为

$$P_{Cu} = \frac{(n_0'-n)T'}{9.5493}$$

电机固定损耗为

$$P_{固定} = \frac{T_0n}{9.5493}$$

电机空载固定损耗为

$$P_0 = \frac{T_0n_0}{9.5493}$$

电机空载铜损耗为

$$P_{0Cu} = \frac{T_0(n_0'-n_0)}{9.5493}$$

2.8　无刷电机的输入要素 *U*、*I* 和输出要素 *T*、*n*

无刷电机将电能转换成机械能就是：电源电压是 U 的直流电压，加于负载转矩为 T 的无刷电机上，那么该无刷电机出轴的转速为 n，电机电源的输入直流电流为 I。称该无刷电机输入要素为 U、I，该无刷电机输出要素为 T、n。

下面作者将分别对无刷电机的输入要素和输出要素进行分析。

2.8.1　无刷电机的输入要素 *U*、*I*

从简化的角度看，无刷电机可以看作电子换向的永磁直流电机。这时电源的电压是纯粹的直流电压 U，当电源电压 U 加在带有一定负载转矩 T(空载也有一定负载转矩)的无刷电机上后，电源必须提供一定的电流 I，该电流是纯粹的直流电流。因此电

机的输入功率为 $P_1=UI$。

无刷电机必须靠控制器控制后才能工作，直流电源输入控制器的电压最简单的是直流电压，如果是交流电源，也必须先转换成直流电压后给控制器。控制器把直流电通过线路转换成调频、调幅或不同形状波形的各种形式的电流，提供给无刷电机，使无刷电机能以各种方式运行、工作。

但是不管控制器的电压或电流形式转换多么复杂，电源输入可以确定是直流供电，输入的是纯粹的直流电流。无刷电机的输入功率是以 $P_1=UI$ 计算的。因此，电机的输入要素只有两个：U、I。

2.8.2　无刷电机的输出要素 *T*、*n*

无刷电机在通电后，电机会以空载速度 n_0 转动，电枢绕组切割磁力线产生与转速相对应的反电动势 E，电源输入相对应的电流 I_0，如果在它的轴上加一个转矩 $T_{外加转矩}$，那么电机转子轴上会产生一个与外加转矩大小相等、方向相反的输出转矩 T，转速会从空载转速 n_0 下降到电机的负载转速 n，电流相应加大到 I。

无刷电机相应输出一定的输出功率 $P_2=nT/9.5493$。完成了通过无刷电机从电功率 P_1 转换成机械功率 P_2 的一个转换过程。因此，无刷电机的输出要素也只有两个：T、n。

2.8.3　无刷电机输入要素和输出要素之间的关系

如果认为无刷电机是一个电子换向器直流电机，那么无刷电机输入要素和输出要素之间的相应关系是比较简单的。从本章分析知，连接无刷电机输入要素和输出要素的是

$$K_T=\frac{\Delta T}{\Delta I}=\frac{T}{I-I_0},\ K_E=\frac{\Delta U}{\Delta n}=\frac{U-E}{n}$$

已知 $K_T=9.5493K_E$，因此连接无刷电机输入要素和输出要素的因素只有一个，这就是电机的转矩常数 K_T。可以看出：转矩常数 K_T 是无刷电机机械特性曲线和电机输入输出要素中唯一的非常重要的常数。

无刷电机的内部要素在电磁上只有 N、Φ，就是说电机内部的磁链 $N\Phi$ 把电机的输入要素和输出要素联系起来。

电机能量转换的关系是：电能以 I、U 形式，通过无刷电机内部磁链 $N\Phi$，以 n、T 方式输出机械能，如图 2-25 所示。

图 2-25　电机外部特征和内部磁链的关系

它们之间存在这样的简单关系

$$K_T=\frac{N\Phi}{2\pi}=\frac{\Delta T}{\Delta I},\ K_E=\frac{N\Phi}{60}=\frac{\Delta U}{\Delta n}$$

$$K_T=\frac{60}{2\pi}K_E$$

第3章　无刷电机的绕组、磁路和内部特征

无刷电机的机械特性称为外部特征，无刷电机的电流密度、线负荷、温升、槽利用率、时间常数、转动惯量等称为内部特征。

无刷电机内部是由定子、绕组、转子磁钢组成的。它们的形状、组成材料直接决定了无刷电机的机械特性和参数性能。本书第2章对无刷电机的机械特性曲线等做了较详细的分析，本章对无刷电机的绕组、通电导体数、转子磁钢、定子冲片、电机磁通密度、定子齿磁通密度、电机的工作磁通和内部主要特性进行介绍和分析。

3.1　无刷电机的绕组

无刷电机定子绕组、控制器、位置传感器相配合，构成了无刷电机定子绕组的形式，其目的是让电机正常地运行。无刷电机的定子绕组形式非常多，绕组可以是单相、三相或多相。在三相绕组中，有星形接法和三角形接法。绝大多数场合，无刷电机都采用三相绕组，作者着重介绍无刷电机三相绕组的相关内容，如果把无刷电机的三相绕组理解清楚和透彻，那么其他绕组情况就非常容易理解了。

3.1.1　无刷电机的集中绕组

把定子绕组集中绕在无刷电机定子的每个齿上，节距等于1，定子的每个齿上绕一个线圈，这种绕组称为集中绕组。集中绕组内无刷电机的定子如图3－1和图3－2所示。

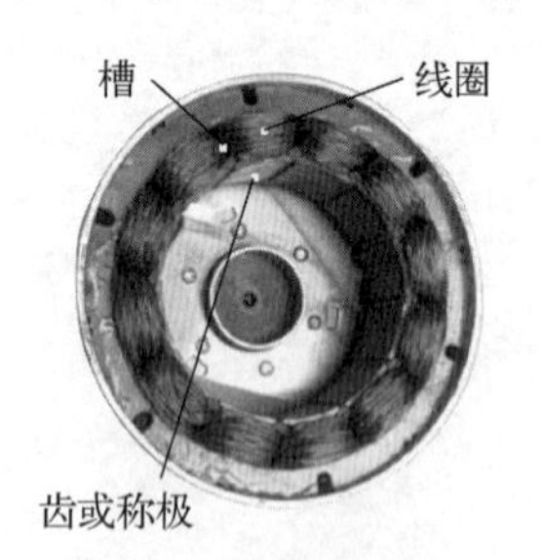

图3－1　无刷电机定子

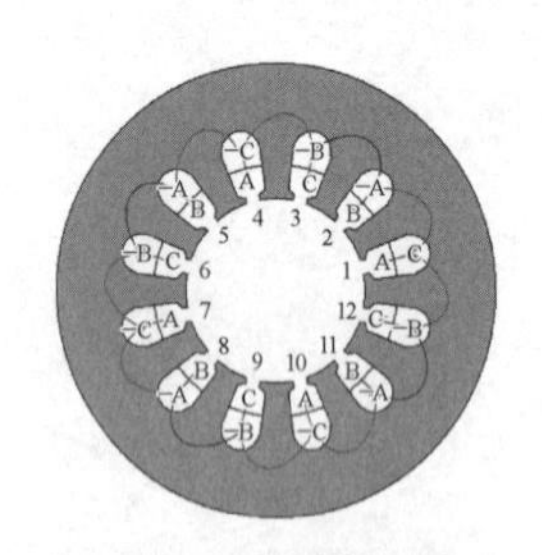

图3－2　无刷电机定子绕组示意

集中绕组的线圈端部长度短，端部损耗就小，电机效率相对就高。尤其是分数槽集中绕组电机定位转矩小，绕线工艺并不复杂，槽数可以做得很多，这样可以做成转矩大、转速慢的直驱电机（direct drive rotary, DDR）。数十千瓦的分数槽集中绕组的无刷电机也是普遍应用的。

3.1.2　无刷电机的大节距绕组

无刷电机的一个线圈跨过多个齿，节距大于1，这种无刷电机定子绕组形式和三相交流感应电机定子绕组形式接线方法完全一样，称这种绕组为大节距绕组。大节距绕组电机的定子如图3－3和图3－4所示。

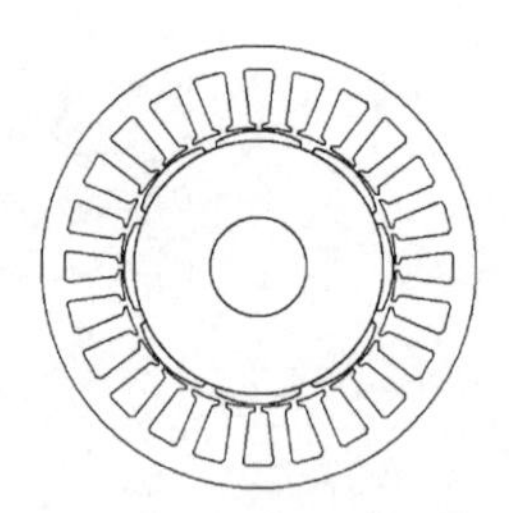

图3－3　大节距绕组电机定子结构

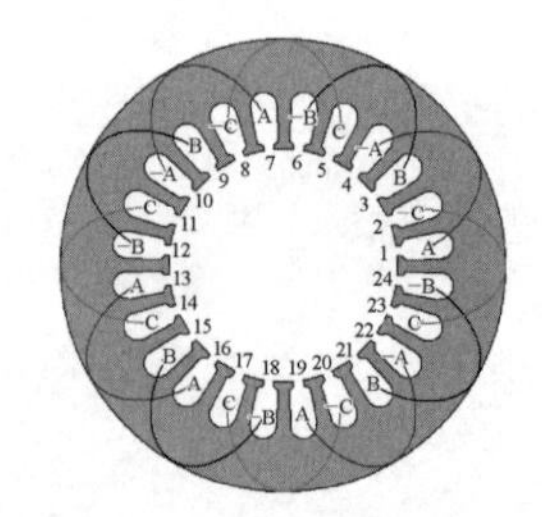

图3－4　大节距绕组电机定子绕组示意

一般大节距绕组用于功率较大的无刷电机中，但是大节距绕组节距大，线圈端部较长，电机损耗较大。槽数多的大节距绕组的形式变化多，可以是正弦绕组形式，不利于电机运行的谐波就减少了，这样电机运行就比较平稳。

丁泉军参加了本章的编写。

3.1.3　无刷电机三相绕组星形和三角形接法

无刷电机绕组最普遍的是采用三相绕组，三相绕组有星形接法(图1-7)和三角形接法(图1-8)的区分。电机绕组星形接法就是把绕组的三个尾巴连接起来，三个头接电源；而三角形连接是三个线圈头尾相连。绕组的星形、三角形接法之间的关系和三相交流感应电机的定子绕组相同，多相绕组在常用的无刷电机中不太采用。

无刷电机的星形、三角形等效绕组和三相交流电机绕组关系一样，即三角形绕组的每相匝数是星形绕组的$\sqrt{3}$倍，绕组电流是$1/\sqrt{3}$倍，绕组导线截面积是$1/\sqrt{3}$倍，即

$$N_{\triangle}=\sqrt{3}N_{Y} \tag{3-1}$$

$$I_{\triangle}=I_{Y}/\sqrt{3} \tag{3-2}$$

$$q_{Cu\triangle}=q_{CuY}/\sqrt{3} \tag{3-3}$$

这两个不同绕组接法的无刷电机，绕组和线径按$\sqrt{3}$关系计算，若采用同一个驱动器，它们的空载转速基本是一样的。由于两个电机的绕组接法不一样，每相线圈匝数相差$\sqrt{3}$倍，因此电机的内部电阻、桥臂电压、电源内阻和换向电阻压降是不一样的。但是表征它们基本性能的反电动势常数和转矩常数应该是一样的。事实上，三角形接法的内阻小，工作电流大，驱动器的晶体管压降就大，加在电机上的电压反而小，因此特性反而软。

因为电机的反电动势常数和转矩常数在电机的机械特性中具有唯一性，所以在无刷电机的产品规格中，经常用电机的反电动势常数和转矩常数来表示电机的基本机械性能。

如果两个电机每相绕组相同、接法不同，那么星形接法的电压是三角形接法的$\sqrt{3}$倍时，它们的空载转速是相等的。如果星形接法的电机的额定电压为36 V DC，那么接成三角形接法的话，其电压就应该为$U_{\triangle}=36/\sqrt{3}=20.78(\text{V})$，因为三角形接法的电机的特性软些，所以一般用24 V作为三角形接法的电机的工作电压，虽然空载时的转速高些，但在负载时可以和星形接法的电机性能相近。

无刷电机可以认为是一个电子换向的直流电机，因此与永磁直流电机在性能上有惊人的相似，该电机的转矩常数K_T和永磁直流电机相似。

$K_T=T'/I$，其中I是电源输入电流，这里的转矩常数K_T应该认为是对无刷电机星形接法而言的。若电机是三角形接法，计算电机的转矩常数K_T时，要把有效导体数$N_{\triangle}$转换成星形接法的有效导体数N_Y，这样电机的性能是相近的。

$$K_T=K_{TY}=\frac{N_Y\Phi}{2\pi}=\frac{N_{\triangle}\Phi}{\sqrt{3}}/2\pi \tag{3-4}$$

在计算电机的电流时，也应该把电源输入电流$I(I_Y)$代入相关公式计算，即

$$K_T=K_{TY}=\frac{T'}{I}=\frac{T'}{I_Y} \tag{3-5}$$

在电机三角形接法计算导线电流密度时，应该以$I_{\triangle}$代入计算，即

$$j=\frac{I_{\triangle}}{q_{Cu}}=\frac{I_Y}{\sqrt{3}q_{Cu}} \tag{3-6}$$

在设计无刷电机时，一般可以用星形接法分析和计算，如果无刷电机要转换成三角形接法，只要把绕组匝数乘以$\sqrt{3}$，导线截面积除以$\sqrt{3}$，电机的机械特性和性能、电流密度、槽利用率可以基本相同。这样整个电机的设计过程就比较单一，思路也比较清晰。

应该指出：三角形接法可在小功率、低压无刷电机中使用。因为无刷电机的气隙磁场通常是非正弦波，反电动势也是非正弦波，绕组三角形接法，将短路反电动势中的谐波分量(例如3次反电动势谐波)而形成环流和发热。

星形、三角形绕组在电压和电流中$\sqrt{3}$的关系，都是基于将无刷电机等价为正弦波的电路获得的。而无刷电机的气隙磁场通常是非正弦波，反电动势也是非正弦波，所以$\sqrt{3}$的关系是近似关系。但是用$\sqrt{3}$的关系来转换绕组星形接法为三角形接法，计算方法的思路是对的，从实用设计的观点看误差不会太大，转换后电机性能如有误差，稍加调整即可。

3.1.4　并联支路数a和导线并联股数a'

无刷电机线圈的并联支路数a是指电机线圈之间的并联数。无刷电机采用分数槽集中绕组也较普遍，当电机槽数比较多，电机工作电压比较低、电流比较大时，会有图3-5所示的接法。这是一个12槽三相无刷电机的定子，属于分数槽集中绕组形式。它由4个相同的单元电机并联而成。如果电机通电线圈有效导体根数N是4个单元电机通电线圈有效导体根数的总和，那么该电机线圈的并联支路数$a=4$。

如果无刷电机功率比较大，电流就相应大，如果线圈导线用单根，那么导线的截面积就非常大，这样

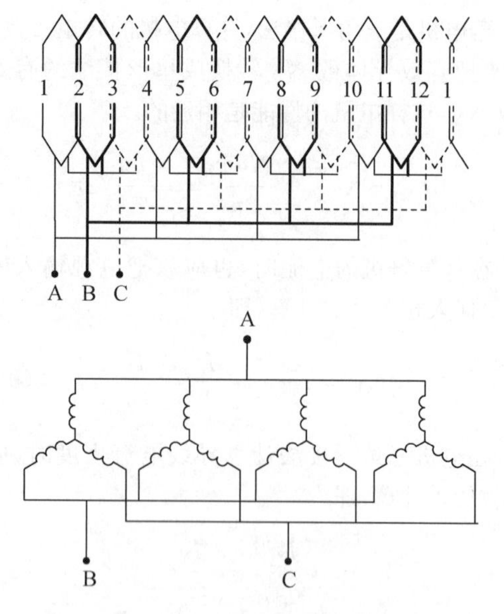

图 3-5 单元电机并联绕组

无刷电机的定子下线时因为导线非常硬，下线和其他工艺操作就非常困难。另外，电流在导线中通过，因为有趋肤效应，所以同样面积的单根导线的效果就不如同样面积的多根导线。大电流和大功率无刷电机的定子线圈都是多股并绕的，这时导线并联股数用 a' 表示。

3.1.5 无刷电机的绕组系数 K_{dp}

在电机理论和设计计算中，一般都引入了绕组系数这一概念：电机中的线圈导体并非全部都是有用的，线圈有效导体根数和电机的绕组系数有关，绕组系数大，那么电机的线圈有效导体根数就多。绕组系数等于 1 表示电机的有效导体根数等于电机线圈的导体根数。

一个线圈绕组的绕组系数是它的短距系数 K_p 和绕组的分布系数 K_d 的乘积。

$$K_{dp} = K_p K_d \tag{3-7}$$

短距系数是短距线圈的反电动势与整距线圈反电动势之比。整距线圈反电动势等于两边线圈反电动势的代数和。短距线圈反电动势等于两边线圈反电动势的向量和。分布系数是电机 q 个分布线圈合成反电动势与 q 个集中线圈合成反电动势之比。因分布线圈的合成反电动势等于 q 个线圈反电动势的向量和，而集中线圈的合成反电动势等于 q 个线圈反电动势的代数和，因此分布系数不大于 1，绕组系数是一个不大于 1 的数值，大多数电机的绕组系数略小于 1，但是不会小太多，否则绕组的利用值就很低。从常规的电机设计的观点看，电机的绕组系数大些，这样会使线圈的电磁作用相应提高。

3.1.6 无刷电机的有效通电导体根数 N

无刷电机的反电动势 $E = N\Phi n/60$，这里的 N 是电机线圈通电导体总根数。电机通电导体数和电机线圈导体数是不同的，在方波运行的三相星形接法的无刷电机线圈中，电机自始至终都只有两相线圈通电工作，一相是不工作的，如果该无刷电机线圈总导体根数为 300 根，那么该电机的有效通电导体根数为 200 根，就是说 $N = 200$。这 200 根导体是通电并参与电机工作的。在式(1-5)推导过程中，没有涉及电机的绕组系数，本书在无刷电机实用设计计算过程中免去了绕组系数的使用。

3.1.7 无刷电机的绕组的矩形波和正弦波

从理论上讲，无刷电机的电压和电流波形应该是矩形波，其反电动势的波形也应该是矩形波。这样的无刷电机具有普通有刷电机的机械特性，具有启动转矩大、加速快、动态制动简便、效率高等优点。方波电机只需获得触发时刻位置的信息，位置传感器就比较简单，只要用霍尔元件就能够胜任。而正弦波无刷电机的反电动势也是正弦波的。正弦波无刷电机需全程跟踪转子位置，以获取与转子磁场同步的正弦波位置信号，位置传感器就比较复杂，如用旋转变压器、光栅编码器等。现在由于先进的控制技术的出现，用霍尔元件、不用霍尔元件或不用复杂的传感器都能达到正弦波控制的目的，不过控制技术比方波无刷电机复杂。梯形波和正弦波反电动势波形如图 3-6 所示。

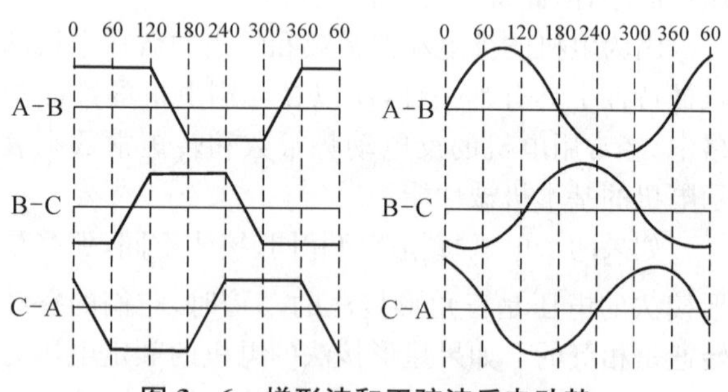

图 3-6 梯形波和正弦波反电动势

不同的电机绕组和转子磁钢形状，会产生不同的反电动势，其波形可以分为基波和谐波。其中基波分量是产生电机输出转矩的主要成分。各次谐波分量对于电机的运行是有害的，要尽可能消除电机气隙磁势中的谐波分量。集中绕组在均匀气隙中产生的磁势基波是一个矩形波。与矩形波电机相比，正弦波电机具有运行平稳、定位转矩小、噪声小等优点。可以改变转子磁钢形状，使电机产生不均匀气隙，使气隙磁势接近正弦波形状。

3.2　无刷电机磁路结构介绍

电机的磁路是构成电机的重要因素，电机的磁路指的是电机的磁体所产生的磁力线在电机中的走向。如果一个电机的磁路不合理，这个电机从性能或其他方面来分析，肯定是不够理想的。无刷电机的磁路结构比有刷电机复杂，转子上放有磁钢，磁钢有径向磁钢和切向磁钢之分，如图 3－7 和图 3－8 所示。

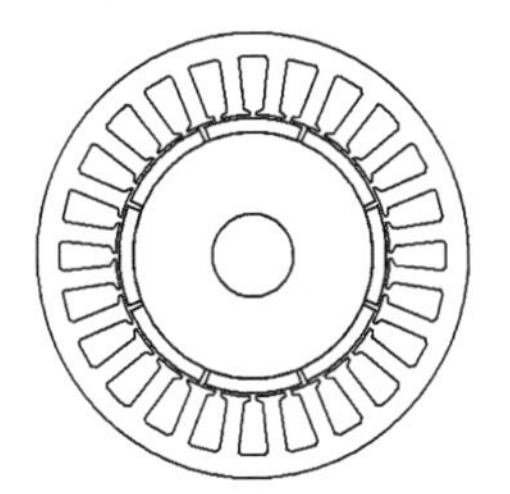

图 3－7　径向磁钢

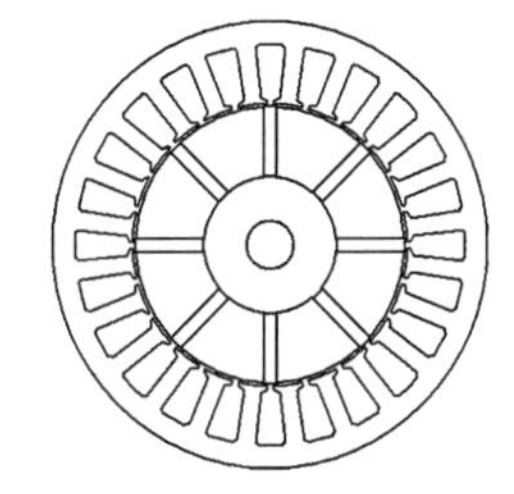

图 3－8　切向磁钢

图 3－7 所示的电机的磁钢结构是贴片式径向磁钢转子形式。由于无刷电机的直轴和交轴的磁势应该相等，所以一般用径向磁路，但为了无刷电机转子的工艺性好些，有转子结构采用内嵌式磁钢(内置式)，如图 3－9 所示电机是内嵌式转子结构的无刷电机。但是无刷电机转子最好采用径向结构。

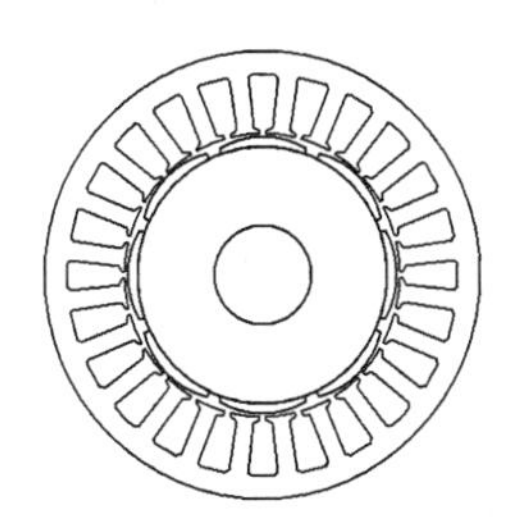

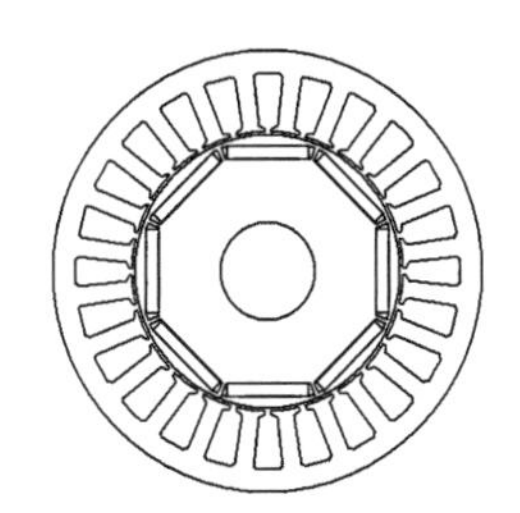

图 3－9　无刷电机各种不同形式的转子结构

3.2.1　无刷电机的磁通

在无刷电机的磁场中，转子磁钢产生的磁力线通过电机磁路中的各种介质和线圈内截面的介质，在某一截面上通过的磁力线的多少称为磁通。在磁路中，磁钢产生的磁力线必须经过无刷电机的定子和转子之间的气隙、定子齿、齿上的线圈、轭、磁钢、转子轭，再回到磁钢这一基本路径，电机的每个部位都有不同的磁力线通过，形成各个部位的磁通。磁通用 Φ 表示，即

$$\Phi = BS \times 10^{-4}(\mathrm{Wb}) \qquad (3-8)$$

式中　B——单位面积的磁力线，称为磁通密度(T)；

S——磁力线通过的截面面积(cm^2)。

电机中的磁势 F 可以用磁通与磁阻来表示，即

$$F = R_{m1}\Phi + R_{m2}\Phi + R_{m3}\Phi + \cdots \qquad (3-9)$$

电机中各部分的磁通，可以冠以不同的名称，在磁钢工作截面产生的磁通称为主磁通，通过磁钢与电枢之间气隙的磁通称为气隙磁通，通过电枢齿和轭截面的磁通分别称为定子齿磁通和定子轭磁通，还有不通过电枢线圈的磁通称为漏磁通。这些磁通并不是完全相等的，这和电路中的概念有些不一样，如气隙中的磁通并不可能完全经过齿进入轭部，它一部分进入齿，一部分通过槽而进入电枢轭部。磁力线不可能无限制地穿过电枢的冲片材料，它有一个饱和程度，把单位面积穿过的磁力线多少称为磁通密度。电枢的冲片(硅钢片)有一个饱和磁通密度，如果齿部的磁通密度饱和了，那么磁钢即使再强也不可能使齿部磁通增加，部分气隙中的磁力线只能从槽中及空气中或其他地方进入磁势低的部位。如果电机中某个部位的磁路通道较狭窄，则会影响电机的有效磁通。工作磁通改变，电机的性能就会改变。

3.2.2　无刷电机的工作磁通

电机有一个有效的工作磁通 Φ，它决定电机机械特性。对于工作磁通的确定，常规的方法是用磁铁工作图求解。

工作磁通的正确求取是电机设计的关键，电机的工作磁通要弄清两个概念：① 电机什么地方的磁通可以选择为工作磁通；② 电机的工作磁通是负载工作磁通还是空载工作磁通，两者是否有区别。现在分别把这两个问题解释清楚。

(1) 无刷电机的主磁通是磁钢磁通通过气隙形成气隙磁通再与电机的定子绕组交链。可以说无刷电机的气隙磁通是转子与定子绕组唯一交链的磁通，因此现在各种设计理论都把气隙磁通作为计算工作磁通，一般的电机设计软件大多也采用这种常规的求取电机工作磁通的方法。工作磁通的求取是要把电机的各个结构参数认真求出，确定电机的磁路和各段磁路的磁压降，然后用磁铁工作图求出电机负载时的实际工作磁通，在实际设计中会觉得，既不准确又相当麻烦。

事实上，电机的任何一种磁通都与电机工作磁

通相关，只要能正确地计算出该部位的磁通，找出该磁通和工作磁通的关系，就可以求出电机的工作磁通。不一定要用电机的气隙磁通作为工作磁通，从最基本的电磁场概念中可以看出，电机线圈在磁场中，与其相交链的磁通发生变化才会产生反电动势。

$$e_1 = N_1 \frac{d\Phi_1}{dt} \tag{3-10}$$

说明磁通必须和通电线圈交链，在整个无刷电机定子铁心的磁路中，线圈是绕在电机铁心的齿上的，磁路中的磁力线是通过齿的介质形成齿磁通与无刷电机的通电线圈切割、交链的。因此与无刷电机的通电线圈所切割、交链的齿的齿磁通是无刷电机的有效工作磁通。无刷电机的有效工作磁通应该是无刷电机每个磁极在转动时先后和通电线圈交链的磁通，因此这个无刷电机的有效工作磁通是每个磁钢转动时与通电线圈交链的磁通总和，即

$$\Phi = \Phi_1 + \Phi_2 + \Phi_3 + \Phi_4 + \cdots = 2P\Phi_1 \tag{3-11}$$

不考虑电机的漏磁，从动态的方面讲，电机运行时所有磁钢产生的磁力线经过气隙都会通过电机的齿与电机线圈交链，因此电机的工作磁通就是整个电机转子磁钢产生的有效气隙磁通。电机的气隙磁通是指气隙圆周中均匀的平均有效的气隙圆周磁通，这个圆周磁通可以认为是均匀地进入定子所有齿，形成定子齿磁通，产生齿磁通密度。即整个转子磁钢的磁力线会通过气隙进入电机所有定子的齿中，那么通过整个定子齿的齿磁通就相当于电机磁钢的工作磁通，因此电机的工作磁通等效于整个电机定子的齿总磁通，当然这是平均磁通。

齿磁通可以分以下几种情况来分析：

① 当齿的磁通密度不饱和时，即 $B_Z < 1.8\,\mathrm{T}$，定子冲片的饱和程度不高，可认为主磁通从气隙进入铁心表面后，全部从齿内通过。

② 在 $1.8\,\mathrm{T} < B_Z < 2.4\,\mathrm{T}$ 的情况下，齿部磁路比较饱和，主磁通大部分由齿通过，但有很小部分则经过槽进入轭部，可以认为气隙磁通几乎全部由齿通过。

③ 在 $B_Z > 2.4\,\mathrm{T}$ 的情况下，无刷电机的齿磁通密度是饱和了，其齿磁通密度应该取用 $B_Z = 2.4\,\mathrm{T}$ 左右。

当磁钢产生的磁力线进入齿可以分成两种情况：齿不饱和时，磁钢产生的气隙磁通全部变为齿磁通；当齿饱和时，齿磁通密度一般取 2.4 T 左右，那么这时的齿磁通就是电机的工作磁通。

(2) 电机在运行时，进入的齿的平均磁通 Φ 是不变的，$\Phi = 2P\Phi_1$，这个磁通不因电机负载大小而变化。实践证明，电机有负载后，每极有效磁通是不变的，与空载时相同，齿磁通密度同样不变，因此可以用空载的磁场概念计算负载时的电磁转矩。反过来思考一下，很明显，如果电机空载和负载的工作磁通会发生变化，那么永磁直流电机的 $T-I$ 曲线就不可能是一根直线，$K_T = \frac{T'}{I} = \frac{N\Phi}{2\pi}$ 的等式就不能成立。本书阐述的实用设计取用的电机工作磁通就是电机空载时的磁通，$K_E = \frac{N\Phi}{60}$ 和 $K_T = \frac{N\Phi}{2\pi}$ 中的 Φ 是相等的。

3.2.3 磁钢磁通和磁通密度的概念

常用的无刷电机表贴式瓦形磁钢一般用烧结钕铁硼磁钢和铁氧体磁钢，环形磁钢一般用黏结钕铁硼磁钢或铁氧体注塑磁钢。瓦形磁钢的磁通密度基本上呈矩形或梯形分布，环形磁钢基本上呈梯形或正弦形分布。

无刷电机大多采用表贴式径向励磁磁钢或环形径向励磁磁钢(图 3-10)，表贴式瓦形磁钢的磁钢是用钕铁硼磁钢或铁氧体磁钢，磁性特别"硬"，表面磁通密度不容易形成正弦形分布，基本上呈方波或梯形波。在机械极弧系数为 1 的时候，两块磁钢边缘磁性有些抵消，波形呈梯形波分布。

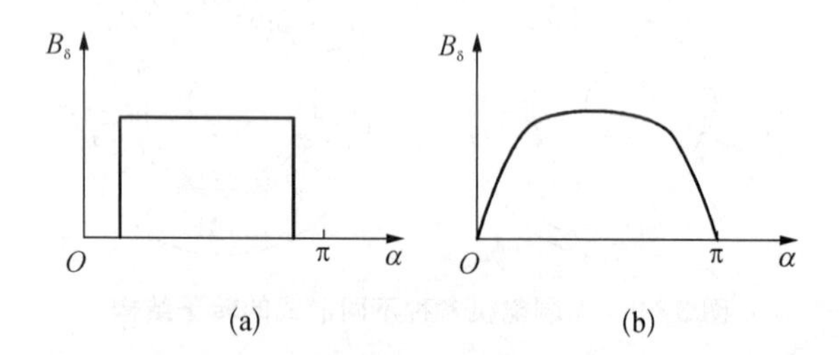

图 3-10 瓦形磁钢和环形磁钢的磁场分布

(a) 瓦形磁钢径向励磁；(b) 环形磁钢径向励磁

为了使电机运行平稳，减小电机的定位转矩，因此无刷电机的转子磁钢做成不同心圆，使磁钢的两边气隙长大于磁钢中心气隙长，这样磁钢形成的气隙磁通密度会呈圆滑的梯形波或类似正弦波。一体式的环形磁钢，有两种形式：一种是黏结钕铁硼磁钢；另一种是铁氧体注塑磁钢。在磁钢极数少的时候磁性波形一般呈圆滑形梯形波，在极数多时呈正弦波波形。

不管磁钢分布情况如何，总是可以用磁通密度有效系数 α 来表示磁钢剩磁和磁钢平均磁通密度之间的关系。如磁钢的机械极弧系数 α_j 为 1，表面磁通密度的波形充成正弦波波形，其平均磁通密度为

0.636 6B_r(图 3-11),0.636 6 是磁钢的磁极弧系数 α_m 值。如果机械极弧系数不等于 1,假设为 0.9,那么对于磁钢一个极距来讲,平均磁通密度应该为 0.9×0.636 6B_r = 0.572 94B_r。

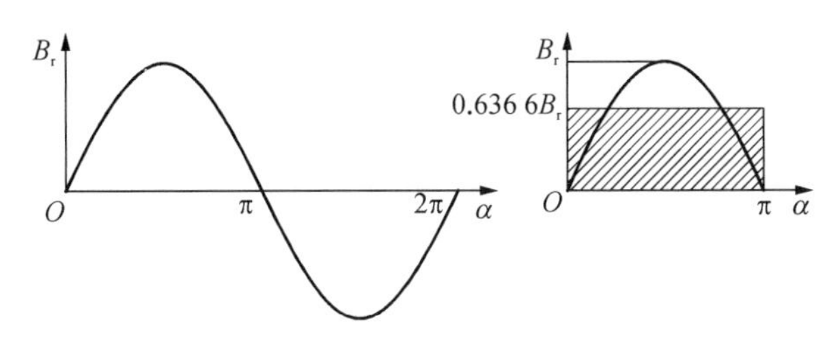

图 3-11　磁通密度是正弦波波形

如果是瓦形磁钢,机械极弧系数为 1,磁极弧系数为 0.95,该磁钢的磁通密度有效系数为 α_i = 1×0.95 = 0.95。图 3-12 所示是一种黏结钕铁硼磁钢的表面磁通密度的波形图,可以清楚地看出,该磁钢是一个 4 极的环形磁钢,外径为 26 mm,内径为 18 mm,长为 20 mm。从测试表看,表面最大磁通密度峰值为 2 541 Gs(1 Gs=10^{-4} T),峰值的平均值为 2 493 Gs,波形的平均值为 1 507 Gs,其波形非常接近正弦波,波形的平均值与平均峰值之比为 1 507/2 493=0.604 49,并不能达到 0.636 6。

图 3-13 所示是同一形状的黏结钕铁硼磁钢,也是 4 极,由于充磁的方法不一样,磁通密度波形不是正弦波波形,而是马鞍形波形,波形的平均值就和正弦波的值是完全两样。

图 3-14 所示仍是同一种磁钢,由于磁钢充磁形式不一样,造成了另外一种梯形波。

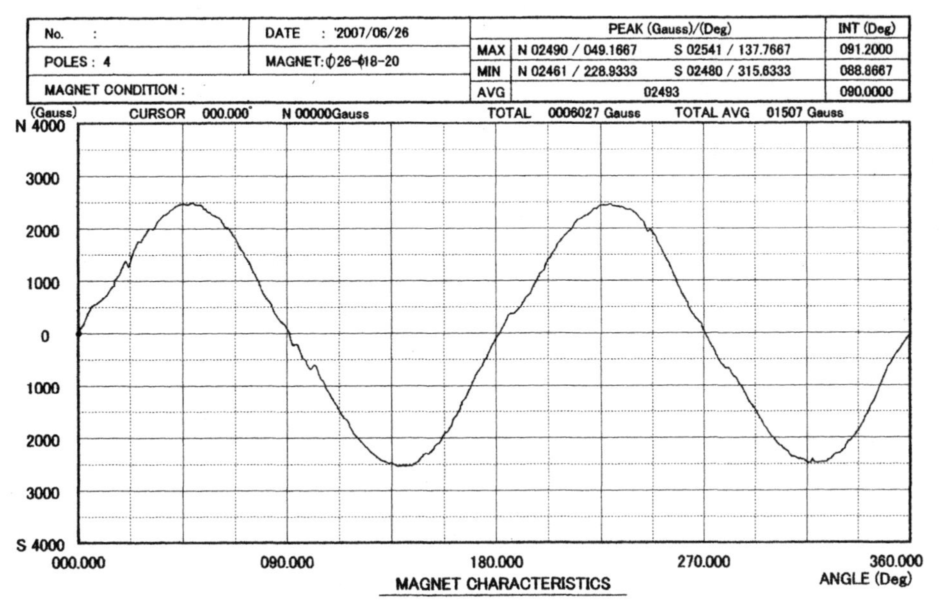

图 3-12　黏结钕铁硼磁钢的表面磁通密度的测量波形一

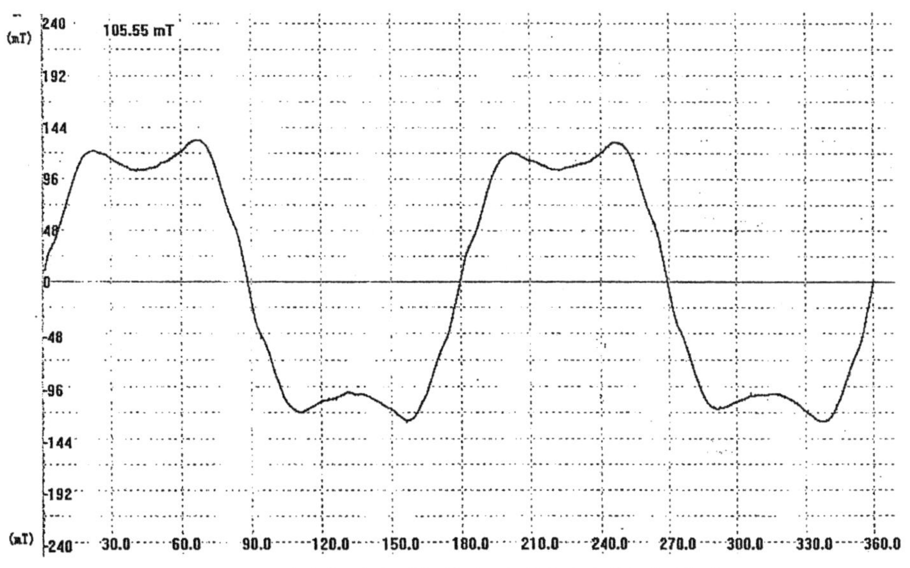

图 3-13　黏结钕铁硼磁钢的表面磁通密度的测量波形二

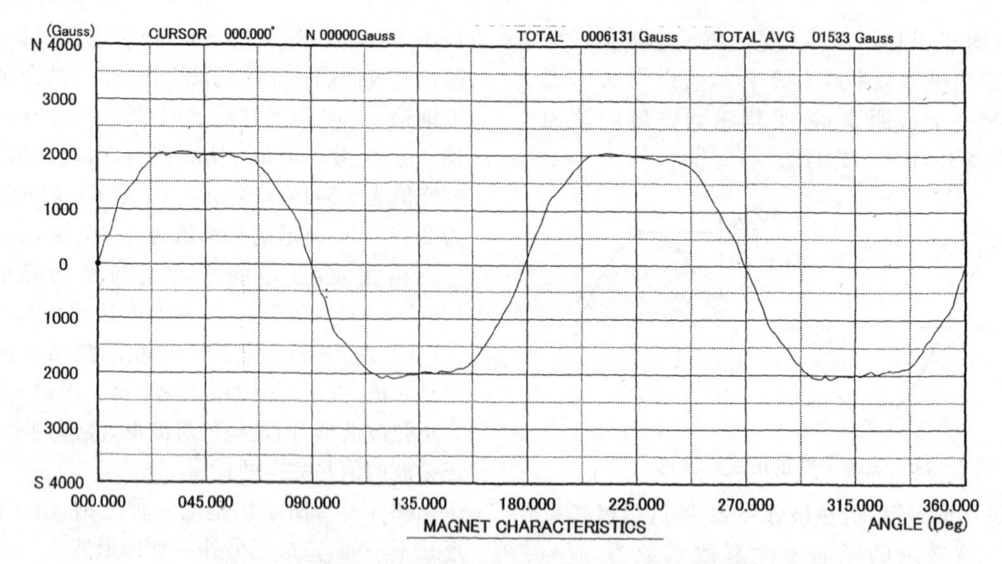

图 3-14 黏结钕铁硼磁钢的表面磁通密度的测量波形三

通过以上分析可知，磁钢去磁曲线中的 B_r、H_C 并不能完全代表磁钢的表面平均磁通密度或产生的实际磁通的大小。

对于磁钢来讲，不管磁钢的形状和磁场分布如何，无刷电机的转子磁钢产生的气隙圆周磁通都可以用下式表示。

$$\Phi = \pi D\alpha_j\alpha_m B_r L \times 10^{-4} = \pi D\alpha_i B_r L \times 10^{-4} \tag{3-12}$$

式中 α_j——机械极弧系数；

α_m——磁极弧系数；

α_i——极弧系数。

磁钢产生的磁通和磁钢本体有关，并涉及定子形状、气隙大小、充磁等因素。

3.2.4 气隙磁通和磁通密度的分析

磁钢产生的磁力线，通过气隙进入定子齿与线圈交链，形成气隙磁通和齿磁通。磁钢的性能、形状、定子形状和材料性能均直接影响电机气隙磁通的大小。考虑无刷电机的气隙磁通密度和磁通要比单纯考虑磁钢的磁通和磁通密度时的因素要相对多些。一旦无刷电机的磁钢和定子冲片组成后，那么电机的磁路就形成了，气隙磁通也就形成，这是电机的空载气隙磁通，定子的齿磁通密度也是空载齿磁通密度。

从本书第1章可以知道，电机的工作磁通应该是基于线圈处于的磁场中的磁钢平均磁通密度形成的气隙磁通。磁钢的每个极的磁通密度 B 的最大值应该是磁钢的剩磁 B_r，磁钢各个地方的磁通密度不会超过磁钢最大磁通密度 B_r 的，把平均磁通密度 B_{av}表示为

$$B_{av} = \alpha_i B_r \tag{3-13}$$

该式中的 α_i 包含了多种因素的影响：

(1) 磁钢的机械极弧系数 α_j 的影响。因为公式 $\Phi = B_{av}\pi D_a L/(2P)$ 中没有考虑电机磁钢的机械极弧系数 α_j，如果表贴式磁钢的机械夹角小于磁钢的极距夹角，那么磁钢的磁通肯定要受到影响而减少，这个系数是磁通极弧宽度和磁钢极距的比值，称为机械极弧系数 α_j。

(2) 磁钢的磁极弧系数 α_m 影响。因为磁钢的磁通密度分布波形不一定是方波，有可能是正弦波、马鞍形波、梯形波等波形，所以其平均磁通密度的系数肯定是不等的，为此必须用一个系数乘以磁钢磁通密度最大值 B_r 表示磁钢的实际平均磁通密度。这个系数可以称为磁钢的磁极弧系数 α_m。

(3) 磁钢的厚度 L_m 就是磁钢长度 L，电机的气隙长度 L_δ等都会给磁钢磁通密度转换成电机气隙磁通密度逐一打折扣，产生一个低于磁钢最大磁通密度 B_r 的一个气隙平均磁通密度。

(4) 气隙的平均磁通密度就是 $B_{av} = \alpha_i B_r$，其中 α_i 就是各种折扣系数之积。这些系数之积常称为极弧系数，α_i 把磁钢最大磁通密度 B_r 打了多个折扣，作为电机磁钢磁通密度折换成电机气隙平均磁通密度的计算依据和方法。从另外的角度看，气隙磁通既然是个平均值，那么应该认为气隙磁通在无刷电机的气隙圆周里的分布是均匀的，因此电机的气隙磁通和电机转子的磁通极数无关，如果磁钢的磁性能一样，磁通密度分布的波形一样，那么同气隙圆周上的磁钢数量多少与产生的气隙平均磁通密度、气隙磁通是无关的。用一个均匀的气隙磁通概念去考虑对电机的作用，这样方便了以后的无刷电机设计

计算。

3.2.5　齿磁通和齿磁通密度的分析

无刷电机的气隙磁通确定后，电机的齿磁通也就确定了，因为齿磁通大多情况下是跟随气隙磁通的改变而改变的。无刷电机的漏磁如果很少，电机的气隙磁通就可以设定为工作磁通，即电机的齿磁通是工作磁通，因此电机齿磁通的表达式和气隙磁通的表达式是一致的。相应齿磁通密度 B_Z 的表达式和气隙磁通密度的表达式也是一致的，即

$$B_Z \propto \alpha_i B_r \tag{3-14}$$

通过无刷电机的气隙磁通产生的齿磁通密度是电机的平均齿磁通密度，这个磁通密度是电机的“计算磁通密度”，可用于计算电机的工作磁通。有些时候，电机的气隙磁通是不能作为电机的工作磁通的，有些电机的齿相当窄，磁钢的性能又相当高，这样，磁钢发出的磁通相当大，形成的气隙磁通也相当大，部分气隙磁通进入齿后已经使齿磁通密度达到了饱和，气隙磁通不可能全部进入齿，这样只有饱和的齿磁通才是电机的工作磁通。

另外有些电机的磁钢个数相当多，一块磁钢进入一个齿的磁通就比较少，这样电机的齿磁通密度就显得比较小，如果单从电机转子静止时计算齿磁通的角度来计算电机的工作磁通，那么与电机实际的工作磁通是不符的。如果气隙直径一样，转子在转动时，较多数量的磁钢的气隙磁通进入齿线圈的磁通和较少数量的磁钢的气隙磁通进入齿线圈的磁通是一样的，因此也可以用电机的气隙磁通是无刷电机的工作磁通这样的观点来进行电机设计。

在无刷电机的定子和转子相对静止时，磁钢中心与齿中心不都是重合的，这时各个齿的磁通密度是不一样的。在转子转动时每一个磁钢中心都要从电机齿中心旋转到另外一个齿的中心。电机的齿工作磁通应该是电机的各块磁钢的磁通在旋转时与线圈相切割的磁通的总和，即所有磁钢的有效磁通是电机的工作磁通。磁钢的磁通产生了电机气隙平均磁通，这个圆周气隙磁通均匀地进入定子所有齿，形成定子齿磁通，产生齿磁通密度，如图 3-15 所示。那么通过整个定子齿的齿磁通就相当于电机磁钢的工作磁通，因此电机的工作磁通等效于整个电机定子的齿总磁通。

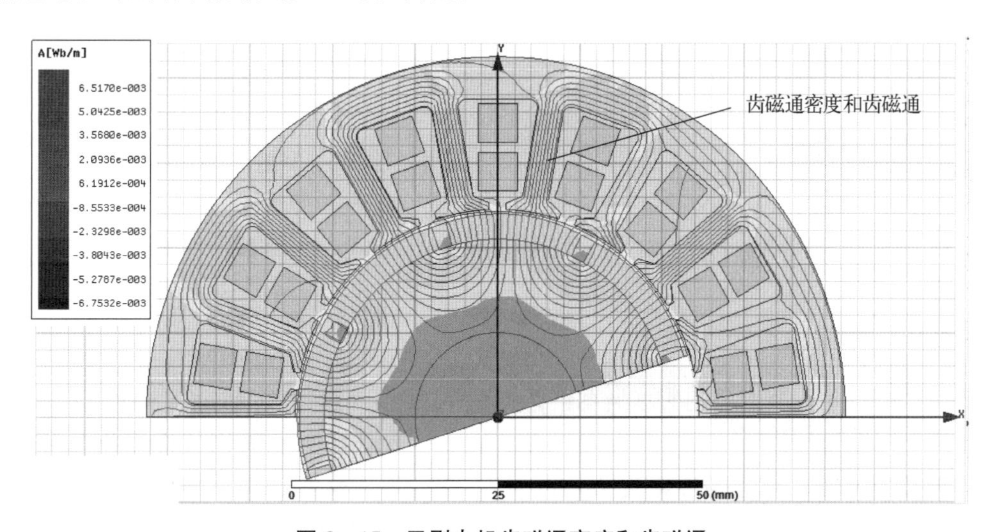

图 3-15　无刷电机齿磁通密度和齿磁通

在不考虑漏磁和齿磁通密度饱和的情况下，这些磁通全部进入定子整个齿中，因此电机的工作磁通就是定子整个齿的齿磁通，那时的齿磁通密度 B_Z 就是电机的工作齿磁通密度。这个齿磁通密度是磁钢磁通与线圈正常交链时的平均气隙磁通密度产生的平均齿磁通密度，这点请读者务必注意。

无刷电机一般用表贴式磁钢，在表贴式磁钢形式中，磁钢与齿正交时的气隙磁通所产生的齿磁通为

$$\begin{aligned}\Phi &= ZB_Z b_t K_{FE} L \times 10^{-4}(\text{Wb}) \\ &= \alpha_i B_r (\pi D_i) L \times 10^{-4}(\text{Wb})\end{aligned} \tag{3-15}$$

从式(3-15)看，如果电机的磁钢材料和形状不变，定子材料和齿形尺寸数据和数量发生变化就会引起电机齿磁通的变化，电机线圈是规则地绕在定子齿上的，电机线圈导体与交链的齿磁通就会发生变化，最终造成电机工作磁通的变化。

电机的齿磁通与电机的齿磁通密度相关，定子齿和转子磁钢的材料及形状尺寸决定了齿磁通密度。能够很好地计算电机齿磁通密度就能够很好地

求出齿磁通，即无刷电机的工作磁通，因此在设计中必须很好地解决齿磁通密度的计算问题。

如果电机转子是内嵌式的，可以把内嵌式磁钢的表面磁场分布转换成表贴式磁钢形式，这样就可以用式(3-15)进行齿磁通密度的计算。

内嵌式磁钢转换成表贴式磁钢形式后，其机械极弧系数较小时，电机的计算磁通密度和实际磁通密度相差较大，如果要求计算电机齿实际磁通密度，那么必须考虑机械极弧系数。这个内容将在后面电机设计时介绍。

3.2.6 气隙槽宽与气隙齿宽比的设定

为了对电机磁通密度分布做进一步的分析研究，很好地求出电机齿磁通密度，作者提出了一个气隙槽宽与气隙齿宽比的概念，记为 K_{tb}，即

$$K_{tb}=S_t/b_t \tag{3-16}$$

式中 S_t——气隙槽宽；

b_t——气隙齿宽。

如图 3-16 所示，气隙槽宽 $S_t=12.85\,\text{mm}$，气隙齿宽 $b_t=12.7\,\text{mm}$，则 $K_{tb}=\dfrac{12.85}{12.7}=1.0118$。

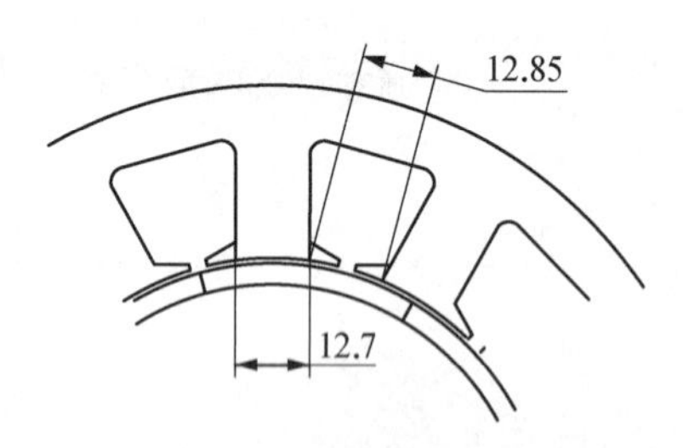

图 3-16 气隙槽宽和气隙齿宽

气隙槽宽与气隙齿宽比这个概念非常重要，这是判断齿磁通密度的重要手段和依据。

3.2.7 磁钢剩磁 B_r 和齿磁通密度 B_Z 的关系

如果把无刷电机的磁钢剩磁 B_r 和齿磁通密度 B_Z 的关系了解清楚，那么电机工作磁通的求取就相对容易了。

可以用几种方法来分析磁钢剩磁 B_r 和齿磁通密度 B_Z 的关系。

(1) 把从磁钢剩磁到齿磁通密度受到影响的因素逐一分析，进行计算，找出 B_r 和 B_Z 之间的关系，分析电机从磁钢剩磁 B_r 到齿磁通密度 B_Z 之间是如何一步一步打折扣的，并用无刷电机进行验证。

(2) 从大的方面看，用统计法分析磁钢剩磁到齿磁通密度受到各种不同因素的影响到底有多少，总结出一个有效的关系系数的经验结论，并用各种类型的无刷电机进行验证。

电机的剩磁是磁钢磁通密度的“峰值”，不管磁钢磁通密度波形如何，其最大值是 B_r；齿磁通密度 B_Z 是磁通密度的平均值。

分两步来分析电机从磁钢剩磁 B_r 到齿磁通密度 B_Z 是如何一步一步打折扣的。

1) 磁钢剩磁 B_r 到气隙 B_g　定子气隙磁通密度最大值为

$$B_g=K_{BF}K_\delta K_L B_r \tag{3-17}$$

(1) 理想气隙磁通密度幅值系数 K_{BF} 为

$$B_{BF}=\frac{1}{1+\mu_r\dfrac{\delta}{h_m}}B_r \tag{3-18}$$

$$\mu_r=\frac{10B_r}{H_C} \tag{3-19}$$

$$K_{BF}=\frac{1}{1+\mu_r\dfrac{\delta}{h_m}}=\frac{1}{1+\dfrac{10B_r}{H_C}\dfrac{\delta}{h_m}}=\frac{1}{1+\dfrac{10B_r}{H_C}\dfrac{\delta}{r_1-r_2}} \tag{3-20}$$

式中 B_r——剩磁(T)；

H_C——矫顽力(kOe)；

μ_r——回复磁导率；

δ——气隙长度(cm)；

h_m——磁钢厚度(cm)；

r_1——磁钢外半径(cm)；

r_2——磁钢内半径(cm)。

磁钢厚度一般比气隙宽度大很多，$\delta/(r_1-r_2)\approx 0.1$ 或更小，钕铁硼磁钢和铁氧体磁钢的回复磁导率都在 1.1 左右，如果 $\mu_r\delta/h_m\approx 0.1$ 甚至更小，那么

$$K_{BF}=\frac{1}{1+\mu_r\dfrac{\delta}{h_m}}=\frac{1}{1.1}=0.9$$

可以说，K_{BF}是变化不大的一个系数，其值大于 0.9，接近 1。

(2) 气隙影响系数 K_δ 为

$$K_\delta=\frac{1}{1+\dfrac{\delta}{r_1}} \tag{3-21}$$

这是对 B_{BF} 影响比较小的一个系数，因为气隙长度总是远远小于磁钢外径的，所以该系数应该接近1。

(3) 磁钢伸长系数 K_L。磁钢伸长系数对气隙磁通密度是影响较大的一个系数，许多学者对磁钢伸长系数进行了研究和分析，做出了许多图表，为了计算方便，作者用一个简易公式替代众多图表，这里存在一定的误差，请读者注意。

$$K_L = 1 + \frac{(L_2 - L_1) \times 0.85}{L_1} \tag{3-22}$$

式中 L_1——定子厚度；

L_2——磁钢长。

(4) 定子叠压系数 K_{FE}。定子叠压系数 K_{FE} 表示定子冲片叠压松紧程度，以定子冲片实际厚度除以定子冲片叠压后的厚度之比表示。

这四个系数决定了电机的磁钢磁通密度转换成气隙磁通密度的因素。

定子气隙磁通密度

$$B_\delta = \frac{K_{BF} K_\delta K_L}{K_{FE}} B_r \tag{3-23}$$

其中

$$\alpha_y = \frac{K_{BF} K_\delta K_L}{K_{FE}}$$

式中 α_y——磁通密度的折算系数。

气隙磁通密度 B_δ 是气隙磁通密度的幅值，就是说磁钢的磁通密度分布形状是绝对的矩形方波，但是磁钢的磁场分布并不是绝对的方波，在方波无刷电机中，要想得到较大的输出转矩，电机的磁钢波形最好为方波，但是在现实中，无刷电机磁钢的波形什么样的都有。

2) 气隙 B_δ 和齿磁通密度 B_Z 的关系

$$B_Z = \alpha_m B_\delta \left(1 + \frac{S_t}{b_t}\right) \tag{3-24}$$

式中 α_m——磁通密度波形系数。

3) 磁钢剩磁 B_r 和齿磁通密度 B_Z 的关系

$$\begin{aligned} B_Z &= \left(\frac{K_{BF} K_\delta K_L}{K_{FE}} \alpha_m\right) B_r \left(1 + \frac{S_t}{b_t}\right) \\ &= \alpha_y \alpha_m B_r \left(1 + \frac{S_t}{b_t}\right) = \alpha_i B_r \left(1 + \frac{S_t}{b_t}\right) \end{aligned} \tag{3-25}$$

式中 α_i——磁通密度有效系数。

因材质、形状、充磁头的形状、充磁方式等的不同，磁钢的磁通密度波形就不同，磁钢的波形系数 α_m 也就不同，磁钢的波形系数根据磁钢的波形就可以测量或计算出来，以供设计电机时的需要，并不是说形状一定的磁钢其磁通密度的波形就是一样的。

方波无刷电机大多用表贴式径向励磁磁钢或环形径向励磁磁钢，表贴式磁钢大多用钕铁硼磁钢或者铁氧体磁钢拼接成一个圆形磁钢转子，磁钢与磁钢之间一般不留间隔，或者间隔较小，由于两相邻磁钢之间的极性有相互抵消作用，一块磁钢的磁通密度波形不可能绝对是方波，会形成梯形波，波形系数 α_m 不可能为1，磁钢的磁性能越强，磁钢之间间隔对波形系数影响越小，一般拼接圆形铁氧体磁钢的波形系数在0.95左右，拼接钕铁硼磁钢的波形系数在0.85左右。环形磁钢一般用黏结钕铁硼磁钢，这种磁钢的波形就是类似梯形波或类似正弦波，这种磁钢的波形系数在0.65～0.9。极数少的波形呈圆滑的梯形波，介于梯形波和正弦波，波形系数就大些；极数多的一般是正弦波，波形系数就小。

在系数 K_{BF}、K_δ、K_L 中，磁钢伸长系数 K_L 对电机的磁通密度影响最大，其他几个基本上是变化不大的，而且 $K_\delta \approx 1$。在无刷电机设计初期，设定电机定子长和磁钢长相等时，电机的齿磁通密度仅与 α_m 有关，$\alpha_i = K_{BF}\alpha_m$，那么就可以用式(3-25)估算无刷电机的齿磁通密度。其中 α_i 的数值可以计算出来，也可以用经验数值代替，α_i 与无刷电机的磁钢材料、形状、磁钢充磁波形、气隙大小、转子直径等有关，可以根据无刷电机单个个体进行计算或测量，这样就会比较精准，经过多个无刷电机的设计和性能测试，就能够很好地掌握 α_i 的数值。

表3-1中给出的是忽略了一些因素而得出的 α_i 数据，仅供读者参考。

表3-1 磁钢的有效系数 α_i

名　称	B_r(T)	α_i
35H	1.10	0.707
38H	1.23	0.73
DSM8	0.66	0.6～0.72
Y35	0.45	0.85

3.2.8 磁钢和气隙磁通分布的测定

磁钢的 α_m 和 α_i 是可以用各种办法测量、计算和设定的，磁钢产生的磁通和气隙磁通就可以求出，这样为求取无刷电机气隙磁通密度和气隙磁通，齿磁通密度和齿磁通打下了基础。

磁钢的磁通分布的测定是相对无刷电机的磁回路确定好后而言的。可以在定子上绕上一相线圈或在一个齿上绕上一个线圈，把线圈两根引出线接在示波器上，匀速转动转子，示波器上显示出该输出电压的波形，此波形就是电机的气隙磁通分布波形。这样可以分析电机的气隙磁场分布情况。如果把定子换成一个圆柱铁心，铁心与定子气隙尽量小，在铁心上开两个能容下数匝线圈的小凹槽，绕上线圈，匀速转动转子，示波器上显示出该输出电压的波形，此波形就是电机的磁钢磁通分布波形。

用CAXA或其他二维制图软件画出其波形，查询该波形面积，换算成矩形面积，就可以求出气隙有效系数 α_i。其实好一些的示波器是可以直接显示波形的峰值和该波形平均值的，只要把平均值除以峰值，那么就能求得有效系数 α_i。

另一种方法是在定子齿部表面开一个凹槽，只要放得下高斯计的探头，旋转转子，高斯计就会显示出该位置的磁通密度变化，这一曲线即可以代表电机磁钢的磁通分布状况，同样可以求出电机磁钢的气隙磁通波形。

作者认为，用电机定子绕组线圈测出电机的实际齿工作磁通更为方便、实际且准确。

3.2.9　电机的齿磁通密度变化的分析

要把齿磁通作为电机的工作磁通，就要对齿磁感应强度进行一些量的分析，找出一些与齿磁通密度相关的量及其相互关系，以便在无刷电机设计时作为判断和设计分析的依据。下面对电机磁钢，定子和冲片的相关数据与齿磁通密度之间关系进行一些分析，求出电机齿磁通密度，从而得出一些相关的结论。

(1) 冲片不变，长度变，齿磁通密度几乎不变。

(2) 改变齿宽，齿宽与齿磁通密度成反比，误差很小。

(3) 磁钢材料改变，B_Z 与 B_r 成正比，误差在设计符合率之内。

(4) 在齿磁通密度不饱和的条件下，冲片材料改变，齿磁通密度变化不大。

(5) 冲片磁钢形状按比例放大，电机磁路性能、气隙磁通密度和齿磁通密度几乎不变。

(6) 冲片其他形状改变，齿磁通密度影响不是很大。

(7) 表贴式磁钢形状的不同，齿磁通密度和电机 K_T、额定工作点基本相同。

以上这些电机相关数据与齿磁通密度的简单关系为分析齿磁通密度的变化和无刷电机的实用设计提供了很大的帮助。

3.2.10　无刷电机的齿磁通和齿磁通密度的计算

在已知的电机中，可以用很多方法求出电机的齿磁通。

1) 用 K_T 法求出已知电机的 Φ　从已知电机的机械特性曲线中求出 K_T，有

$$K_T=\frac{\Delta T}{\Delta I}=\frac{N\Phi}{2\pi} \tag{3-26}$$

$$\Phi=\frac{2\pi K_T}{N} \tag{3-27}$$

或

$$\Phi=\frac{2\pi\Delta T}{N\Delta I} \tag{3-28}$$

2) 用 K_E 法求出已知电机的 Φ　从已知电机的机械特性曲线中求出 K_E，有

$$K_E=\frac{U}{n_0}=\frac{N\Phi}{60} \tag{3-29}$$

$$\Phi=\frac{60K_E}{N} \tag{3-30}$$

或

$$\Phi=\frac{60U}{n_0 N} \tag{3-31}$$

3) 测试发电机法求出已知电机的 Φ　把电机作为发电机，测量出发电电势 E 中求出 K_E，有

$$K_E=\frac{E}{n}=\frac{N\Phi}{60} \tag{3-32}$$

$$\Phi=\frac{60K_E}{N} \tag{3-33}$$

或

$$\Phi=\frac{60E}{nN} \tag{3-34}$$

从这三种求无刷电机齿磁通 Φ 的方法中可以求出电机的齿磁通密度 B_Z。

无刷电机的齿磁通为

$$\Phi=ZB_Z b_t LK_{FE}\times10^{-4} \tag{3-35}$$

无刷电机的齿磁通密度为

$$B_Z=\Phi/(Zb_t LK_{FE}\times10^{-4}) \tag{3-36}$$

3.2.11　求取电机齿磁通密度的公式和验证

表贴式转子的无刷电机，转子磁钢的剩磁 B_r 的平均磁通密度约为 $\alpha_i B_r$，通过气隙进入齿，成为齿磁通密度 B_Z，它们之间必然有着一定的关系。

一个线圈占据一个齿和一个槽，这一个槽和齿的气隙长度中的磁通密度都集中到齿中，作者提出的计算齿磁通密度的公式为

$$B_Z = \alpha_i B_r (1 + K_{tb}) \quad (3-37)$$

这个公式是这样推导的，假设无刷电机的气隙磁通等于无刷电机的齿磁通，即

$$\Phi = Z B_Z b_t K_{FE} L \times 10^{-4} = \alpha_i B_r (\pi D) L \times 10^{-4} = \alpha_i B_r L [Z(b_t + S_t)] \times 10^{-4}$$

所以

$$B_Z b_t K_{FE} = \alpha_i B_r (b_t + S_t)$$

$$B_Z = \alpha_i B_r \left(1 + \frac{S_t}{b_t}\right) / K_{FE}$$

不考虑 K_{FE} 对 B_Z 的影响，设 $K_{FE} = 1$（K_{FE} 在求取磁通 Φ 时考虑）。

上面的公式可以简化为

$$B_Z = \alpha_i B_r \left(1 + \frac{S_t}{b_t}\right) = \alpha_i B_r + \left(\alpha_i B_r \frac{S_t}{b_t}\right) \quad (3-38)$$

这样对电机的齿磁通密度有了一个新的理念，就是电机的齿磁通密度由两部分组成：第一部分是磁钢对电机产生有效作用的有效平均磁通密度 $\alpha_i B_r$，这是个恒量，也是电机齿磁通密度的基本量；第二部分是磁钢的有效平均磁通密度 $\alpha_i B_r$ 与电机气隙槽宽与齿宽比 S_t/b_t 的乘积 $\alpha_i B_r (S_t/b_t)$，这是个变量，只要电机气隙槽宽与齿宽比 S_t/b_t 变化，无刷电机定子齿磁通密度就会变化。这两部分之和决定了电机齿磁通密度。

K_{tb} 值应该有个范围，当 K_{tb} 值大到使定子的齿磁通密度达到饱和时，齿宽再小下去，齿磁通密度也不会再升高，一般的定子冲片的齿饱和磁通密度在 2.4 T 左右，不应该把齿磁通密度设置得那么高，因为齿磁通密度太高，电机的齿磁压降就大，电机的损耗就大，效率就会降低。一般电机的齿磁通密度最好不要高于 2 T。

磁钢的机械极弧系数 α_j 对电机的磁有效极弧系数 α_i 影响不大，前面已经证实过了，在这个公式中没有必要去强调这个因素。

许多无刷电机冲片的 $K_{tb} = S_t/b_t = 1$，即气隙齿宽等于气隙槽宽，如果用钕铁硼磁钢 NdFe35，$B_r = 1.23$ T，$\alpha_i = 0.73$，则

$$B_Z = \alpha_i B_r (1 + K_{tb}) = 0.73 \times 1.23 \times 2 = 1.795\,8 \approx 1.8 (\mathrm{T})$$

这是钕铁硼磁钢的无刷电机选用的比较合理的齿磁通密度，好多钕铁硼磁钢的无刷电机采用 $K_{tb} = S_t/b_t = 1$。

电机磁钢材料一旦确定后，电机定子齿磁通密度就决定了，公式

$$B_Z = \frac{\pi D B_r \alpha_i}{Z b_t K_{FE}} \quad (3-39)$$

可以用来求取表贴式转子的无刷电机的齿磁通密度。

下面用两个公式来计算几种不同的电机的齿磁通密度，再用 Maxwell 软件计算同一个电机，相比两种公式的计算结果与 Maxwell 计算结果到底有多少误差，如果误差不大，那么也足以证明这两个计算公式是简单、方便、实用的。

1）155 电机　$S_t = 12.85$ mm，$b_t = 12.7$ mm，如图 3-17 和图 3-18 所示。

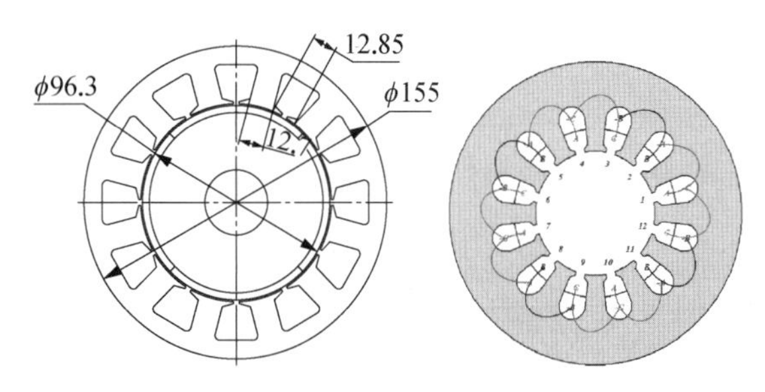

图 3-17　电机定子、转子结构　图 3-18　电机绕组

(1) $B_Z = \alpha_i B_r (1 + K_{tb}) = 0.73 \times 1.23 \times (1 + 12.85/12.7) = 1.806\,4 (\mathrm{T})$

Maxwell 计算结果如图 3-19 所示。

NO-LOAD MAGNETIC DATA

Stator-Teeth Flux Density (Tesla):	1.81131
Stator-Yoke Flux Density (Tesla):	1.61598
Rotor-Yoke Flux Density (Tesla):	0.597739
Air-Gap Flux Density (Tesla):	0.845724
Magnet Flux Density (Tesla):	0.912665

图 3-19　电机冲片空载磁通密度（$B_Z = 1.811\,31$ T）

$$\Delta_{B_Z} = \left| \frac{1.806\,4 - 1.811\,31}{1.811\,31} \right| = 0.002\,7$$

$$(2)\ B_Z = \frac{\pi D B_r \alpha_i}{Z b_t K_{FE}} = \frac{3.14 \times 9.63 \times 1.23 \times 0.73}{12 \times 1.27 \times 0.95} = 1.875\,32 (\mathrm{T})$$

$$\Delta_{B_Z} = \left| \frac{1.875\,32 - 1.811\,31}{1.811\,31} \right| = 0.035\,34$$

2）分析一个嵌入式磁钢转子的无刷电机齿磁通密度　定子和上例一样，只是转子改为嵌入式的。

转子改成嵌入式的，实际转子气隙表面的磁通密度会降低，在磁钢长 10.749 mm 面上的磁通密度

分布到转子 13.42 mm 圆弧上(图 3-20),这样简单地进行折算。

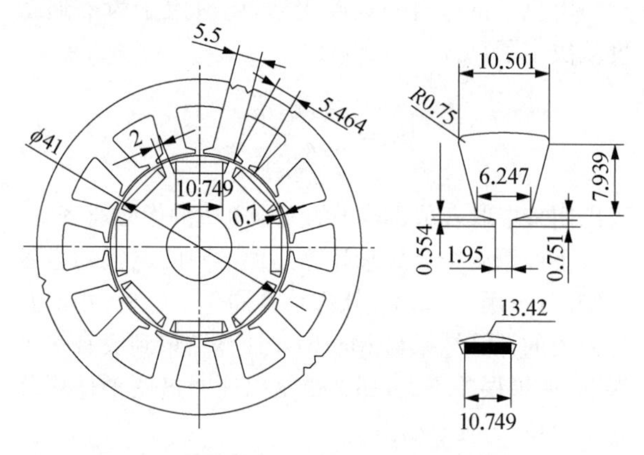

图 3-20　电机冲片和转子

机械极弧系数

$$k=\frac{10.749}{13.42}=0.8$$

$$\begin{aligned}B_Z&=0.73B_rk(1+K_{tb})\\&=0.73\times1.23\times0.8\times\left(1+\frac{5.5}{5.5}\right)\\&=1.4366(\mathrm{T})\end{aligned}$$

Maxwell 计算结果如图 3-21 所示。

NO-LOAD MAGNETIC DATA	
Stator-Teeth Flux Density (Tesla):	1.41862
Stator-Yoke Flux Density (Tesla):	0.600294
Rotor-Yoke Flux Density (Tesla):	0.307843
Air-Gap Flux Density (Tesla):	0.679499
Magnet Flux Density (Tesla):	1.05898

图 3-21　电机冲片空载磁通密度 (B_Z = 1.418 62 T)

$$\Delta_{B_Z}=\left|\frac{1.4366-1.41862}{1.41862}\right|=0.0127$$

结论:同样的定子,转子形式不同,表贴式的齿磁通密度(1.819 65 T)比嵌入式的齿磁通密度(1.418 62 T)要高。

$$\frac{1.41862}{1.81965}=0.779$$

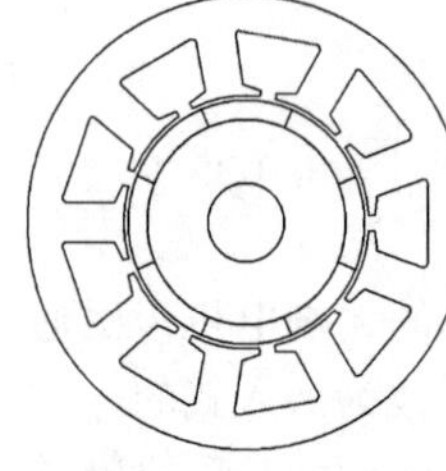

图 3-22　电机 (57BLDCM)结构

因此无刷电机应该考虑同样气隙直径的磁通密度高低,这是涉及电机"性价比"的问题。

3) 再用这种观点核算一个无刷电机 57BLDCM($Z=9$, $2P=8$)　如图 3-22 所示,Maxwell 计算结果如下:

Residual Flux Density (Tesla):1.23

NO-LOAD MAGNETIC DATA

Stator-Teeth Flux Density (Tesla):1.93595

Top Tooth Width (mm):5.02944

Bottom Tooth Width (mm):5.25538

Outer Diameter of Stator (mm):57

Inner Diameter of Stator (mm):32

磁钢极距

$$\tau=\frac{\pi D}{2P}=\frac{\pi\times3.2}{8}=1.2566(\mathrm{cm})$$

定子齿距

$$\tau=\frac{\pi D}{Z}=\frac{\pi\times3.2}{9}=1.117(\mathrm{cm})$$

$$b_t=0.5125\ \mathrm{cm}$$

$$S_t=1.117-0.5125=0.6575(\mathrm{cm})$$

$$\begin{aligned}B_Z&=0.73B_r(1+K_{tb})\\&=0.73\times1.23\times\left(1+\frac{0.6575}{0.5125}\right)\\&=2.04984(\mathrm{T})\end{aligned}$$

$$\begin{aligned}\Delta_{B_Z}&=\left|\frac{2.04984-1.93595}{1.93595}\right|\\&=0.0588\end{aligned}$$

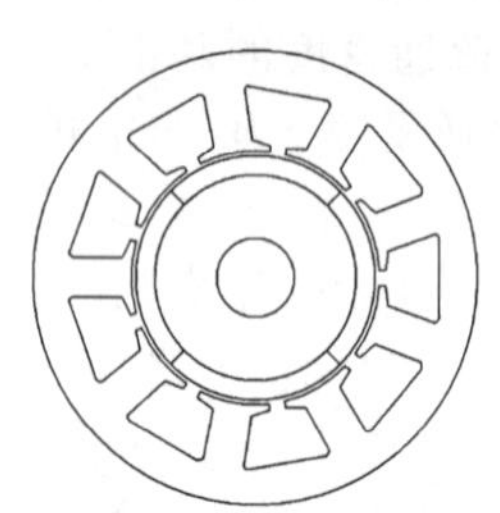

图 3-23　电机结构

把电机变成 4 极,如图 3-23 所示。Maxwell 计算电机齿磁通密度:

Stator-Teeth Flux Density (Tesla):1.92108

电机齿磁通密度基本没有变多少,则

$$\Delta_{B_Z}=\left|\frac{1.92108-1.93595}{1.93595}\right|=0.00768$$

说明:无刷电机的极距大于齿距时的磁通密度公式为

$$B_Z=\alpha_iB_r(1+K_{tb})$$

计算无刷电机的齿磁通密度是正确的。

4) 磁钢极距小于齿距　如 155 无刷电机,这是一个 4 分区的分数槽集中绕组的无刷电机,它的磁钢可以是 8 极也可以是 16 极,同样是 4 分区,如图 3-24 和图 3-25 所示。

其 8 极时的一个齿的齿磁通密度:

NO-LOAD MAGNETIC DATA

Stator-Teeth Flux Density (Tesla):1.81131

Average Input Current (A):97.1859

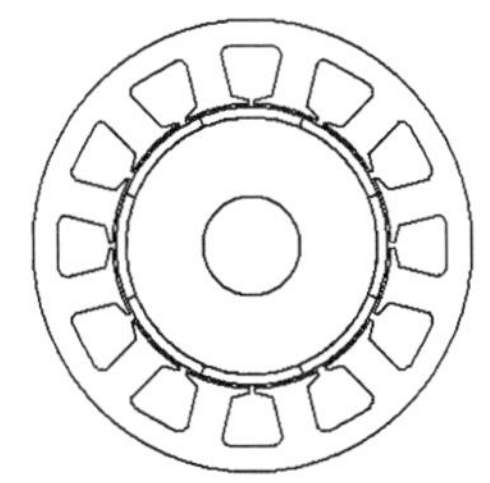

图 3-24　155 无刷电机结构(8 极)

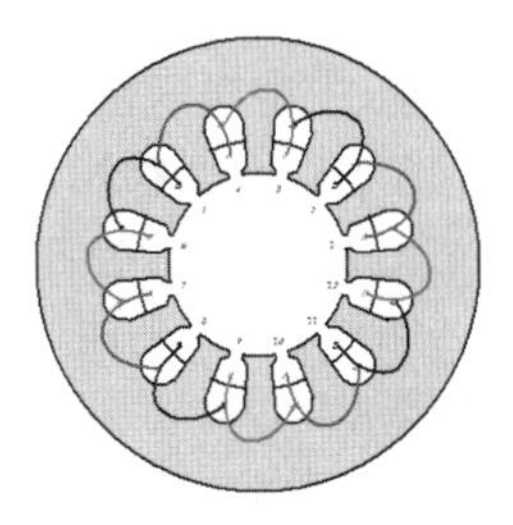

图 3-25　155 无刷电机绕组(8 极)

Root. Mean. Square Armature Current (A): 87.4217

Armature Current Density (A/mm^2):5.21968

Frictional and Windage Loss (W):84.2627

Output Power (W):4120.48

Input Power (W):4664.92

Efficiency (%):88.3289

Rated Speed (rpm):2268.47

Rated Torque (N.m):17.3455

在 16 极时,无刷电机的绕组完全一样,如图 3-26 和图 3-27 所示。也用 Maxwell 计算性能。

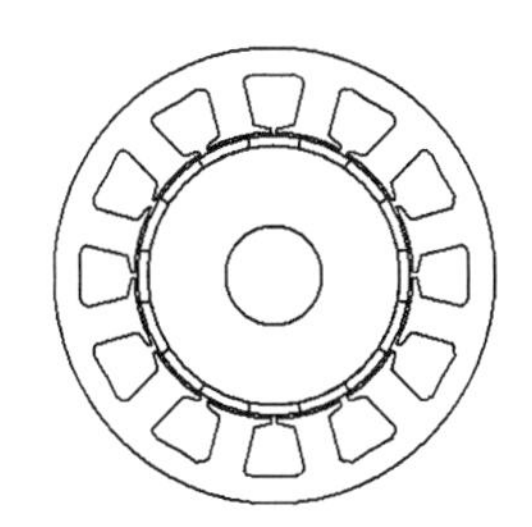

图 3-26　155 无刷电机结构(16 极)

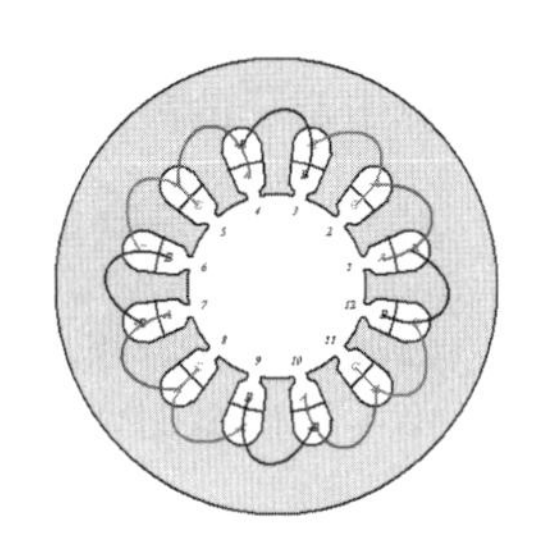

图 3-27　155 无刷电机绕组(16 极)

用 Maxwell 齿磁通密度的观点计算其一个齿的齿磁通密度,几乎是 8 极时的一半。

Stator-Teeth Flux Density (Tesla):0.947535

Average Input Current (A):91.7257

Root. Mean. Square Armature Current (A): 212.713

Armature Current Density (A/mm^2):12.7004

Frictional and Windage Loss (W):62.5092

Output Power (W):3187.62

Input Power (W):4402.83

Efficiency (%):72.3992

Rated Speed (rpm):1755.13

Rated Torque (N.m):17.3432

155 无刷电机不同磁极个数相关性能对比见表 3-2。

表 3-2　155 无刷电机在定子不变、转子磁极个数改变时相关性能对比

参　数	8 极	16 极
平均输入电流(A)	97.185 9	91.725 7
输出功率(W)	4 120.48	3 187.62
输入功率(W)	4 664.92	4 402.83
效率(%)	88.328 9	72.399 2
额定转速(r/min)	2 268.47	1 755.13
额定转矩(N·m)	17.345 5	17.343 2

可以看出,用 Maxwell 计算的两个电机,一个齿的磁通密度在相差一半的情况下,在电机同样的输入电压、电流和转矩下,其电机的输出转速、效率、输入功率和输出功率相差不是成倍关系,而是相差不太大。电机的 K_T 变化不大,两种情况的电机的工作磁通应该相当,如果磁钢极距小于定子齿距,那么这时电机的一个极的磁通全部进入一个齿内,因此漏磁较少,电机的平均齿磁通密度 $B_Z = 0.77B_r = 0.77 \times 1.23 = 0.947\,1(T)$。

3.2.12　无刷电机齿磁通密度和齿相当工作磁通密度

电机的齿磁通密度可以用比较简便的办法求出,在电机定子和转子相对静止时,磁钢的磁通密度不是很均匀地进入定子齿的,如图 3-28 所示。实际说的齿磁通密度是磁钢一个极的磁通进入一个齿的情况的表达。虽然前面介绍的 155 无刷电机,转子磁钢是 16 极时,每个极的磁通进入一个齿后的磁通密度仅为 0.947 53 T,是 8 个极磁钢的齿磁通密度(1.811 31 T)的一半,但是电机旋转一周不是 8 个极,而是 16 个极,因此齿线圈交链切割转子旋转一周的磁钢的磁力线几乎是相等的。

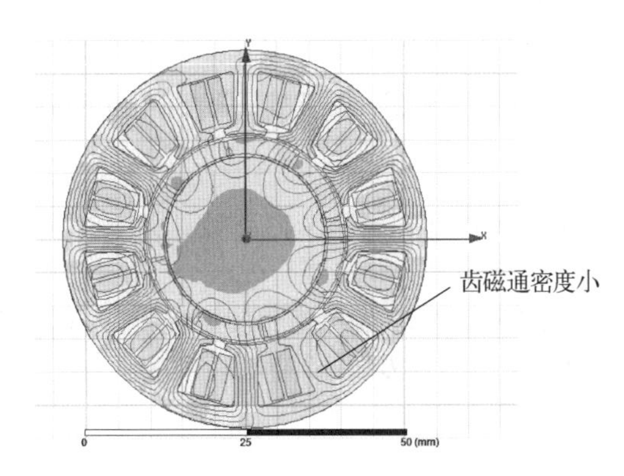

图 3-28　磁通密度分布

如果极距 τ 大于齿距，定子的实际齿磁通密度就是电机的计算齿磁通密度；如果极距小于齿距，实际齿磁通密度会下降。但是电机的工作磁通是不随磁钢的多少而改变的，因此不管电机的极数大于还是小于其齿数，不管极数多少，统一用如下公式求出电机的"齿相当工作磁通密度 B_Z"，从而求出工作磁通 Φ，如图 3-29 所示。

$$B_Z = \alpha_i B_r \left(1 + \frac{S_t}{b_t}\right)$$

现在用的磁钢可以归纳为两种：黏结钕铁硼磁钢和烧结钕铁硼磁钢。铁氧体的磁钢，如果做成多极的环状磁钢，定向充磁压制成型的取向磁钢，烧结后变形很大，成品合格率非常低，如果做成无取向磁钢，那么磁性能过低，现在大都被黏结钕铁硼磁钢所替代。

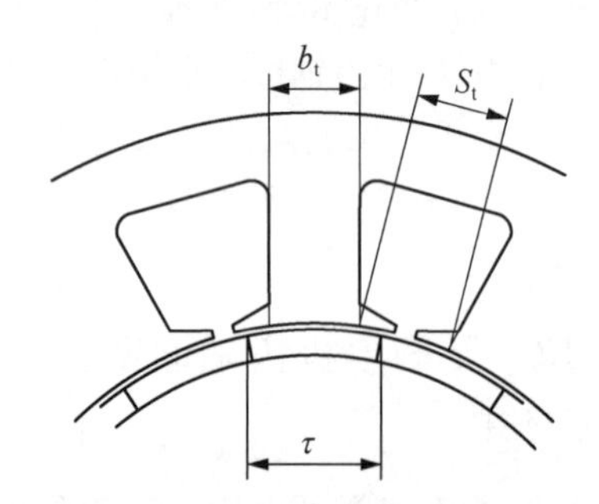

图 3-29　磁钢极距和气隙齿宽

因此只要记住两种磁钢的 α_i：烧结钕铁硼的 α_i 在 0.73 左右；黏结钕铁硼的 α_i 在 0.6～0.78，取值主要看充磁的波形，充成正弦波的取 0.636 6 左右。

这样求电机的齿磁通密度和齿磁通就比较容易且准确了，计算误差不会很大。电机做得多了，对 α_i 的确定会更准确。

如果电机的定子齿数相同、转子极数不同，转子极数少于齿数的齿磁通密度会高，转子极数多于齿数的齿磁通密度会低。这种情况在分数槽集中绕组中经常发生。

3.2.13　无刷电机定子齿磁通密度的小结

(1) 冲片不变，长度变，磁路数据几乎不变，齿磁通密度几乎不变。

(2) 改变齿宽，在齿不饱和的情况下，齿宽和齿磁通密度成反比，误差很小。

(3) 磁钢材料改变，B_Z 与 B_r 成正比，误差在设计符合率之内。

(4) 冲片磁钢形状按比例放大或缩小，电机磁路性能、气隙磁通密度和齿磁通密度几乎不变。

(5) 磁钢形状相同的两个冲片，其气隙槽宽与齿宽比 $K_{tb} = S_t/b_t$ 相等，齿磁通密度是相等的。

(6) 冲片为其他形状(如槽口等)改变对齿磁通密度影响不大。

(7) 表贴式磁钢的极弧系数与气隙磁通密度和齿磁通密度关系不大。

(8) 表贴式磁钢形状不同，齿磁通密度基本相同。

(9) 表贴式转子的无刷电机齿工作磁通密度的计算公式为

$$B_Z = (0.72 \sim 0.74) B_r (1 + K_{tb}) \quad (3-40)$$

(10) 环形磁钢无刷电机齿工作磁通密度一般用计算公式为

$$B_Z = 0.636\,6 B_r (1 + K_{tb}) \quad (3-41)$$

(11) 齿磁通密度计算的另一个公式是

$$B_Z = \frac{\pi D B_r \alpha_i}{Z b_t K_{FE}}$$

(12) 嵌入式转子的各种形式的无刷电机也可以计算出定子的齿磁通密度。

3.2.14　无刷电机工作磁通的计算单位

磁场强度和矫顽力的 SI 单位是安每米(A/m)，设计中一般用奥斯特(Oe)。

$$1\ \text{A/m} = 4\pi \times 10^{-3}\ \text{Oe} = 1.256\,6 \times 10^{-2}\ \text{Oe}$$

$$1\ \text{Oe} = 10^3/4\pi\ \text{A/m} = 79.577\ \text{A/m}$$

磁通密度和剩磁的 SI 单位是特斯拉(T)(1 T=1 Wb/m^2)，在以前的电机设计中常用高斯(Gs，G)来表示。

$$1\ \text{T} = 10^4\ \text{Gs},\ 1\ \text{Gs} = 10^{-4}\ \text{T}$$

磁通量(简称磁通)的 SI 单位是韦伯(Wb)，与"高斯单位"的麦克斯韦(Mx)的关系是

$$1\ \text{Wb} = 10^8\ \text{Mx},\ 1\ \text{Mx} = 10^{-8}\ \text{Wb}$$

在电机设计中，一般将机械长度尺寸 L 单位用 cm 表示，磁路的面积 A 单位用 cm^2 表示，磁通密度 B_Z 单位用 T 表示。则电机的磁通为

$$\Phi(\text{Wb}) = A\ (\text{cm}^2) \times B_Z(\text{T}) \times 10^{-4}$$

3.3 无刷电机磁路的磁通计算

磁钢A的N极发出的磁力线绝大部分穿过气隙进入定子的齿，通过定子的轭，再通过另一部分的齿，最后穿过另外一部分的气隙到磁钢B的S极；另外由磁钢B的N极发出的磁力线经过电机转子的轭回到磁钢A的S极。

磁钢A发出的磁力线并不是全部通过气隙进入电枢的齿，再全部通过电枢的轭。各部分的磁通可以做一些粗略的计算。

在实用设计中，为了简化电机磁路，磁钢磁通的计算原则是：以磁钢靠近气隙一面的面积作为磁通的计算面积，而磁钢的磁通密度以磁钢的剩磁来替代。下面以表贴式磁钢举例说明。

(1) 磁钢一个极的磁通。

$$\Phi_1 = \frac{\pi D_i \alpha_j L B_r}{2P} \qquad (3-42)$$

式中 D_i——磁钢靠近气隙面的直径；
α_j——磁钢的极弧系数；
L——磁钢长；
B_r——磁钢的剩磁；
P——磁钢极对数。

(2) 电机的气隙磁通指的是磁钢与电枢之间的气隙中通过的磁通，它与磁钢磁通的区别仅在于一个是以磁钢长计算，另一个是以电枢长计算，气隙磁通密度还是以磁钢的剩磁来代替。气隙磁通的计算公式为

$$\Phi_2 = \pi D_i \alpha_i L B_r K_{FE} \times \frac{10^{-4}}{2P} \qquad (3-43)$$

式中 D_i——定子气隙直径；
α_i——极弧系数；
L——电枢冲片叠厚；
K_{FE}——电枢冲片叠压系数(叠压系数一般按工艺状况而选定，选0.92～0.96)；
B_r——磁钢的剩磁；
P——磁钢极对数。

(3) 定子的齿磁通。无刷电机齿磁通就是通过齿的磁通，其计算式为

$$\Phi_3 = b_t B_Z L K_{FE} \times 10^{-4} \qquad (3-44)$$

在通常情况下，无刷电机的磁钢产生的总的齿磁通为

$$\Phi = Z b_t B_Z L K_{FE} \times 10^{-4} \qquad (3-45)$$

式中 Z——电枢齿数；
b_t——电枢齿宽；
B_Z——电枢冲片磁通密度；
L——电枢冲片叠厚；
K_{FE}——电枢冲片叠压系数。

磁通Φ将与无刷电机通电有效线圈(N)交链，形成电机的磁链$N\Phi$。磁通Φ即无刷电机的有效工作磁通。

在公式中，Z、b_t、L、K_{FE}都是很直观的，都是定子冲片的机械尺寸数据。只有齿磁通密度B_Z是比较模糊的，如果能够正确地确定齿磁通密度B_Z，那么电机的齿工作磁通Φ就能够正确的求取了。

(4) 定子的轭磁通。

$$\Phi_4 = h_j B_Z L K_{FE} \times 10^{-4} \qquad (3-46)$$

式中 h_j——轭宽；
B_Z——电枢冲片磁通密度；
L——电枢冲片叠厚；
K_{FE}——电枢冲片叠压系数。

3.3.1 无刷电机磁路中的最大磁通

无刷电机的各段磁路中，可以获得最大磁通的磁路最宽，这对分析无刷电机的工作磁通有很大帮助。

(1) 磁钢最大能产生多少磁通呢？可以这样确定：当磁钢的磁通密度等于磁钢的剩磁时，磁钢能产生最大磁通。

$$\Phi_1 = \pi D_i \alpha_j L B_r \times 10^{-4} \qquad (3-47)$$

(2) 齿能通过的最大磁通是多少呢？可以这样确定：当电枢冲片的磁通密度是冲片的最大磁通密度时，齿能通过最大磁通。

齿能通过的最大磁通为

$$\Phi_3 = Z b_t B_Z L K_{FE} \times 10^{-4} \qquad (3-48)$$

(3) 轭最大磁通为

$$\Phi_4 = 2 h_j B_Z L K_{FE} \times 10^{-4} \qquad (3-49)$$

如果电机的轴是导磁体，则轭的最大磁通应考虑到电机轴能通过一定的磁力线来计算它，因此可以根据轴的导磁性能与冲片的导磁性能相比较把轴的半径折算成相当于冲片的长度，加到轭宽上去。

如轴是用 45 钢，其导磁性能较硅钢片的导磁性能差，可以把其半径的 70%作为轭的宽度加到轭宽上去。因此该电机的计算轭宽为

$$h'_j = h_j + 0.7 \times \frac{D_i}{2} \quad (3-50)$$

轭最大磁通则为

$$\Phi_4 = 2h'_j B_Z L K_{FE} \times 10^{-4} \quad (3-51)$$

分析无刷电机各段磁路的磁通 Φ_1、Φ_2、Φ_3、Φ_4，磁钢的磁力线通过气隙不可能全部进入定子的齿，而轭的最大磁通往往比齿的最大磁通大，因此无刷定子的齿成为电机磁路中的瓶颈，产生了磁路中的瓶颈效应，而齿中的磁通才真正与电枢的线圈相交链，起到电机的出力作用。为此把齿磁通作为电机的工作磁通来认识和计算是非常有实用意义的，这样还避免了因为转子磁路形式的多样化造成计算磁通的复杂性。

3.3.2 无刷电机齿饱和磁通密度

齿能通过的最大磁通是多少呢？齿就像一根自来水管，磁力线就像是流过自来水管的水。齿磁通密度小，相当于源头水少，自来水管中流动的水就少，源头的水都可以通过管子流走。如果源头的水很多，自来水管又很细，那么，尽管源头水量很大，管子流出的水受到限制，只能流出那么多，这是水管子流量饱和了。齿磁通的现象和水流进管子的现象是一样的，如果齿磁通密度不饱和时，磁钢的磁力线都会通过齿，那么磁钢产生的磁通就几乎与齿磁通相等，如果磁通性能特好，磁钢的磁通很大，如果定子的齿面积不大，这样定子的齿磁通就要饱和，齿饱和的磁通密度称为饱和齿磁通密度。

齿能通过的最大磁通是多少呢？可以这样确定，当电枢冲片的磁通密度是冲片的最大磁通密度时即是齿能通过的最大磁通。一般的硅钢片的饱和磁通密度在 2.3～2.5 T。

在齿磁通密度不饱和时，齿总磁通可按下式计算。

$$\Phi = Z b_t B_Z L K_{FE} \times 10^{-4} \quad (3-52)$$

在齿磁通密度饱和时，可以以 $B_Z = 2.3 \sim 2.5$ T 计算齿的总磁通。

3.4 无刷电机的磁钢

无刷电机的磁钢通常使用的有铁氧体磁钢、黏结钕铁硼磁钢、烧结钕铁硼磁钢等。磁钢性能对无刷电机的性能影响很大，磁钢的性能越好，电机的性能也越好。磁钢剩磁 B_r 和矫顽力 H_C 越大，磁钢的最大磁能积 $(BH)_{max}$ 越大，则磁钢性能就越好。烧结钕铁硼磁钢的磁性能比黏结钕铁硼磁钢要好，铁氧体磁钢的磁性能比较差。但是烧结钕铁硼磁钢的价格高，铁氧体磁钢最便宜。烧结钕铁硼磁钢磁性能非常强大，做出的无刷电机性能好、体积小，但是磁钢的材料中有稀有金属成分，价格高，这是发展稀土无刷电机的瓶颈。

为了很好地研究无刷电机的磁路，必须对电机的磁钢进行一定的分析和研究。关于电机磁钢的基础内容，许多电机书籍都有介绍，请读者参阅关于电机磁钢的书籍和内容。

下面介绍三种无刷电机常用磁钢的性能，见表 3-3～表 3-5。

表 3-3 铁氧体永磁材料牌号及主要性能

牌 号	剩磁 B_r (mT)	磁感矫顽力 H_{CB} (kA/m)	内禀矫顽力 H_{CJ} (kA/m)	最大磁能积 $(BH)_{max}$ (kJ/m³)
Y25	360～400	135～170	140～200	22.5～28.0
Y30H-1	380～400	230～275	235～290	27.0～32.5
Y30H-2	395～415	275～300	310～335	27.0～32.0
Y35	430～450	215～239	217～241	33.1～38.2
Y38	440～460	285～305	293～310	36.3～40.6
Y40	440～460	330～354	340～360	37.3～41.8

表 3-4 黏结钕铁硼磁性能与物理性能

牌 号	GPM.4	GPM.6	GPM.8	GPM.8L	GPM.8H	GPM.8SR	GPM.10
剩磁 B_r(mT)	400～500	500～600	600～680	600～680	600～660	620～680	680～730
矫顽力 H_{CB} (kA/m)	240～320	320～400	360～440	400～480	400～480	400～480	400～480
内禀矫顽力 H_{CJ}(kA/m)	560～720	560～720	640～800	640～800	1 040～1 360	800～1 120	640～800
最大磁能积 $(BH)_{max}$(kJ/m³)	32～48	48～60	60～72	63～72	63～72	68～76	76～84

表 3-5　部分烧结钕铁硼磁钢性能(23℃±3℃)

牌 号	剩磁 B_r(mT)	矫顽力 H_{CB}(kA/m)	内禀矫顽力 H_{CJ}(kA/m)	最大磁能积 $(BH)_{max}$ (kJ/m³)
	典型值	最小值	最小值	最小值
30H	1 100	796	1 353	223
33H	1 150	836	1 353	247
35H	1 200	868	1 353	263
38H	1 250	899	1 353	287
40H	1 280	923	1 353	303
42H	1 310	955	1 353	318

(续表)

牌 号	剩磁 B_r(mT)	矫顽力 H_{CB}(kA/m)	内禀矫顽力 H_{CJ}(kA/m)	最大磁能积 $(BH)_{max}$ (kJ/m³)
	典型值	最小值	最小值	最小值
45H	1 340	995	1 353	342
48H	1 380	1 027	1 353	358
30SH	1 100	804	1 592	223
35SH	1 200	876	1 592	263
38SH	1 250	907	1 592	287
40SH	1 280	939	1 592	303
45SH	1 340	995	1 592	334

3.5　无刷电机的冲片

无刷电机的冲片是指定子和转子的冲片，这里主要介绍无刷电机冲片中对电机的外部特征和内部特征有主要影响的结构参数。

3.5.1　冲片的气隙圆周齿宽和气隙圆周槽宽

磁力线如何进入齿，进入的齿磁通的量是多少，主要是由定子齿的形状和定子的材料因素决定的。如果定子的齿宽大，一定程度上齿的磁通就大，但是定子的槽面积就相应减小，槽内线圈的导线就不能放得太多。把电机定子气隙圆周上的齿宽设为圆周齿宽 b_t，圆周上的槽宽设为圆周槽宽 S_t。圆周齿宽 b_t 越大，圆周槽宽 S_t 就越小，定子冲片的槽面积就越小。定子冲片的槽面积小，线圈导体根数少，线圈导体线径要小。

线圈导体数少，电机的转矩常数 K_T 就小，电机每单位电流所输出的转矩就少。线圈线径 d 小，相应导线的截面积就小，电机的电流密度 j 就要增大，电机就容易发热。相反，如果圆周齿宽 b_t 越小，圆周槽宽 S_t 就越大，定子冲片的齿面积就越小。定子圆周齿宽 b_t 小就意味着电机的齿磁通就小，那么电机的转矩常数 K_T 就要小，电机每单位电流所输出的转矩也就少。因此选择合理的电机定子气隙圆周槽宽 S_t 与气隙圆周齿宽 b_t 比 $K_{tb}=S_t/b_t$，是无刷电机定子冲片结构设计的主要参考点。但是 $K_{tb}=S_t/b_t$ 是随无刷电机的磁钢性能变化的，磁钢性能越高，K_{tb} 应该越小。磁钢的磁通大，齿宽 b_t 相应要大，才能使磁钢的磁通尽可能进入齿。这样定子圆周槽宽 S_t 就会小，定子槽面积就会小，相应的定子导线不能放得多，形成了“铁电机”，否则就是“铜电机”。可以用 K_{tb} 大于 1 还是小于 1 作为判别无刷电机是铁电机还是铜电机的粗略依据。

根据磁钢的材料性能，K_{tb} 的范围也是很广的，在 0.6～2。作者对市场上现有的各种典型的电动自行车冲片进行了统计计算，发现它们的 $K_{tb}=S_t/b_t\approx 1$，许多烧结钕铁硼电机的 K_{tb} 也在 1 左右，这类定子冲片的结构如图 3-30 所示。

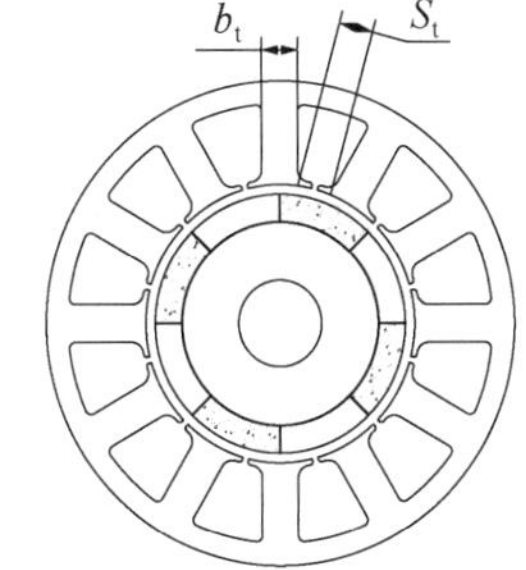

图 3-30　b_t 和 S_t 相等的定子冲片

3.5.2　定子的深槽冲片

用烧结钕铁硼磁钢，会使冲片的圆周齿宽等于或大于圆周槽宽，这样使槽面积相应缩小，为了使无刷电机有足够的有效导体根数，那么可以在保证合理 K_{tb} 的前提下，把定子冲片做成深槽电机，如图 3-31 和图 3-32 所示。

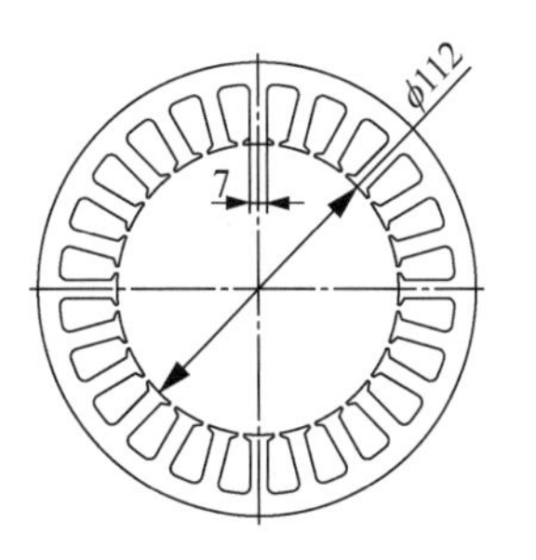

图 3-31　普通的无刷电机冲片

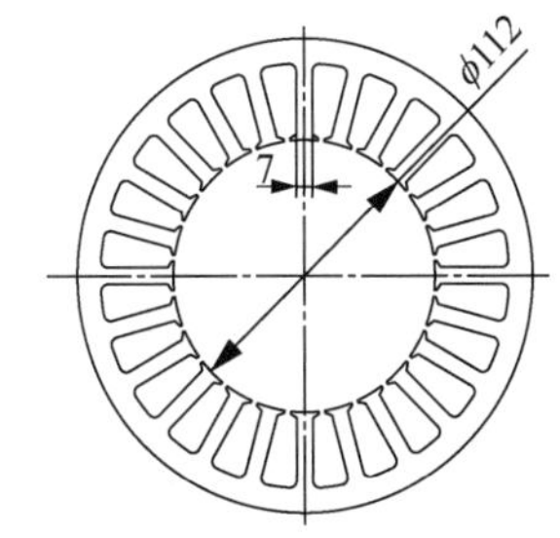

图 3-32　相同 D_i 和 b_t 的深槽无刷电机冲片

(1) 在同样转子磁钢的条件下，绕组 W 不变，增大线圈导体线径 d，使无刷电机的内阻降低，电机的转矩常数 K_T 增大，机械特性变硬。

(2) 在同样转子磁钢的条件下，绕组导体线径 d 不变，电机绕组 W 增加，使电机的转矩常数 K_T 增大，机械特性变硬。

(3) 在同样转子磁钢的条件下，可以同时适当增加线圈匝数 W 和增大线径 d，使电机转矩常数 K_T 增大，机械特性变硬。

在保证一定的气隙直径的前提下，深槽电机在烧结钕铁硼无刷电机的应用中效果是比较好的。特别会提高电机的效率，也是一种高效电机的处理方法。

3.5.3 定子的槽满率和槽利用率

槽内导线所占槽面积 $A_m = Nd_m^2$，它和有效槽面积 A'_S 之比称为槽满率。

$$S_f = \frac{Nd_m^2}{A'_S} = \frac{A_m}{A'_S} \tag{3-53}$$

有效槽面积 A'_S 是指槽面积 A_S 减去槽内槽绝缘和槽楔所占的面积。槽满率表明了电枢嵌线的难易程度，这与各工厂的嵌线工艺和操作人员的熟练程度有很大的关系。手工嵌线的槽满率要高一些，可达 75%左右，机器下线则槽满率要低一些；线径粗细不一样，槽满率也不一样。这里 $A_m = Nd_m^2$，就是说按导线是方的来计算导线的面积，这是一种假设，这样假设是以导线并排绕法(图 3-33a)，而不是骑马绕法(图 3-33b)来计算导线的槽满率。另外，这里是把槽的净槽面积，即有效槽面积 A'_S 作为计算槽面积。

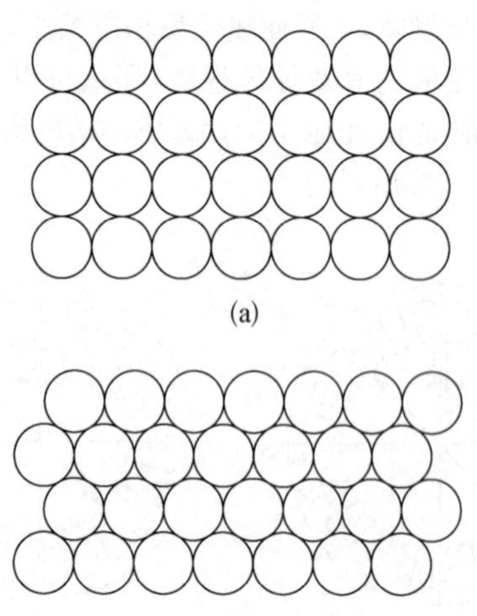

图 3-33 绕线排布的两种形式

(a) 并绕式；(b) 骑马式

槽满率表示绕组导线放进槽内的宽松程度，是导线在槽内的占用率，如果槽满率低些，那么下线就松些，但放的导线就少；反之就多。不只要把电机下线的槽满率设计到工厂能够合理下线的工艺水平就好。那么这个槽满率就是可以接受的槽满率。在工厂中，做过多次电机设计，又能深入车间的技术人员都会清楚知道，哪种电机的槽满率应该小些，哪种电机的槽满率应该是多少。

这里对槽满率的定义是一种工艺的定义，可以用别的方法对导线在槽内的占用率进行新的定义。把槽内导线总截面积与槽面积之比称为槽利用率。

$$K_{SF} = \frac{N_Z q_{Cu}}{ZA_S} = \frac{N_Z \frac{\pi d^2}{4}}{ZA_S} = \frac{N_Z \pi d^2}{4ZA_S} \tag{3-54}$$

读者要问：为什么有了槽满率，还要提出槽利用率呢？因为从以后的各种分析可以看出，用了槽利用率后，可以用一种新的概念和方法来设计电机，为电机设计带来了极大的方便。因此如果读者用惯了槽满率的话，不妨改用槽利用率来设计电机试试。

在公式 $K_{SF} = N_Z q_{Cu}/(ZA_S)$ 中表明的槽利用率是电机导体总根数为 N_Z 的导线总净面积 $N_Z q_{Cu}$ 和电机冲片槽的总面积 A_S 之比。在三相星形接法的无刷电机中，电机线圈是两两导通的，因此如果 N 代表电机的有效导体数，那么

$$N_Z = \frac{3}{2}N \tag{3-55}$$

$$N = \frac{2}{3}N_Z \tag{3-56}$$

因此槽利用率公式简化为

$$K_{SF} = \frac{N_Z q_{Cu}}{ZA_S} = \frac{3Nq_{Cu}}{2ZA_S} \tag{3-57}$$

如果电机的电流密度 j 确定了，那么绕组的导线面积为

$$q_{Cu} = \frac{I}{j} \tag{3-58}$$

一个冲片的总槽面积 ZA_S 是确定的，在设计中确定了电机的槽利用率 K_{SF}(这是绕线工艺必须保证的)后，那么电机的总导体根数为

$$N_Z = K_{SF}ZA_S/q_{Cu} = \frac{K_{SF}ZA_S j}{I} \tag{3-59}$$

电机的导体根数是与电机的槽利用率、齿数、槽

面积、电流密度和电流有关的一个量。一旦目标值 K_{SF}、Z、A_S、j、I 确定后，那么 N_Z 也就确定了，用式(3-59)求取永磁同步电机的绕组导体数是非常准确的。

以上利用了槽利用率的概念，把电机绕线工艺的合理性与电机结构、机械性能挂上了钩，成为电机设计中的一个环节。是作者向介绍电机实用设计中的目标设计迈出了非常重要的一步。

图 3-34 所示为绕组线径与槽利用率的关系，图中，电机绕组在手嵌时取高值，机绕时取低值，有的时候机绕的槽利用率的值很低，就是为了使电机生产的工艺性好的缘故。

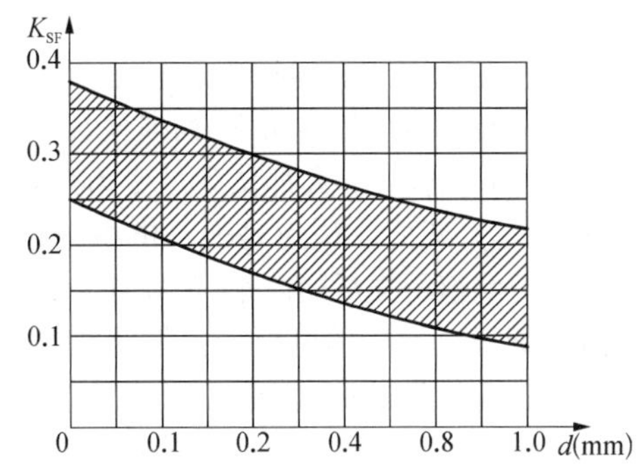

图 3-34　绕组线径与槽利用率的关系

3.6　电流密度、线负荷和发热因子

1) 电流密度　导线中每平方毫米截面所通过的电流称为导线的电流密度。在三相星形接法无刷电机中，如果电机线圈并联支路数为 a，导线并联根数为 a'，则

$$j=\frac{I_N}{aa'q_{Cu}}=\frac{I_N}{aa'\frac{\pi d^2}{4}}=\frac{4I_N}{aa'\pi d^2}$$

$$=\frac{4}{aa'}\frac{I_N}{\pi d^2}(\mathrm{A/mm^2}) \tag{3-60}$$

式中　q_{Cu}——导线截面积($\mathrm{mm^2}$)；

d——导线直径(mm)。

导线电流密度大，则导线容易发热，电机的温升提高，导线的电流密度 j 一般取 4～15 A/mm²。

同一电机的导线电流密度高，电机的温升也就高，但是不同的电机有可能导线电流密度高的电机的温升比导线电流密度低的电机低。这样单用电机导线电流密度 j 的高低来判断电机温升的高低还是不行的。但导线的电流密度应该有一个设定值，没有散热风扇密封的电机其电流密度取 5 A/mm² 左右；转速高，又有制冷风扇、水冷或短时工作的电机，则电流密度可选到 15 A/mm² 左右。

2) 线负荷　这里有必要介绍一下线负荷 A 的一个实用的求取公式，这个公式对本书后面介绍的电机目标设计是非常有用的。

线负荷 A 可用下式来表示

$$A=\frac{\frac{IN}{aa'}}{\pi D}=\frac{IN}{aa'\pi D}(\mathrm{A/cm}) \tag{3-61}$$

表明线负荷 A 是定子气隙圆周单位长度上的安匝数，特别要指出的是，这里的 N 是电机有效导体的总根数。

由 $K_{SF}=\frac{3Nq_{Cu}}{2ZA_S}$ 知

$$q_{Cu}=\frac{2K_{SF}ZA_S}{3N} \tag{3-62}$$

又 $j=\frac{I_N}{aa'q_{Cu}}$，则

$$j=\frac{3I_NN}{2aa'K_{SF}ZA_S} \tag{3-63}$$

$$A=\frac{I_NN}{aa'\pi D}=\frac{2aa'K_{SF}ZA_Sj}{3aa'\pi D}=\frac{2K_{SF}ZA_Sj}{3\pi D} \tag{3-64}$$

式中　A_S——冲片槽面积($\mathrm{mm^2}$)；

D——定子气隙圆周直径(cm)；

j——导线电流密度($\mathrm{A/mm^2}$)。

这样就把槽利用率 K_{SF} 和电机的线负荷 A 与冲片形状(定子气隙直径 D、齿数 Z、槽面积 A_S)以及电机线圈导体电流密度 j 紧密联系起来了。

3) 发热因子　把线负荷和电流密度的乘积称为发热因子。发热因子 Aj 的物理意义可这样来分析，无刷电机的绕组线圈导线的发热功率为

$$P_{发}=I^2R=I^2\rho L/q_{Cu}=I\rho L\frac{I}{q_{Cu}}$$

$$=I\rho Lj=I\rho Nlj(\mathrm{W}) \tag{3-65}$$

电机电枢线圈导线的发热功率与电枢表面积之比为

$$\frac{P_{发}}{S_{表}}=\frac{\rho INlj}{\pi Dl}=\frac{\rho INj}{\pi D}$$

$$=\rho Aj\ (a、a'\ 均设为\ 1) \tag{3-66}$$

$$Aj = \frac{NIj}{\pi D} \tag{3-67}$$

电机的发热因子 Aj 的物理意义是：电机电枢表面单位面积转子所损耗的功率（铜损耗）。电机的 I^2R 的损耗功率（铜损耗）大都认为是变为热量散发出去的，所以 Aj 又可以认为是表示电枢单位面积所能散发出的电枢所损耗的能量（铜损耗）大小。电枢单位面积所能散发出的电枢所损耗的能量（铜损耗）大，则电机容易发热；电枢单位面积所能散发出的电枢所损耗的能量（铜损耗）小，则电机不容易发热。电机的损耗不只是铜损耗，还有铁耗，如果电机的热负荷一样，而铁耗不一样，则电机的发热程度也是不一样的。另外，表面积一样的圆柱体的体积可以不一样，因此铁耗也可以不一样，致使电机的发热程度也不一样，这是实践证明了的。因此发热因子 Aj 只能相对表示电机的发热程度。

(1) 在电机冲片的形状确定后，当选定了 j 和 K_{SF}，线负荷 A 也就可以准确地求取，这表明线负荷不是随意取的，是有章可循，有公式可以计算出来，并不是如有些书上讲的是任意可以选定的。

(2) 通过槽利用率，求出了电机内部特征的关系公式，说明定子的冲片形状和电机的导线电流密度与线圈绕线工艺的内部特征有关。它们是内部特征中的一个体系。

(3) 电机的发热因子 Aj 与无刷电机内部特征有关，是线圈铜损耗和定子气隙圆周表面面积之比。

第 4 章　分数槽集中绕组和大节距绕组

>>>>>>

永磁直流无刷电机主要由两大类电机组成：一类是节距等于 1 的分数槽集中绕组无刷电机；另一类是节距大于 1 的大节距绕组无刷电机。电机绕组的节距不同，绕组形式也有所不同，由此产生了电机绕组排列、绕组接线等问题。一些电机技术人员遇到槽数多而复杂的无刷电机分数槽集中绕组时，用一些常规的绕组排列分析方法就觉得比较复杂。

作者提出了分数槽集中绕组分区的新概念，有别于单元电机的概念，这样用分区的概念去分析和思考无刷电机分数槽集中绕组的排列、接线，霍尔元件的位置安放等一系列问题就显得非常简单、清晰，这是一种新的绕组理念、观点和实用方法。作者用分区方法的观点对大节距绕组的排列和接线、霍尔元件的放置问题做了详细的讲解。

本章作者从新的角度介绍了无刷电机绕组分析的许多技巧和知识，分析的绕组排列、接线例子都是无刷电机的实例，对读者而言有较大的实用意义。通过阅读本章，读者对无刷电机的绕组会有一个清楚的了解，能熟练掌握无刷电机绕组排列、接线和霍尔元件安放的技巧。作者在本章介绍无刷电机绕组的同时，也针对电机绕组的换向、力偶与非力偶电机等问题提出一些看法与读者商讨。

本章关于无刷电机绕组的内容丰富，观点新颖，解决问题的方法简单实用，讲解翔实。

4.1　分数槽集中绕组无刷电机

大多数无刷电机的定子绕组是三相绕组，与三相交流感应电机的定子绕组可以相同。无刷电机的绕组形式非常多，如果读者对三相交流异步电机比较熟悉，那么对无刷电机定子绕组的理解就没有什么困难。

三相交流感应电机的绕组有各种各样的形式，如单层绕组、双层绕组、集中绕组、分布绕组、同心式绕组、同心式正弦波绕组、叠绕组、分数槽绕组、整数槽绕组、整距绕组、短距绕组，有的绕组节距大于 1，有的绕组节距等于 1 等，这些绕组形式都可以用在永磁无刷电机的定子绕组上。

无刷电机的定子绕组形式中，绕组节距等于 1 且为分数槽的双层绕组尤为引人注意。这种绕组就是在定子每个齿上绕一个线圈，每相每极的槽数是分数。这种特别的三相分数槽集中绕组具有许多优点，是无刷电机绕组的一个分支，广泛用于各种无刷电机中。这种每个齿上绕一个线圈的分数槽集中绕组，将在本章详细阐述，为了讲述方便，作者称这种绕组为分数槽集中绕组，不再每次都提及绕组的节距等于 1。

无刷电机采用分数槽集中绕组有以下优点：

(1) 电机的定位转矩小，工艺性好，转矩波动小。

(2) 线圈端部长度小，端部铜损耗小，电机用铜量减少，机械特性较硬，效率高。

(3) 定子绕组工艺性好，机械下线简单，通用性好，槽满率可以比整数槽绕组高。

(4) 绕组无重叠，相间绝缘性好。

现在电动车上也应用了三相分数槽集中绕组形式的电机。我国每年生产电动车电机 3 000 万台以上，这是一个很大的数量，有一支庞大的科技队伍为之服务、为之奋斗。

作者了解到很多科技人员迫切要介入、深入这个行业，但是由于分数槽集中绕组无刷电机比较“新颖”，因此有必要对这类电机进行介绍，作者准备深入浅出地介绍这类无刷电机，使读者通过阅读本书能够对这方面的技术有一个初步的了解。

图 4-1～图 4-4 所示是几种常见的分数槽集中绕组无刷电机。

徐建华、邱高峰参加了本章的编写。

图 4-1 分数槽集中绕组无刷伺服电机　图 4-2 分数槽集中绕组无刷风扇电机

图 4-3 分数槽集中绕组无刷电动自行车电机

图 4-4 分数槽集中绕组无刷微型电动汽车电机

图 4-5 内转子分数槽集中绕组无刷电机定子

从图 4-5 和图 4-6 可以很清楚地看到，定子的每个齿上绕有一个线圈，这种绕组形式就是节距等于 1 的集中绕组，这种电机中的槽数、齿数和线圈个数（双层绕组）是相等的。内转子分数槽集中绕组无刷电机磁钢如图 4-7 所示。

图 4-6 外转子分数槽集中绕组无刷电机定子

图 4-7 内转子分数槽集中绕组无刷电机磁钢

电机每极每相槽数为

$$q=\frac{Z}{2mP}=\frac{Z_0 t}{2mP_0 t}=\frac{Z_0}{2mP_0} \quad (4-1)$$

式中　m——相数；

Z——槽数；

P——极对数；

Z_0——单元电机齿数；

P_0——单元电机极对数；

t——单元电机数（Z 和 P 的最大公约数）。

$q=\frac{Z}{2mP}$ 可化作

$$q=a+\frac{c}{b}$$

其中 a 是非负整数，分数 c/b 是最简分数，那么该电机就称为分数槽电机。如果电机既是分数槽，又是集中绕组，节距等于 1，那么就简称分数槽集中绕组。分数槽集中绕组电机的转子磁钢总是成对组成。

例如：一分数槽集中绕组电机 3 相，槽数 $Z=12$，极对数 $P=4$，那么对该分数进行约分，使该分数成为最简分数，即

$$\begin{aligned} q&=\frac{Z}{2mP}=\frac{Z_0 t}{2m(P_0 t)}=\frac{12}{2m\times 4} \\ &=\frac{3\times 4}{(2\times 3)\times(1\times 4)}=\frac{3\times t}{6\times 1\times t} \\ &=\frac{1}{2}(t=4) \end{aligned}$$

该电机的每极每相槽数为 1/2，单元电机数 $t=4$，单元电机的槽数 $Z_0=3$，单元电机极对数 $P_0=1$，在 12 和 8 之间有最大公约数 4，简约后的最简分数 $q=1/2$ 是不可再约分的分数，而不是整数，这种电机就称为分数槽集中绕组电机。

表 4-1 所列均为分数槽集中绕组电机。

表 4-1　分数槽集中绕组

槽数 Z	极对数 P	极数 $2P$	每极每相槽数 q	单元电机数 t
12	4	8	1/2	4
6	2	4	1/2	2
54	30	60	3/10	6
51	23	46	17/46	1
36	20	40	3/10	4

从式（4-1）中可以看出：在 $2P_0$ 个极下每相占有 Z_0/m 个槽。在单元电机中有 $2P_0$ 个极，有 Z_0 个槽，有三个相线圈，每相线圈组数为 Z_0/m。

可以把 $2P_0$ 的磁极所对应的定子齿和线圈部分看作一个“小”电机，电机是由 t 个相同的“小”电机组成的，它们可串联、并联或者串并联，共用一根轴组成一个电机，把这种电机称为单元电机。

4.2　分数槽集中绕组分区

为了使永磁无刷电机的绕组分析更加直观和容易,作者提出无刷电机中分区的概念。分数槽集中绕组无刷电机有一个或多个相同或类似的分区,这与电机的槽数和磁钢数有关。

三相分数槽集中绕组无刷电机可以分为 K 个三相分区,K 是不小于 1 的整数,有

$$K = | Z - 2P |$$

式中　K——电机的分区数。

例如:12 槽 8 极电机,分区数为

$$K = | Z - 2P | = | 12 - 8 | = 4$$

4.2.1　分区与电机的关系

电机的分区是分数槽集中绕组的重要特征,特别是研究无刷电机分数槽集中绕组时更为重要。把电机的分区概念弄清楚了,分数槽集中绕组也就非常容易理解,分区和电机有着很大的关系。

(1) 多相分数槽集中绕组的无刷电机是由 K(K 是大于或等于 1 的整数)个相同的或相似的独立分区"电机"串联、并联或串并联而成的,各个"电机"同步转动,电机出轴仅一根,它们是共用的,分区"电机"的总转矩是各个分区"电机"的分转矩之和。

(2) 分区是以无刷电机的绕组而分区的,分区形式可以完全相同,也可以大小不同,包括槽数、磁钢数、绕组形式等可以不同。

(3) 分区内的电机槽数和磁钢数相差 1。

(4) 分区中的磁钢数可以是单数,如果是单数,那么要两个分区组成一个单元电机组,和其他分区的单元电机组一起组成一个完整的分数槽集中绕组电机。

(5) 如果电机中多个分区的形式完全相同,那么通过分析其中一个分区就可以了解该电机线圈的形式、接线和排列位置,霍尔元件的配置和位置等情况,这样就比较方便。

(6) 如果电机中的某些分区和一般分区不完全相同,那么可以从中看出,哪些分区单元电机在电机中占主导地位,哪些分区单元电机在电机中占从属地位,不同的分区单元电机对电机的影响有多大等,这样对分析和设计电机有非常大的帮助。

4.2.2　分区和单元电机的区别

由 Z_0 和 P_0 组成的电机为单元电机,原电机由 t 个单元电机组成,原电机的绕组图是 t 个单元电机的重复组合。其实符合由 Z_0 和 P_0 组成的电机条件的,必定是单元电机,但是分区不一定是符合由 Z_0 和 P_0 组成的电机条件的,在实际生产中还是有些特例的。

例如:有一电机,3 相,51 槽,46 极(极对数为 23)。

(1) 按单元电机计算,电机每极每相槽数为 $q = \dfrac{Z_0 t}{2mP_0 t} = \dfrac{51 \times 1}{6 \times 23 \times 1} = \dfrac{17}{46}$ 为最简分数,所以是分数槽电机。

(2) 该电机 $t = 1$,就是一个单元电机,单元电机的槽数为 51,磁钢极对数为 23。

(3) 按分区计算,$K = | 51 - 46 | = 5$(分区)。

这 5 个分区电机相线圈个数并不相同,略有区别。但是 5 个分区确实对该电机起着相当大的作用,这点下面会讲到。

4.2.3　电机机械夹角和电夹角的关系

常用的三相永磁无刷直流电机的定子线圈大多采用三相线圈,每相线圈之间必须形成 120°电夹角。如果有 P 对极,电机圆周电夹角为 360°,机械圆周是 360°,设电机的槽数为 Z,那么两槽之间电夹角和机械夹角分别为

$$\text{槽电夹角} = \frac{360° \times P}{Z} \qquad (4-2)$$

$$\text{槽机械夹角} = \frac{360°}{Z} \qquad (4-3)$$

例如:3 相 6 槽 4 极($P=2$)电机(图 4-8),其两槽之间电夹角和机械夹角分别为

$$\text{槽电夹角} = \frac{360° \times P}{Z} = \frac{360° \times 2}{6} = 120°$$

$$\text{槽机械夹角} = \frac{360°}{Z} = \frac{360°}{6} = 60°$$

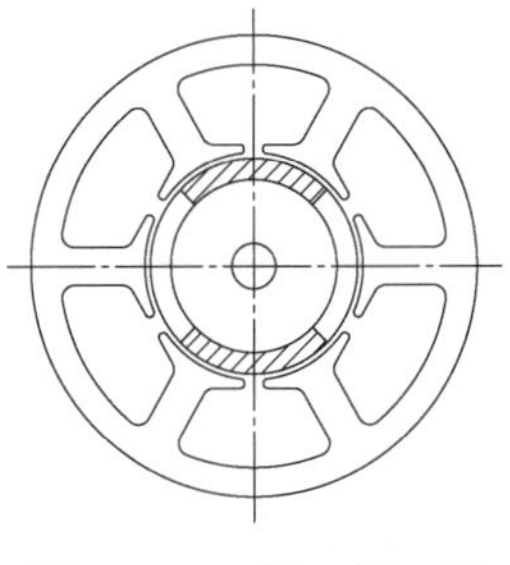

图 4-8　3 相 6 槽 4 极无刷电机

那么相隔 1 槽是 120°电夹角。

从图 4-9 也可以看出,A 相和 B 相起始边的槽电夹角为 120°,槽机械夹角为 60°。

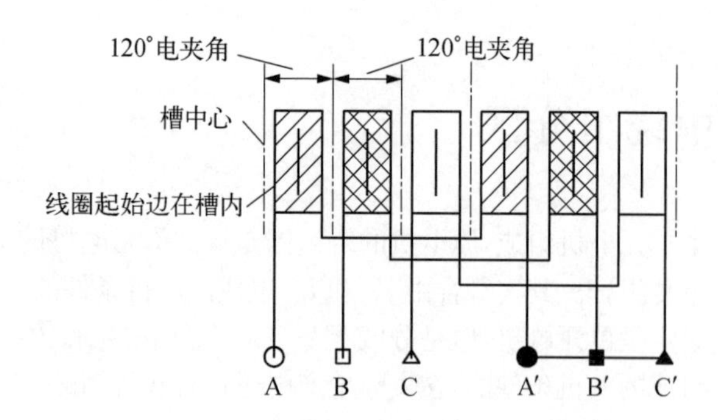

图 4-9 3 相 6 槽 4 极无刷电机绕组

4.2.4 电机分区电夹角和机械夹角的关系

如果一个分区作为一个分数槽集中绕组无刷电机的话，那么该分区电机的槽数 Z' 和极数 p（$p=2P$）仅差 1，$p=Z'\pm1$，那么可以推导出

$$分区槽电夹角=\frac{180^\circ\times p}{Z'}=\frac{180^\circ(Z'\pm1)}{Z'}=\frac{180^\circ Z'}{Z'}\pm\frac{180^\circ}{Z'}=180^\circ\pm\frac{180^\circ}{Z'} \tag{4-4}$$

可以得出如下结论：分数槽集中绕组无刷电机的分区槽电夹角与电机的极数无关，仅与电机的槽数有关。

如果设想，分数槽集中绕组无刷电机只由一个分区组成，那么该电机的槽电夹角只与该分区的槽有关。

如果把一个分区作为一个"电机"看待，那么图 4-10 所示电机就由两个相同的分区组成。

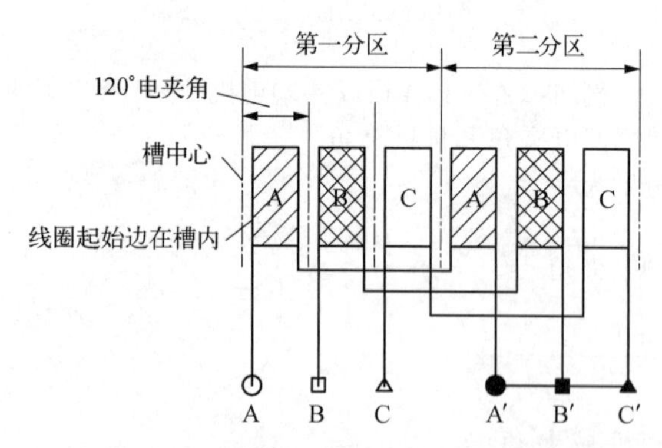

图 4-10 3 相 6 槽 4 极无刷电机绕组图的分区

从图中看，第一分区和第二分区完全一样，只是两个电机各相线圈是串联组成的。

$$分区槽电夹角=180^\circ\pm\frac{180^\circ}{Z'}=180^\circ-\frac{180^\circ}{3}=180^\circ-60^\circ=120^\circ$$

也可以这样理解：因为分区是分数槽集中绕组无刷电机中最基本的组成部分，如果把分区作为一个虚拟电机，并且分数槽集中绕组无刷电机是三相电机，那么分区内有三个线圈，相应有三个槽均布在分区的圆周 360°内。从上面看，两种分析的结果完全一样。

这种观点在分区中计算槽电夹角，不需要知道电机极对数，只需要知道分数槽集中绕组无刷电机的分区数，数出分区的槽数，只要用分区圆周电夹角 360°除以分区内的槽数就是电机的槽电夹角。如果分区是不等槽的，就只能用电机电夹角的概念去算槽电夹角了。

分数槽集中绕组无刷电机中的分区与该电机具有极大的相似性，分区组成了分数槽集中绕组无刷电机，许多分数槽集中绕组无刷电机是由基础分区扩展而成的。

最简单的是 3 槽 2 极电机，扩展一下就是 6 槽 4 极电机，再扩展一下就是 9 槽 6 极电机，再扩展一下就是 12 槽 8 极电机，这些极、槽配合的电机是常用的电机极、槽配合的形式。

$$分区的机械夹角=\frac{分区电机机械角度}{分区电机槽数}=\frac{360^\circ/K}{Z/K}=\frac{360^\circ}{Z}$$

K 为电机的分区数，所以分区的机械夹角就是电机的机械夹角。

图 4-11 所示是 1 个分区衍生出的 4 个串联型的三相分数槽集中绕组的无刷电机线圈排列和接线图，该电机是 3 相，12 槽，8 极，由 4 个分区串联而成，三相线圈相隔 120°，非常简单明了。

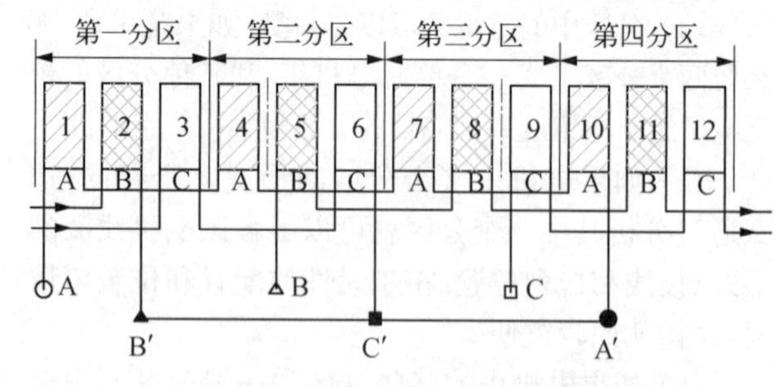

图 4-11 3 相 12 槽 8 极无刷电机绕组图的分区

用分区观点看：该电机有 $K=|12-8|=4$ 个分区，每个分区电机的槽数为 $12/4=3$ 个。

$$分区槽电夹角=180^\circ\pm(180^\circ/Z')=180^\circ-180^\circ/3=180^\circ-60^\circ=120^\circ$$

图4-12所示是另一种接线方式的同样效果的分数槽集中绕组的无刷电机绕组排布图。以分区电机的观点看，一个分区电机内，三相绕组必须相隔120°电夹角连线。

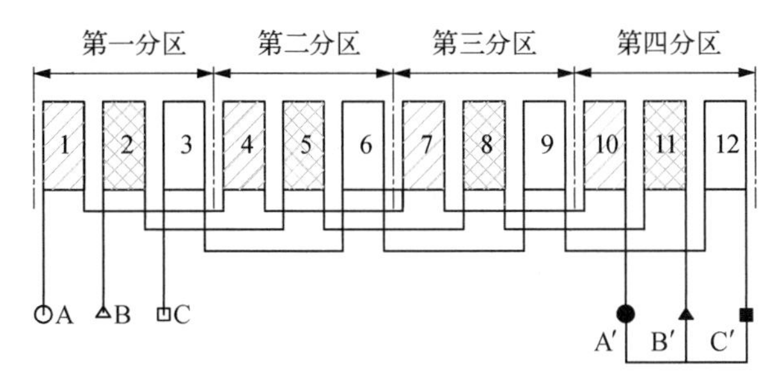

图4-12　3相12槽8极无刷电机绕组图分区接线

图4-13所示是3相12槽8极三相分数槽集中绕组无刷电机的绕组排布和接线图，由4个分区并联所组成。

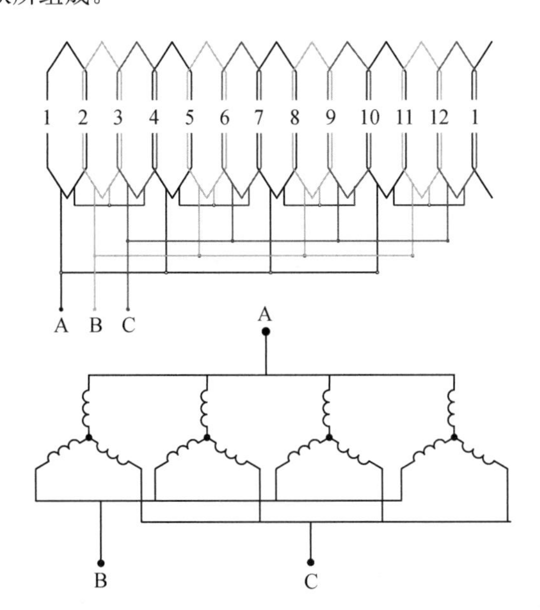

图4-13　3相12槽8极无刷电机绕组并联分区接线

4.2.5　分区相线圈、分区齿、槽和磁钢的关系

如果把几种分区弄熟悉了，那么对多相分数槽集中绕组电机的理解就容易得多。

前面分析了分区中一相线圈是1个的情况，如果分区中一相线圈是2个、3个或更多的情况又如何呢？

1）分区中一相线圈为2个的情况分析　如果分区中一相线圈个数为2，那么三相分数槽集中绕组电机分区内的槽数为分区中一相线圈个数×相数=2×3=6，如图4-14所示。

图4-14中，标志“+”代表该线圈顺时针绕制，电流是按顺时针进入线圈；标志“-”代表该线圈逆时针绕制，电流是按逆时针进入线圈。相应的“A”代表A相线圈顺时针绕制，“$\overline{A}$”代表A相线圈逆时针绕制，“+”“-”“$\overline{A}$”“A”表示线圈的绕向和电流的流向，这样使读者看电机的绕线图时就比较清楚和明白。本书不再重复说明。

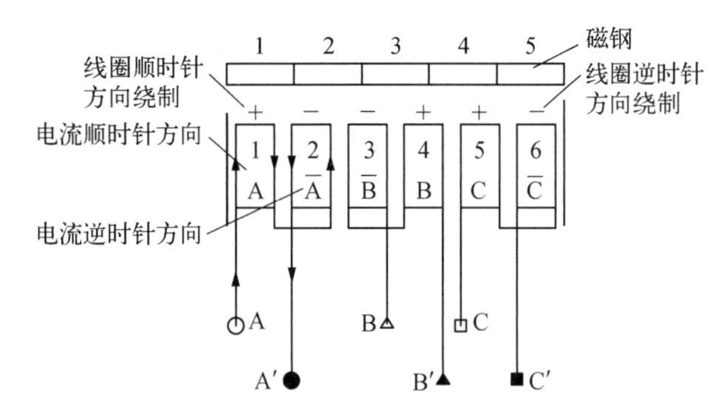

图4-14　分区中一相线圈个数为2的绕组排布

知道分区的槽数和磁钢极数之差的绝对值为1，因为该电机槽数为6，分区数为1，所以分区极数$2P=5$，分区的极对数为$P=2.5$，这是一个磁钢为单数的分区电机，单是这样一个分区的电机是转动不起来的。

因此分区中一相线圈个数为2，必须有偶数个分区，才能组成一个多相分数槽集中绕组电机。这里可以用分区概念采取多种方法来处理分数槽集中绕组的排布和接线。

（1）方法1：可以把两个分区组成的电机在机械圆周360°等分上摆放等分的三相线圈，如图4-15所示，看等分线右边的线圈进线，如果该线圈是C，那么就是C相进线，不用去考虑槽电夹角和相线圈之间的电夹角问题了。

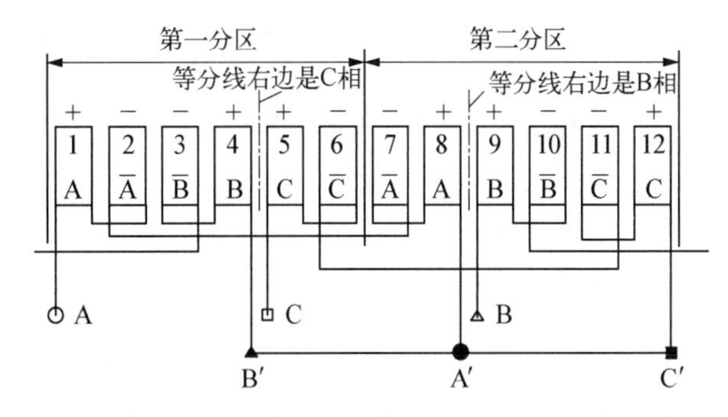

图4-15　分区中一相线圈个数为2的电机接线

（2）方法2：用分区方法求出该电机槽电夹角，如图4-16和图4-17所示。

$$分区槽电夹角=180°\pm\frac{180°}{Z'}=180°\pm\frac{180°}{6}$$
$$=180°\pm30°=210°或150°$$

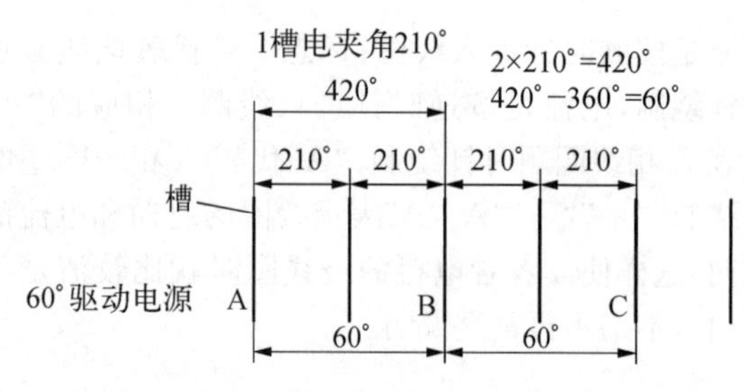

图 4-16 分区与电夹角 1

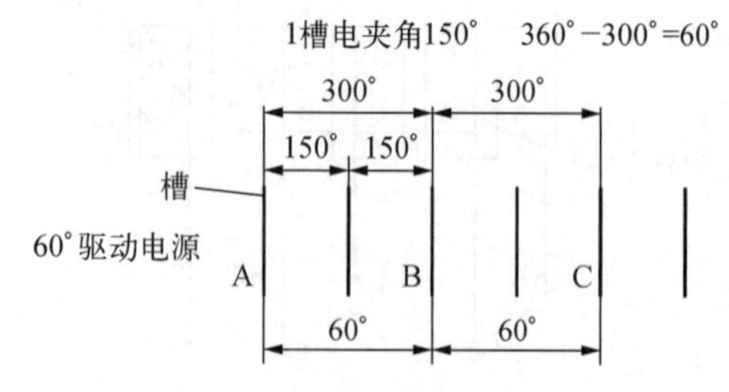

图 4-17 分区与电夹角 2

一槽电夹角是 150°,其补角是 30°,所以相隔 4 槽是 120°,该槽位置正好是 C 相线圈进线槽,那么再相隔 4 槽就是 B 相线圈的进线槽,这与方法 1 的下线形式完全一样。

(3) 方法 3:分区有 6 个线圈,把三相线圈均匀分布在一个分区中,所以相隔两个线圈的槽放一相线圈,依次下线就行,这种方法最简单。

图 4-18 所示是由两个三相分区组成的三相 12 槽 10 极分数槽集中绕组电机绕组展开图。

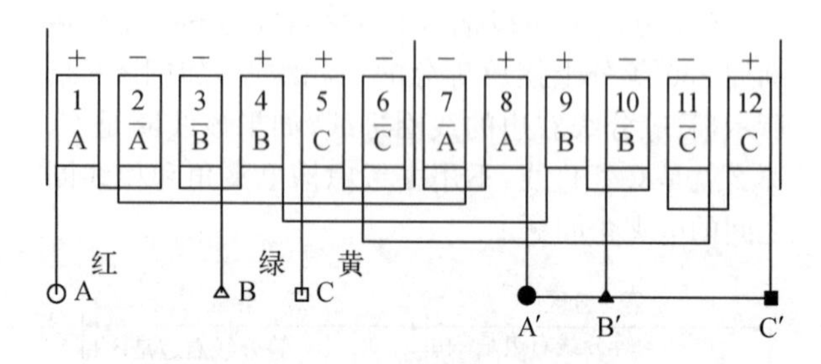

图 4-18 分区绕组各相线圈的分布方法

如果三相电机的分区中一相线圈个数是 2,该电机至少应该有两个分区,并且应该有 12 槽,根据分区数和磁钢之间关系,磁钢应该是 10 极或 14 极。

A、B、C 相的线圈个数相等,各相之间相邻线圈的极性必须相反,考虑到电机是星形接法,因此 A、B 相是串联工作的,A 相的电流流向与 B 相电流流向正好相反。

从图 4-18 看,B 相线圈的绕法和 A 相不同,在实际生产中的工艺性不好,如果每相线圈绕法相同(图 4-19),那么电机的工艺性就好了。

从图 4-19 看,只要把 B 相的头尾对调,那么 B

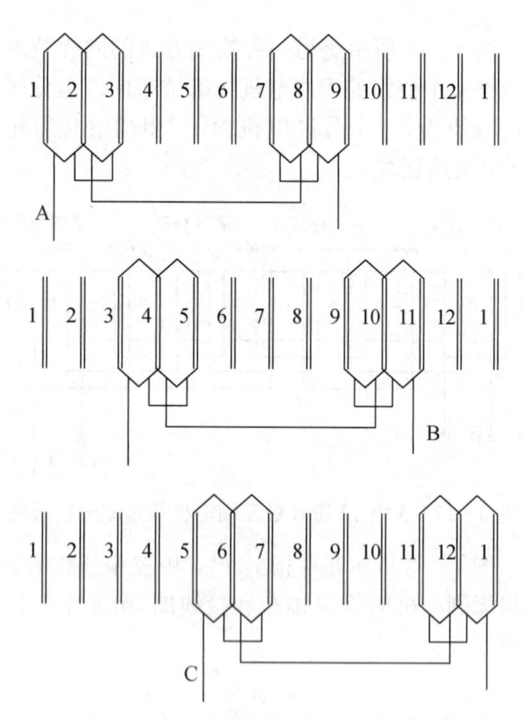

图 4-19 一种三相线圈绕组绕法相同的接线方法

相线圈的电流流向与原来的相反,在电机下线时,三相线圈绕组绕法相同,接线时,只要把 B 相头尾对调后接线即可。

如果分区中一相线圈个数是 2,该电机最少应该有 2 个分区,一个分区最少 6 槽,这样 2 个分区就是 12 槽。扩展一下就是 24 槽 20 极电机,再扩展一下就是 36 槽 30 极电机,以此类推。这种分区中一相线圈个数为 2 的分数槽集中绕组电机分区数必须为偶数,组成一个分区组电机组,形成一个完整的分区组电机,才能正常运行。

2) 分区中一相线圈为 3 个的情况分析　如果分区中一相线圈个数为 3,那么三相分数槽集中绕组电机分区内的槽数为分区中一相线圈个数×相数=3×3=9,如图 4-20 所示。

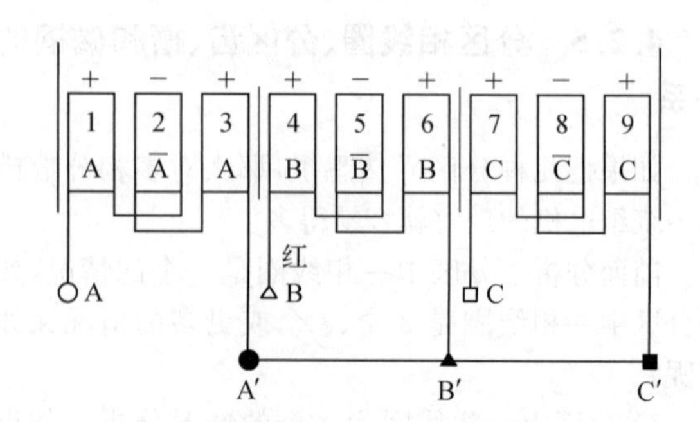

图 4-20 分区中一相线圈个数为 3 的绕组排布

相应的磁钢数应该为 8 个或 10 个(磁钢数为偶数),磁钢是 4 对极或 5 对极都可以与之对应。因此分区中一相线圈个数为 3,一个分区组成的电机就可以组成分数槽集中绕组无刷电机了。

电机的槽电夹角为

$$
\begin{aligned}
\text{分区槽电夹角} &= 180^\circ \pm \frac{180^\circ}{Z'} = 180^\circ \pm \frac{180^\circ}{9} \\
&= 180^\circ \pm 20^\circ = 200^\circ \text{或} 160^\circ
\end{aligned}
$$

槽电夹角为 200°和 160°的分析如图 4-21 和图 4-22 所示。

如果槽电夹角是 200°或 160°两相线圈相隔 3 槽，实际是相隔了 120°电夹角。

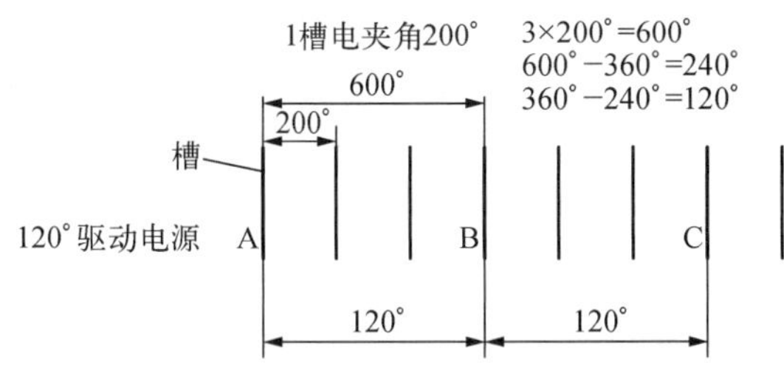

图 4-21　槽电夹角 200°

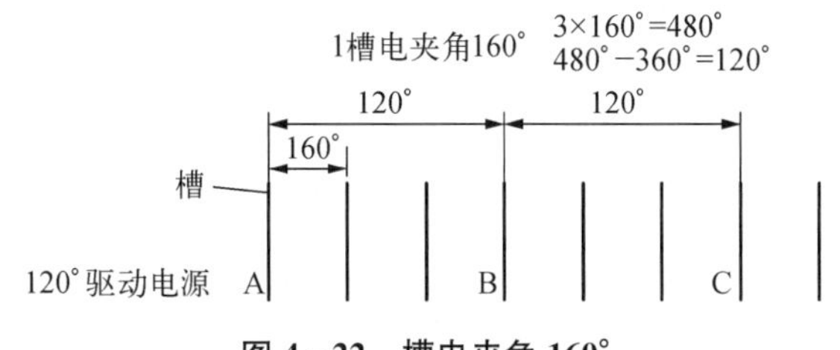

图 4-22　槽电夹角 160°

所以 A 相线圈和 B 相线圈都是要相隔 3 槽电夹角才是 120°。这是一种非常典型的绕组，分区中各相绕组的形式完全一致，非常有规律，这对工厂来说加工工艺简单。其槽和磁钢的配合变化多。

因此，如果分区中一相线圈个数是 3，那么该电机有 1 个分区就可以了，一个分区最少 9 槽 8 极，那么 2 个分区就是 18 槽 16 极，再扩展一下就是 27 槽 24 极电机，以此类推。

图 4-23 所示是 18 槽 16 极电机，就是由两个 9 槽 8 极分区电机串联而成的。

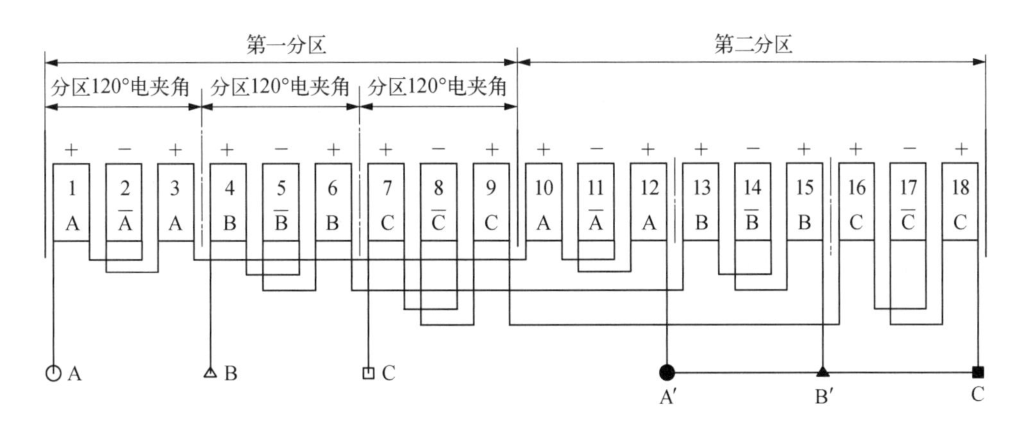

图 4-23　18 槽 16 极电机两分区绕组排布

图 4-24 所示是 18 槽 16 极无刷电机的接线，这是一种分区之间同相线圈并联的接法，A 相与 A 相并联，B 相与 B 相并联，C 相与 C 相并联。所以分区中一相线圈个数为 3 时，那么各个分区的同相电机可以进行并联（原理如图 4-25 所示），甚至可以进行串并联。

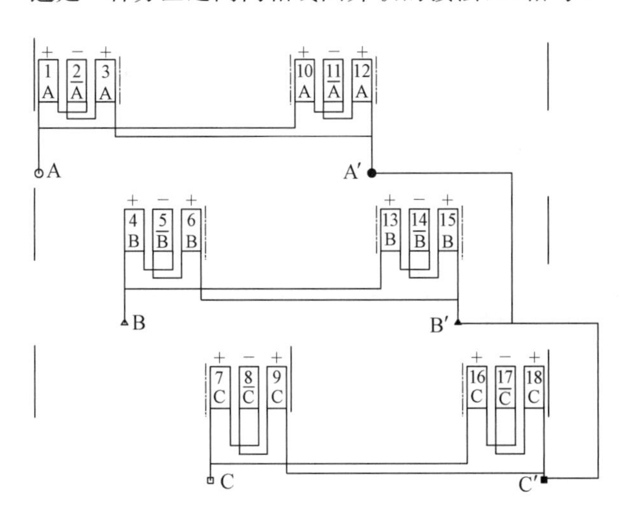

图 4-24　18 槽 16 极无刷电机并联接线

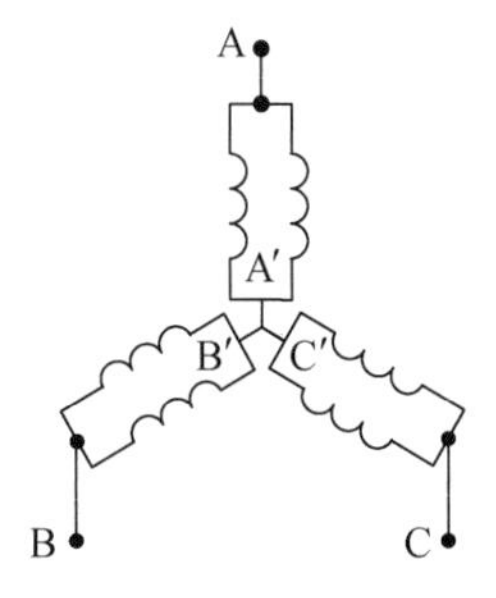

图 4-25　18 槽 16 极无刷电机的绕组原理

3）分区中一相线圈为 6 个的情况分析　分区数为 1，分区的槽数为 18，分区极数可以为 19 极，$P = 9.5$，所以 2 个分区才可以组成一个完整的分数槽集中绕组无刷电机，就是 36 槽 38 极。分区的槽数是 18，分区中电机的槽电夹角为

$$
\begin{aligned}
\text{分区槽电夹角} &= 180^\circ \pm \frac{180^\circ}{Z'} = 180^\circ \pm \frac{180^\circ}{18} \\
&= 180^\circ \pm 10^\circ = 190^\circ \text{或} 170^\circ
\end{aligned}
$$

它们的补角是 10°。所以分区中均分时为 6 个槽，相隔 6 个槽布线的话，每相之间的电夹角为 10°×6=60°，这样布线的话，要用 60°控制器。

因此，如果分数槽集中绕组无刷电机的各个分区相同，分区中一相线圈个数是偶数，三相线圈进线在一个分区中均布，那么每相线圈的电夹角是 60°。

4) 分区中一相线圈的情况分析

(1) 分区中一相线圈个数是奇数的各相线圈绕法相同，接法相同，工艺性好。

(2) 一旦把电机的分区和分区的相区确定，那么电机各相的排列基本上就确定了。

(3) 分区中一相线圈个数是奇数，那么各相的线圈绕线形式是一致的，按照电机 360°均布三相线圈，或者在分区中均布三相线圈，其每相电夹角是 120°。

(4) 分区中一相线圈个数是偶数，那么各相的线圈绕线形式是相反的。

(5) 分区中一相线圈个数是 4 或 5，槽电夹角不是整数，线圈排列是有些问题的。

(6) 如果分区中一相线圈个数为 6，槽电夹角是 170°或 190°，要相隔 6 个槽两个相线圈才成 60°电夹角。因此要用偶数个分区组合电机才行。

(7) 只有分区中一相线圈个数是 1、2、3、6，才能使相线圈的机械夹角为 120°，槽电夹角是 120°或 60°，所以尽量选择分区中一相线圈个数是 1、2、3、6。

(8) 分数槽集中绕组无刷电机的分区中一相线圈个数是 1、3，那么不管在电机中均匀布线或是在分区中均匀布线，其每相之间电夹角都为 120°。

(9) 分数槽集中绕组无刷电机的分区中一相线圈个数为 2、6，那么在电机中均匀布线，其每相电夹角是 120°；在分区中均匀布线，其每相电夹角是 60°。

4.2.6 分数槽集中绕组电机各种关系的计算

按照分区的概念可以用 Excel 做一种计算表(表 4-2)，其包括：三相分数槽集中绕组的分区数、相分区每相线圈个数、定子齿数、磁钢数、每相线圈个数、两槽机械夹角，在不同磁钢数相对应的两槽电夹角等关系，非常直观，清晰明了，使用方便。

只有在分区中一相线圈个数是 1、2、3、6，才能有四种绕组形式的机械夹角可以成为 120°，所以随分区中一相线圈个数增加，整数槽电夹角的绕组排列形式的数量按(4×2 分区数)增加。如果分区数在 6 个之内的话，有规律的三相分数槽集中绕组的电机有 28 种形式。其中磁钢数为奇数的配置是不成功的，至少要有两个分区组合后才能形成一个完整的单元电机。分区数为 1、2、3 时有规律的分数槽集中绕组的关系见表 4-3～表 4-5。

在分区数为 1，分区中一相线圈个数是 2 和 6 时，磁钢数为奇数，这种形式应该除外。

表 4-2 分区数为 1 时的分数槽集中绕组的关系

分区数 K	相分区每相线圈个数 n	定子齿数 $Z=3nK$	磁钢数 $2P_{大}=Z+K$	磁钢数 $2P_{小}=Z-K$	每相线圈个数	两槽机械夹角 =360/Z(°)	两槽电夹角大= $360\times2P_{大}/(2Z)$(°)	两槽电夹角小= $360\times2P_{小}/(2Z)$(°)
1	1	3	4	2	1	120	240	120
1	2	6	7	5	2	60	210	150
1	3	9	10	8	3	40	200	160
1	4	12	13	11	4	30	195	165
1	5	15	16	14	5	24	192	168
1	6	18	19	17	6	20	190	170
1	7	21	22	20	7	17.142 857	188.571 428 6	171.428 571 4
1	8	24	25	23	8	15	187.5	172.5

表 4-3 分区数为 1 时有规律的分数槽集中绕组的关系

分区数 K	相分区每相线圈个数 n	定子齿数 $Z=3nK$	磁钢数 $2P_{大}=Z+K$	磁钢数 $2P_{小}=Z-K$	每相线圈个数	两槽机械夹角 =360/Z(°)	两槽电夹角大= $360\times2P_{大}/(2Z)$(°)	两槽电夹角小= $360\times2P_{小}/(2Z)$(°)
1	1	3	4	2	1	120	240	120
1	2	6	7	5	2	60	210	150
1	3	9	10	8	3	40	200	160
1	6	18	19	17	6	20	190	170

表 4-4　分区数为2时有规律的分数槽集中绕组的关系

分区数 K	相分区每相线圈个数 n	定子齿数 $Z=3nK$	磁钢数 $2P_{大}=Z+K$	磁钢数 $2P_{小}=Z-K$	每相线圈个数	两槽机械夹角 $=360/Z$(°)	两槽电夹角大 $=360\times2P_{大}/(2Z)$(°)	两槽电夹角小 $=360\times2P_{小}/(2Z)$(°)
2	1	6	8	4	2	60	240	120
2	2	12	14	10	4	30	210	150
2	3	18	20	16	6	20	200	160
2	6	36	38	34	12	10	190	170

表 4-5　分区数为3时有规律的分数槽集中绕组的关系

分区数 K	相分区每相线圈个数 n	定子齿数 $Z=3nK$	磁钢数 $2P_{大}=Z+K$	磁钢数 $2P_{小}=Z-K$	每相线圈个数	两槽机械夹角 $=360/Z$(°)	两槽电夹角大 $=360\times2P_{大}/(2Z)$(°)	两槽电夹角小 $=360\times2P_{小}/(2Z)$(°)
3	1	9	12	6	3	40	240	120
3	2	18	21	15	6	20	210	150
3	3	27	30	24	9	13.333 333 3	200	160
3	6	54	57	51	18	6.666 666 67	190	170

在分区数为3,分区中一相线圈个数是6和18时,磁钢数为奇数,因此要用两个分区组合使电机形成一个完整的单元电机。可以继续分析分区数为4、5、6等情况,这里就不介绍了。

在各种分数槽集中绕组的无刷电机或永磁同步电机中,槽数是6、9、12、18、36、54时,它们相应的电机配置种类是比较多的。例如:18槽,它的分区中一相线圈个数可以分别是1、2、3、6。表4-6所列的槽数和极数都是常用的三相分数槽集中绕组无刷电机的典型配合。

表 4-6　典型的分数槽集中绕组槽数与极数的配合

槽　数	极　数
6	4,8
9	6,8,10
12	8,10
18	12,20
36	34
48	52
54	60
63	56

4.2.7　分区中一相线圈个数不是整数的分析

分区中一相线圈个数不是整数,但和分区数之乘积是整数,而且磁钢的个数是偶数,那么也有可能做成很好的分数槽集中绕组无刷电机。

如分区中一相线圈个数为3.4,分区数为5,那么,它们的乘积为5×3.4=17,即该电机的相线圈个数是17。如果是三相电机,那么该电机的总线圈个数为3×17=51,即电机的槽数为51。这种分数槽集中绕组无刷电机的磁钢数可以有两种:56块和46块,见表4-7。

如果选用5分区,分区中一相线圈个数为2.4,它们的乘积为5×2.4=12,即该电机的相线圈个数是12。如果是三相电机,那么该电机的总线圈个数为3×12=36,即电机的槽数为36。磁钢数可以有两种:41块和31块,见表4-8,那么这个配置是不成功的,至少要有两个分区组合后才行。

图4-26所示是一种电动自行车电机的线圈排列,51槽,46极,因此有5个分区,每个分区平均有51/5=10.2个线圈,分区中一相线圈个数10.2/3=3.4个。

A相　4 3 3 3 4
B相　3 3 4 4 3
C相　4 4 3 3 3

第一分区线圈个数为11,其余分区的线圈个数为10。说明各个分区线圈的个数是不等的。在单独的分区中一相线圈个数也是不等的。但是电机每相线圈个数是17,这是相等的,它们组成了一个比较特殊的分数槽集中绕组电机。

同一台51槽46极分数槽集中绕组电机的另外一种线圈排布方法如下,排布方法不一样,但原理都是相同的。

A相　4 4 3 3 3
B相　3 3 3 4 4
C相　3 4 4 3 3

表 4-7　分区数为 5、分区中一相线圈个数为 3.4 时的分数槽集中绕组的关系

分区数 K	相分区每相线圈个数 n	定子齿数 $Z=3nK$	磁钢数 $2P_{大}=Z+K$	磁钢数 $2P_{小}=Z-K$	每相线圈个数	两槽机械夹角 $=360/Z$(°)	两槽电夹角大 $=360\times2P_{大}/(2Z)$(°)	两槽电夹角小 $=360\times2P_{小}/(2Z)$(°)
5	3.4	51	56	46	17	7.058 823 5	197.647 058 8	162.352 941 2

表 4-8　分区数为 5、分区中一相线圈个数为 2.4 时的分数槽集中绕组的关系

分区数 K	相分区每相线圈个数 n	定子齿数 $Z=3nK$	磁钢数 $2P_{大}=Z+K$	磁钢数 $2P_{小}=Z-K$	每相线圈个数	两槽机械夹角 $=360/Z$(°)	两槽电夹角大 $=360\times2P_{大}/(2Z)$(°)	两槽电夹角小 $=360\times2P_{小}/(2Z)$(°)
5	2.4	36	41	31	12	10	205	155

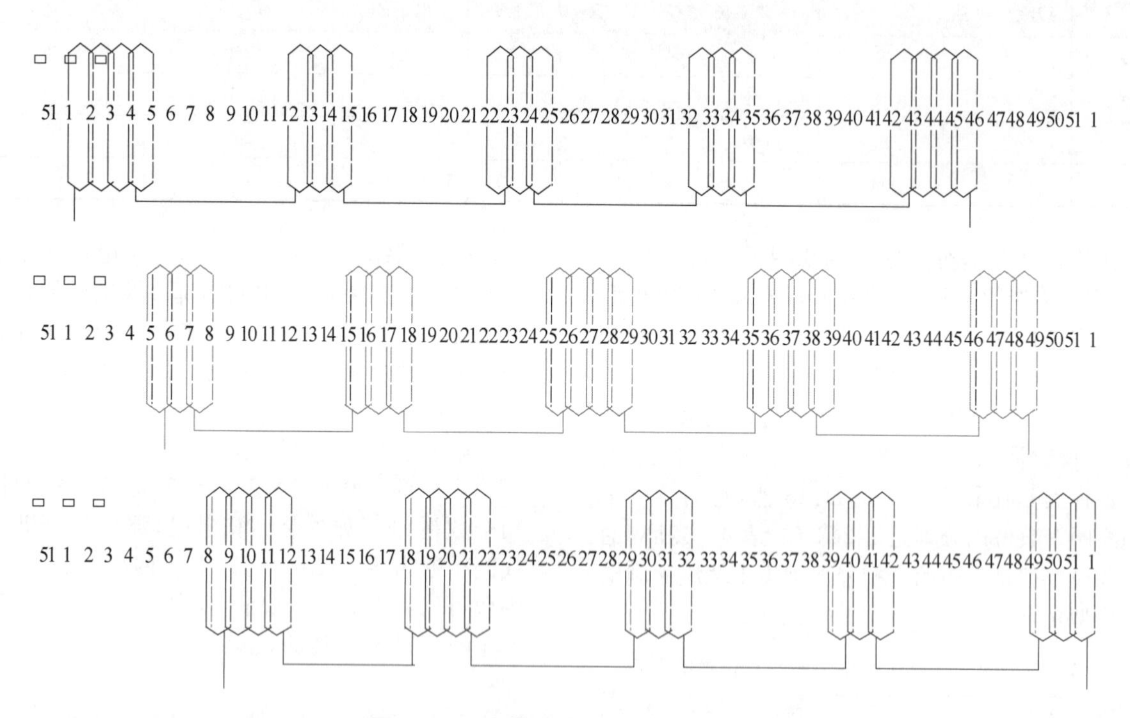

图 4-26　51 槽 46 极 5 分区绕组排布

4.2.8 分区中各个相关元素的计算表

作者从另外角度对分数槽集中绕组电机之间关系又编了个 Excel 计算表(表 4-9)，这些槽与齿的配合均可以算出，其中只要输入不同的分区数就行。读者可以方便地用 Excel 编写这个计算表，使用非常方便、明了。

从上面的计算表可以看出，只要输入各种分区数，就可以看出电机各种相关元素的数据各有不同。

从计算表看：

(1) 槽数必须是 3 的倍数。

(2) 电机的分区数最少为 1 个，那么该分区电机线圈至少为 3 个。

(3) 每分区每相线圈个数如果选取 1、2、3、6，那么每槽电夹角非常合理，将来对霍尔元件的安放是非常有利的。有利于电机串并联和工作电压的调整，这时分区每槽电夹角是 120°、150°、160°、200°、210°、240°、170°、190°。

(4) 如果槽数是 3 的倍数，每分区线圈个数又是 1、2、3、6 其中一种的话，也可以组成分数槽集中绕组电机。

(5) 如果槽数是 $3K$ 的整数倍，K 又是 1、2、3、6 其中一种的话，那么 A、B、C 三相能均匀分布在整个电机槽中，又能在分区中各相均匀分布。这样可以把分区电机作为一个“电机”，使分区内 A、B、C 三相线圈均分，三相线圈的进线在分区中 360° 均分。

例如：15 槽，10 极，$K=|15-10|=5$，$15/(3K)=15/(3\times5)=1$ 是整数，计算表见表 4-10。因此该电机线圈排布可以在电机圆周均布(图 4-27)或分区内均布(图 4-28)，两种效果是一样的。

表 4 - 9　分数槽集中绕组关系(分区数为 2)

输入分区数	槽　数	磁钢数大 2P	磁钢数小 2P	两槽机械夹角(°)	两槽电夹角大(°)	两槽电夹角小(°)	每分区每相线圈个数	每分区线圈个数
2	3	5	1	120	300	60	0.5	1.5
2	6	8	4	60	240	120	1	3
2	9	11	7	40	220	140	1.5	4.5
2	12	14	10	30	210	150	2	6
2	15	17	13	24	204	156	2.5	7.5
2	18	20	16	20	200	160	3	9
2	21	23	19	17.142 9	197.143	162.857	3.5	10.5
2	24	26	22	15	195	165	4	12
2	27	29	25	13.333 3	193.333	166.667	4.5	13.5
2	30	32	28	12	192	168	5	15
2	33	35	31	10.909 1	190.909	169.091	5.5	16.5
2	36	38	34	10	190	170	6	18

表 4 - 10　15 槽 10 极分数槽集中绕组计算

输入分区数	槽数	磁钢数大 2P	磁钢数小 2P	两槽机械夹角(°)	两槽电夹角大(°)	两槽电夹角小(°)	每分区每相线圈个数	每分区线圈个数	A 相起始槽	B 相起始槽	C 相起始槽
5	15	20	10	24	240	120	1	3	1	6	11

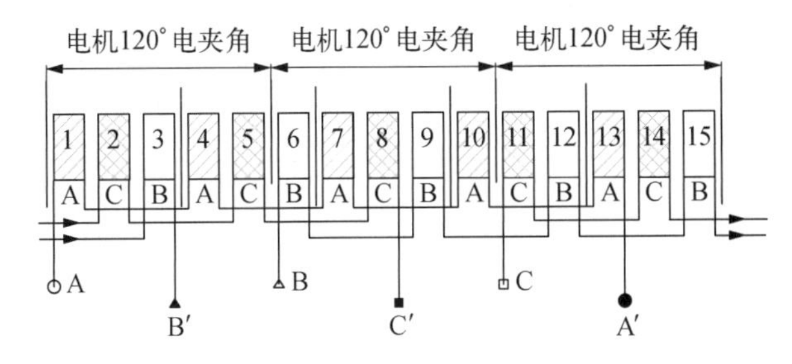

图 4 - 27　15 槽 10 极分数槽集中绕组排列一

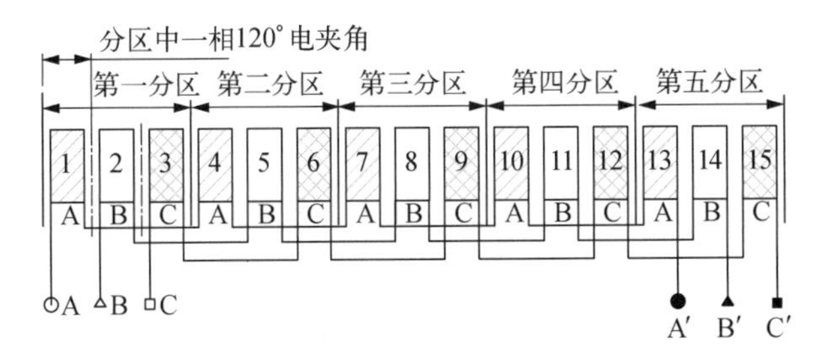

图 4 - 28　15 槽 10 极分数槽集中绕组排列二

4.2.9　力偶电机与非力偶电机

作用于同一刚体上的大小相等、方向相反但不共线的两个平行力组成的力系,称为力偶,如图 4 - 29 所示。力偶为矢量,是一种只有合转矩,没有合力的力系统。因此,它又称为纯转矩。作用于物体,力偶能够使物体完全不呈现任何平移运动,只呈现纯旋转运动。作用在刚体上的两个或两个以上的力偶组成力偶系。最简单的力偶是由两个大小相等、方向相反的力构成的,力偶的国际单位是 N · m。

若力偶系中各力偶都位于同一平面内,则为平面力偶系,否则为空间力偶系。力偶既然不能与一个力等效,力偶系简化的结果显然也不可能是一个力,而仍为一力偶,此力偶称为力偶系的合力偶。

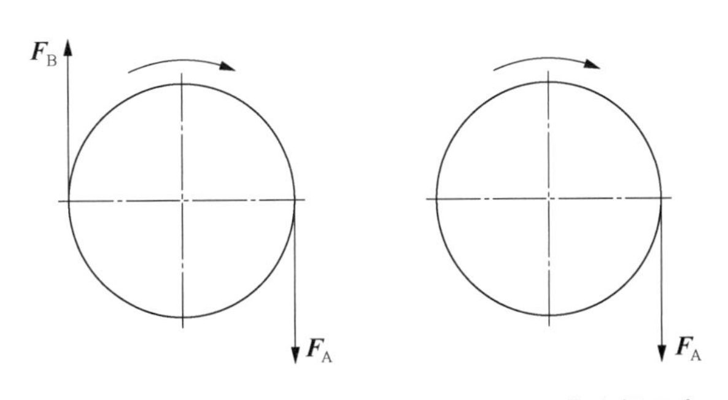

图 4 - 29　力偶示意　　　图 4 - 30　非力偶示意

力偶对物体产生转动效应,力偶的两力对空间任一点之矩的和是一常矢量,称为力偶矩。一力偶可用与其作用面平行、力偶矩相等的另一力偶代替,而不改变其对刚体的转动效应。

如果一个以中心旋转的圆柱体面上只有一个力起作用,那么这个圆柱体也可以旋转,这个力矩不是力偶,称为非力偶,如图 4 - 30 所示。

力偶使作用力对称,能使圆柱刚体稳定旋转,非力偶能使圆柱刚体不稳定旋转。如果电机转子上受到的力矩是力偶，那么转子转动比较平稳；如果电机转子上受到的力矩是非力偶，那么转子转动会不平稳，使电机产生震动和噪声。因此设计电机，理论上要考虑到这个因素，尽量避免应用非力偶电机。

三相无刷电机最普通的通电形式是两两通电。通电形式是：A/B，A/C，B/C，B/A，C/A，C/B。当A、B两相通电时，C相是不通电的；当A、C两相通电时，B相是不通电的。它和三相同步电机的通电形式完全不同。

当分数槽集中绕组电机只有一个分区时，那么电机的圆周在通电时其作用力是不对称的，只有一个分区的分数槽集中绕组电机是一个非力偶电机，这种电机存在倾边磁拉力，运行不平稳，会产生震动与噪声。

只有一个分区组成的电机肯定是非力偶电机，只有一个分区的电机绕组计算见表4-11。

在表4-11中，3～33槽，它们只有一个分区，这些电机都是非力偶电机。

例如：表中有9槽8极和9槽10极，有些工厂把它做成分数槽集中绕组无刷电机，电机只是一个分区，这种电机生产出来后会带来震动和噪声，很难避免。凡是分数槽集中绕组电机中只有一个分区，这种电机就是非力偶电机，就会造成由于力矩不对称所产生的震动和噪声。因此必须避免采用一个分区的分数槽集中绕组无刷电机。应该说，9槽8极和9槽10极定子只是转子极数不同，但都是非力偶电机，运行是不太平稳的。

如果分数槽集中绕组电机有两个相同的分区（表4-12），那么这就是力偶电机，它们产生力偶，转子的受力是对称、平行和均匀的。因此这种电机就不会产生很大的震动和噪声。

表4-11 一个分区的分数槽集中绕组无刷电机

输入分区数	槽数	磁钢数大2P	磁钢数小2P	两槽机械夹角(°)	两槽电夹角大(°)	两槽电夹角小(°)	每分区每相线圈个数	每分区线圈个数	A相起始槽	B相起始槽	C相起始槽
1	3	4	2	120	240	120	1	3	1	2	3
1	9	10	8	40	200	160	3	9	1	4	7
1	15	16	14	24	192	168	5	15	1	6	11
1	21	22	20	17.14	188.5	171.4	7	21	1	8	15
1	27	28	26	13.33	186.6	173.3	9	27	1	10	19
1	33	34	32	10.90	185.4	174.5	11	33	1	12	23

表4-12 两个分区的分数槽集中绕组无刷电机

输入分区数	槽数	磁钢数大2P	磁钢数小2P	两槽机械夹角(°)	两槽电夹角大(°)	两槽电夹角小(°)	每分区每相线圈个数	每分区线圈个数	A相起始槽	B相起始槽	C相起始槽
2	6	8	4	60	240	120	1	3	1	3	5
2	12	14	10	30	210	150	2	6	1	5	9
2	18	20	16	20	200	160	3	9	1	7	13
2	24	26	22	15	195	165	4	12	1	9	17
2	30	32	28	12	192	168	5	15	1	11	21
2	36	38	34	10	190	170	6	18	1	13	25

上面的槽数和磁钢数配合的分数槽集中绕组无刷电机运行是比较平稳的。如6、12、18、24、36槽和相对应的磁钢组成的分数槽集中绕组无刷电机从运行平稳性看是比较好的，经常被采用。

分区数大于1的非力偶电机其震动和噪声比分区数等于1的非力偶电机要好，奇数越大，那么电机非力偶现象越小，电机运行越平稳。

例如：51槽46极的分数槽集中绕组无刷电机，其有5个分区，均匀分布在电机定子圆周，那么不管如何通电，总有5个几乎相等的力矩均匀分布在转子的圆周。因此电机运行还是比较平稳的。说明如果电机要求运行相对平稳，那么电机的分区数要多。

但是这个电机的分区中的线圈个数是不相等的，因此电机运行时对转子带来了一些不平衡的力的因素，这个电机是有些震动的，在大电流、大功率的汽车轮毂电机上不宜采用这种槽数和磁钢数配合，这样汽车启动后有较大的震动，等汽车高速运行后这个震动会减小，这是实践证明了的。

分数槽集中绕组无刷电机有两个分区，但是这两个分区有特别不对称的大小相带，这样的电机也不是力偶电机。

图4-31所示是一个很典型的大小相带的电机绕组排列图。

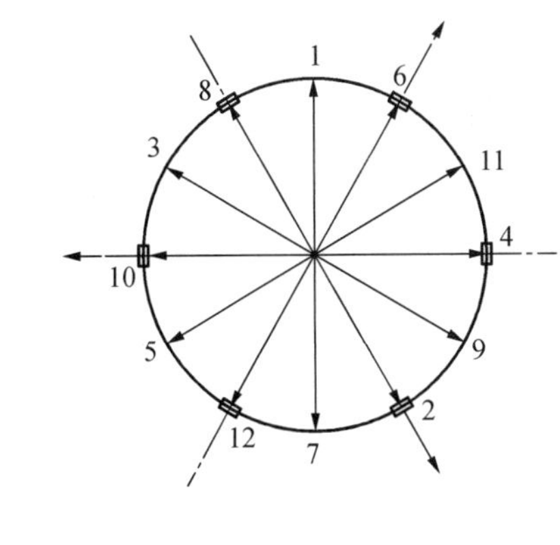

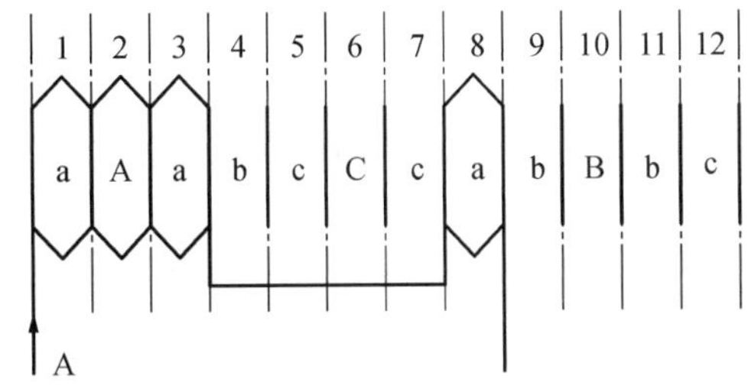

图4-31 有两个分区的非力偶电机绕组排列(12槽10极2分区)

画出该电机绕组简图，如图4-32所示。

图4-32 有两个分区的非力偶电机的绕组简图

当A/B、B/C、B/A、C/B通电时，两个分区中都有4个线圈几乎对等通电，但是当C/A通电时，两个分区的通电线圈极不相等，第一分区通电线圈有6个，第二分区通电线圈仅有2个，因此该线圈接线使得这种电机为非力偶电机。可以改变绕组接法，使其形成力偶电机。

有两个分区的力偶电机的绕组排列如图4-33和图4-34所示。

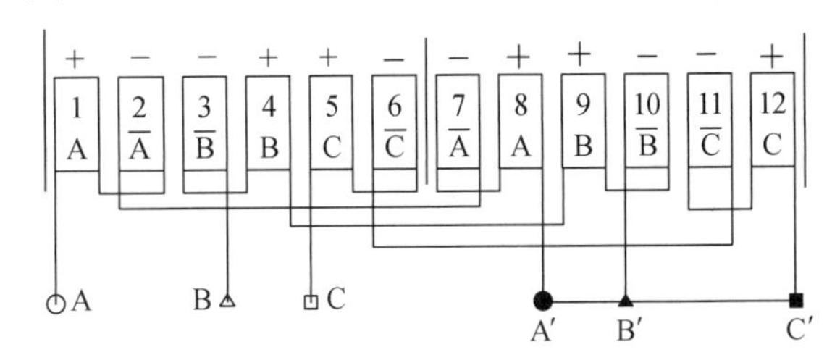

图4-33 有两个分区的力偶电机的绕组排列

+− −+ +− −+ +− −+

A B C A B C

图4-34 有两个分区的力偶电机的绕组简图

可以从电机分区角度看电机的震动和噪声，如果电机分区数大于1，分区数是奇数，每个分区中的绕组相等，分区电机圆周均匀排布，这样的电机性能与力偶电机相当。

4.3 绕组展开图的简图画法

无刷电机当槽数和极数比较多时，电机的展开图也比较烦琐，特别是用矢量法作图，看上去比较模糊，不一定直观，特别是无刷电机三相绕组一起画出的绕组图，线圈的分辨，线圈进出线的连接有时很复杂。如果用无刷电机的绕组简图来替代绕组展开图，在实际电机设计、分析、制造中就觉得方便不少。

4.3.1 已知无刷电机定子槽数和磁钢片数的画法

虽然作者在介绍分区时介绍了一些线圈排布规律，但是设计者关心的是：知道了一个多相分数槽集中绕组无刷电机的定子槽数和磁钢数，如何简单、正确地判断和画出该电机的线圈排布和接法，如何把换向的霍尔元件正确地安放在确切的位置。

例4-1 一个多相分数槽集中绕组的无刷电机具体数据是：3相，12槽，4对极(8极)。

这样，$K=|Z-2P|=|12-2\times4|=4$，即该电机有4个三相分区。

$$槽机械夹角=\frac{360^\circ}{12}=30^\circ$$

槽电夹角有三种理解方法：

(1) 槽电夹角 = 转子极对数 × 槽机械夹角 = $4\times30^\circ=120^\circ$。

(2) $槽电夹角=\frac{每对极电夹角之和}{电机齿数}=\frac{360^\circ\times P}{Z}$

$=\frac{360^\circ\times4}{12}=120^\circ$。

(3) 分区槽电夹角 $= 180^\circ - \dfrac{180^\circ}{Z'} = 180^\circ - \dfrac{180^\circ}{3} = 120^\circ$。

Z'是分区的槽数。

图 4－35 和图 4－36 就是该 3 相 4 对极 12 槽分数槽集中绕组无刷电机的分区，槽和线圈绕组，绕组接线情况的绕组接线图。

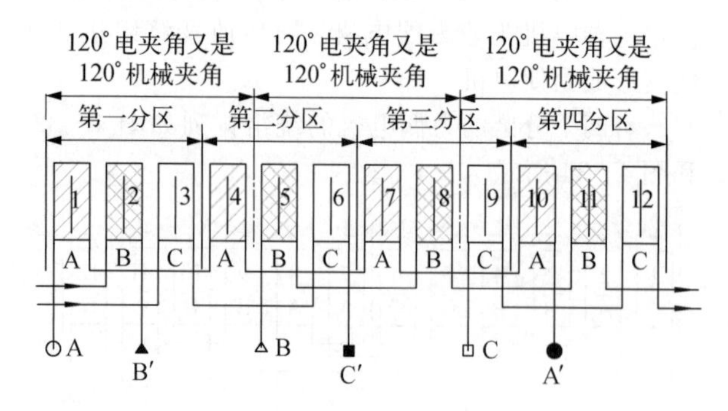

图 4－35　电机绕组展开图接线方法之一

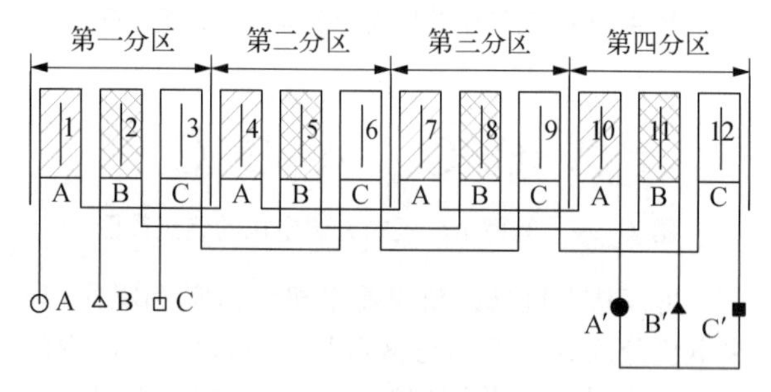

图 4－36　电机绕组排布方法之二

(1) 不考虑分区的概念，把电机绕组圆周视为 360°电夹角，那么 A 相线圈进线在第 1 齿左槽内，B 相进线应该在电机 120°机械夹角即 120°电夹角处下线，即第 5 个齿左边槽下线，同理，C 相进线应该在电机 240°机械夹角即 240°电夹角处下线，即第 9 个齿左边槽下线。这样每相进线槽之间成 120°机械夹角，同时也是 120°电夹角，如图 4－35 所示。

(2) 考虑分区的概念，把分区圆周视为 360°电夹角，一个槽电夹角为：分区槽电夹角 $= 180^\circ \pm \dfrac{180^\circ}{Z'} = 180^\circ \pm \dfrac{180^\circ}{3} = 180^\circ \pm 60^\circ = 240^\circ$ 或 120°，那么 A 相线圈进线在第 1 齿左槽内，B 相进线应该在分区中 120°电夹角处下线，即第 2 个齿左边槽下线，同理，C 相进线应该在电机 240°机械夹角即 240°电夹角处下线，即第 3 个齿左边槽下线。这样每相进线槽之间成 120°机械夹角，同时也是 120°电夹角。

(3) 把一个分区看为 360°电夹角，三个线圈分为三相，每相 120°电夹角，因此分区中三个线圈按 A、B、C 三相通电接线，如图 4－36 所示。

从上述三种观点分析绕组排列，效果相同：共有 4 个分区，每个分区内有 A、B、C 三个相区，每个相区只有一个线圈，A、B、C 线圈的电夹角相互均为 120°，线圈绕法都相同，而且每个三相分区的线圈排列和绕法均相同。

4.3.2　绕组展开图用简图的画法步骤

以 3 相 12 槽 8 极电机为例，分数槽集中绕组无刷电机绕组展开图用简图的画法步骤如下：

(1) 计算电机的三相分区。

$$K = |Z - 2P| = |12 - 8| = 4$$

(2) 计算分区槽电夹角。

$$分区槽电夹角 = 180^\circ \pm \frac{180^\circ}{Z'} = 180^\circ \pm \frac{180^\circ}{3} = 180^\circ \pm 60^\circ = 240^\circ \text{ 或 } 120^\circ$$

(3) 该电机有 4 个三相分区。画出 4 个分区，每分区以 A、B、C 三相表示，如图 4－37 所示。

| A B C | A B C | A B C | A B C |

图 4－37　3 相 12 槽 8 极电机分区

(4) 因为只有 12 个齿，所以每分区线圈个数相等，个数为 3，分区的各相区线圈个数为 1。

$$\frac{Z/K}{m} = \frac{12/4}{3} = 1$$

(5) 画出各相线圈极性，如图 4－38 所示。

| $\overset{+}{A}$ $\overset{+}{B}$ $\overset{+}{C}$ | $\overset{+}{A}$ $\overset{+}{B}$ $\overset{+}{C}$ | $\overset{+}{A}$ $\overset{+}{B}$ $\overset{+}{C}$ | $\overset{+}{A}$ $\overset{+}{B}$ $\overset{+}{C}$ |

图 4－38　3 相 12 槽 8 极电机绕组简图画法步骤一

(6) 按图 4－39 画出电机绕组图并接线。

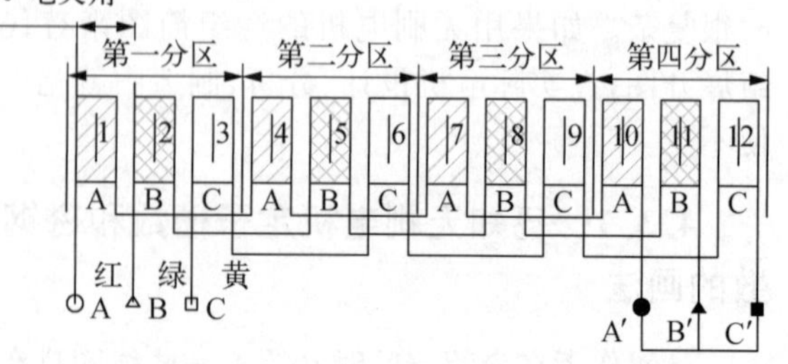

图 4－39　3 相 12 槽 8 极电机绕组简图画法步骤二

至此，三相分数槽集中绕组无刷电机绕组展开图画法已经完成。

例 4－2　3 相 12 槽 10 极电机绕组简图的画法。

（1）电机有两个分区。

$$K=|12-10|=2$$

画出分区，如图 4－40 所示。

| A　B　C | A　B　C |

图 4－40　3 相 12 槽 10 极电机分区

（2）计算分区每槽电夹角。

$$\text{分区槽电夹角}=180^\circ\pm\frac{180^\circ}{Z'}=180^\circ\pm\frac{180^\circ}{6}$$

$$=180^\circ\pm30^\circ=210^\circ\text{ 或 }150^\circ$$

（3）在每个三相分区中均分成 3 份，分别标志 A、B、C 相。

（4）分区中每相绕组数。

$$\frac{Z/K}{m}=\frac{12/2}{3}=2$$

因为 A、B、C 相的线圈个数相等，每相线圈用“＋”“－”标志，各相之间相邻线圈的极性必须相反。考虑到电机是星形接法，因此 A、B 相是串联工作的，A 相的电流流向和 B 相电流流向正好相反，因此必须考虑到 B 相起头绕组应和 A 相一相区最后一个绕组的方向相同，同理，C 相起头绕组应和 B 相一相区最后一个绕组的方向相同，如图 4－41 所示。

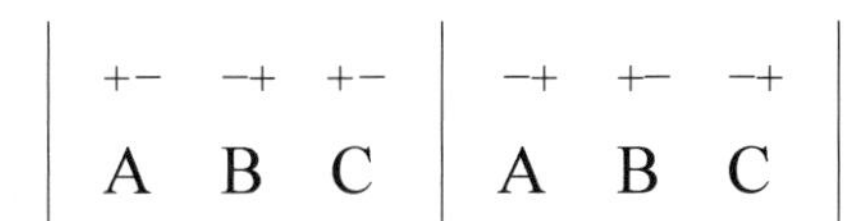

图 4－41　3 相 12 槽 10 极电机绕组简图

根据绕组简图画出电机绕组展开图，如图 4－42 所示。

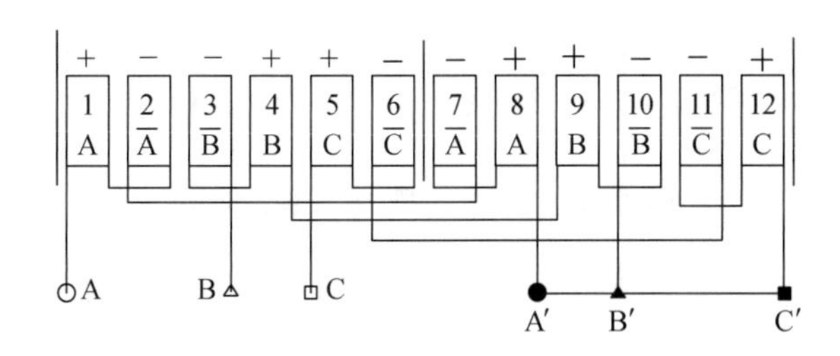

图 4－42　3 相 12 槽 10 极电机绕组展开图

这样 B 相线圈的绕线形式与 A 相线圈的绕线形式正好相反，如果分区中相线圈是偶数，各相线圈绕线形式一致，那么把 B 相进线改成出线就可以了，如图 4－43 所示。请读者细致分析，体会这种分区相线圈个数是偶数的绕组绕法和接法的优点。

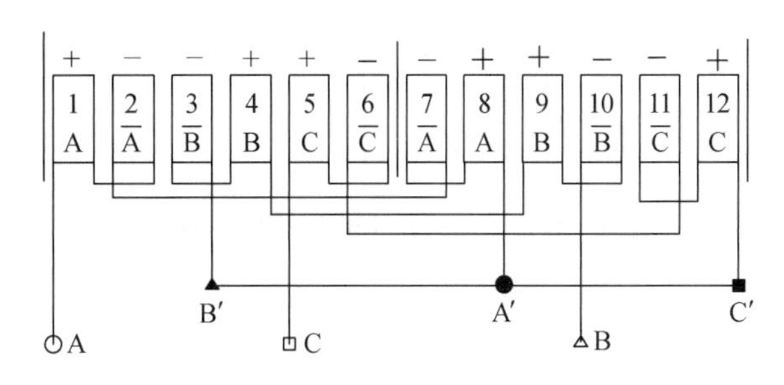

图 4－43　电机绕组展开图接线方法之二

还可以用电机圆周均分，画出均分线，第一根均分线槽是 A 相，就是 A 相起头线，第二根均分线槽是 C 相，就是 C 相起头线，同理，第三根均分线槽是 B 相，就是 B 相起头线，如图 4－44 所示。因此按这样的接线方法效果和上面两种电机接线方法的效果完全相同。

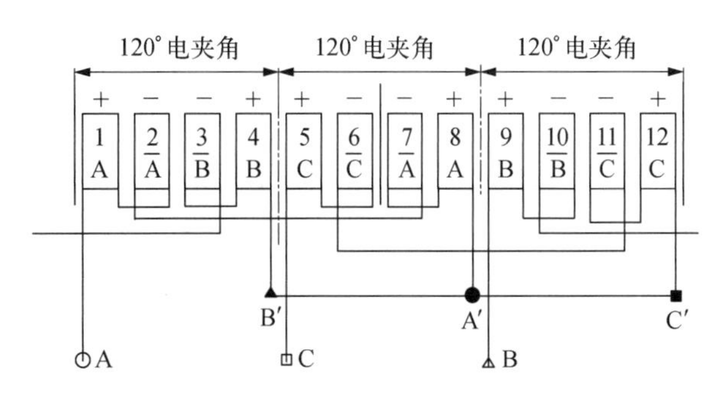

图 4－44　电机绕组展开图接线方法之三

4.3.3　每槽电夹角不同时的排列简图

槽电夹角不同，其线圈排列简图也不同，如图 4－45～图 4－50 所示。

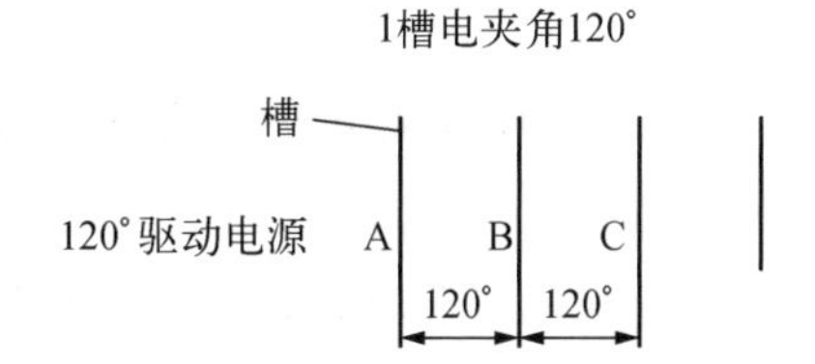

图 4－45　槽电夹角 120°线圈排列简图

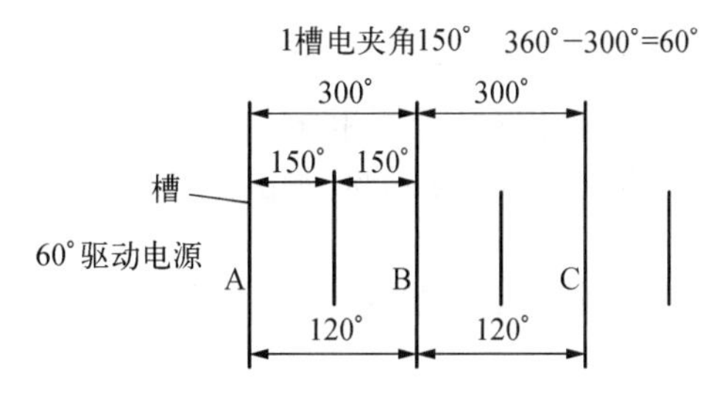

图 4－46　槽电夹角 150°线圈排列简图

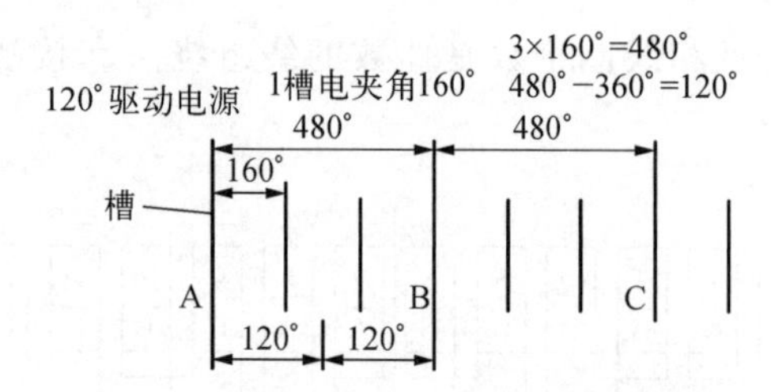

图 4-47 槽电夹角 160°线圈排列简图

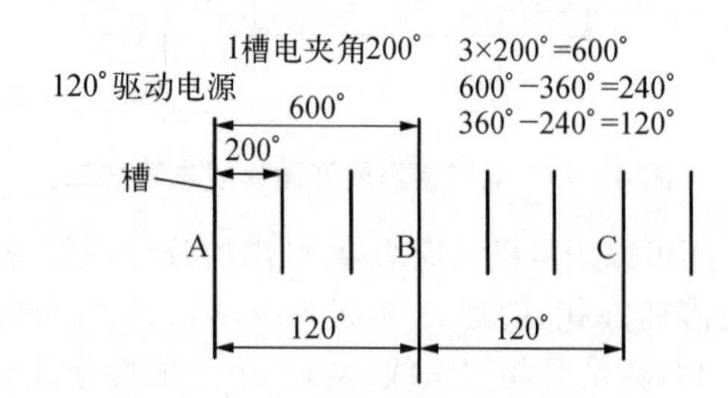

图 4-48 槽电夹角 200°线圈排列简图

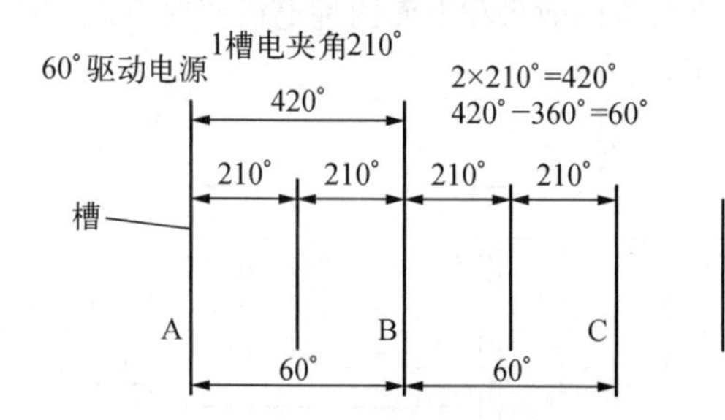

图 4-49 槽电夹角 210°线圈排列简图

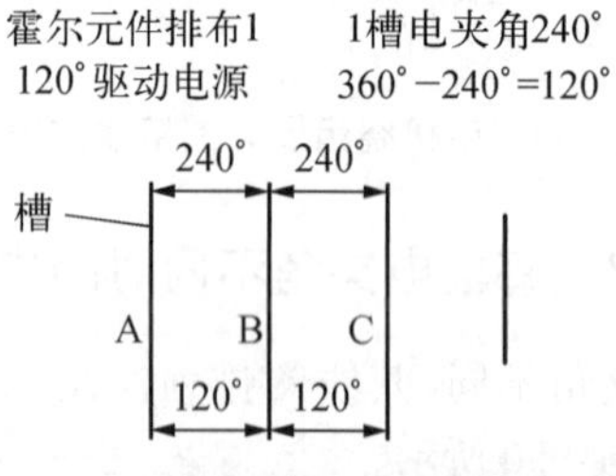

图 4-50 槽电夹角 240°线圈排列简图

4.3.4 多相分数槽集中绕组展开图画法步骤

如 5 相 45 槽 48 极分数槽集中绕组无刷电机的画法步骤如下：

(1) 计算电机的分区。

$$K=|Z-2P|=|45-48|=3$$

所以该电机有 3 个 5 相分区。

(2) 画出 3 个 5 相分区，如图 4-51 所示。

图 4-51 5 相线圈分区

(3) 计算 5 相分区中每相线圈个数。

$$N=(Z/K)/m=Z/5K=45/15=3$$

(4) 画出每分区的各相线圈的排布和绕组绕向，如图 4-52 所示。

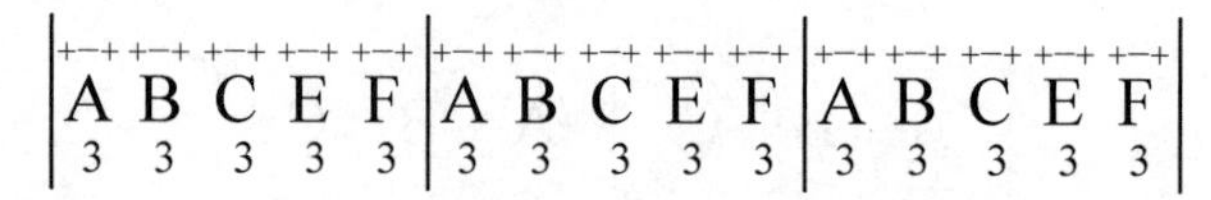

图 4-52 电机 5 相绕组排列简图

以上用分区电机的方法来画出分数槽集中绕组无刷电机的绕组展开图和确定绕组的接法是非常简单明了的，设计人员不太会搞错，如果用“电机槽电动势相量星形图”来画电机的绕组展开图就比较麻烦，特别是多相分数槽集中绕组无刷电机的槽非常多，“单元电机”非常少时，甚至 $t=1$，用电机槽电动势相量星形图来画绕组展开图就有些看不清，容易搞错。

4.3.5 分数槽集中绕组分布简图举例

下面介绍一些分数槽集中绕组无刷电机绕组的排列图，供读者参考。

(1) 280 电动自行车电机(3 相，63 槽，70 极)，如图 4-53 所示。

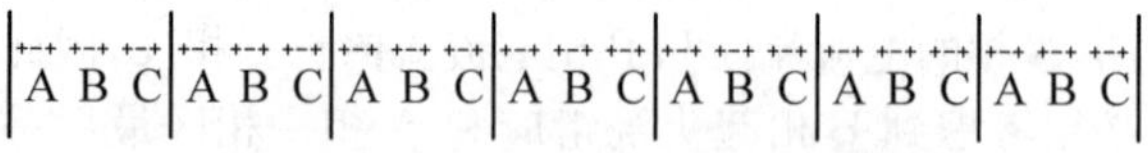

图 4-53 3 相 63 槽 70 极绕组简图

(2) 260 电动自行车电机(3 相，54 槽，60 极)，如图 4-54 所示。

图 4-54 3 相 54 槽 60 极绕组简图

(3) 120 电动自行车电机(3 相，12 槽，16 极)，如图 4-55 所示。

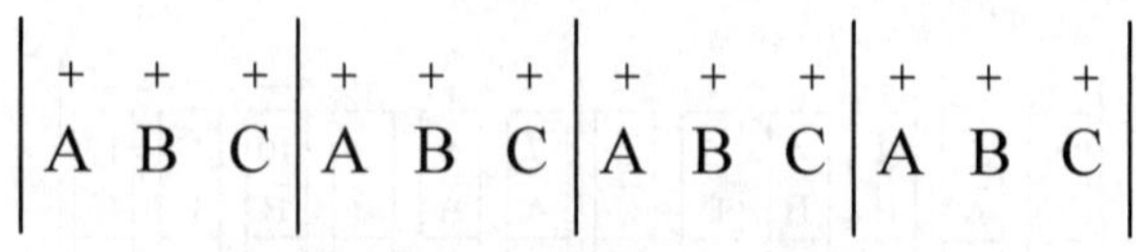

图 4-55 3 相 12 槽 16 极绕组简图

(4) 42 电机(3 相，9 槽，12 极)，如图 4-56 所示。

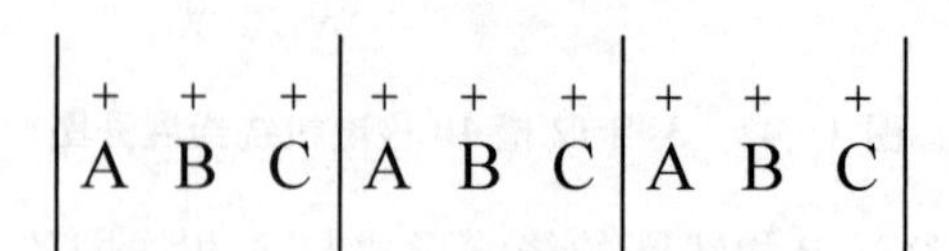

图 4-56 3 相 9 槽 12 极绕组简图

(5) 3 相 18 槽 12 极分数槽集中绕组永磁无刷电机的绕组简图如图 4-57 所示。

| + + + A B C | + + + A B C | + + + A B C | + + + A B C | + + + A B C | + + + A B C |

图 4－57　3 相 18 槽 12 极绕组简图

4.3.6　电动自行车电机分数槽集中绕组的数据介绍

电动自行车电机分数槽集中绕组的数据见表 4－13。

表 4－13　电动自行车电机分数槽集中绕组的数据

型　号	Z	$2P$	分区数	每相分区线圈个数	两槽间隔电夹角(°)
SWX260	54	60	6	3	200
SWX228	51	46	5	3.4	197.64
SWX280	63	56	7	3	160
SWX105	27	30	3	3	200
SWX120	12	8	4	1	120
SWX190	36	40	4	3	200
SWJ100	24	28	4	2	210
SWX173	36	40	4	3.333 3	162
SWXJ100	18	20	2	3	200
158	24	26	2	3	120

（续表）

注：表中电机分区相线圈的个数都不大于 7。

4.4　霍尔元件的位置排放

霍尔元件是检测转子磁钢与定子相线圈相对位置的一种重要零件。只有霍尔元件准确检测到磁钢与定子线圈换向边的位置，发出信号使控制器对相应的电机相线圈电流进行换向，这样无刷电机才会正常运行，霍尔元件在电机中与线圈的相对位置非常重要。把霍尔元件放在相对线圈正确的位置是电机设计人员的基本技能，因此必须对霍尔元件位置的正确排放进行分析和研究，使霍尔元件的位置排放方便、准确。本书用一种实用的观点去看待霍尔元件的位置排放问题，与读者共同讨论。

4.4.1　电机线圈的同相位点

分数槽集中绕组无刷电机同相线圈有多处同相位点，如图 4－58 所示。

图 4－58　每相线圈的同相位点

如果电机的分区电机形式相同，那么各个分区电机各相相应点的相位是相同的。这对将来讨论霍尔元件放置是有帮助的。

4.4.2　分数槽集中绕组无刷电机线圈换向

电机的线圈在电机磁钢中运行时，可以把它看作线圈在直线排列的磁钢中平行运行。首先对基本的通电导体在磁场中运行的情况进行分析。

1) 单根通电导体在磁场中的运行分析(图 4－59)　单根通电导体在两块并排磁钢的磁场中，要向同一个方向连续运动，那么通电导体在经过两块磁钢的分界线时导体中的通电方向必须改变，这样导体的运动方向才不会改变。两块磁钢的分界面，称为磁钢分界线。

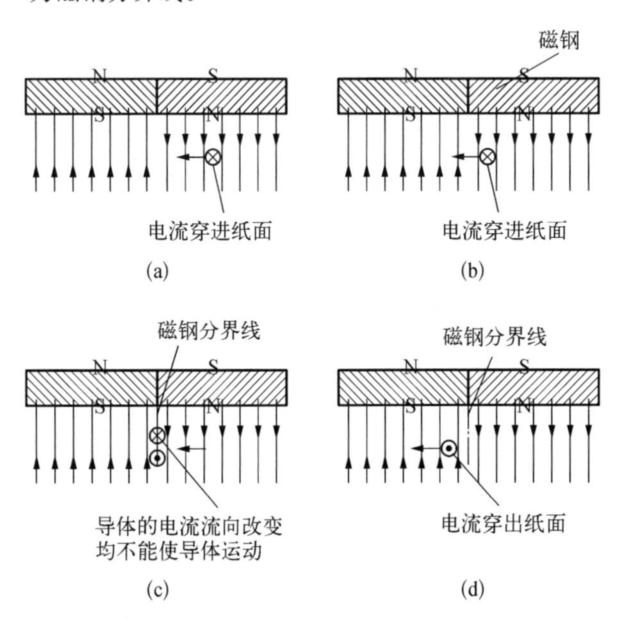

图 4－59　通电导体在磁场中的受力运动

(a) 导体电流穿进纸面，导体左移；(b) 导体电流穿进纸面，导体继续左移；(c) 导体在磁钢分界线，电流穿进或穿出纸面，导体不产生移动力；(d) 导体电流穿出纸面，导体继续左移

可以总结出：单根通电导体在相反磁场中要按一定方向运行，就必须在两块相反极性磁钢的磁钢分界线处进行通电换向。

2）通电线圈在磁场中的运行分析　通电线圈在磁场中运行，基本分析原理与单根通电导体相同，但是线圈有两个通电有效边，线圈在同一磁场中电流方向是不同的。

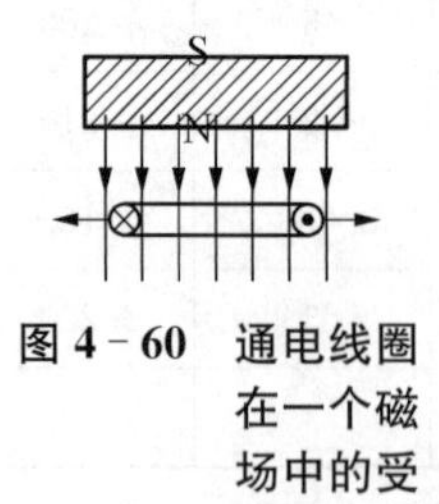

图 4-60　通电线圈在一个磁场中的受力情况

（1）如图 4-60 所示，通电线圈左右边的电磁作用力是相反的，所以线圈不能产生水平移动的合力，因此线圈不能水平运行。

（2）图 4-61 所示线圈节距 t 小于磁钢极距 τ，通电线圈在两个不同磁极中，线圈左右边的电磁作用力方向是相同的，能产生一个水平运行的合力，所以线圈能向一个方向移动。通电线圈节距小于极距在磁场中的情况如图 4-62 所示。

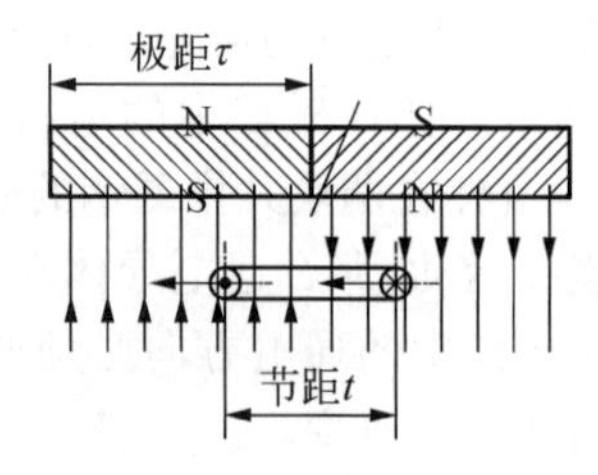

图 4-61　通电线圈在两个磁场中的受力情况

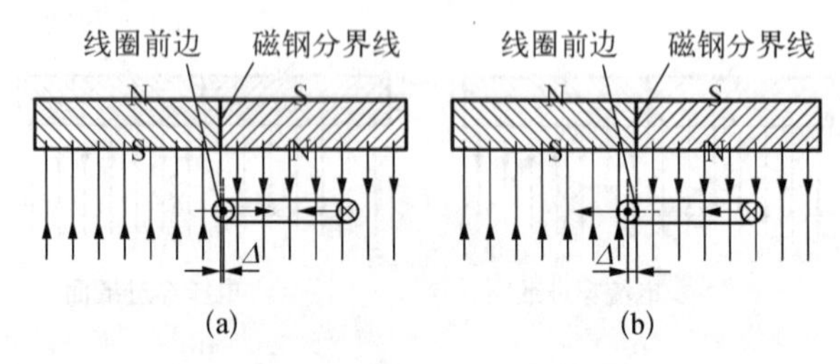

图 4-62　通电线圈节距小于极距在磁场中的情况

（a）通电线圈在一个磁极中，线圈的左右边作用力相反，线圈不能移动；（b）通电线圈在两个磁极中，线圈的左右边作用力相同，线圈左移

（3）磁钢分界线是决定通电线圈在磁场中能否运动的分界线。

（4）图 4-63 所示线圈节距 t 大于磁钢极距 τ 时，磁钢分界线仍是通电线圈换向的重要位置。

由以上分析可以知道：通电线圈的一条边经过两块磁钢的分界线，线圈内的电流必须换向，否则线圈不能按原运动方向运行。

当线圈节距小于磁钢极距，线圈运行方向的前边作为线圈换向边与磁钢分界线重合时线圈电流必须换向。

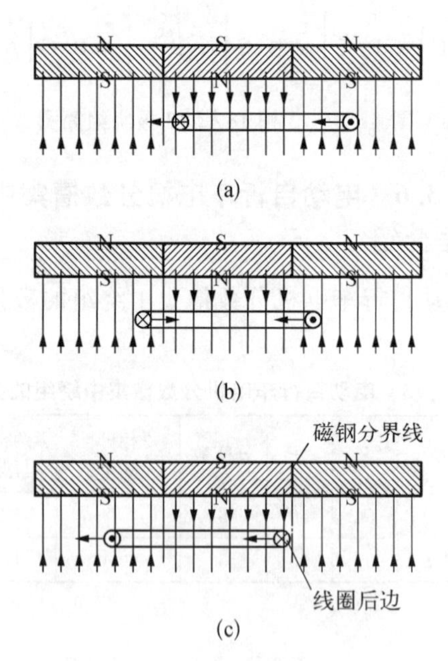

图 4-63　通电线圈节距大于极距在磁场中的情况

（a）通电线圈在两个磁极中，线圈左右边作用力相同，线圈向左移动；（b）通电线圈在一个磁极中，线圈左右边作用力相反，线圈不能移动；（c）线圈节距大于磁钢极距，线圈运行方向后边与磁钢分界线相重合时是线圈换向标志

当线圈节距大于磁钢极距，线圈运行方向的后边作为线圈换向边与磁钢分界线重合时线圈电流必须换向。

对无刷电机的换向各种著作上有各种看法，有各种论述，但是归根结底还是指出不同磁极两块磁钢的分界线是决定线圈通电或断电的分界线，而线圈的槽中心是安放霍尔元件的中心。

如果是 12 槽 8 极，那么线圈节距（$t=\pi D/12$）小于磁钢极距（$\tau=\pi D/8$），则线圈运动方向前边作为线圈换向边，应该作为判别换向的标志，如图 4-64所示。

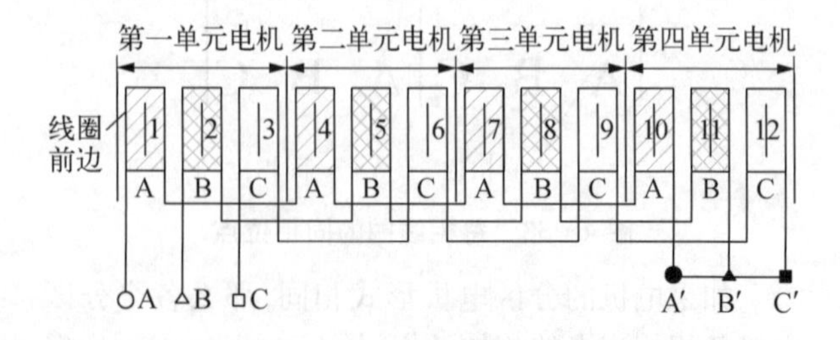

图 4-64　通电线圈前边示意

如果是 12 槽 16 极，那么线圈节距（$t=\pi D/12$）大于磁钢极距（$\tau=\pi D/16$），则线圈运动方向后边作为线圈换向边，应该作为判别换向的标志，如图 4-65 所示。

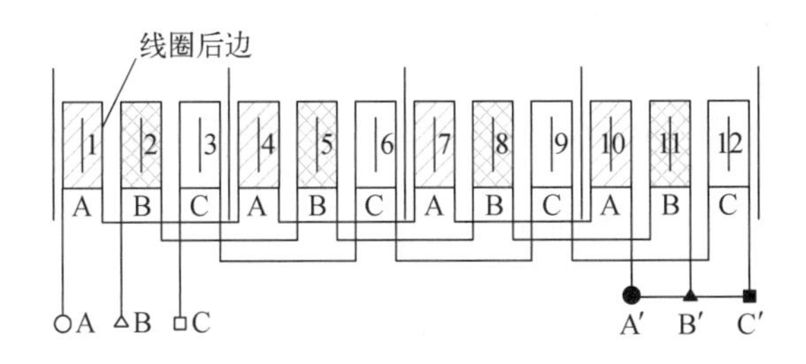

图4-65　通电线圈后边示意

4.4.3　霍尔元件的放置位置与相线圈换向边的关系

无刷电机是靠控制器在适当时候给电机的相线圈通电，产生旋转磁场，使电机转子随旋转磁场而旋转。当霍尔元件在N极和S极时产生的电位是不同的，霍尔元件中心从磁钢的一个N极通过磁钢分界线进入另外一个S极时，就在通过磁钢分界线的“瞬间”，霍尔元件输出相反的电位，用这个电位去控制控制器的电路，使无刷电机通电线圈的通电方向改变，从而达到电机电子换向的目的。在换向时霍尔元件中心线与线圈换向边中心线的位置应该是重合的。

4.4.4　霍尔元件的分布和摆放

(1) 霍尔元件必须和每相的换向边相重合。图4-66中$\Delta=0$，霍尔元件与每相换向边重合并放在槽中心。图中A相换向边与霍尔元件中心的距离$\Delta=0$，但是在画绕组图时，为了各相绕组分辨清楚，才习惯画成图示形式。

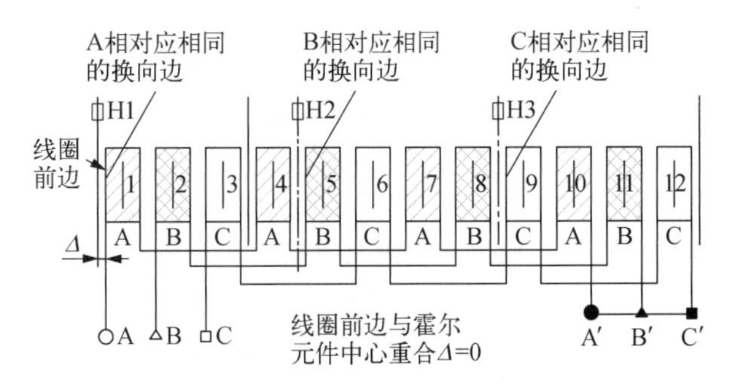

图4-66　霍尔元件必须和每相换向边重合

可以把A相的霍尔元件放在不同换向边的位置，其换向的效果是一样的。但是三个霍尔元件应该相隔120°电夹角排列，如图4-67所示。

同理，B、C相的霍尔元件也可以放在该相对应相同的换向边上，各相的霍尔元件相对位置有多种变化，但是它们之间的电夹角应该不变，如图4-68所示。

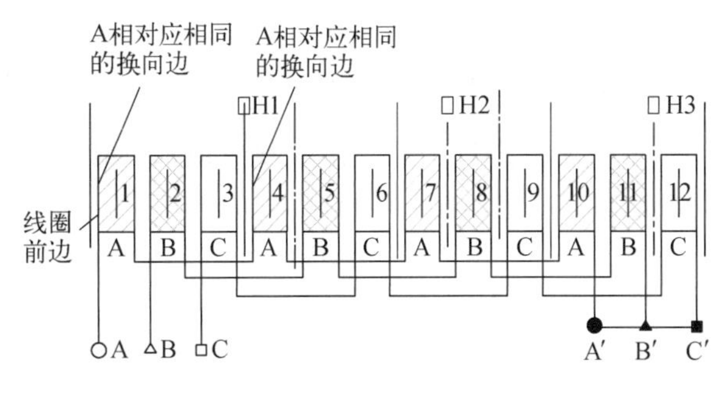

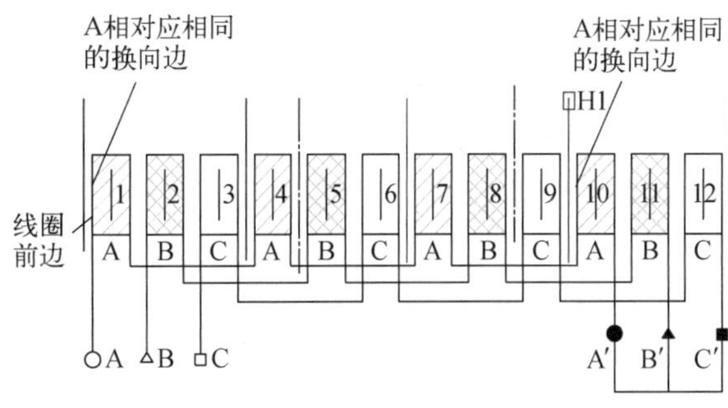

图4-67　不同霍尔元件摆放位置一

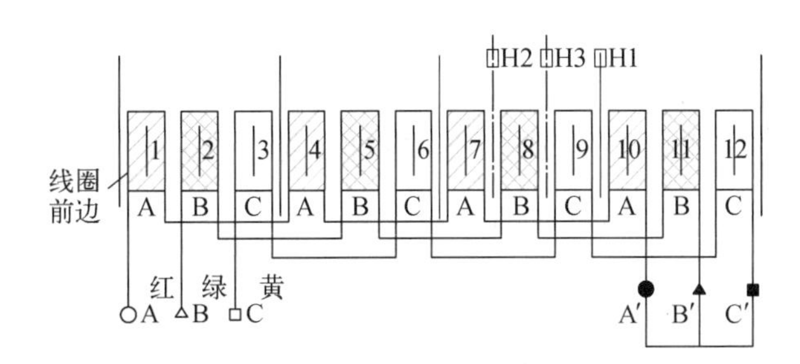

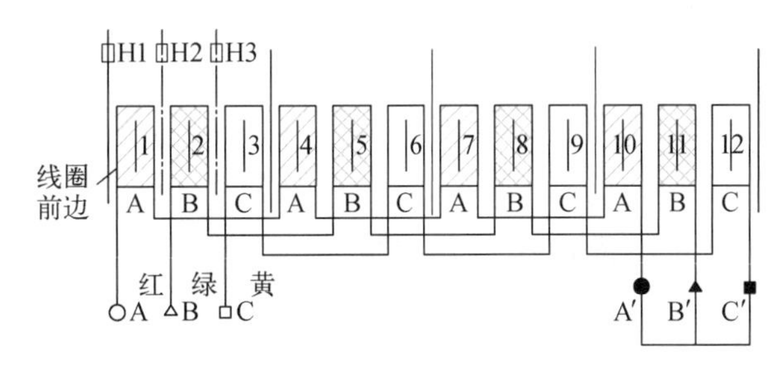

图4-68　不同霍尔元件摆放位置二

(2) 在确保(1)的条件下，在电机圆周中，可以均匀地摆放霍尔元件。

(3) 在确保(1)的条件下，电机的分区中可以均匀地摆放霍尔元件。

(4) 霍尔元件之间的电夹角应和相电夹角相等。

多相分数槽集中绕组无刷电机每相线圈之间的电夹角$\beta=360°/m$，如三相分数槽集中绕组无刷电机线圈每相之间夹角$\beta=360°/3=120°$。因此该三相无刷电机的霍尔元件的整个分布上应该是机械夹角与电夹角相等，都是120°。这是霍尔元件最基本的摆放。

4.4.5 霍尔元件分布摆放例证

参考文献[6]叶金虎《现代无刷直流永磁电动机的原理和设计》第29页例1.6：

例1.6 三相 $m=3$，电枢槽数 $Z=12$，转子永磁体的磁极数 $2P=8(Z_0=3, P_0=1, t-4)$ 的电机。

结论：

此情况下，三个霍尔元件应相邻间隔地被放置在电枢铁心的三个相邻的槽中心线上，或与其相对应的其他槽中心线上。

现在用绕组分区方法来画霍尔元件的摆放位置。

已知：$m=3$，$Z=12$，$2P=8$。

(1) 该电机的分区数：$K=|12-8|=4$。

(2) 画出绕组简图，如图4-69所示。

$\overset{+}{A}$	$\overset{+}{B}$	$\overset{+}{C}$	$\overset{+}{A}$	$\overset{+}{B}$	$\overset{+}{C}$	$\overset{+}{A}$	$\overset{+}{B}$	$\overset{+}{C}$	$\overset{+}{A}$	$\overset{+}{B}$	$\overset{+}{C}$

图4-69 3相12槽8极绕组简图

(3) 画出绕组排列接线图，如图4-70所示。

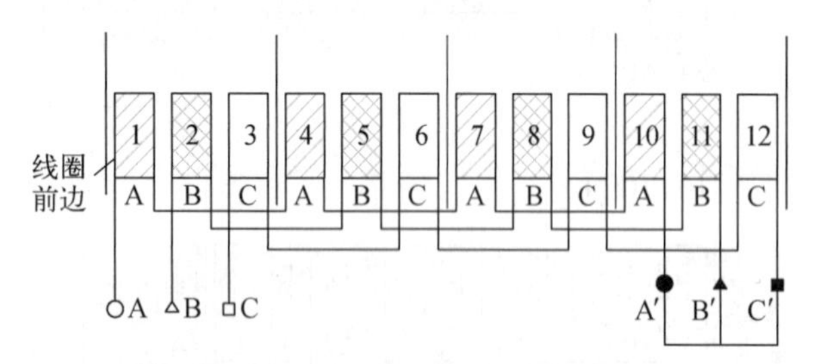

图4-70 3相12槽8极线圈排布

(4) 在分区内放置霍尔元件，如图4-71所示。

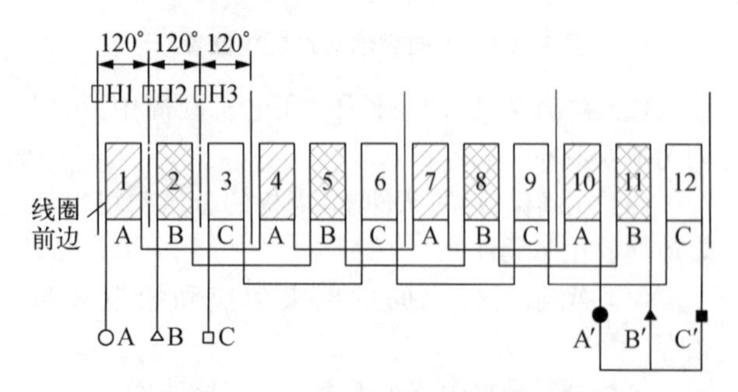

图4-71 在分区内放置霍尔元件

实际该电机在一个分区中，A、B、C三相每相只有一个线圈，参考文献[6]中介绍的就是把霍尔元件放在每相线圈槽中心线上。

用本书介绍的霍尔元件的排布方法与其他无刷电机书籍中介绍的霍尔元件的排布方法进一步做对比。

用本章介绍的方法来画霍尔元件的摆放位置。

已知：$m=3$，$Z=9$，$2P=8$。

(1) 该电机的分区数：$K=|9-8|=1$。

(2) 画出绕组简图，如图4-72所示。

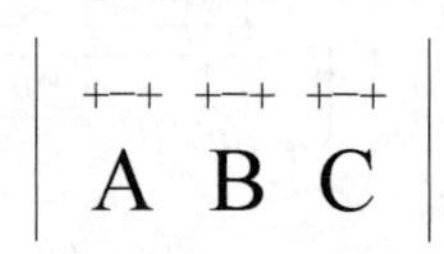

图4-72 3相9槽8极绕组简图

(3) 画出电机绕组接线，并在每相区线圈第一个槽放相应霍尔元件，如图4-73所示。

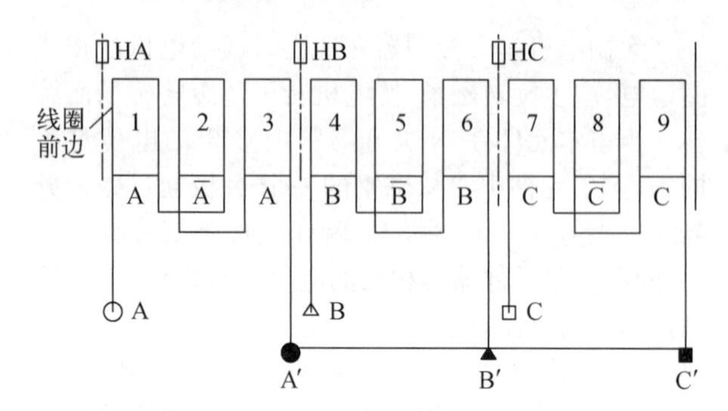

图4-73 3相9槽8极霍尔元件位置

霍尔元件放在相线圈换向边的槽中心，这个理念是不错的，是否可以把霍尔元件放在齿中心呢？当分区的槽数为奇数时，霍尔元件的位置就可以全部在齿中心。

如果分区槽为3个(奇数)，在分区中，把霍尔元件HA放在180°电夹角的位置即HA′(该位置又为电机180°机械夹角的位置)，如图4-74所示。因为槽数是奇数，那么槽数一半的地方，即180°电夹角的位置必定是在齿中心，那么再以HA′为基准，再相隔120°电夹角，把HB′、HC′位置确定，那么三个霍尔元件全部都在齿中心了。但是，因为霍尔元件180°反向后，当霍尔元件遇到磁钢分界线时，通过相应的线圈电流相位与原来的电流相位相反。如果分区的槽

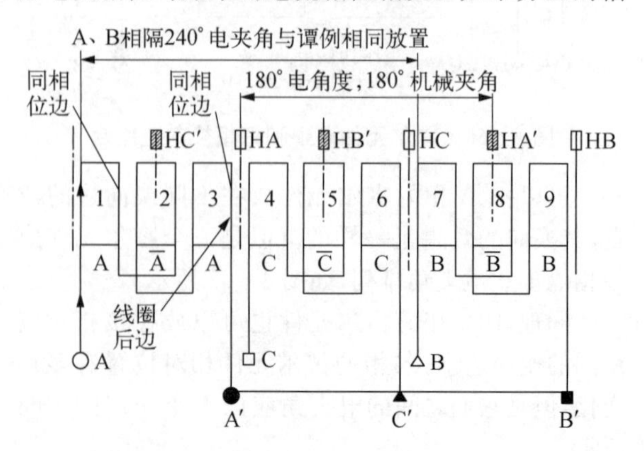

图4-74 3相9槽10极霍尔元件位置

数为偶数，那么霍尔换向元件均在槽中心。

因此上图还有一种霍尔元件的安放方法。因为分区相线圈个数是 3，是单数，所以有这样的摆放：3 相 9 槽 10 极（线圈节距 t 大于磁钢极矩 τ，用线圈后边换向），如图 4－74 所示。

如 3 相 9 槽 8 极（线圈节距 t 小于磁钢极距 τ，用线圈前边换向），如图 4－75 所示。

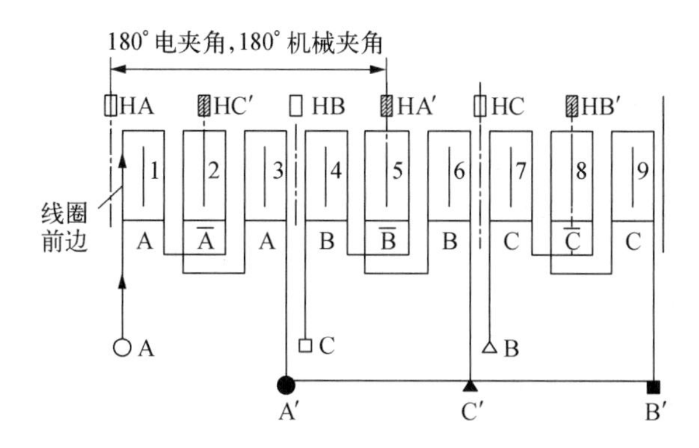

图 4－75　3 相 9 槽 8 极霍尔元件位置

这和参考文献[7]中第 158 页图 7－6（图 4－76）的摆放是完全相同的。

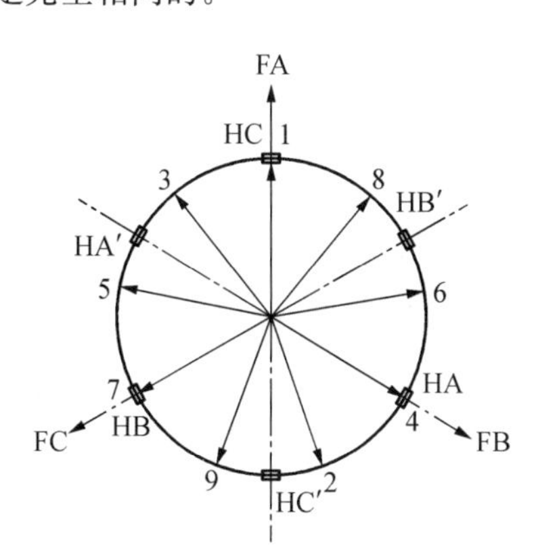

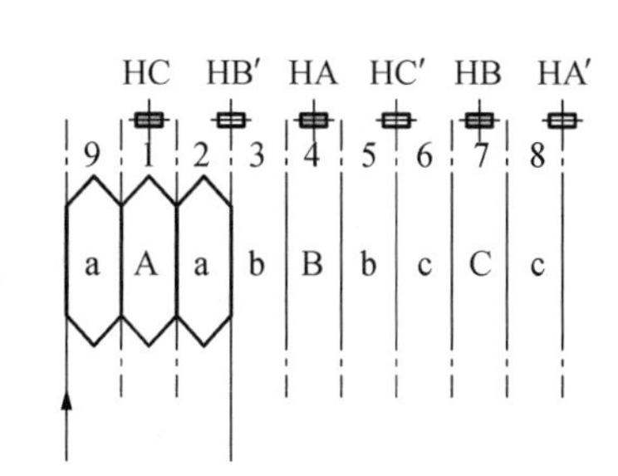

图 4－76　参考文献[7]图 7－6

以上说明了霍尔元件的放置应该与线圈的前边和后边有关，与线圈节距 t 和磁钢极距 τ 大小有关。

4.4.6　霍尔元件放置方法的小结

（1）霍尔元件最少个数和电机相数 m 相等。

（2）霍尔元件的电夹角与相线圈电夹角一般应相同。

（3）相霍尔元件要放在相换向起始线圈换向边的槽中心。

（4）如果把霍尔元件均匀放在电机整个槽的 360°圆周上，其他相霍尔元件与该元件电夹角和机械夹角相等，为 $360°/m$。

（5）如果把霍尔元件均匀放在电机一个分区的圆周上，则其他相霍尔元件与该元件的电夹角为 $360°/mK$，如果把电机一个分区的圆周认为是 360°电夹角，那么各个霍尔元件间的电夹角为 $360°/m$。

（6）分区的槽数是奇数的，霍尔元件可以放在齿中心，也可以放在槽中心。

（7）如果分区槽数是奇数，要把霍尔元件都放在齿中心，那么，先把霍尔元件放在槽中心，再把三个霍尔元件在电机圆周的 180°电夹角的位置定出即可。

（8）分区的槽数是偶数的，霍尔元件一般放在槽中心。

（9）在同一相中，霍尔元件可以移位到与该霍尔元件位置同相位的地方。

（10）电机槽与槽之间电夹角为 120°、150°、160°、200°、210°、240°时，电机霍尔元件放置位置可以在槽中心或齿中心，而且分区线圈数是整数。

4.4.7　特殊的分数槽集中绕组的霍尔元件排布法

例如：三相分数槽集中绕组 $m=3$，$Z=51$，$2P=46$，其磁动势相量星形图和绕组部分展开图如图 4－77 所示。

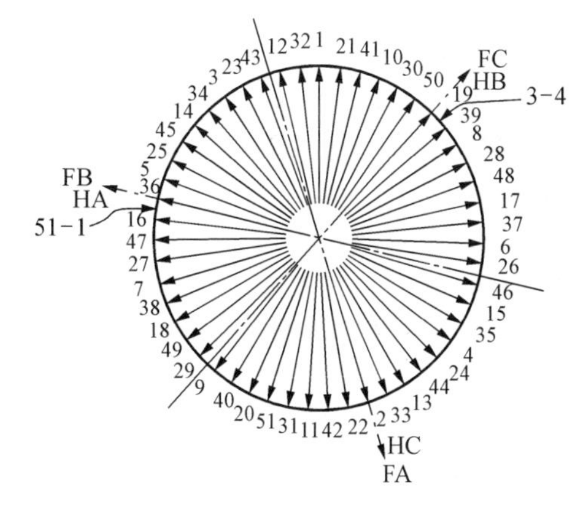

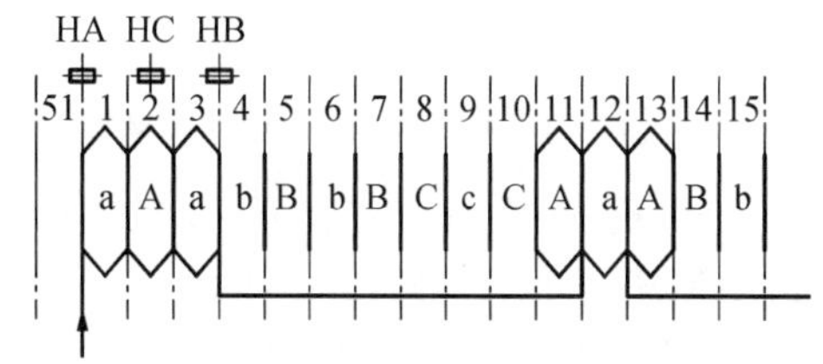

图 4－77　参考文献[7]图 7－9

以上常用的用相量星形图分析绕组排布，特别是在电机槽数较多时，分辨比较吃力，不直观。如果用分区的方法来放置霍尔元件，电机的绕组排列方法如下。

三相分区：$K=|Z-2P|=|51-2\times23|=5$

每分区每相的线圈个数 $=\dfrac{Z}{K\times3}=\dfrac{51}{5\times3}=3.4$

电机每相线圈个数 $=\dfrac{Z}{m}=\dfrac{51}{3}=17$

该两槽之间电夹角 $=\dfrac{360^\circ\times(2P/2)}{Z}=\dfrac{360^\circ\times23}{51}=162.35294^\circ$

分析：该电机每相线圈是相等的，但是分区中，每相线圈的个数是不等的。建立电机的绕组分区如图 4－78 所示。

A B C	A B C	A B C	A B C	A B C

图 4－78　3 相 51 槽 46 极绕组分区的建立

每分区的槽数（即线圈个数）：$N=\dfrac{51}{5}=10.2$ 个。

说明分区的电机线圈个数不是整数，但是分区的线圈个数必须为整数，因此调整各分区的线圈个数。

可采用以下方案：5 个分区线圈的个数可以为 11、10、10、10、10。

11 个线圈可以分为 4、3、4；10 个线圈可以分为 3、3、4、3、4、3、3、4、3、4、3、3。

考虑到电机的三相线圈必须相等，集中绕组为 51 个，一相绕组为 51/3＝17 个，因此排列为：

A 相　4 3 3 3 4

B 相　3 3 4 4 3

C 相　4 4 3 3 3

228 电动自行车电机线圈排布简图如图 4－79 所示。

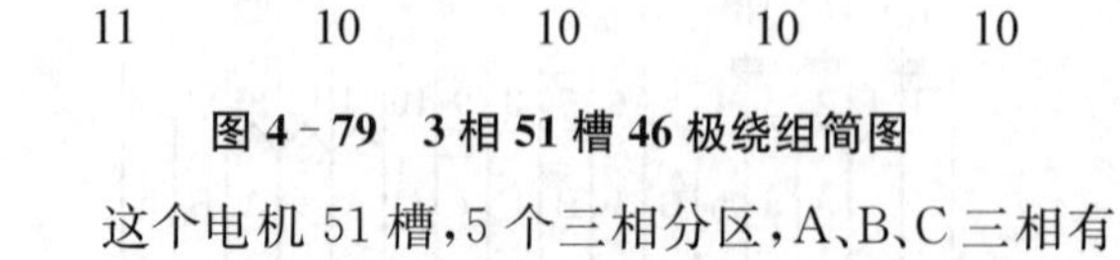

A 4	B 3	C 4	A 3	B 3	C 4	A 3	B 4	C 3	A 3	B 4	C 3	A 4	B 3	C 3
11			10			10			10			10		

图 4－79　3 相 51 槽 46 极绕组简图

这个电机 51 槽，5 个三相分区，A、B、C 三相有 17 个线圈，第一个三相分区为 11 槽，11 个线圈，其余三相分区为 10 槽，各 10 个线圈。每个三相分区的三相线圈绕组个数和分布都不一样，如：

4、3、4，3、3、4，3、4、3，3、4、3，4、3、3

第一分区：有 A、B、C 三个相区。

A 相区有 4 个相紧连的串联线圈，其接法为：＋－＋－。

B 相区有 3 个相紧连的串联线圈，其接法为：－＋－。

C 相区有 4 个相紧连的串联线圈，其接法为：－＋－＋。

（“＋”为线圈顺时针绕制，“－”为线圈逆时针绕制）

由于是分数槽，每相分为若干个相区，各相之间相邻线圈的极性必须相反。考虑到电机是星形接法，因此 A、B 相是串联工作的，A 相电流流向和 B 相电流流向正好相反，因此 B 相起头绕组必须和 A 相一相区最后一个绕组的方向相同。同理，C 相起头绕组必须和 B 相一相区最后一个绕组的方向相同。

第二分区：都各有 A、B、C 三个相区。

A 相区有 3 个相紧连的串联线圈，其接法为：＋－＋。

B 相区有 3 个相紧连的串联线圈，其接法为：＋－＋。

C 相区有 4 个相紧连的串联线圈，其接法为：＋－＋－。

第三、四、五分区见线圈绕组排布简图。

该两槽之间电夹角为 162.352 94°，因此不可能把霍尔元件绝对放在电机槽中心或齿中心。但是该电机与霍尔排列条件第（10）条相近：“电机槽与槽之间电夹角为 120°、150°、160°、200°、210°、240°时，电机霍尔元件放置位置可以在槽中心或齿中心，而且分区线圈数是整数。”与 160°电夹角相近，仅差 2.352 94°，所以可以用两槽电夹角 160°方法来配置霍尔元件，如图 4－80 所示。

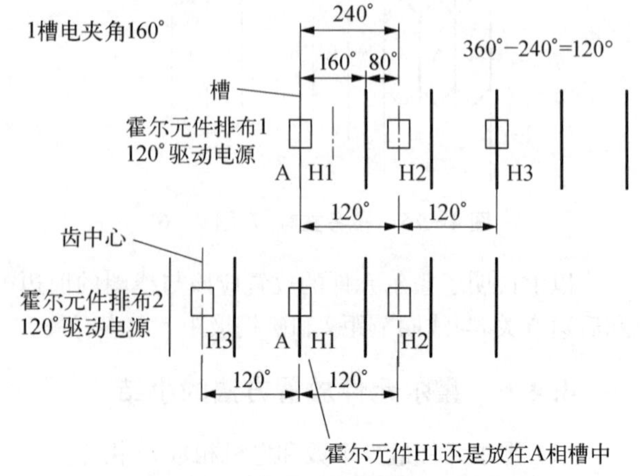

图 4－80　槽 160°电夹角霍尔元件位置

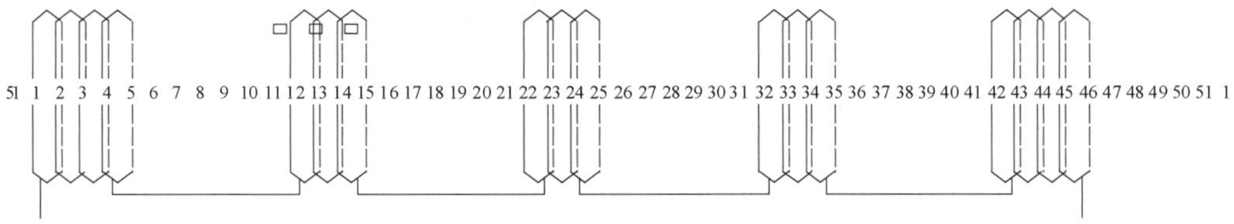

图 4－81　3 相 51 槽 46 极绕组、霍尔元件排列

槽 160°电夹角霍尔元件的排列是齿—槽—齿，应该用 120°的驱动电源驱动。当然也可以用槽—齿—槽。

图 4－81 是一种 SWX228 电机霍尔元件“齿—槽—齿”排列的图，如果用霍尔元件“槽—齿—槽”排列，那么与图 4－77 完全相同。

应该说，这种方法比较简单、直观和全面。

4.4.8　绕组实用排列法画相关书籍中的霍尔元件排布

仍以参考文献[6]中例 1.6 为例，现在用本节介绍的方法来画霍尔元件的摆放位置。

已知：$m=3$，$Z=12$，$2P=8$。

（1）该电机的分区数：$K=|12-8|=4$。

（2）画出绕组简图，如图 4－69 所示。

（3）在一个分区中均匀安放霍尔元件，如图 4－82 所示。

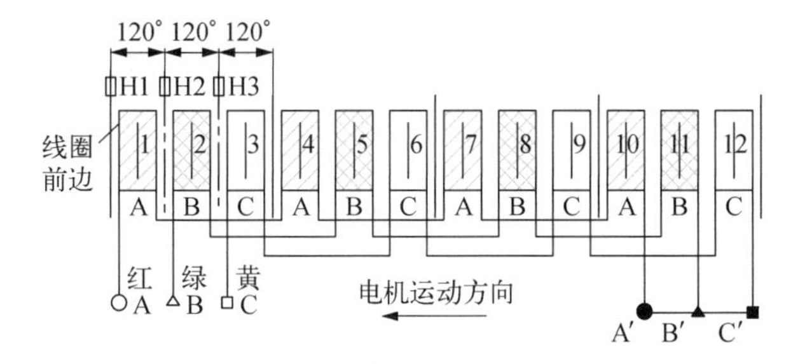

图 4－82　一个分区中均匀安放霍尔元件

实际该电机在一个分区中，A、B、C 三相，每相只有一个线圈，该书介绍的就是把霍尔元件放在每相线圈槽中心线上。

例 4－3　已知：$m=3$，$Z=6$，$2P=4$。

（1）该电机的分区数：$K=|6-4|=2$。

（2）画出绕组简图，如图 4－83 所示。

图 4－83　绕组简图

（3）画出电机绕组接线，并在每相区线圈第一个槽放相应霍尔元件，该电机节距小于极距，所以霍尔元件应该放在线圈前边，如图 4－84 所示。

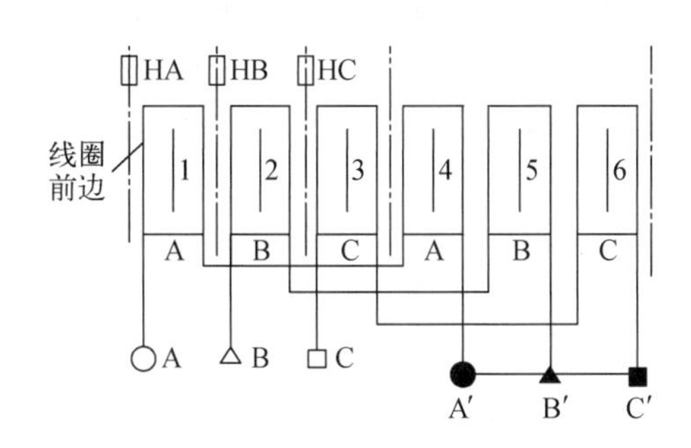

图 4－84　电机绕组中均匀安放霍尔元件

例 4－4　已知：$m=3$，$Z=9$，$2P=10$。

因为节距大于极距，霍尔元件放置应该把线圈运行方向后边作为线圈换向边，如图 4－85 所示。

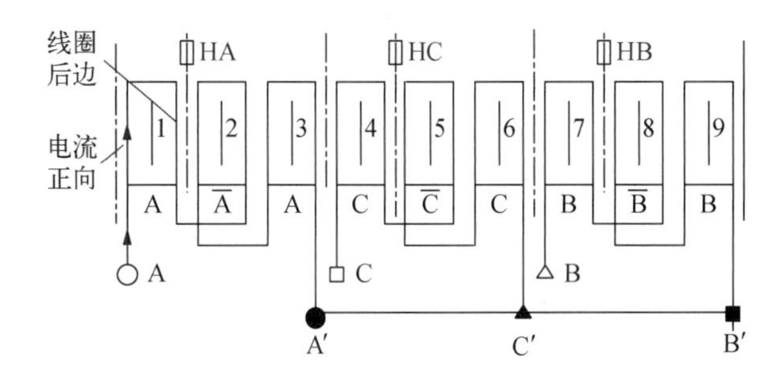

图 4－85　霍尔元件放在线圈运行方向后边

在电机分区中的相线圈具有同相位的线圈边，霍尔元件可以移动到其他同相位的位置上，其换向效果完全相同，如图 4－86 所示。

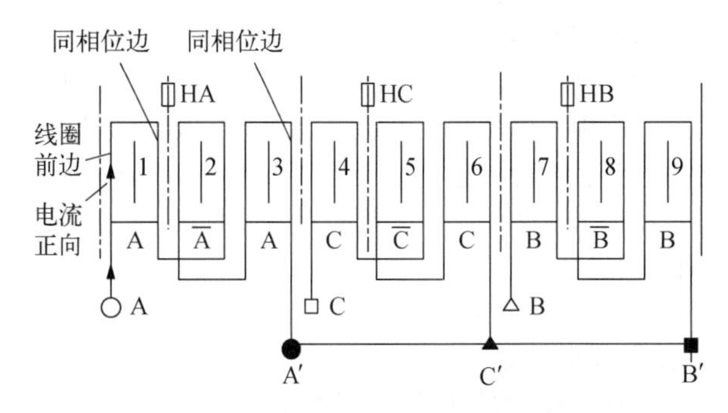

图 4－86　绕组同相位边霍尔元件放置

霍尔元件同相位移位后的配置图如图 4－87 所示。

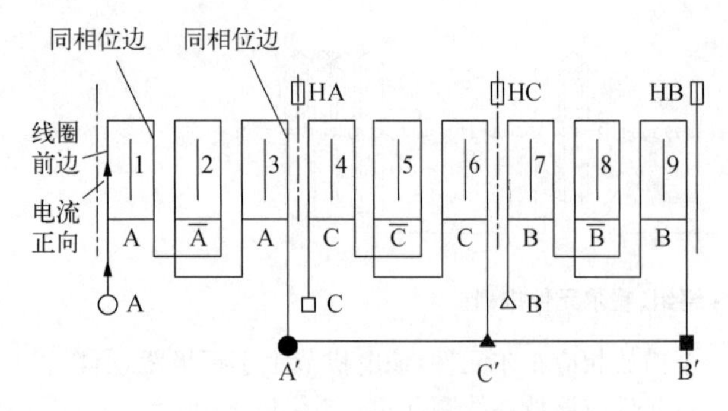

图 4-87 绕组同相位边霍尔元件移位

这与参考文献[7]中第 158 页图 7-5 介绍的 HA′、HC′、HB′摆放是完全一样的，如图 4-88 所示。

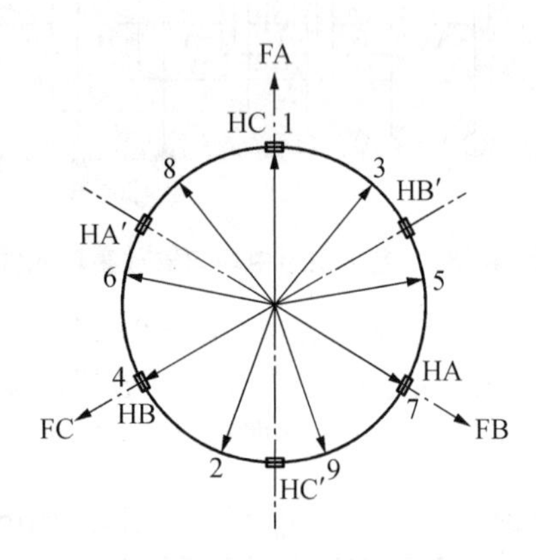

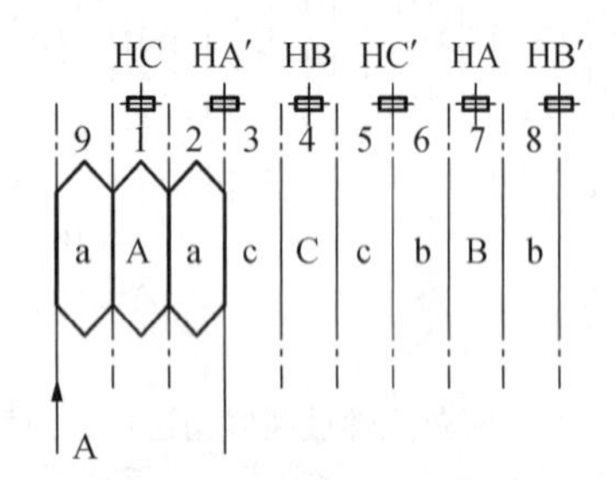

图 4-88 参考文献[7]图 7-5

4.4.9 通电线圈在电机磁场中的换向

现在分析通电旋转线圈在圆形磁场中运行情况。通电旋转线圈不管线圈节距大于或小于磁钢极距，其产生的磁场和磁极的磁场会相互吸引和排斥，这样就会使线圈旋转，要使线圈以线圈旋转轴心旋转，那么当线圈中心和磁钢中心重合时，通电线圈必须换向。

从这个观点看，只有在图 4-89b 所示状态，线圈进行换向才是正确的换向。这时换向，霍尔元件中心应该与磁钢的磁钢分界线重合，如果线圈节距等于磁钢极距，那么线圈导线中心应该与磁钢分界线重合，如果线圈节距大于或小于磁钢极距，那么磁钢中心与线圈中心重合。实际上不管线圈是短节

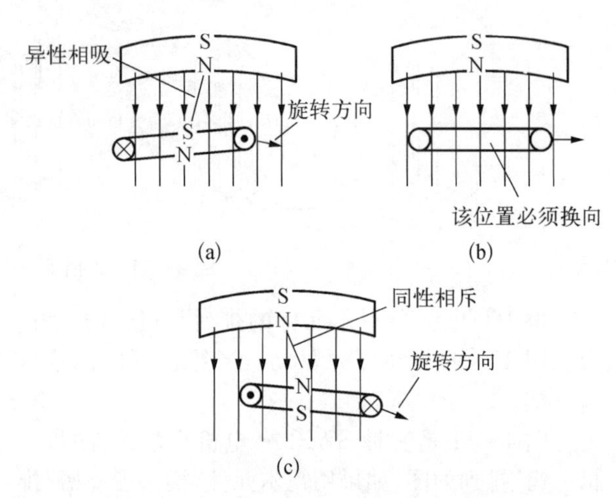

图 4-89 通电线圈在电机磁场中的换向

距、长节距或全节距，在理论上，线圈换向最佳位置是磁钢中心与线圈中心重合的位置，而霍尔元件的位置应该是霍尔元件的中心线与线圈换向导体中心重合的位置。因此电机线圈只有全节距时霍尔元件中心才与磁钢分界线重合。线圈不是全节距时，霍尔元件中心不与磁钢分界线重合，两者相差一段距离。

一般要求霍尔元件中心与线圈换向边导线中心重合，位置固定，那么当运动的磁钢的磁钢分界线与霍尔元件中心线以及线圈换向边导线中心线重合时，无刷电机就进行电子换向。

在图 4-90 所示状态，不管线圈往左或往右运动，都是在这一时刻进行换向。所以电机正转和反转的电流和性能是一样的。因此需要正反转的电机的换向线圈和换向霍尔元件的换向位置必须满足：换向线圈中心与磁钢中心重合。

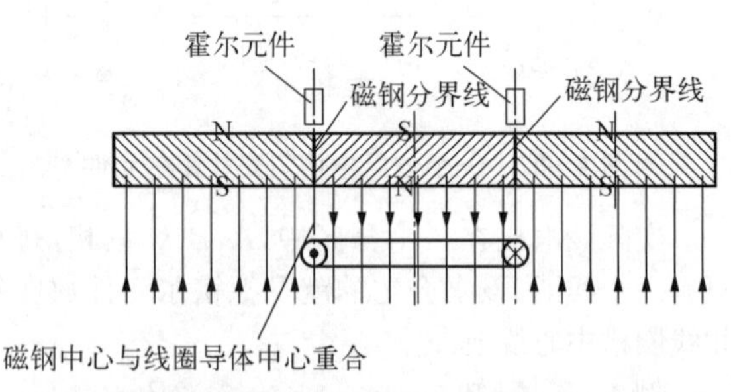

图 4-90 磁钢、线圈和霍尔元件换向最佳位置

但可以看到这时霍尔元件的中心与换向线圈换向边放在电机槽中心是不相重合的。

如图 4-91 所示，若要使短距线圈的电机正反方向运行性能一样，那么换向霍尔元件的位置不可能在槽里，霍尔元件与槽的位置相距 $|(\tau-t)/2|$，只有 $\tau=t$ 时霍尔元件中心和磁钢中心相重合，但是在分数槽集中绕组的无刷电机中，$\tau\neq t$，因此霍尔元件放在槽中的电机其正反方向运转的性能是有些

差别的。应该说，电机只要一个方向运行，那么换向霍尔元件放在槽里，对电机运行性能更好。从另外一个角度看，$|(\tau-t)/2|$ 的数值越小越好。

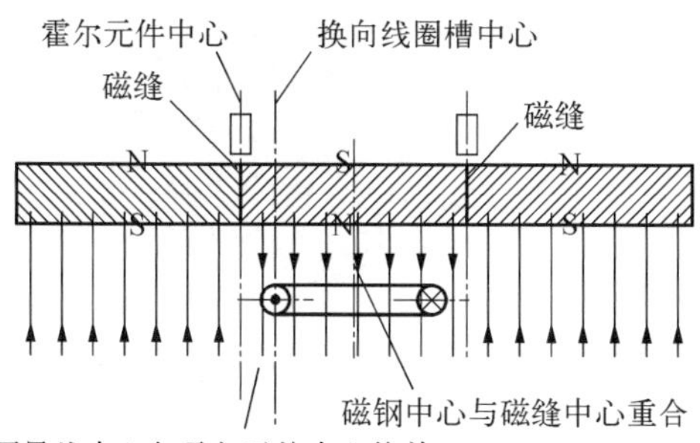

图 4-91　短距线圈的理想换向位置

$$\tau=\frac{\pi D}{p} \tag{4-5}$$

$$t=\frac{\pi D}{Z} \tag{4-6}$$

$$\left|\frac{\tau-t}{2}\right|=\left|\frac{1}{2}(\tau-t)\right|=\left|\frac{\pi D}{2}\left(\frac{1}{P_0K}-\frac{1}{Z_0K}\right)\right|$$
$$=\left|\frac{\pi D}{2K}\left(\frac{Z_0-P_0}{Z_0P_0}\right)\right| \tag{4-7}$$

因为在分区中，$|Z_0-P_0|=1$，所以

$$\left|\frac{\tau-t}{2}\right|=\frac{\pi D}{2KZ_0P_0} \tag{4-8}$$

式中　K——电机分区数；

Z_0——分区槽数；

P_0——分区磁钢数。

从式(4-8)看，增加分区数 K、分区槽数 Z_0 和分区磁钢数 P_0 对电机运行性能是有好处的，因此许多无刷电机都会采用多槽数、多磁钢数和多分区数的分数槽集中绕组的形式。

4.4.10　霍尔元件放在齿上和槽内的问题

从式(4-8)看，要使无刷电机正反转运行性能相差小，那么必须使分区数、分区槽数、分区磁钢数多才行。因此有些无刷电机的分区数较多，分区中的槽数和磁钢数也较多，这样霍尔元件放在槽内或齿中心，电机性能也不会差到哪儿去。一般电动自行车电机的分区数较多，分区中的槽数和磁钢数也多，也有这样的原因。

从上面的分析看，要使电机正反转运行的性能一致，磁钢中心与线圈中心重合时，霍尔元件的中心线应该与两块磁钢的中心线重合。即霍尔元件与线圈换向边的距离相差 $|(\tau-t)/2|$。如果分区中的磁钢数和线圈个数比较少，要达到电机正反转运行性能一致，霍尔元件会偏离槽中心或者齿中心，如图 4-92 所示。

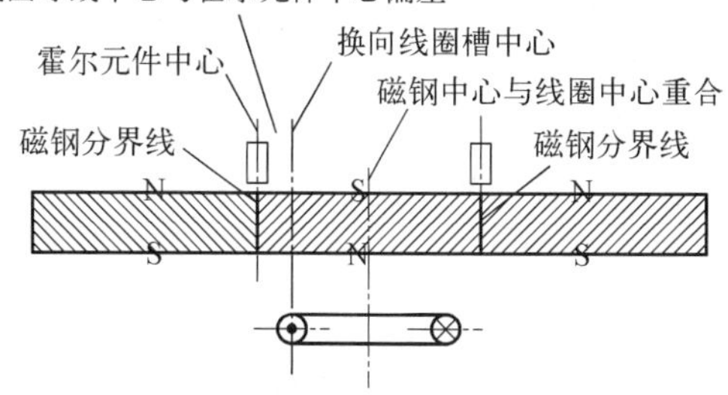

图 4-92　换向线圈导线中心与霍尔元件中心线的偏差

在有些槽数和磁钢数比较多的分数槽集中绕组的功率不大的电机中，电机的槽口是比较窄的，齿顶宽也是比较窄的，霍尔元件稍有偏离槽或齿中心线，会导致霍尔元件的安放困难。图 4-93 所示是某一电动自行车 51 槽 44 极的冲片和计算的霍尔元件一种理论放置，把霍尔元件安放在齿上位置的缺口上，霍尔元件的安放缺口会使齿断了。

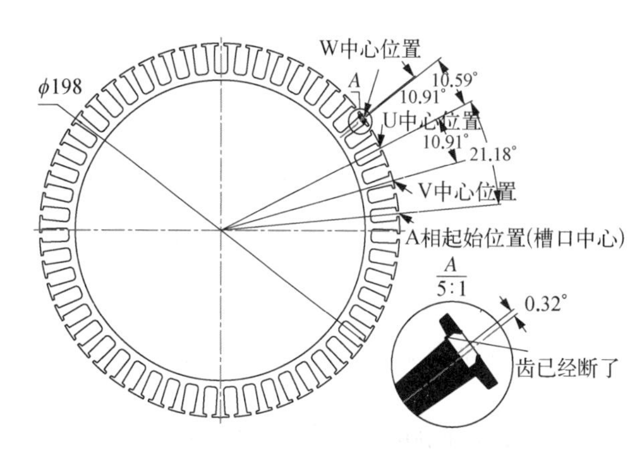

图 4-93　一种霍尔元件中心偏离槽中心的冲片

从图 4-93 看，霍尔元件中心与槽中心仅差 0.32°，从实用设计看，应该讲这些误差对电机性能的影响不会很大。如果要把霍尔元件放在齿上，那么设计电机冲片时，不是齿越多越好，应该考虑到电机冲片的齿顶宽要大于霍尔元件的宽度。

霍尔元件是一种磁控元件，在磁场中的霍尔元件，有时磁场的变化足以使霍尔元件动作，如果霍尔元件放在齿上，电机齿磁场的变化与磁钢运动时的变化相互作用，使霍尔元件承受的磁场不是非常理想，这样会影响霍尔元件的控制，即会影响电机的工作。霍尔元件放在槽内也一样，如果霍尔元件放在槽内不是在槽中心，而且又放斜了，那么电机换向不正常的事会经常发生。用磁环或其他传感器的方法是解决霍尔元件放在定子槽内或齿上会受到磁干扰较好的方法之一，但是成本会相应提高，工艺也相对复杂。

综上所述，霍尔元件不管放在槽中心或者齿中心，其电机的正反方向运行的性能不可能一致。如果要使电机正反方向运行性能一致，那么只有把磁钢拉长，有意使霍尔元件远离电机定子，如图 4－94 所示，这样霍尔元件受定子齿磁通密度变化的影响就小，电机性能就比较稳定。

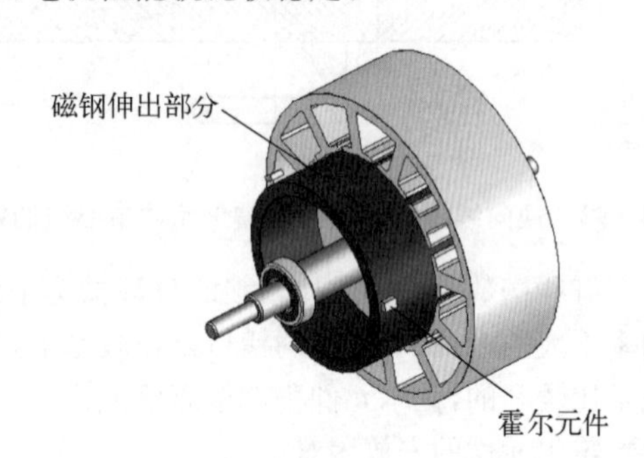

图 4－94　拉长磁钢使霍尔元件远离定子

也可以用加相位控制元件（如最简单地用后轴加小磁环加霍尔元件）的方法来解决磁干扰的问题，如图 4－95 所示。

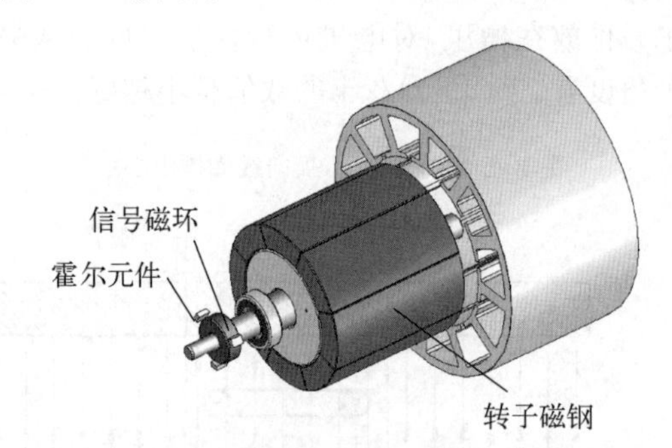

图4－95　具有转子位置定位磁环的无刷电机结构

把转子磁钢加长一些，让霍尔元件鉴别转子位置，这样的结构也比较简单。一般民用无刷电机，如电动自行车电机都是把霍尔元件直接放在槽里或齿上，这样结构简单，霍尔元件定位和放置就非常方便，但是如车用电机，许多电机是加位置传感器的，简单的是用磁环，高级一些的是用旋转变压器或编码器。并且要对其进行调试后电机运行才能达到良好的工作状态。有些无刷电机把霍尔元件放在磁钢端面位置，这种方法的换向效果不太理想。

4.5　无刷电机的正反转

无刷电机的电源通过控制器接通无刷电机，使无刷电机朝一个方向运转。朝电机轴伸方向观看，电机轴是顺时针方向转动称为正转，逆时针方向转动称为反转。

以下两种情况，无刷电机需考虑电机转向的调整：

（1）如果无刷电机转动后，发现应该是正转的，但是实际电机反转了，那么必须调整电机的转向。

（2）如果无刷电机的工作状态就是在一定状态和时间内要正转，在另一状态和时间内要反转，那么必须按照电机工作状态和时间来控制电机的正确转向。

在一般直流电机运行过程中，改变磁场方向或电枢电压的极性，均可改变电机转向。直流无刷电机的磁通由永久磁铁产生，无法改变方向，又由于半导体的单向导电性，电源电压反接很不方便。因此在这种情况下，一般都通过控制定子绕组的换相次序来改变电机转动方向。

4.5.1　电机正反转的概念

永磁直流电机的正反转非常容易，只要把电机的两根电源进线对调一下即可，但是无刷电机正反转就不是那么容易。因为电机的线圈进线有三根，加上三个霍尔元件的两根电源线、三根信号控制线，那么加起来一共是八根线。要使无刷电机实现转向转换，必须确定：电机 A、B、C 三相的颜色为蓝、绿、黄，相对应的霍尔元件的颜色是蓝、绿、黄。根据 QB/T 2946—2008《电动自行车用电动机及控制器》中关于引线的定义，无刷电机相线和霍尔元件颜色表示规定见表 4－14。

表 4－14　无刷电机相线和霍尔元件颜色表示规定

电机相线	颜　色	霍尔元件	颜　色
A	蓝	A	蓝
B	绿	B	绿
C	黄	C	黄

再确定霍尔元件受磁场影响的输出状态。霍尔元件电源和输出接线如图 4－96 所示。

这样定义霍尔元件的信号输出如图 4－97 所示。

所以可以画出电机转向分析图，图 4－98 所示为外转子无刷电机运行分析图。

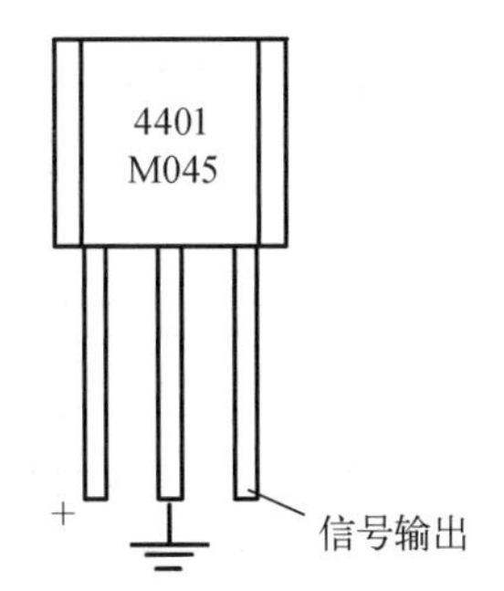

图 4 - 96　霍尔元件电源和输出接线

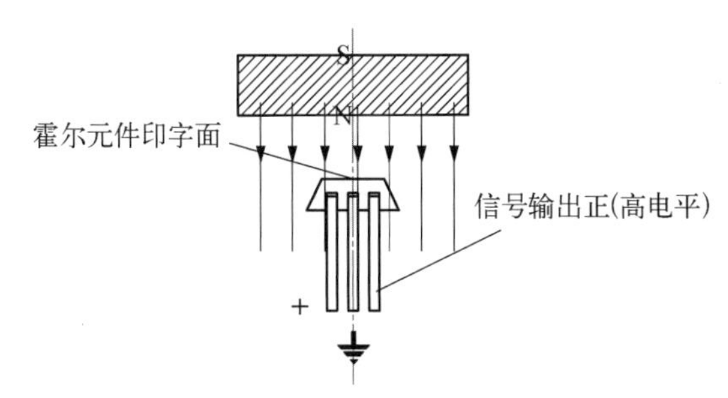

图 4 - 97　霍尔元件在磁场中输出电平

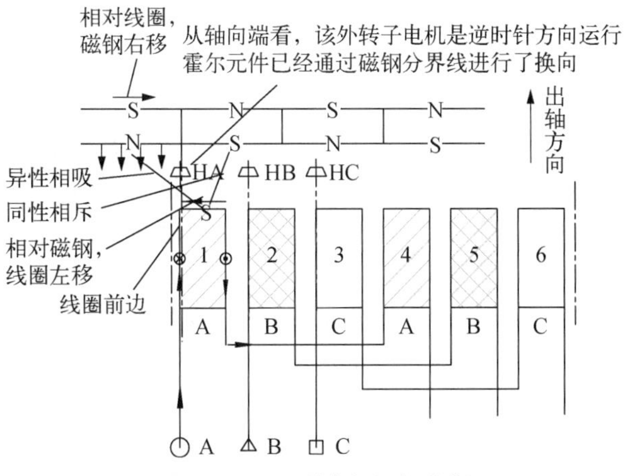

图 4 - 98　无刷电机运行分析

因此，如果磁钢在外，定子在内，中间是霍尔元件；如果霍尔元件印字面朝磁钢，则按图示绕组排列的话，磁钢转子向右移动，从轴伸看，转子是逆时针方向转动。

4.5.2　无刷电机反转的几种方法

先确定各相线及其颜色：霍尔元件电源线正为红色，负为黑色，如果认为颜色一一对应为正转，则对调如下情况为反转，如果调成反转，相线：黄绿对调，信号线：蓝绿对调，电机照样反转。具体换线方法见表 4 - 15。

表 4 - 15　电机正反向转动换线方法

控制器出线		正　转	反　转
三根电机线圈相线	蓝(A)	蓝	蓝
	绿(B)	绿	黄
	黄(C)	黄	绿

（续表）

控制器出线		正　转	反　转
三根霍尔元件信号线	蓝(HA)	蓝	黄
	绿(HB)	绿	绿
	黄(HC)	黄	蓝

电机反向还有另外几种方法。已经下好线的正向运转的电机定子如图 4 - 99 所示。

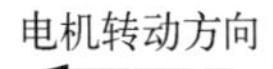

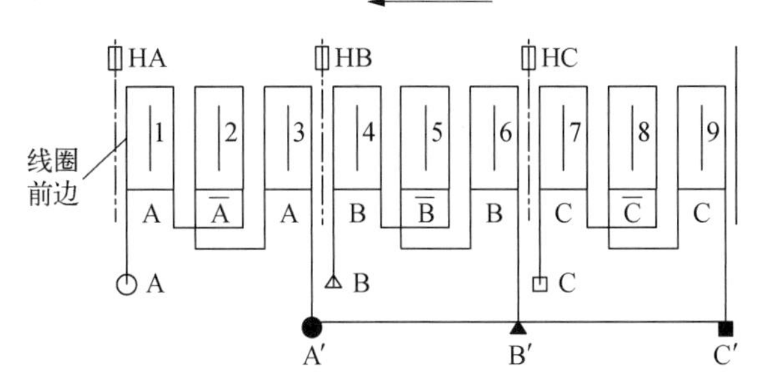

图 4 - 99　正向转动的无刷电机接线

只要把三个进线头改为尾并连在一起，连在一起的三个尾改为头，分开后作为三个相线进线，那么电机就可以反转了，如图 4 - 100 所示。

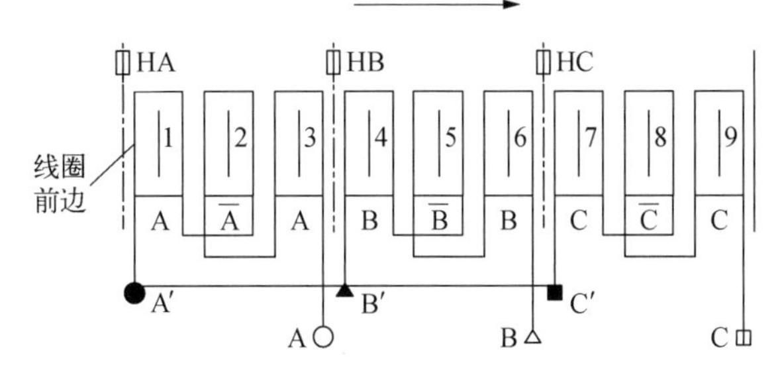

图 4 - 100　相线圈进线并头，尾线改为进线，电机反向转动

还有一种方法是线圈绕组完全不动，把三个霍尔元件反向，电机就反转了，如图 4 - 101 所示。

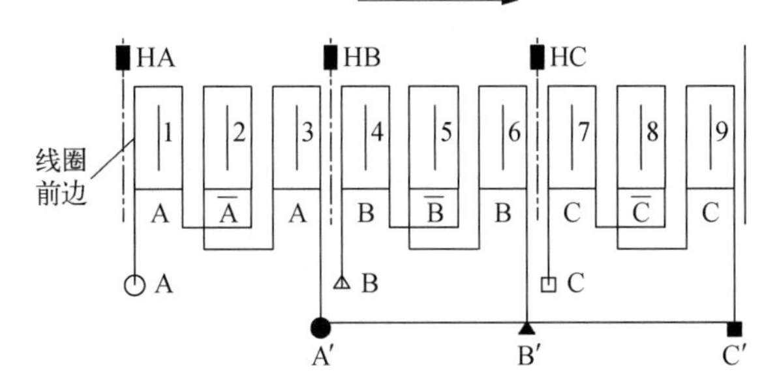

图 4 - 101　霍尔元件反向放置，电机反向转动

以上几种方法的结构都较简单，霍尔元件定位

和放置就非常方便用人为方法通过电机的线圈电流反向180°以达到电机反转的目的。

还有第二种情况是如果无刷电机的工作状态就是要一定状态和时间内正转，另一状态和时间内反转，那么必须按照电机工作状态和时间来控制电机的正确转向。实际上，控制器实现无刷电机正反转比改动电机更容易。因为反转与正转只是定子磁场之间相差180°电夹角，实现无刷电机的反转，只要对电机的霍尔信号取反即可，因此只要一个拨动开关就可以实现电机的正反转控制。图1-102是MC33035无刷电机驱动线路图的部分图示，图中就用一个拨动开关控制无刷电机的正反转，相当方便。

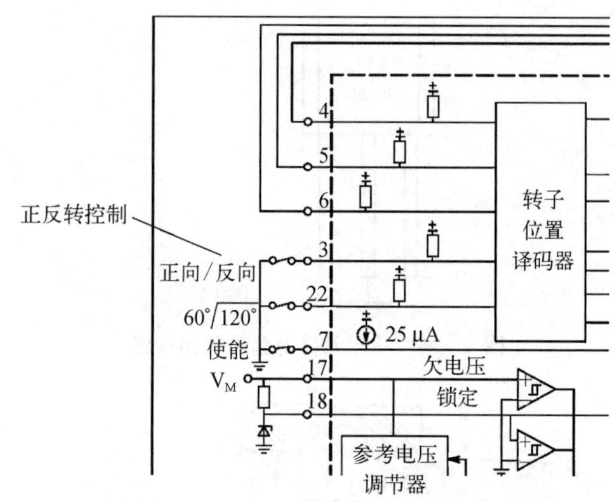

图4-102 MC33035无刷电机驱动线路部分

4.6 大节距绕组无刷电机

绕组节距 y 大于1，绕组的一个线圈绕在定子的多个齿上。一般交流单、三相异步电机的定子线圈大都采用绕组节距 y 大于1的绕组形式。大节距无刷电机的绕组有许多形式，如单层绕组、双层绕组、单双层绕组，叠绕组、波绕组，同心式、链式、交叉式等。和三相交流电机绕组基本相同，有不少介绍关于三相绕组的书，因此作者不在此处重复该知识，读者可以阅读相关书籍和文章。限于篇幅，本节只是从实用设计的角度简要地讲述节距 y 大于1的无刷电机绕组和电机设计相关的一些问题，与设计不太相关的问题就不提及了。为了叙述简明，节距大于1的绕组统称为大节距绕组。

4.6.1 大节距绕组形式和判别

无刷电机定子绕组采用三相大节距绕组形式，这样承袭了三相交流电机绕组非常成熟的工艺，只要会做三相交流电机的工厂，就能很容易把三相无刷电机的定子做出来。

由于绕组节距 y 大于1，一个线圈跨多个齿，因此会随线圈跨齿数的多少和不同的分布而产生各种不同的绕组形式。

三相交流电机的定子绕组和无刷电机绕组也有各自的特征，三相交流电机可以做成一对极，同步转速为3 000 r/min，但是无刷电机的转子是用磁钢做的，特别是电机功率稍大，都是用有取向的永磁体做的，转子做成一对极(2极)的很少，4极的在做大电机中用得也不多，经常做成6极、8极、12极。由于绕组节距大于1，定子的槽数不可能很少，常用的槽数为15、18、24、36等。

1) 大节距绕组的分区　大节距绕组的分区与分数槽集中绕组的分区不同，大节距绕组分区是以每相转子极对数 P 来分区的，大节距绕组的分区数 K 等于转子的极对数 P。

2) 整数槽大节距绕组和单元分区　大节距绕组电机的每极每相槽数 q 是整数，电机的线圈又绕在多个齿上，那么该电机就称为整数槽大节距绕组电机。

整数绕组的磁钢总是成对出现，每对磁钢所对应的每相线圈称为单元分区。

如：整数槽绕组电机3相，槽数 $Z=24$，转子 $P=2$，如果该电机每极每相槽数是整数，那么该电机就是整数槽电机。

$$q=\frac{Z}{2mP}=\frac{24}{2\times3\times2}=2$$

因此该电机是整数槽电机，其分区数 $K=P=2$。

3) 绕组形式的判别

例4-5　三相电机：$Z=24$，$P=2$。

(1) 判别是分数槽还是整数槽。

$$q=\frac{Z}{2mP}=\frac{24}{2\times3\times2}=2$$

故该电机是整数槽电机。

(2) 求电机的单元分区数，$P=2$，该电机有2个单元分区。

(3) 求线圈极距。

$$\tau=\frac{Z}{2P}=\frac{24}{2\times2}=6$$

一般绕组的节距应该和电机的极距相近，所以该电机的节距大于 1。

例 4-6　三相无刷电机：$Z=15$，$P=2$。

(1) 判别是分数槽还是整数槽。

$$q=\frac{Z}{2mP}=\frac{15}{2\times 3\times 2}=1+\frac{1}{4}$$

因此该电机是分数槽电机。

(2) 求电机的单元分区数，$P=2$，因此有 2 个单元分区。

(3) 求线圈极距。

$$\tau=\frac{Z}{2P}=\frac{15}{2\times 2}=3.75$$

该电机的节距大于 1，因此该电机是分数槽大节距绕组电机。

从每相分区的角度看，该电机 $P=2$，因此有两个单元分区。这两个单元分区线圈接线完全一致，各自具备一个独立电机的各种元素，用单元分区的概念可以解决单元电机概念不能诠释的问题，这是非常重要的，请读者注意。

4.6.2　大节距绕组机械夹角与电夹角的关系

电机电夹角的计算公式应该是一致的，常用永磁无刷直流电机的定子绕组大多采用三相绕组，每相绕组之间必须为 120°电夹角。如果是一对极 P，那么这个电机圆周电夹角为 360°，机械圆周是 360°。如果电机的槽数为 Z，那么两槽之间电夹角为

$$槽电夹角=\frac{360^\circ P}{Z}$$

$$槽机械夹角=\frac{360^\circ}{Z}$$

举例说明：3 相 24 槽 4 极(2 对极)电机，其两槽之间电夹角为

$$槽电夹角=\frac{360^\circ P}{Z}=\frac{360^\circ\times 2}{24}=30^\circ$$

$$槽机械夹角=\frac{360^\circ}{Z}=\frac{360^\circ}{24}=15^\circ$$

4.7　整数槽大节距绕组的形式

整数槽大节距绕组可以组成链式绕组、同心式绕组、交叉式绕组等形式，以 24 槽 4 极电机的绕组为例(三相线圈圆周均布)。

1) 链式绕组　如图 4-103 所示。

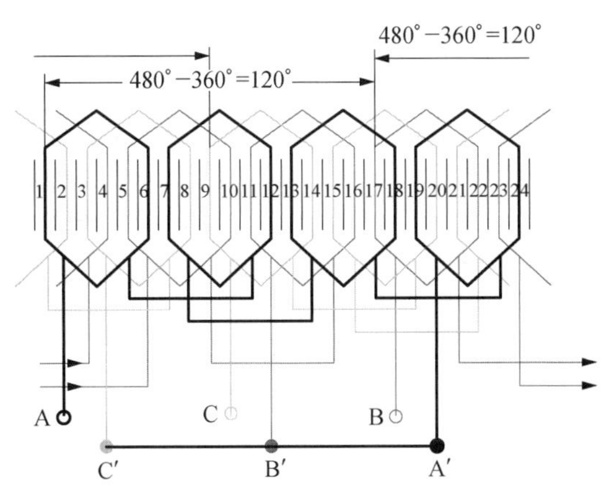

图 4-103　3 相 24 槽 4 极大节距链式绕组(电机三相绕组均匀分布)

2) 同心式绕组　如图 4-104 所示。

3) 交叉式绕组　如图 4-105 所示。

在整数槽大节距绕组无刷电机中，用 36 槽的电机也相当多，如图 4-106 所示。

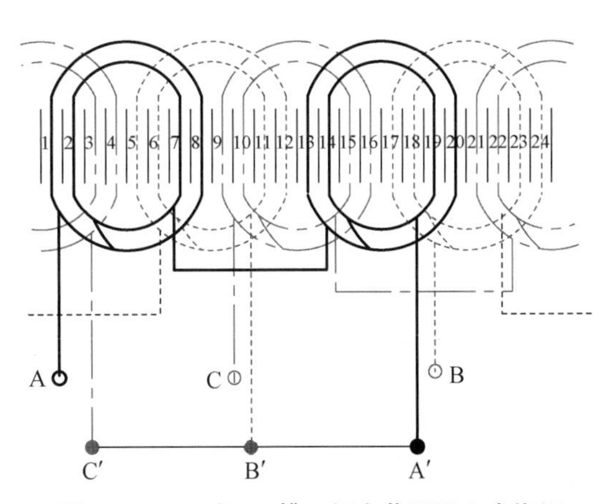

图 4-104　3 相 24 槽 4 极大节距同心式绕组

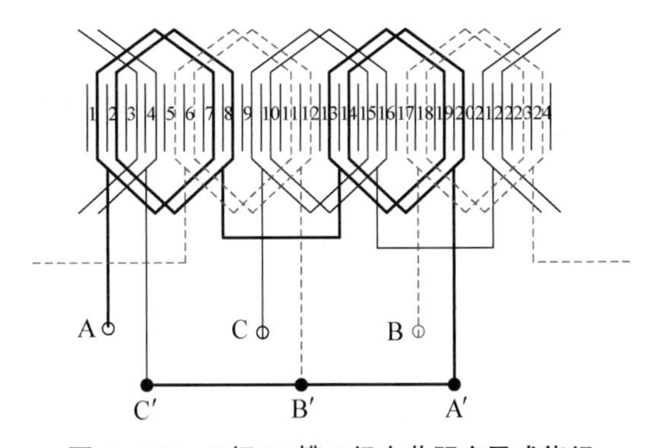

图 4-105　3 相 24 槽 4 极大节距交叉式绕组

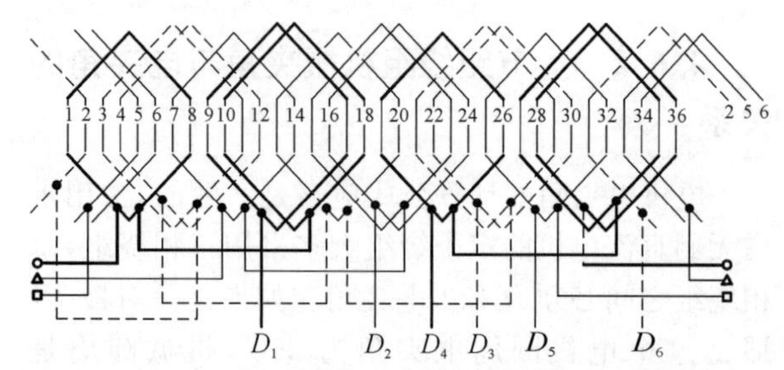

图 4-106 3 相 36 槽 4 极大节距单叠交叉式绕组

表 4-16 是常用的整数槽大节距绕组无刷电机极数和槽数的配合表，供读者参考。

表 4-16 常用整数槽大节距绕组无刷电机极数和槽数配合表

极对数 P	单层绕组槽数 Z	双层绕组槽数 Z
2	24、36、48	12、24、36、48、60
3	36、54	18、36、54、72
4	24、48、72	24、48、72
5	30	60
6	36	36

大节距绕组如果要用整数槽，那么 q 就要求为整数。

$$q = \frac{Z}{2mP}$$

$$Z = 2mPq$$

如果 q 最小取 1，考虑到转子磁钢的工艺性，转子极对数 P 最小取 2，如果是三相电机，那么电机的最少槽数为 12。如果电机功率比较小，电机的直径也比较小。电机功率大些，因为工艺问题，转子的极对数必须增加，如果增加到 3 对极或 4 对极，q 取 3 以上，那么电机的槽数 $Z = 2mPq = 2\times3\times2\times3 =$ 36 槽以上，加上是用双层绕组，那么线圈绕组就变得很复杂，工艺也非常繁复。对于中等电机而言，54 槽电机绕组下线也是不易的。

从上面的分析可以看出：大节距绕组无刷电机的 q 取 1、2、3 左右，P 应该大于 2，且不能太大。

整数槽的定位转矩是比较大的，定位转矩是空载转矩的一种，会造成电机空载电流增大，特别是转子用高性能钕铁硼磁钢后，功率大些的电机的定位转矩会使电机轴拧不动，或启动不了。因此整数槽大节距绕组无刷电机的定子往往要用斜槽技术，或用偏心圆的磁钢来减少电机的定位转矩，所以要用分数槽大节距绕组电机为好。

4.8 分数槽大节距绕组的形式

如果大节距绕组电机的每极每相槽数是分数，且电机的线圈不绕在一个齿上，那么该电机就称为分数槽大节距绕组电机。

分数槽大节距绕组的磁钢总是成对出现。如：一集中绕组电机槽数为三相 24 槽，电机为 6 对极，如果每极每相槽数是分数的话，那么该电机就是分数槽电机。

$$q = \frac{Z}{2mP} = \frac{24}{2\times3\times6} = \frac{2}{3}$$

因此该电机是分数槽电机。

表 4-17 常用分数槽大节距绕组电机的极数和槽数

极对数 P	槽数 Z
2	15、30、45、54
3	24、27、45、48
4	36、45、54、60
5	36、45、54
6	45、54

从表 4-17 看，功率小一些的电机中槽数和极数可以取少些，如用 15 槽，2 对极；而功率大些的电机，因为磁钢结构关系，极数必须多一些，因此电机的槽数就比较多。

分数槽集中绕组和分数槽大节距绕组有着非常大的区别。大节距绕组是一个线圈绕在多个极(齿)上。从分数槽的观点看大节距绕组，每个极中的齿数(槽)是分数，但是实际上齿(槽)是不可能为分数的，因此分数槽大节距绕组无刷电机带来了在一相中各个极不等齿(槽)的问题。

例 4-7 三相无刷电机：$Z = 36$，$P = 4$。

每相每极齿数 $q = \dfrac{Z}{2mP} = \dfrac{36}{2\times3\times4} = 1 + \dfrac{1}{2}$

槽电夹角 $\alpha = \dfrac{360°\times P}{Z} = \dfrac{360°\times4}{36} = 40°$

极距 $\tau = \dfrac{Z}{2P} = \dfrac{36}{2\times4} = 4.5$

采用节距 $y = 4$，因此是大节距绕组。

$\dfrac{Z}{P} = \dfrac{36}{4} = \dfrac{9\times4}{4}$，所以最大公约数是 $t = 4$，所以

该电机有 4 个单元电机，每个单元电机线圈个数为 9。

但是从每相分区的角度看，因为 $P=4$，因此每相有 4 个相分区。图 4－107 所示是该电机绕组排布图。

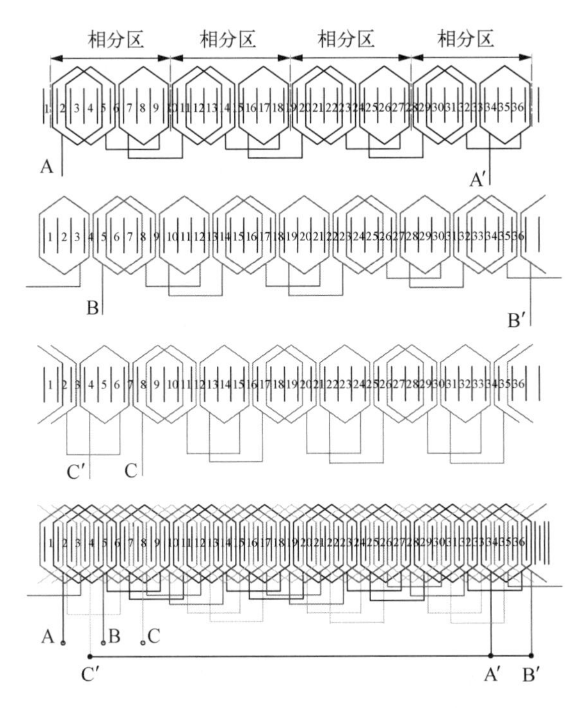

图 4－107　3 相 36 槽 8 极大节距绕双层绕组

例 4－8　三相无刷电机：$Z=30$，$2P=4$。

每相每极齿数 $q=\dfrac{Z}{2mP}=\dfrac{30}{2\times3\times2}=2+\dfrac{1}{2}$

因此是分数槽。

槽电夹角 $\alpha=\dfrac{360^\circ\times P}{Z}=\dfrac{360^\circ\times2}{30}=24^\circ$

极距 $\tau=\dfrac{Z}{2P}=\dfrac{30}{2\times2}=7.5$

采用节距 $y=6$，因此是大节距绕组。

$\dfrac{Z}{P}=\dfrac{30}{2}=\dfrac{15\times2}{2}$，最大公约数是 $t=2$，所以该电机有 2 个单元电机，每单元电机线圈个数为 15。

但是从每相分区的角度看，$P=2$，因此有 2 个相分区。图 4－108 所示是该电机绕组排布图。

例 4－9　三相无刷电机：$Z=15$，$P=2$。

每相每极齿数 $q=\dfrac{Z}{2mP}=\dfrac{15}{2\times3\times2}=1+\dfrac{1}{4}$

因此是分数槽。

槽电夹角 $\alpha=\dfrac{360^\circ\times P}{Z}=\dfrac{360^\circ\times2}{15}=48^\circ$

极距 $\tau=\dfrac{Z}{2P}=\dfrac{15}{2\times2}=3.75$

采用节距 $y=3$，因此是大节距绕组。

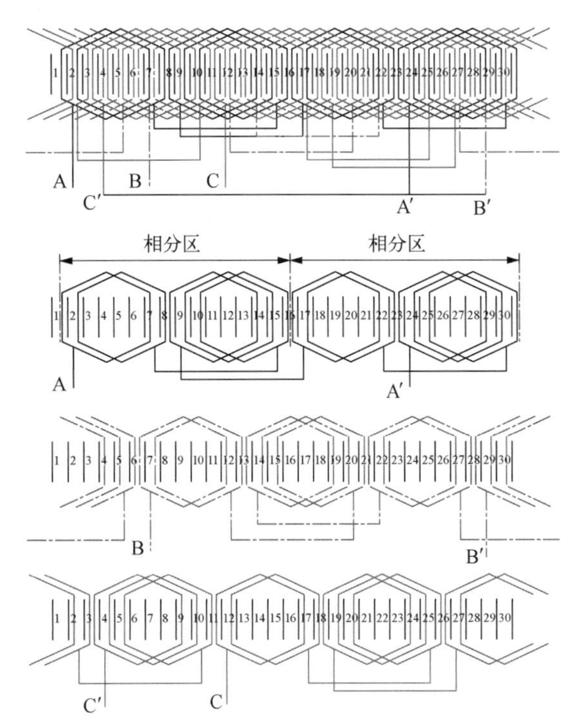

图 4－108　3 相 30 槽 4 极大节距双层绕组（分区中三相绕组均匀分布）

$\dfrac{Z}{P}=\dfrac{15}{2}$，最大公约数是 $t=1$，所以该电机只有 1 个单元电机，每单元电机线圈个数为 15。

但是从每相分区的角度看，因为 $P=2$，因此每相有两个分区。这两个分区线圈个数不一样，但是接线形式完全一致，如图 4－109 所示。

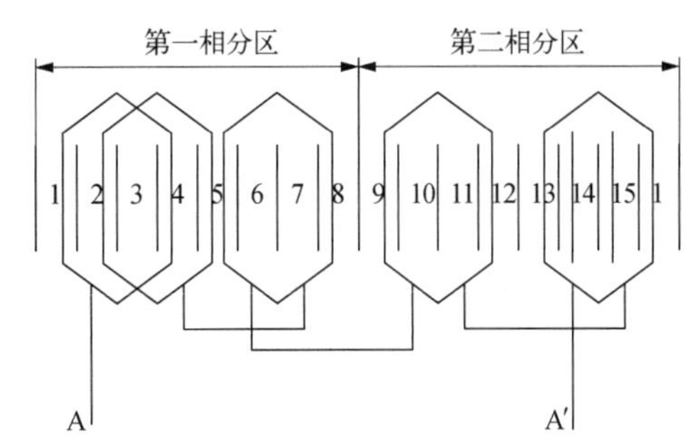

图 4－109　3 相 15 槽 4 极大节距绕组单元分区

该电机的接线图如图 4－110 所示。

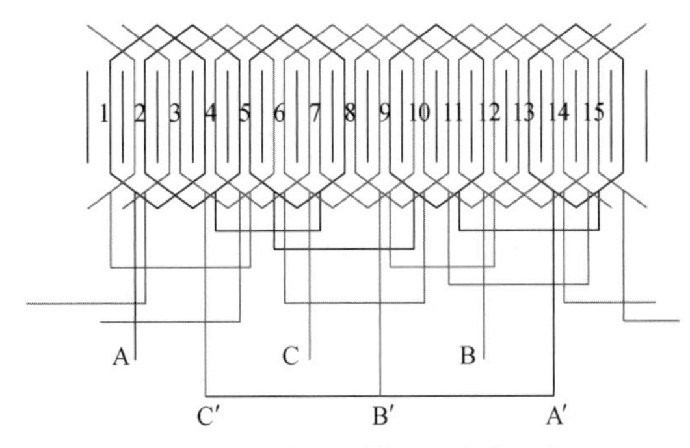

图 4－110　3 相 15 槽 4 极大节距绕组

4.9 大节距绕组的画法

这里作者介绍一下三相无刷电机大节距绕组的画法，主要介绍一些绕组画法的原则，读者掌握了这些原则，画三相无刷电机大节距绕组就比较容易了。

4.9.1 大节距定子绕组和转子极数的关系

大节距绕组无刷电机和交流感应电机在结构上最大的区别是转子，交流感应电机的转子是鼠笼式转子，大节距绕组无刷电机的转子是多极转子。交流感应电机的极数是由电机定子绕组的形式决定的，而大节距绕组无刷电机的极数是转子极数和定子绕组形式相互配合决定的。大节距绕组无刷电机的定子绕组形式决定后，那么该电机的转子必须和它相对应。

永磁无刷电机的理想空载转速基本与电机的极性无关，仅与电机的工作电压 U、工作磁通 Φ、定子有效线圈匝数 N 有关，这和交流感应电机不一样。

$$n_0' = \frac{60U}{N\Phi}$$

对于同一要求的直流永磁无刷电机，可以采用不同的槽数和转子极数的配合来达到同样的电机机械特性要求。

4.9.2 三相大节距绕组单元分区的计算

三相大节距绕组无刷电机不管是整数槽还是分数槽，电机转子有多少对极，那么电机就有多少个单元分区。

例如：3 相 36 槽 4 极，这是一个整数槽大节距绕组无刷电机。4 极就是 2 对极，那么电机就有 2 个单元分区。

可以这样计算大节距绕组的分区

$$\frac{Z}{P} = \frac{Z_0 K}{P_0 K}$$

$$\frac{36}{2} = \frac{18 \times 2}{1 \times 2},\ K = 2$$

图 4－111 所示是定子 3 相 36 槽，转子 4 极（$P=2$）的无刷电机一相绕组分布图。该电机由 2 个单元分区组成，2 个单元分区完全一样。

转子 4 极，2 对极，所以每一单元分区包含 18 个齿（36/2=18），两个齿之间电夹角为

$$\alpha = \frac{360^\circ P}{Z} = \frac{360^\circ \times 2}{36} = 20^\circ$$

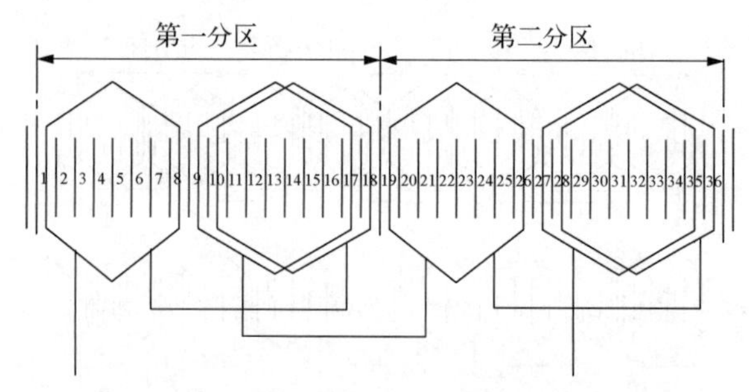

图 4－111 3 相 36 槽 4 极大节距绕组单元分区

单元分区中有 18 槽，如果用单层绕组的话，18 槽可以有 9 个线圈（18/2=9），每极相绕组有 6 个线圈（18/3=6），因为是选用三相绕组，因此单元分区中可以组成 3 个线圈。由于这 3 个线圈要组成一对极，所以只能用一个线圈组成一个极线圈，另外 2 个线圈组成另一个极线圈。

$$极距\ \tau = \frac{Z}{2P} = \frac{36}{2 \times 2} = 9$$

用双节距 $\tau_1 = 7$，$\tau_2 = 8$，这两个线圈要组成一对极，所以两组线圈接线的极性必须相反。在一相线圈接线，采用大节距绕组方法，同相线圈接线为：尾—尾，头—头。

如果这 2 个单元分区是串联（当然也可以并联），那么 4 个线圈相对均匀地分布在定子 36 个槽内，相邻两组线圈分布在定子一半的槽内，线圈接线为：尾—尾，头—头。如果该组线圈通以直流电，则 4 组线圈会产生 S、N、S、N 均匀排列的 4 个极，即 2 对极。

每相之间电夹角应为 120°，两个齿之间电夹角为 360°/18=20°，为此 B 相的初始线圈要在第 7 个槽下线。而 C 相初始线圈应该在第 13 槽下线，第 7 槽和第 13 槽之间相差 120°，如图 4－112 所示。

4.9.3 三相大节距绕组展开图的画法步骤

三相大节距永磁直流无刷电机线圈的排列方法与三相感应电机的绕组排列方法基本相同。总结起来应该掌握以下几个方面：

（1）根据转子磁钢极对数确定电机的单元分区。

例如：三相 24 槽 4 极，电机是 2 对极，那么电机的单元分区数是 2。

（2）把 24 槽分成 2 个分区，如图 4－113 所示。

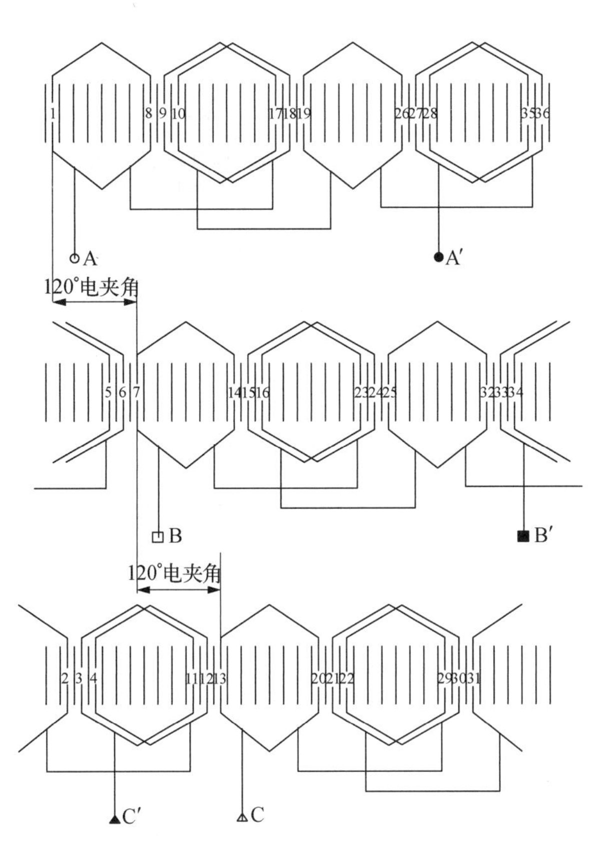

图 4－112　3 相 36 槽 4 极大节距绕组

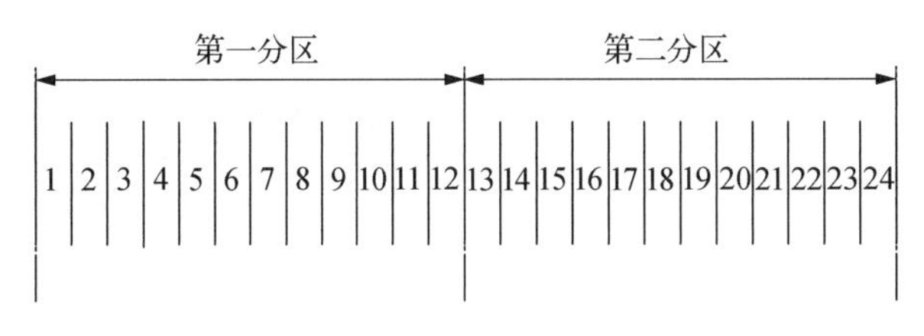

图 4－113　3 相 24 槽 4 极分区

(3) 可以看出，如果是单层绕组，整个电机有 12 个线圈，每分区有 12 个槽，一个线圈要占据 2 个槽的话，则有 6 个线圈(12/2=6)。如果电机是三相绕组，那么每相线圈就是 6/3=2 个。这 2 个线圈应该组成一相两个极(N、S 极)，因此每个极一个线圈。

(4) 极距 $\tau = \dfrac{Z}{2P} = \dfrac{24}{2\times 2} = 6$ 。

采用短节距 $y = 5$。

(5) 第一分区线圈(图 4－114)连接后，第二分区线圈形式和第一分区线圈排布是一样的，两个单元分区可以是串联(图 4－115)或并联(图 4－116)形式。

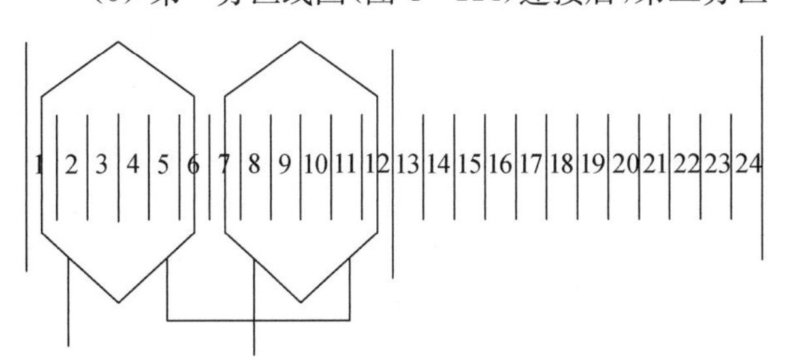

图 4－114　分区内一相线圈排布

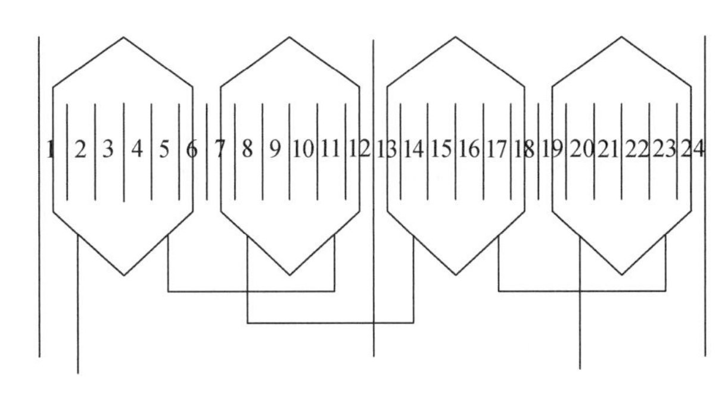

图 4－115　两个分区内一相线圈串联排布

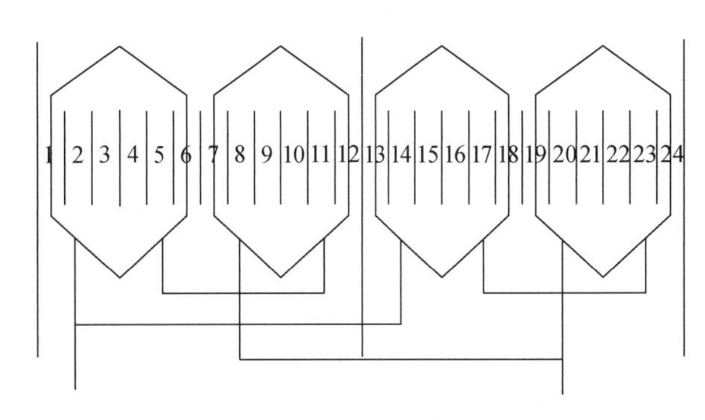

图 4－116　两个分区内一相线圈并联排布

特别要指出的是，一般三相感应电机的电压较高，国内现在常用的是 380 V，在无刷电机中高电压用得不多，电压低的甚至用到 6 V、12 V、24 V 等，如果电机功率较大，那么电机的线圈电流就很大，因此把单元分区线圈并联是会经常发生的。另外线圈绕组数据不变，串联电机与并联电机的电压相差一倍，这样就可以把一种电机只改变线圈接线来适应不同的工作电压。

(6) 计算电机槽电夹角。

$$\alpha = \frac{360^\circ P}{Z} = \frac{360^\circ \times 2}{24} = 30^\circ$$

B 相必须和 A 相相隔 120°电夹角。那么 120°/30°=4，即 B 相应该在第 5 个槽起头进线，线圈绕组绕法和接线方法与 A 相完全相同，如图 4－117 所示。

C 相必须和 B 相相隔 120°电夹角。那么 120°/30°=4，即 C 相应该在第 9 个槽起头进线，线圈绕组绕法和接线方法与 A 相完全相同，如图 4－118 所示。

(7) 把 3 相线圈的尾连接起来组成星形连接。

(8) 至此完成了电机线圈排布(两每相分区线圈是串联排列)，实际三相大节距绕组的排布有非常多的内容，读者可以参考一些三相感应电机绕组排布的书籍，以便熟练地把大节距绕组永磁无刷电机的绕组弄清楚。

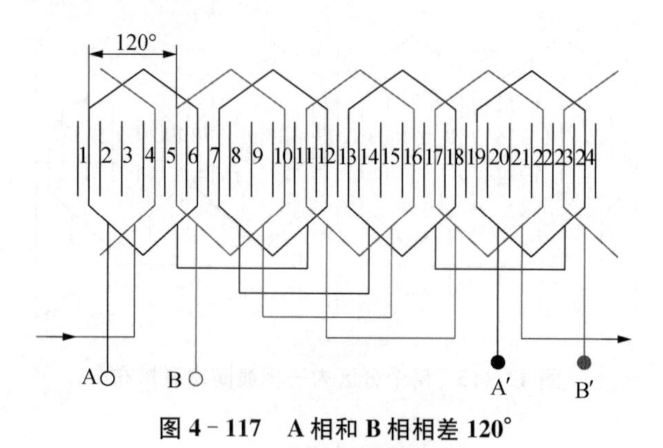

图 4－117　A 相和 B 相相差 120°电夹角线圈排布

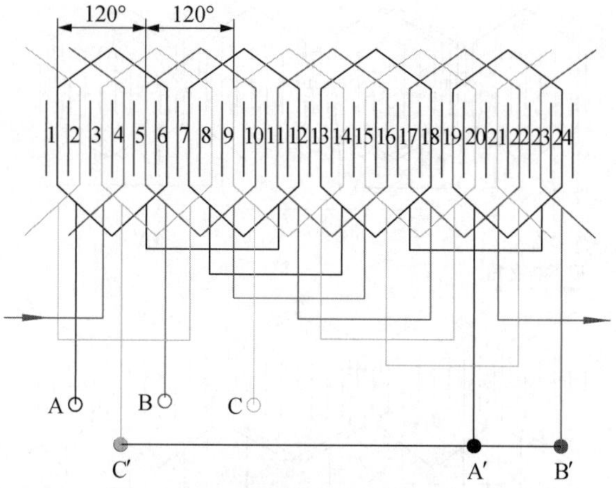

图 4－118　A 相和 B、C 相各相差 120°电夹角线圈排布

4.10　霍尔元件与大节距绕组

4.10.1　霍尔元件的放置位置与相线圈换向边的关系

作为转子位置传感器的霍尔元件，在大节距绕组无刷电机中的放置位置原则应该和分数槽集中绕组电机的放置原则是相同的，读者可以自行分析。

如果用单层绕组(图 4－119)，绕组的节距和磁钢的极距不可能相等，因此同样存在如果把霍尔元件放在线圈换向边，那么磁钢的中心不能与线圈中心重合，故同样存在电机正反方向运行性能不一致的情况。

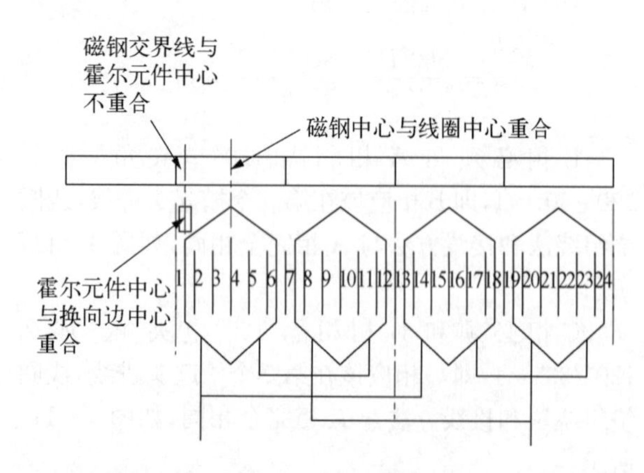

图 4－119　单层绕组换向情况

如果大节距绕组是双层绕组，可以达到理想换向状态(图 4－120)，这是分数槽集中绕组所不能做到的。

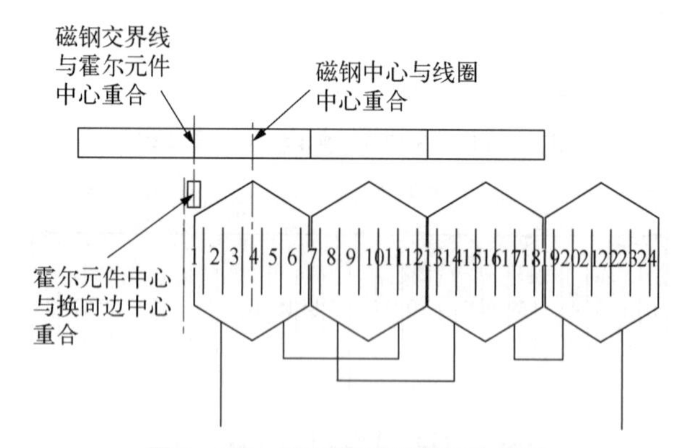

图 4－120　双层绕组理想换向情况

4.10.2　带有霍尔元件的独立转子位置传感器

由于大节距绕组电机同一槽数的定子冲片，可以有多种绕组形式，如 54 槽电机可以与多种不同磁钢极对数的转子匹配，做成各种性能的无刷电机，不可能在定子冲片上制成固定的一种霍尔元件的安放槽口，因此大节距绕组无刷电机多数采用带有独立定位磁环，与霍尔元件配合实现转子位置定位，这样可以避免电机在转子运行时定子齿槽的磁场变化对霍尔元件的影响。在永磁同步电机中，用旋转变压器和编码器是一种较好的选择，但是如果无刷电机是双出轴或者电机轴比较大的情况，那么用霍尔元件作为监测转子位置传感器是既简单又方便的选择，霍尔元件损坏后更换也方便。

图 4－121 所示是带有霍尔元件独立转子位置传感器的无刷电机。

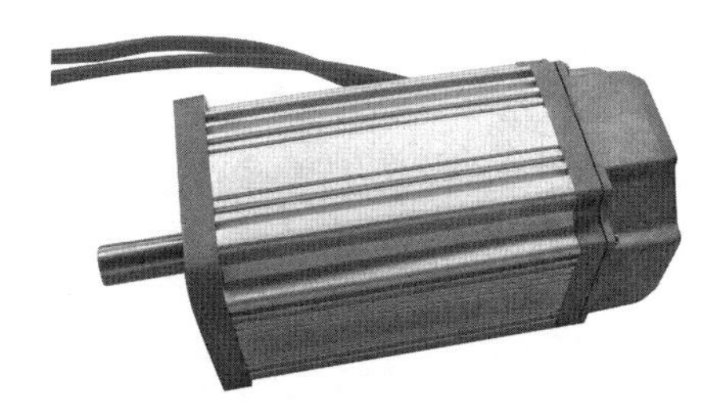

图 4 - 121　带有独立转子位置传感器的无刷电机

图 4 - 122 和图 4 - 123 所示是独立霍尔元件位置传感器结构。

图 4 - 122　独立霍尔元件位置传感器结构

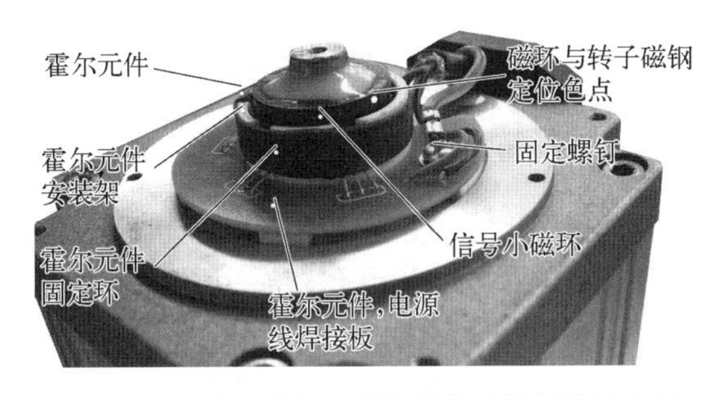

图 4 - 123　独立霍尔元件位置传感器结构放大图

霍尔元件安装架和焊接板由螺钉固定,在螺钉稍松时霍尔元件安装架可以进行微调,使霍尔元件调整到换向最佳位置后再用螺钉进行固定。

图 4 - 124 和图 4 - 125 所示是带有位置传感器的 42 无刷电机的外形和内部结构。

图 4 - 124　42 无刷电机

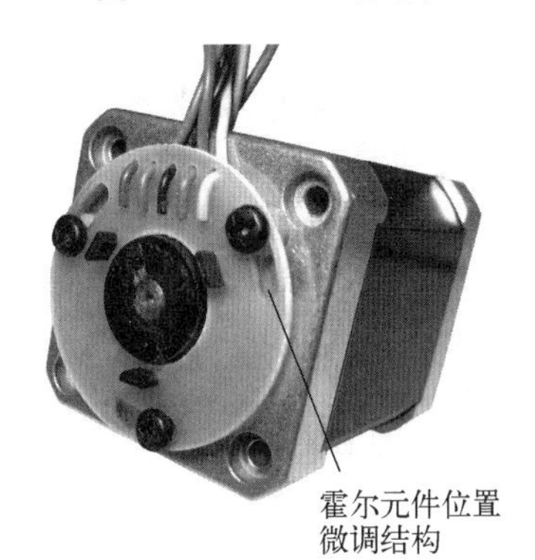

图 4 - 125　42 无刷电机内部位置传感器结构

带有霍尔元件的独立转子位置传感器也有需要注意的地方,就是小磁环的极数要与电机转子的磁钢极数相等,并且极性应该对应,两磁钢中心线必须在通过轴中心线的径向平面内,因此在小磁环充磁前必须对小磁环做好极性分界线的记号,当转子组件加工好后,必须在装信号磁环的轴处做好记号,这两个记号必须在同一个通过轴中心线的径向平面内,而且要极性对应,这样小磁环才能固定。由于精确确定转子磁钢和信号小磁环的相对位置比较困难,因此带有霍尔元件独立转子位置传感器在结构设计上都带有可以把霍尔元件微调的结构,调整霍尔元件位置,使电机达到最佳换向的状态。

这种简单的结构也有缺点,就是把小磁环用胶水粘牢后,电机后端盖和后轴承就不能拆下。但是这种结构优点多于缺点,是业内人士非常推崇的。

第 5 章　无刷电机的实用设计方法

>>>>>>

无刷电机的实用设计方法是区别于常规的无刷电机设计方法。本章介绍了多种无刷电机的实用方法，其中包括目标设计法，K_T 设计法、K_E 设计法，感应电动势法，推算法，通用公式法，实用变形法，设计转换法，分步目标设计法等。这些无刷电机的实用设计方法中，有些是作者从新的角度去对无刷电机进行实用设计，是作者多年对电机设计理论的研究结果和工作经验的积累；有些是电机工作者电机设计实用方法的总结。

本章作者从实用角度对无刷电机提出了一些新的电机设计理念和方法与读者探讨，如交链磁通和绕组导体、磁链、齿磁通的认识与计算、绕组系数的认识、槽利用率的提出与计算、设计符合率概念的提出、电机外部特征和内部特征的关系、电机的目标设计方法、电机气隙体积、电机定子长度、绕组通电导体数的目标计算、冲片最佳设计等。本章内容丰富，观点新颖。

本章的实用方法作者尽量用实例辅以讲解和验证，使读者对实用设计方法的思路更清晰。通过这一章的学习，读者可以用多种方法对无刷电机进行实用设计，方法简单、可靠、实用，这些电机设计方法能够用于工厂和院校的电机生产和研究工作中。

5.1　电机设计方法和程序的探讨

电机设计程序或方法基本上有两种模式。一种是沿用了多年的典型的“磁路”设计方法，这种方法是把电机的各种磁场简化成“磁路”，根据电机的形状，求出电机各段磁路的磁阻和磁压降，画出电机的“磁铁工作图”，求出电机的工作磁通，然后计算电机的各种数据。这是一种电机核算的方法，必须先要有一个已知的电机模型，要求设计者输入电机模型的各种已知的电磁参数、结构尺寸、绕组形式参数和额定点等技术要求，代入电机的性能核算程序，然后进行电磁核算。如果核算结果的额定点符合电机认定的技术要求，那么电机设计就算是成功的，否则要求电机设计人员对电机模型的某些参数进行调整，再重新进行核算，这样要往复许多次，才能使电机的各种参数符合要求，电机设计才算完成。用“磁路”方法计算，是把电机各段复杂的磁场结构变成“磁路”，影响磁路的因素多，许多地方只能用经验系数、公式、图表等来化解或进行修正，有着诸多不确切的因素。

第二种是用“磁场”的方法进行电机分析设计，凭借计算机进行“有限元”场的理论分析，这也是一种电机的“核算”方法。也就是说，在电机设计之前，也先要确定电机的结构参数，有一个电机计算模型后才能对电机进行性能核算。

还有“磁路”和“磁场”结合计算方法，就是先用“磁路”的方法对无刷电机进行核算，通过对电机的结构参数进行多次调整，计算出一个设计者认为比较理想的电机结构，再对该电机进行“磁场”的分析计算，从而达到预期的设计目的。

现在有关无刷电机设计的研究已很深入，把无刷电机各种要素分析得非常细致。有些电机分析理论在实际的无刷电机设计中无法体现，许多无刷电机设计还是沿用了一些永磁直流电机的设计观点和方法。用“磁路”观点的程序和方法设计的无刷电机，许多技术工作者往往反映设计某些电机误差较大，需要反复计算。如果用“磁场”方法的 2D、3D 软件去设计计算电机，程序费用高昂，花费时间过多，又要一流的电机设计和操作水平。不管用什么方法，由于设计符合率的问题，最后还得做样机验证，这使电机设计技术人员觉得困惑。

陈小华、丁晓军参加了本章的编写。

5.2 无刷电机设计基本思路的探讨

虽然电机的形式复杂多变，电机中的参数众多，但是它们的本质关系应该是非常简洁的。电机设计的理论可以非常复杂，研究可以非常细致，但是电机设计应该是一种以实用为前提的应用科学，在工厂中，一切都是以生产服务为最高宗旨，工厂讲的就是效益、时间和速度，工厂要求技术必须为生产服务，电机设计的方法就应该是越简单、越方便越好，设计的精度不是无限精确，只要达到应用要求就行。何况就现在的电机设计理论、计算程序和软件本身还存在诸多可以讨论的地方，因此以电机实用设计为目的，能够在较短的时间内，用较简捷的方法计算出具有一定精度并符合技术要求的无刷电机，应该是广大电机设计工作者所追求的目标。

5.3 无刷电机的实用设计法

本书讲述的是要寻求电机设计的实用"方法"，而不是去谋求电机理论的"研究"。要把电机设计的主要参数尽量简化，简化到最简数量参与设计。要把以往设计程序中的设计计算的判断值作为设计目标值参与电机设计，达到电机的"目标设计"值。设计方法必须具有实用价值，电机设计程序算出的结构、数据的计算精度要满足和达到无刷电机的机械特性和其他技术要求，这些就是电机实用设计的主要基本原则。电机的实用设计方法和用"磁场"或"磁路"的大型电机设计计算软件是用不同的观点、方法去观察、分析和设计计算电机，这是两个层面的问题，没有优劣的可比性。

5.3.1 无刷电机实用设计方法简介

电机实用设计方法必须遵循以下原则：

(1) 电机设计的方法要讲究实用，要简单，易普及，使设计工作者对电机设计非常明了、清楚，要解决电机设计中的主要问题，使电机设计人员大局在胸，心中有数。要适应不同层次的广大电机设计工作者，使一般电机设计技术人员都能够迅速掌握。

(2) 电机设计的方法要有相当的设计计算精度和设计符合率，确保设计的电机和生产出的电机一次设计符合率要高。

(3) 电机设计成本必须低，要使广大电机设计工作者能用得上、用得起，设计简捷。

本书介绍的电机实用设计方法包括：目标设计法、目标推算法、变形设计法、K_T 设计法、K_E 设计法、齿磁通密度法、通用公式设计法、测试发电机法、实验修正法、电机核算方法等。这些方法可以使读者从另一个层面了解无刷电机设计方法的多样性，使读者比较清晰地了解电机实用设计的过程和方法，很快地掌握和运用这些方法，为生产应用服务。

5.3.2 电机设计计算精度和设计符合率

电机设计方法和程序一定要讲究电机设计计算精度和设计符合率，只讲电机设计的方法，不讨论电机设计计算精度和设计符合率，那么这样的设计与实际生产实践还是有一段差距的。

电机设计计算的精度要适应电机的生产，设计计算精度太低，设计符合率不高，工厂按照电机设计人员设计的电机数据生产出来的电机误差很大，这就还得进行重新设计，多次修正，这样电机设计的盲目性较大，电机的设计成本徒增。如果设计计算精度太高，大大增加了电机设计计算成本。某些数据计算的精度非常高，但是电机设计中某些需要确定的数据还是技术人员人为给予或预估的。

电机设计软件的计算精度和设计符合率是有一定的允许范围的。一个电机设计计算软件只是版本升级，电机的基本数据不变，电机在同一负载下的线感应电动势、齿磁通密度、电机输出功率、堵转电流是有一定的误差的(误差还不算太小)，这仅是软件的计算误差，还无法代表该电机设计程序的设计计算精度和设计符合率。这些软件的设计计算精度和设计符合率的指标，软件生产商应该予以考虑。

电机设计符合率是指按照电机的主要技术指标进行设计，设计出电机的主要参数和按照电机设计数据做出的电机测试数据的符合程度。特别要考核的是电机的一次设计符合率。电机的一次设计符合率越高，重复设计的次数就越少，甚至一次设计就可以达到要求。

在许多电机标准中有容差的概念，是指在电压、转矩为额定值(标准值)时,转速和效率等参数的容差。就是实际产品和标准电机技术参数之间的差值,这里包括了电机设计和制造的共同差值。电机的容差是指出厂电机的技术指标与标准指标相比的误差,这是最终的。而电机设计符合率可以比容差大,因为设计、制造出的电机如果不符合电机标准,还是可以进行修正的。如果设计符合率小于容差,那么这个电机设计就是一次成功了。铁氧体永磁直流电机的转速容差为±10%~±15%。

容差是电机制造经济成本的判断依据,合理的容差能够使电机制造成本降到最合理的程度,这是从电机设计的角度去考查性价比的问题,但是许多电机的标准没有容差要求,这是有欠缺的。

电机设计计算的精度和符合率同样如此,它综合了电机设计和制造经济上的判断。因此不需要很高的电机设计计算精度和设计符合率,只要能够符合电机设计的容差即可。

5.4 无刷电机的目标设计法

无刷电机设计有多种方法,作者在本书中主要介绍的是适应工厂生产的一些无刷电机实用设计的方法,这些方法与一般电机设计书上介绍的设计程序、大型设计软件的设计方法相比,应该说是比较简单的。

本书作者介绍了较多的无刷电机设计实例,希望读者看过本书后就能够"实战",在电机设计工作中能提高设计能力和水平,节约设计时间,少走弯路。

5.4.1 电机设计的基本思想

在物理学中,磁场、线圈、通电电流、电动势和力之间最基本的原理是:通电线圈在磁场中会产生力,从而使线圈运动。另外,在磁场中运动的线圈会产生电动势。

通过前几章的介绍,可以清楚地知道

$$T' = \frac{N\Phi I}{2\pi} \tag{5-1}$$

$$E = \frac{N\Phi n}{60} \tag{5-2}$$

也就是说,线圈 N 通过电流 I 在磁场中会产生电磁转矩 T';另外,线圈 N 以速度 n 切割磁力线就会产生感应电动势 E。

转换成常数概念,即

$$K_T = \frac{N\Phi}{2\pi} = \frac{T'}{I} \tag{5-3}$$

$$K_E = \frac{N\Phi}{60} = \frac{E}{n} \tag{5-4}$$

无刷电机的输入、输出与电机内部之间关系如图 5-1 所示。无刷电机内、外部特征与电机之间关系如图 5-2 所示。

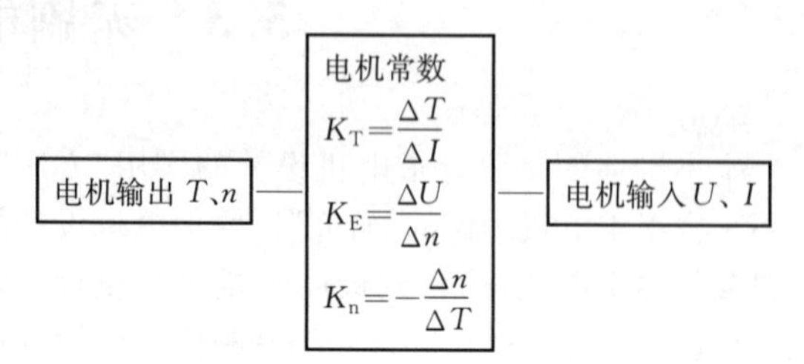

图 5-1 无刷电机的输入、输出与电机内部之间关系

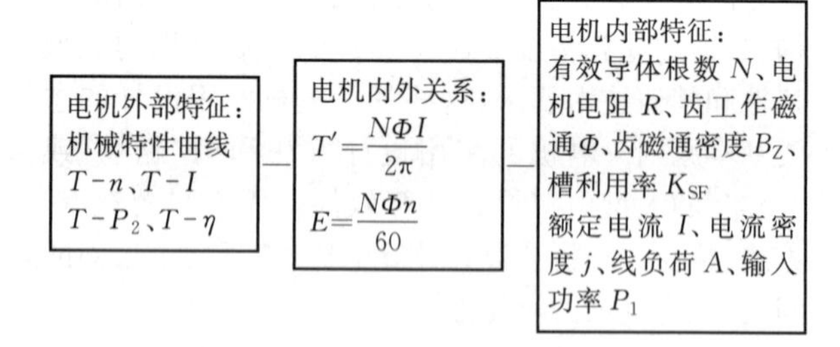

图 5-2 无刷电机内、外部特征与电机之间关系

图 5-1 和图 5-2 把无刷电机的内部和外部特征基本表达出来了,读者可以清楚地看到电机之间的关系并不是那么复杂,K_T、K_E、K_n 把电机输入的电能(U,I)通过电机转换成机械能(T,n)之间的关系联系了起来,K_T、K_E、K_n 又把电机的外部特征和内部特征很好地联系起来,关系是非常简单的。掌握以上简单的关系,找出电机内部特征与 N、Φ 之间关系,精确确定电机的 N、Φ,用这样的思路去设计电机,那么无刷电机设计就会简单化、实用化,电机设计的大方向就错不了。

5.4.2 目标设计法中的主要目标参数

电机设计一般要先确定一个电机的额定参数,再对确立的电机的原始模型进行核算,把核算的结果和电机各种要求相比较,再人为对电机模型参数进行多次调整,反复计算,直至一些参数符合设计要求。这个过程比较繁复,设计计算的结果和设计的目标值不能对应,这是电机设计人员都能体会到的。

电机计算前对计算结果与要求的参数之间的差值是未知的，要电机计算后再与目标参数相比较，求出各种参数差值，重新设置电机计算模型参数，重复 N 次计算，这是一种电机参数“后知”核算修正法。

电机的目标设计法是：

(1) 找出电机的外部特征和主要内部特征直接的内在关系。

(2) 根据电机的外部特征或电机需求的目标值，确定电机内部主要特征的目标参数，并参与电机设计计算，从而求出电机的计算模型和需求的目标参数。

目标设计法把电机目标参数作为设计参数，包括电机主要参数、机械特性、工艺特性和物理特性等。计算结果即是电机多方面要求的设计结果，因此不需要多次反复的设计计算，这是一种电机目标参数“先置”设计法。

目标设计对电机的一些技术参数指定了设计最终值，在设计过程中，以这些目标参数为设计考核值，如果设计达到了这些目标值，那么这个电机的目标设计就完成了。

设计中，电机数值参数可以分为三大类：选定值；目标值；求取值。

选定值是电机设计工作者对电机设计的一些参数进行设定，如电机工作电压、电机结构、电机外径、电机内径、槽数、转子磁钢牌号、磁钢形式、叠压系数等。

而设计目标值是电机必须达到的一些技术参数和机械工艺的要求值，如电机输出功率，电机效率，电机转速和转矩，电机电流密度，电机齿、轭磁通密度，电机槽满率或槽利用率等。

而无刷电机的求取值仅为电机绕组线径、匝数，电机的定子和转子长度。

无刷电机的目标设计就是要根据电机的选定值，以电机的目标值为目标，求取达到电机目标值的电机参数。

目标设计法设计目标明确，电机基本关系直接，设计简单、可靠，是一种“有目标”的设计方法。这种方法也有许多不足之处，有待读者进行改进和完善，使之更趋于实用和完美。

1) 无刷电机设计第一主要目标参数　目标参数是能表达电机外部和内部主要特征的参数。如果这些参数在无刷电机设计中达到了，那么无刷电机的主要外部特征和内部特征也就达到了。因此无刷电机的目标设计法主要是以电机的外部性能和内部参数的要求，找出无刷电机的目标参数，以电机的目标参数为设计目标，参与无刷电机设计计算，使电机的各种内部特征能达到指定的目标参数，使设计的电机就是所需要的目标电机，使电机的各项外部和内部主要特征符合用户的要求。

表5-1对无刷电机外部和内部主要特征与电机常数之间关系做了一个概括，从中可找出无刷电机的目标参数。

表5-1　无刷电机外部和内部主要特征参数与电机重要常数

电机外部输出特征	重要常数	电机输入和内部特征	
$T-n$ $T-I$ $T-P_2$ $T-\eta$	K_T K_E K_n	决定电机性能	决定电机物理、结构、工艺特性
		U、Φ、N、I、R	j、A、B_Z、K_{SF}、D_i、L

电机设计的主要目的是设计出的电机首先要符合电机的外部输出特征，从表5-1看，设计的无刷电机必须符合要求的电机机械特性曲线，而不是机械特性曲线上的某个点或额定点。电机的机械特性曲线 $T-n$、$T-I$、$T-P_2$、$T-\eta$ 是电机的输入参数和内部特征所决定的，决定电机机械特性性能的内部特征有 U、Φ、N、I、R 五项要素，决定电机物理、结构、工艺特性的有 j、A、B_Z、K_{SF}、D_i、L 六项要素。无刷电机的三个重要常数 K_T、K_E、K_n 决定了电机的四条机械特性曲线，只要知道了 K_T、K_E、K_n，就可以正确地画出无刷电机的机械特性曲线。因此要确定电机的机械特性曲线，只要确定相应的电机重要常数 K_T、K_E、K_n，而这三个重要常数之间的关系也非常简单，即

$$K_T = 9.5493K_E$$

$$K_n = \frac{R}{K_T K_E}$$

无刷电机外部特性的机械特性曲线是由电机的 K_T 或 K_E 和电机的电阻 R 决定的。电机的 R 对电机的影响比 K_T 小，因此一般的无刷电机的机械特性，特别是电机额定点的数据主要是由电机的转矩常数决定的。要准确地设计符合电机要求的机械特性曲线，就是在设计电机时要求出电机的转矩常数 K_T。在设计时只要使 $N\Phi/(2\pi)=K_T$，那么该电机的外部机械特性就符合电机设计要求的机械特性。这是一条典型的等值曲线，这条曲线上的任何一点(A、B、C 等点)的数值都为 K_T，如图5-3所示。在这条等值曲线上，电机的磁通大，那么电机的有效导体根数就少；反之，电机磁通小，电机的有效导体根数就要多。只要 $N\Phi$ 的乘积不变，电机的转矩常数 K_T 值就不变，电机的性能就差不到哪去。

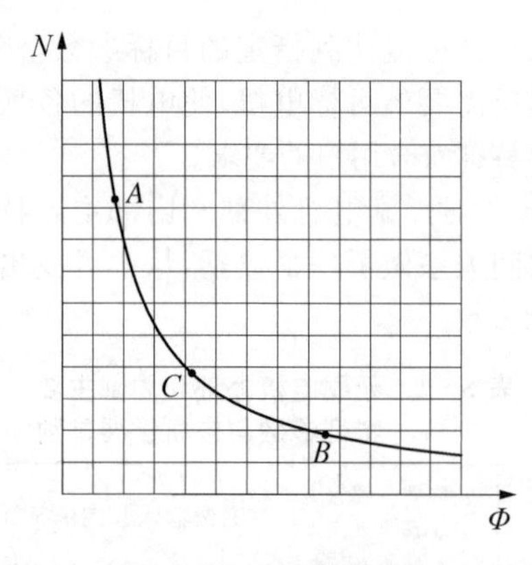

图 5-3 K_T等值曲线

从以上分析可知,K_T 或 K_E 是无刷电机目标设计中的第一目标设计值。要正确地确定 K_T 或 K_E 值,就必须正确地确定电机的内部特征磁链 $N\Phi$ 的值,因此磁链 $N\Phi$ 成为电机内部的第一目标设计值。电机内阻 R(包括控制器的内阻)是目标设计中第一目标设计次要值,有时不需太多考虑。这样电机的机械特性曲线的设计目标值可以简化到仅求取电机转矩常数 K_T 或反电动势常数 K_E 这一个目标参数。

2) 无刷电机线圈的通电导体　无刷电机的电磁转矩为无刷电机的通电线圈 N 根导体所产生的转矩总和,即

$$T' = B_{av} l i_a D_a N/2 = \frac{1}{a}\frac{\Phi N I}{2\pi} \quad (5-5)$$

其中:电机磁钢总磁通 $\Phi = \varphi \times 2P$;电机每极磁通 $\varphi = B_{av}\pi D_a l/(2P)$;电机线圈电流(无刷电机星形接法) $i_a = I/a$;电机线圈并联支路数(不是并联支路对数)为 a。

从这里可以看到:通电导体运动后切割磁钢产生的一定面积的磁力线(该磁力线必须与通电导体交链、切割),从而产生转矩。转矩大小与通电导体或线圈扫描到的磁钢有效面积的总磁通 Φ、通电导体根数 N、流过通电导体的电流 I/a 有关,这个基本概念对实用设计有非常重要的意义,是实用设计的基本设计理念。

3) 无刷电机设计第二主要目标参数　电机某些内部主要特征必须作为电机重要的设计目标,电流密度 j、槽利用率 K_{SF} 是确保电机工作的重要参数。

(1) 电机导线的电流密度 j 大,导线容易发热,甚至把电机线圈烧掉。如果电流密度 j 小,导线的线径大,那么电机用铜量大,要保持一定的槽利用率,电机体积就大,这显然是电机设计师不希望看到的。电机的电流密度是有一定范围的(4～15 A/mm^2),一般电机电流密度可以取用 5～7 A/mm^2,如果电机是短时工作制,电流密度可以取大些。电机电流密度大,电机温升会增加,可以提高电机绝缘等级,电机加风扇,甚至用水冷却等方法来解决。在设计电机时,必须根据电机的工作状况确定电机的电流密度。

(2) 电机的槽利用率 K_{SF} 涉及电机线圈下线的工艺问题,如果槽利用率 K_{SF} 高,线圈在槽里下线就困难,甚至下不进去;如果槽利用率 K_{SF} 低,虽然线圈下线容易了,但是槽内有效导体根数就少,要达到一定的 K_T 或 K_E 值,必须提高电机有效的工作磁通 Φ,即增加磁钢的磁性能,或者增加磁钢和定转子铁心的长度,这样增加了电机的成本。

(3) 电机的线负荷 A 是一个电机内部特征的综合因素,有

$$A = \frac{K_{SF} Z A_S j}{\pi D_i} \quad (5-6)$$

不宜把 A 作为电机的目标参数。一个电机的冲片确定后,那么电机的 Z、A_S、D_i 就确定了,设定了电机的 j、K_{SF}后,A 就确定了,因此线负荷 A 不作为电机设计的目标参数。

(4) 在电机冲片确定后,电机的发热因子 Aj 和电机线圈的电流密度成正比,因此不把发热因子作为电机的目标参数。

$$Aj = \frac{K_{SF} Z A_S j^2}{\pi D_i} \quad (5-7)$$

(5) 电机气隙直径 D_i 是应该关注的,电机的 A、Aj 和 D_i 有关,在 Z、A_S 和槽 K_{SF} 确定的情况下,D_i 越大,则电机的 A、Aj 越小。即冲片气隙直径大(细长比 D_i/L 大)的铁电机在一定的电流密度 j 下不容易发热。

因此,可以把电流密度 j、槽利用率 K_{SF} 作为无刷电机设计第二主要目标参数。

4) 无刷电机设计第三主要目标参数　无刷电机有许多内部特征参数,除了一些有关电机工艺、发热等特定因素而必须确定的目标数值外,其他的电机内部主要特征参数是受电机主要特征、电机结构的制约和相互作用的,如 B_Z、D_W、L、A、Aj、b_t、K_{tb}、B_r 等,这些都是为达到电机的输出机械性能服务的,这些目标参数是从属的,称为第三主要目标参数。

但是有时一些电机内部特征参数在设计中是需要确定的,使这些参数成为第一目标参数。例如电机定子长 L、电机外圆直径 D_W、磁钢的材料 B_r,在

用户限定、要求和考虑成本等因素时，这些参数就成为目标设计的重要目标参数，作为电机的初始目标设计的目标参数。

5）无刷电机重要目标参数小结　对上面分析的目标参数进行总结，发现无刷电机设计时的重要目标参数是非常简单的，见表5-2。

表5-2　电机的目标参数分类

第一目标参数		第二目标参数		第三目标参数
主要目标参数	次要目标参数	主要目标参数	次要目标参数	B_Z、L、A、Aj、b_t、K_{tb}、B_r
K_T、K_E	R	j、K_{SF}	D_i	

在无刷电机设计时，根据用户的不同要求，确定无刷电机的不同目标参数参与电机的设计，这样的设计就是电机的目标设计。

6）无刷电机的工作磁通——齿磁通　本书提出无刷电机的工作磁通 Φ 是齿有效工作磁通，只有齿有效工作磁通 Φ 才和电机有效通电导体 N 交链。

$$\text{齿工作有效磁通}\ \Phi = ZB_Zb_tLK_{FE}\times 10^{-4} \tag{5-8}$$

5.4.3　目标设计的设计计算精度和设计符合率分析

电机在设计前，一切目标参数是由电机设计人员根据设计电机的机械特性，电机的机械、电气和物理等要求所确定的。如果设计的电机试制出来后的各项技术指标都符合设计前确定的各种目标参数，可以说这个设计是非常成功的，电机设计的设计符合率是相当好的。如果电机试制出来后的各项技术指标与设计前确定的各种目标参数有误差，那电机设计与生产出的电机性能有偏差，这时就要对各种偏差进行分析判断，如果设计符合率在容差范围之内，那么这次设计还是成功的，按照这个设计方案生产出来的电机是符合要求设计的电机的技术指标的。

如果电机试制出来后的各项技术指标有部分超出了所规定的容差范围，就有必要进行调整，就必须对这些超出的技术指标进行分析，采取各种措施和方法进行调整，以求这些指标达到所制定的电机容差范围之内。

大家关心的是目标设计法设计电机的设计计算精度和设计符合率，设计的方法是否实用。本书提及的所有实用设计方法，都用实例进行验证或者和设计软件计算相互印证，并进行精度分析，使读者能够对作者提出的实用设计法有一个基本了解。读者也可以根据本书的思路和方法去设计一些电机，看看这些实用设计方法的可行性。

作者认为设计符合率在无刷电机的容差范围之内就可以了，不必太过于看重很高的设计符合率。

电机设计的目的就是要使设计的电机达到第一目标参数 K_T 或 K_E，而 K_T 或 K_E 是根据要设计的电机的机械特性计算出来的，所以 K_T 或 K_E 值在电机设计前就确定了，如果设计的电机经测试，其第一目标参数 K_T 或 K_E 值满足设计要求，那么这次设计就达到了要求的设计符合率。

在实用电机设计中，K_T 或 K_E 应该在电机设计前就确定的，只要求出磁链 $N\Phi$ 值计算后满足电机的 K_T 或 K_E 值，那么就达到了设计的目标值。这里，电机设计计算环节不多，仅为两个。N 是明确的几何量，可以精确定值，Φ 是电机工作的齿磁通，$\Phi=10^{-4}ZB_Zb_tLK_{FE}$，因此关联齿磁通的量仅是与电机定子相关的几个量：$Z$、$B_Z$、$b_t$、$L$、$K_{FE}$，其中 Z、b_t、L、K_{FE}可以精确定值几何量，仅 B_Z 是需要认真确定的。这样求取电机的工作磁通就归结为求取电机齿磁通密度的问题。B_Z 的计算误差很大程度上就决定了这个设计思路的计算精度和设计符合率。多种实用设计方法求取 B_Z 应该说误差不会很大，因此实用设计的误差就不是很大。只要 B_Z 能够精确计算出来，那么 K_T 或 K_E 也就能够精确计算出来，电机的设计计算精度和设计符合率仅与电机的齿磁通密度 B_Z 有关。

从另外一个角度讲，由公式 $K_T=N\Phi/(2\pi)$ 可以看出，如果能够较精确地求出电机的工作磁通 Φ，那么这种求出电机工作齿磁通 Φ 的计算精度相当于这种无刷电机实用设计方法的设计计算精度和设计符合率。所以正确地确定和计算无刷电机的工作磁通 Φ 或工作齿磁通密度 B_Z，是设计计算无刷电机及确保无刷电机设计的精度和符合率的关键。

5.4.4　无刷电机气隙体积的目标设计

无刷电机的电机气隙体积是电机输出功率的外部特征，一般是体积越大，电机输出功率就越大。在许多场合，经常看到大电机拖小负载、小电机拖大负载，这是选用电机不当造成的。在设计电机中往往也会有设计出的电机与负载不匹配的问题，小负载设计出的电机大了，这样就不经济；大负载设计出的电机小了，电机拖不动，甚至烧毁。这些是电机设计工作者没有把握好电机的体积与电机内、外部特征之间的关系而引起的。

电机外部目标参数和内部目标参数一旦确定，电机的体积也基本上确定了。电机的气隙体积是

D_i^2L，三相星形接法的无刷电机的气隙体积公式为

$$D_i^2L = \frac{3T'_N D_i \times 10^4}{B_r\alpha_i K_{FE} ZA_S K_{SF} j} \quad (5-9)$$

式中　D_i——电机气隙直径。

推导过程如下：

$$K_T = \frac{N\Phi}{2\pi} = \frac{T'_N}{I_N}$$

$$\frac{NI_N}{2\pi} = \frac{T'_N}{\Phi}$$

$$\frac{NI_N}{2\pi D_i} = \frac{T'_N}{\Phi D_i}$$

因为

$$线负荷\ A = \frac{NI_N}{\pi D_i} \quad (5-10)$$

所以

$$\frac{A}{2} = \frac{T'_N}{\Phi D_i}$$

$$\Phi D_i = \frac{2T'_N}{A}$$

如果磁钢的有效磁通全部转化为电机的气隙磁通，那么

$$\Phi = \pi D_i B_r \alpha_i L \times 10^{-4}$$

$$D_i^2L = \frac{2T'_N}{\pi B_r \alpha_i \times 10^{-4} \times A} \quad (5-11)$$

因为作者提出了槽利用率的概念，$A = \frac{NI_N}{\pi D_i}$，$I_N = jq_{Cu}$，所以

$$A = \frac{Njq_{Cu}}{\pi D_i} \quad (5-12)$$

槽利用率 $K_{SF} = \frac{\left(\frac{3}{2}N\right)q_{Cu}}{ZA_S} = \frac{3Nq_{Cu}}{2ZA_S}$，所以

$$q_{Cu} = \frac{2ZA_S K_{SF}}{3N} \quad (5-13)$$

$$A = \frac{jq_{Cu}N}{\pi D_i} = \frac{j \times 2ZA_S K_{SF} N}{\pi D_i \times 3N} = \frac{2jZA_S K_{SF}}{3\pi D_i} \quad (5-14)$$

$$D_i^2L = \frac{2T'_N}{\pi B_r \alpha_i \times 10^{-4} \times A} = \frac{2T'_N \times 10^4 \times 3\pi D_i}{\pi B_r \alpha_i \times 2jZA_S K_{SF}} = \frac{T'_N \times 3D_i \times 10^4}{B_r \alpha_i jZA_S K_{SF}}$$

因此无刷电机气隙体积公式为

$$D_i^2L = \frac{3T'_N D_i \times 10^4}{B_r\alpha_i K_{FE} ZA_S K_{SF} j}$$

无刷电机的气隙体积与 D_i、B_r、α_i、K_{SF}、Z、A_S、j 有关，见表 5-3。

表 5-3　无刷电机的气隙体积与各种电机参数的关系

无刷电机气隙体积	额定电磁转矩	磁钢参数	定子冲片参数	工艺和发热控制参数
D_i^2L	T'_N	B_r、α_i	D_i、Z、A_S	K_{SF}、j、K_{FE}

一旦无刷电机气隙直径 D_i 确定，根据设定的设计目标 T'_N、B_r、α_i、K_{SF}、Z、A_S、j，那么电机的冲片长 L 就能够很快求出。

$$L = \frac{3T'_N \times 10^4}{B_r\alpha_i K_{FE} D_i ZA_S K_{SF} j} \quad (5-15)$$

如果从电机定子齿磁通密度角度分析问题，磁钢的有效磁通全部转化为电机的齿磁通，那么

$$\Phi = ZB_Z b_t LK_{FE} \times 10^{-4} \quad (5-16)$$

从上面的推导可以知道

$$\Phi D_i = \frac{2T'_N}{A}$$

$$(ZB_Z b_t LK_{FE} \times 10^{-4}) \times D_i = \frac{2T'_N}{A}$$

$$D_i^2L = \frac{2T'_N D_i}{ZB_Z b_t K_{FE} \times 10^{-4} \times A} \quad (5-17)$$

代入 $A = \frac{2jZA_S K_{SF}}{3\pi D_i}$，得

$$D_i^2L = \frac{2T'_N D_i \times 3\pi D_i}{ZB_Z b_t K_{FE} \times 10^{-4} \times 2jZA_S K_{SF}}$$

$$L = \frac{3\pi T'_N \times 10^4}{ZB_Z b_t K_{FE} jZA_S K_{SF}} \quad (5-18)$$

确定了其他目标参数，也可以求出其中一个目标参数。

槽利用率

$$K_{SF} = \frac{3T'_N \times 10^4}{B_r\alpha_i ZA_S D_i L j} \quad (5-19)$$

磁钢参数

$$B_r\alpha_i = \frac{3T'_N \times 10^4}{ZA_S D_i LK_{FE} K_{SF} j} \quad (5-20)$$

如果要使电枢电阻 R 参与目标参数设计，使电机的性能要求符合整个的电机机械特性，即

$$R = K_T U / T'_D \quad (5-21)$$

$$R = \frac{\rho l}{q_{Cu}} = \frac{\rho \times 2(K_W L + Y_W) N}{q_{Cu}} \quad (5-22)$$

式中　q_{Cu}——导线截面积(mm^2)；
L——定子长(cm)；
K_W——绕组伸长系数；
Y_W——线圈节距长(cm)；
N——绕组总导体数；
ρ——电阻率($\Omega \cdot mm^2/m$)；
l——导线长度(m)。

$$\Phi = B_\delta \pi D_i \alpha_i L K_{FE} \times 10^{-4}$$
$$q_{Cu} = I_N / j$$

式中　B_δ——气隙磁通密度(T)；
D_i——气隙直径(cm)；
α_i——极弧系数；
j——电流密度(A/mm^2)。

$$R = K_T U / T'_D = \frac{N \Phi U}{T'_D}$$

$$R = \frac{\rho l}{q_{Cu}} = \frac{\rho \times 2(K_W L + Y_W) N}{q_{Cu}} = \frac{\rho \times 2(K_W L + Y_W) N j}{I_N}$$

两式相等，即

$$\frac{N \Phi U}{T'_D} = \frac{2\rho(K_W L + Y_W) N j}{I_N} \quad (5-23)$$

$$\frac{\Phi U}{T'_D} = \frac{2\rho(K_W L + Y_W) j}{I_N} \quad (5-24)$$

考虑到磁钢的形状和极弧系数，电机有效齿工作磁通与有效磁钢磁通(假设磁钢的漏磁很小)相等，即

$$\Phi = \pi D_i B_r \alpha_i L \times 10^{-4}$$

$$\frac{(\pi D_i B_r \alpha_i L \times 10^{-4}) U}{T'_D} = \frac{2\rho(K_W L + Y_W) j}{I_N}$$

$$\frac{(\pi D_i B_r \alpha_i L \times 10^{-4}) U I_N}{2\rho j T'_D} = K_W L + Y_W$$

设当分数槽集中绕组时，$Y_W = \frac{\pi D_i}{Z}$，故

$$\frac{(\pi D_i B_r \alpha_i L \times 10^{-4}) U I_N}{2\rho j T'_D} = K_W L + \frac{\pi}{Z} D_i$$

$$\frac{(\pi B_r \alpha_i \times 10^{-4}) U I_N}{2\rho j T'_D} = \frac{K_W L}{D_i L} + \frac{\pi}{Z} \frac{D_i}{D_i L}$$

$$\frac{K_W}{D_i} + \frac{\pi/Z}{L} = \frac{\pi B_r \alpha_i U I_N \times 10^{-4}}{2\rho j T'_D}$$

设当大节距绕组时，$Y_W = \frac{\pi D_i}{p}$(p 为电机转子极数)，推导出

$$\frac{K_W}{D_i} + \frac{\pi/p}{L} = \frac{\pi B_r \alpha_i U I_N \times 10^{-4}}{2\rho j T'_D} \quad (5-25)$$

上式可以看出电机的电枢体积参数是与电机磁钢的形状、材料的性能、电机的额定电流、电机导线的电流密度、电机的电磁堵转力矩有密切关系的，这是一个重要的公式，这给电机设计提供了一个新的设计思路。

设 $k = \frac{\pi B_r \alpha_i U I_N \times 10^{-4}}{2\rho j T'_D}$ 为目标常数，则

$$\frac{K_W}{D_i} + \frac{\pi/(Z \text{或} p)}{L} = k \quad (5-26)$$

再设 $a = K_W$，$b = \pi/(Z \text{或} p)$，则上式为

$$\frac{a}{D_i} + \frac{b}{L} = k \quad (5-27)$$

式(5-27)称为无刷电机体积公式。从这一公式看：达到以上电机技术要求的电机电枢的形状可以有无数个，其中包括极度细长和极度扁窄的典型电机。

以下对公式 $\frac{a}{D_i} + \frac{b}{L} = k$ 加以分析。

1) 求 $D_i L$ 极值

(1) 由 $\frac{a}{D_i} + \frac{b}{L} = k$ 可得

$$D_i = \frac{aL}{kL - b}$$

则 $D_i L = \frac{aL^2}{kL - b}$，求导，得

$$(D_i L)' = \frac{(aL^2)'(kL - b) - (aL^2)(kL - b)'}{(kL - b)^2} = \frac{2aL(kL - b) - (aL^2)k}{(kL - b)^2}$$

令 $(D_i L)' = 0$，则 $2aL(kL - b) - k(aL^2) = 0$，解得

$$L = \frac{2b}{k}$$

(2) 由 $\dfrac{a}{D_i}+\dfrac{b}{L}=k$ 也可得

$$L=\frac{bD_i}{kD_i-a}$$

则 $D_iL=\dfrac{bD_i^2}{kD_i-a}$，求导，得

$$(D_iL)'=\frac{(bD_i^2)'(kD_i-a)-(bD_i^2)(kD_i-a)'}{(kD_i-a)^2}$$

$$=\frac{2bD_i(kD_i-a)-(bD_i^2)k}{(kD_i-a)^2}$$

令 $(D_iL)'=0$，则 $2bD_i(kD_i-a)-k(bD_i^2)=0$，解得

$$D_i=\frac{2a}{k}$$

所以，D_iL 极小值为

$$D_iL=\frac{2a}{k}\frac{2b}{k}=\frac{4ab}{k^2} \tag{5-28}$$

2) 求 D_i^2L 极值

$$D_iL=\frac{bD_i^2}{kD_i-a}$$

则 $D_i^2L=\dfrac{bD_i^3}{kD_i-a}$，求导，得

$$(D_i^2L)'=\frac{(bD_i^3)'(kD_i-a)-(bD_i^3)(kD_i-a)'}{(kD_i-a)^2}$$

$$=\frac{3bD_i^2(kD_i-a)-(bD_i^3)k}{(kD_i-a)^2}$$

令 $(D_i^2L)'=0$，则 $3bD_i^2(kD_i-a)-k(bD_i^3)=0$，解得

$$D_i=\frac{3a}{2k}$$

由 $\dfrac{a}{D_i}+\dfrac{b}{L}=k$ 可得

$$L=\frac{b}{k-\dfrac{a}{D_i}}$$

将 $D_i=\dfrac{3a}{2k}$ 代入上式，因此 D_i^2L 有极小值，此时

$$L=\frac{b}{k-\dfrac{2k}{3}}=\frac{3b}{k} \tag{5-29}$$

极小值为

$$D_i^2L=\left(\frac{3a}{2k}\right)^2\times\left(\frac{3b}{k}\right) \tag{5-30}$$

D_i^2L 可以代表电机的电枢气隙体积，D_iL 可以代表电机的磁通。

通过以上的分析可以得出一个有用的结论：在符合电机目标参数的情况下，电机电枢体积有一个最小值，如果追求电机电枢气隙体积最小，则 $D_i=\dfrac{3a}{2k}$，其体积 $D_i^2L=\left(\dfrac{3a}{2k}\right)^2\times\left(\dfrac{3b}{k}\right)$。

如果要充分利用磁钢，使磁钢的体积最小，则 $D_i=\dfrac{2a}{k}$，$L=\dfrac{2b}{k}$。

D_i、L 与电机的 B_r、α_i、K_{SF}、Z、A_S、j 有关，如果设计时要求体积最小，可以初步算出电枢气隙直径 $D_i=3b/k$；如果要充分利用磁钢，则取 $D_i=2a/k$。这样电枢的直径可以初步确定。由于每个工厂只可能用几种电枢冲片，做成几种机座号的电机，每种机座号的电机具有不同转子长度、不同功率和转速，因此初算出来的电机电枢气隙直径 D_i 要规化到厂内标准的机座号电枢直径，从而很快查出各种冲片结构的基本数据。

5.4.5 无刷电机绕组匝数的目标设计

(1) 在电机设计中，经常会遇到的是有现成的冲片 D_i 和定子 L，求取绕组匝数。

把 $K_{SF}=\dfrac{3Nq_{Cu}}{2ZA_S}$ 代入 $K_{SF}=\dfrac{3T'_N\times10^4}{B_r\alpha_iZA_SD_iLj}$，则

$$\frac{3Nq_{Cu}}{2ZA_S}=\frac{3T'_N\times10^4}{B_r\alpha_iZA_SD_iLj}$$

整理得 $$\frac{Nq_{Cu}}{2}=\frac{T'_N\times10^4}{B_r\alpha_iD_iLj}$$

因此电机的有效导体数为

$$N=\frac{2T'_N\times10^4}{B_r\alpha_iD_iLjq_{Cu}}$$

因为 $q_{Cu}=\dfrac{\pi d^2}{4}$，代入上式，得

$$N=\frac{2T'_N\times10^4\times4}{B_r\alpha_iD_iLj\pi d^2}=\frac{2.546T'_N\times10^4}{B_r\alpha_iD_iLjd^2} \tag{5-31}$$

(2) 也可以从电机齿磁通密度的观点去求取电

机的有效工作导体总根数。

$$L=\frac{3\pi T'_N\times 10^4}{ZB_Zb_tK_{FE}jZA_SK_{SF}}$$

$$K_{SF}=\frac{3\pi T'_N\times 10^4}{ZB_Zb_tLK_{FE}jZA_S}$$

把 $K_{SF}=\dfrac{3Nq_{Cu}}{2ZA_S}$ 代入上式,则

$$\frac{3Nq_{Cu}}{2ZA_S}=\frac{3\pi T'_N\times 10^4}{ZB_Zb_tLK_{FE}jZA_S}$$

因为 $I_N=jq_{Cu}$, $K_T=\dfrac{T'_N}{I_N}$,代入上式,得

$$N=\frac{2\pi T'_N\times 10^4}{ZB_Zb_tLK_{FE}jq_{Cu}}=\frac{2\pi K_T\times 10^4}{ZB_Zb_tLK_{FE}}$$

还可以从另一个角度推出这个公式。

由 $K_T=\dfrac{N\Phi}{2\pi}$, $\Phi=ZB_Zb_tLK_{FE}\times 10^{-4}$,整理得

$$N=\frac{2\pi K_T}{\Phi}=\frac{2\pi K_T\times 10^4}{ZB_Zb_tLK_{FE}} \tag{5-32}$$

这样就给无刷电机的绕组有效导体根数和电机基本目标参数,即和磁钢、转矩和电机主要尺寸,电磁数据等目标参数之间找到了简单的关系公式。这些公式是从电机的基本理论公式推导出来的,计算起来是非常简单、正确和可靠的,其电机的设计计算精度和设计符合率也是较好的。

5.4.6　无刷电机定子冲片的目标设计

无刷电机定子冲片的设计也应该注重冲片的磁路分布是否合理,冲片和电机性能的配合是否合理。

1) 无刷电机定子冲片的外径　由于还没有国家标准,许多电机的定子外径都是设计人员自己确定的,没有规范化。无刷电机定子冲片的外径 $D_外$ 可以像步进电机冲片一样有一个系列(mm):24、35、48、57、85、110、130等。

定子外径大,相对来讲电机功率可以做得较大,如外径57的无刷电机能做到300～400 W的输出功率,但是外径42的电机输出功率只能做到几十瓦。冲片外径大,相应的槽面积就大,就可以放更多的导线,导线面积就可以相应大些。

由于

$$\Phi=\pi D_iB_r\alpha_iL\times 10^{-4} \tag{5-33}$$

$$\Phi=ZB_Zb_tLK_{FE}\times 10^{-4} \tag{5-34}$$

因此

$$\pi D_iB_r\alpha_i=ZB_Zb_tK_{FE}$$

$$D_i=\frac{ZB_Zb_tK_{FE}}{\pi B_r\alpha_i}$$

$$b_t=\frac{\pi D_iB_r\alpha_i}{ZB_ZK_{FE}}=\frac{\pi D_i}{ZK_{FE}}\,\frac{B_r\alpha_i}{B_Z} \tag{5-35}$$

由式(5-35)可以看出,无刷电机的齿宽 b_t 由两个因素的乘积决定:① 气隙周长与实际齿数之比,即齿距;② 磁钢气隙平均磁通密度与齿磁通密度之比。可以综合这四个因素对无刷电机的定子齿宽进行确定。

用这个公式可以分析无刷电机的冲片,例如,可分析图5-4所示冲片用何种磁钢配合比较合适。

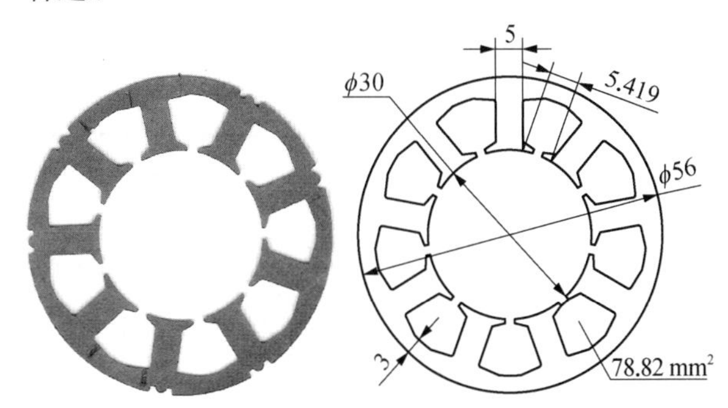

图5-4　9槽外径55定子冲片

设计时,B_Z 一般为1.8 T左右,$K_{FE}=0.95$,$\alpha_i=0.73$,$b_t=0.5$ cm,$D_i=3$ cm,则

$$B_r=\frac{b_tB_ZZK_{FE}}{\pi D_i\alpha_i}=\frac{0.5\times1.8\times9\times0.95}{\pi\times3\times0.73}=1.119(\mathrm{T})$$

因此该磁钢必定是烧结钕铁硼磁钢33H或35H,具体性能见表5-4。

表5-4　烧结钕铁硼磁钢33H、35H性能

牌号＼性能	剩磁 B_r(mT)(kGs)	
	最小值	典型值
33H	1 130 (11.3)	1 150 (11.5)
35H	1 180 (11.8)	1 200 (12.0)

再有

$$b_t=\frac{\pi D_i}{ZK_{FE}}\times\frac{B_r\alpha_i}{B_Z}=\frac{\pi\times 3}{9\times 0.95}\times\frac{1.119\times 0.73}{1.8}$$
$$=1.1\times 0.4538=0.5(\text{cm})$$

从这个计算式中可以看出，齿宽由定子齿距(1.1)和磁钢气隙平均磁通密度与齿磁通密度之比的值(0.4538)的乘积组成。齿宽不是随便确定的，也有目标参数，齿数和齿磁通密度确定后，那么定子齿宽和磁钢的气隙平均磁通密度 $B_r\alpha_i$ 成正比，$B_r\alpha_i$ 成为定子冲片设计中的目标参数参与齿宽的计算。

再分析一下这种冲片，这是一种 9 齿的冲片，一般这种冲片可以用在分数槽集中绕组中，转子极数可以为 6、8、10、12。以 9 槽 6 极为最佳配合(3 分区)。如果 9 槽 8 极或 9 槽 10 极是一分区的分数槽集中绕组电机，都是非力偶电机，工作时运行不是很稳定，震动和噪声大。而 12 极电机的极数太多，工艺繁复，而且极距小于齿距。因此用 9 槽 6 极是最佳配合。

2) 定子轭宽 h_j 的设计　这个 9 槽的定子冲片，是分数槽集中绕组形式，从理论上讲定子的轭宽只要定子齿宽的一半就可以了，但是为了使冲片强度好些，包括定子轭上经常有冲片固定铆钉，或有焊缝，所以轭必须宽些，一般取轭宽是齿宽的 0.5～0.8 倍。如果选 0.6，则定子的轭宽 $h_j=0.6\times 0.5=0.3$ cm(实际为 3 mm)。

3) 定子槽面积 A_S 的计算　定子槽面积可以在 CAXA 中画出冲片图后查询槽面积。

定子槽面积也可以用下面的公式估算

$$A_S=\frac{\left[\frac{\pi}{4}(D_{外}-1.6b_t)^2-\frac{\pi}{4}D_i^2\right]-\left[\frac{(D_{外}-1.6b_t)-D_i}{2}Zb_t\right]}{Z}\times 0.95 \tag{5-36}$$

如果 $D_{外}=5.6$ cm, $D_i=3$ cm, $b_t=0.5$ cm, $Z=9$, 则

$$A_S=\frac{\left[\frac{\pi}{4}\times(5.6-1.6\times 0.5)^2-\frac{\pi}{4}\times 3^2\right]-\left[\frac{(5.6-1.6\times 0.5)-3}{2}\times 9\times 0.5\right]}{9}\times 0.95$$
$$=\frac{11.03-4.05}{9}\times 0.95=0.7368(\text{cm}^2)$$
$$=73.68(\text{mm}^2)(实际\ 78.82\ \text{mm}^2)$$

$$\Delta_{A_S}=\left|\frac{73.68-78.82}{78.82}\right|=0.065$$

这个误差在于这个槽形不是标准的梨形槽，否则会更准确些。这个公式的优点是只要知道定子的外径、内径，定子的齿宽，定子的槽面积就可以基本估算出来了，这对用目标设计法求出定子的主要尺寸和定子绕组的匝数是非常有用的。

4) 确定导线电流密度 j 和槽利用率 K_{SF} 计算电机每极的绕组匝数 N　无刷电机是星形接法，电机在运行时，控制器的电流是方波，那么无刷电机的线电流 I 与电源电流 I 相等。

导线的面积 $q_{Cu}=\pi d^2/4$，该电机设计人员制定的电机电流密度

$$j=I/q_{Cu}$$

如果 N 代表电机的有效导体数，那么 $N_Z=\frac{3}{2}N$，$N=\frac{2}{3}N_Z$，因此电机的槽利用率公式为

$$K_{SF}=\frac{N_Zq_{Cu}}{ZA_S}=\frac{3Nq_{Cu}}{2ZA_S} \tag{5-37}$$

5) 定子叠厚 L 的计算

$$L=\frac{3T'_N\times 10^4}{B_r\alpha_iD_iZA_SK_{SF}j} \tag{5-38}$$

$$L=\frac{3\pi T'_N\times 10^4}{ZB_Zb_tK_{FE}jZA_SK_{SF}} \tag{5-39}$$

如果设计时的目标参数(磁钢剩磁 B_r、冲片的工作磁通密度 B_Z、电流密度 j、槽利用率 K_{SF})改变，电机定子的长度 L 相应会改变，但是用这种方法设计出的 L 是最佳长度。这就是无刷电机主要尺寸的目标设计法。

上面大概介绍了无刷电机在齿不饱和时的定子冲片设计方法，齿饱和时的设计方法读者可以按照这种电机目标设计法的思路去分析考虑。

5.4.7　无刷电机定子冲片的最佳设计

所有的最佳电机计算都是针对某些目标值而言的。如果在满足无刷电机的工艺和性能目标参数的条件下要求定子体积(D_i^2L)最小，那又如何求取呢？

分析式(5－35)和式(5－36)可以看出，电机的磁钢、齿工作磁通密度是可以确定的，电机的极弧系数 α_i 在一个电机中是固定的，齿数是设计前确定的，如何确定电机定子气隙内径 D_i（相当于转子直径）是问题关键。在目标条件下能够设计出合理的定子内外径达到定子的体积最小，那么这就是电机的目标优化设计了。

如果把定子外径作为确定值，那么可以求取内外径的比值

$k=\frac{D_i}{D_外}$ $(0<k<1)$（注意这和有些书上讲的定子"裂比"是倒数关系）

这样电机定子槽面积的公式就改为

$$A_S=\frac{\left[\frac{\pi}{4}(D_外-1.6b_t)^2-(kD_外)^2\right]-\left[\frac{(D_外-1.6b_t)-kD_外}{2}Zb_t\right]}{Z}\times 0.95 \tag{5-40}$$

定子齿宽公式就改为

$$b_t=\frac{k\pi D_外}{ZK_{FE}}\frac{B_r}{B_Z}\alpha_i$$

因为电机的冲片外径 $D_外$ 是指定的，因此认为要 $D_外^2L$ 最小，只要求出的 L 最小。

$$L=\frac{3T'_N\times 10^4}{B_r\alpha_i K_{FE}D_iZA_SK_{SF}j} \tag{5-41}$$

如果把 $b_t=k\frac{\pi D_外 B_r}{ZK_{FE}B_Z}\alpha_i$ 中的 k 取不同值，那么无刷电机的定子冲片槽面积 A_S 会有所不同，定子的 L 也会不同，其中 L 有极小值。

把 k 从 0～1 分成 99 份，即从 0.01～0.99，即 k 从 0.01～0.99 代入上面介绍求取电机冲片和匝数的公式去求电机定子的长 L，在 99 个数据中如果存在 L 最小值，就是在这些确定的目标参数要求下最佳的定子冲片形状下的最小 L 值。

可以编写一个很简单的计算程序，由计算机来完成这一计算。这个程序可以用来设计和优化无刷电机的冲片和求出最佳的定子长度和最小的定子体积。这个程序的设计思路，读者可以细细推敲。

5.4.8　无刷电机目标设计算例

为了证明这些公式的准确性，以一个实例来说明无刷电机的目标设计，这个实例取样于工厂生产的 57BLDC 永磁直流无刷电机（表 5－5），用实例证明公式，如果符合，那么至少可以证明公式是适合这个无刷电机的，如果作者在以后的实例多次证明这些公式适用于这些无刷电机，那么这些公式就有普遍性意义了。

表 5－5　57BLDC 实测数据

35 V	T(N·m)	n(r/min)	P_2(W)	U(V)
额定点	0.443 3	4 000	185.59	35.81
最大效率点	0.265 8	4 455	124.03	35.91
35 V	I(A)	P_1(W)	η(%)	K_T
额定点	5.53	237.42	78.2	0.074
最大效率点	4.27	153.34	80.9	0.073

$$T_0=\frac{1-\sqrt{\eta}}{\sqrt{\eta}}T_\eta=\frac{1-\sqrt{0.809}}{\sqrt{0.809}}\times 0.265\,8=0.029\,7(\text{N}\cdot\text{m})$$

$$T'=T+T_0=0.443\,3+0.029\,7=0.473(\text{N}\cdot\text{m})$$

磁钢 GPM－8（环形黏结钕铁硼磁钢）：$B_r=0.658\,7$ T，$H_C=5.2$ kOe，$H_{CB}=9.13$ kOe。

电机要求是分数槽集中绕组：选用 $Z=6$，$P=2$（两对极），无刷电机定子实际绕组见表 5－6。

表 5－6　无刷电机定子实际绕组

线径(mm)	并绕根数	每齿匝数
0.45	3	21
0.4	2	

总导线截面为 0.728 mm^2，相当线径

$$d=\sqrt{\frac{4q_{Cu}}{\pi}}=\sqrt{\frac{4\times 0.728}{\pi}}=0.962\,8(\text{mm})$$

每槽 21 匝，有效总根数 $N=(21\times 6\times 2)\times\frac{2}{3}=168$（根）。

实际电机参数（图 5－5）：$U=36$ V，$T'_N=0.473$ N·m，$D_i=2.682$ cm，$L=8$ cm，$B_r=0.658\,7$ T，$I_N=6.63$ A，$Z=6$，$A_S=142.176$ mm^2，$K_{SF}=0.215$，$j=9.1$ A/mm^2。以上数据是电机做成后的实际数据，可以测量和计算出来的。

电流密度 $j=\frac{I}{q_{Cu}}=\frac{6.63}{0.728}=9.1(\text{A/mm}^2)$

槽利用率 $K_{SF}=\frac{2\times 21\times 0.728}{142.176}=0.21$

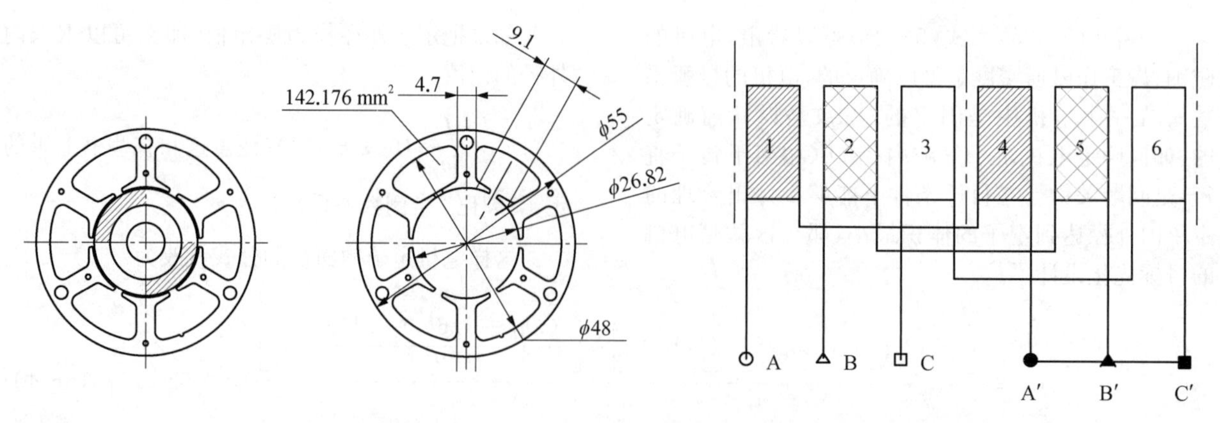

图 5-5 57BLDC 冲片尺寸、转子形状和绕组

对于黏结钕铁硼磁钢 $K_{FB} \approx 0.9$，气隙影响系数 K_δ 约等于 1(近似为 1)，设磁钢未伸长，所以无须考虑磁钢伸长系数，因此 $K_\rho = 1$，定子叠压系数 K_{FE} 应该考虑，设 $K_{FE} = 0.95$，磁钢是环形黏结钕铁硼磁钢，充 4 个极，因为极数少，所以该磁钢磁场分布波形不可能为正弦波，磁钢的磁场波形系数 α_m 不可能为 0.535 5，也不可能是方波或者标准梯形波，磁场波形系数 α_m 不可能在 0.8 左右。这种磁钢波形介于正弦波和圆滑梯形波之间，因此可以粗估 $\alpha_m = 0.7$，因此该磁钢形成的气隙有效系数应该为 $\alpha_i = 0.9 \times 0.7 = 0.63$ 左右，也就是说，该波形有效系数和正弦波的波形系数差不多。

计算无刷电机定子长

$$L = \frac{3T'_N \times 10^4}{\alpha_i B_r D_i Z A_S K_{SF} j} = \frac{3 \times 0.473 \times 10\,000}{0.63 \times 0.658\,7 \times 2.682 \times 6 \times 142.176 \times 0.215 \times 9.1} = 7.64(\text{cm})$$

$$相对误差\ \Delta_L = \left| \frac{7.64 - 8}{8} \right| = 0.045$$

如果知道电机定子 D_i、L 和直径 d，则可求电机有效总导体根数 N。

$$N = \frac{2.546 T'_N \times 10^4}{B_r \alpha_i D_i L j d^2} = \frac{2.546 \times 0.473 \times 10^4}{0.658\,7 \times 0.63 \times 2.682 \times 8 \times 9.1 \times 0.962\,8^2} = 160.5(根)$$

每槽匝数 $W = \dfrac{160.5}{4 \times 2} = 20$(匝)，而实际每槽匝数为 21 匝。

$$相对误差\ \Delta_W = \left| \frac{20 - 21}{21} \right| = 0.047$$

观察这两个误差分析，计算值和实际值相比都是小了些，实际是设定的磁场波形系数 $\alpha_m = 0.7$ 还是大了些，如果把磁场波形系数 α_m 设定为 0.68，那么计算误差会小些。

计算定子叠厚

$$L = \frac{0.7}{0.68} \times 7.818 = 8.04(\text{cm})$$

计算每槽通电导体匝数

$$W = \frac{0.7}{0.68} \times 20 = 20.58(匝)$$

可以肯定电机气隙有效系数 α_i 是有误差的，这个误差引起电机的最终设计计算精度和设计符合率的误差，假设确定磁场波形系数 $\alpha_m = 0.68$ 为正确值，如果确定电机的设计符合率在 15%之内，那么可以设定磁场波形系数 $\alpha_m = 0.68 \times (1 \pm 15\%) = 0.58 \sim 0.78$。那么电机定子长的设计符合率的范围为 6.88～9.17 cm。

实际上，不可能把波形系数确定为 0.58，这未免太小了，也不可能设置为 0.78，这也不符合黏结钕铁硼磁钢波形系数的规律，因此，设定波形系数对最后的设计符合率精度的影响不是不能控制的。一般做过几个电机设计后，会熟练掌握波形系数的确定。在实践中可以知道，用这种方法求出的电机长度误差基本上在 10%之内。如果超出该范围，那么在试制过程中，调整一次，就可以把电机调整到设计符合率之内。何况有很多方法求取电机磁场的波形系数值。所以用这种目标设计法设计电机是比较方便的，从设计计算精度上讲，在设计电机时如果不能一次成功，但至少不会“一次失败”。

这里，只用了如下两个公式来证明无刷电机的目标设计法，用这两个公式非常方便地求出了需要的无刷电机冲片叠厚和绕组匝数。

$$L=\frac{3T'_N\times 10^4}{B_r\alpha_i K_{FE}D_i Z A_S K_{SF} j}$$

$$N=\frac{2.546T'_N}{B_r\alpha_i K_{FE}D_i L j d^2}$$

第一个公式是根据电机的目标数据求电机定子长 L：① 额定电磁转矩 T'_N；② 选定的冲片数据 D_i、Z、A_S；③ 选定的磁钢数据 B_r、α_i；④ 控制电机绕组的槽利用率 K_{SF}；⑤ 控制定子叠压工艺长度的叠压系数 K_{FE}；⑥ 控制电机温升的电流密度 j。当确定了这些目标参数后，即可求出定子长 L，L 是唯一的。

第二个公式是根据电机的目标数据求电机绕组有效导体根数 N：① 额定电磁转矩 T'_N；② 选定的磁钢数据 B_r、α_i；③ 选定的冲片数据 D_iL；④ 控制电机温升的电流密度 j；⑤ 确定的定子线径 d。当确定了这些目标参数后，即可求出定子绕组有效导体根数 N，这个 N 也是唯一的。

57BLDC无刷电机机械特性曲线测试数据见表5-7。

通过上面的计算可以知道，用目标设计法计算电机的主要数据目标是非常明确的，计算是非常简单的。

表5-7 57BLDC无刷电机机械特性曲线测试数据

T(N·m)	n(r/min)	P_2(W)	U(V)	I(A)	P_1(W)	η(%)	K_T
0.019 7	5 191	10.71	35.05	0.92	33.18	32.3	
0.023 1	5 180	12.53	35.05	0.95	34.52	35.2	0.085
0.024 5	5 175	13.33	35.05	0.99	35.7	37.4	0.070
0.025 8	5 157	14.5	35.05	1.02	35.78	39.4	0.071
…	…	…	…	…	…	…	…
0.21	4 531	101.84	35.94	3.57	128.31	79.4	0.072
0.228 1	4 582	109.45	35.94	3.82	137.29	79.7	0.072
0.245 2	4 531	115.82	35.93	4.08	145.59	79.7	0.072
0.255 8	4 455	124.03	35.91	4.27	153.34	80.9	0.073
0.285 8	4 355	130.83	35.91	4.55	153.75	79.9	0.073
0.307 5	4 303	138.51	35.9	4.88	175.19	79.1	0.073
0.331 4	4 270	148.19	35.87	5.15	184.73	80.2	0.074
0.355 2	4 197	155.55	35.85	5.47	195.1	79.8	0.074
0.380 8	4 133	154.82	35.84	5.83	208.95	78.9	0.074
0.405 3	4 075	173.39	35.82	5.2	222.08	78.1	0.073
0.433 2	4 011	181.95	35.81	5.53	233.84	77.8	0.074
0.443 3	4 000	185.59	35.81	5.53	237.42	78.2	0.074
0.470 2	3 933	193.55	35.79	7.02	251.25	77.1	0.074
0.498 3	3 855	201.74	35.78	7.33	252.27	75.9	0.075
							0.070

5.5 无刷电机 K_T 目标设计法

在无刷电机实用设计法中，可以用转矩常数 K_T 来对电机进行设计计算，这是一种比较方便实用的方法。一般的设计程序，包括国内外的大型电机设计软件，电机摩擦损耗和风阻损耗的参数值必须人工确定，但设计人员很难正确确定。在电机设计前，设计人员连需要设计的电机的具体尺寸参数都不能很好地确定，而且在电机设计过程中，随着电机尺寸参数、机械结构性能的变化，这两种损耗也随之变化，所以更不可能精确确定电机的两种损耗。这两种损耗非常难以定量，没有精确计算这两种损耗的通用公式。在现有的电机设计程序和设计软件中，都设有人工加入风摩损耗的一项或两项参数作为计算量参与电机设计计算。但是在使用一般无刷电机或其他电机设计程序中，确定电机的风摩损耗大小非常困难，风摩损耗设定的大小对计算电机的性能影响也很大，一个无刷电机本来设计计算中达不到设计要求，只要增加或减少电机的风摩损耗，电机的计算性能就能达到设计要求，这好像在“凑数”或者在自我安慰，同时产生对这种设计程序的不可靠感。

用 K_T 目标设计法设计无刷电机与一般设计程序的最大区别在于，设计时无须考虑电机的风摩损耗、铁耗和效率，不用考虑电机的阻抗、电感等因素，只要纯粹考核电机在单位电流所能产生的转矩 $K_T=\Delta T/\Delta I$，无刷电机的 K_T 是能够代表电机机械特性的一个常数，如果把符合设计电机的机械特性曲线的 K_T 求出来，这个设计的电机的机械特性就基本上符合了用户的要求。即使电机基础损耗不同，只要电机单位电流所产生的转矩达到要求，那么该电机的基本机械特性也差不了多少，这样在设计中完全避免了电机损耗、电机效率和电机输入电压等的考量，确立新的设计思路，简化设计方法，让转矩常数 K_T 作为一个重要的目标设计参数，参与电机设计的全过程，实现电机的目标设计。

电机的转矩常数 K_T 是非常重要的，许多电机厂家在无刷电机技术数据中往往列出这个参数。但在许多电机设计程序中，仅把 K_T 作为一个技术数据算出，只是作为一个计算结果，而没有把 K_T 作为一个计算目标和依据去参与电机的设计，有的设计程序根本不考虑 K_T 这一项的计算。

1）电机转矩常数的近似公式　$K_T=T/I$。这样从电机的额定点就可以求出电机的转矩常数。在电机的额定工作点，电机的转矩常数为 $K_T=T_N/I_N$，因为 I_0 相对 I_N 的数值比较小，一般仅是额定电流的1/10左右，忽略 I_0 对 K_T 值的影响不是很大，Maxwell 对 K_T 的定义就是 $K_T=T/I$。但是这样计算电机的转矩常数 K_T 有一定的误差。因为

$$K_T=\frac{T}{I-I_0} \tag{5-42}$$

$$I_0=I_\eta(1-\sqrt{\eta}) \tag{5-43}$$

当 $I\to I_\eta$ 时，有

$$K_T=\frac{T}{I-I_0}=\frac{T}{I_\eta-I_\eta(1-\sqrt{\eta})}=\frac{T}{I_\eta\sqrt{\eta}}$$

当 $\eta\to 1$ 时，有

$$K_T=\frac{T}{I_\eta}=\frac{T}{I} \tag{5-44}$$

无刷电机的效率不可能达到1，有的无刷电机的效率仅能达到0.6左右，无刷电机功率越大，转速越高，其电机的效率就越高。只有电机的效率比较高的时候，$K_T=\dfrac{T}{I-I_0}\approx\dfrac{T}{I}$ 才有可能成立；而电机效率低的时候，$K_T=\dfrac{T}{I}$ 和 $K_T=\dfrac{T}{I-I_0}$ 这两个公式计算差别还是比较大的，这是两个概念，作为电机设计工作者在某些方面的概念不能含糊。

2）I_0 估算法　电机的最大效率一般可以估算出来，设计生产无刷电机多了，经验丰富了，就会心中有数。I_0 相对 I_N 数值比较小，仅是额定电流的 $\dfrac{1}{15}\sim\dfrac{1}{10}$，设 $I_0=\dfrac{I_N}{10}$，则

$$K_T=\frac{T_N}{I_N-I_0}=\frac{T_N}{I_N-0.1I_N}=1.11\frac{T_N}{I_N}$$

如果设 $I_0=\dfrac{I_N}{15}$，则

$$K_T=\frac{T_N}{I_N-I_0}=\frac{T_N}{I_N-0.0667I_N}=1.07\frac{T_N}{I_N}$$

所以

$$K_T=(1.07\sim1.11)\frac{T_N}{I_N} \tag{5-45}$$

式(5-45)比单纯的 $K_T=T/I$ 精度要高一些。

3）最大效率点法　如果把额定点设定为电机最大效率点，电机的最大效率可以估算出来，或者用查表法查出来。

$$I_0=(1-\sqrt{\eta})I_N \tag{5-46}$$

从而可以求出电机的转矩常数 K_T，如果使用适当，这种方法计算 K_T 的精度要比前面两种方法计算 K_T 的精度还要高。

4）电机最大效率点的空载转速法　如果在电机的技术数据中告知了电机的空载转速 n_0，那么可以用最大效率点的计算公式求出电机的空载电流。

$$n_0'=\frac{n_0}{2\sqrt{\eta}-\eta} \tag{5-47}$$

$$\frac{n_0'-n_0}{T_0}=\frac{n_0-n_N}{T_N} \tag{5-48}$$

从式(5-48)可求出

$$\frac{I_N - I_0}{T_N} = \frac{I_0}{T_0} \tag{5-49}$$

从式(5-49)求出 I_0,从而可以求出电机的转矩常数 K_T。

$$K_T = \frac{T_N}{I_N - I_0} \tag{5-50}$$

转矩常数 K_T 的磁链表达式为

$$K_T = \frac{N\Phi}{2\pi} \tag{5-51}$$

这是个常数,表明电机的通电导体数和电机的有效工作磁通的乘积是不会随电机的负载等外界因素而改变的。前面章节作者谈到无刷电机的 $T-n$、$T-I$ 在一般的情况下不是一条直线,或近似直线,如果 $T-n$、$T-I$ 曲线的直线性不好,那是无刷电机的 K_T 受到电机的电感和各种因素的影响所造成的,K_T 值不是恒值,受电机电流的影响。因此如果 $T-n$、$T-I$ 曲线不是直线,电机的转矩常数 K_T 的两种表示方法不是等值的,一个是常量 $K_T = N\Phi/(2\pi)$,一个是变量 $K_T = T_N/(I_N - I_0)$。但是对于电机某一个工作点来讲,$N\Phi/(2\pi)$ 和 $T_N/(I_N - I_0)$ 的确表明了该电机某一点两个相近的物理性量,在无刷电机中,用同一的 K_T 是有些混淆,只有在永磁直流电机中,$T-n$、$T-I$ 曲线是直线时,$N\Phi/(2\pi)$ 和 $T_N/(I_N - I_0)$ 的值才是相等的。

下面对无刷电机的转矩常数和机械特性曲线再进一步分析:

(1) 如果无刷电机的机械特性曲线和永磁直流电机的机械特性曲线非常相似,可以认为用 $K_T = \frac{T_N}{I_N - I_0} = \frac{N\Phi}{2\pi}$ 来计算无刷电机是没有什么问题的。

(2) 如果无刷电机的机械特性曲线和永磁直流电机的机械特性曲线很不相似,可以认为在整个机械特性曲线中 $\frac{T_N}{I_N - I_0} \neq \frac{N\Phi}{2\pi}$,那就不可以直接用 $K_T = \frac{T_N}{I_N - I_0} = \frac{N\Phi}{2\pi}$ 来计算无刷电机。

图 5-6 所示是典型的无刷电机机械特性曲线。

图 5-7 所示的无刷电机的机械特性曲线和永磁直流电机的机械特性曲线的形状相差很大,但是可以看到,在电机的最大效率点左边的曲线和永磁直流电机的曲线是非常相似的,而无刷电机设计一般都设置在最大效率点附近,所以像这种情况,仍可以用 $K_T = \frac{T_N}{I_N - I_0} = \frac{N\Phi}{2\pi}$ 关系式求取无刷电机相应的数据参数。

(3) 如果要把电机的工作点设置到离开电机最大效率点右边很远的地方,那么就不能直接用 $K_T = \frac{T_N}{I_N - I_0} = \frac{N\Phi}{2\pi}$ 关系式求取无刷电机相应的数据参数了,这样计算的误差比较大。但是不可能把额定点设置到这样的位置,因为这样的工作点效率相当低,电流相当大,这样选择电机的工作点是不恰当的,如图 5-8 所示。

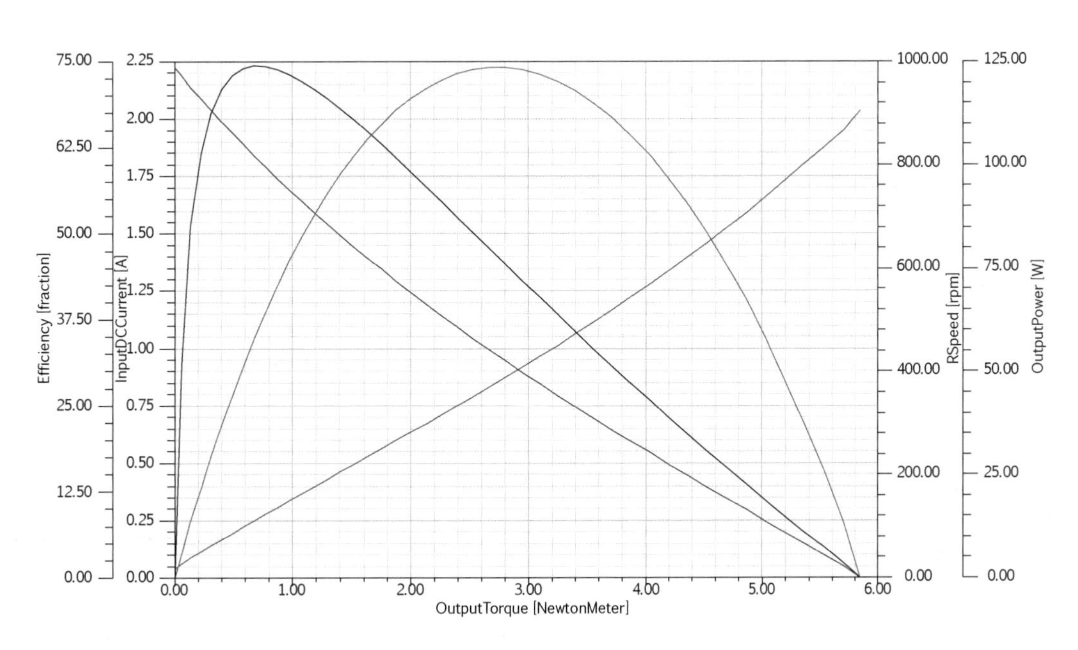

图 5-6 典型的无刷电机机械特性曲线

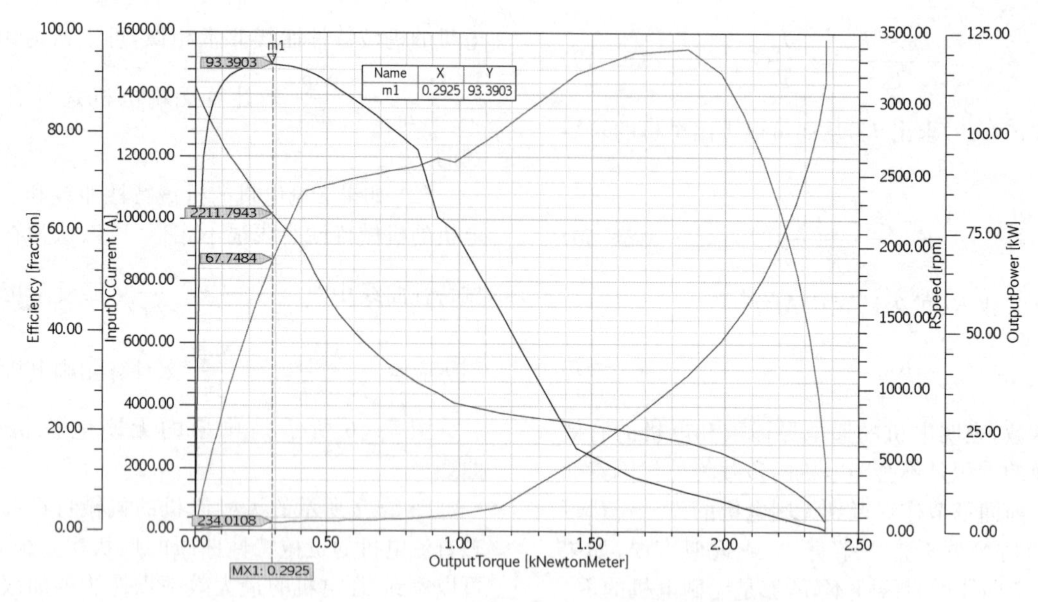

图 5 - 7 一种不规则的无刷电机机械特性曲线

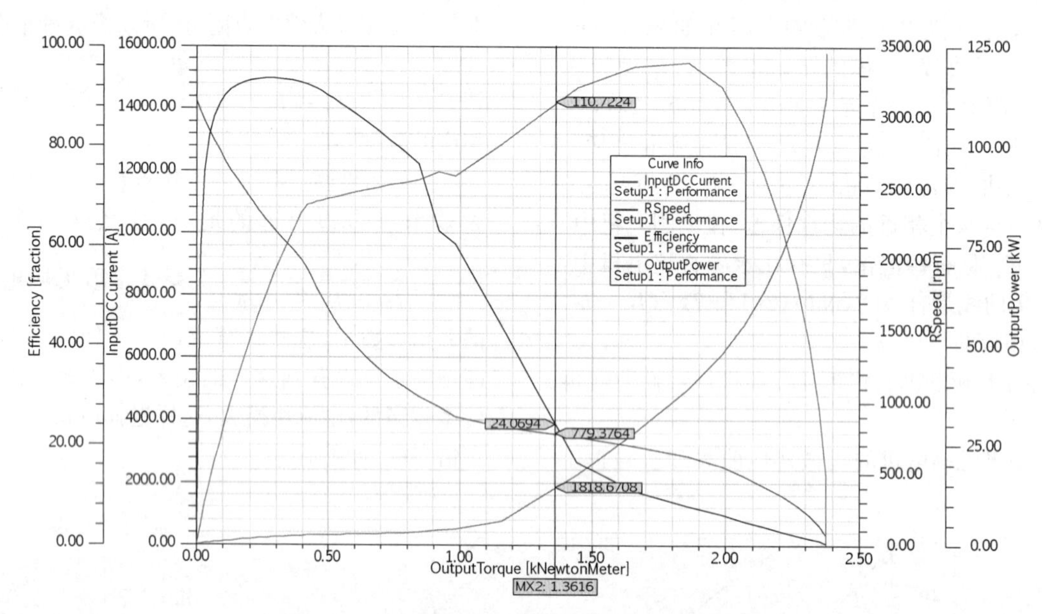

图 5 - 8 无刷电机负载较大时的机械特性曲线

(4) 用无刷电机的额定点求电机的转矩常数 K_T，从而求电机的磁链 $N\Phi$，以及电机相关参数和电机的机械特性曲线，实际这个机械特性曲线是一条通过额定点(T_N，n_N)点的理想机械特性 $T-n$ 曲线，这条曲线是一条直线，如图 5 - 9 所示。与此对应各种曲线就是包含了负载(T_N，n_N)点的理想机械特性曲线。因此通过转矩常数 K_T 法求出的机械特性曲线的空载点往往比实际的无刷电机测量出的空载点要低些，额定点越靠近空载点，$T-n$ 直线性就越好，那么空载计算点和空载测量点的数值就越接近。

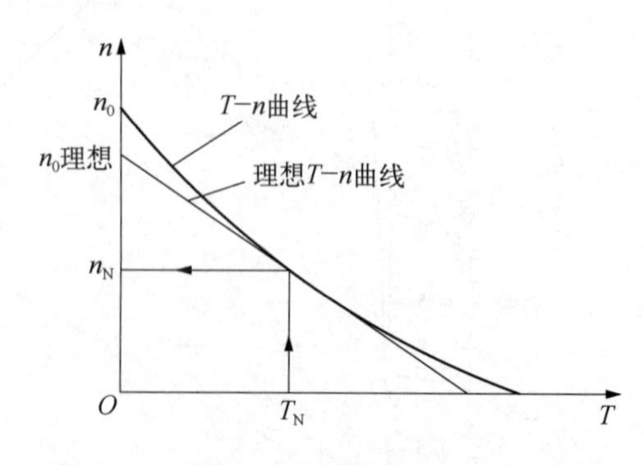

图 5 - 9 实际 $T-n$ 曲线与理想 $T-n$ 曲线

用电机转矩常数 $K_T=\dfrac{T_N}{I_N-I_0}=\dfrac{N\Phi}{2\pi}$ 来求电机的磁链和无刷电机的相关数据也是非常简单的。只要求出 N 和 Φ 的乘积值即电机的磁链值即能求出 K_T 值，电机的设计计算工作与设计计算精度和设计符合率基本上没有大问题，设计出的无刷电机也没有什么大问题。

5.5.1　用最大效率点法求电机转矩常数 K_T

举一个无刷电机的实际例子来验证上面多种方法求取转矩常数 K_T的计算精度和设计符合率。首先介绍如何求出要设计的电机的转矩常数 K_T，然后介绍如何从有效工作磁链 $N\Phi$ 的乘积值求出 K_T值的方法。

为了使读者容易理解，仍用 57BLDC 无刷电机为例来讲解：如果客户只给出了 57BLDC 无刷电机的 4 个数据，见表 5-8。

表 5-8　电机主要技术数据

客户要求	额定电压(V)	额定转速(r/min)	额定功率(W)	空载转速(r/min)
	36	4 000	180	5 250

分析可知，这个无刷电机的功率和转速较为适中，180 W 应该认为是电机的输出功率 P_2。

$$P_2=\frac{Tn}{9.549\,3}=180\ \text{W}$$

则电机的额定转矩为

$$T=9.549\,3P_2/n=9.549\,3\times180/4\,000=0.429\,7(\text{N}\cdot\text{m})$$

其他的技术数据就没有办法再算下去。一个无刷电机的机械特性 $T-n$ 曲线至少要有两个点才能确定，客户提供了电机的空载转速，该电机的 $T-n$ 曲线就可以定下来了。无刷电机功率在 150～500 W，效率在 80%左右是不成问题的。因此设该点的效率是最大效率 $\eta=0.8$ 左右。

电机的输入功率 P_1 就可以求出，即

$$P_1=\frac{P_2}{\eta}=\frac{180}{0.8}=225(\text{W})$$

电机的输入电流为

$$I=\frac{P_1}{U}=\frac{225}{36}=6.25(\text{A})$$

最大效率点转速为

$$n_\eta=\frac{n_0}{2-\sqrt{\eta}}=\frac{5\,250}{2-\sqrt{0.8}}=4\,748.68(\text{r/min})$$

说明该电机的额定点不在电机最大效率点。用电机最大效率点法求电机的机械特性，见表 5-9。

表 5-9　电机最大效率点的电机的机械特性曲线计算

型　号	57BLDC	名　称		日　期	
电压(V)		转矩(N·m)	转速(r/min)	最大效率	电流(A)
36		0.362	4 748.68	0.8	6.25
电机理想空载转速 n_0'(r/min)		5 309.186	最大输出功率点转矩 T_M(N·m)		1.895
电机的空载转速 n_0(r/min)		5 250.011	最大输出功率点转速 n_M(r/min)		2 625.006
电机的空载电流 I_0(A)		0.660	最大输出功率点电流 I_M(A)		29.933
电机的空载转矩 T_0(N·m)		0.043	最大输出功率点效率 η_M		0.484
电机的堵转转矩 T_D(N·m)		3.791	最大输入功率点功率 P_{1M}(W)		1 077.585
电机的计算堵转转矩 T_D'(N·m)		3.834	最大输出功率点功率 P_{2M}(W)		521.042
电机的堵转电流 I_D(A)		59.206			
电机的电枢电阻 R(Ω)		0.608	电机的转矩常数 K_T(N·m/A)		0.064 750 9
电机的输出功率 P_2(W)		180.016	电机的反电动势常数 K_E[V/(r/min)]		0.006 780 7
电机的输入功率 P_1(W)		225.019	电机的转速常数 K_n[(r/min)/(N·m)]		1 384.893
取任何点的转矩 T(N·m)		0.429 7	电机的内阻 R(Ω)		0.608 047 0
任何点的转速 n(r/min)		4 000			
任何点的电流 I(A)		7.296			
任何点的效率 η		0.682			

用最大效率点的办法求出电机的空载电流 $I_0 = 0.66$ A，从而求出电机的转矩常数或反电动势常数。

电机额定点 0.429 7N・m 时

$$K_T = \frac{T_N}{I_N - I_0} = \frac{0.4297}{6.25 - 0.66} = 0.0768694(\text{N} \cdot \text{m/A})$$

以上是在客户提供的电机要求过少的情况下的电机估算。如果客户没有电机空载要求，那么按照电机额定点是最大效率点来设计电机就方便得多。

1) 电机形式的确定

(1) 电机机座号的确定。电机的机座号有一个系列，如:24、28、36、42、57、86、90、130 等。

参照其他厂家的介绍，无刷电机机座号 57 的电机可以做到 180 W，因此选用了 57 机座号，所谓 57 是电机的外径，就是包括电机的端盖外径，定子外径应该比它小些，设定子外径为 55 mm。

(2) 电机磁钢的确定。这样直径的冲片，可以用环形黏结钕铁硼磁钢。选用 GPM－8 黏结钕铁硼，性能：$B_r = 6.58$ kGs，$H_{CB} = 4.814$ kOe，$H_{CI} = 8.397$ kOe，$BH_{(max)} = 8.04$ MGOe。

外径选用现有转子的直径 26 mm。

(3) 绕组形式和磁钢极数以及冲片槽数确定。为了简便，决定用分数槽集中绕组形式，冲片取用 6 槽，磁钢用 2 对极即 4 极，是 2 分区的分数槽集中绕组电机，如图 5－10 所示。

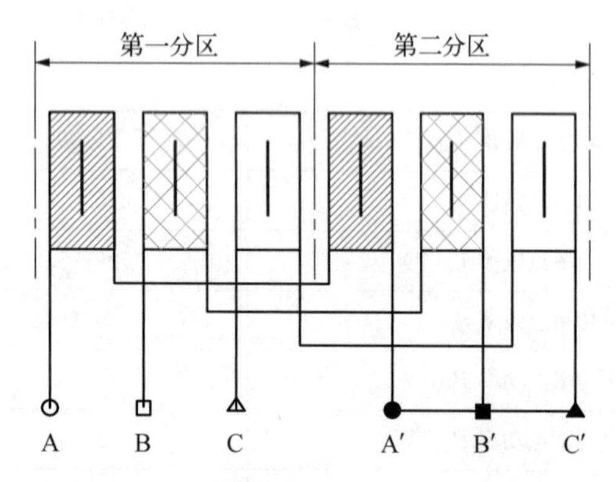

图 5－10 3 相 6 槽 4 极无刷电机绕组

(4) 定子冲片的确定。冲片有两种确定方法：一种方法是移用一个同类冲片进行设计；另一种方法是设计新的冲片，设计新的槽形。

用第一种方法，取用现有冲片，如图 5－11 所示。

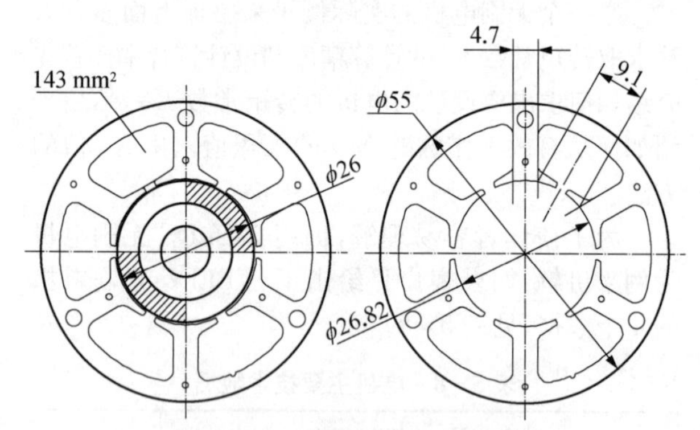

图 5－11 57 无刷电机结构和冲片

以前分析过，该黏结磁钢形成的气隙有效系数应该为 $\alpha_i = \alpha_j \alpha_m = 0.9 \times 0.7 = 0.63$ 左右。

冲片的齿磁通密度为

$$B_Z = \alpha_i B_r \left(1 + \frac{S_t}{b_t}\right) = 0.63 \times 0.658 \times \left(1 + \frac{0.91}{0.47}\right) = 1.21716(\text{T})$$

2) 计算电机定子长度　计算定子长度有两个公式，如采用式(5－39)求电机的定子长度：因为电机的功率和电机最大效率确定后，那么电机的空载转矩也就差不多了。可以参考表 5－9，$T_0 = 0.043$ N・m。

电机额定点的电磁功率转矩为

$$T'_N = T_0 + T_N = 0.043 + 0.4297 = 0.4727(\text{N} \cdot \text{m})$$

确定该无刷电机的设计目标参数：$Z = 6$，$B_Z = 1.21716$ T，$b_t = 0.47$ cm，$K_{FE} = 0.95$，$j = 9.1$ A/mm²，$A_S = 143$ mm²，$K_{SF} = 0.21$。

计算电机定子叠厚为

$$L = \frac{3\pi T'_N \times 10^4}{ZB_Z b_t K_{FE} j Z A_S K_{SF}} = \frac{3\pi \times 0.4727 \times 10000}{6 \times 1.21716 \times 0.47 \times 0.95 \times 9.1 \times 6 \times 143 \times 0.21} = 8.33(\text{cm})$$

实际厂家用了 $L = 8$ cm。

3) 求电机的工作磁通 Φ　电机的工作磁通为

$$\Phi = ZB_Z b_t L K_{FE} \times 10^{-4} = 6 \times 1.21716 \times 0.47 \times 8 \times 0.95 \times 10^{-4} = 0.0026086(\text{Wb})$$

求电机有效工作导体数 N

$$N = 2\pi K_T / \Phi = 2\pi \times 0.0768694 / 0.0026086 = 185(\text{根})$$

这是两相通电线圈上的总导体根数。

4) 求每个齿上线圈的参数

$$W=\frac{3N}{4Z}=\frac{3\times 185}{4\times 6}=23(\text{匝})$$

实际厂家生产的电机每齿线圈为21匝。

计算匝数计算相对误差

$$\Delta_W=\left|\frac{23-21}{21}\right|=0.095$$

从计算上看,设计计算精度在容差范围内。

接下来求电机的线径。无刷电机的设计目标参数:$j=9.1\ \text{A/mm}^2$, $A_S=143\ \text{mm}^2$, $K_{SF}=0.21$。

槽利用率公式为

$$K_{SF}=\frac{3Nq_{Cu}}{2ZA_S}$$

导线面积为

$$q_{Cu}=\frac{2ZA_SK_{SF}}{3N}=\frac{2\times 6\times 143\times 0.21}{3\times 185}=0.649(\text{mm}^2)$$

而厂家选用的导线面积为

$$q_{Cuz}=3\times\frac{\pi\times 0.45^2}{4}+2\times\frac{\pi\times 0.4^2}{4}=0.728(\text{mm}^2)$$

电流密度为

$$j=\frac{I_N}{q_{Cu}}=\frac{6.25}{0.649}=9.63(\text{A/mm}^2)$$

电机实测数据见表5-10。

表5-10 电机实测数据

36 V	T(N·m)	n(r/min)	P_2(W)	U(V)
额定点	0.443 3	4 000	185.69	35.81
36 V	I(A)	P_1(W)	η(%)	K_T(N·m/A)
额定点	5.63	237.42	78.2	0.074

5) 考核计算设计的符合率 最大效率点的转速为

$$n_\eta=\frac{n_0}{2-\sqrt{\eta}}=\frac{5\,200\times 0.9}{2-\sqrt{0.8}}=4\,233(\text{r/min})$$

电机实测转速为4 456 r/min,见表5-11。

$$\Delta_n=\left|\frac{4\,233-4\,456}{4\,456}\right|=0.05$$

表5-11 电机最大效率点实测数据

T(N·m)	n(r/min)	P_2(W)	U(V)
0.265 8	4 456	124.03	35.91
I(A)	P_1(W)	η(%)	
4.27	153.34	80.9	

电机设计人员在测电机的机械特性曲线时,应该先把电机出轴的负载全部去掉,不要把电机轴与测功机连接,加给电机额定电压,测电机的空载电流 I_0 和空载转速 n_0。以上电机没有测电机的空载点,因此电机的空载电流 I_0 没有办法看到。电机测试时至少要测两点:空载点和额定点。这样电机的额定点的转矩常数就可以准确地知道。

现在只有在空载点附近用两点延伸法推导出电机的空载电流,如

$$\frac{0.98-I_0}{0.024\,2}=\frac{0.92-I_0}{0.019\,7}$$

计算得:$I_0=0.654\,7$ A。

所以电机额定点0.429 7 N·m时(表5-12)

$$K_T=\frac{T_N}{I_N-I_0}=\frac{0.429\,7}{6.47-0.654\,7}=0.073\,92(\text{N·m/A})$$

(上面介绍用最大效率点法求电机的空载电流为 $I_0=0.66$ A, $K_T=0.076\,869\,4$ N·m/A)

表5-12 额定转矩0.429 7 N·m时,电机的实测数据

T(N·m)	n(r/min)	P_2(W)	U(V)
0.429 7	4 021.98	180.8	35.81
I(A)	P_1(W)	η(%)	K_T
5.47	231.60	78.2	0.073 92

电机的转矩常数 $K_T=0.073\,92$ N·m/A,而这次设计时设计的电机的转矩常数 $K_T=0.076\,8$ N·m/A,因此电机的匝数要多些,$W=\frac{0.073\,92}{0.076\,8}\times 23=22.1$(匝),仅与实物电机相差1匝。

相对误差为

$$\Delta_W=\left|\frac{22.1-21}{21}\right|=0.052$$

与 K_T 设计方法计算结果对比,技术目标要求见表5-13。

表 5-13 技术目标要求

转矩(N·m)	转速(r/min)	电流(A)
0.429 75	4 000	5.25

转速相对误差为

$$\Delta_n = \left|\frac{4\,021.98 - 4\,000}{4\,000}\right| = 0.005\,5$$

电流相对误差为

$$\Delta_I = \left|\frac{5.47 - 5.25}{5.25}\right| = 0.041\,9$$

转矩常数相对误差为

$$\Delta_T = \left|\frac{0.073\,92 - 0.076\,8}{0.076\,8}\right| = 0.037\,5$$

输出功率相对误差为

$$\Delta_{P_2} = \left|\frac{180.8 - 180}{180}\right| = 0.004\,4$$

效率相对误差为

$$\Delta_\eta = \left|\frac{0.782 - 0.8}{0.8}\right| = 0.022\,5$$

这样的设计符合率还是可以的。作者不强调过高精度的符合率,电机设计的符合率只要适合生产,达到要求就行。如果设计符合率超过 10%～15%,那么简单地调整一次就行,基本上只要调整一下匝数即可。

5.5.2 电机改制的 K_T 设计法

上例是电机用户只给出了额定的一个工作点,电机设计工作者设计电机的额定工作点选择要合理,作者选用了电机最大效率点求机械特性的方法求出相对合理的电机额定工作点。

下面是根据客户现有无刷电机的设计技术数据,改制为另一性能要求的无刷电机。

电机名称:90SW001。

技术要求:$U_N = 24$ V(DC), $n_0 = (3\,650 \pm 10\%)$r/min, $I_0 < 2.0$ A, $T_N = 0.5$ N·m, $n_N = (3\,300 \pm 10\%)$r/min, $I_N = 10$ A。其机械特性曲线测试数据见表 5-14。

表 5-14 90SW001 电机机械特性曲线测试数据

序 号	U(V)	I(A)	T(N·m)	n(r/min)	P_1(W)	P_2(W)	η(%)	K_T(N·m/A)
1	24	1.80	0	3 700	43.2	0.0	纯空载	$T/(I-I_0)$
2	24	3.31	0.05	3 576	79.5	18.7	23.6	0.033 1
3	24	4.7	0.096	3 462	112.8	34.8	30.9	0.033 1
4	24	4.75	0.1	3 461	114.1	35.2	31.8	0.033 8
5	24	5.3	0.149	3 466	127.2	54.1	42.5	0.042 5
6	24	5.07	0.2	3 446	145.6	72.2	49.6	0.046 8
7	24	5.20	0.209	3 414	148.8	74.7	50.2	0.047 5
8	24	5.80	0.249	3 426	163.2	89.3	54.7	0.049 8
9	24	7.40	0.291	3 384	177.6	103.1	58.1	0.051 9
10	24	7.51	0.3	3 377	180.2	105.1	58.9	0.052 5
11	24	8.1	0.35	3 337	194.4	122.3	62.9	0.055 5
12	24	8.2	0.357	3 334	195.8	124.6	63.3	0.055 7
13	24	8.8	0.4	3 336	211.2	139.7	65.2	0.057 1
14	24	9.5	0.449	3 296	228.0	155.0	68.0	0.058 3

对样机进行分析:冲片长度 34 mm,18 槽,6 极电机,线径 0.44 cm,圈数 4,16 线并绕,如图 5-12 所示。

磁钢:35SH,$B_r \geqslant 1.1$ T,厚 3.5 mm(与 Maxwell 的 NdFe30 钕铁硼磁钢数据相同),图 5-13 所示为电机绕组图,图 5-14 所示为电机结构和绕组排列图。

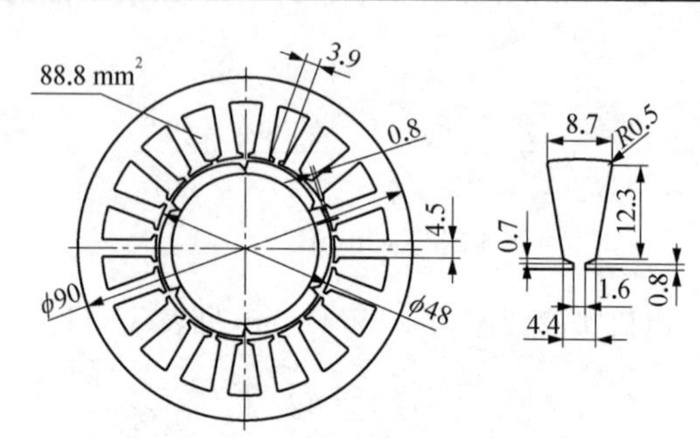

图 5-12 90SW001 无刷电机结构和冲片

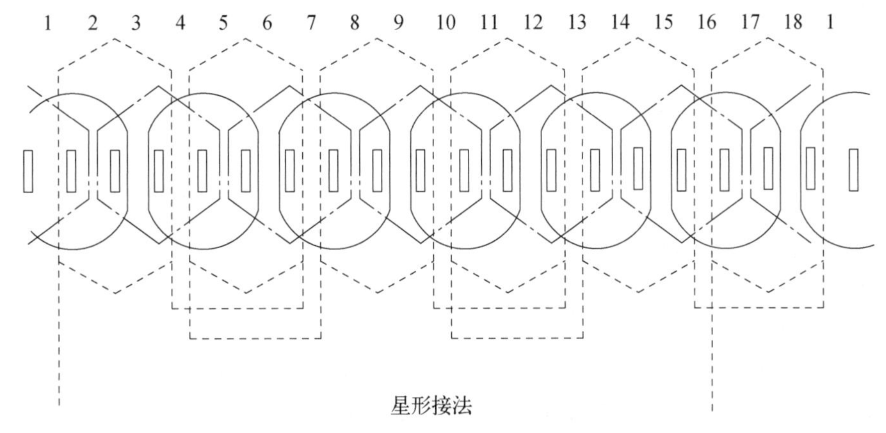

图5-13　90SW001无刷电机绕组展开图

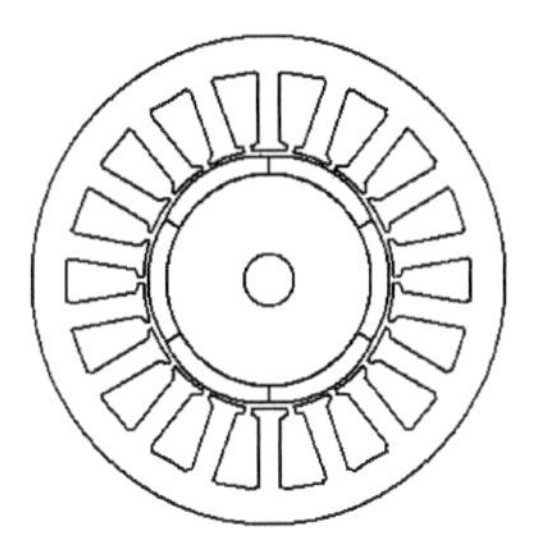
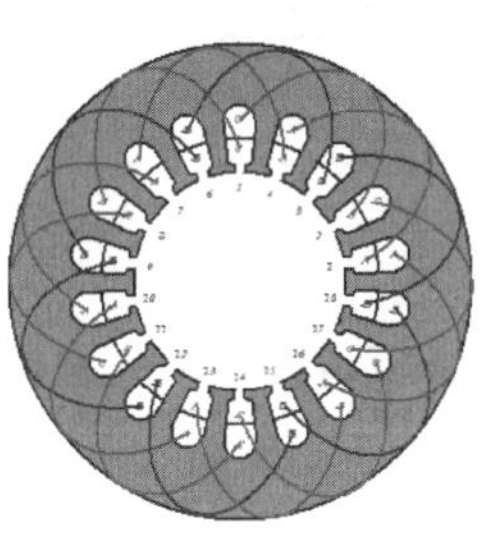

图5-14　90SW001无刷电机定子、转子结构和绕组

1) 求电机齿磁通密度　磁钢是不等气隙，且相差较大(图5-12)，所以 α_i 略取低些，取 $\alpha_i=0.7$。NdFe30: $B_r=1.1\,\text{T}$，则

$$B_Z=\alpha_i B_r\left(1+\frac{S_t}{b_t}\right)=0.7\times1.1\times\left(1+\frac{0.39}{0.45}\right)$$
$$=1.437\,333\,3(\text{T})$$

2) 求该电机的工作磁通

$$\Phi=ZB_Z b_t LK_{FE}\times10^{-4}$$
$$=18\times1.437\,333\,3\times0.45\times3.4\times0.95\times10^{-4}$$
$$=0.003\,76(\text{Wb})$$

3) 用转矩常数法求电机的有效工作导体数 N

表5-15所列为90SW001无刷电机机械特性曲线中两个点的性能参数。

表5-15　90SW001机械特性曲线中两点性能测试数据

序　号	U(V)	I(A)	T(N·m)	n(r/min)	P_1(W)	P_2(W)	η(%)	K_T(N·m/A)
1	24	1.80	0	3 700	43.2	0.0	纯空载	$T/(I-I_0)$
14	24	9.5	0.449	3 296	228.0	155.0	68.0	0.058 3

该电机的空载是纯空载，即在测量电机空载时，电机的轴上不带任何负载，包括电机不装在测功仪上，这是非常正确的做法。此处

$$K_T=\frac{T}{I_N-I_0}=\frac{0.449}{9.5-1.8}=0.058\,3(\text{N·m/A})$$

这个 K_T 是电机机械性能实测而得的，这种方法求出的 K_T 较准确，误差只在于测量仪器的测量精度误差。

下面是验证四种方法求电机技术要求的转矩常数 K_T 的计算和设计符合率。

(1) 如果用 $K_T=\dfrac{T}{I}=\dfrac{0.449}{9.5}=0.047\,26$(N·m/A)，则

$$\Delta_{K_T}=\left|\frac{0.047\,26-0.058\,3}{0.058\,3}\right|=0.189$$

(2) 如果用 $K_T=1.11\dfrac{T}{I}=1.11\times\dfrac{0.449}{9.5}=0.052\,46$(N·m/A)，则

$$\Delta_{K_T}=\left|\frac{0.052\,46-0.058\,3}{0.058\,3}\right|=0.1$$

(3) 如果用 $I_0=(1-\sqrt{\eta})I_N=(1-\sqrt{0.68})\times9.5=1.666$(A)，则

$$K_T=\frac{T}{I_N-I_0}=\frac{0.449}{9.5-1.666}=0.057\,3(\text{N·m/A})$$

$$\Delta_{K_T}=\left|\frac{0.057\,3-0.058\,3}{0.058\,3}\right|=0.017\,15$$

(4) 如果用 $n'_0=\dfrac{n_0}{2\sqrt{\eta}-\eta}=\dfrac{3\,700}{2\sqrt{0.68}-0.68}=3\,817.415$(r/min)，则由 $\dfrac{n'_0-n_0}{T_0}=\dfrac{n_0-n_N}{T_N}$ 解得，

$T_0 = 0.1305\ \mathrm{N \cdot m}$。

再由 $\dfrac{I - I_0}{T_N} = \dfrac{I_0}{T_0}$ 解得，$I_0 = 2.139\ \mathrm{A}$。

从而可以求出电机的转矩常数为

$$K_T = \frac{T_N}{I_N - I_0} = \frac{0.449}{9.5 - 2.139} = 0.06099(\mathrm{N \cdot m/A})$$

$$\Delta_{K_T} = \left| \frac{0.06099 - 0.0583}{0.0583} \right| = 0.04614$$

分析四种求 K_T 方法的设计计算精度和设计符合率，第三和第四种方法误差在设计计算精度误差范围之内，既简单又正确。最好不要用第一种方法，其误差比较大。

$$N = 2\pi K_T/\Phi = 2\pi \times 0.0583/0.00376 = 97.422(\text{根})$$

这是两相通电线圈上的总导体根数。

4) 求每个齿上线圈的参数

$$W = \frac{3N}{4Z} = \frac{3 \times 97.422}{4 \times 18} = 4.059(\text{匝})$$

实际厂家电机每齿线圈取整数 4 匝，见表 5-16。

表 5-16　计算 90SW001 无刷电机性能

无刷电机的计算				90-18-6j(90SW001)	
1	B_r(T)	α_i	S_t(cm)	b_t(cm)	
	1.1	0.7	0.39	0.45	
	$B_Z = \alpha_i B_r[1 + (S_t/b_t)] = 1.4373333$ T				
2	Z	L(cm)	K_{FE}	W	
	18	3.5	0.95	4	
	$\Phi = ZB_Z b_t L K_{FE}/10000 = 0.0038711$ Wb				
	$N = 2W(2Z/3) = 96$ 根				
	$K_E = N\Phi/60 = 0.0061938$ V/(r/min)				
	$K_T = 9.5493K_E = 0.059146$ N·m/A				
3	U	η			
	24	0.68			
	$n_0' = U/K_E = 3874.8696$ r/min				
	$n_0 = n_0'(2\sqrt{\eta} - \eta) = 3755.6873$ r/min				
	d	A_S	a'		
	0.21	142.6	16		
6	$K_{SF} = a' \times 2W \times (\pi d^2/4)/A_S = 0.219$				

5) 求电机的线径　无刷电机的设计目标参数：$j = 5\ \mathrm{A/mm^2}$，$A_S = 88.8\ \mathrm{mm^2}$，$K_{SF} = 0.25$。

导线面积为

$$q_{Cu} = \frac{2ZA_S K_{SF}}{3N} = \frac{2 \times 18 \times 88.8 \times 0.25}{3 \times 96} = 2.775(\mathrm{mm^2})$$

而厂家选用的导线面积为

$$q_{Cuz} = 16 \times \frac{\pi \times 0.44^2}{4} = 2.4328(\mathrm{mm^2})$$

电流密度计算

$$j = \frac{I_N}{q_{Cu}} = \frac{9.5}{2.4328} = 3.9(\mathrm{A/mm^2})$$

因此线径可以再小些，这样绕线可以好绕些。

6) 误差分析

(1) 空载转速误差为

$$\Delta_{n0} = \left| \frac{3755 - 3700}{3700} \right| = 0.0148$$

(2) 匝数计算相对误差为

$$\Delta_W = \left| \frac{4.059 - 4}{4} \right| = 0.01475$$

这次设计计算是 4.059 匝，取用 4 匝误差仅 0.059匝，空载设计相对误差仅为 0.0148，作者认为设计计算的符合率已经相当好了。

7) 电机的改制　把该电机用同样形式和同样

冲片，仅改变电机的定子叠厚，做一个不同性能的电机。

电机要求：电压 24 V，额定力矩 0.8 N·m，额定转速 2 464 r/min，额定电流 11.8 A，绕组选用星形接法，该电机的最大效率在 0.7～0.8。

由表 5-17 可知，如果取 $2\sqrt{\eta}-\eta=0.98$，则 $\eta=0.7434$。假设该点是最大效率点，用最大效率点法计算电机的主要机械特性曲线的数值，结果见表 5-18。

表 5-17　电机最大效率 η 和 $2\sqrt{\eta}-\eta$ 关系

电机最大效率 η	$2\sqrt{\eta}-\eta$
0.65	0.962 4
0.7	0.973 3
0.8	0.988 8
0.85	0.993 9

表 5-18　电机最大效率点求取电机机械特性曲线

型　号	90SW001	名　称		日　期	
电压(V)		转矩(N·m)	转速(r/min)	电流(A)	最大效率
24		0.8	2 464	11.8	0.728 8
电机理想空载转速 n_0'(r/min)		2 885.267	最大输出功率点转矩 T_M(N·m)		3.134
电机的空载转速 n_0(r/min)		2 824.489	最大输出功率点转速 n_M(r/min)		1 412.244
电机的空载电流 I_0(A)		1.726	最大输出功率点电流 I_M(A)		41.191
电机的空载转矩 T_0(N·m)		0.137	最大输出功率点效率 η_M(A)		0.469
电机的堵转转矩 T_D(N·m)		5.268	最大输入功率点功率 P_{1M}(W)		988.576
电机的计算堵转转矩 T_D'(N·m)		5.405	最大输出功率点功率 P_{2M}(W)		463.497
电机的堵转电流 I_D(A)		80.655			
电机的电枢电阻 R(Ω)		0.298	电机的转矩常数 K_T(N·m/A)		0.079 415 2
电机的输出功率 $P_{2\eta}$(W)		205.424	电机的反电动势常数 K_E[V/(r/min)]		0.008 316 3
电机的输入功率 $P_{1\eta}$(W)		283.200	电机的转速常数 K_n[(r/min)/(N·m)]		450.610 65

从表 5-18 知，电机的转矩常数 $K_T=0.0794152\ \text{N}\cdot\text{m/A}$。

因为电机的形式没有改变，冲片移用，因此新电机的齿磁通密度不变。该冲片的齿磁通密度为

$$B_Z=\alpha_i B_r\left(1+\frac{S_t}{b_t}\right)=0.70\times1.1\times\left(1+\frac{3.9}{4.5}\right)=1.4373333(\text{T})$$

$$N=\frac{2ZA_SK_{SF}j}{3I_N}=\frac{2\times18\times88.8\times0.25\times5}{3\times11.8}=112(\text{根})$$

$$W=\frac{N/2}{\frac{2}{3}Z}=\frac{3N}{4Z}=\frac{3\times112}{4\times18}=4.66(\text{匝})\approx5(\text{匝})$$

经过匝数规化后的电机总导体根数为

$$N=2W\times\frac{2}{3}Z=\frac{5\times4\times18}{3}=120(\text{根})$$

$$\Phi=\frac{2\pi K_T}{N}=\frac{2\pi\times0.0794152}{120}=0.004158(\text{Wb})$$

$$L=\Phi\times10^4/(ZB_Zb_tK_{FE})=41.58/(18\times1.4373333\times0.45\times0.95)=3.76(\text{cm})$$

匝数圆整后长度

$$L=3.76\times\frac{4.66}{5}=3.5(\text{cm})$$

实际电机定子叠厚 $L=3.4$ cm。

$$\Delta_L=\left|\frac{3.5-3.4}{3.4}\right|=0.029$$

由 $q_{Cu}=\dfrac{I_N}{j}=\dfrac{\pi d^2}{4}$，推得

$$d=\sqrt{\frac{4I_N}{\pi j}}=\sqrt{\frac{4\times11.8}{\pi\times5}}=1.733(\text{mm})$$

$$q_{Cu}=\frac{I_N}{j}=\frac{11.8}{5}=2.36(mm^2)$$

而厂家选用的导线面积为

$$q_{Cuz}=19\times\frac{\pi\times0.5^2}{4}=3.73(mm^2)$$

厂家设计的电机的电流密度为

$$j=\frac{11.8}{3.73}=3.16(A/mm^2)$$

厂家电机的槽利用率为

$$K_{SF}=\frac{3Nq_{Cu}}{2ZA_S}=\frac{3\times120\times3.73}{2\times18\times88.8}=0.42$$

这种槽利用率下，下线比较困难。

电机实际测试报告见表 5-19。

8) 考核计算设计的符合率

$$\Delta_{K_T}=\left|\frac{0.0777-0.0794152}{0.0794152}\right|=0.02159$$

从表 5-20 和表 5-21 看，电机的实用设计的设计符合率相当好。

空载点的空载转速相差为

$$\Delta_{n_0}=\left|\frac{2824.489-2892}{2892}\right|=0.0233$$

实际 $\Delta_{n_0}=0.0233$ 的设计符合率也相当高了。

用简单实用的目标计算方法，能够达到这样的设计符合率还是相当不错的。

表 5-19 电机实际测试报告

型　号	连接方式	L(mm)	线径(mm)	匝　数	并绕根数		
90BLDC	Y	34	0.5	5	19		
U(V)	I(A)	T(N·m)	n(r/min)	P_2(W)	P_1(W)	η(%)	K_T(N·m/A)
24	1.5	0.0	2 892	0.00	35.00	0.00	
24	3.8	0.2	2 774	58.09	91.20	63.70	0.087 0
24	5.2	0.3	2 716	85.32	124.80	68.36	0.081 8
24	8	0.5	2 600	135.13	192.00	70.90	0.077 7
24	9.6	0.63	2 544	167.82	230.40	72.84	0.077 7
24	11.8	0.8	2 464	205.41	283.20	72.88	0.077 7
24	14.4	1	2 393	250.58	345.60	72.50	0.077 5
24	17	1.2	2 311	290.39	408.00	71.17	0.077 4

表 5-20 额定点电机目标设计计算值与成品电机测试值对比

	U(V)	I(A)	T(N·m)	n(r/min)	P_2(W)	P_1(W)	η(%)	K_T(N·m/A)
目标设计值	24	11.8	0.8	2 464	205.43	283.20	72.88	0.079 4
电机实测值	24	11.8	0.8	2 464	205.41	283.20	72.88	0.077 7

表 5-21 空载点电机目标设计计算值与成品电机测试值对比

	U(V)	I(A)	T(N·m)	n(r/min)	P_2(W)	P_1(W)	η(%)	K_T(N·m/A)
目标设计值	24	1.726	0	2 824.49	0.00	41.424	0.00	0
电机实测值	24	1.5	0	2 892	0.00	35.00	0.00	0

5.6 无刷电机 K_E 目标设计法

无刷电机设计中也可以用电机基本的反电动势常数 K_E 来对无刷电机进行一系列的设计计算，这也是一种比较方便实用的方法。

电机的 K_E 是能够决定电机机械特性的一个重

要目标常数，如果从设计的电机的机械特性曲线求出电机的反电动势常数 K_E，使设计的无刷电机要求达到这个反电动势常数 K_E，那么设计的电机的机械特性大致就符合了用户的要求。

电机的反电动势常数 K_E 是非常重要的，许多电机厂家在无刷电机技术数据中往往会列出这个参数。在无刷电机设计程序中，许多程序不提电机的 K_E，但是也有程序提到无刷电机的 K_E，在 Maxwell 设计软件中也把 K_E 作为一个技术数据算出的。

表 5－22 是一个厂家在网上公布的 57 无刷电机的技术数据。在 Maxwell 中称无刷电机的 K_E 为理想反电动势常数，这是有区别的。

表 5－22　57 无刷电机的技术数据

型　　号	57ZWX01	57ZWX02	57ZWX03
电压(V)	36		
空载转速(r/min)	5 200	5 200	5 200
额定转矩(N・m)	0.11	0.22	0.32
额定转速(r/min)	4 000	4 000	4 000
额定电流(A)	1.9	3.3	4.8
最大转矩(N・m)	0.30	0.55	0.80
最大转矩时的电流(A)	4.5	7.4	9.5
惯量(kg・mm^2)	7.5	11.9	17.3
反电动势常数[V/(kr/min)]	4.5	4.82	4.87
转矩常数(N・m/A)	0.073 5	0.078 7	0.080
电阻(20℃)(Ω)	1.65	0.70	0.48
质量(kg)	0.50	0.75	1.00
长度(mm)	56	76	96
铁心长度(mm)	20	40	60

无刷电机的反电动势常数 K_E 是比较有讲究的，因为这里包括了电机的反电动势常数 K_E 和发电机的感应电动势常数 K_E，虽然它们数值上可以认为是一样的，但是其概念是不一样的。

电机的反电动势常数 K_E 用单位转速的反电动势来表示，其表达式为

$$K_E = \frac{E}{n} = \frac{U}{n'_0} \tag{5-52}$$

在电机的技术要求中，电机的额定电压 U，电机的额定转速 n_N 是必须要有的。

n 是电机输出轴的转速，是可以测量出来的，但是 E 并不在电机的出轴上表达出来，也无法在电机输入电源端表达出来，是电机线圈内部潜在的一个量。式(5－52)中，电压 U 是电源输入端的一个明确的输入量，但是电机的理想空载转速 n'_0 在电机的出轴端无法表达和测量，因此用公式 $K_E = U/n'_0$ 来求电机的反电动势常数 K_E 是有些困难的。如何从无刷电机的技术条件或机械特性曲线确定和求取电机的反电动势常数 K_E，由此设计出符合 K_E 参数值的机械特性曲线的无刷电机是一个需要研究的课题。

如果 K_E 求出了，$K_E = \frac{N\Phi}{60}$，那么电机的有效导体根数 N 和电机的工作磁通 Φ 的乘积(磁链 $N\Phi$)值达到电机的反电动势常数 K_E 值，那么电机的机械特性就基本上达到所期望的机械特性。这里介绍几种求取电机的反电动势常数 K_E 的方法，从而求出电机的有效导体数 N，最终完成无刷电机的目标设计。

5.6.1　反电动势常数 K_E 的分析

在无刷电机中，如果 $T-I$ 曲线不是一条直线，那么 K_T 在电机的机械特性中的各个点中不是一个常数，那么 K_E 也不会是一个常数；如 $T-n$、$T-I$ 曲线的直线性非常好，那么电机的 K_T 和 K_E 都是常数；如 $T-n$、$T-I$ 曲线的直线性不大好，那么电机各个点的 K_T 和 K_E 不是常数，但是它们之间的数值相差不大；如果 $T-n$、$T-I$ 曲线的直线性很不好，那么电机各个点的 K_T 和 K_E 就不是常数，它们之间的数值相差很大。

如果一个无刷电机的 $T-n$、$T-I$ 曲线直线性非常不好，那么电机的反电动势常数 K_E 的示值又有什么意义呢？

注意到 $K_E = \frac{N\Phi}{60}$ 的确是一个常数，这个常数只表明无刷电机的内部磁链和电机反电动势之间的关系，并不能在电机的输出轴上表现出任何关系，因此这个公式对电机的机械特性曲线不能表明什么因果关系。当无刷电机的 $T-n$、$T-I$ 曲线不是一条直线，那么从严格意义上讲，常数 $K_E = \frac{E}{n} = \frac{N\Phi}{60}$ 是不能相等的。

$K_E = \frac{N\Phi}{60}$ 确实是一个常数，$K_E = \frac{E}{n}$ 并不是一个常数。因为如果 K_E 是常数，那么 E 与 n 是一个正比的关系，是一个转速范围动态的正比关系，而无刷电机的 $T-n$、$T-I$ 曲线不是一条直线时，公式 $K_E = \frac{E}{n} = \frac{N\Phi}{60}$ 是无法体现的。

但是如果把公式写成

$$K_E = \frac{U}{n_0'} = \frac{N\Phi}{60} \tag{5-53}$$

那么无刷电机不管 $T-n$、$T-I$ 曲线是直线或者曲线，式(5-53)在电机空载点应该成立。式(5-53)体现了无刷电机输入、内部、输出这三个方面的电机要素的内在联系。

只要从电机的技术条件中或者从电机的机械特性曲线中能够求出电机的理想空载转速 n_0'，确定了电机磁链中的一个参数作为目标参数的话，那么电机磁链的另外一个参数就可以求出，如电机的工作磁通 Φ 一旦确定，那么电机的有效导体数 N 就能够很快求出，从而达到无刷电机目标设计的目的。

下面则用四种方法求电机技术要求的反电动势常数 K_E。

1) 电机反电动势常数 K_E 的近似公式法　在电机的理想空载工作点 n_0'，有

$$K_E = \frac{U}{n_0'} \tag{5-54}$$

因为 n_0' 和 n_0 相比，数值相差不大，如果假设 $n_0'=n_0$，那么

$$K_E = \frac{U}{n_0}$$

这样从电机的空载点就可以求出电机的反电动势常数 K_E。

2) 电机理想空载转速系数法　一般无刷电机的效率是很明确的，小电机的效率会在 0.65 左右，功率几百瓦以上的电机，其效率会大于 0.8。所以可以根据无刷电机的功率确定理想空载转速系数(表 5-23)，从电机的空载转速 n_0 求取电机的理想空载转速 n_0'。

$$n_0' = K_{nk} n_0 \tag{5-55}$$

表 5-23　η 和 K_{nk} 关系

η	K_{nk}
0.60	1.053 5
0.65	1.039 0
0.70	1.027 4
0.75	1.018 2
0.80	1.011 3
0.85	1.006 1
0.90	1.002 7

3) 电机理想空载转速常数法　由表 5-23 可知，在无刷电机中，效率在 0.6～0.9 时，K_{nk} 的小数点后第二位才发生一些变化。其中最大相差就是 0.05 左右，因此只要取 $K_{nk}=1.015$，即

$$n_0' = 1.015 n_0 \tag{5-56}$$

那么求取电机理想空载转速 n_0' 的误差就在程序的计算精度误差之内，不会影响电机机械性能的“大局”。

4) 用电机最大效率点法求电机的理想空载转速　假设电机是一个典型的机械特性曲线，那么电机的理想空载转速可以用以下公式求出。

$$n_0' = \frac{n_0}{2\sqrt{\eta}-\eta} \tag{5-57}$$

5.6.2 反电动势常数 K_E 目标设计法设计实例

下面介绍一个电机设计实例，用无刷电机的反电动势常数 K_E 目标设计法计算并考核设计符合率。

当看到图 5-15 可以得到多少信息呢？

(1) 用气隙槽齿宽比的观点，发现该电机气隙槽宽比气隙齿宽大很多，就可以判断出该冲片的磁钢不宜用烧结钕铁硼磁钢。

(2) 这是一个 6 槽电机，如果是 2 极的转子，无论从工艺还是设计上都是不大常用的，因此磁钢最好做成 4 极，那么

$$\begin{aligned} q &= \frac{Z}{2mP} = \frac{Z_0 t}{2mP_0 t} \\ &= \frac{6}{2m\times 2} = \frac{3\times 2}{2\times 3\times 1\times 2} \\ &= \frac{3\times t}{6\times t} = \frac{1}{2}(t=2) \end{aligned}$$

该电机的每极相的槽数是 1/2，是分数槽集中绕组电机，有 2 个分区，其接线图如图 5-16 所示。

为了设计数据，重新画了张图(图 5-17)，求出电机的气隙槽宽、齿宽和槽面积。

磁钢数据：$B_r=0.66$ T，电机绕组数据：每极匝数 345 匝，线径 0.21 mm。

无刷电机的测试报告(表 5-24)没有提供该无刷电机的额定工作点和空载点。

技术数据如下：额定电压 110 V，额定转矩 0.04 N·m，额定转速 1 420 r/min，额定电流 0.218 A，额定输出功率 5.96 W，效率 0.248 1，空载转速要求 1 500 r/min。

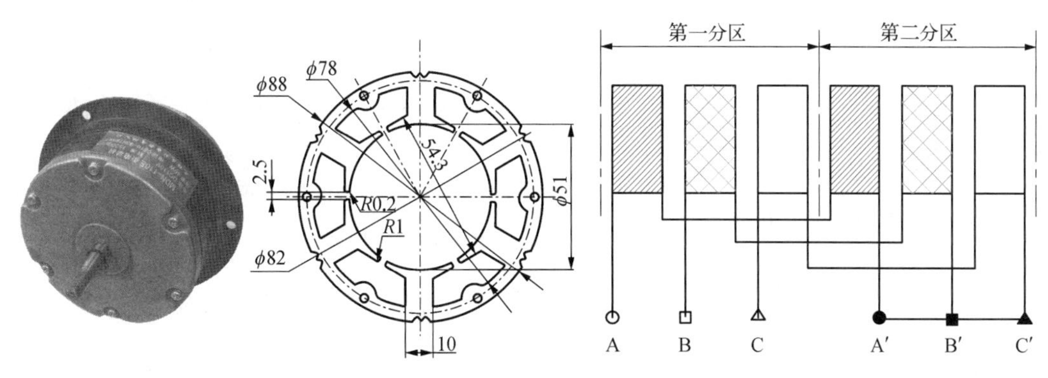

图 5－15　90 无刷电机的外形和冲片　　图 5－16　3 相 6 槽 4 极无刷电机绕组展开图

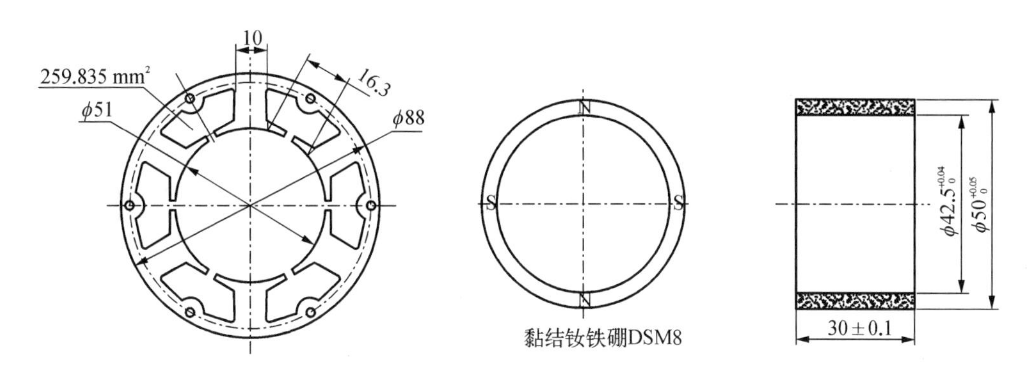

图 5－17　冲片气隙槽宽、齿宽和槽面积数据和磁钢

表 5－24　90 无刷电机机械特性测试报告

U(V)	I(A)	P_1(W)	T(N·m)	n(r/min)	P_2(W)	效率(%)
110.20	0.205	22.60	0.031	1 436	4.66	20.62
110.21	0.218	24.04	0.040	1 420	5.96	24.81
110.23	0.227	25.04	0.049	1 405	7.24	28.91
110.24	0.233	25.73	0.058	1 390	8.48	32.98
110.26	0.237	26.21	0.067	1 375	9.71	37.02
110.28	0.241	26.58	0.076	1 361	10.90	41.01
110.30	0.244	26.90	0.086	1 347	12.07	44.86
110.31	0.247	27.25	0.095	1 332	13.21	48.47
110.33	0.251	27.69	0.104	1 318	14.32	51.73
110.34	0.256	28.26	0.113	1 304	15.41	54.54
110.36	0.263	29.01	0.122	1 290	16.48	56.81
110.37	0.272	29.96	0.131	1 277	17.52	58.48
110.38	0.282	31.13	0.140	1 263	18.53	59.54
110.38	0.295	32.54	0.149	1 249	19.52	60.01
110.39	0.310	34.19	0.158	1 236	20.49	59.93

从机械特性看，机械特性曲线受到控制器的影响较大，该电机在高端运行，就在电机空载点附近，所以电机设计时只要把电机的空载点控制了，电机额定点的性能误差就不会太大。用 K_E 目标设计法，根据电机的冲片、磁钢和电机的理想空载转速，计算出该无刷电机的有效导体数 N，考核设计符合率。

(3) 用推算法求取空载点的方法。机械特性曲线没有真正测到空载点。根据电机额定点可以判断这个电机是非常轻载的，由于有了该电机的机械特性曲线(表 5－24)，可以用接近空载点的两点推算法求取电机的空载转速：

选取表 5－24 中第 1 点和第 2 点。用推算法，有

$$n_0 = \frac{n_1 T_2 - n_2 T_1}{T_2 - T_1} = \frac{1\,436 \times 0.04 - 1\,420 \times 0.031}{0.04 - 0.031} = 1\,491(\text{r/min})$$

这一点就认为是电机实测的空载转速。

$$\Delta_{n_0} = \left| \frac{1\,491 - 1\,500}{1\,500} \right| = 0.006$$

(4) 用反电动势常数 K_E 求取理想空载转速。

① 电机反电动势常数 K_E 的近似公式法。假设 $n_0' = n_0$，那么

$$K_E = \frac{U}{n_0'} = \frac{110}{1\,491} = 0.073\,775\,9[\text{V/(r/min)}]$$

② 电机理想空载转速系数法。从电机的机械特性看，该电机的最大效率在 0.6，因此

$$n_0' = K_{nk} n_0 = 1.053\,5 n_0 = 1.053\,5 \times 1\,491 = 1\,570.768\,5(\text{r/min})$$

$$K_E = \frac{U}{n_0'} = \frac{110}{1\,570.768\,5} = 0.07[\text{V/(r/min)}]$$

③ 电机理想空载转速常数法。

$$n_0' = 1.015 n_0 = 1.015 \times 1\,491 = 1\,513.36(\text{r/min})$$

$$K_E = \frac{U}{n_0'} = \frac{110}{1\,513.36} = 0.072\,68[\text{V/(r/min)}]$$

④ 用电机最大效率点法求电机的理想空载转速。

$$n_0' = \frac{n_0}{2\sqrt{\eta} - \eta} = \frac{1\,491}{2\sqrt{0.6} - 0.6} = 1\,570.807(\text{r/min})$$

$$K_E = \frac{U}{n_0'} = \frac{110}{1\,570.807} = 0.07[\text{V/(r/min)}]$$

(5) 求冲片齿磁通密度。

$$B_Z = \alpha_i B_r \left(1 + \frac{S_t}{b_t}\right) = 0.66 \times 0.68 \times \left(1 + \frac{1.63}{1.0}\right) = 1.180\,3(\text{T})$$

(6) 求电机工作磁通，定子 $L = 2.2$ cm。

$$\Phi = Z B_Z b_t L K_{FE} \times 10^{-4} = 6 \times 1.180\,3 \times 1 \times 2.2 \times 0.95 \times 10^{-4} = 0.001\,48(\text{Wb})$$

(7) 求电机有效通电导体根数，本电机实际每齿匝数为 345 匝。

$$N = 2WZ \times \frac{2}{3} = 2 \times 345 \times 6 \times (2/3) = 2\,760(\text{根})$$

(8) 用四种方法求取电机的每齿匝数。

$$K_E = \frac{N\Phi}{60}$$

$$N = \frac{60 K_E}{\Phi}$$

$$W = \frac{3N}{4Z}$$

①

$$N = \frac{60 K_E}{\Phi} = \frac{60 \times 0.073\,775\,9}{0.001\,48} = 2\,990.9(\text{根})$$

$$\Delta_N = \left| \frac{2\,990.9 - 2\,760}{2\,760} \right| = 0.084$$

②

$$N = \frac{60 K_E}{\Phi} = \frac{60 \times 0.07}{0.001\,48} = 2\,837.8(\text{根})$$

$$\Delta_N = \left| \frac{2\,837.8 - 2\,760}{2\,760} \right| = 0.028$$

③

$$N = \frac{60 K_E}{\Phi} = \frac{60 \times 0.072\,68}{0.001\,48} = 2\,946.5(\text{根})$$

$$\Delta_N = \left| \frac{2\,946.5 - 2\,760}{2\,760} \right| = 0.067$$

④

$$N = \frac{60 K_E}{\Phi} = \frac{60 \times 0.07}{0.001\,48} = 2\,837.8(\text{根})$$

$$\Delta_N = \left| \frac{2\,837.8 - 2\,760}{2\,760} \right| = 0.028$$

这几个计算的结果都在电机设计符合率之内。

测空载点数据的转矩测定仪器精度要高，但是到重载时转矩的测试范围就要大，同一个转矩测试仪，要照顾两头的测试精度是矛盾的，作者再一次强调：最好纯空载时测试电机的空载点。

(9) 为了进一步说这些方法的计算精度，用 5.5.2节 90SW001 无刷电机机械特性曲线测试数据

求电机反电动势常数 K_E。

从表 5-15 可知，电机的 $K_T=0.058\ 3\ \mathrm{N\cdot m/A}$。该电机的 $K_E=K_T/9.549\ 3=0.058\ 3/9.549\ 3=0.006\ 105\ \mathrm{V/(r/min)}$。

可用多种方法求解电机的理想空载转速 n_0'。

① 电机反电动势常数 K_E 的近似公式法。假设 $n_0'=n_0$，那么

$$K_E=\frac{U}{n_0'}=\frac{24}{3\ 700}=0.006\ 486\ 5[\mathrm{V/(r/min)}]$$

$$\Delta_{K_E}=\left|\frac{0.006\ 486\ 5-0.006\ 105}{0.006\ 105}\right|=0.062\ 4$$

② 电机理想空载转速系数法。从电机的机械特性看，该电机的最大效率在 0.6，因此

$$n_0'=K_{nk}n_0=1.039n_0=1.039\times3\ 700=3\ 844.3(\mathrm{r/min})$$

$$K_E=\frac{U}{n_0'}=\frac{24}{3\ 844.3}=0.006\ 24[\mathrm{V/(r/min)}]$$

$$\Delta_{K_E}=\left|\frac{0.006\ 24-0.006\ 105}{0.006\ 105}\right|=0.022$$

③ 电机理想空载转速常数法。

$$n_0'=1.015n_0=1.015\times3\ 700=3\ 755.5(\mathrm{r/min})$$

$$K_E=\frac{U}{n_0'}=\frac{24}{3\ 755.5}=0.006\ 39[\mathrm{V/(r/min)}]$$

$$\Delta_{K_E}=\left|\frac{0.006\ 39-0.006\ 105}{0.006\ 105}\right|=0.046\ 68$$

④ 用电机最大效率点法求电机的理想空载转速。

$$n_0'=\frac{n_0}{2\sqrt{\eta}-\eta}=\frac{3\ 700}{2\sqrt{0.6}-0.6}=3\ 898.02(\mathrm{r/min})$$

$$K_E=\frac{U}{n_0'}=\frac{24}{3\ 898.02}=0.006\ 156[\mathrm{V/(r/min)}]$$

$$\Delta_{K_E}=\left|\frac{0.006\ 156-0.006\ 105}{0.006\ 105}\right|=0.008\ 513$$

因此，用多种方法求电机的反电动势常数的计算误差是较小的，均在设计计算精度和设计符合率范围之内。其中，第一种方法的误差最大，第四种方法的误差最小，作者建议尽量用误差较小的计算方法求电机的理想空载转速 n_0'。

5.6.3 对 K_E 目标设计法的评价

在这个计算中，通过了以下步骤：求齿工作磁通密度 B_Z—求工作磁通 Φ—用多种方法求出电机的理想空载转速 n_0'—求反电动势常数 K_E—求有效通电导体总根数 N，其中各计算式如下

$$B_Z=\alpha_i B_r\left(1+\frac{S_t}{b_t}\right)$$

$$\Phi=ZB_Zb_tLK_{FE}\times10^{-4}$$

$$K_E=\frac{U}{n_0'}\ 或者\ K_E=\frac{K_T}{9.549\ 3}$$

$$N=\frac{60K_E}{\Phi}$$

这几个公式的计算环节中，哪怕一个公式中某一项有问题，计算到最终误差就会远远超出 0.029 8 的设计计算精度和设计符合率，所以作者提出的实用 K_E 目标设计方法计算无刷电机还是比较精准、简便和实用的，读者可以分析判断。

从电机的 K_T、K_E 法设计计算无刷电机时 N 就是电机绕组有效通电导体根数，不考虑电机设计中绕组系数的影响。

5.7 无刷电机的测试发电机法

测试发电机法是在无刷电机设计过程中用实验的手段把电机作为测试发电机，测试出电机的输出电压，依据电机的输出电压和电机绕组匝数的关系，求出该电机的工作磁通和齿磁通密度，从而能很精确地计算出达到这些形式磁钢的电机机械特性的绕组数据和所需要的各种电机数据，为无刷电机的设计打下了良好的基础。

测试发电机法求电机的工作磁通是非常方便和准确的，在整个电机工作磁通的求取过程中避免了许多计算环节中各种因素的考虑。电机的磁钢性能、大小、形状的不同，定子冲片各种形状和材料，电机的气隙大小等在各种设计程序中应该考虑、设置和计算的数据都不需要考虑、设置和计算了，而通过无刷电机的测试发电机法就可以直接求出该电机在该状态下准确的工作磁通 Φ，可以正确地计算出该状态电机冲片的齿磁通密度 B_Z，也能从中求出电机的准确的有效系数 α_i。可以避免在无刷电机中为了正确计算电机的工作磁通 Φ，用“磁路”的计算方法中存在的一些比较繁复的求解问题，无须大型电机设计软件、高级设计计算机和3D有限元场的分析方

法，也不用花费很多时间和精力，就可以算出电机的工作磁通 Φ。

在设计无刷电机中，首先会遇到选择电机的转子磁钢形式和选取磁钢材料的问题，一般无刷电机最好选用径向磁钢形式，即表贴式磁钢。但是在选取磁钢时的 B_r、H_c 数值不可能和磁钢厂家提供的这一批生产的磁钢的 B_r、H_c 数值完全相同，电机设计人员往往只能选取典型的磁钢所对应的 B_r、H_c 数值加入设计程序中计算，这样即使其他设计都是正确的，但是在磁钢参数值选取上带来的误差也会给计算带来一定的误差。这个误差可以通过向磁钢生产厂家索取该批磁钢的去磁曲线而得到修正，但是一些用特殊结构和形状的磁钢的无刷电机，在设计程序中又没有很好地建立该结构的磁路模式，有一些用磁路法计算的无刷电机设计程序就会束手无策，一些大型的场的电机设计程序也会感到棘手。就举一个简单的例子，图 5－18 所示在磁钢上切了一个角或做成偏心圆，这样用“磁路”的电机设计程序准确求出电机的工作磁通是比较困难的。

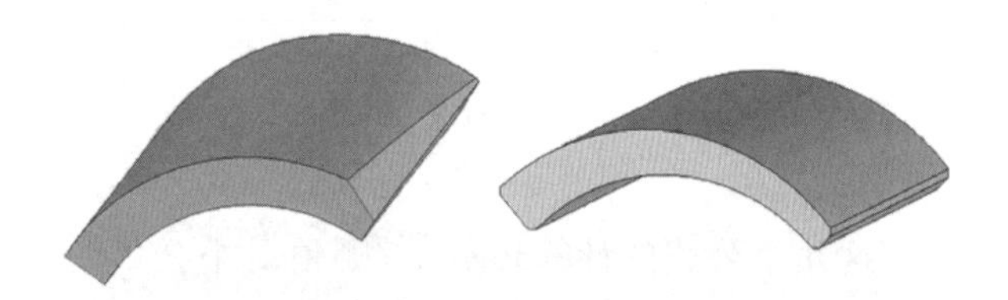

图 5－18　特殊形状的无刷电机转子磁钢

例如，无刷电机经常要用到黏结钕铁硼磁钢，这是一种把环氧树脂和钕铁硼粉末黏结在一起压制成环形的黏结钕铁硼磁钢，这种磁钢可以充成需要的极数，如充成 4 极，与由 4 块同样材料的磁钢放在一起做成一个磁环相比，两者磁场的波形是不一样的。但是无刷电机设计程序中没有看到环形磁钢的磁场波形和计算程序，如果要把磁钢设置成 4 个独立的磁钢，拼凑成一个环形，再进行计算。这显然和一个环形磁钢的磁场分布是不一样的，如果无刷电机转子斜槽，又是整体环形磁钢，这样会给无刷电机的设计带来一定的计算误差，这是很明显的。但是用测试发电机法完全能够得出该种磁钢准确的工作磁通和齿磁通密度，从而能很精确地计算出达到这些形式磁钢的电机机械特性的绕组数据和所需要的电机的各种电机数据，达到精确设计无刷电机的目的。

同一种型号的硅钢片，只要产地不同，其导磁性能还是有所差别的，生产厂家不可能去检查冲片的磁性能，因此电机设计和生产中，材料性能差别引起制造出来的无刷电机的性能差别的情况是经常有的。而用无刷电机的测试发电机法，就是把该无刷电机此时此刻的各种因素和误差综合后得出电机磁链 $N\Phi$ 和电机感应电动势 E 直接关系的一种极其简单、可靠的实用设计手段和方法。在求取电机的实际工作磁通 Φ 这点上，测试发电机法比各种电机设计计算程序中计算工作磁通要简单、直观和精确。这种方法的测试手段极其简单，每个电机生产厂家都可以实现，而且得出的结果比较正确、直观、省时、省力，不会有大的方向性错误。国外无刷电机厂家也用这种方法进行无刷电机设计工作，并用此方法判断和验证无刷电机设计和制造上的问题。特别是在无刷电机的磁路结构和线圈绕组比较复杂时，用测试发电机法正确求取电机的工作磁通和齿磁通密度就显得更加容易和必要了。在无刷电机设计时，有必要介绍这种注重现实的无刷电机实用设计方法。

5.7.1　测试发电机的概念

在发电机中，外界机械能由发电机转换为电能所产生电位差，这是电磁感应现象中产生的电动势，称为感应电动势 E。

把电机用作发电机，或者在电机定子铁心的一个齿、多个齿、一相齿上或两相齿上绕有线圈或原有电机进行拖动，这种电机称为测试发电机。其目的是求出电机在一定转速 n 下发出的感应电动势 E，从而求得电机的工作磁通 Φ，这样有利于设计人员很快利用该电机的各种内在关系，设计出所需要的电机的各种电机数据，包括电机的匝数等。这种测试发电机法也称电机对拖法或感应电动势法。这种方法可以把一般电机用作拖动电机，被测电机被拖动发电。

在一个无刷电机转子的磁钢、定子等结构都不变的前提下，定子的一个齿或多个齿上绕有一个线圈、多个线圈、一相线圈或两相线圈，以一定的转速拖动该电机，使无刷电机的转子转动在一个恒定转速 n(如 1 000 r/min)，该电机在线圈两端会产生一个交变的电压。如果用普通的万用表测量无刷电机线圈的两根引线端的电压 U_{EF}，这个电压 U_{EF} 的幅值就是感应电动势 E，用普通万用表测出的数值是该电压的有效值。

用电机拖动无刷电机的转轴，电机发出的感应电动势 E 与无刷电机被拖动的转速的比是一个常数，称无刷电机感应电动势常数 K_{EF}，即

$$K_{EF} = \frac{E}{n} [\mathrm{V/(r/min)}] \tag{5-58}$$

通常电机的测试发电机感应电动势常数是对被拖动电机施以 1 000 r/min 的情况下而言的。单位常用 V/(kr/min)表示，如 $K_{EF} = 7.5$ V/(kr/min)，就是

说该电机以 1 000 r/min 被拖动时，发出的感应电动势为 7.5 V，但是这个表示式除以 1 000，把这个单位化为 V/(r/min)来表示无刷电机的感应电动势和感应电动势常数，这样感应电动势常数为0.007 5 V/(r/min)，就是说电机每转产生了 0.007 5 V 的感应电动势(有效值)。

当无刷电机两相线圈作为发电机产生感应电动势 U_{EF} 是一个交变的波形(图 5-19)，如果交变的波形是正弦波，可以用普通万用表测出是其正弦波形的有效值 U_{EF}，其幅值 E(峰值)必定是它的$\sqrt{2}$倍，即

$$E=\sqrt{2}U_{EF} \tag{5-59}$$

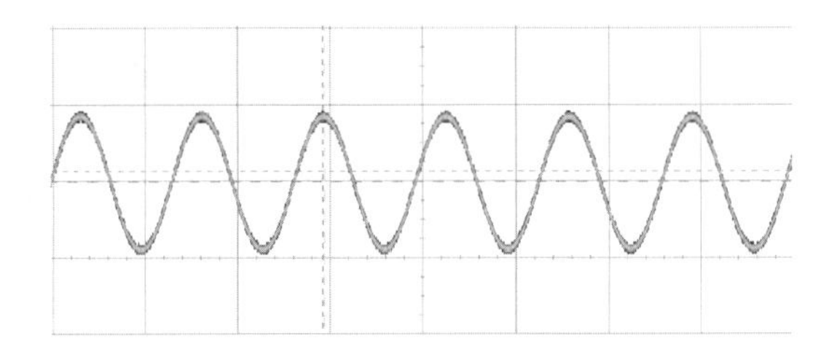

图 5-19　对拖电机的感应电动势波形

无刷电机被当作测试发电机时，需注意以下几点：

(1) 发出的感应电动势 E 与被拖动的转速 n 成正比。即被拖动的无刷电机的拖动转速越高，其输出的感应电动势就越高，感应电动势的高低与无刷电机的额定工作电压无关。

(2) 发出的感应电动势的幅值 E 等于无刷电机的直流工作电压 U，这时的被拖动转速就是无刷电机的理想空载转速 n_0'。

$$\frac{E}{n}=\frac{U}{n_0'} \tag{5-60}$$

(3) 如果用规定的转速 n 去拖动无刷电机，那么该测试发电机输出的电压幅值，基本上就是该无刷电机空载转速为 n 时的电机额定电压 U，两者相差不会太大。

(4) 利用无刷电机的测试发电机的原理，可以准确求出该电机的工作磁通 Φ，从而求出该类型无刷电机的齿磁通密度 B_Z，并能准确求出电机的 α_i，进而求出无刷电机相应的各种数据。

$$K_{EF}=\frac{E}{n}=\frac{N\Phi}{60} \tag{5-61}$$

这是一个恒定的常数值，这里的 E 是用对拖法测出的电机的感应电动势幅值，如果把一个无刷电机定子绕一定形式的绕组和匝数，作为测试发电机，那么 E、n、N 都是可以知道的，这样该电机的正确工作磁通 Φ 就可以求出。这就避免了 K_T 法中有电流 I 的影响，避免了电机电抗影响的问题。

(5) 测试发电机的感应电动势常数 K_{EF} 和该电机的反电动势常数 K_E 的数值相等。

$$K_{EF}=K_E$$

从上面的分析看，用发电机法测出电机的感应电动势常数 K_{EF}，再换算成电机的转矩常数 K_T 来表示电机的机械特性是可以代表该无刷电机最佳状态的机械特性，那么式(5-62)是正确的。

$$K_T=9.549\,3K_{EF} \tag{5-62}$$

5.7.2　测试发电机测量感应电动势的形式和方法

用无刷电机测试法求出直流无刷电机的感应电动势有多种方法，简单介绍如下。

1) 用普通万用表测量无刷电机的线感应电动势　可用转速精确可调的伺服电机或同步电机作为拖动电机，图 5-20 所示是用一个伺服电机作为拖动电机，其转速设定为 1 000 r/min，被拖动的无刷电机转子以 1 000 r/min 的速度旋转，无刷电机线圈采用星形接法，图 5-20 中电机输出的两相线感应电

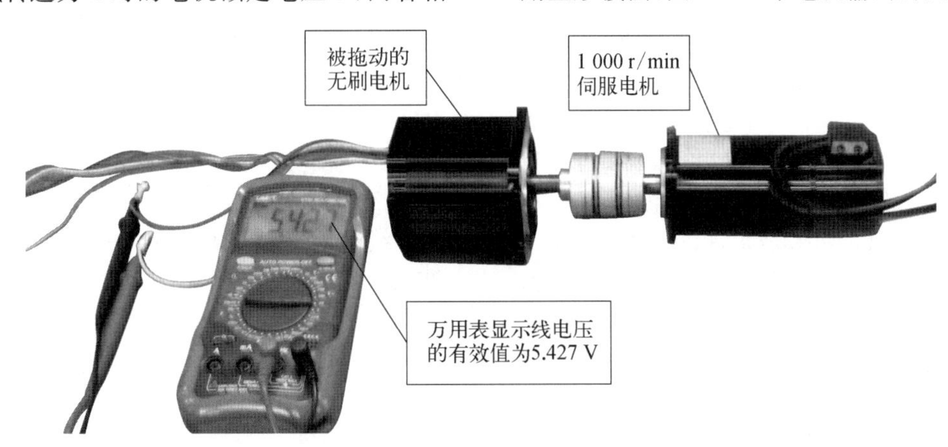

图 5-20　用万用表测试被拖电机的感应电动势

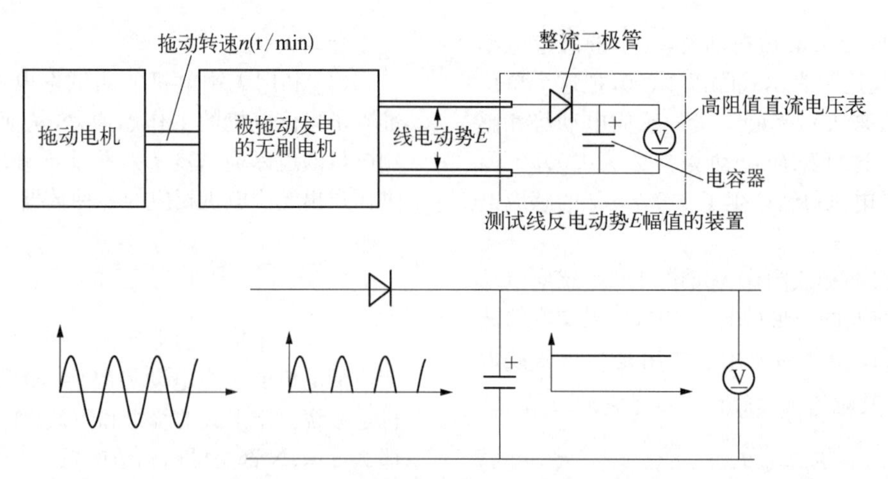

图 5-21 通过整流后测试发电机的电压

动势用万用表交流挡测量输出的交流电压为 5.427 V,这就是感应电动势 E 的有效值。

2) 一般万用表可以通过整流后测量电压波形峰值 E　如图 5-21 所示。

3) 用示波器测量感应电动势 E 的波形,求出感应电动势 E(幅值)　用示波器(图 5-22)测出发电机的电动势波形,这个波形是比较好测量的,无刷电机作为发电机,发出的是交流电,不管交流电的波形是严格的正弦波或是其他形状的交流波形,其波形的幅值是可以测量出来的,直接用示波器测量无刷电机线圈的输出波形,该波形的幅值 E 就是无刷电机在 n(r/min)转速时的感应电动势幅值 E。

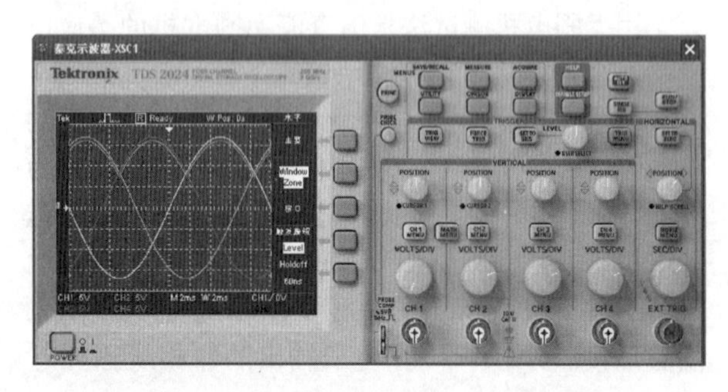

图 5-22 测试发电机电动势的示波器

图 5-23 所示无刷电机的感应电动势峰-峰值为 17.5 V,那么该无刷电机的感应电动势 $E=17.5/2=8.75$ V, 8.75 V 就是波形的幅值 E。该波形不是正规的正弦波,整个波形面积小于正弦波波形面积。如果是正规的正弦波,那么该波形的有效值为 $8.75/\sqrt{2}=6.187$ V,但是现在该电动势的有效值为 5.537 V,用普通万用表的电压挡测量,其电压为 5.5 V 略高一些,因此和示波器测量是相同的,万用表是无法测量出电动势幅值的。

可以用发电机法求取无刷电机的感应电动势和感应电动势常数,从而求得正确的电机工作磁通,为无刷电机的实用设计提供正确的设计依据,在工厂生产中,这种方法可以作为检验无刷电机性能的检验方法。电机的“磁场”有限元分析法也是为了求取电机的正确工作磁通。

5.7.3 求取电机有效系数 α_i 的方法

图 5-24 所示是无刷电机的相感应电动势的波形,这个波形图实际就是气隙磁通密度作用于齿的有效波形,可以求出其有效系数 α_i。用 CAXA 二维画图软件,可以方便地求出平均值和峰值之间的比值,这个数值是这个波形的平均值面积与最大值面积之比,用这个系数求取电机的工作磁通比按经验选取的 α_i 来计算电机的工作磁通要准确得多。因为在推导反电动势时,就是用的平均磁通密度的概念。

在 Maxwell 中,由反电动势的波形可以直接求出其平均值,再和幅值之比,那么就可以求出电机的 α_i。

图 5-25 所示是一个无刷电机的反电动势波形。

在图 5-25 中可以看到,相反电动势的最大幅值为 141.400 6 V,平均绝对值为 104.152 7 V,因此其 $\alpha_i=\dfrac{104.1527}{141.4006}=0.73657$。

线电压与相电压在同一电角度时幅值比是 $\dfrac{270.6447}{135.5432}\approx 2$。

两反电动势的有效值之比 $\dfrac{192.8653}{112.0256}=1.7216\approx\sqrt{3}$。

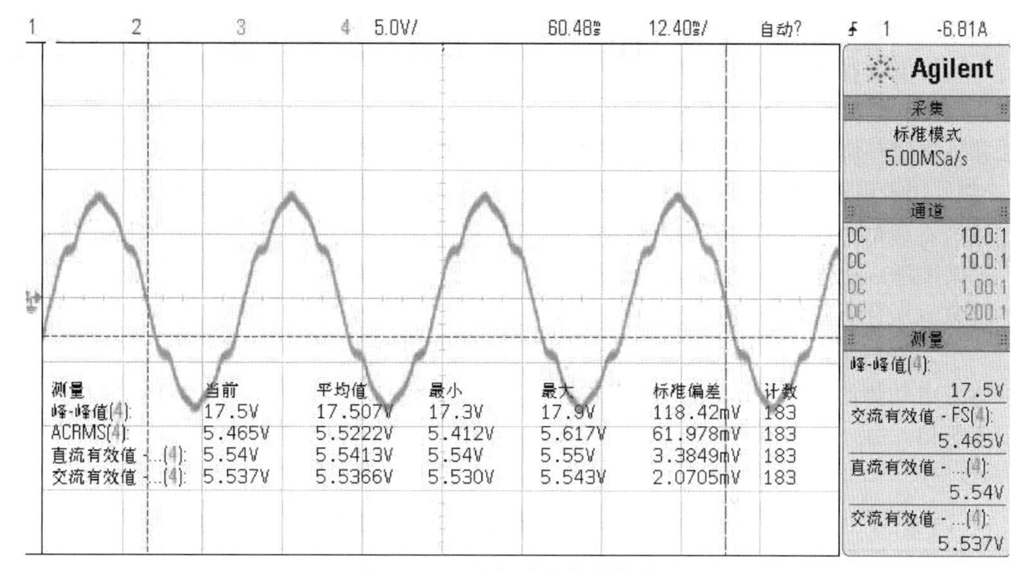

图 5-23　电机感应电动势波形

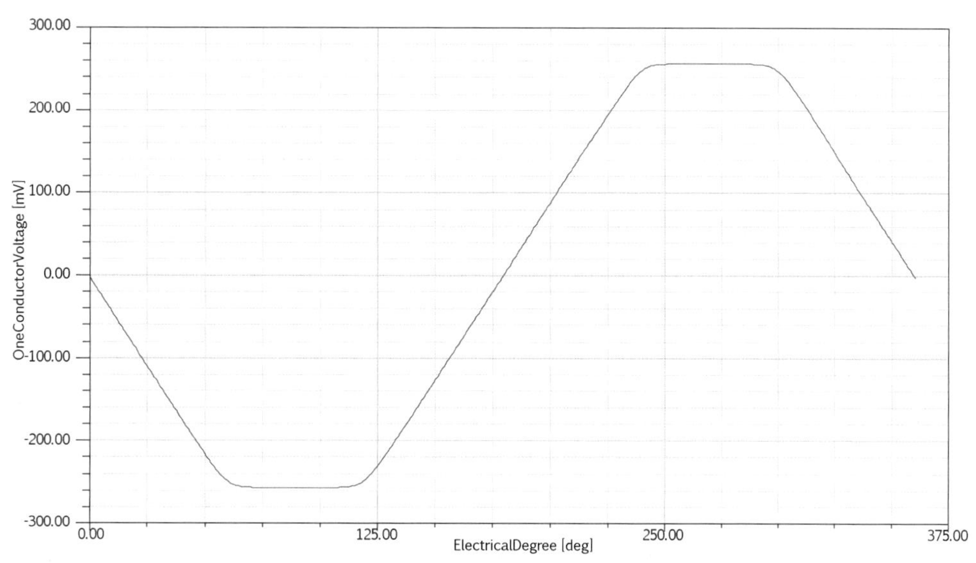

图 5-24　无刷电机感应电动势波形

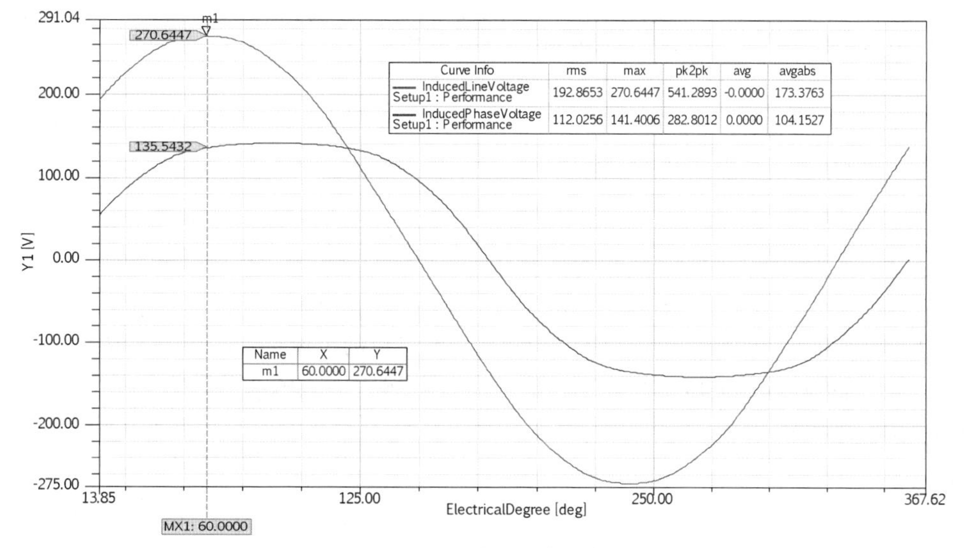

图 5-25　无刷电机反电动势波形

有效值的定义是通过发热来定义的，但在测量仪器中按此方法来进行有效值电压的测量是很难实现的。大多数电压测量仪器中，如万用表测量电压，其测量方法并不是按有效值定义的“发热”来进行测量的，其中一类万用表以正弦波为参考，通过正弦波的峰值为$\sqrt{2}$倍的有效值之间关系来得到有效值(或者通过平均值来推导)，此类方法得到的有效值只对正弦波形的交流电压才有效，对其他形状的波形将会产生偏差。用万用表测量无刷电机的感应电动势时不能求取感应电动势的峰值，可以用示波器测量感应电动势的幅值。有一种真有效值万用表，有尖峰捕获功能，可以测量出感应电动势波形的幅值。

5.7.4 测试发电机的感应电动势

如果定子上只有一个齿绕线圈，那么该线圈发出的电动势就是该齿单个线圈发出的电动势。如果绕线按无刷电机的一相齿并且是一相的相应位置绕线，那么发电机发出的电动势就是电机一相的电动势。如果按无刷电机的星形接法，两相齿并且是两相的相应位置绕线，测出的感应电动势是通电两相的电动势。

以198A电动摩托车电机为例，测得该电机的机械特性曲线，并做了无刷电机的对拖试验，取得一些结论性的数据，见表5-25。

表5-25 198A电动摩托车电机机械特性测试报告(因篇幅关系仅取部分测试点)

测试点	电压(V)	输入功率(W)	电流(A)	转速(r/min)	转矩(N·m)	输出功率(W)	效率(%)
1	48.1	88.99	1.85	517	0.15	8.12	9.1
2	48.1	82.73	1.72	516	0.2	10.81	13.1
3	48.09	85.56	1.8	515	0.2	10.79	12.5
4	48.1	89.47	1.86	517	0.29	15.7	17.5
5	48.1	83.21	1.73	516	0.19	10.27	12.3
…	…	…	…	…	…	…	…
35	47.8	684.73	14.34	454	11.7	555.27	81.2
36	47.7	712.31	14.93	452	12.23	578.9	81.2
37	47.7	743.95	15.59	448	12.99	609.44	81.9
38	47.7	781	15.38	446	13.6	635.21	81.3
39	47.7	807.53	15.94	443	14.24	660.63	81.8
45	47.6	992.1	20.86	426	17.95	800.79	80.7
46	47.5	1 012.6	21.3	424	18.56	824.11	81.4
47	47.5	1 039.26	21.87	422	18.98	838.34	80.7
48	47.5	1 065.23	22.44	418	19.56	865.47	80.2
49	47.5	1 077.19	22.74	413	20.02	865.88	80.4
50	47.5	1 034.85	21.86	397	20.43	849.38	82.1

注：198A电动摩托车电机，冲片长29 mm，磁钢38H，磁钢长30 mm，磁钢厚3 mm，0.51×12×5匝，被拖动691 r/min，两相输出电压46.6 V。

在机械特性曲线中求得电机的转矩常数，因为没有纯空载点的数据，取第3点和第36点数据，则

$$K_{\mathrm{T}}=\frac{12.23-0.2}{14.93-1.8}=0.916(\mathrm{N\cdot m/A})$$

(1) 用闪光测速仪测出被拖动电动摩托车转速691 r/min，万用表测出电机的线感应电动势的有效值$E=46.6$ V(用示波器看过是类似正弦波)，以正弦波求其幅值。因此峰值$E=\sqrt{2}\times 46.6=65.9$(V)

(2) 求K_{E}、K_{T}。

$$K_{\mathrm{E}}=\frac{E}{n}=\frac{46.6\times\sqrt{2}}{691}=0.09537[\mathrm{V/(r/min)}]$$

$$K_{\mathrm{T}}=K_{\mathrm{E}}\times 9.5493=0.910716(\mathrm{N\cdot m/A})$$

相对误差

$$\Delta_{K_{\mathrm{T}}}=\left|\frac{0.910716-0.916}{0.916}\right|=0.005768$$

这就说明了电机的对拖法求取电机的K_{E}、K_{T}和电机的机械特性曲线中求取的K_{E}、K_{T}值是相等的，说明用测试发电机法求取电机的K_{E}、K_{T}是可行的，这样可以简便地计算出无刷电机的主要参数，达到无刷电机实用设计的目的。

5.7.5 电机工作磁通的分析

直流永磁无刷电机的所有磁钢对线圈产生的磁

通是否就是电机的有效工作磁通呢？在相关章节已经对电机的反电动势常数做了较详细的推导和分析，现在用电机对拖试验法对电机的磁通进行详细的分析和证明，以便对电机的工作磁通有一个清晰的认识。

在一个电动自行车电机型号为198B的无刷电机定子上，分别在每个齿上绕了100匝，又按照该电机的绕组形式绕了一相17个线圈(4+4+3+3+3个线圈)各绕了5匝，如图5-26所示，进行了拖动试验。转速是用红外测速仪进行测量的。表5-26是测试的电机主要尺寸数据和用万用表的交流挡测试出的电压数据，依据这些数据可以求出电机磁通和齿磁通密度。

图5-26　198B无刷电机的定子绕测试线圈

表5-26　198B用对拖法测出的感应电动势数值

型　号	齿数 Z	极数 $2P$	拖动转速(r/min)	齿宽(cm)	转子长(cm)	绕组齿数	每齿匝数	测量电压(V)	峰值电压(V)	总根数
198B	51	46	298	0.6	2.3	1	100	14.1	19.940 411	200
						17	5	12	16.970 562	170

1) 198B电机一个齿线圈计算　当测试发电机的磁钢(含有 P 对极的磁钢)的转子以转速298 r/min转动，那么一个齿线圈发出的感应电动势峰值为19.940 411 V(假设发出的电动势的波形是正弦波，$E=\sqrt{2}\times 14.1$ V)，其该电机的反电动势常数为

$$K_E=\frac{E}{n}=\frac{19.940\,411}{298}=0.066\,914\,13[\text{V}/(\text{r/min})]$$

所以

$$\Phi=\frac{60K_E}{N}=\frac{60\times 0.066\,914\,13}{100\times 2}=0.020\,074\,2(\text{Wb})$$

这里是一个齿线圈与电机 P 对极的磁钢的磁力线切割。Φ 是电机 P 对极的有效磁通之和，$N=100\times 2=200$ 根是一个齿线圈的有效导体总根数。

2) 198B电机17个齿(一相)线圈计算　当测试发电机的磁钢(含有 P 对极的磁钢)的转子以转速298 r/min转动，那么17个齿线圈发出的感应电动势峰值为16.970 562 V(假设发出的电动势的波形是正弦波)，该电机的电势常数为

$$K_E=\frac{E}{n}=\frac{16.970\,562}{298}=0.056\,948[\text{V}/(\text{r/min})]$$

所以

$$\Phi=\frac{60K_E}{N}=\frac{60\times 0.056\,948}{17\times 5\times 2}=0.020\,099\,3(\text{Wb})$$

这里是17个齿线圈(一相)与电机 P 对极的磁钢的磁力线切割。Φ 是电机 P 对极的有效磁通之和，$N=17\times 5\times 2=170$ 根是17个齿线圈的有效导体总根数。

两种测试方法的磁通误差为

$$\Delta_\Phi=\left|\frac{0.020\,074\,2-0.020\,099\,3}{0.020\,099\,3}\right|=0.001\,24$$

0.001 24纯粹是万用表测量误差了。

以上实验说明，两种不同绕组求取电机的有效磁通 Φ 是相等的。证明了作用于线圈的交链的工作磁通 Φ 就是电机转子整个磁钢旋转一周对线圈作用的磁通。

从绕组系数看，应该认为电机上一个齿的绕组的绕组系数(其绕组系数为1)和17个齿是电机一相的绕组系数(其绕组系数为0.943 778)肯定是不同的，但是在实际测试发电机中，以绕组的有效导体数 N 就是绕组实际根数的观点，用两种不同的绕组形式求出电机相同的有效工作磁通，因此从实验角度再次证明了：公式 $K_E=\frac{E}{n}=\frac{N\Phi}{60}$ 中不需要考虑电机的绕组系数 K_{dp}，本书实用设计法中不采用绕组系数的概念。

5.7.6　从Maxwell中求感应电动势常数

无刷电机的反电动势常数 $K_E=\frac{E}{n}=\frac{N\Phi}{60}$，$N$、$\Phi$ 是恒量，所以 K_E 是恒量，就是说 E/n 之比是恒量，随着无刷电机被拖动的转速加快，测试发电机的感应电动势 E 也正比例升高。它们之比 K_E 是恒量。

以198无刷电机为例，其转速250 r/min时的技术数据及感应电动势见表5-27和图5-27。

表 5-27　198 电机 250 r/min 技术数据

负载类型	恒速
额定输出功率(W)	560
额定电压(V)	48
额定转速(r/min)	250
运行温度(℃)	75

$$K_E = \frac{E}{n} = \frac{24.9614}{250} = 0.0998456[\mathrm{V/(r/min)}]$$

如果电机的转速变为 300 r/min，其技术数据及感应电动势见表 5-28 和图 5-28。

表 5-28　198 电机 300 r/min 技术数据

负载类型	恒速
额定输出功率(W)	560
额定电压(V)	48
额定转速(r/min)	300
运行温度(℃)	75

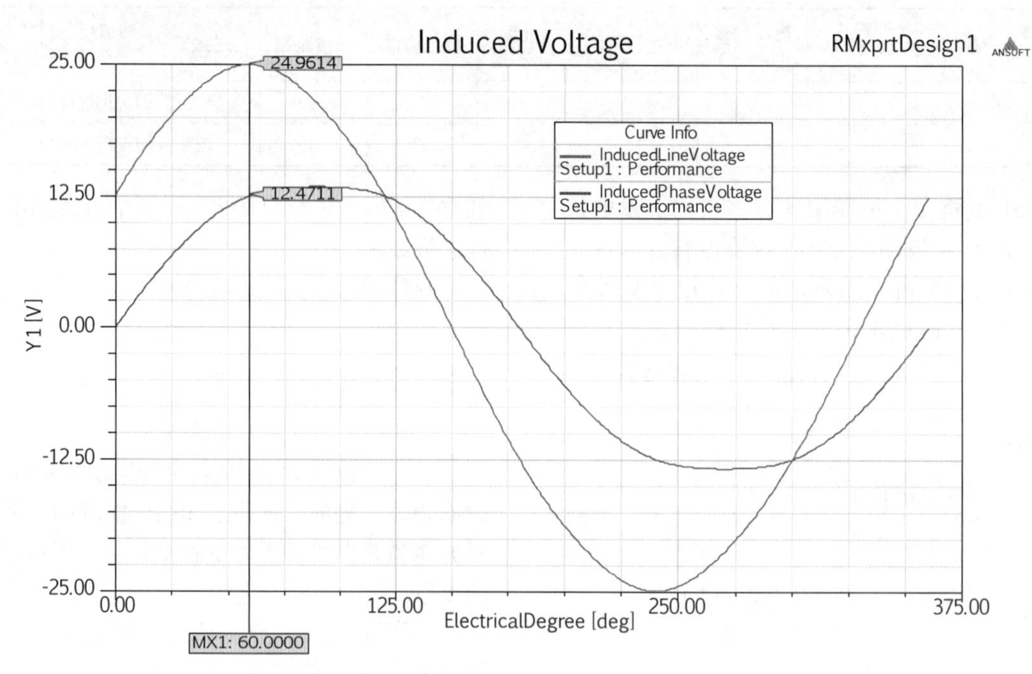

图 5-27　198 电机 250 r/min 感应电动势波形

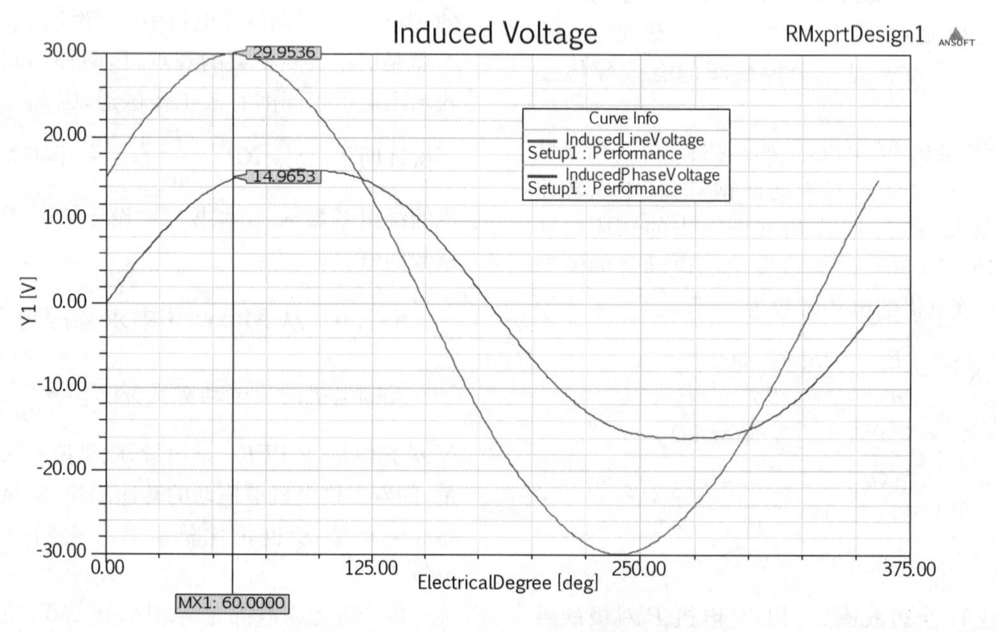

图 5-28　198 电机 300 r/min 感应电动势波形

$$K_{E线} = \frac{E}{n} = \frac{29.9536}{300} = 0.0998453[V/(r/min)]$$

用线电动势计算时，可以比较两种转速时的感应电动势，求 K_E 的误差

$$\Delta_{K_E} = \left| \frac{0.0998453 - 0.0998456}{0.0998456} \right| = 0.000003$$

从相电动势和线电动势求电机的工作磁通是相同的，即

$$K_{E相} = \frac{E}{n} = \frac{14.9653}{300} = 0.0498843[V/(r/min)]$$

$$\frac{0.0998453}{0.0498843} = 2$$

相线圈绕组是两相绕组的一半，所以相绕组计算 K_E 值是线绕组计算 K_E 值的一半，因此磁通 Φ 值是相等的。如果用发电机法，用万用表测量电机相感应电动势和线感应电动势，那么只能测到波形的有效值，没有相位概念。因为线感应电动势和相感应电动势之间有相位关系，在线感应电动势的峰值位置，线感应电动势是相感应电动势的 2 倍，所以求取电机的感应电动势 E 应该用两相的线感应电动势幅值为计算基准。

5.7.7　从 Maxwell 中用感应电动势求电机的齿磁通密度

以 80－12－4J 无刷电机为例，其结构和技术数据见图 5－29 和表 5－29。

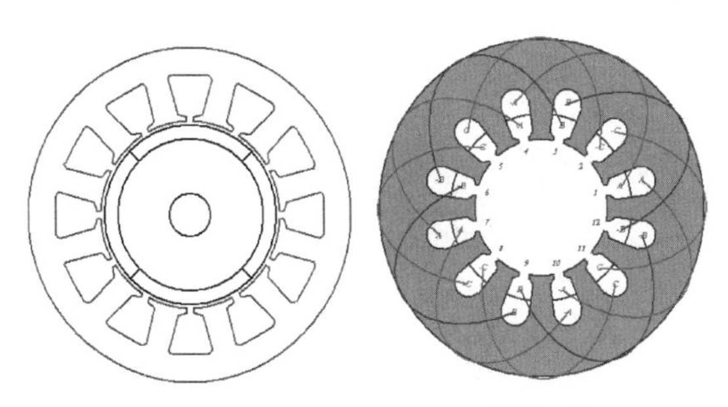

图 5－29　80－12－4J 无刷电机的结构和绕组

表 5－29　80－12－4J 无刷电机额定点技术数据

负载类型	恒速
额定输出功率(kW)	0.01
额定电压(V)	48
额定转速(r/min)	1 600
运行温度(℃)	75

下面是用 Maxwell 计算 80－12－4J 无刷电机的磁路数据：

NO-LOAD MAGNETIC DATA

Stator-Teeth Flux Density (Tesla):1.70715

Stator-Yoke Flux Density (Tesla):1.9848

Rotor-Yoke Flux Density (Tesla):1.08905

Air-Gap Flux Density (Tesla):0.793019

Magnet Flux Density (Tesla):0.926179

在 1 600 r/min 时 80－12－4J 无刷电机的感应电动势如图 5－30 所示。

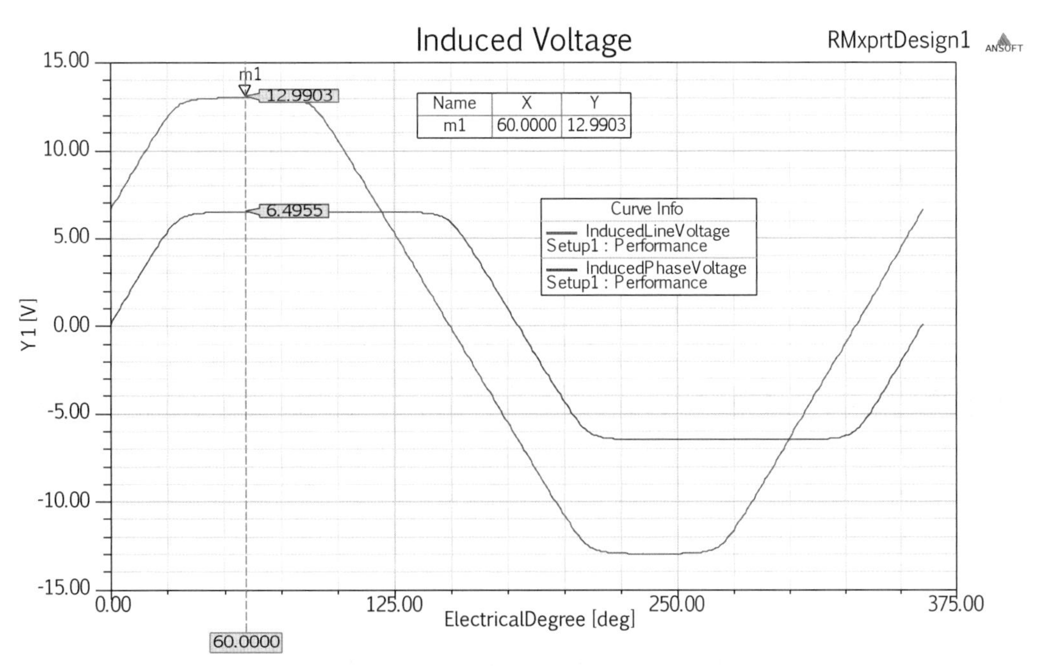

图 5－30　80－12－4J 无刷电机 1 600 r/min 感应电动势波形

$$K_E = \frac{E}{n} = \frac{12.990\,3}{1\,600}$$

$$= 0.008\,118\,937\,5[\mathrm{V/(r/min)}]$$

$$\Phi = \frac{60K_E}{N} = \frac{60K_E}{Z \times 2W \times (2/3)}$$

$$= \frac{60 \times 0.008\,118\,937\,5}{12 \times 2 \times 7 \times (2/3)}$$

$$= 0.004\,349\,43(\mathrm{Wb})$$

$$B_Z = \frac{\Phi \times 10^4}{Zb_t LK_{FE}} = \frac{0.004\,349\,43 \times 10^4}{12 \times 0.56 \times 4 \times 0.97}$$

$$= 1.668\,135(\mathrm{T})$$

$$\Delta_{B_Z} = \left| \frac{1.668\,135 - 1.707\,15}{1.707\,15} \right| = 0.022\,8$$

这证明了:

(1) 从 Maxwell 中的感应电动势可以求出电机的线反电动势常数,从而求出电机的工作磁通。

(2) 电机工作磁通基于电机齿工作磁通的理念应该是对的。

(3) 求取感应电动势常数应该取用电机线感应电动势幅值。

5.7.8 感应电动势波形的分析

以 175 无刷电机为例,用 Maxwell 分析其反电动势。

175 无刷电机的电机输入数据如图 5－31 所示,控制器压降的设定如图 5－32 所示。

有负载时的 175 无刷电机的反电动势如图 5－33 所示。

若设 175 无刷电机空载,输出功率为 0,控制器压降为 0,则感应电动势如图 5－34 所示。

175 无刷电机说明:

(1) 负载与空载的波形形状是一样的。

(2) 波形是标准的梯形波(磁钢是同心圆,钕铁硼磁钢)。

(3) 在空载时,线电动势幅值与输入直流电压值相同。

(4) 在线感应电动势峰值时,线电动势幅值是相电动势幅值的 2 倍。

电机的感应电动势波形不一定是正弦波,也有阶梯波的形状和其他波形,如图 5－35 所示是阶梯波的感应电动势波形。

用示波器测试 158 无刷电机在 300 r/min 发电状态时的线电压波形,如图 5－36 所示。

经过以上分析说明:

(1) 空载感应电动势 E 波形不一定是正弦波,有梯形波、阶梯波等,这与波形内的谐波、磁钢、绕组和齿数等有关。

(2) 在空载时,感应电动势峰值等于电源直流电压值。

(3) 有负载时,感应电动势幅值会下降,但是波形相同。

(4) 在线感应电动势峰值时,线感应电动势是相感应电动势的 2 倍。

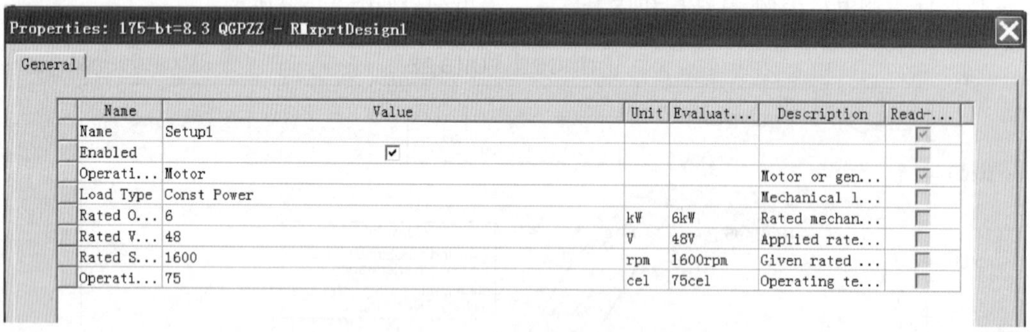

Properties: 175-bt=8.3 QGPZZ - RMxprtDesign1

General

Name	Value	Unit	Evaluat...	Description	Read-...
Name	Setup1				☑
Enabled	☑				☐
Operati...	Motor			Motor or gen...	☑
Load Type	Const Power			Mechanical l...	☐
Rated O...	6	kW	6kW	Rated mechan...	☐
Rated V...	48	V	48V	Applied rate...	☐
Rated S...	1600	rpm	1600rpm	Given rated ...	☐
Operati...	75	cel	75cel	Operating te...	☐

图 5－31 175 无刷电机的电机输入数据

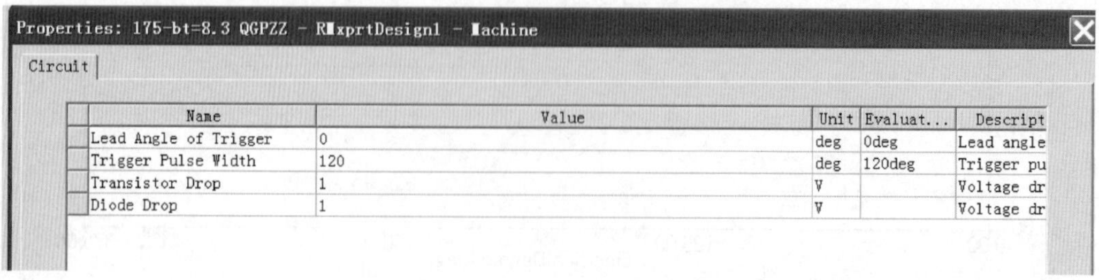

Properties: 175-bt=8.3 QGPZZ - RMxprtDesign1 - Machine

Circuit

Name	Value	Unit	Evaluat...	Descript
Lead Angle of Trigger	0	deg	0deg	Lead angle
Trigger Pulse Width	120	deg	120deg	Trigger pu
Transistor Drop	1	V		Voltage dr
Diode Drop	1	V		Voltage dr

图 5－32 175 无刷电机控制器压降的设定

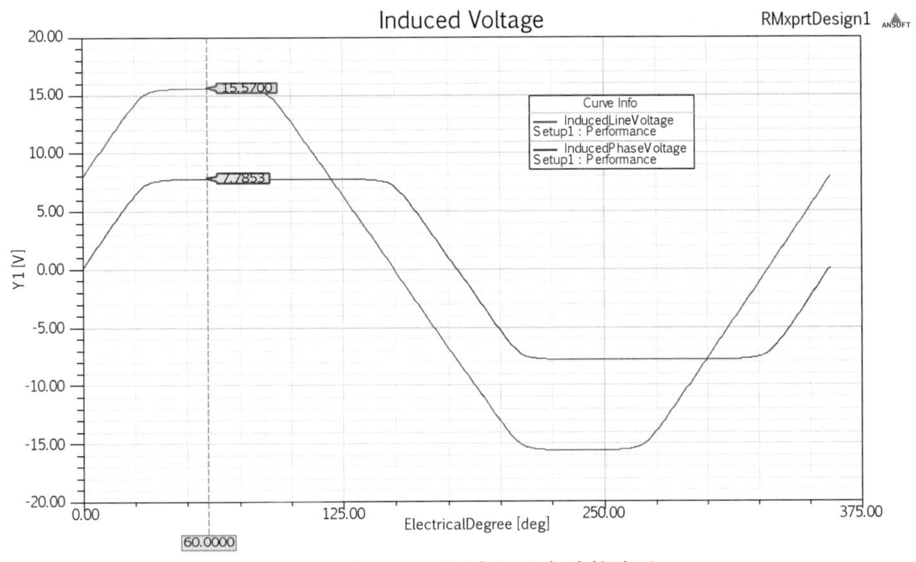

图 5-33　175 无刷电机反电动势波形

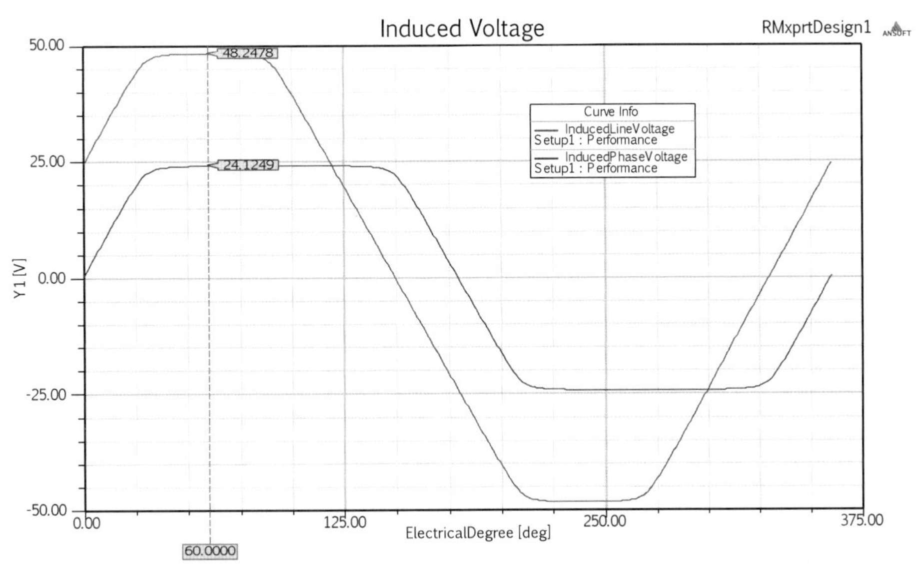

图 5-34　175 无刷电机空载和控制器压降为零的感应电动势波形

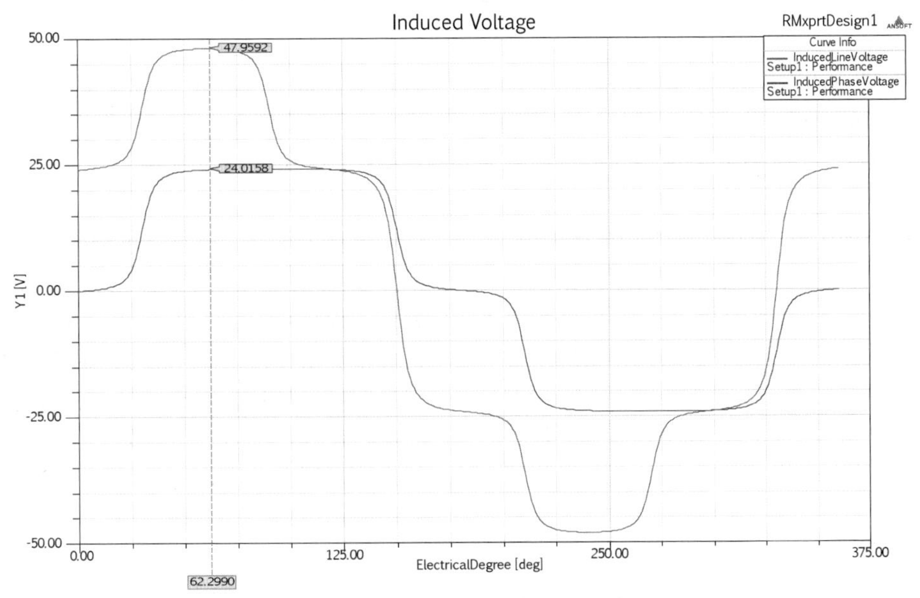

图 5-35　阶梯波的感应电动势波形

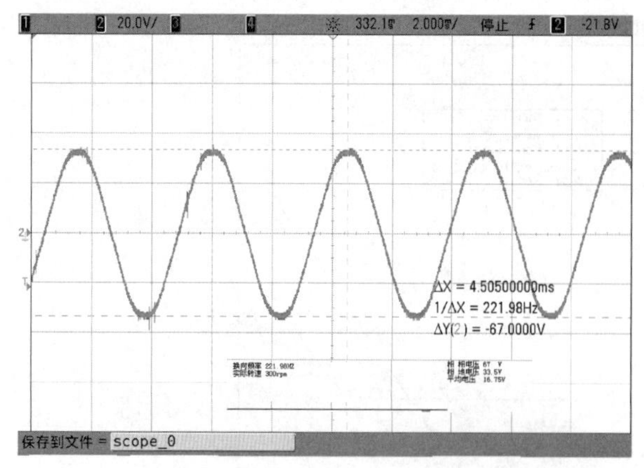

图 5-36 158 电机在 300 r/min 发电状态时的线电压波形

(5) 线电压有效值是相电压有效值的$\sqrt{3}$倍。

(6) 如果波形是标准的正弦波，那么有效值是峰值的 $1/\sqrt{2}$倍。

5.7.9 用电机通用公式法验证测试发电机法的准确性

以 198A 电机求证，取用电机发电机法所求出的磁通。

$$K_E = \frac{E}{n} = \frac{46.6 \times \sqrt{2}}{691} = 0.09537[\mathrm{V/(r/min)}]$$

$$\Phi = \frac{60K_E}{N} = \frac{60 \times 0.09537}{340} = 0.01683(\mathrm{Wb})$$

电机机械测试效率点取表 5-25 中第 46 点，用电机通用公式求取电机有效通电导体数

$$N = \frac{60U\sqrt{\eta}}{\Phi n} = \frac{60 \times 47.5 \times \sqrt{0.814}}{0.01683 \times 424} = 360.3(\text{根})$$

每槽的绕组匝数

$$W_1 = \frac{360.3/2}{34} = 5.29(\text{匝})$$(电机实际绕组匝数为 5 匝)

$$\Delta_W = \left|\frac{5.29-5}{5}\right| = 0.058$$

综上所述，用测试发电机法求取电机的工作磁通，并可用通用公式非常方便和准确地求取电机的有效导体数 N。

5.7.10 测试发电机法的分析

无刷电机从控制器中出来的电源波形和发电机电动势法波形是完全不同的两个概念。发电机发出的电势的波形主要与磁钢磁场分布的波形和定子齿的形状有关。这个波形可能是正弦波，也可能是梯形波，但是这是一个实实在在的波形，不是由方波通过斩波，利用波形的占空比形成有效值的波形(PWM 波)。

从本节的介绍可知，通过发电机法测量出电机的感应电动势的波形，求出感应电动势的幅值，从而求出电机的反电动势常数，进一步求出电机的有效工作磁通和齿磁通密度，进而可以求出无刷电机的绕组有效匝数，这是一种非常实用的无刷电机设计方法。

5.8 无刷电机目标推算法

本节作者介绍一种比较直观、实用的电机目标推算设计法。电机的目标推算不是简单地按比例调整一下电机某个参数，而是根据某一个电机进行综合分析后，可以设计出一只和现有电机在性能、外形尺寸上完全不一样的电机，而且设计不是那么繁复，简单实用，计算准确度比较高。

目标推算作为一种重要的思维方法和推理方法，是在已有知识的基础上，进一步认识事物的一种有效的试探性的判断方法，这是科学研究中常用的方法之一。推算是以两个或两类对象有部分属性相同的判断为前提，从而推出它们的其他属性也相同的推理。

目标推算的推理过程，就是由两个对象的某些相同或相似的性质，推断它们在其他性质上也有可能相同或相似的一种推理形式。通过推算思维，在推算中联想，从而升华思维，由此及彼的过程，这是技术工程设计中最常运用的一种解决问题的方法。

推算思维是解决复杂事物的一个行之有效的基本方法，推算法来解决电机设计是与大型电机设计软件的设计观点和方法完全是相反的。电机设计的目标推算法，表现在电机设计中人们能够通过推算把参照电机和目标电机有目的地联系起来，解决新的电机设计目标，按照电机目标设计值进行一系列的推算过程。电机推算设计富有创造性，其设计思路巧妙，方法简单、快捷、正确、实用，往往能将人们带入一个新的设计境界。

5.8.1　冲片相同的目标推算法

要进行目标推算，必须先有一个参照电机及其相关数据，数据越多越好。但数据不见得推算时一定全用到，在推算时取用的参数越少越好。然后要把推算的目标电机的目标参数详细地罗列出来，定出经过推算需要达到的目标值。

要移用某种参照电机形式，包括冲片，设计另外一个无刷电机，如何用推算法进行一些分析？如果用一个无刷电机推算另外一个新无刷电机，那么原参照的无刷电机有多少数据可以在推算中应用呢？

(1) 利用参照电机的冲片和磁钢形式，目标电机与参照电机之间外部机械特性是不相同的，两个电机的转矩常数 K_T 或反电动势常数 K_E 有了很大变化，内部特性基本相同，磁钢形状、材料性能均相同，磁钢和定子叠长需要改变，电机的电流密度和槽利用率保持不变。

(2) 由于电机的机械特性发生改变，那么电机的磁链 $N\Phi$ 必定要改变，以达到新电机的目的。

下面进行推算实用举例：以 57BLDC 无刷电机为例，沿用原来冲片，把电机定子厚度改为 2 cm，磁钢仍为 GPM-8(环形黏结钕铁硼磁钢)，目标电机的目标性能见表 5-30。

表 5-30　目标电机的目标性能

额定电压(V)	额定转速(r/min)	空载转速(r/min)	定子厚度(cm)	额定功率 P_2(W)	估算效率	槽利用率 K_{SF}
24	4 500	5 200	2	30	0.62	0.15

要求推算满足电机性能时的每齿线圈匝数和线径。

把目标电机的主要数据求出，即

$$T_N = \frac{9.549\,3P_2}{n} = \frac{9.549\,3 \times 30}{4\,500} = 0.063\,66(\text{N}\cdot\text{m})$$

$$P_1 = \frac{P_2}{\eta} = \frac{30}{0.62} = 48.38(\text{W})$$

$$I = \frac{P_1}{U} = \frac{48.38}{24} = 2.015(\text{A})$$

$$K_E = \frac{U}{n_0} = \frac{24}{5\,200} = 0.004\,6[\text{V}/(\text{r/min})]$$

这里为什么用 $K_E = U/n_0$ 替代 $K_E = U/n_0'$ 呢，因为无刷电机的 $T-n$ 曲线总是有些弯曲的，通过额定点的理想 $T-n$ 的空载点与实际空载点更接近，这样求出的 K_E 从而求得的 K_T 与实际 K_T 更接近，因此用 n_0 替代 n'_0 更合适。

$$K_T = 9.549\,3K_E = 9.549\,3 \times 0.004\,6 = 0.044(\text{N}\cdot\text{m/A})$$

把原参照无刷电机 57BLDC 的其他数据列出，见表 5-31。

表 5-31　参照电机和目标电机的额定点比较

	U(V)	T(N·m)	n(r/min)	P_2(W)	n_0(r/min)	I(A)	P_1(W)	η	K_T(N·m/A)
参照电机	35.81	0.443 3	4 000	185.69	5 250	5.630	237.42	0.782	0.074
目标电机	24	0.063 6	4 500	30	5 200	2.015	48.38	0.62	0.044
Δ	0.492	5.97	0.11	5.19	0.01	1.79	3.9	0.26	0.68

磁钢 GPM-8(环形黏结钕铁硼磁钢)：$B_r = 0.658\,7$ T，$H_C = 5.2$ kOe，$H_{CB} = 9.13$ kOe，$BH_{max} = 8.68$ MGOe。

电机要求是分数槽集中绕组，选用 $Z = 6$，$P = 2$(两对极)，见表 5-32。

表 5-32　电机实际绕组

线径(mm)	并绕根数	每齿匝数
0.45	3	21
0.4	2	

总导线截面：0.728 087 5 mm²，相当线径 $d = 0.962\,8$ mm，每槽 21 匝，有效总根数 $N = 168$ 根。

参照电机参数：$D = 2.682$ cm，$L = 8$ cm，$B_r = 0.658\,7$ T，$Z = 6$，$A_S = 142.176\ \text{mm}^2$，$K_{SF} = 0.215$，$j = 9.1\ \text{A/mm}^2$，如图 5-37 所示。

推算依据：电机形式和冲片确定后，① 电机的转矩常数 K_T 与电机导体数 N 和电机匝数 W 成正比；② 电机的工作磁通 Φ 与定子长度 L 成正比。

无刷电机推算计算如下：

(1) 求推算电机的匝数。

$$\frac{K_{T1}}{K_{T2}} = \frac{0.074}{0.044} = \frac{N_1\Phi_1}{N_2\Phi_2} = \frac{W_1L_1}{W_2L_2} = \frac{21 \times 8}{W_2 \times 2} = 1.681\,8$$

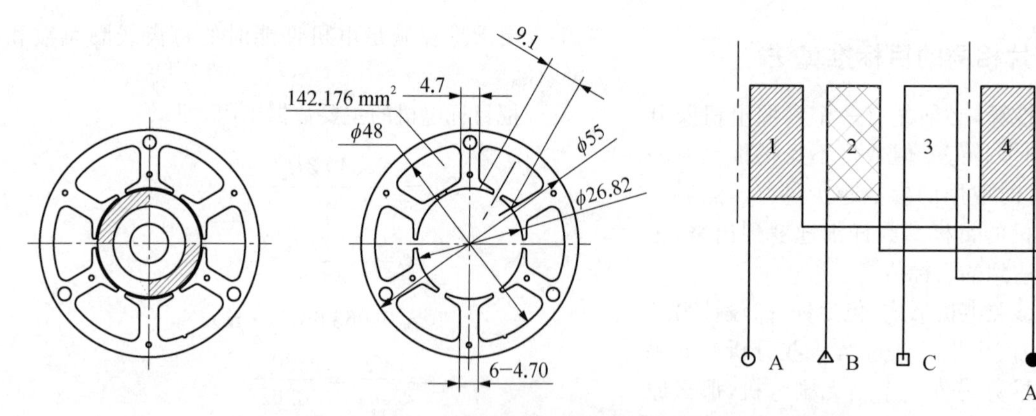

图 5-37 参照电机的结构、定子冲片和绕组

$$W_2=\frac{W_1L_1}{\frac{K_{T1}}{K_{T2}}L_2}=\frac{21\times 8}{1.6818\times 2}$$

$$=49.9(匝)(取 50 匝)$$

$$N_2=W_2Z\times 2\times\frac{2}{3}$$

$$=50\times 6\times 2\times\frac{2}{3}=400(根)$$

(2) 核算电机电流密度。

$$q_{Cu}=\frac{2ZA_SK_{SF}}{3N}=\frac{2\times 6\times 142.176\times 0.15}{3\times 400}$$

$$=0.2133(mm^2)$$

$$d=\sqrt{\frac{4q_{Cu}}{\pi}}=\sqrt{\frac{4\times 0.2133}{\pi}}=0.521(mm)$$

(取 0.53 线，$q_{Cu}=0.22\ mm^2$)

$$j=\frac{I_N}{q_{Cu}}=\frac{2.015}{0.22}=9.16\ (A/mm^2)$$

(3) 电机实际匝数：50 匝，线径：0.5 mm。

(4) 分析误差。

匝数相对误差为

$$\Delta_W=\left|\frac{49.9-50}{50}\right|=0.002$$

线径相对误差为

$$\Delta_d=\left|\frac{0.53-0.5}{0.5}\right|=0.06$$

(5) 目标电机样机的机械特性曲线，部分测试点见表 5-33。在电机额定点附近两点，用插入法求出电机在 0.063 6 N·m时的数据，见表 5-34。

(6) 推算法电机性能误差分析，见表 5-35。

表 5-33 推算法求得的目标电机实测机械特性曲线(取其中部分测试点)

T(N·m)	n(r/min)	P_2(W)	U(V)	I(A)	P_1(W)	η(%)	K_T(N·m/A)
0.000 7	5 215	0.38	24.04	0.64	15.39	2.5	
0.005 6	5 162	3.03	24.04	0.73	17.55	17.3	0.054 4
0.011 2	5 096	5.98	24.04	0.86	20.67	28.9	0.047 7
0.018 5	5 009	9.7	24.04	1.01	24.28	40	0.048 1
0.027 5	4 902	14.12	24.03	1.23	29.56	47.8	0.045 4
0.038 3	4 771	19.14	24.03	1.47	35.32	54.2	0.045 3
0.051 8	4 624	25.08	24.01	1.77	42.5	59	0.045 2
0.062	4 518	29.33	24.01	1.98	47.54	61.7	0.045 7
0.064 6	4 491	30.38	24.01	2.04	48.98	62	0.045 6
0.082 3	4 320	37.23	24	2.42	58.08	64.1	0.045 8
0.103 3	4 117	44.54	23.98	2.89	69.3	64.3	0.045 6
0.126 5	3 904	51.72	23.97	3.41	81.74	63.3	0.045 4

表 5-34 用插入法求出电机在 0.063 6 N·m 时的数据

T(N·m)	n(r/min)	P_2(W)	U(V)	I(A)	P_1(W)	η(%)	K_T(N·m/A)
0.062	4 518	29.33	24.01	1.98	47.54	61.7	0.045 7
0.063 6	4 511.9	30.05	24.01	2.004	48.11	61.8	0.045 6
0.064 6	4 491	30.38	24.01	2.04	48.98	62	0.045 6

表 5－35　性能误差分析

	U(V)	T(N·m)	n(r/min)	P_2(W)	n_0(r/min)	I(A)	P_1(W)	η(%)	K_T(N·m/A)
推算电机	24	0.063 6	4 500	30	5 200	2.015	48.38	62	0.044
实测电机	24.01	0.063 6	4 511.9	30.05	5 215	2.004	48.11	61.8	0.045 6
相对误差	0.000 4	0	0.002 6	0.001 6	0.002 8	0.005 3	0.005 5	0.003	0.035

从以上误差分析，用这种推算法设计无刷电机比较简单，设计符合率是相当好的。

5.8.2　异形冲片无刷电机的目标推算法

为了加深对目标推算法的认识，再对异形冲片电机的推算法进行介绍。

图 5－38 所示的电机冲片是异形冲片，冲片是方形的，为了减小齿槽效应，齿中还增加了凹槽(图 5－39)，这种冲片的电机在一般的设计程序中是没有考虑的，若用设计程序来计算这种冲片的无刷电机，在电机设计计算时会有些困难或计算不准确。但是用电机推算法推算异形冲片无刷电机是比较方便和准确的。

图 5－38　42BLDCM 无刷电机

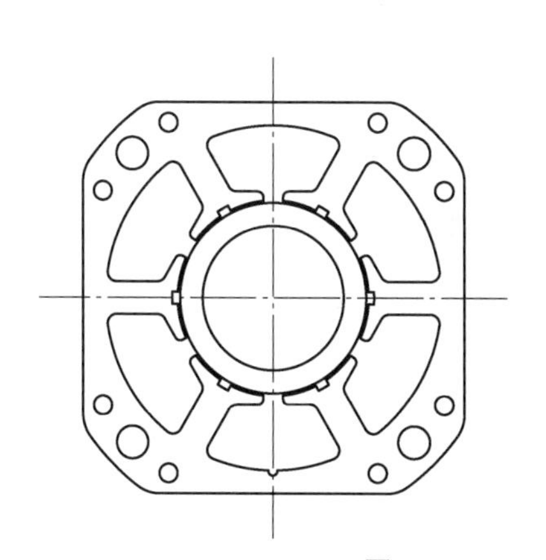

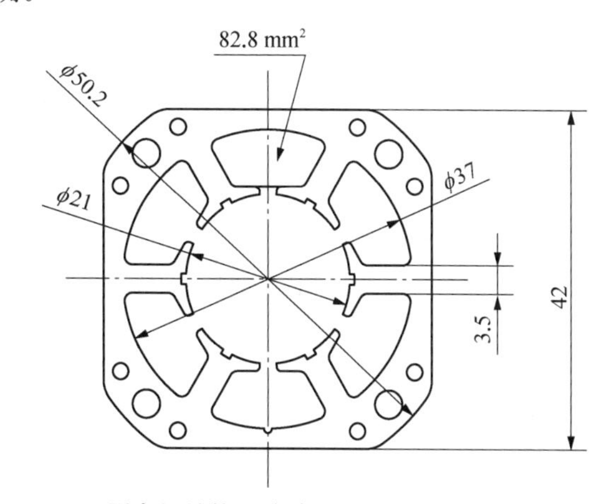

图 5－39　42BLDCM 无刷电机结构和冲片

参照电机 42BLDC 技术参数见表 5－36。

表 5－36　参照电机 42BLDC 技术参数

<table>
<tr><td rowspan="2">技术参数</td><td colspan="2">额定电压(V)</td><td colspan="2">额定转速(r/min)</td><td colspan="2">额定功率(W)</td></tr>
<tr><td colspan="2">24</td><td colspan="2">4 000</td><td colspan="2">103</td></tr>
<tr><td rowspan="2">设计参数</td><td>定子规格</td><td>定子厚度(cm)</td><td>线径(mm)</td><td colspan="2">并绕根数</td><td>匝数</td></tr>
<tr><td>42</td><td>8</td><td>0.45</td><td colspan="2">4</td><td>13</td></tr>
</table>

磁钢 GPM－8(环形黏结钕铁硼磁钢)：$B_r = 0.6587$ T，$H_C = 5.2$ kOe，$BH_{max} = 8.68$ MGOe。电机磁环数据见表 5－37。

表 5－37　电机磁环数据

外径(mm)	内孔(mm)	长(mm)
20.3	15.5	80

定子槽数 6 槽，齿宽 0.35 cm，槽面积 82.8 mm²，槽利用率 0.2，电流密度 11.07 A/mm²，有效总导体数 $N = 104$。

参照电机空载点和额定点的机械特性曲线数据见表 5－38。因为该电机没有测试电机纯空载点，因此把第一测试点列为近似空载点。

表 5－38　参照电机空载点和额定点的机械特性曲线数据

T(N·m)	n(r/min)	P_2(W)	U(V)
0.018 6	6 455	12.57	24.01
0.247 9	3 979	103.3	23.68
I(A)	**P_1(W)**	**η**	**K_T(N·m/A)**
1.03	24.73	0.508	
5.88	162.92	0.634	0.039 19

目标电机技术数据见表 5－39，推算步骤如下：

表 5－39　目标电机技术数据

额定电压(V)	额定转速(r/min)	额定功率(W)	估算效率	空载转速(r/min)	定子厚度(cm)	槽利用率 K_{SF}
24	4 000	28	0.6	6 360	1.6	0.3

1）目标电机相关性能计算

$$T_N=\frac{9.5493P_2}{n}=\frac{9.5493\times 28}{4000}=0.06684(\text{N}\cdot\text{m})$$

$$P_1=\frac{P_2}{\eta}=\frac{28}{0.6}=46.67(\text{W})$$

$$I=\frac{P_1}{U}=\frac{46.67}{24}=1.94(\text{A})$$

$$K_E=\frac{U}{n_0}=\frac{24}{6360}=0.003773[\text{V}/(\text{r/min})]$$

$$K_T=9.5493K_E=0.036(\text{N}\cdot\text{m/A})$$

2）求目标电机的有效匝数

$$\frac{K_{T1}}{K_{T2}}=\frac{0.03919}{0.036}=\frac{N_1\Phi_1}{N_2\Phi_2}=\frac{W_1L_1}{W_2L_2}=\frac{13\times 8}{W_2\times 1.6}=1.0886$$

$$W_2=\frac{13\times 8}{1.0886\times 1.6}=59.7(\text{匝})(\text{取 60 匝})$$

$$N=2W_2Z\times\frac{2}{3}=2\times 60\times 6\times\frac{2}{3}=480(\text{根})$$

3）核算目标电机电流密度

$$q_{Cu}=\frac{2ZA_SK_{SF}}{3N}=\frac{2\times 6\times 82.8\times 0.3}{3\times 480}=0.207(\text{mm}^2)$$

$$d=\sqrt{\frac{4q_{Cu}}{\pi}}=\sqrt{\frac{4\times 0.207}{\pi}}=0.513(\text{mm})$$

（取 0.51 线，$q_{Cu}=0.2\ \text{mm}^2$）

$$j=\frac{I_N}{q_{Cu}}=\frac{1.94}{0.2}=9.7(\text{A/mm}^2)$$

4）推算结果　见表 5－40。

表 5－40　推算结果

项目	数值
反电动势常数 K_E[V/(r/min)]	0.003 773
转矩常数 K_T(N·m/A)	0.036
总根数 N	480
匝数 W	60
导线截面积 q_{Cu}(mm²)	0.2
线径 d(mm)	0.51
电流密度 j(A/mm²)	9.7

5）目标电机机械特性测试　见表 5－41。

表 5－41　目标电机实测机械特性曲线(取部分测试点)

T(N·m)	n(r/min)	P_2(W)	U(V)	I(A)	P_1(W)	η(%)	K_T(N·m/A)
0.015 3	6 364	10.2	24.09	0.62	14.94	68.3	
0.019 3	6 227	12.59	24.09	0.68	15.38	75.8	0.066 7
0.022 1	6 106	14.13	24.09	0.73	17.59	80.4	0.061 8
0.026 4	5 870	15.23	24.09	0.84	20.24	80.2	0.050 5
0.031 7	5 571	18.49	24.07	0.99	23.83	77.6	0.044 3
0.038 6	5 236	21.17	24.06	1.16	27.91	75.8	0.043 1
0.045 8	4 867	23.34	24.04	1.37	32.93	70.9	0.040 7
0.055 3	4 475	25.92	24.04	1.62	38.94	65.5	0.040 0
0.065 3	4 090	27.97	24.03	1.93	45.38	60.3	0.038 2
0.066 8	4 054	28.35	24.02	1.966	47.22	0.60	0.038 2
0.068 2	4 021	28.72	24.01	2	48.02	59.8	0.038 3
0.069 6	3 958	28.85	24.01	2.06	49.46	58.3	0.037 7
0.084 1	3 592	31.64	24	2.49	59.76	52.9	0.036 8
0.098 5	3 302	34.06	23.95	2.93	70.17	48.5	0.036 0

目标电机的实际匝数为 60，线径为 0.5 mm。

6）验证设计符合率

(1) 匝数相对误差为

$$\Delta_W=\left|\frac{59.7-60}{60}\right|=0.005$$

(2) 线径相对误差为

$$\Delta_d=\left|\frac{0.513-0.5}{0.5}\right|=0.026$$

额定转速相对误差为

$$\Delta_n=\left|\frac{4054-4000}{4000}\right|=0.0135$$

空载转速相对误差为

$$\Delta_{n_0} = \left|\frac{6\,360 - 6\,364}{6\,364}\right| = 0.000\,628$$

额定功率相对误差为

$$\Delta_{P_2} = \left|\frac{28.35 - 28}{28}\right| = 0.012\,5$$

K_T 相对误差为

$$\Delta_{K_T} = \left|\frac{0.038\,2 - 0.036}{0.036}\right| = 0.061$$

以上设计符合率的验证，表明用目标推算法计算的电机主要目标参数都达到设计符合率，而且计算精度不低，推算方法也非常简单。

5.8.3 比较复杂的电机目标推算法

现在对汽车无刷电机进行推算设计，推算参照电机是永磁无刷电动自行车电机SWX198，而目标电机是永磁无刷电动汽车电机，这种汽车无刷电机是轮毂式外转子电机，是四轮驱动（厂家需要），这两个电机的输出功率不同，电机的机械特性不同，可以说一种是小电机，一种是大电机。但是电机属于同一类型的永磁无刷电机，两电机选用的是同一种钕铁硼磁钢，都采用分数槽集中绕组的形式。

1）参照电机的技术数据

（1）永磁无刷电动自行车电机SWX198的主要技术数据：测试电压48 V，空载电流<0.9 A，空载转速415 r/min±10 r/min，负载效率(7 N·m)>80%，负载转速(7 N·m)375 r/min±10 r/min，负载效率(17.5 N·m)>80%，匝数ϕ0.51×7根×8匝。

（2）永磁无刷电动自行车电机SWX198的主要结构数据，见图5-40、表5-42和表5-43。

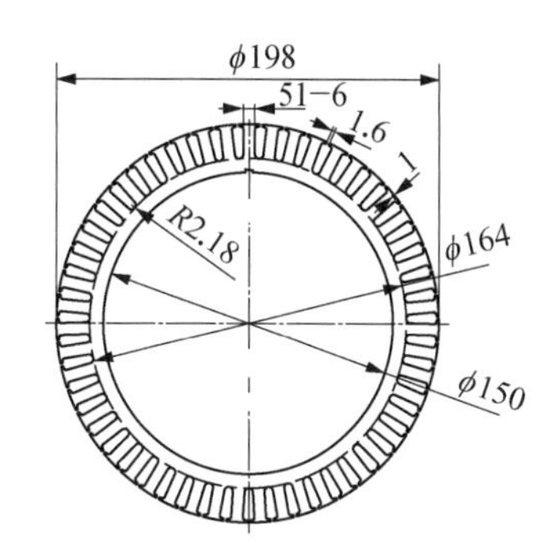

图5-40 SWX198电机冲片

表5-42 SWX198电动自行车电机主要技术数据

型 号	电压(V)	定子外径(mm)	定子内径(mm)	定子齿数	转子磁钢数
SWX198	48	198	159	51	46

槽 形	定子齿宽(cm)	定子底径(mm)	槽口宽(mm)	槽口高(mm)	槽底半径(mm)	槽顶圆半径(mm)	槽面积(mm²)
梨形平底槽	6	159	2	1.2	1	2.845	69.3

定子材料	冲片厚度(mm)	定子片数	定子叠厚(cm)
DW470-50	0.5	46	2.3
磁钢牌号	磁钢长(cm)	磁钢宽(cm)	磁钢厚(cm)
35SH	2.5	1.364	0.3

绕组接法	三相区个数	A相各区排布	B相各区排布	C相各区排布
星形接法	5	4,3,3,3,4	3,3,4,4,3	4,4,4,3,3
A、B、C相绕组	导线截面积	霍尔排布	每霍尔间隔槽数	中间霍尔位置
ϕ0.51×7根×8匝	1.43	正,正,正	1.5	A相起始槽

表5-43 参照电机SWX198机械特性数据

U(V)	I(A)	T(N·m)	n(r/min)	P_1(W)	P_2(W)	η	K_T(N·m/A)	K_n[(r/min)/(N·m)]	R(Ω)
47.89	1.02	0.07	403.0	48.85	2.95	0.060			
47.86	1.94	0.77	398.0	92.85	32.09	0.346	0.761	7.143	0.433 0
47.82	2.34	1.17	395.0	111.9	48.40	0.432	0.833	7.273	0.528 9
47.80	2.79	1.65	391.0	133.3	67.56	0.507	0.893	7.595	0.633 8

（续表）

U(V)	I(A)	T(N·m)	n(r/min)	P_1(W)	P_2(W)	η	K_T(N·m/A)	K_n[(r/min)/(N·m)]	R(Ω)
47.77	3.54	2.63	388.0	169.1	105.86	0.632	1.016	5.859	0.633 2
47.71	4.57	3.76	381.00	218.0	150.02	0.688	1.039	5.962	0.674 6
47.68	5.23	4.59	377.0	249.3	181.21	0.727	1.074	5.752	0.694 3
47.63	5.99	5.61	372.0	285.3	218.54	0.766	1.115	5.596	0.728 1
47.58	7.17	7.07	365.0	341.1	270.23	0.792	1.138	5.429	0.736 5
47.45	9.35	9.71	353.0	443.6	358.94	0.809	1.157	5.187	0.727 4
47.37	11.06	11.87	344.0	523.9	427.60	0.816	1.175	5.000	0.723 3
47.29	12.36	13.62	337.0	584.5	480.66	0.822	1.195	4.871	0.728 3
47.23	13.60	15.08	329.0	642.3	519.55	0.809	1.193	4.930	0.735 0
47.15	14.80	15.60	323.0	697.8	561.49	0.805	1.200	4.840	0.729 3
47.10	15.89	18.04	317.0	748.4	598.86	0.800	1.208	4.786	0.731 9
47.05	15.53	18.83	313.0	777.7	617.20	0.794	1.210	4.797	0.735 0
47.01	17.46	20.00	309.0	820.7	647.17	0.788	1.212	4.717	0.725 9
							1.148 6	5.541	0.736

分析以上机械特性曲线，其 K_T 数值比较接近，说明其 $T-n$、$T-I$ 曲线直线性比较好，用 K_T 求其他数值的准确度比较好。把某些点做了平均，求出了 $K_T=1.148\,6$ N·m/A。

2）目标电机的技术要求　汽车厂商对轮毂式汽车无刷电机要求见表 5-44。

表 5-44　目标电机的性能要求

项目	要求
电机额定电压(V)	72
电压范围(V)	65～80
额定转速(r/min)	500
额定转矩(N·m)	≥20
K_T(N·m/A)	≥1.3
每相绕组线径(mm)	≥5
电机最大外径(cm)	≤50
电机厚度(cm)	10
电机外特性	尽可能硬

3）目标电机的技术参数分析　电机的理想空载转速 n'_0 为

$$n'_0=\frac{U}{K_T}\times 9.549\,3=\frac{72}{1.3}\times 9.549\,3=528.88(\text{r/min})$$

这样的电机的最大效率应该大于 80%，设最大效率 85%，则电机的空载转速 n_0 为

$$n_0=n'_0(2\sqrt{\eta}-\eta)=528.88\times(2\sqrt{0.85}-0.85)=525.65(\text{r/min})$$

设电机在 20 N·m 时的转速为 500 r/min，那么空载转矩

$$T_0=\frac{(n'_0-n_0)T}{n_0-n}=\frac{(528.88-525.65)\times 20}{525.65-500}=2.518(\text{N}\cdot\text{m})$$

空载电流

$$I_0=\frac{T_0}{K_T}=\frac{2.518}{1.3}=1.937(\text{A})$$

额定电流

$$I_N=\frac{T}{K_T}+I_0=\frac{20}{1.3}+1.937=17.32(\text{A})$$

这样电机的空载点和电机的负载点已经求出。电机的转速常数

$$K_n=\frac{n_0-n}{T}=\frac{525.65-500}{20}=1.28[(\text{r/min})/(\text{N}\cdot\text{m})]$$

电机的内部电枢电阻

$$R=K_TK_EK_n=1.3\times1.3\times1.28/9.549\,3=0.23(\Omega)$$

4）参照电机和目标电机技术数据对比　由表 5-45 可见，两个电机的转矩常数相差不大，主要是电机的转速常数相差大。同样在 20 N·m，SWX198 的转速仅为 300 r/min，而汽车电机的转速需要 500 r/min。电机的转速常数大，就说明电机的电枢内阻

大，线径小。

表 5-45 SWX198 电机的技术数据与要设计的汽车电机的技术要求的差别

	SWX198	汽车电机
电机额定电压(V)	48	72
额定转矩(N・m)	20	20
额定转速(r/min)	300	500
转矩常数 K_T(N・m/A)	1.149	1.3
转速常数 K_n[(r/min)/(N・m)]	5.54	1.26
电枢电阻 R(Ω)	0.736	0.23

SWX198 电机的导线面积为 1.43 mm²，电机在 20 N・m 时的电流密度 $j=17.46/1.43=12.2$ A/mm²，电机在没有风扇通风的条件下导线电流密度为 7 A/mm² 左右，因此该电机的最大电流只能达到 7×1.43=10 A，查机械特性，知道电机最大使用转矩仅为 10 N・m，因此 SWX198 电机无法搬过来用于汽车电机，必须对 SWX198 电机进行推算设计，从而设计出满足要求的汽车电机。

5）目标电机主要达到的参数

（1）电机厚度：10 cm。

（2）电机最大外径：不超过 50 cm。

（3）额定电压：72 V。

（4）转矩常数：1.3 N・m/A。

（5）转速常数：1.26(r/min)/(N・m)。

（6）电机每相绕组线径：≥5 mm²。

6）目标电机的推算设计

（1）电机的厚度决定了汽车电机的定子厚度。汽车电机轴向长度主要受到电机端盖、轴承、定子线圈端部高的影响，经过微型汽车的空间模拟，电机定子厚不宜大于 5.5 cm。先设定电机定子厚为 5 cm。

（2）电机最大外径规定小于 50 cm，如果钕铁硼磁钢厚为 0.4 cm，电机外壳（导磁环）厚为 1 cm，加上电机气隙 0.05 cm 以上，经过模拟，电机定子外径确定为 21.8 cm。

（3）为了使推算设计简单些，确定电机的槽数仍取 51 槽。线圈绕制等方法仍和推算电机一样，电机齿宽仍用 0.6 cm，因此汽车电机定子冲片的外形尺寸就定了下来：外径 21.8 cm，槽数 51，齿宽 0.6 cm。初步设定冲片的槽底半径为 0.18 cm。电机定子冲片的轭宽应该大于齿宽。

画出电机定子冲片，如图 5-41 所示。

钕铁硼电机的齿一般是达到饱和的，齿宽定后，钕铁硼材料的质量对电机的性能影响不是太大，也就是说，电机的电枢冲片厚度一定后，电机的工作磁通与电机的齿宽成正比。电机的电枢冲片齿宽一定后，电机的工作磁通与电机的冲片厚度也是成正比的。

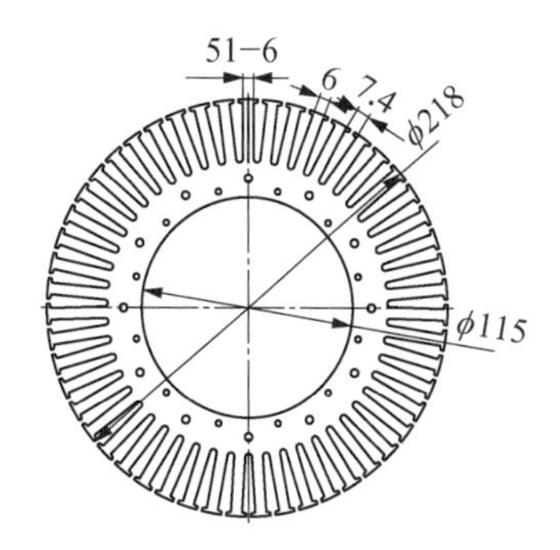

图 5-41 汽车电机推算的电机冲片形状

因此可以说，电机的工作磁通和电机工作齿的齿截面是成正比的。由此可以推算钕铁硼电机的转矩常数 K_T。

如果推算电机的叠厚定为 5 cm（冲片齿宽不变，匝数为 8 匝），则推算电机的转矩常数为

$$K_T=1.1486\times(5/2.3)=2.5(\text{N}\cdot\text{m/A})$$

在两种电机的定子齿宽和槽数不变的情况下，要达 $K_T=1.3$ N・m/A 的汽车电机的匝数

$$W=8\times(1.3/2.5)=4.16(\text{匝})(\text{取 4 匝})$$

参照电机每齿绕组数据：ϕ0.51×7 根×8 匝，槽面积 69.3 mm²，汽车电机每槽面积 163.5 mm²，如果槽利用率不变，现在汽车电机的并联股数为

$$N_{2\text{并}}=\frac{163.5\times7\times8}{69.3\times4}=33(\text{根})$$

为了下线容易一些，实取 32 股。

电机的槽利用率为

$$K_{SF}=\frac{2\times q_{Cu}\times4}{A_S}=\frac{2\times6.537\times4}{163.5}=0.32$$

这样的槽利用率是非常适合手工下线的。

汽车电机绕组数据：ϕ0.51×32 根×4 匝，导线面积为

$$q_{Cu}=\frac{\pi\,0.51^2}{4}\times32=6.537(\text{mm}^2)$$

（超过了 5 mm² 的要求）

电阻的推算比较烦，因为与下线工艺和下线操作者的拉力、电机的槽绝缘等有很大关系。所以仅能粗估一下，但能推算出大概的电阻值。

推算电机的电阻：0.747 Ω，ϕ0.51×7 根×8 匝，如果变成 4 匝的话，电阻为

$$R=\frac{0.747\times 4}{8}=0.3735(\Omega)$$

从 7 股变成 32 股,则电阻变为

$$R=\frac{0.3735\times 7}{32}=0.0817(\Omega)$$

原一齿周长

$$S=(0.6+3.2)\times 2=7.6(\text{cm})$$

原导线变成一根,半径为

$$r=\frac{1}{2}\sqrt{\frac{4q_{\text{Cu}}}{\pi}}=\frac{1}{2}\sqrt{\frac{4\times 1.429}{\pi}}=0.674(\text{mm})$$

原一圈线圈平均长为

$$S=(0.66+3.26)\times 2=7.84(\text{cm})$$

变换后的电阻计算,则

$$S=(0.6+5)\times 2=11.2(\text{cm})$$

求变成一根导线的半径

$$r=\frac{1}{2}\sqrt{\frac{4q_{\text{Cu}}}{\pi}}=\frac{1}{2}\sqrt{\frac{4\times 6.537}{\pi}}=1.44(\text{mm})$$

再推算一次后的电阻计算

$$S=(0.744+5.14)\times 2=12.288(\text{cm})$$

定子长和导线变粗后引起的电阻变化

$$R=0.0817\times\frac{12.288}{7.84}=0.136(\Omega)$$

因为绕组不是并排绕的,有重叠,所以现有电阻会更大,即

$$R=0.136\times 1.4=0.19(\Omega)$$

定子外径增加引起的线圈位置往外移的电阻增加,即

$$R=0.19\times\frac{218}{198}=0.21(\Omega)$$

因此这个方案就不必再进行修正。

为了确保转矩常数大于 1.3 N·m/A,定子叠厚采用的是 5.2 cm,电机磁钢采用的是 38SH。为了使电机效率平台宽些,作者取用了 DW400-50 的硅钢片。为了使电机不至于在大转矩时的转矩下降过快和磁钢退磁等,因此钕铁硼磁钢的厚度从原有的 0.3 cm 增加至 0.42 cm。

该汽车电机的额定功率达到 1.3 kW,最大转矩从表中看,电机做推算设计,参与推算设计时的推算电机参数还是不多的,仅有电压、定子外径、定子齿宽、定子槽面积、定子叠厚、绕组匝数和线径等。这给推算设计带来了非常大的方便,而且做出来的电机的机械特性和设计前要求的机械特性非常吻合。避免了有些设计程序中的盲目设计引起的误差较大,反复调整的情况。

7) 目标电机实测机械特性　表 5-46 所列是该汽车电机按以上推算法计算出的设计数据做好后的首次实测机械特性。因为当时 72 V 控制器最大电流为 80 A,测功机最大只能测 50 N·m。因此不能把该电机的整个机械特性曲线完整地测出来,但是完全可以看出该电机的机械特性。

表 5-46　目标电机测试的机械特性数据(摘录)

U(V)	I(A)	T(N·m)	n(r/min)	P_1(W)	P_2(W)	η	K_T(N·m/A)
72.1	2.996	0.00	549.00	215.01	0.00	0.000	
72.1	3.320	0.43	548.00	239.37	24.68	0.103	1.327
72.1	3.810	1.12	545.00	274.70	63.92	0.233	1.376
72.1	4.582	2.07	544.00	330.36	117.92	0.357	1.305
72.1	5.606	3.36	542.00	404.19	190.71	0.472	1.287
72.1	5.864	4.94	538.00	487.68	278.32	0.571	1.311
72.1	8.230	5.85	535.00	593.38	378.17	0.637	1.290
72.1	9.636	8.66	532.00	694.76	482.46	0.694	1.304
72.1	10.158	9.35	531.00	732.39	519.92	0.710	1.306
72.1	11.907	11.69	527.00	858.49	645.14	0.751	1.312
72.1	13.679	14.06	524.00	985.26	771.52	0.782	1.316
72.1	15.628	15.66	519.00	1 125.8	905.46	0.804	1.319

（续表）

U(V)	I(A)	T(N·m)	n(r/min)	P_1(W)	P_2(W)	η	K_T(N·m/A)
72.1	18.411	20.38	515.00	1 327.4	1 099.1	0.828	1.322
72.1	20.572	23.37	510.00	1 483.2	1 248.1	0.841	1.330
72.1	22.711	25.30	507.00	1 637.4	1 395.3	0.853	1.334
72.1	25.742	30.48	499.00	1 855.0	1 592.7	0.858	1.340
72.1	27.988	33.64	494.00	2 017.9	1 740.2	0.862	1.346
72.1	30.077	35.57	491.00	2 168.5	1 880.3	0.867	1.350
72.1	32.045	39.37	489.00	2 310.4	2 015.0	0.873	1.355
72.1	33.999	42.17	484.00	2 451.3	2 137.3	0.872	1.360
72	35.937	44.90	482.00	2 587.4	2 265.3	0.876	1.363
72	37.803	47.53	477.00	2 721.8	2 374.1	0.872	1.366
71.9	39.637	50.16	473.00	2 849.9	2 484.5	0.872	1.369

8）检验设计符合率

$$\Delta_{K_T} = \left| \frac{1.33 - 1.3}{1.3} \right| = 0.023$$

符合客户要求。轮毂汽车电机的设计符合率见表 5－47。

表 5－47　轮毂汽车电机的设计符合率的验证

	汽车厂方设计要求	样　机
电机额定电压(V)	72	72
额定转速(r/min)	500	515
额定转矩(N·m)	≥20	20.38
K_T(N·m/A)	≥1.3	1.322
每相绕组导线面积(mm²)	≥5	5.537
电机最大外径(cm)	25	25
电机厚度(cm)	10	10
电机外特性	尽可能硬	非常硬

图 5－42　轮毂汽车电机外形

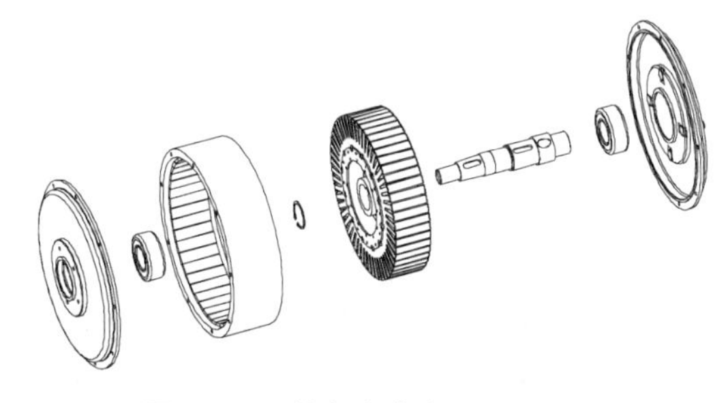

图 5－43　轮毂汽车电机的爆炸图

这个任务仅用两周左右时间完成样机设计并且要求试验成功。没有足够的时间去设计和分析电机，只有用现有电机进行推算，确定轮毂汽车电机的结构和性能。从设计推算到核算完成仅花半个小时，到全套图纸包括三维造型、二维制图不到 2 天时间全部完成，电机冲片线切割，端盖车制加工，电机制造到测试成功送样，只用 7 天时间，该汽车轮毂电机实现了设计一次成功。说明这种电机实用推算法在某些要"立见分晓"的场合还是能帮上很大的忙的。最终轮毂汽车电机的外形和结构如图5－42 和图 5－43 所示。

9）目标电机技术特点和两种电机的分析比较

（1）电机转矩常数 K_T 特别大，使电机每牛米的转矩需要的电流特别小，从而电机的电流密度大为降低，在 50 N·m 时电机的电流密度才 6 A/mm^2。因此电机的正常工作区域达到50 N·m 以上。短时工作可以达到 100 N·m，爬上 15%的坡度毫不费力。

（2）电机的特性非常硬，50 N·m 时转速为 473 r/min，说明电机在有重负载时还非常有力，这是电动自行车、电动摩托车和电动汽车所追求的目标。

（3）电机的效率高达 87.53%，如果用设计时规定的 DW310－35 冲片，则效率会更高。而且电机 80%的效率平台特别宽，电动自行车在 10 N·m 左右，第一代电动汽车在 18 N·m 左右，而第二代电动汽车电机80%的效率平台超过了150 N·m。

电机能够在50 N·m时正常工作，输出功率达2 484 W。也就是说，该电机可以替代两个以上电机。即按现有车型，用该电机就可以双轮驱动，不需要四轮驱动。可以省两个电机和两个驱动器，估计可以节省数千元以上。该第二代电动汽车电机可以替代另一种电机，另一种汽车电机的正常工作转矩仅为22.88 N·m，输出功率1 023 W以下。

5.8.4 全新电机设计的目标推算法

这里介绍如何用目标推算法设计一种全新的无刷电机。

如果有一个已知电机，那么下面的参数会是知道的：

$$K_{T1} = \frac{N_1 \Phi_1}{2\pi}$$

$$\Phi_1 = B_{Z1} b_{t1} Z_1 L_1 K_{FE1} \times 10^{-4}$$

$$K_{T1} = \frac{N_1 B_{Z1} b_{t1} Z_1 L_1 K_{FE1} \times 10^{-4}}{2\pi} \tag{5-63}$$

设要推算的新电机的转矩常数为K_{T2}，则

$$K_{T2} = \frac{N_2 B_{Z2} b_{t2} Z_2 L_2 K_{FE2} \times 10^{-4}}{2\pi} \tag{5-64}$$

很明显，两个电机的转矩常数比为

$$\frac{K_{T1}}{K_{T2}} = \frac{N_1 B_{Z1} b_{t1} Z_1 L_1 K_{FE1}}{N_2 B_{Z2} b_{t2} Z_2 L_2 K_{FE2}} \tag{5-65}$$

要设计的新电机的转矩常数K_{T2}应该从电机的技术要求或机械特性要求中求得，那新电机的主要参数（N_2、B_{Z2}、b_{t2}、Z_2、L_2、K_{FE2}）的乘积应该符合式（5-65）。新电机冲片的Z_2、B_{Z2}、K_{FE2}可以在设计电机时首先确定。

用公式$B_{Z2} = \alpha_i B_{r2}\left(1+\frac{S_{t2}}{b_{t2}}\right)$来合理调整新电机的气隙槽宽与齿宽之比$\frac{S_{t2}}{b_{t2}}$。

$$\frac{S_{t2}}{b_{t2}} = \frac{B_{Z2}}{\alpha_i B_{r2}} - 1 \tag{5-66}$$

如果是双层绕组，那么每槽绕组根数为2W，有效导体总根数N为

$$N = 2WZ \times \frac{2}{3}$$

$$2W = \frac{3N}{2Z} \tag{5-67}$$

电机的槽利用率为

$$K_{SF} = \frac{2Wq_{Cu}}{A_S}$$

$$j = \frac{I}{q_{Cu}}$$

$$K_{SF} = \frac{2WI}{A_S j}$$

$$W = \frac{K_{SF} A_S j}{2I} \tag{5-68}$$

$$N \propto W,\ W \propto \frac{K_{SF} A_S j}{I}$$

式（5-65）可以转换成

$$\frac{K_{T1}}{K_{T2}} = \frac{B_{Z1} b_{t1} Z_1 L_1 K_{FE1} K_{SF1} A_{S1} j_1 I_2}{B_{Z2} b_{t2} Z_2 L_2 K_{FE2} K_{SF2} A_{S2} j_2 I_1} \tag{5-69}$$

因此就可以用式（5-63）和式（5-64）对新电机的冲片进行开槽和求出电机的主要参数。

电机设计最大的问题就在于求取电机齿磁通密度的不确切性，两种电机在什么情况下的齿磁通密度是相等的呢？

式（5-69）中的B_Z可以用$\alpha_i B_r\left(1+\frac{S_t}{b_t}\right)$替代，则

$$\frac{K_{T1}}{K_{T2}} = \frac{B_{r1}\alpha_{i1}\left(1+\frac{S_{t1}}{b_{t1}}\right) b_{t1} Z_1 L_1 K_{FE1} K_{SF1} A_{S1} j_1 I_2}{B_{r2}\alpha_{i2}\left(1+\frac{S_{t2}}{b_{t2}}\right) b_{t2} Z_2 L_2 K_{FE2} K_{SF2} A_{S2} j_2 I_1} \tag{5-70}$$

以上公式参数比较多，可以编一个软件求取推算电机的主要参数其中一项。如果设计电机的B_r和α_i、S_t/b_t、K_{FE}、K_{SF}、j与参照电机相同，那么，式（5-70）就变得更简单，电机的冲片设计和电机主要参数的求取是非常容易和准确的，这完全避免了求取电机工作磁通的不精确性的问题。

$$\frac{K_{T1}}{K_{T2}} = \frac{b_{t1} Z_1 L_1 A_{S1} I_2}{b_{t2} Z_2 L_2 A_{S2} I_1} \tag{5-71}$$

这样可以根据电机的要求确定冲片齿数Z_2、电机的气隙圆直径D_{i2}，根据气隙槽宽与齿宽之比S_t/b_t确定电机的齿宽b_{t2}，从而确定冲片外径D_2，那么电机冲片的槽面积A_{S2}就确定了，I_2是设计电机的基本技术要求，这是已知的，因此可以方便地求出电机的叠厚L_2，这样可以综合考虑合适的电机定子气隙圆直径、定子外径和定子叠厚，使电机的D^2L

最小，电机用料最少。式(5-70)和式(5-71)是一种很好的电机目标推算法，在相关章节作者还会对这种推算方法做进一步介绍。

5.8.5　目标推算法的小结

通过电机实用推算法的介绍，可以看到：

(1) 推算法设计计算目的明确。

(2) 推算法避免了许多不能精确确定或计算的因素，如避开了电机的各种损耗、电机的 α_i、电机绕组的绕组系数、磁钢的形状和材料 B_r、H_c 因素的计算问题，电机的冲片形状齿宽等都无须精确测量和考虑。

(3) 推算法设计计算精度和设计符合率高。

(4) 推算法的计算方法非常灵活、快捷、简便，设计目标明确，非常适合工厂无刷电机生产中的设计计算工作。

以上的推算法还是比较简单的，推算参数少。在现有电机、现有冲片的情况下，拓展无刷电机系列产品，采用这种推算法是行之有效的，在后面的相关章节作者将深入介绍各种无刷电机的实用推算法。

5.9　无刷电机通用公式法

无刷电机的设计离不开电机的基本电磁理论，从电机基本理论出发，找出与电机基本技术数据之间的关系，找出电机内部存在能体现电机机械特性的内在联系，把电机的各种参数尽量简化，把无刷电机最基本的关系理出来，找出它们之间相关联的公式，根据电机的额定技术目标要求方便地求出需要的电机的有效匝数。电机通用公式法是一种无刷电机的实用计算方法，这种方法从电机主要几个参数计算或估算电机的有效通电导体数是非常简便、实用的。

电机设计的通用公式为

$$N=\frac{60U\sqrt{\eta_{\max}}}{\Phi n_{\eta}} \tag{5-72}$$

式中　N——电机有效导体总根数；

U——电机额定工作电压(V)；

$\eta_{\max}$——电机最大效率；

Φ——电机工作磁通(Wb)；

n_{η}——电机最大效率点转速(r/min)。

从反电动势公式进行推导：

$$K_E=\frac{N\Phi}{60}=\frac{U}{n_0'},\ n_0'=\frac{n_{\eta}}{\sqrt{\eta_{\max}}}$$

$$N=\frac{60U}{\Phi n_0'}=\frac{60U\sqrt{\eta_{\max}}}{\Phi n_{\eta}}$$

式(5-72)最简单地表达了无刷电机的输入输出和电机内部的内在关系。电机电源输入电压为 U，电机输出转速为 n，那么维系这个机电能量转换的是电机内部的磁链 $N\Phi$ 和电机的能量转换效率 η。

分析一下理想特性曲线上的最大效率 η 对电机特性的影响：从表 5-48 知，虽然电机的效率 η 数值差较大，是小数点后面第一位之差，但是$\sqrt{\eta}$数值相差不大，应该说是在小数点后面第二位之差。另外设计人员必须对无刷电机的效率有一个初步估计的能力，不可能把 500 W 的无刷电机的效率估算为0.65，把 5 W 的无刷电机的效率估算为 0.85。可以说，该公式中效率的适当选取对求取其他电机的数值影响不是太大。

表 5-48　η 与$\sqrt{\eta}$的数值变化对比

η	$\sqrt{\eta}$
0.65	0.806 22
0.7	0.836 66
0.8	0.894 42

可以这样认为：一般电机的工作点都在电机最大效率点附近，电机额定转速与最大效率点转速相差不大，因此可以用额定点转速和效率替代公式中最大效率点的转速和效率，为此电机通用公式可以表示为

$$N=\frac{60U\sqrt{\eta_N}}{\Phi n_N} \tag{5-73}$$

用式(5-72)或式(5-73)计算无刷电机的误差不是太大。无刷电机的电源电压 U 是很明确的，电机的工作磁通 Φ 可以用各种方法求取，因此电机的线圈导体数 N 是没有什么悬念的。

$B_Z=\alpha_i B_r\left(1+\frac{S_t}{b_t}\right)$，那么电机的工作磁通 $\Phi=ZB_Z b_t LK_{FE}\times 10^{-4}$ 可以很方便地求出。这样电机的通电导体数 N 就可以很快求出，当然也可以用其他方法求出电机的工作磁通。

式(5-72)和式(5-73)是无刷电机的通用公式，公式中规定了一个电机的工作电压 U 和电机的

额定工作转速 n，合理确定了电机额定工作点的效率 η，选择了电机定子冲片和磁钢，那么电机的磁通 Φ 就能用实用设计法很快地算出，这样电机的线圈导体数 N 就可以求出，计算步骤较为简便。这是电机最基本的数据，只有 4 个数据，公式非常简单。

因为无刷电机的通用公式是从电机反电动势常数中推导出来的，因此，其设计符合率与电机反电动势常数法计算的设计符合率相当。

5.9.1 电机通用公式法实用设计举例一

用 55－6－4j 无刷电机作计算考核，具体数据见表 5－49 和表 5－50，55－6－4j 无刷电机结构和定子冲片尺寸如图 5－44 所示。

表 5－49 电机主要技术数据

客户要求	额定电压(V)	额定转速(r/min)	额定功率(W)	空载转速(r/min)	效　率
	36	4 000	180	5 250	0.75

表 5－50 55－6－4j 无刷电机实际数据

<table>
<tr><th colspan="2">定　　子</th><th>线　径</th><th>并绕根数</th><th>匝　数</th></tr>
<tr><td>定子外径(mm)</td><td>定子厚度(cm)</td><td>0.45</td><td>3</td><td rowspan="2">21</td></tr>
<tr><td>57</td><td>8</td><td>0.4</td><td>2</td></tr>
<tr><td colspan="3">磁钢(4 极)</td><td>定子槽数</td><td>定子齿(cm)</td></tr>
<tr><td>外径(mm)</td><td>内孔(mm)</td><td>厚度(cm)</td><td>6</td><td>0.47</td></tr>
<tr><td>26</td><td>18</td><td>8</td><td></td><td></td></tr>
</table>

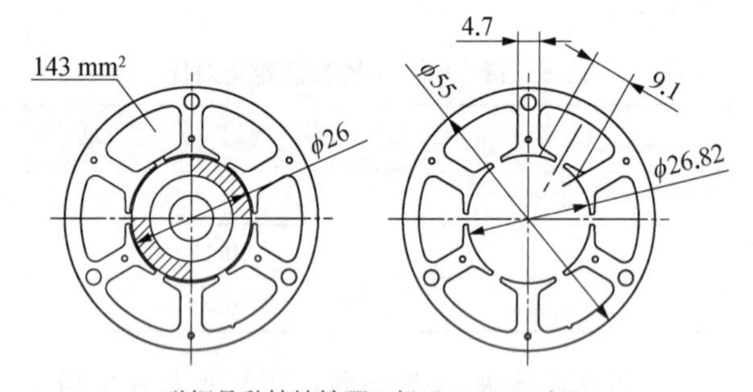

磁钢是黏结钕铁硼 4 极 $B_r = 6.58$ kGs

图 5－44 55－6－4j 无刷电机结构和定子冲片尺寸

用 K_T 法求电机有效工作导体数 N，具体步骤如下：

(1) 计算电机齿磁通密度。

$$B_Z = \alpha_i B_r\left(1+\frac{S_t}{b_t}\right)$$

$$= 0.63\times 0.658\times\left(1+\frac{0.91}{0.47}\right)$$

$$= 1.217\ 16(\text{T})$$

(2) 电机的工作磁通 Φ 为

$$\Phi = ZB_Z b_t LK_{FE}\times 10^{-4}$$

$$= 6\times 1.217\ 16\times 0.47\times 8\times 0.95\times 10^{-4}$$

$$= 0.002\ 608\ 6(\text{Wb})$$

$$K_T = \frac{T_N}{I_N - I_0} = \frac{0.429\ 7}{6.25-0.66}$$

$$= 0.076\ 869\ 4\ (\text{N}\cdot\text{m/A})$$

$$N = 2\pi K_T/\Phi$$

$$= 2\pi\times 0.076\ 869\ 4/0.002\ 608\ 6$$

$$= 185.15(\text{根})$$

先设法求出电机的 I_0，计算要用最大效率点求电机的整个机械特性才能求出电机的 I_0，见 5.5.1 节计算，要有一个比较多的过程。

(3) 电机每齿线圈匝数为

$$W = \frac{N}{4\times 2} = \frac{185.15}{8} = 23.14(\text{匝})$$

该电机实际取用 21 匝。

(4) 计算误差为

$$\Delta_W = \left|\frac{23.14-21}{21}\right| = 0.1$$

若用通用公式法计算，则

$$N = \frac{60U\sqrt{\eta_N}}{\Phi n_N} = \frac{60\times 36\times\sqrt{0.75}}{0.002\ 608\ 6\times 4\ 000}$$

$$= 179.273\ 8(\text{根})$$

电机每齿线圈匝数为

$$W = \frac{N}{4\times 2} = \frac{179.273\ 8}{8} = 22.41(\text{匝})$$

计算误差为

$$\Delta_W = \left|\frac{22.41-21}{21}\right| = 0.067$$

只要用一个通用公式就可以求出电机的有效通电导体根数 N，所以用通用公式法求取电机的线圈匝数是非常方便的。其设计计算的符合率还是可以的，即使计算误差大些，只要进行一次调整即可。

5.9.2　电机通用公式法实用设计举例二

以 33－6－8j 无刷电机为例，其定子结构如图 5－45 所示，定子铁心厚 1.3 cm，具体数据见表 5－51 和表 5－52。

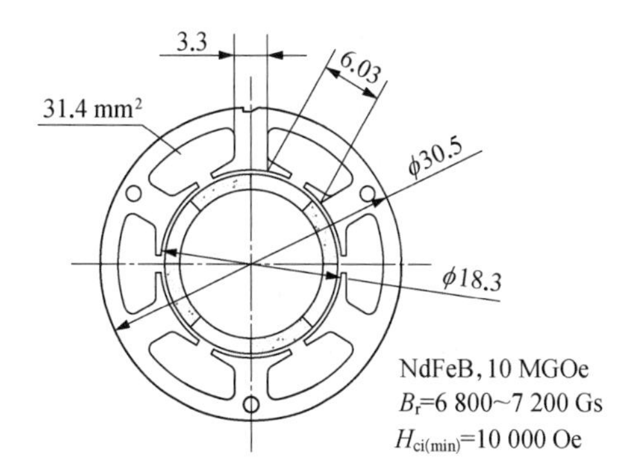

图 5－45　33－6－8j 无刷电机定子结构

表 5－51　电机绕组数据

型　号	匝　数	电磁线规格	线阻(Ω)	电压(V)
33SW001	55	ϕ0.25	3.46	12

表 5－52　电机机械特性(取用从测功机内部储存的原始测试数据)

33SW001	12 V		CCW				
U(V)	I(A)	P_1(W)	T(mN·m)	n(r/min)	P_2(W)	η(%)	K_T(N·m/A)
12.3	0.138	1.662	0.1	4 562	0.047	2.874	
12.3	0.143	1.719	0.2	4 542	0.095	5.533	0.020 000
12.3	0.149	1.798	0.4	4 520	0.1	5.561	0.027 273
12.3	0.159	1.911	0.7	4 488	0.3	15.698	0.028 571
12.3	0.183	2.198	1.1	4 448	0.5	22.747	0.022 222
12.3	0.212	2.551	1.7	4 368	0.7	27.44	0.021 622
12.3	0.255	3.065	2.7	4 280	1.2	39.151	0.022 222
12.3	0.311	3.736	4	4 144	1.7	45.503	0.022 543
12.3	0.387	4.649	5.7	3 968	2.3	49.473	0.022 490
12.3	0.482	5.796	7.9	3 816	3.156	54.463	0.022 674
12.2	0.595	7.155	10.7	3 582	4	55.904	0.023 195
12.2	0.731	8.778	13.8	3 304	4.7	53.542	0.023 103
12.1	0.882	10.58	17.4	3 024	5.5	51.984	0.023 253
12	1.038	12.46	21.2	2 718	6	48.154	0.023 444
11.9	1.221	14.64	25.5	2 412	5.44	43.991	0.023 453
11.8	1.397	15.73	29.9	2 118	5.6	39.45	0.023 670
11.7	1.416	15.95	29.9	2 096	5.5	38.348	0.023 318

用通用公式法计算，具体步骤如下：

(1) 求电机齿磁通密度。

$$B_Z=\alpha_i B_r\left(1+\frac{S_t}{b_t}\right)=0.72\times0.66\times\left(1+\frac{0.603}{0.33}\right)$$
$$=1.343\,5(\mathrm{T})$$

(2) 求电机工作磁通。

$$\Phi=ZB_Z b_t LK_{FE}\times10^{-4}$$
$$=6\times1.343\,5\times0.33\times1.3\times0.95\times10^{-4}$$
$$=0.000\,328\,5(\mathrm{Wb})$$

(3) 求取电机有效导体总根数。

$$N=\frac{60U\sqrt{\eta}}{\Phi n_\eta}=\frac{60\times12\sqrt{0.55}}{0.000\,328\,5\times3\,583}$$
$$=453.66(根)$$

(4) 求电机每齿线圈匝数。

$$W=\frac{N}{4\times2}=\frac{453.66}{8}=56.7(匝)$$

实际匝数取 55 匝。

算出电机有效导体数，规定电机的槽利用率后，电机的线径就可以求出，再进行电机电流密度的核算，这些步骤请读者根据思路自己完成。

设计符合率为

$$\Delta_W = \left|\frac{56.7-55}{55}\right| = 0.03$$

应该说，这样的设计符合率已经非常不错了，因为毕竟只用了简单算法就算出了电机最重要的绕组匝数，就算误差 10%～15%，那也在设计符合率之内，只要把电机匝数或其他数据调整一次就可以了。

从本节介绍的无刷电机的通用公式设计法可以看出，该方法简便、快捷，计算符合率还是不错的，这种算法的设计符合率还是比较理想的，设计不会有方向性的大错误，这是一种很实用的最简单不过的无刷电机设计方法。本书在其他章节的无刷电机实用设计中，还会用通用公式法对无刷电机进行设计举例。

5.10 无刷电机分步目标设计法

在电机设计中，作者认为，电机的各种主要目标参数并不是很紧密关联的，因此要达到电机的目标参数不一定要综合计算，可以分步求取无刷电机的目标参数，这样在无刷电机的设计计算中，每一步的目标设计计算的目的更明确，电机内部的各种参数牵涉面小，计算更方便。

可以用另外一种思路来进行无刷电机的目标设计，就是先优化冲片，使冲片的磁通密度达到目标值，其次根据电机电流密度 j、槽利用率 K_{SF} 和冲片槽面积 A_S 求取电机的每槽导体根数 N_1，最后根据电机的 K_T 目标值，求取电机的定子叠厚 L。这样分步达到无刷电机的目标设计。

设计一个无刷电机：12.2 V、3 582 r/min、$P_2 = 4$ W、定子外径 30.5 mm、内径 18.3 mm 左右、$K_T = 0.023\,195$ N·m/A。

目标值：电机齿磁通密度 $B_Z = 1.346\,4$ T；$K_T = 0.023\,195$ N·m/A；电流密度 $j = 12.14$ A/mm^2；槽利用率 $K_{SF} = 0.171\,69$；槽面积 $A_S = 31.4$ mm^2；定子外径 $D = 30.5$ mm；内径 $D_i = 18.3$ mm。

(1) 确定无刷电机的选定值：电机工作电压 12.2 V(DC)、电机内转子、定子外径 30.5 mm、定子内径 18.3 mm、6 槽 4 极、黏结钕铁硼磁钢 $B_r = 0.66$ T、叠压系数 0.95、绕组用三角形接法。

(2) 无刷电机的目标值：电机输出功率 4 W、电机转速 3 582 r/min、槽满率为 0.172、齿磁通密度目标值 1.346 4 T，轭宽设定为齿宽的 0.54，电流密度 12.14 A/mm^2、$K_T = 0.023\,195$ N·m/A。

(3) 求取值为电机的线径 d、匝数 N 和电机的定、转子长 L。

下面是无刷电机的分步目标设计：

1) 电机冲片磁通密度的目标设计　定子冲片的齿磁通密度 B_Z 和轭磁通密度 B_j 分别与冲片的齿宽 b_t 和轭宽 h_j 有关。当一个电机的定子外径 D、内径 D_i 和磁钢确定后，B_Z 就和 S_t 与 b_t 之比有关，即

$$B_Z = \alpha_i B_r\left(1+\frac{S_t}{b_t}\right)$$

因此

$$\frac{S_t}{b_t} = \frac{B_Z}{\alpha_i B_r} - 1 = \frac{1.346\,4}{0.72\times 0.66} - 1 = 1.83$$

$$S_t + b_t = \frac{\pi D_i}{Z} = \frac{\pi\times 18.3}{6} = 9.58$$

$$b_t = 3.4\ \text{mm}$$

轭宽 $h_j = 0.54\times 3.4 = 1.84$(mm)

2) 求取无刷电机的每槽导体根数 N_1　当电机转矩常数 K_T、额定电磁转矩确定后，电机的额定电流基本上就确定了，$I = T'/K_T$，当电机的目标参数电流密度 j、槽利用率 K_{SF}、槽面积 A_S 确定后，那么电机的槽内导体根数就可以求出。

$$T = \frac{9.549\,3P_2}{n} = \frac{9.549\,3\times 4}{3\,582} = 0.010\,66(\text{N}\cdot\text{m})$$

$$I = \frac{T}{K_T}(2-\sqrt{\eta}) = \frac{0.010\,66}{0.023\,195}\times(2-\sqrt{0.55}) = 0.58(\text{A})(设\ \eta = 0.55)$$

$$j = \frac{I}{q_{Cu}} = \frac{0.58}{0.049} = 11.83(\text{A/mm}^2)$$

$$K_{SF} = \frac{N_1 I}{A_S j} = \frac{110\times 0.58}{31.4\times 11.83} = 0.172$$

$$N_1 = \frac{K_{SF}A_S j}{I} = \frac{0.172\times 31.4\times 12.14}{0.595} = 113$$

每绕组匝数

$$W = \frac{N_1}{2} = 113/2 = 56.5(取\ 56)$$

$$d = \sqrt{\frac{4I}{j\pi}} = \sqrt{\frac{4 \times 0.58}{11.83\pi}} = 0.25(\text{mm})$$

至此符合目标参数的 j、K_{SF}、每槽导体根数 N_1 和绕组线径 d 就求出了。那么无刷电机的总有效导体根数为

$$N = \frac{2ZN_1}{3} = \frac{2 \times 6 \times 112}{3} = 448$$

3) 求取电机的定子叠厚 L　设定子叠厚和转子叠厚相同。

$$\Phi = ZB_Z b_t L K_{FE} \times 10^{-4}$$

$$K_T = \frac{N\Phi}{2\pi} = \frac{NZB_Z b_t L K_{FE} \times 10^{-4}}{2\pi}$$

$$L = \frac{2\pi K_T \times 10^4}{NZB_Z b_t K_{FE}}$$

$$= \frac{2\pi \times 0.023195 \times 10^4}{448 \times 6 \times 1.3464 \times 0.34 \times 0.95}$$

$$= 1.247(\text{cm})(\text{取 } 1.3\text{ cm})$$

至此无刷电机的分步目标设计法已经完成。

也就是说，该电机的电压 $U = 12.2$ V，黏结钕铁硼磁钢 $B_r = 0.66$ T，电机 6 槽 4 极分数槽集中绕组，定子外径 $D = 30.5$ mm，内径 $D_i = 18.3$ mm，用分步目标设计计算出无刷电机的冲片齿宽 $b_t = 3.4$ mm，轭宽 $h_j = 1.84$ mm，绕组线径 $d = 0.25$ mm，每绕组匝数 $W = 55$ 匝，定、转子叠厚 $L = 1.3$ cm。那时无刷电机就会达到目标值：$n = 3582$ r/min、$P_2 = 4$ W，$K_T = 0.023195$ N·m/A，$I = 0.58$ A，$K_{SF} = 0.17169$，$j = 11.83$ A/mm^2，$B_Z = 1.3464$ T。

实际该算例就是上节 33－6－8j 核算算例的无刷电机的分步目标设计。用这种设计方法计算的结果可以符合一般无刷电机的目标要求，设计目的明确，设计计算简单、快捷。这种方法可以用于 Maxwell 的电机分步目标设计，请参看本书第 7 章相关内容。

5.11　无刷电机设计的实验修正法

无刷电机设计的实验修正法就是通过初始实验电机的数据和电机目标参数进行对比，分析、判断和计算后，对实验电机的各种数据进行修正，从而得到所需要的电机数据的方法。

这一节主要介绍电机设计常用的实验修正方法：K_T 常数测试法和电压调整法。在一般的设计实践中经常可以使用这两种简单的设计方法。这两种方法不需要用复杂的公式计算电机的磁路和电路，只要对电机进行简单的性能测试，稍加计算，就可以使电机的性能达到要求，这种方法在工厂中是非常实用的。

5.11.1　K_T 常数测试法

电机的转矩常数 K_T 是连接电机的性能和电机内部结构的一个重要常数。电机的转矩常数 K_T 一旦确定，则电机的性能基本上就可以算出和确定了。

如果两台电机的 K_T 相同，这两台电机的性能也基本相同。可以先把样机的 K_T 求出，把现有电机的 K_T 也测出来，利用转矩常数公式 $K_T = \frac{N\Phi}{2\pi}$ 调整电机的匝数或电机的磁通，使现有电机的转矩常数 K_T 与样机的转矩常数 K_T 一样，这样两台电机的性能基本上会是相同的。

另外，如果用前面的各种方法做出了样机，进行了电机性能测试，求出了电机的转矩常数 K_T，这个转矩常数 K_T 如果和要求相差较大，则同样可以用转矩常数公式来对电机进行修正，使电机的转矩常数 K_T 与设计计算的转矩常数 K_T 一样，在实践中仅需要调整电机的匝数就可以了。

5.11.2　电压调整法

设计的无刷电机经过样机试制、样机测试，其电机性能测试结果必定和设计目标性能要求有一定的差距，那么这时必须对样机进行性能调整。

如何能够较快地把电机性能调整到位，首选的方法是电压调整法，就是把电机加上额定负载，调整电机的工作电压，直至电机的转速达到设计要求的转速，那么这时电机的工作电压不是电机的额定电压，两个电压之比为 K。这样可以按比例调整电机的绕组匝数，使电机在额定工作电压时的电机性能达到设计技术要求。

所以只要把电机电枢绕组匝数随电机的电压升高而成比例地增加，随电机的电压降低而成比例地减少。通过这样的调整，仅电机的匝数改变，电机的性能基本保持不变。这样就达到了电机性能调整的目的。

严格地讲，电机的性能按这样的方法改制后也有些变化，因为电机如果增加了电压，电机电枢的绕

组成比例地增加，电机绕组的线径按匝数之比的平方根缩小，电机的绕组电阻就相应增加，电机内阻增加其特性就会变软，为此必须根据电机额定点的要求，稍微调整电机绕组的匝数来达到电机额定点性能的要求。这个修改电机绕组匝数的方法就是用电压调整法，具体操作是：把已调整好的电机加上调整好的电压，再给电机加上要求的额定转矩，测出电机的转速，如果电机的转速比额定转速高，则调低电机的电压；反之调高电机的电压。总之，调整电机的外加电压来达到电机额定转矩下额定转速的要求。

这样改动电压后电机额定点的性能与原电机额定点的性能基本上是一致的。电压调整法很方便地达到了电机电压改制的目的，这种方法是很实用的。具体操作是：把要改制的电机加上要求的转矩，调节电机的电压。使电机的转速达到要求的转速，记录此时的调整电压，用以下公式求出电机的匝数和线径即可。

电机调整后的总根数为

$$N_{调整后} = \frac{U_{调整前}}{U_{调整后}} \times N_{调整前} \quad (5-74)$$

电机调整后的线径为

$$d_{调整后} = \sqrt{\frac{N_{调整前}}{N_{调整后}}} \times d_{调整前} \quad (5-75)$$

有时同样的电机需要不同的电压，形成不同电压同样性能的系列电机，或者用户需要同一性能而不同电压的电机，这时需要对电机的工作电压进行调整，也只要用电压调整法按比例进行调整就可以了。

以上介绍的电机设计的调整方法是比较实用的，能应付一般的电机设计工作。

也可以按比例调整电机的定子叠厚来调整电机的性能，但是电机机械尺寸的调整比调整电机的匝数麻烦，所以在电压调整法中一般都采用调整电机匝数的办法来达到调整电机性能的目的。

电压调整法比较简单和实用，在电机样机试制后，这是需要做的工作，限于篇幅，作者就不用实例进行解释了。

第 6 章　Maxwell 在无刷电机设计中的基本操作

本章主要介绍 Maxwell 在无刷电机设计中的基本操作。在本书的无刷电机实用设计介绍中，作者经常用 Maxwell 对设计的例证进行核算，考核实用设计法与 Maxwell 计算结果的同一性，以证明实用设计法的可用性，同时也足以说明 Maxwell 设计程序的设计精度是可靠的，设计功能是强大的。

本章对 Maxwell RMxprt 软件的无刷电机设计基本知识、操作方法进行简单的介绍，使读者能够对 Maxwell RMxprt 有一个初步的认识，了解程序基本操作方法。

6.1　Maxwell 软件的介绍

Maxwell 是 ANSYS 公司的一个功能非常强大的设计软件，Maxwell 的 2D/3D 电磁场有限元分析广泛应用于各类电磁部件的设计，包括电机、电磁传感器、变向器等，通过电磁仿真，计算电场和磁场分布，利用可视化的动态场分布图对器件性能进行分析，从而得到与实测相吻合的力、扭矩、电感等参数。

ANSYS Maxwell 是一个可以计算多种电机的设计软件，其中 Maxwell V14 包含了用磁路法计算电机的 RMxprt 软件，能分析 10 多种典型电机，如三相感应电机、单相感应电机、三相同步电机和发电机、永磁直流无刷电机、永磁同步电机和发电机、永磁直流电机、开关磁阻电机、自启动永磁同步电机、通用直流电机和发电机、爪极交流电机等，随着其版本的提高，电机设计种类和模块也随之增加，这给电机设计工作者带来非常大的方便，目前最新版本为 Maxwell V16。

国内外电机设计软件比较多，有的电机设计功能比较强大，有的电机设计比较专一。目前，作为电机设计软件，Maxwell 是一款不可多得的软件，其功能非常强大，设计非常直观，有相当的设计精度和设计符合率，使用起来也比较方便。若与 Pro/E 三维设计软件相比，那么 Maxwell 就像是 Solidworks。

Maxwell 在国内有相当大的影响力，有致力于研究和应用 Maxwell 用于电机设计的许多群体，他们是电机界的精英。有关 Maxwell 电机设计方面的书籍虽然不多，但是相信这方面的书籍会多起来，正如谭浩强普及 BASIC 和 C 语言的过程一样。

6.2　RMxprt 在永磁直流无刷电机中的应用

Maxwell 电机设计基于电磁场分析，有 2D 和 3D 的电磁场分析，这是一种从“场”的角度比较精确求取电机工作磁通的电机设计方法，在 Maxwell 中的 RMxprt 是从磁场“路”角度设计电机的，设计思路比较简洁，但电机设计的各方面考虑得比较详细，输出的内容和形式丰富完整。用在 Maxwell RMxprt 的“路”的计算的某些数值和用有限元的“场”的分析计算精度相比还是比较接近的，计算结果与样机制造后的测试结果比较的设计符合率也是不错的。

因为 Maxwell RMxprt 内容非常丰富，具体 RMxprt 操作和电机设计可以参看 RMxprt 用户手册 V12，还可以参看赵博著的《Ansoft 12 在工程电磁场中的应用》一书，书中介绍了 RMxprt 在三相异步电机中的应用。本书就 Maxwell RMxprt 如何对永磁直流无刷电机设计的基本操作方法给出初步、

吕智、周运建参加了本章的编写。

简单的介绍，分析、探讨一些相关电机设计中的问题，使读者能够大概了解 Maxwell RMxprt 是如何设计分析永磁无刷电机的。

6.2.1 无刷电机工程模型的引入

RMxprt 是基于电机等效电路和磁路的设计理念来计算、仿真各种电机模型的，具有建立模型简单快捷、参数调整方便等优点，同时具备一定的设计精度和可靠性，此外又为进一步的 2D 和 3D 有限元求解奠定了基础，熟练使用 RMxprt 模块可在电机设计上事半功倍。在 RMxprt 中，无刷电机的工程模型可以引入软件中的典型电机工程模型，引入后再把该模型的各项参数修改为需要的参数，待参数全部修改完成后，对新的无刷电机工程模型进行计算，这样非常方便，能够满足大多数无刷电机的设计需要。

软件提供的典型无刷电机工程模型的位置如图 6－1所示。

此外，可以引用自己或别人设计计算过的无刷电机同类工程计算模型，再进行数据修改后对新无刷电机工程模型进行计算就行。

例如：ws－1 无刷电机，安装了 Maxwell 后，鼠标双击 ws-1 Maxwell 26 KB 就可以打开图 6－2 所示界面。

6.2.2 无刷电机参数的设定

Maxwell RMxprt 是一个核算程序，必须提供一个初始无刷电机计算模型及其初始数据。

无刷电机的初始数据分为两大部分：

1）电机性能技术参数　在电机性能技术参数中，程序需要提供电机额定点数据，包括额定工作电压、额定转矩、额定转速、额定输出功率、电机工作温度、电机的风摩损耗等。

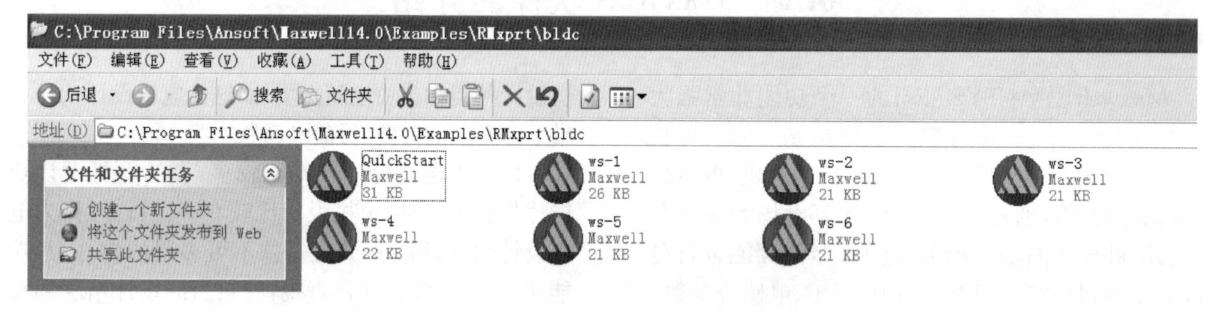

图 6－1　典型无刷电机工程模型的位置

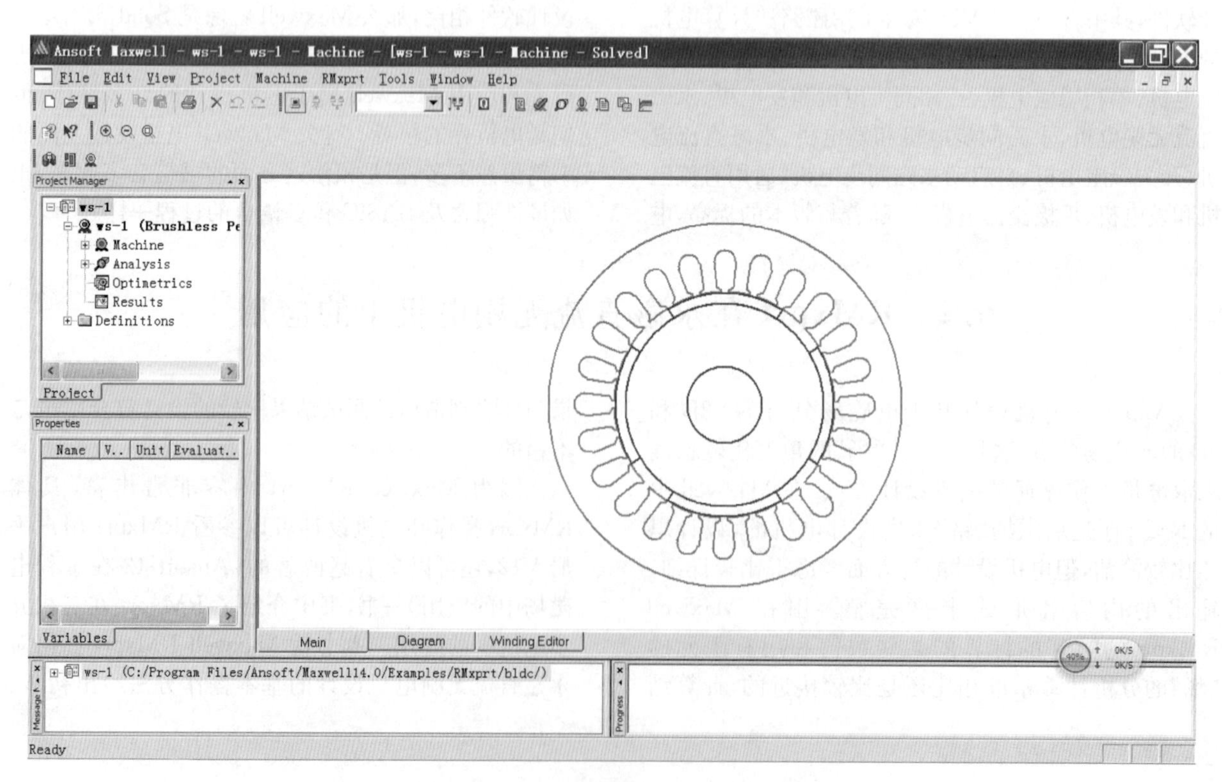

图 6－2　ws－1 无刷电机打开后的界面

2）电机结构参数　在电机结构参数中，程序需要提供的参数更多、更复杂，如无刷电机定子冲片形状尺寸和材料牌号、定子绝缘纸和槽楔的厚度、转子形状尺寸和材料牌号、磁钢的形状尺寸和材料主要性能参数、定子绕组形式、绕组具体匝数、导线线径和漆膜厚度，轴是否导磁等。

这些参数都要正确地一一输入程序，否则就不能很好地完成无刷电机的核算。

Maxwell RMxprt 的计算过程就是以电机结构参数来核算电机性能技术参数的过程。

例如：用 Maxwell RMxprt 进行一个 11 kW 无刷电机设计计算。

该无刷电机定子外径为 210 mm，24 槽，8 极，额定电压为 312 V，因此电机型号定义为 210－24－8j－312V。

电机要求：额定转速 3 000 r/min，额定输出功率 11 kW。

该无刷电机的定子冲片如图 6－3 所示，转子结构如图 6－4 所示。

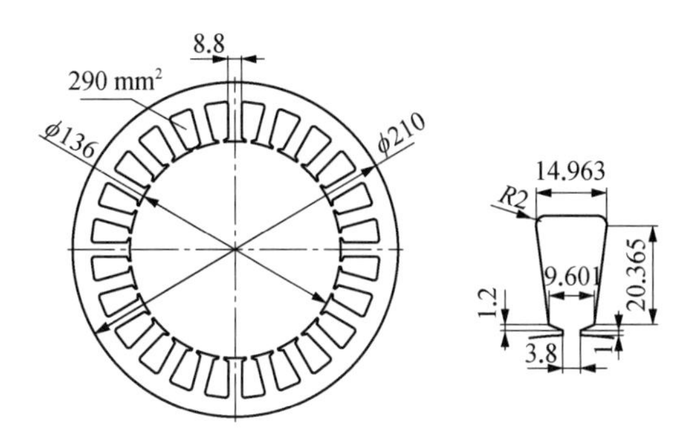

图 6－3　无刷电机定子冲片

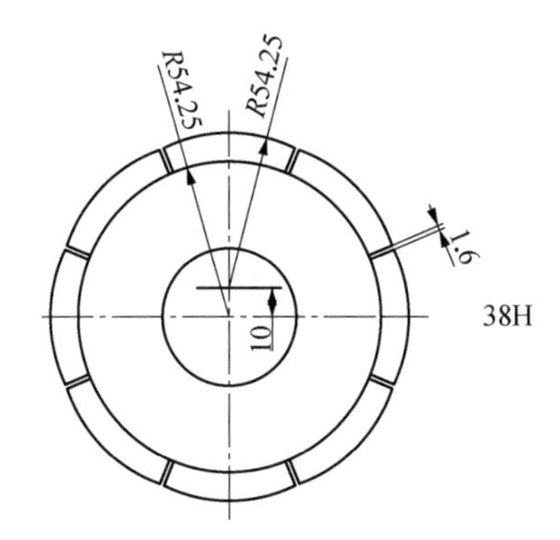

图 6－4　无刷电机转子结构

Maxwell 程序显示的电机结构与绕组如图6－5 所示。

绕组数据：1. 12 线，10 匝，10 股。A 相绕组接线如图 6－6 所示。由图可知，这是一个整数槽单层大节距绕组的无刷电机。

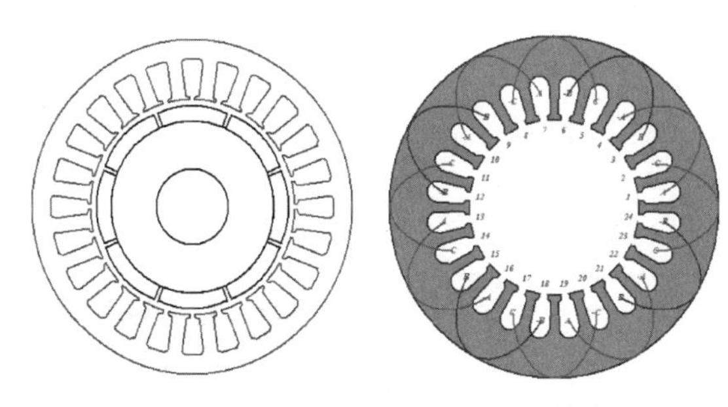

图 6－5　Maxwell 程序显示的电机结构与绕组

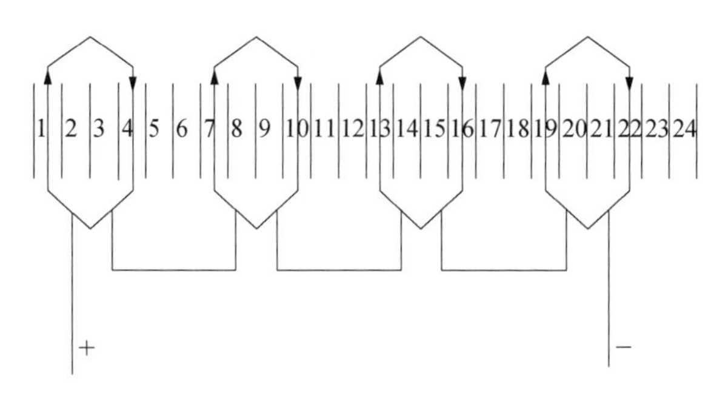

图 6－6　A 相绕组接线

6. 2. 3　无刷电机参数的输入

1）输入电机性能参数　输入界面如图 6－7 所示。

这里负载类型（Load Type）取用恒功率（Const Power），如图 6－8 所示，也可以在恒转矩（Const Torque）或恒转速（Const Speed）条件下求取无刷电机额定点的性能。

2）输入控制器相关数据　输入界面如图 6－9 所示。

3）输入磁钢极数、绕组接线形式和风摩损耗 输入界面如图 6－10 所示。

4）输入定子参数　输入界面如图 6－11 所示。

这里定子叠压系数（Stacking Factor）取 0. 95，冲片牌号（Steel Type）取用 DW465－50，选取了 3 号槽形，无刷电机有四种槽形图可供选择，如图 6－12 所示。

无刷电机定子槽形虽然只有四种，但基本上够用。有些电机的槽形与这四种槽形有所区别，只要定子冲片齿宽不变，电机的槽形即使有些改变，只是槽面积有些改变，那么电机的槽利用率略有改变，电机的性能改变是不大的，槽面积改变后，槽利用率是可以修正的。

还有一种办法是自己开槽，用 CAD 导入，导入方法可以参看赵博著的《Ansoft 12 在工程电磁场中的应用》一书。

5）输入绕组数据　输入界面如图 6－13 和图 6－14 所示。

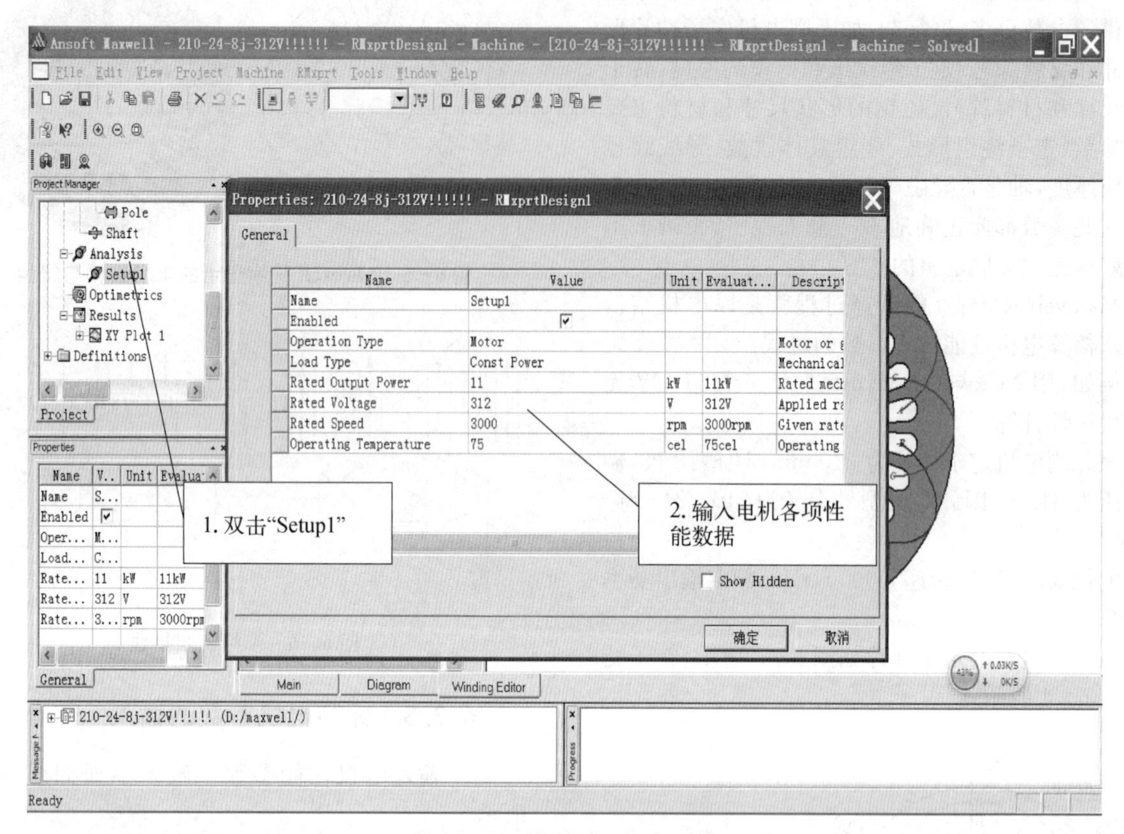

图 6-7　电机性能参数输入界面

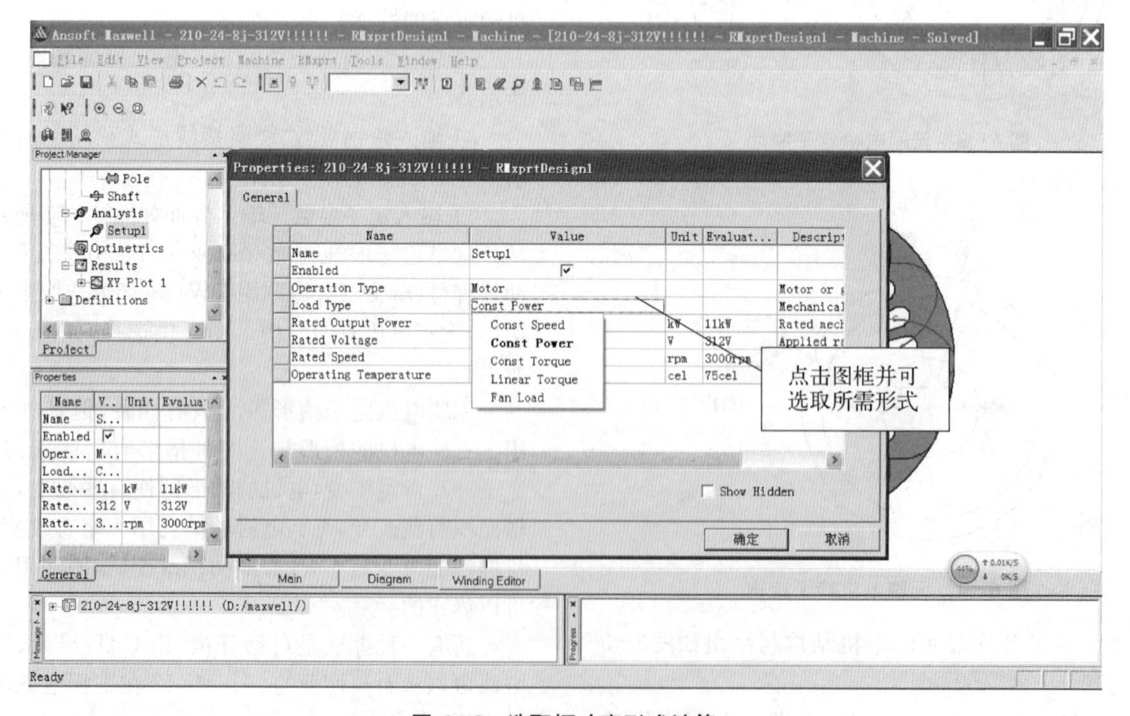

图 6-8　选取恒功率形式计算

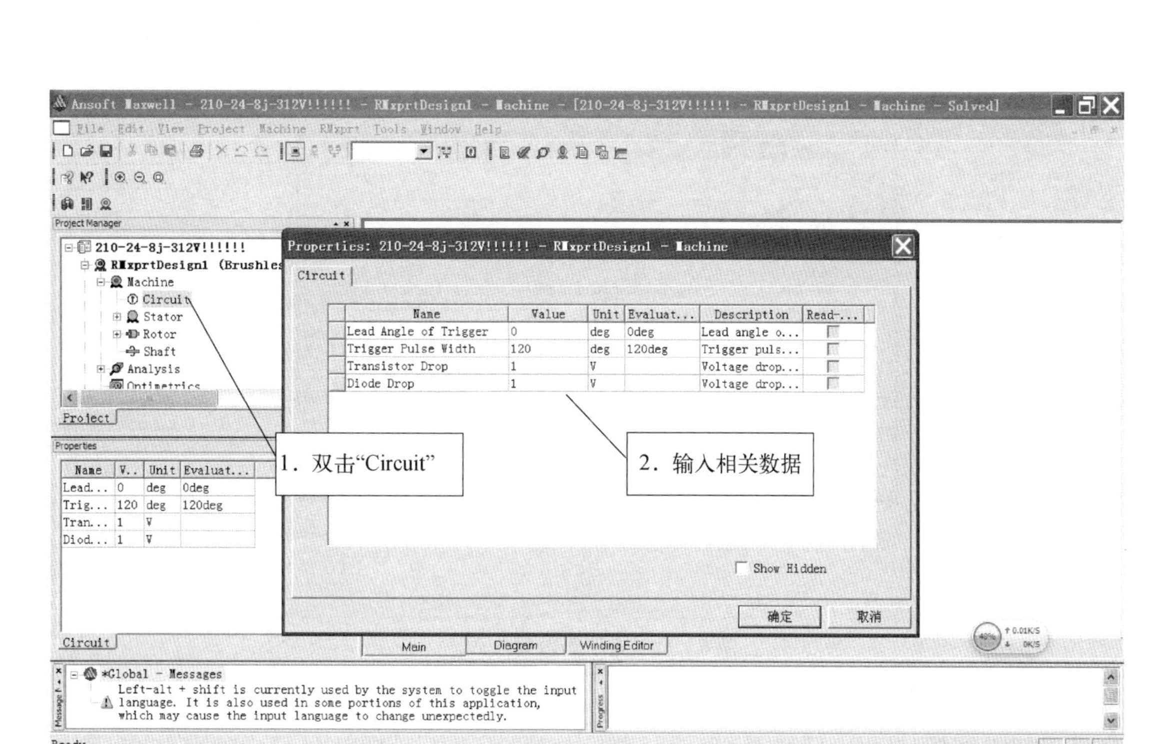

图 6－9　控制器相关数据输入界面

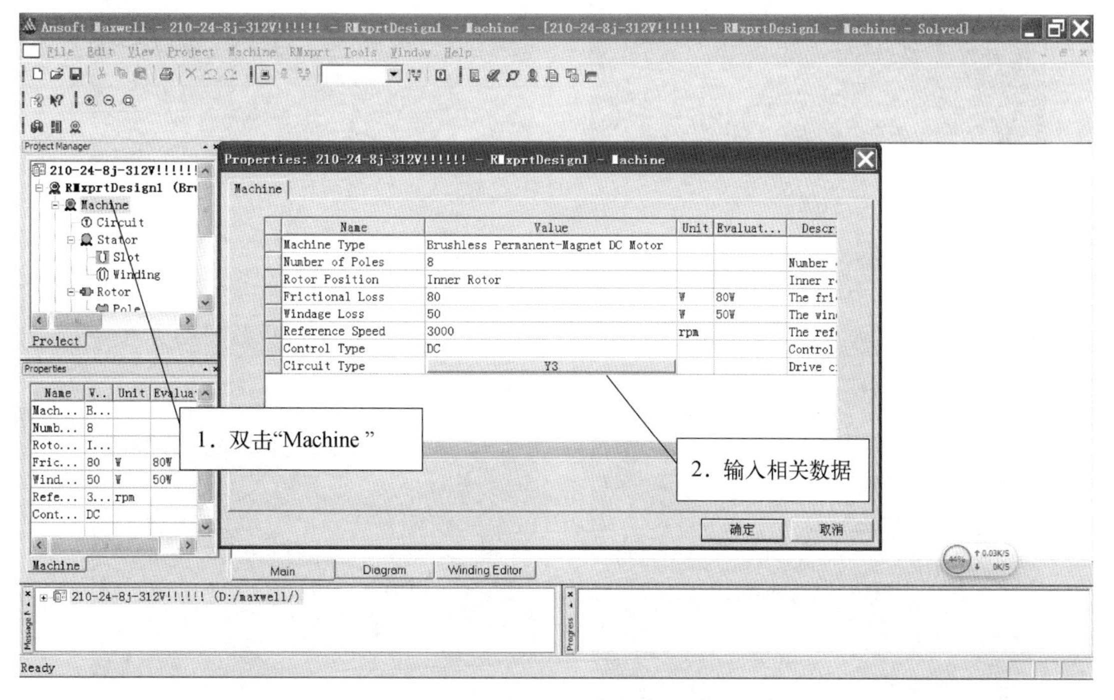

图 6－10　电机相关数据输入界面

图 6-11 定子参数输入界面

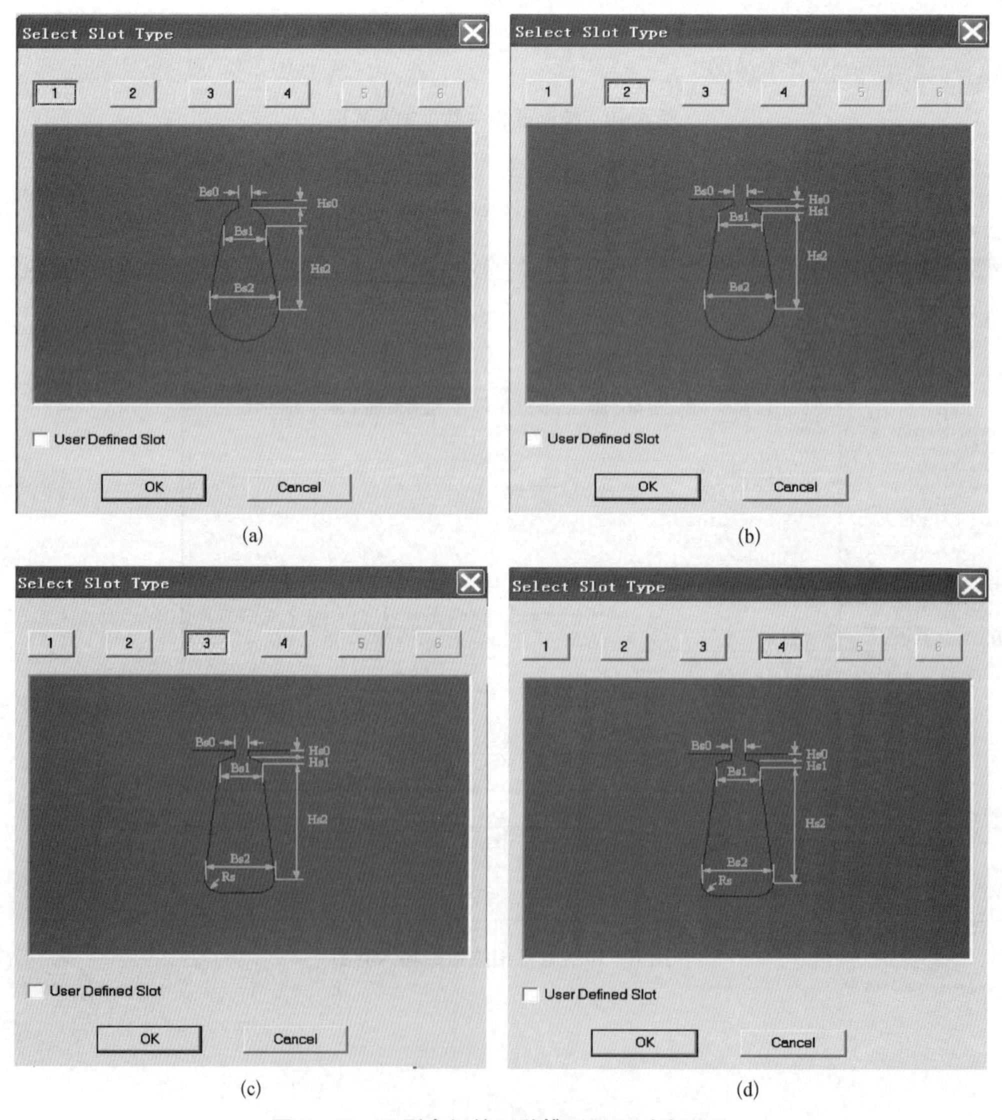

图 6-12 无刷电机的四种槽形图和对应图号

图 6－13　绕组数据输入界面

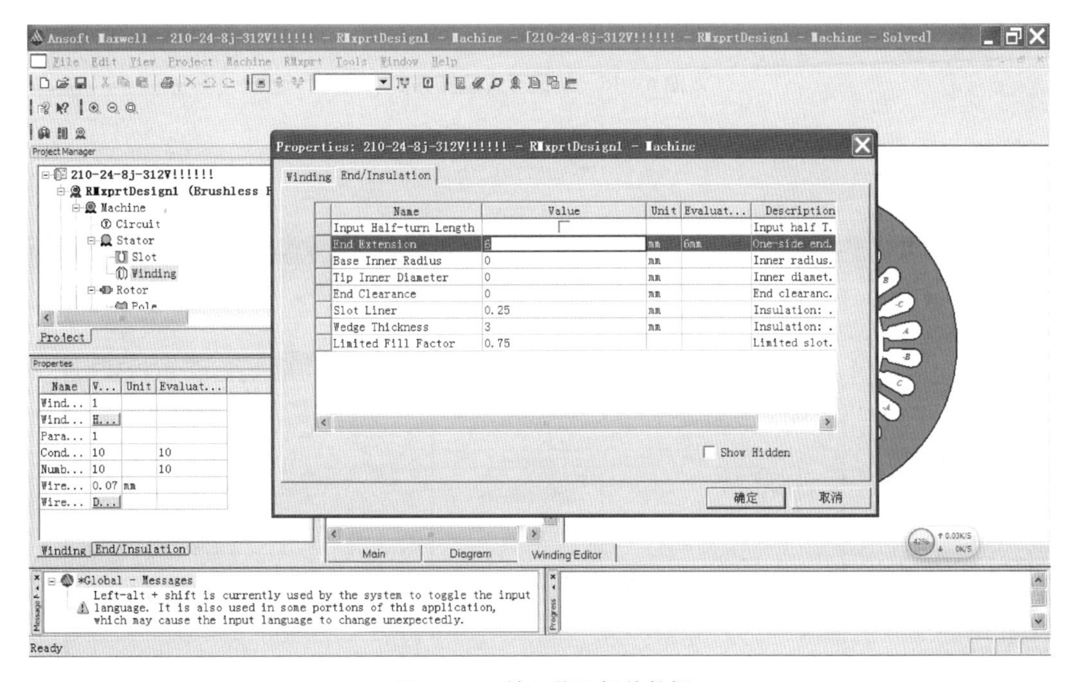

图 6－14　输入绕组相关数据

6）选择绕组形式　选择界面如图 6－15 所示。

7）输入线径　输入界面如图 6－16 所示。

8）输入转子数据　输入界面如图 6－17 所示。

9）选择转子磁钢形式　选择界面如图 6－18 所示。

10）确定轴是否导磁　确定界面如图 6－19 所示。

6.2.4　无刷电机参数的计算

1）电机性能参数计算　计算操作过程如图 6－20所示。

2）计算是否通过验证　数值求解自检对话框如图 6－21 所示。

6.2.5　无刷电机计算结果的查看

1）查看计算结果　查看界面如图 6－22 所示。

2）查看部分数据　各种典型数据的查看如图 6－23 所示。

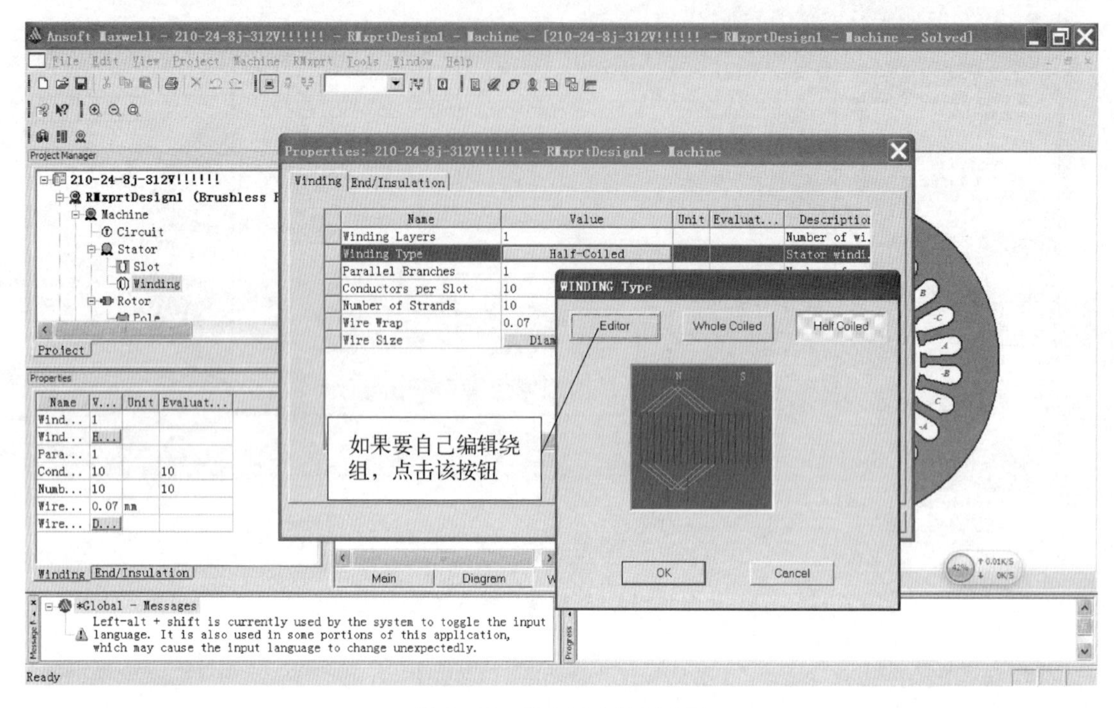

图 6-15 绕组形式选择界面

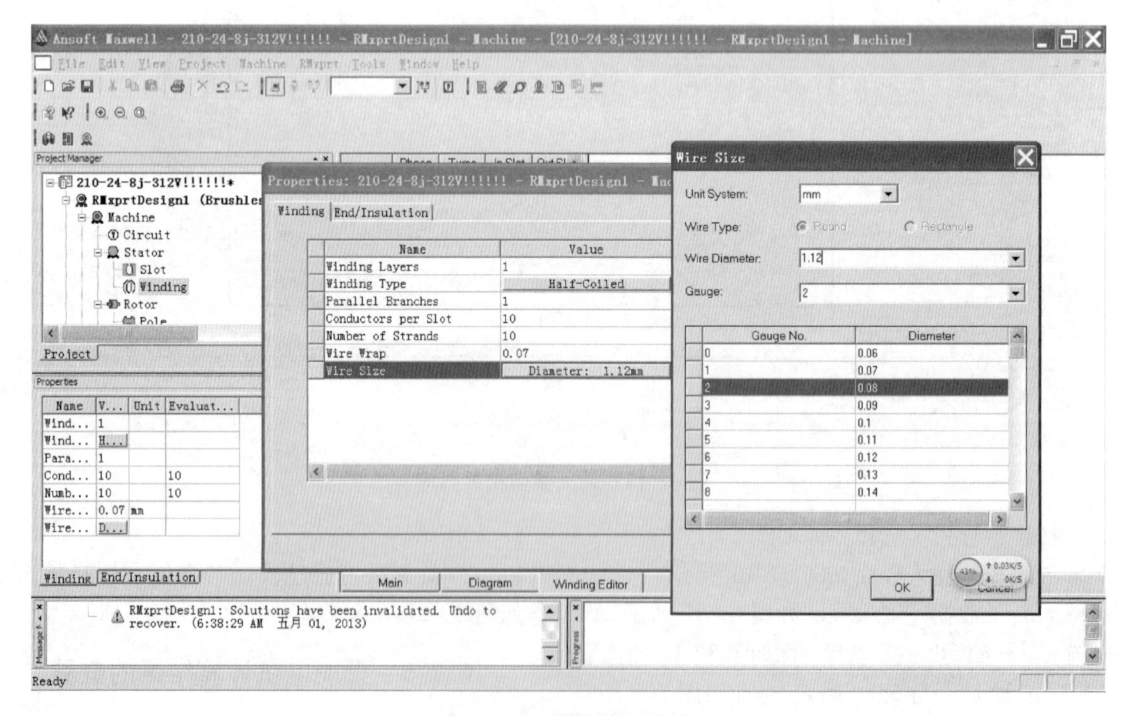

图 6-16 线径输入界面

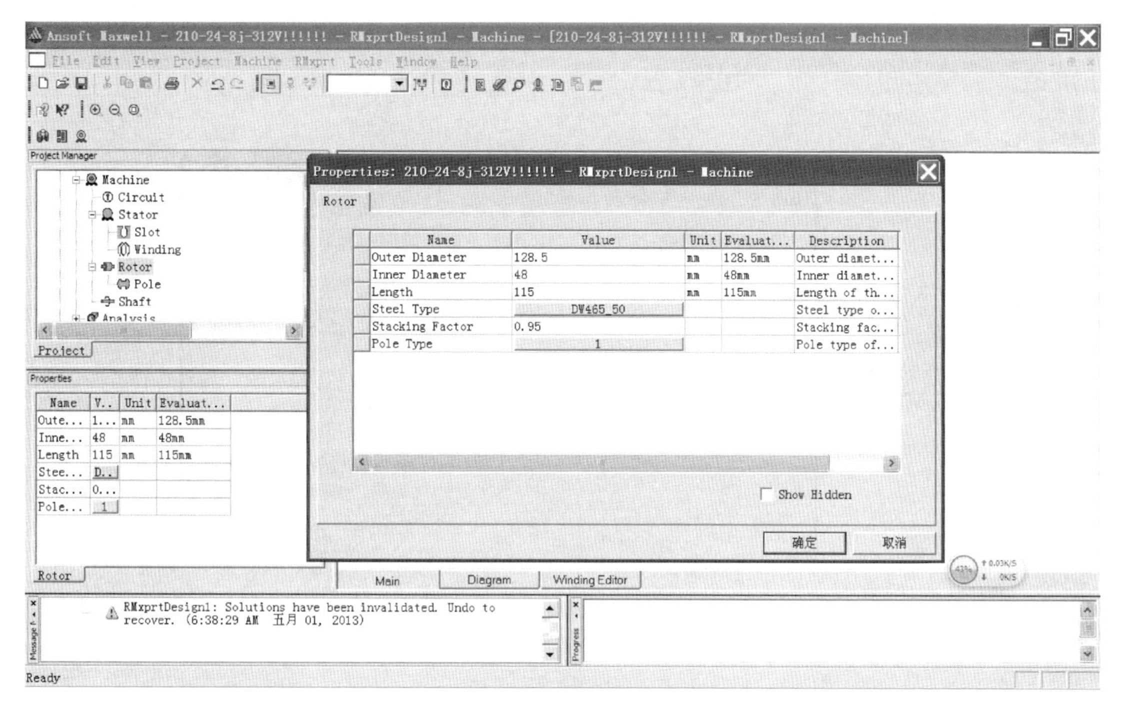

图 6－17　转子数据输入界面

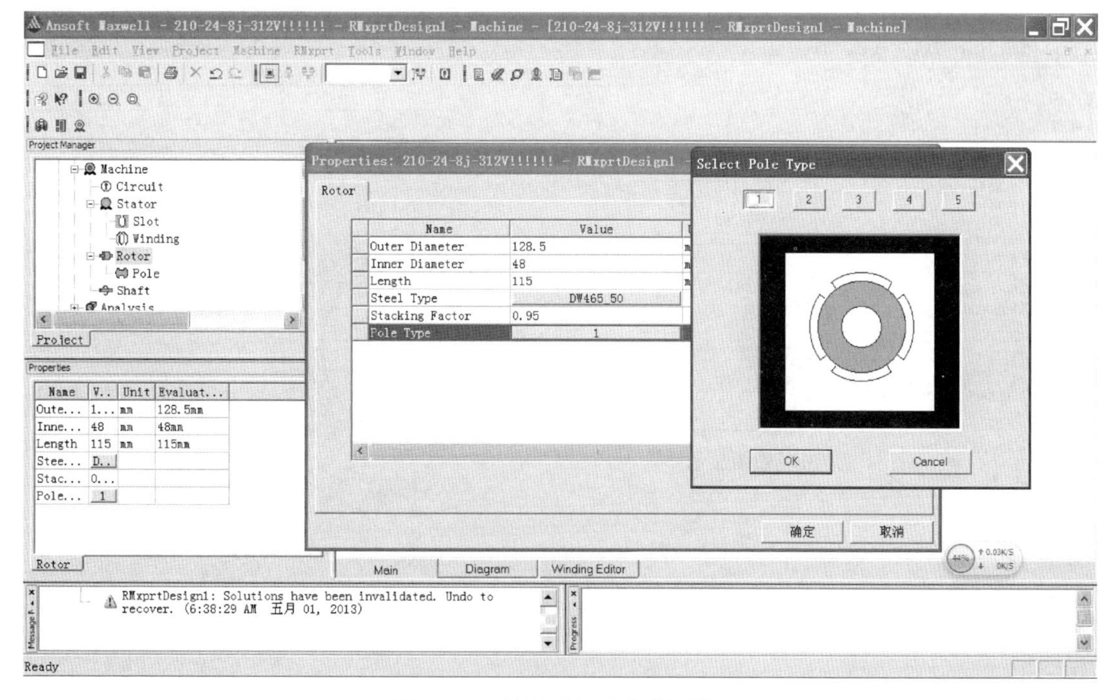

图 6－18　转子磁钢形式选择界面

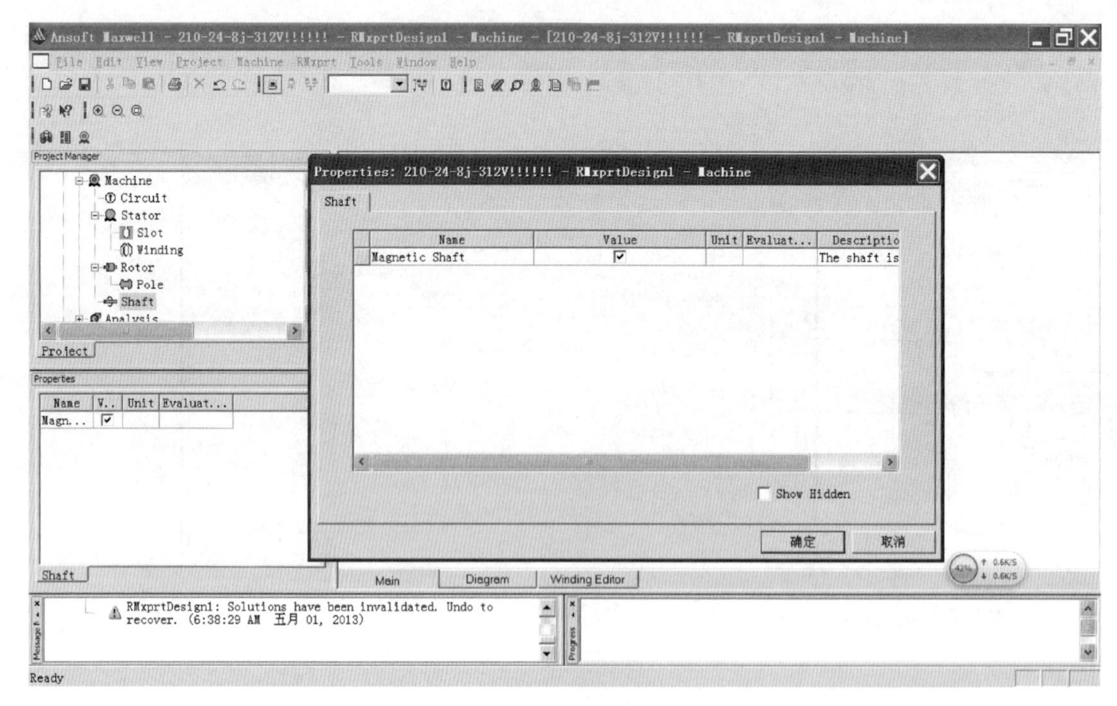

图 6-19 轴是否导磁确定界面

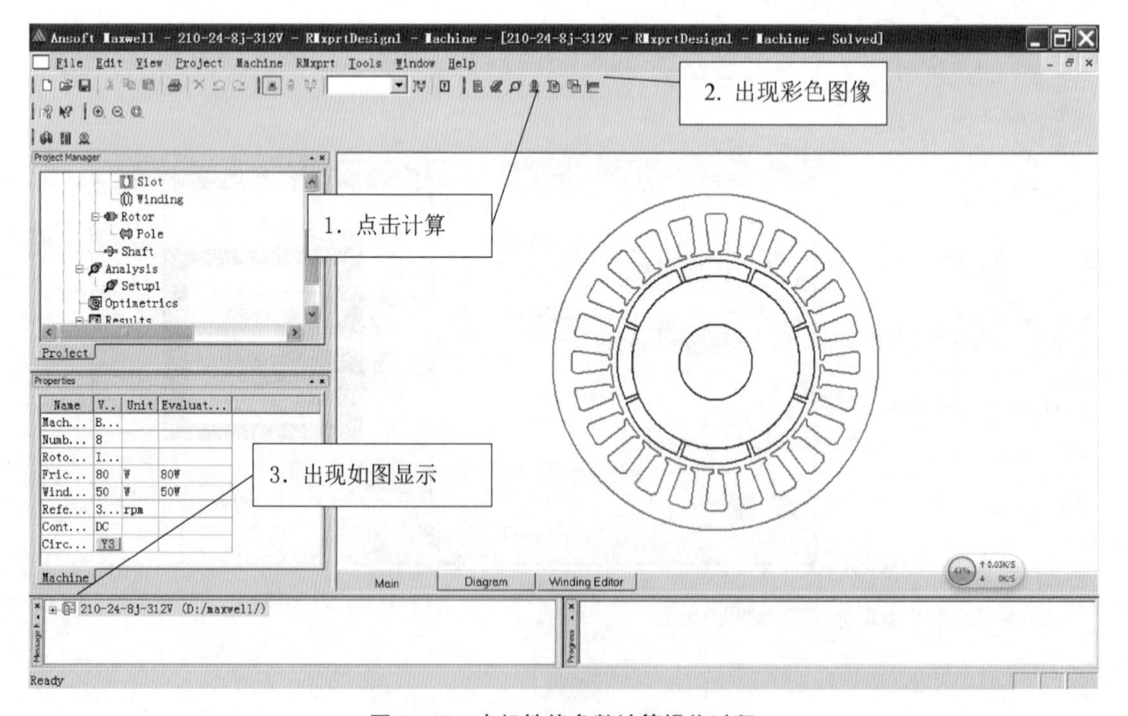

图 6-20 电机性能参数计算操作过程

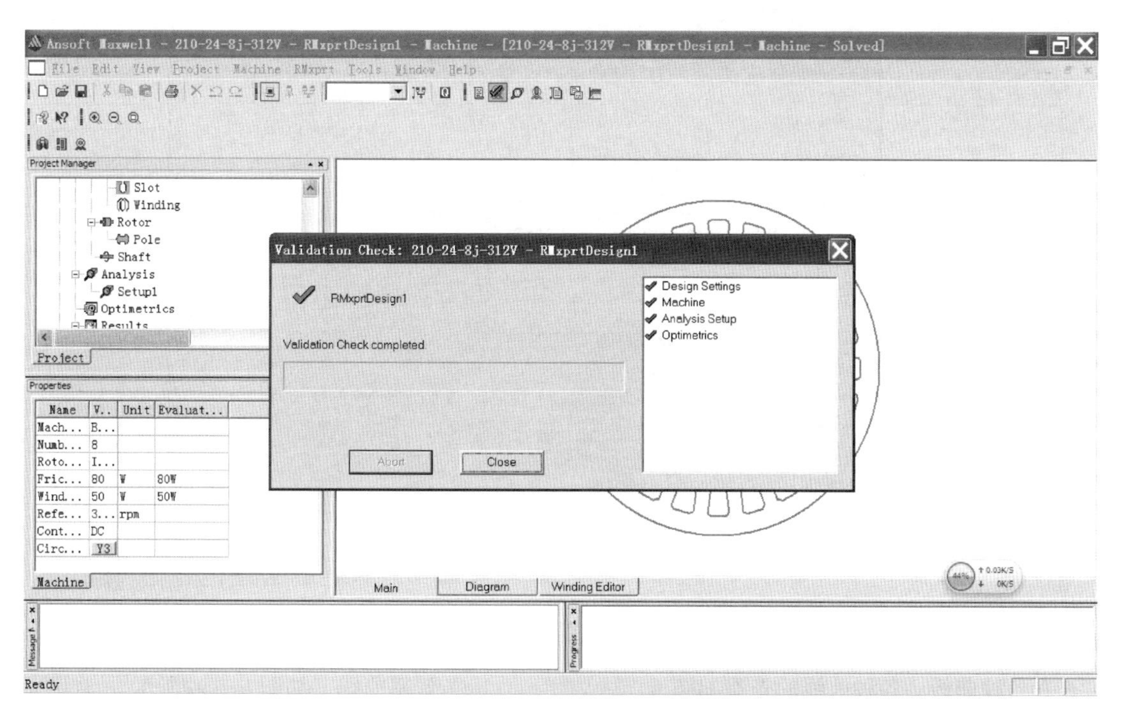

图 6-21　数值求解自检对话框

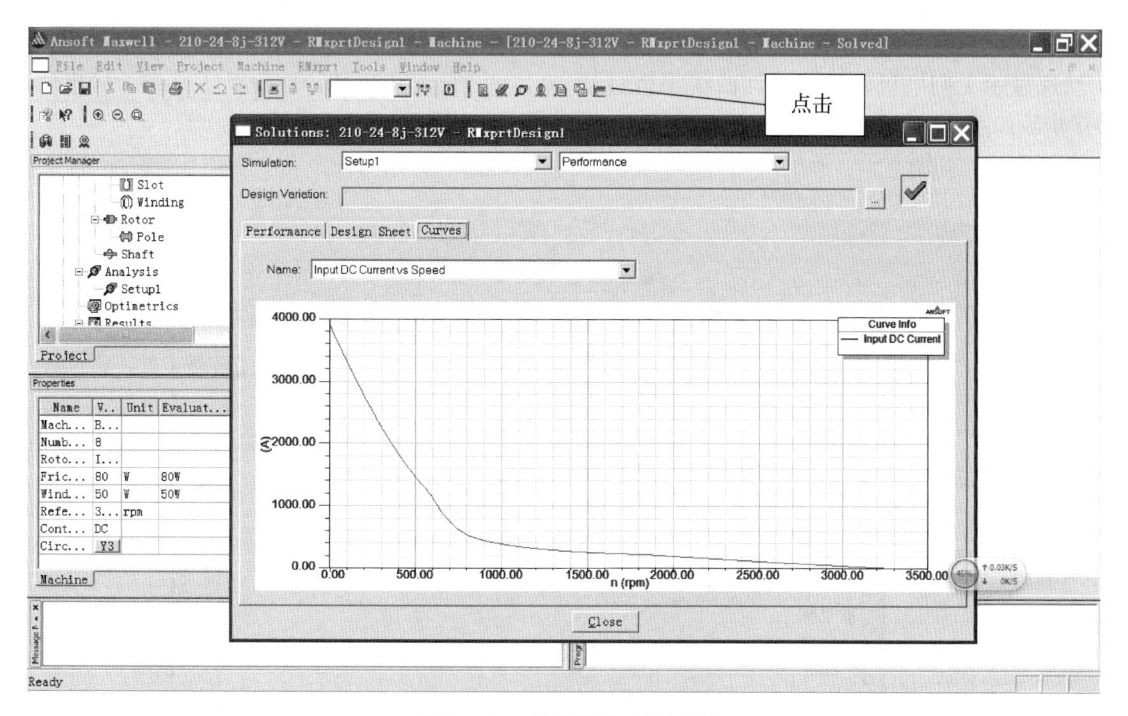

图 6-22　计算结果查看界面

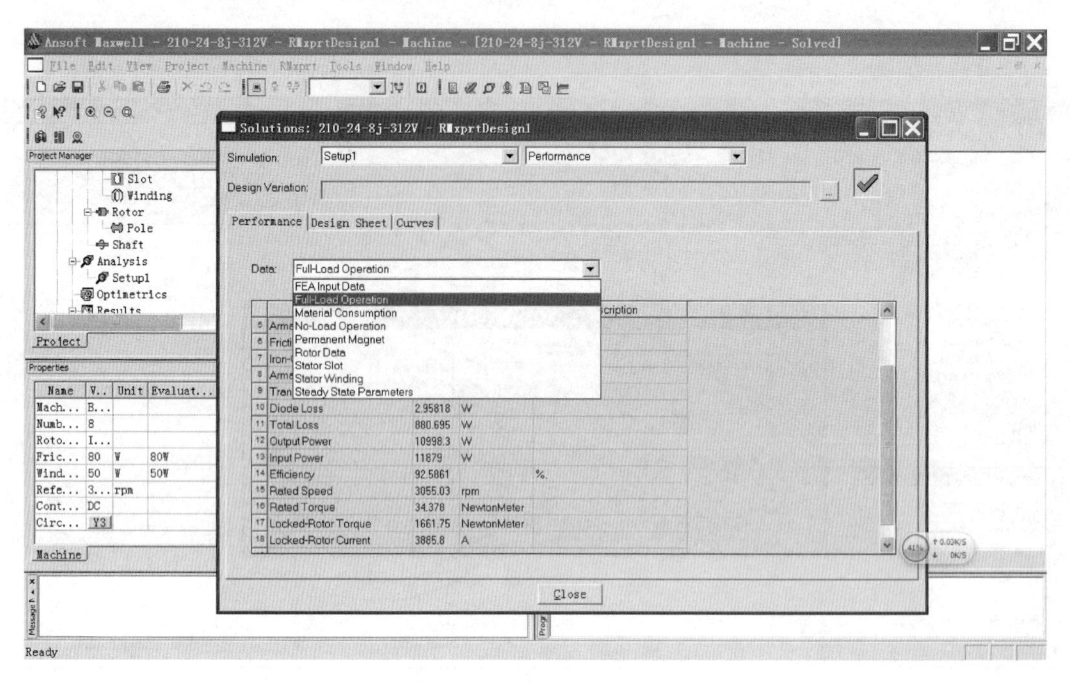

图 6-23　查看各种典型数据

3）查看各种曲线　各种曲线的查看如图 6-24 所示。

4）查看计算报告　计算报告的查看如图 6-25 所示。

5）复制结果　鼠标右键可以把内容复制到 Word、Excel 记录下来，如图 6-26 所示。

6）快速显示无刷电机的机械特性曲线报告过程　操作步骤如图 6-27 和图 6-28 所示。

7）电流曲线　如图 6-29 所示。

8）效率曲线　如图 6-30 所示。

9）建立以转矩为横坐标的电机机械特性曲线　操作步骤如图 6-31 和图 6-32 所示。

10）额定点数据　查看结果如图 6-33 所示。

11）显示机械特性表格　如图 6-34 和图 6-35 所示。

12）导出机械特性数据(Excel)　导出位置如图 6-36 所示，导出表格见表 6-1。

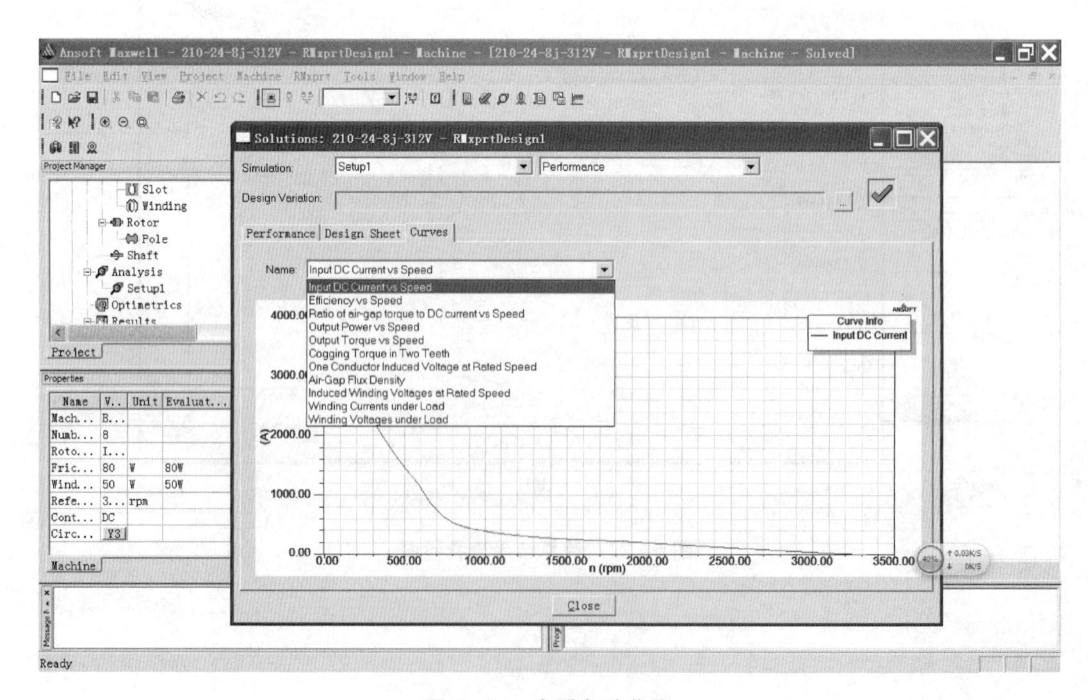

图 6-24　查看各种曲线

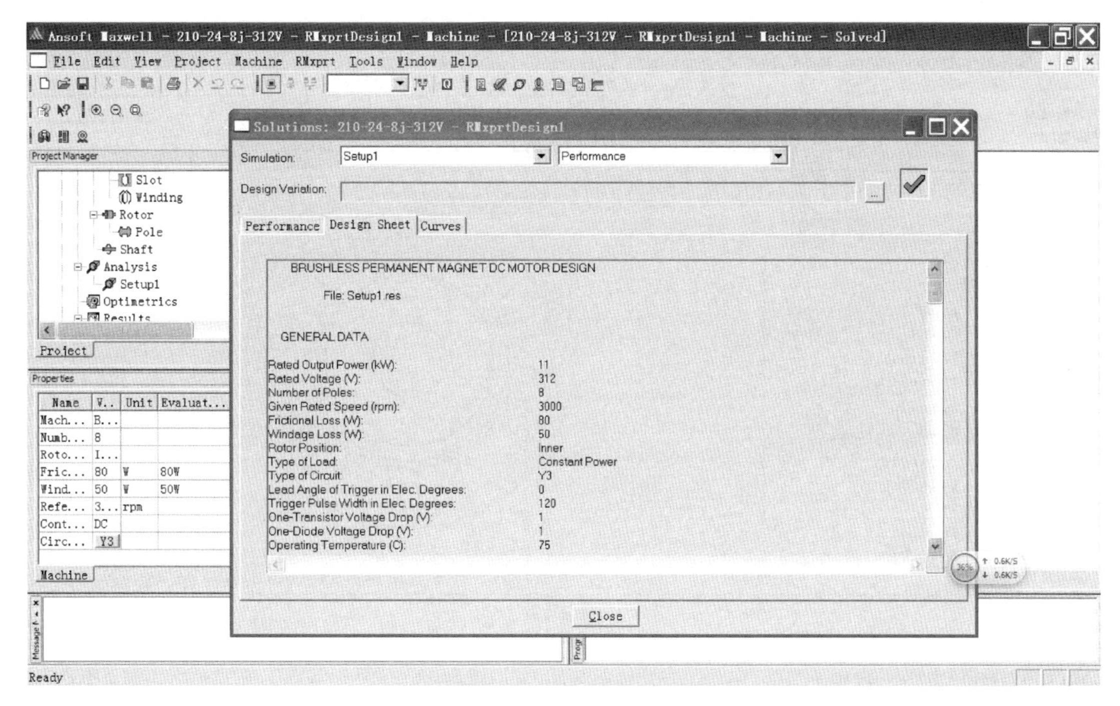

图 6－25　查看计算报告

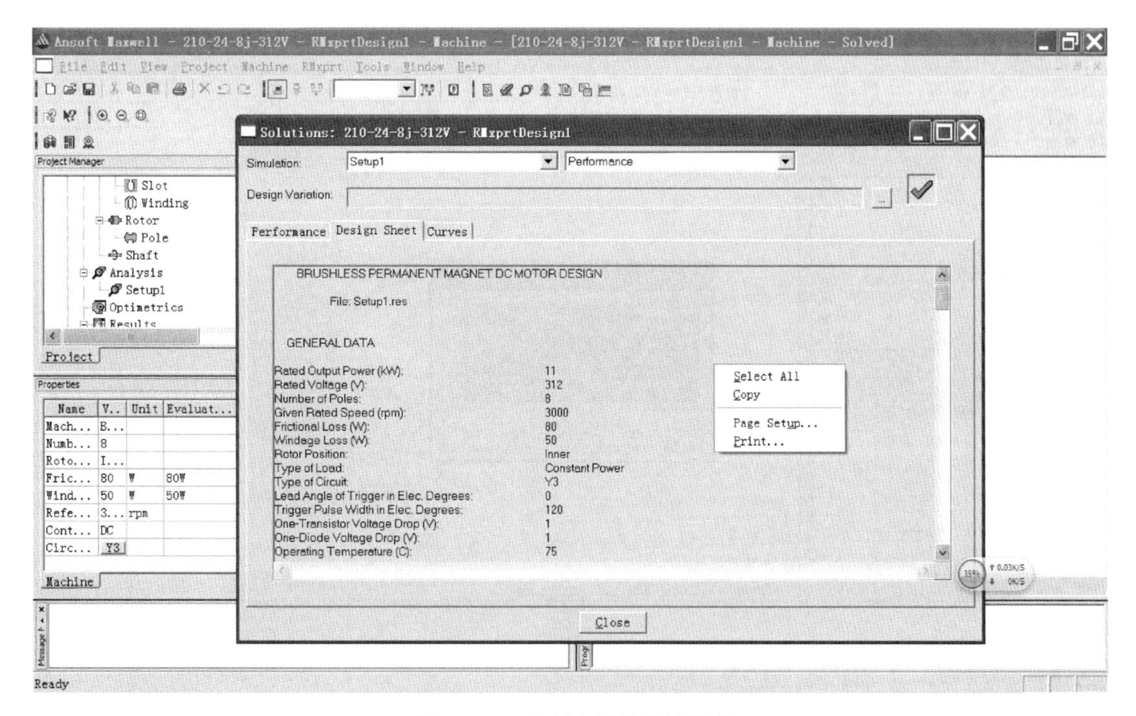

图 6－26　复制电机性能计算书

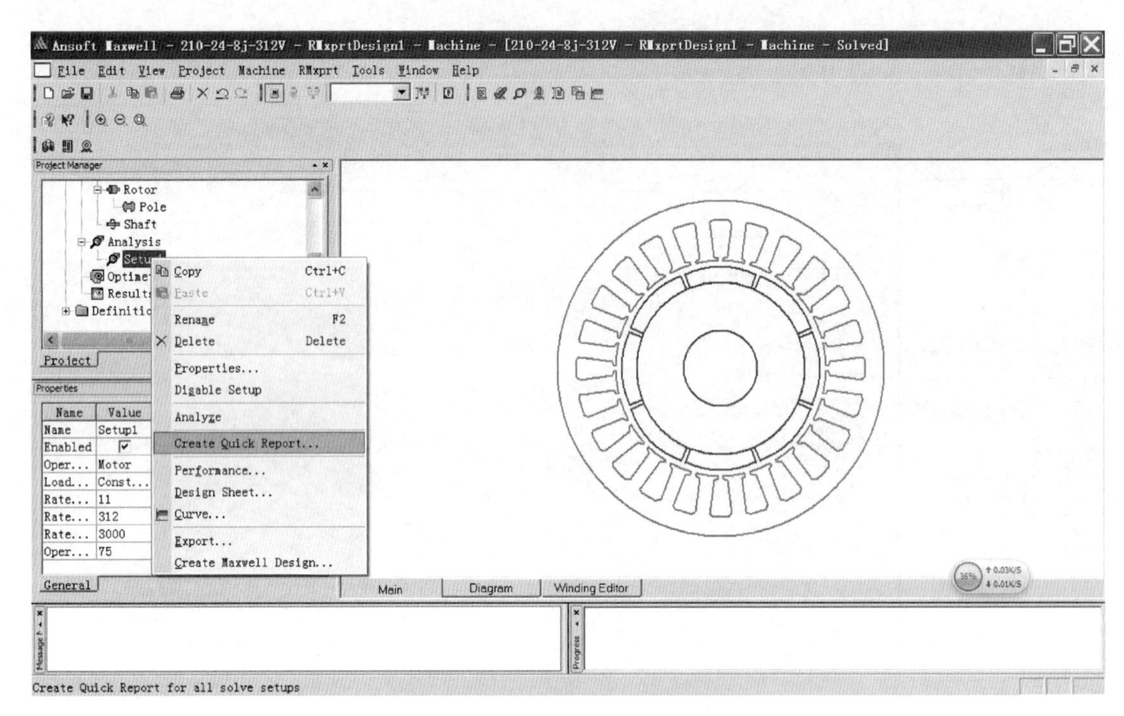

图 6-27 快速显示报告步骤一

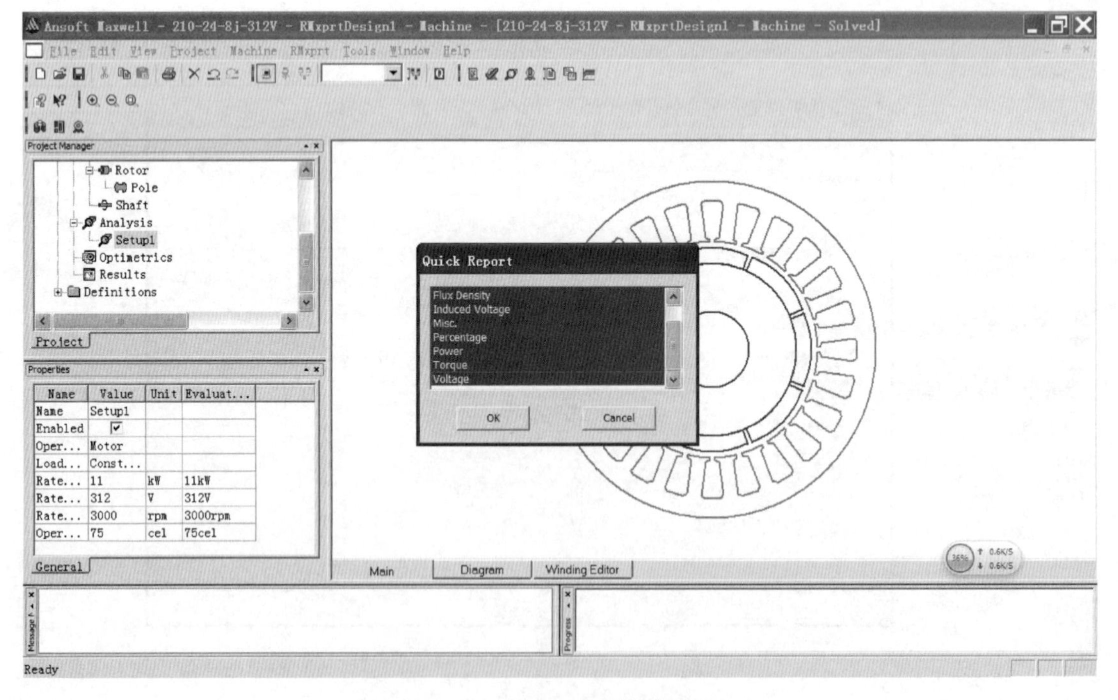

图 6-28 快速显示报告步骤二

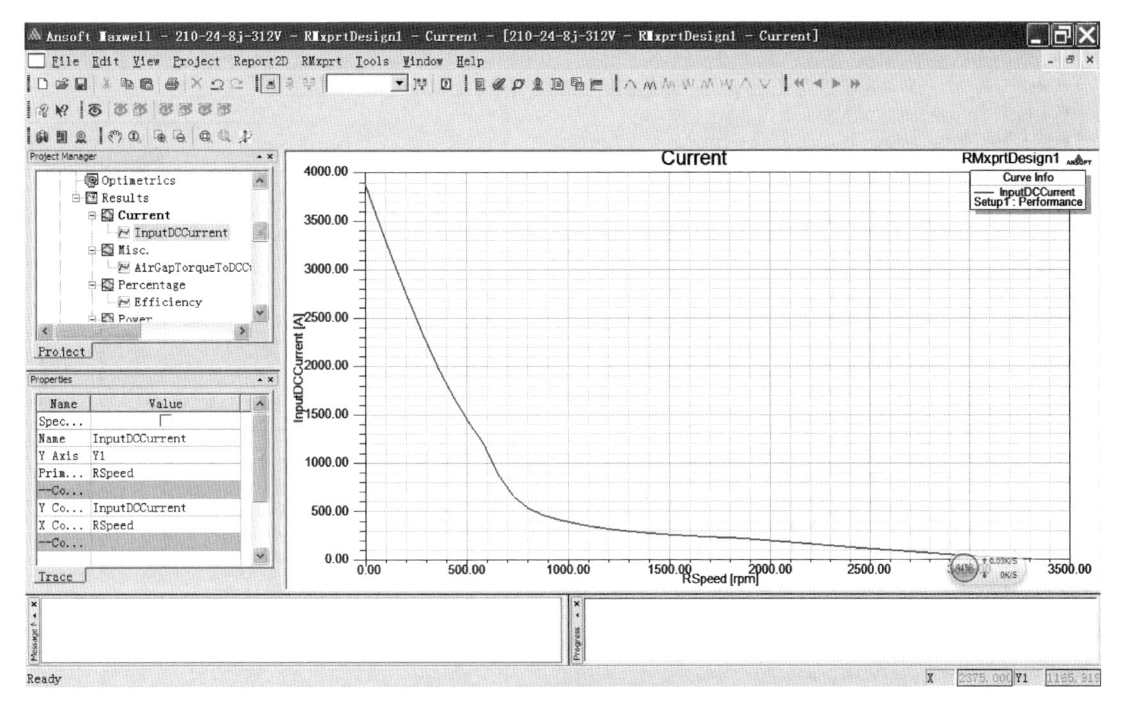

图 6 - 29　电流曲线

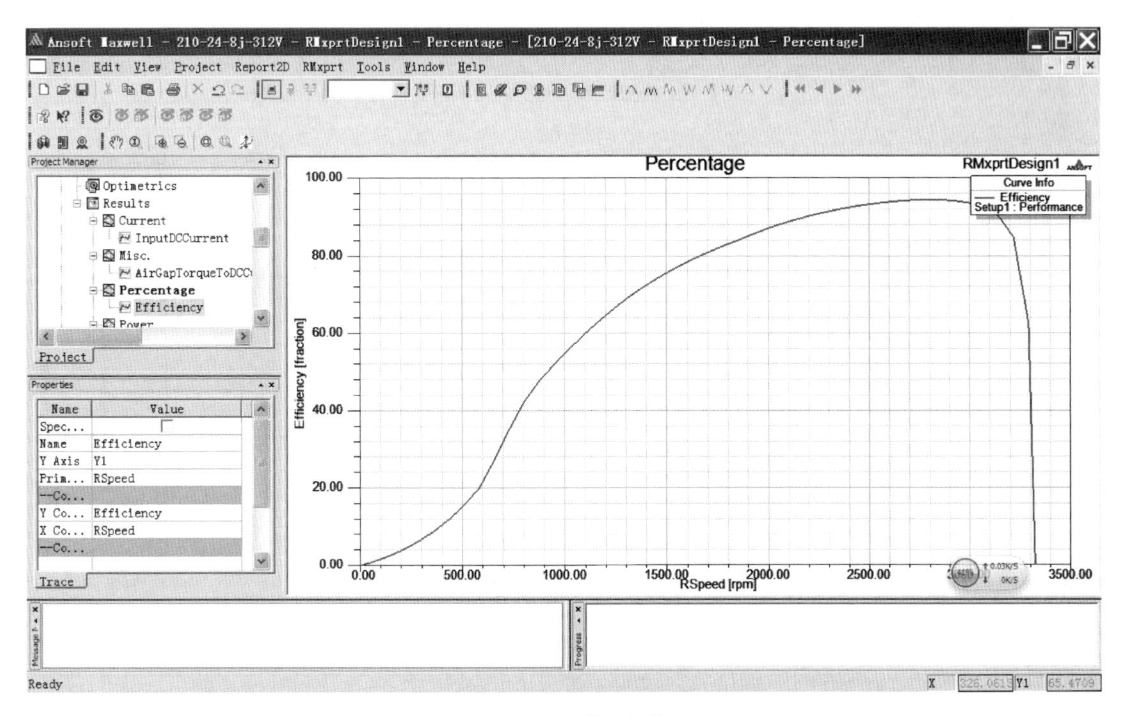

图 6 - 30　效率曲线

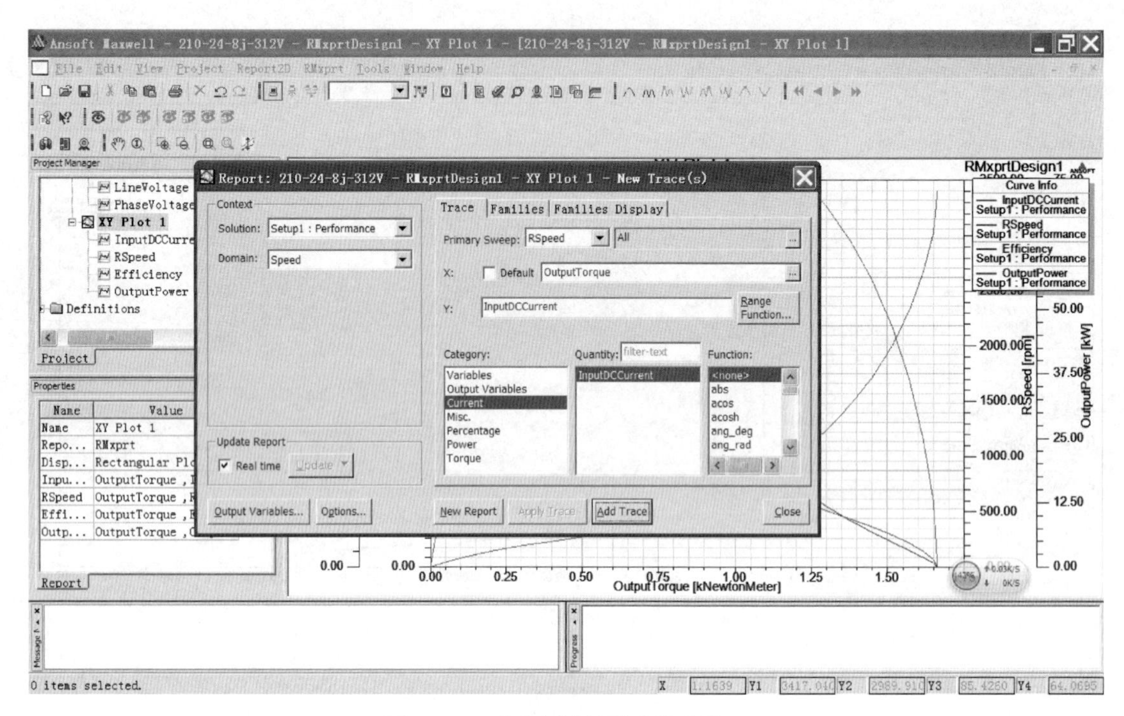

图 6 - 31　建立机械特性曲线步骤一

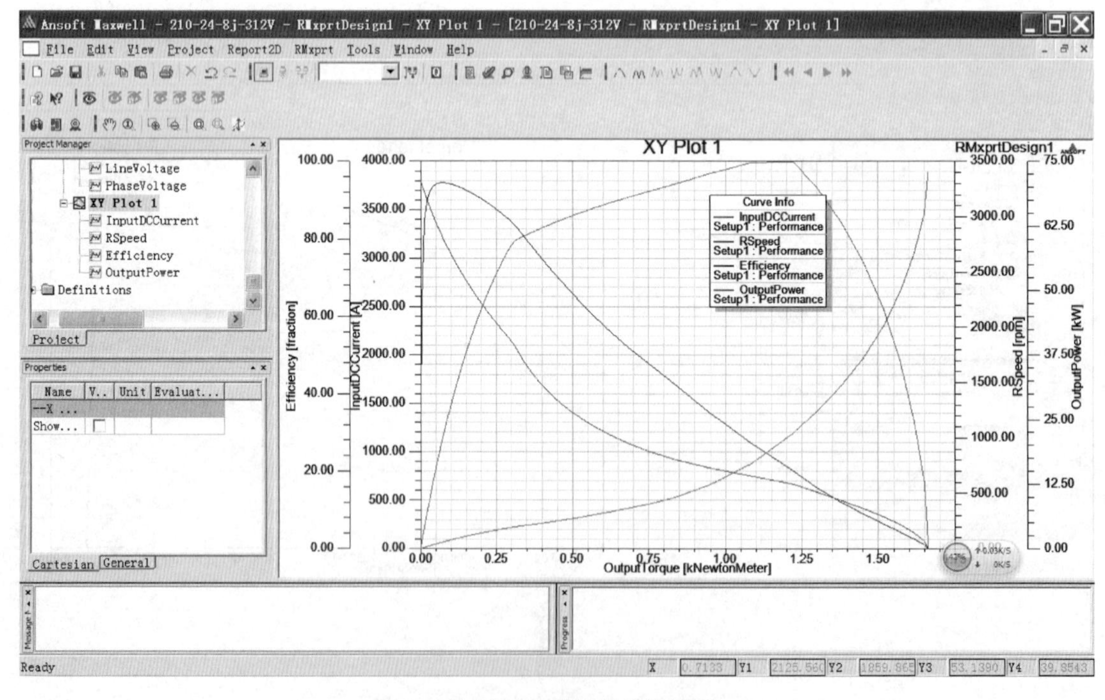

图 6 - 32　建立机械特性曲线步骤二

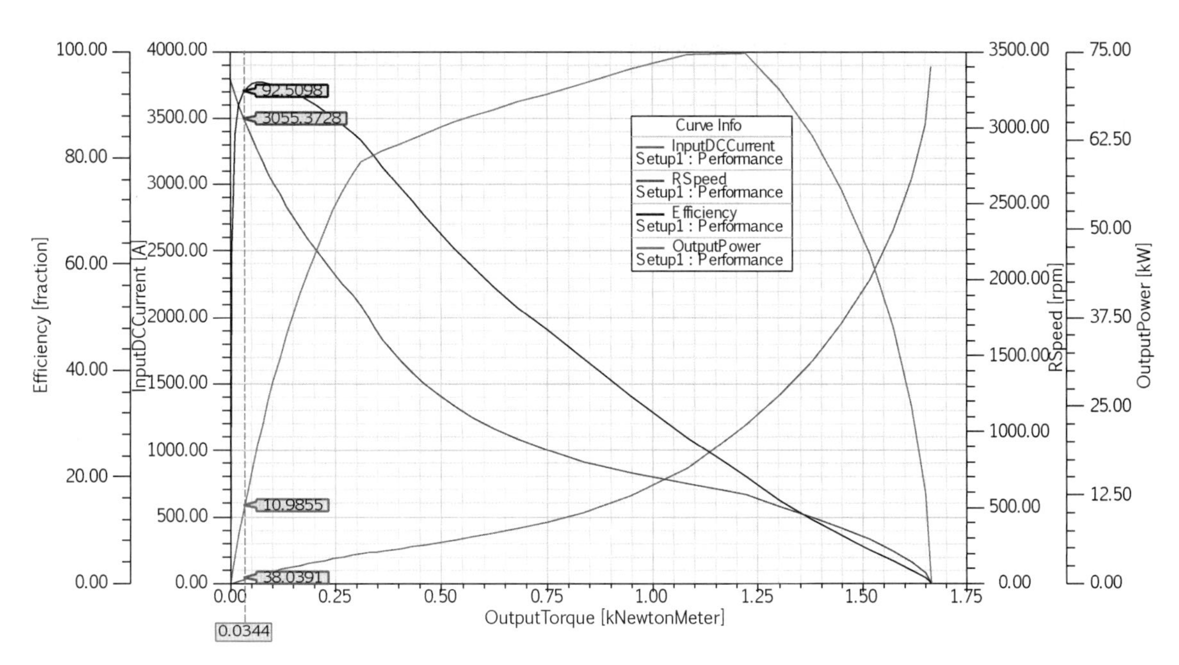

图 6-33　电机机械特性曲线

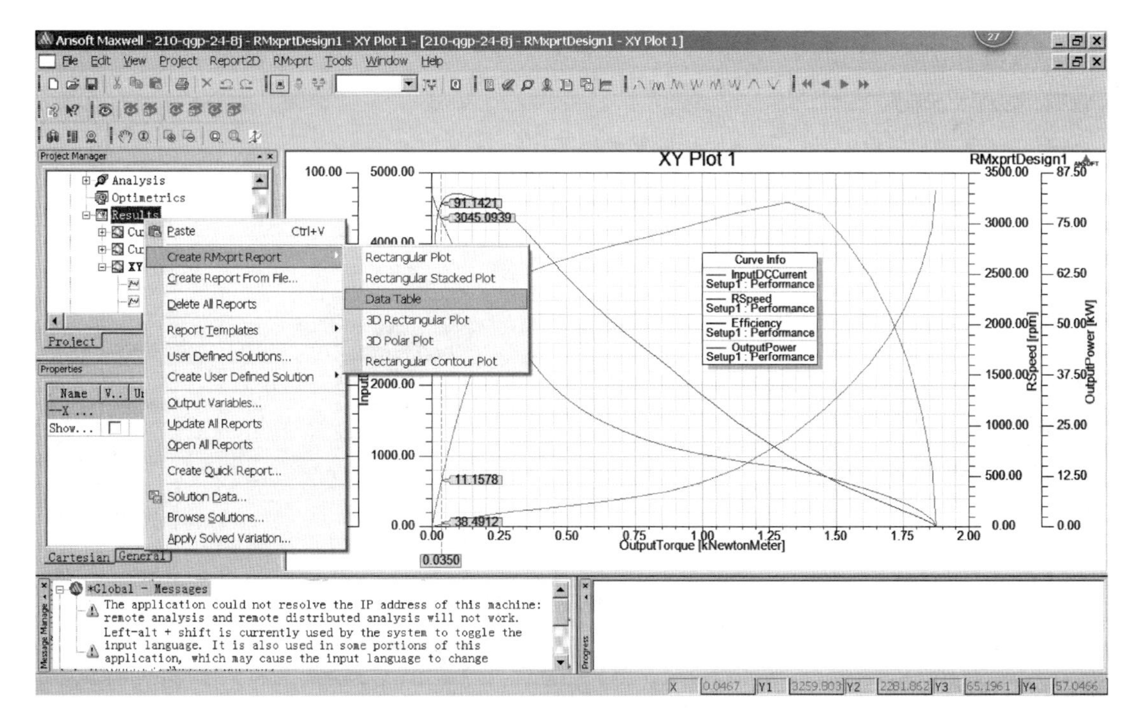

图 6-34　表格导出位置

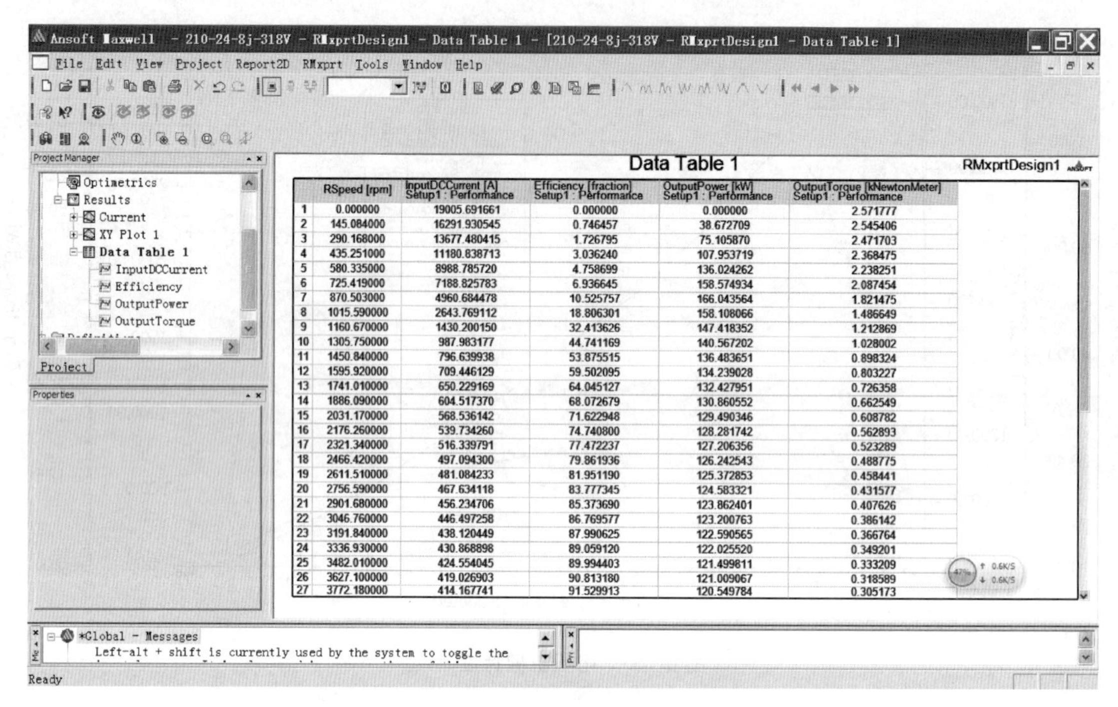

	RSpeed [rpm]	InputDCCurrent [A] Setup1 : Performance	Efficiency [fraction] Setup1 : Performance	OutputPower [kW] Setup1 : Performance	OutputTorque [kNewtonMeter] Setup1 : Performance
1	0.000000	19005.691661	0.000000	0.000000	2.571777
2	145.084000	16291.930545	0.746457	38.672709	2.545406
3	290.168000	13677.480415	1.726795	75.105870	2.471703
4	435.251000	11180.838713	3.036240	107.953719	2.368475
5	580.335000	8988.785720	4.758699	136.024262	2.238251
6	725.419000	7188.825783	6.936645	158.574934	2.087454
7	870.503000	4960.684478	10.525757	166.043564	1.821475
8	1015.590000	2643.769112	18.806301	158.108066	1.486649
9	1160.670000	1430.200150	32.413626	147.418352	1.212869
10	1305.750000	987.983177	44.741169	140.567202	1.028002
11	1450.840000	796.639938	53.875515	136.483651	0.898324
12	1595.920000	709.446129	59.502095	134.239028	0.803227
13	1741.010000	650.229169	64.045127	132.427951	0.726358
14	1886.090000	604.517370	68.072679	130.860552	0.662549
15	2031.170000	568.536142	71.622948	129.490346	0.608782
16	2176.260000	539.734260	74.740800	128.281742	0.562893
17	2321.340000	516.339791	77.472237	127.206356	0.523289
18	2466.420000	497.094300	79.861936	126.242543	0.488775
19	2611.510000	481.084233	81.951190	125.372853	0.458441
20	2756.590000	467.634118	83.777345	124.583321	0.431577
21	2901.680000	456.234706	85.373690	123.862401	0.407626
22	3046.760000	446.497258	86.769577	123.200763	0.386142
23	3191.840000	438.120449	87.990625	122.590565	0.366764
24	3336.930000	430.868898	89.059120	122.025520	0.349201
25	3482.010000	424.554045	89.994403	121.499811	0.333209
26	3627.100000	419.026903	90.813180	121.009067	0.318589
27	3772.180000	414.167741	91.529913	120.549784	0.305173

图 6-35　电机机械特性曲线表格显示

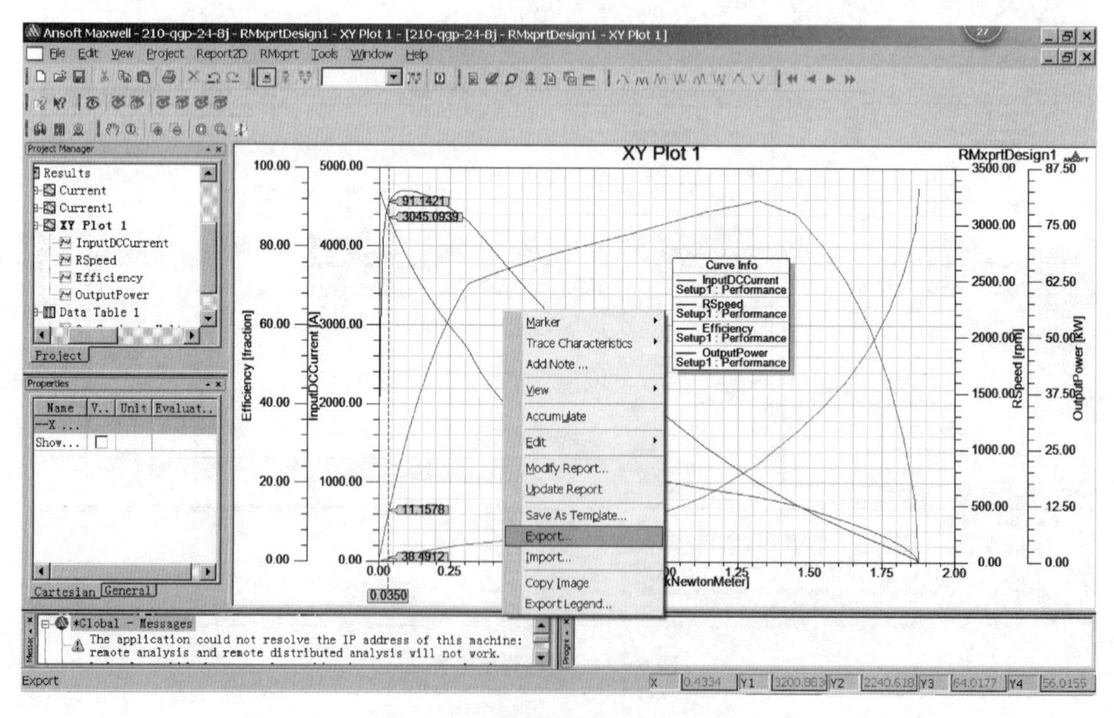

图 6-36　机械特性数据导出位置

表6-1 机械特性数据

额定转速(r/min)	输出转矩(N·m)	输入直流电流(A)	效　率	输出功率(kW)
0.00	1.661 7	3 885.80	0.000 0	0.000 0
73.14	1.649 0	3 454.25	1.171 9	12.629 9
146.28	1.615 6	3 046.10	2.603 1	24.747 6
219.42	1.571 0	2 656.77	4.354 7	36.096 6
292.55	1.515 5	2 293.10	6.489 4	46.428 1
365.69	1.450 0	1 965.57	9.054 4	55.526 5
438.83	1.376 8	1 676.19	12.090 9	63.269 4
511.97	1.300 1	1 422.61	15.703 8	69.701 9
585.11	1.221 1	1 192.89	20.103 6	74.821 5
658.25	1.081 8	873.91	26.348 5	74.568 4
731.38	0.946 1	659.27	35.227 7	72.460 8
804.52	0.836 6	533.63	42.333 1	70.481 8
876.66	0.751 3	464.50	46.645 3	69.049 7
950.80	0.682 1	419.52	51.887 4	66.915 3
1 023.94	0.623 6	383.53	55.881 6	66.869 0
1 096.08	0.573 7	354.36	59.611 2	65.906 9
1 170.21	0.530 6	330.44	63.069 3	65.023 0
1 243.35	0.493 1	310.61	66.256 6	64.209 9
1 316.49	0.460 3	294.02	69.179 5	63.460 9
1 389.63	0.431 3	280.01	71.848 4	62.769 9
1 462.77	0.405 6	268.10	74.276 5	62.130 5
1 535.91	0.382 6	256.90	76.478 8	61.537 5
1 609.05	0.361 9	249.10	78.471 0	60.986 5
1 682.18	0.343 3	241.47	80.268 9	60.473 1
1 755.32	0.326 4	234.82	81.888 3	59.993 9
1 828.46	0.311 0	228.99	83.344 3	59.545 9
1 901.60	0.290 7	218.60	84.867 7	56.882 5
1 974.74	0.267 6	205.40	86.360 5	55.343 9
2 046.88	0.245 6	192.54	86.693 8	52.679 7
2 121.01	0.224 7	179.96	88.880 0	49.904 6
2 194.15	0.204 7	166.63	89.930 8	46.034 1
2 266.29	0.185 7	155.52	90.856 2	44.085 7
2 340.43	0.167 7	143.72	91.658 6	41.101 1
2 413.57	0.150 7	132.16	92.350 8	38.080 5
2 486.71	0.134 5	120.80	92.939 8	35.027 5
2 559.85	0.119 2	109.61	93.427 1	31.949 1
2 632.98	0.104 6	98.58	93.809 9	28.853 1
2 706.12	0.090 9	86.72	94.079 91	25.747 7
2 779.26	0.077 8	76.01	94.219 836	22.639 4
2 852.40	0.065 4	66.47	94.198 527	19.534 8
2 925.54	0.053 7	56.08	93.958 302	16.439 9

（续表）

额定转带(r/min)	输出转矩(N·m)	输入直流电流(A)	效　率	输出功率(kW)
2 998.68	0.042 5	45.85	93.388 909	13.358 7
3 071.81	0.032 0	35.78	92.254 904	10.297 4
3 144.95	0.022 0	25.86	89.964 331	6.258 0
3 218.09	0.012 6	16.10	84.517 192	4.245 6
3 291.23	0.003 7	6.50	62.215 804	1.261 2
3 322.34	0.000 0	2.49	0	0.000 0

13）各种电流　如图 6－37 所示。

14）线电压和相电压　如图 6－38 所示。

15）线感应电动势和相感应电动势　如图 6－39所示。

16）气隙磁通密度　如图 6－40 所示。

17）不斜槽时定位转矩　如图 6－41 所示。

18）斜半个槽时定位转矩　如图 6－42 所示。

19）斜一个槽的定位转矩　如图 6－43 所示。

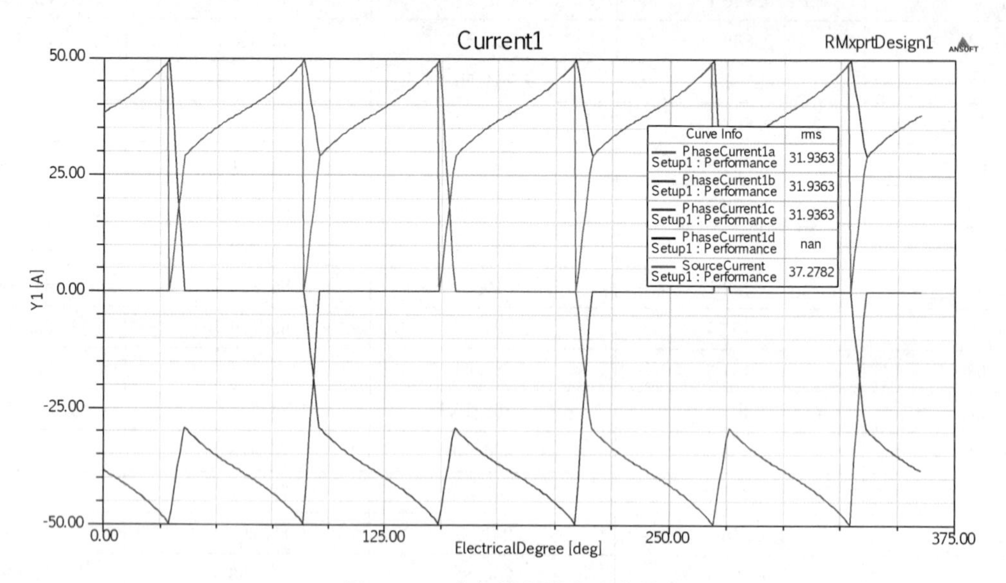

图 6－37　电机的各种电流曲线

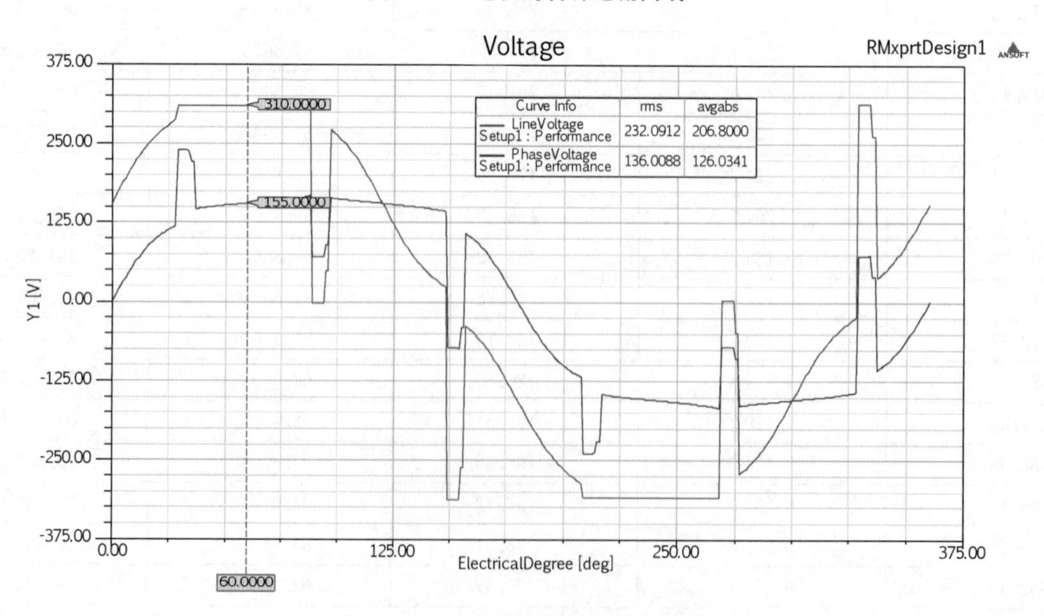

图 6－38　电机线电压和相电压曲线

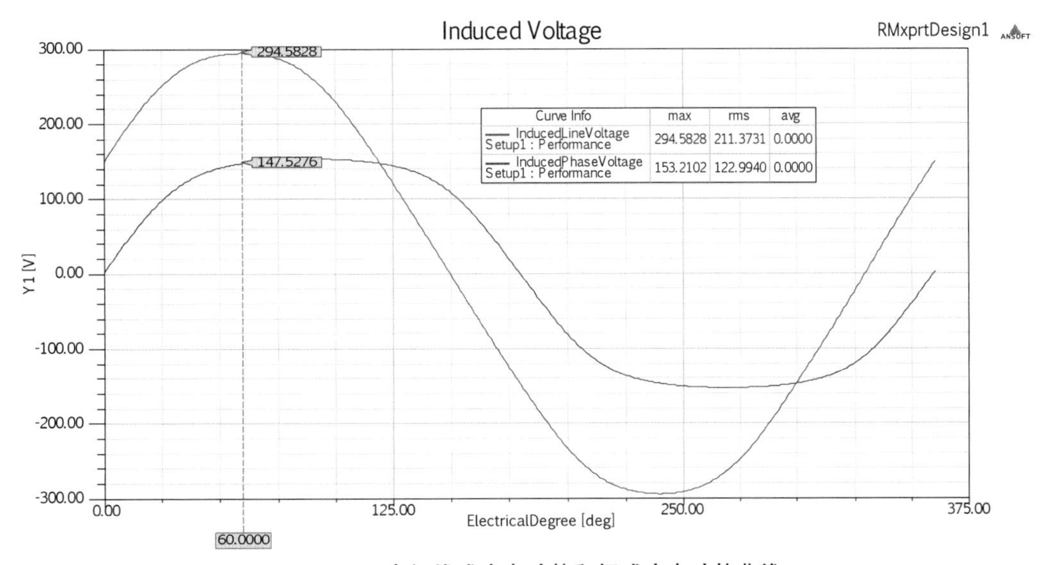

图 6 - 39　电机线感应电动势和相感应电动势曲线

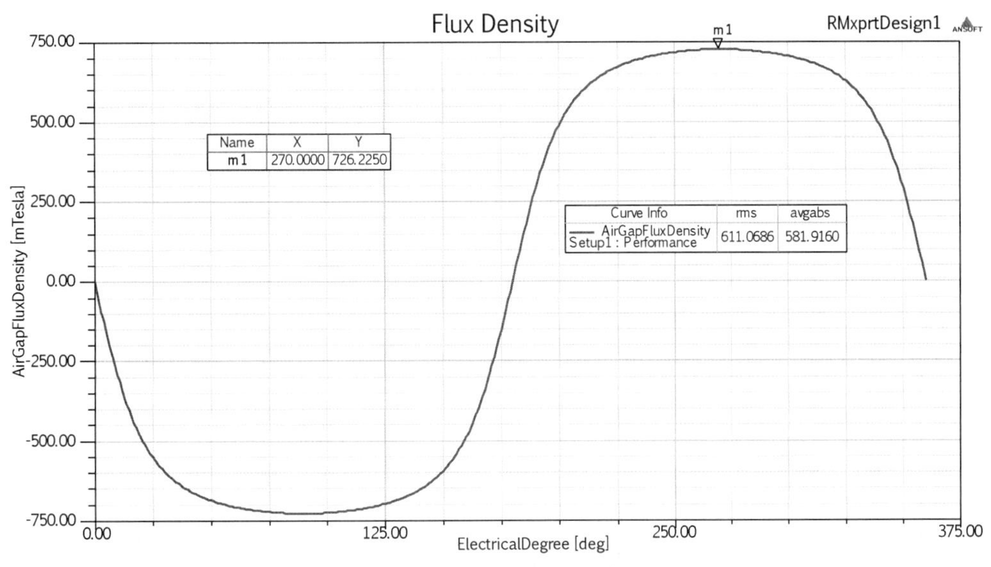

图 6 - 40　电机气隙磁通密度

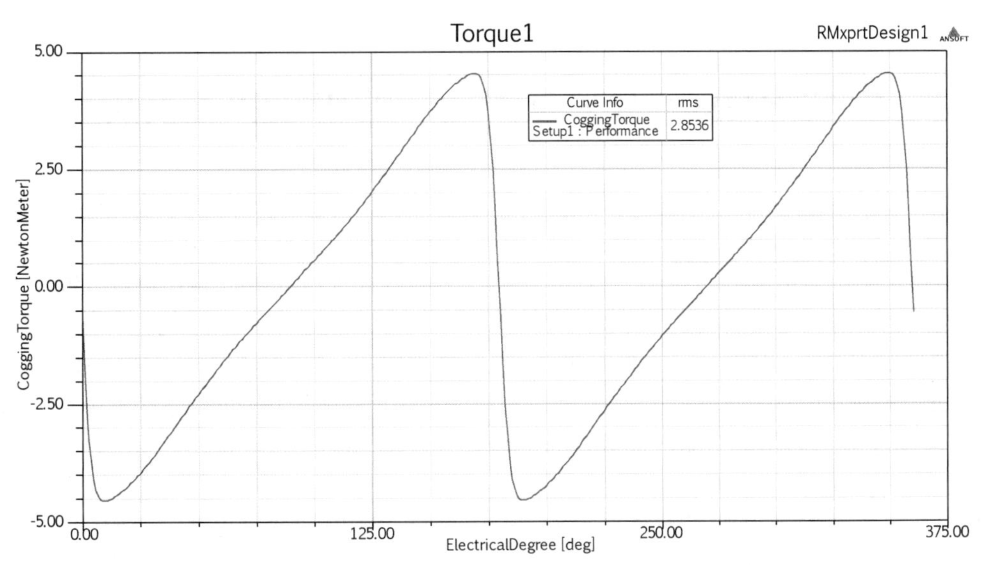

图 6 - 41　定子不斜槽的齿槽转矩

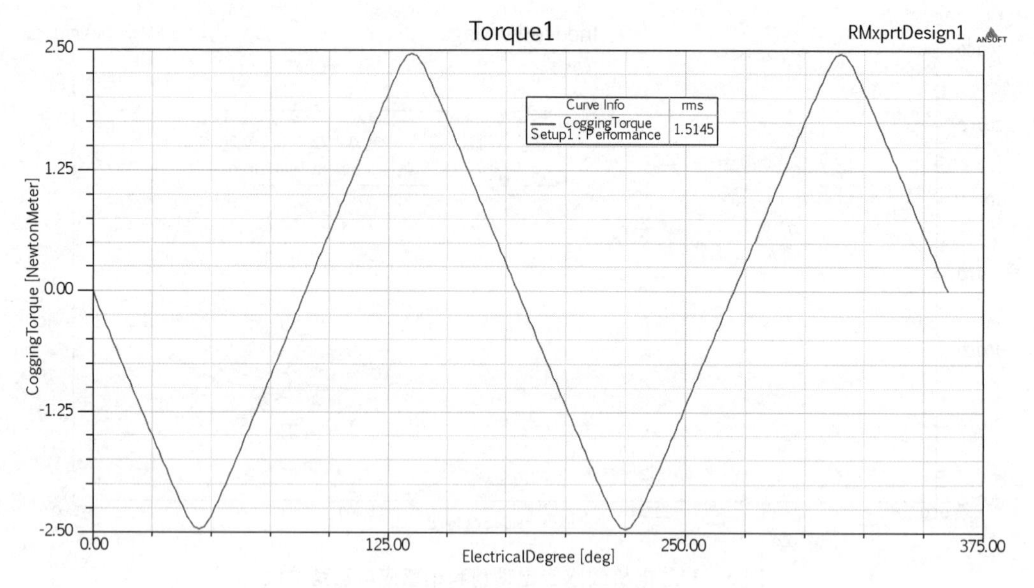

图 6-42　定子斜半个槽的齿槽转矩

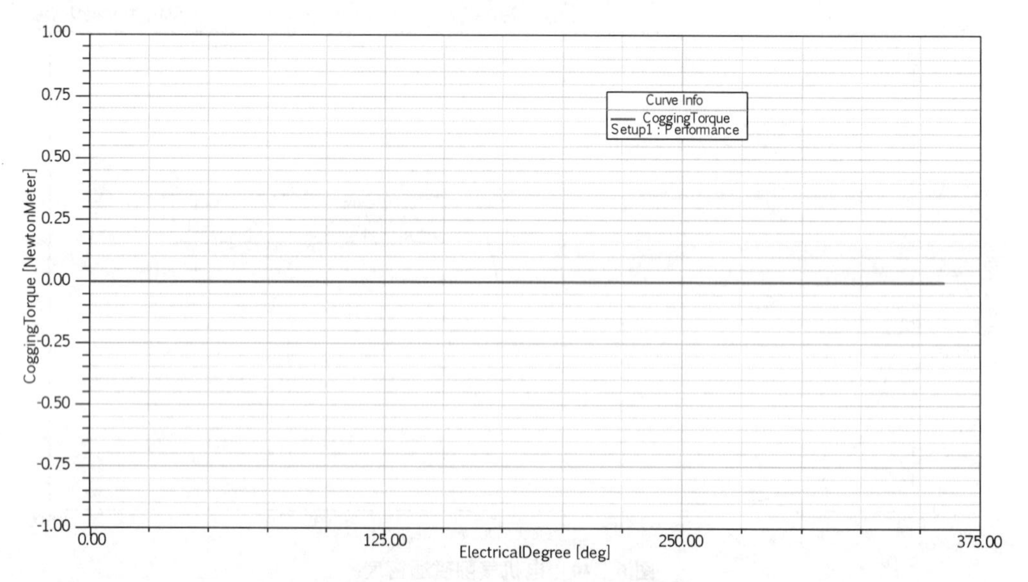

图 6-43　定子斜一个槽的齿槽转矩

6.3　RMxprt 导入至 Maxwell 2D 有限元模块

在主界面中，点击菜单中的 File/Open，找到上一节中存储的名为 210-24-8j-312V 的工程文件，将其打开，将会显示上一节中求解的 210-24-8j-312V 模型。按照上节的设定方法将各个参数检查完毕后，可简单设定 RMxprt 菜单项后直接输出至 Maxwell 有限元分析中。

Ansoft V14 版本在此新增的功能是将 RMxprt 模型采用一键式直接导入到 2D 界面中，自动完成几何模型绘制、材料定义、激励源添加、边界条件给定、网格剖分和求解参数设置等前处理项，用户只需要简单进行求解和后处理即可。需要着重强调的是，这种一键式导入方式仅限于 2D 的瞬态场，若要进行其他场分析，需要用户自己更改设置。

在运行完 210-24-8j-312V 的 RMxprt 项目文件中，单击菜单栏中的 RMxprt/Analysis Setup/Creat Maxwell Design，会弹出一个对话框，如图 6-44所示。

图 6-44 中，可以看到有两个下拉三角。第一个是选定导出的有限元模型，分别有 Maxwell 2D Design 和 Maxwell 3D Design，这里选择 2D 输出选项。

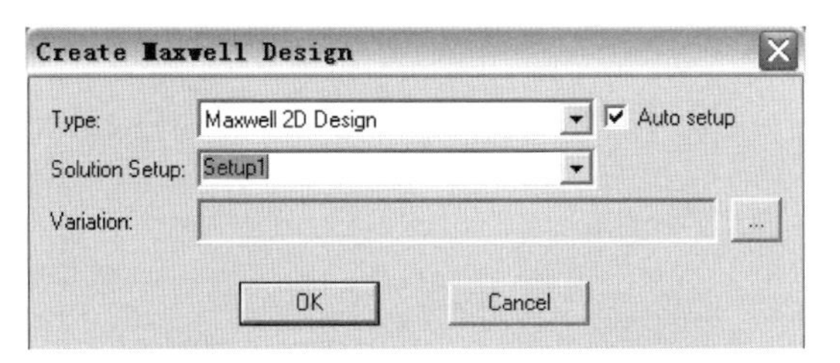

图 6-44　"Creat Maxwell Design"对话框

第二个"Solution Setup"选项中仅有一项，就是 Setup1，因为前述的电机模型仅分析了一种工况，所以这里只有一个选项。另外，在"Auto setup"前有个选择框，此处选中此框，让软件自行设置。所有的设定完毕后，可以直接单击"OK"按钮退出设置界面。软件开始自行生成电机模型，默认 Maxwell 2D 求解器为瞬态场求解器。生成的新有限元模型名称为 Maxwell 2D Design1，如图 6-45 所示。

从工程树中可以清晰地看出，电机已经自动生成了模型、边界条件、激励源、网格剖分和仿真设置等选项。在这里软件自动生成的模型为瞬态计算模型，从而可以计算出各种数据：

1）网络剖分　如图 6-46 所示。

2）磁力线分布图　如图 6-47 所示。

3）磁通密度云图　如图 6-48 所示。

4）额定转速点瞬态转矩曲线　如图 6-49 所示。

5）瞬态相电流曲线　如图 6-50 所示。

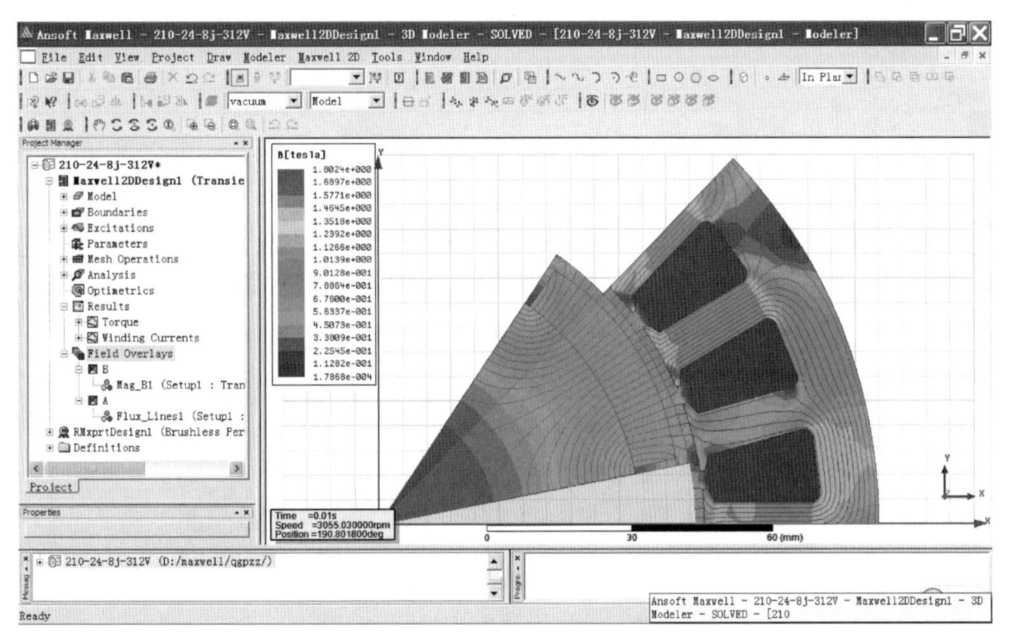

图 6-45　工程树中新生成的有限元模型

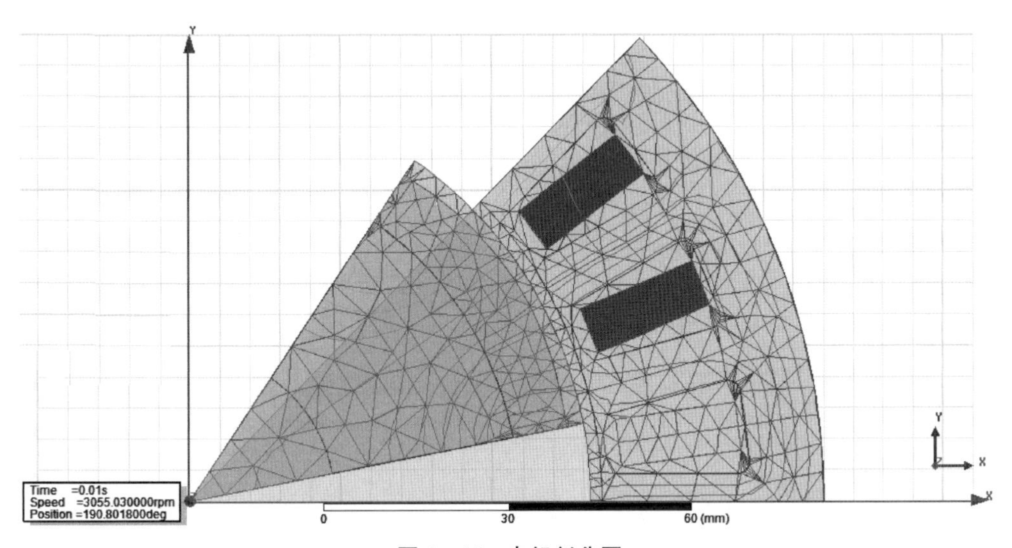

图 6-46　电机剖分图

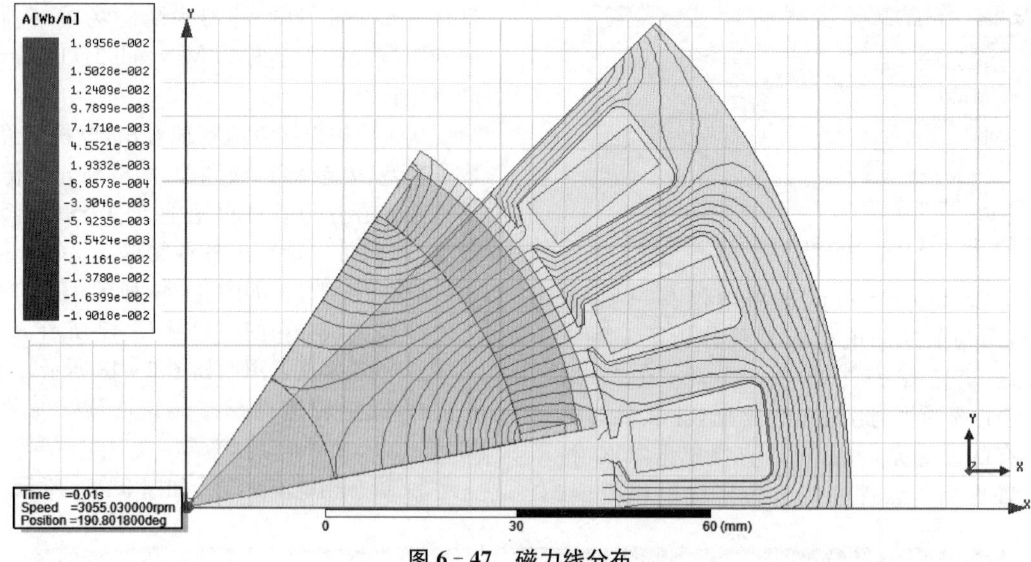

图 6－47　磁力线分布

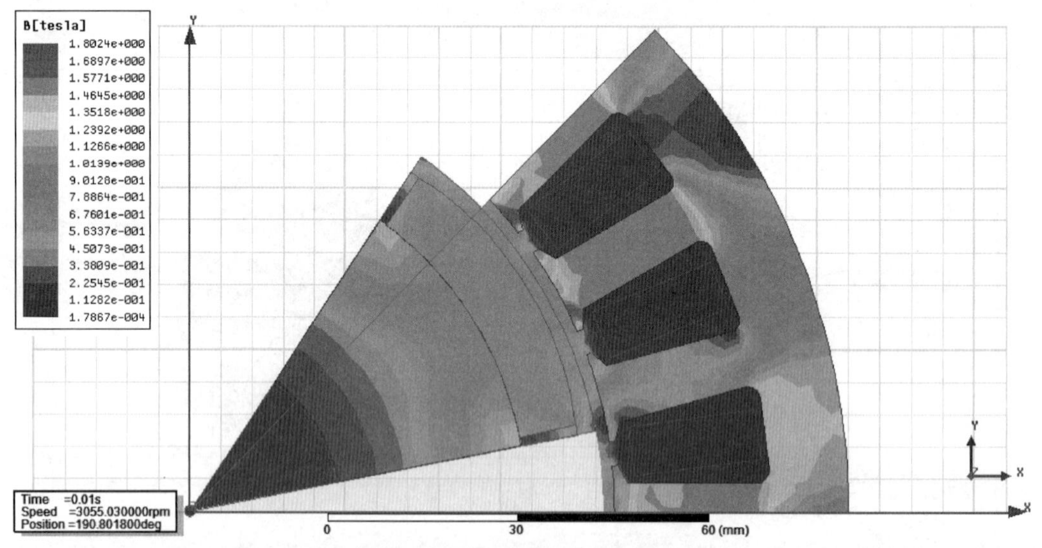

图 6－48　磁通密度云图分布

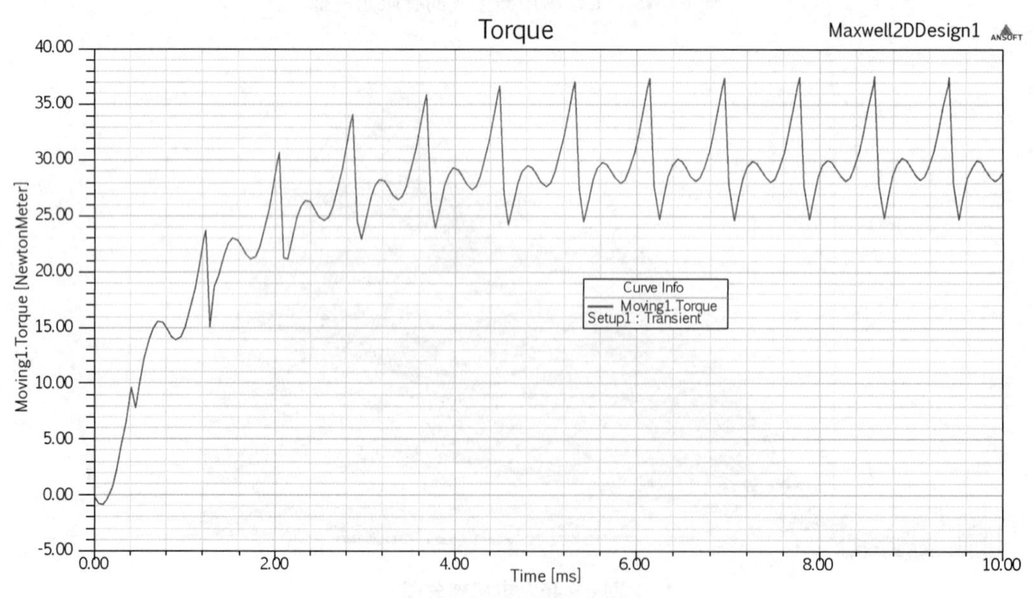

图 6－49　电磁转矩曲线

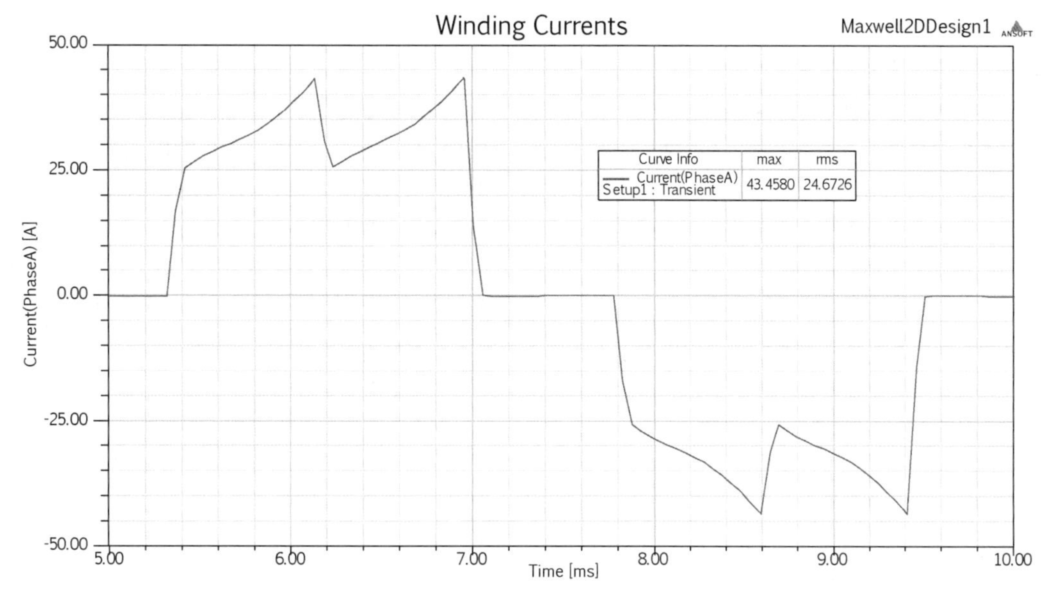

图 6－50　无刷电机 A 相绕组电流曲线

6.4　Maxwell 电机参数的解读

看一下 Maxwell RMxprt 无刷电机计算单中的某些参数，这些参数是程序中已经计算好的结果，非常直观。

1) 关于电机的电流密度　计算无刷电机的电流密度为

FULL-LOAD DATA

Armature Current Density (A/mm^2):3.24707

电流有两种表示：

Average Input Current (A):38.0737

Root. Mean. Square Armature Current (A):31.9903

即

平均输入电流(A):38.073 7

方均根电枢电流(A):31.990 3

星形接法的方波无刷电机，线圈是两两串联导通的，因此电机输入电流应该等于电机每相的相电流，无刷电机输入的是“标准”的直流电流，其电流的有效值等于电流的平均值，而通过控制器后进入无刷电机的相线圈后的电流波形应该是一种交流波形(图 6－50)，但是绝对不是标准的正弦波。可以这样认为：平均值应该和输入电流相等，其有效值是根据电流波形的形状决定的。因此两者是不等的。

电机的电流密度这样计算

$$j=\frac{I}{q_{\mathrm{Cu}}}$$

电机的线圈：

Number of Conductors per Slot:10

Type of Coils:12

Average Coil Pitch:3

Number of Wires per Conductor:10

Wire Diameter (mm):1.12

这样其导线截面积为

$$q_{\mathrm{Cu}}=\frac{N_1\pi d^2}{4}=\frac{10\times\pi\times1.12^2}{4}=9.852\,034(\mathrm{mm}^2)$$

若以平均输入电流，有

$$j=\frac{I}{q_{\mathrm{Cu}}}=\frac{38.073\,7}{9.852\,034}=3.864\,5(\mathrm{A/mm}^2)$$

若以方均根电流计算，有

$$j=\frac{I}{q_{\mathrm{Cu}}}=\frac{31.990\,3}{9.852\,034}=3.247\,07(\mathrm{A/mm}^2)$$

计算书为

Armature Current Density (A/mm^2):3.24707

因此 Maxwell 计算电机电流密度是以方均根电流计算的，这比以平均输入电流要小，这点要注意。

这里电机的平均值是否就是输入电机的直流电的平均值呢？用计算单中的效率计算来求解：

GENERAL DATA

Rated Output Power (kW):11

Rated Voltage (V):312

Average Input Current (A):38.0737

Root. Mean. Square Armature Current (A): 31.9903

Armature Thermal Load (A^2/mm^3):58.3489

Specific Electric Loading (A/mm):16.9697

Armature Current Density (A/mm^2):3.24707

Frictional and Windage Loss (W):134.27

Iron. Core Loss (W):545.66

Armature Copper Loss (W):122.248

Transistor Loss (W):75.5593

Diode Loss (W):2.95818

Total Loss (W):880.695

Output Power (W):10998.3

Input Power (W):11879

Efficiency (%):92.5861

电机的输入功率为

$$P_1 = UI = 312 \times 38.0737 = 11879(\mathrm{W})$$

与 Input Power(W):11 879 完全相等,说明 38.073 7 A是输入电机的电源纯直流电流的"平均值",即直流电流的"有效值"。应该认为 38.073 7 A 是输入电机的纯直流电流的"有效值"。输入电流用平均电流算,电流密度用有效电流(方均根电流)算。

因为控制器有一定的损耗,开关管和二极管有一定的电压降,输出电压的峰值应该略小于输入电压值,根据能量守恒定律,控制器输出的波形不管是什么形状,该波形的有效值应该比输入的电流有效值要低些。

在好多无刷电机设计中,电流密度不一定用电流的方均根来计算,而是用输入电机直流电流的平均值来计算的,取用平均电流的方法也有商讨之处。例如:胡岩等著《小型电动机现代实用设计技术》一书中有如下内容:

11.11 无刷直流电机电磁计算算例

一、额定数据及技术要求

1. 额定功率 $P_N = 50$ W
2. 相数 $m_1 = 3$
3. 标称电压 $U_d = 24$ V(DC)
4. 额定转速 $n_N = 3000$ r/min
5. 额定效率 $\eta = 0.84$
6. 额定电流 $I_N = \dfrac{P_N}{U_d \eta} = \dfrac{50}{24 \times 0.84} = 2.48(\mathrm{A})$

定子电流密度 $J_1 = \dfrac{I_1}{N_1 S_1} = \dfrac{2.48}{1 \times 0.396} = 6.26(\mathrm{A/mm^2})$

如果用输入电流作为电机电流密度的计算量,那也是有好处的,这样可以把电机的电流密度和电机的效率、输入功率、输出功率关联起来,便于电机的设计计算。电流密度只是一种标量,仅是一种与电机温升成正比的参考量,但不与电机温升直接对应,因此从理论上讲取用输入电流计算电机的电流密度也是说得过去的。但是电流 I 的取用最好从 $K_T = \dfrac{T'}{I}$ 中求取。

2) 关于电机的空载和理想空载点的认识 在 Maxwell RMxprt 的计算书中,列出了电机在"no load"时的各种数据:

NO-LOAD MAGNETIC DATA

Stator. Teeth Flux Density (Tesla):1.6907

Stator. Yoke Flux Density (Tesla):1.33437

Rotor. Yoke Flux Density (Tesla):0.577934

Air. Gap Flux Density (Tesla):0.72867

Magnet Flux Density (Tesla):0.890819

Stator. Teeth By. Pass Factor:0.00521083

Stator. Yoke By. Pass Factor:1.50529e.005

Rotor. Yoke By. Pass Factor:8.71296e.006

Stator. Teeth Ampere Turns (A.T):102.389

Stator. Yoke Ampere Turns (A.T):5.48084

Rotor. Yoke Ampere Turns (A.T):0.991327

Air. Gap Ampere Turns (A.T):2346.98

Magnet Ampere Turns (A.T):2454.24

Armature Reactive Ampere Turns
 at Start Operation (A.T):23176.7

Leakage. Flux Factor:1

Correction Factor for Magnetic
 Circuit Length of Stator Yoke:0.471321

Correction Factor for Magnetic
 Circuit Length of Rotor Yoke:0.847657

No. Load Speed (rpm):3364.37

Cogging Torque (N.m):5.4748e.012

这里,"no load"应该翻译为"空载"还是直译为"无负载"还是"理想空载"?

NO-LOAD MAGNETIC DATA 直译为"空载磁路数据",在 RMxprt 12.0V 的使用说明书中说明是空载运行数据:

No-Load Operation:(空载运行数据)

定子齿磁密 Stator-Teeth Flux Density 1.51449 tesla

定子轭磁密 Stator-Yoke Flux Density:1.44854 tesla

转子轭磁密 Rotor-Yoke Flux Density 0.725449 tesla

气隙磁密 Air-Gap Flux Density 0.674907 tesla

磁钢磁密 Magnet Flux Density 0.703799 tesla

在 RMxprt 5.0V 中明确表示是"空载磁路数据"。

还是这个问题:空载是什么条件下的空载。

从电机的机械特性 $T-n$ 曲线(图 6-51)中求取该特性最大点,在转矩为 0 时,转速最大值为 3 212.15 r/min,比计算数据中 No. Load Speed (rpm):3 364.37小。

$$\Delta = 3\,364.37 - 3\,212.15 = 155.22(\text{r/min})$$

因此可以这样认为:输出计算单中的 No-Load 就是连一点儿负载都没有的理想空载点,空载转速应该是"无负载"的转速,即理想空载转速,那么 Maxwell 认为该电机的理想空载转速应该是 No-Load Speed (rpm):3 364.37,这里的 Cogging Torque (N. m):5.474 8e.012 纯粹是齿槽转矩,并不包括空载转矩 T_0。

3) 电机的磁通密度　计算书中列出了 NO-LOAD MAGNETIC DATA 情况下的电机磁通密度:

Stator. Teeth Flux Density (Tesla):1.6907

Stator. Yoke Flux Density (Tesla):1.33437

Rotor. Yoke Flux Density (Tesla):0.577934

Air. Gap Flux Density (Tesla):0.72867

Magnet Flux Density (Tesla):0.890819

可以这样理解,这是电机不通电时的电机磁通密度情况,即无负载时电机的磁通密度情况。

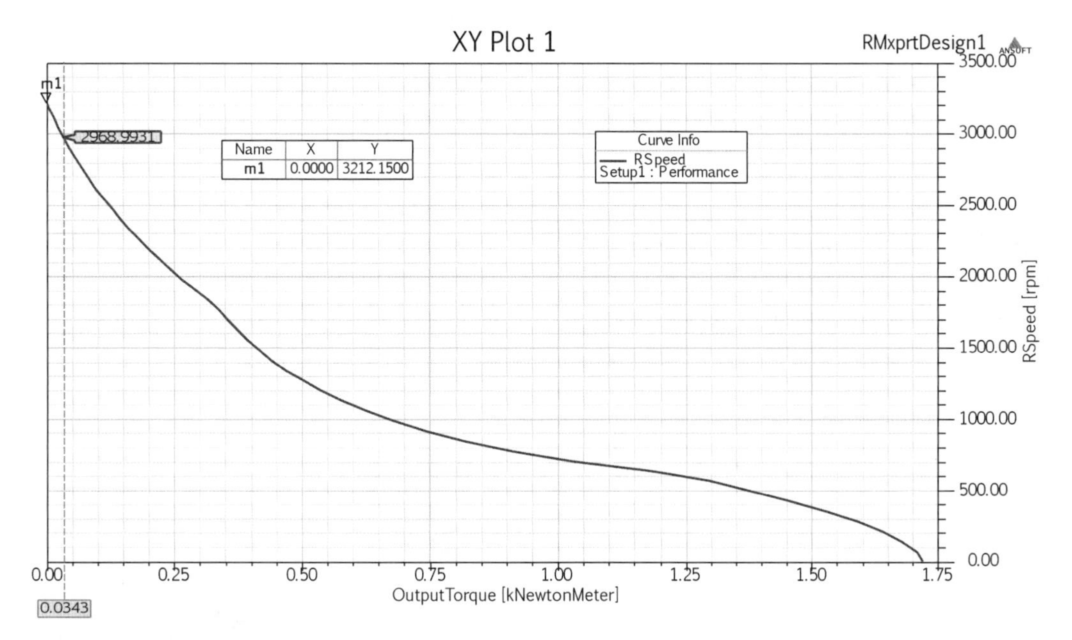

图 6-51　$T-n$ 曲线

6.5 目标设计与 Maxwell

Maxwell 设计计算是基于有一个电机原始模型后再进行电机核算的一个功能非常强大的设计程序,因此在使用 Maxwell 前,很好地确立一个初始电机模型是非常重要的,如果电机模型非常接近电机所需要的结果参数,那么 Maxwell 设计计算就显得非常容易,从容不迫。从前面的章节可以看到用实用设计和目标设计法可以比较简单快捷地、有目的地计算出所需要的符合要求的电机结构和性能,如果再进一步利用 Maxwell 设计优势对电机进行分析,那么电机设计计算的整个过程会大大缩短。如果拥有了 Maxwell 设计软件,先用实用设计法建立基本符合技术要求的电机模型,并进行计算,求出无刷电机的主要尺寸参数,使电机的计算结果比较接近需要的电机目标参数,再用 Maxwell 对无刷电机进行分析、优化,那么无刷电机设计计算就会非常顺手。

第 7 章　无刷电机的实用设计

本章介绍各种具有代表性的无刷电机的实用设计,主要是用实用设计法对无刷电机实例进行设计介绍和验证。这些无刷电机设计实例有的是比较典型的,应用场合比较广泛。有些永磁直流电机或交流感应电机逐步被无刷电机所替代,许多工厂逐渐从单一生产永磁直流电机或单相、三相交流感应电机转变为生产永磁无刷电机或永磁同步电机。有些无刷电机有区别于常规无刷电机的特点,设计时不能单纯套用一般无刷电机设计程序。要针对这些无刷电机的特殊性,采取一些特殊办法,以解决生产实践中遇到的设计问题。

作者用电机实用设计法从多个角度去分析无刷电机并进行设计计算,使读者能够深刻体会到无刷电机设计方法的多样性,体会到无刷电机实用设计简便、快捷、设计符合率好的优点,同时也可以体会 Maxwell 设计软件的强大功能。

本章分别介绍驱动无刷电机、大功率无刷电机、异形大功率无刷电机、齿轮减速无刷电机、交流供电无刷电机、DDR 直驱无刷电机等的实用设计,并介绍了无刷电机的实用变形设计法和冲片设计等较为复杂的电机实用设计方法,还对一些无刷电机的性能进行了分析,目的是加强和提高对无刷电机实用设计分析的综合能力。

电动车无刷电机因为种类多,有区别于其他无刷电机的特点,因此电动车无刷电机设计将专辟一章讲述。

本章介绍的无刷电机实用设计时选用的都是无刷电机实例,数据真实可靠。作者在介绍这些无刷电机的设计过程中,介绍一些无刷电机相关的知识,使读者认识到电机设计不是一个单纯的电机计算步骤,而是一种综合知识的运用。

7.1　驱动无刷电机设计

驱动无刷电机的应用范围比较广泛,生产厂家较多,这是无刷电机类别中最基础的一部分,一般用于动力驱动。在许多场合,驱动无刷电机替代永磁直流有刷电机、交流异步电机和罩极电机,充分发挥了驱动无刷电机工作稳定、运行寿命长、伺服性能好、效率高、噪声小等优点。这种电机考虑的是电机动力驱动的能力,非常注重电机额定工作点的技术性能。

7.1.1　57ZWX 无刷电机技术数据

图 7-1 和图 7-2 所示是某一厂家的 57ZWX 无刷电机的系列产品,其技术数据见表 7-1,其中 57ZWX01 无刷电机的机械特性曲线如图 7-3 所示。

从这些数据中可以看出,电机后端盖直径是 57 mm,电机冲片的外径应略小于 57 mm。电机分为三个型号,长度分别为 56 mm、76 mm、96 mm,定子长度相应要比这三个长度小。电机的工作电压选

(a)

(b)

图 7-1　57ZWX 无刷电机

周兴、梅红玉参加了本章的编写。

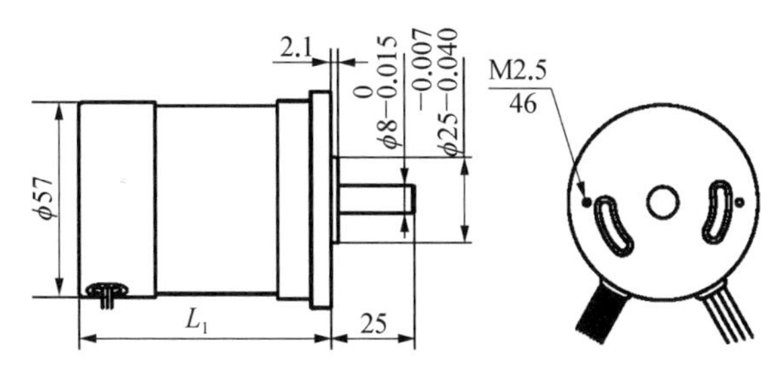

图7-2　57ZWX无刷电机结构

表7-1　57ZWX无刷电机技术数据

型　　号	57ZWX01	57ZWX02	57ZWX03
电压(V)	36	36	36
空载转速(r/min)	5 200	5 200	5 200
额定转矩(N·m)	0.11	0.22	0.32
额定转速(r/min)	4 000	4 000	4 000
额定电流(A)	1.9	3.3	4.8
最大转矩(N·m)	0.30	0.55	0.80
最大转矩时的电流(A)	4.5	7.4	9.5
惯量(kg·mm^2)	7.5	11.9	17.3
反电动势常数[V/(kr/min)]	4.50	4.82	4.87
转矩常数(N·m/A)	0.073 5	0.078 7	0.080 0
电阻(20℃)(Ω)	1.65	0.70	0.48
质量(kg)	0.50	0.75	1.00
长度 L_1(mm)	56	76	96
铁心长度 L_a(mm)	20	40	60

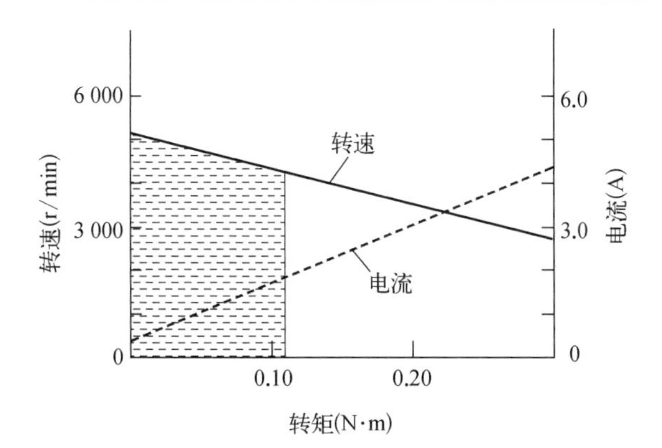

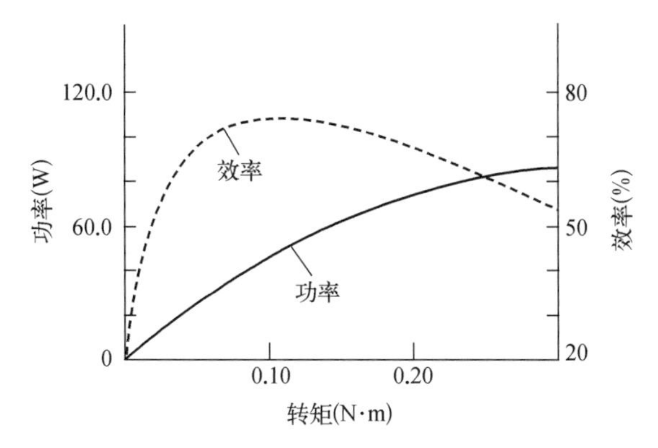

图7-3　57ZWX01无刷电机机械特性曲线

定了36 V,电机的额定转矩分别为0.11 N·m、0.22 N·m、0.32 N·m,三种电机的额定转速确定为4 000 r/min,空载转速确定为5 200 r/min。该技术数据提供了三种无刷电机的转矩常数为0.073 5 N·m/A、0.078 7 N·m/A、0.08 N·m/A,反电动势常数分别为4.50 V/(kr/min)、4.82 V/(kr/min)、4.87 V/(kr/min)。

7.1.2　57ZWX无刷电机数据分析

对57ZWX系列无刷电机的技术数据进行了分析,具体如下:

1) 电机转矩常数的分析　从图7-3看,57ZWX01的机械特性 $T-n$、$T-I$ 曲线是直线,那么电机的转矩常数可以从电机的反电动势常数中求出,即

$$K_T = 9.549\,3K_E = 9.549\,3 \times (4.5\sqrt{2}/1\,000) = 0.060\,7(\text{N}\cdot\text{m/A})$$

而技术数据提供的电机转矩常数为0.073 5 N·m/A,则该电机的空载电流为

$$I_0 = I_N - \frac{T_N}{K_T} = 1.9 - \frac{0.11}{0.073\,5} = 0.4(\text{A})$$

2) 电机反电动势常数的分析　技术数据提供的反电动势常数为4.50 V/(kr/min),该公司提供的57无刷电机的技术数据中的感应电动势常数是无刷电机作为发电机以1 000 r/min发电,而输出的电压用万用表测出的有效值,这和理论上讲的反电动势常数是有区别的。

综上所述,该工厂对无刷电机的转矩常数和反电动势常数定义如下

$$K_T = \frac{T_N}{I_N - I_0}$$

$$K_E = \frac{U_{有效1\,000\ \text{r/min}}}{n_{1\,000\ \text{r/min}}}$$

7.1.3　电机的冲片分析

作者见到过多种57无刷电机的冲片,冲片尺寸大同小异,都是6槽,采用的均是分数槽集中绕组形式。转子大多采用4极,也有采用8极的,磁钢基本上都用了黏结钕铁硼磁钢。选几种冲片,冲片形状如图7-4所示。

这三种冲片的外径、内径都是一样的,只是齿宽略有差别,这样分别用三种冲片在齿磁通密度不饱和的情况下,做出的无刷电机性能相差不大。各厂家设计自己的57无刷电机冲片,对于社会来讲就是一种资源的浪费。如果无刷电机能把同一机座号的冲片统一起来,那么无刷电机生产与发展估计会更快些。

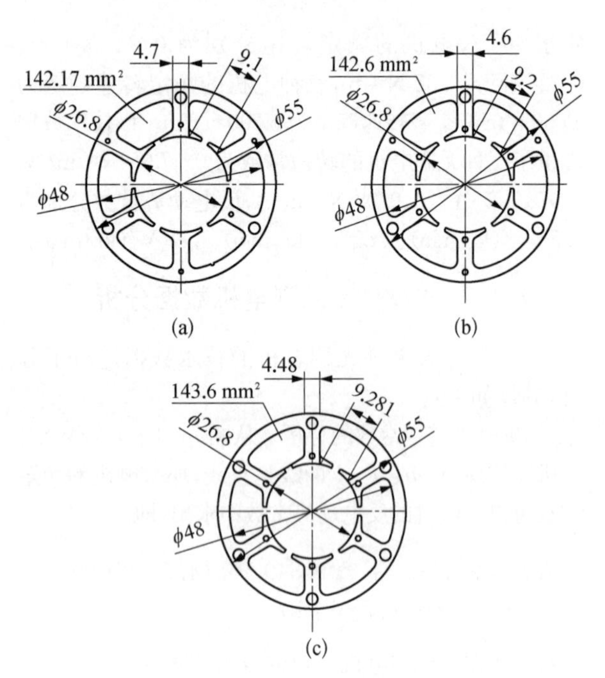

图 7-4　多种 57 无刷电机冲片

这三个无刷电机都采用 GPM-8 黏结钕铁硼磁钢，其性能：$B_r = 0.66$ T，$H_{CB} = 4.8$ kOe，转子极数都取用 4 极。

采用了分数槽集中绕组，绕组形式和接线方法可以确定，图 7-5a 所示的电机绕组是两个分区，以每个分区中每相绕组相隔 120°电角度排列。图 7-5b 所示是以一个电机的每相绕组相隔 120°电角度排列

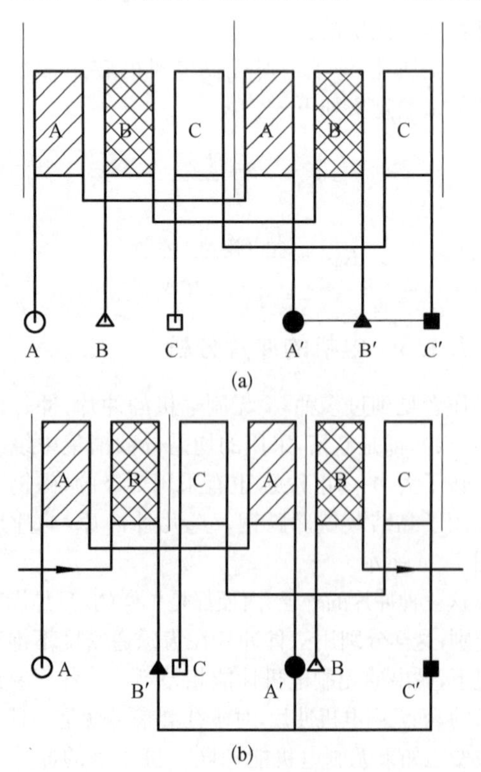

图 7-5　电机绕组接线

的。两种绕组引线方法不一样，但是电机的性能是一样的。

57 无刷电机冲片的磁钢磁性波形如果是正弦波，那电机齿磁通密度为

$$B_Z = \alpha_i B_r \left(1 + \frac{S_t}{b_t}\right) = 0.6366 \times 0.66 \times \left(1 + \frac{0.91}{0.47}\right) = 1.233(\text{T})$$

图 7-4c 所示冲片齿磁通密度为

$$B_Z = \alpha_i B_r \left(1 + \frac{S_t}{b_t}\right) = 0.6366 \times 0.66 \times \left(1 + \frac{0.9281}{0.448}\right) = 1.29(\text{T})$$

电机的齿磁通密度在 1.2 T 左右，说明这种齿磁通密度偏低了，作者更鼓励把冲片齿宽变窄或者提高磁钢等级，这样能更好地利用冲片。

如果用 GPM-10H，其 $B_r = 0.73$ T，把齿宽 $b_t = 0.448$ cm 改成 $b_t = 0.4$ cm，如图 7-6 所示，则

$$B_Z = \alpha_i B_r \left(1 + \frac{S_t}{b_t}\right) = 0.6366 \times 0.73 \times \left(1 + \frac{0.98}{0.4}\right) = 1.6(\text{T})$$

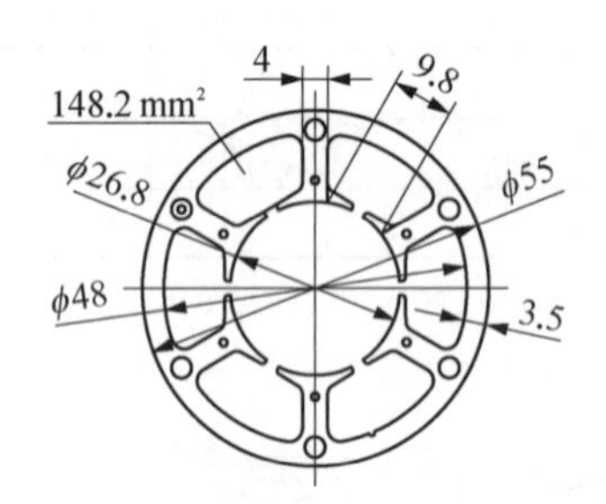

图 7-6　齿宽变小 ($b_t = 0.4$ cm) 后的冲片

这样齿磁通密度比较合理了，轭宽 $b_j = 0.35$ cm，轭磁通密度不会太紧张。从理论上讲，槽面积相应大了一些，对加粗导线直径、降低电流密度，使电机特性变硬是有好处的。

7.1.4　电机铁心长度的推算

推算 57 系列电机铁心长度的步骤如下：

(1) 取用图 7-4a 所示冲片。

(2) 选取电机磁钢，求取电机齿磁通密度。GPM-8 黏结钕铁硼磁钢其性能：$B_r = 0.66$ T，$H_{CB} = 4.8$ kOe，转子极数一般都取用 4 极。

$$B_Z = \alpha_i B_r \left(1 + \frac{S_t}{b_t}\right) = 0.6366 \times 0.66 \times \left(1 + \frac{0.91}{0.47}\right) = 1.233(\text{T})$$

(3) 设置电机电流密度 j 和槽利用率 K_{SF}。选

电流密度 $j=7\ \mathrm{A/mm^2}$ 和槽利用率 $K_{SF}=0.32$。

(4) 设定叠压系数 $K_{FE}=0.97$。

(5) 该冲片槽面积 $A_S=142.17\ \mathrm{mm^2}$。

(6) 该电机的转矩常数 $K_T=0.0735\ \mathrm{N\cdot m/A}$，则有

$$I_0=I_N-\frac{T_N}{K_T}=1.9-\frac{0.11}{0.0735}=0.4(\mathrm{A})$$

$$T_0=I_0K_T=0.4\times0.0735=0.0294(\mathrm{N\cdot m})$$

$$T'_N=T_N+T_0=0.11+0.0294=0.1394(\mathrm{N\cdot m})$$

$$L=\frac{3\pi T'_N\times10^4}{ZB_Zb_tK_{FE}jZA_SK_{SF}}$$

$$=\frac{3\pi\times0.1394\times10^4}{6\times1.233\times0.47\times0.97\times6\times7\times142.17\times0.32}$$

$$=2(\mathrm{cm})$$

用实用设计法计算的长度是和57ZWX001厂家提供的电机铁心长度是一致的。这里选电流密度 $j=7\ \mathrm{A/mm^2}$ 和槽利用率 $K_{SF}=0.32$ 都是电机制造中比正常值偏高的选择，说明该公司生产的这种无刷电机的裕量是不大的，从节约成本角度看，该电机设计是可行的，但是电机的温升会高些。如果要求电机的电流密度小些，或者绕线要容易一些，那么必须增加电机的定子叠厚或者把转子磁钢性能等级提高。

7.1.5　73-60W-6-8J无刷电机实用设计计算

图7-7所示是额定输出功率60 W左右的73-60W-6-8J无刷电机，定子的外径为73 mm，内径为39 mm，如图7-8所示，控制器和电机一体设计。

图7-7　73-60W-6-8J无刷电机

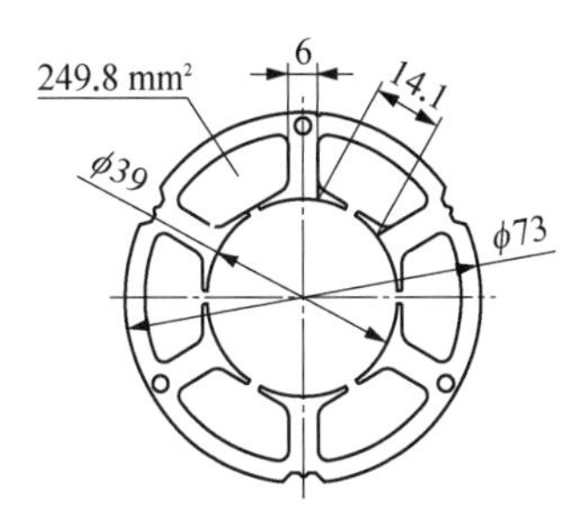

图7-8　73-60W-6-8J冲片

磁钢数据：GPM-10磁钢，$B_r=0.7\ \mathrm{T}$，8个极，$2P=8$。

绕组数据：0.56线，65匝。

测功机对73-60W-6-8J无刷电机的采样原始数据见表7-2。

表7-2　测功机对73-60W-6-8J无刷电机的采样原始数据

U(V)	I(A)	P_1(W)	T(N·m)	n(r/min)	P_2(W)	η(%)	K_T(N·m/A)
36.26	0.416	15.08	0.005	2 878	1.51	9.99	
36.24	0.668	24.21	0.037	2 758	10.68	44.11	0.126 9
36.23	0.807	29.24	0.054	2 698	15.25	52.15	0.060 7
36.22	0.962	34.83	0.074	2 628	20.36	57.47	0.071 7
36.21	1.121	40.57	0.096	2 564	25.77	63.53	0.081 1
36.20	1.286	46.57	0.118	2 494	30.81	66.16	0.087 8
36.19	1.462	52.92	0.142	2 426	36.07	67.16	0.093 7
36.18	1.655	59.87	0.167	2 356	41.19	67.80	0.097 8
36.16	1.857	67.16	0.196	2 288	46.96	69.92	0.102 8
36.15	2.108	76.19	0.230	2 220	53.47	70.17	0.106 7
36.13	2.333	84.30	0.264	2 152	59.48	70.56	0.111 0
36.12	2.573	92.91	0.299	2 084	65.23	70.21	0.114 2
36.10	2.825	102.00	0.331	2 012	69.73	67.36	0.115 3
36.08	3.085	111.30	0.367	1 944	74.70	67.12	0.117 3
36.06	3.418	123.20	0.410	1 874	80.45	65.30	0.118 4
36.04	3.717	134.00	0.446	1 814	84.71	63.22	0.118 6
36.02	3.973	143.10	0.481	1 750	87.14	61.59	0.119 8
36.01	4.201	151.30	0.515	1 688	91.02	60.16	0.121 3

无刷电机的实用计算步骤如下：

（1）求无刷电机定子齿磁通密度 B_Z。磁钢 GPM-10，$B_r=0.7$ T，比 GPM-8 性能好，所以 α_i 取 0.66，则

$$B_Z=\alpha_i B_r\left(1+\frac{S_t}{b_t}\right)=0.66\times0.7\times\left(1+\frac{1.41}{0.6}\right)$$
$$=1.5477(\mathrm{T})$$

（2）求电机工作磁通 Φ。

$$\Phi=ZB_Z b_t LK_{FE}\times10^{-4}$$
$$=6\times1.5477\times0.6\times2.5\times0.95\times10^{-4}$$
$$=0.001323(\mathrm{Wb})$$

（3）求电机通电有效导体数。

$$N=\frac{2\pi K_T}{\Phi}=\frac{2\pi\times0.111}{0.001323}=527(\text{根})$$

（4）求电机每齿绕组匝数。

$$W=\frac{N}{2Z\times\frac{2}{3}}=\frac{527}{2\times6\times\frac{2}{3}}=65.88(\text{匝})$$

（样机 65 匝）

（5）检验设计符合率。

$$\Delta_W=\left|\frac{65.88-65}{65}\right|=0.0135$$

这样简单的计算，有较好的设计符合率，应该是非常实用的。

7.2 大功率无刷电机设计

大功率无刷电机是相对小功率无刷电机而言的，以前称 1 hp（公制）即 735 W 以下功率的电机为小功率电机，那么大功率电机是指 735 W 以上的电机。无刷电机一般功率较小，主要是磁钢、转子结构和控制器晶体管功率问题，大功率电机往往做成永磁同步电机。

下面介绍 11 kW 的大功率无刷电机（图 7-9），这和仅数十瓦的无刷电机相比就大得多了。但是无刷电机的设计思路还是相同的，不因为电机大了，设计思路就变了，这意味着大型无刷电机也可以用一些实用的简便方法去设计和计算。

图 7-9 11 kW 的大功率无刷电机

7.2.1 电机技术数据

11 kW 的大功率无刷电机的主要技术参数：额定电压 318 V(DC)，额定功率 11 kW，效率大于 0.9，额定转速 3 000 r/min，额定转矩 35 N·m，磁钢 $B_r=1.23$ T，转矩常数 $K_T=0.9917$ N·m/A。其冲片、转子结构尺寸和绕组排列如图 7-10 所示。

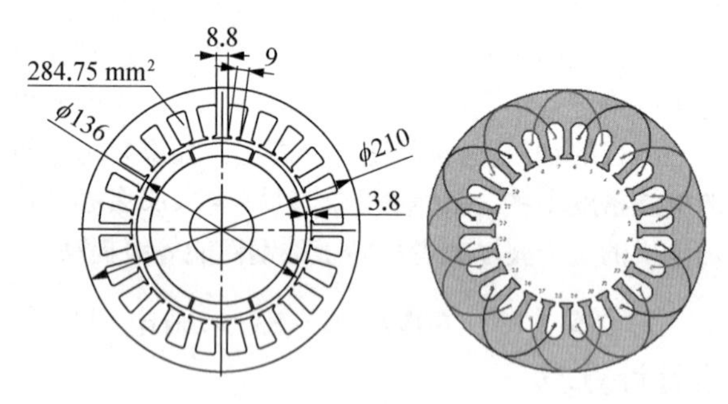

图 7-10 11 kW 无刷电机的冲片、转子结构尺寸和绕组

7.2.2 用 K_T 法进行设计

这是一个大节距、单层绕组的无刷电机，节距为 3，每槽只有一个线圈边，其 K_T 实用设计法计算见表 7-3。

表 7-3 11 kW 无刷电机 K_T 实用设计法计算

无刷电机 K_T实用计算（单层分布绕组）				210-11 kW-24-8j	
1	B_r(T)	α_i	S_t(cm)	b_t(cm)	总有效系数 α
	1.23	0.73	0.88	0.9	0.756 978 261
	Z	定子 L_1 (cm)	磁钢长 L_2 (cm)	K_{FE}	
	24	11.5	12	0.95	
	齿磁通密度：$B_Z=B_r\alpha(1+S_t/b_t)=1.841475783$ T				
	工作磁通：$\Phi=ZB_Z b_t LK_{FE}\times10^{-4}=0.043455146$ Wb				
2	K_T (N·m/A)				
	0.991 7				
	通电导体有效总根数：$N=2\pi K_T/\Phi=143.390$ 根				

（续表）

<table>
<tr><td colspan="4">无刷电机 K_T实用计算
（单层分布绕组）</td><td colspan="2">210－11 kW－24－8j</td></tr>
<tr><td rowspan="4">2</td><td colspan="5">每齿线圈匝数：$W=N/16=8.962$ 匝</td></tr>
<tr><td>U
（V DC）</td><td>最大
效率 η</td><td></td><td></td><td></td></tr>
<tr><td>318</td><td>0.9</td><td></td><td></td><td></td></tr>
<tr><td colspan="5">理想空载转速：$n'_0=U/K_E=3\,062.093$ r/min</td></tr>
<tr><td></td><td colspan="5">空载转速：$n_0=n'_0(2\sqrt{\eta}-\eta)=3\,054.029\,043$ r/min</td></tr>
<tr><td rowspan="5">3</td><td>A_S(mm²)</td><td>I_N(A)</td><td>j(A/mm²)</td><td></td><td></td></tr>
<tr><td>284.75</td><td>37.98</td><td>4</td><td></td><td></td></tr>
<tr><td colspan="5">槽利用率：$K_{SF}=3I_NN/2jZA_S=0.299$</td></tr>
<tr><td colspan="5">线圈导线截面积：$q_{Cu}=I_N/j=9.495\ \text{mm}^2$</td></tr>
<tr><td colspan="5">导线线径：$d=\sqrt{4q_{Cu}/\pi}=3.477$ mm</td></tr>
</table>

因为电机气隙较大，$\delta=3.8>1$，要进行有效系数的修正和匝数修正。

气隙系数为

$$K_\delta=1.025-0.025\delta=1.025-0.025\times3.8=0.93$$

齿磁通密度为

$$B_Z=0.93\times1.841\,475\,783=1.712\,572(\text{T})$$

匝数修正

$$W=\frac{8.962}{0.93}=9.636(\text{匝})(\text{实取 }10\text{ 匝})$$

槽利用率

$$K_{SF}=\frac{0.299}{0.93}=0.321$$

设计符合率

$$\Delta_W=\left|\frac{9.636-10}{10}\right|=0.036\,4$$

这样的设计符合率还是可以的。

7.2.3　用 Maxwell 进行核算

由于篇幅关系，因此用 Maxwell 计算的数据表仅表示相关内容，不把计算表内容全部列出，请读者见谅。

Rated Output Power (kW)：11

Rated Voltage (V)：318

Residual Flux Density (Tesla)：1.23

Stator-Teeth Flux Density (Tesla)：1.737

Stator-Yoke Flux Density (Tesla)：1.37881

No-Load Speed (rpm)：3337.07

Average Input Current (A)：37.5011

Root-Mean-Square Armature Current (A)：31.7003

Armature Current Density (A/mm^2)：2.68136

Output Power (W)：11161.3

Input Power (W)：12243.4

Efficiency (%)：91.1618

Rated Speed (rpm)：3045.01

Rated Torque (N.m)：35.0023

Locked-Rotor Torque (N.m)：1873.87

Locked-Rotor Current (A)：4751.42

11 kW 无刷电机机械特性曲线如图 7－11 所示。

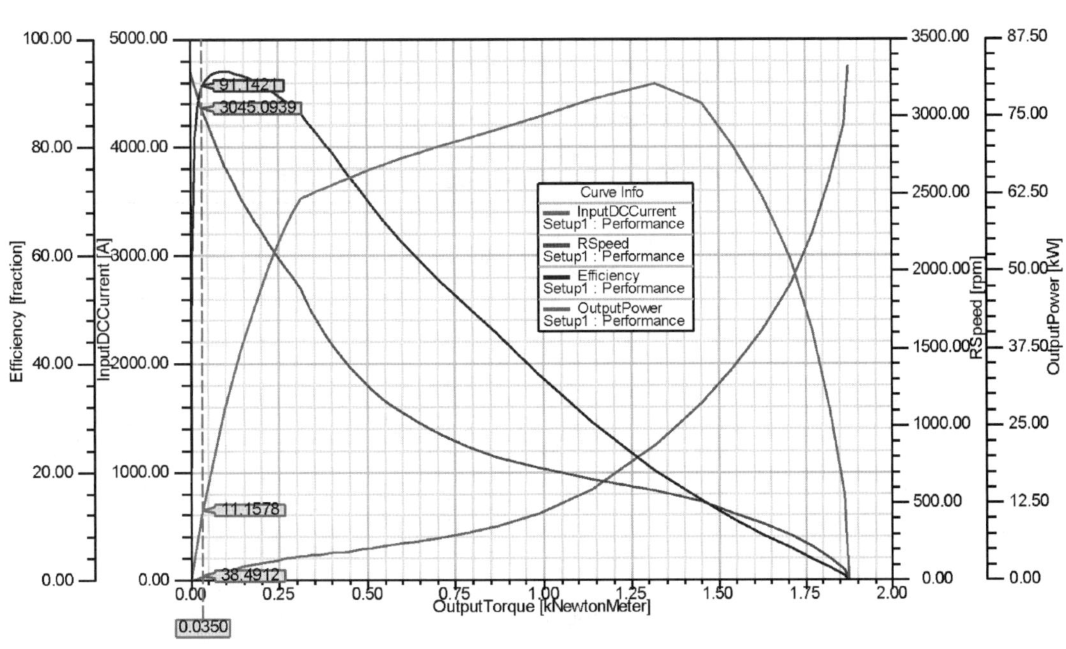

图 7－11　11 kW 无刷电机机械特性曲线

7.3　异形大功率无刷电机设计

异形无刷电机主要是指电机的转子或定子结构区别于常规的无刷电机。一般的电机设计程序中没有对这些电机做出一些适应性的处理，因此用这些程序去计算异形电机是有些困难的，就算用相类似的程序去计算，误差也比较大。在生产实践中往往有一些电机就是异形电机，特别是异形大功率电机，其功率大，电机结构复杂，试制一台数千瓦或数百千瓦的异形大功率电机的投入是相当大的，许多零部件必须用模具制造，对于一家企业来讲也是一件大事，试制工作容不得半点差错和多次反复。如果用通用的无刷电机设计程序对异形大功率无刷电机进行设计，设计符合率相当低。特别是对异形大功率无刷电机的认识远远不能与成熟的感应交流电机相比，又没有相同的样机去仿制的情况下，设计和试制这种异形大功率无刷电机是有一定困难的。但不可能因"异形大功率电机的设计没有设计程序和设计计算误差大"的原因，电机设计人员就不去设计、试制这类电机。因此电机设计人员必须具备一些解决异形大功率无刷电机设计、试制这种难题的非常手段和能力。作者在这一节中主要介绍一些非常手段和方法去解决异形大功率无刷电机设计的问题，目的是使设计出的异形大功率无刷电机的成功率提高，不至于电机设计失败。

7.3.1　相同结构等比例电机之间的参数关系

小型电机的设计和试制的工作量比较小，在电机试制过程中，电机定子和转子冲片均可以用线切割来加工，电机磁钢的加工也比较容易，加工时间少且费用比较低，电机的端盖可以用金加工的方式制造，电机的性能调整也比较容易。小型电机的试制精力和资金投入相对也比较少，如果设计误差大，进行调整也很方便。

如果能把异形大功率电机缩小成小型电机，从小型电机的设计、试制中得出相同结构的大功率电机相当多的数据和经验，再进行大功率电机的设计和试制，那么异形大功率电机的制造成功率就高，不至于失败。

这是一种从小到大的推理方法（当然也可以从大到小），也是一种电机的重要设计手段和方法，这种方法在各种重要的科学实验和生产中得到广泛应用，可以把这种重要的方法应用到异形大功率电机的设计制造中去。

结构（图 7-12）相同的等比例的两个电机之间的参数关系如何，就是说一个电机如果体积比例全正比放大或缩小，它们之间会有多少关系呢？

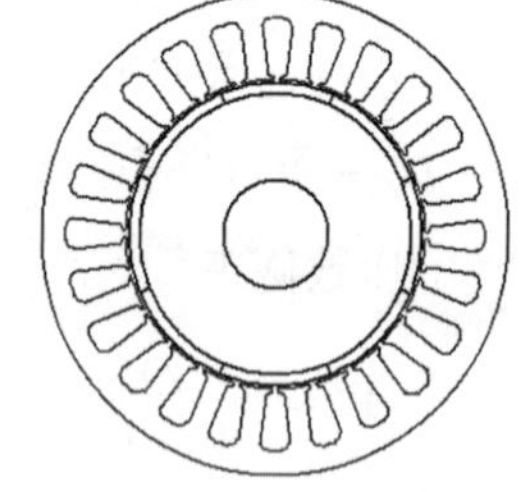

图 7-12　电机结构

（1）定子冲片和磁钢等比例放大，电机的齿磁通密度是不变的。冲片和磁钢形状按比例放大，磁钢材料不变，电机磁路性能几乎不变，冲片磁通密度和齿磁通密度几乎不变（和电机长度无关）。

用 Maxwell 计算结果见表 7-4。

表 7-4　结构相同的不同直径电机的定子磁感应强度对照表

GENERAL DATA			
Rated Output Power (kW)	6	6	6
Rated Voltage (V)	48	48	48
Number of Poles	8	8	8
Given Rated Speed (r/min)	1 600	1 600	1 600
	原电机	定子直径 2：1	定子直径 4：1
Number of Stator Slots	24	24	24
Outer Diameter of Stator (mm)	175	350	700
Inner Diameter of Stator (mm)	112	224	448
	原电机	槽形尺寸 2：1	槽形尺寸 4：1
Type of Stator Slot	3	3	3

（续表）

GENERAL DATA			
Stator Slot			
hs0 (mm)	1	2	4
hs1 (mm)	1	2	4
hs2 (mm)	17.3	34.6	69.2
bs0 (mm)	2.7	5.4	10.4
bs1 (mm)	7	14	28
bs2 (mm)	11.5	23	46
rs (mm)	3	6	12
Top Tooth Width (mm)	7.196 68	16.393 4	32.787 9
Bottom Tooth Width (mm)	7.525 138	16.502 8	33.006 8
Slot Area (mm^2)	197.521 2	792.849	3 167.99
Net Slot Area (mm^2)	171.517	724.359	2 974.02
ROTOR DATA	原电机	转子 2∶1	转子 4∶1
Minimum Air Gap (mm)	1	2	4
Inner Diameter (mm)	40	80	160
Length of Rotor (mm)	80	160	320
Stacking Factor of Iron Core	0.97	0.97	0.97
Type of Steel	DW465_50	DW465_50	DW465_50
Polar Arc Radius (mm)	55	110	220
Mechanical Pole Embrace	1	1	1
Electrical Pole Embrace	0.946 232	0.946 232	0.946 232
	原电机	磁钢 2∶1	磁钢 4∶1
Max. Thickness of Magnet (mm)	4	8	16
Width of Magnet (mm)	41.626 1	83.252 2	166.504
Type of Magnet	NdFe35	NdFe35	NdFe35
NO-LOAD MAGNETIC DATA			
	定子冲片磁通密度比较，完全一致		
Stator-Teeth Flux Density (T)	1.725 29	1.725 29	1.726 65
Stator-Yoke Flux Density (T)	1.910 73	1.910 73	1.912 31
Rotor-Yoke Flux Density (T)	0.628 691	0.628 691	0.629 21
Air-Gap Flux Density (T)	0.886 341	0.886 341	0.887 074
Magnet Flux Density (T)	0.908 311	0.908 311	0.909 062

注：本表直接从 Maxwell 软件计算结果中复制，仅规范了单位。

(2) 电机等比例缩小至 $1/K$，电机的工作磁通 Φ 变为原来的 $\frac{1}{K^2}$。电机冲片、磁钢形状等比例缩小为 $1/K$，那么电机的齿磁通密度不变，电机的气隙直径缩小至 $1/K$，电机齿宽也缩小为 $1/K$，电机长度也缩小为 $1/K$。K 称为电机的变形系数。

原先电机的磁通为

$$\Phi = ZB_Z b_t LK_{FE} \times 10^{-4}$$

缩小后电机的磁通为

$$\Phi_{缩小} = ZB_Z \frac{b_t}{K} \frac{L}{K} K_{FE} \times 10^{-4}$$
$$= \frac{1}{K^2} ZB_Z b_t L K_{FE} \times 10^{-4} \quad (7-1)$$

(3) 大电机的工作磁通是小电机的 K^2。只要求出小电机的齿磁通密度 $B_{Z小}$，那么等比例的大电机的磁通就可以求出，即

$$\Phi = K^2 ZB_Z b_t LK_{FE} \times 10^{-4} = ZB_Z b_{t2} L_2 K_{FE} \times 10^{-4}$$

(4) 电机直径缩小为 $1/K$，槽面积缩小至原来的 $\frac{1}{K^2}$。

$$\pi\left(\frac{D}{K}\right)^2 = \frac{1}{K^2} \times \pi D^2$$

(5) 如果槽内匝数 N 不变，线径变为原先的 $\frac{1}{K}$。这是等比例图形关系，不必证明。

(6) 电机的转矩常数是原来的 $\frac{1}{K^2}$。原来的 $K_T = \frac{N\Phi}{2\pi}$，缩小后

$$K_{T缩小} = \frac{N \times \frac{\Phi}{K^2}}{2\pi} = \frac{1}{K^2} \times \frac{N\Phi}{2\pi} \quad (7-2)$$

(但是 Maxwell 的转矩常数不是按 $K_T = \frac{N\Phi}{2\pi}$ 计算的，是按 $K_T = \frac{T}{I}$ 计算的，因此计算单上和机械尺寸无直接关系，不能用 Maxwell 中的 K_T 直接验证)

(7) 电机的反电动势常数是原来的 $\frac{1}{K^2}$。

(8) 缩小后的电机的拖动试验，转速 n，反电动势 E，求出小电机的 K_{E2} 及 Φ_2，从而求出大电机的反电动势 K_E 和电机的工作磁通 Φ。

测试发电机法求出 $K_{E2} = \frac{E}{n}$，则

$$\Phi_2 = \frac{60K_{E2}}{N}$$

求取该形式电机的齿磁通密度 B_Z，小电机的齿磁通密度就可以求出，也就是大电机相同形状冲片的齿磁通密度，

$$B_{Z2} = B_Z = \frac{\Phi_2}{Zb_t L_1 K_{FE}} \quad (7-3)$$

求取该形式大电机的工作磁通 Φ 有两种方法。

方法一：实际只要求出小电机的齿磁通密度，那么根据等比电机的磁通密度相等原理，等比大电机的磁通就可以求出。

$$\Phi = K^2 ZB_Z b_t LK_{FE} 10^{-4} \quad (7-4)$$

方法二：求出大电机的反电动势常数 K_E，工作磁通 Φ 就可以求出。

$$K_E = K^2 K_{E2} \quad (7-5)$$

$$\Phi = K^2 \Phi_2 \quad (7-6)$$

大电机工作磁通 Φ 的调整：大电机磁通 Φ 和大电机长度 L 成正比，即

$$\Phi_X = \frac{L_X}{L}\Phi \quad (7-7)$$

(9) 大功率电机的工作电压 U，空载转速 n'_0 和有效匝数 N 符合下面的关系公式。

$$K_E = \frac{U}{n'_0} = \frac{N\Phi}{60}$$
$$K_{E2} = \frac{U_2}{n'_{02}} = \frac{N\Phi_2}{60}$$
$$K_E = K^2 K_{E2}$$

说明：大电机和小电机的比例是 K，磁通则是 K^2 倍，大电机和小电机的总根数不变时，有

$$\frac{U}{n'_0} = K^2 \frac{U_2}{n'_{02}} \quad (7-8)$$

(10) 大功率电机的电磁转矩 T'_{N2} 与电机大小比例 K 的关系为

$$L = \frac{3\pi T'_N \times 10^4}{ZB_Z b_t K_{FE} jZA_S K_{SF}}$$
$$T'_{N1} = \frac{ZB_Z b_t LK_{FE} jZA_S K_{FE}}{3\pi \times 10^4}$$
$$T'_{N2} = \frac{ZB_Z (b_t K)(KL) K_{FE} jZ(K^2 A_S) K_{FE}}{3\pi \times 10^4}$$
$$= K^4 T'_{N1} \quad (7-9)$$

电机放大 K 倍后，其转矩放大 K^4 倍。

7.3.2 相同结构等比例电机的设计思路

1) K_T 设计法　如果结构相同的大电机和小电机间的比例是 K，在小电机上绕任意匝数线圈 N，如果大电机也绕 N 匝数，进行电机机械特性曲线测试，求出电机的转矩常数 K_{T1}，那么大电机的 $K_{T2} = K^2 K_{T1}$。因此，把大电机的 K_{T2} 除以 K^2 作为

小电机的 K_{T1} 来考核小电机。

(1) 如果小电机达到 K_{T1} 值，那么按照小电机的形状放大 K 倍，大电机导体数 N 不变，线径放大 K 倍，这样大电机的 K_{T2} 值和导体数 N 就是要求达到的数值。

(2) 如果大电机的 K_{T2} 值要调整，或者大电机的根数 N 和电机长度 L 要调整，则将来大电机的 K_{T2} 值按 $K_{T2}=N\Phi/(2\pi)$ 关系去调整，那么大电机的 K_{T2} 与 N、L 成正比。

2) K_E 设计法　如果结构相同的大电机和小电机间的比例是 K，对小电机进行发电机法测试，求出电机的感应电动势常数 K_{E1}，那么大电机的 $K_{E2}=K^2K_{E1}$，因此可以把大电机的 K_{E2} 除以 K^2 作为小电机的 K_{E1} 来考核小电机。

(1) 如果小电机达到 K_{E1} 值，那么按照小电机的形状放大 K 倍，大电机导体数 N 不变，线径放大 K 倍，这样大电机的 K_{E2} 值和导体数 N 就是要求达到的数值。

(2) 如果大电机的 K_{E2} 值要调整，或者大电机的根数 N 和电机长度 L 要调整，将来大电机的 K_E 值按 $K_{E2}=N\Phi/60$ 关系去调整，那么大电机的 K_{E2} 与 N、L 成正比。

3) 齿磁通 Φ 设计法　如果结构相同的大电机和小电机间的比例是 K，对小电机进行机械特性曲线测试或发电机法测试，求出电机的转矩常数 K_{T1} 或感应电动势常数 K_{E1}，求出小电机的齿磁通 Φ，那么大电机齿磁通是小电机齿磁通的 K^2 倍，从而求出了大电机的重要参数——工作磁通 Φ，这样大电机的其他参数，按照常规的电机设计方法，包括电机的通电导体数 N 的异形大功率电机的各种参数都可以方便地求得。这是一种非常有效的方法，精确地显示了大电机和小电机之间最简单的磁通比例关系，这里电机中各种各样的参数对电机性能产生的误差可以不考虑，使异形大电机的设计工作变得异常简单和精准。

4) 齿磁通密度 B_Z 设计法　如果结构相同的大电机和小电机间的比例是 K，对小电机进行机械特性曲线测试或发电机法测试，求出电机的转矩常数 K_{T1} 或感应电动势常数 K_{E1}，求出小电机的齿磁通密度 B_{Z1}，那么异形大电机的齿磁通密度 B_{Z2} 和小电机齿磁通密度 B_{Z1} 相等，因此异形大电机的工作磁通 Φ 为

$$\Phi = ZB_{Z1}b_tLK_{FE}\times 10^{-4}$$

改变大电机的定子厚 L，大电机的工作磁通 Φ 相应会成比例变化，如果适当改变大电机的齿宽 b_t，齿磁通密度不会有很大的变化，但是电机的工作磁通会相应变化，那么一种新的异形大电机的冲片就产生了，这种冲片的磁通就可以求出，这种新的异形大电机的各种数据就可以按照电机的目标值精确地计算出来。

本节介绍的等比例电机的推算法，解决了电机中最关键的电机工作磁通的精确求取的问题，从而解决了异形大电机的设计没有设计程序和设计计算误差大的设计问题，这是一种较"高级"的电机推算法。

7.3.3　异形大功率无刷电机设计举例

假如要设计一个定子外径 300 mm、内孔 168 mm、长 160 mm 的无刷电机，这是一个功率较大的无刷电机。如果用电机等比法来设计，那么把电机缩小 1/4，成为定子直径 75 mm、长 40 mm，两种定子冲片和转子磁钢形式如图 7-13 所示，可以看出两种冲片大小比例悬殊。

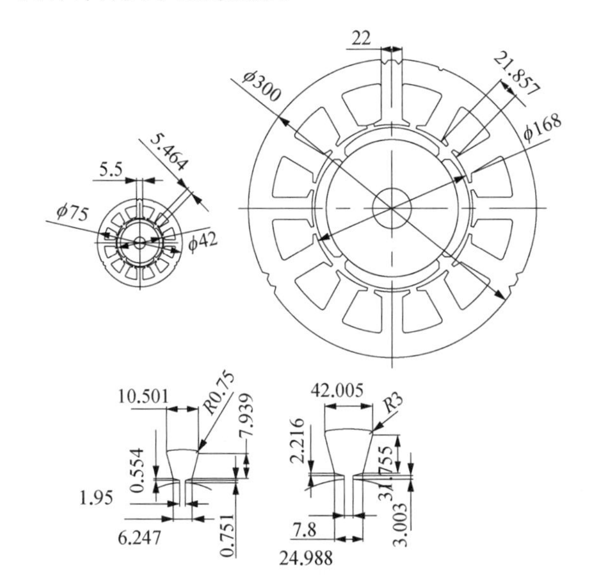

图 7-13　两种冲片形状相同、大小比例悬殊的冲片尺寸

实际上，电机外形直径达 300 mm 的转子磁钢绝对不会做成图 7-13 所示形式。这种形式的磁钢太浪费，一般会用内置式转子结构替代这种形式，并用分数槽集中绕组的形式，尽量使磁钢更正规，磁钢宽度变窄，使其工艺结构合理，如图 7-14 所示。

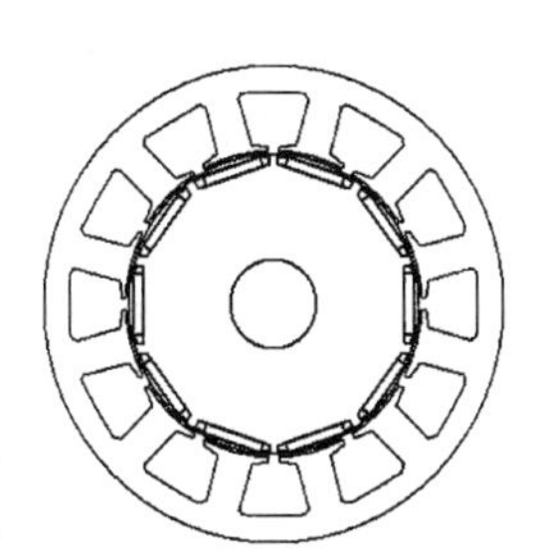

图 7-14　大功率内置式磁钢无刷电机

内置式无刷电机的 D、Q 轴的电抗是不相等的，而且内置式永磁转子的电机电感偏高，不太适合用

于无刷电机，无刷电机最好有一个低电感绕组，以免负载加大时引起转速急剧下降。综合转子工艺和无刷电机本身需要，一般大功率电机可以做成永磁同步电机，转速平稳，效率有所提高。但是并不是说大功率电机不能做成无刷电机，很大功率的无刷电机都在生产，因此有必要提及大功率无刷电机的设计计算问题。

这里介绍的无刷电机转子结构不算太异形，只是电机气隙稍大，是不等气隙。作者此处借用这个实物电机介绍异形电机在生产中的设计方法比较方便，在介绍时有实例，便于用 Maxwell 进行验证。

无刷电机的气隙体积是 D_i^2L，三相星形接法的无刷电机的气隙体积公式为(大电机的部分目标性能的设置见下面计算中)

$$D_i^2L = \frac{3T'_N D_i \times 10^4}{B_r \alpha_i K_{FE} Z A_S K_{SF} j}$$

$$T'_N = \frac{D_i L B_r \alpha_i K_{FE} Z A_S K_{SF} j\ 10^{-4}}{3}$$

$$= \frac{16.8 \times 16 \times 1.18 \times 0.73 \times 0.95 \times 12 \times 1\,288.28 \times 0.39 \times 3.5 \times 10^{-4}}{3}$$

$$= 154.72(\mathrm{N \cdot m})$$

这是一个很大的转矩，如果电机转速为 2 568 r/min，那么电机的输出功率为

$$P_2 \approx \frac{T'_N n}{9.55} = 41\,604(\mathrm{W}) = 41.6(\mathrm{kW})$$

设计一个比例尺寸为大功率电机 1/4 的小电机，求小电机的工作磁通 Φ 和齿磁通密度 B_Z。小电机的具体数据应该是知道的，而原来的小电机在 2 568 r/min 时功率仅 250 W。这两个电机功率相差很大，现在看类比设计能否成功。

为了叙述方便，分析直观，作者对 75－12－4j 定子外径为 75 mm 的小电机(图 7－15 和图 7－16)进行分析计算，替代做小型"类比样机"。

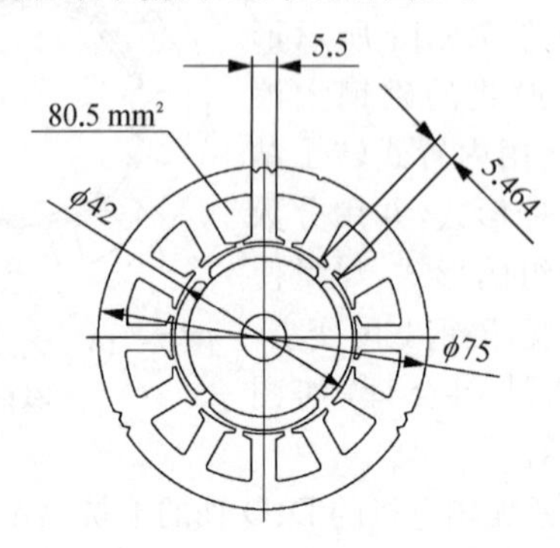

图 7－15　75－12－4j 无刷电机结构

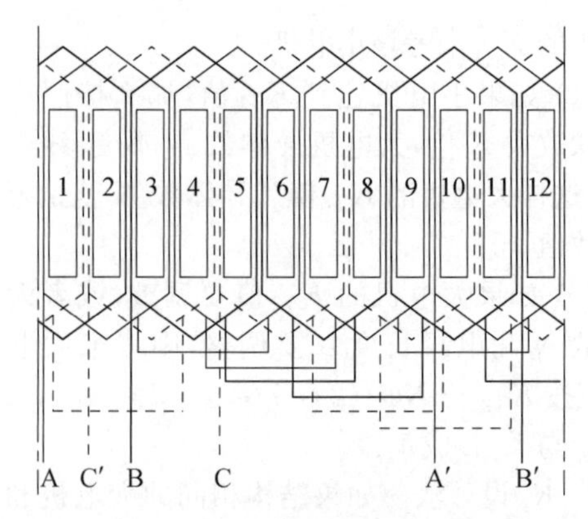

图 7－16　75－12－4j 无刷电机绕组展开图

75－12－4j 无刷电机技术参数：24 V，n_N = 2 568 r/min，P_N = 250 W，磁钢：35SH，B_r = 1.18 T，H_C = 11.1 kOe，定子参数见表 7－5。

表 7－5　定子参数表

设计参数	定子机座号	定子厚度(cm)	线径(mm)	并绕根数
	80	4	0.65	7(匝)×4

求取电机的额定转矩为

$$T_N = \frac{9.549\,3P_2}{n} = \frac{9.549\,3 \times 250}{2\,568}$$

$$= 0.929\,6(\mathrm{N \cdot m})$$

75－12－4j 无刷电机测试数据见表 7－6，实用设计计算结果见表 7－7。

表 7－6　75－12－4j 无刷电机测试数据

参数	数值
反电动势常数 K_E[V/(kr/min)]	0.007 778 175
转矩常数 K_T(N·m/A)	0.074 281 567
空载转速 n_0(r/min)	3 240
线径面积 q_{Cu}(mm²)	1.326 65
额定电流 I_N(A)	13.025 082 52
电流密度 j(A/mm²)	9.818 024 74
槽面积 A_S(mm²)	76.75
槽利用率 K_{SF}	0.241 994 788
总根数 N	112

表 7－7　75－12－4j 无刷电机实用设计计算

无刷电机 K_T 实用计算				75－12－4j	
1	B_r(T)	α_i	S_t(cm)	b_t(cm)	总有效系数 α
	1.18	0.73	0.546 4	0.55	0.73
	Z	定子 L_1(cm)	磁钢长 L_2(cm)	K_{FE}	
	12	4	4	0.95	
	齿磁通密度：$B_Z = B_r\alpha(1+S_t/b_t) = 1.717\,161\,745$ T				
	工作磁通：$\Phi = ZB_Zb_tLK_{FE} \times 10^{-4} = 0.004\,306\,642$ Wb				

(续表)

	无刷电机 K_T实用计算			75-12-4j	
2	K_T (N·m/A)	U(V DC)	最大效率 η		
	0.074 281 56	24	0.7		
	通电导体有效总根数：$N=2\pi\times K_T/\Phi=107.373$ 根				
	每槽单个线圈匝数：$W=3N/(4Z)=6.773$ 匝(取 7 匝)				
	理想空载转速：$n_0'=U/K_E=3\,085.331$ r/min				
	空载转速：$n_0=n_0'(2\sqrt{\eta}-\eta)=3\,003.014\,535$ r/min				

以下是 Maxwell 对 75-12-4j 无刷电机的计算数据(摘录)：

Rated Output Power (kW): 0.25
Rated Voltage (V): 24
Residual Flux Density (Tesla): 1.18
Stator-Teeth Flux Density (Tesla): 1.71653
Stator-Yoke Flux Density (Tesla): 1.58825
No-Load Speed (rpm): 3119.47
Average Input Current (A): 13.6653
Root-Mean-Square Armature Current (A): 11.4331
Armature Current Density (A/mm^2): 7.61363
Output Power (W): 250.122
Input Power (W): 327.968
Efficiency (%): 76.264
Rated Speed (rpm): 2586.43
Rated Torque (N.m): 0.923468
Locked-Rotor Torque (N.m): 7.70808
Locked-Rotor Current (A): 119.117

两种计算方法的计算误差考核如下

$$\Delta_{B_Z}=\left|\frac{1.716\,53-1.717\,16}{1.717\,16}\right|=0.000\,366$$

$$\Delta_{T_N}=\left|\frac{0.923\,468-0.929\,6}{0.929\,6}\right|=0.006\,59$$

$$\Delta_{P_2}=\left|\frac{250.122-250}{250}\right|=0.000\,488$$

300-12-4j 异形大功率无刷电机体积是小电机的 4 倍，对大电机计算性能，要先用推算法设置电机各种数据并计算，用 Maxwell 进行核算，然后两种方法计算结果进行对比。

电机设置数据和计算步骤如下：

(1) 额定电压：310 V，额定转速：$n_N=2\,568$ r/min。

(2) 定子规格：30 cm，定子厚度：16 cm。

(3) 磁钢：35 SH，$B_r=1.18$ T，$H_C=11.1$ kOe。

(4) 电机转矩常数为

$$K_T=K_{T1}K^2=0.074\,281\,56\times4^2=1.188\,5(\text{N}\cdot\text{m/A})$$

如果小电机的其他参数不变，则

$$T_{N2}'=\frac{ZB_Z(b_tK)(KL)K_{FE}jZ(K^2A_S)K_{FE}}{3\pi\times10^4}=K^4T_{N1}=4^4\times0.929\,6=237.98(\text{N}\cdot\text{m})$$

但是小电机的电流密度太大，高达 9.818 A/mm²，若降到 3.129 A/mm²，槽利用率从 0.24 上升到 0.39。

大电机的转矩估算：设 $\eta_2=0.9$，则

$$T_{N2}=\frac{T_{N2}j_1K_{SF2}\eta_2}{j_2K_{SF1}\eta_1}=\frac{237.98\times3.129\times0.39\times0.9}{9.818\times0.24\times0.762\,6}=145.45(\text{N}\cdot\text{m})$$

(5) 电机定子、转子相关计算尺寸如图 7-17 所示。

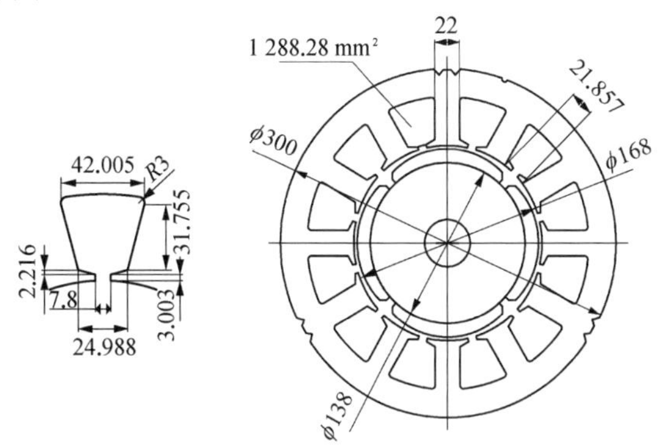

图 7-17 300-12-4j 大电机定子冲片和磁钢

(6) 如果电机转速不变，那么大电机的匝数就很容易求出。

$$W_大=\frac{W_1}{K^2}\cdot\frac{U_2}{U_1}=\frac{7}{4^2}\times\frac{310}{24}=5.65(\text{匝})\ 取\ 6\ 匝$$

(7) 如果大电机转速改变，匝数相应改变就行。

$$W_大=\frac{W_1}{K^2}\cdot\frac{U_2}{U_1}\cdot\frac{n_1}{n_2}$$

(8) 对大电机的输出功率进行计算。每槽导体根数为 12 根，如果用 $K_{SF}=0.39$，则

$$q_{Cu}=\frac{K_{SF}A_S}{N}=\frac{0.39\times1\,288.28}{12}=41.8(\text{mm}^2)$$

如果用 0.95 线，则并联根数为 59 根。

设电机电流密度最大为 5.5 A/mm²，则

电机总电流 $I=jq_{Cu}=5.5\times41.8=229.9(\text{A})$

电机输入功率 $P_1=UI=310\times229.9=71\,269(\text{W})$

大电机的最大效率估计为 0.9，则电机输出最大功率为

$$P_2 = P_1\eta = 71\,269 \times 0.9 = 64\,142(\mathrm{W}) = 64(\mathrm{kW})$$

电机的转矩 $T_N = 145.45\ \mathrm{N \cdot m}$

$$\text{电机电流 } I = \frac{T'_N}{K_T} = \frac{1.06T_N}{K_T} = \frac{1.06 \times 145.45}{1.1885} = 129.72(\mathrm{A})$$

电机输入功率为

$$P_1 = UI = 310 \times 129.72 = 40\,213(\mathrm{W}) = 40.21(\mathrm{kW})$$

电机输出功率估计会大于

$$P_2 = \frac{T_N n_N}{9.5493} = \frac{145.45 \times 2\,568}{9.5493} = 39\,114.4(\mathrm{W}) = 39(\mathrm{kW})$$

要知道这是在算一只 39 kW 左右的大型无刷电机，容不得半点差错，但是实际电机各参数之间的关系就是那么简单，大方向是错不了的。

(9) 对大电机进行 Maxwell 计算。把 75 - 12 - 4j 无刷电机相关尺寸乘 $K = 4$，以下是对 300 - 12 - 4j 无刷电机进行 Maxwell 的计算单(摘录)：

Rated Output Power (kW): 42

Rated Voltage (V): 310

Residual Flux Density (Tesla): 1.18

Stator-Teeth Flux Density (Tesla): 1.71919

Stator-Yoke Flux Density (Tesla): 1.59329

Average Input Current (A): 137.5.223

Root-Mean-Square Armature Current (A): 133.095

Armature Current Density (A/mm^2): 3.12948

Frictional and Windage Loss (W): 2074.33

Output Power (W): 39315.3

Input Power (W): 42849.2

Efficiency (%): 91.7528

Rated Speed (rpm): 2586

Rated Torque (N.m): 145.179

大电机工作磁通推算为

$$\Phi_{300} = K^2\Phi_{75} = 4^2 \times 0.004\,306\,642 = 0.068\,906\,2(\mathrm{Wb})$$

大电机工作磁通计算为

$$\Phi_{300} = ZB_Z b_t LK_{FE} \times 10^{-4} = 12 \times 1.719\,19 \times 2.2 \times 16 \times 0.95 \times 10^{-4} = 0.068\,98(\mathrm{Wb})$$

$$\Delta_\Phi = \left|\frac{0.068\,906\,2 - 0.068\,98}{0.068\,98}\right| = 0.001\,069\,87$$

这两个计算结果非常吻合。

图 7-18 所示是大电机用 Maxwell RMxprt 计算的机械特性曲线。

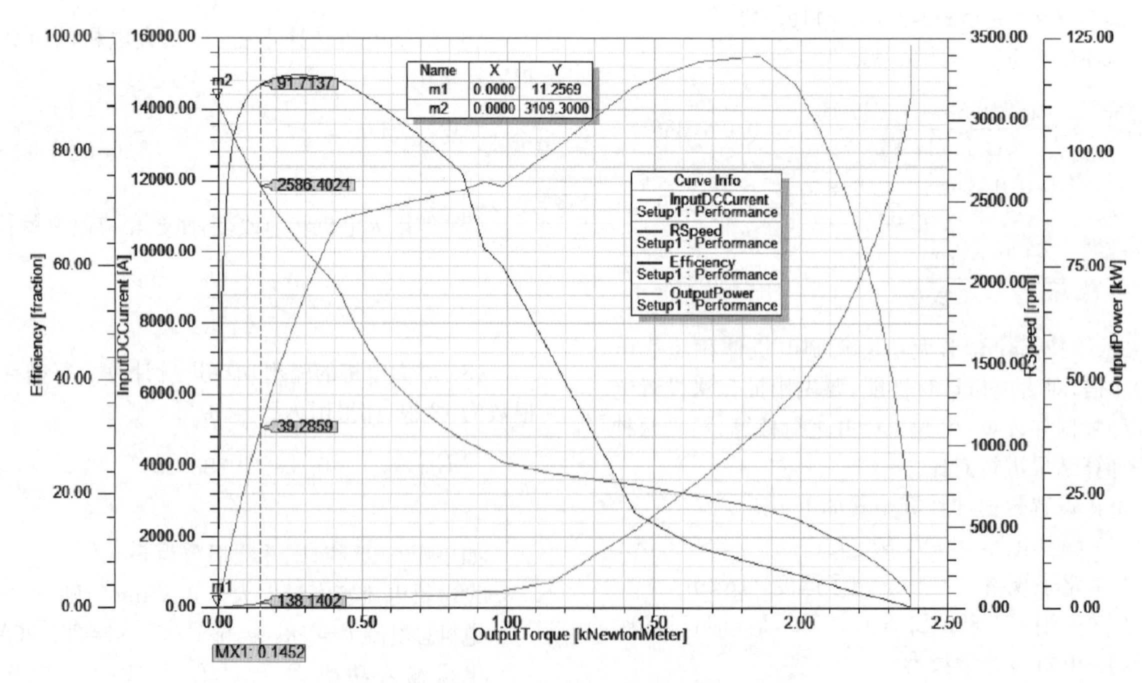

图 7-18 300-12-4j 异形大电机机械特性曲线

从图 7-18 中可以求取异形大电机的真正 K_T 值。

$$K_T=\frac{T_N}{I_N-I_0}=\frac{145.2}{138.1402-11.2569}$$
$$=1.14436(N\cdot m/A)$$

而从小电机推算的转矩常数为

$$K_T=K_{T1}K^2=0.074281567\times 4^2=1.1885(N\cdot m/A)$$

转矩常数误差为

$$\Delta_{K_T}=\left|\frac{1.14436-1.1885}{1.1885}\right|=0.037$$

在同样的转矩 145.2 N·m 下，电机的转速设计几乎没有误差。

$$\Delta_T=\left|\frac{2586.4024-2586}{2586}\right|=0.00015$$

类比法的额定转矩计算误差：比例完全一样 $K=4$ 时的电机转矩为

$$T_{N2}=K^4T_{N1}=4^4\times 0.9296=237.98(N\cdot m)$$

$K=4$ 变换时，j、K_{SF}、η 不同的转矩为

$$T_{N1}=\frac{T_{N2}j_1K_{SF2}\eta_2}{j_2K_{SF1}\eta_1}$$
$$=\frac{237.98\times 3.129\times 0.39\times 0.9175}{9.818\times 0.24\times 0.7626}$$
$$=148.28(N\cdot m)$$

转矩推算值与 Maxwell 计算值的同一性考核，即

$$\Delta_{T_N}=\left|\frac{148.28-145.2}{145.2}\right|=0.021$$

这是一个很好的设计符合率，是用两种不同的方法对同一异形大功率无刷电机计算同一性的误差。作者再一次强调实际电机各参数之间的内在关系就是那么简单，大方向是错不了的。

作者在这节进一步用实用设计方法中介绍的电机推算法，这种推算法不仅是电机中一个目标元素的推算，而且是多个目标元素的较为“复杂”的一种无刷电机的推算法，实际推算法的内容是非常丰富的，方法是非常灵活和多样的，推算结果是非常准确的。

用一种简单的电机推算法和一种高级的电机核算程序，对同一电机进行设计计算结果的同一性很好，不因为电机太大而违背电机基本电磁理论。这种电机推算法使异形大电机的设计不会因为没有设计程序和设计计算误差大的问题而束手无策。这证明推算方法用于异形大电机的设计是十分可靠的。不光是异形电机可以类比、推算，通常的无刷电机也可以进行类比和推算，设计计算精度和符合率也是可靠的。

可以看出在用 Maxwell 计算大电机时，有些参数取用了推算法求出的计算模型电机主要参数，如电机的冲片、定子长度、绕组匝数、电机的功率和转矩等，所以 Maxwell 基本上计算一次结果的数据就与推算法的数据十分相近。如果拥有了 Maxwell 设计软件，那么先用实用设计法对无刷电机进行建模和计算，使电机的计算结果非常接近需要的电机目标参数，再用 Maxwell 对建立的模型电机进行分析、优化，那么无刷电机设计计算就会事半功倍。

7.4　齿轮减速无刷电机设计

给无刷电机加一个减速器就形成了减速无刷电机，这种电机可以用行星齿轮作为减速器，也有用普通圆柱齿轮作为减速器，一般由一级至多级减速组成。齿轮减速无刷电机和无刷电机之间有什么关系，如何来很好地把齿轮减速电机的实质问题看清，作者特意介绍了齿轮减速无刷电机的设计方法，供读者参考。

可以把减速无刷电机看作一个电机的整体，对这个减速无刷电机的整体进行测试、分析、研究和设计。当然这和无减速机构的无刷电机有些区别，需要弄清这些区别。

7.4.1　电机技术数据

42 齿轮减速无刷电机是一种国产的齿轮减速无刷电机，与国外同类电机外形几乎一样，但是国内电机冲片和国外电机冲片结构和槽数形式不一，国内采用 9 槽 10 极，这是一种分数槽集中绕组电机。

图 7-19 所示是一种方形 42 齿轮减速无刷电机，其定子数据如图 7-20 所示。

9 槽 10 极电机是只有一个分区的电机，是一种非力偶电机，电机运行时有单边磁拉力，因此电机运行时不算平稳，噪声大，不是太好的选择。

磁钢采用黏结钕铁硼磁钢 GPM-8，B_r = 0.66 T，10 极。

图 7-19 42 齿轮减速无刷电机

齿轮减速是行星齿轮三级减速，减速比 1∶K = 1∶27。电机没有拆开，因此不知道电机线圈匝数。冲片齿宽 0.32 cm 是估计的，相差应该不大。

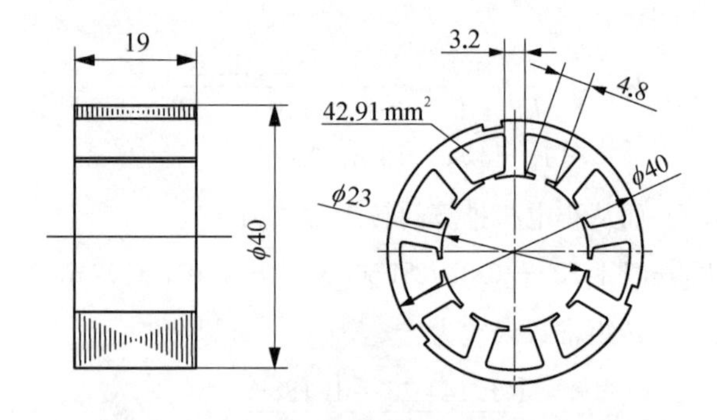

图 7-20 42 齿轮减速无刷电机定子冲片

对整个齿轮减速无刷电机进行了机械特性测试，取样数据见表 7-8。

表 7-8 42 齿轮减速无刷电机测功机测试中的取样数据

U(V)	I(A)	P_1(W)	T(N·m)	n(r/min)	P_2(W)	η(%)	K_T(N·m/A)
24.21	0.361	7.74	0.007	202	0.15	1.695	
24.19	0.700	16.93	0.276	186	5.37	31.72	0.793 510
24.16	0.889	21.48	0.433	178	7.07	37.57	0.806 818
24.15	1.095	26.44	0.603	168	10.6	40.09	0.811 989
24.14	1.318	31.83	0.781	158	12.92	40.59	0.808 777
24.13	1.543	37.23	0.957	148	14.83	39.83	0.803 723
24.11	1.769	42.64	1.137	140	16.66	39.07	0.802 557
24.09	1.978	47.65	1.283	130	17.46	36.64	0.789 116
24.08	2.163	52.10	1.409	122	17.99	34.53	0.778 024
24.07	2.312	55.65	1.514	116	17.39	33.05	0.772 424
24.06	2.422	57.52	1.597	108	17.06	30.99	0.771 471
24.05	2.556	61.47	1.671	102	17.84	29.02	0.758 087
24.04	2.656	63.87	1.734	98	17.79	27.85	0.752 505

7.4.2 齿轮减速无刷电机的技术分析

取电机最大效率点作为电机设计研究对象，首先要弄清楚无刷电机和齿轮减速无刷电机在机械特性方面的关系。

(1) 无刷电机加了齿轮箱后，相当于加了一个额外的负载，因此齿轮减速无刷电机的电流比普通无刷电机的电流要大一些。

(2) 齿轮减速会把无刷电机的输出转矩放大，其倍数就是齿轮箱减速比的倒数 K，但是转矩会有所损耗。

(3) 齿轮减速会把无刷电机的输出转速减小，其倍率就是 K。齿轮箱减速的转速严格按照减速比传递，不会损耗。

(4) 齿轮箱会把电机的转矩常数 K_T 按 K 比例增加。齿轮减速电机的转矩常数 K_{T2} 是电机转矩常数 K_{T1} 乘以齿轮箱总的齿数比 K，再乘以齿轮箱的效率 η，即

$$K_{T2} = \eta_2 K K_{T1}$$

(5) 齿轮箱的效率为

$$\eta_2 = \frac{K_{T2}}{K K_{T1}}$$

7.4.3 齿轮减速无刷电机实用计算

(1) 齿轮减速无刷电机的转矩常数为

$$K_{T2} = \frac{0.781-0.007}{1.318-0.361} = 0.80878(\text{N·m/A})$$

(2) 无刷电机的转矩常数。要初估减速器的效率，设每级减速器的效率为 0.96，三级减速器的效率 $\eta_2 = 0.96^3 = 0.885$，则

$$K_{T1}=\frac{K_{T2}}{\eta_2 K}=\frac{0.80878}{0.885\times 27}=0.0338(\text{N}\cdot\text{m/A})$$

(3) 无刷电机定子齿磁通密度为

$$B_Z=\alpha_i B_r\left(1+\frac{S_t}{b_t}\right)$$

$$=0.66\times 0.66\times\left(1+\frac{0.48}{0.32}\right)=1.089(\text{T})$$

(4) 电机工作磁通为

$$\Phi=ZB_Z b_t L K_{FE}\times 10^{-4}$$

$$=9\times 1.089\times 0.32\times 1.9\times 0.95\times 10^{-4}$$

$$=0.0005661(\text{Wb})$$

(5) 电机通电有效导体数为

$$N=\frac{2\pi K_T}{\Phi}=\frac{2\pi\times 0.0338}{0.0005661}=375(\text{根})$$

$$W=3N/(4Z)=3\times 375/(4\times 9)=31(\text{匝})$$

(6) 电流密度为

$$j=\frac{3I_N N}{2aK_{SF}ZA_S}=\frac{3\times 1.318\times 375}{2\times 1\times 0.25\times 9\times 42.9}$$

$$=7.68(\text{A/mm}^2)$$

(7) 导线面积为

$$q_{Cu}=2K_{SF}ZA_S/(3N)$$

$$=2\times 0.25\times 9\times 42.9/(3\times 375)$$

$$=0.172(\text{mm}^2)$$

(8) 导线线径为

$$d=\sqrt{\frac{4q_{Cu}}{\pi}}=\sqrt{\frac{4\times 0.172}{\pi}}=0.4679(\text{mm})$$

(9) 电机效率为

$$\eta=\eta_1/\eta_2=0.4059/0.885=0.4586$$

7.4.4 齿轮减速无刷电机测试报告

齿轮减速无刷电机输出机械性能见表7-9。

表7-9 经过拟合的齿轮减速无刷电机输出机械性能

U(V)	I(A)	P_1(W)	T(N·m)	n(r/min)	P_2(W)	η(%)	$\cos\varphi$
24.21	0.361	8.74	0.007	202	0.15	1.69	1.000
24.21	0.418	10.12	0.050	200	1.05	10.41	1.000
24.20	0.474	11.47	0.094	197	1.94	16.88	1.000
24.20	0.529	12.80	0.137	195	2.80	21.85	1.000
24.19	0.583	14.10	0.181	192	3.63	25.76	1.000
24.13	1.435	34.63	0.875	153	14.03	40.53	1.000
24.13	1.490	35.96	0.918	151	14.51	40.35	1.000
24.12	1.546	37.31	0.962	149	14.96	40.11	1.000
24.12	1.603	38.67	1.005	146	15.39	39.81	1.000
24.12	1.660	40.03	1.048	144	15.80	39.47	1.000
24.11	1.717	41.41	1.092	142	16.18	39.07	1.000
24.11	1.775	42.80	1.135	139	16.53	38.63	1.000
24.11	1.834	44.20	1.179	137	16.86	38.14	1.000
24.10	1.893	45.62	1.222	134	17.16	37.61	1.000
24.10	1.952	47.05	1.265	131	17.42	37.03	1.000
24.09	2.013	48.49	1.309	129	17.65	36.40	1.000
24.09	2.074	49.95	1.352	126	17.84	35.72	1.000
24.08	2.135	51.43	1.396	123	18.00	35.00	1.000
24.08	2.198	52.92	1.439	120	18.11	34.23	1.000
24.07	2.262	54.44	1.482	117	18.19	33.41	1.000
24.07	2.326	55.99	1.526	114	18.22	32.54	1.000
24.06	2.392	57.56	1.569	111	18.20	31.62	1.000
24.06	2.459	59.16	1.613	107	18.14	30.66	1.000
24.05	2.527	60.80	1.656	104	18.02	29.65	1.000
24.05	2.598	62.47	1.699	100	17.86	28.59	1.000
24.04	2.655	63.84	1.734	97	17.69	27.71	1.000

7.5 交流供电无刷电机设计

永磁直流无刷电机一般用直流供电，无刷电机用在固定位置，又有交流电源可以供电的场合，如家电、设备、机床中的直流无刷电机都希望用交流电源替代直流电源，用交流电整流成直流电，直接供给直流无刷电机的控制器，经过控制器处理后的电源供给直流无刷电机，这种形式的电机称为交流供电无刷电机。交流供电无刷电机比一般直流供电的方波无刷电机在概念上要复杂一些。

普通的无刷电机用的交流电整流成直流电，不可能用复杂的稳压仪器进行稳压，一般就是通过交流电进行全波整流稍加滤波后供给无刷电机的控制器。

7.5.1 交流整流电源的整流分析

一般交流整流无刷电机的电源可以用 220 V 单相交流电，经过全波整流变成直流电后输入控制器，再通过控制器控制无刷电机，如图 7 - 21 所示。

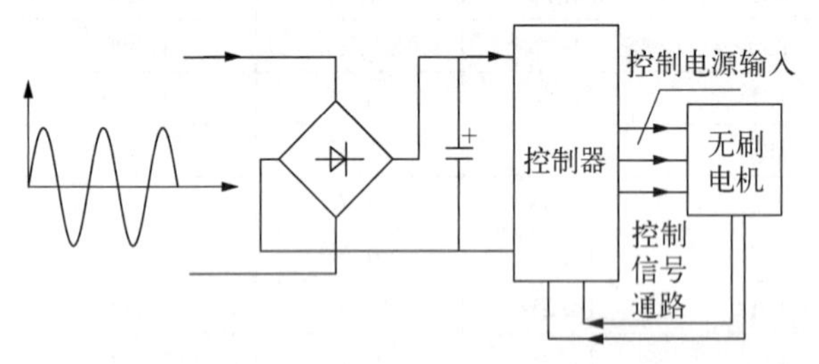

图 7 - 21 交流供电无刷电机电气原理

交流全波整流永磁直流无刷电机运行时 A 点的电压波形如图 7 - 22 所示。

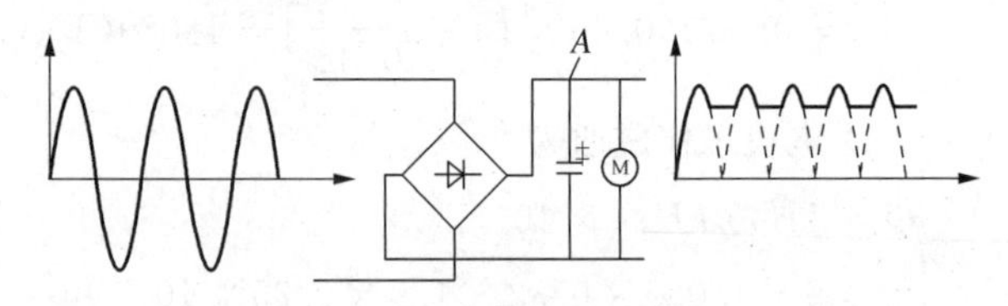

图 7 - 22 单相交流全波整流

用图 7 - 22 所示的交流全波整流电源，永磁直流无刷电机在不同的负载时，电源在输出端的电压波形是不一样的。电机在空载时，输出的直流电压波形是一条直线，电压值是交流供电电压的峰值；电机有轻载时，电压波形和电机有负载时不一样；电机堵转时，电压波形纯粹是全波脉冲电压波形。如图 7 - 23 所示。

因此，这种交流整流无刷电机的电源通过控制器进行“滤波”，可以输出一个恒定的直流电压，但是这个直流电压不是交流电源的峰值电压，波形的有效值要看负载电机的功率情况，一般的无刷电机通过全波桥式整流，控制器得到一个电源峰值电压幅值的 0.9 倍的稳定直流电压是可以的。那么单相桥式交流整流永磁直流无刷电机的工作电压按电源输入电压幅值的 0.9 倍计算，即

$$U_{整流后} = 0.9 \times \sqrt{2} U_{交流电压} \tag{7-10}$$

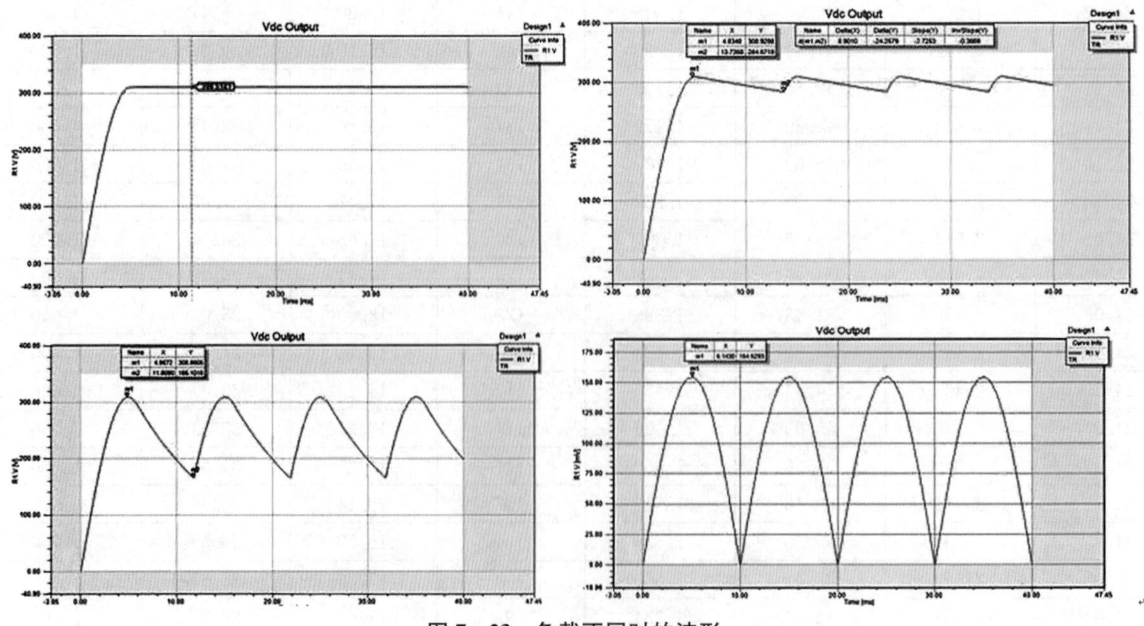

图 7 - 23 负载不同时的波形

7.5.2　家用空调风扇无刷电机的设计

家用空调中的室外机和室内机的风扇电机，用的是交流电机，交流电机调速比较困难，效率低，逐步要被无刷电机所替代。这里的室内和室外无刷电机采用同一种冲片，只是功率不同，室内机功率小，电机的定子厚度小，室外机功率大些，定子厚度大些。这种电机都用我国 220 V 单相交流电源，通过全波整流和滤波形成交流峰值 310 V 的直流电供给无刷电机。电机转子采用多块铁氧体磁钢拼装而成，铁氧体磁钢耐热性能好，不易退磁，磁性能稳定，价格低。但是铁氧体磁钢硬度大，不容易精密加工，又不能线切割，加工的同一性较差。

1) 家用空调无刷电机技术数据　家用空调无刷电机的设计和其他电机一样，可以用多种实用设计法对电机进行设计，也可以用 Maxwell 进行计算。

图 7 - 24 和图 7 - 25 所示是两种空调无刷电机。

图 7 - 24　塑封空调无刷电机

图 7 - 25　铁壳空调无刷电机

表 7 - 10 列出了家用空调电机厂家拟订的空调室外无刷电机主要技术数据。

表 7 - 10　家用空调室外无刷电机主要技术数据

技　术　项　目	室外机
额定电压(V)	310
空载电流(A)	0.02
空载输入功率(W)	3.2
空载转速(r/min)	1 300
额定电流(A)	0.18
额定输入功率(W)	57
额定输出功率(W)	40
额定转速(r/min)	900
额定转矩(N·m)	0.433
电机槽数	12
转子极数	8
磁钢性能(T)	0.45(铁氧体)
磁钢长(cm)	3.6
定子叠厚(cm)	2.5
绕组数据(每齿)	$d=0.23\times 470$ 匝

图 7 - 26 所示是家用空调无刷电机的绕组展开和接线图。

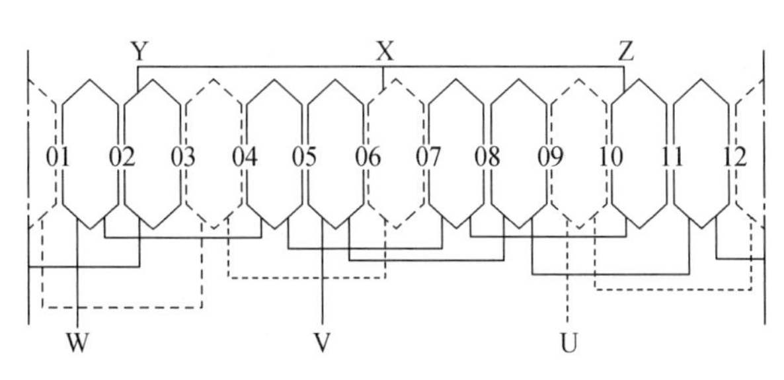

图 7 - 26　家用空调无刷电机绕组

2) 家用空调室外机的计算　家用空调室外无刷电机转子采用铁氧体磁钢(图 7 - 27)，而且厚度相当大，磁钢长比定子叠厚长出许多，计算步骤如下：

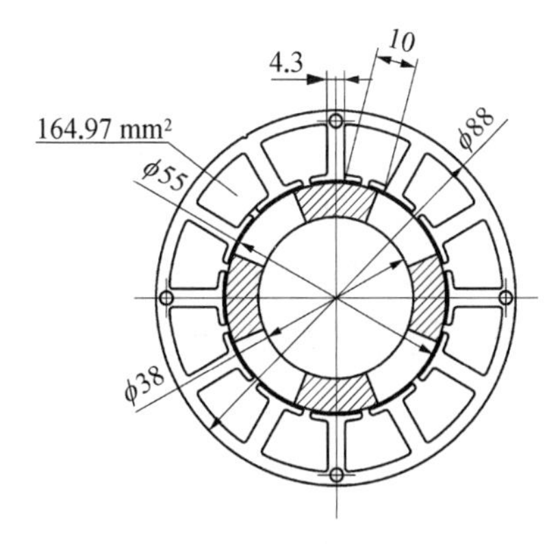

图 7 - 27　冲片和磁钢结构尺寸

(1) 求理想气隙磁通密度幅值系数 K_{Bm}。

$$K_{Bm}=\frac{1}{1+\mu_r\dfrac{\delta}{h_m}}=\frac{1}{1+\dfrac{10B_r}{H_C}\dfrac{\delta}{h_m}}$$

$$=\frac{1}{1+\dfrac{4.5}{4.1}\times\dfrac{0.05}{0.85}}=0.939$$

(2) 求磁钢的波形系数 α_m。对瓦形铁氧体磁钢来讲，磁钢充磁后的磁通密度波形一般是马鞍形，当转子进入定子后，马鞍形的凹陷会填充成圆滑梯形波，因此该铁氧体磁钢的波形系数 α_m 应该为 0.9 左右。

(3) 求磁钢伸长系数 K_L。

$$K_L = 1 + \frac{(L_2 - L_1) \times 0.85}{L_1} = 1 + \frac{(3.6 - 2.5) \times 0.85}{2.5} = 1.374$$

(4) 求气隙影响系数 K_δ。

$$K_\delta = \frac{1}{1 + \frac{\delta}{r_1}} = \frac{1}{1 + \frac{0.05}{5.5}} = 0.99$$

(5) 求齿磁通密度 B_Z。

$$B_Z = \frac{K_{Bm}\alpha_m K_\delta K_L}{K_{FE}} B_r \left(1 + \frac{S_t}{b_t}\right) = \frac{0.939 \times 0.9 \times 0.99 \times 1.374}{0.95} \times 0.45 \times \left(1 + \frac{1}{0.43}\right) = 1.8107(\text{T})$$

(6) 求工作磁通 Φ。

$$\Phi = ZB_Z b_t LK_{FE} \times 10^{-4} = 12 \times 1.8107 \times 0.43 \times 2.5 \times 0.95 \times 10^{-4} = 0.002219(\text{Wb})$$

(7) 求 K_T。

$$K_T = \frac{T_N}{I_N - I_0} = \frac{0.4244}{0.18 - 0.02} = 2.6525(\text{N} \cdot \text{m/A})$$

(8) 求通电导体有效总根数 N。

$$N = \frac{2\pi K_T}{\Phi} = \frac{2\pi \times 2.6525}{0.002219} = 7511(\text{根})$$

(9) 求每齿线圈匝数 W。

$$W = \frac{3N}{4Z} = \frac{3 \times 7511}{4 \times 12} = 469.4(\text{匝})$$

(10) 考核设计符合率。

$$\Delta_W = \left| \frac{469.4 - 470}{470} \right| = 0.00128$$

从上面用 K_T法求取电机的有效导体总根数的过程中，作者没有用到电机的工作电压，就是说用公式 $K_T = \frac{\Delta T}{\Delta I} = \frac{N\Phi}{2\pi}$ 求取电机的有效导体总根数不涉及电机的工作电压。这说明电机内部的转矩常数 K_T仅与 $N\Phi$ 有关，它具体表现在电机外部特征 T、I 上，它们之间的关系是 $\frac{\Delta T}{\Delta I} = \frac{N\Phi}{2\pi}$，一旦电机做成，电机的 N、Φ 就确定了，电机的 N、Φ 就决定了电机 T、I 的比值，即决定了电机的转矩常数。

如果需要一个确定的 K_T值的无刷电机，那么只要使无刷电机的磁链 $N\Phi$ 与 2π 的比值达到 K_T值即可，一旦电机的工作齿磁通 Φ 确定了，那么达到电机 K_T值的有效导体总根数 N 就可以求出，这完全不涉及电机的工作电压，即与电机工作电压的大小无关。也就是说，电机工作电压的改变，电机机械特性 $T-I$ 曲线形成了相互平行的 $T-I$ 曲线簇，其斜率是不变的。电机电压的改变不影响电机单位转矩所需要的电流大小，由于用单位转矩取用多少电流的观点来求取电机的有效导体根数 N，电机电压是不参与计算的，因此给实用设计计算电机的有效导体根数避免了交流电源整流成直流电压带来的各种影响。

3) Maxwell 对家用空调室外机进行核算　空调无刷电机定子、转子结构和绕组如图 7-28 所示。

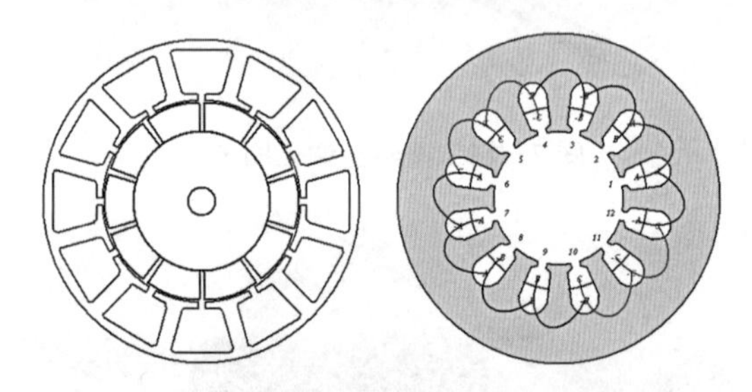

图 7-28　空调无刷电机定子、转子结构和绕组

图 7-29 所示是空调室外无刷电机机械特性曲线和额定点数据。

以下是空调室外无刷电机的 Maxwell RMxprt 的计算结果(摘录)：

Rated Output Power (kW): 0.04

Rated Voltage (V): 280 (注：这里取用了 280 V = $0.9 \times \sqrt{2} \times 220$V)

Number of Poles: 10

Residual Flux Density (Tesla): 0.45

Stator-Teeth Flux Density (Tesla): 1.71401

Stator-Yoke Flux Density (Tesla): 1.15745

Average Input Current (A): 0.199315

Root-Mean-Square Armature Current (A): 0.160262

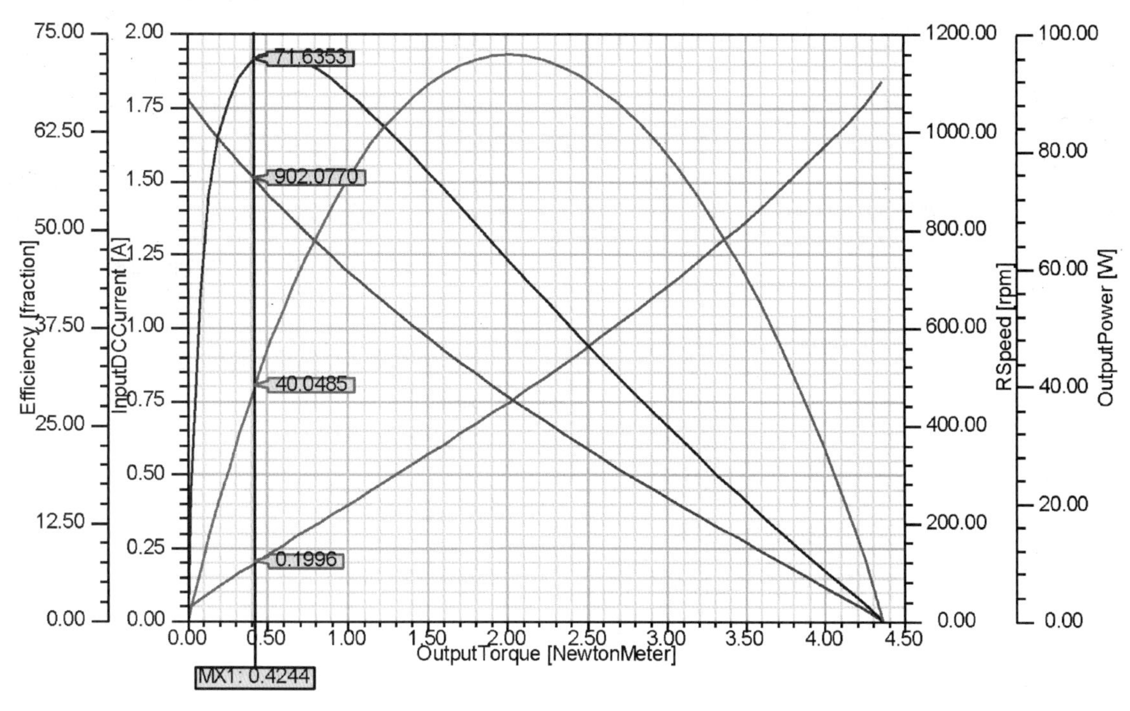

图7-29　空调室外无刷电机机械特性曲线

Armature Current Density (A/mm^2): 3.8573
Output Power (W): 40.0203
Input Power (W): 55.8083
Efficiency (%): 71.7103
Rated Speed (rpm): 902.296
Rated Torque (N.m): 0.423548

4) Maxwell对家用空调室外机匝数计算　用Maxwell设计家用空调无刷电机，用RMxprt磁路的计算和二维磁场的分析，也很方便和快速，计算电机的额定点还是比较准确的，而且可视性好，如图7-30所示。可以看出这是一种核算程序。实际只要把线圈参数设置为0，让RMxprt自动计算线圈匝数(图7-31)，也可以求出电机额定点的电机每槽匝数。

Winding | End/Insulation

Name	Value	Unit	Eva...	Description
Winding Layers	2			Number of winding layers
Winding Type	Whole-Coiled			Stator winding type
Parallel Branches	1			Number of parallel branches of stator winding
Conductors per Slot	940		940	Number of conductors per slot, 0 for auto-design
Coil Pitch	1			Coil pitch measured in number of slots
Number of Strands	1		1	Number of strands (number of wires per conductor), ...
Wire Wrap	0.05	mm		Double-side wire wrap thickness, 0 for auto-pickup ...
Wire Size	Diameter: 0.23mm			Wire size, 0 for auto-design

图7-30　电机绕组原数据

Winding | End/Insulation

Name	Value	Unit	Evaluat...	Description	Read-...
Winding...	2			Number of winding layers	
Winding...	Whole-Co...			Stator winding type	
Paralle...	1			Number of parallel branches of sta...	
Conduct...	0		0	Number of conductors per slot, 0 f...	
Coil Pitch	1			Coil pitch measured in number of s...	
Number ...	1		1	Number of strands (number of wires...	
Wire Wrap	0	mm		Double-side wire wrap thickness, 0...	
Wire Size	Diameter...			Wire size, 0 for auto-design	

图7-31　电机绕组设置自动计算

RMxprt 自动计算绕组匝数的结果如图 7 - 32 所示。

Length of Stator Core (mm):	25
Stacking Factor of Stator Core:	0.95
Type of Steel:	DW540_50
Slot Insulation Thickness (mm):	0.3
Layer Insulation Thickness (mm):	0.3
End Length Adjustment (mm):	1.5
Number of Parallel Branches:	1
Number of Conductors per Slot:	1026
Type of Coils:	21
Average Coil Pitch:	1
Number of Wires per Conductor:	1
Wire Diameter (mm):	0.27
Wire Wrap Thickness (mm):	0.05
Slot Area (mm^2):	172.242
Net Slot Area (mm^2):	141.469
Limited Slot Fill Factor (%):	75
Stator Slot Fill Factor (%):	74.2653

图 7 - 32　RMxprt 自动计算绕组匝数的结果

这是 RMxprt 自动计算设置的额定点性能时需要的电机每槽导体数，那么每齿线圈匝数就是每槽导体数的一半，这里计算出每槽导体数为 1 026 根，即 513 匝，线径为 0.27，计算差为

$$\Delta_W = \left|\frac{513-470}{470}\right| = 0.091$$

电机原来匝数性能如图 7 - 33 所示。

Output Power (W):	40.0203
Input Power (W):	55.8083
Efficiency (%):	71.7103
Rated Speed (rpm):	902.296
Rated Torque (N.m):	0.423548

图 7 - 33　电机原来匝数性能

RMxprt 自动计算绕组匝数的电机性能如图 7 - 34所示。

Output Power (W):	36.6748
Input Power (W):	50.921
Efficiency (%):	72.0228
Rated Speed (rpm):	825.65
Rated Torque (N.m):	0.424173

图 7 - 34　RMxprt 自动计算绕组匝数的电机性能

RMxprt 自动计算出电机绕组匝数的机械特性曲线如图 7 - 35 所示。

计算差为

$$\Delta_n = \left|\frac{825.654\,1-900}{900}\right| = 0.083$$

转矩在 0.424 4 N・m时，电机转速为 825.654 1 r/min，比规定的额定转速 900 r/min 略低了些，但是还是在设计符合率之内的。如果认为与要求相差了些，那么只要进行匝数的人工调整。因此掌握了 Maxwell 计算方法，用 Maxwell 计算电机也非常实用。如果要把电机定子长度、匝数等设定一个区间，设置一个计算步长，让程序用 3D 场有限元自动分析计算，那么计算时间就长，人工分析、数据取舍就比较麻烦。

用 K_T 目标设计法，以 Excel 表格进行计算，任意改动各种目标参数就可以立即求出电机需要的匝数和线径，直观简捷，人机对话性强。读者可以自己体会 K_T 目标设计法和 Maxwell 两种不同层面上的设计方法和设计思路。

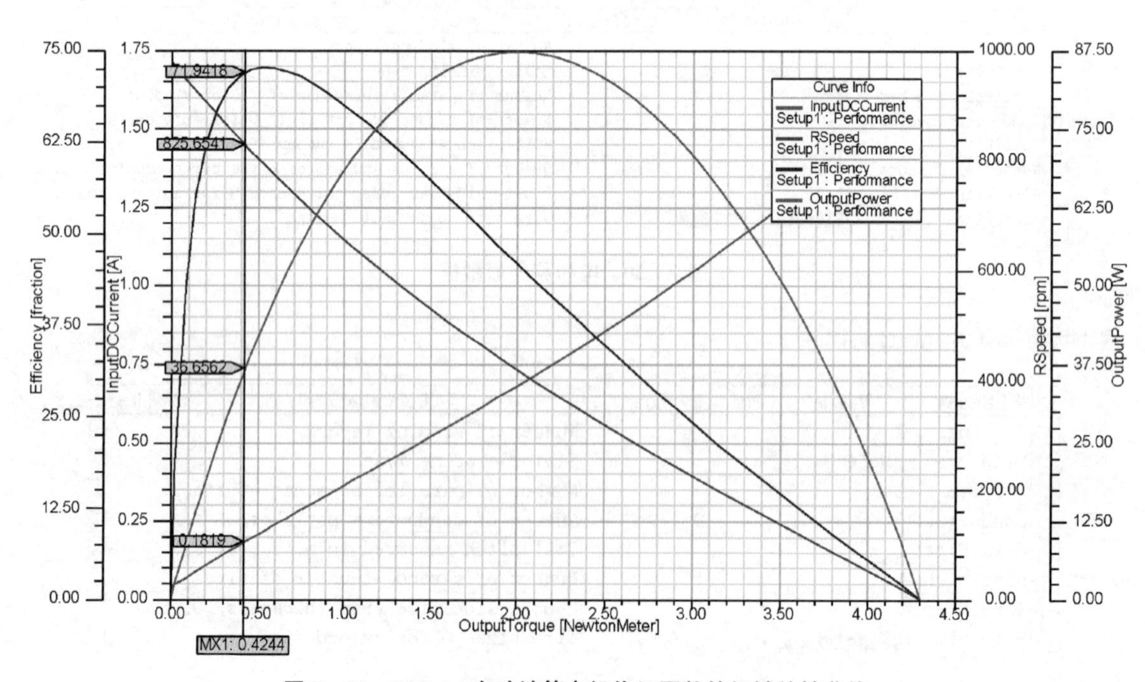

图 7 - 35　RMxprt 自动计算电机绕组匝数的机械特性曲线

7.6　直驱无刷电机(DDR)设计

有一种电机输出转矩比较大、转速比较慢，不用齿轮减速或减速机构，直接驱动运行。这种不用齿轮箱的低速、大转矩电机就是直驱电机，就是直接驱动旋转(direct drive rotary，DDR)电机，如图 7－36 所示，那么 DDL 电机就是直接驱动直线电机。直驱的特点是转矩大，转速慢，运行稳定，许多地方用无刷电机做直驱电机。

图 7－36　DDR 电机

直驱电机可用于旋转平台，如大型云台上就用直驱电机，这种电机往往设计成直径大、扁圆形电机。DDR 电机的转矩可以做得非常大，可以达到 20 000 N・m以上，直径可达 3 m。当然这种电机也可以做成小型的力矩电机，总之这种电机省略了变速机构，增加了转矩，降低了转速，特别是消除了因齿轮减速机构产生的回程误差，因此在许多控制系统都广泛采用。

特别指出，在现在的许多大转矩电机，包括步进电机上都加了齿轮箱，齿轮箱的回程误差体现了齿轮箱是否能够完全和电机转动精确地按减速比的倍率转动的问题。如果齿轮箱电机的回程误差太大，这在某些精确、反复定位的场合是不适用的。某些机床、加工中心、冶金、电子精密绣花机，各种扫描机构、精密云台(监控器)、控制系统，高精度机床、雷达、机械手、机器人等都需要回程间隙小的齿轮箱电机，但是只要有齿轮箱的地方，不可避免有回程误差，为了避免回程误差，许多场合舍弃了齿轮箱减速而采用了直驱电机。

另外一些大转矩电机如果用齿轮减速，齿轮加工和齿轮机械强度、齿轮磨损会给电机的稳定性和运行精度带来非常大的影响，因此去掉齿轮减速，采用电机直接驱动的大转矩电机也是非常需要的，像印刷、炼钢机械、电力发电设备、电梯等场合都需要采用直驱电机。日常生活中的滚筒式洗衣机电机、电动自行车轮毂电机、微型轿车中外转子两轮或四轮直接驱动的轮毂式无刷电机就是直驱无刷电机。

随着科学技术的发展，越来越多的场合广泛采用直驱电机，特别是无刷电机的应用把直驱电机性能做得非常完美。直驱无刷电机的大转矩、高效率、低转速、高精度、零维护、低噪声、长寿命等优点，都是其他电机无法比拟的。

7.6.1　直驱无刷电机的特点

要使直驱电机的调节性能好，控制器的结构不要太复杂，在控制精度不是很高的场合，方波无刷电机(BLDCM)设计成直驱无刷电机是比较好的选择。

直驱无刷电机在设计上有一些区别于其他无刷电机的特点，一般电机是扁圆的，电机的槽数比较多，采用分数槽集中绕组。

要使分数槽集中绕组的直驱无刷电机的机械特性与永磁直流电机的机械特性相似，使电机的调节性能好，那么无刷电机的槽数必须多。

图 7－37 所示是 57BLDC 6 槽 4 极分数槽集中绕组无刷电机机械特性曲线。图 7－38 所示是 228BLDC 51 槽 46 极分数槽集中绕组无刷电机机械特性曲线。

比较以上两个机械特性，51 槽 46 极无刷电机的机械特性曲线比 6 槽 4 极无刷电机的机械特性曲线“好看”得多，它几乎类似于永磁直流有刷电机的机械特性曲线。因此做直驱无刷电机，应当首选槽数多的分数槽集中绕组无刷电机。

要使直驱无刷电机的槽数多，定子的气隙直径 D_i必须要大，只有 D_i大，电机的齿数才有可能多，气隙齿宽 b_t可以大些，才能有足够大的电机工作磁通 Φ，这种直驱无刷电机一般做成扁平的，其细长比 D_i/L 相对就比较大。

图 7－39 所示就是典型的多槽数、多极数、大细长比的分数槽集中绕组直驱电机。

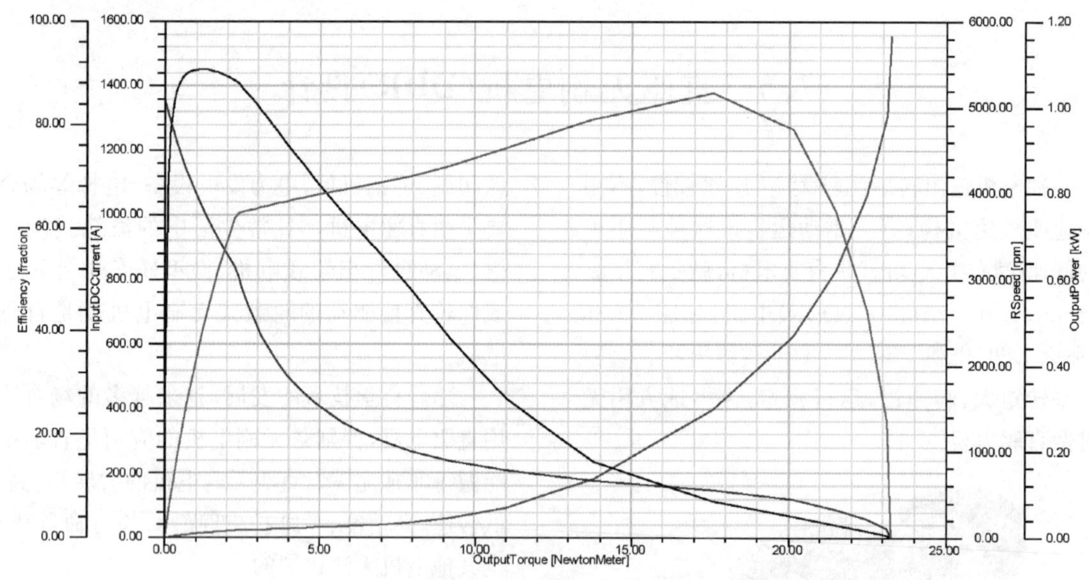

图 7-37　57BLDC 6 槽 4 极分数槽集中绕组无刷电机机械特性曲线

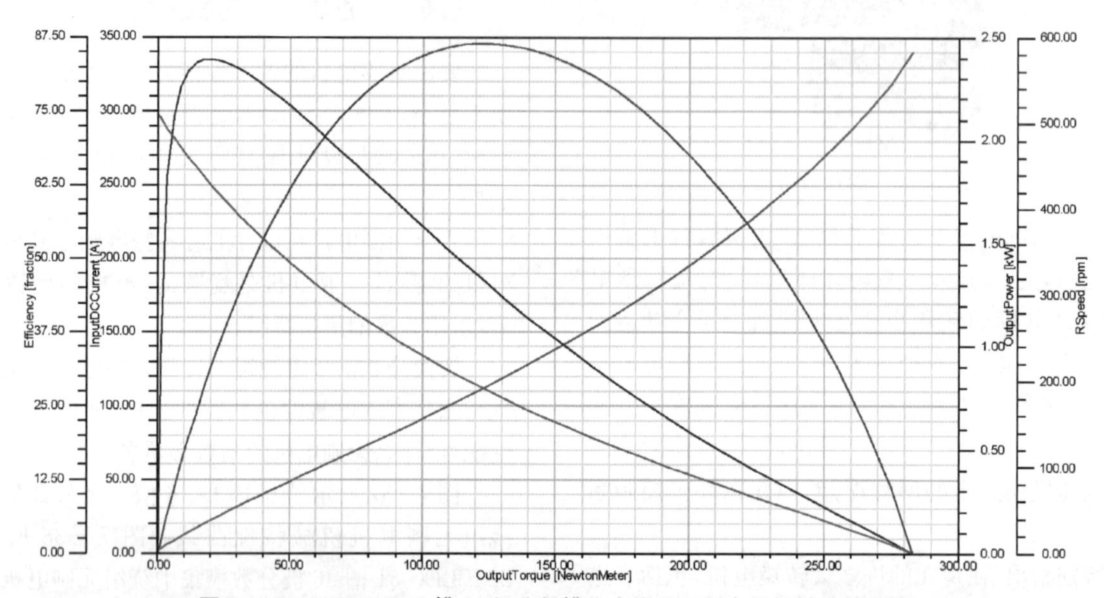

图 7-38　228BLDC 51 槽 46 极分数槽集中绕组无刷电机机械特性曲线

图 7-39　多槽数、多极数、大细长比的分数槽集中绕组直驱电机

图 7-40　内转子直驱电机

此外，还有内转子直驱电机，如图 7-40 所示。

7.6.2　直驱无刷电机的设计计算

下面介绍用于油田的驱动用的直驱无刷电机

D400—T800,这是直驱式螺杆泵抽油机电机的一种设计方案。直驱式螺杆泵抽油机(图7-41)是油田中广泛使用的设备,以前是用交流感应电机,因为要做成大转矩、低转速的交流感应电机,其体积相当大,效率相当低,因此能耗相当大,如果用齿轮减速,因为转矩大,齿轮强度得不到保证,加上齿轮会经常磨损,噪声消除不了,因此给采油工业带来非常大的困扰。

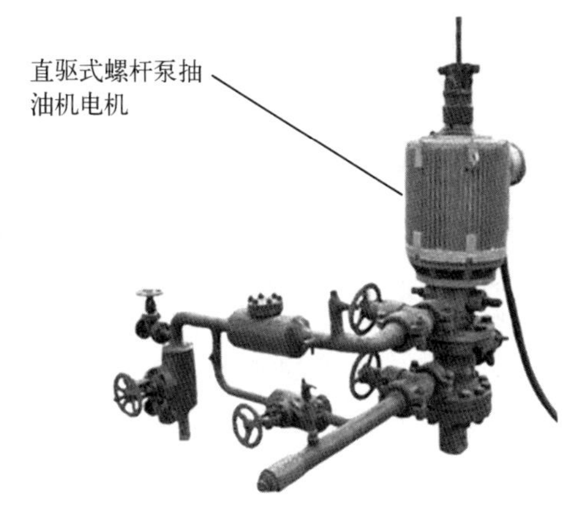

图7-41　直驱式螺杆泵抽油机

如果采用大转矩、低转速直驱永磁无刷电机,那么抽油机就具有结构简单、维护方便、运行可靠、噪声小、操作智能化、体积小、质量轻、高效节能等优点。

整个直驱式螺杆泵抽油机就是一个直驱式永磁直流无刷电机或永磁同步电机加上油泵和一些管道,因此电机成了抽油机的主要零部件。

作为驱动用的直驱电机,主要考核指标的大转矩和低转速,方波无刷电机的输出转矩相对比永磁同步电机要大些,控制方式简单,成本低,因此直驱无刷电机是一个较好的选择。

从型号上看,D400—T800直驱无刷电机的定子直径为400 mm,转矩为800 N·m。其技术数据见表7-11,结构数据汇总见表7-12。

表7-11　D400—T800螺杆泵抽油机直驱无刷电机技术数据

电　机　形　式	三相永磁无刷电机
额定电压 U(V)	380 AC
额定功率 P_N(kW)	12.5
额定转矩 T_N(N·m)	800
最大转矩 T_{max}(N·m)	1 600
额定电流 I_N(A)	28(有效值)
最大电流 I_{max}(A)	56(有效值)
额定转速 n_N(r/min)	150
额定效率 η(%)	>90
槽利用率 K_{SF}(%)	45

表7-12　D400—T800螺杆泵抽油机直驱无刷电机结构数据汇总表

气隙 δ(mm)		1.2
冲片材料		50H470,冷轧硅钢片
定子	外径 D_1(mm)	412
	内径 D_{i1}(mm)	326
	电枢长度 l_{eff}(mm)	225
	槽数 Z	36
	相数 m	3
	绕组形式	双层绕组
	线圈数 W	12
	线圈匝数 W_a	16
	线圈跨距 y	1
	并绕根数 N_t	10
	导线规格 d(mm)	0.9
	并联支路数 a	1
	每相电阻 R_S(Ω)	0.4
转子	外径 D_2(mm)	323.6
	内径 D_{i2}(mm)	240
	长度 L(mm)	225
	磁极数 $2P$	34
	磁钢长度 L_{PM}(mm)	225
	磁钢形状	弧形
	磁钢轴向剖面尺寸	见图7-42
	磁钢牌号	N33UH, B_r = 1.17 T

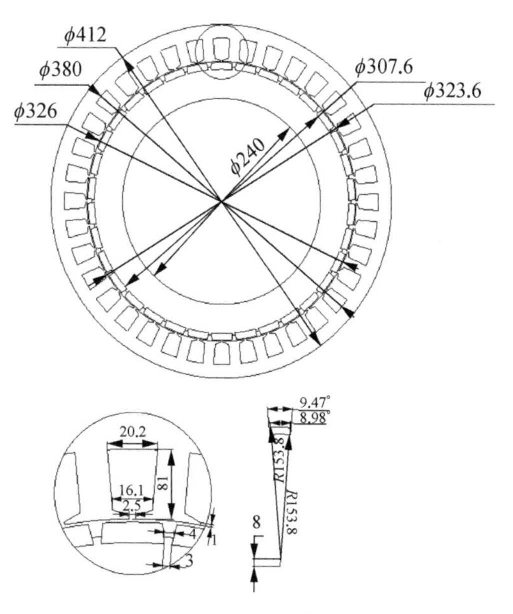

图7-42　D400—T800螺杆泵抽油机直驱无刷电机定子、转子尺寸

分析以上数据,可得出以下结论:

（1）这里槽高 81 mm 的数据肯定是搞错了，槽高不可能为 81 mm，定子外径 $D_{外}=412$ mm，定子内径 $D_{内}=323.6$ mm，冲片宽 $=(412-323.6)/2=44.2$(mm)，如果槽高为 81 mm，那么槽底径 $D_{槽底径}=323.6+2\times81=485.6$ mm >412 mm，这里定子轭还没有加进去，因此槽高 81 mm 是有些问题的。

作者把这个提供的槽形图放到 CAXA 中，根据这些数据和图形比例分析后求出槽高为 26.932 mm，如图 7-43 所示。

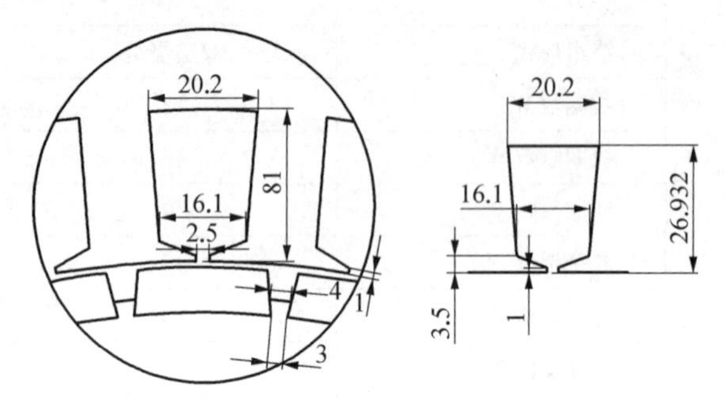

图 7-43 D400—T800 螺杆泵抽油机直驱无刷电机槽形整理

再根据槽形整理出定子冲片图尺寸，如图 7-44 所示。

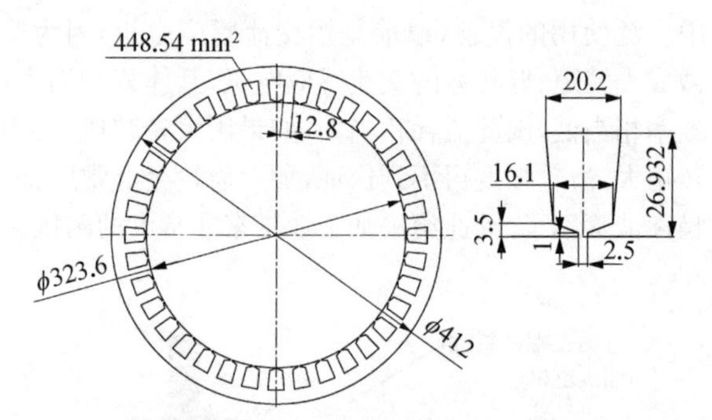

图 7-44 规化后电机定子冲片

（2）D400—T800 螺杆泵抽油机直驱无刷电机绕组展开图如图 7-45 所示。

该绕组的下线方法和一般的集中绕组相同，接法有些不同，这是工艺上的需要，这种接法作者在第 4 章已经详细讲过，此处不再赘述。

（3）同类同功效的直驱电机性能对比，见表 7-13。

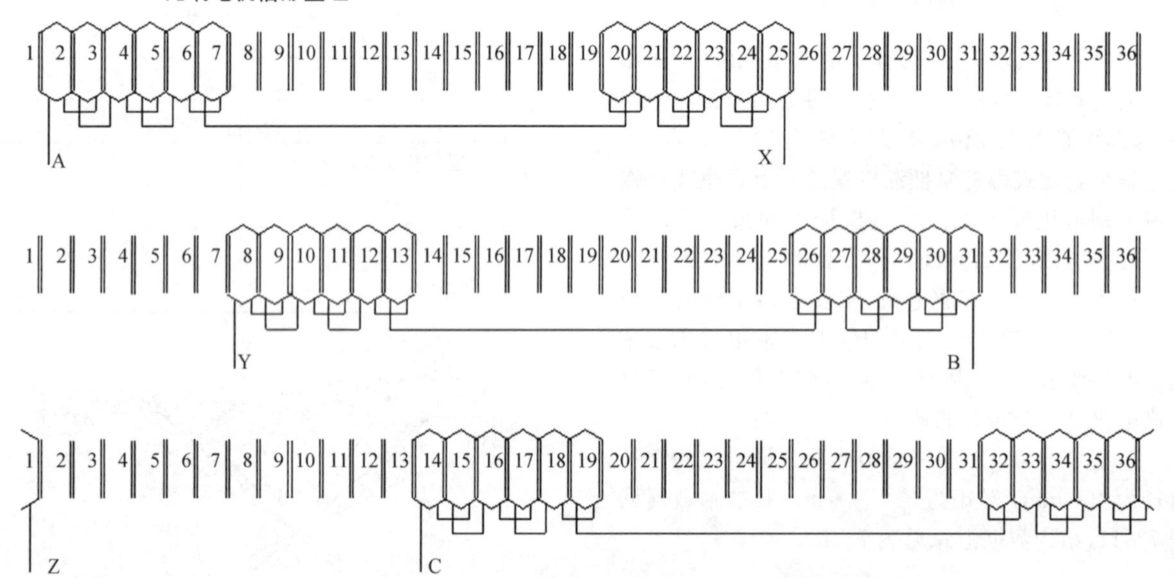

图 7-45 D400—T800 螺杆泵抽油机直驱无刷电机绕组展开图

表 7-13 直驱式螺杆泵抽油机电机的技术指标

参　　数	12 kW 永磁同步电机	16 kW 永磁同步电机	21 kW 永磁同步电机	31 kW 永磁同步电机
额定电压(V)	380AC	380AC	380AC	346AC
额定电流(A)	28.7	31.09	35.4	53.5
额定功率(kW)	12	16	21	31
额定转矩(N·m)	600	1 000	1 000	1 500
额定转速(r/min)	0～200	0～150	0～200	0～200
频率(Hz)	80	80	80	80
效率(%)	95.85	96.88	96.72	96.82
启动转矩(N·m)	>900	>1 200	>1 400	>1 600

（续表）

参　数	12 kW 永磁同步电机	16 kW 永磁同步电机	21 kW 永磁同步电机	31 kW 永磁同步电机
最大转矩(N·m)	1 500	1 600	1 500	1 800
安装方式	B5	B5	B5	B5
防护等级	IP54	IP54	IP54	IP54
过载能力	5 s 内是额定转矩 2.5 倍	5 s 内是额定转矩 2.5 倍	5 s 内是额定转矩 2.5 倍	5 s 内是额定转矩 2.5 倍

虽然是直驱永磁同步电机，但是直驱无刷电机也应该达到该技术指标。尽管永磁同步电机的效率比无刷电机的要高些，但是相同体积的出力还是无刷电机大些。

D400—T800 直驱无刷电机的技术指标和 12 kW 永磁同步电机的技术参数在额定点应该相当，见表 7－14。

表 7－14　D400—T800 直驱无刷电机和 12 kW 永磁同步电机性能比较

参　数	D400—T800 直驱无刷电机	12 kW 永磁同步电机
额定电压(V)	380AC	380AC
额定电流(A)	28(有效值)	27.7
额定转矩(N·m)	800	600
额定转速(r/min)	150	200
额定功率(kW)	12.5	12
频率(Hz)	—	80
效率(%)	>90	95.85
启动转矩(N·m)	1 600	>900
最大转矩(N·m)	1 600	1 500

这里提供了一种 LDMS 直驱无刷电机的外形尺寸，如图 7－46 所示。

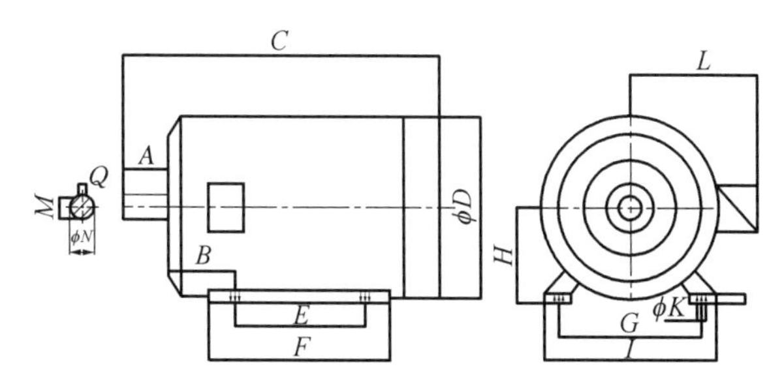

图 7－46　LDMS 直驱无刷电机的外形尺寸

表 7－15 所列是 LDMS 直驱无刷电机性能和外形尺寸。

表 7－15　LDMS 直驱无刷电机的性能和外形尺寸

型　号	功率(kW)	电流(A)	转矩(N·m)	转速(r/min)	A	B	C	ϕD	E	F
LDMS－12	12	27.7	0～200	600	110	112	632	485	220	290
LDMS－16	16	31.09	0～150	1 000	110	112	682	485	250	320
LDMS－21	21	35.4	0～200	1 000	110	138	550	550	270	350
LDMS－31	31	53.5	0～200	1 500	110	165	634	634	320	415

型　号	G	H	I	J	ϕK	L	M	ϕN	Q	质量(kg)
LDMS－12	407	245	480	22	15	392	37	42	12	395
LDMS－16	407	245	480	22	15	392	37	42	12	395
LDMS－21	472	280	545	24	15	430	42.5	48	14	574
LDMS－31	557	320	630	27	19	528	49	55	16	1 096

LDMS－12 的(包括定子外面的机壳和散热片高) $\phi D = 485$ mm，而 D400—T800 的定子直径(冲片直径)为 412 mm，因此两种电机是在同一档次的。

(1) 用实用设计法求该电机的齿磁通密度 B_Z 和齿工作磁通 Φ。因为磁钢厚 0.8 cm，比以往的厚，所以取 $\alpha_i = 0.77$，则

$$B_Z = B_r \alpha_i \left(1 + \frac{S_t}{b_t}\right) = 1.17 \times 0.77 \times (1 + 1.29/1.29) = 1.8(\text{T})$$

$$\Phi = Z B_Z b_t L K_{FE} \times 10^{-4} = 36 \times 1.8 \times 1.29 \times 22.5 \times 0.95 \times 10^{-4} = 0.178\,677(\text{Wb})$$

(2) 用通用公式法求取电机有效导体总根数 N。

$$N=\frac{60U\sqrt{\eta}}{\Phi n_{\eta}}=\frac{60\times 380\times\sqrt{0.9077}}{0.178677\times 155.9}$$
$$=779.8(根)$$

实际工作齿数

$$Z=\frac{36\times 2}{3}=24(齿)$$

$$W=\frac{779.8}{24\times 2}=16.246(匝)\ 取用 16 匝$$
$$N=16\times 2\times 24=768(根)$$

(3) 求取电机的电流密度 j。假设直驱无刷电机是人工下线，设槽利用率 $K_{SF}=0.45$，则有

$$K_{SF}=\frac{\frac{3}{2}Nq_{Cu}}{ZA_S}$$

$$q_{Cu}=\frac{2K_{SF}ZA_S}{3N}=\frac{2\times 0.45\times 36\times 448.54}{3\times 768}$$
$$=6.3(mm^2)$$

$$j=\frac{I}{q_{Cu}}=\frac{28}{6.3}=4.44(A/mm^2)$$

(4) 求单根线径。

$$d=\sqrt{\frac{4q_{Cu}}{a'\pi}}=\sqrt{\frac{4\times 6.3}{10\pi}}=0.8956(mm)$$

验算设计符合率

$$\Delta_W=\left|\frac{16.246-16}{16}\right|=0.015$$

$$\Delta_d=\left|\frac{0.8956-0.9}{0.9}\right|=0.005$$

这样用实用设计法计算出的数据和提供的电机技术数据几乎相同，读者可以对比。

7.6.3 用 Maxwell 计算

用 Maxwell 设计计算直驱无刷电机 D400—T800，分析该直驱电机的额定工作电压。

在不移动的使用场合，无刷电机的供电电源基本上是单相或三相电源，通过整流成直流电后供无刷电机控制器使用，市电的电压最大为交流 380 V，因此整流成无刷电机控制器的电源电压一般为

$$U=\sqrt{2}\times 380\times 0.9=483.65(V)$$

为此以直流 483.65 V 作为该直驱电机的输入电压，用 Maxwell 计算。在 Maxwell 的材料库中加入 $B_r=1.17$ T，$H_C=11$ kOe 的材料。

D400—T800 电机定子、转子结构和绕组排布如图 7-47 所示，其机械特性曲线和额定工作点数据如图 7-48 所示。

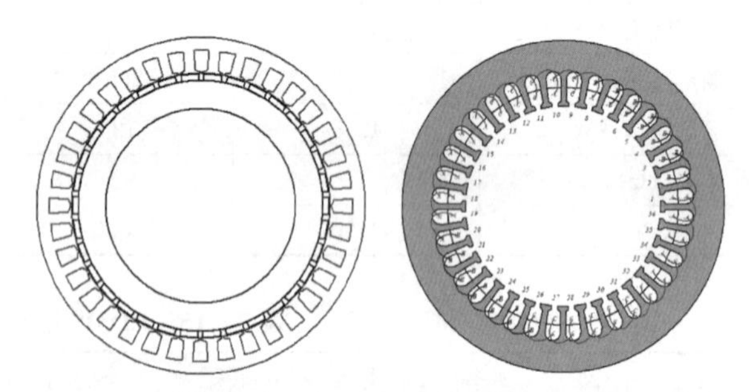

图 7-47　D400—T800 电机定子、转子结构和绕组排布

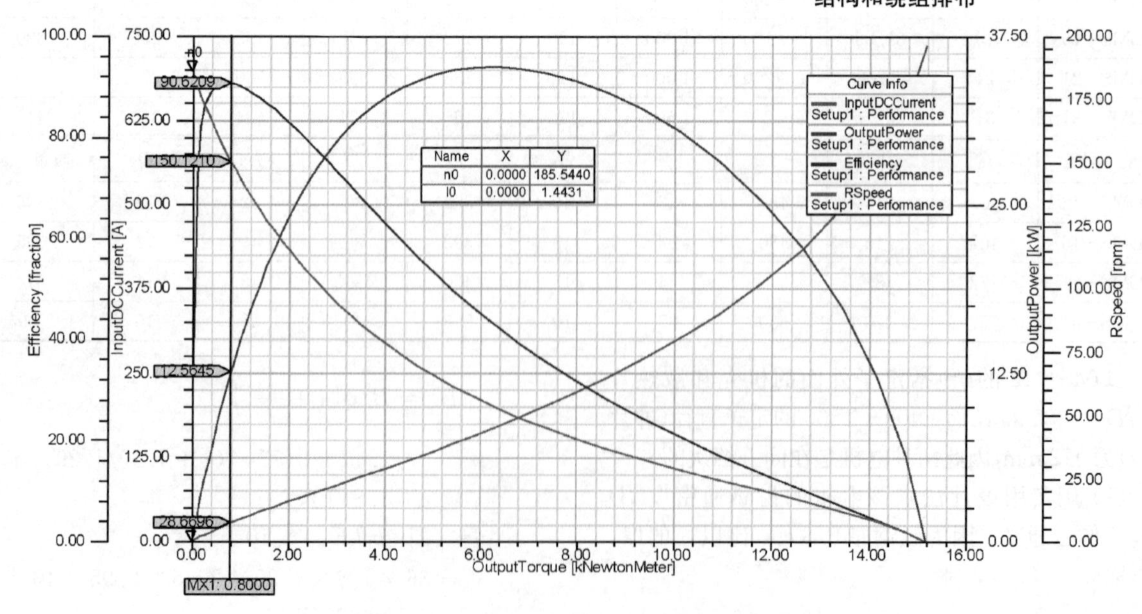

图 7-48　D400—T800 电机机械特性曲线

从机械特性曲线中，用本书的概念求取电机的转矩常数和反电动势常数。

$$K_T = \frac{T}{I - I_0} = \frac{800}{28.6696 - 1.4431}$$
$$= 29.3831(\text{N} \cdot \text{m/A})$$

$$n'_0 = \frac{n_0}{2\sqrt{\eta} - \eta} = \frac{185.544}{2\sqrt{0.907795} - 0.907795}$$
$$= 185.9572(\text{r/min})$$

$$K_E = \frac{U}{n'_0} = \frac{483.659}{185.9572} = 2.6[\text{V/(r/min)}]$$

从计算书中查出：

deal Back-EMF Constant KE (Vs/rad): 24.6203

$$K_E = 24.6203\ \text{V/(s/rad)}$$
$$= \frac{24.6203}{9.5493}\text{V/(r/min)}$$
$$= 2.57823\ \text{V/(r/min)}$$
$$\approx 2.6\ \text{V/(r/min)}$$

两种计算完全一致，所以 Maxwell 是用 $K_E = U/n'_0$ 概念计算的。

D400—T800 直驱无刷电机计算书（摘录）如下：

Rated Output Power (kW): 12.5

Rated Voltage (V): 483.65

Residual Flux Density (Tesla): 1.17

Stator-Teeth Flux Density (Tesla): 1.79191

Stator-Yoke Flux Density (Tesla): 0.714154

Average Input Current (A): 27.5371

Root-Mean-Square Armature Current (A): 26.8996

Armature Current Density (A/mm^2): 4.22835

Output Power (W): 12512.1

Input Power (W): 13802

Efficiency (%): 90.6542

Rated Speed (rpm): 150.272

Rated Torque (N.m): 795.103

D400—T800 直驱无刷电机磁通分布如图 7-49 所示，其感应电动势波形如图 7-50 所示，一根导体电压波形如图 7-51 所示，电流波形如图 7-52 所示。

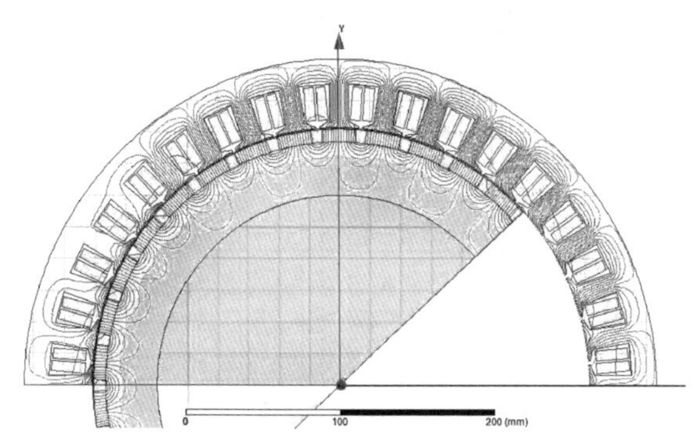

图 7-49　D400—T800 直驱无刷电机磁通分布

从计算单看，电机的机械特性曲线性能和提供的数据相差不大，但是可以看出，定子的齿磁通密度比较合理，轭磁通密度太低，因此可以减小定子轭宽。

Stator-Teeth Flux Density (Tesla): 1.79191

Stator-Yoke Flux Density (Tesla): 0.714154

但是该电机的电流密度不是太高，从电流密度角度考虑，轭宽不减小也可以。

Armature Current Density (A/mm^2): 4.22835

从槽满率的角度看，槽满率高了些。

Stator Slot Fill Factor (%): 76.9581

因此槽形可以改成图 7-53 所示形状，使槽形面积加大，槽满率降低，这样轭宽相应减小。改进后的冲片形状如图 7-54 所示。

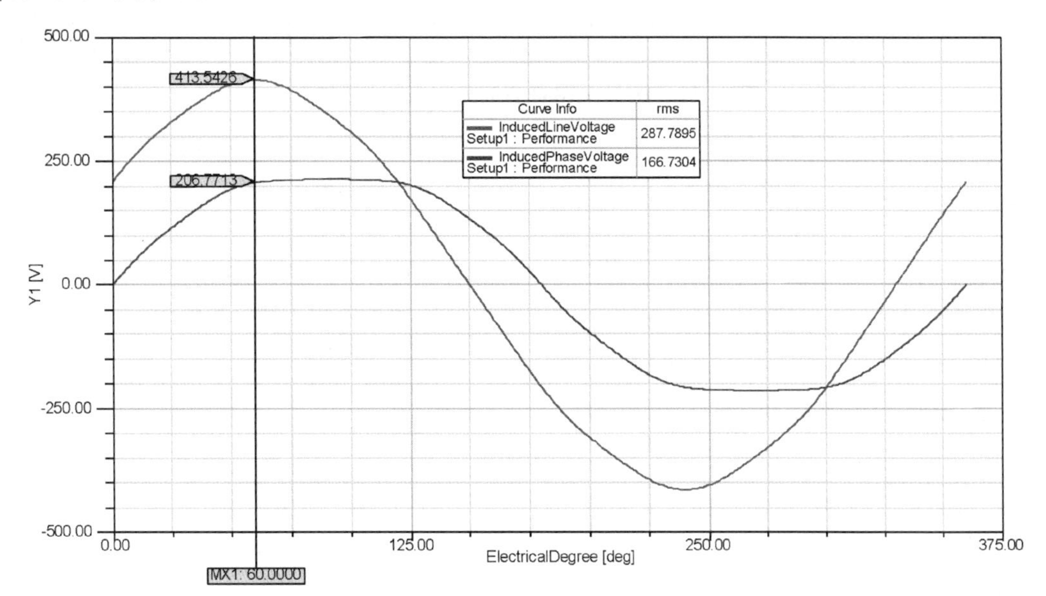

图 7-50　D400—T800 直驱无刷电机感应电动势波形

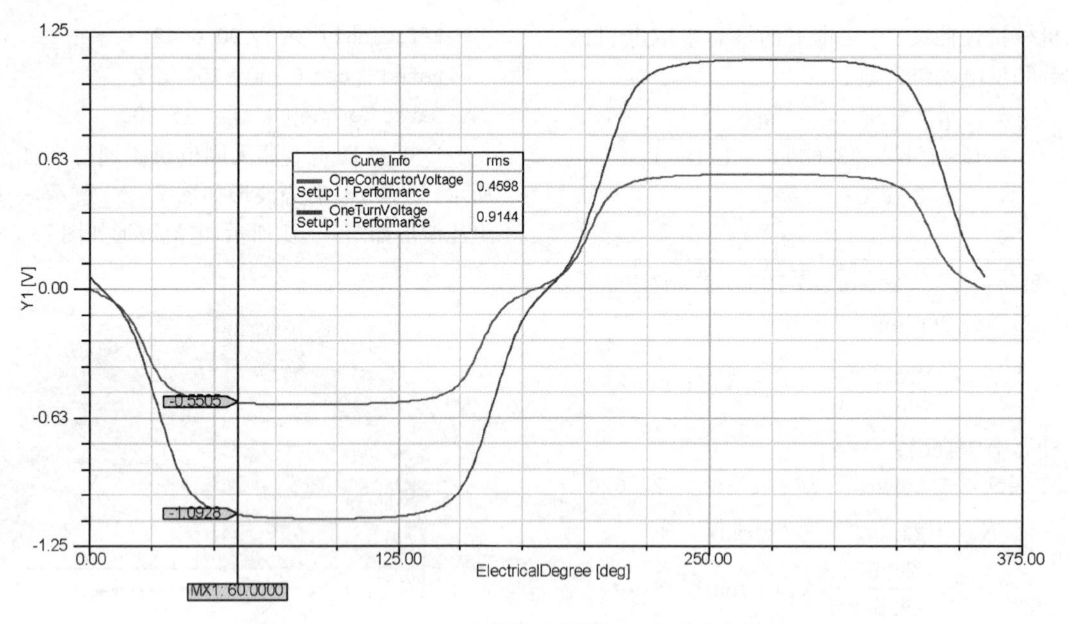

图 7-51 D400—T800 直驱无刷电机一根导体电压波形

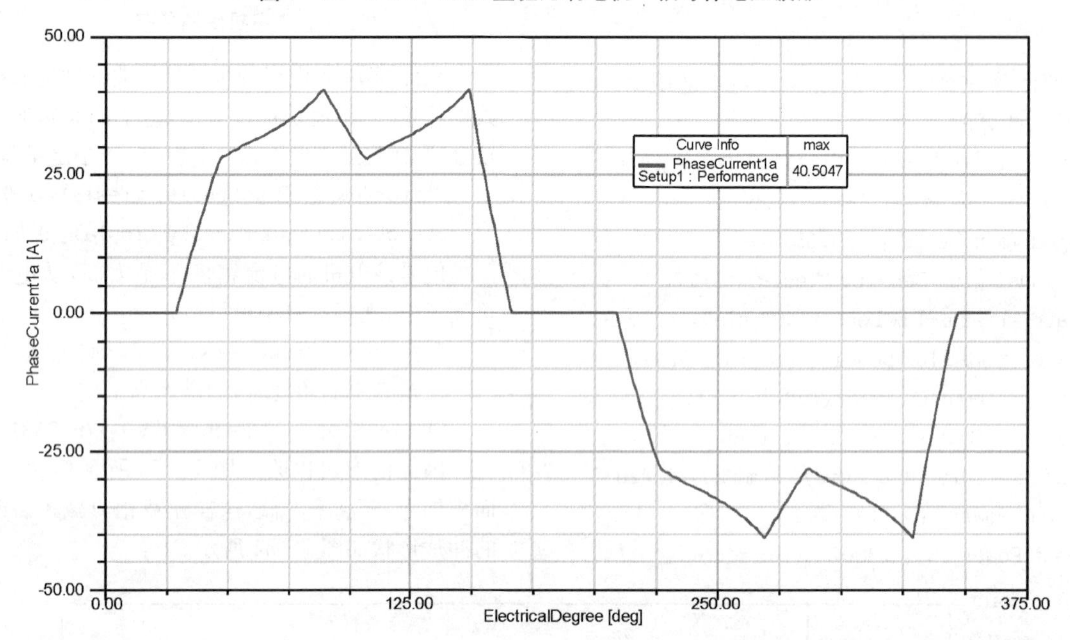

图 7-52 D400—T800 直驱无刷电机电流波形

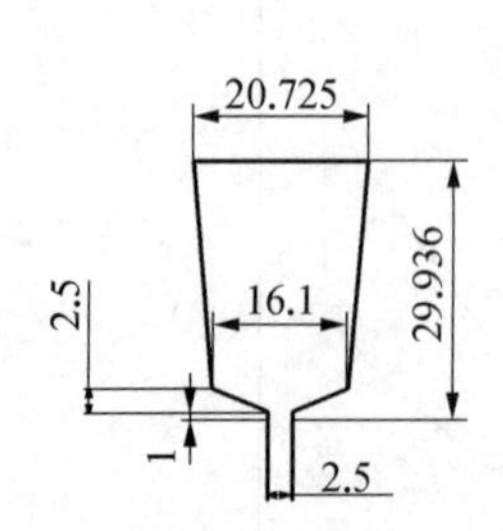

图 7-53 槽形改进

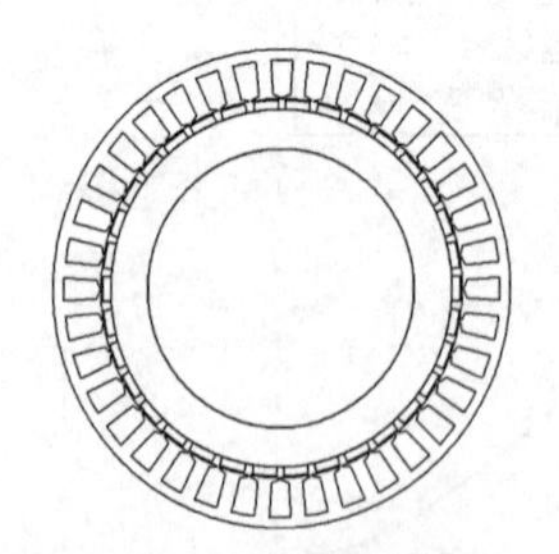

图 7-54 电机槽形改进后的冲片形状

重新进行 Maxwell 计算：电机性能变化不大，如图 7-55 所示，改进后磁通分布如图 7-56 所示。

槽满率也比较合理：

Stator Slot Fill Factor (%)：59.0051

定子磁通密度也比较合理：

Stator-Teeth Flux Density (Tesla)：1.75351

Stator-Yoke Flux Density (Tesla)：1.20225

下面是主要计算结果：

Stator-Teeth Flux Density (Tesla)：1.75351

Stator-Yoke Flux Density (Tesla)：1.20225

Output Power (W)：12389.1

Input Power (W)：13743.9

Efficiency (%)：90.1424

Rated Speed (rpm)：147.779

Rated Torque (N.m)：795.186

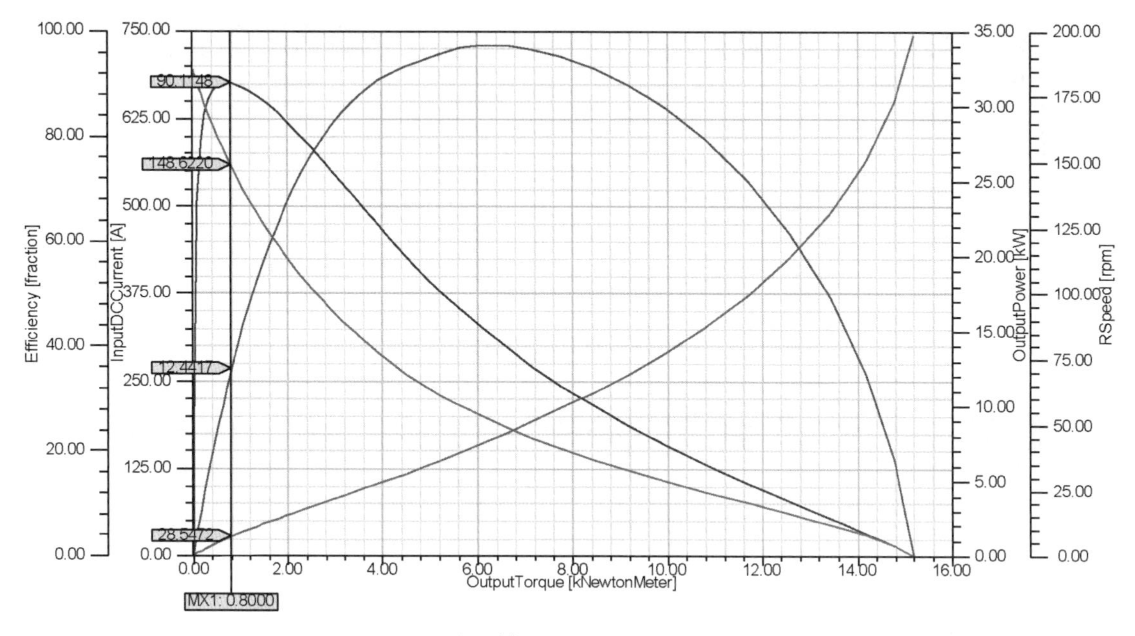

图 7-55　电机槽形改进后电机机械特性曲线

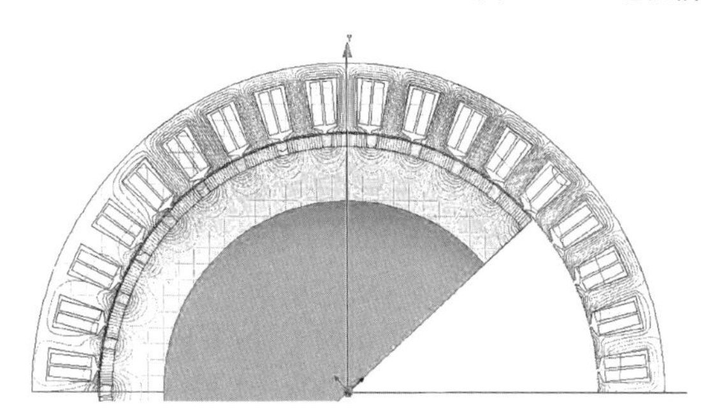

图 7-56　电机槽形改进后磁通分布

这样轭磁通密度相应提高了，磁路设计就比较合理，槽满率有较大的改观。

7.6.4　设计符合率的验证

这个电机是交流整流供电的直驱无刷电机，电机的机械特性曲线非线性比较大，因此电机的 $K_T \neq 9.5493K_E$，在不同转矩点的 K_T值是不同的。但是还是可以用一些简单的实用设计法求出电机的主要尺寸数据。

这个电机在电机实用设计中最大效率设置为 $\eta = 0.9077$，这个数值是参照了 Maxwell 的机械特性曲线中效率最高点而设置的，作者是为了证明如果两种设计程序某些数据一样，能否求得一样的匝数。事实上，求出的匝数是 16 匝，和提供的电机数据中的 16 匝完全相同。如果选取最大效率不是电机的真正最大效率值，那么计算是会有些误差的，但是应该在设计符合率要求之内。

设电机的效率和永磁同步电机的效率一样高，$\eta_{max} = 0.95$。

用通用公式法求取电机有效导体总根数

$$N = \frac{60U\sqrt{\eta}}{\Phi n_{\eta}} = \frac{60 \times 380 \times \sqrt{0.95}}{0.178677 \times 155.9} = 797.8(\text{根})$$

$$Z = \frac{36 \times 2}{3} = 24(\text{齿})$$

$$W = \frac{797.8}{24 \times 2} = 16.6(\text{匝})\ \text{取用 16 匝}$$

$$\Delta_W = \left| \frac{16.6 - 16.246}{16.246} \right| = 0.021$$

所以无刷电机效率的选取对计算电机匝数影响不大。正确选取、计算或测试出电机的 α_i是电机设计符合率的关键，α_i与电机的 B_Z成正比，与电机的 Φ、W 成反比，α_i计算的误差就是电机匝数 W 的计算误差。但是实践证明，选取、测试或计算 α_i值与实际值相差不会太大，一般用实用设计法来设计电机的设计计算精度应该在设计符合率之内，如果超差，只要调整一次完全可以达到产品技术要求。

实际上，用 Maxwell 自动计算电机匝数也是有误差的，不是一次就成功的。简单地把线圈重新设置，如图 7-57 所示。

改成自动计算匝数，如图 7-58 所示。

计算后数据变为：

Number of Parallel Branches：1

Number of Conductors per Slot：36

Type of Coils：21

Average Coil Pitch：1

Number of Wires per Conductor：8

Wire Diameter (mm)：0.9

即计算出线圈为 18 匝(每槽 36 根)，$8 \times \phi 0.9$。

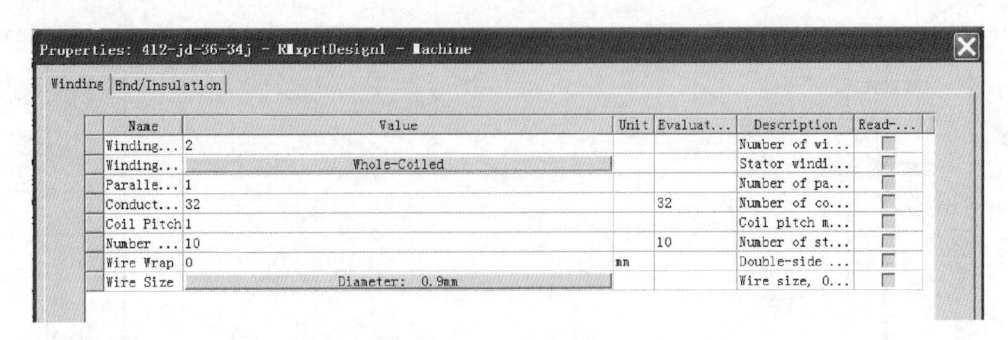

Properties: 412-jd-36-34j - RMxprtDesign1 - Machine

Winding | End/Insulation

Name	Value	Unit	Evaluat...	Description	Read-...
Winding...	2			Number of wi...	
Winding...	Whole-Coiled			Stator windi...	
Paralle...	1			Number of pa...	
Conduct...	32		32	Number of co...	
Coil Pitch	1			Coil pitch m...	
Number ...	10		10	Number of st...	
Wire Wrap	0	mm		Double-side ...	
Wire Size	Diameter: 0.9mm			Wire size, 0...	

图 7－57　线圈数据

Properties: 412-jd-36-34j - RMxprtDesign1 - Machine

Winding | End/Insulation

Name	Value	Unit	Evaluat...	Description	Read-...
Winding...	2			Number of vi...	
Winding...	Whole-Coiled			Stator windi...	
Paralle...	1			Number of pa...	
Conduct...	0		0	Number of co...	
Coil Pitch	1			Coil pitch m...	
Number ...	0		0	Number of st...	
Wire Wrap	0	mm		Double-side ...	
Wire Size	Diameter: 0.9mm			Wire size, 0...	

图 7－58　线圈数据设置成自动计算

$$\Delta_W = \left|\frac{18-16}{16}\right| = 0.125$$

Output Power (W): 11006.7

Input Power (W): 12294.1

Efficiency (%): 89.5283

Rated Speed (rpm): 132.157

Rated Torque (N.m): 795.312

这样，电机转速就低，性能就低了，仍旧可以人工减少线圈匝数，回到16匝，以求达到150 r/min的要求。

用实用设计法能很好地计算出油田驱动用的直驱式螺杆泵抽油机无刷电机D400—T800的各种主要尺寸，从上面资料看，这个电机还不是最大的电机，在这系列电机中是最小的一种，可以用实用推算法很快地推算出16 kW、21 kW、31 kW三种直驱式螺杆泵抽油机无刷电机的主要尺寸数据，包括电机定子的叠厚，把握是非常大的，就是说设计符合率是比较好的。31 kW无刷电机中也算较大电机，通过这样的分析判断，对大功率无刷电机的设计心中就有底气了，不至于遇到这种电机慌乱无措。

7.7　无刷电机实用变形设计法

作者介绍一种新的电机实用设计方法，即无刷电机的实用变形设计法。什么是电机的变形，就是电机在外形和性能上发生了变化，变成了与原电机外形、体积、性能完全不相同的另外一个电机。

在电机整个变形过程中，电机的变形依据是样本电机，电机变形的结果是需要的目标电机。

这种变形设计方法比较简单、直观，在整个变形设计中避免了许多难以精确确定的参数计算，因此设计符合率好，这种方法非常适合电机设计时的电机外形和主要尺寸的确定。

电机的变形设计方法有复杂和简单之分。在第5章中作者介绍了冲片相同的目标推算法，就是利用电机的相同冲片、不同的电机长度形成一种系列电机，这种系列电机的冲片尺寸相同，电机的机械特性不同，这种方法是一般电机设计工作者常用的，是一种无刷电机简单的变形设计方法。

在本章中作者介绍了异形大功率无刷电机设计，读者可以看出，如果两种电机的机械结构相同，但是大小不同，大小比为K（K为电机的变形系数），那么两种电机的齿磁通密度B_Z、电机工作磁通Φ、电机匝数W、电机转矩常数K_T、反电动势常数K_E等都和变形系数K存在一定的关系，利用这个关系就可以设计一个结构相似、大小不同、电机性能完全不同的两种电机。变形后的无刷电机是原电机的放大或缩小，这种方法能够很好地做模拟样机，这对设计、制造异形电机和大功率电机是非常有帮助的。这是一种无刷电机的一般变形设计方法。

无刷电机较复杂的变形设计方法是在一个样本电机的基础上变形一种和样本电机的外形、体积、功率、性能、冲片形状都不相同的全新的目标电机，而在变形设计目标电机的过程中，完全避免了电机设计中最困难、计算最不精确的电机工作磁通 Φ 的绝对计算，变形方法简单实用、思路清晰、设计符合率好。这种方法完全可以用于其他电机类型的设计中。

如果要设计一个全新的无刷电机，从电机结构到电机绕组数据，如何用变形推算法进行全新的电机设计呢，下面作者简要地讲述。

7.7.1　实用变形设计法的设计思路

(1) 确定目标电机的技术指标、机械特性和各项要求。

(2) 寻找样本电机，对样本电机进行详细分析、测试和测量，求出样本电机的外形和性能的各种参数。

(3) 进行电机变形推算，求出目标电机的外形和性能的各种参数。

7.7.2　实用变形设计法的设计举例

为了使读者能够了解这种高级的无刷电机变形方法，作者用本章异形大功率电机中的设计例子进行讲解，具体说明这种实用变形设计方法。

为了叙述方便，分析直观，作者以 75－12－4j 无刷电机作为样本电机，主要结构如图 7－59 所示。

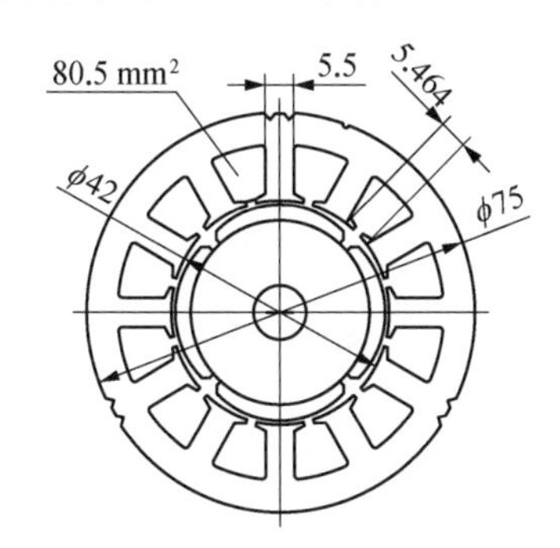

图 7－59　75－12－4j 无刷电机结构

75－12－4j 无刷电机技术参数：24 V，$n_N = 2\,586$ r/min，$P_N = 250$ W，$T_N = 0.929\,6$ N·m，磁钢：35SH，$B_r = 1.18$ T，$H_C = 11.1$ kOe，定子长 $L = 4$ cm，具体测试数据见表 7－16。

表 7－16　75－12－4j 电机测试数据

项目	数据
电势常数 K_E[V/(r/min)]	0.007 778 175
转矩常数 K_T(N·m/A)	0.074 281 567
空载转速 n_0(r/min)	3 240
导线面积 q_{Cu}(mm²)	1.326 65
额定电流 I_N(A)	13.025 082 52
电流密度 j(A/mm²)	9.818 024 74
槽面积 A_S(mm²)	76.75
槽利用率 K_{FS}	0.241 994 788
总根数 N	112

现在用本章 7.2 节的算例作为要求设计的目标电机：额定电压 318 V DC，额定功率 11 kW，效率大于 0.9，额定转速 3 000 r/min，额定转矩 35 N·m，额定电流 37.5 A，磁钢 $B_r = 1.23$ T，转矩常数 $K_T = 0.991\,7$ N·m/A，定子 24 槽，8 极，定子外径 210 mm 的无刷电机。

(1) 两个电机转矩常数之比 $K^2 = \dfrac{0.991\,7}{0.074\,281\,567} = 13.35$，$K = \sqrt{13.35} = 3.653\,765$。

因此只要把样本电机放大 3.653 765 倍，那么目标电机的转矩常数即为 0.991 7 N·m/A，这样设计电机的具体参数如下：

定子直径

$$D_{外} = K \times 7.5 = 3.653\,765 \times 7.5 = 27.403\,2(\text{cm})$$

定子内径

$$D_i = K \times 4.2 = 3.653\,765 \times 4.2 = 15.345\,8(\text{cm})$$

定子长

$$L = K \times 4 = 3.653\,765 \times 4 = 14.61(\text{cm})$$

12 槽齿宽

$$b_t = K \times 5.5 = 3.653\,765 \times 5.5 = 20.096(\text{mm})$$

(2) 画出冲片图，如图 7－60 所示。

(3) 把定子外径改为 21 cm，那么

$$\frac{21}{27.403\,2} = 0.766\,4$$

(4) 计算各尺寸。

定子内径变为

$$D_i = 15.345\,8 \times 0.766\,4 = 11.76(\text{cm})$$

电机的齿宽变为

$$b_t = 20.096 \times 0.766\,4 = 15.4(\text{mm}) = 1.54(\text{cm})$$

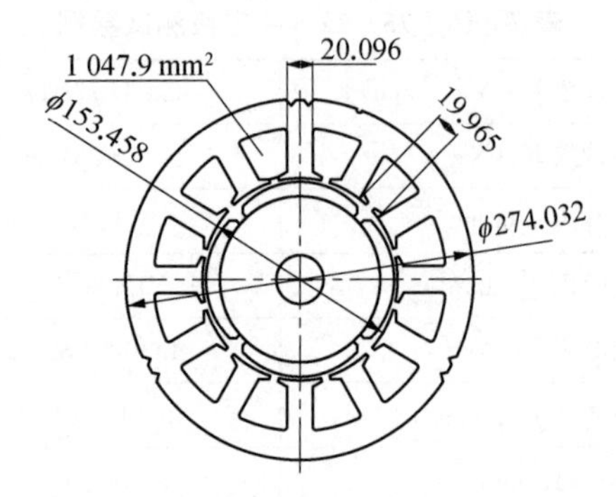

图 7－60　初步变形的目标电机结构

为了保证电机的磁通 Φ 不变，那么电机的长度必须增加为

$$L = 14.61/0.766\,4 = 19.063(\text{cm})$$

定子外径为设计目标值的电机结构如图 7－61 所示。

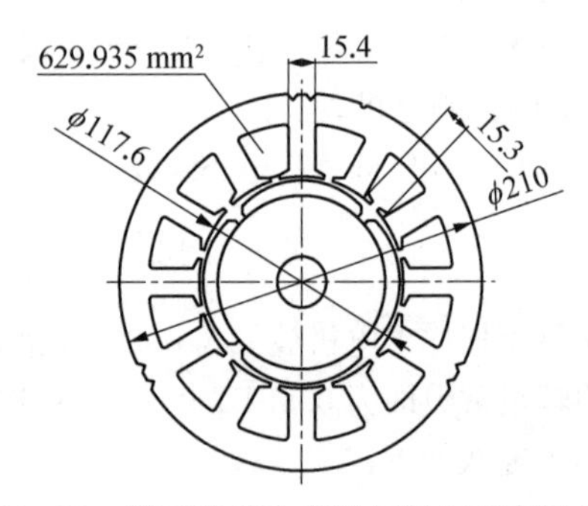

图 7－61　定子外径为设计目标值的电机结构

(5) 由 12 槽转换成 24 槽的齿宽为

$$b_{\mathrm{t}} = 1.54 \times \frac{12}{24} = 0.77(\text{cm})$$

(6) 转子磁钢相应改为 8 极，如图 7－62 所示。

至此，一个全新的 11 kW 大电机的冲片形状已经设计完成，因此用变形法设计无刷电机的定子冲片是非常方便的。

(7) 求取设计电机的磁通。

$$\Phi_{210} = K^2 \Phi_{75} = 3.653\,765^2 \times 0.004\,305 = 0.057\,47(\text{Wb})$$

(8) 求取电机的有效导体数。

$$N = \frac{2\pi K_{\mathrm{T}}}{\Phi} = \frac{2\pi \times 0.991\,7}{0.057\,47} = 108.4(\text{根})(\text{取 } 108 \text{ 根})$$

(9) 求取线圈匝数。

$$W = \left(\frac{N}{2} \times 3\right)/Z = \left(\frac{108}{2} \times 3\right)/24 = 6.75(\text{匝})(\text{取 } 7 \text{ 匝})$$

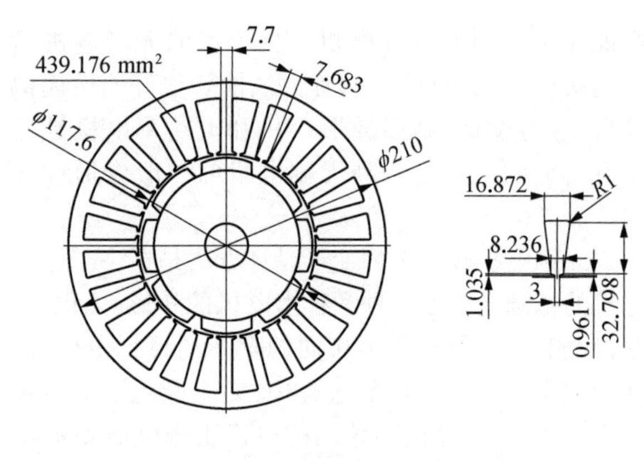

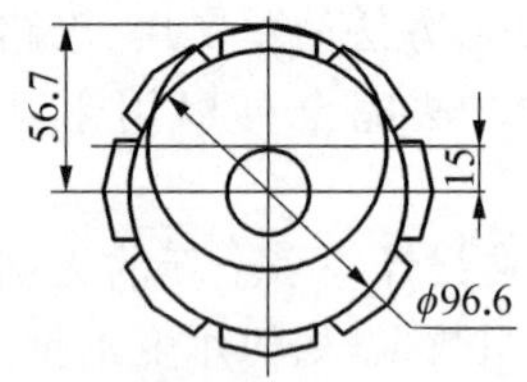

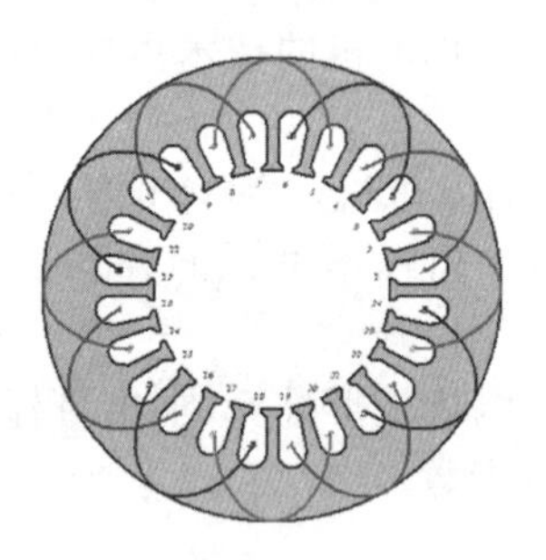

图 7－62　变形结束的目标电机结构

图 7－63 所示是 11 kW 大电机绕组。

图 7－63　11 kW 大电机绕组

(10) 每槽导体根数为 7 根，如果取 $K_{\mathrm{SF}} = 0.2$。

$$K_{\mathrm{SF}} = \frac{N_{\text{每槽}} q_{\mathrm{Cu}}}{A_{\mathrm{S}}}$$

(11) 一根导线截面为

$$q_{\mathrm{Cu}} = \frac{K_{\mathrm{SF}} A_{\mathrm{S}}}{N} = \frac{0.2 \times 439.176}{7} = 12.55(\text{mm}^2)$$

(12) 如果用 1.12 线，则导线截面为

$$q_{\mathrm{Cu1.12}} = \frac{\pi d^2}{4} = \frac{\pi \times 1.12^2}{4} = 0.985\,2(\text{mm}^2)$$

(13) 求并联导体数。

$$\frac{12.55}{0.985\,2} = 12.74(\text{根})$$

并联根数取 12 根。

(14) 电机电流密度最大为

$$j = \frac{I}{q_{\mathrm{Cu}}} = \frac{37.5}{12.55} = 2.988(\mathrm{A/mm^2})$$

(15) Maxwell 验算。

Rated Output Power (kW): 11

Rated Voltage (V): 318

Residual Flux Density (Tesla): 1.23

Stator-Teeth Flux Density (Tesla): 1.83846

Stator-Yoke Flux Density (Tesla): 1.48726

Average Input Current (A): 39.3081

Root-Mean-Square Armature Current (A): 31.2035

Armature Current Density (A/mm^2): 2.63935

Output Power (W): 10996.7

Input Power (W): 12500

Efficiency (%): 87.9734

Rated Speed (rpm): 2901.78

Rated Torque (N.m): 36.1883

(16) 机械特性曲线，如图 7-64 所示。

(17) 设计符合率。

$$\Delta_n = \left| \frac{2\,908.56 - 3\,000}{3\,000} \right| = 0.03$$

$$\Delta_{P_2} = \left| \frac{10.637\,6 - 11}{11} \right| = 0.032\,9$$

$$\Delta_I = \left| \frac{37.5 - 38.17}{38.17} \right| = 0.017\,5$$

(18) 磁力线分布，如图 7-65 所示。

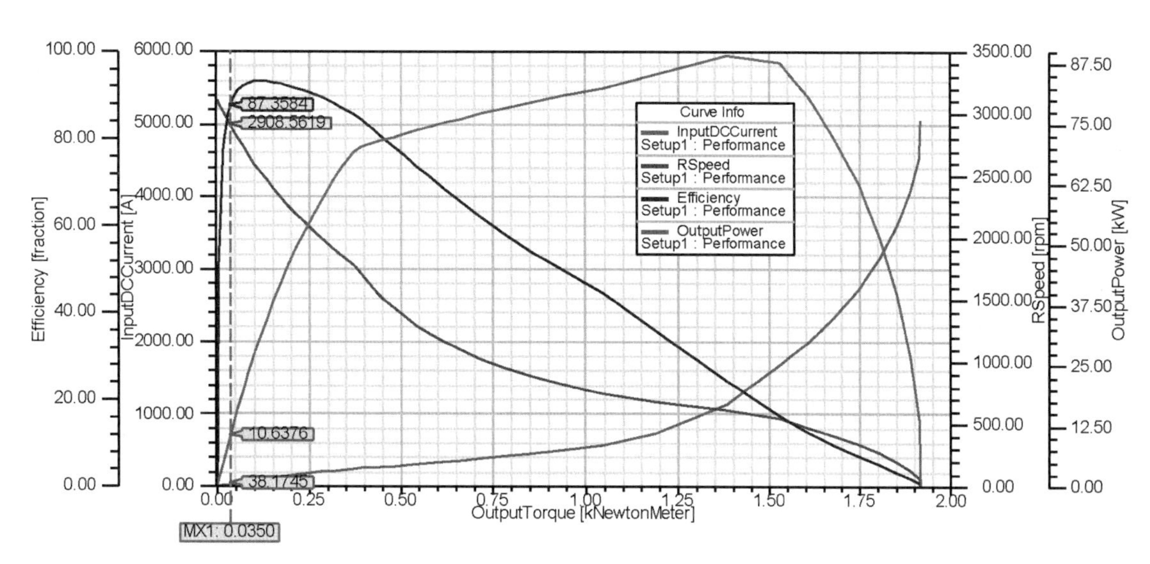

图 7-64　目标电机机械特性曲线

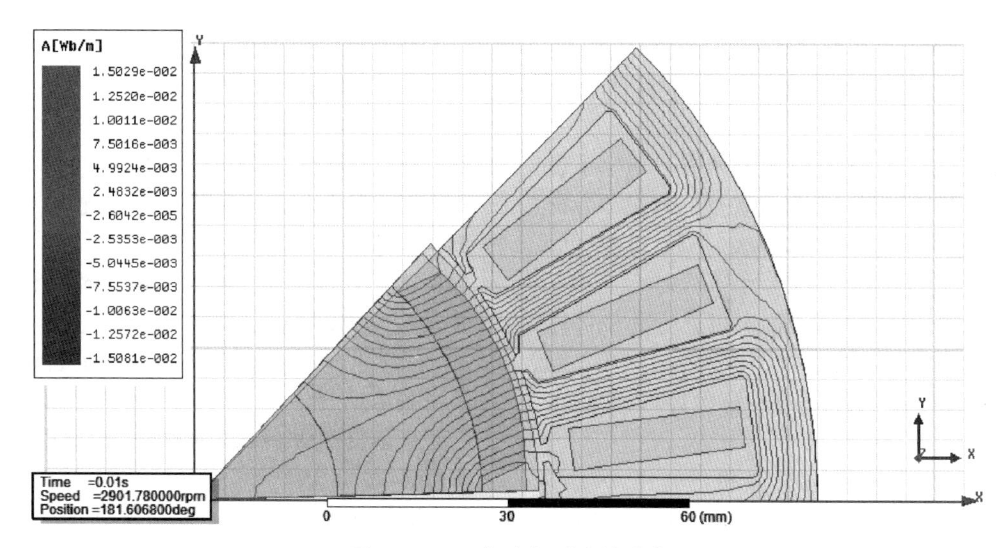

图 7-65　目标电机磁力线分布

以上作者用实用变形设计法把 250 W 无刷电机变形为冲片结构完全不一样的 11 kW 大功率无刷电机，方法简单、直观，设计符合率在 0.03 左右，这是非常好的设计符合率。

7.7.3 实用变形设计法的冲片设计

电机的主要尺寸中，冲片形状是关键。因为冲片的形状直接影响电机的工作磁通、槽利用率和电流密度。

在用实用变形法时，利用变形系数 K 使样本电机产生变形，变成一个符合技术要求的目标电机。这时目标电机的冲片形状、电机主要尺寸参数是符合电机设计技术要求的。

这时还可以对这个目标电机进行变形，只要遵循电机设计的基本原理就可以了。

性能不变的基本原理如下：

(1) 在公式 $\Phi = B_Z b_t ZLK_{FE} \times 10^{-4}$ 中，如果冲片材料和叠压系数不变，那么只要 $b_t ZL$ 的乘积不变，电机的工作磁通是不变的。因此就可以随意改变电机冲片的齿数 Z、齿宽 b_t 和电机的叠厚 L，而只要三者的乘积与目标电机相等就行，当然必须考虑电机齿数与转子极数的对应关系。

(2) 如果在变形中使电机 $B_Z b_t ZLK_{FE}$ 的乘积发生了改变，那么必须遵循目标电机的转矩常数 K_T 不变原则，即 $K_T \equiv N\Phi$，即变形电机 $N\Phi$ 乘积不变原则，这样目标电机的性能基本不变。

(3) 在电机变形中，必须对电机的槽利用率 K_{SF} 和电机电流密度 j 进行考核。

$$q_{Cu} = \frac{\pi d^2}{4}$$

$$K_{SF} = \frac{\left(\frac{3}{2}N\right) q_{Cu}}{ZA_S}$$

$$j = \frac{I}{q_{Cu}}$$

这样就能确保设计的冲片既满足 N 与 Φ 的乘积达到目标电机转矩常数的要求，又能满足电机 K_{SF} 和 j 的要求。

电机的变形方法可以非常灵活和多变，只要遵循以上几个电机基本原则和方法，那么电机的变形设计就容易掌握。

7.7.4 实用变形设计法的设计小结

无刷电机的实用变形设计法是一种电机实用推算设计方法。这种方法可以根据样本电机推算出与原电机形状和性能完全不同的目标电机，而在变形过程中，完全避免了电机设计中最困难、计算最不精确的电机工作磁通 Φ 的绝对计算。这种电机变形设计的方法直观、简单、灵活、设计符合率好，便于电机设计工作者对无刷电机的结构、主要尺寸数据的快速确定。实用变形设计法对电机的外形尺寸和冲片设计、计算是非常方便的，这种方法同样可以用于其他电机的设计中。

7.8 无刷电机的 Maxwell 分步目标设计

Maxwell RMxprt 不仅可以对电机进行核算，也可以对电机进行分步目标设计，设计目标明确，设计过程简捷。

目标设计就是对电机的一些技术参数指定了设计最终值，在设计过程中，是以这些目标为设计考核值，如果设计达到了这些目标，那么这个电机的目标设计就完成了。

用 Maxwell RMxprt 对无刷电机进行分步目标设计要有一定的设计顺序、方法和技巧。为了介绍 Maxwell RMxprt 无刷电机分步目标设计，下面对实例进行介绍。

设计一个汽车无刷电机风机：电压 24 V，3 600 r/min、$P_2 = 170$ W、定子外径 99 mm、内径 60 mm 左右、叠长 L 不大于 20 mm、电流小于 10 A。

(1) 确定无刷电机的选定值：电机工作电压 24 V(DC)、电机内转子、定子外径 99 mm、定子内径 58 mm、12 槽 8 极、磁钢 38SH，$B_r = 1.23$ T、叠压系数 0.95、绕组用三角形接法。

(2) 无刷电机的目标值：电机输出功率 170 W、电机转速 3 600 r/min、槽满率为 0.5、齿磁通密度目标值 1.8 T、轭磁通密度为 1 T、电流密度 5 A/mm^2、叠长不大于 20 mm、电流小于 10 A。

(3) 求取值为电机的线径 d、匝数和电机的定、转子长 L。

下面介绍 Maxwell RMxprt 无刷电机目标值的求取。

1) 求取无刷电机冲片初始尺寸　先设计气隙齿宽等于气隙槽宽，正确齿宽可以在计算电机后进行调整。

$$b_t = S_t = \frac{\pi D_i}{2Z} = \frac{\pi \times 58}{2 \times 12} = 7.59(\text{mm})$$

使轭宽是齿宽的2/3，确定定子槽形，如图7-66所示。

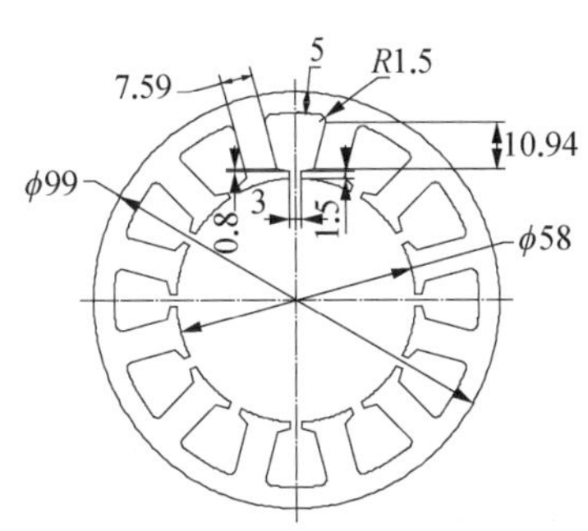

图7-66　无刷电机冲片初始图

2）进入 Maxwell RMxprt 无刷电机计算　在 Maxwell setup 1 栏输入电机性能要求：选定电机工作电压 24 V DC，电机转速 3 600 r/min，电机额定输出功率为 170 W，这里要选择 Const Power，Type of Circuit L3（三角形接法）。

在 Maxwell machine 栏中输入电机内部参数：选定电机是 8 极，内转子，风摩损耗各 9 W，参考转速 3 600 r/min。

在 Maxwell Sstator 栏中输入设定电机定子外径 99 mm，内径 58 mm，初定长为 13 mm，叠压系数为 0.95，冲片为 DW310-35，定子为 12 槽，确定槽型号为 4，斜槽数为 0。

在 Maxwell Slot 栏中输入定子槽形数据，如图7-67所示。

在 Maxwell Winding 栏中输入电机绕组数据，如图7-68所示。要让 Maxwell RMxprt 自动求出电机的绕组线径 d 和槽内导体根数 N_1（当然无刷电机的槽满率、电流密度、电机的磁通密度肯定不是目标参数值），设置这两项为 0。

在 Maxwell Rotor 栏中输入电机转子参数：转子外径 56.4 mm，内径为 12 mm，转子长为 13 mm，转子叠压系数为 0.95，冲片为 DW310-35，气隙为 0.8，该转子磁钢外用 0.28 mm 的不锈钢套，所以气隙长为 0.5 mm，对于生产步进电机的厂家来说，该气隙的工艺性是很好的。Pole Type 选 2。

在 Maxwell Pole 栏中输入电机磁钢参数：磁钢极弧系数为 0.85，设定磁钢圆偏心为 14，磁钢材料为 NdFe35（$B_r = 1.23$ T），磁钢厚度设置为 3。

这样电机的结构参数已经设置完成。

图7-69是无刷电机的结构图，图7-70是无刷电机绕组图。

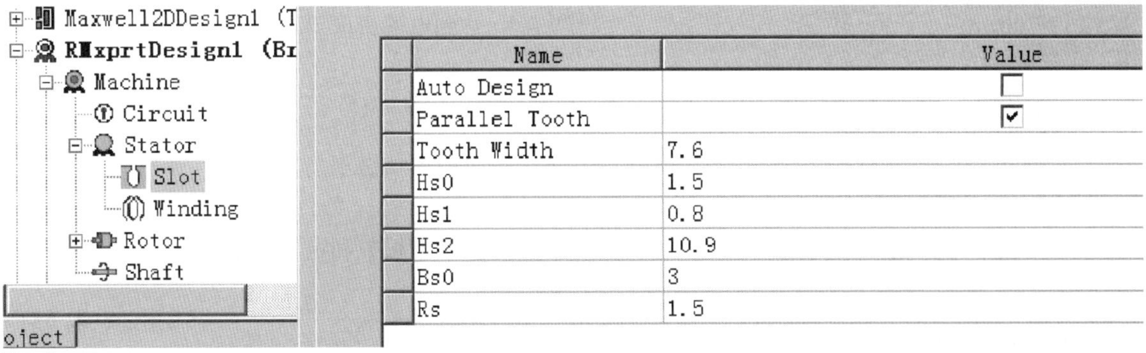

Maxwell2DDesign1 (T
RMxprtDesign1 (Br
Machine
Circuit
Stator
Slot
Winding
Rotor
Shaft
oject

Name	Value
Auto Design	☐
Parallel Tooth	☑
Tooth Width	7.6
Hs0	1.5
Hs1	0.8
Hs2	10.9
Bs0	3
Rs	1.5

图7-67　输入电机槽形尺寸

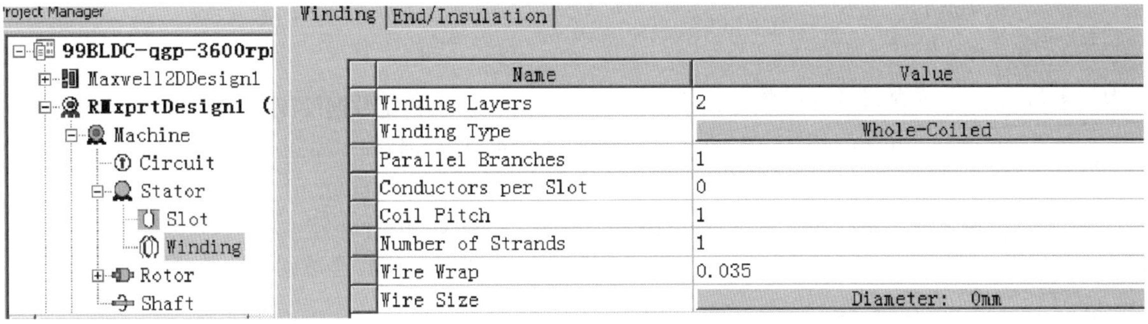

roject Manager
99BLDC-qgp-3600rp
Maxwell2DDesign1
RMxprtDesign1 (
Machine
Circuit
Stator
Slot
Winding
Rotor
Shaft

Winding | End/Insulation

Name	Value
Winding Layers	2
Winding Type	Whole-Coiled
Parallel Branches	1
Conductors per Slot	0
Coil Pitch	1
Number of Strands	1
Wire Wrap	0.035
Wire Size	Diameter: 0mm

图7-68　输入电机绕组参数

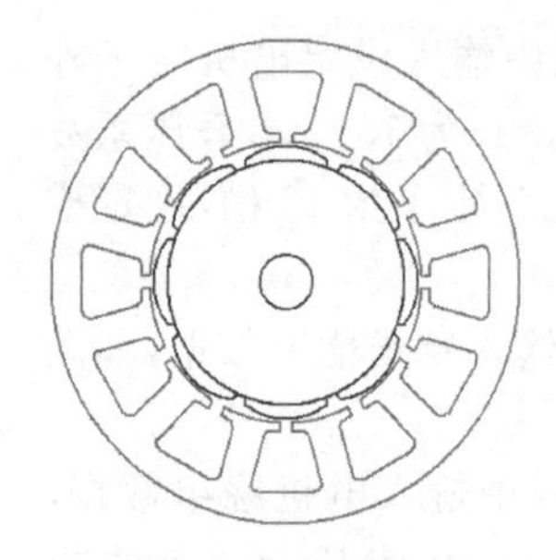

图 7 - 69 电机结构

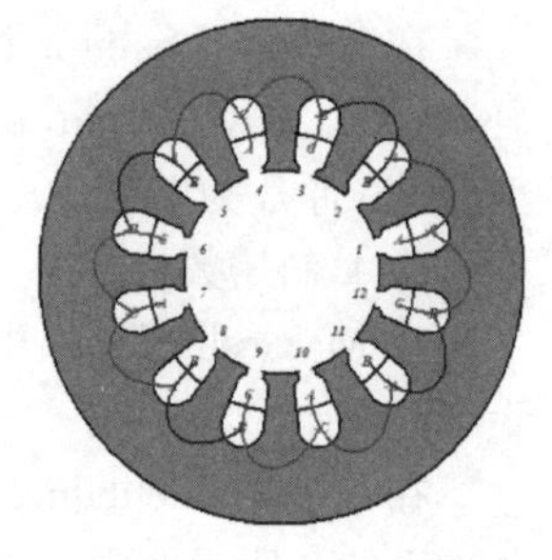

图 7 - 70 电机绕组

至此，就可以用 Maxwell RMxprt 对汽车无刷电机进行计算了，电机齿、轭磁通密度计算结果如下：

NO-LOAD MAGNETIC DATA

Stator-Teeth Flux Density (Tesla)：1.62357

Stator-Yoke Flux Density (Tesla)：1.11984

$$调整齿宽\ b_t = 7.6 \times \frac{1.623\ 57}{1.8} = 6.855(\mathrm{mm})$$

$$调整轭宽\ h_j = 5 \times \frac{1.119\ 84}{1} = 5.6(\mathrm{mm})$$

因此槽高要变成 10.9－(5.6－5)＝10.3(mm)。

输入电机新的齿宽和轭宽(图 7 - 71)，进行计算。

Name	
Auto De...	
Paralle...	
Tooth W...	6.827
Hs0	1.5
Hs1	0.8
Hs2	10.33
Bs0	3
Rs	1.5

图 7 - 71 槽形尺寸数据

计算结果，磁通密度与目标值相差很小：

NO-LOAD MAGNETIC DATA

Stator-Teeth Flux Density (Tesla)：1.76949

Stator-Yoke Flux Density (Tesla)：1.00512

$$\Delta_{B_z} = \left| \frac{1.769\ 49 - 1.8}{1.8} \right| = 0.016\ 95$$

为了更精确一些，齿宽再进行调整

$$b_t = 6.827 \times \frac{1.769\ 49}{1.8} = 6.71(\mathrm{mm})$$

计算结果，磁通密度达到设计要求，与目标值非常接近：

Stator-Teeth Flux Density (Tesla)：1.7956

Stator-Yoke Flux Density (Tesla)：0.998382

$$\Delta_{B_z} = \left| \frac{1.795\ 6 - 1.8}{1.8} \right| = 0.002\ 44$$

$$\Delta_{B_j} = \left| \frac{0.998\ 382 - 1}{1} \right| = 0.001\ 618$$

电流密度设定值为 5 A/mm^2，计算值为：

Armature Current Density (A/mm^2)：3.33188

绕组计算数据如下：

Number of Parallel Branches：1

Number of Conductors per Slot：54

Type of Coils：21

Average Coil Pitch：1

Number of Wires per Conductor：1

Wire Diameter (mm)：1.25

调整绕组导线直径

$$d = 1.25 \times \sqrt{\frac{3.331\ 88}{5}} = 1.02(\mathrm{mm})$$

输入程序，进行计算：

FULL-LOAD DATA

Average Input Current (A)：8.76015

Root-Mean-Square Armature Current (A)：4.15594

Armature Thermal Load (A^2/mm^3)：75.1702

Specific Electric Loading (A/mm)：14.7797

Armature Current Density (A/mm^2)：5.08603

达到电流密度要求

$$\Delta_j = \left| \frac{5.086\ 03 - 5}{5} \right| = 0.017$$

这时的槽满率为：

Stator Slot Fill Factor (%)：43.9504

调整槽根数和定子长度

$$N_1 = 54 \times \frac{0.5}{0.439\ 504} = 61.432\ 8(取\ 62)$$

重新计算：

Stator Slot Fill Factor (%)：50.4615

$$\Delta_{K_{SF}} = \left| \frac{50.461\ 5 - 50}{50} \right| = 0.009\ 23$$

这时，额定数据仅转速达 2 929.51 r/min，与 3 600 r/min 还有偏差：

Rated Speed (rpm)：2908.01

Rated Torque (N.m)：0.558328

调整 L 使转速达到目标值，有

$$L = 13 \times \frac{2\ 908.01}{3\ 600} = 10.5(\mathrm{mm})$$

使定子和转子长为 10.5 m，代入计算：

Rated Speed (rpm): 3593.35
Rated Torque (N.m): 0.451825

$$\Delta_n = \left| \frac{3\,593.35 - 3\,600}{3\,600} \right| = 0.001\,84$$

因电流密度略有变化，有：
Armature Current Density (A/mm^2): 5.19755
再调整一下线径，即

$$d = 1.02 \times \sqrt{\frac{5.197\,55}{5}} = 1.04(\text{mm})(取\ d = 1.04\ \text{mm})$$

代入 Maxwell 计算，发现槽利用率比目标值略大：
Stator Slot Fill Factor (%): 52.3929

$$\Delta_{K_{SF}} = \left| \frac{52.392\,9 - 50}{50} \right| = 0.047\,86$$

调整匝数

$$N = 62 \times \frac{50}{52.392\,9} = 59.168(取\ N = 60)$$

从而调整 L，使电机性能不变

$$L = 10.5 \times \frac{52.392\,9}{50} = 11(取\ L = 11\ \text{mm})$$

进行 Maxwell 计算(摘录)：

BRUSHLESS PERMANENT MAGNET DC MOTOR DESIGN

GENERAL DATA

Rated Output Power (kW): 0.17
Rated Voltage (V): 24
Number of Poles: 8
Given Rated Speed (rpm): 3600
Frictional Loss (W): 18
Windage Loss (W): 0
Rotor Position: Inner
Type of Load: Constant Power
Type of Circuit: L3

STATOR DATA

Number of Stator Slots: 12
Outer Diameter of Stator (mm): 99
Inner Diameter of Stator (mm): 58
Type of Stator Slot: 4
Stator Slot
hs0 (mm): 1.5
hs1 (mm): 0.8
hs2 (mm): 10.3
bs0 (mm): 3
bs1 (mm): 9.80611
bs2 (mm): 15.3259
rs (mm): 1.5
Top Tooth Width (mm): 6.71
Bottom Tooth Width (mm): 6.71
Skew Width (Number of Slots)0
Length of Stator Core (mm): 11
Stacking Factor of Stator Core: 0.95
Type of Steel: DW465_50
Slot Insulation Thickness (mm): 0.25
Layer Insulation Thickness (mm): 0.25
End Length Adjustment (mm): 0
Number of Parallel Branches: 1
Number of Conductors per Slot: 60
Type of Coils: 21
Average Coil Pitch: 1
Number of Wires per Conductor: 1
Wire Diameter (mm): 1.04
Wire Wrap Thickness (mm): 0.035
Slot Area (mm^2): 163.523
Net Slot Area (mm^2): 136.753
Limited Slot Fill Factor (%): 75
Stator Slot Fill Factor (%): 50.7028

$$\Delta_{K_{SF}} = \left| \frac{50.702\,8 - 50}{50} \right| = 0.014\,06$$

Coil Half-Turn Length (mm): 32.9332

ROTOR DATA

Minimum Air Gap (mm): 0.8
Inner Diameter (mm): 12
Length of Rotor (mm): 11
Stacking Factor of Iron Core: 0.95
Type of Steel: DW465_50
Polar Arc Radius (mm): 14.2
Mechanical Pole Embrace: 0.85
Electrical Pole Embrace: 0.681882
Max. Thickness of Magnet (mm): 3
Width of Magnet (mm): 17.4732
Type of Magnet: NdFe35
Type of Rotor: 2
Magnetic Shaft: Yes
Residual Flux Density (Tesla): 1.23

NO-LOAD MAGNETIC DATA

Stator-Teeth Flux Density (Tesla): 1.8008

$$\Delta_{B_Z} = \left| \frac{1.8008 - 1.8}{1.8} \right| = 0.00044$$

Stator-Yoke Flux Density (Tesla): 1.00127

$$\Delta_{B_J} = \left| \frac{1.00127 - 1}{1} \right| = 0.00127$$

No-Load Speed (rpm): 3996.06

Cogging Torque (N.m): 0.0445983

FULL-LOAD DATA

Average Input Current (A): 8.76194

Root-Mean-Square Armature Current (A): 4.21717

Armature Thermal Load (A^2/mm^3): 82.7256

Specific Electric Loading (A/mm): 16.6639

Armature Current Density (A/mm^2): 4.96437

$$\Delta_j = \left| \frac{4.96437 - 5}{5} \right| = 0.007126$$

Output Power (W): 170.037

$$\Delta_{P_2} = \left| \frac{170.037 - 170}{170} \right| = 0.002176$$

Input Power (W): 210.287

Efficiency (%): 80.8597

Rated Speed (rpm): 3568.6

$$\Delta n_N = \left| \frac{3568.6 - 3600}{3600} \right| = 0.00872$$

Rated Torque (N.m): 0.455006

Locked-Rotor Torque (N.m): 7.38717

Locked-Rotor Current (A): 177.972

图 7-72 是电机机械特性曲线。

从上面的计算可以看出，运用本书介绍的分步目标设计的实用方法，用 Maxwell RMxprt 对无刷电机进行分步目标设计是非常方便、简捷和准确的。整个计算的各种目标值都达到了很好的预期要求，设计符合率是非常高的，适合有 Maxwell 软件的电机生产厂家进行快速无刷电机设计。

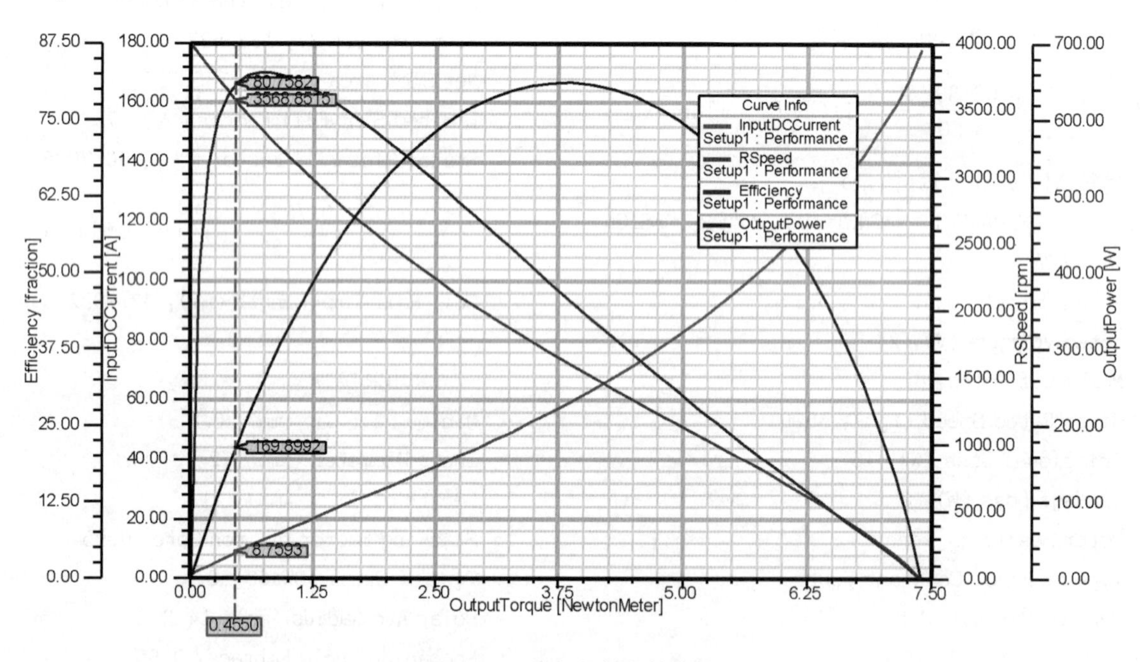

图 7-72 电机机械特性曲线

第 8 章　电动车无刷电机实用设计

电动车无刷电机是无刷电机中的一大门类，使用面广，生产量大，要研究无刷电机的设计就有必要研究电动车无刷电机。电动车有区别于其他电动器械的特点，其最大特点是电动车的动力性能。电动车的动力性能与电动车电机密切相关，要设计好一个电动车电机，必须对电动车的动力性能有一定的了解。

电动车包括电动自行车、电动摩托车和电动汽车等，有一大批研究电动车和电动车电机的技术人员，但是关于电动车电机设计方面的书籍不多，技术人员对电动车电机的设计要求有很大的迫切感。

电动车电机设计内容非常多，技术专业性比较强，可以专门写电动车电机设计与制造，但是电动车无刷电机的基础理论和基本设计方法与无刷电机类同，因此归入无刷电机实用设计一书为好。因为内容比较多，介绍电动车电机设计就只能按电动自行车、电动摩托车、微型电动车、微型电动汽车分别介绍，这样介绍设计条理就比较清楚，读者容易理解。

本章介绍了电动车的动力性能和动力性的计算以及电动车电机的各种实用设计方法，并用 Maxwell 软件对同款电机进行设计验证，证明实用设计法对电动车无刷电机设计的符合率，同时也说明 Maxwell 软件对无刷电机计算的可靠性和准确性，体现出 Maxwell 强大的电机设计计算功能。

在介绍各种电动车电机设计时，基本包括了市场上电动车的类型，这些都是实例，通过阅读本章，可以对电动自行车、电动摩托车、电动微型车的设计有一个大致的了解，可以说用实用设计法设计这些电动车电机比较容易，设计符合率好，不会存在大的设计障碍。

8.1　电动车的动力性能

车子都要由动力驱动，电动车就是由电机替代了燃油发动机拖动的车子。电动车的动力性能就是受电机动力支配的行驶性能。电动自行车、电动三轮车等电动车都要考虑其动力性能。

一辆车子的动力性代表了车子的工作效能。特别是电动车，更要注重车子的动力性能，车用电池容量是有限的，电池的输出功率（电池的伏安时）是不可能无限大的，为了把电动车的动力性能和电池配合得更好，就必须考虑电动车的动力性能。

判别电动车动力性能的重要标志有：① 在平路上匀速运行时的最大车速；② 在斜坡上匀速运行时的最大车速；③ 电动车的动力加速性能。下面分析电动车在不同运行状态的动力性能。

8.1.1　在平路上匀速运行时的车况

电动车在平路上运行，如果没有摩擦且在真空状态下，只要有一个初始速度，电动车就会按该速度一直匀速运行。但是由于摩擦阻力和风的阻力，要克服这些阻力使电动车匀速运行电动车就必须做功，即电动车电机输出的功率 P 大小为

$$P = Fv \quad (\mathrm{W}) \tag{8-1}$$

式中　F——电动车克服阻力的牵引力(N)；

v——电动车车速(m/s)。

公式中 F 是电机提供的，如果车轮半径为 R，那么电动车的转矩 T_C 为

$$T_C = FR(\mathrm{N \cdot m}) \tag{8-2}$$

设电动车的减速比为 1∶K，那么电动车电机的转速为

$$n = \frac{(v \times 60)K}{2\pi R} \tag{8-3}$$

何雪荣、何龙真、虞南屏参加了本章的编写。

电机转矩为

$$T = \frac{T_C}{K} \tag{8-4}$$

所以 $$P = Fv = \frac{T_C}{R} \frac{n \times 2\pi R}{60 \times K}$$

$$= \frac{TKn \times 2\pi}{60K} = \frac{Tn}{9.5493} \tag{8-5}$$

式(8-5)就是电机的输出功率计算公式。

忽略电动车的风阻和机械损耗，电动车的牵引力和电动车车速的乘积就是电动车电机的输出功率。电动车的牵引力为

$$F = Wf_a \tag{8-6}$$

式中 f_a——滚动阻尼。

滚动阻尼 f_a 是一个与路面状况和电动车车速有关的恒值，如果是电动自行车，设其车和人总重为 115 kg(约 1 128 N)，$f_a = 0.01155$，电动自行车的车速为 20 km/h，那么其牵引力为

$$F = Wf_a = 1128 \times 0.01155 = 13.028(\text{N})$$

电动车的牵引功率为

$$P = Fv = 13.028 \times \frac{20 \times 1000}{60 \times 60} = 72.38(\text{W})$$

这个牵引力 F 是恒定的，不管电动车的车速如何，只要它在平路运行，滚动阻尼恒定，那么它的牵引力也是恒定的。

电动车的车轮半径 R 是不变的，电动车在平路运行的转矩 $T_C = FR$ 是恒定的，因此电动车电机的输出转矩 T 也是恒定的。如果是电动自行车，其轮径是 16 in 即半径为 0.2 m，那么电动车在平路的转矩为

$$T_C = FR = 13.028 \times 0.2 = 2.6(\text{N} \cdot \text{m})$$

所以电动车在平路运行是一种恒转矩运行的工作状态。当然，电动车在平路运行时可快可慢，那么电机输出功率也随之变化。

图 8-1 所示是电动车在平路上的恒转矩运行曲线。

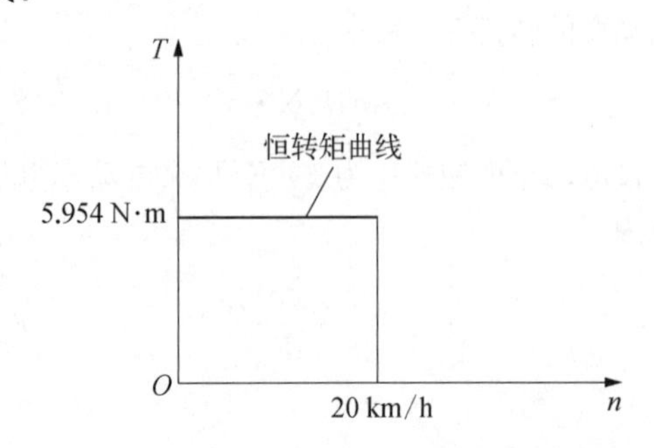

图 8-1 电动车在平路上的恒转矩运行曲线

在平路上，电动车的速度越快，其风阻越大；迎风面积越大，相应的风阻越大。特别是高速的电动车或体积大的电动汽车，不得不考虑车子的迎风阻力，这样电动车在平路运行就不是恒转矩运行模式了，其运行曲线如图 8-2 所示。

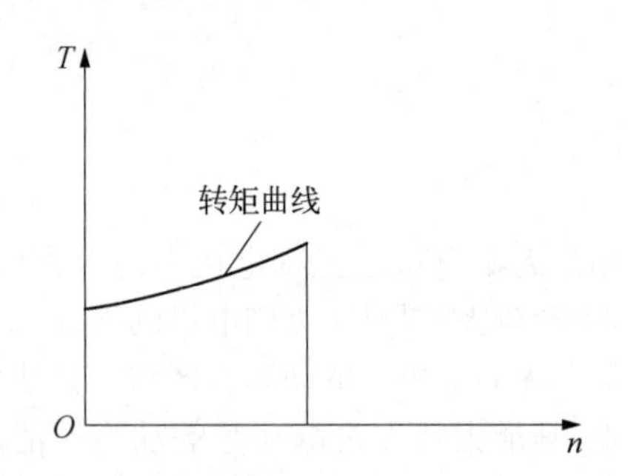

图 8-2 电动车在平路上有风阻时运行曲线

8.1.2 在斜坡上匀速运行时的车况

研究电动车在上坡时的运行状态，这时电动车要比平路上运行花费多数倍的能量。图 8-3 所示是电动车在坡上的受力分解。

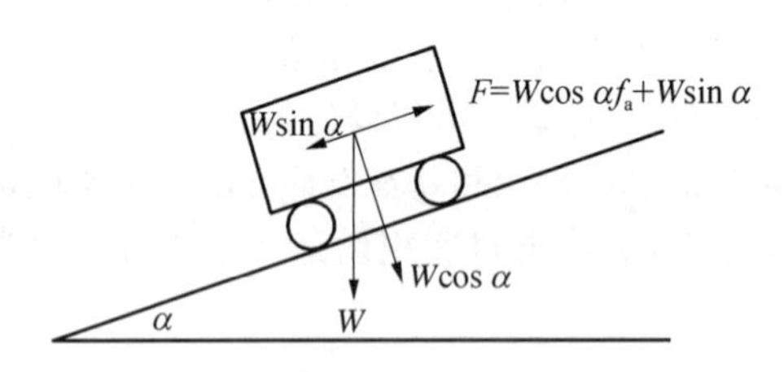

图 8-3 电动车在坡上受力分解

电动车在上坡时匀速运行所需要输出的功率也是 $P = Fv$，只是这时的 F 是由两个力组成的合力。

(1) 平行斜坡面的下滑力。

$$F_1 = W\sin\alpha \tag{8-7}$$

(2) 由对斜坡面的正压力 $W\cos\alpha$ 与电动车的滚动阻尼 f_a 产生的滚动摩擦力。

$$F_2 = W\cos\alpha f_a \tag{8-8}$$

(3) 其合力为

$$F = F_1 + F_2 = W\sin\alpha + W\cos\alpha f_a \tag{8-9}$$

这个力 F 大于电动车在平路运行时所需要克服的力。

如果坡度为 5%(即 2.86°)，用上面平路时的电动车，车重 1 128 N，滚动阻尼为 0.026 4，则

$$F = F_1 + F_2 = W\sin\alpha + W\cos\alpha f_a$$
$$= 1128 \times \sin 2.86° + 1128 \times \cos 2.86° \times 0.0264$$
$$= 56.28 + 29.74 = 86.02(\text{N})$$

从上面的计算可知,因为坡度不大,斜坡的滚动摩擦力与平路相差不大,但是平行坡面的下滑力就比较大,造成整个电机牵引力的增大。

平路只要 29.78 N(1 128 N×0.026 4),爬坡就需要 86.02 N,如果在坡面仍按 20 km/h 运行,那么电动车输出功率就要比平路大 1.88 倍。电动车在爬坡时的恒转矩运行曲线如图 8－4 所示。

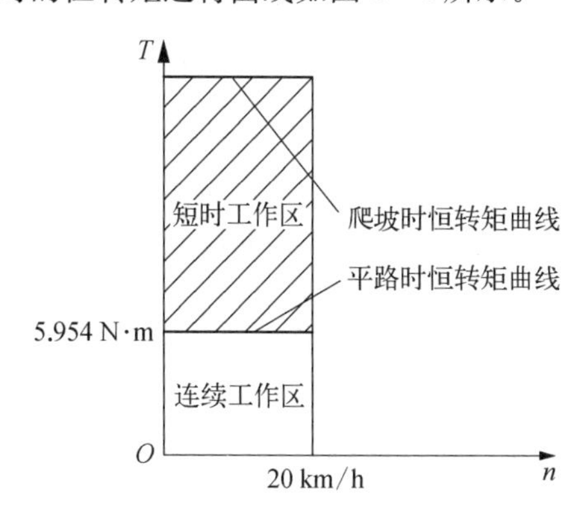

图 8－4　电动车在爬坡时的恒转矩运行曲线

如果确定电动车平路上运行速度为 20 km/h,车重 1 128 N 是电机的额定点,那么该车在爬坡时的输出功率会远远大于在平路上的输出功率。这样负荷加重了,电机的电流就会增加,导线的电流密度就会大大增大,这样的状态电机不可能长期工作,因此这种爬坡状态只能是短时工作状态。在爬坡时绝对不会要求电动车的速度和平路时速度一样,总是要比平路时速度低,如图 8－5 所示,这样使电动车输出转矩加大而转速减小,使整个电机的输出功率增加不是很大。

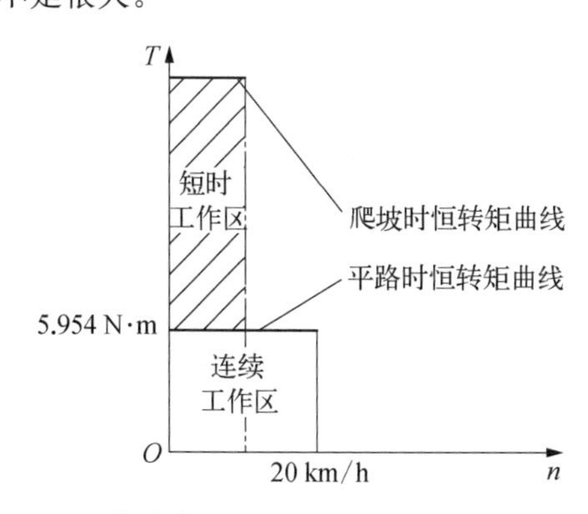

图 8－5　电动车在爬坡时的恒转矩运行的工作区

在爬坡时,电动车的车速比平路时低,因此风阻也比平路时小,这样更显示出电动车的恒转矩特性。

8.1.3　电动车的动力加速性能

在平路上,电动车的动力加速性能是指电动车的车速从起始速度 v_1 增加到终止速度 v_2 所需要的时间 t。用能量守恒定律可以简单地算出来。

$$W = W_2 - W_1 = \frac{mv_2^2}{2} - \frac{mv_1^2}{2} = \frac{m}{2}(v_2^2 - v_1^2) \tag{8-10}$$

在 t 时间内如果不考虑阻力损耗,全部转换成了动能 $\frac{m}{2}(v_2^2 - v_1^2)$。

$P = \frac{W}{t}$,整理,得

$$P = \frac{m(v_2^2 - v_1^2)}{2t} \tag{8-11}$$

式中　m——电动车的质量(kg);
v_1——电动车的初速度(m/s);
v_2——电动车的末速度(m/s);
t——电动车加速的时间(s);
P——电动车加速所需要的功率(W)。

例如:一电动车重 2.1 t,要求在 10 s 内速度从 3 m/s 增加到 14 m/s,求电动车所需功率。

电动车加速需要的平均功率为

$$P = \frac{m(v_2^2 - v_1^2)}{2t} = \frac{2.1 \times 1\,000 \times (14^2 - 3^2)}{2 \times 10}$$
$$= 19\,635(\text{W}) = 19.635(\text{kW})$$

上式中的 P 是在 $t_1 \sim t_2$ 时间段的平均功率,在电动车加速时,其间隔时间的瞬时功率是递增的,最高速度时的瞬时功率远远大于平均功率。

在整个电动车加速过程中,应该认为其加速度是一个恒值。

$$a = \frac{v_2 - v_1}{t} \tag{8-12}$$

按上例数据计算,则

$$a = \frac{v_2 - v_1}{t} = \frac{14 - 3}{10} = 1.1(\text{m/s}^2)$$

电机在 9.9 s 的速度

$$v_t = v_0 + at = 3 + 1.1 \times 9.9 = 13.89(\text{m/s})$$

9.9～10 s 的 0.1 s 内的输出功率为

$$P = \frac{m(v_2^2 - v_1^2)}{2t} = \frac{2.1 \times 1\,000 \times (14^2 - 13.89^2)}{2 \times 0.1}$$
$$= 32\,212.95(\text{W}) = 32.21(\text{kW})$$

要求加速到 14 m/s 时电动车需要的瞬时功率,推导如下

$$P=\frac{m(v_2^2-v_1^2)}{2t}=\frac{m}{2t}[v_2^2-(v_2-at)^2]$$
$$=\frac{m}{2t}(2v_2at-a^2t^2)=\frac{m}{2}(2av_2-a^2t)$$

当 $t\to 0$ 时，$P=mav_2$，该瞬时功率即为 $P=Fv_2$。

电动车加速到 14 m/s 时的最大功率为

$$P=mav_2=2.1\times 1\,000\times 1.1\times 14$$
$$=32\,340(\mathrm{W})=32.34(\mathrm{kW})$$

这是电动车在加速到 14 m/s 时电机需要输出的最大功率，这远比 19.635 kW 的平均功率大。这还没有考虑电动车在平路上加速时的滚动阻力和风阻。

在没有齿轮变速的电动车中，电动车是恒转矩运行的，即电动车在加速时的加速力 F 是恒值，在一种运行状态中。

可以用另一个方法来分析电动车的动力加速性能。

$$P=Fv=\frac{FS}{t} \tag{8-13}$$

$$S=v_0t+\frac{1}{2}at^2 \tag{8-14}$$

$$v_t=v_0+at \tag{8-15}$$

$$P=Fv=\frac{FS}{t}=\frac{F\left(v_0t+\frac{1}{2}at^2\right)}{t}$$
$$=F\left(v_0+\frac{1}{2}at\right)=F\left[\frac{1}{2}v_0+\frac{1}{2}(v_0+at)\right]$$
$$=F\left(\frac{1}{2}v_0+\frac{1}{2}v_t\right)=F\frac{v_0+v_t}{2} \tag{8-16}$$

仍以上例进行计算，有

$$F=ma=2.1\times 1\,000\times 1.1=2\,310(\mathrm{N})$$
$$P=F\frac{v_0+v_t}{2}=\frac{2\,310\times(3+14)}{2}$$
$$=19\,635(\mathrm{W})=19.635(\mathrm{kW})$$

实际上，这两个公式可以相互转换，即

$$P=\frac{\frac{1}{2}m(v_t^2-v_0^2)}{t}=\frac{\frac{1}{2}m(v_t+v_0)(v_t-v_0)}{t}$$
$$=\frac{\frac{1}{2}m(v_t+v_0)(at)}{t}=\frac{1}{2}ma(v_0+v_t)$$
$$=\frac{1}{2}F(v_0+v_t)\ (\text{其中 } v_t=v_0+at,\ F=ma)$$

这里的 P 也是平均加速功率。

物体要做加速运动首先要克服物体运动的阻力，这个阻力包括物体运动时的滚动摩擦力、风阻力、物体在斜坡上的重力沿斜坡上的分力等，因此物体在加速时不仅要做功，还要包括克服以上阻力所做的功。

因为电动车在加速时 $F=ma$，其中 m 是恒值，在匀加速运动中，$a=\frac{v_2-v_1}{t}$ 也是恒量，车轮半径 R 也是恒量，因此电动车在匀加速运行时输出的转矩也是恒量。所以电动车在匀加速运行时也处于恒转矩工作状态。电动车输出的最大转矩应该是爬坡时进行加速运动的峰值转矩。

为了减小电动车电机的最大输出功率，电动车在爬坡时的车速会比平路时小。

电动车爬坡并加速运行，其做的功比平路运行时要大得多，如果要长时间这样运行，电动车电机功率就要做得非常大，一般设计电动车电机控制在峰值转矩短时工作，不使电机损坏或引起电机性能不可恢复。图 8-6 所示是电动车爬坡时进行匀加速运行的曲线图，但电动车电机需要更大的输出功率。可以看出其输出功率面积比图 8-5 的面积大得多。

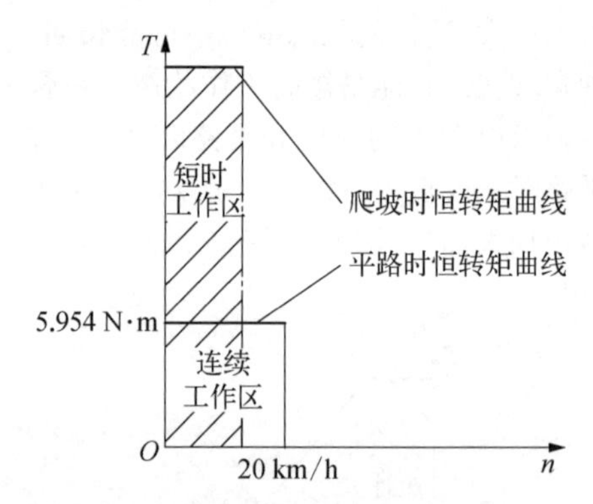

图 8-6　电动车在匀加速时的恒转矩运行的工作状况

8.1.4　电动车的恒功率性能

电动车的功率 $P=\frac{nT}{9.549\,3}$，n 为电动车的车轮转速；T 为电动车车轮所受的转矩。所谓恒功率，就是在电动车的输出功率不变的情况下，减小转矩增加转速或增加转矩减低转速，但是 n 和 T 的乘积是恒值，电动车的 $n-T$ 等功率曲线如图 8-7 所示。

假设电动车无刷电机在固定的电压下工作，这里有四条曲线：$T-n$、$T-I$、$T-P_2$、$T-\eta$，它们是转矩 T 的函数。随 T 的大小变化而变化，如图 8-8 所示。简化一下该机械特性曲线图，如图 8-9 所示。

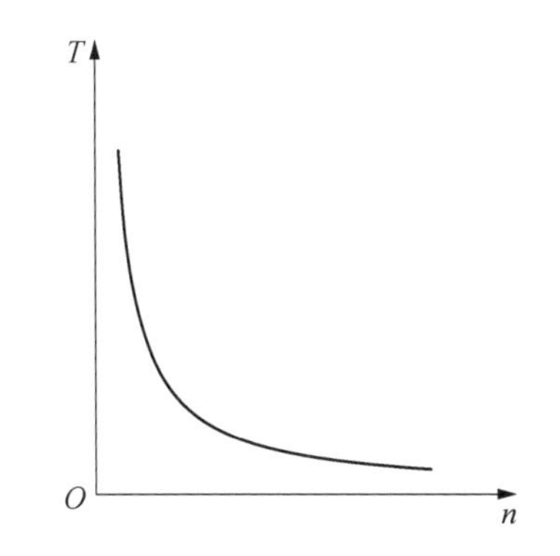

图 8-7　电动车的 $n-T$ 等功率曲线

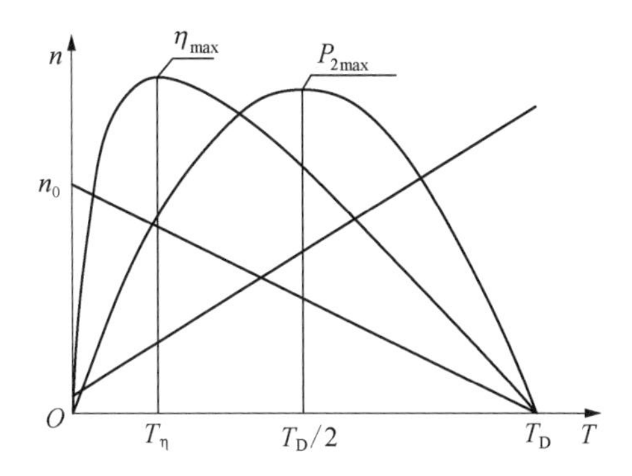

图 8-8　电动车无刷电机的机械特性曲线

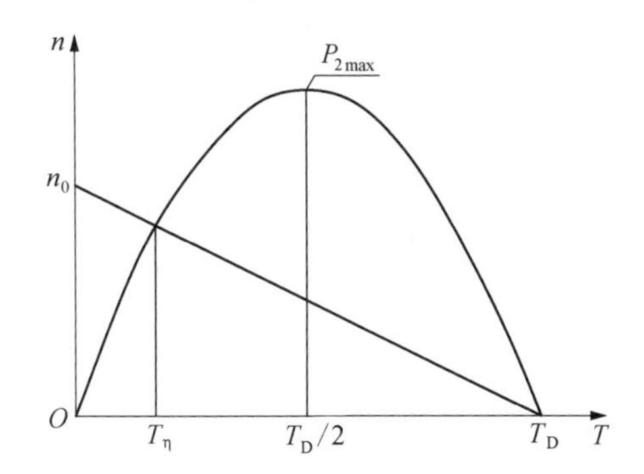

图 8-9　电动车无刷电机的转速和输出功率曲线

可以看到，横坐标变量是转矩 T，纵坐标自变量为转速 n、输出功率 P_2。随着转矩 T 的增加，电机的转速 n 会相应降低，它们的乘积不是一条等功率线，而是一条抛物线。如果不用 PWM 技术或齿轮变速技术，电动车电机的电压不变，那么电动车电机不可能实现恒功率输出。

如果电动车的额定点在用额定电压（电池标准电压），车速确定为平路时最高时速的情况下，该电机机械特性是唯一的。因为车总重确定后，平路时的转矩就确定了，这是恒转矩工作状态。那么转速也就确定了，也就不可能在平路上实现降低转矩提高转速，或增大转矩降低转速的情况。

要实现恒功率输出就是要把该机械特性 $T-n$ 曲线（图 8-10）改为图 8-11 所示形式。

图 8-11 就是把图 8-10 镜向后旋转 90°，那么

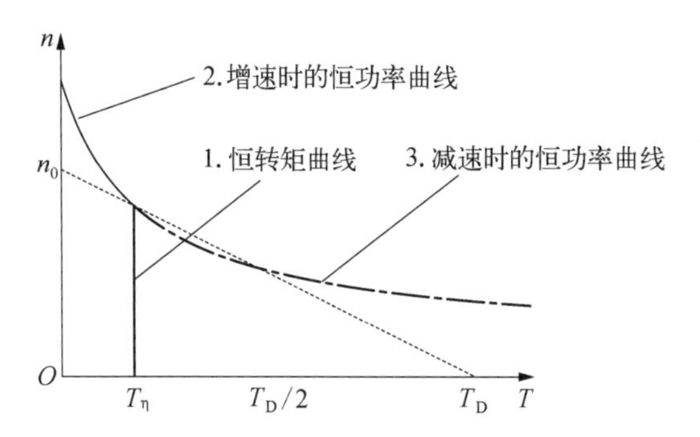

图 8-10　电动车转矩和恒功率曲线

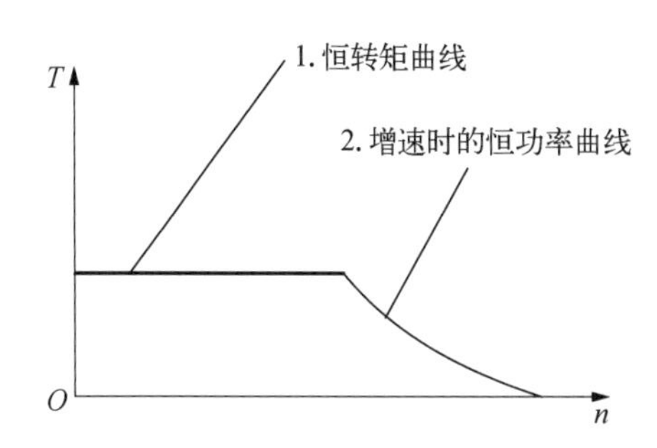

图 8-11　电动车的恒转矩和恒功率曲线

图 8-11 就成为车用电机的恒转矩和恒功率曲线。

实现图 8-10 中的曲线 1 是比较容易的，只要电动车控制器的电压从 0 慢慢调高，直至额定电压，那么电动车的车速会从 0 增大到最高车速。

图 8-10 中的曲线 2 在简单的无刷电机控制器上是解决不了的。要想实现车用电机在曲线 2 区间恒功率运行，可以借助电机的机械“变速器”。齿轮变速器是一种恒功率变速器。如果变速机构是一种增速机构，那么电机在额定点运行时，加了增速机构，电动车的速度增加了，输出的转矩减小了。如果电动车的额定点设计在带有额定负载的工作点，电动车在轻载时，额定负载 T 就小，这时可以使变速器变成增速挡，电动车的车速就会增大，转矩相应减小。在爬坡时要求电动车转矩要大，车速可以小些，那么不是要用增速的曲线 2，而是要用减速的曲线 3，如图 8-12 所示。这样用变速器的减速功能时，电动车的车速会降低，转矩会增加，实际电机还工作在额定工

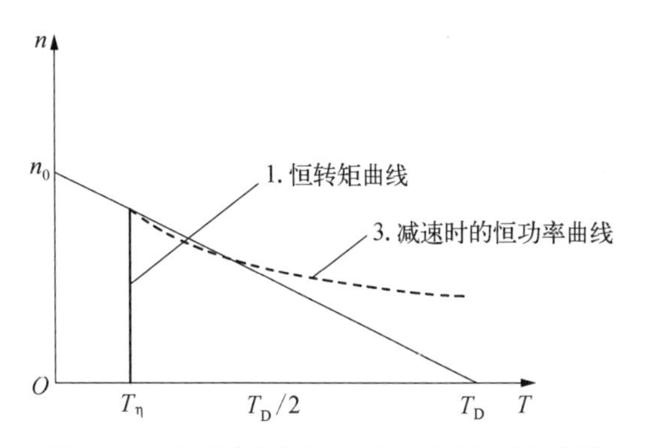

图 8-12　电动车恒转矩和减速时的恒功率曲线

作点，效率和电流密度都和额定工作点一样。

图 8－10 中的曲线 1 是由调整控制器电压来实现的，曲线 2、3 是靠电动车变速器来实现的。如果电动车没有变速装置，那么只有恒转矩曲线和机械特性曲线右部，如图 8－13 所示。

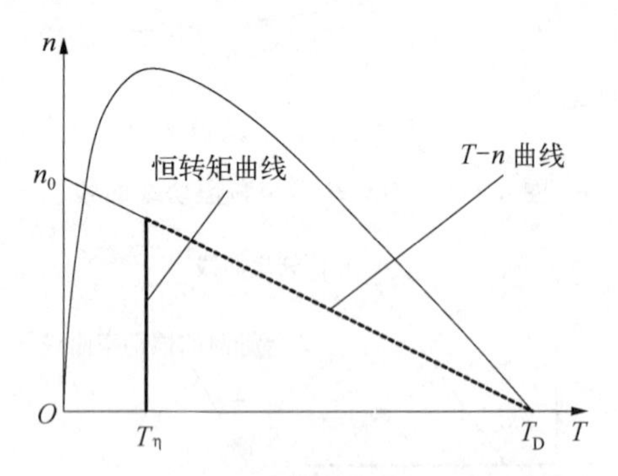

图 8－13　无变速装置的电动车运行特性

电机额定点的选择影响电动车的使用性能。如果额定点选在效率最大点，电动车经常运行的状态应该就是额定点。如果电动车没有变速机构，那么电动车爬坡和加速就只能运行在额定点右边的 $T-n$ 粗虚线曲线上，可以看出，这条曲线段的效率将随着转矩的增加而急剧减小，所用电流会急剧增大，这是不经济的。

图 8－14 所示为最大效率点和最大输出功率点的等功率曲线与机械特性关系图，供参考。

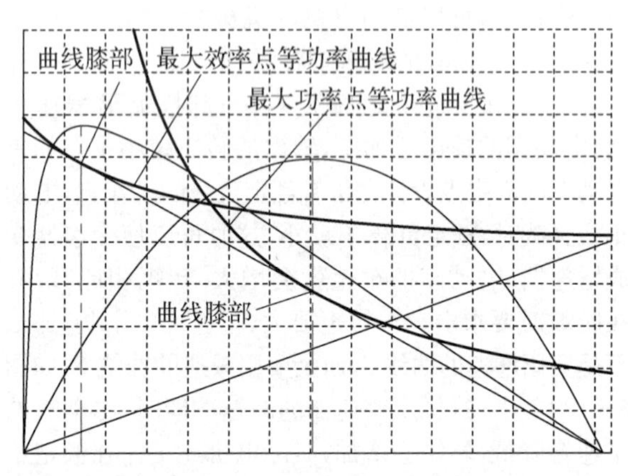

图 8－14　电机最大效率点和最大功率点的等功率曲线

如果选择一个 $K=\dfrac{T}{T_\eta}$ 的齿数比的减速齿轮机构，那么那时电动车的转矩是额定转矩的 K 倍，转速是额定转速的 $1/K$，如果不考虑齿轮效率损耗，那时电机的电流、效率、输出功率仍是额定点的电流、效率和输出功率。

要达到很好的电动车动力性能，就得考虑用齿轮进行变速。图 8－15 所示是用永磁直流无刷电机的电动车的机械特性曲线，这里电动车用了电压调速和齿轮变速机构，使电动车实现了恒转矩和恒功率的功能。

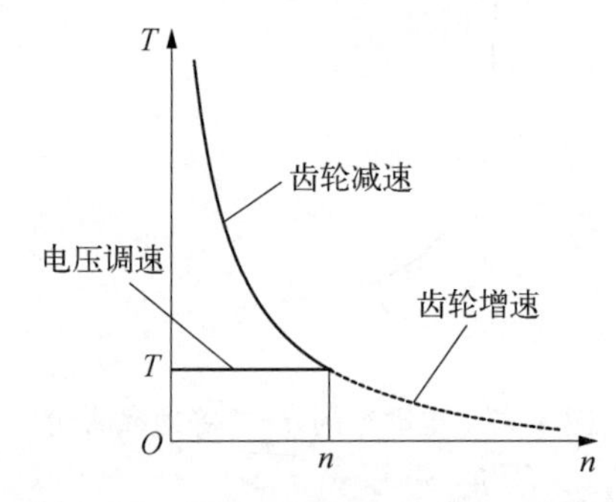

图 8－15　车用无刷电机用了电压调速和齿轮变速后的机械特性曲线

如果用其他形式的电机如永磁同步电机，在控制器上就可以调频变速，用弱磁控制等手段，相应实现恒功率运行。永磁同步电机的电动车也要用齿轮变速机构达到最佳的运行状态，因为进行了弱磁控制，电机的工作磁通会减少，电机的有效工作匝数不变，转矩常数 K_T 就会变小，电机的机械特性改变，电机的转速虽然会得到提高，但是电动车同样的受力，电机的工作电流就会增大，电流密度就会增加，温升提高，这样并不利于节能。

表 8－1 和表 8－2 所列是汽车的齿轮传动的技术参数。

表 8－1　IRLG4 汽车的齿轮传动状况

汽车型号	IRLG4
总质量(kg)	3 225
主减速比	6.142
滚动半径(m)	0.37
前轮距(mm)	1 390
车高(mm)	2 368
空阻系数	0.6
滚阻系数	0.01
直接挡效率	0.9
变速挡数	4
1 挡速比	5.594
2 挡速比	2.814
3 挡速比	1.660
4 挡速比	1.000

IRLG4 一般在平路匀速时用 4 挡，是直接挡，应该是电机的最佳额定工作点，是运行最佳状态，在爬坡时用 1、2、3 挡，这些挡都是齿轮减速挡，只有利用齿轮减速后，汽车的转矩就会加大，实现较佳的爬坡功能。

表 8-2　IRLG2 汽车齿轮传动状况

汽车型号	IRLG2
总质量(kg)	4 370
主减速比	5.833
滚动半径(m)	0.36
前轮距(mm)	1 480
车高(mm)	2 598
空阻系数	0.65
滚阻系数	0.01
直接挡效率	0.9
变速挡数	6
1 挡速比	7.988
2 挡速比	5.189
3 挡速比	2.998
4 挡速比	1.735
5 挡速比	1.000
6 挡速比	0.776

IRLG2 平路匀速用 5 挡，是直接挡，1、2、3、4 挡为减速挡，6 挡是增速挡。

8.1.5　电动车工作点的选取

电动车在平路时的常用速度可以认为是额定工作速度，要比电动车最快速度低一些。

1) 自行车的巡航速度　是指较长时间内(10 min～1 h)保持住的速度。通常街上的民用自行车的速度是 15 km/h 左右，运动自行车的巡航速度都在 20 km/h 以上。如果能保持 25 km/h 左右的巡航速度，就是一个具有一定基础的骑者了。如果能达到 30 km/h，必定是经过长期训练了。赛车手就要以 35 km/h 以上的速度巡航。

一段时间内(通常要 1 h 或以上)自行车骑行距离除以骑行时间得到的速度是平均速度，大约是 20 km/h。如果电动自行车的最高车速仅是一般自行车的平均速度，民用自行车大街上的车速也要 15 km/h左右，因此开惯了摩托车的人去骑 20 km/h 的电动自行车真觉得不爽。年轻小伙子骑惯了自行车的也觉得电动自行车太慢，不机动。因此绝大多数电动自行车的限速控制都给拔掉了，车速可以提至 30 km/h 以上，这样给行车安全带来了隐患。确定电动自行车的额定点 20 km/h 是稍低了些，应该在 25 km/h 左右。

2) 电动摩托车的巡航速度　电动摩托车的巡航速度要比电动自行车快，GB 7258—2012《机动车运行安全技术条件》规定以 50 km/h 的速度来区分轻便电动摩托车和摩托车。

(1) 轻便电动摩托车在一般路上车速 45 km/h 还是可以的，长期运行为 35 km/h 是合适的。因此轻便电动摩托车的额定车速应该定在 35 km/h。

假设轻便电动摩托车的总重为 200 kg，车速为 35 km/h，在平路良好路面行驶，作者用 Excel 编写的摩托车最大功率计算单见表 8-3。

表 8-3　轻便电动摩托车最大功率计算单(综合统计数据)

车总负荷(N)	附件损失系数	传动系统效率	坡道角度(°)	空气阻力系数	迎风面积(m^2)	良好，干燥路面车速(km/h)
1 965	1	0.95	0	0.7	0.5	35
滚动阻尼	**车最大功率(kW)**	**车轮胎半径(m)**	**最大扭矩转速(r/min)**	**最大扭矩(N·m)**	**坡度正切值(%)**	
0.014	0.489	0.2	464.44	10.06	0.00	

电动摩托车的最大功率为 0.489 kW，如果用 48 V 20 A·h 的锂电池，其功率容量为

$$P = 48 \times 20 = 960(\text{W}\cdot\text{h})$$

$t = \dfrac{960}{489} = 1.963(\text{h})$，则电动摩托车行程为 $40 \times 1.963 = 78.52(\text{km})$(以车速 40 km/h 计算)，单程来回能跑 38.26 km。这样的车况是不错的。

下面是 48 V 500 W 电动摩托车电机参数。

① 空载转速：520 r/min。

② 空载电流：≤1.8 A。

③ 额定电流：13 A。

④ 额定功率：500 W。

⑤ 额定转速：470 r/min±10%。

⑥ 额定转矩：≥10 N·m。

以上数据和以轻便电动摩托车标准用动力性能计算相比几乎相同。说明了用动力性能分析计算电动车性能的可行性。

(2) 大功率的电动摩托车车速高，规定要大于 50 km/h，如果车重 85 kg，以坐 2 人计 150 kg，共 235 kg。摩托车车速以 60 km/h 计算，在平路干燥路面行驶，其最大功率计算单见表 8-4。

表 8-4 大功率电动摩托车最大功率计算单(综合统计数据)

车总负荷(N)	附件损失系数	传动系统效率	坡道角度(°)	空气阻力系数	迎风面积(m^2)	良好,干燥路面车速(km/h)
2 305	0.95	0.9	0	0.7	0.6	60
滚动阻尼	车最大功率(kW)	车轮胎半径(m)	最大扭矩转速(r/min)	最大扭矩(N·m)	坡度正切值(%)	
0.033	2.877	0.2	796.18	34.50	0.00	

平路上电动摩托车的最大功率就要 2.877 kW。

一般锂电池 48 V 20 A·h 比较多,其体积比较大,如果用 48 V 40 A·h 锂电池,功率容量为 $P=48\times40=1\,920$(W·h),如果电动车最大功率为 2.877 kW,电池仅能用 $t=\dfrac{1\,920}{2\,877}=0.66$(h),那么电动摩托车的续行里程为 $60\times0.66=40$ km,这样来回单程跑 20 km 电就用完了,这是不现实的。如果再要增加锂电池容量,电动摩托车又放不下,因此不适宜做成大功率的电动摩托车。

2009 款豪爵太子 125c 汽油摩托车,最高车速在 85 km/h 以上,最大功率为 6.7 kW(7 500 r/min),如果是电动摩托车(仅与 125c 摩托车相当)的话,要输出 6.7 kW 的输出功率,电池是放不进电动车内的,因此,在现在的电池容量的条件下,做重型电动摩托车是不太适合的。

3) 电动汽车的速度　单纯的电动汽车做成微型电动汽车是比较适宜的,6 kW 微型电动汽车的性能试验见表 8-5~表 8-7。

表 8-5 6 kW 微型电动汽车的性能试验基本参数

额定功率(kW)	6
电瓶类型	锂电池
电池容量(A·h)	190
空车质量(kg)	1 200
载重量(kg)	260
总重(kg)	1 460
轮胎半径(cm)	26.75

表 8-6 6 kW 微型电动汽车的平路试验

充电最高电压(V)	64.5
最快行驶时电压(V)	60
最快行驶时电流(A)	100
最高时速(km/h)	62
加速性能(0~30 km/h)	8.07(300 A)
加速性能(30~60 km/h)	18.78(300 A)
匀速行驶电压(V)	60
匀速行驶电流(A)	75
匀速行驶速度(km/h)	60
续行里程(km)	102(60 km/h)

表 8-7 6 kW 微型电动汽车的爬坡试验

挡　　位	坡度(%)	电流(A)
1 挡平路起步	20	135
1 挡坡上起步	20	140
1 挡平路起步	25	215
1 挡坡上起步	25	250
2 挡坡上起步	20	110
2 挡平路起步	20	200
2 挡坡上起步	25	爬不上

从表 8-6 看,电动汽车的额定车速应该定在 60 km/h。

4) 轮胎直径的计算　如轮胎规格为 205/65R16,其中 205 表示轮胎与地面接触的宽度(mm);65 表示扁平率,也就是扁平率为 65%,即胎壁高度/轮胎宽度=65%;16 表示轮毂直径(in)。那么现在算这个轮胎的直径是 2 个胎壁高度加一个轮毂的直径。

$$胎壁高度 = 205\times65\% = 133.25(\text{mm})$$

所以轮胎直径为

$$2\times133.25+16\times25.4=672.9(\text{mm})$$

再如轮胎规格为 215/65R17,则轮胎直径 $D=2\times215\times0.65+17\times25.4=711.3$(mm)。当然轮胎的压扁程度也需考虑,但是计算时不必如此精细。

8.1.6 电动车最大功率的实用计算

电动车的最大功率是在爬坡和加速时,现分别对电动车爬坡和加速时的实用计算进行介绍。

1) 电动车爬坡时最大功率的计算　电动车爬坡时的最大功率为

$$P_m=\frac{1}{3\,600\eta_a\eta_m}\left[Wv_m(f_v\cos\alpha+\sin\alpha)+\frac{C_DAv_m^3}{21.145\,4}\right] \tag{8-17}$$

式中　η_a——附件损失系数;

η_m——传动系统效率;

W——汽车总负荷(N);

α——坡道角度(°);

C_D——空气阻力系数；

A——迎风面积(m^2)；

v_m——平路或干燥坡面的最高车速(km/h)；

f_v——随车速变化的滚动阻力系数。

良好路面：$f_v = 8.25 \times 10^{-3} + 1.65 \times 10^{-4} v_m$

干燥路面：$f_v = 1.5 \times 10^{-2} + 3 \times 10^{-4} v_m$

如要求电动车在 15 km/h 速度匀速地在 5% 良好路面上行驶，车总重 1 128 N，$A=0.5\ m^2$，附件损失系数和传动系统效率均为 1(电动车轮毂电机，电机在轮毂上，因此附件损失和传动效率均为 1)，$C_D=0.7$，则

$$f_v = 8.25 \times 10^{-3} + 1.65 \times 10^{-4} \times 15 = 0.010\,725$$

$$P_m = \frac{1}{3\,600\eta_a\eta_m}\left[Wv_m(f_v\cos\alpha + \sin\alpha) + \frac{C_D A v_m^3}{21.145\,4}\right]$$
$$= \frac{1}{3\,600} \times \left[1\,128 \times 15 \times (0.010\,725\cos 2.86° + \sin 2.86°) + \frac{0.7 \times 0.5 \times 15^3}{21.145\,4}\right]$$
$$= 0.300\,4(\text{kW})$$

如果求电动车平路时最大输出功率，只要 $\alpha = 0$ 即可。

2) 电动车加速时最大功率的计算　电动车加速时的最大效率：假设整车在平坦路面上匀加速行驶，根据整车加速过程动力学方程，其加速过程总功率 P_m 为

$$P_m = P_j + P_f + P_w = \frac{1}{3\,600\eta_a\eta_m}\left(\delta m v \frac{dv}{dt} + mgf_v + \frac{C_D A}{21.145\,4}v^3\right) \tag{8-18}$$

式中　P_j——加速功率；

P_f——空气阻力功率；

P_w——风阻功率；

δ——旋转质量换算系数；

m——车总质量(kg)；

g——重力加速度；

v——平路或干燥坡面的车速(km/h)。

从上式求得

$$P_m = \frac{1}{3\,600 t_m \eta_a\eta_m}\left(\delta m \frac{v_m^2}{2} + mgf_v \frac{v_m}{1.5}t_m + \frac{C_D A v_m^3}{21.145\,4 \times 2.5}t_m\right) \tag{8-19}$$

式中　t_m——加速时间；

v_m——平路或干燥坡面的最高车速(km/h)。

要求的是电动车在加速到最高速度时需要多大的瞬时加速功率，而不是加速过程的平均功率，只有知道了需要的最大瞬间加速功率，才能确定电机需要输出的最大功率。

(1) 电动车加速到最大速度的瞬间加速功率 P_j 相当于加速到最高速度时的匀速功率，即

$$P_j = Fv = mav_m = m\left(\frac{v_m - v_1}{t}\right)v_m \tag{8-20}$$

该式中功率、速度的单位分别为 W 和 m/s，若换算成 kW 和 km/h，则

$$P_j = \frac{1}{3\,600 \times 3.6 \times \eta_a\eta_m}m\left(\frac{v_m - v_1}{t}\right)v_m \tag{8-21}$$

(2) 加速时的滚动阻尼瞬时最大功率相当于平路时该速度的滚动阻尼功率，即

$$P_f = \frac{mg(f_v\cos\alpha + \sin\alpha)v_m}{3\,600\eta_a\eta_m} \tag{8-22}$$

(3) 加速时的风阻瞬时最大功率相当于平路时该速度的风阻功率，即

$$P_w = \frac{1}{3\,600\eta_a\eta_m}\left(\frac{C_D A}{21.145\,4}v_m^3\right) \tag{8-23}$$

故电机加速到最大速度时的瞬时功率＝加速到最大速度时的瞬时最大加速功率＋滚动阻尼需要的功率＋风阻需要的功率。

因此电动车加速功率为

$$P_m = \frac{1}{3\,600\eta_a\eta_m}\left[\frac{1}{3.6}mv_m\frac{(v_m - v_1)}{t} + mg(f_v\cos\alpha + \sin\alpha)v_m + \frac{C_D A v_m^3}{21.145\,4}\right] \tag{8-24}$$

若车总重为 1 128 N，在良好路面，要求在 10 s 内从 0 加速到 15 km/h，$A = 0.5\,m^2$，电动车轮毂电机，附件损失系数和传动系统效率均为 1，$f_v = 0.010\,725$，$C_D = 0.7$，则加速到最大速度时的输出瞬时功率为

$$P_m = \frac{1}{3\,600\eta_a\eta_m}\left[\frac{1}{3.6}mv_m\frac{(v_m - v_1)}{t} + mg(f_v\cos\alpha + \sin\alpha)v_m + \frac{C_D A v_m^3}{21.145\,4}\right]$$
$$= \frac{1}{3\,600} \times \left(\frac{1}{3.6} \times \frac{1\,128}{9.81} \times 15 \times \frac{15-0}{10} + \right.$$

$$1\,128\times0.010\,725\times15+\frac{0.7\times0.5\times15^3}{21.145\,4}\Big)$$
$$=0.278(\text{kW})$$

这是电动车平路加速时，达到 15 km/h 时的瞬时最大功率，可以依该功率去设计电机的最大输出功率。也就是说，电机的最大输出功率必须大于 P_m。

8.2 电动车电机机械性能的求取

电动车电机的性能主要依据电动车的性能设计。如果按要求求出电动车的额定机械性能，那么电机的性能就必须达到和满足电动车的需求。

求出电动车各个状态的机械特性，就此可以分别求出电机在该状态的机械特性，综合各种状态电机的机械特性从而设计出适应电动车车况的电机。

1) 电动车在平路上的最大功率

$$P_m=\frac{1}{3\,600\eta_a\eta_m}\left[mgv_m(f_v\cos\alpha+\sin\alpha)+\frac{C_DAv_m^3}{21.145\,4}\right]$$
$$=\frac{1}{3\,600\eta_a\eta_m}\left[mgv_m(f_v\cos0^\circ+\sin0^\circ)+\frac{C_DAv_m^3}{21.145\,4}\right]$$
$$=\frac{1}{3\,600\eta_a\eta_m}\left[mgv_mf_v+\frac{C_DAv_m^3}{21.145\,4}\right]\qquad(8-25)$$

这就是电机需要输出的功率，如果车质量 $m=1\,460$ kg，车速 $v_m=60$ km/h，轮胎半径 $R=0.267\,5$ m，如果电动车电机具有减速器，设其主减速比为 1∶6.142，平路采用是在直接挡 $K_4=1$，设车的附件损失系数 $\eta_a=1$，传动系统效率 $\eta_m=0.97$，迎风面积 $A=0.9$ m^2，良好路面滚动阻力系数 $f_v=0.018\,15$，空气阻力系数 $C_D=0.7$，则电动车的功率为

$$P_m=\frac{1}{3\,600\eta_a\eta_m}\left(mgv_mf_v+\frac{C_DAv_m^3}{21.145\,4}\right)$$
$$=\frac{1}{3\,600\times0.97}\times\Big(1\,460\times9.81\times60\times$$
$$0.018\,15+\frac{0.7\times0.9\times60^3}{21.145\,4}\Big)$$
$$=6.31(\text{kW})$$

电机的输出功率 $P_m=6.31$ kW

$$\text{电机的转速 } n=\frac{v_m\times1\,000\times K}{60\times2\pi R}$$
$$=\frac{60\times1\,000\times6.142}{60\times2\times\pi\times0.267\,5}$$
$$=3\,656.17(\text{r/min})$$

$$\text{电机的转矩 } T=\frac{9.549\,3P_m}{n}=\frac{9.549\,3\times6\,310}{3\,656.17}$$
$$=16.48(\text{N}\cdot\text{m})$$

2) 电动车爬坡时的最大功率　汽车的最大爬坡度，是指汽车满载时在良好路面上用第一挡克服的最大坡度，它表征汽车的爬坡能力。爬坡度用坡度的角度值(以度数表示)或以坡度起止点的高度差与其水平距离的比值(正切值)的百分数来表示。

汽车爬坡度表达了汽车爬坡的能力。只有当汽车牵引力大于上坡阻力和滚动阻力(空气阻力不计)时，汽车才能爬上坡。表述这种汽车爬坡能力的计量方法就是百分比坡度，用坡的高度和水平距离的比例来表示，如图 8-16 所示。

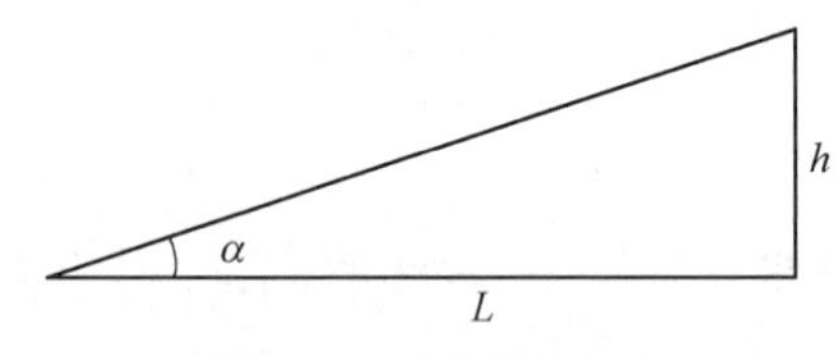

图 8-16　百分比坡度

$$\text{百分比坡度}=\frac{h}{L}=\tan\alpha\times100\%\qquad(8-26)$$

式中　α——坡面与水平面的夹角。

例如：汽车爬坡度是 30%，根据上述公式得 $\tan\alpha\times100\%=30\%$，即

$$\tan\alpha=\frac{h}{L}=\frac{30}{100}=0.3$$

查三角函数表得 $\alpha=16^\circ42''$，即此车可爬越的最陡坡度是 $16^\circ42''$。

如果汽车技术说明书上汽车爬坡度直接标注了角度，就是指此车可爬越的最陡坡度。根据汽车行业规定，只有百分比坡度标注方式才是符合标准的，如果仅标注数字，实际上也是百分比数字。

需要说明的是，将汽车爬坡度的百分比数值解释为汽车可爬越的直接最陡坡度是值得商榷的。

桥梁的坡应小于 3%，最大不超过 5%。高速公路的坡度最大为 5°，坡度再大的话，估计就高速不起来了。不排除有超过这个坡度的路段，但不可能差很多。

车库的坡道最大为 8°，肯定不能排除大于这个坡度的车库坡道。

一般认为，轿车的最大爬坡能力为 20°就已经足

够，再大的坡就不该开轿车去爬了。对微型车、小型车的直道要求最宽松，允许达到 15% 的坡度。经计算，15% 坡度的坡面与水平底面的夹角为 8.53°，也就是通常所说的 8°的坡。对于经常在城市和良好公路上行驶的汽车，最大爬坡度在 10°左右即可。对于载货汽车，有时需要在不良道路上行驶，最大爬坡度应在 30% 即 16.5°左右，有些品牌的越野车可以达到爬 30°坡的能力。因此将 15% 坡定为微型电动车考核的爬坡坡度，可以满足地下车库的爬坡了。就拿上面的车进行爬 15% 坡，一般车速可以按 15 km/h 计算。

车质量 $m = 1\,460$ kg，这时车速 $v_m = 15$ km/h，轮胎半径 $R = 0.267\,5$ m，如果电动车电机具有减速器，设其主减速比为 1∶6.142，用 2 挡爬坡，$K_2 = 2.814$，此时该电动车的总减速比 $K = 6.142 \times 2.814 = 17.28$，设车的附件损失系数 $\eta_a = 0.95$，传动系统效率 $\eta_m = 0.9$，迎风面积 $A = 0.9\ \mathrm{m}^2$，良好路面滚动阻尼 $f_v = 0.010\,725$，空气阻力系数 $C_D = 0.7$，则电动车爬坡时的最大功率为

$$P_m = \frac{1}{3\,600\eta_a\eta_m}\left[mgv_m(f_v\cos\alpha + \sin\alpha) + \frac{C_DAv_m^3}{21.145\,4}\right]$$

$$= \frac{1}{3\,600 \times 0.95 \times 0.9}[1\,460 \times 9.81 \times 15 \times (0.010\,725 \times \cos 8.53° + \sin 8.53°) + \frac{0.7 \times 0.9 \times 15^3}{21.145\,4}] = 11.13(\mathrm{kW})$$

电机的输出功率 $P_m = 11.13$ kW

$$电机的转速\ n = \frac{v_m \times 1\,000 \times K}{60 \times 2\pi R} = \frac{15 \times 1\,000 \times 17.28}{60 \times 2 \times \pi \times 0.267\,5} = 2\,571.58(\mathrm{r/min})$$

$$电机的转矩\ T = \frac{9.549\,3P_m}{n} = \frac{9.549\,3 \times 11\,130}{2\,571.58} = 41.33(\mathrm{N \cdot m})$$

3) 电动车平路加速时的最大功率　电动车加速性能要求见表 8－8 和表 8－9。

表 8－8　电动车加速性能要求

加速性能(km/h)	所需时间(s)
0～30	10
30～60	20

车质量 $m = 1\,460$ kg，轮胎半径 $R = 0.267\,5$ m，如果电动车电机具有减速器，设其主减速比为 1∶6.142，平路加速从 30～60 km/h 采用是在直接挡 $K_4 = 1$，设车的附件损失系数 $\eta_a = 0.95$，传动系统效率 $\eta_m = 0.9$，迎风面积 $A = 0.9\ \mathrm{m}^2$，良好路面滚动阻尼 $f_v = 0.018\,15$，空气阻力系数 $C_D = 0.7$，则

$$P_m = \frac{1}{3\,600\eta_a\eta_m}\left[\frac{1}{3.6} \times mv_m\frac{(v_m - v_1)}{t} + mg(f_v\cos\alpha + \sin\alpha)v_m + \frac{C_DAv_m^3}{21.145\,4}\right]$$

表 8－9　计算车辆动力性能

车总负荷(N)	要求加速时间(s)	从起始速度(km/h)	加速到速度(km/h)	最大输出功率(kW)	加速度	最小牵引力(N)	车最大扭矩(N・m)	电机最大转矩(N・m)
14 322.6	20	30	60	18.016	0.416 7	608.33	121.67	142.30

如果加速从 30～60 km/h 计算电机的机械性能：

电机的输出功率 $P_m = 19.016$ kW

$$电机的转速\ n = \frac{v_m \times 1\,000 \times K}{60 \times 2\pi R} = \frac{60 \times 1\,000 \times 6.142}{60 \times 2 \times \pi \times 0.267\,5} = 3\,656\ (\mathrm{r/min})$$

$$电机的转矩\ T = \frac{9.549\,3P_m}{n} = \frac{9.549\,3 \times 19\,016}{3\,656} = 49.66\ (\mathrm{N \cdot m})$$

从电动车三种状态看电机最大输出功率是在电动车爬坡或者平路加速状态。坡度越大，加速的速率越大，那么电动车需要的功率就越大。但是电动车在爬坡和加速状态所用的时间很短，所以该状态是电动车的短时工作状态。只有电动车在平路运行时，时间很长，这是电动车的长时间工作状态，即认为电机的额定工作状态。

本节对电动车的动力性能选取做了简要介绍，电动车的动力性能对电动车的设计影响很大，下面会结合实际进一步讲述电动车动力性能和电动车电机的设计。

8.3 电动自行车无刷电机实用设计

8.3.1 电动自行车无刷电机概述

近十多年来，电动自行车的普及程度非常高，电动自行车已成为这个时代一道靓丽的风景。

现在市面上看到的电动自行车种类繁多，各式各样。从简易的电动自行车到与摩托车一模一样的电动自行车，车式越来越多、越来越漂亮，人们对电动自行车的购买越来越踊跃。

电动自行车电机随着电动自行车式样的变化出现了各式各样的结构，有幅条式的、轮毂式的，有中置式的、摩擦轮胎式的，有直接驱动的、带齿轮箱的，有行星齿轮的、伞形齿轮传动的，有转子盘式的、转子永磁的，有的是有刷的、有的是无刷的。电动自行车用不同的轮胎外径，不同的电池和电压，功率从100多瓦到400多瓦，有高速的，也有低速的，有的电动自行车在路上的车速竟高达40 km/h。永磁直流无刷电机的应用是如此广泛，已进入千家万户。

由于世界石油资源逐渐枯竭，燃油车的污染日益严重，燃油摩托车开始禁行，绿色环保理念深入人心，使电动自行车日益风行。近些年来对电动车的开发、应用和推广，逐渐形成了电动自行车、电动摩托车、电动三轮车、电动特种车辆、电动汽车的一个庞大的产业链。我国年生产的电动自行车电机在3 000万台以上，并以一定的比例在增长。我国电动自行车、电动自行车电机的产量和出口量均居世界第一，出口量占全球60%以上，年销售额近1 000亿元。

在各种电动车中，无刷电机占了很大的比重，电动自行车电机无一例外应用了无刷电机，特种车辆电机也逐渐用无刷电机替代有刷电机。

1) 电动自行车电机的介绍　电动自行车的款式各式各样，主要有轻便型、踏板式和电动摩托车三大类型。

(1) 轻便型电动自行车。像自行车式样的轻便电动自行车还是比较实用的，小轮锂电池电动车整车价格相对偏高，断电后可人力骑行。风行一时的大陆鸽电动车，用一般的铅电池，24 in轮毂的电动车，价格不太高，又可以像自行车一样骑着走，也不费力，非常实用。它们使用的电机一般直径较小，内部有行星减速机构。

(2) 踏板式电动自行车。比轻便型电动自行车重，基本都用铅蓄电池，电机输出功率大，电机的外径大小不等，最大的电机外径和轮毂内径相等。这种电动自行车还是比较小巧的，但重量超过轻便型电动自行车，已经不适合脚踏骑行，如果断电，只能推行，比较吃力。踏板式电动自行车电机种类较多，是电动自行车电机类型中最多的。

(3) 电动摩托车。电动摩托车是电动车中最重、骑行速度最高的双轮电动车，其外形和一般摩托车基本相同，轻型电动摩托车和轻便摩托车外形相似，许多车上零配件可以互换。电动摩托车的车速快，载重量大，耗电大，不能长时运行，续行里程无法与燃油摩托车相比。电动摩托车如果半路停电或零件损坏，也只能推行。电动摩托车电机又大又厚，输出转矩、输出转速和输出功率比一般的电动自行车电机大得多。

2) 相关电动自行车电机的标准　QB/T 2946—2008《电动自行车用电动机及控制器》中覆盖了电动自行车用有刷直流电机、无刷直流电机和其他形式的电机。由于电动自行车的大众性、价格的限制或技术上的原因，电动自行车电机几乎都是永磁无刷直流电机和简易的正弦波控制的无刷电机。

QB/T 2946—2008把电动自行车电机的工作电压等级划分成了三个档次：12 V、36 V、48 V。电机的机械特性和额定性能如空载转速、空载电流、额定转矩、额定转速、额定电流等都没有具体规定，更没有系列化规定。只是规定了：电机额定输出功率规定应不大于240 W，对有刷电机不带减速器的外转子轮毂在50%～200%额定转矩范围内的效率不低于60%，其他种类电机效率不低于75%。该标准对国内电动自行车电机的标准化、规范化的制约不是很大，我国电动自行车电机的不规范的设计、生产将会持续非常长的时间，这使我国电动自行车电机因不标准化将产生巨大的损失。

QB/T 2946—2008参照了GB/T 5171—2002《小功率电动机通用技术条件》等电机标准，GB/T 2423《电工电子产品环境试验》(GB/T 2423.5、GB/T 2423.10)等试验方法，这些都是判别电动自行车电机合格与否的基本标准。

相关无刷电机和电动自行车电机的标准不多，主要有：GB/T 21418—2008《永磁无刷电动机系统通用技术条件》、GB 17761—1999《电动自行车通用技术条件》、JB/T 10888—2008《电动自行车及类似用途用电动机技术要求》、QB/T 2946—2008《电动自行车用电动机及控制器》。

在上面介绍的标准中没有列出具体的自行车电机基本技术要求,实际上电动自行车电机的基本技术要求是非常重要的,如果一开始设计制造电动自行车电机时没有注重基本技术要求,每个厂家都按自己的意愿去设计生产自己认为合适的电动自行车电机,这样全国电动自行车电机生产的多了,如何规范却成了大问题。

3) 电动自行车电机的技术要求 电动自行车电机的主要电气技术要求包括:工作电压 U、空载电流 I_0、空载转速 n_0、平路时负载转矩 T_N、平路时负载转速 n_N、平路时负载效率 η_N、爬坡时负载转矩 T_{N2}、爬坡时负载转速 n_{N2}、爬坡时负载效率 η_{N2},有时还加上效率平台要求。

(1) 工作电压 U。电动自行车电机所用的电池主要有两种:铅蓄电池和锂电池。大多数电动自行车电机都用铅蓄电池,因为铅蓄电池比较稳定,价格低,维护工作少,但是电池的重量大、体积大,用于大部分电动自行车、踏板电动三轮车和特种车辆上。

常用的电动自行车电机一般采用 48 V 直流电压,它是由四节 12 V 电池串联而成的。电池的技术规格见表 8-10。

表 8-10 电池的技术规格(25℃±2℃完全充满电的状态下)

电池规格	电压(V)	容量(A·h)	长 L(mm)	宽 B(mm)	高 H(mm)	质量(kg)	放电时间(min)
6-DZM-12	12	12	151	99	103	4.5±0.1	>147(5 A)
6-DZM-20	12	20	181	77	170	7.1±0.1	>125(10 A)
6-DZM-25	12	25	215	77	170	8.6±0.1	>155(10 A)
6-DZM-28	12	28	319	80	127	9.6±0.1	>180(10 A)
6-DZM-30	12	30	222	93	173	9.6±0.1	>190(10 A)
6-DZM-35	12	35	221	106	172	11.9±0.1	>220(10 A)
6-DZM-40	12	40	221	121	175	13.8±0.1	>250(10 A)

电动自行车电机电池一般采用 48 V 12 A·h、48 V 20 A·h。在轻便型电动自行车上一般用锂电池,因为锂电池体积小、重量轻。但是锂电池价格高,如果用 48 V 锂电池,那么电池的价格就超过 1 000 元,这与 36 V 锂电池价格相差很多,所以目前大都采用 36 V 10 A·h 锂电池。

(2) 空载转速 n_0 和空载电流 I_0。电动自行车厂家对电机的空载转速是非常注重且刻意要求检验的,厂家用空载转速来检验电机的机械特性。对电动自行车电机机械特性的检验不只是检验一个点,因为电动自行车机械特性的 $T-n$、$T-I$ 曲线的直线性比较好,通过检验电机的空载点和两个负载点基本上控制了该电机的 $T-n$、$T-I$ 曲线,从而控制了电机的机械特性。

电动自行车的运行有两种状态:平路运行和爬坡运行,因此考核电动自行车电机的工作性能一般也考核两个运行工作点。所以要考核两个负载转矩、转速和效率。常规电动自行车电机的两个负载考核点转矩分别为 7 N·m 和 14 N·m(大功率电动自行车电机为 17.5 N·m)。

(3) 效率平台。电动自行车电机非常讲究效率,要求电机在一定转矩范围内保持一定的效率,称为效率平台。电动自行车电机的效率平台要求是比较宽的,常用电动自行车电机的效率平台规定如下:在转矩 7~20 N·m 范围内的效率不低于 80%,或者说电动自行车电机 80%的效率平台在转矩 7~20 N·m 范围内。这样确保了电动自行车电机在一定运行范围内保持着较高的效率。

JB/T 10888—2008 对效率平台的规定见表 8-11。

表 8-11 电动车用电机的效率

电 机 种 类	60%额定输出功率时的效率 η_2(%)	100%额定输出功率时的效率 η_1(%)	130%额定输出功率时的效率 η_3(%)
电动车用无刷无齿直流电机	74	81	78
电动车用有刷无齿直流电机	67	75	72
电动车用无刷有齿直流电机	70	78	75
电动车用有刷有齿直流电机	67	75	72

（续表）

电机种类	60%额定输出功率时的效率 η_2(%)	100%额定输出功率时的效率 η_1(%)	130%额定输出功率时的效率 η_3(%)
分离式无刷直流电机	67	75	72
侧置式无刷直流电机	67	75	72
电动三轮车用无刷直流电机	67	75	72
电动三轮车用有刷直流电机	67	75	72
其他类似用途无刷直流电机	67	75	72
其他类似用途有刷直流电机	67	75	72

注：1. 无刷直流电机的效率是带控制器进行测试的，控制器的性能要求遵守 JB/T 10888—2008 附录 A 的规定。
2. 分离式电机的效率是带减速器进行测试的。

QB/T 2946—2008 对效率平台的规定是：不带减速器的外转子轮毂式有刷低速直流电机在50%～200%额定转矩范围内的效率应不低于 60%，在额定转矩时，效率应不低于 70%。其他种类的电机在 50%～200%额定转矩范围内的效率应不低于 70%，在额定转矩时，效率应不低于 75%。

上面两个标准对电动自行车电机效率的规定也相差很大，如 JB/Q 10888—2008 对额定点的效率规定是 81%（作者注：是大于、小于还是等于没有规定），而 QB/T 2946—2008 的规定却是不低于 75%。在市场上对轮毂电机在额定点的效率都要求大于 80%，因此没有国家统一的有约束力的标准，而各行业标准不统一，无法规化和约束轮毂电机的技术性能。

以上介绍的是电动自行车电机的主要电气技术要求，这些要求和一般的无刷电机不太一样。设计电动自行车无刷电机就要考虑这些特殊的技术要求，使电动自行车无刷电机符合用户需求。

表 8-12 所列是常用电动自行车电机检验要求。

表 8-12 常用电动自行车电机检验要求

空载电流(A)	空载转速(r/min)	负载效率(%)	7 N·m 转速(r/min)	负载效率(17.5 N·m)(%)
<1.3	545	≥80	495	≥80
<1.0	460	≥80	415	≥80
<1.1	440	≥80	400	≥80
<0.9	415	≥80	375	≥80
<0.8	365	≥80	335	≥80
<0.7	335	≥80	305	≥80
<0.6	295	≥80	265	≥80
<0.6	275	≥80	245	≥80
<0.6	245	≥80	225	≥80
<0.6	235	≥80	210	≥80

从常用电动自行车电机的主要检验要求看，一般的电机转速最高为 545 r/min，最低为 235 r/min，通常在 350～450 r/min。电机的转速和电动自行车的轮毂直径以及电动车的车速有关。

4) 电动自行车和电机的动力性能计算 GB 17761—1999 对电动自行车和电机的性能有如下规定：

(1) 最高车速。电动自行车最高车速应不大于 20 km/h。

(2) 整车质量。电动自行车的整车质量应不大于 40 kg。

(3) 脚踏行驶能力。电动自行车必须具有良好的脚踏骑行功能，30 min 的脚踏行驶距离应不小于 7 km。

(4) 续行里程。电动自行车一次充电后的续行里程应不小于 25 km。

(5) 最大骑行噪声。电动自行车以最高车速做电动匀速骑行时（电助动的以 15～18 km/h 速度电助动骑行）的噪声应不大于 62 dB(A)。

(6) 百公里电耗。电动自行车以电动骑行（电助动的以电助动骑行）100 km 的电能消耗应不大于 1.2 kW·h。

(7) 电机功率。电动自行车的电机额定连续输出功率应不大于 240 W。

(8) 蓄电池的标称电压。蓄电池的标称电压应不大于 48 V。

(9) 车轮直径见表 8-13。

表 8-13 电动自行车车轮直径及代号

类型 \ 代号 \ 车轮直径系列(mm)	710	660	610	560	510	455	405
男式	A	E	G	K	M	O	Q
女式	B	F	H	L	N	P	R

(10) 试验条件。① 试验道路：平整的沥青路、

混凝土路、砂石路；② 骑行者质量：75 kg，不足75 kg者加配重至 75 kg。

按照该标准，如果电动自行车轮胎为 16 in（半径为 0.2 m），按标准电动自行车的车重不大于 40 kg，载重量为 75 kg，在平路上以 20 km/h 速度行驶，电动自行车和电机的动力性能就可以计算出来。

已知：车总重 $W=(40+75)\times 9.8=1\,127(\mathrm{N})$，电动自行车轮毂直接驱动，因此没有齿轮减速。

自行车平路坡度为 0°，城市坡度小于 5%（2.86°），一般规定小于 3%（1.72°）。设路面滚动阻力系数为 0.026 7，平路车速为 20 km/h，上坡车速为 15 km/h。

① 电动自行车在平路时。

电机牵引力

$$F=Wf_{\mathrm{v}}=1\,127\times 0.026\,7=30.09(\mathrm{N})$$

电机转速

$$n=\frac{n_{平路}\times 1\,000}{60\times\pi\times 2\times R}=\frac{20\times 1\,000}{60\times 3.14\times 2\times 0.2}=265.39(\mathrm{r/min})$$

电机转矩

$$T_{\mathrm{N}}=FR=30.09\times 0.2=6.018(\mathrm{N\cdot m})$$

电机输出功率

$$P_2=\frac{T_{\mathrm{N}}n}{9.55}=\frac{6.018\times 265.39}{9.55}=167.24(\mathrm{W})$$

② 电动自行车上坡时。

电机牵引力

$$F=Wf_{\mathrm{v}}\cos\alpha+W\sin\alpha=1\,127\times 0.026\,7\times\cos 2.86^\circ+1\,127\times\sin 2.86^\circ=86.28(\mathrm{N})$$

电机转速

$$n=\frac{n_{爬坡}\times 1\,000}{60\times\pi\times 2\times R}=\frac{15\times 1\,000}{60\times 3.14\times 2\times 0.2}=199(\mathrm{r/min})$$

电机转矩

$$T_{\mathrm{N}}=FR=86.28\times 0.2=17.26(\mathrm{N\cdot m})$$

电机输出功率

$$P_2=\frac{T_{\mathrm{N}}n}{9.55}=\frac{17.26\times 199}{9.55}=359.66(\mathrm{W})$$

城市桥梁应不超过最大坡推荐值，在受地形条件或其他限制时，方可用最大限制值坡度（应不大于 5%），否则下坡时容易发生事故。按 5% 坡度，电动自行车爬坡速度为 15 km/h。

以上计算仅是考虑平路或斜坡电动自行车克服摩擦力所做的功。实际上，电动自行车在运行时还会受到空气阻力等因素的影响。

电动自行车仍可以用动力性能方法计算，即

$$P_{\mathrm{m}}=\frac{1}{3\,600\eta_{\mathrm{a}}\eta_{\mathrm{m}}}\left[Gv_{\mathrm{m}}(f_{\mathrm{v}}\cos\alpha+\sin\alpha)+\frac{C_{\mathrm{D}}Av_{\mathrm{m}}^3}{21.145\,4}\right]$$

在平路上

$$P_{\mathrm{m}}=\frac{1}{3\,600\times 1\times 0.98}\left[1\,127\times 20\times(0.026\,7\cos 0^\circ+\sin 0^\circ)+\frac{0.7\times 0.5\times 20^3}{21.145\,4}\right]=0.208(\mathrm{kW})$$

在斜坡上

$$P_{\mathrm{m}}=\frac{1}{3\,600\times 1\times 0.98}\left[1\,127\times 15\times(0.026\,7\cos 2.86^\circ+\sin 2.86^\circ)+\frac{0.7\times 0.5\times 15^3}{21.145\,4}\right]=0.384(\mathrm{kW})$$

以上计算，在迎风面积不大、车速也不高的时候，用传统的斜坡力的分析方法和动力性能计算两者相差不太大。

简单地计算电动自行车的输出功率，还可以用如下公式

$$P_{\mathrm{m}}=Fv \tag{8-27}$$

如电动自行车在平路时，计算过程如下：

电机牵引力

$$F=Wf_{\mathrm{v}}=1\,127\times 0.026\,7=30.09(\mathrm{N})$$

电动自行车的速度

$$v=\frac{20\times 1\,000}{60\times 60}=5.556(\mathrm{m/s})$$

电动车的最小输出功率为

$$P_{\mathrm{m}}=Fv=30.09\times 5.556=167.18(\mathrm{W})$$

和上面的计算是一样的。

两个公式合并，即

$$P_{\mathrm{m}}=f_{\mathrm{v}}Wv \tag{8-28}$$

可以这样理解：电动自行车的输出功率是车总负重和车速的乘积再乘以车轮与地面的滚动阻尼系数，这样求电动车动力性能可以避免考虑车子的轮径。

设计电机时最好用电动车动力性能计算公式计

算，计算出的功率要大于用纯斜坡力分析计算出的功率，也比较符合现实。

综上所述，可得出以下结论：

① 电动自行车确定了车速和车轮半径，那么电机的转速也就确定了。

② 电动自行车的车重和人员载重确定后，那么电机的输出转矩就确定了。

③ 电动自行车电机的转速和转矩确定后，那么电机的输出功率就确定了。

这是指直驱式轮毂电机，如果是齿轮电动自行车电机，那么必须考虑齿轮的减速比。

电动自行车有两个工作状态：平路时大于6 N·m考核，在爬坡时应该在17.5 N·m时考核。

如果把爬坡坡度确定在3%(1.718°)，那么爬坡坡度的考核就可以降下来，即

$$
\begin{aligned}
F &= F_1 + F_2 = W\sin\alpha + W\cos\alpha f_a \\
&= 1\,127 \times \sin 1.718^\circ + 1\,127 \times \cos 1.718^\circ \times 0.026\,7 \\
&= 33.787 + 30.077 = 63.864(\text{N})
\end{aligned}
$$

$$T_C = FR = 63.864 \times 0.2 = 12.77(\text{N}\cdot\text{m})$$

电动自行车续行里程是这样定义的："新电池时充满电，骑行者重量配置至75 kg在平坦的二级公路上(无强风条件下)骑行，骑至电池电压小于9.5 V/节予以断电，在以上条件下，得到的骑行里程被称为电动自行车的续行里程"。那么，电机转速在设计时必须大于$265 \times \dfrac{48}{10.5 \times 4} = 302(\text{r/min})$，这是考虑电池电压所需要的最低转速。

另外，一般考虑到电动自行车车速最高应该达到30 km/h，那么电机的平路转速设计时应该为$265 \times \dfrac{30}{20} = 397(\text{r/min})$。

电动自行车用不同的轮毂，在7 N·m的负载时，电动自行车在平路的车速应该控制在20 km/h，这样16 in轮毂的电动自行车电机的转速应该为265 r/min。在电机设计中应该考虑电池使用后电压的降低和电动自行车的机动性能，因此在平路7 N·m负载时的电机转速在设计时应该大于265 r/min，从上面计算可知，应该是397 r/min，即电动自行车的车速在设计时应该大于20 km/h。至于电动自行车需符合不得超过20 km/h的国家规定，那么需要用电动自行车的控制器来控制。

在电动自行车行业，用一定的转矩要达到多少转速来考核电动自行车电机的机械性能，一般用7 N·m和14 N·m两个负载转矩点考核电机的负载转速和效率，有的功率大一些的电动自行车电机用7 N·m和17.5 N·m两个负载转矩点考核电机的负载转速和效率，其效率平台应该在80%以上。

如果只按标准电压、标准运行状态去设计电动自行车电机，那么一旦电池电压有所下降，电动自行车的运行性能就会有所下降，整个电池使用时间内，能达到规定的运行性能要求的时间不长。如果按电池损坏时的电压去设计电机，可以在新电池的状态下，用控制器调低电压有效值让电机运行，随着电池使用有效电压的降低，直至电池最低电压，电机的机械性能一直保持在最佳的运行状态，这是两种不同的电动自行车电机设计和考核的理念。

现实中，电动自行车的车重几乎都大于40 kg，小型车在50 kg左右，小踏板车在55～60 kg，大踏板车在60～65 kg。如果车重按55 kg算，那么电动车电机的转矩就要加大，电机的输入功率和输出功率会相应加大。

8.3.2 电动自行车轮毂电机的设计

我国的电动自行车电机有95%以上采用的是轮毂电机。电动自行车电机的外转子装在电动自行车的轮毂上，因此称为轮毂电机。

1) 轮毂电机的基本技术要求

(1) 轮毂电机使用的电压基本上是36 V和48 V两种。24 V电压偏低，电机的工作电流过大；72 V电压偏高，不仅超出安全电压的要求，而且电池过重、管理不方便。电池电压高，同样的输出功率，电池的电流就可以小些，那么电机的电流密度就会小些，电机电流密度小，就减少了电机的发热量。

电池的容量有10 A·h、12 A·h、16 A·h、20 A·h等。当然，在电池体积重量不大的情况下，尽量要求电池的容量大些，这样电动车的续行里程就会提高。

(2) 轮毂电机是以轮毂端盖幅条孔中心圆周直径命名的。实际上，现在大多数轮毂电机都不用幅条，都将电机和轮毂做成一体，所谓的一体轮，有的单位就移用了以前的命名。有的单位以定子冲片直径命名，有的单位用轮毂铁导磁环内径命名。在我国，如此大的电动车电机的生产量，却没有一个统一的电机命名，即使有统一的命名，各个企业也不去执行。

在标准中，规定了一体轮的外形和安装尺寸，其机座号与英寸对照见表8-14。

表8-14 电动自行车电机机座号与英寸对照

机座号	254	304	355	405	455	510	560	660	685	710
in	10	12	14	16	18	20	22	26	27	28

把电动自行车的轮毂外径作为电机的机座号是

值得商榷的，同样的轮毂外径，可以用不同外径的电机。如果以轮毂铁导磁环内径命名，那么同样的电机定子，可能选择的磁钢厚度不一样，导磁环的内径就不一样，这样规定也不见得合适。本书推荐将电机定子外径（气隙直径）作为设计电机的一项依据。

（3）在 GB 17761—1999 中，没有把电动自行车最大爬坡度列出，电动自行车最大爬坡度大小直接关系到电动车电机的机械动力性能和功率。

城市桥梁的坡度规定应小于 3%，实际坡度一般不大于 5%，因此确定电动自行车的爬坡度为 3%～5%是可行的。一般电动自行车爬坡时的车速应该比自行车爬坡时的车速要高一些，人们的感觉才会好一些，所以确定电动自行车的爬坡车速在 15 km/h 还是合适的。

在平路上，按照"电动自行车包括蓄电池组在内的自重不超过 40 kg，电机功率在 240 W 以下，载重量 75 kg，车速不超过 20 km/h"的要求，由于电动自行车电机在设计上也考虑电池用后电压降的问题，所以电池电压在额定电压的 80%时仍能以 20 km/h 运行，那么在额定电压时电动自行车的车速要求应是 $1.25 \times 20 = 25(\text{km/h})$。

那时 16 in 轮毂的电机转速为

$$n = \frac{n_{爬坡} \times 1\,000}{60 \times \pi \times 2 \times R} = \frac{25 \times 1\,000}{60 \times 3.14 \times 2 \times 0.2} = 331(\text{r/min})$$

也就是说，电机设计时，电机的转速应该以 331 r/min 为依据。电动自行车平路车速应该定在 25 km/h。

实际上轮毂电机的转矩常数 K_T、转速常数 K_n 也是电机设计重要的技术指标，它们是电机机械特性的重要分析依据。

上面所说的轮毂电机的基本技术要求是理论规定，一般市面上的电动车不一定按照标准行事。特别是电动自行车的车速，远远高于国家标准 20 km/h，有的电动自行车的车速可以和摩托车的车速相比。把现在的电动自行车电机性能分析一下，其性能远远超出了 QB/T 2946—2008 的标准。

2）常用的轮毂电机　尽管标准上写出了电机 10～28 in 的各种电机对应的机座号，共有 10 种（表 8 - 14），但是市面上电机的定子冲片非常单一，它们和各种轮毂相配合，形成了各种各样的轮毂电机。

表 8 - 15 列出了几种常用轮毂电机的数据。

表 8 - 15　常用轮毂电机数据

电 机 俗 称	冲片外径(mm)	配合的轮径(in)
198	198	16,18,20
253	252	16
260	215	16
158	90～92	16,20

198 电机是市面上产量最高的一种，它可以配合 16 in、18 in、20 in 的轮毂，组成各种各样的电动车。

在现实生活中，如果电动自行车车速只有 20 km/h，无法满足人们的要求。现在，电动自行车的车速一般要达到 28～30 km/h，如果电池充足甚至会超过 30 km/h。如果车重 70 kg 左右，人重75 kg，车总重为 1 420 N。轮径为 16 in，车速 29 km/h，计算在平路上电动自行车的动力性能，见表 8 - 16。

表 8 - 16　电动自行车电机性能计算

车总负荷(N)	附件损失系数	传动系统效率	坡道角度(°)	空气阻力系数	迎风面积(m^2)	良好，干燥路面车速(km/h)
1 420	1	0.98	0	0.7	0.5	29
滚动阻尼	**滚动阻尼(参考)**	**车最大功率(kW)**	**车轮胎半径(m)**	**最大扭矩转速(r/min)**	**最大扭矩(N·m)**	**坡度正切值(%)**
0.026 7	0.026 4	0.426	0.2	384.82	9.57	0.00

注：本表是 Excel 的计算表。

电动自行车按车的动力性能方法计算，有

$$P_m = \frac{1}{3\,600\eta_a\eta_m}\left[Gv_m(f_v\cos\alpha + \sin\alpha) + \frac{C_D A v_m^3}{21.145\,4}\right]$$

在平路上

$$P_m = \frac{1}{3\,600 \times 1 \times 0.98}\left[1\,420 \times 29 \times (0.026\,7 \times \cos 0° + \sin 0°) + \frac{0.7 \times 0.5 \times 29^3}{21.145\,4}\right]$$

$$= 0.426(\text{kW}) = 426(\text{W})$$

电机转速

$$n = \frac{n_{爬坡} \times 1\,000}{60 \times \pi \times 2 \times R} = \frac{29 \times 1\,000}{60 \times 3.14 \times 2 \times 0.2} = 384.82(\text{r/min})$$

电机输出转矩

$$T_N = \frac{9.55P_1}{n} = \frac{9.55 \times 426}{384.82} = 10.57(\text{N} \cdot \text{m})$$

这与198电机的机械特性曲线是相吻合的。这种电机配合车子以后车速在28～29 km/h,电池使用一段时间后车速变慢至25 km/h左右。

可以看到,在表8-17中,序号34和35之间是电机转速384.82 r/min转矩和输出功率是相差不大的。电机测试也有误差,动力性能的各项设置也有大小区别。总之说明了一个问题,该198电机是能满足小型电动踏板自行车的性能要求的,尽管该电机和电动车的性能已经超出了我国的相关标准。

表8-17　198电机的机械特性测试数据

序号	电压(V)	输入功率(W)	电流(A)	转速(r/min)	转矩(N·m)	输出功率(W)	效率(%)
1	48.20	58.80	1.22	438	0.01	0.46	0.8
2	48.20	58.80	1.22	437	0.02	0.92	1.6
3	48.20	58.32	1.21	437	−0.08	3.66	6.3
4	48.20	60.73	1.26	436	−0.03	1.37	2.3
5	48.20	62.66	1.30	437	−0.21	9.61	15.3
…							
21	48.15	197.90	4.11	419	−3.15	138.22	69.8
22	48.14	218.56	4.54	416	−3.59	156.40	71.6
23	48.13	241.13	5.01	413	−4.02	173.87	72.1
24	48.13	254.13	5.28	412	−4.49	193.72	76.2
25	48.11	283.37	5.89	408	−5.00	213.63	75.4
26	48.11	296.84	6.17	407	−5.45	232.29	78.3
27	48.10	327.56	6.81	402	−6.03	253.85	77.5
28	48.09	342.40	7.12	402	−6.59	277.43	81.0
29	48.08	370.22	7.70	397	−7.10	295.18	79.7
30	48.06	391.69	8.15	395	−7.64	316.03	80.7
31	48.05	414.67	8.63	393	−8.22	338.30	81.6
32	48.04	447.25	9.31	388	−8.85	359.60	80.4
33	48.03	467.33	9.73	387	−9.48	384.20	82.2
34	48.03	488.47	10.17	385	−10.04	404.80	82.9
35	48.01	513.71	10.70	381	−10.62	423.73	82.5
36	48.00	540.48	11.26	378	−11.18	442.56	81.9
37	47.99	567.24	11.82	374	−11.92	466.86	82.3
38	47.97	594.83	12.40	371	−12.53	486.82	81.8

注:16 in轮径,24长磁钢,$L=23$ mm,$\phi 0.51 \times 7.5$匝×8股。

图8-17所示为带有涨刹的198永磁直流电动自行车无刷轮毂电机。

图8-17　带有涨刹的198永磁直流电动自行车无刷轮毂电机

图8-18所示是198电动自行车无刷轮毂电机定子,图8-19所示是198轮毂电机粘有磁钢的轮毂(转子),图8-20所示为其轮毂电机结构。

图8-18　198电动自行车无刷轮毂电机定子

图 8-19　198 电动自行车轮毂

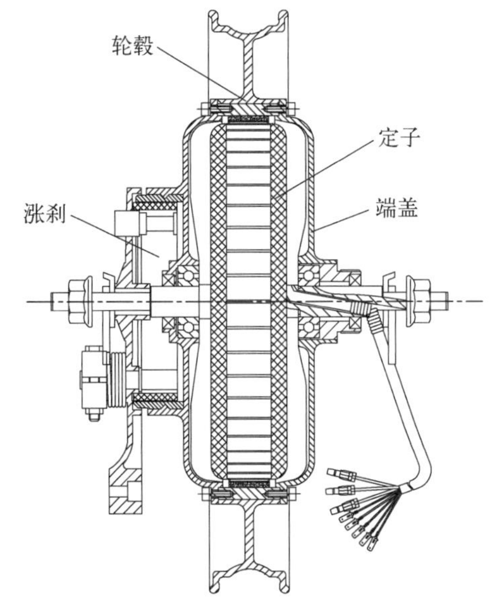

图 8-20　198 电动自行车无刷轮毂电机结构

电动自行车轮毂电机结构是非常简单的，只有几个组件，如果没有涨刹，那么结构更为简单。电机简单并不等于这种“分数槽集中绕组外转子永磁直流无刷轮毂电动车电机”的电机原理、设计方法简单，有些内容非常新鲜，是许多电机设计书籍中都没有涉及的。

轮毂电机的磁钢现在几乎都用了高性能的钕铁硼磁钢。这对提高电机性能，提高电机效率，减小电机体积起了重大作用；但是，现在钕铁硼磁钢的价格逐渐上升，使电动自行车电机的价格也随之上升。

大多数电动自行车电机的定子是固定不动的，上面有电机的绕组。电机的转子就是电动自行车电机的轮毂，轮毂内有排列在圆周上的多块磁钢。由定子和转子组成了外转子分数槽集中绕组永磁直流无刷电动自行车电机。常用电动自行车电机定子冲片数据见表 8-18。

常用的电动自行车电机的冲片归纳起来仅只有 6 种(不是指常用的最佳设计冲片)，电机的齿槽配合仅 4 种，在这 6 种冲片的基础上，改变电机定子冲片的厚度、线圈绕组匝数和线径以及电机外形结构，从而生成无数种电动自行车无刷电机，配合电动自行车和电动摩托车、小型电动三轮车使用。当然还有其他品种的电动车电机冲片，但是在生产产量上就不能和以上几种电机相比了。

表 8-18　常用电动自行车电机定子冲片数据

型号	电压(V)	磁钢数	齿数	齿宽(cm)	槽宽(cm)	轭宽(cm)	齿轭比	槽面积(mm^2)	外径(cm)	内径(cm)	冲片宽(cm)
158	48	20	18	0.72	0.88	0.8	0.9	67.45	9.2	5	2.1
188	48	46	51	0.60	0.56	0.5	1.2	64.14	18.8	14.8	2
198	48	46	51	0.60	0.6	0.4	1.5	67.63	19.8	15.9	1.95
215	48	60	54	0.65	0.6	0.5	1.3	68.2	21.48	17.3	2.09
253	48	56	63	0.63	0.63	0.73	0.863	60.2	25.26	21.2	2.03

轮毂电机的端盖各式各样，一种规格的定子，其端盖有十几种乃至数十种之多。

3) 电动自行车轮毂电机的特点　常用的各种电动自行车轮毂电机的特点是非常明显和一致的，具体如下：

(1) 电机细长比较大，属于扁平式直驱无刷电机。

(2) 电机转子用烧结钕铁硼磁钢，选取磁钢型号一致，转子是外转子。

(3) 都是分数槽集中绕组，槽数和磁钢数相对比较多，机械特性曲线与永磁直流电机的机械特性相似。

(4) 冲片气隙槽宽与齿宽比等于或接近 1。

(5) 绝大部分的电机绕组是三相星形接法。

(6) 功率在 250 W 左右。

(7) 转速在 250～450 r/min。

由于轮毂电机有以上的特点，而且轮毂电机已经在市场上全面铺开，对于轮毂无刷电机的设计不是一种新的、完全没有依据的电机设计。对轮毂无刷电机的设计不应该脱离现有轮毂电机的状况，应该对现有的轮毂电机的特点有所分析、有所了解，在现有的轮毂电机的基础上进行设计计算。因为轮毂电机的共同点比较多,作者认为只要对一个或多个轮毂电机分析透彻,其他电机的设计就比较方便和容易,抓住轮毂无刷电机的设计特点,可以用实用的推算法进行设计,这样设计计算的精度还是比较高的。

4) 198 电动自行车电机的技术数据 198 电机是指该轮毂电机的定子外径为 198 mm,它的机壳外径为 228 mm,有些厂家称为 228,本书一概用轮毂电机的定子气隙外径称呼电机。

198 轮毂电机的外形如图 8-21 所示,其机械特性测试报告见表 8-19。

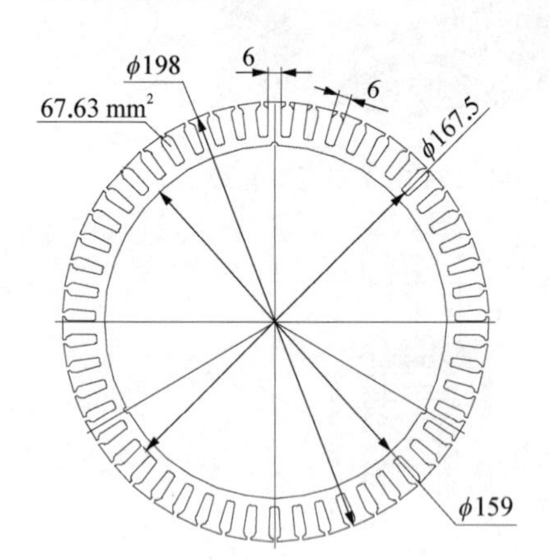

图 8-21 198 轮毂电机与冲片

表 8-19 198 电机机械特性测试报告

序号	电压(V)	输入功率(W)	电流(A)	转速(r/min)	转矩(N·m)	输出功率(W)	效率(%)
2	47.89	48.85	1.02	403	0.07	2.95	6.0
3	47.90	49.34	1.03	402	0.07	2.95	6.0
4	47.89	50.28	1.05	403	0.08	3.38	6.7
5	47.89	52.20	1.09	403	0.07	2.95	5.7
…							
25	47.73	202.38	4.24	383	3.47	139.18	68.8
26	47.71	218.03	4.57	381	3.76	150.02	68.8
27	47.70	231.82	4.86	379	4.21	167.09	72.1
28	47.68	249.37	5.23	377	4.59	181.22	72.7
29	47.66	268.80	5.64	374	5.17	202.49	75.3
30	47.63	285.30	5.99	372	5.61	218.55	76.5
31	47.62	302.86	6.36	371	6.19	240.50	79.4
32	47.59	325.04	6.83	368	6.54	252.04	77.5
33	47.58	341.15	7.17	365	7.07	270.24	79.2
34	47.56	362.88	7.63	363	7.62	289.67	79.8
35	47.53	379.76	7.99	360	8.12	306.13	80.6
36	47.50	401.77	8.46	358	8.68	325.42	81.0
37	47.48	421.62	8.88	355	9.13	341.50	80.99
38	47.45	443.66	9.35	353	9.71	358.85	80.88
39	47.43	461.97	9.74	351	10.26	377.13	81.5
40	47.40	483.95	10.21	348	10.76	392.13	81.0
41	47.38	504.12	10.64	346	11.37	411.98	81.7
42	47.37	523.91	11.06	344	11.87	427.61	81.6
43	47.34	544.41	11.50	341	12.37	441.74	81.1
44	47.31	566.30	11.97	338	13.01	460.51	81.3
45	47.29	584.50	12.36	337	13.62	480.67	82.2
46	47.26	603.98	12.78	334	14.04	491.08	81.3

注:电压 48 V,$Z=51$,磁钢 46 片,星形接法,$b_t=6$ mm,$L=23$ mm,35H。

从电机的机械特性看，该电机的转矩常数

$$K_T = \frac{7.07 - 0.07}{7.17 - 1.02} = 1.138(\text{N} \cdot \text{m/A})$$

5）关于轮毂电机的齿磁通密度和设计思路　电机齿磁通密度的计算公式为 $B_Z = \alpha_i B_r\left(1+\frac{S_t}{b_t}\right)$，如果两个轮毂电机的磁路形式相同，那么两个电机的 α_i 应该相同，两个电机的齿磁通密度之比

$$\frac{B_{Z2}}{B_{Z1}} = \frac{B_{r2}(1+K_{tb2})}{B_{r1}(1+K_{tb1})} \tag{8-29}$$

当磁钢相同、K_{tb} 相同时，那么两个电机定子的齿磁通密度是基本相同的。轮毂电机的磁钢牌号不会相差很多，从前面可以看到多种轮毂电机的气隙槽宽和齿宽之比是 1 或接近 1，那么不管电机定子直径相差多少，定子齿数和磁钢数不同，它们的齿磁通密度基本上是相近的，不会相差太大，因此电机的工作磁通 Φ 能够很方便地求出。如果磁钢牌号不同，K_{tb} 也不同，则只要按下式计算即可

$$B_{Z2} = \frac{B_{r2}(1+K_{tb2})}{B_{r1}(1+K_{tb1})}B_{Z1}$$

因为轮毂电机的机械特性曲线与永磁直流电机的机械特性曲线有很好的相似性，因此可以用电机转矩常数 K_T 法对电机进行设计，首先求出已知轮毂电机的齿磁通密度 B_Z，其他轮毂电机的工作磁通 Φ 就可以很方便地求出，这样根据电机性能要求，求出电机的有效导体总根数 N 是非常方便和简单的。

6）轮毂电机的实用推算法介绍　以 198 电动自行车电机为例，计算过程如下。

$$N = \frac{2}{3}Z \times 2W = \frac{2\times 51}{3}\times 2\times 8 = 544(\text{根})$$

则轮毂电机工作磁通 Φ 为

$$\Phi = \frac{2\pi K_T}{N} = \frac{2\pi \times 1.138}{544} = 0.013\,14(\text{Wb})$$

轮毂电机齿磁通密度 B_Z 为

$$B_Z = \frac{\Phi \times 10^4}{Zb_t LK_{FE}} = \frac{0.013\,14 \times 10\,000}{51\times 0.6\times 2.3\times 0.95} = 1.965\,27(\text{T})$$

就是说轮毂电机在 $K_{tb} = 1$，磁钢材料是 35H 时的齿磁通密度约在 1.965 84 T，这样的磁通密度已经差不多饱和了。

厂家提供的磁钢技术数据：35H，$B_r = 1.18$ T；38H，$B_r = 1.23$ T。

如果用 38H 磁钢做轮毂电机，那么 198 电机的 B_r 为

$$B_r = 1.965\,84 \times \frac{1.23}{1.18} = 2.049(\text{T})$$

作者用厂家提供的 38H 钕铁硼磁钢做了 198 轮毂电机，按上面方法试验计算的结果是 $B_r = 2.014$ T，说明厂家提供的磁钢数据和实际数据稍有出入，其误差为

$$\Delta_{B_r} = \left|\frac{2.049 - 2.014}{2.014}\right| = 0.017\,3$$

说明磁钢实物的 B_r 比样本数据略低。

用 $B_r = 2.014$ T 作为轮毂电机的设计依据，推算依据为

$$B_{Z2} = \frac{B_{r2}(1+K_{tb2})}{B_{r1}(1+K_{tb1})}B_{Z1}$$

$$N = \frac{2\pi K_T \times 10^4}{B_Z b_t LK_{FE}}$$

作者在多种轮毂电机中都是用 38H 钕铁硼磁钢，用 Excel 计算表格方法，验证该推算方法的可靠性，见表 8-20。

表 8-20　常用轮毂电机实用推算法设计计算

序号	型号	电压(V)	磁钢片数	齿数	分区数	槽宽(cm)	齿宽(cm)	轭宽(cm)	齿轭比	槽面积(mm²)	定子外径(cm)	定子内径(cm)	冲片宽(cm)	单电机 K_T (N·m/A)	齿轮减速比
1	198	48	46	51	5	0.6	0.60	0.4	1.5	69.5	19.8	15.9	1.95	1.167	1.00
2	188	48	46	51	5	0.56	0.60	0.5	1.2	64.14	18.8	14.8	2	1.23	1.00
3	253	48	56	63	7	0.63	0.63	0.73	0.863 01	60.2	25.3	21.2	2.03	1.177	1.00
4	253	48	56	63	7	0.63	0.6	0.57	1.052 63	73.67	25.3	21.4	1.95	1.077	1.00
5	253	48	56	63	7	0.63	0.63	0.73	0.863 01	60.2	25.3	21.2	2.03	1.119	1.00
6	253	60	56	63	7	0.63	0.63	0.73	0.863 01	60.2	25.3	21.2	2.03	1.466	1.00
7	260	48	60	54	6	0.6	0.65	0.5	1.3	68.2	21.5	17.3	2.09	1.134	1.00

（续表）

序号	型号	电机 K_T（包括齿轮电机）(N·m/A)	齿磁通密度 (T)	铁心厚 (cm)	磁钢长 (cm)	线圈电夹角 (°)	磁钢牌号	实际用的线径 (mm)	带漆线径 (mm)	实际用的股数	总导线截面 (mm^2)	额定转矩 (N·m)	额定转速 (r/min)	额定电流 (A)	空载电流 (A)
1	198	1.167	2.014 0	2.3	2.3	162	38H	0.51	0.55	7	1.43	7.94	375	8.17	1.31
2	188	1.230	2.083 4	2.3	2.3	162	38H	0.51	0.55	6	1.226	7.29	346	6.83	0.96
3	253	1.177	2.014 0	1.8	2	160	38H	0.51	0.55	11	2.247	7.49	372	7.49	1.13
4	253	1.077	1.964 9	2	2.2	160	38H	0.51	0.55	11	2.247	7.77	388	8.51	1.2
5	253	1.119	2.014 0	2.0	2	160	38H	0.51	0.55	11	2.247	7.52	399	7.99	1.02
6	253	1.466	2.014 0	2.2	2.2	160	38H	0.51	0.55	9	1.839	7.18	367	5.561	0.644
7	260	1.134	2.094 6	2.3	2.3	200	38H	0.51	0.55	9	1.839	7.57	380	7.86	1.31

序号	型号	效率	电机额定估算电流 (A)	槽内导线总面积 (mm^2)	电流密度 (A/mm^2)	每相线圈个数	工作磁通 (T)	有效总导体根数	总导体根数	每线圈计算匝数	实际用的匝数	匝数差	槽利用率	槽满率
1	198	0.8	8.164 52	22.88	5.71	17	0.013 5	545	816.79	8.01	8	0.01	0.329	0.463 94
2	188	0.809	7.112 2	20.84	5.57	17	0.013 9	555	832.19	8.16	8.5	−0.34	0.324 9	0.458 18
3	253	0.815	7.636 36	26.97	3.33	21	0.013 7	541	811.54	6.44	6	0.44	0.448 1	0.631 9
4	253	0.777	8.657 38	24.72	3.79	21	0.014 1	480	719.29	5.71	5.5	0.21	0.335 5	0.473 21
5	253	0.823	8.064 34	24.72	3.56	21	0.015 2	463	694.4	5.51	5.5	0.01	0.410 7	0.579 24
6	253	0.823 8	5.877 22	25.74	3.02	21	0.016 7	551	827.02	6.56	7	−0.44	0.427 7	0.603 18
7	260	0.801	8.010 58	23.90	4.28	18	0.016 1	444	665.32	6.16	6.5	−0.34	0.350 6	0.494 43

注：下划线一栏数据为 Excel 计算表格中需输入参数，其余各栏为计算生成参数。

7）实用设计推算法的设计符合率　从表 8 - 20 的计算可以看出匝数误差和电机实际数据仅在半匝之内，都是四舍五入的误差。应该说这种实用推算法的设计符合率还是可以的。

8.3.3 行星式过桥齿轮减速轮毂电机的设计

行星式齿轮减速轮毂电机是电动自行车电机中的一种类型，其体积小、重量轻，是一种机电一体化的电机。该类电机除了电机本身外，内部还带有一套比较复杂的类行星齿轮机械结构进行减速。因此在电机设计时，除了电机本身体积小的原因带来一系列问题外，还要考虑齿轮减速结构给电机带来一些机械上的问题。

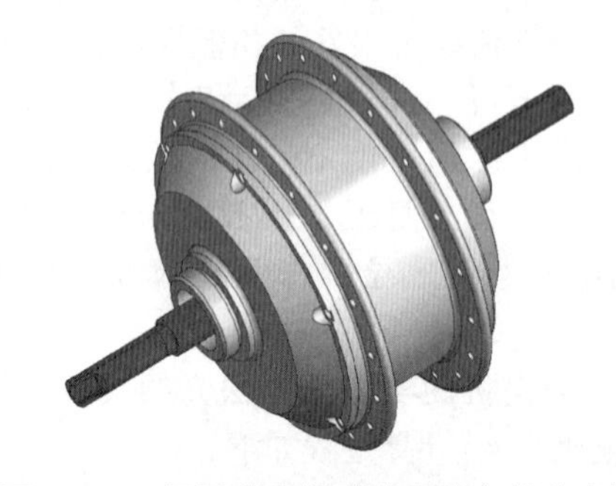

图 8 - 22　行星式齿轮减速电动自行车电机

对于电机设计人员，这种减速电机的设计富有挑战性，因此作者想用较多的篇幅阐述许多可以研究和探讨的问题，使读者能对电动自行车无刷电机有一个更深刻的认识。

图 8 - 23　带变速轮行星式齿轮减速电动自行车电机

图 8 - 22 和图 8 - 23 所示是行星式齿轮减速轮毂电机的外形图，这种电机主要用于轻便型电动自行车上。

这种轻便型电动自行车在国外非常流行，我国出口量也比较大。由于这种电动自行车电机小巧，电池采用锂电池，车架采用镁合金，所以电动自行车的整体重量远远小于一般踏板式电动自行车，整个车型非常美观，作为电动、脚踏两用或带变速机构的一种休闲助力用车，深受年轻人和中老年人喜爱。

要使电动自行车小型化、轻型化，那么电动自行车电机的小型化是必然趋势。要使电动自行车电机小型化，又要求能有普通电动自行车电机的功效，只有设计成齿轮减速电动自行车电机，才有可能达到这个目的。因此有必要讨论齿轮减速电动自行车电机及其设计。

1）普通减速电动自行车电机的设计　减速电动自行车电机的形式不多，其电机外径、冲片结构、减速器结构和电机的机械特性都十分相似，都是由和电动自行车电机类似的电机加上一个似行星齿轮减速机构两部分组成。图8-24所示是某电机科技有限公司生产的36 V，用于20 in电动自行车的158齿轮减速电机，其结构如图8-25所示，减速机构如图8-26所示。

图8-24　行星式齿轮减速电动自行车电机

图8-25　行星式齿轮减速电动自行车电机结构爆炸图

图8-26　电机内部行星减速机构

一般在行业中，这种减速机构和行星齿轮结构完全一样，因此称为行星齿轮减速机构。作者对行星减速电动自行车电机这一叫法存疑。因为一般的行星齿轮减速，行星齿轮是运行的，内齿轮是不转动的，因此它们的减速比是1∶K，有

$$K = \frac{内齿圈齿数}{太阳轮齿数} + 1 \tag{8-30}$$

但是在这种机构的电动自行车减速电机中，太阳轮和内齿圈是转动的，而行星齿轮是不动的，所谓的行星齿轮其实是一种“过桥”齿轮，在齿轮减速功能中只起一个过桥作用，因此这种齿轮减速比是1∶K，有

$$K = \frac{内齿圈齿数}{太阳轮齿数} \tag{8-31}$$

计算这种减速电机的内部电机转速和外部电机输出转速时一定要注意，否则会带来计算和设计错误。

从图8-27可以看出，行星齿轮架和定子固定在电动自行车电机的车轴上，而车轴固定在电动自行车的车架上，因此行星齿轮架和行星齿轮的轴相对车轴而言是不动的，行星齿轮只自转而不公转，所以只有固定在导磁圈上的磁钢、导磁圈、太阳轮绕轴和定子一起转动，太阳轮通过带动行星齿轮自转使内齿轮和固定内齿轮的轮毂绕定子和轴转动，从而使电动自行车的轮毂转动，电动自行车随之前进。

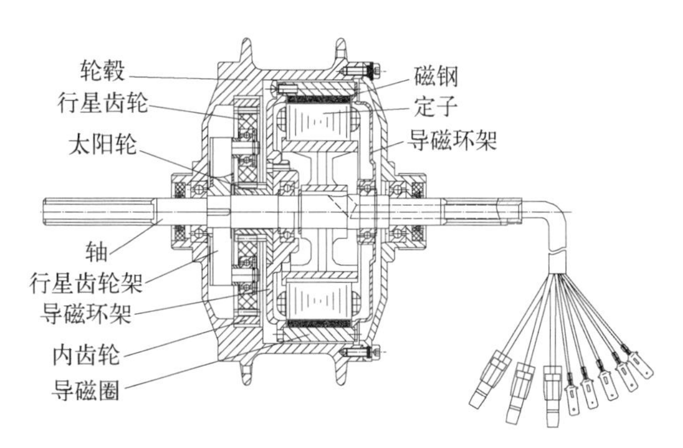

图8-27　电机结构装配

现在市场上的齿轮减速电动自行车电机的典型冲片之一如图8-28所示。外径为92 mm，槽数18，磁钢为20片，分数槽集中绕组，分区数为2，绕组排

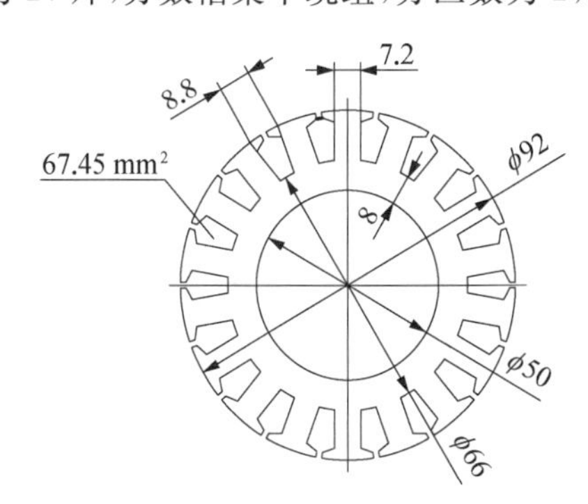

图8-28　158电动自行车电机冲片

布读者可以自己画出。太阳轮 $Z_1=19$，行星轮 $Z_2=27$，内齿轮 $Z_3=74$，则电机的减速比 $K=74/19=3.8947$。

158 电动自行车电机的机械特性测试数据见表 8-21，该电机的绕组已经和市场上的绕组有所区别，因此性能有所提高。

表 8-21　158 电动自行车电机的机械特性测试数据(158 电机三行星机构)

序号	电压(V)	输入功率(W)	电流(A)	转速(r/min)	转矩(N·m)	输出功率(W)	效率(%)
1	48.14	53.44	1.11	362	−0.03	1.14	2.1
2	48.15	52.00	1.08	361	−0.01	0.38	0.7
3	48.15	50.56	1.05	361	−0.03	1.13	2.2
4	48.15	50.56	1.05	361	−0.02	0.76	1.5
5	48.15	50.56	1.05	360	−0.03	1.13	2.2
6	48.14	51.51	1.07	360	−0.12	4.52	8.8
7	48.14	55.36	1.15	360	−0.08	3.02	5.5
8	48.14	59.21	1.23	360	−0.13	4.90	8.3
9	48.14	63.06	1.31	360	−0.12	4.52	7.2
10	48.14	65.95	1.37	360	−0.21	7.92	12.0
11	48.14	67.88	1.41	359	−0.31	11.65	17.2
12	48.14	71.25	1.48	360	−0.37	13.95	19.6
13	48.14	75.10	1.56	359	−0.46	17.29	23.0
14	48.14	78.95	1.64	358	−0.62	23.24	29.4
15	48.14	85.21	1.77	357	−0.84	31.40	36.9
16	48.13	92.41	1.92	356	−0.95	35.42	38.3
17	48.13	100.59	2.09	354	−1.20	44.49	44.2
18	48.13	111.18	2.31	353	−1.39	51.38	46.2
19	48.11	121.72	2.53	352	−1.68	61.93	50.9
20	48.11	133.75	2.78	350	−2.00	73.31	54.8
21	48.10	144.78	3.01	348	−2.26	82.36	56.9
22	48.10	153.92	3.20	346	−2.59	93.85	61.0
23	48.10	160.17	3.33	344	−2.89	104.11	65.0
24	48.10	171.24	3.56	343	−3.23	116.02	67.8
25	48.09	192.36	4.00	342	−3.61	129.29	67.2
26	48.09	209.67	4.36	340	−4.06	144.56	68.9
27	48.08	226.46	4.71	336	−4.38	154.12	68.1
28	48.08	231.26	4.81	335	−4.88	171.20	74.0
29	48.06	252.80	5.26	334	−5.29	185.03	73.2
30	48.05	273.88	5.70	330	−5.81	200.79	73.3
31	48.06	283.55	5.90	329	−6.28	216.37	76.3
32	48.04	310.34	6.46	325	−6.84	232.80	75.0
33	48.04	318.51	6.63	325	−7.19	244.71	76.8
34	48.03	347.26	7.23	321	−7.86	264.22	76.1
35	48.03	359.74	7.49	320	−8.31	278.48	77.4
36	48.03	373.67	7.78	317	−8.77	291.14	77.9
37	47.99	405.04	8.44	314	−9.35	307.46	75.9
38	47.99	419.43	8.74	313	−9.87	323.52	77.1
39	47.99	429.99	8.96	310	−10.36	336.33	78.2
40	47.97	454.76	9.48	307	−11.01	353.97	77.8
41	47.96	479.12	9.99	305	−11.61	370.83	77.4
42	47.95	501.56	10.46	303	−12.18	386.48	77.1
43	47.95	520.26	10.85	302	−12.70	401.65	77.2
44	47.95	537.52	11.21	300	−13.19	414.39	77.1
45	47.94	555.62	11.59	298	−13.73	428.48	77.1

（续表）

序号	电压(V)	输入功率(W)	电流(A)	转速(r/min)	转矩(N·m)	输出功率(W)	效率(%)
46	47.92	573.60	11.97	295	−14.26	440.54	76.8
47	47.92	590.37	12.32	294	−14.73	453.52	76.8
48	47.91	610.85	12.75	291	−15.25	464.73	76.1
49	47.91	630.97	13.17	289	−15.87	480.30	76.1
50	47.90	650.00	13.57	286	−16.38	490.59	75.5
51	47.89	660.88	13.80	284	−16.81	499.95	75.6
52	47.90	669.16	13.97	284	−17.21	511.85	76.5
53	47.89	692.49	14.46	283	−17.81	527.83	76.2
54	47.87	715.18	14.94	280	−18.21	533.96	74.7
55	47.87	725.71	15.16	278	−18.65	542.96	74.8
56	47.87	730.50	15.26	278	−19.00	553.15	75.7
57	47.86	757.15	15.82	276	−19.55	565.06	74.6
58	47.83	765.28	16.00	273	−19.86	567.79	74.2
59	47.85	775.65	16.21	274	−20.06	575.60	74.2

注：冲片外径 92 mm，厚 24 mm，磁钢 24×3，绕组 0.51×5×12。

减速电机的额定点性能：转矩 7.19 N·m，转速 325 r/min，输出功率 244.71 W，电流 6.63 A。

电机转矩常数

$$K_T = \frac{\Delta T}{\Delta I} = \frac{7.19 - 0.01}{6.63 - 1.08} = 1.29(\text{N}\cdot\text{m/A})$$

纯电机的转速

$$n = 325 \times K = 325 \times 3.8947 = 1265.77(\text{r/min})$$

内电机额定工作点数据：额定转速 1 265.77 r/min；额定转矩 $T_N = \dfrac{7.19}{3.8947 \times 0.95} = 1.9432(\text{N}\cdot\text{m})$；额定电流 6.63 A。

电动自行车(总重按 115 kg 计)上坡(5°)时：

电机牵引力

$$\begin{aligned} F &= W f_v \cos\alpha + W \sin\alpha \\ &= 1127 \times 0.0267 \times \cos 2.86^\circ + 1127 \times \sin 2.86^\circ \\ &= 86.28(\text{N}) \end{aligned}$$

电机转矩

$$T_N = FR = 86.28 \times 0.2 = 17.26(\text{N}\cdot\text{m})$$

该电机在 17.21 N·m 时转速为 284 r/min，故

$$n_{爬坡} = \frac{n \times 60 \times \pi \times 2R}{1000} = \frac{284 \times 60 \times \pi \times 2 \times 0.2}{1000} = 21.4(\text{km/h})$$

说明在爬 5°坡时的车速仍可达到 20 km/h。

电机输出功率

$$P_1 = \frac{T_N n}{9.55} = \frac{17.26 \times 284}{9.55} = 513(\text{W})$$

这和电机测试的机械特性曲线是相符的。

2) 158 电动自行车电机推算法计算　用推算法计算冲片齿磁通密度：磁钢为 38H 钕铁硼烧结磁钢。

(1) 计算电机齿磁通密度。

$$B_{Z2} = \frac{B_{r2}(1+K_{tb2})}{B_{r1}(1+K_{tb1})} B_{Z1} = \frac{1+\dfrac{0.88}{0.72}}{2} \times 2.049 = 2.276(\text{T})$$

(2) 计算磁通。

$$\begin{aligned} \Phi &= Z B_Z b_t L K_{FE} \times 10^{-4} \\ &= 18 \times 2.276 \times 0.72 \times 2.4 \times 0.95/10000 \\ &= 0.006725(\text{Wb}) \end{aligned}$$

(3) 计算有效导体总根数。

$$N = \frac{2\pi\left(\dfrac{K_T}{K}\right)}{\Phi} = \frac{2\pi \times \dfrac{1.29}{3.8947}}{0.006725} = 309.4(根)$$

(4) 计算每齿绕组匝数。

$$W = \left(\frac{309.4}{2}\right) \Big/ \left(\frac{18 \times 2}{3}\right) = 12.89(匝)$$

(实取 12 匝，$N = 288$ 根)

(5) 计算相对误差。

$$\Delta_W = \left|\frac{12.89 - 12}{12}\right| = 0.074$$

计算还是在设计符合率之内的。

(6) 计算电机的电流密度。$I = 6.63$ A，$N =$

288，$K_{SF}=0.3$，$Z=18$，$A_S=67.45\text{mm}^2$，$a=1$，则

$$j=\frac{3I_N N}{2aK_{SF}ZA_S}=\frac{3\times 6.63\times 288}{2\times 0.3\times 18\times 67.45}=7.86(\text{A/mm}^2)$$

电流密度已经比较高了，估计发热程度比较高。电机在平路上勉强够用，重载和爬坡时间不能太长，否则电机容易烧毁。电机的槽利用率也是比较高的，电机下线不是那么容易。这些在电机实际运行中都是反映出来并得到证实的。

(7) 计算线径。

$$K_{SF}=\frac{3Nq_{Cu}}{2ZA_S}$$

$$q_{Cu}=\frac{2K_{SF}ZA_S}{3N}=\frac{2\times 0.3\times 18\times 67.45}{3\times 288}=0.843(\text{mm}^2)$$

用5根线并绕，则

$$q_{Cu单线}=\frac{0.843}{5}=0.1686(\text{mm}^2)$$

$$d=\sqrt{\frac{4q_{Cu单线}}{\pi}}=\sqrt{\frac{4\times 0.1686}{\pi}}=0.4633(\text{mm})$$

$$j=\frac{I}{5\times\frac{\pi d^2}{4}}=\frac{6.63}{5\times\frac{\pi\times 0.4633^2}{4}}=7.865(\text{A/mm}^2)$$

实际电机用0.51 mm线，那么实际电机的电流密度会下降，但是槽利用率会高于0.3。

(8) 电机实际电流密度。

$$j=\frac{I}{5\times\frac{\pi d^2}{4}}=\frac{6.63}{5\times\frac{\pi\times 0.51^2}{4}}=6.49(\text{A/mm}^2)$$

$$K_{SF}=\frac{3Nq_{Cu}}{2ZA_S}=\frac{3\times 288\times 5\times\frac{\pi\times 0.51^2}{4}}{2\times 18\times 67.45}=0.3634$$

3) 电机设计计算分析　从以上计算可以看出：

(1) 该冲片的气隙槽宽与齿宽之比不是太合理，因为电机的齿磁通密度有些饱和了，气隙槽宽与齿宽之比为1左右比较合理。

(2) 这种电机的磁钢牌号不能再提高，否则齿磁通密度更饱和。

(3) 应看清齿轮电机和内电机 K_T 的关系。

(4) 这里的齿轮减速比用 $K=3.8947$，不是用行星齿轮减速比计算的。

(5) 这个槽利用率较高，增加了人工下线的困难，但是电机还是能够生产。从这点读者可以知道，人工下线的电动自行车电机的槽利用率达到0.3634还是可以下线的。这对设定电机的槽利用率是一个参考依据。

(6) 从上面的算例可以知道，用槽利用率的概念去分析设计电机是比较方便和实用的。

图8－29所示是158电动自行车电机的机械特性曲线图(未拟合)。

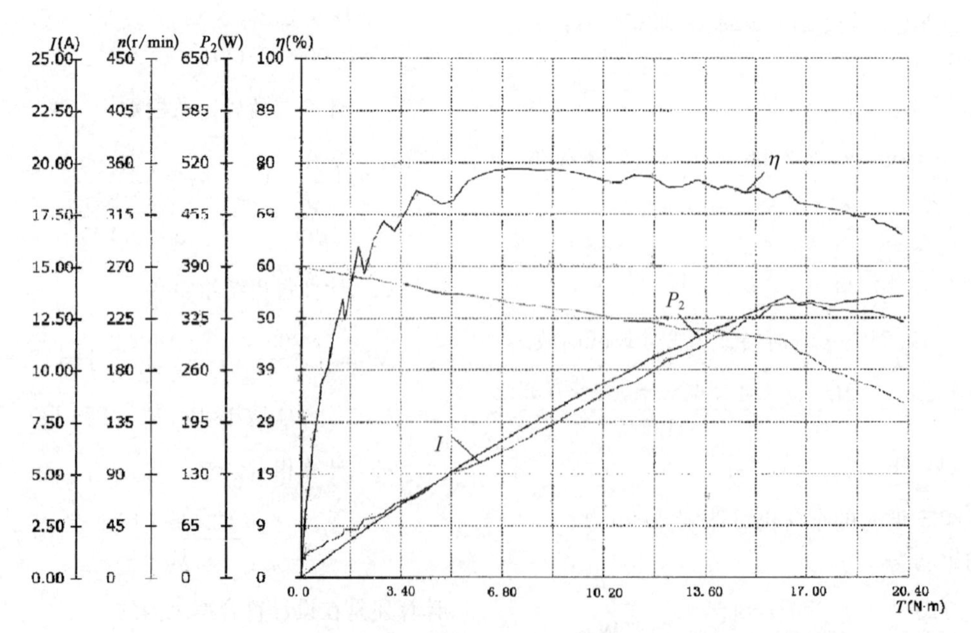

图8－29　158电动自行车电机的机械特性曲线

4）齿轮减速电机的问题　158齿轮减速电动自行车电机虽然体积小、重量轻，在平路上的动力性能也能达到国家电动自行车的标准，但是这种电机也有一定的缺陷，具体如下：

（1）最高转速偏低。

（2）效率偏低。

（3）电流密度，温升偏高。

（4）输出功率偏小。

（5）减速齿轮易损坏，噪声偏大。

8.3.4　一种新型的齿轮减速电机的设计

158电机无论在体积、材料成本、重量上都小于198电机，如果158电机性能能够和198电机相比（图8-30），那么是非常有意义的事。

图8-30　198电机与158电机定子体积比较

198电机与158电机体积相差非常大。要比较158电机与198电机性能，必须从两个方面进行对比：一是比较装有两种电机的同样电动车在平路、爬坡上的性能，简单一些就是比较电机在7 N·m、14 N·m两个工作点的机械特性，并且比较两个电机的堵转转矩；二是比较158电机和198直驱电动自行车电机机械方面的性能。

一般的158电机是做不到性能上可以与198电机相比，两个电机的机械特性不在一个层次上，158电机的电流密度偏高，电机的输出转速偏低，机械特性较软，而且减速齿轮不可靠。

在不改动158电机体积的前提下，如何把158电机的行走机械特性和物理机械性能提高到198电机水平，这是一项技术难度比较高的设计工作。作者想通过这一电机设计思想的实现，使读者进一步熟悉和了解电动自行车无刷电机设计技巧和方法，使读者了解电机设计并不只是用一个软件计算电机匝数那样简单，电机设计主要还要考验电机设计人员的综合设计能力，只有提高电机设计人员对电机认识的程度和综合设计分析能力，这样设计出的电机才能达到一定水平。这些不是一个软件就能解决问题，还是要靠技术人员知识经验的积累。

1）关于电机冲片形状的分析　158电机冲片如图8-31所示，具体数据如下：

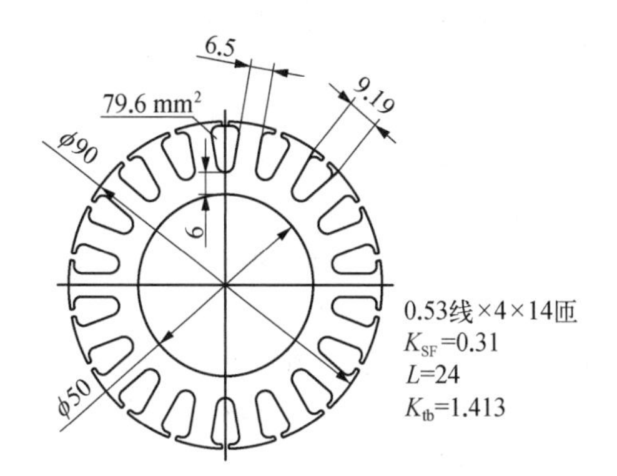

图8-31　158电机冲片

（1）整个线圈导线截面。

$$q_{Cu} = \frac{0.53^2 \times 3.14}{4} \times 4 \times 14 = 12.348(\text{mm}^2)$$

（2）槽面积：79.6 mm²。

（3）电枢叠厚：24 mm。

（4）齿宽：6.5 mm。

（5）轭宽：6 mm。

（6）定子外径：90 mm。

（7）定子槽数：18。

（8）转子极数：20（10对极）。

（9）气隙：1 mm。

用该冲片做的电机，发现电流密度较大，为10 A/mm²。对冲片有以下几种判断：

（1）电机冲片的气隙槽宽和齿宽之比应该是合理的。现在的电动自行车电机用的磁钢都是35H～38H，$B_r = 1.18 \sim 1.23$ T，如果$\alpha_i = 0.73$，则$B_Z = \alpha_i B_r(1 + K_{tb})$，即

$$K_{tb} = \frac{B_Z}{\alpha_i B_r} - 1 = \frac{1.8}{0.73 \times (1.18 \sim 1.23)} - 1$$
$$= (2.089 \sim 2) - 1 \approx 1$$

（2）使总齿宽b_t、槽面积A_S和K_{tb}之积K最大化。

$$K = Zb_t A_S K_{tb} \tag{8-32}$$

一般电机冲片的K_{tb}大，那么冲片的槽面积也大，槽面积大后，槽内同样导体数的线径就可以加大，因此要加大A_S和K_{tb}之积就必须从以下方面努力：

① 使齿磁通密度高些，在158电机中，K_{tb}不宜超过1.5，那么尽量往1.5方向靠。

② 尽量增加冲片槽面积，达到气隙槽宽最大限

度后,在冲片工艺和设计合理的范围中,尽量加大槽的深度,使电机冲片变为深槽冲片。

③ 必须考虑到应该有相当的齿宽 Zb_t,使齿产生足够的齿磁通。

如果把电机的槽利用率提高,那么电机的电流密度更会下降。降低电机电流密度的常用方法有:减小气隙,增加并联根数,提高磁钢性能,增加转子叠厚,增加转子槽面积,加大电机转子直径。

2) 电机冲片形状的设计　根据上面介绍的思想对 158 冲片进行了一种新的设计,新冲片的电机称为 158B,如图 8 - 32 所示。

把 158 电机冲片的内孔缩小 5 mm,这样给冲片槽形成深槽创造了条件,齿宽取用 0. 65 cm 和冲片齿宽相同,气隙槽宽为 0. 953 cm, $K_{tb}=1.466$, 用 38H,这样齿磁通密度达到 2. 214 T,冲片的 $K=98.5$,158 冲片最小的 $K=61.72$,因此电机的线圈导体直径可以增加许多。158B 电机的机械特性测试见表 8 - 22 和图 8 - 33。

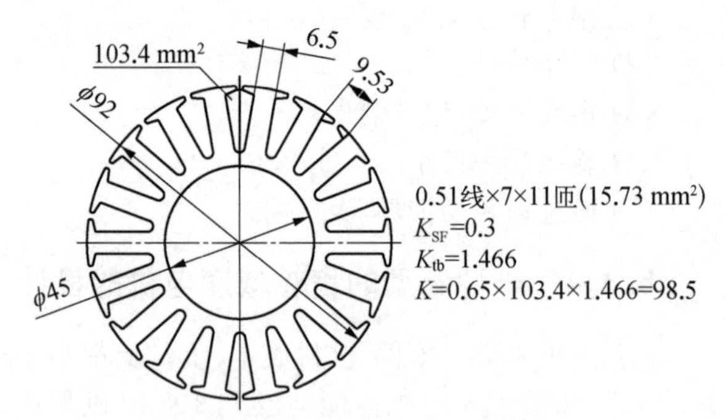

图 8 - 32　158B 冲片尺寸形状

表 8 - 22　深槽冲片 158B 电机的机械特性测试数据

序号	电压(V)	输入功率(W)	电流(A)	转速(r/min)	转矩(N·m)	输出功率(W)	效率(%)	转向
1	48.1	71.41	1.5	413.0	0.5	23.64	33.1	正转
2	48.1	73.37	1.5	412.6	0.6	25.98	35.4	正转
3	48.1	75.81	1.6	412.2	0.7	30.20	39.8	正转
4	48.1	81.19	1.7	412.0	0.8	33.96	41.8	正转
5	48.1	90.00	1.9	411.2	1.0	42.37	47.1	正转
6	48.1	100.76	2.1	409.2	1.2	52.94	52.5	正转
7	48.1	116.90	2.4	408.0	1.6	69.13	59.1	正转
8	48.1	133.04	2.8	406.0	2.0	83.20	62.5	正转
9	48.1	154.56	3.2	403.8	2.4	102.17	66.1	正转
10	48.1	175.10	3.6	401.4	2.9	121.32	69.3	正转
11	48.1	197.11	4.1	399.0	3.4	141.15	71.6	正转
12	48.1	214.72	4.5	397.0	3.8	159.53	74.3	正转
13	48.1	252.87	5.3	393.0	4.7	192.12	76.0	正转
14	48.1	290.53	6.0	388.6	5.5	224.67	77.3	正转
15	48.1	338.46	7.0	383.6	6.5	262.62	77.6	正转
16	48.2	376.66	7.8	379.8	7.5	298.72	79.3	正转
17	48.2	421.77	8.8	375.0	8.5	332.30	78.8	正转
18	48.2	463.41	9.6	370.4	9.5	366.81	79.2	正转
19	48.1	503.29	10.5	366.8	10.4	399.78	79.4	正转
20	48.1	545.84	11.3	363.0	11.4	433.46	79.4	正转
21	48.2	587.70	12.2	359.0	12.4	466.91	79.4	正转
22	48.2	631.03	13.1	354.6	13.4	498.53	79.0	正转
23	48.1	676.92	14.1	350.4	14.5	530.74	78.4	正转
24	48.1	725.17	15.1	346.2	15.5	563.23	77.7	正转
25	48.1	765.45	15.9	342.8	16.6	596.55	77.9	正转
26	48.1	812.90	16.9	338.6	17.6	623.74	76.7	正转
27	48.1	855.94	17.8	334.8	18.7	655.07	76.5	正转
28	48.1	903.27	18.8	331.0	19.7	684.02	75.7	正转
29	48.1	946.34	19.7	326.8	20.8	710.50	75.1	正转
30	48.1	992.77	20.6	322.4	21.8	736.74	74.2	正转

（续表）

序号	电压(V)	输入功率(W)	电流(A)	转速(r/min)	转矩(N·m)	输出功率(W)	效率(%)	转向
31	48.1	1 007.56	20.9	314.2	22.8	751.43	74.6	正转
32	48.1	996.93	20.7	290.6	23.8	725.58	72.8	正转
33	48.1	1 015.26	21.1	276.0	25.0	723.59	71.3	正转
34	48.1	982.51	20.4	250.4	26.1	685.09	69.8	正转
35	48.1	982.02	20.4	232.8	27.4	667.62	68.0	正转
36	48.1	988.37	20.5	218.2	28.6	654.24	66.2	正转

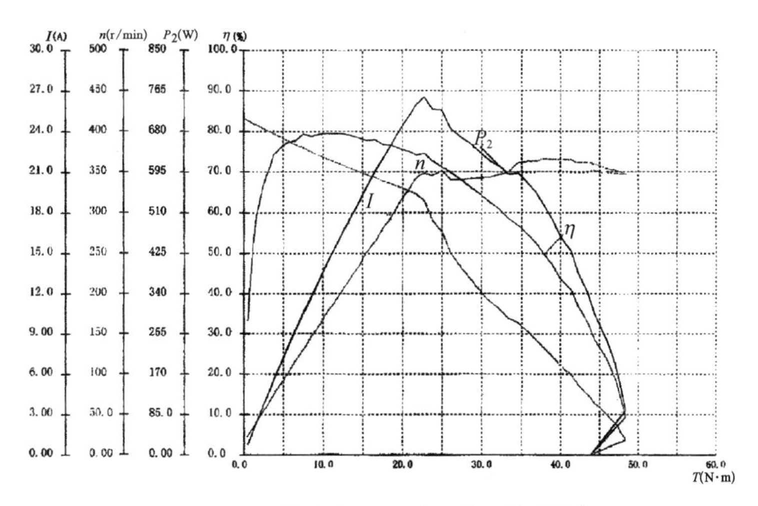

图 8-33　深槽冲片 158B 电机的机械特性曲线

从表 8-22 和图 8-33 中看，电机在 22 N·m 左右时，控制器限流在 20 A，因此电机在21 N·m以前的曲线可以认为是电机真正的机械特性。

在实际的电动自行车运行中，爬坡仅用 15 N·m，所以用 21 N·m 前的机械特性完全可以与 198 电机的机械特性（表 8-23 和图 8-34）相比。

上面比较详细地介绍了电动自行车电机和系列电机的设计计算，现在把电动自行车电机中两种不同大小电机比较典型的电机性能做一个比较，见表 8-24。

表 8-23　198 电机的机械特性测试数据

序号	电压(V)	输入功率(W)	电流(A)	转速(r/min)	转矩(N·m)	输出功率(W)	效率(%)	转向
1	48.1	56.74	1.2	410.4	0.4	15.51	27.3	正转
2	48.1	58.69	1.2	410.0	0.4	15.96	27.2	正转
3	48.1	61.63	1.3	410.0	0.5	19.72	32.0	正转
4	48.1	66.52	1.4	409.4	0.6	25.31	38.1	正转
5	48.1	73.86	1.5	408.6	0.8	32.28	43.7	正转
6	48.1	85.10	1.8	406.8	1.0	42.85	50.3	正转
7	48.1	100.27	2.1	405.2	1.4	57.99	57.8	正转
8	48.1	119.34	2.5	403.0	1.8	77.51	65.0	正转
9	48.1	138.42	2.9	401.0	2.3	95.95	69.3	正转
10	48.1	157.49	3.3	398.6	2.7	114.09	72.4	正转
11	48.1	177.55	3.7	396.0	3.2	131.48	74.1	正转
12	48.1	197.60	4.1	393.8	3.7	153.29	77.5	正转
13	48.1	232.82	4.8	390.2	4.5	183.61	78.9	正转
14	48.1	273.90	5.7	386.0	5.6	224.48	81.9	正转
15	48.2	314.16	6.5	381.2	6.5	259.23	82.5	正转

(续表)

序号	电压(V)	输入功率(W)	电流(A)	转速(r/min)	转矩(N·m)	输出功率(W)	效率(%)	转向
16	48.1	353.14	7.3	377.4	7.5	295.53	83.7	正转
17	48.2	388.45	8.1	373.2	8.4	326.43	84.0	正转
18	48.2	427.74	8.9	369.4	9.3	358.21	83.7	正转
19	48.2	465.42	9.7	365.8	10.2	391.58	84.1	正转
20	48.2	503.90	10.5	362.2	11.2	425.04	84.3	正转
21	48.1	541.93	11.3	358.2	12.2	456.43	84.2	正转
22	48.1	580.08	12.0	354.4	13.1	486.90	83.9	正转
23	48.1	617.74	12.8	350.6	14.0	515.79	83.5	正转
24	48.2	657.52	13.7	346.6	15.0	545.62	83.0	正转
25	48.2	698.79	14.5	343.0	16.1	579.22	82.9	正转
26	48.2	739.22	15.3	339.0	17.1	608.17	82.3	正转
27	48.2	781.69	16.2	335.6	18.3	641.65	82.1	正转
28	48.1	822.68	17.1	331.6	19.3	669.69	81.4	正转
29	48.1	863.76	17.9	327.8	20.3	698.04	80.8	正转
30	48.1	905.34	18.8	324.6	21.4	727.28	80.3	正转
31	48.1	948.38	19.7	320.8	22.5	754.76	79.6	正转
32	48.1	987.88	20.5	316.8	23.5	780.89	79.0	正转
33	48.1	1 016.72	21.1	310.4	24.6	799.57	78.6	正转
34	48.1	1 031.39	21.4	298.8	25.7	803.54	77.9	正转
35	48.1	1 048.50	21.8	287.6	26.8	808.00	77.1	正转
36	48.1	1 018.19	21.2	263.8	27.9	770.10	75.6	正转
37	48.1	1 031.88	21.4	251.6	29.1	766.48	74.3	正转
38	48.1	1 039.21	21.6	237.8	30.2	752.49	72.4	正转
39	48.1	1 044.59	21.7	225.2	31.4	740.45	70.9	正转
40	48.1	1 049.47	21.8	214.2	32.6	730.52	69.6	正转

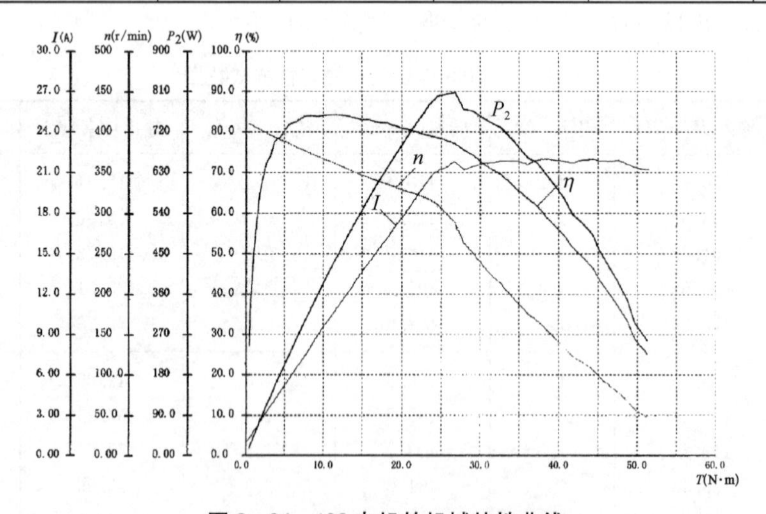

图 8-34　198 电机的机械特性曲线

表 8-24　198 电机和 158 电机性能比较

电机	U(V)	n_0(r/min)	I_0(A)	T_N(N·m)	n_N(r/min)	I_N(A)	η_N	T_2(N·m)	n_2(r/min)	I_2(A)	η_2
158B	48	410	1.2	7.5	379.8	7.8	0.793	17.6	338.6	16.9	0.767
198	48	413	1.5	7.5	377.4	7.3	0.837	17.1	339	15.3	0.823

在转矩 7.5 N·m 和 17.6 N·m 时，两种电机的转速几乎相等，158B 电机电流略比 198 电机大，因为齿轮减速额外增加了损耗，效率差 0.04～0.06。这是齿轮电机比不上直驱 198 电机的原因。但是基本上深槽冲片 158B 电机性能与 198 电机相近，用户在骑行时感觉不到 158B 电机和 198 电机在平路和爬坡上有什么区别。

3) 158B 电机有效导体数计算　158B 电机的有效导体数计算步骤如下。

用 38H 钕铁硼磁钢：$B_r = 1.23$ T，则

$$B_Z = \alpha_i B_r\left(1+\frac{S_t}{b_t}\right) = 0.73\times1.23\times\left(1+\frac{0.953}{0.65}\right) = 2.214(\mathrm{T})$$

$$\Phi = ZB_Z b_t LK_{FE}\times10^{-4} = 18\times2.214\times0.65\times2.5\times0.95/10\,000 = 0.006\,152(\mathrm{Wb})$$

设整机的转矩常数和 198 电机相同，则 $K_T = 1.167$ N·m/A。

158B 四行星过桥齿轮减速 $K=\frac{79}{17}=4.647(Z_1=17,\ Z_2=31,\ Z_3=79)$。

纯电机的转矩常数 $K_T=\frac{1.167}{4.647}=0.251\,1(\mathrm{N\cdot m/A})$，则

$$N=\frac{2\pi K_T}{\Phi}=\frac{2\pi\times0.251\,1}{0.006\,152}=256.5(根)$$

$$每齿匝数\ W=\frac{3N}{4Z}=\frac{3\times256.5}{4\times18}=10.687(匝)$$

158B 电机的设计符合率为

$$\Delta_W=\left|\frac{10.687-11}{11}\right|=0.028$$

4) 行星过桥减速机构的设计　在市场上，158 电机的行星齿轮结构一般采用三行星过桥减速机构，如图 8-35 所示。

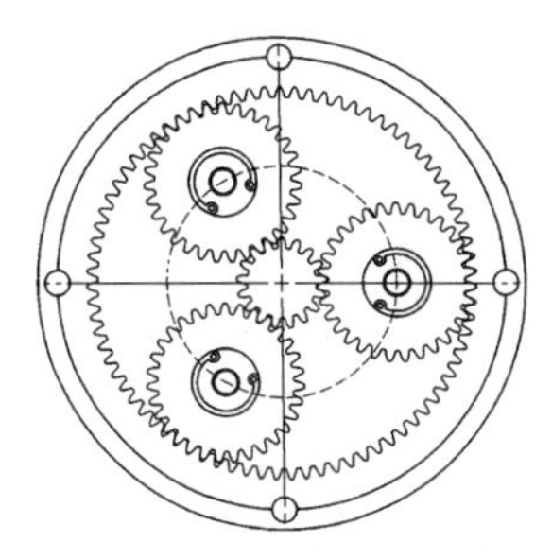

图 8-35　三行星过桥减速机构

与一般圆柱齿轮过桥减速不同的是，圆柱齿轮过桥减速过桥齿轮只有 1 个，而这种行星齿轮过桥减速过桥齿轮有 3 个，这样过桥减速的"行星齿轮"的平均受力强度是一般圆柱过桥齿轮的 1/3，因此过桥齿轮的强度可以小于太阳轮和内齿轮，因此有可能把过桥齿轮做成尼龙塑料材料。

在 158 电机的负载试验和电动自行车运行过程中，特别是电动自行车在运行中受到冲击时发现过桥齿轮经常会受到损伤，说明齿轮强度还需提高，但是这种尼龙塑料齿轮选用的材料已经是塑料中强度非常好的材料，再提高其强度的余地不大。如果采用金属齿轮，减速器的噪声太大，与直驱电动自行车电机的噪声相比，用户肯定接受不了。因此如何能使过桥齿轮既用尼龙塑料齿轮，又使过桥齿轮强度进一步提高，成了 158 电机能否经受各种环境考验的关键。

5) 四行星过桥减速机构的设计　四行星过桥减速机构（图 8-36）就是在三行星过桥减速机构的基础上增加一个过桥齿轮，这样四行星过桥减速齿轮可以比三行星过桥减速齿轮的负重减轻，只要负担原负重的 75%。因此过桥齿轮的损坏率就会有很大的改观。

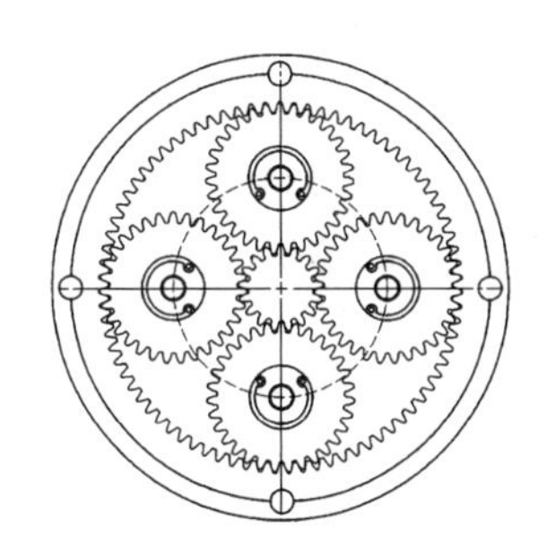

图 8-36　四行星过桥减速机构

为了使过桥齿轮形状数据不变，巧妙地改变了太阳轮和内齿轮的齿数，从原来的 $Z_1=19,\ Z_2=27,\ Z_3=74,\ K=\frac{74}{19}=3.894\,7$，改为 $Z_1=17,\ Z_2=27,\ Z_3=79,\ K=\frac{79}{17}=4.647$。

这样既保证了塑料过桥齿轮不需要重新开模，就是说在原有的 158 电机过桥齿轮的基础上，新的 158B 电机减速机构的过桥齿轮的强度从理论上是 158 电机的 1.333 倍。更为巧妙的是，这种齿数的过桥减速结构可以三过桥或四过桥，增加了使用的灵活性。也就是说，在轻便车中仍可以用三过桥，在替代 198 电机时，因为负载加重，就可以使用四过桥。

四过桥的减速比 K 比一般的 158 电机大，若是同样的内电机，那么电机产生的转矩可以大 17% 的出力，这对于电动自行车电机在爬坡时是非常关

键的。

三行星过桥减速齿轮中只要有一个过桥减速齿轮齿断后就无法正常工作，但是四行星过桥减速齿轮中一个过桥减速齿轮齿断后还有三个过桥减速齿轮保持一个平面使减速机构正常工作，这是四行星过桥减速齿轮机构的特点。

四行星过桥减速机构肯定比三行星过桥减速机构机械强度增加，稳定可靠，运行更加平稳，实现“无侧隙”工作，电机噪声更小。这点在四行星过桥减速电动自行车电机试制成功后的试验中得到了证实。

8.4 电动摩托车电机实用设计

人的要求是无止境的，在市面上有了电动自行车后，人们就要把电动车的性能往摩托车性能方面靠近，追求电动车整车的形状要与摩托车相近，车辆的速度要赶上摩托车，因此市面上相继出现了各种各样的电动摩托车，电动摩托车电机也随之出现。因此电动摩托车电机的设计就摆在了电机设计工作者面前。

8.4.1 电动摩托车电机概述

1) 电动摩托车的动力性能　设计电动摩托车电机，首先要了解电动摩托车的动力性能，只有对电动摩托车的动力性能了解清楚后，才有把握设计好电动摩托车电机；其次考虑的是用什么形式的电机来实现电动摩托车的动力性能；最后按制定的电机形式进行目标设计，使电机的机械特性曲线能够符合电动摩托车的动力性能。

GB/T 24158—2009《电动摩托车和电动轻便摩托车通用技术条件》于 2010 年 1 月 1 日开始实施，这项标准将 40 kg 以上、车速 20 km/h 以上的两轮车称为轻便电动摩托车或电动摩托车，并且划入机动车范畴。电动摩托车标准与电动自行车标准界限明确，电动自行车与电动轻便摩托车是具有明显不同特点的两种产品。

2) 电动摩托车的车速　电动摩托车的巡航速度是指能较长时间内(10 min～1 h)保持住的速度。通常电动摩托车速度在 45～50 km/h，在平坦的道路上，如果车况好、路面宽，车速 80 km/h 还是非常容易达到的。一段时间内(通常要半小时或以上)骑行距离除以骑行时间得到的速度是平均速度，为 50～60 km/h，这是电动摩托车的巡航速度。因此以 50 km/h运行速度判别是否电动摩托车是很有道理的。

电动自行车车速限制在 20 km/h 之内，而电动摩托车的车速规定在 50 km/h 之外，因此 20～50 km/h则规定为轻便电动摩托车的车速。

电动车在平路时的常用巡航速度可以认为是额定运行点，GB 7258—2012《机动车运行安全技术条件》规定如下：

(1) 摩托车。无论采用何种驱动方式，其最高设计车速大于 50 km/h。

(2) 轻便摩托车。无论采用何种驱动方式，其最高设计车速不大于 50 km/h。但不包括最高设计车速不大于 20 km/h 的电驱动的两轮车辆。

一般摩托车平时以 45 km/h 骑行在一般路上还是很轻松的，长期运行为 35 km/h 左右是合适的。因此轻便摩托车的额定车速应该定在 35 km/h 左右。

这样可以把电动车的巡航车速大致罗列出来：电动轻便摩托车巡航车速为 35 km/h；电动摩托车巡航车速为 55 km/h。

在设计时，不应该把电动车的巡航车速作为额定车速，应该把巡航车速再加 5 km/h 左右。电动轻便摩托车额定运行车速为 40 km/h；电动摩托车额定运行车速为 60 km/h。

3) 电动摩托车的载重　现在的电动自行车、轻便电动摩托车和电动摩托车都以踏板式的车型为主，因为这种车型能够很好地安放电池，如果用轻便电动摩托车，那么电池的安放总觉得显眼。

把电池放在踏板车内部的发动机位置来替代发动机，电动摩托车的外形和一般摩托车外形没有什么区别，这些都和摩托车要求一样，又要安放电池，所以这样整个电动车就比较重。

电动摩托车因为电池大，整车的重量要大些，现在轻便电动摩托车和电动摩托车在外形上是难以区别的，只能控制摩托车的运行速度。

一般电动摩托车的车重在 85～90 kg，其他就是载重了，摩托车的载重一般在 75～150 kg。

可以粗略地确定：轻便电动摩托车总重不超过 160 kg，电动摩托车总重不超过 230 kg，这些是设计电动摩托车电机时的主要依据之一。

4) 电动摩托车的电池　电动摩托车取用的电池决定了电动摩托车的运行时间，因为电池的容量和电池电压的乘积就是电池可以输出的功率，这样可以初步判断电池对电动摩托车做的功和摩托车的续行里程。

例如，一种锂电池是 48 V 20 A·h，那么该电池的总功率为

$$W_{电池} = 48 \times 20 = 960(\mathrm{W})$$

也就是说，该电池仅能提供 1 h 内输出 960 W 的功率。如果电机选用的输入功率为 500 W，那么电池可以使用 1.92 h。

如果配备该电机的电动摩托车的车速为 35 km/h，那么该电动摩托车的续行里程为

$$S = 35 \times 1.92 = 67.2(\mathrm{km})$$

表 8－25 所列是一家电动摩托车制造公司给出的电动摩托车电机的配置。

表 8－25　电动摩托车电机的配置要求

配　置		主流配置		高端配置	
整车配置	车重(kg)	85		90	
	电机式样	满盘轮毂电机		侧挂电机	
	电机选用功率(W)	500		700	
	轮辋	10		10	
	轮胎	真空胎 16/3.0		真空胎 16/3.0	
	电池				
整车性能	单人 75 kg 静态最大爬坡度(°)	9		12(BOOST 挡)	
	双人 150 kg 静态最大爬坡度(°)	6		9(BOOST 挡)	
	最高车速(km/h)	>35		>40(SPEED 挡)	
	30 km/h 耗电量(W·h/km)	19		21	
	以 30 km/h 预计续行里程(km)	50		50	
电机性能		整车 WOT	电机台架	整车 WOT	电机台架
	堵转转矩(N·m)	>55.2	>60	>77.9	>85
	最高车速的功率(W)	>415	>500	>568	>700
电池要求		48 V 20 A·h			
	控制器限流(A)	28、30、33			

以上两种配置也只能说明该厂家做的是轻便电动摩托车电机，只是分主流配置和高端配置两种。所谓的高端配置的性能也远远不及一般燃油摩托车性能。

09 款豪爵太子摩托 125c 燃油摩托车，最高车速不低于 85 km/h，最大功率 6.7 kW(7 500 r/min)，如果是电动摩托车，要输出 6.7 kW 的输出功率，电池是无法放进电动车内的，这和高端配置的电动摩托车相比在最高转速和最大功率方面相差很大。

如果轻便电动摩托车的总重为 200 kg，车速为 35 km/h，在平路良好路面，性能见表 8－26。

表 8－26　轻便电动摩托车的动力性能(总重 200 kg、车速 35 km/h)

车总负荷(N)	附件损失系数	传动系统效率	坡道角度(°)	空气阻力系数	迎风面积(m^2)	良好，干燥路面车速(km/h)
1 965	1	0.95	0	0.7	0.5	35
滚动阻尼	**车最大功率(kW)**	**车轮胎半径(m)**	**最大扭矩转速(r/min)**	**最大扭矩(N·m)**	**坡度正切值(%)**	
0.014	0.489	0.2	464.44	9.06	0.00	

电动摩托车的功率为 0.489 kW，如果用 48 V 20 A·h 的锂电池，其功率 $P = 48 \times 20 = 960(\mathrm{W})$，$t = \dfrac{960}{489} = 1.963(\mathrm{h})$，电动摩托车行程为 $40 \times 1.963 = 78.52(\mathrm{km})$，来回能单程跑 39.26 km。这是非常可以的。

下面是 48 V 500 W 电动摩托车电机参数：

(1) 空载转速：520 r/min。

(2) 空载电流：≤1.8 A。

(3) 额定电流：13 A。

(4) 额定功率：500 W。

(5) 额定转速：470 r/min±10%。

(6) 额定转矩：≥10 N·m。

以上数据和以轻便电动摩托车标准用动力性能计算几乎相同，说明了用动力性能计算电动车的性能的可行性。

不适合做大功率的电动摩托车，摩托车车速快，规定要大于 50 km/h，如果车重 85 kg，以乘坐 2 人计 150 kg，共 235 kg，如果摩托车车速以 60 km/h 计算，在平路上干燥路面的性能见表 8－27。

平路上电动摩托车的最大功率就要 2.877 kW(与燃油摩托车 125c 相比功率还是小很多)。

表 8-27 轻便电动摩托车的动力性能(总重 235 kg、车速 60 km/h)

车总负荷(N)	附件损失系数	传动系统效率	坡道角度(°)	空气阻力系数	迎风面积(m^2)	良好,干燥路面车速(km/h)
2 305	0.95	0.9	0	0.7	0.6	60
滚动阻尼	车最大功率(kW)	车轮胎半径(m)	最大扭矩转速(r/min)	最大扭矩(N·m)	坡度正切值(%)	
0.033	2.877	0.2	796.18	34.50	0.00	

一般锂电池 48 V 20 A·h 比较多,用锂电池 48 V 40 A·h那体积也比较大了,锂电池 48 V 40 A·h 的功率 $P=48\times 40=1\,920$(W),电池仅能用 $t=1\,920/2\,877=0.66$(h),电动摩托车的续行里程为 $60\times 0.66=40$(km),来回单程跑 20 km 电就用完了,这是不现实的。如果再要增加锂电池容量 72 V 40 A·h,则 $P=72\times 40=2\,880$(W),电池也仅能用 $t=2\,880/2\,877=1$ (h),电动摩托车的续行里程为 $60\times 1=60$(km),来回单程跑 30 km 电就用完了。一个配置电池容量很大,体积很大,费用很高,很高端的锂电池电动摩托车,活动范围只能跑 30 km,那是没有什么实用意义的。因此不适宜做成大功率、高速的电动摩托车。表 8-28 所列是 S198 直驱式电动摩托车电机机械特性测试数据,其机械特性曲线如图 8-37 所示。

表 8-28 S198 直驱式电动摩托车电机机械特性测试数据

序号	电压(V)	输入功率(W)	电流(A)	转速(r/min)	转矩(N·m)	输出功率(W)	效率(%)
1	48.19	81.44	1.69	506	−0.25	13.25	16.3
2	48.19	81.92	1.70	506	−0.12	6.36	7.8
3	48.19	82.40	1.71	506	−0.11	5.83	7.1
4	48.19	88.67	1.84	506	−0.31	16.43	18.5
5	48.19	90.60	1.88	505	−0.28	14.81	16.3
31	48.20	512.37	10.63	465	−8.51	414.40	80.9
32	48.20	542.73	11.26	463	−9.10	441.23	81.3
33	48.20	569.72	11.82	461	−9.64	465.39	81.7
34	48.20	599.13	12.43	458	−10.18	488.26	81.5
35	48.20	632.38	13.12	455	−10.95	521.76	82.5
36	48.20	662.27	13.74	452	−11.72	554.76	83.8

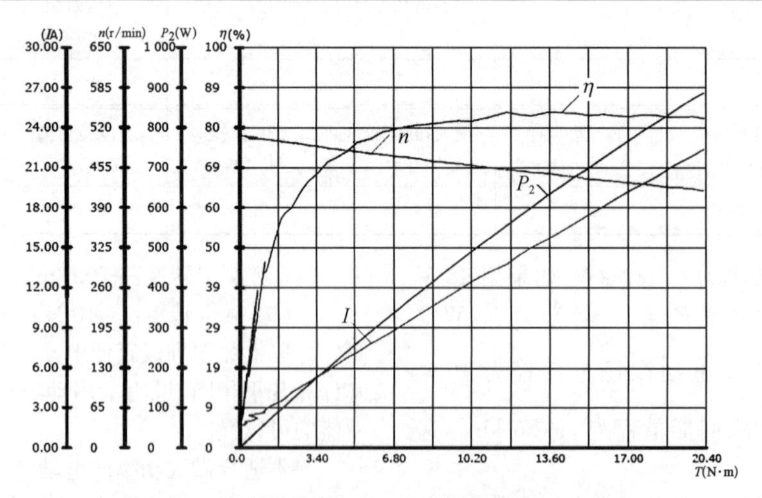

图 8-37 S198 直驱式电动摩托车电机机械特性曲线

可以看出,该电动摩托车电机在 9.18 N·m 的负载下,转速为 458 r/min,输出功率 488.26 W,输入功率 599.13 W,额定电流 13.12 A,空载电流 1.69 A,和 48 V 500 W 电动摩托车电机参数基本相同,只是转速相对误差为 0.02 左右。一般称这种电动摩托车电机为 500 W 摩托车电机。

判断该电动摩托车电机是用于主流配置还是高端配置的。因为该电动摩托车在 10 N·m 时的车

速为

$$\begin{aligned} v &= 2\pi R \times n \times 60 = 2\pi \times 0.2 \times 458 \times 60 \\ &= 34\,532\ (\mathrm{m/h}) \\ &\approx 34.5(\mathrm{km/h}) \end{aligned}$$

因此该电动车仍是主流配置,一般主流配置都用直驱式轮毂电机,S198 就是采用直驱式轮毂电机。

如果采用 48 V 20 A·h 的锂电池,那么该车可以行走 $\dfrac{48 \times 20}{599.13} = 1.6(\mathrm{h})$,则续行里程为

$$S = 34.5 \times 1.6 = 55.2(\mathrm{km})$$

电动摩托车可以运行 27.6 km 的一个来回,全程花费 1.6 h。

因此,电池的容量就决定了电动车的续行里程,像轻便电动摩托车,其电池不可能做到容量很大,最大的如 48 V40 A·h 磷酸铁锂电动摩托车聚合物锂电池,重达 24 kg,但是电动摩托车的行程就达100 km 以上,那样的轻便电动摩托车就能跑远距离了。

5) 电动摩托车电机的设计计算　轮毂直驱式无刷电动摩托车电机的设计和电动自行车电机设计相差不大,用前面介绍的实用设计方法设计电机是非常简单的。以 S198 直驱式轮毂电机为例,其冲片如图 8-38 所示。计算步骤如下:

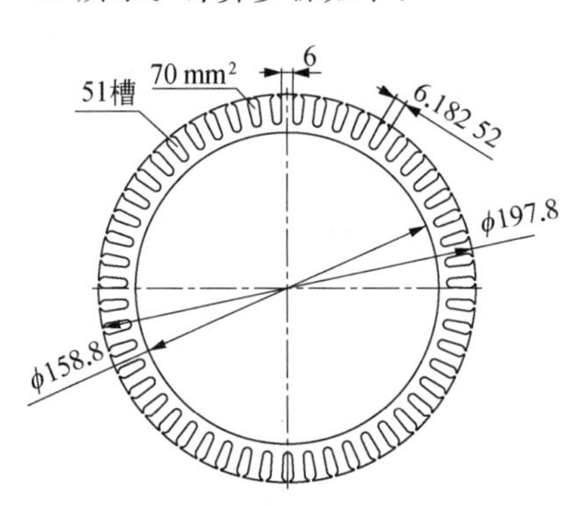

图 8-38　S198 直驱式轮毂电机冲片

(1) 求出电机的转矩常数。

$$K_{\mathrm{T}} = \frac{10.18 - 0.25}{12.43 - 1.69} = 0.924(\mathrm{N \cdot m/A})$$

(取表 8-28 机械特性曲线中第 34 点和空载点计算)

(2) 求电机齿磁通密度:该电机磁钢 35H,$B_{\mathrm{r}} = 1.18\ \mathrm{T}$,则齿磁通密度为

$$\begin{aligned} B_{\mathrm{Z}} &= \alpha_{\mathrm{i}} B_{\mathrm{r}} K_{\mathrm{L}} \left(1 + \frac{S_{\mathrm{t}}}{b_{\mathrm{t}}}\right) \\ &= 0.73 \times 1.18 \times 1.036 \times \left(1 + \frac{6.18}{6}\right) \\ &= 1.812(\mathrm{T}) \end{aligned}$$

(3) 求磁钢伸长系数 K_{L}。

$$\begin{aligned} K_{\mathrm{L}} &= 1 + \frac{(L_2 - L_1) \times 0.85}{L_1} \\ &= 1 + \frac{(2.4 - 2.3) \times 0.85}{2.3} \\ &= 1.036 \end{aligned}$$

(4) 求电机工作磁通。

$$\begin{aligned} \Phi &= Z B_{\mathrm{Z}} b_{\mathrm{t}} L K_{\mathrm{FE}} \times 10^{-4} \\ &= 51 \times 1.812 \times 0.6 \times 2.3 \times 0.95 \times 10^{-4} \\ &= 0.012\,12(\mathrm{Wb}) \end{aligned}$$

(5) 求有效导体数。

$$N = \frac{2\pi K_{\mathrm{T}}}{\Phi} = \frac{2\pi \times 0.924}{0.012\,12} = 479(\text{根})$$

(6) 求每齿绕组匝数。

$$W = \frac{3N}{4Z} = \frac{3 \times 479}{4 \times 51} = 7.04(\text{匝})$$

(实际电机取用 7 匝)

(7) 考核电机设计符合率。

$$\Delta_{\mathrm{W}} = \left| \frac{7.04 - 7}{7} \right| = 0.005\,7$$

图 8-39 是该轻便电动摩托车电机的一种外形和结构图,这个电机的定子冲片用了 DW250-35,因此比一般电动自行车电机的效率高几个百分点,达 83.8%,原因就是冲片损耗小。

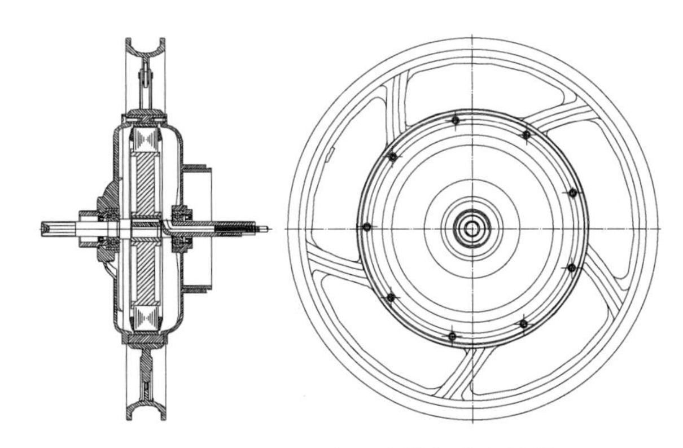

图 8-39　S198 直驱式轮毂电机结构

8.4.2　轻便高端配置电动摩托车电机的设计

图 8-40 所示是一种电动摩托车电机的外形、结构图和电机的技术数据,可以看到,这个电动摩托车电机也是直驱式轮毂电机,电机铁心厚 5.2 cm。在技术参数上,可以看到这个电机的额定输出转矩

达 25 N·m，额定输出功率达 1 440 W，在爬坡时输出功率会达到 3 000 W。该电机最高转速能使电动车车速达到 45 km/h 以上，这种电机还是配备在轻便电动摩托车上的，是一种轻便电动摩托车的高端配置。

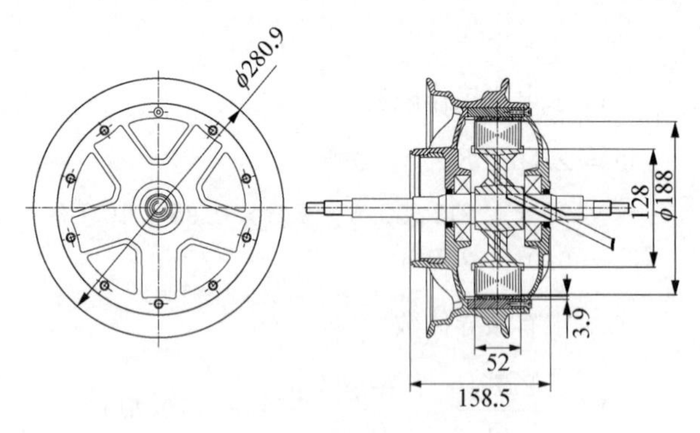

图 8-40　轻便高端配置电动摩托车电机结构

（1）电机技术数据。轻便高端配置电动摩托车电机技术数据如下：

① 电机效率大于 85%。

② 电机额定电压48 V；额定功率 2 000 W；额定扭矩 25 N·m；额定转速 550 r/min±35 r/min；额定电流小于 42 A。

③ 电机空载转速 650 r/min±40 r/min；空载电流小于 2 A。

④ 过载能力：当电机输出功率为 3 000 W 时，电机正常运转时间不得少于 5 min；当电机输出功率为 2 500 W 时，电机正常运转时间不得少于 20 min。

⑤ 最高车速 45 km/h。

是否可以利用已经掌握的知识，按照这些技术数据设计出一个能达到这些技术要求和电机外形尺寸的电动摩托车电机呢？下面介绍作者对这个电机的分析、判断和设计过程。

（2）电机设计。电机定子外径为 188 mm，前面介绍到一个冲片，外径正好是 188 mm，但是该冲片的内径是 148 mm，比这个电机的冲片内径 128 mm 大 20 mm，也就是说，现在的冲片宽为 30 mm，前面的冲片宽为 20 mm。

用现成的 188 冲片（图 8-41）曾做过一个电动摩托车电机，电机性能是可以的，就是过载电流密度太大，达不到该电机的要求。表 8-29 所列是用现成的 188 冲片的电机性能分析报告。

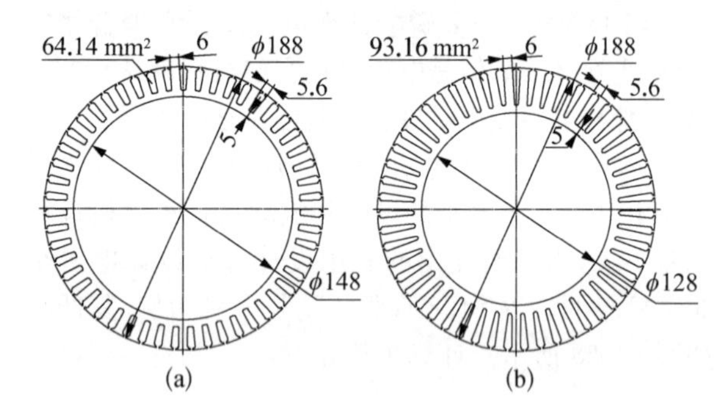

图 8-41　外径 188 mm 的电动机定子一般冲片和深槽冲片

表 8-29　电机性能分析列表

图样技术要求	用户图样要求	用户样机数据	试 制 电 机	试制电机分析
空载转速(r/min)	650±40	632	636	达到
空载电流(A)	<2	3.588	2.785	超差
25 N·m 时转速(r/min)	550±35	513	501	稍超差
额定电流(A)	<42	34	33	达到
最大效率(%)	>85	84.71	86.15	达到
过载能力	输出功率在 2 500 W 时，电机运行不得少于20 min；输出功率 3 000 W 时，电机运行不得少于 5 min	最大输出功率：1 573 W	最大输出功率：1 482 W 在 2 500 W 时的电流密度达 19 A/mm²；在 3 000 W 时的电流密度达 24 A/mm²	两种电机的输出功率均不能达到 2 500 W 以上；如果能够达到输出功率，但是电流密度太高，电机承受不了

（3）分析结论。

① 试制的电机样机空载转速和最大效率点达到用户要求，比用户样机好。

② 试制的电机在空载电流和额定点转速没有达到用户的要求。

③ 试制的电机达不到用户输出功率 2 500 W 和 3 000 W 的要求，如果能够达到2 500 W 和 3 000 W 的输出功率，电机电流密度太高，电机承受不了 20 min 和 5 min 时间的运行。如要达到用户的要求，电机的导线线径太小。

（4）最终结论。

① 试制电机和用户提供的样机均达不到用户图样要求，但某些数据比用户样机好。

② 电机线径必须加粗。

③ 如果考虑该 188 冲片的齿数、齿宽、轭宽和气隙槽宽不变，那么电机的齿磁通密度不变，这样冲片的槽形就会变成深槽，成为深槽电机，其槽形面积增加达

$$\Delta_{A_S} = \left|\frac{93.16-64.14}{64.14}\right| = 0.45$$

电机的匝数不变，那么电机的电流密度会得到改善。

输出功率 2 500 W 时，有

$$j = 19 \times \frac{64.14}{93.16} = 13.08(\text{A/mm}^2)$$

输出功率 3 000 W 时，有

$$j = 24 \times \frac{64.14}{93.16} = 16.5(\text{A/mm}^2)$$

1）轻便高端配置电动摩托车电机实用设计

由于深槽冲片的槽数太多，下线工艺不好，为此作者认为可减少槽数和磁钢数，用 24 槽，26 片磁钢，气隙槽宽和齿宽相等，进行推算求新冲片齿、轭尺寸。

$$齿宽 \quad b_t = 0.6 \times \frac{51}{24} = 1.28(\text{cm})$$

图 8-42 设计的少槽冲片行不行呢？来分析和计算一下。

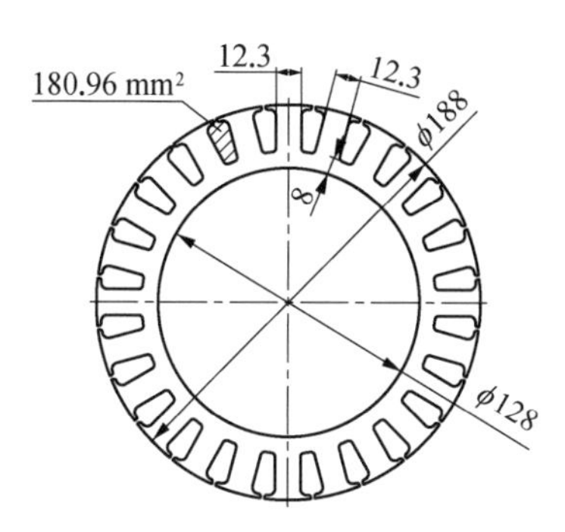

图 8-42 外径 188 mm 的少槽电机冲片

（1）求出电机的转矩常数。

$$K_T = \frac{T}{I - I_0} = \frac{25}{42-2} = 0.625(\text{N}\cdot\text{m/A})$$

（根据技术要求确定）

（2）求电机齿磁通密度：该电机磁钢 35H，$B_r = 1.18$ T，则齿磁通密度为

$$B_Z = \alpha_i B_r\left(1+\frac{S_t}{b_t}\right) = 0.73 \times 1.18 \times \left(1+\frac{1.23}{1.23}\right)$$
$$= 1.723(\text{T})$$

作者认为该齿磁通密度可以达 1.9 T，可以减小齿宽和变磁钢为 38H，$B_r = 1.23$ T，则

$$\frac{S_t}{b_t} = \frac{B_Z}{\alpha_i B_r} - 1 = \frac{1.9}{0.73 \times 1.23} - 1 = 1.116 \approx 1.12$$

$$S_t + b_t = \frac{\pi D_i}{Z} = \frac{\pi \times 18.8}{24} = 2.46(\text{cm})$$

$$b_t = \frac{2.46}{2.12} = 1.15(\text{cm})$$

重新画冲片图，如图 8-43 所示，改进冲片的设计步骤如下：

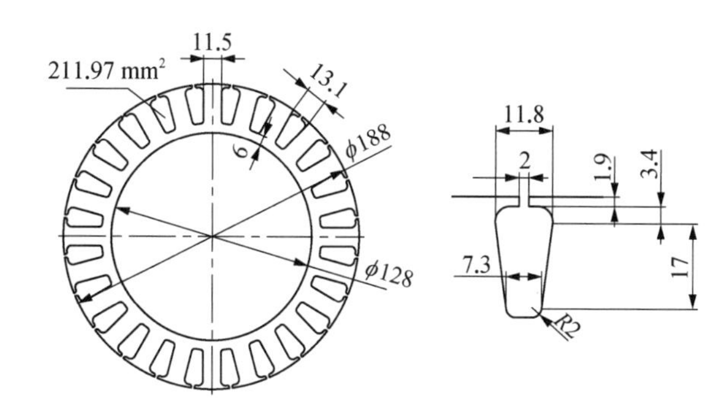

图 8-43 外径 188 mm 的少槽电机改进冲片

（1）验算齿磁通密度。

$$B_Z = \alpha_i B_r\left(1+\frac{S_t}{b_t}\right) = 0.73 \times 1.23 \times \left(1+\frac{1.31}{1.15}\right)$$
$$= 1.92(\text{T})$$

（2）求电机工作磁通。

$$\Phi = ZB_Z b_t L K_{FE} \times 10^{-4}$$
$$= 24 \times 1.92 \times 1.15 \times 5.2 \times 0.95 \times 10^{-4}$$
$$= 0.02617(\text{Wb})$$

（3）求有效导体数。

$$N = \frac{2\pi K_T}{\Phi} = \frac{2\pi \times 0.822}{0.02617} = 163(根)$$

（4）求每齿绕组匝数。

$$W = \frac{3N}{4Z} = \frac{3 \times 163}{4 \times 24} = 5.09(匝)(取 5 匝)$$

实际绕组 $N = 160$。

（5）求绕线股数：设 $K_{SF} = 0.34$，线径 0.51，则

$$q_{Cu} = K_{SF}A_S\Big/\frac{3N}{2Z} = 0.34 \times 211.97\Big/\frac{3 \times 160}{2 \times 24}$$
$$= 7.2(\text{mm}^2)$$

$$\frac{\pi d^2}{4} \times w_1 = 7.2(\text{mm}^2)$$

$$w_1 = \frac{7.2}{\pi \times 0.51^2} \times 4 = 35.2(股)(取 35 股)$$

（6）求电流密度。

$$j = \frac{I}{q_{Cu}} = \frac{34}{7.2} = 4.7(\text{A/mm}^2)$$

估计电机在额定功率时，工作正常，如果在输出 2 500～3 000 W 时，电流密度已经有了很大的降低。

设 $P_2 = 3\,000\,\text{W}$，$\eta = 0.85$，$P_1 = 3\,000/0.85 = 3\,529(\text{W})$，则

$$I = \frac{P_1}{U} = \frac{3\,529}{48} = 73.52(\text{A})$$

$$j = \frac{I}{q_{\text{Cu}}} = \frac{73.52}{7.2} = 10.2(\text{A/mm}^2)$$

在绝缘等级为 F 级时，强风冷却电机运行 3 min 是完全可以胜任的。

2) 用 Maxwell 核算电机的性能　图 8-44 所示是电机结构和绕组，其机械特性曲线和额定工作点如图 8-45 所示。

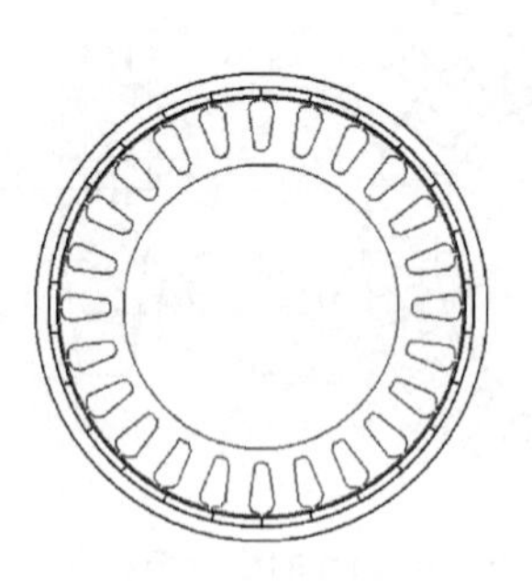

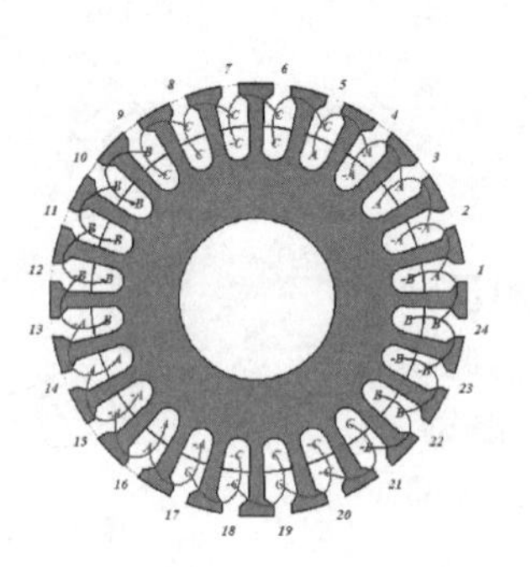

	Phase	Turns	In Slot	Out Sl
Coil_1	A	5	1T	2B
Coil_2	-A	5	2T	3B
Coil_3	A	5	3T	4B
Coil_4	-A	5	4T	5B
Coil_5	-C	5	5T	6B
Coil_6	C	5	6T	7B
Coil_7	-C	5	7T	8B
Coil_8	C	5	8T	9B
Coil_9	B	5	9T	10B
Coil_...	-B	5	10T	11B
Coil_...	B	5	11T	12B
Coil_...	-B	5	12T	13B

图 8-44　Maxwell 的电机结构和绕组

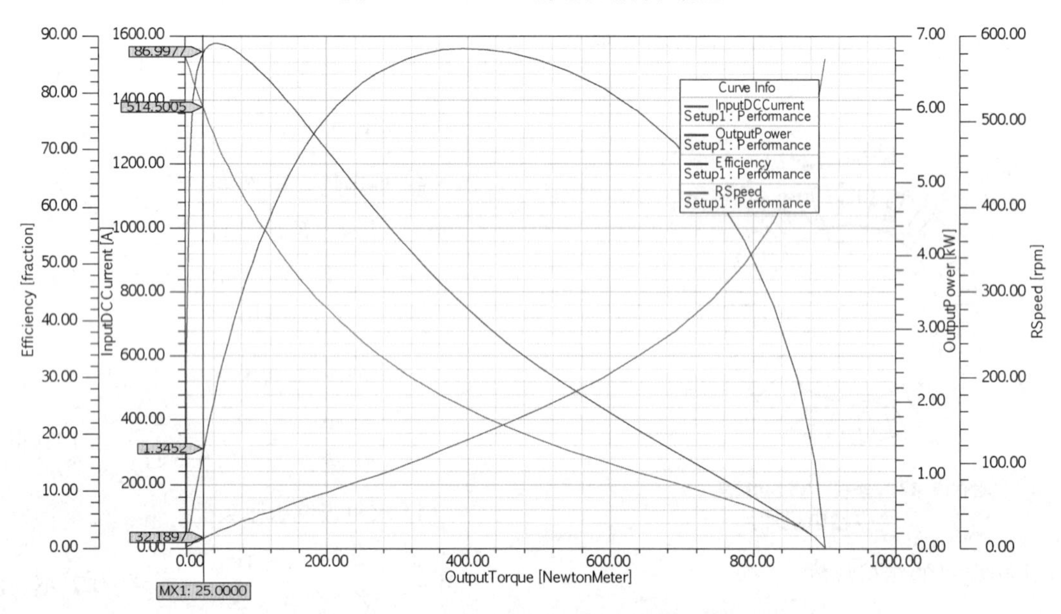

图 8-45　电机机械特性曲线和额定工作点

以下是用 Maxwell 计算的主要数据：

Rated Output Power (kW): 1.44

Rated Voltage (V): 48

Residual Flux Density (Tesla): 1.23

Stator-Teeth Flux Density (Tesla): 1.85755

Stator-Yoke Flux Density (Tesla): 1.5651

Average Input Current (A): 32.1797

Root-Mean-Square Armature Current (A): 30.4353

Armature Current Density (A/mm^2): 4.25676

Total Loss (W): 276.289

Output Power (W): 1440.01

Input Power (W): 1716.3

Efficiency (%): 83.902

Rated Speed (rpm): 514.385

Rated Torque (N.m): 26.733

计算符合率为

$$\Delta_n = \left|\frac{514.385 - 550}{550}\right| = 0.064$$

$$\Delta_{B_z} = \left|\frac{1.92 - 1.857\,55}{1.857\,55}\right| = 0.023$$

图 8-46 所示为电机在输出 3 000 W 时的机械特性曲线和额定工作点。

在输出 3 000 W 时 Maxwell 计算如下：

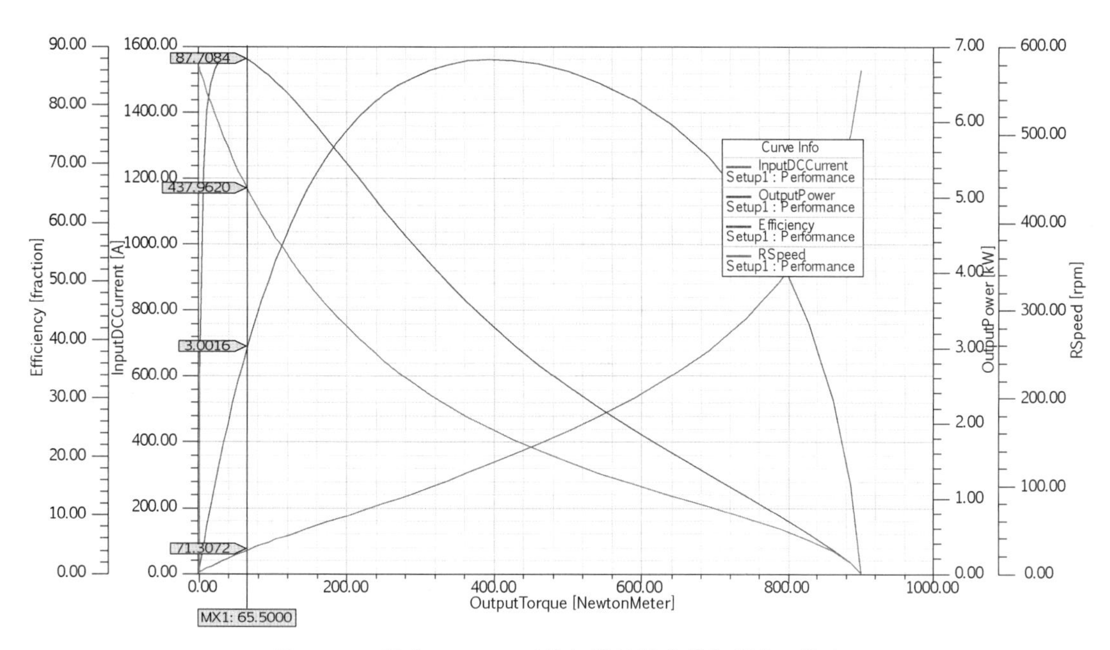

图 8－46　输出 3 000 W 时的机械特性曲线和额定工作点

Average Input Current (A): 72.4978

$$j=\frac{I}{q_{\mathrm{Cu}}}=\frac{72.4978}{7.2}=10.1(\mathrm{A/mm^2})$$

两种计算方法的计算一致性误差为

$$\Delta_j=\left|\frac{10.1-10.2}{10.2}\right|=0.0098$$

Root-Mean-Square Armature Current (A): 72.4978

Armature Current Density (A/mm^2): 10.1397

Frictional and Windage Loss (W): 66.5863

Output Power (W): 3000.38

Input Power (W): 3532.77

Efficiency (%): 84.9301

电机在输出 3 000 W 时的有效电流密度是 10.1 A/mm²，电机短时运行 3 min(爬坡)是没有问题的。

通过用 Maxwell 核算，证明两种算法的设计的相同误差还是基本相近的，它们的设计符合率还是很好的，证明了用简单的实用目标设计法计算是可靠、方便的，应该说这个设计方案达到了用户要求。

8.4.3　通用电动摩托车电机的设计

作者在关于通用电动摩托车电机设计中主要不是只讲述电机的匝数是如何求取的，而是要谈对通用电动摩托车和电动摩托车电机设计的一些相关看法，与大家讨论。

电动摩托车和轻便电动摩托车是两个档次的车辆。规定要能够运行 60 km/h 以上的电动车称为电动摩托车，这是指电动摩托车在平路上的运行车况。

实际上，电动车要考核两个指标：一个是在平路运行；另一个是爬坡状态。在平路时主要考核电动车的车速，在爬坡时要考核电动车的爬坡度。这两个电动车的车况相差很大，特别是功率强大的摩托车，其发动机的功率强大，爬坡能力很强。

1) 电动摩托车爬坡的分析　车辆行驶肯定会遇到爬坡问题，尤其在丘陵和山区，爬坡是电动摩托车必须考虑的问题。

电动摩托车能够爬多大坡度的坡和爬坡需要多大的功率是需要研究的问题。坡度分角度坡度和百分比坡度，现在国际标准坡度都采用百分比坡度，所谓百分比坡度是指行进 100 m，垂直高度上升 1 m，则坡度为 1%。

一般普通的吉普车爬坡能力为 32°左右，相比吉普车的四轮驱动系统，摩托车仅有后轮驱动，因此除了极少数的摩托车外，一般摩托车的最大爬坡度都小于吉普车。摩托车的最大爬坡度不仅受后轮驱动力限制，而且受轮胎和地面摩擦力的限制，以上数据是指在沥青马路上，如果是乡村土路，轮胎和地面的摩擦系数进一步降低，最大爬坡度只有 26.5°。有时候靠惯性可以冲上比上述数据大得多的坡，但是又长又陡的大坡是不可能上的，大部分摩托车最大爬坡度在 30°以内，110cc 和 125cc 的摩托车在 20°左右。

设计摩托车时的一项技术指标是能爬 20°(36.4%)以上的坡。一般机动车辆爬坡度为 30°(57.73%)左右，高档越野车可能达到 35°左右，摩托车有强大的爆发力，爬坡度绝对是超过 30°的。爬坡和冲坡是有区别的，功率强大的摩托车能爬很陡峭的坡度，这是电动摩托车无法比的。

一般电动摩托车的爬坡度根据电机功率大小而定，1 500 W 电机爬坡度在 10%～15%，500 W 电机爬坡度在 5%～8%，350 W 电机爬坡度不会大于 5%。高速公路坡度不能大于 2%，山区城市的公路以及停车场的坡度不能超过 10%。

从以上分析可知，对电动摩托车给定一个运行工况，不可能把电动摩托车与高端摩托车的性能相比。大功率电动摩托车的车速高，规定要大于 50 km/h，如果车重 85 kg，以乘坐 2 人计(150 kg)，共 235 kg，如果车速以 60 km/h 计算，在干燥平路上行驶，其动力性能见表 8－30。

那么平路上电动车的最大功率就需 2.472 kW。若该电动摩托车以 40 km/h 巡航，此时的动力性能见表 8－31。

表 8－30　电动摩托车的动力性能

车最大功率计算(综合统计数据)						
车总负荷(N)	附件损失系数	传动系统效率	坡道角度(°)	空气阻力系数	迎风面积(m^2)	良好，干燥路面车速(km/h)
2 305	0.95	0.9	0	0.7	0.6	60
滚动阻尼	车最大功率(kW)	车轮胎半径(m)	最大扭矩转速(r/min)	最大扭矩(N·m)	坡度正切值(%)	
0.024	2.472	0.2	796.18	29.65	0.00	

表 8－31　电动摩托车以 40 km/h 巡航时动力性能

车最大功率计算(综合统计数据)						
车总负荷(N)	附件损失系数	传动系统效率	坡道角度(°)	空气阻力系数	迎风面积(m^2)	良好，干燥路面车速(km/h)
2 305	0.95	0.9	0	0.7	0.6	40
滚动阻尼	车最大功率(kW)	车轮胎半径(m)	最大扭矩转速(r/min)	最大扭矩(N·m)	坡度正切值(%)	
0.024	1.132	0.2	530.79	20.36	0.00	

一般锂电池 48 V 20 A·h 规格比较多，因为 48 V 40A·h 锂电池的体积非常大，且价格高，单电池的价格要数千元，其功率 $P=48\times40=1\,920$(W)，电动摩托车的最大功率是2.472 kW，电池仅能用 0.78 h，电动摩托车的续行里程为 $60\times0.78=46.8$(km)，那么来回单程只能跑 23.4 km，这是不现实的。如果再增加锂电池容量，电动摩托车更放不下，且价格更高。如果电动摩托车爬坡，其耗电更多，电池的电不一会就用完了。

电动摩托车应该能够爬多少度的坡呢？考虑到电动摩托车受到电池功率和电机体积大小的限制，大功率电动摩托车应该能爬 25%(仅 14°)坡，否则就称不上摩托车了。电动摩托车在 14°坡上需要的功率达 6.13 kW，见表 8－32。

表 8－32　电动摩托车在 14°坡的动力性能

车最大功率计算(综合统计数据)						
车总负荷(N)	附件损失系数	传动系统效率	坡道角度(°)	空气阻力系数	迎风面积(m^2)	良好，干燥路面车速(km/h)
2 305	0.95	0.9	14	0.7	0.6	30
滚动阻尼	车最大功率(kW)	车轮胎半径(m)	最大扭矩转速(r/min)	最大扭矩(N·m)	坡度正切值(%)	
0.024	6.130	0.2	398.09	147.04	24.92	

这样电动摩托车的运行工况就和 125cc 差不多了，电动摩托车的最大功率达 6.13 kW，作者认为如果要做像 125cc 以上的摩托车完全相同性能的大功率电动摩托车是不适宜的，因为电机的体积、电池功率、体积和价格都受到了限制。

上面看到电动摩托车有两种工况：① 平路需要

2.472 kW，在以 40 km/h 巡航时用 1.132 kW；② 爬 14°坡时需要 6.13 kW。这样电动摩托车爬坡和平路巡航时功率差4.4 倍。

用上面的电动车动力性能，可以分析，爬坡转矩是平路转矩的 7 倍以上，如图 8－47 所示。

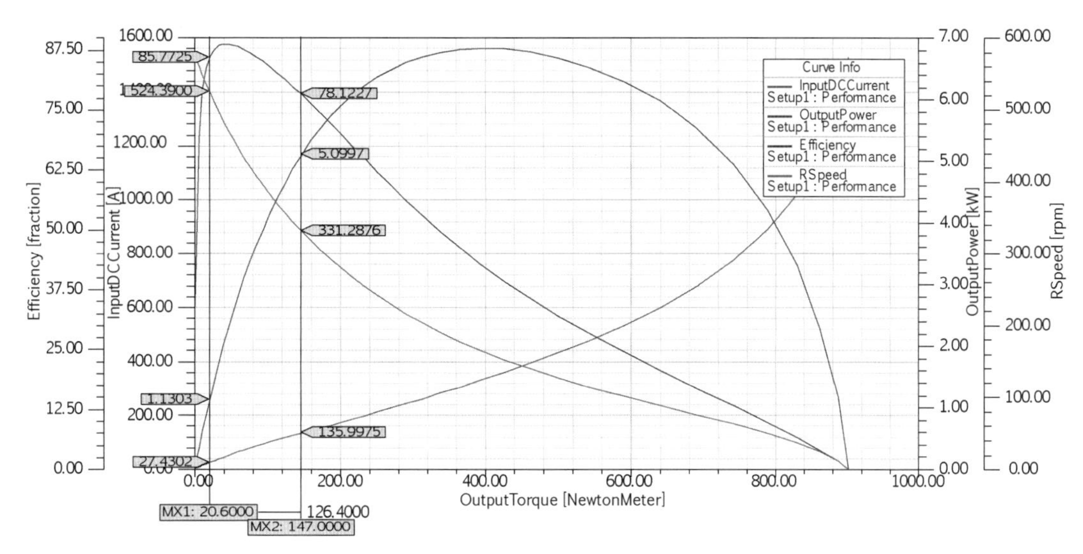

图 8－47　电动摩托车电机在 14°坡运行性能曲线

2) 电动摩托车的运行工作区　电动摩托车的运行可以明显地分成两个不同的运行工作区：平路运行工作状态和爬坡运行工作状态。

(1) 平路运行工作状态。

① 平路运行工作状态分析。电动摩托车在平路上运行，那么在电动车动力性能分析中可以知道：$P_2 = Fv$，$T = FR$，所以

$$P_2 = \frac{Tv}{R}$$

从这个公式可以看出，一旦电动摩托车的轮胎半径、车重和载重确定，那么电动摩托车的输出功率是与其车速成正比的。也就是说，当转矩 T 恒定时，电动摩托车电机的转速 n 和电机的输出功率 P_2 成正比。

图 8－48 所示为电动车在平路上的恒转矩运行模式的电机机械特性 T-n 曲线。

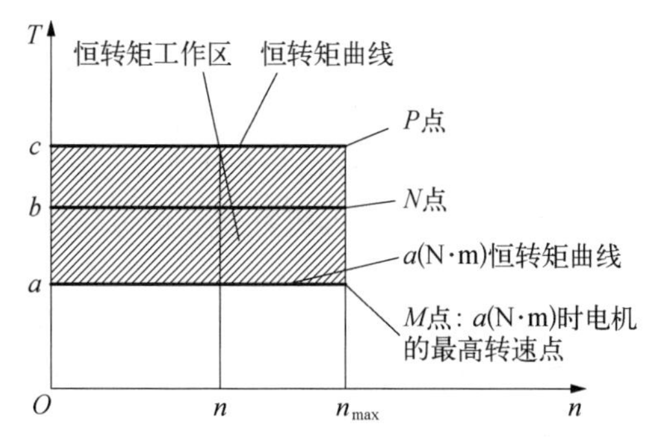

图 8－48　平路上的恒转矩运行模式的机械特性曲线

从图中看，如果电动摩托车车重和最低载重确定，那么电动摩托车电机的转矩就是恒定的，设为 a N·m，那么随着电动摩托车的加速，电机的转速相应提高，产生不同的工作点，这些工作点都平行于 x 轴，形成一根水平直线，这根直线是随着转速增加而水平推移的。如果电动摩托车达到了最高转速，那么电动摩托车电机相应有一个最高转速，则直线 a 和直线 n_{max} 的交点 M 点就是电机恒转矩时输出的最大功率点。

$$P_2 = \frac{Tn}{9.55}$$

如果电动摩托车的载荷改变，电机恒转矩输出时的曲线会变成水平直线 b，最大功率点会变成 N 点。电动摩托车在平路上载荷最大，那时其恒转矩曲线为水平直线 c，运行车速最高时如果为 n_{max}，那么 P 点就是电机在电动摩托车负荷最重、转速最高时的工作点，也是电机在恒转矩工作时输出最大功率点。P 点是电机设计考虑的重要点。

因此由最低恒转矩曲线 a、最高恒转矩曲线 c 与最高转速曲线 n_{max} 和 y 轴包围的面积内的所有点组成了电动摩托车电机的恒转矩工作区。

特别指出，c 是电动摩托车电机最大负重时需要的最大转矩，不是电机能够输出的最大转矩，应该说电机输出的最大转矩应该远大于 c。

② 电动摩托车电机平路上的速度调节。在平路上，电动摩托车是恒功率运行的，但是电动摩托车的速度是可以调节的，如何实现快慢调节呢？

电动摩托车在平路上的速度快慢可以通过调节加在电动摩托车电机的工作电压来实现(可以用PWM模式)。加在电动摩托车电机的电压最高时的电机速度就是电动摩托车运行时的最快速度。如果把加在电机上的电压降低,那么电动摩托车的运行速度就降低。因此电机加额定电压的情况下,电动摩托车在平路上允许运行最高速度时的输出功率是电机的最大输出功率,计算时应该用这个观点去计算电动摩托车电机的最大输出功率。电动摩托车在平路上的最大输出功率应该是多少呢?电动摩托车性能不应超过125cc摩托车性能,尽量往摩托车125cc性能上靠,125cc摩托车的最高车速在85 km/h,那么如果电动摩托车车重85 kg,以乘坐2人计(150 kg),总荷载共235 kg(2 305 N),车轮用16 in ($R=0.2$ m),在干燥平路上行驶,那么电动摩托车的平路动力性能就可以计算出来,见表8-33。

从以上计算可以看出,电动摩托车需要的最大输出功率为6.541 kW,这与125cc摩托车性能相仿。如果电机在该工作点的效率为0.85,那么电机的输入功率应该为

$$P_1=P_2/\eta=6.541/0.85=7.69(\text{kW})$$

表8-33 电动摩托车的平路85 km/h时的动力性能

车最大功率计算(综合统计数据)						
车总负荷(N)	附件损失系数	传动系统效率	坡道角度(°)	空气阻力系数	迎风面积(m^2)	良好,干燥路面车速(km/h)
2 305	0.95	0.9	0	0.7	0.6	85
滚动阻尼	车最大功率(kW)	车轮胎半径(m)	最大扭矩转速(r/min)	最大扭矩(N·m)	坡度正切值(%)	
0.040 5	6.541	0.2	1 127.92	55.38	0.00	

这就是电动摩托车电机的最大输入功率。在这个功率下电机应该正常运行数小时不损毁。这时电动摩托车电机应该输入电池的最高电压(额定电压)。但是电动摩托车平时应该不会一直以85 km/h的速度运行,其巡航速度应该小于85 km/h。上面计算过:如果车重85 kg,以乘坐2人计(150 kg),共235 kg,摩托车车速以60 km/h计算,在干燥平路上路面的动力性能见表8-34。

表8-34 电动摩托车的平路60 km/h巡航时的动力性能

车最大功率计算(综合统计数据)						
车总负荷(N)	附件损失系数	传动系统效率	坡道角度(°)	空气阻力系数	迎风面积(m^2)	良好,干燥路面车速(km/h)
2 305	0.95	0.9	0	0.7	0.6	60
滚动阻尼	车最大功率(kW)	车轮胎半径(m)	最大扭矩转速(r/min)	最大扭矩(N·m)	坡度正切值(%)	
0.033	2.877	0.2	796.18	34.50	0.00	

那么平路上电动车的巡航功率就要2.877 kW。这种巡航状态是电动摩托车经常运行的状态,也是电动摩托车电机最佳工作点的状态。

与125cc摩托车性能相仿的电动摩托车应该在平路上有两种状况:电动摩托车的巡航状态(2.877 kW);电动摩托车的最高输出功率的状态(6.5 kW)。

这两种状态是电动摩托车电机的正常长时间工作状态,在这两种工作状态电机运行时不应该被损坏,应该在较好的效率平台中,这两种状态是电机设计者在设计电动摩托车电机时都应该考虑的。

(2) 爬坡运行工作状态。电动摩托车在爬坡运行时也有两种运行模式:使电动摩托车电机直接加载,电机负载加重,输出转矩提高,输出转速降低;电机加齿轮减速使电机转矩加大,输出转速降低。

电动摩托车的轮胎半径、车重、载重和爬坡坡度确定后,输出功率是和车速成正比的。这时电动摩托车电机应该工作在另一个工作区,如图8-49所示,这个工作区的电机转矩比平路时的电机转矩大,电机的转速下降,工作电流增加很大,因此电机输出功率应该受电机的机械特性和电流密度等的限制。

电动摩托车在平路巡航时,为了省电,提高电机的工作效率,应该把这个工作点设置在电机最大效率点附近。虽然电机可以输出需要的功率,但是其工作电流比正常平路工作时大。为了缩小电机的体积,把平路时的电机的电流密度设置为正常工

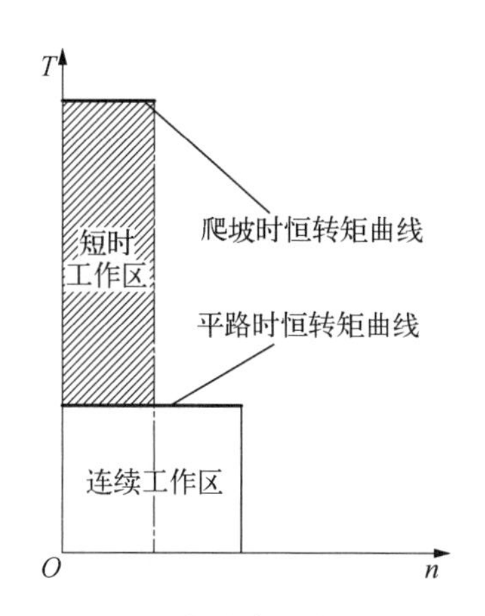

图 8-49　电动摩托车不同工作状态的恒转矩工作区

作的电流密度，电机运行在效率较高点，这样爬坡时电机的电流较大，电机的电流密度就大大超过了电机绕组能够承受的电流密度，温升就会很大，效率就比较低。从图 8-50 看，如果平路的电机工作电流为27.43 A，那么爬坡时的电流就为 193 A，电机爬坡时的电流密度是平路时的 7 倍，如果平路时的电流密度是 5 A/mm^2，那么爬坡时的电流密度就为 35 A/mm^2，这样的电机绕组电流密度，电机一会儿就会烧毁。反过来说，如果把电机在爬坡时的绕组电流密度设置为正常电流密度，那么电机会变得相当大，这是不现实的。如果直接用电机拖动电动摩托车进行爬坡，电动摩托车爬坡只能在短时间工作。

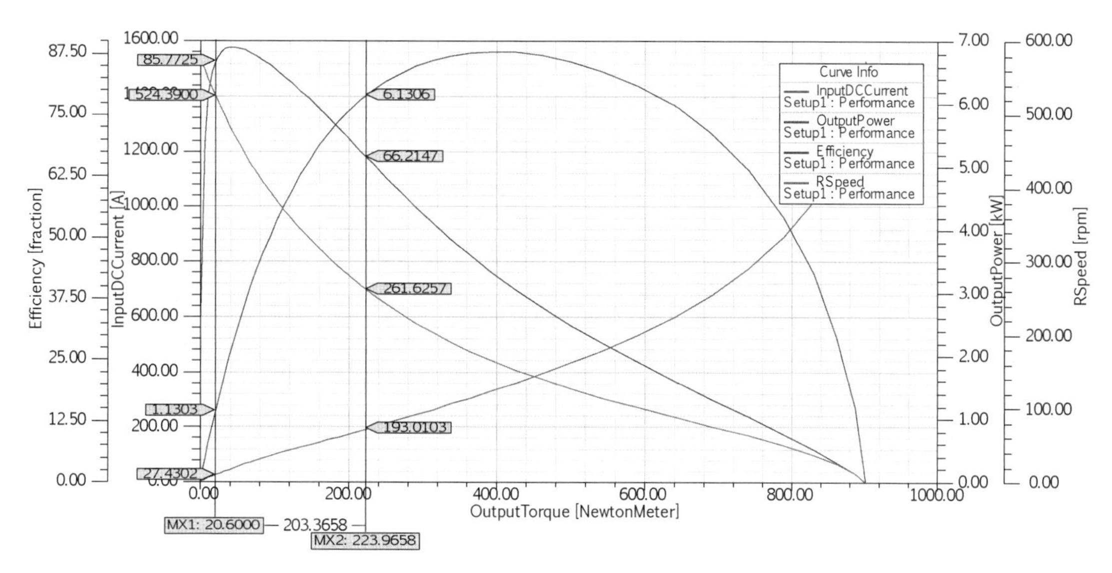

图 8-50　平路和爬坡的工作状况

综上所述，电动摩托车在用摩托车电机直接驱动爬坡时的工况设计相应受到电机的电流密度、工作时间的限制。电动摩托车的运行工况与电动摩托车的载重、运行速度、爬坡坡度和爬坡时间有关，是有一定的限制的，无法与燃油摩托车相比。

电动摩托车电机的设计无法同时兼顾平路和爬坡，如果照顾了平路运行效率，那么电动摩托车爬坡只能短时工作，爬坡坡度不能太大，坡度运行速度不能太高。如果考虑爬坡时间要长，爬坡坡度要大，爬坡时运行速度要快，那么电动摩托车电机就要设计得较大，平路时的电流密度就要很小，平路时电机的工作效率就会降低。

(3) 电动摩托车电机的减速系统。如果电动摩托车电机直接驱动电动摩托车，那么电动摩托车在爬坡时需要的电机输出的转矩大，电动摩托车的运行速度就会降低，电动摩托车电机的转速就相应减小，这时电机的效率就相对比较低，工作电流较大。

如果电机进行齿轮减速，因为齿轮减速是恒功率变换，那么就可以把电机在效率较高时的额定工作点进行转矩转换，使电机的功率和效率不变即电机额定点的情况下(电流密度不变)，通过齿轮转换，使齿轮电机的转矩增加，转速降低，从而达到电机在爬坡时需要的大转矩、低转速的要求。

齿轮转换转矩和转速是恒功率转换的，因此如果能够选取合适的齿轮减速比，电动摩托车电机就可以基本兼顾电动摩托车在平路运行和爬坡运行的两种工况。

下面分析减速电机的运行工作区：当电机不同的齿轮减速比 K，在电机的每一个工作点都可以有一条等功率曲线与之对应，图 8-51 所示为最大输出功率点的等功率曲线，如果减速比中的 K 确定后，B 点就是减速比中的 K 的等功率点。

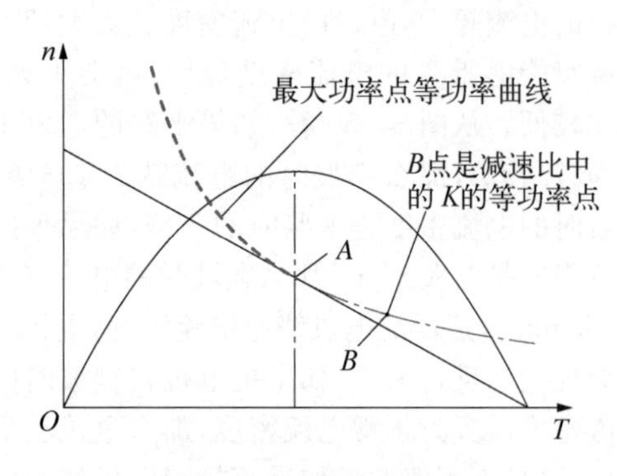

图 8-51　等功率曲线

如果是一个连续可调的减速器，那么在最大功率点的电机的等功率曲线应该如图 8-52 所示。

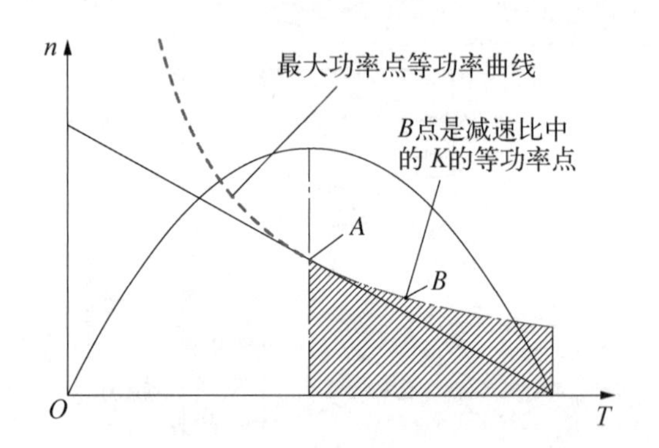

图 8-52　等功率曲线的恒功率运行区

在同一转矩的 N 个不同转速的恒转矩直线中，等功率曲线就有 N 个相与之对应，其曲线就涵盖了图 8-52 所示的阴影区，这个阴影区涵盖了齿轮减速中各种不同减速比的 K 值，这个区就是电机恒功率运行区，减速比 K 的 B 点只是恒功率运行区中的一个点。这个点的输出功率和最大输出功率 A 点相等，但是 B 点的输出转矩比 A 点大，输出转速比 A 点小，但 B 点的电机工作状态和 A 点相同，在 B 点，电机仍是在最大输出功率点工作，电机不因为电动摩托车在爬坡时转矩增加后，电流增加，从而使电动摩托车电机的电流密度加大很多，造成电机发热而烧毁。在爬坡时选取不同齿轮减速的 K 值，理论上可以使摩托车既能够保证在平路上电机处在最佳工作状态，在爬坡时电机也处在最佳工作状态。为了简化电动摩托车的机械结构，一般电动摩托车只做一挡减速，不做成多挡齿轮减速，因此选好摩托车的齿轮减速 K 值是非常关键的。如果电动摩托车的减速设计成连续可调的机械结构，加上电源电压的改变，那么电动摩托车在爬坡时，电机工作在恒功率区的各个点上。

电动摩托车在爬坡时是短时工作，带有齿轮减速的电动摩托车，在选择爬坡时电机的输出最大功率可以比电机在平路时的最大输出功率大(只能短时工作)，也可以与平路最大输出功率相等(可长时间工作)，但是比电机直接驱动的爬坡功率要小得多，因此带有齿轮减速的电动摩托车电机不至于因为爬坡造成功率增大太多从而发生电机烧毁。这是带有齿轮减速的电动摩托车的优点。

3) 电动摩托车功率设计的限制　以上介绍了假设电动摩托车的性能和 125cc 摩托车性能相当的情况，但是电动摩托车功率设计是有限制的，受限制的两大因素是：① 电池的功率和工作电流；② 电机控制器的工作电流。

(1) 电池的限制。电池的放电电流是有要求的，不是说各种电池放电电流可以无限大，对单节电芯(电池)来讲，有以下几种电池：

① 能量型电池。正常放电工作电流为 1 C，最大放电电流 2 C，放电环境 0～60℃，充电电流一般最大为 1 C，放电电压为 4.2～3.0 V(对电芯循环寿命比较好)，实际上可以放到 2.75 V。

② 高电压电池。正常放电工作电流为 0.5 C，最大放电电流 1 C，放电环境 10～45℃，充电电流一般为0.5 C，最大 0.8 C，放电电压为 4.35(4.4)～3.0 V，此类电芯具有容量高的特点，是电池行业今后的一种趋势。

③ 功率型电池。正常放电工作电流为 2 C，最大放电电流 15～20 C，放电环境 15～45℃，充电电流一般最大为 1 C，放电电压为 4.2～3.0 V(主要用在电动车、电锯等设备)。

锂电池一般都采用功率型单体电芯，放电电流一般需要按电池组容量来分。

30 A·h 以下的电池包：最大放电电流 4 C，正常放电 1.5～2 C，工作环境 15～45℃，电压不定。

30 A·h 以上的电池包：最大放电电流 2 C，正常放电 1.5～2 C，工作环境 15～45℃，电压不定。

1 C 是指电池标称容量的电流，电池以一定的电流放电到 3.0 V 电压时，时间刚好 1 h，这个一定的电流就是 1 C 电流。不同国家的容量定义不一样，有的标称容量是以 0.2 C 计算的，有的以 1 C 计算，但 1 C 的定义是一样的。高倍率放电，就是大于 1 C 到 10 C 或瞬间 20 C 电流放电。

例：电池容量是 24 A·h。

2 C 就是 2 C=2×标称容量 24 A·h/h=48 A 电流放电，现在提供给电动摩托车电池一般最高的锂电池容量为 72 V 40 A·h，那么按 2C 考虑锂电池的放电电流，即 $I=2\times(40\ \text{A·h/h})=80\ \text{A}$。因此电池的输入电机的功率是受到限制的。

$$P = U \times I = 72 \times 80 = 5\,760(\text{W}) = 5.76(\text{kW})$$

如果电机的工作效率为0.85，电动摩托车电机供给摩托车的输出功率为

$$P_2 = 5.76 \times 0.85 = 4.89(\text{kW})$$

就是说，电动摩托车在平路上最大输出功率仅为4.89 kW。这就限制了电动摩托车的运行速度。如果说电动摩托车的载荷不变，那么该电动摩托车最高车速只能达到75.5 km/h(表8-35)，无法达到125cc摩托车的最高车速的最低限值85 km/h。

表8-35　电动摩托车75.5 km/h的动力性能

车总负荷(N)	附件损失系数	传动系统效率	坡道角度(°)	空气阻力系数	迎风面积(m^2)	良好，干燥路面车速(km/h)
2 305	0.95	0.9	0	0.7	0.6	75.5
滚动阻尼	**车最大功率(kW)**	**车轮胎半径(m)**	**最大扭矩转速(r/min)**	**最大扭矩(N·m)**	**坡度正切值(%)**	
0.037 65	4.906	0.2	1 001.86	46.76	0.00	

(2) 控制器的限制。无刷电机控制器中的晶体管的工作电流越大，其价格就越高，控制器体积就越大。如果电机的输入功率达4 900 W，电机的效率为0.9，那么电机的输入电流 $I = P/(U\eta) = 4\,900/(72 \times 0.9) = 75.6$ A，如果不考虑电动摩托车爬坡，那么控制器可以取用工作电流80 A的晶体管和锂电池72 V 40 A·h，2 C放电电流80 A相匹配。

4) 电动摩托车减速配置的设计　高端电动摩托车也有用一挡减速的减速装置，当电动摩托车进行爬坡时挂挡。因地区不同，设计电动摩托车的思路有所不同，如果在平地的城市和农村，那么只有桥梁和较少的坡度，这些坡度的度数不大，不会超过10%，1 500 W电机爬坡度为10%～15%；高端电动摩托车的爬坡能力应该考虑到山区和丘陵地带，所以电动摩托车要能够爬10°的坡，即17.6%的坡度。因此高端电动摩托车爬坡的最大功率应该是在4.8 kW左右，见表8-36。

表8-36　电动摩托车爬10°坡的动力性能

车总负荷(N)	附件损失系数	传动系统效率	坡道角度(°)	空气阻力系数	迎风面积(m^2)	良好，干燥路面车速(km/h)
2 305	0.95	0.9	10	0.7	0.6	30
滚动阻尼	**车最大功率(kW)**	**车轮胎半径(m)**	**最大扭矩转速(r/min)**	**最大扭矩(N·m)**	**坡度正切值(%)**	
0.033	4.804	0.2	398.09	115.23	17.62	

如果电动摩托车电机选取减速比 $K = 3$，在平路时的最大输出功率(车速75.5 km/h，最大功率4.9 kW，转速1 000 r/min，转矩46.76 N·m)，经过齿轮变速和变转矩，可以变为

转矩　$T = 46.76 \times 3 = 140.28(\text{N}\cdot\text{m})$

转速　$n = 1\,000/3 = 333.3(\text{r/min})$

输出功率

$$P_2 = Tn/9.55 = 140.28 \times 333.3/9.55 = 4\,895(\text{W})$$

5) 电动摩托车电机的参数确定　根据上面电动摩托车的技术参数，可以对188-2电动摩托车电机的技术参数进行确定。

(1) 电机电源技术数据：锂电池，规格为72 V 40 A·h，2 C放电。

(2) 电机巡行转矩：24.76 N·m。

(3) 电机巡行转速：597 r/min(巡行点电压是小于电源电压72 V DC)。

(4) 电机允许输出最大转矩：46.76 N·m。

(5) 电机允许输出最大转矩时的转速：1 000 r/min(允许最大转矩和转速时的电压为电源电压72 V DC)。

(6) 电机效率：90%。

(7) 电机允许最大转矩时的功率：4 895 W。

6) 电动摩托车电机的设计计算　对188-2电动摩托车电机进行设计计算，电机的数据和前面计算的188高端电动摩托车电机数据非常相近，其机械特性曲线和额定点参数如图8-53所示。

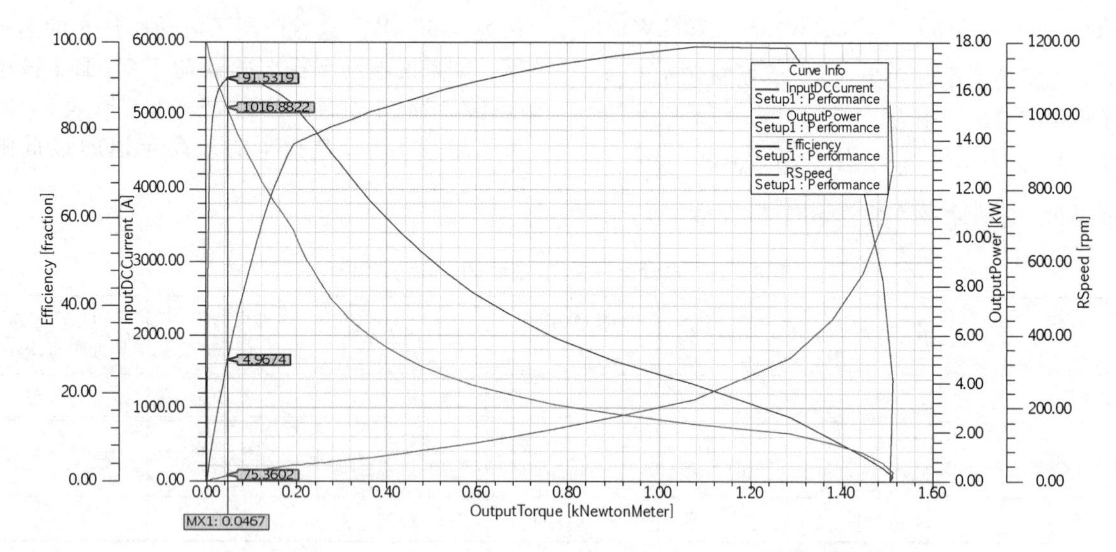

图 8-53　188-2 电动摩托车电机的机械特性曲线和额定点参数

可以看出 188-2 电动摩托车与高端电动摩托车机械特性非常相似，只是电压从 48 V 改为 72 V，最大转矩达 46.76 N·m，因此最大输出功率要大，借用该 188 电机冲片，把该电机用推算法进行推算设计。

把原电机的工作电压调到 72 V，电机定子叠厚增加至6.5 cm，线圈绕组匝数改为 3 匝，$\phi0.51\times65$（推算过程不再讲述，请读者自己再推算），用 Maxwell 计算很快可以得到一个较满意的结果。

188-2 电动摩托车电机相关 Maxwell 的计算数据（摘录）如下：

Rated Output Power (kW): 4.896

Rated Voltage (V): 72

Residual Flux Density (Tesla): 1.23

Stator-Teeth Flux Density (Tesla): 1.85447

Stator-Yoke Flux Density (Tesla): 0.155749

Average Input Current (A): 75.4093

Root-Mean-Square Armature Current (A): 67.7952

Armature Current Density (A/mm^2): 5.1057

Output Power (W): 4971.76

Input Power (W): 5429.47

Efficiency (%): 91.5699

Rated Speed (rpm): 1016.71

Rated Torque (N.m): 46.6964

这样用 Maxwell 就非常容易地把这个电动摩托车电机设计计算完成了，计算结果和推算数据十分相近。

在相同转矩下设计符合率为

$$\Delta_n = \left|\frac{1\,000 - 1\,016.71}{1\,000}\right| = 0.016\,7$$

以上是没有加减速机构的纯电机机械特性曲线。

（1）如果在允许的最大转矩点（46.76 N·m），通过齿轮减速（$K=3$）进行爬坡，那么齿轮减速电机输出的特性为

转矩　$T = 46.76\times3 = 140.28(\text{N}\cdot\text{m})$

转速　$n = 1\,000/3 = 333.3(\text{r/min})$

输出功率

$$P_2 = 140.28\times333.3/9.55 = 4\,895.8(\text{W})$$

电流

$$I = P_2/(U\eta) = 4\,895.8/(72\times0.9) = 75.55(\text{A})$$

（2）如果不采用齿轮减速，把爬坡时的电压调到 32.92 V 供给电动摩托车电机时，该点的性能几乎和齿轮减速的性能一样，如图 8-54 所示。

这两种调速方法在相同转矩时的转速、输出功率是一样的，但是电流相差太大，见表 8-37，如果爬坡用电压调速，那么耗费的电流太大（182.79 A），并受到电池容量放电电流的限制。而用齿轮减速挂挡，仅取用 75.55 A 电流，所以对于电动摩托车运行时如果要经常爬坡，作者认为应该用爬坡时齿轮挂挡的减速机构。

对于电动摩托车来讲涉及齿轮挂挡，机械结构就比较复杂，这给电机制造和电机的可靠性、使用寿命和机械噪声等带来一系列问题。

可以这样认为：在城市爬坡度不大的地区的电动摩托车可以采用直驱方式，在山区、丘陵地区的电动摩托车可以采用爬坡时齿轮挂挡减速的方案。

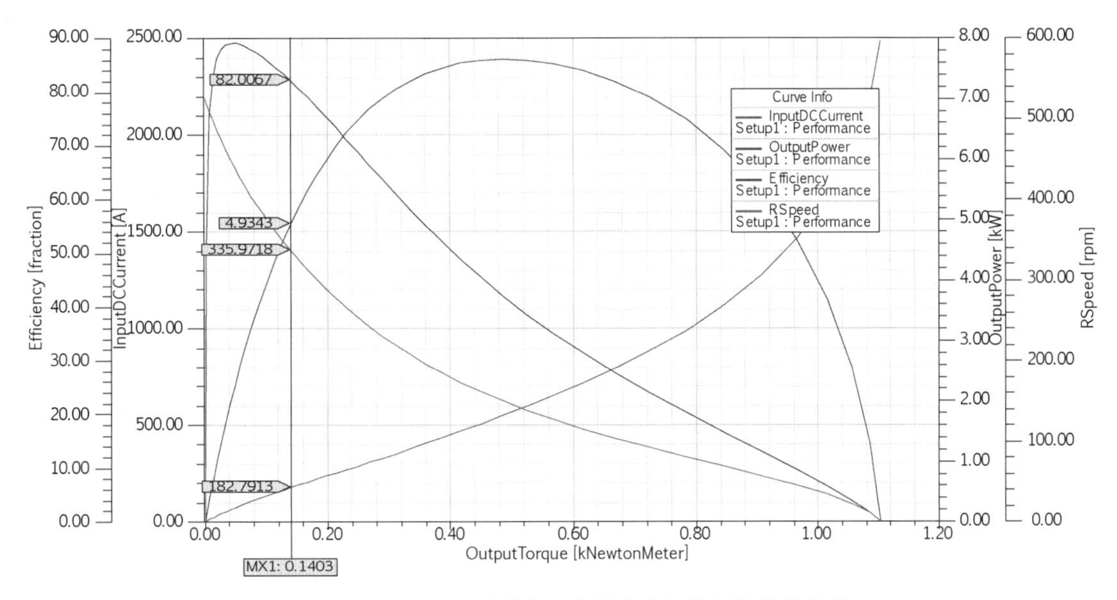

图 8-54　32.92 V 时的电动摩托车电机的机械特性曲线

表 8-37　188-2 电动摩托车电机两种调速方法的性能对比

	转矩 (N·m)	转速 (r/min)	输出功率 (W)	电流 (A)
齿轮减速 ($K=3$)	140.28	333.3	4 895.8	75.55
电压调速 (32.92 V)	140.3	335.97	4 934.3	182.791 3
相对差	0.000 14	0.007 94	0.007	2.419

例如，一种电动摩托车高端车型的配置：车重 85 kg，可以载重 1 人，重 75 kg，电池重 40 kg，可以载物 35 kg，总重 235 kg；电池为锂电池，规格为 72 V 40 A·h，2 C 放电；平路最高车速 75.5 km/h；控制器限流电流 80 A。

电动摩托车在爬坡时有两种方案：

(1) 城市用直驱电机，不适宜高速、高坡度爬坡。

(2) 山区用齿轮挂挡减速，减速比 $K=3$；车速 30 km/h 时的爬坡坡度 10°(17.6%)；平路 45 km/h 车速的巡航里程 83.7 km；平路 60 km/h 车速的续行里程 60 km。

以上是对高端配置的电动摩托车电机设计的介绍，提供的数据仅供参考。

特别需要指出的是：从这个电动摩托车电机的设计过程看，如果根据电机的性能、槽利用率、电流密度等确认的目标要求，先用实用目标设计法把满足电机目标要求的电机冲片形状，包括齿宽、轭宽、槽面积，还有电机定子叠厚、绕组匝数、线径等求出，然后用 Maxwell 有目的地对已经计算出的电机各项参数进行核算和分析。

8.4.4　无刷电机内转子和外转子的转换推算法

一般轮毂式无刷电机都是用的外转子，外转子电机用齿轮减速，它的结构比较复杂，电动自行车电机就是外转子式齿轮减速轮毂电机。轮毂电机的优点就是可以把电机直接装在电动摩托车的轮毂上，结构简单可靠。

但是加齿轮减速机构内转子的电机就比较简单方便，也有电动摩托车电机采用内转子式齿轮减速电机的。

如果确认这个电机设计是成功的，电机的各项参数符合电动摩托车需要的，但是不需要外转子电机，需要一只相同性能的内转子电机，是否可以根据这个外转子电机的各种数据推算出一个相同机械特性的内转子电机呢？下面介绍电机内转子和外转子的转换推算方法。

电机电磁场的理论没有说电机内转子和外转子的区别，内转子和外转子是相对的，在转矩常数 $K_T=N\Phi/(2\pi)$ 中，只要两个电机的磁链 $N\Phi$ 相等，那么这两个电机的机械特性就相差不大。

那么外转子和内转子电机的区别在于：

(1) 对永磁无刷电机来讲，同样电机外径的外转子电机的气隙圆直径大，而内转子的气隙圆直径小，因此外转子电机可以做成扁圆电机，内转子电机则做成细长电机。

(2) 同样电机外径和长度的外转子电机因为其气隙圆直径大，所以气隙圆长度就大，气隙圆面积比内转子电机的大，所以同样的电机长度，外转子电机的齿总截面要比内转子的大，如果两个电机的齿磁通密度相等（K_{tb}相等），外转子的齿磁通 Φ 就要比内转子的大，所以转矩常数相等的情况下，外转子的 N 就可以少，电机的机械特性就可以硬些。

（3）外转子的定子直径大，其面积也大，所以同样齿数的槽面积可以做大，槽面积的增加并不影响电机齿宽和电机性能，可以很方便地做成深槽电机，电机导线可以加粗，使电机的机械特性变硬，效率提高，这是电动车电机所需要的。

（4）内转子电机，齿宽确定后，要使电机的槽面积加大，那么只有缩小电机的气隙圆直径，这样电机的 K_{tb}和 Φ 会减小，严重影响电机的性能，要保证电机的 Φ，就必须增加电机的长度，使电机的体积和重量增加。

作者认为外转子电机有一定的优点，特别在电动车电机的设计上特别明显。一定功率的外转子电机用在轮毂上做成直驱电机是特别适合的，做成大功率的电机，由于电机太大而不能放在轮毂内，那么内转子的中置电机就显出其优点来了。

如果 188－2 外转子电动摩托车电机的各项性能指标是满足要求的，只是要求是内转子电机而不是外转子电动摩托车电机，作者介绍用目标设计法对电机进行简单方便的推算计算。如果需要的电机的某些指标和 188－2 不同，如电机定子外径等，那么也可以用推算法方便地算出结果。

1）无刷电机内转子和外转子的推算

（1）画出与外转子的气隙圆直径一样的内转子冲片，其齿宽、槽面积和轭宽都保证一样，那么内转子电机的冲片外径为 232.4 mm。这就是确保电机性能一样的内转子电机的定子冲片，如图 8－55 所示。

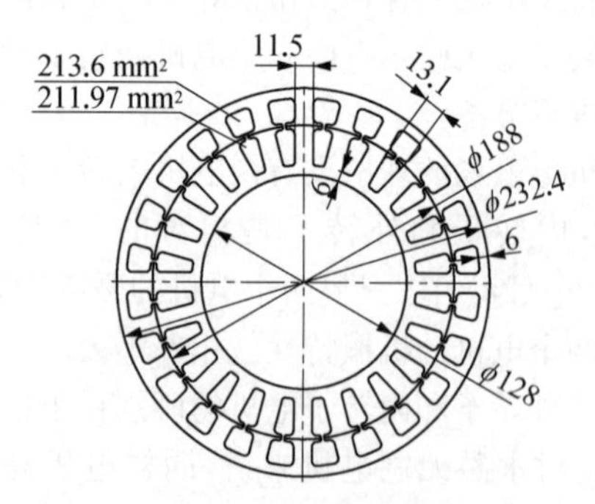

图 8－55　188－2 内转子定子冲片与等效外转子冲片

（2）确定内转子电机的冲片外径 D_1，内转子电机的外径是根据用户的需要和电机设计的合理性而定的。如果设计内转子电机的冲片外径用户要求为 180 mm 左右（称为 180－1 型），那么把内转子冲片整体缩小，使冲片外径为 180 mm，如图 8－56 所示。

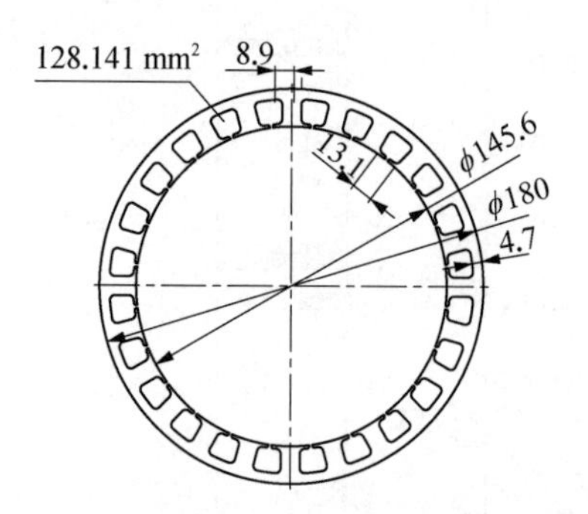

图 8－56　外径为 180 mm 的内转子电机

这样它们的缩小比为

$$180/232.4=0.774\,526\,678$$

但是槽面积缩小为

$$128.141/213.6=0.599\,9\approx(0.774\,526\,678)^2$$

说明槽面积是平方倍关系缩小的。

要使外径 180 mm 的冲片电机的性能指标和 188－2 电机性能相同，那么必须使两个电机的 Zb_tLA_S相同，即

$$Z_1b_{t1}L_1A_{S1}=Z_2b_{t2}L_2A_{S2}$$

$$L_2=\frac{b_{t1}L_1A_{S1}}{b_{t2}A_{S2}}=\frac{1.15\times6.5\times213.6}{0.89\times128.14}=14(\mathrm{cm})$$

电机绕组匝数

$$W_2=W_1\frac{A_{S2}}{A_{S1}}=3\times\frac{128.14}{213.6}=1.799(\text{匝})$$

绕组不可能为 1.799 匝的小数匝数，圆整匝数到 2 匝，为了保证电机的槽利用率和电流密度不变，只要适当增加槽面积，即

$$A_{S2}=\frac{2}{1.799}\times128.14=142.46(\mathrm{mm}^2)$$

调整冲片设计，保持齿宽和轭宽不变，把槽面积略增大，使冲片外径略增大，如图 8－57 所示。

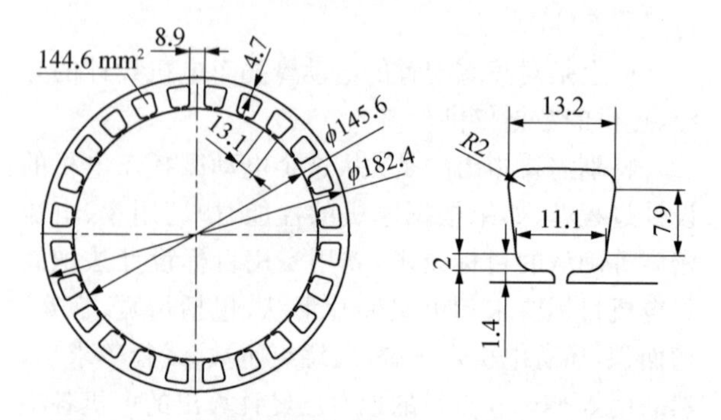

图 8－57　槽面积调整好的 180－1 内转子电机冲片

2）内转子电机 Maxwell 核算　对 180－1 内转子电机进行 Maxwell 核算（摘录）：

Rated Output Power (kW)：4.896

Rated Voltage (V)：72

Residual Flux Density (Tesla)：1.23

Stator-Teeth Flux Density (Tesla)：1.94289

Stator-Yoke Flux Density (Tesla)：1.54858

Average Input Current (A)：70.783

Root-Mean-Square Armature Current (A)：57.8831

Armature Current Density (A/mm^2)：4.35922

Output Power (W)：4536.43

Input Power (W)：5096.38

Efficiency (%)：89.0127

Rated Speed (rpm)：928.032

Rated Torque (N.m)：46.6791

3）内、外转子电机机械特性曲线对比　180－1 内转子电机机械特性曲线和额定点性能如图 8－58 所示。

188－2 外转子电机机械特性曲线和额定点性能如图 8－59 所示。

用推算法计算的内转子电机和外转子电机的计算同一性性能对比见表 8－38。

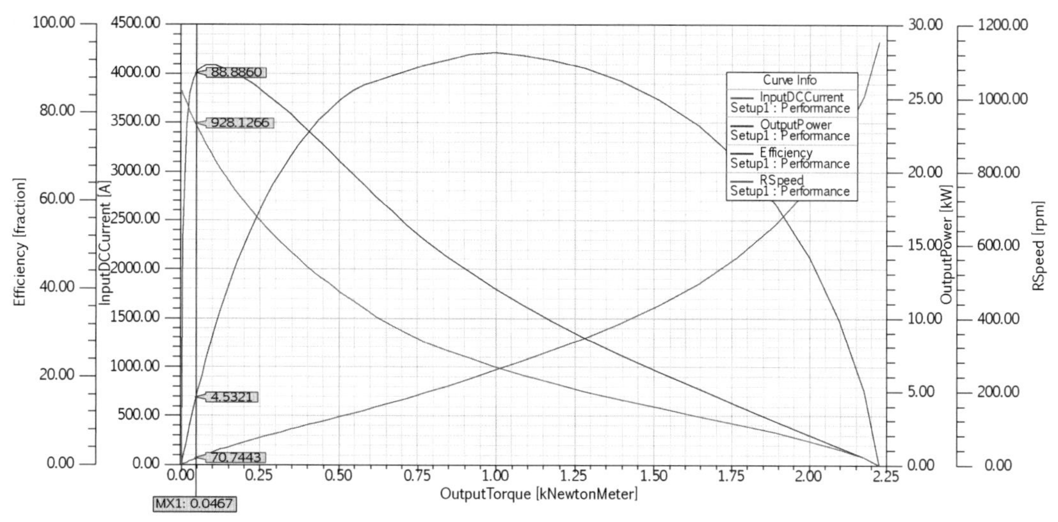

图 8－58　180－1 内转子电机机械特性曲线和额定点性能

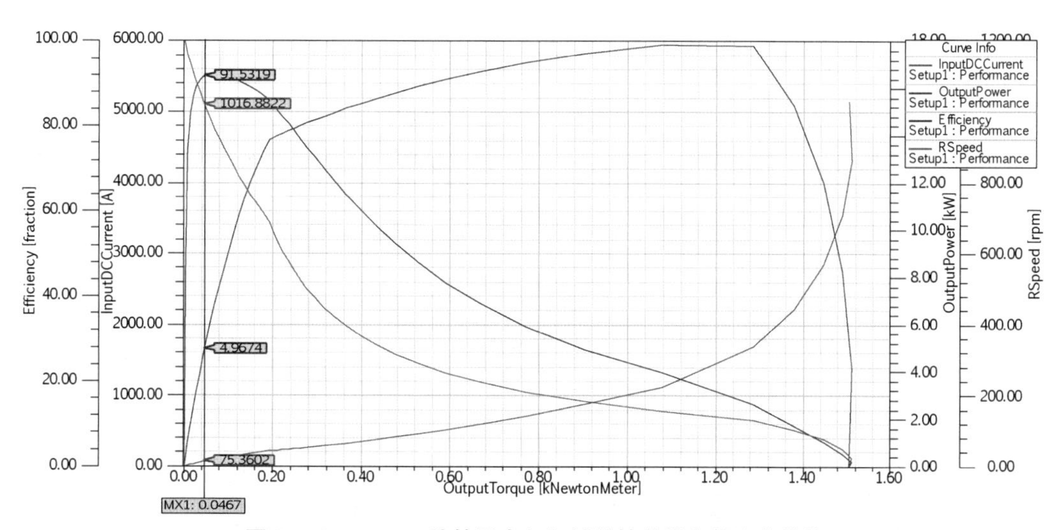

图 8－59　188－2 外转子电机机械特性曲线和额定点性能

表 8－38　用推算法计算的内转子电机和外转子电机的计算同一性的性能对比

	转矩(N·m)	转速(r/min)	输出功率(W)	电流(A)	效率(%)
外转子 188－2	46.7	1 016.88	4 967	75.36	91.54
内转子 180－1	46.7	928.12	4 532	70.74	88.88
同一性相对误差	0	0.074 8	0.087	0.061	0.029

因为内转子电机定子叠厚长，相对线圈电阻要大些，所以内转子电机的效率相对要小些，从而造成电机转速下降，使电机输出功率的下降比电机的电流下降快。但是输出功率近 5 kW 的大功率无刷电机，用推算法一次性推算出的各种电机数据的设计符合率还是非常好的，说明推算法既方便又实用，计算电机主要尺寸的计算精度是不低的。

8.5 特种车辆电动车无刷电机实用设计

8.5.1 特种车辆电动车电机概述

有许多特殊车辆，如封闭车、环卫车、巡逻车、游览车、老爷车、载运车、三轮车、高尔夫球车、起重运输车、叉车甚至残疾车等，这些车车速不高，载重不大，运行里程不长，原先都是用轻型汽油发动机，或直流串励、并励直流电机作为动力源，为了绿色环保、节能、减少噪声或延长车辆使用寿命，现在逐步改用永磁无刷电机或永磁同步电机甚至交流变频电机。现在永磁无刷电机还是在这些场合使用得最多的电机，并且生产数量逐渐增大，成为一种特种电机产业。因此对这些特殊车辆和电机要有一个相当的认识。

表 8 - 39 所列是一家生产电动车厂家的说明书中摘录下来的电动车辆的性能。

表 8 - 39　各种特种车辆电动车辆性能

名　称	整备质量(kg)	满载质量(kg)	电机功率(kW)	爬坡能力(%)	最高车速(km/h)	续行里程(km)	电池状况(V/A・h)
高尔夫球车	600	880	2.2	25	24	70	36/190
巡逻车	710	990	3	20	27	80～100	48/190
环卫车	860	1 500	3	12	27	70	48/190
载运车	850	1 750	3	12	35	70	48/190
游览车	930	1 560	3/4	20	35	80	48/190
封闭车	1 170	1 940	5	20	35	70	72/210
老爷车			3	25	27	80～100	48/190

从表 8 - 39 可以看出，这些车辆的电机功率在 2.2～5 kW 不等。

图 8 - 60 所示是某公司 2.5～8 kW 电动车永磁无刷中置电机，其技术数据见表 8 - 40。

表 8 - 40 列出的每种电动车无刷电机应该都对应了一种或多种电动车，只是表中没有指出罢了。这一系列的电机机座号只有一种，即外形尺寸相同，说明这些电机的定子冲片只有一种，通过定子冲片的叠厚、绕组数据不同形成了适应各种电动车的特种车辆电机。

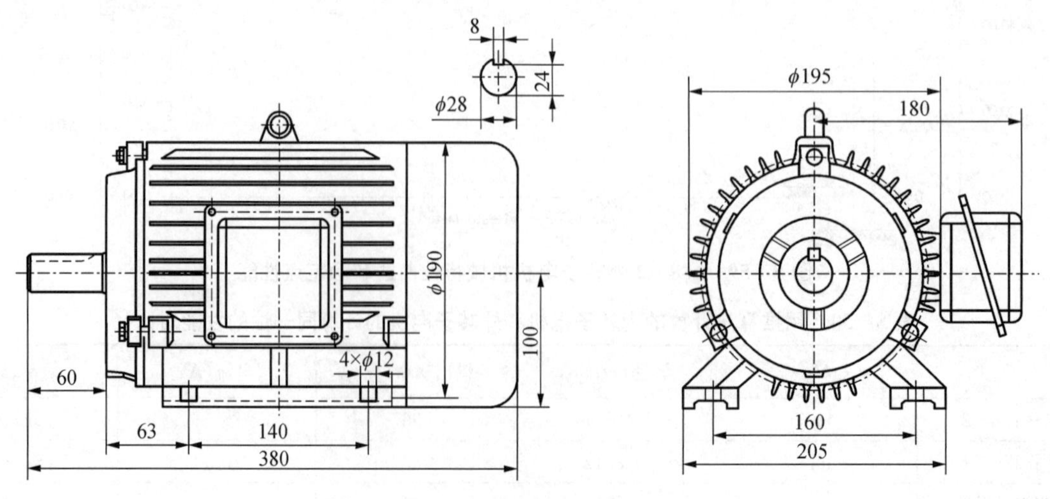

图 8 - 60　电动车辆中置电机外形尺寸

表 8-40　电机基本数据

功率(kW)	电池电压(V)	转速(r/min)	额定转矩(N·m)	峰值转矩(N·m)	峰值功率(kW)	电流(A)	峰值电流(A)	效率(%)	质量(kg)
2.5	48~72	1 500	15.9	35	6	57.2	110	93.0	33
3	48~72	3 500	8.2	20	7	69.3	130	93.1	26
3	48~72	1 500	19.1	40	7	69.3	130	93.1	36
4	72	3 500	11	26	10	61.6	120	93.2	30
4	72	4 000	9.6	20	10	61.6	120	93.2	30
4	72	1 500	25.5	60	10	61.6	120	93.2	38
5	72	3 500	13.6	30	12	75.9	130	93.4	33
5	72	3 000	15.9	30	12	75.9	130	93.4	33
5	96	3 000	15.9	30	12	52.1	110	93.4	33
6	72	3 500	16.3	35	13	91.3	130	93.5	36
6	96	3 500	16.3	35	13	62.5	130	93.5	36
6	144	3 500	16.3	35	13	46.2	100	93.5	36
7	144	4 500	14.8	30	15	53.9	110	93.5	38
7.5	144	4 500	15.9	35	16	57.2	120	93.5	40
8	144	7 000	10.9	20	16	61.6	120	93.5	36

1）微型电动车电机技术参数　这里讲的微型电动车是指功率在2 kW左右的电动车，属于特种电动车辆范围，这种电动车的功能简单，大多数电动车辆不进行机械换挡变速或仅有一挡变速，这和一般汽车的性能是不能相比的。但这种车用途比较广，在微型封闭电动车、轻便两座车、载重型电动三轮车、小型运输车、小型游览车、小型垃圾车等广泛使用。

BM1424H型电动车辆无刷电机是一种带桥的中置电动车电机，其外形如图8-61所示，主要性能参数见表8-41。

图 8-61　BM1424H型电动车辆无刷电机

表 8-41　BM1424H型电动车辆无刷电机的主要性能参数

规格型号	BM1424HQF-14A(BLDC)			
额定输出功率(W)	1 200	1 500	1 800	2 200
额定电压(V)	48/60/72 DC	48/60/72 DC	60/72 DC	60/72 DC
额定转速(r/min)	2 850	2 850	2 850	2 850
空载转速(r/min)	3 800	3 200	4 100	4 500
额定电流(A)	≤32.0/25.0/21.0	≤39.0/31.5/26.0	≤37.5/31.5	≤46.0/38.0
空载电流(A)	≤6.0/5.5/4.5	≤6.0/5.5/4.5	≤6.0/5.5	≤6.5/6.0
额定扭矩(N·m)	4.0	5.2	6.0	7.2
效率(%)	≥80	≥82	≥83	≥84
减速比	1∶10.44			
应用范围	微型电动汽车、重型电动三轮车			

选取表 8-41 中的 1.2 kW,60 V(DC)电机作为分析研究的无刷电机。电机的主要指标为：额定输出功率 1.2 kW;额定电压 60 V;额定转速 2 850 r/min;空载转速 3 800 r/min;额定电流小于 25 A;空载电流小于 5.5 A;额定转矩 4 N·m;效率大于 80%;减速比 1∶10.44。电机结构如图 8-62 所示;图 8-63 所示为电机绕组图和绕组参数;图 8-64 所示为电机定子和转子结构;图 8-65 所示为定子冲片。

图 8-62　无刷电机定子和转子内部结构

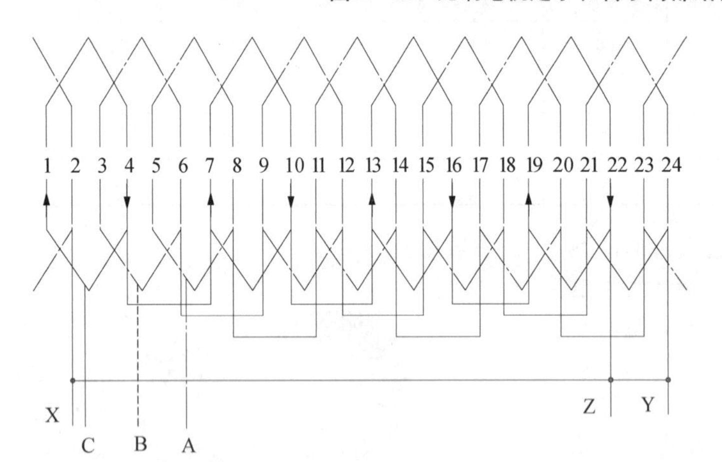

电压	60 V DC
频率	32 Hz
相数	3
极数	8
槽数	24
接线方式	星形
绕组形式	单层链式
节距	1-4,7-10
每极每相槽数	3
每槽导体数	6
导线	QZ2 ,0.85/0.90

14 根并绕

图 8-63　无刷电机绕组展开图和绕组参数

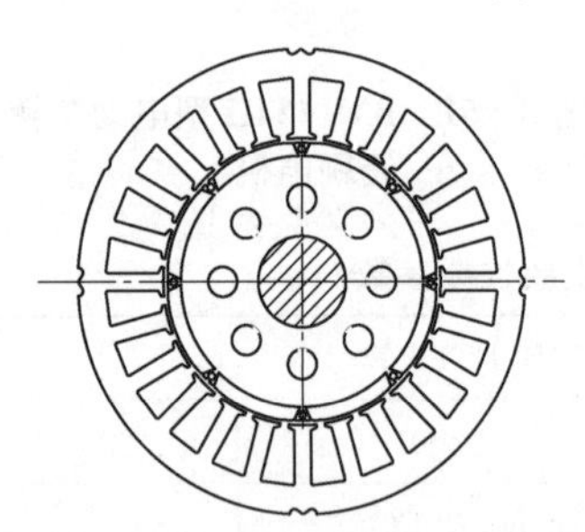

图 8-64　电机定子和转子结构

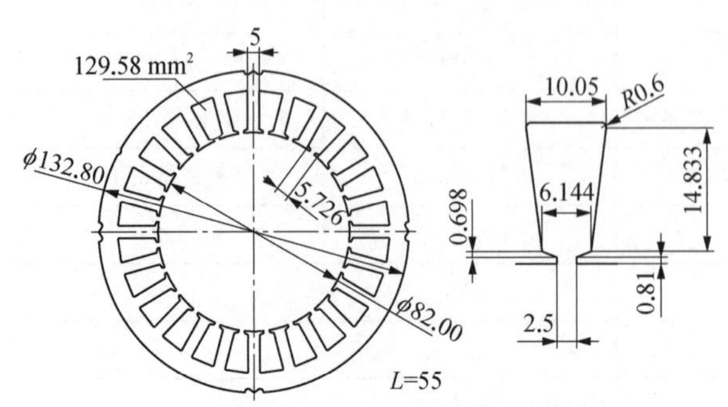

图 8-65　电机定子冲片尺寸

2) 微型电动车电机实用设计　这次作者通过以电机实物和机械特性数据为目标值,用实用设计法求取电机的有效匝数,来证明实用设计的精准度。

(1) 电机齿磁通密度的求取。

$$B_Z = \alpha_i B_r\left(1+\frac{S_t}{b_t}\right) = 0.73\times 1.23\times\left(1+\frac{0.5726}{0.5}\right)$$
$$= 1.9261(\mathrm{T})$$

(2) 求电机工作齿磁通。

$$\Phi = ZB_Z b_t L K_{FE}\times 10^{-4}$$
$$= 24\times 1.9261\times 0.5\times 5.5\times 0.95\times 10^{-4}$$
$$= 0.01207(\mathrm{Wb})$$

(3) 求电机输出功率。

$$P_2 = \frac{Tn}{9.55} = \frac{4\times 2850}{9.55} = 1193.7(\mathrm{W})$$

(4) 电机额定电流：设电机效率 $\eta = 0.85$,则

$$I = \frac{P_2}{\eta U} = \frac{1\,193.7}{0.85 \times 60} = 23.4(\text{A})$$

(5) 求电机空载电流。

$$I_0 \approx (1-\sqrt{\eta})I_\eta = (1-\sqrt{0.85}) \times 23.4 = 1.826(\text{A})$$

(6) 求电机转矩常数。

$$K_T = \frac{T}{I - I_0} = \frac{4}{23.4 - 1.826} = 0.185\,4(\text{N} \cdot \text{m/A})$$

(7) 求电机有效通电导体根数。

$$N = \frac{2\pi K_T}{\Phi} = \frac{2\pi \times 0.185\,4}{0.012\,07} = 96.5(\text{根})$$

(8) 求电机每齿绕组匝数。

$$W = \frac{N}{(2/3)Z} = \frac{96.5}{16} = 6.03(\text{匝})$$

(取 6 匝,因为是单层绕组,所以每槽导体数 6 根)

(9) 实用设计法的设计符合率。

$$\Delta_W = \left| \frac{6.03 - 6}{6} \right| = 0.005$$

以电机的实物数据为计算依据,用 Maxwell 求证程序的计算精准度。

Stator-Teeth Flux Density (Tesla): 1.91851

Stator-Yoke Flux Density (Tesla): 1.39638

Average Input Current (A): 26.7973

Root-Mean-Square Armature Current (A): 21.3725

Armature Current Density (A/mm^2): 2.69029

Frictional and Windage Loss (W): 37.5031

Output Power (W): 1377.62

Input Power (W): 1607.84

Efficiency (%): 85.6814

Rated Speed (rpm): 2875.24

Rated Torque (N.m): 4.57537

电机机械特性曲线和额定点数据如图 8-66 所示。

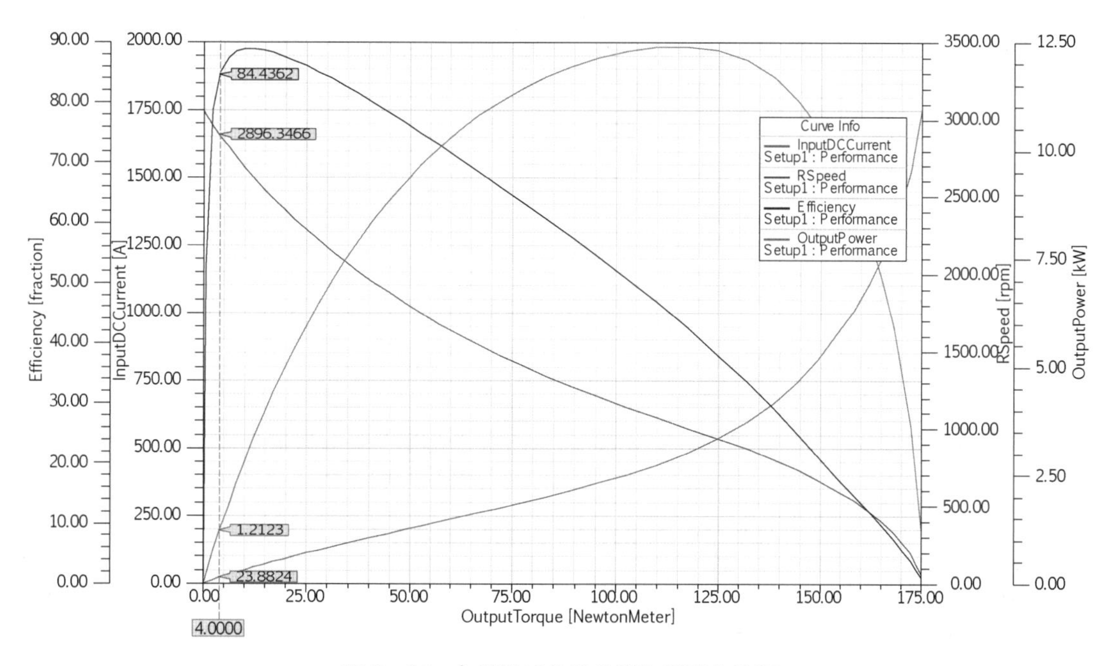

图 8-66　电机机械特性曲线和额定点数据

Maxwell 计算符合率为

$$\Delta_n = \left| \frac{2\,896.3 - 2\,850}{2\,850} \right| = 0.016\,2$$

$$\Delta_{P_2} = \left| \frac{1\,212 - 1\,200}{1\,200} \right| = 0.01$$

综上分析,两种计算方法在计算无刷电机时的计算精度都是不错的。

8.5.2　高尔夫球车电机的设计

现在对高尔夫球车电机进行一次全新的设计尝试,先从高尔夫球车电机的动力性能分析,确定高尔夫球车电机机械特性的目标数据,根据设计目标值,用实用设计法,从冲片开槽到整个电机尺寸计算,再用 Maxwell 进行印证。

1) 高尔夫球车的动力性能　先看一下高尔夫球车的动力性能,求出该车电机是否能用厂家现成的无刷电机。表 8-42 所列是电动车生产厂家的数据摘录。

对该电动车进行动力性能计算，结果见表 8-43。

说明只要 1.641 kW，电机就可以达到额定做功，如果用 2.5 kW 无刷电机，则主要技术性能见表 8-44。

表 8-42 高尔夫球车数据

名称	整备质量(kg)	满载质量(kg)	功率(kW)	爬坡能力(%)	最高车速(km/h)	续行里程(km)	电池(V/A·h)
高尔夫球车	600	880	2.2	25	24	70	36/190

表 8-43 高尔夫球车在平路上的动力性能

车总负荷(N)	附件损失系数	传动系统效率	坡道角度(°)	空气阻力系数	迎风面积(m^2)	良好，干燥路面车速(km/h)	滚动阻尼
8 624	0.95	0.9	0	0.7	1	24	0.022 2
车最大功率(kW)	车轮胎半径(m)	最大扭矩转速(r/min)	最大扭矩(N·m)	坡度正切值(%)	滚动阻尼计算	良好路面	干燥路面
1.641	0.3	212.31	73.83	0.00	滚动阻尼	0.012 21	0.022 2

表 8-44 2.5 kW 无刷电机主要技术性能

功率(kW)	电池电压(V)	转速(r/min)	额定转矩(N·m)	峰值转矩(N·m)	峰值功率(kW)	电流(A)	峰值电流(A)	效率(%)	质量(kg)
2.5	48~72	1 500	15.9	35	6	57.2	110	93	33

电动车在平路运行时是恒转矩工作，高尔夫球车在平路时把电机输入电压降低，使电机转速下降，使电机在转矩不变(15.9 N·m)的情况下达到 1.641 kW。

$$n = 1\,500 \times \frac{1.641}{2.5} = 984.6(\mathrm{r/min})$$

把电机的工作电压调低后，在转矩 15.9 N·m 时的转速为 984.6 r/min，要使电机变成输出 73.83 N·m的转矩，必须进行齿轮减速，其减速比为

$$K = 73.83/15.9 = 4.643$$

那么这时电机的转速为

$$n = 984.6/4.643 = 212.06(\mathrm{r/min})$$

这正好与高尔夫球车在平路运行速度为 24 km/h 的车轮转速(212.31 r/min)相符。

因此厂方生产的 2.5 kW 中置式无刷电机完全可以用在高尔夫球车上，只是该电机要通过一个减速比为 1∶4.6 的桥。在爬坡 25%(14.04°)时，如果该高尔夫球车只有桥减速，没有其他减速挡，那么计算车爬坡时的电机功率见表 8-45。

表 8-45 高尔夫球车在爬坡时的动力性能

车总负荷(N)	附件损失系数	传动系统效率	坡道角度(°)	空气阻力系数	迎风面积(m^2)	良好，干燥路面车速(km/h)	滚动阻尼
8 624	0.95	0.9	14	0.7	1	8	0.017 4
车最大功率(kW)	车轮胎半径(m)	最大扭矩转速(r/min)	最大扭矩(N·m)	坡度正切值(%)	滚动阻尼计算	良好路面	干燥路面
5.804	0.3	70.77	783.12	24.92	滚动阻尼	0.009 57	0.017 4

就是说，用高尔夫球车爬 25%(14.04°)坡，电机最大功率是 6 kW 左右时，高尔夫球车可以在坡上以 8 km/h 的车速爬坡，高尔夫球车的爬坡能力还是不错的。因为看到其他特殊电动车的爬坡能力仅为 12%或 20%，应该说 25%(14°)的坡是较大的坡了。

再核算一下该高尔夫球车的续行里程：该车的蓄电池组容量是 36 V190 A·h，那么电池容量功率 $W = 36 \times 190 = 6\,840(\mathrm{W})$，在平路，电动车24 km/h 时的功率为 1.641 kW。因为 1.641 kW 是电机的输出功率，其输入功率应该考虑电机的效率问题，假设该电机效率为 92%，电机的输入功率为 $P_1 = P_2/\eta = 1.641/0.92 = 1.783\,7(\mathrm{kW})$，可以运行 3.84 h，那么

高尔夫球车的续行里程为 24 × 3.84 = 92(km)，考虑到电池降压到 0.8 的原电压尚可以运行路程，这样高尔夫球车的运行续行里程为 0.8 × 92 = 73.6(km)，考虑技术标准时毕竟要留些余地，所以和高尔夫球车技术数据的续行里程标准 70 km 是完全相符的。

核算一下电机的最大电流：$I_{\max} = P_{\max}/(U\eta) = 5\,800/(72 \times 0.8) = 100(\text{A})$（爬坡时电机效率会降低，效率取 0.8），因此该高尔夫球车电机电压的峰值电流要在 100 A 左右，那么电源电压用 36 V 电池的电流太大了，用 72 V DC，这样用 1 C 电池放电形式即可。

可以从高尔夫球车的平路、爬坡和电池耗电、续行里程几个方面去求证应该用什么样的电机，2.5 kW 的电机是否可以用于高尔夫球车上，通过验证，表 8 - 46 所列的 2.5 kW 电机完全可以用于高尔夫球车上。

表 8 - 46　高尔夫球车技术数据

外形尺寸(长×宽×高)(mm×mm×mm)	2 790×1 290×1 910
座位数	4
前/后轮距(mm)	870/980
轴　距(mm)	2 070
最小转弯半径(m)	4
最小离地间隙(mm)	105
整备质量(kg)	600
满载总质量(kg)	880
电机功率(kW)	2.2
爬坡能力(%)	25
最高车速(km/h)	24
最大续行里程	70
制动距离(m)	≤2.5(初速为 20 km/h)
蓄电池组(V/A·h)	36/190
充电机输入电压(V)	220(AC)
充电时间(h)	8～10

2) 高尔夫球车电机结构的设计　从图 8 - 60 中知，无刷电机的风罩外径为 190 mm，中心高为 100 mm，外形酷似三相交流电机，因此推算该电机沿用了三相电机的机壳，冲片外径也可能沿用了三相电机的外径，是否冲片也用三相电机的冲片可以分析后确定。

查三相交流电机中心高 100 mm 的定子外径为 155 mm，内径 98 mm，定子槽数 36 槽，或者定子外径为 155 mm，内径 106 mm，定子槽数 48 槽，作者认为槽数均太多，确定定子外径为 155 mm，内径 99.2 mm，槽数 24 槽。用 38H 钕铁硼磁钢 B_r = 1.23 T，设定气隙槽宽与齿宽相等后取齿宽 6.2 mm，则气隙槽宽为 6.776 mm，为了使齿磁通密度高一些，轭宽为齿宽的 1.2 倍左右，为 7.529 mm。这样就可以画出定子冲片图，如图 8 - 67 所示。

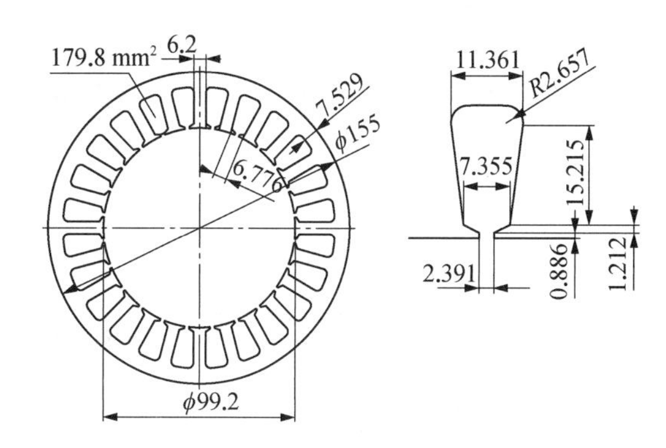

图 8 - 67　电机冲片设计数据

定子外径 155，转子用 8 极，表贴式，径向磁钢，如图 8 - 68 所示。

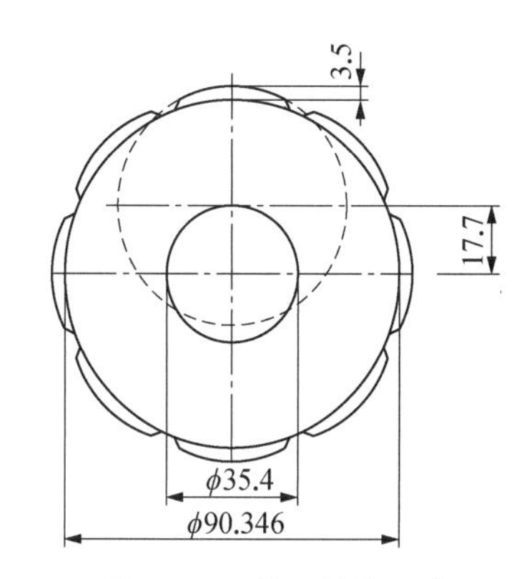

图 8 - 68　转子结构尺寸

画出三相绕组排布，为了下线方便，采用单层绕组，绕组排列如图 8 - 69 所示。

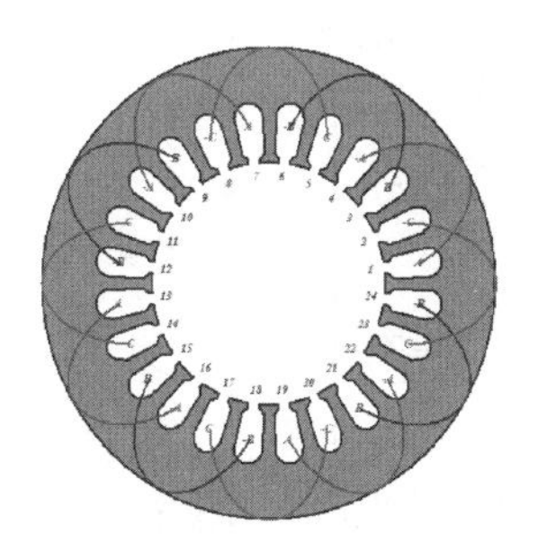

图 8 - 69　电机绕组

以上定子冲片开槽形和转子形状的确定都是以磁路合理为原则设计的。

3) 确定电机的主要设计目标参数　用高尔夫球车的动力性能数据作为设计依据。

电池 36 V190 A·h；额定电压 36 V；额定转矩 16.05 N·m；额定转速 976.6 r/min；额定功率

1.638 kW;效率 0.9。

4) 电机实用设计计算

(1) 计算电机额定电流。

$$I=\frac{nT}{9.55\eta U}=\frac{976.6\times 16.05}{9.55\times 0.8\times 36}=57(\text{A})$$

(2) 设置电流密度和槽利用率: $j=5.5\ \text{A/mm}^2$, $K_{SF}=0.32$。

(3) 求取电机转矩常数。

$$I_0=(1-\sqrt{\eta})I_\eta\approx(1-\sqrt{0.8})\times 57=6(\text{A})$$

$$K_T=\frac{T}{I-I_0}=\frac{16.05}{57-6}=0.3147(\text{N}\cdot\text{m/A})$$

(4) 求电机有效导体数。

$$q_{Cu}=\frac{I}{j}=\frac{57}{5.5}=10.36(\text{mm}^2)$$

$$W=\frac{K_{SF}A_S}{q_{Cu}}=\frac{0.32\times 179.8}{10.36}$$
$$=5.55(\text{匝})(\text{取 5 匝})$$

以 0.51 线 40 股,则

$$N_1=\frac{4q_{Cu}}{\pi d^2}=\frac{4\times 10.36}{\pi\times 0.51^2}=50.7(\text{股})(\text{取 51 股})$$

(5) 求有效导体根数。

有效齿数 $Z=24\times\frac{2}{3}=16$

$$N=16\times 5=80(\text{根})$$

(6) 求有效工作磁通。

$$\Phi=\frac{2\pi K_T}{N}=\frac{2\pi\times 0.3147}{80}$$
$$=0.0247(\text{Wb})$$

(7) 求齿磁通密度。

$$B_Z=\alpha_i B_r\left(1+\frac{S_t}{b_t}\right)$$
$$=0.73\times 1.23\times\left(1+\frac{0.6776}{0.62}\right)$$
$$=1.879(\text{T})$$

(8) 求电机定子叠厚。

$$L=\frac{\Phi\times 10^4}{ZB_Zb_tK_{FE}}=\frac{0.0247\times 10000}{24\times 1.879\times 0.62\times 0.95}$$
$$=9.3(\text{cm})$$

(9) 用 Maxwell 核算:以目标计算值 $N=80$ 根,$L=93\ \text{mm}$, $d=0.51\ \text{mm}$,$N_1=51$ 股,冲片、磁钢数据是作者用实用方法计算和设定的,把这些参数代入 Maxwell 进行核算。机械特性曲线和额定点数据如图 8-70 所示。

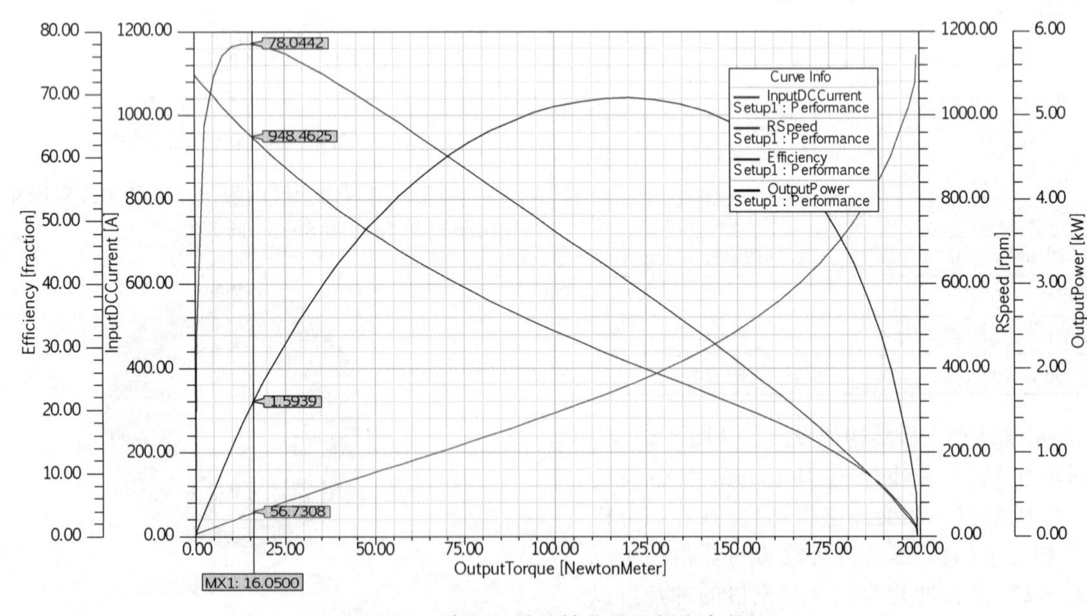

图 8-70 电机机械特性曲线和额定点数据

(10) Maxwell 计算结果部分数据:

Stator-Teeth Flux Density (Tesla): 1.84121

Stator-Yoke Flux Density (Tesla): 1.4219

Rotor-Yoke Flux Density (Tesla): 0.456266

Average Input Current (A): 56.7567

Root-Mean-Square Armature Current (A): 48.9899

Armature Current Density (A/mm^2): 4.70225

Output Power (W): 1594.74

Input Power (W): 2043.24

Efficiency (%): 78.0494

Rated Speed (rpm): 948.385

Rated Torque (N.m): 16.0574

(11) 核算两种设计方法的计算同一性。

$$\Delta_n = \left|\frac{948.385-976.6}{976.6}\right| = 0.0288$$

$$\Delta_I = \left|\frac{56.7567-57}{57}\right| = 0.0042$$

$$\Delta_{P_2} = \left|\frac{1594.74-1638}{1638}\right| = 0.0264$$

$$\Delta_\eta = \left|\frac{78.04-80}{80}\right| = 0.0245$$

$$\Delta_{B_Z} = \left|\frac{1.84121-1.879}{1.879}\right| = 0.02$$

$$\Delta_j = \left|\frac{4.7\times\frac{56.76}{48.98}-5.5}{5.5}\right| = 0.0097$$

两种算法计算的主要参数的结果是非常相近的，可以清楚地看出，一种是目标设计，一种是核算。一种是按电机性能参数要求，求取电机主要尺寸数据；一种是按照电机主要尺寸数据进行核算，因此求取电机性能两种设计思路是截然相反的。

从介绍电机设计的经过和结果看，用实用设计法去分析和设计电机，那么设计一个无刷电机从冲片设计到计算电机主要尺寸参数是不难的。关键在于掌握对电机的基础理论的深刻理解和熟练的应用。

8.6　电动汽车电机实用设计

8.6.1　电动汽车无刷电机的设计

电动汽车是近些年来兴起并有很大发展的一个领域。电动汽车从小到两座的，大到大巴车，电机功率从数千瓦到数百千瓦，从纯电动汽车到混合动力车，电动汽车的电机有有刷电机、无刷电机、永磁同步电机、交流变频电机、磁阻电机等，电机形式有轮毂式、中置式等，这些电机除了有刷电机外，其他形式的电机可以统称为无刷电机。各种形式电机的区别很大，因为本书介绍的是典型的无刷电机，所以重点介绍无刷电机(BLDCM)在电动汽车中的设计及应用问题，永磁同步电机的电机结构与方波无刷电机几乎相同，但是有非常多的优点，作者将在下一章专门介绍永磁同步电机的设计。

微型电动汽车，功率在 6 kW 左右，经济性还是可以的，物美价廉，这种轻便电动汽车在市区可以用来代步。高于 6 kW 以后，电动汽车电机、电池、控制器、充电、续行里程、空调用电、冬夏天温差影响、价格、维修等各种问题相继出现，很难全面解决，因此应该先从低端的电动汽车开始做起。

电动汽车有很多问题需要解决和考虑，如在电池技术难以逾越的瓶颈下，如何提高电能使用效率、提高电动汽车续行里程，提高电池寿命是电动汽车行业关注的焦点，选用符合电池特性的驱动电机是提高电动车辆性能的关键，所选电机要效率高、使用电流小、启动电流小，避免电池瞬间大电流放电，而且电机能量回馈性能要好。

电动汽车主要用于城乡交通，车辆大部分时间处于启动、加速、制动的工作状态，电机的启动性能(启动转矩/启动电流)、加速性能、低速时的效率、制动及滑行时的能量再生能力、电机的过载能力、能量密度、可靠性对电动汽车尤为重要，这是衡量电动汽车电机的重要指标。

1) 电动汽车电机的技术数据　电动汽车无刷电机是无刷电机的一种，有些地方对电动车无刷电机的要求比其他无刷电机的要求要多一些、高一些，但是设计方法上和其他无刷电机基本相同，下面作者用最简单的通用公式法来计算电动汽车无刷电机，以核验其计算方法的正确度。

表 8-47 所列是某一电动汽车无刷电机样机的机械特性曲线测试数据单。

表 8-47　电动汽车无刷电机测试数据
(第 5 点为额定点)

测试数据	U (V)	T (N·m)	n (r/min)	I (A)	P_2 (kW)
1	60	0	3 190	10	0
2	60	6.58	3 193	50	2.20
3	60	9.12	3 185	80	3.70
4	60	14.71	3 110	100	4.83
5	60	18.66	3 020	120	5.9
6	60	22.19	2 930	140	6.8
7	60	24.00	2 890	150	7.25
8	60	28.00	2 808	170	8.20
9	60	30.15	2 772	180	8.75

（续表）

测试数据	U (V)	T (N·m)	n (r/min)	I (A)	P_2 (kW)
10	60	31.96	2 740	190	9.20
11	60	33.70	2 707	200	9.60
12	60	37.60	2 630	220	10.40

电机相关数据：$L=100$ mm，磁钢 40H，$B_r=1.27$ T，线圈绕组匝数$W=2$匝，线径 0.9 mm，70 股。

电机转子结构和冲片分别如图 8－71 和图 8－72所示，其绕组分布如图 8－73 所示。

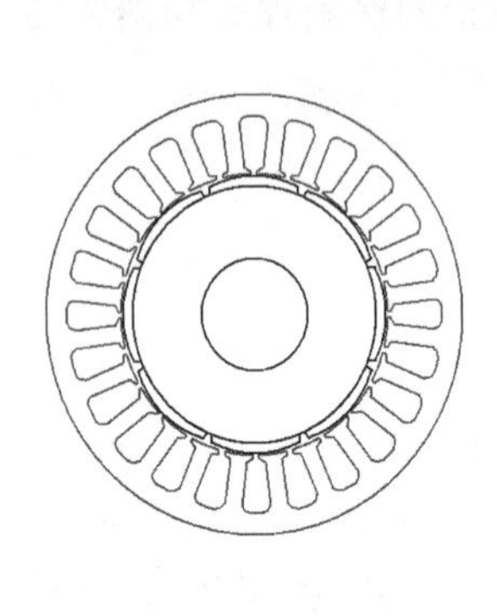

图 8－71 电机转子结构

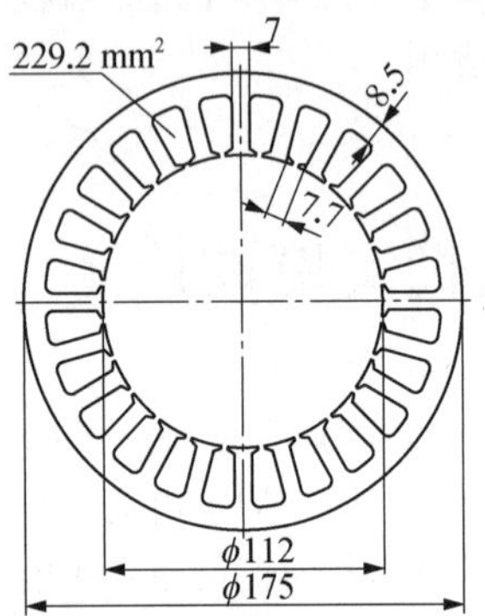

图 8－72 冲片尺寸

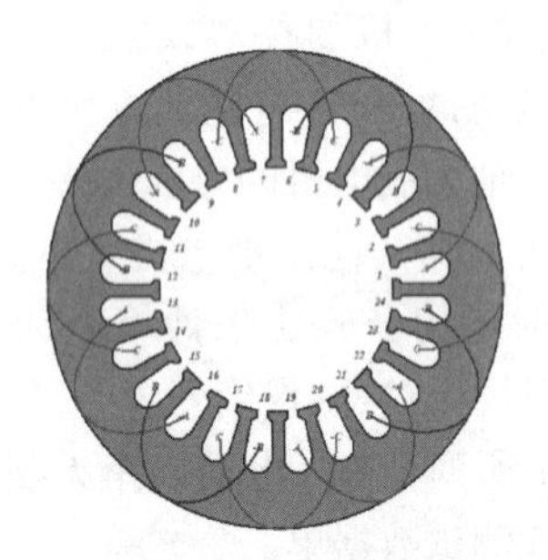

图 8－73 电机绕组

2）无刷电机目标设计

（1）求电机齿磁通密度。

$$B_Z=\alpha_i B_r\left(1+\frac{S_t}{b_t}\right)$$

$$=0.73\times1.27\times\left(1+\frac{7.7}{7}\right)$$

$$=1.946\ 9(\mathrm{T})$$

（2）求电机的工作磁通。

$$\Phi=ZB_Zb_tLK_{FE}\times10^{-4}$$

$$=24\times1.946\ 9\times0.7\times10\times0.97\times10^{-4}$$

$$=0.031\ 726(\mathrm{Wb})$$

（3）用通用公式求电机的有效导体数。

$$N=\frac{60U\sqrt{\eta}}{\Phi n_\eta}=\frac{60\times60\times\sqrt{0.82}}{0.031\ 726\times3\ 020}=34(\text{根})$$

（4）单个线圈匝数。

$$W=\frac{N}{Z\times\dfrac{2}{3}}=\frac{34}{24\times\dfrac{2}{3}}=2.125(\text{匝})(\text{取 2 匝})$$

作者介绍的求取电机匝数的方法是根据样机的额定点机械性能、冲片形状、磁钢数据的目标参数求出的，上面仅用 4 个计算公式中的目标参数就方便地求出功率 5.9 kW 的无刷电机的绕组最终匝数。

（5）匝数设计符合率。

$$\Delta_W=\left|\frac{2.125-2}{2}\right|=0.062\ 5$$

用这么简单的方法来计算这么大的无刷电机，这样的设计符合率应该是很好的。

（6）用 Maxwell 求取绕组数据：把电机的每槽导体数和导体并联股数设置为 0，设置线径为 0.9 mm，限定槽满率为 0.65，让 Maxwell 自动计算电机的绕组数据。计算结果如图 8－74 所示。

Number of Parallel Branches:	1
Number of Conductors per Slot:	2
Type of Coils:	12
Average Coil Pitch:	3
Number of Wires per Conductor:	70
Wire Diameter (mm):	0.9
Wire Wrap Thickness (mm):	0.09
Slot Area (mm^2):	227.287
Net Slot Area (mm^2):	211.772
Limited Slot Fill Factor (%):	65
Stator Slot Fill Factor (%):	64.7934

图 8－74 定子绕组自动求取结果

（7）考核两种算法的同一性。实用计算法的计算齿磁通密度为 1.946 9 T。Maxwell 计算法结果如图 8－75 所示。

NO-LOAD MAGNETIC DATA

Stator-Teeth Flux Density (Tesla):	1.9277
Stator-Yoke Flux Density (Tesla):	1.62445
Rotor-Yoke Flux Density (Tesla):	0.555422

图 8－75 Maxwell 计算法

齿磁通密度同一性计算误差为

$$\Delta_{B_Z}=\left|\frac{1.946\ 9-1.927\ 7}{1.927\ 7}\right|=0.009\ 96$$

（8）Maxwell 计算与样机对比：Maxwell 计算的性能和样机比相差稍大，但是 Maxwell 的设计计算还是在设计符合率之内的，如图 8－76 所示。

FULL-LOAD DATA

Average Input Current (A):	133.699
Root-Mean-Square Armature Current (A):	109.77
Armature Thermal Load (A^2/mm^3):	36.9123
Specific Electric Loading (A/mm):	14.9747
Armature Current Density (A/mm^2):	2.46498
Frictional and Windage Loss (W):	240.853
Iron-Core Loss (W):	519.216
Armature Copper Loss (W):	52.0551
Transistor Loss (W):	519.184
Diode Loss (W):	18.8347
Total Loss (W):	1350.14
Output Power (W):	6671.78
Input Power (W):	8021.92
Efficiency (%):	83.1693
Rated Speed (rpm):	3417.98
Rated Torque (N.m):	18.6399
Locked-Rotor Torque (N.m):	590.717
Locked-Rotor Current (A):	19428

图 8-76　负载数据

(9) Maxwell 设计符合率：见表 8-48。电机机械特性曲线和额定点参数如图 8-77 所示。

表 8-48　Maxwell 计算符合率

	T (N·m)	n (r/min)	I (A)	P_2 (W)	η
样机测试	18.66	3 020	120	5 900	0.819 4
Maxwell 计算	18.639 9	3 417.98	133.699	6 671.78	0.831 693
相对误差	0	0.13	0.077	0.088	0.01

这么大的电机，每齿绕 2 匝似乎太少了，因此用并联支路数 $a=4$(图 8-78)，即把 A 相 4 个线圈绕组从串联改为并联，即电机绕组 4 个分区线圈并联起来，那么每个绕组线圈匝数应该为 $W=2\times4=8$(匝)，那么每线圈并联根数应该为 $70/4=17.5$(根)(取 17 根)，这样的电机的并联绕组的电机机械特性和绕组串联的机械特性基本上是一致的，就是每相绕组并线工艺麻烦了些。

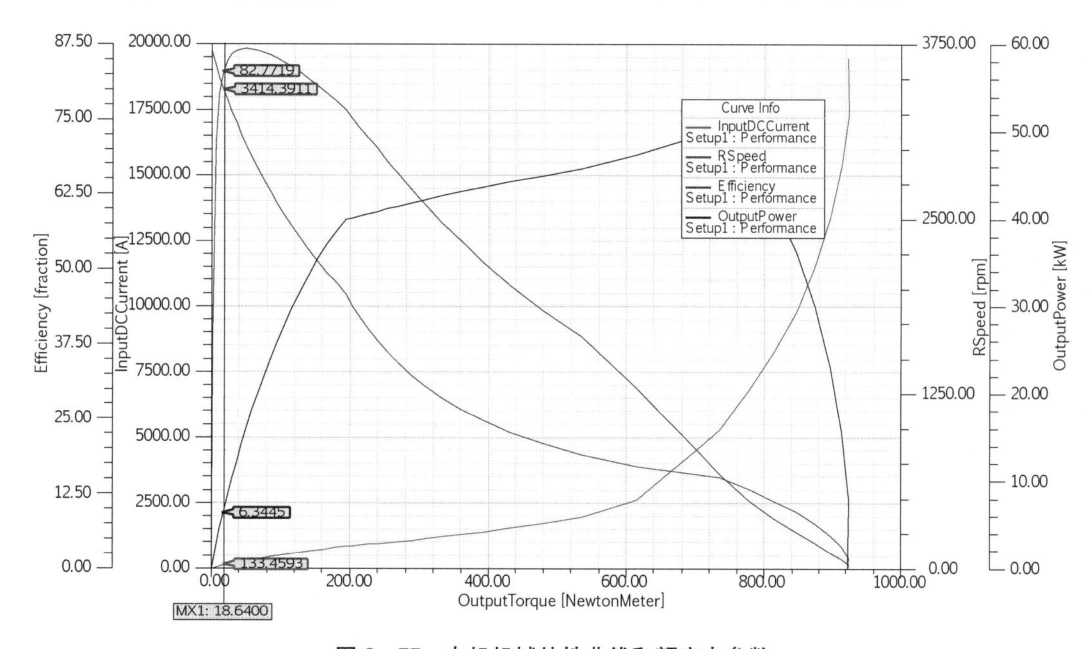

图 8-77　电机机械特性曲线和额定点参数

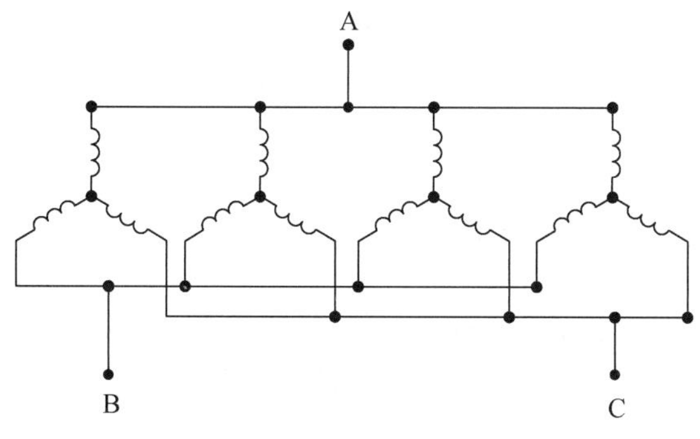

图 8-78　绕组并联支路数 $a=4$

3) 电动汽车工作区域的运行特性　无刷电机的电动汽车在平路上不考虑风阻随着电动汽车的车速增加而加大的影响，那么电动汽车在平路上是恒转矩运行的，这段区域应该是恒转矩区域。

汽车在爬坡时转矩大、车速慢，需要电机输出功率最大时实现这个性能，对于不同的坡度，需要不同的转矩和车速，最理想的状态是达到电机输出功率最大，这段运行区域应该是恒功率区域。

电动汽车在平路加速时应该是速度加快的，转矩增加的。区域应该是电机转矩和功率都增加的区域。

如电动汽车在平路上车速 40 km/h 和 80 km/h 时所需要的转矩和功率相差很大，见表 8-49 和表 8-50。

表 8-49 电动汽车 40 km/h 的动力性能

车总负荷(N)	附件损失系数	传动系统效率	坡道角度(°)	空气阻力系数	迎风面积(m^2)	良好，干燥路面车速(km/h)	滚动阻尼
14 322	0.95	0.92	0	0.34	2	40	0.014 85
车最大功率(kW)	轮胎半径(m)	最大扭矩转速(r/min)	最大扭矩(N·m)	坡度正切值(%)	滚动阻尼计算	良好路面	干燥路面
3.358	0.264 4	401.50	79.86	0.00	滚动阻尼	0.014 85	0.027

表 8-50 电动汽车 80 km/h 的动力性能

车总负荷(N)	附件损失系数	传动系统效率	坡道角度(°)	空气阻力系数	迎风面积(m^2)	良好，干燥路面车速(km/h)	滚动阻尼
14 322	0.95	0.92	0	0.34	2	80	0.021 45
车最大功率(kW)	轮胎半径(m)	最大扭矩转速(r/min)	最大扭矩(N·m)	坡度正切值(%)	滚动阻尼计算	良好路面	干燥路面
13.044	0.264 4	803.00	155.12	0.00	滚动阻尼	0.021 45	0.039

由上可知，在车速 40 km/h 时，车最大转矩为 79.86 N·m，最大转速为 401.5 r/min，最大功率仅为 3.358 kW。在车速 80 km/h 时，车最大转矩为 155.12 N·m，最大转速为 803 r/min，最大功率为 13.044 kW。

当电动汽车的车速增加一倍时，转速和转矩都仅增加一倍，但是电动汽车需要输出的功率增加了 2.88 倍，其增大的原因是电动汽车在速度增加的情况下风阻增加很快，因此电动汽车用电机弱磁调速方法达到汽车高速时的恒功率的机械性能仅是一种分析。

如果电动汽车带有机械增减速装置，那么电动汽车的机械特性如图 8-79 所示。

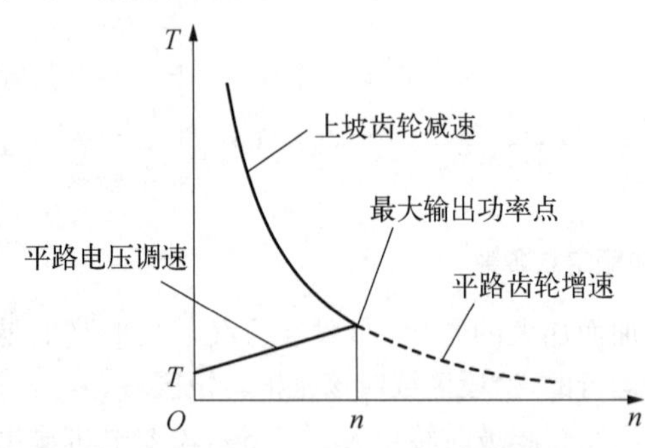

图 8-79 电动汽车动力性能的机械特性

用齿轮箱进行恒功率传递，可以使汽车在爬坡或者高速运行时仍是在电机规定的最大输出功率上。如果在这点上的电机是在安全设计范围内的，那么进行齿轮调速，不管是爬坡和增速，电机仍运行在同一个工作状态，电机工作是安全的，是能够长期工作的。

如图 8-80 所示，电动汽车无刷电机的机械特性是非常好的，其效率平台非常宽，如果最大输出转矩比额定转矩大 4 倍以上，这时该电机的效率还是相当高的，就是这时电机的电流和输出功率相当大，如果额定点的电流密度在安全设计范围内，在最大功率点的电流和相应的电流密度就很大，电机是不能长期工作的。

8.6.2 电动汽车驱动电机选型匹配

汽油的能量密度很高，达 443 000 kJ/kg，同重量的汽油和锂电池能量相比，锂电池的能量仅是汽油的 1.4%，电动汽车的性能是完全不能与燃油汽车相比的。动力电池的能量密度无法和汽油的能量密度相当，不能奢望电动汽车的性能和同类型的燃油汽车性能完全相当。只有锂电池的能量密度提高到现有水平的 10 倍以上，那么才有可能做真正纯电动汽车。因此只能在某些场合用电动汽车替代燃油汽车部分性能的用途，这种场合是非常多的，例如特种车辆、城市微型代步汽车等。

用于城市代步的微型电动汽车，比电动摩托车安全，风雨无阻，绿色环保，体积不大，又用便宜的铅蓄电池，家庭电动汽车的安放和充电都能实现，整个微型电动汽车的费用不高，现在的社会经济情况下，家庭是可以承受的。

作者想通过分析微型电动汽车求取一种适合微型电动汽车的无刷电机。

微型电动汽车应该有两种形式：一种是用轻型两厢汽车改作微型电动汽车，车形结构基本是两厢车，能坐 4～5 人；另一种是纯粹的微型电动车，仅能坐 1～3 人。

1) 轻型和微型电动汽车分析　电动汽车驱动电机的选型和匹配，实际上就是电动汽车的动力性能和驱动电机之间的配合，应该从电动汽车、电动汽

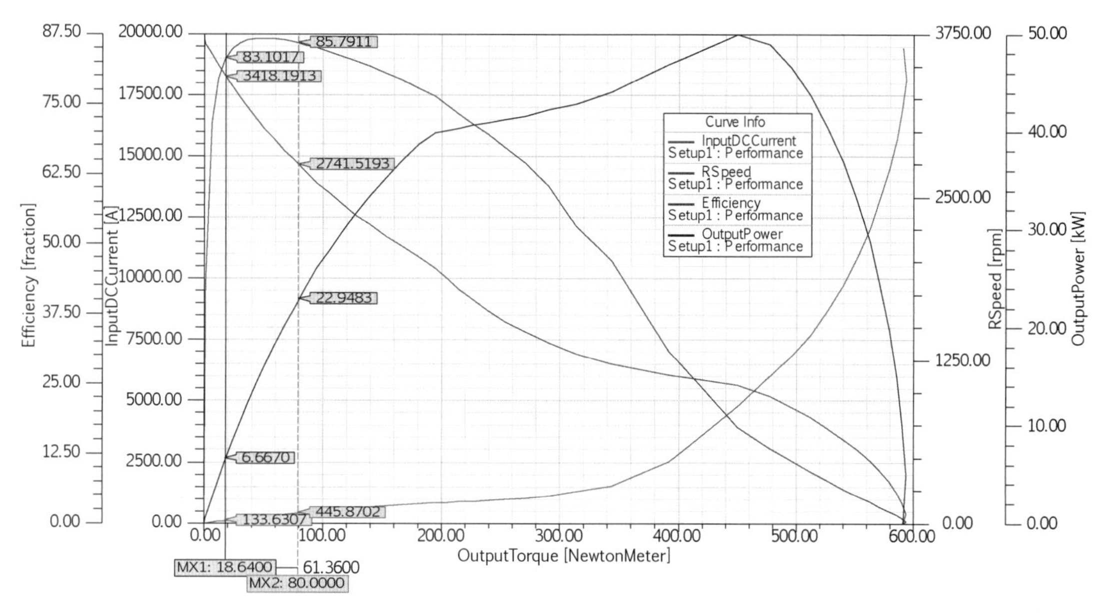

图 8－80　电动汽车额定工作点和最大输出功率点

车电机、电池的电力性能等多个方面综合考虑，否则设计不出一个比较合理的电动汽车电机，下面以轻型和微型电动汽车为例对电动汽车电机进行选配的分析。

(1) 汽车的体积决定汽车的功率，而汽车的体积大，重量就大，一般轻型电动轿车重量在 1.2 t 左右，可以坐 5 个人。微型电动汽车小于 1 t，只能坐 1～3 个人。轻型电动汽车的电机功率应该在6 kW 左右，微型电动汽车功率应在 3～4 kW。

(2) 汽车的行驶速度也是决定汽车的关键，一般轻型电动汽车的最高行驶速度可以在 80 km/h 左右，但是微型电动汽车一般仅考虑在 50 km/h 左右，只能在市区内行驶。

(3) 汽车的爬坡指标也很重要，一般轻型电动汽车应该能爬 20%左右的坡，而微型电动汽车仅能爬 15%左右的坡。

(4) 汽车的动力加速，一般轻型电动汽车为 0～30 km/h 在 10 s 左右，微型电动汽车为 0～25 km/h 在 15～20 s。

(5) 轻型电动汽车电池可以用 192 V100 A·h、340 V90 A·h 等蓄电池，微型电动汽车可以用 48 V190 A·h等铅蓄电池。

(6) 轻型电动汽车的轮胎直径不可能很大，一般轮毂直径为 12～14 in，车辆越小，那么轮毂直径就越小，轮毂直径和轮胎型号确定后，轮胎外径就可以算出。

表 8－51 综合了各种因素确定的两厢轻型电动汽车的各种数据。这里介绍用普通两厢汽车作为轻型电动汽车设计计算电动汽车无刷电机。

表 8－51　轻型电动汽车性能参数

参　　数	数　值
整车满载总质量(kg)	1 460
迎风面积(m^2)	2
空气阻力系数 C_D	0.35
滚动阻力系数 f	0.015
车轮滚动半径(m)	0.264 4
传动系统总效率	0.92
电机及控制器效率	0.9
主减速器传动比	4.158
蓄电池电压(V)	60
蓄电池平均放电效率	0.95
蓄电池总能量(A·h)	190
最高车速(km/h)	70
匀速速度(km/h)	50
爬坡坡度不小于(%)	20
爬坡车速不低于(km/h)	15
加速性能(0～30 km/h)(s)	12
续行里程(km)	100
平路电流小于(A)	100
最大电流小于(A)	300

桥和减速器各挡数据：主 4.158、Ⅰ＝3.308、Ⅱ＝1.913、Ⅲ＝1.258、Ⅳ＝0.943、Ⅴ＝0.763、$R=3.231$（最大输入扭矩 155 N·m，最大输入转速 6 000 r/min）。

2) 轻型和微型电动汽车电机设计原则　驱动电机的最大功率要满足以下条件：

(1) 电机的额定功率必须满足车辆以平路最高车速行驶,因此以最高车速确定电机平路运行时最大功率,以常规车速确定电机额定转速。

(2) 电机必须满足车辆以一定车速时最大爬坡度爬坡的要求,从最大爬坡度求出电机的爬坡最大转矩和最大功率。

(3) 电机必须满足车辆加速性能的要求,从动力加速要求中求出电机的加速最大功率。

(4) 综合电动汽车运行三种情况制定出电机额定工作和最大输出功率区域的性能要求,从而设计出符合该轻型电动汽车运行要求的电动汽车电机。

电动汽车分为连续工作和短时工作,在平原地区的城市运行的电动汽车,一般运行在平路时间比较多,爬坡时间短,因此设计电动汽车电机主要考虑平路运行为连续工作性能,爬坡作为短时工作状况来考虑。其连续工作特性曲线由电机的额定值来确定,短时工作特性曲线是电机过载一定倍数之后的转矩功率特性曲线。

实际轻型电动汽车不需要用五挡变速,五挡变速器的体积和重量也大,造成电池使用的不经济,可以用改为三挡,即前进挡、爬坡挡、倒退挡加上一个空挡。这样可以减小减速器的体积和重量,这对延长电动汽车的续行里程是有利的,特别是加上爬坡挡后,电动汽车的爬坡能力会有所提高。

一般一挡是爬坡挡,那么取用Ⅰ=3.308作为爬坡挡,在平路行驶时用三挡:Ⅲ = 1.258。而Ⅱ=1.913、Ⅳ = 0.943、Ⅴ = 0.763三个挡位不用,取用R = 3.231倒退挡,只是使电动汽车电机不反转时,汽车可以实现倒退。实际可以用一挡Ⅰ=3.308减速,使电机反转实现汽车倒退,使汽车拨杆在减速挡位置,以便区分前进和倒退,这样实际减速器的机械结构更简单。当然主挡仍是4.158,这样

$$K_{平路} = 4.158 \times 1.258 = 5.23$$
$$K_{爬坡} = 4.158 \times 3.308 = 13.755$$

下面先把轻型电动汽车的动力性能和电动汽车电机的性能要求计算出来,如果不合理再进行调整,具体见表8-52~表8-55。

表8-52　最大车速(70 km/h)时的最大功率

车总负荷(N)	附件损失系数	传动系统效率	坡道角度(°)	空气阻力系数	迎风面积(m^2)	良好路面车速(km/h)	车轮胎半径(m)	车挡位减速比
14 322	0.95	0.92	0	0.35	2	70	0.264 4	5.23
滚动阻尼良好路面	**车最大功率(kW)**	**最大扭矩转速(r/min)**	**最大扭矩(N·m)**	**坡度正切值(%)**	**电机转速(r/min)**	**电机转矩(N·m)**	**电机功率(kW)**	
0.019 8	9.918	702.63	134.79	0.00	3 674.75	25.772	9.918	

表8-53　匀速速度(50 km/h)时的最大功率

车总负荷(N)	附件损失系数	传动系统效率	坡道角度(°)	空气阻力系数	迎风面积(m^2)	良好路面车速(km/h)	车轮胎半径(m)	车挡位减速比
14 322	0.95	0.92	0	0.35	2	50	0.264 4	5.23
滚动阻尼良好路面	**车最大功率(kW)**	**最大扭矩转速(r/min)**	**最大扭矩(N·m)**	**坡度正切值(%)**	**电机转速(r/min)**	**电机转矩(N·m)**	**电机功率(kW)**	
0.016 5	5.070	501.88	96.48	0.00	2 624.82	18.447	5.070	

表8-54　爬坡(20%,15 km/h)时的最大功率

车总负荷(N)	附件损失系数	传动系统效率	坡道角度(°)	空气阻力系数	迎风面积(m^2)	良好路面车速(km/h)	车轮胎半径(m)	车挡位减速比
14 322	0.95	0.92	9.31	0.35	2	15	0.264 4	13.755
滚动阻尼良好路面	**车最大功率(kW)**	**最大扭矩转速(r/min)**	**最大扭矩(N·m)**	**坡度正切值(%)**	**电机转速(r/min)**	**电机转矩(N·m)**	**电机功率(kW)**	
0.010 725	14.137	150.56	896.65	19.99	2 071.00	65.187	14.137	

表 8-55　动力加速(0～30 km/h, 12 s)时的最大功率

车总负荷(N)	要求加速时间(s)	起始速度(km/h)	要求加速到速度(km/h)	坡道角度(°)
14 322	12	0	30	0
电机最大输出功率(kW)	加速度(m/s²)	要求最小牵引力(N)	汽车净最大扭矩(N·m)	电机最大转矩(N·m)
12.309	0.694 4	1 013.85	268.06	58.64

把计算情况分析一下：

(1) 电动汽车在平路时设定的最大车速(70 km/h)时的最大输出功率为 9.918 kW,电机最大转速为 3 674.75 r/min,转矩为 25.772 N·m。

(2) 电动汽车在平路设定的巡航(50 km/h)时输出功率为 5.07 kW,电机转速为 2 624.82 r/min,转矩为 18.447 N·m。

电动汽车的 75 km/h 是"设定"的安全行车车速,所谓安全行车车速,就是在这个车速下,电动汽车不会因为用户以这个车速开车而导致电机发生故障,发热烧毁。这意味着这个行车速度应该是电动汽车的连续工作速度,这点应该作为电机的额定工作点。这点的电机工作电压从道理上讲应该是电池的满电压,电机的电流密度应该在正常范围值内,电机温升应该在合理的范围之内。但是考虑到电池使用后的电压降后仍要保证电动汽车有这样的车速,因此电池电压的设置应该是满电压的 0.8 倍左右。而巡航速度的工作点是靠控制器调低电压,使电机的机械特性 $T-n$ 曲线往下平移来达到的。

实际电动汽车在市内不是一直行驶在 75 km/h,平时行驶速度就在 40 km/h 左右,如果把 75 km/h 作为电机额定工作点,那么电机就会显得太大,电机体积大、重量大、不经济。如果把平时行驶速度 40 km/h 作为额定工作点设计电机,电机体积可以小些,电机功率仅为 3.377 kW,见表 8-56,那么在 75 km/h 速度较长时间运行,电机就会吃不消,很快就发热,甚至烧毁。

因此,认为 40 km/h 是常用工作点,名义上仍用 50 km/h 作为额定工作点,但是设计时应该用 55 km/h 作为设计额定工作点,那么额定工作点的电机功率就达到 6 kW,见表 8-57。

表 8-56　电动汽车 40 km/h 的动力性能

车总负荷(N)	附件损失系数	传动系统效率	坡道角度(°)	空气阻力系数	迎风面积(m²)	良好路面车速(km/h)	车轮胎半径(m)	车挡位减速比
14 322	0.95	0.92	0	0.35	2	40	0.264 4	5.23
滚动阻尼良好路面	车最大功率(kW)	最大扭矩转速(r/min)	最大扭矩(N·m)	坡度正切值(%)	电机转速(r/min)	电机转矩(N·m)	电机功率(kW)	
0.014 85	3.377	401.50	80.32	0.00	2 099.86	15.358	3.377	

表 8-57　电动汽车 55 km/h 的动力性能

车总负荷(N)	附件损失系数	传动系统效率	坡道角度(°)	空气阻力系数	迎风面积(m²)	良好路面车速(km/h)	车轮胎半径(m)	车挡位减速比
14 322	0.95	0.92	0	0.35	2	55	0.264 4	5.23
滚动阻尼良好路面	车最大功率(kW)	最大扭矩转速(r/min)	最大扭矩(N·m)	坡度正切值(%)	电机转速(r/min)	电机转矩(N·m)	电机功率(kW)	
0.017 32	6.088	552.07	105.30	0.00	2 887.30	20.135	6.088	

用 $0.8\times60=48$ V 时 70 km/h 车速,那时电机的功率是在 9.9 kW,电压在 60 V 时,电机的最大输出功率就应该在 12 kW 左右 ($9.9/0.8=12.3$ kW)。

先设计一个电机：60 V,转矩是 25.772 N·m,电机转速是 $\dfrac{3\,674.75}{0.8}=4\,593.4$(r/min),功率为 12.396 kW,设置一个合理的电流密度,这个电流密度要适合电动汽车长时间运行的要求。

使电机转矩保持在 25.772 N·m,然后降低电压,使转速在 2 887.3 r/min,那时再核算其电机电流密度,这时电机电流密度应该在基本相同的正常范围之内。这个电流密度应该就是电机在平路上的工作电流密度。

8.6.3 轻型电动汽车电机的设计

定出轻型电动汽车无刷电机的主要技术要求：额定电压 60 V(DC)；额定转矩 25.77 N·m；额定转速 4 600 r/min；额定输出功率 12.4 kW；假设该电机效率为 0.83。

以下还有几个问题要进行讨论：

1) 定子形式和绕组形式　轻型电动汽车无刷电机的定子可以用大节距绕组，也可以用分数槽集中绕组，上面介绍的电动汽车电机的定子绕组是大节距绕组，现在用集中绕组计算电动汽车无刷电机。

2) 转子形式

(1) 电机冲片的确定。电机的冲片外径主要是考虑机座号问题，取用上例定子外径 $\phi = 175$ mm，用分数槽集中绕组，取用 18 槽，12 极，6 个分区。磁钢 38H，$B_r = 1.23$ T。

从前面的电机冲片设计知，用烧结钕铁硼磁钢，要达到合理的齿磁通密度，气隙槽长与齿宽比要近似为 1，取 1.1 左右，这样齿磁通密度可以再高些，轭宽与齿宽比取 0.7 左右，因此定子冲片形状基本上可以确定，如图 8-81 所示。

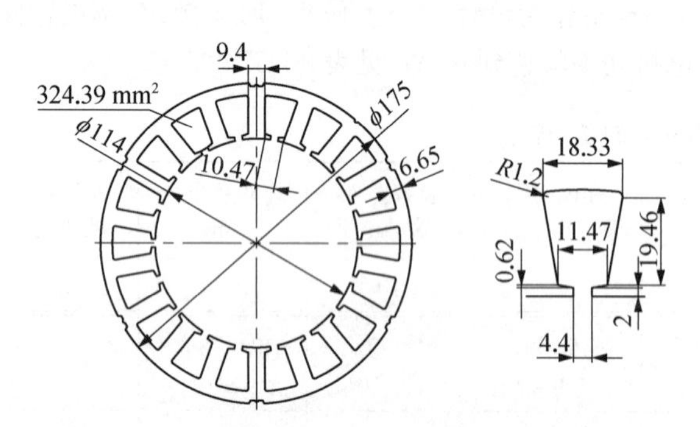

图 8-81　定子冲片

电机结构和绕组分布如图 8-82 所示。

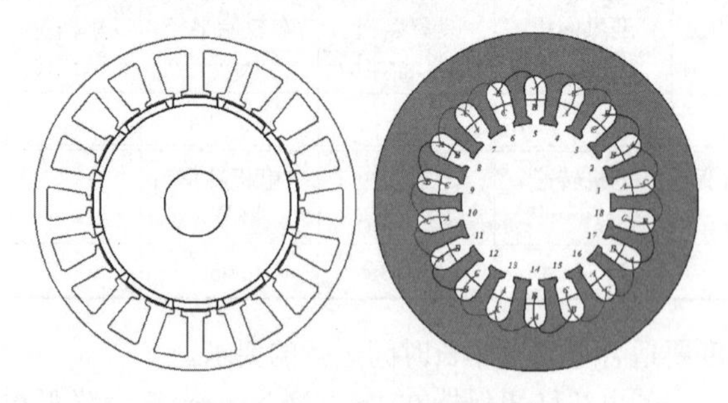

图 8-82　定子结构和绕组

(2) 电机的齿磁通密度为

$$B_Z = \alpha_i B_r \left(1 + \frac{S_t}{b_t}\right) = 0.73 \times 1.23 \times \left(1 + \frac{1.047}{0.94}\right) = 1.898(\mathrm{T})$$

(3) 电机定子长为

$$T_0 = \frac{1-\sqrt{\eta}}{\sqrt{\eta}} T_\eta = \frac{1-\sqrt{0.83}}{\sqrt{0.83}} \times 25.77 = 2.516(\mathrm{N \cdot m})$$

$$T' = T + T_0 = 25.77 + 2.516 = 28.286(\mathrm{N \cdot m})$$

电流密度如果设置为 $j = 3\ \mathrm{A/mm^2}$，设槽利用率 $K_{SF} = 0.3$，则

$$L = \frac{3\pi T'_N \times 10^4}{ZB_Z b_t K_{FE} j Z A_S K_{SF}} = \frac{3\pi \times 28.286 \times 10^4}{18 \times 1.898 \times 0.94 \times 0.95 \times 3 \times 18 \times 324.39 \times 0.3} = 16.62(\mathrm{cm})$$

(4) 电机的工作磁通为

$$\Phi = ZB_Z b_t L K_{FE} \times 10^{-4} = 18 \times 1.898 \times 0.94 \times 16.62 \times 0.95 \times 10^{-4} = 0.0507(\mathrm{Wb})$$

(5) 用通用公式求电机的有效导体数为

$$N = \frac{60U\sqrt{\eta}}{\Phi n_\eta} = \frac{60 \times 60 \times \sqrt{0.83}}{0.0507 \times 4600} = 14(\text{根})$$

$$N = \frac{2\pi K_T}{\Phi} = \frac{2\pi \times 0.11366}{0.0507} = 14.08(\text{根})$$

(两种方法求取 N 基本相同)

(6) 因为是双层绕组，每齿匝数为

$$W = \frac{N}{2 \times \left(Z \times \frac{2}{3}\right)} = \frac{14}{2 \times \left(18 \times \frac{2}{3}\right)} = 0.5833(\text{匝})$$

当电机匝数很少时，圆整匝数比较困难，因此把 6 个分区每相线圈并联。

$$W = 0.5833 \times 6 = 3.5(\text{匝})(\text{取 4 匝})$$

(7) 求线径和并联股数。电机总根数为

$$N = 2W \times Z = 2 \times 4 \times 18 = 144(\text{根})$$

$$q_{Cu} = \frac{2K_{SF} Z A_S}{3N} = \frac{2 \times 0.3 \times 18 \times 324.39}{3 \times 144} = 8.1(\mathrm{mm^2})$$

设导线用 0.8 mm，则

$$N = \frac{8.1}{\frac{\pi \times 0.8^2}{4}} = 16.1(\text{股})(\text{取 16 股})$$

(8) 求电流密度。

$$I=\frac{P_2}{U\eta}=\frac{12\,400}{60\times 0.83}=248.9(\mathrm{A})$$

$$j=\frac{I}{q_{\mathrm{Cu}}\times 6}=\frac{248.9}{8.1\times 6}=5.12(\mathrm{A/mm^2})$$

(9) 用 Maxwell 核算,结果如图 8－83 所示。

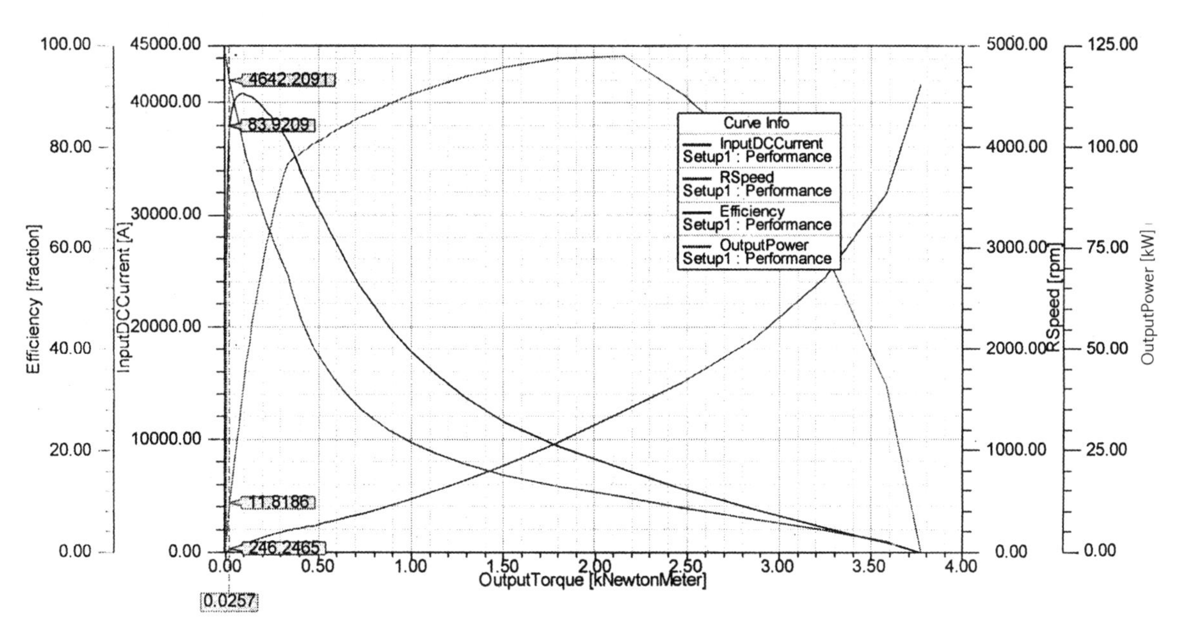

图 8－83　电机机械特性曲线

Rated Output Power (kW): 12.4

Rated Voltage (V): 60

Residual Flux Density (Tesla): 1.23

Stator-Teeth Flux Density (Tesla): 1.87825

Stator-Yoke Flux Density (Tesla): 1.47077

Average Input Current (A): 246.446

Root-Mean-Square Armature Current (A): 187.128

Armature Thermal Load (A^2/mm^3): 48.6286

Specific Electric Loading (A/mm): 12.5399

Armature Current Density (A/mm^2): 3.87791

Output Power (W): 12495.1

Input Power (W): 14786.8

Efficiency (%): 84.5016

Rated Speed (rpm): 4641.84

Rated Torque (N.m): 25.7051

(10) 计算两种设计方法的计算的同一性误差,则

$$\Delta_{B_Z}=\left|\frac{1.878\,25-1.898}{1.898}\right|=0.010$$

$$\Delta_n=\left|\frac{4\,641.84-4\,600}{4\,600}\right|=0.009\,1$$

$$\Delta_I=\left|\frac{246.446-248.9}{248.9}\right|=0.009\,8$$

$$\Delta_{P_2}=\left|\frac{12.495\,1-12.4}{12.4}\right|=0.007\,66$$

从以上计算可以看出,两种设计方法的计算同一性误差还是比较小的。

3) 小结

(1) 介绍了电动汽车的计算电机的额定工作点和最大输出功率点的设计思路。

(2) 可以用控制器降低输入无刷电机电压实现达到电动汽车在平路 70 km/h 的性能。

(3) 从电机的机械特性曲线(图 8－84)中可以看到,实际所谓的电机最大输出功率是人为规定的,其意义是要求用户不要超过该电机规定的最大输出功率,实际电机的最大输出功率远远不止这个数值,如那时转矩达 1 760 N·m,电流要达到 10 016 A,功率达 97.26 kW,这时电机和控制器都承受不了。

(4) 电动汽车电机的加速动力性能的机械特性工作点,如何选取呢?

电动汽车电机的机械特性曲线与一般微型无刷电机的机械特性曲线有些区别,最高效率点和最大输出功率点的间隔很大,最大输出功率点的转矩相当大,效率、转速是很低的,这三个点都是完全不适合电动汽车电机的额定工作的,分析电机的最大效率点,这个工作点比电动汽车的额定点(平路最大车速)的效率、转矩、电流要大,转速有所降低,从这个

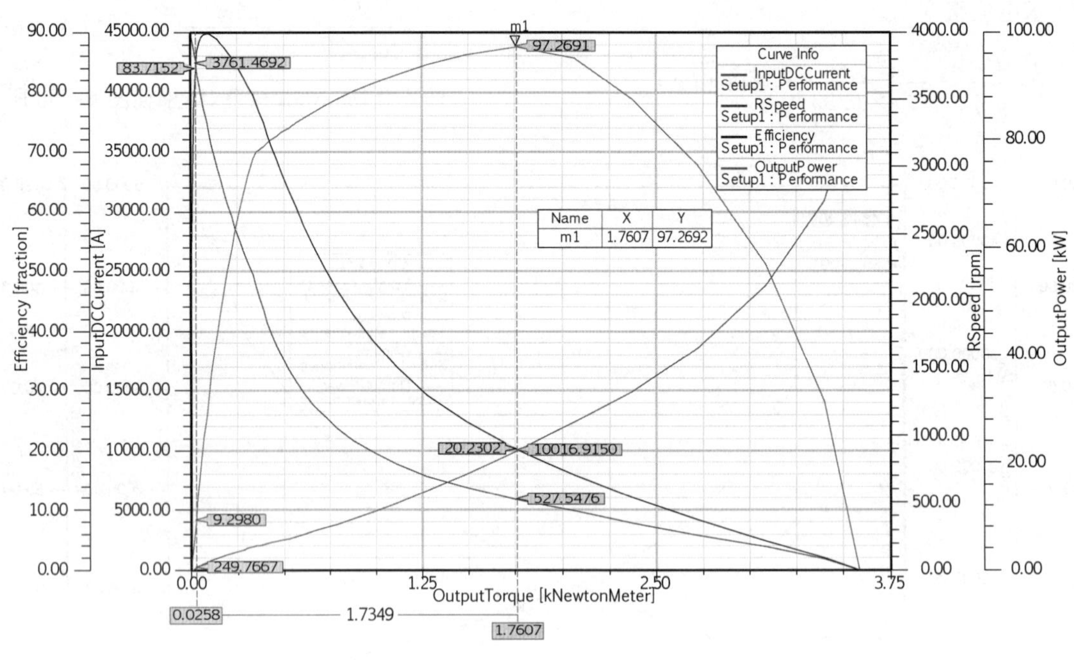

图 8-84 不同转矩的机械特性曲线一

角度看，这些特性正好符合电动汽车动力加速时的要求，这时电机的电气利用率最高，电动汽车在动力加速时选取效率最大的峰值点的数值是适合的，那么可以评判电机的动力加速性能是否满足电动汽车的要求。电机的效率峰值转矩达 82 N·m，效率峰值转速为 3 340 r/min，效率峰值电流为 666.35 A，峰值效率为 89.69%，效率峰值功率达 28.68 kW，这时大于动力加速的需要转矩(58.64 N·m)，动力加速的时间非常短，峰值点的电流密度为 9.74 A/mm^2，在 15 s 内运行是完全没有问题的。用一挡加速到 30 km/h，仅需要电机速度为 1 574 r/min，所以 3 340.9 r/min的电机转速完全能满足电动汽车动力加速之需(表 8-58 和图 8-85)。当然这些应该是在额定满电压的 80%时的电机性能来考核的。

表 8-58 车速与电机转速换算

车速换算 ($K=5.25$)		
汽车车速(km/h)	汽车转速(r/min)	电机转速(r/min)
30	301.13	1 574.89

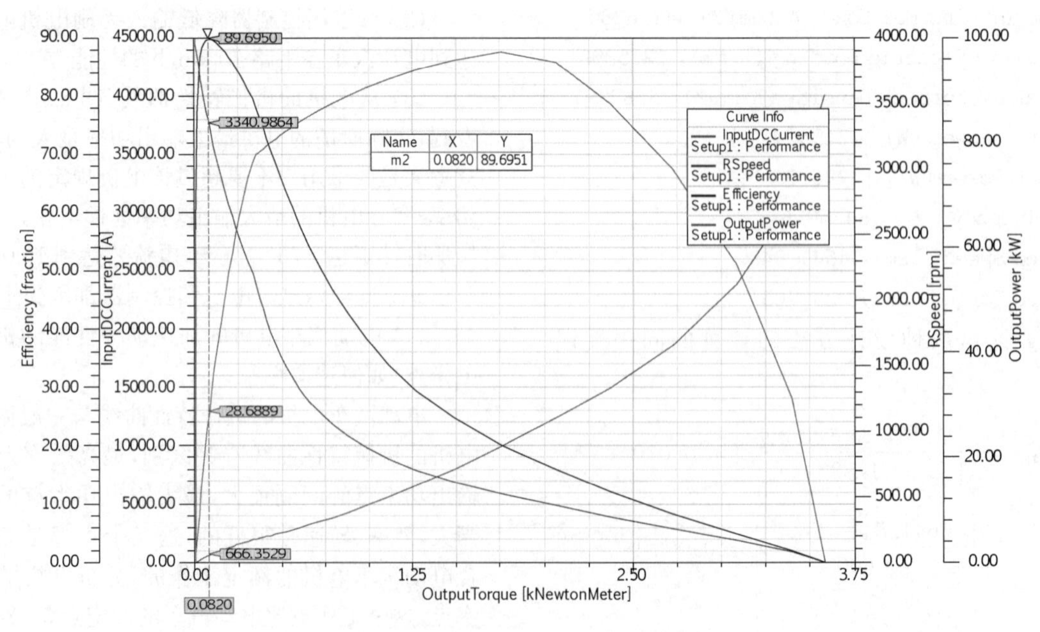

图 8-85 不同转矩的机械特性曲线二

（5）关于电机的峰值数据，这样认定：在平路时的最高车速的电机转速认为是电机的峰值转速，该电机的峰值转速是 3 674.75 r/min，电机的峰值转矩是电动汽车爬坡或者动力加速时电机最大的转矩，该电机在爬坡时（20%坡度，15 km/h）电机最大转矩为 65.87 N·m，在动力加速时的最大转矩为 58.64 N·m（0～30 km/h，加速时间 20 s），其峰值转矩为 65.18 N·m。峰值效率即电机最大效率，该电机的峰值效率为 89.69%，这些数据都与电动汽车的性能有关，如果读者手上只有一个电动汽车无刷电机，某些峰值数据是确定不出来的。如果汽车电机的峰值数据知道了，就可以反过来估计出电动汽车能达到的动力性能。

（6）可以以电源电压 60 V 时来测定电动汽车无刷电机的机械特性，这机械特性只是表示该电机某一状态的机械特性，并不是用来说明电动汽车无刷电机在电动汽车运行时的特性。

（7）可以看到，电机的槽利用率不是太高，仅为 0.3，相当于槽满率仅为 42.635 2%，适当提高槽满率，增加绕组匝数，也可以使电机的定子长度适当减小。

（8）改变公式 $L=\dfrac{3\pi T'_{\mathrm{N}}\times 10^{4}}{ZB_{\mathrm{Z}}b_{\mathrm{t}}K_{\mathrm{FE}}jZA_{\mathrm{S}}K_{\mathrm{SF}}}$ 右边的任何一个电机的目标参数，移动公式中任何一项换到左边，那么就是对该项进行目标计算，这样设计电机就非常直观、简捷，当然包括电机冲片的设计，读者可以自己体验一下。

第9章　永磁同步电机实用设计

>>>>>>

永磁同步电机是电机中的一大类型，机电一体化程度很高，由于永磁同步电机比无刷电机在运行和伺服性能上具有更多优点，在许多使用场合，永磁同步电机正在替代无刷电机和其他类型的电机，使用相当广泛。永磁同步电机的设计理论、生产工艺逐步成熟，成为市场需求和生产非常热门的一种新兴电机。永磁同步电机有广泛的应用，在计算机、办公自动化、纺织、工业机床加工、电动车、工业自动化控制等行业中，现在都广泛采用永磁同步电机。一次大型国际机床展览会中，以往的步进电机被永磁同步电机所替代，所有的机床控制无一例外都使用了永磁同步电机伺服系统。

永磁同步电机设计比永磁无刷电机复杂，要精准设计一个永磁同步电机有一定的难度，设计工作量大，一般需用大型2D、3D电机设计、分析软件求解。

作者在永磁同步电机设计方面做了一些尝试，从电机基本理论观点出发，对永磁同步电机的机械特性、运行原理进行了分析，提出了永磁同步电机的实用设计方法，用"永磁同步电机相当无刷电机"的观点，把复杂的永磁同步电机的主要参数设计计算转化为永磁直流无刷电机的实用设计计算，求出符合永磁同步电机目标参数的电机模型，简化了永磁同步电机的设计计算过程，避免了永磁同步电机设计中许多计算参数，如铁耗与效率、阻抗和电感、直轴与交轴等一系列的电机计算因素，避开了电机的扭矩波动和高次谐波等对电机设计计算的影响，有一定的设计符合率，为工厂设计永磁同步电机带来一定的便利。

本章介绍了实用变形法，把已知的永磁同步电机变形为目标永磁同步电机，对电机的结构尺寸、主要参数、电机冲片、绕组匝数的设计计算是非常方便、实用的。

本章介绍了感应电动势法和其他实用设计方法，这为永磁同步电机设计的简单化提供了一些设计方法。

本章介绍了用实用设计法与Maxwell相结合设计永磁同步电机的多目标实用设计方法，先用实用设计法求出符合电机目标要求的永磁同步电机的计算模型，然后用Maxwell电机分析功能对电机计算模型进一步进行分析，以最简捷的设计途径，有目的地求得永磁同步电机最佳的设计方案。

本章介绍了永磁同步电机的分步实用设计法，这种设计方法是先求取电机绕组匝数，后求取电机长度，这与一般的电机设计思路不同，但是设计目标清楚，设计简捷，设计符合率好，不失为一种实用的电机工程设计方法。本章还介绍了Maxwell分步设计计算方法。

本章设计算例都是永磁同步电机实例，用实例来求证永磁同步电机实用设计法的实用性和设计符合率，作者还用Maxwell对实例进行核算，说明两种方法的设计同一性还是较好的。

本章介绍的永磁同步电机实用设计方法是一种建立电机计算模型和电机主要尺寸参数的目标设计法，而不是电机的核算方法，方法比较简单、快捷，有相当的设计符合率，适用于工厂和大专院校的设计、生产实践工作。如果用Maxwell对设计结果进行核算、分析，设计效果更好。

永磁同步电机及其控制技术的涉及面非常广，内容非常丰富。许多电机技术工作者在研究永磁同步电机和相应的控制理论，有大量关于永磁同步电机原理、结构、设计、控制等方面的专著和论述。本书是关于永磁直流无刷电机实用设计内容方面的书籍，这一章仅局限于介绍永磁同步电机和系统的基本概念和一些实用设计方法。读者要进一步了解永磁同步电机知识，可以参阅有关方面的书籍和资料。

通过这一章的学习，读者可以对永磁同步电机有一个最基本的判断，对实用设计方法有一个较清晰的思路，可以对永磁同步电机建立电机计算模型，简单计算出电机的主要尺寸参数。在计算中如果有一定的误差，再结合一些实用的调整方法达到工程

孙明庆、宋金梅、刘天承参加了本章的编写。

设计计算的目的。或者用实用设计法计算出的永磁同步电机的计算模型，为 Maxwell 进行进一步的分析计算打下基础。

作者提出了永磁同步电机主要技术尺寸参数设计计算的一些新的思路或方法，希望与读者一起探讨、改进和提高。

9.1　永磁同步电机概述

一般的三相星形接法的方波驱动无刷电机是两相方波运行的，由于多种原因产生了电机运行不稳定和噪声。特别在低速运行时，方波驱动无刷电机的这种缺陷更为明显，这样一般的无刷电机难以在要求高的家电行业和精密控制场合应用。

永磁同步电机的定子绕组输入三相正弦交流电，在电机的气隙中产生旋转磁场，转子上磁极力图与定子线圈产生的磁场对齐，因此产生了同步转速和转矩。永磁同步电机若要启动，必须有转子位置检测元件。

随着简易位置传感器正弦波换相控制技术的开发和应用，不改动无刷电机定子的原有结构，把无刷电机两两通电的形式改为具有三相通电的类正弦波形式驱动，利用简单的开关霍尔元件作为转子位置传感器的正弦波驱动，利用锁相倍频等技术，在电机启动问题上先利用霍尔传感器按方波驱动方式启动，达到电机同步转速后，切换到正弦波形式驱动，这样既提高了无刷电机的运行性能，又解决了永磁同步电机的启动问题。这样解决了无刷电机的两两通电形式引起的运行振动、噪声等不足，大大扩大了无刷电机的使用范围，现在用简易霍尔元件位置传感器的正弦波启动和运行的无刷电机控制方式也在应用推广中，这样无刷电机在运行时就成了永磁同步电机。

如果永磁同步电机输入交流电压的频率发生变化，电机的转速相应变化，这种电机一般称为交流变频同步电机。如果电机的输入频率取决于外部电网或变频器的频率，这种同步电机称为他控式同步电机，这是用频率进行调速的开环控制方式的电机，一般这种电机用于非伺服系统动力驱动的工作场合。

如果控制器输入电机电压的工作频率或基波波幅的改变不是外部确定的，而是取决于电机自身旋转速度，即该电机装有能检测转子位置的传感器，其输出信号反映电机转子磁极中心与定子绕组中心的相对位置，并以此信号输入控制器，使控制器输入电机的电流能控制各相定子绕组的导通顺序、导通速率，从而达到电机同步运行。这种控制方式的永磁同步电机称为具有伺服性能的自控式永磁同步电机。永磁同步电机必须具备位置传感器，简单一些的是霍尔位置传感器，精确一些有旋转变压器和光电编码器。

永磁同步电机可以分为电磁式和永磁式两种，现在永磁同步电机或正弦波控制的无刷电机转子大都是永磁式的。

永磁同步电机是一种有信号反馈的伺服电机，这种电机与带有信号反馈和控制系统必须结合后才能正常工作，形成一个闭环控制的伺服系统，称为自同步电机伺服系统。自控变频方式的永磁同步电机不会产生振荡、失步、噪声大、运行不平稳等现象，这样电机就可以用于精密的控制系统中。

永磁同步电机的结构和无刷电机的结构可以是一样的，把永磁无刷电机改为永磁同步电机，用一般无刷电机常用的霍尔元件作为电机的位置传感器，那么永磁直流无刷电机内部什么都不需改变，只要把控制器和控制方式进行改变，这样就把永磁无刷电机转化为永磁同步电机，如果脉宽调制使电流有效值的波形为正弦波，那么就称正弦波脉宽调制永磁同步电机，也称正弦波无刷电机。

从另一个角度看，尽管正弦波无刷电机的绕组电流是正弦波波形，看起来和一般的方波无刷电机有所不同，可是这种带角位置传感器和电子换向电路的正弦波电机，其电磁基本关系和机械特性可以与一般的永磁无刷电机相一致，因此这种电机也可以归入永磁无刷电机类型。

因此从以上两种观念看，正弦波无刷电机既是一种无刷电机，又是一种永磁同步电机。

他控式永磁同步电机的控制方式比较简单，只是在运行过程中电机自始至终按照输入电机的电源频率和波形运行，电机负载的改变不能影响输入电机电源。同一永磁同步电机用他控式或自控式驱动，在相同的工作点，两者的电磁基本关系和性能是相同的。他控式永磁同步电机的设计和自控式永磁同步电机设计原则是相同的。永磁同步电机不同运行方式的控制使电机在整个机械特性上有所区别，但运行方式都是同步运行的，同步电机的基本电磁原理是一样的，永磁同步电机实用设计原则也是相同的。本章主要介绍自控式永磁同步电机的设计。

1）永磁同步电机控制系统　典型的永磁同步电机控制系统包括：输入电源，交流电源的整流和滤波，控制器和逆变器，永磁同步电机，转子位置传感器。这是机、电或光、机、电综合的一个永磁同步电机伺服控制系统，任何一个环节的参数改变都会影响电机的机械特性。图 9-1 所示为永磁同步电机系统的结构图。

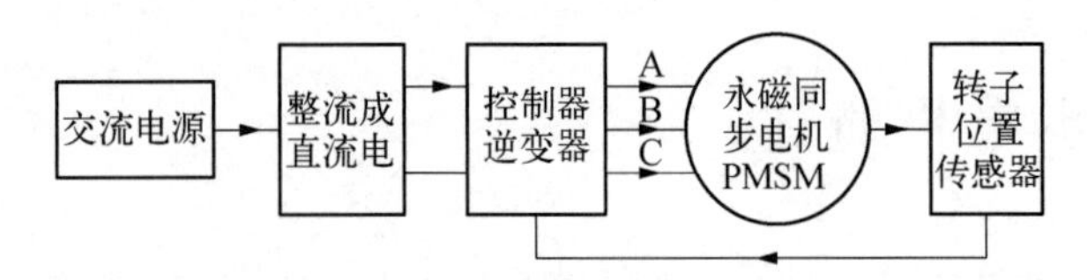

图 9-1 永磁同步电机系统结构

2) 永磁同步电机的输入电源　永磁同步电机的输入电源分为两大类：直流电源和交流电源。常用的永磁同步电机的直流电源电压有 24 V、36 V、48 V、72 V 等，甚至有更高的电压。电机的最大电流要小于控制器最大输出电流，选择电源电压与电流的值要与电源和控制器结合，设计时要充分考虑电机电源电压的因素。直流电源供电，就不需要进行整流和滤波，直流电源直接供给逆变器进行 DC/AC 逆变。

交流电源一般指市电单相交流 220 V，三相交流 380 V，或者市电经过变压器变压成需要的单相或三相电压，并要考虑变压器的容量是否足够电机的使用。在电机功率不算太大时，一般都取用单相交流电直接供电，在家用电器、仪器仪表、机床控制等方面很多地方采用单相交流电源。

3) 交流电源的整流　大多数的永磁同步电机的交流电源供电也必须经过整流成直流电后供逆变器逆变，这就是 AC/DC/AC 的过程。交流电源的整流有单相整流滤波和三相整流滤波两种。最典型的是单相、三相全波整流形式，如图 9-2 所示。

单相全波整流后的平均电压为U_2，单相全波整流在一个周期之内(0～π)，其输出电压波形如图 9-3 所示。

因此可以按半周期电压的平均积分求出全波整流的直流电压的平均值，即

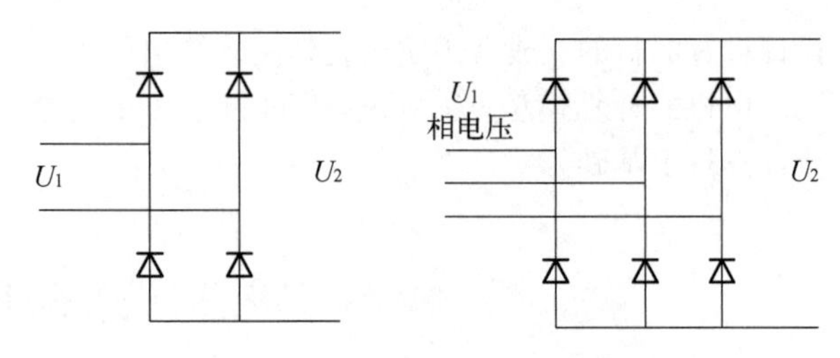

图 9-2 单相、三相全波整流

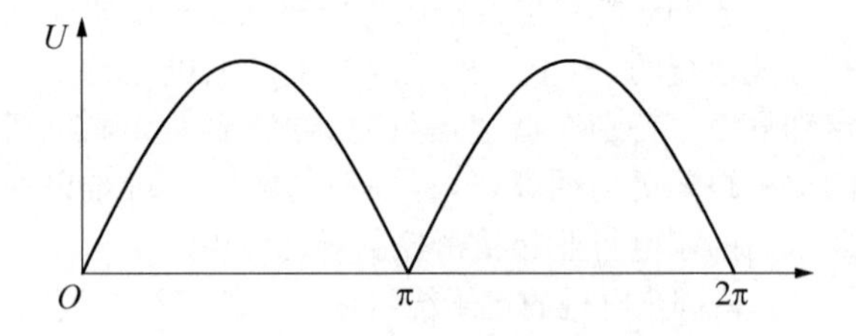

图 9-3 单相全波整流波形

$$U_2=\frac{1}{\pi}\int_0^{\pi}\sqrt{2}U_1\sin\omega t\,\mathrm{d}(\omega t)=\frac{2\sqrt{2}U_1}{\pi}=0.9U_1 \tag{9-1}$$

其峰值为

$$U_F=\sqrt{2}U_1 \tag{9-2}$$

整流后的脉动直流电压的平均值是脉冲峰值的 0.636 4 倍。

如：单相电压 $U_1=220$ V，整流后的平均电压为

$$\begin{aligned}U_2&=0.6364U_F=0.6364\times\sqrt{2}U_1\\&=0.6364\times\sqrt{2}\times220\\&=198(\text{V})(\text{脉动直流的平均电压})\end{aligned}$$

三相全波整流后的平均电压为U_2，三相全波整流在一个周期之内(0～π)，其输出三相电压波形如图 9-4 所示。

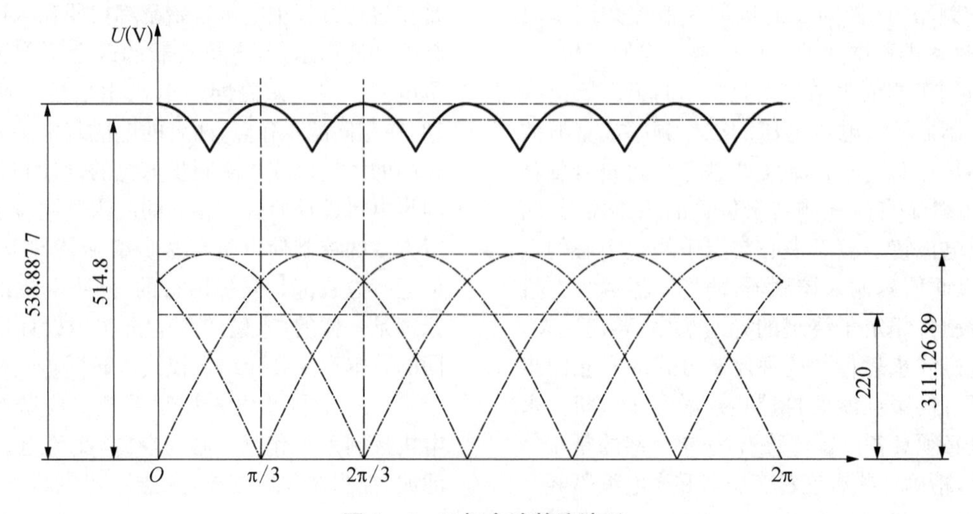

图 9-4 三相全波整流波形

因此可以按$\frac{\pi}{3}$周期内电压波形的平均值进行计算，即

$$U_2=\frac{1}{\frac{\pi}{3}}\int_{\frac{\pi}{3}}^{\frac{2\pi}{3}}\sqrt{6}U_1\sin\omega t\,\mathrm{d}(\omega t)$$
$$=\frac{3\sqrt{6}}{\pi}U_1=2.34U_1 \qquad (9-3)$$

如：三相线电压 380 V，相电压 $U_1=220$ V，整流后的峰值为

$$U_F=\sqrt{3}\times\sqrt{2}U_1=\sqrt{6}U_1=\sqrt{6}\times 220$$
$$=538.8877(\mathrm{V})$$

直流平均电压

$$U_2=2.34U_1=2.34\times 220=514.8(\mathrm{V})$$

整流后的脉动直流电压的平均值是脉冲峰值的 0.955 3 倍。

整流后的平均电压为

$$U_2=0.9553U_F=0.9553\times 538.8877$$
$$=514.8(\mathrm{V})(脉动平均电压)$$

380 V 的线电压通过整流，成脉冲直流，其直流平均电压是 380 V 峰值的 0.955 3 倍。

从图 9－3 和图 9－4 看，单相、三相全波整流后的直流电波形都是脉动直流，但是从纹波因素和电压幅值比看，三相比单相的效果要好得多。

整流二极管的压降损耗在低电压供电时必须认真考虑，整流桥内的二极管有正向压降的，这样供电的有用电压就会降低，对低电压电源相对影响就大。

4) 整流电源的滤波　交流电经过全波整流，成为脉动直流，纹波是较大的，如果单相半波整流，纹波更大。为了削减交流纹波，用电容或电感滤波。

所谓电容滤波，就是电容起到填平补缺的作用，使整流出的脉动直流的波形更平稳。图 9－5 和图 9－6 所示分别是单相和三相全波整流电容滤波电路图。

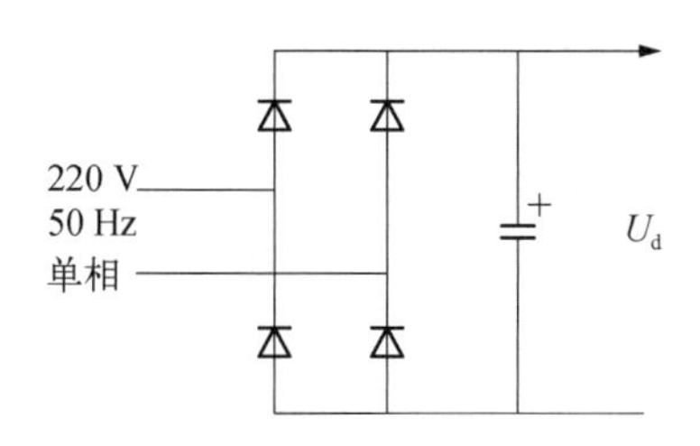

图 9－5　单相全波整流电容滤波电路

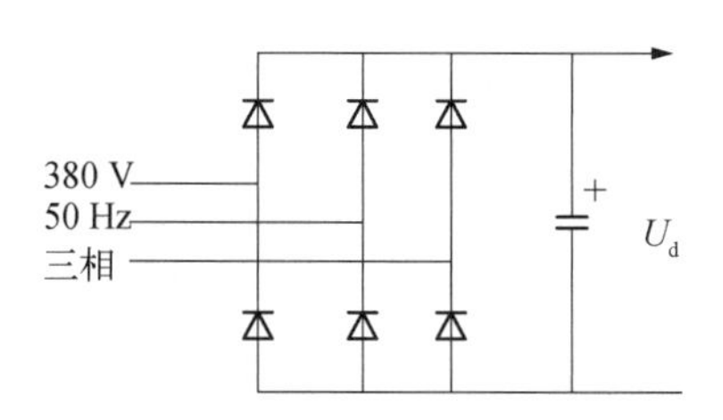

图 9－6　三相全波整流电容滤波电路

滤波电容一般要选用容量大的电解电容，电容越大，滤波效果越好。电容滤波对工频整流来讲适用于对较小功率的电机供电，从经验看，要达到低纹波电流输出，输出 0.5 A 电流就需要 1 000 μF 电容滤波，输出 2 A 电流就需要 4 000 μF 电容滤波，输出 10 A 的单相全波整流器滤波电容要达 0.1 F 以上，这是非常大的电容，许多场合是不可能配置这么大的电容的。如 1 500 W 左右的永磁同步电机的滤波电容一般只选用 330～470 μF，电容量还是小了，如果没有负载，单相 220 V 整流，滤波后输出的是平稳的 311 V 直流电压，接入负载后，有效电压下降至 301 V，并出现一定的纹波，如果滤波电容加大，那么接入负载后，有效电压下降就少。这样比单相全波整流后不加滤波的情况有了很大改善，整流相数越多，纹波的改善越好。

三相全波整流滤波后，无负载时输出电压就是 $U_F=\sqrt{6}U_1$，即输出电压是$\sqrt{6}$倍的相有效电压 U_1。如 220 V 相电压，那么 $U_F=\sqrt{6}U_1=\sqrt{6}\times 220=538.8877(\mathrm{V})$，即线电压 380 V 有效值的峰值。

如果有负载，那么输出电压不会低于 $2.34U_1$，即在$(0.9553\sim1)U_F$，也就是在 $\sqrt{6}(0.9553\sim1)U_1=(2.34\sim2.45)U_1$，有了电容滤波，不可能等同于没有电容滤波，所以不可能为 $2.34U_1$，电容不可能无穷大，所以也不可能达到 $2.45U_1$，因此三相整流滤波的输出电压介于$(2.34\sim2.45)U_1$，取平均值 $(2.34+2.45)U_1/2=2.4U_1$，如三相电源的相电压为 220 V，那么通过整流滤波输出的直流平均电压为 $2.4U_{相}=2.4\times 220=528(\mathrm{V})$，以 528 V 作为输入逆变器的幅值电压。

在三相电网中，会发现电压是波动的，输入三相电网电压整流滤波后，直流输出的电压最大值是比较大的，$U_d=\sqrt{2}U\partial=\sqrt{2}\times 380\times 1.1=591(\mathrm{V})$，其中，$U$ 为电网电压有效值，为 380 V；$\partial=1.1$ 为波动系数。

滤波电容大小对输出电压有一定影响，最好预先检测一下实际的控制器整流后输出电压，以这个

电压作为电机设计的工作电压，这样电机的设计符合率会好些。

图 9－7 和图 9－8 所示分别是单相全波整流滤波电路无负载和有负载的电压波形图。

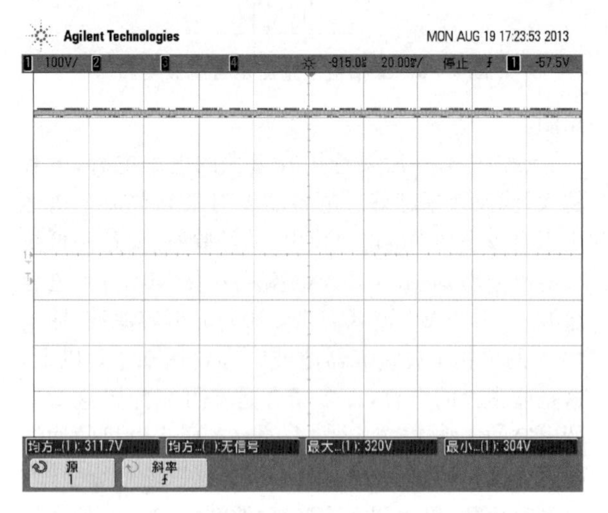

图 9－7　单相全波整流滤波无负载输出电压

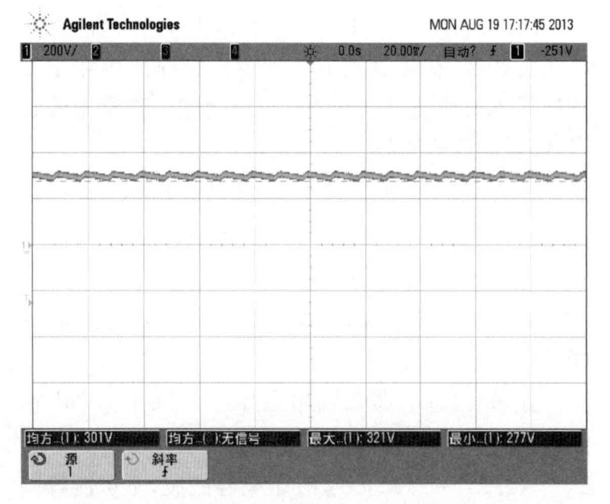

图 9－8　单相全波整流滤波有负载输出电压

对整流和滤波有一个总体的概念：

(1) 交流电通过全波整流和滤波会变成有效值大于交流电压的有效值，略比交流电压幅值小的直流电。滤波电容能起到提升脉动直流电压的有效值和改善电压纹波的作用。

(2) 电容滤波在单相全波整流中起的作用较大，原先是整流后的脉冲直流电压的平均值是脉冲峰值的 $0.9/\sqrt{2}=0.6364$ 倍，滤波后是 $301/311=0.97$ 倍，在三相全波整流的滤波中，作用不是很大，因为不滤波时的纹波本身不是很大，整流后的脉冲直流电压的平均值是脉冲峰值的 $2.4/\sqrt{6}=0.98$ 倍，也就是说，三相全波整流不滤波和单相全波整流滤波的作用相当。

(3) 单相全波整流并通过滤波后输出的直流电压有效值是输入交流电压幅值的 0.9 倍以上。

(4) 三相全波整流并通过滤波后输出的直流电压有效值是输入交流电压幅值的 0.95 倍以上，在 $(0.9553\sim1)U_F$，为 2.4 倍的相电压 U_1 左右。

(5) 在电机设计中，必须对滤波后的直流电的情况有一个很好的了解，测定整流滤波电源的输出电压和波形。

(6) 各地的电网波动不一样，电压有最大值，最大值比标称值会高，在设计永磁同步电机时，最好把整流滤波后带负载的电压波形测出，作为永磁同步电机设计的输入电压的依据，这样计算永磁同步电机的数据就会比较准确。

5) 逆变器和逆变电压的输入和输出　永磁同步电机的逆变器基本上是直流电或者经过整流的直流电输入，通过逆变器进行逆变，输出三相可控的交流电供永磁同步电机作为电源使用。因各种永磁同步电机的性能需要，逆变器输出电压和频率与电网电压和频率不可能相同，在设计永磁同步电机时不考虑逆变器输出与交流电网关联，因此讨论的逆变器都是无源逆变器。一般逆变器都是用 PWM 控制技术(SPWM、SVPWM)，PWM 控制技术的控制原理内容非常多，是一门专业技术。本书只是在永磁同步电机实用设计的观点看 PWM 控制技术，只是把与永磁同步电机实用设计相关方面的内容进行分析和讨论，不涉及整个逆变器的控制方法和控制手段的细节。

永磁同步电机逆变器输入的是整流滤波后的直流电，逆变器输出的是可以调制的三相交流电，如图 9－9 所示。如果是他控式永磁同步电机，直接把调制好的电源接入永磁同步电机即可。

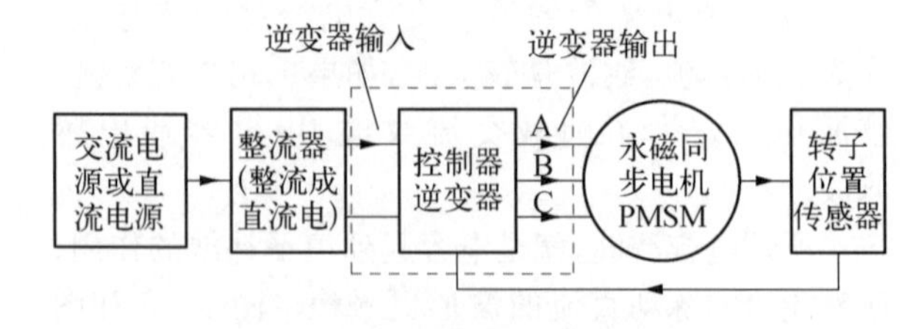

图 9－9　逆变器输入和输出

永磁同步电机的通电模式有三种：AC、DC、PWM。现在逆变器输出三相交流电波形的形式主要是 PWM 形式可调制的正弦波，他控式永磁同步电机经常用 AC 模式，直接取用电网电源或通过变压器变压成永磁同步电机所需的三相交流电压，供电机使用。三种典型波形如图 9－10～图 9－12 所示。

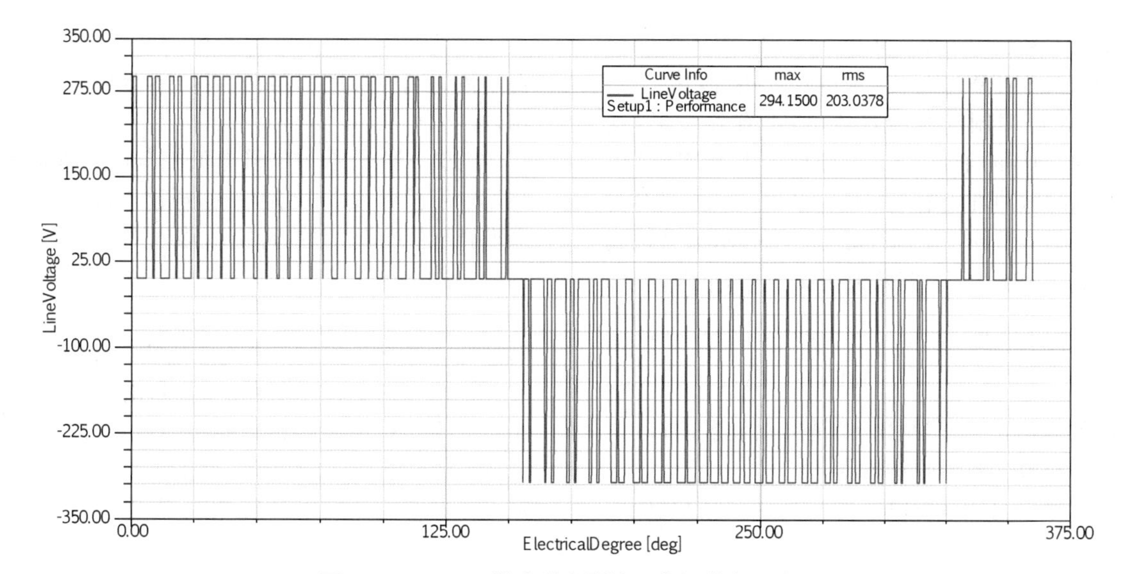

图 9－10　PWM 模式逆变器输入电机的电压波形

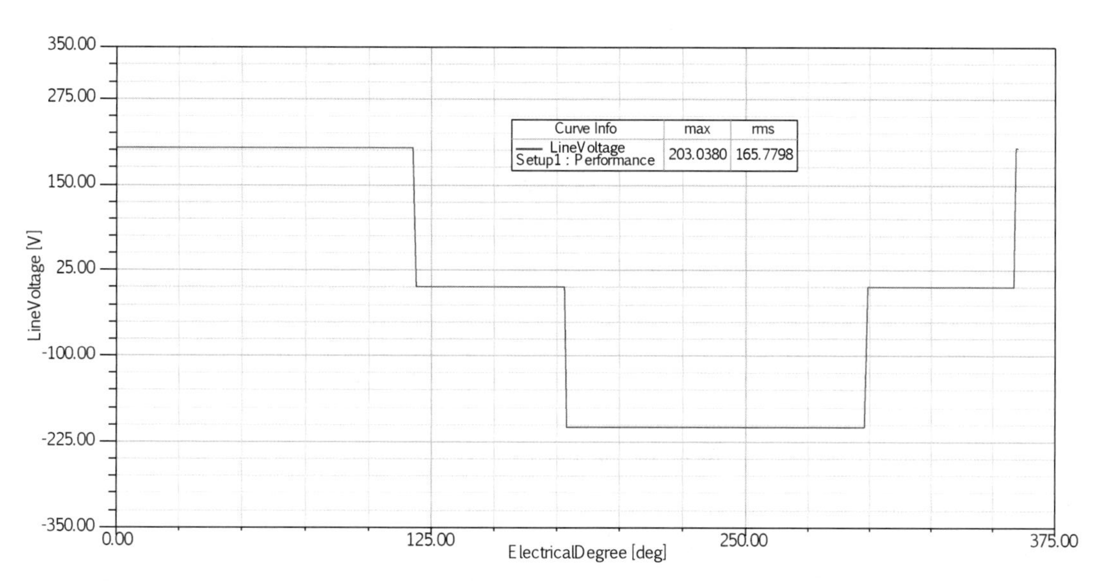

图 9－11　DC 模式逆变器输入电机的电压波形

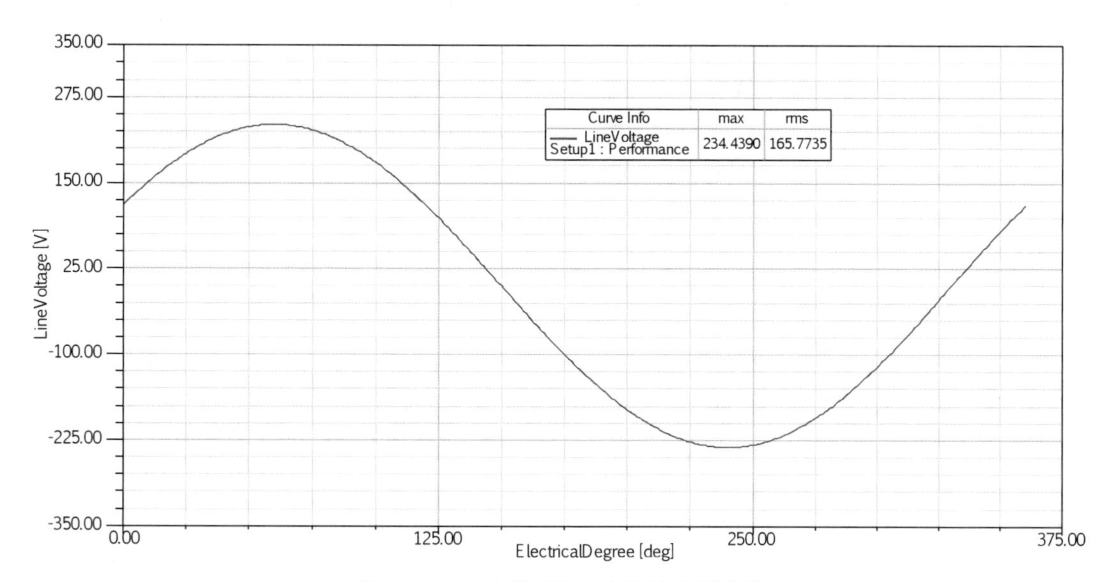

图 9－12　AC 模式输入电机的电压波形

现在大多数的永磁同步电机采用 PWM 控制技术(SPWM、SVPWM)。输入电机的电源电压是 PWM 形式可调制的脉冲直流电压,有效波形(基波)是人们期望的正弦波形,其幅值不大于 PWM 形式可调制的脉冲直流电压幅值。图 9-10 中,PWM 形式可调制的脉冲直流,形成的是正弦波,那么该波形的峰值为 294.15 V,有效值是 203.037 8 V,其峰值为

$$203.037\,8\times\sqrt{2}=287.139(\text{V})<294.15(\text{V})$$

在 Maxwell 中,调制比 M 是可以设置的,改变 M 大小可以改变波形的有效值。

SPWM 容易实现对电压的控制,控制的线性度好,但存在电压利用率低的问题。

正弦波永磁同步电机的控制系统包括电源、电源整流、控制器、逆变器、位置传感器和无刷电机等部件。

图 9-13 所示为电机电流控制的原理框图,是采用速度控制策略,给定转速,通过外部改变电压所获取,经过 10 位 A/D 转换后输入 DSC。检测霍尔信号相邻两次跳变沿的时间差,得到正弦波电流的周期,继而计算电机实际转速,再由给定转速和实际转速之差经 PID 控制器产生正弦波的幅值。根据位置元件信号确定转子所在的区间,由实际转速计算出每个 PWM 周期内转子相角的增量,即可确定转子的位置和正弦波的相位。正弦波发生器根据正弦波电流的幅值和相位参数产生 SVPWM 波,驱动电机运转。

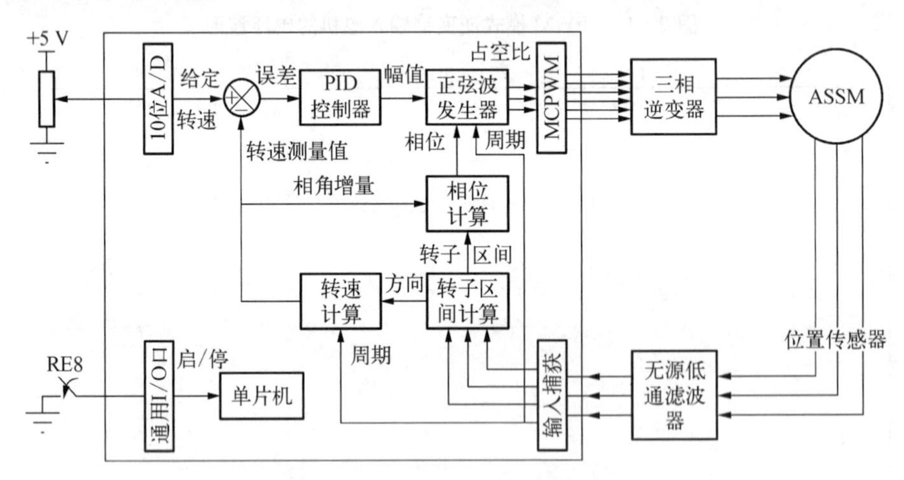

图 9-13 正弦波 PWM 控制原理

SVPWM 是通过三相交流逆变桥的 6 个开关不同的导通模式产生不同的电压基本矢量,通过矢量合成法来合成矢量,并确定矢量的大小。

图 9-14 所示是交直交变换器电路图,如果把逆变器看作永磁同步电机中一个独立工作单元,逆变器的输入是直流电源或者是交流电通过整流和滤波的直流电源,逆变器输出的是三相可调制的交流电,交流电的正弦波是由 SPWM 形式的调制方波产生的。

永磁同步电机定子绕组和一般无刷电机相同,最典型的绕组形式是三相星形接法,通电形式是三相调制正弦波通电。电机的三相正弦波交流电都来自电机的控制器,可以是直流电或单相、三相交流电经过整流成直流电,通过控制器的脉宽调制技术(PWM)变为可调制的正弦波三相交流电。图 9-15 所示为单相交直交电压型永磁同步电机控制系统,如果是直流供电,只要去掉图 9-15 中的全波整流滤波结构,直接用直流电输入即可。

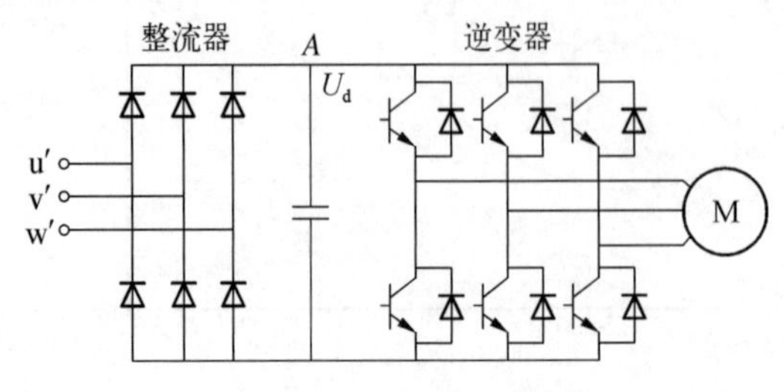

图 9-14 三相交直交变换器

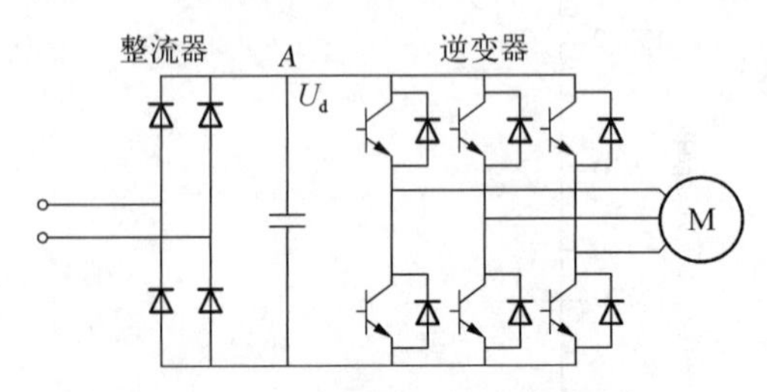

图 9-15 单相交直交电压型永磁同步电机控制系统

控制器加入电机的是通过 SPWM 可调制的正弦波,实际该电压幅值是一个恒值,电流是一个可调制的变量,其电流有效值的波形形状为正弦波。如

果电源是直流电，那么电机的工作电压就是电源的直流电压；如果电源是单相交流电，那么交流电压在全波整流并加以滤波的情况下，$0.9\sqrt{2}U$ 作为永磁同步电机电源的直流电压（根据滤波电容的大小，0.9取值可以达 0.95 左右），$U_d = 0.9\sqrt{2}U$。

如果是车载电机，电机是移动的，只能用直流蓄电池供电。设供电直流电源电压为 U_d(DC)，通过 SPWM 调制供给驱动电机，如图 9-16 所示。

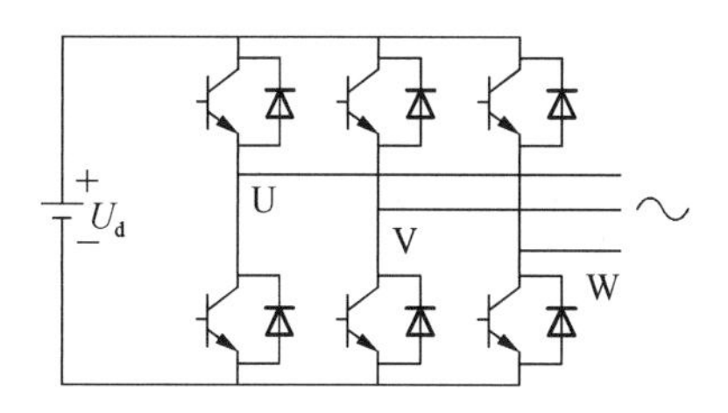

图 9-16　驱动电机纯直流供电电源

现在分析，如果输入逆变器电压为 U_d(DC)，那么经过逆变器后的三相交流电（PWM）的电压情况。

许多永磁同步电机采用三相半桥逆变电路，如图 9-17 所示。

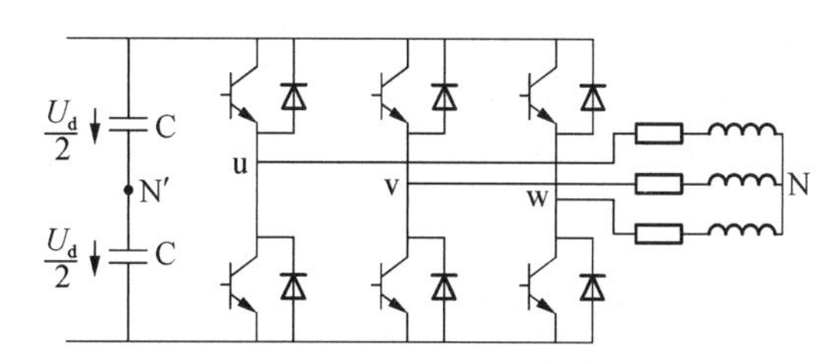

图 9-17　电压型三相半桥逆变电路

如果是 PWM 控制，其相电压波形如图 9-18 所示，201/301.5 = 2/3，即相电压幅值为 2/3 线电压幅值。

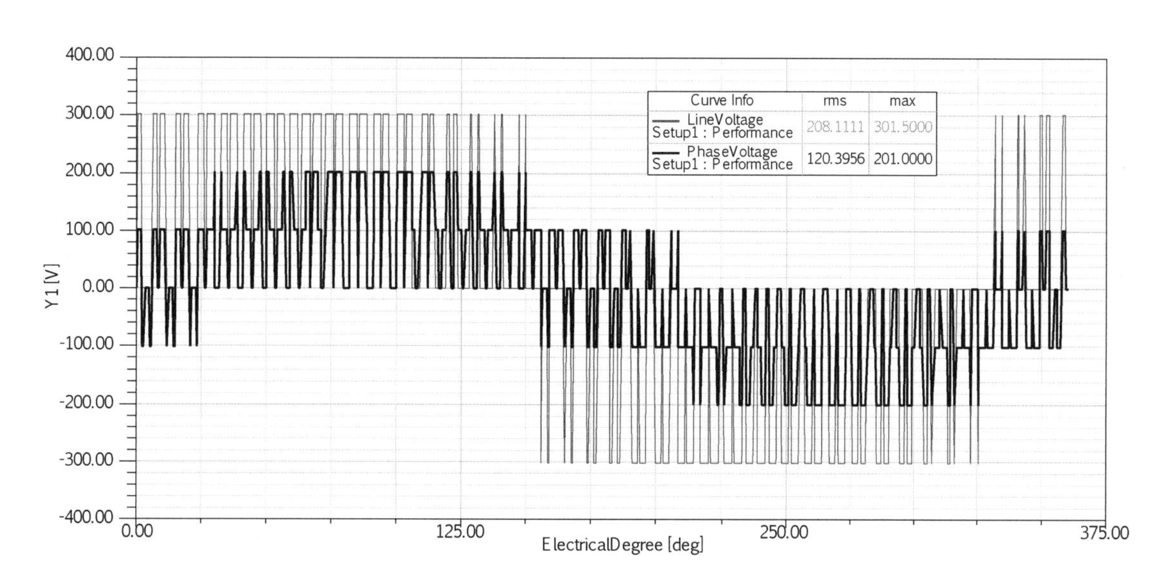

图 9-18　PWM 控制相电压波形(粗线条)

现在分别对 PWM、DC、AC 模式的逆变器的输出电压性能和关系进行分析。

PWM 模式逆变器输入电压的波形如图 9-10 所示。从图 9-10 中可以看出，直流电压通过脉宽调制后正弦波电压波形，其幅值为 294.15 V，其有效值为 $294.15/\sqrt{2} \approx 203.0378$(V)，等效于 203.037 8V 直流电压，所以可以认为，用 PWM 模式供电，相当于用 203.037 8 V 幅值的直流电压电源对永磁同步电机进行供电。所以这个直流幅值电压转换成交流正弦波，其幅值为 203.037 8 V，这个电压就是用 DC 模式的输入电压。

用 DC 逆变器，逆变器输入永磁同步电机的正弦波线电压的有效值为

$$U_{UV} = \sqrt{\frac{1}{2\pi}\int_0^{2\pi} U_d^2 \mathrm{d}(\omega t)} = 0.816U_d$$
$$= 0.816 \times 203.0378 = 165.679(\mathrm{V})$$

203.038 V 就是 DC 模式永磁同步电机输入电压，165.679 V 是该电压的有效值，如图 9-11 所示。

用 AC 模式，使永磁同步电机输出同样的性能，那么 AC 模式的输入电压应该是 165.679 V(AC 模式输入电压是以有效值计算的)，如图 9-12 所示。

总结一下：

PWM 模式供电 $U_{d\text{-PWM}} = 294.15$ V（该电压是实测 U_d有效值，206.4 V）。

DC 模式供电 $U_{d\text{-DC}} = \frac{294.15}{\sqrt{2}} = 208$(V)。

AC模式供电 $U_{d\text{-}AC}=0.816\times 208=169.728(\text{V})$。

如果逆变器用SPWM形式，输入逆变器的直流电压是 $U_d=294.15$ V，那么其输入永磁同步电机的线电压幅值要比294.15 V低些，母线电压的数值和基波幅值与载波幅值之比(调制指数) M 有关，M 越大，电压越高，当 M 接近1时，线电压最高。

特别要指出的是：在Maxwell中，PWM、DC输入电压以母线电压的幅值表示，AC交流输入电压以有效值表示，见表9-1。

表9-1 输入永磁同步电机的三相线电压理论有效值

$U_d/\sqrt{2}$	U电源有效电压	PWM模式	DC模式	AC模式
单相整流	220 V	$\sqrt{2}U$	U	$0.816U$
三相整流	380 V	$\sqrt{2}U$	U	$0.816U$

一般永磁同步电机用SPWM的逆变器，同一个永磁同步电机用SPWM、DC或AC不同驱动模式，要求电机性能一样，计算时的输入电机的线电压是不相同的。

AC模式计算比较方便，许多电机设计人员都用纯粹的AC模式对永磁同步电机进行计算，也用AC模式求取永磁同步电机的功率因数。用单相220 V电源，逆变器输出三相交流电压是

PWM模式供电 $U_{d\text{-}PWM}=\sqrt{2}U_1\times 0.97=0.97\sqrt{2}\times 220=301.79(\text{V})$。

DC模式供电 $U_{d\text{-}DC}=\dfrac{301.79}{\sqrt{2}}=213.40(\text{V})$(电压幅值)。

AC模式供电 $U_{d\text{-}AC}=0.816\times 213.4=174.13(\text{V})$(电压有效值)。

如果用380 V(线电压380 V，相电压220 V)电源，则

PWM模式供电 $U_{d\text{-}PWM}=2.4U_1=2.4\times 220=528(\text{V})$(电压幅值)。

DC模式供电 $U_{d\text{-}DC}=\dfrac{528}{\sqrt{2}}=373.3(\text{V})$(电压幅值)。

AC模式供电 $U_{d\text{-}AC}=0.816\times 373.3=304.6(\text{V})$(电压有效值)。

单相220 V交流电进行逆变后，用相当于纯交流电输入计算永磁同步电机时的电压为 $U_{电机线电压}=K\times 0.816\times U_{电源}$，$K=0.97$，则

$$U_{电机线电压}=0.97\times 0.816\times U_{电源}=0.79\times 220=173.8(\text{V})$$

当三相380 V交流电进行逆变后，用相当于纯交流电输入计算永磁同步电机时的电压应该为 $U_{电机线电压}=K\times 0.816\times U_{电源}$，$K=0.98$ (K 为整流后的脉冲直流电压的平均值与脉冲峰值的比)，因此

$$U_{电机线电压}=0.98\times 0.816\times U_{电源}=0.8\times 380=304(\text{V})$$

为了统一，便于实用计算，电压的折换系数定为0.8。也就是说，永磁同步电机控制器用PWM模式，输入变换器的电压是交流，那么用AC模式对电机进行计算时，计算电压必须乘上一个0.8的电压折换系数，这样两种通电模式的永磁同步电机的性能基本上是一样的。

最好能够从图9-14所示变换器的 A 处测量出实际的 U_d 或 $\dfrac{U_d}{\sqrt{2}}$，以测量值输入永磁同步电机的交流AC线电压为

$$U_{电机线电压}=0.8\times\frac{U_d}{\sqrt{2}}$$

用这种方法计算电机是比较准确的。

此外，还从另外一个角度看逆变器的输入输出电压的关系。SPWM控制方式线电压计算值为

$$U_1=\left(\frac{U_d}{2}\times\frac{1}{\sqrt{2}}\right)\times\sqrt{3}\times M=0.6124U_dM$$

当三相线电压是380 V时，$U_d=528$ V，设调制比 $M=0.94$，则

$$U_1=0.6124\times 528\times 0.94=304(\text{V})$$

也就是说，一个永磁同步电机当用SPWM控制模式，输入变换器的三相交流线电压为380 V，经过逆变器输出的调制正弦波电压为304 V输入永磁同步电机，这与用纯粹的三相304 V的正弦波交流电供给永磁同步电机的性能相当，因此SPWM的电压利用率不是很高。

许多永磁同步电机是用SVPWM模式全桥控制的，SVPWM控制方式线电压计算值为

$$U_1=\left(\frac{U_d}{2}\times\frac{1}{\sqrt{2}}\right)\times\sqrt{3}\times M\times 1.155=0.7073U_dM$$

如果该公式前面不变，那么相当于电压提高至1.155倍，即0.8的系数乘以1.155即0.924倍，这和输入电源电压值相差不大，如果 M 值接近1，在用SVPWM模式控制的情况下，可以用电源电压作为

电机输入电压。如果用 SPWM 模式要使永磁同步电机达到同样的性能，则输入变换器的交流电压值就要大于用 AC 模式的交流电压值。因此 SVPWM 的电压利用率比 SPWM 提高了 15.5%。应该特别关注逆变器输出的三相可控电源的波形、电压的幅值和有效值等重要参数，这样可以作为设计永磁同步电机的重要依据。

6）永磁同步电机的转子位置传感器　无刷电机正弦波控制的方法有许多种，有的比较传统、简单，有的则比较先进和复杂。转子位置传感器是旋转变压器或光电编码器，其控制技术复杂，价格较高。考虑到电机的成本，可采用简易控制方法和简易的控制器。不同的正弦波控制器用于不同的正弦波无刷电机场合。

永磁同步电机后端盖部位安装一个旋转变压器或光电编码器。旋转变压器的转子安装在电机轴上，当转子转动后带动旋转变压器转子转动，旋转变压器产生交流正弦波信号，正确安装和调整旋转变压器转子和定子位置，使旋转变压器产生交流正弦波信号正确反映电机转子与定子的相对位置，这样正弦波信号与定子和转子的相对位置同步，使控制器的变频器产生同步的正弦波电压，按一定规律分配给定子三相线圈，从而实现无刷电机的正弦波控制和运行。

现在随着无刷电机控制技术的发展，正弦波无刷电机使用一些简单的转子位置传感器，如用一般开关型霍尔元件做正弦波位置传感器，或者就不用位置传感器，直接取用电机线圈中的信号确定转子的位置来控制，在一些小功率无刷电机中得到了广泛应用。

一些很大功率的无刷电机和微型永磁同步电机就不可能装有旋转变压器或光电编码器。电机轴很粗和很细时，一般的旋转变压器安装会遇到困难，这些场合可以采用霍尔元件得到电机运行时相邻 60°的精确电夹角，应用于锁相环技术，计算出 60°之内的精确电夹角，产生高分辨率的转子位置信息，从而实现无刷电机和永磁同步电机的正弦波控制。

伺服电机通过位置传感器将电机的位置信息和速度信息反馈给驱动器，以实现闭环控制。用于交流伺服系统位置检测的传感器主要有旋转变压器、感应同步器、光电编码器、磁性编码器。

(1) 旋转变压器。旋转变压器是一种利用电磁感应原理将机械转角或直线位移精度转换成电信号的精密检测元件，能用于永磁同步电机控制系统中。旋转变压器有多种分类方法：若按有无电刷来分，可分为有刷和无刷两种；若按极对数来分，可分为单对极和多对极；若按用途来分，可分为计算用旋转变压器和数据传输用旋转变压器；若按输出电压与转子转角间的函数关系来分，可分为正余弦旋转变压器、线性旋转变压器、比例式旋转变压器以及特殊函数旋转变压器四类；若从工作原理来分，可分为电磁式旋转变压器和磁阻式旋转变压器。

(2) 感应同步器。感应同步器也是一种基于电磁感应原理的高精度位置检测元件，它的极对数可以很多，随着极对数的增加，精度响应也会提高。感应同步器按照运动方式可分为旋转式和直线式两种。前者用来检测旋转角度，后者用来检测直线位移。不论哪种同步感应器，其结构都包括固定部分和运动部分。这两部分对于旋转式，分别称为定子和转子。

(3) 光电编码器。光电编码器又称光电角位置传感器，是一种集光、机、电于一体的数字式角度/速度传感器，它采用光电技术将轴角信息转换成数字信号，与计算机和显示装置连接后可实现动态测量和实时控制。它包括光学技术、精密加工技术、电子处理技术等，其技术环节直接影响编码器的综合性能。与其他同类用途的传感器相比，它具有精度高、测量范围广、体积小、质量轻、使用可靠、易于维护等优点，广泛应用于交流伺服电机的速度和位置检测。

典型的光电编码器结构由轴系、光栅副、光源及光电接收元件组成。当主轴旋转时，与主轴相连的主光栅和指示光栅相重叠形成叠栅条纹，通过光电转换后输出与转角相对应的光电位移信号，经过电子学处理，并与计算机和显示装置连接后，便可实现角位置的实时控制与测量。光电编码器从测角原理可分为几何光学式、激光干涉式及光纤式等；从结构形式可分为直线式和旋转式；按照代码形成方式不同可分为增量式、绝对式、准绝对式和混合式。

(4) 磁性编码器。在数字式传感器中，磁性编码器是近年发展起来的一种新型电磁敏感元件，它是随着光电编码器的发展而发展起来的。光电编码器的主要缺点是对潮湿气体和污染敏感，可靠性差，而磁性编码器不易受尘埃和结露影响，同时其结构简单紧凑，可以高速运转，响应速度高达 500～700 kHz，体积比光电编码器小，而成本更低，且易将多个元件精确地排列组合，比用光学元件盒半导体磁敏元件更容易构成新功能器件和多功能器件。此外，采用双层布线工艺，还能使磁性编码器不仅具有一般编码器具有的增量信号和指数信号输出，还具有绝对信号输出功能。所以，尽管目前约 90%的编码器均为光电编码器，但磁性编码器的用量将越来越多。

9.2 永磁同步电机实用设计方法

一般常规的永磁同步电机的设计用“磁路”或“磁场”的思路和方法进行设计计算，由于永磁同步电机的磁场比较复杂，直轴和交轴磁场一般是不等的，计算元素多，较烦琐，求取永磁同步电机的主要参数就比较困难。

作者从另一种角度去审视永磁同步电机的设计，用比较简单的实用方法可以较快地计算出永磁同步电机的电机模型和一些主要尺寸参数，并有相当的设计符合率，对永磁同步电机设计计算是有一定的作用的。

本节主要介绍永磁同步电机的实用设计方法，作者用多个实例进行设计计算，并进行数据对比，再用 Maxwell 软件计算进行验证，以求证明这种实用设计法的可行性和设计符合率。

作者提出的这些永磁同步电机的实用设计观点和方法比较新颖，不是很成熟和全面，作者以此抛砖引玉，提供给大家，恳请读者能够对这些实用设计方法进行纠正，加以完善，方便电机设计工作者设计永磁同步电机。

9.2.1 永磁同步电机的“相当无刷电机”设计法

作者介绍永磁同步电机的“相当无刷电机”设计法，主要是说，可以把永磁同步电机化为一个“相当无刷电机”，运用永磁同步电机“相当无刷电机”的观点，用一些电机设计技巧和方法，把复杂的永磁同步电机的主要参数设计计算转化为无刷电机的实用设计计算，再以熟悉的无刷电机简单的实用设计法去计算相当的无刷电机，避免了永磁同步电机设计中许多计算参数，如铁耗与效率、阻抗和电感、直轴与交轴等一系列的电机计算因素，避开了电机的扭矩波动和高次谐波等对电机设计计算的影响，简化了永磁同步电机的设计计算过程，有目的地求出永磁同步电机的主要尺寸参数，有较好的电机设计符合率，较繁复的永磁同步电机设计就变成非常简单的无刷电机的实用设计，从而实现永磁同步电机设计的简化。

1) 永磁同步电机的机械特性曲线　典型的永磁同步电机 $T-n$ 机械特性曲线和永磁直流无刷电机 $T-n$ 曲线是不一样的。图 9-19 和图 9-20 是直流供电的方波永磁直流无刷电机和用交流供电的正弦波永磁交流伺服电机的 $T-n$ 曲线的比较。

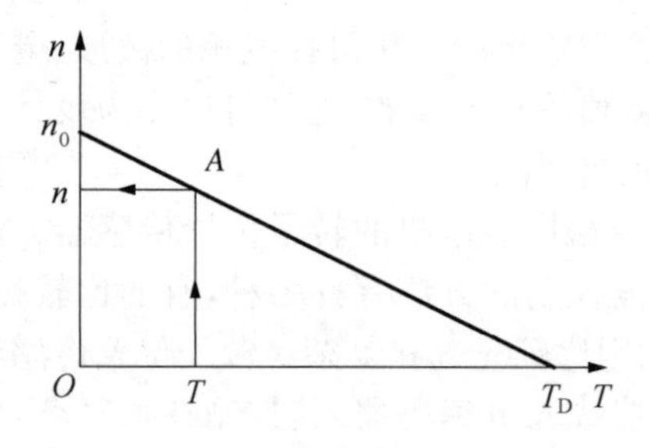

图 9-19　永磁无刷电机 $T-n$ 曲线

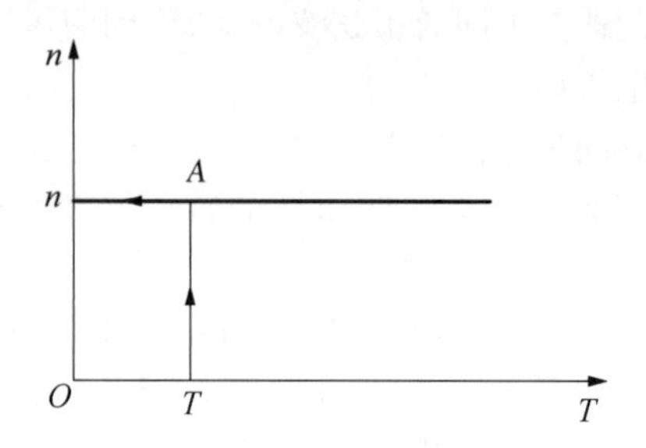

图 9-20　永磁同步电机 $T-n$ 曲线

从图 9-20 看，速度控制的交流永磁同步电机的 $T-n$ 曲线是一条设定速度的恒速水平直线。如果设定不同的速度，那么这条恒速 $T-n$ 直线平行于原来的 $T-n$ 直线，这条直线和图 9-19 无刷电机的 $T-n$ 斜线不同。

典型永磁同步电机的特点就是在一定的转矩范围内，电机的负载发生改变，电机的转矩角 θ 发生改变，电机的转速不变。电机的转矩角与机械特性有很大关系，永磁同步电机机械特性曲线是以电机的转矩角 θ 为变量，而电机的电流、转矩、效率、功率等作为自变量，如图 9-21 所示。这体现了永磁同步电机电流、功率和输出功率与转矩角 θ 的关系。

当永磁同步电机输入电源的频率固定后，那么电机的转速是恒定的，不随电机的负载改变而改变，只是转矩角发生改变。图 9-21 表示，永磁同步电机在分别输出 750W(2.389 93N·m)和 2 925.27W (9.311 42N·m)时的不同电角度值(9.7°、63°)。电机达到最大输出功率后，要求电机输出更大的功率是不可能的。电机的最大输出电磁功率为 3 035.3W，电机的最大转矩是 9.311 42N·m。

当永磁同步电机的输入电源的频率(转速)和电机的负载(转矩)固定后，那么改变电机的匝数或者改变电机的输入电压，电机的转矩和转速保持不变，见表 9-2。这是和永磁无刷电机有很大区别的。

2) 永磁同步电机的设计模型　永磁同步电机定子结构虽然可以做得与无刷电机的定子结构一

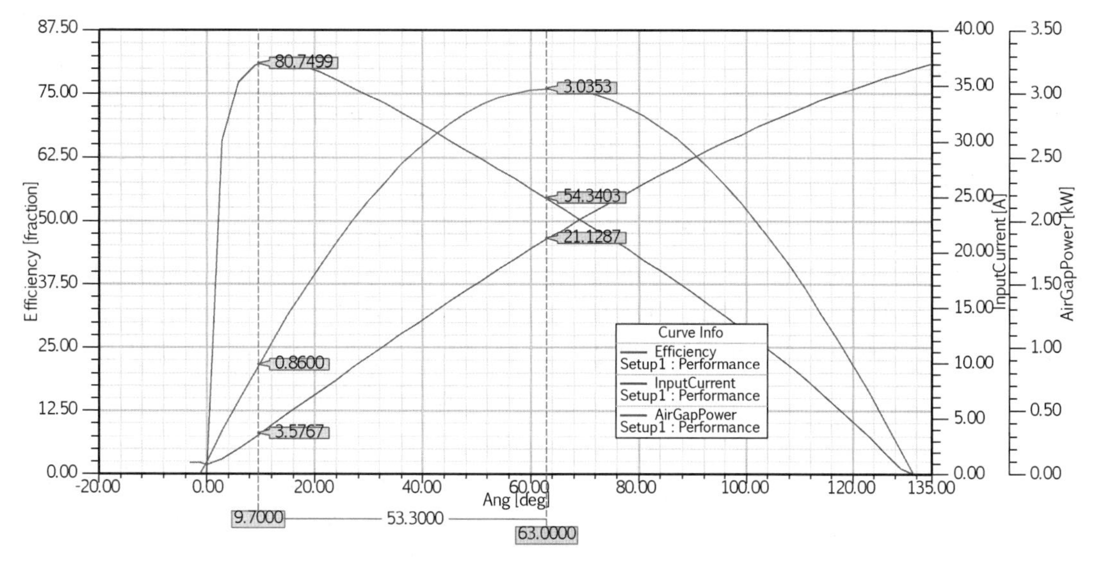

图9-21 永磁同步电机机械特性曲线

表9-2 同一永磁同步电机改变电压或匝数的变化对比

Rated Output Power (kW)	42	42	42
Rated Voltage (V)	380	300	380
Frequency (Hz)	113.333	113.333	113.333
Number of Conductors per Slot	10	10	6
Maximum Line Induced Voltage (V)	425.329	425.329	255.197
Synchronous Speed (r/min)	1 700	1 700	1 700
Rated Torque (N·m)	235.685	235.904	235.593
Torque Angle (°)	39.807 3	38.900 4	51.293 7

注：本表直接从 Maxwell 软件计算结果中复制，仅规范了单位。

样，但是永磁同步电机的驱动原理和无刷电机的相差甚远。如果要用永磁同步电机常规的概念去对永磁同步电机进行设计，那么设计时涉及的因素非常多，既要考虑电机自身的各种要素，还要考虑永磁同步电机的驱动器和控制方法的方方面面，设计计算环节就非常多，计算非常复杂，也造成永磁同步电机设计有较大的误差和相当的困难。

如果从实用设计的角度去观察永磁同步电机，并把电机尽量简化到最简，简化到可以用实用设计方法进行简单的设计计算，那么这个电机就是永磁同步电机的简化电机设计模型，用这个设计模型去计算永磁同步电机的性能应该和原有永磁同步电机性能相当，这个简化电机设计模型就是永磁同步电机的相当电机。

如何找出永磁同步电机的相当电机呢，首先要把永磁同步电机的结构形式和参数进行简化，把复杂的永磁同步电机电磁理论进行简化，看看简化的相当电机与什么电机相当。

永磁同步电机的正弦波脉宽调制控制方法理论上是一种矢量变换控制方法。在矢量变换控制方法中，电机的正交旋转坐标系的直轴与转子磁场重合。交轴为转矩轴，转子磁场的交轴分量为零，电磁转矩的方程得到简化，即在磁场恒定的情况下，电磁转矩与交轴电流分量成正比，因此电机的机械特性与永磁无刷直流电机的机械特性完全一样，实现了磁场和转矩的解耦控制。由于直轴和转子磁场重合，也称转子磁场定向控制。

直流电机的转矩表达式是

$$T' = C_{\mathrm{T}}\Phi I \tag{9-4}$$

式中 T'——电磁转矩；
C_{T}——转矩系数；
I——电枢电流；
Φ——磁通。

在直流电机的转矩表达式中，电枢电流 I 和磁通 Φ 是两个互相独立的变量，分别主要由电枢绕组和励磁绕组来控制，在电路上互不影响。如果忽略了磁饱和效应以及电枢反应，电枢绕组产生的磁场与励磁绕组产生的磁场是相互正交的，于是可以简单地说电枢电流 I 和磁通 Φ 是正交的。

对于三相交流电机来说，情况就不像直流无刷电机那样简单了，交流电机的转矩公式是

$$T' = C_{\mathrm{T}}\Phi I\cos\varphi \tag{9-5}$$

式中 T'——电磁转矩；
C_{T}——转矩系数；
I——线电流；

Φ——磁通；

$\cos\varphi$——功率因数。

从上式可以看出，三相交流电机的转速不仅与线电流 I 和气隙磁通 Φ 有关，而且与电机的功率因数 $\cos\varphi$ 有关，线电流 I 和气隙磁通 Φ 两个变量既不正交，彼此也不是独立的，这种转矩的复杂性是交流电机难以控制的根本原因。如果能将交流电机的物理模型等效地变换成类似直流电机的模式，分析和控制就可以大大简化。坐标变换正是按照这一思路进行的。

实际上交流电机的有功电流应该是

$$I_{有功} = I\cos\varphi \tag{9-6}$$

那么交流电机的转矩公式就变为

$$T' = C_T\Phi I_{有功} \tag{9-7}$$

从式(9-4)和式(9-7)看，交流电机和直流电机转矩公式的形式完全一样，如果把交流电机的转矩起作用的电流看作有功电流 $I_{有功} = I\cos\varphi$，那么三相交流电机的模型和直流电机模型等效，两电机的电磁转矩相等，这是一种简化的电机矢量变换。

通过坐标系的变换，可以找到与三相交流绕组等效的两相绕组电机模型。三相交流电机经过坐标变换完全可以等效成无刷电机，模仿无刷电机的控制方法，求得无刷电机的控制量，经过相应的坐标变换，能够像无刷电机性能一样达到控制永磁同步电机机械特性的目的，这就是正弦波脉宽调制控制器需要达到的目的。因此，可以根据这个观点用无刷电机设计方法去设计三相永磁同步电机。

这样为永磁同步电机的“相当电机”的概念奠定了思想基础，对于电机设计工作者来说，要研究的是如何用无刷电机的实用设计法去计算永磁同步电机。

3）永磁同步电机与无刷电机的相当观点　电机设计是一门应用科学，把比较繁复的永磁同步电机设计模型的设计计算简化，要比较简单地把电机模型的主要尺寸求出，而且要有相当的设计符合率，能够适合一般工厂的电机设计人员，能很好地为电机生产服务。

下面作者介绍把永磁同步电机简化为“相当电机”的一些实用设计观点和方法：

（1）把永磁同步电机的控制器和电机结合起来，成为一个带有控制器的永磁同步电机的一体电机，形成了一种没有控制器的永磁同步电机。这种电机的电源是直流电源，当直流电输入没有控制器的永磁同步电机后，电机即表现出永磁同步电机的性能特点，电机输出转矩和产生相应的转速。若该电机是永磁同步电机，那么永磁直流同步电机的指定工作点的机械特性和永磁无刷电机的机械特性相当。

（2）无刷电机直流电流 I 和永磁同步电机交流电流 $I_{有功} = I\cos\varphi$ 相当，无刷直流电机的转矩公式 $T' = N\Phi I/(2\pi)$ 和永磁同步电机转矩公式 $T' = N\Phi I\cos\varphi/(2\pi)$ 相当。

（3）相同结构的永磁同步电机磁场和永磁直流无刷电机的磁场完全一致，电机的齿磁通密度、工作磁通也完全一样。因此永磁直流同步电机和永磁无刷电机的磁场分布和电机齿磁通密度 B_Z、工作磁通 Φ 相当。

（4）永磁同步电机和无刷直流电机相比，在电机运行全过程，无刷电机通常采用120°导通型的逆变器，电机供电电压是直流矩形波，无刷电机绕组星形接线法的绕组通电形式是两两通电，绕组内流过的是接近矩形波的断续电流。而永磁同步电机常采用180°导通型的逆变器，电机的供电电压为三相正弦脉宽调制波形，三相绕组同时导通，并流过三相对称的形状接近正弦波的连续电流。这些都是从两种电机运行全过程而言的，这两种电机的供电状态和运行状态是不相同的。但这两种电机运行时在某一细分的时间段或者说在某一瞬间时刻来分析，两种电机运行状态的实质应该区别不大。三相永磁同步电机的运行状态可以看出，在360°一个周期中，也和永磁无刷电机一样可以分成六个区域，即六状态运行，在每个区域，绕组电流都是一进两出或反向两进一出。某一相电流均是另外两相电流之和。这相当于无刷电机在两相通电工作时，有一相绕组只是一根导体，而另外一相绕组是由两根导体并联工作的，因为是脉宽调制波形，电机每相绕组电压幅值应该是相等的，因此永磁直流同步电机的通电运行方式和永磁无刷电机的通电运行方式相当。

（5）永磁同步电机是一种变流型方波工作电机，这是一种基波是直流方波进行PWM调制控制电流工作的电机。通过PMSM一种恒方波工作直流电压在工作的电流时可以变流，通过PWM控制成为一种正弦波形。从PWM变流角度看，仍是通过控制器对电流进行PWM变流的，永磁同步电机是一种可控式变流型方波工作电机。而永磁同步电机的做功应该还是受到 $P=IU$ 的控制，这是不可能改变的，这样看，电机的工作电流是变量，电机电压应该是恒量，这时电机的电波输入的是直流电压的幅值。

在电机工作的某一区域，若电流取有效值，那么电机的功率就是

$$P_{方波}=UI_{有效}$$

如果电流波形是正弦波，那么输入电机的功率就是

$$P_{正弦波}=U\frac{I_{幅值}}{\sqrt{2}}=UI_{有效}$$

永磁同步电机和永磁直流无刷电机的做功都是以电机工作电压和工作电流来考核的，所以永磁直流同步电机的通电工作方式完全和永磁无刷电机的通电工作方式相当。

(6) 电机绕组星形接线法的永磁同步电机的有效导体数应该是一相导体数和另外两相并联的导体数的一半之和，即永磁无刷电机的有效导体数是电机总导体数的 2/3，因此永磁同步电机的有效导体数应该和永磁无刷电机的有效导体数相等，也就是说，永磁同步电机设计模型的有效导体数的计算方法应该和永磁无刷电机的有效导体数的计算方法相当。

(7) 相同结构的永磁同步电机与永磁直流无刷电机的工作磁通 Φ 和绕组有效导体数 N 相同，因此两种电机的 K_T 和 K_E 分别相同，该电机在工作点的转矩常数符合无刷电机转矩常数的计算规律，那么永磁同步电机设计模型的转矩常数和反电动势常数应该和永磁无刷电机的转矩常数和反电动势常数相当。

(8) 由于永磁同步电机通电时三相同时通电，有两相可以看作并联工作，电机工作绕组的电阻要小于相同结构的永磁直流无刷电机，同步电机的电阻损耗比无刷电机的损耗小，因此永磁同步电机的效率较高，电流密度要小，特性较硬，堵转转矩要大些。

从以上分析可以得出，永磁同步电机的“相当电机”是一个效率略高的相同结构的无刷电机，因此永磁同步电机的实用设计大致可以用“相当无刷电机”的实用设计方法设计计算，这样就大大简化了对永磁同步电机的设计计算。

4)“相当无刷电机”的实用设计方法　永磁同步电机设计的目的和手段主要是要计算出两个重要参数：电机通电导体根数 N 和电机的工作电流 I。这两个参数关系到永磁同步电机的电气和机械物理性能。

能够求解出符合永磁同步电机性能的有效通电导体数 N 和工作电流 I，那么就掌握了永磁同步电机设计的关键。

(1) 永磁同步电机电压的分析。在永磁同步电机系统中的不同点上有不同的 U，而且在同一点的 U 也有直流、交流的区别，有平均值、有效值和幅值的区别。在永磁同步电机伺服系统中，最终影响电机性能的是逆变器通过逆变的输入电机的 PWM 形式的三相交流电，是逆变器输出的母线电压 $U_{线}$。

供控制器的是交流电，那么必须把交流电进行整流或再滤波后变成直流电，如果永磁同步电机伺服系统是由直流电池供电，那么就得考虑直流电源受到负载时的工作电压，不可以把直流电池的虚电压作为 U_d，同时要考虑新电池用过一段时间后电压降问题。如果永磁同步电机的工作电压较低，必须把逆变器的电压降扣除后才作为 U_d。

最好是把永磁同步电机的控制器供给永磁同步电机的母线线电压的波形直接测量，测出电压波形的峰值，作为 U_d，那么计算出的永磁同步电机的 N 就比较准确。母线电压的测量如图 9-22 所示。

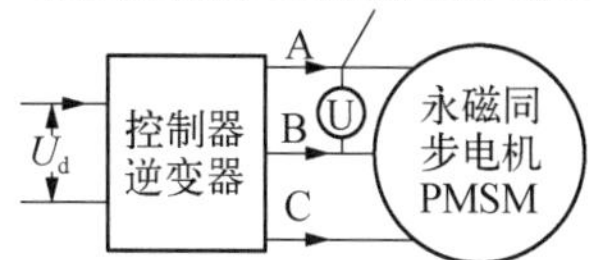

图 9-22　母线电压的测量

实际上通过 PWM，产生的波形与载波幅值和基波幅值之比 M 有关，所产生的波形不一定是绝对的正弦波，U_d 相同，M 不同，波形的有效值和峰值不同，因此最准确的概念是 U_d 就是逆变器输出的母线电压有效值的峰值。

在实用设计中：

① 如果不可能测量出逆变器输出的母线电压的峰值，那么就认为通过逆变器逆变后的交流波形是标准的正弦波波形，波形的幅值就是 U。在实际设计中，根据经验，U 要打一个小小的折扣。

② 如果能够测量出逆变器输出的母线电压的峰值，那么用这个峰值电压作为计算电压 U_d。

③ 如果能够测量出逆变器输出的母线电压的有效值，或用普通万用表测量，那么认为这个波形是标准的正弦波波形，把其有效值乘$\sqrt{2}$算出波形的峰值作为计算电压 U_d。

(2) 永磁同步电机主要参数的关系。

① 无刷电机的主要特点是转子与定子磁场同步运行，也就是说，永磁同步电机在负载大小相当范围内的转速是恒定的。因此永磁同步电机的理想空载转速和空载转速、负载各点转速相同，因此在整个运行过程中，电机的感应电动势相同，电机的感应电动势常数相同。

$$n'_0=n_0=n_N$$

② 永磁同步电机的转速决定于电机电源的频率。

$$n=\frac{60f}{P}$$

③ 永磁同步电机的感应电动势为

$$E=\frac{N\Phi n}{60}=\frac{N\Phi f}{P}$$

④ 永磁同步电机的感应电动势常数为

$$K_{\mathrm{E}}=\frac{N\Phi}{60}=\frac{E}{n_0'}=\frac{E}{n_0}=\frac{E}{n_{\mathrm{N}}}$$

⑤ E 可以小于或大于 U，这代表永磁同步电机各种运行状态。当 $E=U$ 时，$\cos\varphi=1$。

$$K_{\mathrm{E}}=\frac{N\Phi}{60}=\frac{U}{n_0'}=\frac{E}{n}$$

(3) 永磁同步电机通电导体数的求取：设置 $K_{\mathrm{U}}=\frac{E}{U_{\mathrm{d}}}$，如果 $K_{\mathrm{U}}=\frac{E}{U_{\mathrm{d}}}=1$，则 $\cos\varphi=1$，即

$$K_{\mathrm{E}}=\frac{E}{n}=\frac{N\Phi}{60}$$

$$N=\frac{60K_{\mathrm{E}}}{\Phi}$$

永磁同步电机启用了“相当无刷电机”计算模式的概念，因此该电机的有效通电导体数 N 是整个定子导体数的 2/3，按无刷电机计算导体数的方法计算。

永磁同步电机的工作磁通 Φ 是整个电机定子齿的齿磁通，按无刷电机的计算方法计算。

上面的观点是否可以简单地求出永磁同步电机的绕组匝数，其正确性如何，可以用多种永磁同步电机的实例和 Maxwell 程序核算进行验证。

(4) 永磁同步电机电流的求取。永磁同步电机伺服系统中的工作电流有电流整流、变流等多种形式，永磁同步电机的电流比永磁无刷电机复杂一些，在设计永磁同步电机时，关心的有两种电流(图 9-23)：

① 交流经整流或者直流电直接流入控制器和逆变器的直流电流 I_{Z}，这个电流和电压决定了要输入永磁同步电机系统需要的功率。

② 经过逆变器逆变输出的电流，即电机的三相绕组中经过逆变、可控的交流电流 $I_{线}$。这个电流决定了电机的电流密度和电机的槽利用率，是决定永磁同步电机的温升和绕线工艺的重要参数，这也是永磁同步电机的输入功率的重要参数。

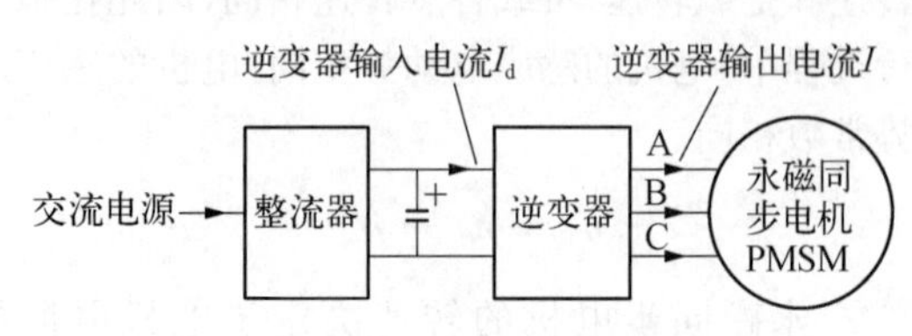

图 9-23 逆变器输入输出电流

用最简单的概念，把永磁同步电机和控制器作为一个永磁同步电机系统，那么输入永磁同步电机系统的功率为 $P_1=I_{\mathrm{Z}}U_{\mathrm{d}}$，永磁同步电机输出功率为 $P_2=\frac{Tn}{9.5493}$，系统效率为 $\eta_{系统}=\frac{P_2}{P_1}=\frac{Tn/9.5493}{I_{\mathrm{Z}}U_{\mathrm{d}}}$，因此

$$I_{\mathrm{Z}}=\frac{Tn}{9.5493\eta_{系统}U_{\mathrm{d}}}=\frac{Tn}{9.5493\eta_{控制器}\eta_{电机}U_{\mathrm{d}}}$$

$\eta_{控制器}$ 不会太小，估计在 0.95 左右，$\eta_{电机}$ 可以按同类电机设定，T、n、U_{d} 是设计时的已知数。因此这样求取 I_{d} 误差不会太大。

也可以用另外一种方法求取 I_{d}。

$$K_{\mathrm{E}}=\frac{E}{n},\ K_{\mathrm{T}}=9.5493K_{\mathrm{E}}$$

$$I_{系统净电流}=\frac{T}{K_{\mathrm{T}}},\ I_0=(1-\sqrt{\eta})I,\ I_{\mathrm{Z}}=\frac{I+I_0}{\eta_{控制器}}$$

(5) $I_{线}$ 的求取。

① 从输入电机功率与输入控制器的功率之比是控制器效率的观点计算 $I_{母线}$，有

$$I_{母线}=\frac{U_{\mathrm{d}}I_{\mathrm{Z}}\eta_{控制器}}{\sqrt{3}U_{线}\cos\varphi}=\frac{P_{\mathrm{d}}\eta_{控制器}}{\sqrt{3}U_{线}\cos\varphi}$$

② 从电机输出功率与电机输入功率之比是电机效率观点计算 $I_{母线}$，有

$$I_{母线}=\frac{Tn}{9.5493\times\sqrt{3}U_{线}\cos\varphi\eta_{电机}}=\frac{P_2}{\sqrt{3}U_{线}\cos\varphi\eta_{电机}}$$

这两种算法结果是一致的。

③ 用实用设计法。

$$I_{母线}=\frac{I_{\mathrm{Z}}}{\cos\varphi}$$

以上方法可以简单求出永磁同步电机的 N、I_{Z} 和 $I_{线}$。

用一个实例进行计算验证：3 kW 永磁同步电机技术数据如下。

电机测试技术数据：电机输入线电压 31.1 V(AC)，电机输入功率 3.21 kW，电机输入线电流 83.8 A(AC)，电机转速 3 021 r/min，输出转矩 9.0 N·m，输出功率 2.85 kW，电机效率 88.7%。

控制器技术数据：控制器输入电压 46.1 V(DC)，控制器输入电流 72.9 A(DC)，控制器输入功

率 3.37 kW，控制器效率 95.3%，系统效率 84.6%。

① 从技术数据看，电机的功率因数为

$$\cos\varphi = \frac{P_1}{\sqrt{3}UI} = \frac{3\,210}{\sqrt{3}\times 31.1\times 83.8} = 0.711$$

电机效率为

$$\eta_{电机} = \frac{P_2}{P_1} = \frac{2.85}{3.21} = 0.887$$

控制器输入功率为

$$P_{1控制器} = U_d I = 46.1\times 72.9 = 3\,360(\mathrm{W})$$

控制器效率为

$$\eta_{控制器} = \frac{P_{1电机}}{P_{1控制器}} = \frac{3.21}{3.36} = 0.955$$

系统效率为

$$\eta_{系统} = \eta_{电机}\eta_{控制器} = 0.887\times 0.955 = 0.847$$

用“相当无刷电机”的观点计算输入控制器的电流 I_d 和逆变器的输出线电流 $I_{母线}$，则

$$K_E = \frac{E}{n} = \frac{\sqrt{2}\times 31.1}{3\,020} = 0.014\,563\,4[\mathrm{V/(r/min)}]$$

（以 $n = 3\,020$ r/min 取整代入计算）

$$K_T = 9.549\,3K_E = 0.139(\mathrm{N\cdot m/A})$$

$$I = I_Z - I_0 = \frac{T}{K_T} = \frac{9}{0.139} = 64.74\ (\mathrm{A})$$

$$I_0 = (1-\sqrt{\eta})I = (1-\sqrt{0.887})\times 64.74 = 3.77\ (\mathrm{A})$$

$$I_Z = (I+I_0)/\eta_{控制器} = (64.74+3.77)/0.953 = 71.81\ (\mathrm{A})$$

$$I_{母线} = \frac{I_d}{\cos\varphi} = \frac{71.81}{0.887} = 80.95\ (\mathrm{A})$$

计算符合率

$$\Delta_{I_d} = \left|\frac{71.81-72.9}{72.9}\right| = 0.015$$

$$\Delta_{I_{母线}} = \left|\frac{80.95-83.8}{83.8}\right| = 0.034$$

② 用测试比较准确的 3 kW 永磁同步电机实例进行验算。电机的母线电流为

$$I_{母线} = \frac{U_d I_d \eta_{控制器}}{\sqrt{3}U_{线}\cos\varphi} = \frac{46.1\times 72.9\times 0.953}{\sqrt{3}\times 31.1\times 0.711} = 83.62\ (\mathrm{A})$$

$$\Delta_{I_{母线}} = \left|\frac{83.62-83.8}{83.8}\right| = 0.002\,1$$

③ 方法三。

$$I_{母线} = \frac{Tn}{9.549\,3\times\sqrt{3}U_{线}\cos\varphi\eta_{电机}} = \frac{9\times 3\,021}{9.549\,3\times\sqrt{3}\times 31.1\times 0.711\times 0.887} = 83.8\ (\mathrm{A})$$

如果要求取逆变器输入电流 I_d，把控制器和永磁同步电机当作一个电机，那么输入控制器的有用功率应当和电机输出的功率相等。

$$I_Z = \frac{Tn}{9.549\,3U_d\eta_{控制器}\eta_{电机}} = \frac{9\times 3\,021}{9.549\,3\times 46.1\times 0.953\,3\times 0.887} = 73.04\ (\mathrm{A})$$

$$\Delta_{I_{母线}} = \left|\frac{83.8-83.8}{83.8}\right| = 0$$

$$\Delta_{I_Z} = \left|\frac{73.04-72.9}{72.9}\right| = 0.001\,9$$

上面的永磁同步电机的计算方法总结见表 9-3 和表 9-4。

表 9-3　两种不同电机观点求取 I_Z 的对比

两种不同电机理论观点对比	相当无刷电机的 K_E、K_T 的观点	电机输出功率与逆变器输入功率之比为系统效率的观点
实测逆变器输入电流 72.9 A	73.17 A	73.04 A
相对误差	0.003	0.001 9

表 9-4　电机不同处的能量守恒观点求取 $I_{母线}$ 对比

电机不同处的能量守恒观点对比	输入电机功率与输入逆变器的功率之比是控制器效率的观点	电机输出功率与电机输入功率之比是电机效率的观点
实测母线电流 83.8 A	83.62 A	83.8 A
相对误差	0.002 1	0

这些误差可以认为是计算误差。

(6) 关于永磁同步电机系统中的功率因数和效率。永磁同步电机逆变器的效率与电机的功率因数是比较高的,许多优良的永磁同步电机的效率和功率因数均大于 90%,大功率的永磁同步电机的效率和功率因数可以高于 97%。

逆变器的效率也非常高,逆变器的损耗主要是晶体管的损耗,一般逆变器的效率在 95%左右。可以在设计时初步确定逆变器效率为 95%,电机的效率可以根据电机功率的不同和以往的经验相应选取。

在实用设计中,可以用如下公式计算永磁同步电机的 I_Z,误差不大。

$$I_Z = (1.05 \sim 1.1)\frac{T}{K_T} \qquad (9-8)$$

以上介绍了永磁同步电机可以用较简便的"相当无刷电机"的实用设计方法求出电机额定工作点的匝数和电流,以此可以求出电机的电流密度和槽利用率等电机的主要尺寸关系。这样就可以建立永磁同步电机的初步电机的数学模型。这个电机的模型是以永磁同步电机的主要技术要求为目标参数进行目标设计得到的。

9.2.2 永磁同步电机的测试发电机法

测试发电机法是在永磁同步电机设计过程中用实验的手段使电机作为测试发电机,测试出电机的输出电压,依据电机的输出电压和电机绕组匝数的关系,很方便、正确地求出电机的工作磁通,从而能很精确地计算出永磁同步电机机械特性的绕组数据和所需要的电机的各种电机参数。

对于有现成定子和转子结构的永磁同步电机,求取电机的定子叠厚长度和通电导体数是非常方便的。也可以用一个永磁同步电机进行测试发电机,求出电机的各种参数,作为测试发电机,再推算出设计需要的目标电机。

永磁同步电机在实际生产或设计过程中,把永磁同步电机作为测试发电机,测量出电机的感应电动势,并作为电机的主要参数之一,这是许多厂设计、生产永磁同步电机的正常规范。因此有必要对永磁同步电机的测试发电机法的实用设计进行介绍。

1) 永磁同步电机的感应电动势　以一定的速度拖动永磁同步电机,把永磁同步电机作为发电机,这样就可以测量出永磁同步电机的线电压幅值 E,E 就是永磁同步电机在该转速时的感应电动势,这和无刷电机的感应电动势原理完全一样。

2) 感应电动势与定子输入电压的关系　在无刷电机中,电机简化电路的电压平衡方程为 $U = E + IR$,只要无刷电机的电阻存在,那么电机的感应电动势 E 小于输入电压 U。

但是在永磁同步电机中,由于电机的 D 轴和 Q 轴的电抗、电机的容性和感性负载、永磁同步电机控制方式和电机机械特性等关系,定子输入电压 U 并不是永远大于电机的感应电动势 E。如何确定感应电动势 E 与定子输入电压 U 的关系是比较复杂的,但可以用实用的方法看待这个问题。

永磁同步电机的机械特性 T-n 曲线是一条水平直线,电机负载转速时的反电动势 E 和电机理想空载转速时的反电动势(相当于 U)是相等的,可以这样设定:永磁同步电机在额定负载转速的感应电动势 E 的有效值和电机定子输入线电压的有效值相等。

从理论分析知,外加永磁同步电机定子的电压 U 等于或近似等于额定转速的空载反电动势 E(有效值)时,即 $U = E$ 时,电机无功功率最小,功率因数最高。在永磁同步电机的实用设计中,可以用这个观点作为设计准则,$K_E = \frac{U}{n_0'} = \frac{U}{n_N} = \frac{E}{n_N}$,根据电机实际负载和机械特性,控制器可以使电机输入电压略大于或略小于永磁同步电机运行转速时的感应电动势 E 来满足电机的性能。

3) 感应电动势法的实用设计方法　永磁同步电机感应电动势法的实用设计方法介绍如下:

(1) 选取适当定子外径结构的永磁同步电机。

(2) 对电机做测试发电机试验,测出额定转速下的感应电动势 E_1。

(3) 求出测试发电机的感应电动势常数,$K_{E1} = \frac{E_1}{n}$。

(4) 求出测试发电机的工作磁通,$\Phi_1 = \frac{60K_{E1}}{N_1}$。

(5) 求出目标电机的工作电流 I。

(6) 确定目标电机的电流密度 j 和槽利用率 K_{SF},并求出绕组线径 d。

(7) 计算冲片每槽导体根数,从而求出电机有效导体数 N_2。

(8) 确定目标电机的 K_{E2},$K_{E2} = \frac{E_2}{n_2} = \frac{U_{d2}}{n_2}$。

(9) 确定目标电机的工作磁通 Φ_2,$\Phi_2 = \frac{60K_{E2}}{N_2}$。

(10) 确定目标电机定子长 L_2。当冲片相同时,$\Phi \propto L$,$L_2 = \frac{\Phi_2 L_1}{\Phi_1}$。

(11) 确定目标电机输入电压 U_2，$U_2=\dfrac{E_2}{\sqrt{2}}$。

这样设计计算出的目标电机的绕组有效导体数 N、线径 d 和电机定子长 L 是符合目标设计值 K_E、j、K_{SF} 的，这是一种永磁同步电机的目标设计法。

本节介绍了一些永磁同步电机的实用设计法，有些实用设计法必须有实例才能讲解清楚，因此这些方法在下节介绍。

9.3　永磁同步电机实用设计举例

他控式或自控式永磁同步电机输入的都是可调制的三相交流电，只是他控式的调制电源是由电机系统外的电源决定的，自控式永磁同步电机则是系统内部决定的。在某一时间段内，如果输入永磁同步电机的三相电的频率、电压和波形相同，那么不管是他控式还是自控式永磁同步电机，在某一时间段的机械特性是一样的。因此设计永磁同步电机，只要研究逆变器输入永磁同步电机的三相电源和永磁同步电机之间的关系即可。

作者介绍用永磁同步电机实用设计法，把比较繁复的永磁同步电机的设计计算简化为较简单的设计计算，计算出电机的设计模型，求出电机的主要尺寸参数，能够适合一般工厂的电机设计人员解决永磁同步电机设计。此方法虽简单，但存在一定局限性，功能无法与大型的电机设计计算软件相比，这是两码事，是从不同的角度和观点去从事永磁同步电机设计和研究。

9.3.1　交流伺服电机实用设计一

以 90－750W－18－8j 永磁同步电机为例，这是一种用途比较广泛的交流永磁同步电机，其技术参数见表 9－5，该电机用单相交流电源，用 PWM 控制形式，再进一步讲就是正弦波空间矢量控制(SVPWM)。这和他控式交流永磁同步电机转子结构和控制原理是不同的。

表 9－5　电机技术参数

电机名称	交流伺服电机	电机型号	90－750W－18－8j
额定电压	220 V AC	额定功率	750 W
额定转矩	2.39 N·m	额定转速	3 000 r/min
绕组参数	(ϕ0.51＋ϕ53)×29T　QZ－2/180		
定子要求	冲片材料为宝钢 310 材料，片厚 0.5 mm，18 槽		
	定子铁心为直槽，厚度 60 mm		
转子要求	冲片材料为武钢 600 材料，片厚 0.5 mm		
磁钢要求	磁性材料 42SH，$2P=8$		
线电阻(25℃)	2.97 Ω	线电感	6.1 mH
线反电动势常数	48.65 V/(kr/min)	转矩常数	0.72 N·m/A

(续表)

相电流	3.3 A	线电压	206.4 V
输入功率	1 166 W	效率	64.30%
温升	42.2 K	空载温升	56.7 K
空载电流(电源输入控制器电流)	0.76 A		

电机外形、定子和转子数据如图 9－24 所示，一相绕组排布如图 9－25 所示，交流伺服同步电机控制系统如图 9－26 所示。

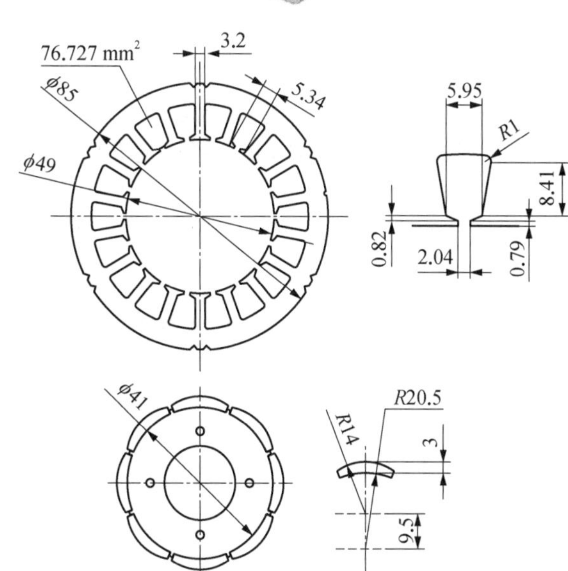

图 9－24　90－750W－18－8j 电机外形、定子和转子数据

下面是对 90－750W－18－8j 交流伺服电机的资料进行分析：

(1) 电压 220 V。一般都是将输入交流电的伺

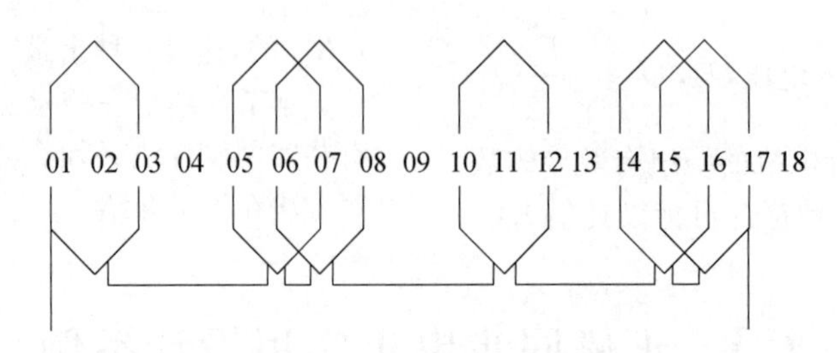

图 9-25 一相绕组排布

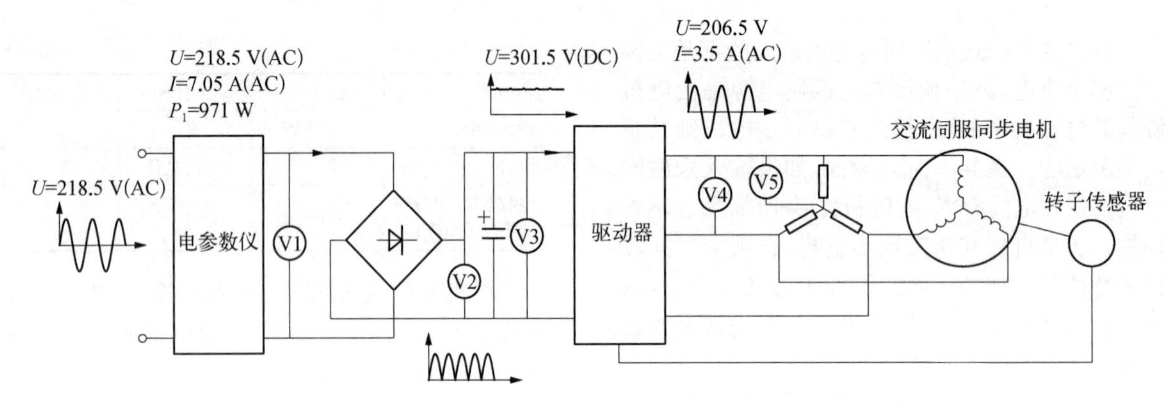

图 9-26 交流伺服同步电机控制系统

服电机称交流伺服电机，电压为 220 V，就是单相交流 220 V 市电输入，该电机应该是交直交形式的交流伺服永磁同步电机。

(2) 功率 750 W。这是电机的名义输出功率，先把电机的输出功率计算出来。

$$P_2=\frac{Tn}{9.5493}=\frac{2.39\times3000}{9.5493}=750.84(\mathrm{W})$$

(3) 线电压 206.4 V。这应该是通过控制器输出的可控正弦波三相线电压，就是输入电机的电压，这个电压应该是直流电压通过斩波(PWM)的三相类似正弦波电压的有效值，其波形还是 PWM 的方波，该波形的有效值为 206.4 V，直流电压通过斩波的标准正弦波波形的理论幅值应该是 $U=206.4\times\sqrt{2}=291.89(\mathrm{V})$，如图 9-27 所示。

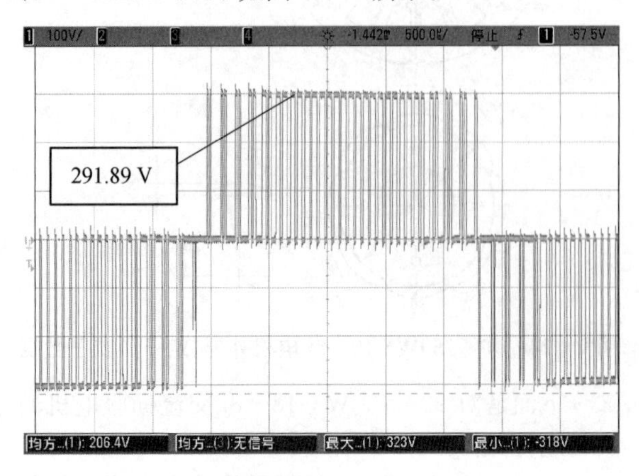

图 9-27 驱动器输出 PWM 可调制波形

(4) 输入功率 1 166 W。这个电机的电参数仪在什么地方接入，这是可以判别出来的。如果是从 220 V 单相进线接入，测量电机的输入功率，从表格数据看，没有 220 V 进线时的输入电流，如果把电机、控制器看作一个整体的交流电机，那么这个交流电机的输入电流没有提供，因此这个交流电机的功率因数、效率是求不出来的，必须对 220 V 输入电流进行补测。

如果把电机整流部分和逆变器看作外围电源，交流伺服电机本体是一个三相交流同步电机。

控制器输出的三相电源对电机输入功率是通过仪器读出，厂家没有在控制器和电机之间加入三相电参数仪(图 9-28)进行测试。如果用三相电参数仪对电机进行电参数测量，三相电机的输入功率测试值为 1 166 W，那么

$$P_1=\sqrt{3}UI\cos\varphi$$

$$\cos\varphi=\frac{P_1}{\sqrt{3}UI}=\frac{1166}{\sqrt{3}\times206.4\times3.3}=1$$

三相电的功率因数有两个可能：① 功率因数等于 1；② 功率因数不等于 1，那么 $P_1=\sqrt{3}UI=\sqrt{3}\times204\times3.3=1166(\mathrm{W})$ 是计算出来的，没有考虑电机的功率因数 $\cos\varphi$，那是欠考虑的。

要求对电机进行补测，用相同型号同一生产批次的电机进行了测试，测试虽然稍有误差，但是不影响大的方向性问题的分析。

图 9-28 所示上面一台仪器显示的数据依次

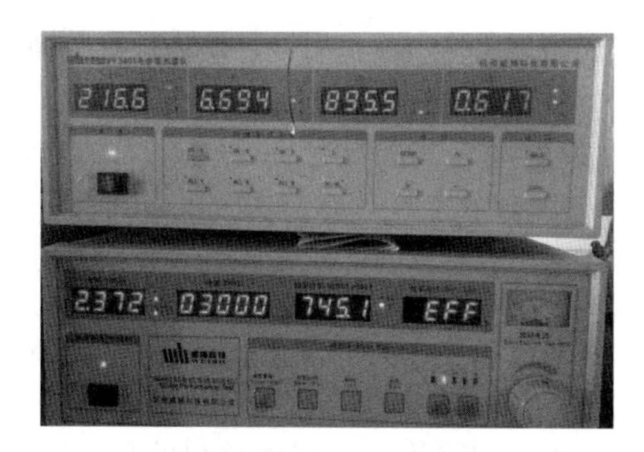

图 9-28　三相电参数仪

为：市电电压 216.6 V(AC)；电源给控制器和电机提供的总电流 6.694 A(AC)；895.5 W 是电源输入永磁同步电机系统的功率；0.617 是功率因数。

下面一台仪器显示的数据含义为：2.372 N·m 是电机测试输出扭矩；3 000 r/min 是电机的实际转速；745.1 W 是电机实际输出功率(测试计算值)，这可以计算出来。

$$P_2=\frac{Tn}{9.5493}=\frac{2.372\times 3000}{9.5493}=745.1(\mathrm{W})$$

电源输入的有功功率为

$$P_1=IU\cos\varphi=6.694\times 216.6\times 0.617=894.6(\mathrm{W})$$

894.6 W 和 895.5 W 相差不大，可以认为是示值误差。可以看出，这台电机的输入功率不是 1 166 W，功率因数不是 1，输入功率应该为 894.6 W，功率因数为 0.617。

(5) 电机的空载电流 0.76 A(AC)是单相电源进线测量的，这个空载电流应该大于电机实际消耗的空载电流。电机所消耗的空载电流直接影响计算电机的转矩常数 K_T，但是影响不是太大。

(6) 电机的效率 64%。表 9-5 中的电机的效率估计是这样计算的。

$$\eta=\frac{P_2}{P_1}=\frac{750.84}{1166}=64.3\%$$

实际永磁同步电机系统的测试输入功率为 894.6 W，电机的输出功率为 747.42 W，永磁同步电机系统的效率应该为

$$\eta_{系统}=\frac{P_2}{P_1}=\frac{750.84}{894.6}=0.839=83.9\%$$

在逆变器和电机中间应该还要设置一个三相电参数仪，这样就能够看出整流与逆变器前后状况以及电机工作状况，该厂没有再用一个三相电参数仪，因此不能求出整流和逆变器的效率。

如果设逆变器的效率为 0.95，那么永磁同步电机的效率为

$$\eta_{电机}=\frac{0.839}{0.95}=0.879$$

如果仅从交流永磁同步电机的角度看，那么电机是三相交流输入，输入电压为 206.4 V，电机输入电流为 3.3 A，电机的输入功率应该用电参数仪进行测量，测出电机的输入功率和功率因数，但该电机没有做这种测试，因此纯电机的输入功率和功率因数没有测出。

(7) 反电动势常数(万用表测)48.65 V/(kr/min)。这个反电动势常数应该就是电机作为发电机以 1 000 r/min 旋转时发出的感应电动势有效值，因为用普通万用表是测不出电机的反电动势幅值的，只有用示波器才能测出，如图 9-29 所示。

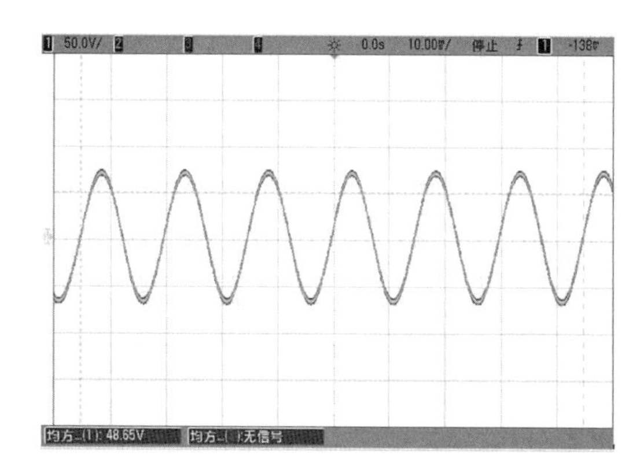

图 9-29　感应电动势波形

那么电机旋转 1 转所发出的感应电压为

$$\frac{E}{n}=\frac{48.65}{1000}=0.04865[\mathrm{V/(r/min)}]$$

这是电机每转的感应电压，不能代表电机的反电动势常数。如果该波形是正弦波，那么该电机的感应电动势常数应该为

$$K_E=\frac{E}{n}=\frac{\sqrt{2}\times 48.65}{1000}=0.0688[\mathrm{V/(r/min)}]$$

(8) 转矩常数 0.72 N·m/A，指的是转矩与线电流之比，即

$$K_T=\frac{T}{I}=\frac{2.39}{3.3}=0.724(\mathrm{N\cdot m/A})$$

这里永磁同步电机用的是相电流，该交流伺服电机绕组是三相星形接法，相电流和线电流相等。

(9) 电机的磁钢磁性材料 42SH。42SH 应该是钕铁硼磁钢，查该磁钢的剩磁 $B_r=1.31\,\mathrm{T}$，$H_C=12\,\mathrm{kOe}$，磁钢牌号选择是否恰当，可以进行磁路计算后判断。

90-750W-18-8j 交流伺服电机设计步骤如下：

1) 用 K_E实用设计法求永磁同步电机匝数　永磁同步电机在确定额定转速后，应该从理想空载转速开始 n_0'(假设驱动器没有控制转速上限)，到相当大的转

矩(失步转矩)时的转速是不变的,该电机的恒定转速为 3 000 r/min,输入永磁同步电机的线电压的峰值为

$$U_d = 206.4 \times \sqrt{2} = 291.89(\mathrm{V})$$

(1) K_E实用设计法计算电机匝数。永磁同步电机电源一般都通过控制器进行 PWM 控制,前后的功率是不相等的,整流滤波后的无负载的母线标准直流电压值 311 V,在计算时必须考虑到输入永磁同步电机的电压有所降低,必须以输入电机的线电压的幅值计算,具体计算见表 9-6。

表 9-6　永磁同步电机 K_E实用计算

永磁同步电机 K_E实用计算				90-750W-18-8j	
1	U_d(V)	$U_{有效}$(V)	T(N·m)	n(r/min)	Z
	291.89	206.399	2.39	3 000	18
	B_r(T)	α_i	b_t(cm)	D_i(cm)	总 α
	1.31	0.73	0.32	4.9	0.73
	定子 L_1 (cm)	磁钢长 L_2 (cm)	K_{FE}		
	6	6	0.95		
2	槽气隙宽 $S_t = (\pi D_i/Z) - b_t = 0.5352$ cm				
	齿磁通密度 $B_Z = B_r\alpha[1+(S_t/b_t)] = 2.5557$ T				
	工作磁通 $\Phi = ZB_Zb_tLK_{FE}/10000 = 0.0084$ Wb				
	理想反电动势常数 $K_E = U_d/n = 0.0973$ V/(r/min)				
	通电导体有效总根数 $N = 60U_d/n\Phi = 695.7196$ 根				
	每个线圈匝数 $W = 3N/4Z = 28.9883$ 匝				

(2) 求设计符合率。

$$\Delta_W = \left| \frac{28.9883 - 29}{29} \right| = 0.0004$$

用 K_E实用设计法求取电机的有效导体数 N 是比较简单和方便的,其设计符合率也好,如果计算有误差,误差不会很大。退一步讲,如果有较大的误差,只需一次调整就完全可以把电机的性能调整过来,这种设计方法绝不存在方向性计算错误问题。

为了证明这种 K_E实用设计法求取电机匝数是非常方便和正确的。本章节将列举多个永磁同步电机设计实例,每个实例均用 K_E实用设计法进行计算并与电机实例数据和 Maxwell 设计结果进行对照,证明 K_E实用设计法的设计符合率。

2) 用 Maxwell 的 RMxprt 核算该电机　在 RMxprt 电机模式中的可调速永磁同步电机支持三种开关电源类型：DC、PWM、Sine Wave。如果用 AC 电源模式,那么认为驱动器输出的是纯粹(可调制的)交流正弦波。

一般永磁同步电机的驱动器输出的母线电压可以测量出来,或者进行估算,一般在电源电压的0.9～0.95 倍。这个电机输入 220 V(AC),经过全波整流后带负载时的电压为 301.5 V(DC),如图 9-30 所示。

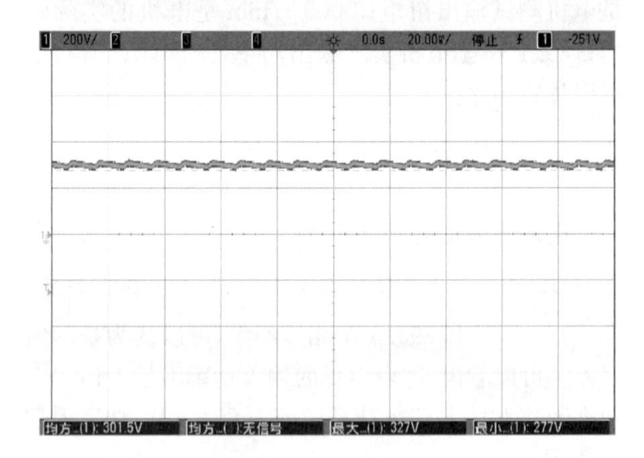

图 9-30　3 000 r/min,2.38 N·m 运行时的整流电容端母线电压

$U_d = 301.5$ V(示波器测出),作为输入永磁同步电机的线电压。

用 Maxwell 对电机进行核算(PWM 供电类型),为了节省版面,Maxwell 计算单不全部列出,仅列出主要参数供读者参考。该电机机械特性曲线如图 9-31 所示。

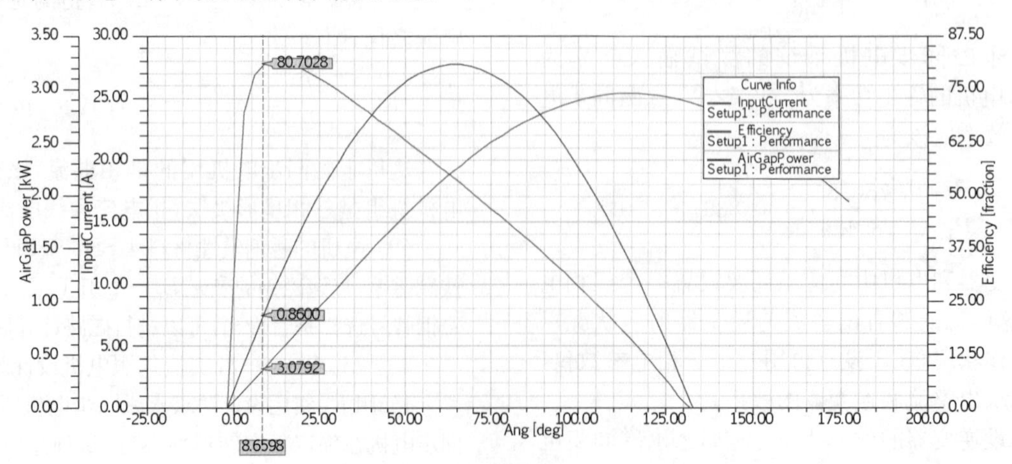

图 9-31　电机机械特性曲线

GENERAL DATA

Rated Output Power (kW): 0.75
Rated Voltage (V): 301.5
Number of Poles: 8
Frequency (Hz): 200
Frictional Loss (W): 80
Windage Loss (W): 30
Rotor Position: Inner
Type of Circuit: Y3
Type of Source: PWM
Modulation Index: 0.85
Carrier Frequency Times: 39

STATOR DATA

Number of Stator Slots: 18
Outer Diameter of Stator (mm): 85
Inner Diameter of Stator (mm): 49

Type of Stator Slot: 3
Stator Slot
hs0 (mm): 0.79
hs1 (mm): 0.82
hs2 (mm): 8.41
bs0 (mm): 2.04
bs1 (mm): 5.95094
bs2 (mm): 8.91676
rs (mm): 1

Top Tooth Width (mm): 3.2
Bottom Tooth Width (mm): 3.2
Skew Width (Number of Slots): 0

Length of Stator Core (mm): 60
Stacking Factor of Stator Core: 0.97
Type of Steel: B50A310
Slot Insulation Thickness (mm): 0.35
Layer Insulation Thickness (mm): 0.35
End Length Adjustment (mm): 0
Number of Parallel Branches: 1
Number of Conductors per Slot: 58
Type of Coils: 22
Average Coil Pitch: 2
Number of Wires per Conductor: 2
Wire Diameter (mm): 0.52
Wire Wrap Thickness (mm): 0.06
Slot Area (mm^2): 75.8941
Net Slot Area (mm^2): 53.9921
Limited Slot Fill Factor (%): 75
Stator Slot Fill Factor (%): 72.2743
Coil Half-Turn Length (mm): 98.6086
Wire Resistivity (ohm.mm^2/m): 0.0217

ROTOR DATA

Minimum Air Gap (mm): 1
Inner Diameter (mm): 20
Length of Rotor (mm): 60
Stacking Factor of Iron Core: 0.97
Type of Steel: 50WW600
Polar Arc Radius (mm): 14
Mechanical Pole Embrace: 0.96
Electrical Pole Embrace: 0.745331
Max. Thickness of Magnet (mm): 3
Width of Magnet (mm): 16.5876
Type of Magnet: 42SH-1

PERMANENT MAGNET DATA

Residual Flux Density (Tesla): 1.31
Stator Winding Factor: 0.831207

NO-LOAD MAGNETIC DATA

Stator-Teeth Flux Density (Tesla): 2.15731
Stator-Yoke Flux Density (Tesla): 0.798705
Rotor-Yoke Flux Density (Tesla): 0.556304
Air-Gap Flux Density (Tesla): 0.764641
Magnet Flux Density (Tesla): 0.879916

FULL-LOAD DATA

Maximum Line Induced Voltage (V): 205.231
Input DC Current (A): 3.0635
Root-Mean-Square Phase Current (A): 3.4645
Armature Thermal Load (A^2/mm^3): 191.65
Specific Electric Loading (A/mm): 23.4961
Armature Current Density (A/mm^2): 8.1567
Output Power (W): 750.516
Input Power (W): 923.646
Efficiency (%): 81.2557

Synchronous Speed (rpm): 3000

Rated Torque (N.m): 2.38897

Torque Angle (degree): 8.52795

Maximum Output Power (W): 3143.22

Torque Constant KT (Nm/A): 0.894109

图 9-32 和图 9-27 所示是电机计算波形和实测波形对比，可以看出，这两种波形是相同的，说明 Maxwell 是以 PWM(SPWM)模式计算永磁同步电机的。图 9-33 所示是电机感应电动势波形。

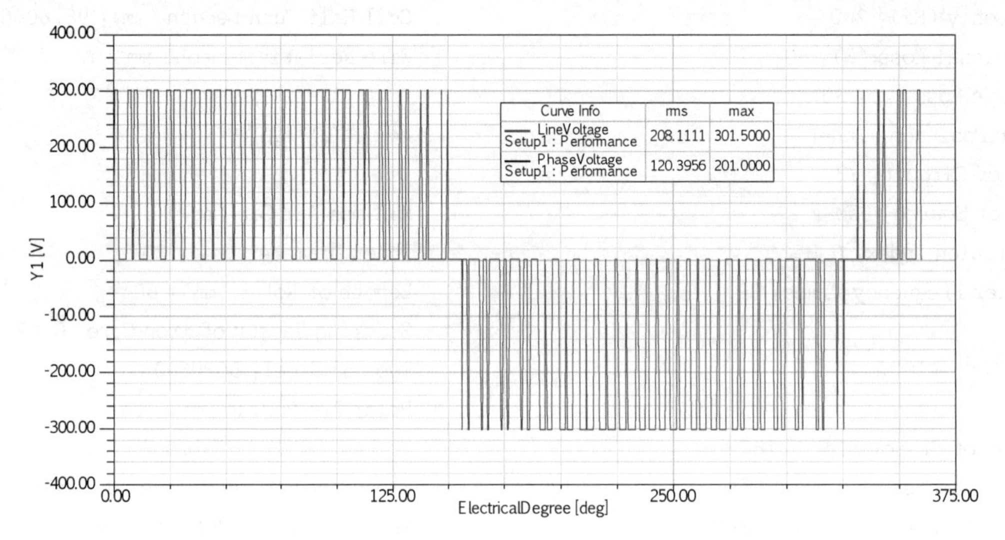

图 9-32 电机线电压波形

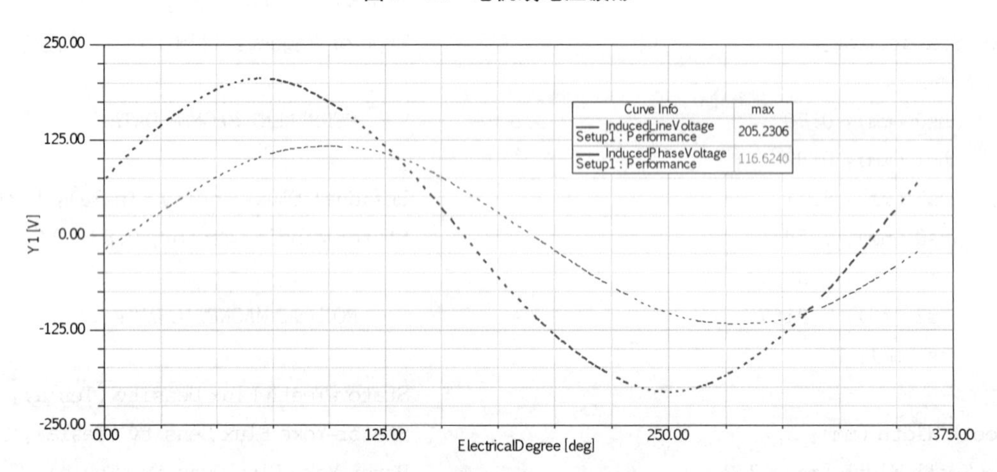

图 9-33 电机线感应电动势波形

从输出的线电压实测正弦波形方均根值应该是 206.4 V，那么正弦波的峰值为 $U_d = 206.4 \times \sqrt{2} = 291.89$(V)，这和该输入直流斩波电压的幅值 301.5 V相差 9.61 V。说明 PWM 直流幅值并不等于正弦波峰值。幅值为 301.5 V的直流，进行 PWM 调制后，其有效值为 208.111 1 V。

图 9-34 所示是电机的磁力线分布。用 PWM 调制波的电机齿槽转矩如图 9-35 所示。

3) 电机设计问题和改进

(1) 问题：齿磁通密度太高，轭磁通密度太低，电流密度太高。从 Maxwell 计算中可以知道，齿磁通密度为

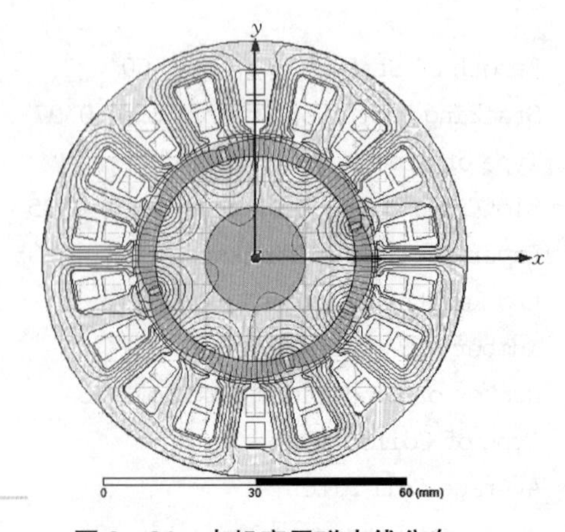

图 9-34 电机定子磁力线分布

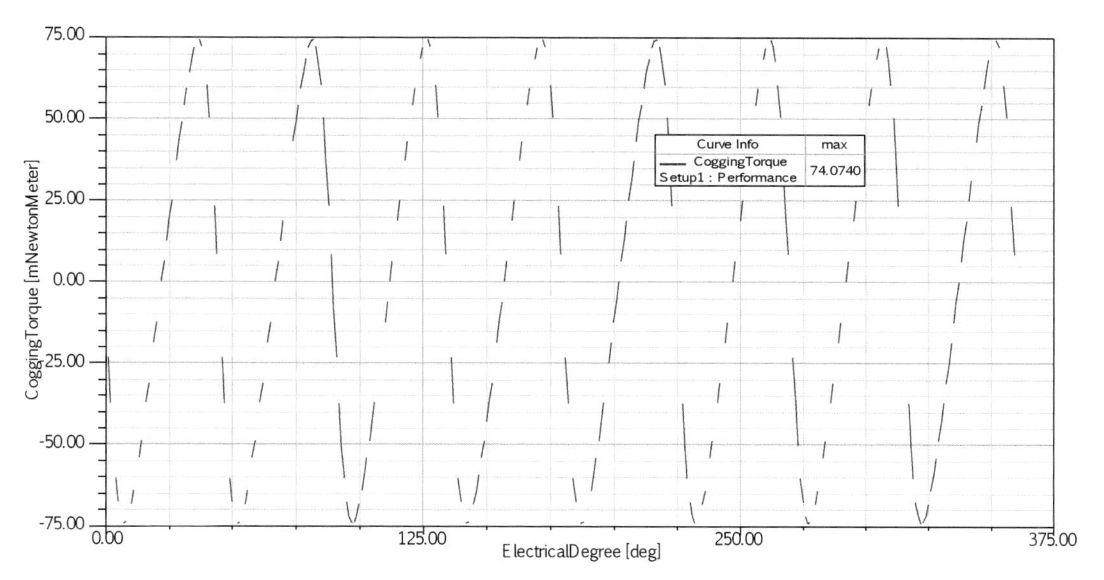

图 9-35 用 PWM 调制波的电机齿槽转矩

Stator-Teeth Flux Density (Tesla): 2.15731

因此齿磁通密度高了。

Stator-Yoke Flux Density (Tesla): 0.798705

这里轭磁通密度太低。

Armature Current Density (A/mm^2): 8.1567

电流密度较高。

(2) 改进方案：齿加宽，把齿磁通密度降到 1.9 T 左右；轭减窄，把轭磁通密度升到 1.4 T 左右。改进前后电机定子冲片如图 9-36 所示，改进前后电机性能见表 9-7。

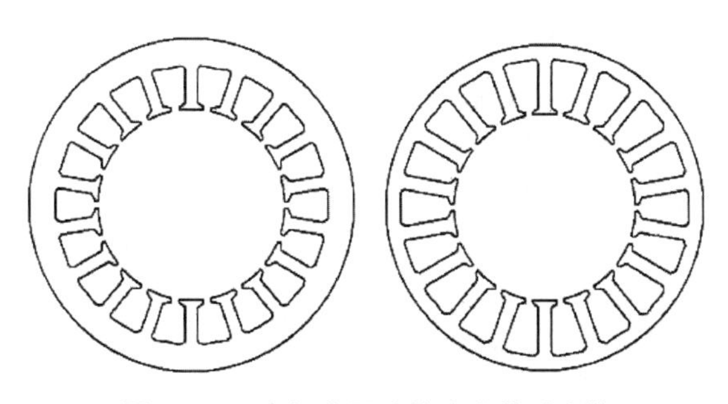

图 9-36 电机定子冲片改进前后比较

表 9-7 电机性能对比

电 机 参 数	冲片改进前	冲片改进后
Stator Slot		
hs0 (mm)	0.79	0.79
hs1 (mm)	0.82	0.82
hs2 (mm)	8.41	11.5
bs0 (mm)	2.04	2.04
bs1 (mm)	5.950 94	5.443 23
bs2 (mm)	8.916 76	9.498 75

(续表)

电 机 参 数	冲片改进前	冲片改进后
rs (mm)	1	1
Top Tooth Width (mm)	3.2	3.7
Bottom Tooth Width (mm)	3.2	3.7
Wire Diameter (mm)	0.52	0.6
Slot Area (mm^2)	75.894 1	99.665 6
Net Slot Area (mm^2)	53.992 1	76.005 5
Stator Slot Fill Factor (%)	72.274 3	66.481 5
NO-LOAD MAGNETIC DATA		
Stator-Teeth Flux Density (T)	2.157 31	1.903 08
Stator-Yoke Flux Density (T)	0.798 705	1.410 73
Rotor-Yoke Flux Density (T)	0.556 304	0.567 425
FULL-LOAD DATA		
Maximum Line Induced Voltage (V)	205.231	209.333
Input DC Current (A)	3.077 3	3.022 91
Root-Mean-Square Phase Current (A)	3.462 02	3.395 44
Armature Thermal Load (A^2/mm^3)	191.376	138.268
Specific Electric Loading (A/mm)	23.479 2	23.027 7
Armature Current Density (A/mm^2)	8.150 85	6.004 45
Frictional and Windage Loss (W)	110	110
Iron-Core Loss (W)	0.001 536 71	0.002 152 1
Output Power (W)	750.091	750.248
Input Power (W)	927.805	911.407
Efficiency (%)	80.845 7	82.317 6
Synchronous Speed (r/min)	3 000	3 000
Rated Torque (N·m)	2.387 61	2.388 11
Torque Angle (°)	8.659 76	9.473 57

注：本表直接从 Maxwell 软件计算中复制，仅规范了单位。

那么电机槽面积就会增加，增大线径，保持槽满率不变，使电流密度下降，电机温升相应降低。

按照磁通密度的改进要求，改进冲片设计后，槽形增大，导线线径加大，电流密度从 8.150 85 A/mm² 下降至 6 A/mm²，槽满率从 72.274 3% 下降至 66.481 5%，下线工艺也得到了改善，电机额定点效率性能也比改进前稍有提高，因此电机温升高的问题可以得到一定的缓解。改进后电机定子磁力线分布和机械特性曲线分别如图 9－37 和图 9－38 所示。

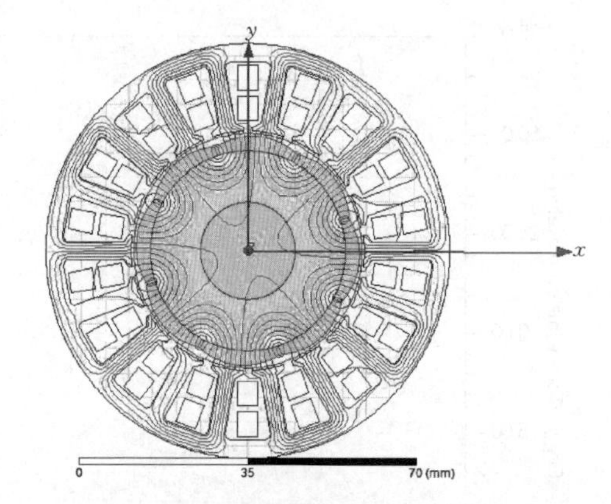

图 9－37　改进后电机定子磁力线分布

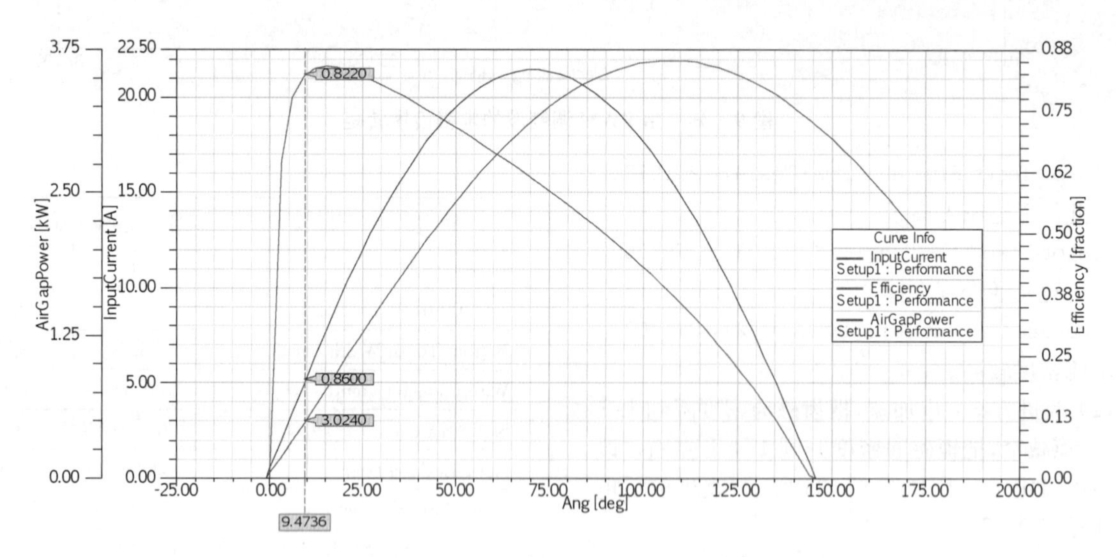

图 9－38　改进后电机机械特性曲线

9.3.2　交流伺服电机实用设计二

以 120－1 kW－220 VAC－18－8j 为例，该电机是一种自控式交流永磁伺服同步电机，转子是内嵌式磁钢，用 SPWM 模式控制，电机定子、转子结构尺寸如图 9－39 所示。

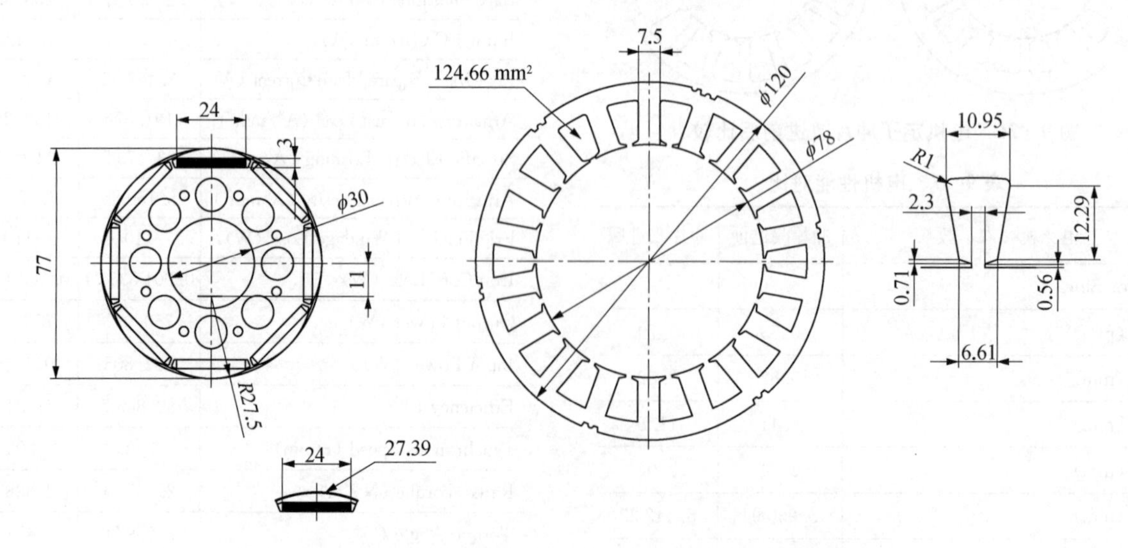

图 9－39　120－1 kW－220 VAC－18－8j 电机定子、转子结构尺寸

永磁同步电机技术数据如下：

(1) 额定点标称值：额定电压 220 V(AC)；额定功率 1 000 W；额定转速 2 000 r/min；额定电流 4.8 A(输入控制器电流)；额定转矩 5.72 N·m。

(2) 反电动势：105 V(注：有效值，1 000 r/min)。

(3) 220 V(AC)经过全波整流、滤波带负载时电容端直流电压 306.5 V(DC)。

(4) 磁钢牌号：38SH，$B_r = 1.23$ T，$H_C = 11$ kOe。

(5) 绕组：0.6×2，40 匝。

(6) 定子铁心长 $L = 51$ mm。

120－1kW－220V AC－18－8j 交流伺服电机设计步骤如下：

1) 用 K_E 实用设计法求交流永磁同步电机的有效匝数　磁钢宽与弦长之比 $k = \dfrac{2.4}{2.739} = 0.876$，电机 $B_{r相当} = kB_r = 0.876 \times 1.23 = 1.077(\text{T})$。

永磁同步电机的实用设计计算见表 9－8。

表 9－8　永磁同步电机 K_E 实用计算

永磁同步电机 K_E 实用计算					120－1kW－220VAC－18－8j
1	B_r(T)	α_i	b_t(cm)	D_i(cm)	总有效系数 α
	1.077	0.73	0.75	7.8	0.73
	Z	定子 L_1(cm)	磁钢长 L_2(cm)	K_{FE}	n (r/min)
	18	5.1	5.1	0.95	2 000
	$U_峰$(V)	$U_{d有效}$(V)	T(N·m)	η	$\cos\varphi$
	306.5	216.730	5.72	0.77	0.77
2	气隙槽宽 $S_t = (\pi D_i / Z) - b_t = 0.6114$ cm				
	齿磁通密度 $B_Z = B_r\alpha[1 + (S_t/b_t)] = 1.4271$ T				
	工作磁通 $\Phi = ZB_Z b_t LK_{FE}/10\,000 = 0.0093$ Wb				
	理想反电动势常数 $K_E = U/n = 0.1533$ V/(r/min)				
	通电导体有效总根数 $N = 60U/(n\Phi) = 985.0877$ 根				
	每个线圈匝数 $W = 3N/(4Z) = 41.0453$ 匝				
	转矩常数 $K_T = 9.5493K_E = 1.4639$ N·m/A				
	计算电流 $I_j = T/K_T = 3.91$ A				
	空载电流 $I_0 = (1-\sqrt{\eta})I_j = 0.48$ A				
	直流电流 $I_Z = (I_j + I_0)/0.95 = 4.61$ A				
	线电流 $I_线 = I_Z/\cos\varphi = 5.98$ A				

2) 设计符合率　线圈绕组匝数：实用设计计算 $W = 41.045$ 匝，实际匝数为 40 匝，则

$$\Delta_W = \left|\frac{41.045 - 40}{40}\right| = 0.026$$

$$\Delta_{I_Z} = \left|\frac{4.61 - 4.8_{电机实测}}{4.8}\right| = 0.039$$

3) 用 Maxwell 核算　用永磁同步电机的 AC 模式进行核算，是用 SPWM 调制的，输入电压 $U = 0.8 \times 220 = 176(\text{V})$。从电机整流滤波后电压计算，$U_d = 306.5$ V，用 SPWM 输入电机的线电压(最高时) $U = \dfrac{U_d}{\sqrt{2}} \times 0.816 = 176.8(\text{V})$。

电机结构与绕组排列如图 9－40 和图 9－41 所示。

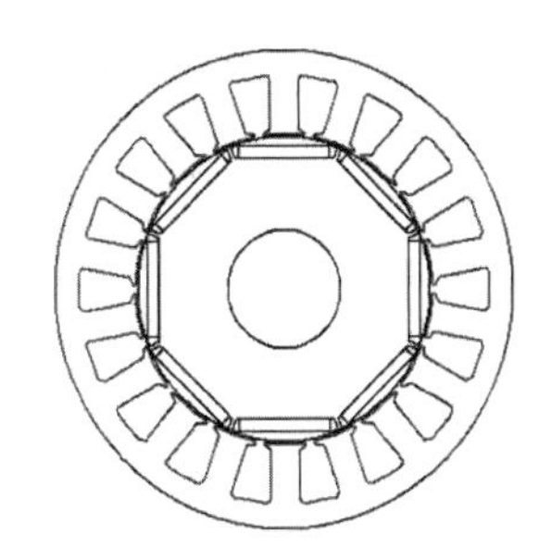

图 9－40　电机定子、转子结构

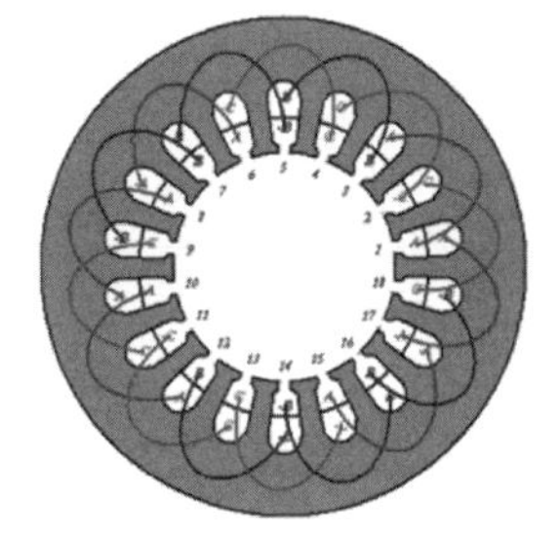
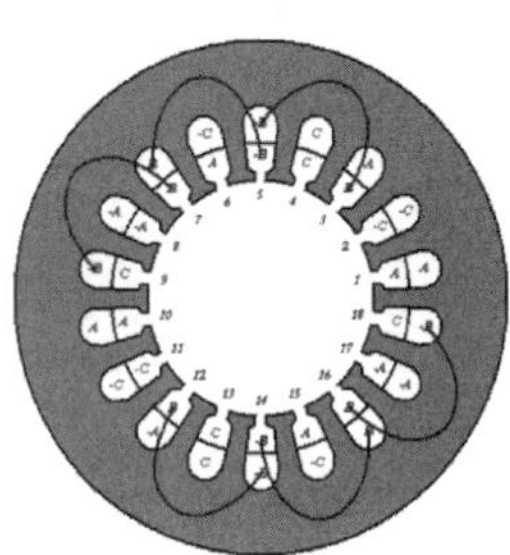

图 9－41　电机绕组

以下是 120－1kW－220VAC－18－8j 永磁同步电机的计算书(摘录)：

Rated Output Power (kW): 1
Rated Voltage (V): 176
Number of Poles: 8
Frequency (Hz): 133.333
Type of Circuit: Y3
Type of Source: Sine
Residual Flux Density (Tesla): 1.27146
Recoil Coercive Force (kA/m): 920
Stator-Teeth Flux Density (Tesla): 1.65762
Stator-Yoke Flux Density (Tesla): 1.76779
Maximum Line Induced Voltage (V): 319.846
Root-Mean-Square Line Current (A): 5.34214
Root-Mean-Square Phase Current (A): 5.34214
Armature Thermal Load (A^2/mm^3): 296.564
Specific Electric Loading (A/mm): 31.3924

Armature Current Density (A/mm^2): 9.44698
Output Power (W): 999.886
Input Power (W): 1285.94
Efficiency (%): 77.7553
Power Factor: 0.774333
Synchronous Speed (rpm): 2000
Rated Torque (N.m): 4.7741
Torque Angle (degree): 32.1376
Maximum Output Power (W): 2749.13

则 $$\Delta_{I_{线}} = \left| \frac{5.98 - 5.342\,14}{5.342\,14} \right| = 0.119$$

电机输入电压波形如图 9-42 所示，感应电动势波形如图 9-43 所示，机械特性曲线如图 9-44 所示。

9.3.3 微型电动车永磁同步电机实用设计

以 155-3kW-12-10j 为例，这是一种高尔夫球车和相似功率的微型车用直流永磁同步电机，其用途比较广泛，可以替代叉车中的直流有刷电机。155-3kW-12-10j 电机结构如图 9-45 所示。

表 9-9 所列是微型电动车永磁同步电机的实测数据，这是永磁同步电机较全面的基本性能测试，分电机测试和控制器测试两大部分。

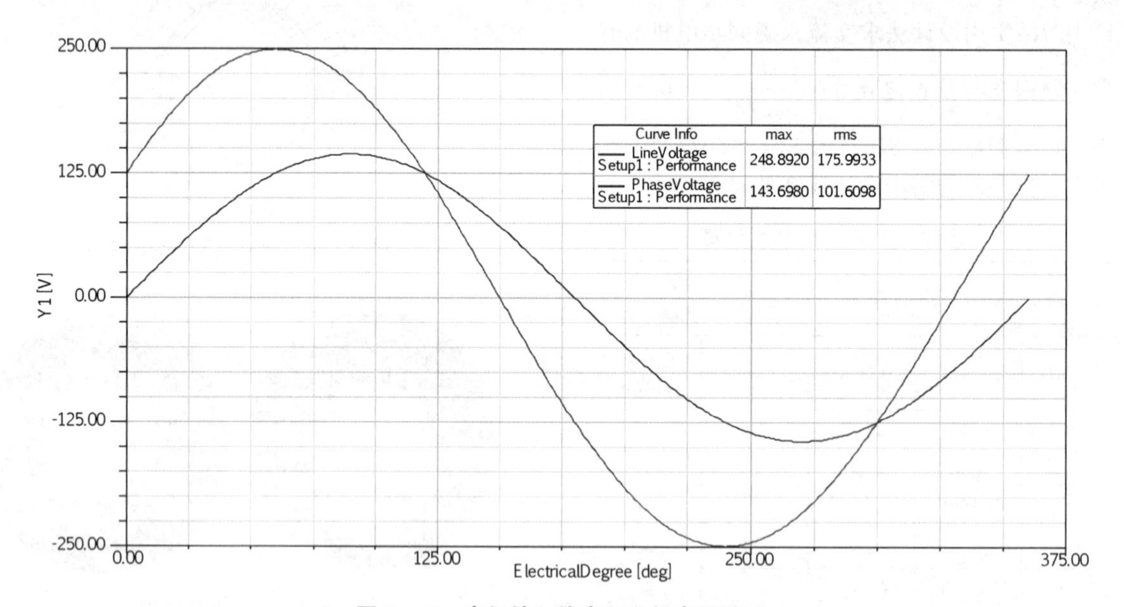

图 9-42 电机输入线电压和相电压波形

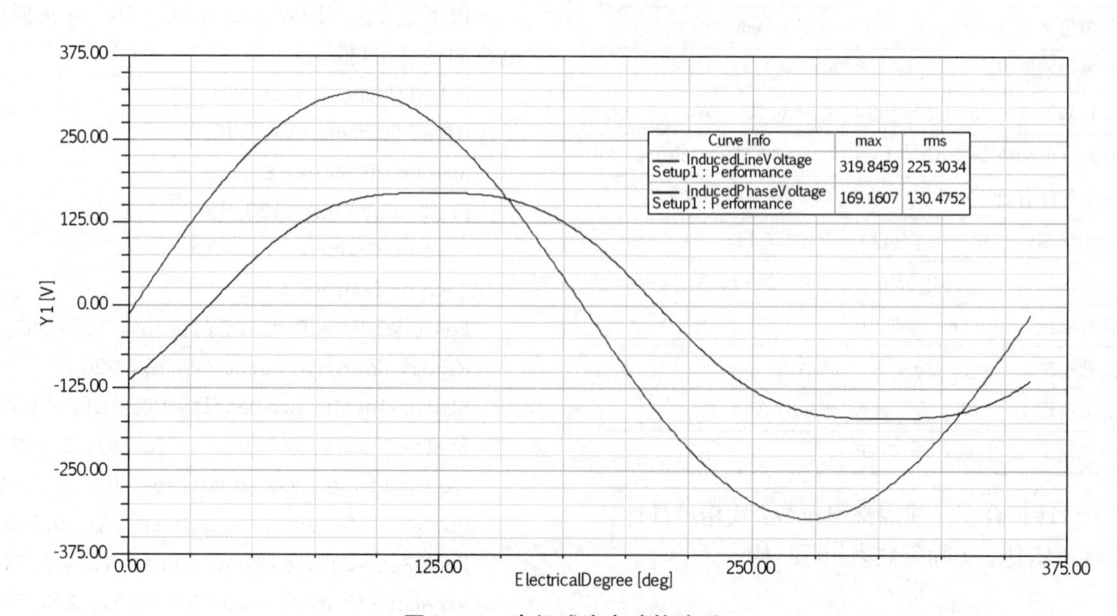

图 9-43 电机感应电动势波形

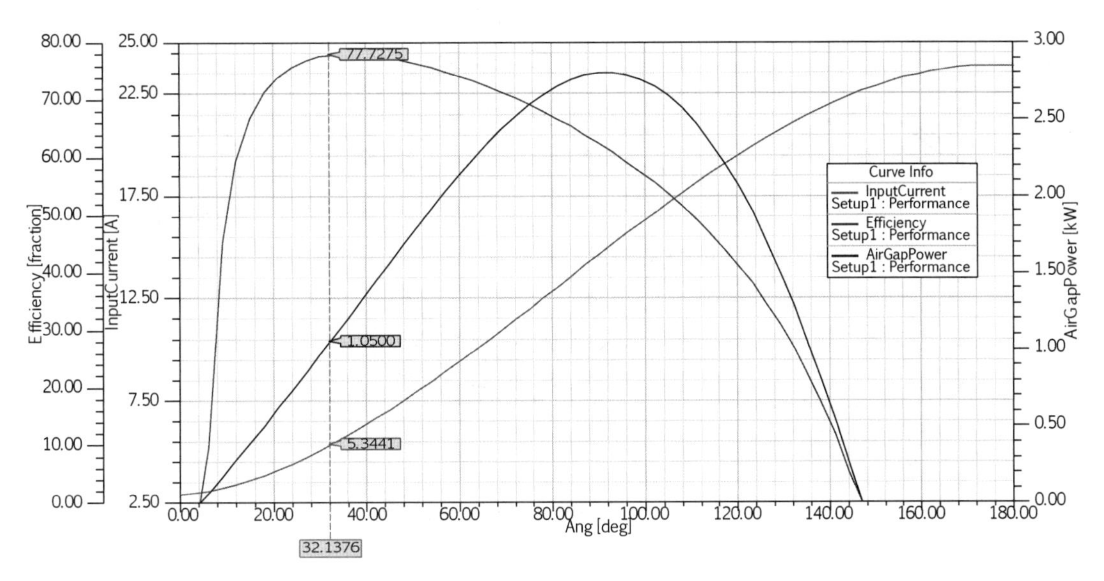

图 9－44　120－1kW－220VAC－18－8j 电机机械特性曲线

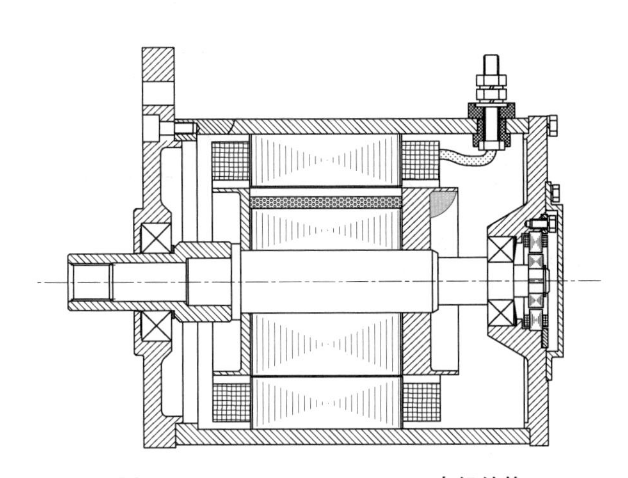

图 9－45　155－3kW－12－10j 电机结构

表 9－9　电机额定转矩和额定功率测试数据(48 V DC)

电机测试数据							
设定转速 (r/min)	转速 (r/min)	输出转矩 (N・m)	输出功率 (kW)	输入电压 (V)	输入电流 (A)	输入功率 (kW)	效率 (%)
3 000	3 021	9.0	2.85	31.1 (交流有效值)	83.8	3.21	88.7

控制器测试数据				
控制器输入 电压(V)	控制器输入 电流(A)	控制器输入 功率(kW)	控制器效率 (%)	系统效率 (%)
46.1	72.9	3.37	95.3	84.6

从提供的资料看，在测试永磁同步电机时应对电机和控制器分别测试其输入电压、输入电流、输入功率，即在三相输入电机时必须要有电参数仪进行测量。电机定子、转子结构如图 9－46 所示，绕组参数和排列如图 9－47 所示。

电机技术参数：磁钢 30SH，$B_r = 1.1$ T，$H_C = 10.1$ kOe，磁钢宽与弦长之比 $k = \dfrac{2.3}{2.8287} = 0.813$，

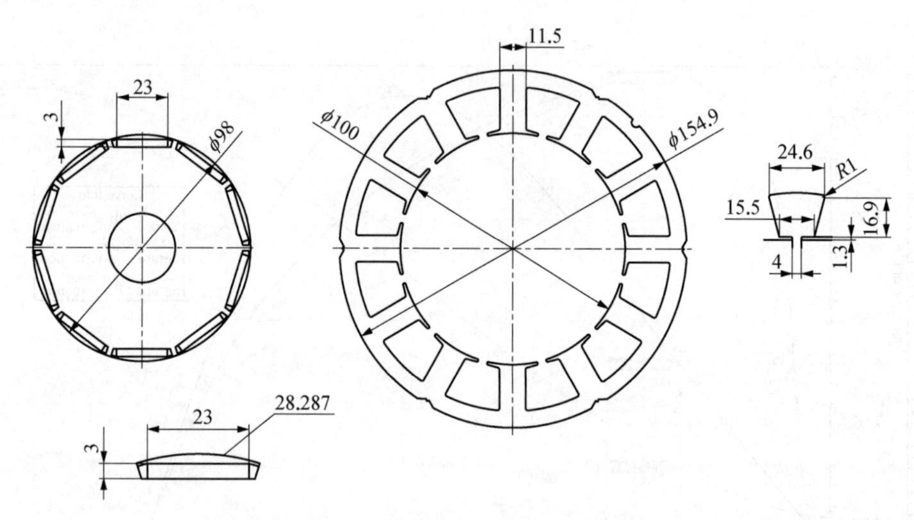

图 9-46 电机定子、转子结构尺寸

绕线参数

导线牌号	QZY-2/180
裸导线直径	0.80
元件数	2
并绕根数	19
每元件匝数	7
20℃时线电阻（Ω）	0.006 7±0.000 6

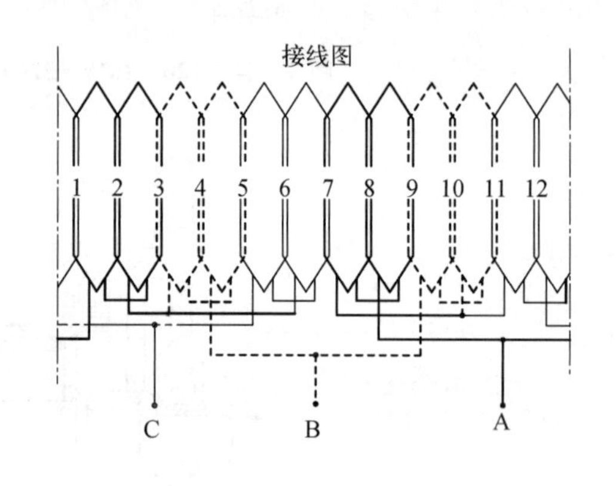

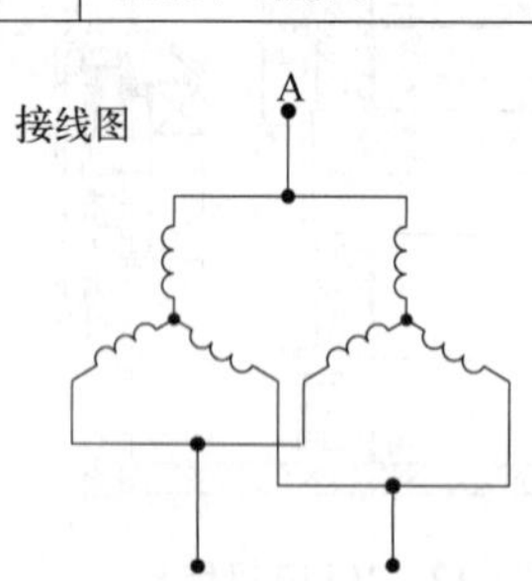

图 9-47 绕组参数和排列

电机 $B_{r相当} = kB_r = 0.813 \times 1.1 = 0.894\,3(\mathrm{T})$。

输入永磁同步电机的母线电压是 31.1 V，这是逆变器进行逆变后的交流正弦波电压，测出其母线电压的有效值为 31.1 V，那么其峰值 $U = 31.1 \times \sqrt{2} = 43.98(\mathrm{V})$。

1）用实用设计计算电机 见表 9-10。

表 9-10 永磁同步电机 K_E 实用计算

永磁同步电机 K_E实用计算				155-3kW-12-10j	
1	B_r(T)	α_i	b_t(cm)	D_i(cm)	总有效系数 α
	0.894 3	0.73	1.15	10	0.73
	Z	定子 L_1(cm)	磁钢长 L_2(cm)	K_{FE}	n(r/min)
	12	8.2	8.2	0.95	3 021

（续表）

永磁同步电机 K_E实用计算				155-3kW-12-10j	
1	$U_{峰}$(V)	T(N·m)	$\eta_{电机}$	$\cos\varphi$	$\eta_{逆变器}$
	43.98	9	0.887	0.9	0.95
2	气隙槽宽 $S_t = (\pi D_i/Z) - b_t = 1.468\,0$ cm				
	齿磁通密度 $B_Z = B_r\alpha[1 + (S_t/b_t)] = 1.486\,2$ T				
	工作磁通 $\Phi = ZB_Zb_tLK_{FE}/10\,000 = 0.016\,0$ Wb				
	电机理想反电动势常数 $K_E = U/n = 0.014\,6$ V/(r/min)				
	通电导体有效总根数 $N = 60U/(n\Phi) = 54.671\,7$ 根				
	每个线圈匝数 $W = 3N/4Z = 3.417\,0$ 匝				
	转矩常数 $K_T = 9.549\,3K_E = 0.139\,0$ N·m/A				
	计算电流 $I_j = T/K_T = 64.74$ A				
	空载电流 $I_0 = (1-\sqrt{\eta})I = 5.19$ A				
	理想工作电流 $I_Z = (I_j + I_0)/0.95 = 73.6$ A				
	$I_{母线} = I_Z/\cos\varphi = 81.77$ A				

线圈绕组匝数：实用设计计算，并联支路数 $a=1$ 和 $a=2$ 时，有

$$W=3.417\ \text{匝}\quad (a=1)$$

$$W=3.417\times 2=6.94(\text{匝})(a=2)\ \text{取 7 匝}$$

电机绕组实际匝数为 7 匝 ($a=2$)。

2) 设计符合率

$$\Delta_W=\left|\frac{6.94-7}{7}\right|=0.009$$

$$\Delta_{I_Z}=\left|\frac{68.51-72.9}{72.9}\right|=0.06$$

$$\Delta_{I_{线}}=\left|\frac{81.77-83.8}{83.8}\right|=0.024$$

这样的设计符合率是可以接受的。

3) 用 Maxwell PWM 模式核算(摘录)：

Rated Output Power (kW)：2.85

Rated Voltage (V)：43.98

Type of Source：PWM

Residual Flux Density (Tesla)：1.23

Recoil Coercive Force (kA/m)：890

Stator-Teeth Flux Density (Tesla)：1.51577

Stator-Yoke Flux Density (Tesla)：1.8923

Rotor-Yoke Flux Density (Tesla)：0.228851

Maximum Line Induced Voltage (V)：48.0236

Input DC Current (A)：72.5169

Root-Mean-Square Phase Current (A)：83.2063

Armature Thermal Load (A^2/mm^3)：96.9143

Specific Electric Loading (A/mm)：22.2477

Armature Current Density (A/mm^2)：4.35615

Total Loss (W)：338.616

Output Power (W)：2850.68

Input Power (W)：3189.29

Efficiency (%)：89.3827

Synchronous Speed (rpm)：3021

Rated Torque (N.m)：9.01091

Torque Angle (degree)：22.5501

Maximum Output Power (W)：9306.47

Torque Constant KT (Nm/A)：0.131646

电机机械特性曲线如图 9 - 48 所示。

4) 两种算法的同一性考核

$$\Delta_{I_Z}=\left|\frac{68.51-72.51}{72.51}\right|=0.055$$

$$\Delta_{I_{线}}=\left|\frac{81.77-83.2}{83.2}\right|=0.017$$

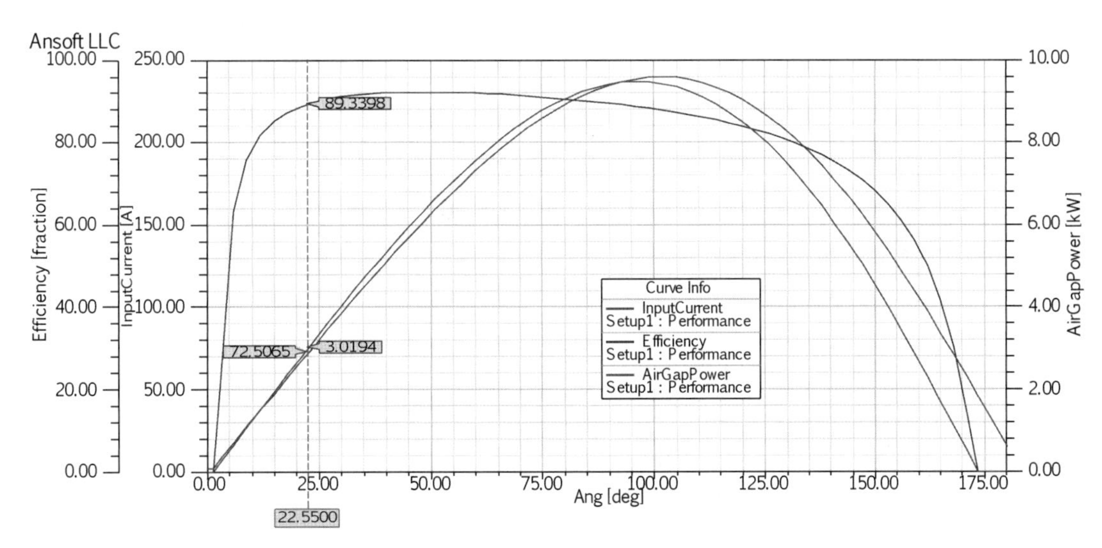

图 9 - 48　电机机械特性曲线

9.3.4　微型电动汽车永磁同步电机实用设计

180 - 6kW - 18 - 12j 永磁同步电机是一种微型电动汽车电机。

电机技术要求：额定电压 60 V(DC)，额定功率 6 kW，额定转速 3 000 r/min，额定转矩 19 N · m(应该是 19.098 N · m)。其定子、转子结构如图 9 - 49 和图 9 - 50 所示，绕组数据和排列如图 9 - 51 所示。

磁钢宽与弦长之比 $k=\dfrac{2.3}{2.4478}=0.93$，电机 $B_{r相当}=kB_r=0.93\times 1.31=1.218(\text{T})$，代入计算，$U=60\times 0.9=54(\text{V})$ (直流 60 V 电池电压，考虑控制器消耗和电池用后最低压降)。

图 9-49 180-16kW-18-12j 永磁同步电机

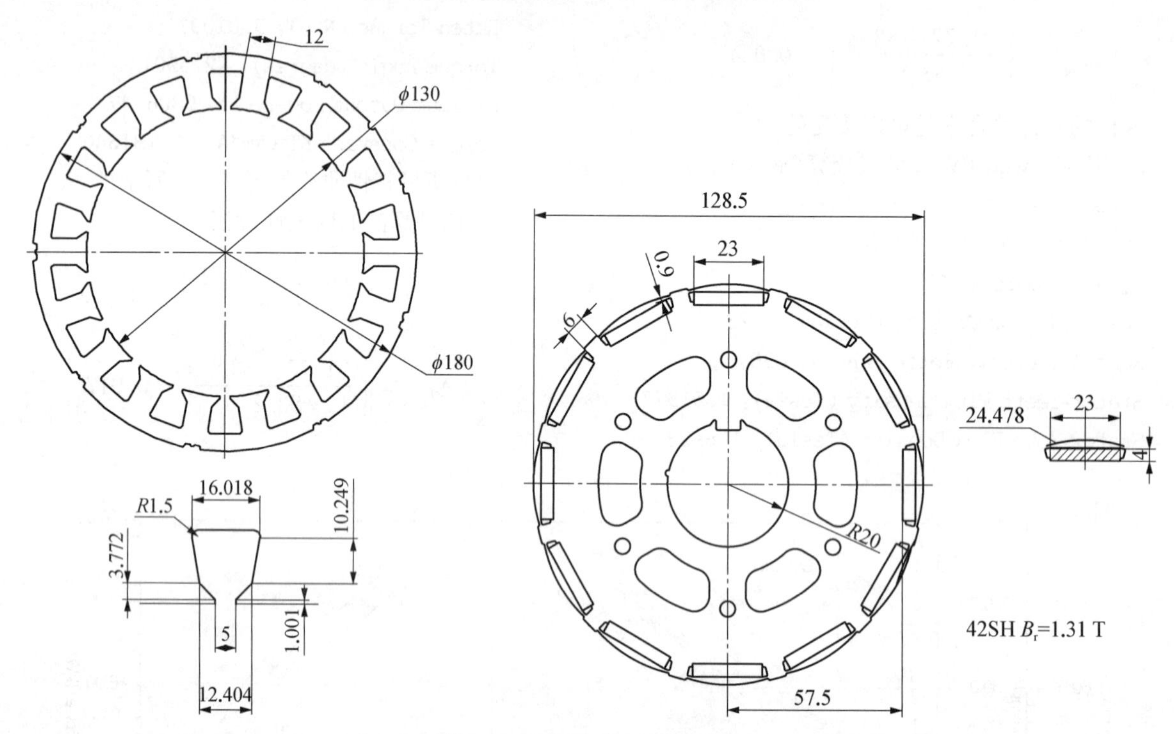

图 9-50 定子、转子结构尺寸

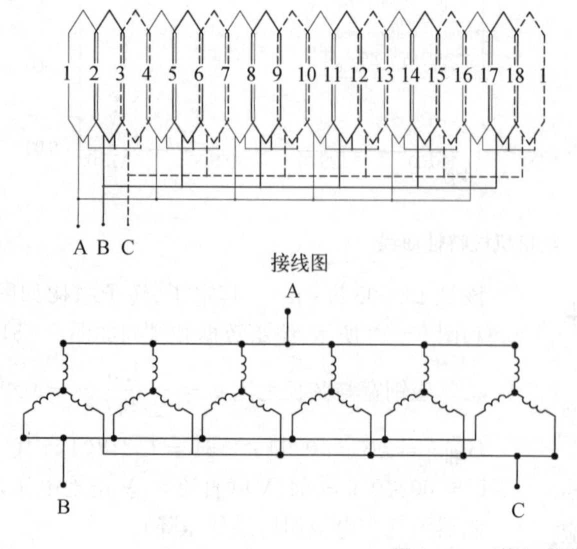

绕线参数

导线牌号	QZY-2/180
裸导线直径	0.80
元件数	1
并绕根数	16
每元件匝数	5
20℃时线电阻(Ω)	0.008 97±0.000 6

图 9-51 绕组数据和排列

1）实用设计计算

（1）用 K_E 实用计算，求取电机匝数和电流，见表9-11。

表9-11　永磁同步电机 K_E 实用计算

永磁同步电机 K_E 实用计算				180-6kW-18-12j	
1	$U_{峰}$(V)	$U_{d有效}$(V)	T(N·m)	n(r/min)	Z
	54	38.184	19.098	3 000	18
	B_r(T)	α_i	b_t(cm)	D_i(cm)	总有效系数 α
	1.218	0.73	1.2	13	0.73
	η	$\cos\varphi$	定子 L_1(cm)	磁钢长 L_2(cm)	K_{FE}
	0.94	0.90	17	17	0.95
2	槽气隙宽 $S_t=(\pi D_i/Z)-b_t=1.068\ 9$ cm				
	齿磁通密度 $B_Z=B_r\alpha[1+(S_t/b_t)]=1.681$ T				
	工作磁通 $\Phi=ZB_Zb_tLK_{FE}/10\ 000=0.058\ 6$ Wb				
	电机理想反电动势常数 $K_E=U/n=0.018$ V/(r/min)				
	通电导体有效总根数 $N=60U/(n\Phi)=18.43$ 根				
	每个线圈匝数 $W=3N/(4Z)=0.768$ 匝				
	转矩常数 $K_T=9.549\ 3K_E=0.171\ 9$ N·m/A				
	计算电流 $I_j=T/K_T=111.10$ A				
	空载电流 $I_0=(1-\sqrt{\eta})I_j=3.384$ A				
	直流工作电流 $I_Z=(I_j+I_0)/0.95=120.51$ A				
	如果假设控制器效率等于1，直流工作电流 $I_Z=I_j+I_0=114.484$ A				
	$I_{线}=I_Z/\cos\varphi=127.21$ A				
	计算匝数用4.6匝，$L=17$ cm，现5匝，$L=17\times(4.6/5)=15.64$ cm				
	满足 $L=15.6$ cm 时，$\cos\varphi=1$，$\eta_{控制器}=1$，$I_{线}=I_Z/\cos\varphi=114.484$ A				

（2）线圈绕组匝数。

实用设计计算：$W=0.868\ 6$ 匝（$a=1$ 时）。

（因为每个线圈不到1匝，工艺性不好，所以用多分区线圈并绕取 $a=6$）

$$W=0.768\times 6=4.6(匝)(设计取5匝, a=6)$$

（3）设计符合率。

$$\Delta_W=\left|\frac{4.6-5}{5}\right|=0.08$$

这样的设计符合率还是可以的。

2）用Maxwell进行核算（摘录，见表9-12）

这里要说明：

（1）用AC模式（SPWM）进行设计，那么输入电压 $U_{线}=\dfrac{54}{\sqrt{2}}\times 0.8=30.5$(V)（AC有效值）。

（2）用PWM模式，输入电压为54 V(DC)。

（3）计算匝数用4.6匝，$L=17$ cm，现5匝，$L=17\times(4.6/5)=15.64$(cm)。

（4）用AC、PWM两种方法进行计算，见表9-12。

表9-12　AC、PWM两种方法计算对比

GENERAL DATA		
Rated Output Power (kW)	6	6
Rated Voltage (V)	30.5	54
Number of Poles	12	12
Frequency (Hz)	300	300
Frictional Loss (W)	100	100
Windage Loss (W)	0	0
Rotor Position	Inner	Inner
Type of Circuit	Y3	Y3
Type of Source	Sine	PWM
Modulation Index		0.95
Carrier Frequency Times		39
STATOR DATA		
Number of Stator Slots	18	18
Outer Diameter of Stator (mm)	180	180
Inner Diameter of Stator (mm)	130	130
Type of Stator Slot	3	3
Stator Slot		
hs0 (mm)	1	1
hs1 (mm)	3.772	3.772
hs2 (mm)	10.249	10.249
bs0 (mm)	5	5
bs1 (mm)	12.403 3	12.403 3
bs2 (mm)	16.017 6	16.017 6
rs (mm)	1.5	1.5
Top Tooth Width (mm)	12	12
Bottom Tooth Width (mm)	12	12
Length of Stator Core (mm)	156.4	156.4
Stacking Factor of Stator Core	0.97	0.97
Type of Steel	DW465_50	DW465_50
Slot Insulation Thickness (mm)	0.2	0.2
Layer Insulation Thickness (mm)	0.2	0.2
Number of Parallel Branches	6	6
Number of Conductors per Slot	10	10

（续表）

STATOR DATA		
Type of Coils	21	21
Average Coil Pitch	1	1
Number of Wires per Conductor	16	16
Wire Diameter (mm)	0.8	0.8
Wire Wrap Thickness (mm)	0.06	0.06
Slot Area (mm^2)	206.526	206.526
Net Slot Area (mm^2)	153.272	153.272
Limited Slot Fill Factor (%)	80	80
Stator Slot Fill Factor (%)	77.206 8	77.206 8
Coil Half-Turn Length (mm)	187.883	187.883
Wire Resistivity (Ω·mm^2/m)	0.021 7	0.021 7
ROTOR DATA		
Minimum Air Gap (mm)	0.75	0.75
Inner Diameter (mm)	40	40
Length of Rotor (mm)	156.4	156.4
Stacking Factor of Iron Core	0.97	0.97
Type of Steel	DW465_50	DW465_50
Bridge (mm)	1	1
Rib (mm)	6	6
Mechanical Pole Embrace	0.8	0.8
Electrical Pole Embrace	0.774 78	0.774 78
Max. Thickness of Magnet (mm)	4	4
Width of Magnet (mm)	23	23
Type of Magnet	NdFe35	NdFe35
Type of Rotor	5	5
Magnetic Shaft	Yes	Yes

（续表）

PERMANENT MAGNET DATA		
Residual Flux Density (T)	1.23	1.23
Recoil Coercive Force (kA/m)	890	890
NO-LOAD MAGNETIC DATA		
Stator-Teeth Flux Density (T)	1.513 87	1.513 87
Stator-Yoke Flux Density (T)	1.122 44	1.122 44
Rotor-Yoke Flux Density (T)	0.227 759	0.227 759
Air-Gap Flux Density (T)	0.756 658	0.756 658
Magnet Flux Density (T)	1.036 46	1.036 46
No-Load Input Power (W)	339.644	342.474
Cogging Torque (N·m)	8.570 5	8.570 5
FULL-LOAD DATA		
Maximum Line Induced Voltage (V)	46.988 2	46.988 2
Root-Mean-Square Line Current (A)/ Input DC Current (A)	118.4	117.953
Root-Mean-Square Phase Current (A)	118.4	117.498
Armature Current Density (A/mm^2)	2.453 65	2.434 96
Output Power (W)	5 996.5	5 995.08
Input Power (W)	6 371.45	6 369.48
Efficiency (%)	94.115 1	94.121 9
Synchronous Speed (r/min)	3 000	3 000
Power Factor	0.994 896	
Rated Torque (N·m)	19.087 4	19.082 9
Torque Angle (°)	10.053 2	10.333 9
Maximum Output Power (W)	67 715.4	70 403.3
Torque Constant KT (N·m/A)	0.163 899	0.164 482

注：本表直接从 Maxwell 软件计算结果中复制，仅规范了单位。

3）电机机械特性曲线（图 9－52）

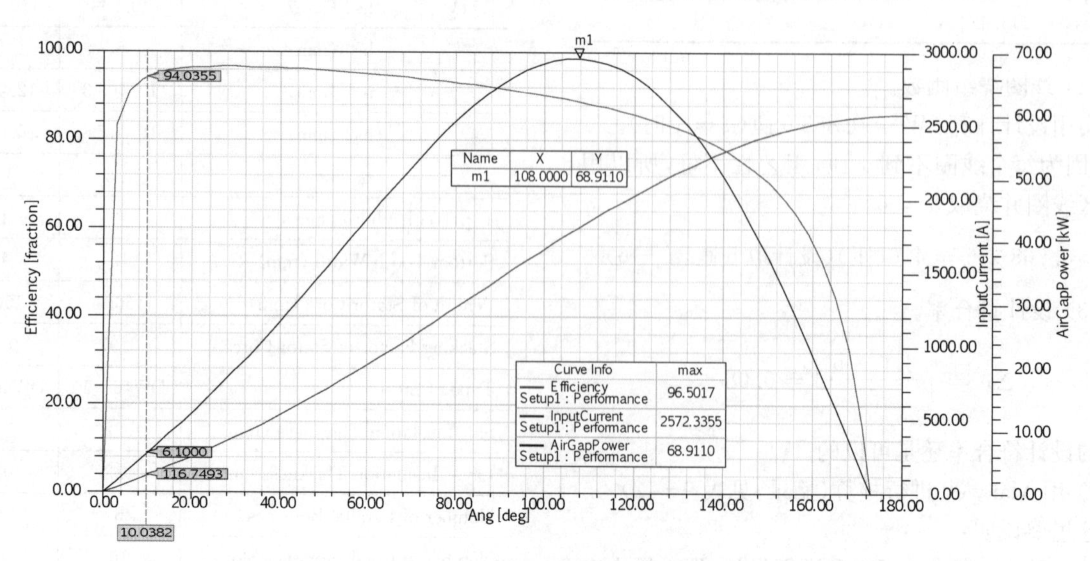

图 9－52 电机机械特性曲线

4）设计同一性考核

$$\Delta_{I_Z} = \left| \frac{114.484 - 118.4_{AC}}{118.4} \right|$$
$$= 0.0330$$

$$\Delta_{I_Z} = \left| \frac{114.484 - 117.953_{PWM}}{117.953} \right|$$
$$= 0.0294$$

$I_{线}$同一性也非常好，相对误差非常小。

5）计算性能的总结

（1）以上对比表的两种计算结果非常相近，与实用设计计算也非常相近。

（2）AC 模式输入电压（交流有效值）是 PWM 模式输入电压 U_d（直流幅值）的 $\frac{0.8}{\sqrt{2}}$ 倍，那么两种计算的结果基本一致。

（3）当 M 变化时 Input DC Current 变化不大，但是 Root-Mean-Square Phase Current 变化较大。

（4）用 PWM 计算时选用适当的 M 值，可使 Input DC Current 和 Root-Mean-Square Phase Current 相等或相近。

（5）用 K_E、K_T 实用设计法求出的电流与 AC、PWM 模式计算值相近。

（6）只要很好地确定输入电压，用 AC 模式计算永磁同步电机比 PWM 计算永磁同步电机简单。

（7）K_E、K_T 实用设计法计算永磁同步电机的匝数和电流误差不大，简单方便。

（8）电机最大转矩是额定转矩的 10 倍以上，这个设计有改进的余地。

9.3.5　大功率永磁同步电机设计分析

以 520 - 260kW - 380VAC - 72 - 4j 为例，其设计参数如下：

电机性能：额定电压 380 V（AC）；额定电流 417 A；额定功率 260 kW；功率因数 0.97；额定转速 1 400 r/min；额定频率 46.6 Hz。

电机尺寸和数据：如图 9 - 53 所示，定子外径 520 mm；定子铁心长 440 mm；定转子冲片材料 50W470；定子内径 350 mm；定子槽数 72；转子内径 110 mm；转子铁心长 440 mm；极数 4；磁钢：38SH；$B_r = 1.23$ T；$H_C = 11.4$ kOe。

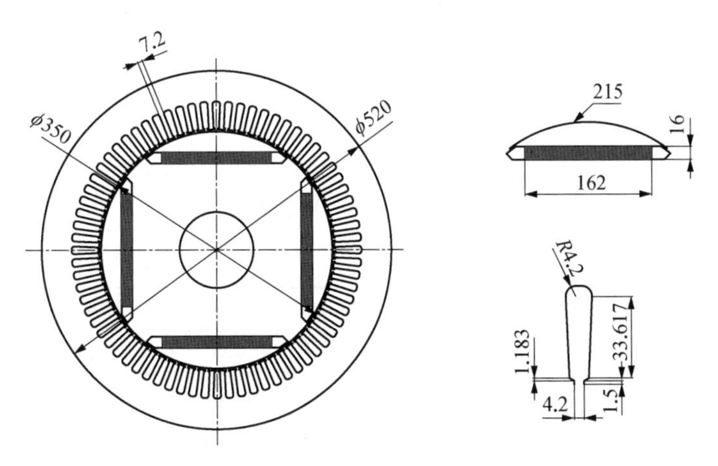

图 9 - 53　520 - 260kW - 380VAC - 72 - 4j 定子和转子结构尺寸

接线方式：星形，定子线规直径 1.3 mm，绝缘后线规直径 1.37 mm。

大功率永磁同步电机的槽数比较多，电机采用三相交流感应电机 Y2 - 135M1 - 4 定子冲片形式，绕组排列非常烦琐，采用交叠法嵌线。

绕组连接方式如图 9 - 54 所示，每槽导体数 6，并联支路数 4，并绕根数 21。

绕组形式：双层叠绕，绕组节距 15，如图 9 - 55 所示。

A 相（数字代表定子槽号）：

1：1 - 16，2 - 17，3 - 18，4 - 19，5 - 20，6 - 21。

2：19 - 34，20 - 35，21 - 36，22 - 37，23 - 38，24 - 39。

3：37 - 52，38 - 53，39 - 54，40 - 55，41 - 56，42 - 57。

4：55 - 70，56 - 71，57 - 72，58 - 1，59 - 2，60 - 3。

B、C 相沿电机圆周相隔 120°与 A 相绕法形式相同排列下线。

这是一台三相交流永磁同步电机，电机定子沿

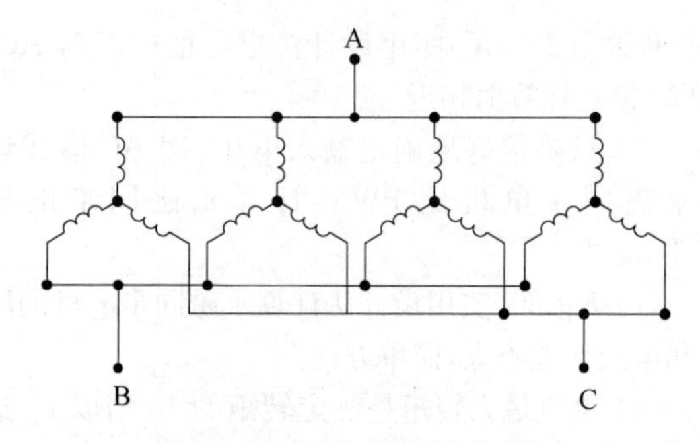

图 9-54 电机绕组形式示意

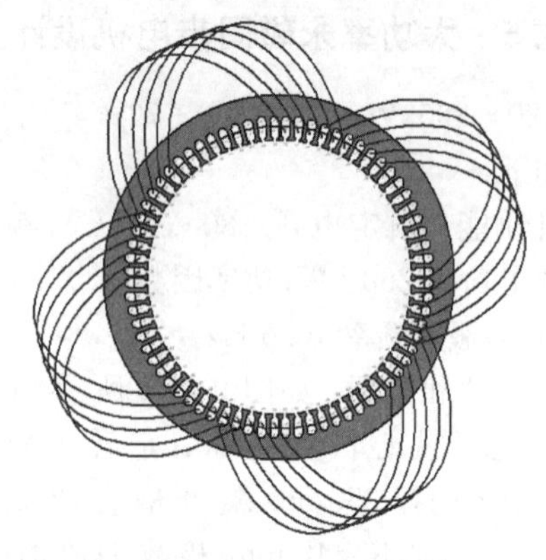

图 9-55 绕组一相排列示意

用三相异步感应电机 Y2-135M1-4 冲片形式，仅是转子换成 4 极内嵌式永磁体结构。

1) K_E实用设计法求电机的匝数

(1) 求 $B_{r相当}$。

$$B_r = \frac{162}{215}B_r = 0.7535 \times 1.23 = 0.9268(\text{T})$$

(2) 该电机是双层绕组，电机有 72 槽就有 72 个线圈。

(3) 电机的电压峰值 $U = \sqrt{2} \times 380 = 537.4(\text{V})$

(4) 电机转矩 $T = P_2 \times 9.5493/1400 = 1773.44(\text{N} \cdot \text{m})$

(5) 用 K_E实用设计法求电机每个线圈匝数，见表 9-13。

表 9-13 永磁同步电机 K_E实用计算

永磁同步电机 K_E实用计算				520-260kW-380VAC-72-4j	
1	B_r(T)	α_i	b_t(cm)	D_i(cm)	总有效系数 α
	0.926 8	0.73	0.72	35	0.73
	Z	定子 L_1(cm)	磁钢长 L_2(cm)	K_{FE}	n(r/min)
	72	44	44	0.95	1 400
	$U_{d峰}$(V)	$U_{d有效}$(V)			
	537	379.720			
2	槽气隙宽 $S_t = (\pi D_i/Z) - b_t = 0.8072$ cm				
	齿磁通密度 $B_Z = B_r\alpha[1+(S_t/b_t)] = 1.435$ T				
	工作磁通 $\Phi = ZB_Zb_tLK_{FE}/10000 = 0.311$ Wb				
	电机理想反电动势常数 $K_E = U_d/n = 0.3836$ V/(r/min)				
	通电导体有效总根数 $N = 60U/(n\Phi) = 74.001$ 根				
	每个线圈匝数 $W = 3N/(4Z) = 0.7708$ 匝				

(6) 因为电机线圈匝数不到 1，因此要用线圈并联支路来解决，该电机的并联支路数 $a = 4$，因此每个线圈匝数为

$$W = 0.7708 \times 4 = 3.0832(\text{匝})(\text{取 3 匝})$$

$$\Delta_W = \left| \frac{3.0832 - 3}{3} \right| = 0.028$$

260 kW 大功率的永磁同步电机，仅用几个简单的公式就能较正确地求出电机绕组匝数应该是相当不错的了。

(7) 求电机的线电流。为了与 Maxwell 相验证，Maxwell 中设置的管子损耗为 0，则逆变器效率为 1，那么电机效率即为系统效率。电流实用计算见表 9-14。

表 9-14 电流实用计算

转矩常数 $K_T = 9.5493K_E = 3.6631$ N·m/A
计算电流 $I_j = T/K_T = 484.136$ A
空载电流 $I_0 = (1-\sqrt{\eta})I_j = 3.888$ A($\eta_{电机} = 0.984$)
直流工作电流 $I_Z = (I_j + I_0)/0.984 = 495.9$ A(设 $\eta_{控制器} = 1$，$\eta_{系统} = 0.984$，也就是电机效率)
$I_{线} = I_Z/\cos\varphi = 497.4$ A($\cos\varphi = 0.997$)

(8) 用能量守恒观点求 I_d。在大型永磁同步电机中，三相变频交流电直接输入永磁同步电机，不管逆变器的工作情况如何，可用三相电机的电流求法。

系统效率即为电机效率，则 $\eta_{电机} = 0.984$，有

$$I_Z = \frac{P_2}{\eta_{系统}U_d} = \frac{260000}{0.984 \times 537} = 492(\text{A})$$

$$\Delta_{I_Z} = \left| \frac{495.9 - 492}{492} \right| = 0.0079$$

用 Maxwell 和实用设计法计算 260 kW 永磁同

步电机结果很相近，说明简单实用设计法最终的精度是非常好的。

（9）实用设计法和 Maxwell 的计算长度相比为 $\frac{440}{423}=1.04$，因此两种计算的同一性相差 4%，应该讲，这 4%是两种算法的相对误差，不能就说是某一个程序的误差。4%是一个较小的误差概念，同一电机模型，用同一种设计程序，就是版本从 12.0 换为 15.0，计算出的某些参数误差就超出 4%了。所以不必计较很精确的计算误差，并且还可以对电机进行调整，只要能够达到工程使用的要求，达到设计符合率即可。

2）用 Maxwell 的 PWM 模式进行核算　核算时，为了使两种方法能够同等比较，使逆变器管压降为零，为了使电机的感应电动势等于 537 V，调整电机长度，当 $L=423$ mm 时，电机的感应电动势为 537 V，然后调整 M，使输入直流电流和相电流相等，然后比较实用设计法和 Maxwell 计算法计算两种电流的同一性。

```
Rated Output Power (kW): 260
Rated Voltage (V): 537
Number of Poles: 4
Frequency (Hz): 46.6667
Frictional Loss (W): 450
Windage Loss (W): 250
Rotor Position: Inner
Type of Circuit: Y3
Type of Source: PWM
Modulation Index: 0.975
Carrier Frequency Times: 39
One-Transistor Voltage Drop (V): 0
One-Diode Voltage Drop (V): 0
Length of Stator Core (mm): 423
Length of Rotor (mm): 423
Residual Flux Density (Tesla): 1.23
Recoil Coercive Force (kA/m): 890
Stator Winding Factor: 0.923563
Stator-Teeth Flux Density (Tesla): 1.97302
Stator-Yoke Flux Density (Tesla): 1.69467
Rotor-Yoke Flux Density (Tesla): 0.651103
No-Load DC Current (A): 3.96393
Maximum Line Induced Voltage (V): 538.119
Input DC Current (A): 494.294
Root-Mean-Square Phase Current (A): 494.567
Armature Current Density (A/mm^2): 3.99406
Output Power (W): 259879
Input Power (W): 265436
Efficiency (%): 97.9065
Synchronous Speed (rpm): 1400
Rated Torque (N.m): 1772.62
Torque Angle (degree): 48.3286
Maximum Output Power (W): 615612
Torque Constant KT (Nm/A): 3.59582
```

实用设计结果和 Maxwell 计算结果对比如下：

$$\Delta_{I_d}=\left|\frac{495.9-494.294}{494.294}\right|=0.0032$$

$$\Delta_{I_0}=\left|\frac{3.888-3.96393}{3.96393}\right|=0.0191$$

$$\Delta_{K_T}=\left|\frac{3.6631-3.59582}{3.59582}\right|=0.0187$$

3）SPWM 和 AC 模式计算比较　如果用 Maxwell SPWM 模式进行计算，要用 AC 计算模式与 PWM 计算模式的性能进行对比，则 AC 电压必须用 $0.8\times380=304$(V) 进行计算，见表 9-15。

表 9-15　用 SPWM 和 AC 模式计算同一永磁同步电机性能比较

Rated Output Power (kW)	260	260
Rated Voltage (V)	537	304
Maximum Line Induced Voltage (V)	538.119	538.119
Input DC Current (A)	494.294	525.742
Root-Mean-Square Phase Current (A)	494.567	525.742
Armature Current Density (A/mm²)	3.994 06	4.245 83
Output Power (W)	259 879	259 989
Input Power (W)	265 436	265 953
Efficiency (%)	97.906 5	97.757 3
Synchronous Speed (r/min)	1 400	1 400
Rated Torque (N·m)	1 772.62	1 773.36
Torque Angle (°)	48.328 6	48.243 7
Maximum Output Power (W)	615 612	562 782

注：本表直接从 Maxwell 软件计算结果中复制，仅规范了单位。

4）SPWM 和折算到 AC 电压值 304 V 两种计算性能的同一性比较

$$\Delta_{P_2}=\left|\frac{259879-259989}{259989}\right|=0.000423$$

$$\Delta_{P_1}=\left|\frac{265436-265953}{265953}\right|=0.00194$$

$$\Delta_I = \left|\frac{494.294 - 525.742}{525.742}\right| = 0.0598$$

$$\Delta_\eta = \left|\frac{97.9065 - 97.7573}{97.7573}\right| = 0.00152$$

$$\Delta_{\text{deg}} = \left|\frac{48.3286 - 48.2437}{48.2437}\right| = 0.00176$$

可以看出，用 537 V - SPWM 模式计算与折算到 304 V - AC 模式计算该永磁同步电机的性能是相当的，连转矩角都相等。实际 PWM 模式未考虑各种损耗，AC 模式 304 V 则考虑了各种损耗，如果不考虑，那么电压是 $\frac{U_d}{\sqrt{2}} \times 0.816 = 310$ (V)，那么电流是 513.635 A，计算误差

$$\Delta_I = \left|\frac{513.635 - 525.742}{525.742}\right| = 0.023$$

折换误差更小。

5）用 SVPWM 计算永磁同步电机　SVPWM 的控制模式与 SPWM 不一样，Maxwell 是用 SPWM 模式计算的。如果电机是用 SVPWM 控制的，一般可用 AC 模式直接计算。

实际上，用 SVPWM 模式驱动，电源电压整流到滤波的折算系数 $K = 0.98$，就算 M 接近 1，那么输入永磁同步电机的线电压 $U = 380 \times 0.98 = 372.4$(V)。计算结果为

Root-Mean-Square Line Current (A): 410.154

Root-Mean-Square Phase Current (A): 410.154

如果完全不考虑控制器的降压和损耗，那么用 380 V(AC) 直接输入，计算结果为

Root-Mean-Square Line Current (A): 400.679

Root-Mean-Square Phase Current (A): 400.679

6）各种计算模式的电流值比较　见表 9 - 16。

表 9 - 16　各种计算模式的电流计算比较

537 V - SPWM	实用设计	310 V - AC	372.4 V - AC	380 V - AC
494.305 A	497.3 A	513.635 A	410.637 A	400.679 A

因此用 Maxwell 核算永磁同步电机时，必须要先弄清驱动器用的是什么模式，然后再选择用什么样的控制模式进行计算，是用 PWM 模式计算，还是用 0.816 倍的 AC 电源电压，用 0.924 倍 AC 电源电压或是用 AC 电源电压作为输入电机的线电压，这是要进行考虑的，正确地选择驱动器的控制模式，电机核算才会准确。

永磁同步电机的实用设计计算求取电机匝数是使电机产生感应电动势的幅值等于斩波电压幅值 ($U_d = E$) 来考虑的，求取的匝数误差不会有多大问题。

最好在实用设计前，能够测出 U_d，弄清是什么模式驱动的，那么设计就不会有大的问题。

SPWM 和 SVPWM 实际输入电机的线电压是不一样的，电机的其他性能几乎相同，就是电流大小不同所引起的电机相关参数不同。同一永磁同步电机电压变化，电机效率和功率因数变化不是那么灵敏，因此电机工作电压提高，工作电流相应减小。在大功率永磁同步电机中，电机的效率和功率因数不因电机的电压提高而较快地下降，电流却能很好地下降，这样对永磁同步电机是有利的。

$$I_{\text{线}} = \frac{P_2}{\sqrt{3}\eta_{\text{电机}} U_{\text{线}} \cos\varphi}$$

7）电机机械特性曲线（SVPWM 模式 372.4 V AC 输入）　如图 9 - 56 所示。

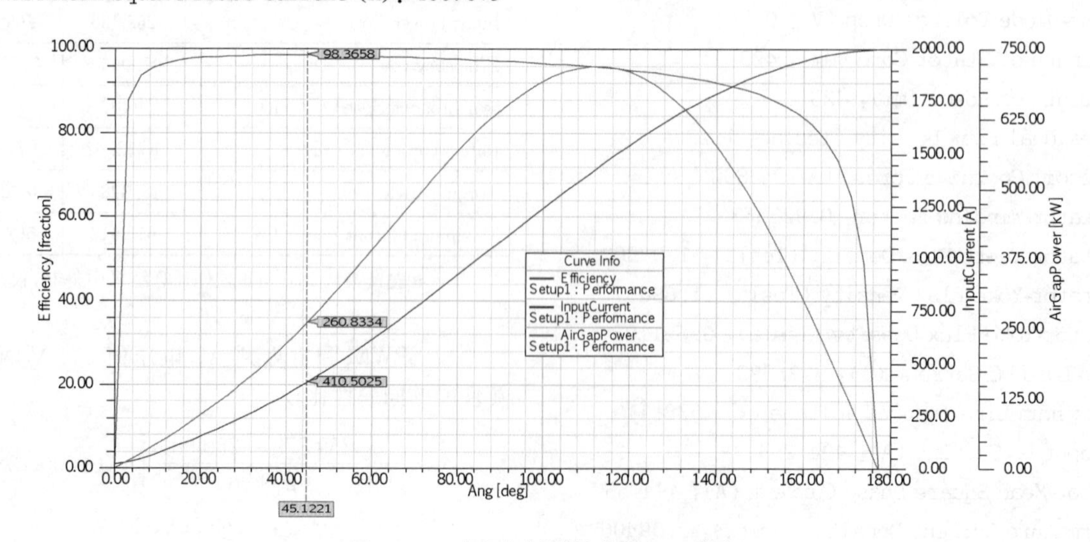

图 9 - 56　电机机械特性曲线（AC 模式）

8) 电机磁力线分布图　如图 9 - 57 所示。

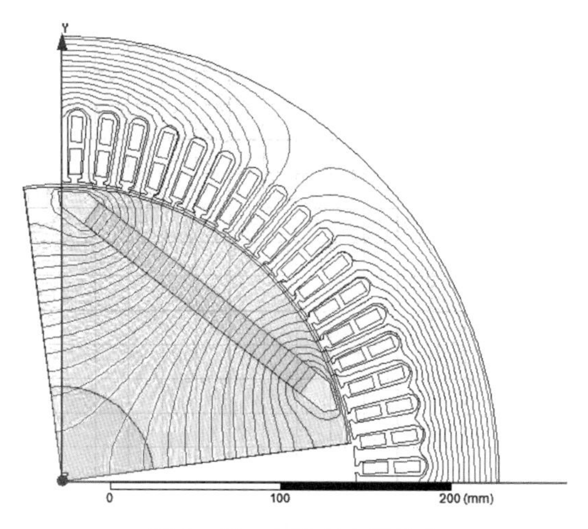

图 9 - 57　电机磁力线分布

9) 齿磁通密度计算数值的分析　用实用设计法计算的齿磁通密度为

$$B_Z = B_r \alpha [1 + (S_t / b_t)]$$
$$= 1.435(\mathrm{T})$$

用 Maxwell 计算的齿磁通密度为

Stator-Teeth Flux Density (Tesla): 1.97302

表面看,两种计算方法的磁通密度数值上相差很大,但是,用实用设计法计算的是电机的计算磁通密度,而 Maxwell 计算的是电机齿的最大磁通密度。主要是内嵌式磁钢的原因,两者差一个机械极弧系数,这个机械极弧系数数值是较小的,计算电机实际齿磁通密度时必须要考虑。

从图 9 - 57 看,14 个齿通磁力线。2 个齿仅通 1 根磁力线,其余都是 2 根,因此看作 13 个齿通磁力线,电机磁钢的机械极弧系数为

$$\alpha_j = \frac{13}{Z/4} = \frac{13}{72/4} = 0.7222$$

齿实际磁通密度 $B_Z = 1.435/0.7222 = 1.9869(\mathrm{T})$

$$\Delta_{B_Z} = \left| \frac{1.9869 - 1.9685}{1.9685} \right|$$
$$= 0.00943$$

实用设计和 Maxwell 两种电机设计方法计算的实际齿磁通密度是一致的。

9.3.6　测试发电机法的实用设计

永磁同步电机的输入电压与反电动势关系不是很确定,电机的输入电压 U 与 E 之比 K 可以大于 1,也可以小于 1,电机的性能与 E 相关。如果一个电机的 E 能够准确求出,那么该电机的工作磁通和齿磁通密度就能够精确确定。

电机设计中最棘手的问题是准确求取电机的工作磁通。如果冲片和转子磁通形式确定,并有实物,那么用测试发电机法能够准确求取电机的工作磁通和齿磁通密度,而且方法简捷、可靠。

1) 155 kW 大功率电机的实用设计

(1) 对测试发电机进行计算。

① 永磁同步电机作测试发电机选用定子冲片和转子结构图,如图 9 - 58 所示,绕组排列如图 9 - 59所示。

② 测试发电机定子和磁钢长 $L = 200$ mm。

③ 转子 4 对极,绕组 4 分区,测试发电机绕组按图 9 - 59 排列,每组线圈 5 匝作为测试线圈,并联支路数 $a = 4$, $W = 5/4 = 1.25$(匝)。测试发电机通电导体数为

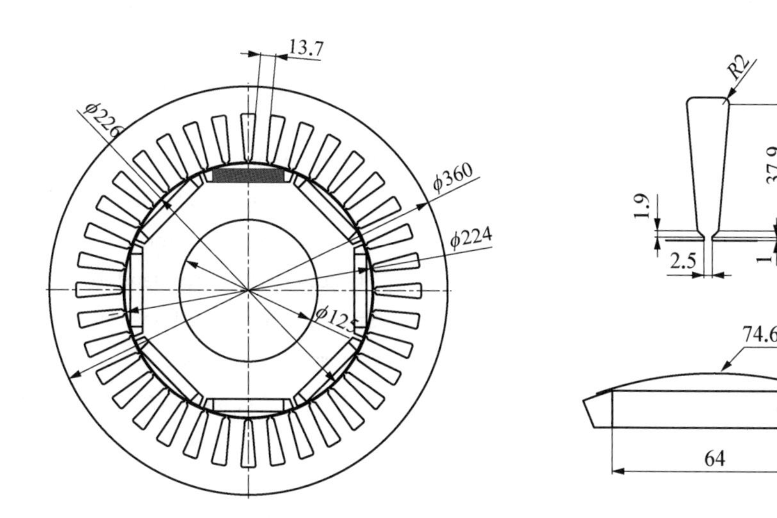

图 9 - 58　定子、转子结构

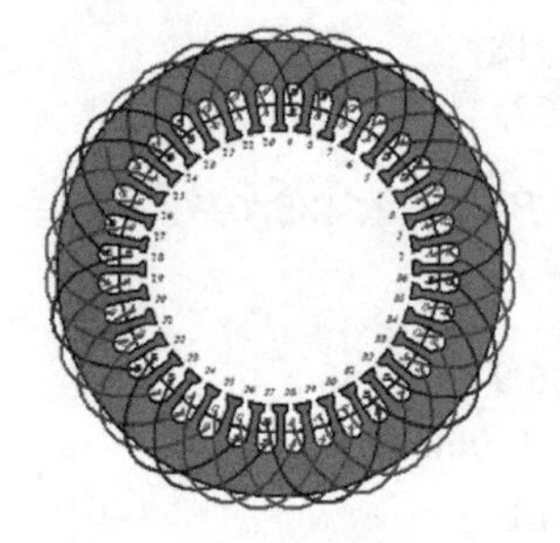
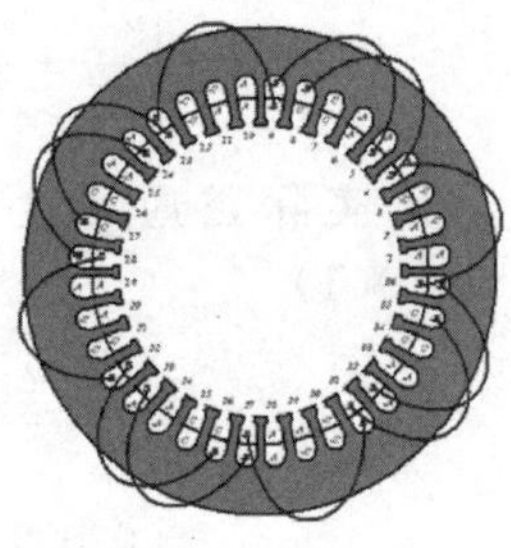

图 9-59 绕组排列

$$N = 4ZW/3 = 4 \times 36 \times 1.25/3 = 60(\text{根})$$

④ 对测试发电机进行发电机测试，线电压为

$$E_{有效} = 96.3\ \text{V}(1\,000\ \text{r/min})$$

$$E_{峰} = \sqrt{2} \times 96.3 = 136.19(\text{V})(1\,000\ \text{r/min})$$

⑤ 求测试发电机感应电动势常数。

$$K_{E1} = \frac{136.19}{1\,000} = 0.136\,19[\text{V/(r/min)}]$$

⑥ 求测试发电机的工作磁通。

$$\Phi_1 = \frac{60K_{E1}}{N_1} = \frac{60 \times 0.136\,19}{60} = 0.136\,19(\text{Wb})$$

(2) 对目标电机进行计算。

① 155 kW 电机额定参数：电压 380 V；功率 155 kW；扭矩 1 000 N·m；转速 1 450 r/min。

② 求目标电机单根导线截面。设电流密度 $j = 6.2\ \text{A/mm}^2$，槽利用率 $K_{SF} = 0.45$，槽面积 $408\ \text{mm}^2$。

逆变器输入电机线电流估算：设效率 $\eta = 0.94$，功率因数 $\cos\varphi = 0.97$，则

$$I = \frac{P_2}{\sqrt{3}\eta U \cos\varphi} = \frac{155\,000}{\sqrt{3} \times 0.94 \times 380 \times 0.97} = 258(\text{A})$$

$$q_{Cu} = \frac{I}{j} = \frac{258}{6.2} = 41(\text{mm}^2)$$

③ 求目标电机绕组匝数。

$$W = \frac{K_{SF}A_S}{2q_{Cu}} = \frac{0.45 \times 408}{2 \times 41} = 2.239(\text{匝})$$

(取 2.25 匝，为了并联支路数 $a = 4$ 时 W 为整数)

每组绕组匝数 $W = 2.25 \times 4 = 9$(匝)

设线径 $d = 1$，则并绕根数

$$a' = \frac{4q_{Cu}}{\pi d^2} = \frac{4 \times 41.66}{\pi \times 1} = 53$$

④ 求目标电机的通电导体数。

$$N = 2WZ \times \frac{2}{3} = \frac{2 \times 2.25 \times 36 \times 2}{3} = 108(\text{根})$$

⑤ 求目标电机绕组并联根数。因为并联支路数 $a = 4$，实际并绕根数 $a' = \frac{53}{4} = 13.25$，实取 13 根。

⑥ 求目标电机感应电动势常数，设电机反电动势等于输入电压，则

$$K_{E2} = \frac{E_2}{n} = \frac{380 \times \sqrt{2}}{1\,450} = 0.370\,6[\text{V/(r/min)}]$$

⑦ 求目标电机的工作磁通。

$$\Phi_2 = \frac{60K_{E2}}{N_2} = \frac{60 \times 0.370\,6}{108} = 0.205\,8(\text{Wb})$$

⑧ 求目标电机定子长 L_2。

$$L_2 = \frac{\Phi_2 L_1}{\Phi_1} = \frac{0.205\,8 \times 20}{0.136\,18} = 30.224\,7(\text{cm})(\text{取 } 30\ \text{cm})$$

⑨ 核算目标电机输入电压。

$$E_2 = K_{E2}n = 0.370\,6 \times 1\,450 = 537.37(\text{V})$$

$$U_2 = \frac{E_2}{\sqrt{2}} = \frac{537.37}{\sqrt{2}} = 380(\text{V})$$

⑩ 目标电机模型电机和尺寸参数计算总结：电压 380 V；功率 155 kW；扭矩 1 000 N·m；转速 1 450 r/min，反电动势 380 V。绕组匝数 $W = 9$ 匝、绕组并联支路数 $a = 4$；线径 $d = 1$ mm；导线并联根数 $a' = 13$；电机工作磁通 $\Phi = 0.205\,8$ Wb；电机定子和磁钢长 $L = 30$ cm。

⑪ 155 kW 目标电机的 Maxwell 核算。该电机应该用 SVPWM 模式控制，用 Maxwell 核算，可以用 380 V 直接作为输入永磁同步电机的线电压。用 Maxwell 的 AC 模式进行核算(摘录)：

```
Rated Output Power (kW): 155
Rated Voltage (V): 380
Type of Source: Sine
Stator-Teeth Flux Density (Tesla): 1.58078
Stator-Yoke Flux Density (Tesla): 1.4506
Maximum Line Induced Voltage (V): 551.893
Root-Mean-Square Line Current (A): 253.094
Root-Mean-Square Phase Current (A): 253.094
Armature Current Density (A/mm^2): 6.1971
Output Power (W): 154934
Input Power (W): 164634
```

Efficiency (%): 94.1081

Power Factor: 0.984211

Synchronous Speed (rpm): 1450

Rated Torque (N.m): 1020.35

Torque Angle (degree): 52.7851

Maximum Output Power (W): 402687

计算符合率验证

$$\Delta_I = \left| \frac{258 - 253.094}{253.094} \right| = 0.019$$

可以看出，用测试发电机法测出电机的感应电动势，从而计算永磁同步电机的方法是比较方便的，设计符合率也好。

AC 计算模式下电机机械特性曲线如图 9-60 所示。

2) 42 kW 大功率电机的实用设计　在用测试发电机法设计永磁同步电机中，用推算法求解电机的主要尺寸和参数，这就更显得计算简单。

把 34 kW/1 700 r/min 永磁同步电机作为测试发电机，用这个冲片设计 42 kW/1 700 r/min 永磁同步电机。

34 kW/1 700 r/min 永磁同步电机技术数据如下：电压 380 V；功率 34 kW；扭矩 190.986 N·m；转速 1 700 r/min。电机结构如图 9-61 和图 9-62 所示。

其中，定子长 202 mm，绕组并联支路数 $a=2$，绕组匝数 $W=13$。

通电导体数

$$N_1 = \frac{4ZW}{3a} = \frac{4 \times 18 \times 13}{3 \times 2} = 156(\text{根})$$

拖动电机作发电机进行发电机的感应电动势测量，结果见表 9-17。

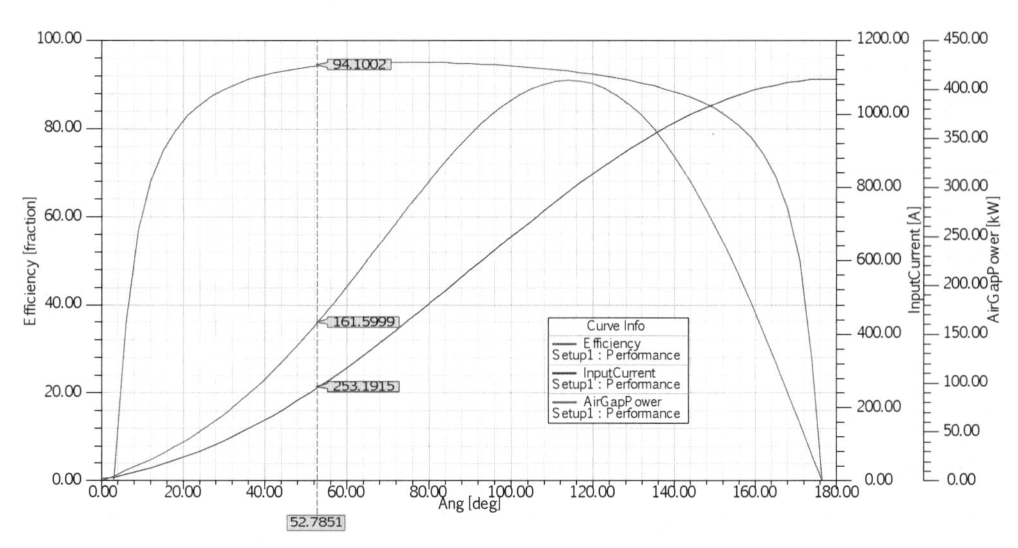

图 9-60　电机机械特性曲线(AC 计算模式)

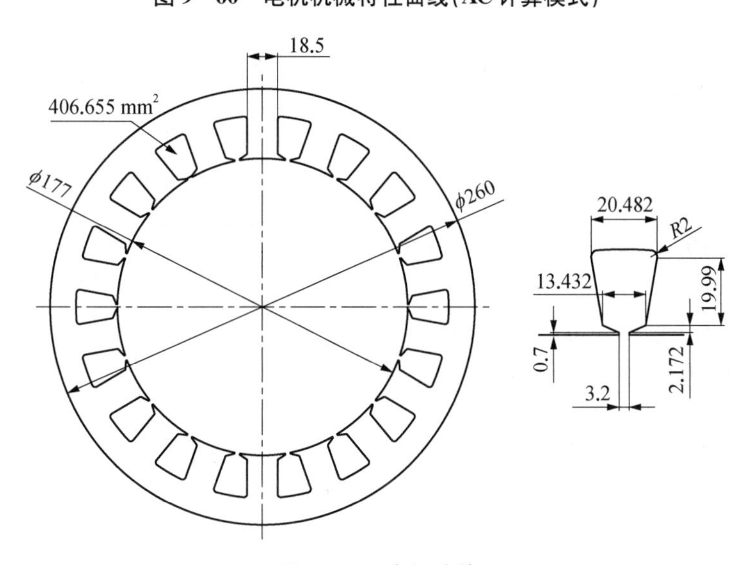

图 9-61　电机冲片

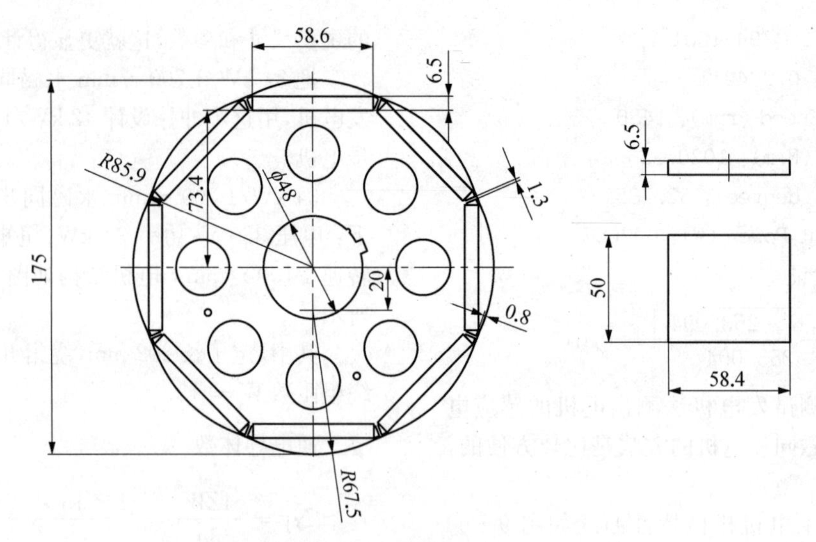

图 9-62 转子与磁钢

表 9-17 各电机感应电动势(1 000 r/min) (V)

规格/型号		反电动势 1	2	3	4	5	6	7	8	9	10
260 系列	34 kW/1 700 r/min	181	182	182	181	182	182	183	182	183	183
	42 kW/1 700 r/min	175	175	175	173	173	173	177	177	177	177
	51 kW/1 700 r/min	188	190	191	189	182	186	190	191	189	191

34 kW 的平均反电动势为 182.1 V，是 10 个 34 kW 永磁同步电机的实测平均值，即

反电动势

$$E_{有效} = 182.1\ \mathrm{V}(1\ 000\ \mathrm{r/min})$$

$$E_{峰} = \sqrt{2}E_{有效} = 257.528(\mathrm{V})(1\ 000\ \mathrm{r/min})$$

感应电动势常数

$$K_{E1} = E_{峰}/1\ 000 = 0.257\ 5[\mathrm{V/(r/min)}]$$

工作磁通

$$\Phi_1 = \frac{60K_{E1}}{N_1} = \frac{60\times 0.257\ 5}{156} = 0.099(\mathrm{Wb})$$

齿磁通密度

$$\begin{aligned} B_Z &= 10\ 000\Phi/(Zb_t LK_{FE}) \\ &= 10\ 000\times 0.099/(18\times 1.85\times 20.2\times 0.95) \\ &= 1.549(\mathrm{T}) \end{aligned}$$

由测试发电机法求出永磁同步电机磁通、齿磁通密度是这种电机定子和转子结构真正的工作磁通、齿磁通密度，是非常准确的。有了这个电机的齿磁通密度，那么，这种形式的永磁同步电机的定子外径大小不同的各种电机的计算就非常方便和准确。

42 kW/1 700 r/min 永磁同步电机的技术要求：电压 380 V；功率 42 kW；扭矩 235.924 N·m；转速 1 700 r/min。

计算 42 kW 永磁同步电机步骤如下：

(1) 确定感应电动势。为了证明实用设计法的正确性，42 kW 的反电动势取用实际反电动势，$E_{有效1\ 000\ \mathrm{r/min}} = 175.3\ \mathrm{V}$，取用表 9-17 中 42 kW 的平均值。

$$E_{1\ 700\ \mathrm{r/min}} = 175.3\times 1.7\times\sqrt{2} = 421.45(\mathrm{V})$$

(2) 求感应电动势常数。

$$\begin{aligned} K_{E2} &= \frac{E_{峰值1\ 000\ \mathrm{r/min}}}{1\ 000} = \frac{\sqrt{2}\times 175.3}{1\ 000} \\ &= 0.247\ 9[\mathrm{V/(r/min)}] \end{aligned}$$

(3) 求 42 kW 永磁同步电机的匝数。电机电流与转矩的关系为

$$I_1 \approx \frac{1.1T}{K_{T1}} = \frac{1.1T_1}{9.55K_{E1}}$$

所以

$$\frac{I_1}{I_2} = \frac{T_1}{T_2}\frac{K_{E2}}{K_{E1}} \tag{9-9}$$

电流之比等于转矩之比和感应电动势之反比的乘积。

同一冲片的槽中电流、匝数与电流密度关系如下

$$I_1W_1j_2 = I_2W_2j_1$$

$$\frac{I_1}{I_2} = \frac{W_2j_1}{W_1j_2} \tag{9-10}$$

$$W_2 = W_1\frac{T_2}{T_1}\frac{K_{E1}}{K_{E2}}\frac{j_2}{j_1} \tag{9-11}$$

设两个电机电流密度相同，则

$$\begin{aligned} W_2 &= W_1\frac{a_2}{a_1}\frac{T_2}{T_1}\frac{K_{E1}}{K_{E2}} \\ &= 13\times\frac{1}{2}\times\frac{190.986}{235.924}\times\frac{0.2575}{0.2479} \\ &= 5.466(\text{匝})(\text{取 5 匝}) \end{aligned}$$

(4) 求 42 kW 永磁同步电机的定子长。

$$\begin{aligned} L_2 &= L_1\frac{K_{E2}}{K_{E1}}\frac{W_1/a_1}{W_2/a_2} \\ &= 202\times\frac{0.2479\times(13/2)}{0.2575\times(5/1)} \\ &= 252.8(\text{mm}) \end{aligned}$$

(5) 设计符合率验证。以 $W=5$ 验证设计符合率，那么用 $L=252.8$ mm 验证设计符合率。

$$\Delta_W = \left|\frac{5-5}{5}\right| = 0$$

$$\Delta_L = \left|\frac{252.8-251}{251}\right| = 0.007$$

从设计符合率看，可以说感应电动势法与实用推算法结合计算永磁无刷电机是非常方便和精准的。

(6) 用 Maxwell 核算 42 kW 永磁同步电机用 AC 模式，大功率永磁同步电机中，输入电压的大小对电机的机械性能影响不是很大，这样功率的永磁同步电机，驱动控制模式应该是 SVPWM，用电源电压 380 V 代入计算。用 Maxwell 进行核算(摘录)：

```
Rated Output Power (kW): 42
Rated Voltage (V): 380
Type of Source: Sine
Residual Flux Density (Tesla): 1.23
Stator-Teeth Flux Density (Tesla): 1.57273
Stator-Yoke Flux Density (Tesla): 1.66617
Maximum Line Induced Voltage (V): 417.097
Root-Mean-Square Line Current (A): 81.8694
Root-Mean-Square Phase Current (A): 81.8694
Armature Current Density (A/mm^2): 5.79108
Output Power (W): 41956
Input Power (W): 45270.1
Efficiency (%): 92.6793
Power Factor: 0.831897
```

计算符合率验证

$$\Delta_{B_z} = \left|\frac{1.57273-1.57373}{1.57273}\right| = 0.00063$$

$$\Delta_E = \left|\frac{421.45-417.097}{417.097}\right| = 0.01$$

电机机械特性曲线如图 9-63 所示。

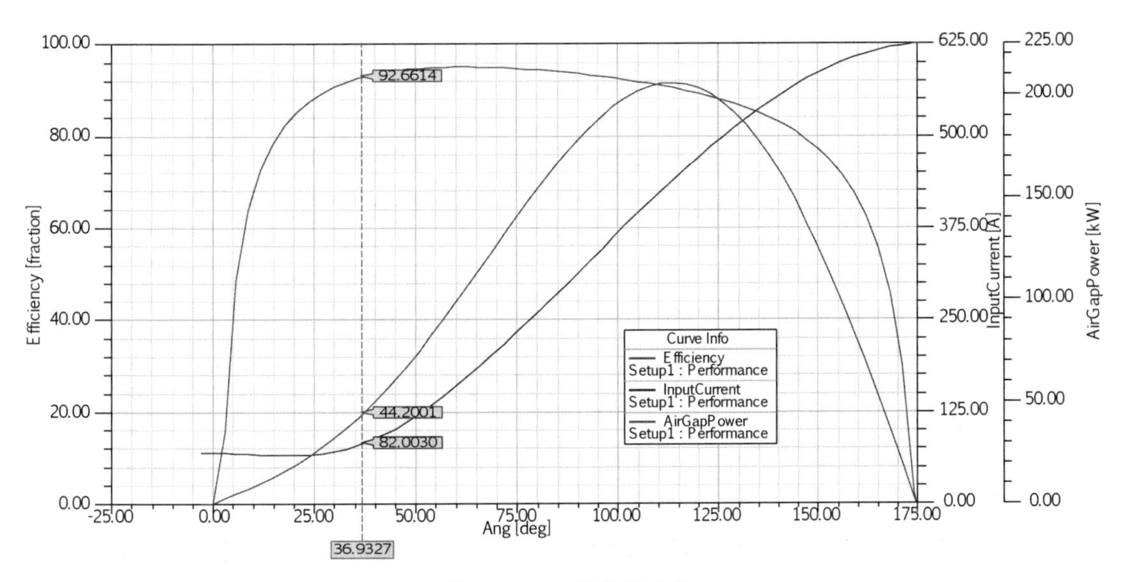

图 9-63 机械特性曲线

9.3.7 系列永磁同步电机的实用设计法

在同一电机机座号的永磁同步电机中，往往会需要多个系列电机的设计。所谓系列电机的设计，就是电机的结构形式、定子冲片数据不变，仅改变电机的定子、磁钢轴向长度、电机绕组的匝数，达到电机功率的改变或者电机性能的改变，形成永磁同步电机的系列电机。永磁同步电机有负载改变而电机转速不变的特殊性，因此设计思路和方法与无刷电机略有不同。下面仍以 34 kW 大功率电机作为参照电机，介绍用非常简单的推算方法求取 51 kW 系列永磁同步电机。

1）34 kW 永磁同步电机的技术参数　电压 380 V，功率 34 kW；扭矩 190 N·m；转速 1 700 r/min。绕组匝数 $W=13$；绕组并联支路数 $a=2$；线径 $d=1$ mm；导线并联根数 $a'=7$；接线方式为星形；定子和磁钢长 $L=20.2$ cm；$Z=18$；$2P=8$。绕组图见图 9-41。

通电导体数

$$N_1=\frac{4ZW}{3a}=\frac{4\times 18\times 13}{3\times 2}=156(\text{根})$$

2）51 kW 系列永磁同步电机技术数据　电压 380 V，功率 51 kW；扭矩 286.332 N·m；转速1 700 r/min。

需求电机主要尺寸参数：电机定子厚 L、绕组匝数 W、绕组并联支路数 a、线径 d、导线并联根数 a'。

3）系列永磁同步电机的设计计算

(1) 求电机的有效导体数。系列电机的定子冲片是相同的，槽面积也相同，如果保持绕组的电流密度不变，电机工作电压相同、槽内的安匝数不变、槽利用率不变，这样电机功率大，电流就大，功率和电流成正比，槽内的匝数成反比，两个系列电机 WI 的乘积不变，两种电机的功率与匝数的乘积相同。

$$N_2=\frac{P_1}{P_2}N_1=\frac{34}{51}\times 156=104(\text{根})$$

$$w=\frac{3N_2}{4Z}=\frac{3\times 104}{4\times 18}=4.3(\text{匝})(\text{取 4 匝})$$

因为 $a=2$，绕组实际匝数

$$W=aw=2\times 4=8(\text{匝})$$

(2) 电机的实际串联绕组通电导体数。

$$N_2=\frac{2W\times Z}{a}\times\frac{2}{3}=\frac{2\times 8\times 18}{2}\times\frac{2}{3}=96(\text{根})$$

(3) 求电机定子长。相同冲片和转子结构，Φ 与 L 成正比，这两种电机 $E_1=E_2$，$n_1=n_2$，因此有如下等式成立并可计算电机定子 L。

$$\frac{K_{E1}}{K_{E2}}=\frac{N_1\Phi_1}{N_2\Phi_2}=\frac{N_1L_1}{N_2L_2}=\frac{E_1/n_1}{E_2/n_2} \tag{9-12}$$

$$L_2=\frac{N_1L_1}{N_2}=\frac{156\times 202}{96}=32.8\ (\text{cm})$$

(4) 求导线并联根数。槽面积、槽利用率、电压、线径不变，保持电流密度不变，则电流大小或功率与导线并联根数成正比。线径 $d_2=d_1=1\,\text{mm}$，$U=380$ V。

$$\frac{P_2}{P_1}=\frac{a_2'}{a_1'} \tag{9-13}$$

$$a_2'=\frac{a_1'P_2}{P_1}=\frac{7\times 51}{34}=10.5(\text{根})(\text{取 11 根})$$

(5) 用 Maxwell 进行核算，51 kW 是一种功率较大的永磁同步电机，因此一般用 SVPWM 模式进行驱动，再用 Maxwell 核算时，可以直接用电源电压当作输入永磁同步电机的线电压进行核算。把实用设计法计算出的永磁同步电机的计算模型的电机数据作为 Maxwell 的核算数据进行核算(摘录)。

```
Rated Output Power (kW): 51
Rated Voltage (V): 380
Type of Source: Sine
Residual Flux Density (Tesla): 1.26514
Recoil Coercive Force (kA/m): 907
Stator-Teeth Flux Density (Tesla): 1.61336
Stator-Yoke Flux Density (Tesla): 1.72809
Maximum Line Induced Voltage (V): 444.125
Root-Mean-Square Line Current (A): 90.418
Root-Mean-Square Phase Current (A): 90.418
Specific Electric Loading (A/mm): 23.4145
Armature Current Density (A/mm^2): 5.2329
Output Power (W): 50966.4
Input Power (W): 54358.7
Efficiency (%): 93.7595
Power Factor: 0.903087
Synchronous Speed (rpm): 1700
Rated Torque (N.m): 286.29
Torque Angle (degree): 33.5185
Maximum Output Power (W): 256620
```

电机机械特性曲线如图 9-64 所示。

4）小结　从上面看，用实用推算法仅四步就把永磁同步电机系列电机计算出来，方法非常简单，结果正确且可靠。用很简单的数学推算关系算出比较理想的结果，避免了许多复杂的计算工作，节约了许多劳力和时间。

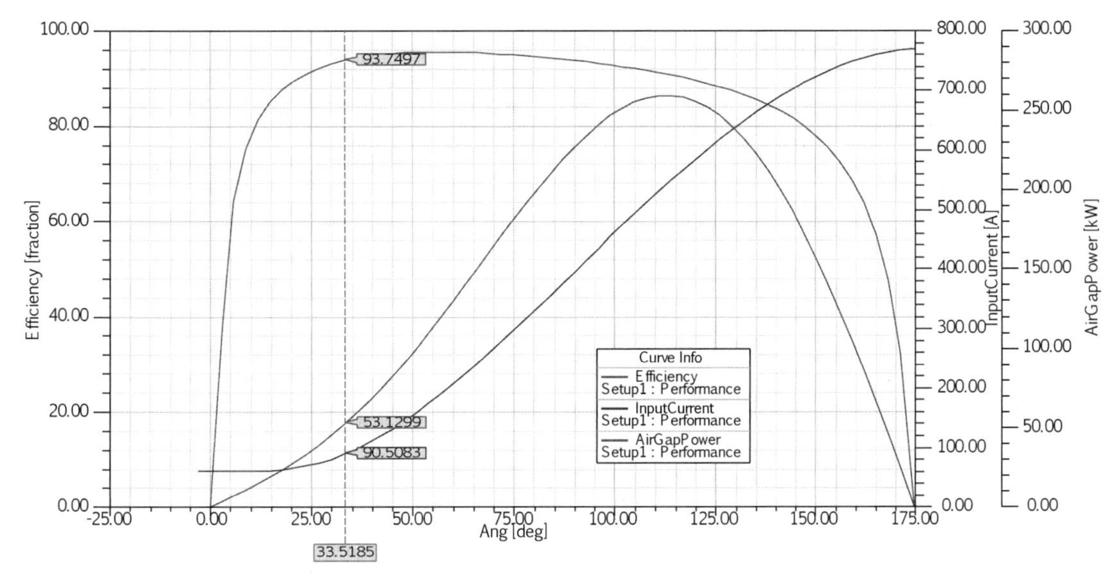

图 9-64　电机机械特性曲线

9.3.8　永磁同步电机的实用设计变换法

永磁同步电机的冲片求取可以用推算法求得，对已有的样本电机进行变换，就可以求得目标电机的冲片尺寸和其他电机主要尺寸参数，作者用实例进行解释。

样本电机：155-3kW-12-10j 微型电动车永磁同步电机算例：额定电压 46.1 V(DC)，额定功率 3 kW，额定转速 3 021 r/min，额定转矩 9 N·m。

目标电机：180-6kW-18-12j 微型电动汽车永磁同步电机算例：额定电压 60 V(DC)，额定功率 6 kW，额定转速 3 000 r/min，额定转矩 19 N·m。

(1) 用推算法从一个已知的样本电机数据推算出目标电机之间的变形系数 K。

在式(7-9)知

$$T'_{N2}=K^4T'_{N1}$$

因此
$$\frac{T'_{N2}}{T'_{N1}}\approx\frac{T_{N2}}{T_{N1}}=K^4$$

由 $\dfrac{T_{N2}}{T_{N1}}=\dfrac{19}{9}=K^4$，求得：$K=\sqrt[4]{\dfrac{19}{9}}=1.2$。

(2) 求出目标电机的定子冲片形状。把样本电机的冲片形状放大 1.2 倍，155-3kW-12-10j 微型电动车永磁同步电机的定子冲片外径为 154.9 mm，则目标电动汽车永磁同步电机的外径应该为

$$D_2=K\times D_1=1.2\times154.9=185.88(\text{mm})$$

如图 9-65 所示，这和本章介绍的 180-6kW-18-12j 微型电动汽车永磁同步电机的定子外径尺寸 180 mm 相差不大。

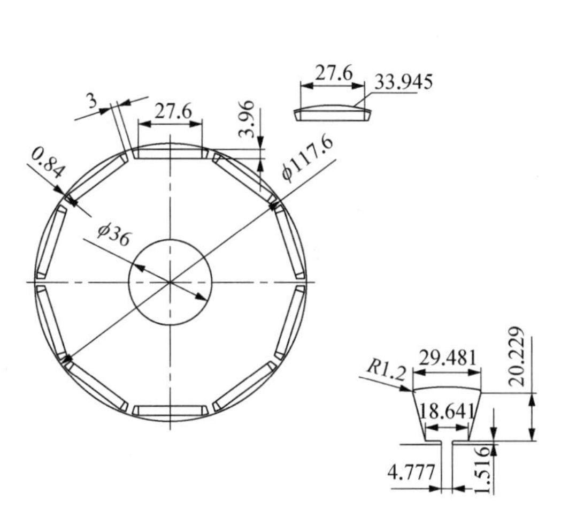

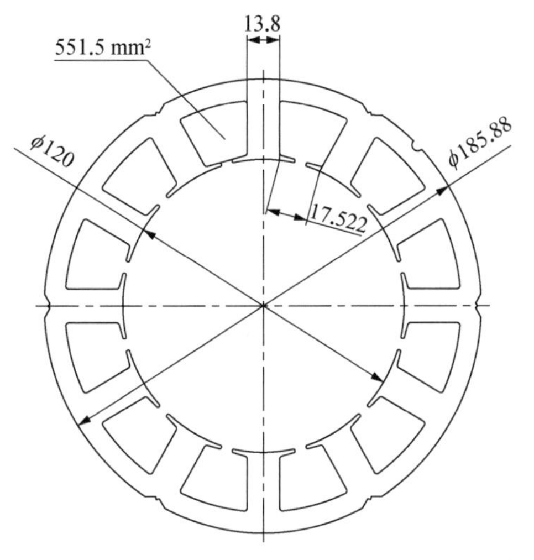

图 9-65　电机冲片

这个电机冲片是通过 155 - 3kW - 12 - 10j 微型电动车的冲片变形推算得到的。

磁钢宽与弦长之比 $k = \dfrac{2.76}{3.3945} = 0.813$，取磁钢为 $B_r = 1.23\ \text{T}$，则

$$B_{r相当} = kB_r = 0.813 \times 1.23 = 0.9999(\text{T})$$

(3) 求出目标电机定子长度。

$$L_2 = KL_1 = 1.2 \times 8.2 = 9.84(\text{cm})$$

为了使线圈匝数为整数，因此实际电机长度要稍做调整。

(4) 用 K_E实用设计法计算永磁同步电机的尺寸数据。$U = 60 \times 0.9 = 54$ (V) (直流 60 V 电池电压，考虑控制器消耗和电池用后压降因素)，具体计算见表 9 - 18。

表 9 - 18 永磁同步电机 K_E实用计算

	永磁同步电机 K_E实用计算			54 V - 6kW - 12 - 10j	
1	$U_{峰}$(V)	$U_{d有效}$(V)	T(N·m)	n(r/min)	Z
	54	38.184	19	3 000	12
	B_r(T)	α_i	b_t(cm)	D_i(cm)	总有效系数 α
	0.999 9	0.73	1.38	12	0.73
	η	$\cos\varphi$	定子 L_1(cm)	磁钢长 L_2(cm)	K_{FE}
	0.95	0.79	10.3	10.3	0.95
2	槽气隙宽 $S_t = (\pi D_i/Z) - b_t = 1.7616\ \text{cm}$				
	齿磁通密度 $B_Z = B_r\alpha[1 + (S_t/b_t)] = 1.6617\ \text{T}$				
	工作磁通 $\Phi = ZB_Zb_tLK_{FE}/10\,000 = 0.0269\ \text{Wb}$				
	电机理想反电动势常数 $K_E = U/n = 0.018\ \text{V/(r/min)}$				
	通电导体有效总根数 $N = 60U/(n\Phi) = 40.1487$ 根				
	每个线圈匝数 $W = 3N/(4Z) = 2.51$ 匝				
3	A_S(mm²)	j (A/mm²)	并联支路数 a	并联后每线圈匝数	
	551.5	5	2	5.01	
4	转矩常数 $K_T = 9.5493K_E = 0.1719\ \text{N·m/A}$				
	计算电流 $I_j = T/K_T = 110.53\ \text{A}$				
	空载电流 $I_0 = (1-\sqrt{\eta})I_j = 2.80\ \text{A}$				
	直流工作电流 $I_Z = (I_j + I_0)/0.95 = 119.3\ \text{A}$				
	$I_{线} = I_Z/\cos\varphi = 151\ \text{A}$				
	$I_{线} = nT/(9.5493 \times \sqrt{3}\eta \times 0.8U_d\cos\varphi) = 150.32\ \text{A}$				
	槽利用率 $K_{SF} = 3I_NN/(2jZA_S) = 0.277$				
	线圈导线截面积 $q_{Cu} = I_{AC}/j = 30.65\ \text{mm}^2$				
	单根导线线径 $d = \sqrt{4q_{Cu}/\pi} = 6.244\ \text{mm}$				

本例电机的长度最终调整至 10.3 cm，使电机绕组在并联支路数 $a = 2$ 时，绕组匝数为整数为 5 匝，见表 9 - 19。

表 9 - 19 线圈多股线求取

导线并联根数 $a'_1 = 60$
导线直径 $d_1 = 0.8\ \text{mm}$
导线截面 $q_{Cu} = a'_1(\pi d_1^2/4) = 30.159\ \text{mm}^2$
单根导线线径 $d = \sqrt{4q_{Cu}/\pi} = 6.197\ \text{mm}$

因此在并联支路数为 2 时，每线圈并联根数为 30 根。

至此，求取一个微型电动汽车永磁同步电机的主要尺寸数据已经完成。

(5) 该电机是用 SPWM 控制模式，但是用 Maxwell-AC 模式计算。

$$U = \frac{54}{\sqrt{2}} \times 0.8 = 30.5(\text{V})$$

输入计算：

```
Rated Output Power (kW): 6
Rated Voltage (V): 30.5
Type of Source: Sine
Stator-Teeth Flux Density (Tesla): 1.71875
Stator-Yoke Flux Density (Tesla): 1.13715
Maximum Line Induced Voltage (V): 57.0737
Root-Mean-Square Line Current (A): 149.852
Root-Mean-Square Phase Current (A): 149.852
Armature Current Density (A/mm^2): 4.96868
Output Power (W): 6000.11
Input Power (W): 6410.41
Efficiency (%): 93.5994
Power Factor: 0.789002
Synchronous Speed (rpm): 3000
Rated Torque (N.m): 19.0989
Torque Angle (degree): 21.3099
Maximum Output Power (W): 22361.1
```

电机机械特性曲线如图 9 - 66 所示。

(6) 考核设计符合率。

$$\Delta_{I_{线}} = \left|\frac{151 - 149.852}{149.852}\right| = 0.003$$

$$\Delta_E = \left|\frac{54 - 57.0737}{57.0737}\right| = 0.05$$

$$\Delta_j = \left|\frac{5 - 4.96868}{4.96868}\right| = 0.0063$$

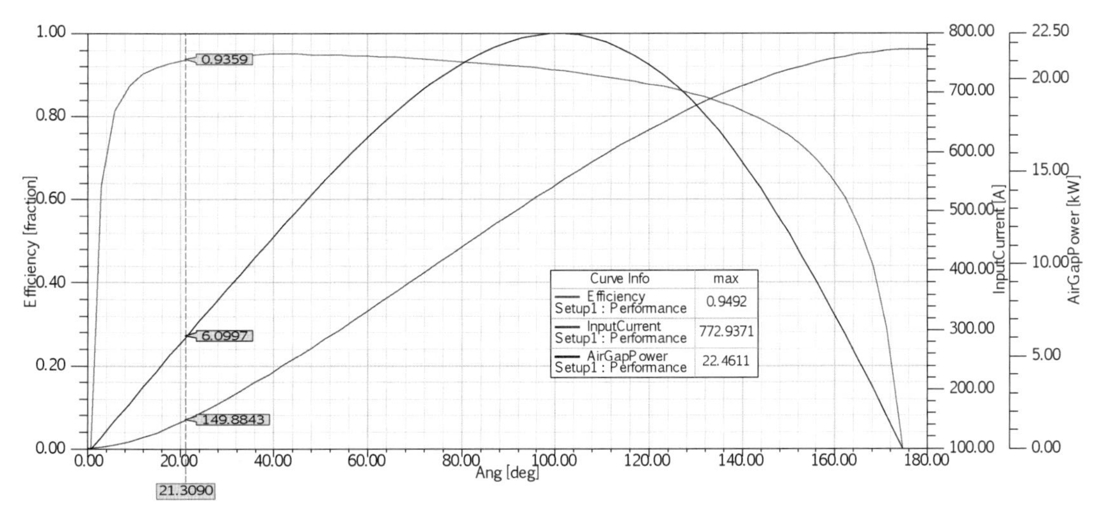

图 9-66　电机机械特性曲线

9.3.9　永磁同步电机冲片实用变换法

利用推算法可以改变目标电机冲片，推算出一个与样本电机完全不一样的电机。若把图 9-65 所示定子冲片进行变换，把 12 齿改为 18 齿，利用冲片总齿宽不变的原则，则冲片数据计算

$$b_{t2}=\frac{b_{t1}Z_1}{Z_2}=\frac{13.8\times 12}{18}=9.2(\text{mm})$$

为了仅看齿的改变，轭宽不变，这样轭磁通密度会变小，这样定子和转子尺寸数据如图 9-67 所示。这个电机冲片图是通过微型电动车的冲片变形推算得到的，应该说该 18 槽的冲片和 12 槽的冲片是等价的。也就是说，如果电机定子长和磁钢长不变，电机通电导体总根数不变，那么两种冲片的性能是大致相同的。

18 槽每齿绕组匝数

$$W_2=W_1\times\frac{Z_1}{Z_2}=5\times\frac{12}{18}=3.333\,33(\text{匝})$$

为了使绕组成整数，决定用并联支路数 $a=6$。因此每齿绕组匝数为

$$W_2=\frac{6}{2}\times 3.333\,33=10(\text{匝})$$

电机总有效导体根数

$$N=W_2\times Z\times\frac{2}{3}=10\times 18\times\frac{2}{3}=120(\text{根})$$

求一个并联分区电机线圈导线总截面积，设槽利用率为 0.27（也可以设置高一些，要看电机的工艺需要），则

$$q_{\text{Cu}}=\frac{K_{\text{SF}}A_{\text{S}}}{2W}=\frac{0.27\times 370.5}{2\times 10}=5(\text{mm}^2)$$

求线圈并联根数 a'

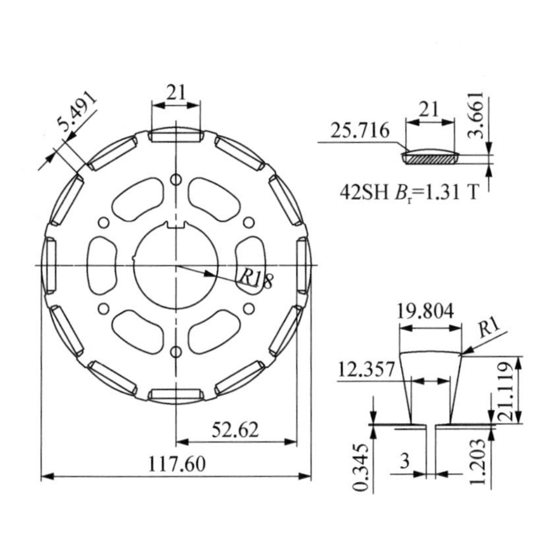

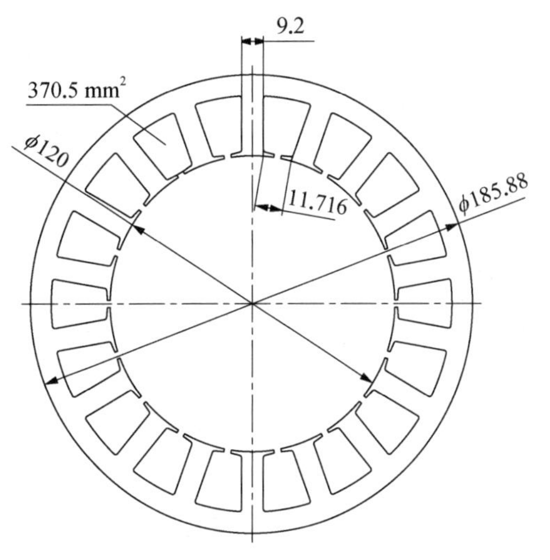

图 9-67　电机定子、转子结构尺寸

$$q_{Cu}=\frac{\pi d^2}{4}\times a'$$

设 $d=0.8$，则

$$a'=\frac{4q_{Cu}}{\pi d^2}=\frac{4\times 5}{\pi\times 0.8^2}=10(\text{mm})$$

（取线圈并联根数为 $a'=10$）

实际导线截面积为

$$q_{Cu}=a'\times\frac{\pi d^2}{4}=10\times\frac{\pi\times 0.8^2}{4}=5(\text{mm}^2)$$

求并联支路数为 6 的总导线截面 $q_{Cu总}$

$$q_{Cu总}=q_{Cu}a'=5\times 6=30(\text{mm}^2)$$

对电机进行 Maxwell 核算，以 54 V 直流电压计算电机，SPWM 控制模式，用 Maxwell-AC 模式计算，输入电压：$U=\frac{54}{\sqrt{2}}\times 0.8=30.5(\text{V})$。

Rated Output Power (kW): 6
Rated Voltage (V): 30.5
Type of Source: Sine
Stator-Teeth Flux Density (Tesla): 1.63348
Stator-Yoke Flux Density (Tesla): 0.871948
Maximum Line Induced Voltage (V): 51.3348
Root-Mean-Square Line Current (A): 125.022
Root-Mean-Square Phase Current (A): 125.022
Armature Current Density (A/mm^2): 4.14538
Output Power (W): 5999.56
Input Power (W): 6353.85
Efficiency (%): 94.424
Power Factor: 0.937336
Synchronous Speed (rpm): 3000
Rated Torque (N.m): 19.0972
Torque Angle (degree): 18.7808
Maximum Output Power (W): 27538.5

电机机械特性曲线如图 9－68 所示。

比较两种方法的计算同一性，见表 9－20。

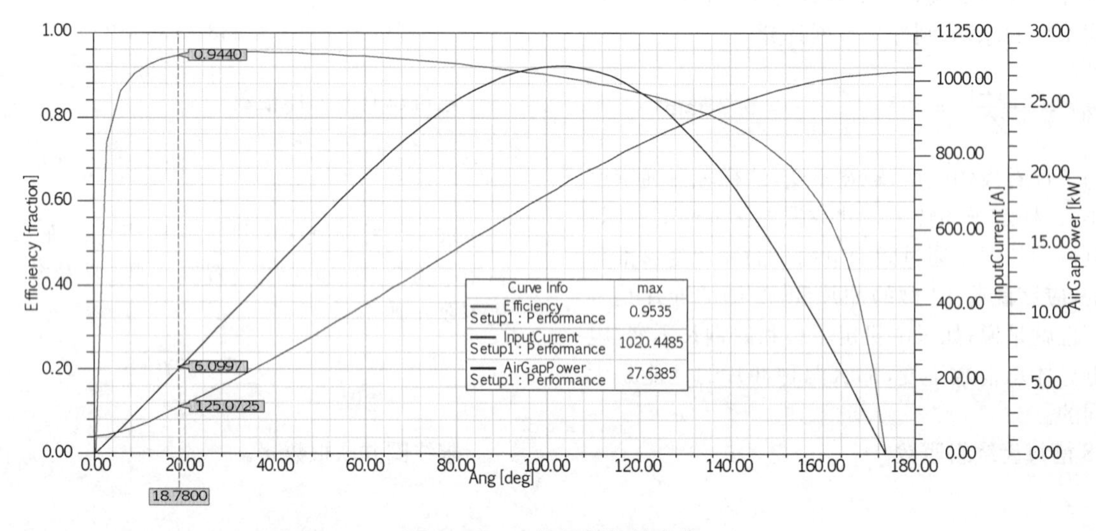

图 9－68 电机机械特性曲线

表 9－20 两种方法计算同一性比较

	9.3.8 节算例	9.3.9 节算例
Rated Output Power (kW)	6	6
Rated Voltage (V)	30.5	30.5
Type of Source	正弦	正弦
Stator-Teeth Flux Density (T)	1.633 48	1.718 75
Stator-Yoke Flux Density (T)	0.871 948	1.137 15
Maximum Line Induced Voltage (V)	51.334 8	57.073 7
Root-Mean-Square Line Current (A)	125.022	149.852
Root-Mean-Square Phase Current (A)	125.022	149.852
Armature Current Density (A/mm²)	4.145 38	4.968 68

（续表）

	9.3.8 节算例	9.3.9 节算例
Output Power (W)	5 999.56	6 000.11
Input Power (W)	6 353.85	6 410.41
Efficiency (%)	94.424	93.599 4
Power Factor	0.937 336	0.789 002
Synchronous Speed (r/min)	3 000	3 000
Rated Torque (N·m)	19.097 2	19.098 9
Torque Angle (°)	18.780 8	21.309 9
Maximum Output Power (W)	27 538.5	22 361.1

注：本表直接从 Maxwell 软件计算结果中复制，仅规范了单位。

从 9.3.8 节和 9.3.9 节看，用实用设计法可以把一个 3 kW 永磁同步电机变换成一个冲片形状不同、大小不同的 6 kW 永磁同步电机，如图 9-69 所示。

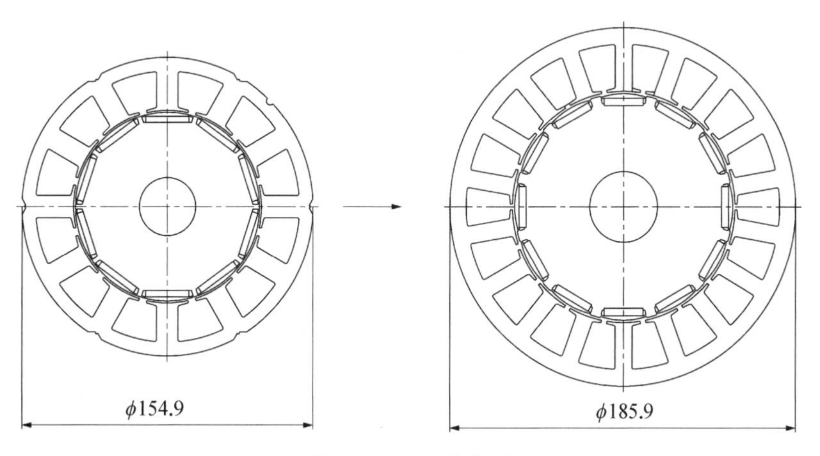

图 9-69　冲片变形

以上作者介绍了用变形电机的推算法求出目标电机的冲片形状和电机外形尺寸，进一步用永磁同步电机的 K_E 实用设计法求出电机的绕组匝数，这种计算永磁同步电机的方法是一种可以求出符合电机目标要求的电机模型的实用目标设计法。这种永磁同步电机设计方法，设计思路是比较清楚的，方法是简单的，可以看出与 Maxwell 的计算结果相比，两者计算的同一性还是比较好的。两种冲片的电机性能相比，还是比较一致的，因此这种简单的设计方法还是有实用意义的。

9.3.10　永磁同步电机多目标实用设计法

永磁同步电机的机械特性与永磁无刷电机有较大的区别，有其特殊性。当一个永磁同步电机做成后，电源的频率就决定了电机转速，加给电机一定范围的不同转矩，电机的转速是不变的，只是电机的电流改变。

同样，相同频率的不同电压输入永磁同步电机，电机的转速也是不变的，也只是电机的电流改变。也就是说，永磁同步电机的机械特性对电压是不敏感的。

电机的主要结构尺寸大小对永磁同步电机来讲也是不敏感的，设计的电机大一些或者小一些，电机冲片形式的改变，电机匝数的改变，对永磁同步电机来讲，输出转速都是不变的，即在一定范围内，电机的转矩和转速都能达到要求，只是转矩角和与电流相关的参数发生了改变，电机的机械特性没有发生改变。

综上所述，单用电机的输出转矩和转速考核永磁同步电机，一般结构、尺寸大小较悬殊的电机，输入不同电压，只要电压频率相同，这些电机都能达到同一输出转矩和转速。只用永磁同步电机的额定转矩和转速作为设计目标值设计电机的话，一般大小的电机都能满足，这样就给电机设计工作者设计永磁同步电机带来了一些困惑。

要设计一个比较理想化的永磁同步电机，就是要建立一个电机模型，这个电机模型不但要满足电机的输出转矩和转速等基本技术要求，而且要满足电机的电流、电流密度、转矩常数、反电动势常数、功率因数、最大转矩倍数、槽利用率等目标数据，这样永磁同步电机的设计目标值比较多，因此称为多目标的电机设计。

Maxwell 等电机设计软件，其计算、分析电机的功能非常强大，计算直观，可以进行优化设计，其设计思路是：先要有一个永磁同步电机初步设计模型，再从这个电机设计模型的各个层面改变电机的各种参数形成 N 个不同的电机模型，然后在同一模型下，对多个不同参数的设计方案进行电机性能计算，产生一系列的设计结果，然后用户就可以对这些设计结果进行比较，得出这些变量值的变化对设计性能的影响，从而进行判断和选取。这个设计工作比较烦琐，工作量大，如果要对每个电机进行 2D 或 3D 的分析，那么必须要有大型计算机或者多台计算机联合计算，耗费多天的时间才能求得一个好一些的电机设计方案。

实用设计法是找出电机的内在关系，用简略的方法求取电机的主要尺寸参数，尽量减少对参与电机设计影响不大的各种参数，把目标参数参与计算过程，其主要优点是可以求取达到电机主要技术参数目标值的电机模型，简单，直接，设计符合率好，但计算功能少，受到一定的限制。

永磁同步电机的多目标实用设计法，考虑的电机设计目标较多，要把电机的主要技术参数、机械特性、电机要求的结构尺寸、电机电磁要求、电机的绕线工艺限制和电机发热限制等因素作为电机设计的依据并参与计算，从而求出永磁同步电机的冲片形状、大小尺寸、转子结构、绕组形式、并联绕组数、导线线径、导线并联根数、磁钢材料、磁钢形式等组成的符合电机多目标值要求的电机模型，这就是永磁同步电机的多目标实用设计法。

如果用多目标实用设计法求出一个或多个符合电机主要目标要求的电机模型，然后用 Maxwell 对电机进行分析、计算，选取达到多方面要求的电机计算模型，这样设计既快捷又准确，是一种电机的组合设计法。

下面作者从各个层面介绍用多种多目标实用设计法求取永磁同步电机，包括控制直径比的永磁同步电机的设计、不同结构的永磁同步电机的设计、内嵌式磁钢的永磁同步电机的设计、不同心圆磁钢的永磁同步电机的设计，希望通过这些永磁同步电机的设计方法的介绍，使读者能够对永磁同步电机的实用设计有进一步的了解。

1) 控制直径比的多目标实用设计　永磁同步电机的气隙直径 D_i是与性能相关的重要尺寸，如何来有目标地求取永磁同步电机的气隙直径是电机设计人员关心的问题。在现在永磁同步电机的设计书中，一般介绍是参照同类电机机座号三相电机的气隙直径选取或用苏联叶尔穆林提出的设定电机线负荷和细长比等参数后再求出电机的气隙直径的思路，这两种方法还是有些值得商讨的地方。

本节介绍以控制电机直径比和最大转矩等的多目标设计法。这种方法是从研究气隙直径和永磁同步电机的主要目标参数之间关系出发的，建立一系列的关系等式，从而求出电机的相关数据，建立符合电机多目标要求的电机计算模型，用 Maxwell RMxprt 对电机模型进行核算、分析，求取最佳电机模型，完成永磁同步电机的设计。这种方法对无刷电机、直流电机甚至交流电机的设计都有借鉴意义。如果 ANSYS 公司能够把电机多目标设计的功能融入 Maxwell 中，那么电机设计就将更加方便、实用。

下面介绍用控制电机直径比的方法进行多目标设计。在内转子电机中，电机直径比是指电机定子气隙直径 D_i与定子外径 D 之比。冲片设计的思路：永磁同步电机不管其负载大小，但是其转速是恒定的，电机理想反电动势常数 $K_E=U/n$ 也是恒定的，通电导体有效总根数 $N=60K_E/\Phi$ 和电机的磁通成反比。现在用一个实际电机例子介绍如何用多目标实用设计法求取永磁同步电机模型。

(1) 确定永磁同步电机的技术参数和机械结构。额定电压 380 V(AC)；额定功率 25 kW；额定转速 1 700 r/min；额定转矩 140 N·m；电机瞬时最大输出功率与额定输出功率之比不小于 2；电机不需要弱磁调速；定子外径不大于 200 mm；定子长不大于 350 mm。

(2) 确定定子外径 D。本例是利用三相感应电动势的机壳，选用 Y112M-6 电机的定子外径 $D=175$ mm，该电机不需要弱磁调速，做成表贴式磁钢，这样电机工作磁通会大些。

(3) 求取电机气隙直径 D_i。Y112M-2 的 $D_i=98$ mm；Y112M-6 的 $D_i=120$ mm，电机设计考虑为分数槽集中绕组，因此定子轭宽要比 6 极电机的小，到底气隙直径确定为多少成为电机设计工作者比较困惑的问题，用下面实用设计法基本上能够求出电机的气隙直径和主要尺寸参数。

以电机主要技术参数、电机工艺参数和物理参数作为多目标值参与电机设计计算，气隙直径 D_i作为一个变量，可以从 1 cm 开始(读者可以确定合适的初始值)，以步长为 0.5 cm(可以更小)，直到 0.9D 代入下面程序计算。

① 输入电机设计多目标参数：U、T、n、Z、$\frac{S_t}{b_t}$、D、$\cos\varphi$、η、d、B_Z、α_i，K_{SF}，K_{FE}，$\frac{h_j}{b_t}$、H_{S0}、H_{S1}，R_S、j、a。

② 求取电机模型的主要数据：E、K_E、K_T、I、q_{Cu}、a'、D_i、b_t、D_1、H_{S2}、A_S、W、N、Φ、L、$\frac{D_i}{D}$。

③ 计算程序。

a. 电机反电动势 $E=\sqrt{2}U_{线电压}$

b. 反电动势常数 $K_E=\frac{E}{n}$

c. 转矩常数 $K_{T\text{-}AC}=\frac{T}{I}=\frac{9.549\,3\sqrt{3}\eta\cos\varphi U_{线电压}}{n}$

$$K_{T\text{-}DC}=9.549\,3K_E$$

d. 电机工作线电流 $I_{AC}=\frac{P_2}{\sqrt{3}\eta\cos\varphi U_{线电压}}=\frac{T}{K_{T\text{-}AC}}$

e. 绕组导线理论截面积 $q_{Cu}=\frac{I_{AC}}{j}$

f. 绕组导线并联根数 $a' = \dfrac{4aq_{Cu}}{\pi d^2}$（四舍五入取整）

g. 气隙直径 D_i 作为一个变量，可以从 1 cm 开始（或从指定的电机最小直径开始），以步长为 0.5 cm（可以更小），直到 0.9D。

h. 齿宽 $b_t = \dfrac{\pi D_i}{Z\left(1+\dfrac{S_t}{b_t}\right)}$

i. 槽底径 $D_1 = D - 2\left(\dfrac{h_j}{b_t}\right)$

j. 槽高 $H_{S2} = \left(\dfrac{D_1 - D_i}{2}\right) - (H_{S0} + H_{S1} + R_S)$

k. 槽净面积

$$A_S = \left[\frac{\pi(D_1^2 - D_i^2)}{4Z} - \frac{(D_1 - D_i)b_t}{2}\right] \times 97$$

l. 线圈绕组匝数（双层绕组）$W = \dfrac{2K_{SF}A_S}{\pi d^2 a'}$（取整，向上）

m. 绕组通电导体计算根数 $N = \dfrac{4ZW}{3}$

n. 电机工作磁通 $\Phi = \dfrac{60K_E}{N}$

o. 定子长 $L = \dfrac{\Phi \times 10^4}{B_Z b_t Z K_{FE}}$

p. 直径比 $\dfrac{D_i}{D}$

④ 程序设置说明：

a. 该 25 kW 电机是用 SPWM 模式控制的，因此输入电机的线电压 $U = 380 \times 0.8 = 304(\text{V})$。

b. 电机设计为 $Z = 12$，$2P = 10$ 的分数槽集中绕组。

c. 设 $\sqrt{2}U_{线电压} = E$，这样可以设置 $\cos\varphi = 1$。

d. 用钕铁硼磁钢，$B_r = 1.23$ T，$\alpha_i = 0.73$，$\dfrac{S_t}{b_t} = 1$。

e. 定子外径 D 选用于 Y112M－6 三相异步电机，这样可以套用电机机壳和前后端盖。

f. 在这种大功率电机中，电机的效率均大于 0.9，设效率 $\eta = 0.94$ 是比较合适的。

g. $\dfrac{h_j}{b_t} = 0.57$，即在分数槽集中绕组中，轭宽略大于齿宽的一半，这样轭磁通密度小于齿磁通密度。

h. 线径取 0.69 线，多股并绕。

i. 槽利用率取常用值 $K_{SF} = 0.32$。

j. 槽高为 1 mm，槽肩高为 1.8 mm，槽底倒角 2 mm是常规设置。

⑤ 作者把上面的计算公式编成 Excel 计算表格，计算见表 9－21。

表 9－21　控制电机直径比的多目标实用设计

永磁同步电机直径比多目标实用设计											
目标值	U(V)	T(N·m)	n(r/min)	Z	S_t/b_t	$\cos\varphi$	η	d(cm)	a	j(A/mm^2)	B_Z(T)
	304	140	1 700	12	1.00	1	0.94	0.69	1	7.6	1.8
	D(cm)	K_{SF}	K_{FE}	h_j/b_t	H_{S0}(cm)	H_{S1}(cm)	R_S(cm)			磁钢数据	α_i
	17.5	0.32	0.95	0.57	0.1	0.18	0.2				0.73
	E(V)	K_E[V/(r/min)]	K_T(N·m/A)	I(A)	q_{Cu}(mm^2)	a'					B_r(T)
	429.9	0.253	2.774	50.5	6.64	18					1.23
电机主要尺寸数据计算值											
序号	D_i(cm)	b_t(cm)	D_1(cm)	H_{S2}(cm)	A_S(mm^2)	W	N	Φ(Wb)	L(cm)	D_i/D	K_{SF}实际
1	1	0.131	17.35	7.70	1 801	43	688	0.022 1	82.11	0.057	0.321
2	1.5	0.196	17.28	7.41	1 730	41	656	0.023 1	57.41	0.086	0.319
…	…	…	…	…	…	…	…	…	…	…	…
13	7	0.916	16.46	4.25	988	23	368	0.041 2	21.93	0.400	0.313
14	7.5	0.982	16.38	3.96	924	22	352	0.043 1	21.40	0.429	0.321
15	8	1.047	16.31	3.67	860	20	320	0.047 4	22.07	0.457	0.313
17	9	1.178	16.16	3.10	734	17	272	0.055 8	23.08	0.514	0.312

（续表）

电机主要尺寸数据计算值											
序号	D_i(cm)	b_t(cm)	D_1(cm)	H_{S2}(cm)	A_S(mm^2)	W	N	Φ(Wb)	L(cm)	D_i/D	K_{SF}实际
18	9.5	1.244	16.08	2.81	672	16	256	0.059 3	23.23	0.543	0.320
19	10	1.309	16.01	2.52	611	15	240	0.063 2	23.54	0.571	0.331
20	10.5	1.374	15.93	2.24	550	13	208	0.072 9	25.87	0.600	0.318
21	11	1.440	15.86	1.95	489	12	192	0.079 0	26.75	0.629	0.330
22	11.5	1.505	15.78	1.66	429	10	160	0.094 8	30.70	0.657	0.314
23	12	1.571	15.71	1.37	370	9	144	0.105 4	32.69	0.686	0.327
24	12.5	1.636	15.63	1.09	311	7	112	0.135 5	40.35	0.714	0.303
25	13	1.702	15.56	0.80	253	6	96	0.158 1	45.26	0.743	0.319

以上计算，匝数是进行自动化整的，电机长度自动按比例相应做了变化，由于电机匝数较少，规整后的计算结果会对几种电机性能的同一性有些影响，但是影响不太大。

⑥ 根据计算表数据取 $D_i = 90$ mm、105 mm、120 mm，画出定子和转子结构图，如图 9－70 所示。

由图 9－70 看出，从 $D_i = 90$ mm 的铜电机逐渐变成 $D_i = 120$ mm 的铁电机。从表 9－21 看出，电机的 L 应该有极小值在序号 14 和 15 之间，并可以计算，算出极小值为 20.63 cm，$D_i/D = 0.329$，这种形式电机的用铁量和用磁钢最小，是标准的铜电机，转子小，这样有两种情况：

a. 输出功率受到限制，最大输出功率可能小于电机要求的输出功率。

b. 最大转矩倍数 $T_{max}/T_N = P_{max}/P_N$ 很小。

这种外径有控制的电机是不适合做大转矩电机的，但可以用在低转动惯量的高速电机中。而 D_i/D 较大的电机则可以用在力矩型电机中，如用作电动车电机、抽油机电机等。

⑦ 用实用设计法计算的电机模型，用 Maxwell 进行核算，见表 9－22。

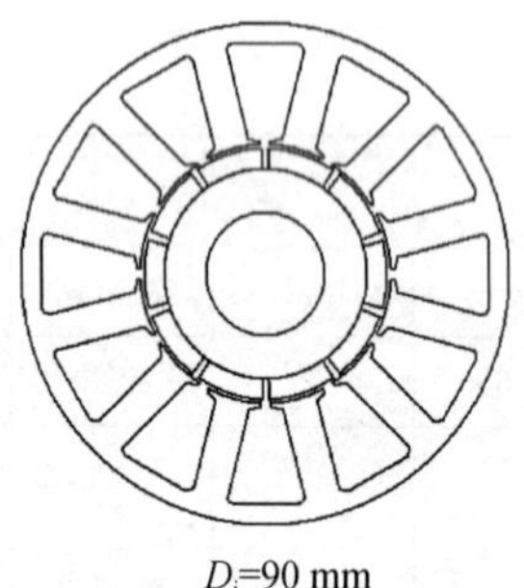

D_i=90 mm

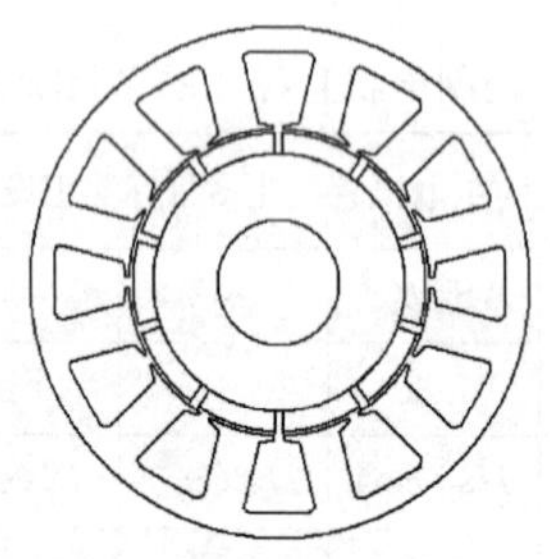

D_i=105 mm

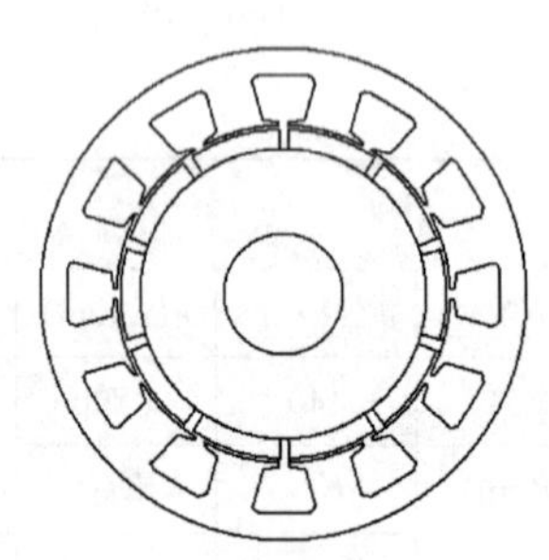

D_i=120 mm

图 9－70　不同气隙直径电机结构

表 9－22　电机 Maxwell 比较计算数据

GENERAL DATA			
Rated Output Power (kW)	25	25	25
Rated Voltage (V)	304	304	304
Type of Source	Sine	Sine	Sine
STATOR DATA			
Number of Stator Slots	12	12	12
Outer Diameter of Stator (mm)	175	175	175
Inner Diameter of Stator (mm)	90	105	120

（续表）

STATOR DATA			
Type of Stator Slot	3	3	3
Stator Slot			
hs0 (mm)	1	1	1
hs1 (mm)	1.8	1.8	1.8
hs2 (mm)	31	22.4	13.7
bs0 (mm)	3.2	3.2	3.2
bs1 (mm)	13.405 1	15.397 4	17.378 8
bs2 (mm)	30.018	27.401 5	24.720 6
rs (mm)	2	2	2
Top Tooth Width (mm)	11.78	13.74	15.71
Bottom Tooth Width (mm)	11.78	13.74	15.71
Skew Width (Number of Slots)	0	0	0
Length of Stator Core (mm)	230.8	258.7	326.9
Stacking Factor of Stator Core	0.95	0.95	0.95
Type of Steel	DW465_50	DW465_50	DW465_50
Number of Parallel Branches	1	1	1
Number of Conductors per Slot	34	26	16
Type of Coils	20	21	20
Average Coil Pitch	1	1	1
Number of Wires per Conductor	18	18	18
Wire Diameter (mm)	0.69	0.69	0.69
Slot Area (mm^2)	749.522	552.372	357.826
Net Slot Area (mm^2)	673.581	532.434	336.105
Limited Slot Fill Factor (%)	75	75	75
Stator Slot Fill Factor (%)	43.257 3	41.848 4	40.795 8
Coil Half-Turn Length (mm)	266.998	296.626	369.909
Wire Resistivity ($\Omega \cdot mm^2/m$)	0.021 7	0.021 7	0.021 7
ROTOR DATA			
Minimum Air Gap (mm)	1	1	1
Inner Diameter (mm)	44	44	44
Length of Rotor (mm)	230.8	258.7	326.9
Stacking Factor of Iron Core	0.95	0.95	0.95
Type of Steel	DW465_50	DW465_50	DW465_50
Polar Arc Radius (mm)	44	51.5	59
Mechanical Pole Embrace	0.89	0.89	0.89
Electrical Pole Embrace	0.857 431	0.864 858	0.870 301
Max. Thickness of Magnet (mm)	7	7	7
Width of Magnet (mm)	22.647 7	26.841 8	31.035 8
Type of Magnet	NdFe35	NdFe35	NdFe35
PERMANENT MAGNET DATA			
Residual Flux Density (T)	1.23	1.23	1.23
Recoil Coercive Force (kA/m)	890	890	890

（续表）

NO-LOAD MAGNETIC DATA			
Stator-Teeth Flux Density (T)	1.844 48	1.887 77	1.935 53
Stator-Yoke Flux Density (T)	1.566 98	1.616 16	1.659 91
FULL-LOAD DATA			
Maximum Line Induced Voltage (V)	442.735	451.877	411.018
Root-Mean-Square Line Current (A)	53.823	50.365 6	50.804 1
Root-Mean-Square Phase Current (A)	53.823	50.365 6	50.804 1
Armature Current Density (A/mm^2)	7.996 63	7.482 96	7.548 12
Output Power (W)	25 001.8	25 010.1	25 013.3
Input Power (W)	27 023.3	26 808.2	26 708.2
Efficiency (%)	92.519 4	93.292 8	93.654
Power Factor	0.944 61	0.999 95	0.985 23
Synchronous Speed (r/min)	1 700	1 700	1 700
Rated Torque (N·m)	140.441	140.488	140.505
Torque Angle (°)	47.847 2	22.778 1	10.824 1
Maximum Output Power (W)	33 178.5	62 582.4	120 362
T_M/T_N	1.327 14	2.503 29	4.814 48

注：本表直接从 Maxwell 软件计算结果中复制，仅规范了单位。

从表 9－22 可以看出，如果用多目标实用设计法先计算出一系列达到设计目标值的电机模型，为 Maxwell 的核算、分析做了很好的铺垫工作，然后用 Maxwell 对电机进行核算和判断，选取合适的最大输出功率与额定功率之比，那么电机设计基本上一次就完成了，可以看出两种方法的计算同一性是比较好的，误差不是很大，无须反复进行计算，设计者的设计目的性是非常好的。

⑧ 选取电机。要求电机的最大输出功率与额定输出功率之比不小于 2，所以选定 $D_i = 10.5$ cm 的电机结构就可以了。如果要求电机的最大输出功率与额定输出功率之比大，那么从表 9－22 中选取较大的 D_i 的电机即可。

⑨ 电机机械特性曲线如图 9－71 所示。

⑩ 同一模型电机的实用设计与 Maxwell 核算精度同一性考核（$D_i = 105$ mm），见表 9－23。

⑪ 系列电机实用目标设计数据计算同一性考核，见表 9－24。

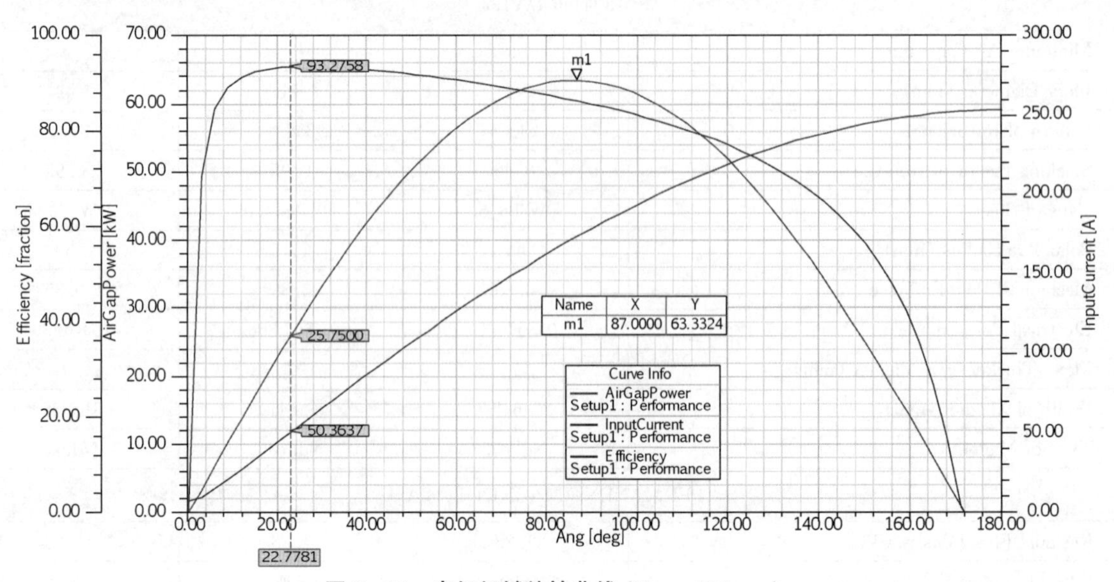

图 9－71　电机机械特性曲线（$D_i = 105$ mm）

表 9-23　同一电机不同程序计算精度考核表

计算参数	E(V)	I(A)	B_Z(T)	j(A/mm^2)	η	$\cos\varphi$
实用设计	429.9	50.5	1.8	7.6	0.94	1
Maxwell	451.877	50.365 6	1.887 77	7.482 96	0.932 928	0.999 95
Δ	0.048 6	0.002 66	0.046 5	0.015 6	0.007 6	0.000 05

表 9-24　不同电机性能对比

计算参数	E(V)	I(A)	B_Z(T)	j(A/mm^2)	η	$\cos\varphi$
目标值	429.9	50.5	1.8	7.6	0.94	1
90	427.35	53.823	1.844 48	7.996 63	0.925 194	0.944 61
105	451.887	50.365 6	1.887 77	7.482 96	0.932 928	0.999 95
120	411.018	50.804 1	1.935 53	7.548 12	0.936 543	0.985 23

这些永磁同步电机完全达到了电机额定点的要求，都达到了目标设计值：

$$D_i = 105\ \text{mm}$$

Rated Output Power (kW): 25
Rated Voltage (V): 304
Frequency (Hz): 141.667
Type of Circuit: Y3
Type of Source: Sine
Stator-Teeth Flux Density (Tesla): 1.88777
Stator-Yoke Flux Density (Tesla): 1.61616
Maximum Line Induced Voltage (V): 451.877
Root-Mean-Square Line Current (A): 50.3656
Root-Mean-Square Phase Current (A): 50.3656
Armature Current Density (A/mm^2): 7.48296
Output Power (W): 25010.1
Input Power (W): 26808.2
Efficiency (%): 93.2928
Power Factor: 0.999946
Synchronous Speed (rpm): 1700
Rated Torque (N.m): 140.488
Torque Angle (degree): 22.7781
Maximum Output Power (W): 62582.4
TM/TN: 2.52

多目标实用设计用了 19 个电机目标数据参与了永磁同步电机设计，计算出的电机模型的主要技术和尺寸参数用 Maxwell 进行计算分析，其计算精度的同一性比较好，一次性计算，误差不大。

2) 不同结构形式电机的多目标实用设计　仍用本章 25 kW 电机的额定性能要求，定子冲片外径选用 200 mm，气隙直径选用 $D_i = 130$ mm，$Z = 18$，$2P = 8$，这样该电机绕组是大节距绕组，绕组形式见图 9-41。用多目标实用计算法，线圈跨 2 齿。$\dfrac{h_j}{b_t} = 0.6 \times 2 = 1.2$，见表 9-25。

表 9-25　电机多目标实用设计计算

永磁同步电机直径比多目标实用设计											
目标值	U(V)	T(N·m)	n(r/min)	Z	S_t/b_t	$\cos\varphi$	η	d(cm)	a	j(A/mm^2)	B_Z(T)
	304	140	1 700	18	1.00	1	0.94	0.69	1	7.6	1.8
	D(cm)	K_{SF}	K_{FE}	h_j/b_t	H_{S0}(cm)	H_{S1}(cm)	R_S(cm)			磁钢数据	α_i
	20	0.32	0.95	1.2	0.1	0.18	0.2				0.73
	E(V)	K_E[V/(r/min)]	K_T(N·m/A)	I(A)	q_{Cu}(mm^2)	a'					B_r(T)
	429.9	0.253	2.774	50.5	6.64	18					1.23
电机主要尺寸数据计算值											
序号	D_i(cm)	b_t(cm)	D_1(cm)	H_{S2}(cm)	A_S(mm^2)	W	N	Φ(Wb)	L(cm)	D_i/D	K_{SF}实际
25	13	1.134	17.28	1.66	313	7	168	0.090 3	25.87	0.650	0.301

对表中第 25 项的电机计算模型的数据用 Maxwell 进行核算，列出计算结果：

Rated Output Power (kW): 25
Rated Voltage (V): 304
Number of Poles: 8
Frequency (Hz): 113.333

Rotor Position：Inner
Type of Circuit：Y3
Type of Source：Sine
Stator-Teeth Flux Density (Tesla)：1.89861
Stator-Yoke Flux Density (Tesla)：1.46201
Maximum Line Induced Voltage (V)：441.448
Root-Mean-Square Line Current (A)：51.2208
Root-Mean-Square Phase Current (A)：51.2208
Armature Current Density (A/mm^2)：7.61001
Output Power (W)：25012.9
Input Power (W)：26762.1
Efficiency (%)：93.4638
Power Factor：0.982632
Synchronous Speed (rpm)：1700
Rated Torque (N.m)：140.503
Torque Angle (degree)：13.7222
Maximum Output Power (W)：99574.8
T_M/T_N：3.983

电机机械特性曲线如图 9-72 所示。

同一模型电机的实用设计与 Maxwell 核算精度一致性考核（D_i = 130 mm），见表 9-26。

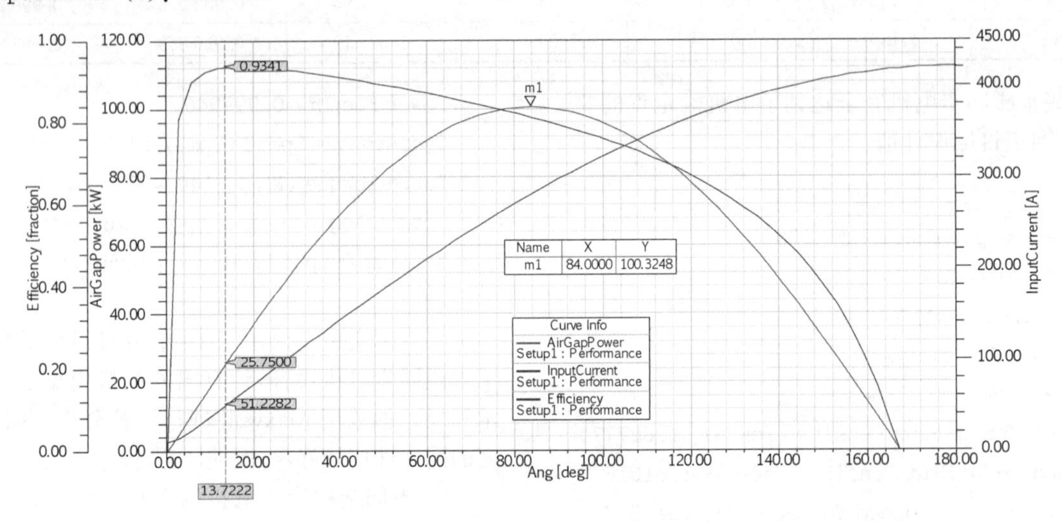

图 9-72 电机机械特性曲线

表 9-26 不同程序计算同一性考核

计算参数	E(V)	I(A)	B_Z(T)	j(A/mm²)	η	$\cos\varphi$
实用设计	429.9	50.5	1.8	7.6	0.94	1
Maxwell	441.448	51.220 8	1.898 61	7.610 01	0.934 638	0.982 632
Δ	0.026	0.014	0.051 9	0.001 32	0.005	0.017 6

同一性能，不同电机结构（D = 175 mm、200 mm）如图 9-73 所示。

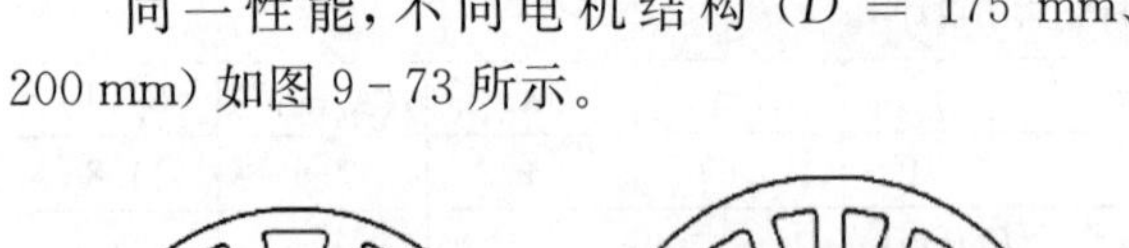

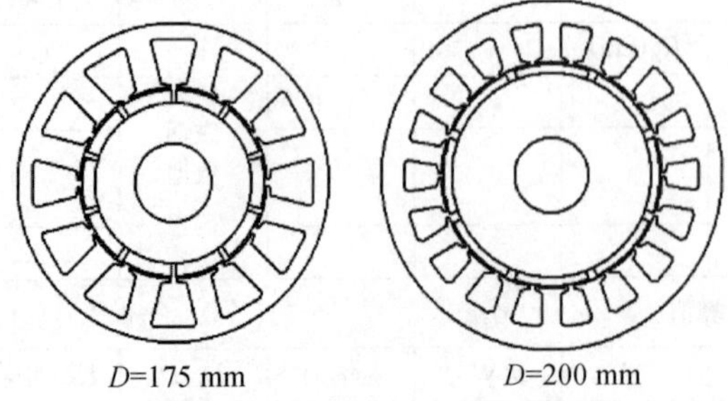

图 9-73 两种冲片不同结构

3）内嵌式磁钢电机的多目标实用设计　如果电机性能要求不变，定子冲片不变，Z = 18 不变，转子磁钢改成内嵌式，磁钢极数改为 $2P$ = 12，用多目标实用计算程序计算电机结构与性能。

因为转子磁钢变成内嵌式（图 9-74），因此要加

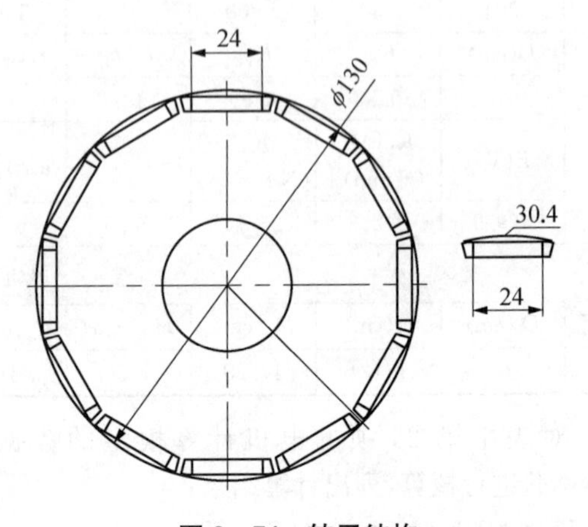

图 9-74 转子结构

一个机械极弧系数。

机械极弧系数 $\alpha_j = \dfrac{24}{30.4} = 0.8$，$B_Z = 1.8 \times 1.23 = 1.44$ (T) 代入实用计算程序，计算电机模型，见表 9-27 和图 9-75。

表 9-27　电机多目标实用设计计算

永磁同步电机直径比多目标实用设计											
目标值	U(V)	T(N·m)	n(r/min)	Z	S_t/b_t	$\cos\varphi$	η	d(cm)	a	j(A/mm^2)	B_Z(T)
	304	140	1 700	18	1.00	1	0.94	0.69	1	7.6	1.44
	D(cm)	K_{SF}	K_{FE}	h_j/b_t	H_{S0}(cm)	H_{S1}(cm)	R_S(cm)			磁钢数据	α_i
	20	0.32	0.95	1.2	0.1	0.18	0.2				0.73
	E(V)	K_E[V/(r/min)]	K_T(N·m/A)	I(A)	q_{Cu}(mm^2)	a'					B_r(T)
	429.9	0.253	2.774	50.5	6.64	18					0.99
电机主要尺寸数据计算值											
序号	D_i(cm)	b_t(cm)	D_1(cm)	H_{S2}(cm)	A_S(mm^2)	W	N	Φ(Wb)	L(cm)	D_i/D	K_{SF}实际
25	13	1.134	17.28	1.66	313	7	168	0.090 3	32.33	0.650	0.301

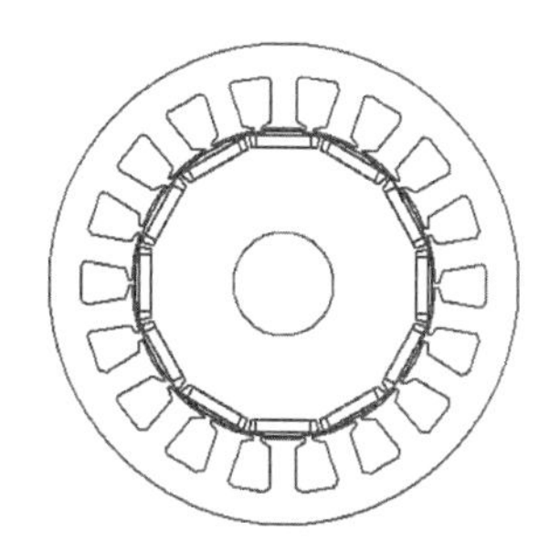

图 9-75　电机结构

对表中第 25 项的电机计算模型的数据用 Maxwell 进行核算，列出计算结果：

Rated Output Power (kW): 25

Rated Voltage (V): 304

Type of Circuit: Y3

Type of Source: Sine

Stator-Teeth Flux Density (Tesla): 1.70455

Stator-Yoke Flux Density (Tesla): 0.801072

Maximum Line Induced Voltage (V): 492.172

Root-Mean-Square Line Current (A): 51.4602

Root-Mean-Square Phase Current (A): 51.4602

Armature Current Density (A/mm^2): 7.64559

Output Power (W): 24992.2

Input Power (W): 26915.5

Efficiency (%): 92.8543

Power Factor: 0.98268

Synchronous Speed (rpm): 1700

Rated Torque (N.m): 140.387

Torque Angle (degree): 31.3559

Maximum Output Power (W): 81238.8

T_M/T_N: 3.25

电机机械特性曲线如图 9-76 所示。

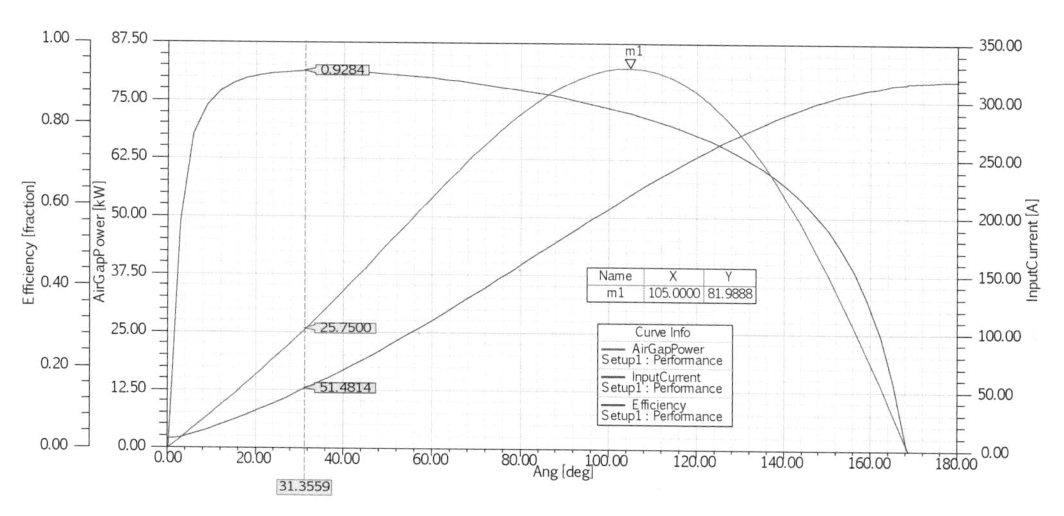

图 9-76　电机机械特性曲线

同一模型电机，内嵌式磁钢的转子，实用设计与 Maxwell 核算精度同一性考核，见表 9－28。

表 9－28 不同程序计算同一性考核（内嵌式磁钢，$D_i = 130$ mm）

计算参数	I(A)	j(A/mm²)	η	$\cos\varphi$
实用设计	50.5	7.6	0.94	1
Maxwell	51.460 2	7.645 59	0.928 543	0.982 68
Δ	0.018 6	0.005 9	0.012 3	0.017 6

这里两种电机的转子结构不一样，对电机齿磁通密度和反电动势的概念不一样，因此不做比较。本小节作者介绍了永磁同步电机多目标实用设计，计算了同一个电机额定性能，不同结构形式的模型电机，与 Maxwell 核算相比，计算结果的同一性是相近的。因此根据永磁同步电机的技术性能，用多目标实用设计法，做一个基本上能符合电机性能的电机模型，开一个冲片槽形是非常方便的。

4）不同心圆磁钢的电机多目标实用设计　不同心圆磁钢是解决高性能磁钢电机的齿槽转矩大的方法之一，由于磁钢的中心与边缘的气隙长度不一样，这样气隙磁通密度分布由梯形波改变为近似正弦波，齿槽转矩降会大大降低，如图 9－77 和图 9－78 所示。

凸极率高的电机的齿槽转矩要好于凸极率低的，如果定子不斜槽，那么要减少电机的齿槽转矩就应该考虑磁钢的凸极问题，也可以用转子磁钢斜槽来应付电机的齿槽转矩，当然分数槽的齿槽转矩比整数槽小很多。还有许多办法可以减少电机的齿槽转矩，如磁钢做成宽度不一、转子分段错位、定子齿气隙长度不一、齿气隙面开小凹槽等方法都可以使电机的齿槽转矩减小，内容很多，可成章节，限于篇幅，此处不详述，读者在工作实践中可以实验，总结经验。

用一般的磁路设计观点对待不同心圆磁钢的计算非常麻烦，计算也不精确，所以要采用磁场有限元分析方法求取电机的气隙磁通和磁通密度。

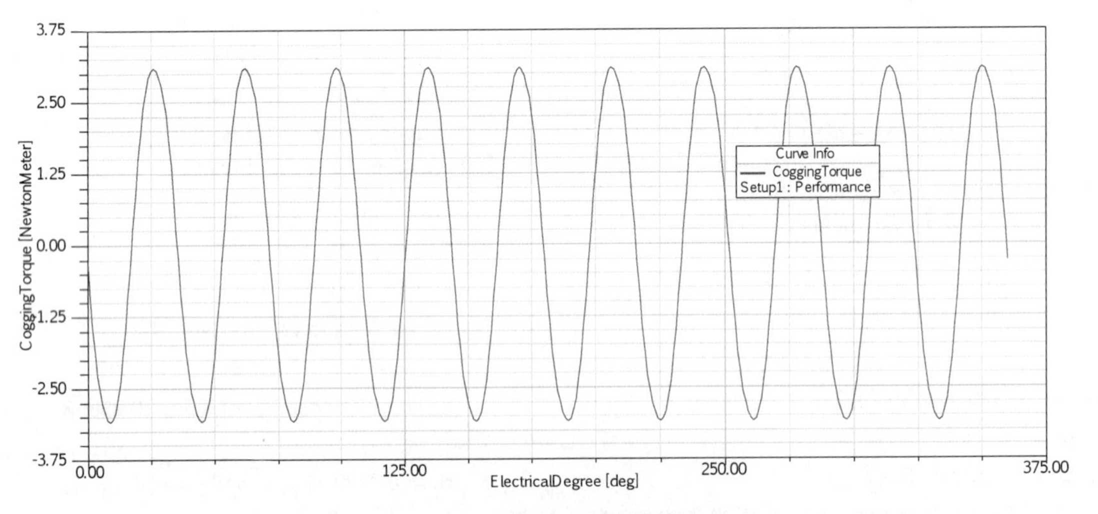

图 9－77 磁钢同心圆齿槽转矩

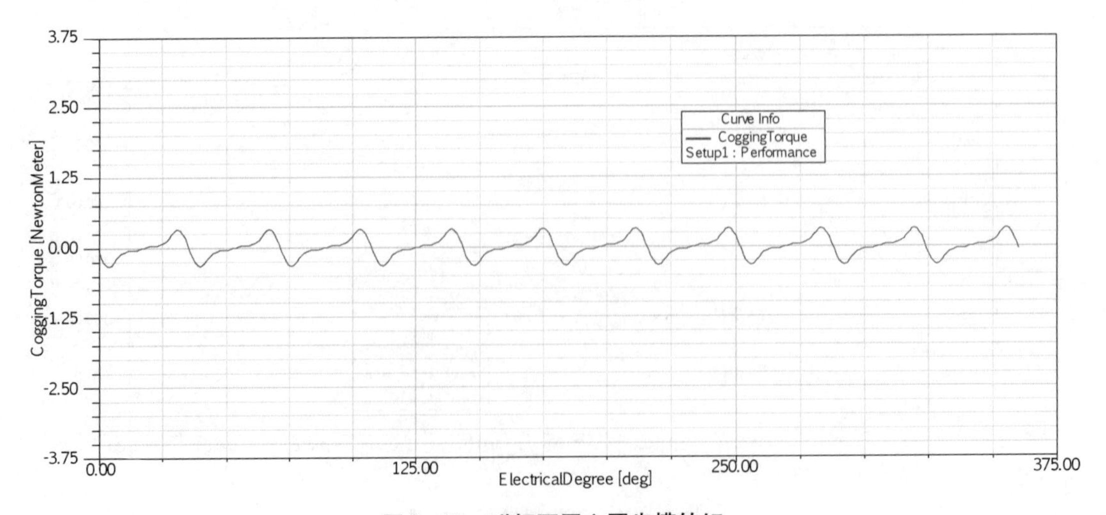

图 9－78 磁钢不同心圆齿槽转矩

实用设计法看待这个问题就比较简单，可以认为：在一般电机磁钢的凸极率不是太高的情况下，磁钢的磁力线都会以平均磁通密度的方式，通过气隙进入定子齿，那么实用设计的齿磁通密度的计算公式不变，这样电机的工作磁通就基本不变，因此电机的性能也变化不大。

从 Maxwell 磁力线分布图(图 9-79)中也能够看出，磁钢发出的磁力线都进入了齿。

不同磁钢凸极率的电机结构(转子外半径=51.5 mm)如图 9-80 所示。

用 Maxwell 来验证，见表 9-29。

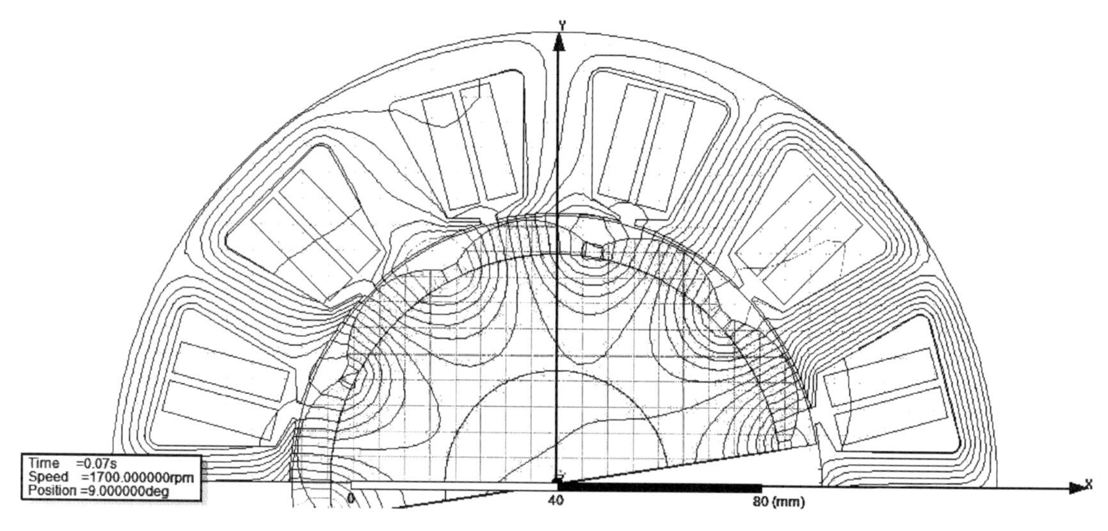

图 9-79　磁钢磁力线分布

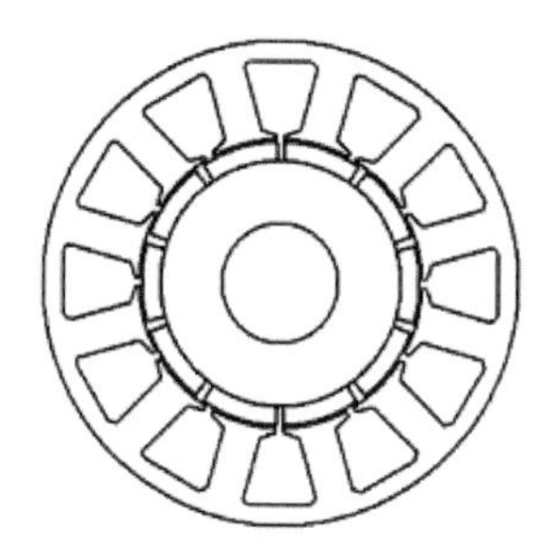

极弧半径 51.5 mm

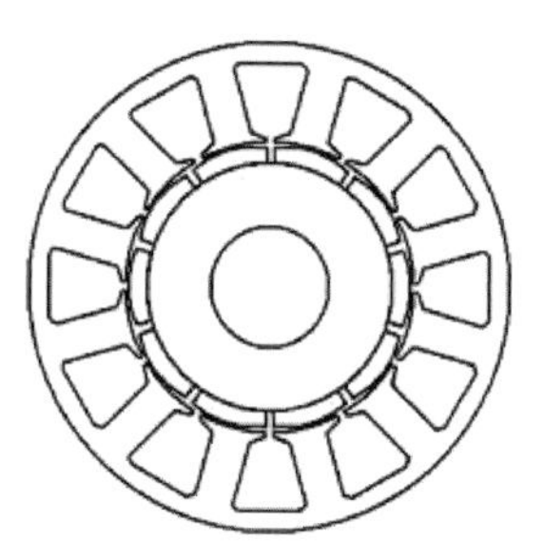

极弧半径 31.5 mm

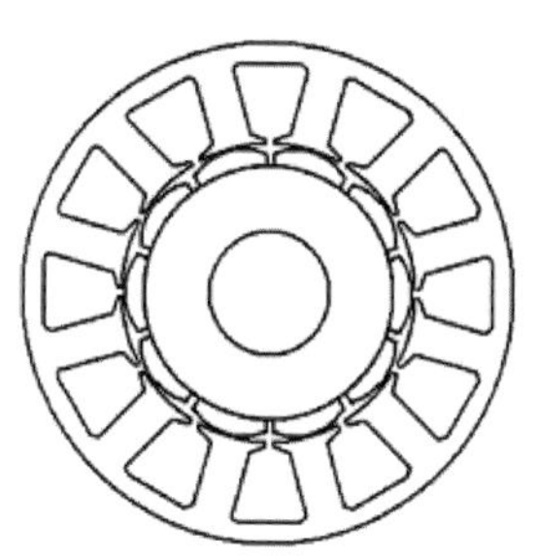

极弧半径 21.5 mm

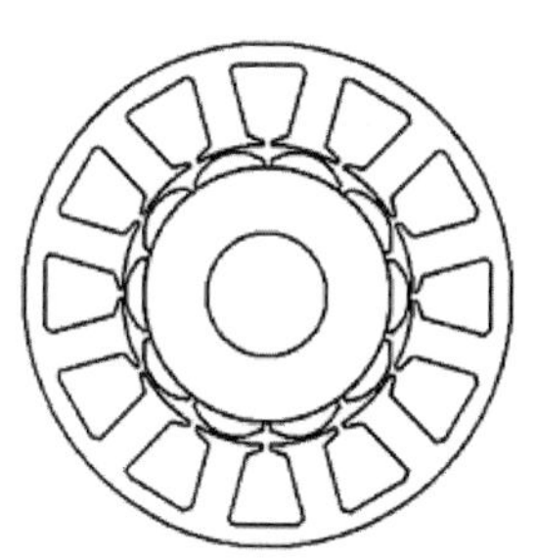

极弧半径 16.5 mm

图 9-80　不同极弧半径电机结构

表 9-29　不同极弧半径电机性能比较

Polar Arc Radius (mm)	51.5	31.5	21.5	16.5
Stator-Teeth Flux Density (T)	1.887 77	1.787	1.656 8	1.537 11
Cogging Torque (N·m)	3.073 76	1.657 64	0.891	0.333 74
Maximum Line Induced Voltage (V)	451.877	439.264	417.166	395.271
Root-Mean-Square Line Current (A)	82.669 2	81.747 8	80.869 9	80.673
Root-Mean-Square Phase Current (A)	82.669 2	81.747 8	80.869 9	80.673
Armature Thermal Load (A^2/mm^3)	960.379	939.088	919.028	914.558
Specific Electric Loading (A/mm)	78.191 5	77.319 9	76.489 6	76.303 4
Armature Current Density (A/mm^2)	12.282 4	12.145 5	12.015 1	11.985 8
Frictional and Windage Loss (W)	750	750	750	750
Iron-Core Loss (W)	291.198	257.77	218.332	185.407
Armature Copper Loss (W)	2 039.16	1 993.95	1 951.36	1 941.87

(续表)

Total Loss (W)	3 080.36	3 001.72	2 919.69	2 877.28
Output Power (W)	25 003.2	25 010.6	25 005.3	25 000.8
Input Power (W)	28 083.6	28 012.3	27 925	27 878.1
Efficiency (%)	89.031 5	89.284 3	89.544 5	89.679 1
Power Factor	0.999 946	0.996 664	0.976 022	0.940 797
Synchronous Speed (r/min)	1 700	1 700	1 700	1 700
Rated Torque (N·m)	140.449	140.49	140.46	140.435
Torque Angle (°)	41.725 6	43.219 2	45.483 8	48.070 6
Maximum Output Power (W)	35 637.8	34 694.7	33 415	32 131.3

注：本表直接从 Maxwell 软件计算结果中复制，仅规范了单位。

磁钢极弧半径为 16.5 mm 凸极率也是比较高的，但是计算结果还是基本一致的。因此不同心圆的永磁同步电机的设计可以和同心圆磁钢一样计算电机的初始电机模型，误差不是很大，如果有些误差，那么用 Maxwell RMxprt 进行核算和稍加修正即可以。

9.4 永磁同步电机调整与改进

由于永磁同步电机独特的机械性能，所以设计仅要满足额定点的转矩和转速要求的永磁同步电机是非常容易的。设计一个永磁同步电机要符合电机基本要求的前提下，还要符合电机的电流、电流密度、转矩常数、反电动势常数、功率因数、最大转矩倍数等目标数据，这样的电机设计是比较困难的。

一个永磁同步电机性能好坏的判断是容易的，但是要把该电机进行调整使电机达到多目标要求则是有些难度的。

多目标实用设计在这个方面做了些工作，下面介绍如何用多目标实用设计对现有的永磁同步电机进行调整和改进。

9.3.10 节介绍的 25 kW 永磁同步电机是有实物样机的，作者仅收到该电机的 Maxwell 电机计算模型。从计算单知，电机的额定技术要求为：额定电压 380 V(AC)，额定功率 25 kW，额定转速 1 700 r/min，额定转矩 140 N·m，长期工作制，是风冷电机。定子、转子结构和绕组排布如图 9-81 所示。

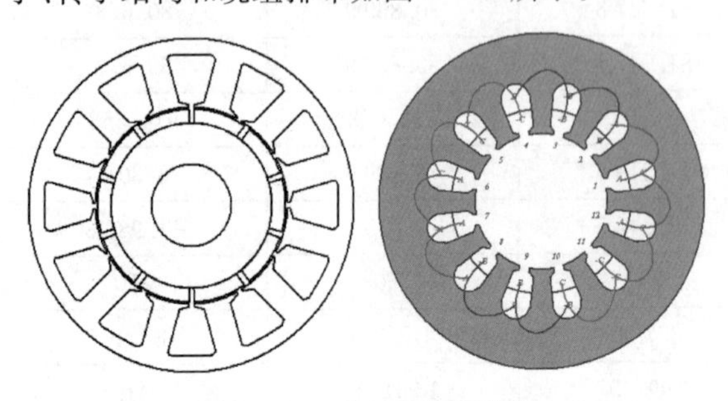

图 9-81　电机结构与绕组

该电机用 SVPWM 控制驱动，使用后发热严重，额定负载只能运行 30 min。在 0.8 的额定转矩下，65 min 时基本稳定，绕组温度为 112℃。

对电机模型计算后，摘录主要计算数据：

```
Rated Voltage (V): 380
Stator Slot Fill Factor (%): 48.9657
Stator-Teeth Flux Density (Tesla): 1.80199
Stator-Yoke Flux Density (Tesla): 1.46037
Maximum Line Induced Voltage (V): 427.151
Root-Mean-Square Line Current (A): 53.3065
Root-Mean-Square Phase Current (A): 53.3065
Armature Current Density (A/mm^2): 7.12791
Output Power (W): 25008.2
Input Power (W): 26732.1
Efficiency (%): 93.5515
Power Factor: 0.750973
Synchronous Speed (rpm): 1700
Rated Torque (N.m): 140.477
Torque Angle (degree): 17.138
Maximum Output Power (W): 72856.3
Torque Constant KT (Nm/A): 2.7143
```

从上面电机主要技术参数看，电机的定子齿磁通密度、轭磁通密度、槽满率比较正常，电流密度较高，电机的功率因数太低。

一般长期工作的电机采用风冷降温，那么取用的电流密度不要超过 6.5 A/mm^2，因此该电机的电流密度 7.127 91 A/mm² 太高，不能长期工作。另外该电机的感应电动势为 427.151 V，输入电机的线电压幅值为 $\sqrt{2} \times 380\ \text{V} = 537.4(\text{V})$，两者相差太大。当输入电压幅值与电机的感应电动势相等时，电机的功率因数才等于 1。因此该电机的功率因数太低的原因是电机的感应电动势太低。

对这个电机改进，就必须降低电机的电流密度，提高电机的功率因数。方法如下：

(1) 把电机的额定功率从 25 kW 改为 0.8 × 25 = 20(kW)，代入 Maxwell 电机计算模型，求出 "Armature Current Density (A/mm^2)：6.25174"，说明如果电机电流密度小于 6.25 A/mm²，那么电机基本上就可以长期运行了。

(2) 使电机的感应电动势为 537 V 左右，那么电机的功率因数就会接近 1。

(3) 用多目标实用设计进行新的电机模型的设计，求出符合要求的电机模型，见表 9 - 30。

表 9 - 30　电机多目标设计

永磁同步电机直径比多目标实用设计											
目标值	U(V)	U/E	T(N·m)	n(r/min)	Z	S_t/b_t	$\cos\varphi$	η	d(cm)	a	j(A/mm²)
	380	1	140	1 700	12	1.00	1	0.94	0.69	1	6
	D(cm)	K_{SF}	K_{FE}	h_j/b_t	H_{S0}(cm)	H_{S1}(cm)	R_S(cm)	B_Z(T)	α_i	$\eta_{逆}$	
	17.6	0.34	0.95	0.57	0.1	0.18	0.2	1.8	0.73	0.953	
	E(V)	K_E[V/(r/min)]	$K_{T\text{-}AC}$(N·m/A)	I_{AC}(A)	q_{Cu}(mm²)	a'		B_r(T)		$K_{T\text{-}DC}$(N·m/A)	I_{DC}(A)
	537.4	0.316	3.468	40.4	6.73	18		1.23		3.019	51.9
电机主要尺寸数据计算值											
序号	D_i(cm)	b_t(cm)	D_1(cm)	H_{S2}(cm)	A_S(mm²)	W	N	Φ(Wb)	L(cm)	D_i/D	D_i/L
	10.4	1.361	16.05	2.34	575	15	240	0.079	28.29	0.591	0.367 6

(4) 用 Maxwell 对新的电机模型进行验算，查看模型电机各项指标的符合性。

(5) 永磁同步电机中的 K_E 是不变的，$K_E = \dfrac{E}{n} = \dfrac{N\Phi}{60}$，当定子冲片外径确定后，电机的 j、K_{SF}、B_r、α_i、D_i、$\dfrac{S_t}{b_t}$ 就决定了 N，并可以求出永磁同步电机定子在 $\cos\varphi = 1$ 时的长度。$\Phi \propto L \propto E \propto \cos\varphi$，适当减小 L，则 E 和 $\cos\varphi$ 相应就减小，$\dfrac{E}{\sqrt{2}U}$ 和 $\cos\varphi$ 就小于 1，使 $\cos\varphi$ 达到人们可以容忍的值，这时 L 值为永磁同步电机定子长度的要求值。电机的功率因数不一定绝对为 1，而且电机定子长的减少和电机功率因数的减少对于工厂来讲价值观念是不一样的，有的场合如果能够使功率因数下降一些，定子减下了一定长度，那么这种方案还是可取的。如把实用设计模型的功率因数降到 0.95 左右，定子长度降到 250 mm，这仅比原设计 242 mm 略长 8 mm，但是性能比原设计好多了。

(6) 原有电机长度增加，电流密度也能减小，但是功率因数还是较低的，电机性能无法与多目标实用设计的模型电机性能相比，见表 9 - 31。

表 9 - 31　各种设计方案对比

ADJUSTABLE-SPEED PERMANENT MAGNET SYNCHRONOUS MOTOR DESIGN				
GENERAL DATA	原设计	原设计 0.8P2	实用设计	实用设计长度减少
1.414 2U/E	1.258 09	1.258 09	0.953 11	1.078 76
1/cosF	1.331 61	1.443 93	1.000 18	1.049 18
L	242	242	283	250
Rated Output Power (kW)	25	20	25	25
Rated Voltage (V)	380	380	380	380
Number of Poles	10	10	10	10

（续表）

GENERAL DATA	原设计	原设计 0.8P2	实用设计	实用设计长度减少
STATOR DATA				
Number of Stator Slots	12	12	12	12
Outer Diameter of Stator (mm)	176	176	176	176
Inner Diameter of Stator (mm)	104	104	104	104
Type of Stator Slot	3	3	3	3
Stator Slot				
hs0 (mm)	1	1	1	1
hs1 (mm)	1.8	1.8	1.8	1.8
hs2 (mm)	22.4	22.4	23.4	23.4
bs0 (mm)	3.2	3.2	3.2	3.2
bs1 (mm)	14.3	14.3	15.263 9	15.263 9
bs2 (mm)	26.3	26.3	27.804	27.804
rs (mm)	2	2	2	2
Top Tooth Width (mm)	14.541 1	14.541 1	13.61	13.61
Bottom Tooth Width (mm)	14.545 1	14.545 1	13.61	13.61
Length of Stator Core (mm)	242	242	283	250
Stacking Factor of Stator Core	0.95	0.95	0.95	0.95
Type of Steel	DW465_50	DW465_50	DW465_50	DW465_50
Number of Parallel Branches	1	1	1	1
Number of Conductors per Slot	26	26	30	30
Type of Coils	21	21	20	20
Average Coil Pitch	1	1	1	1
Number of Wires per Conductor	20	20	18	18
Wire Diameter (mm)	0.69	0.69	0.69	0.69
Slot Area (mm^2)	524.553	524.553	577.603	577.603
Stator Slot Fill Factor (%)	48.965 7	48.965 7	46.092	46.092
Wire Resistivity ($\Omega \cdot mm^2/m$)	0.021 7	0.021 7	0.021 7	0.021 7
ROTOR DATA				
Minimum Air Gap (mm)	1	1	1	1
Inner Diameter (mm)	44	44	44	44
Length of Rotor (mm)	240	240	283	250
Stacking Factor of Iron Core	0.95	0.95	0.95	0.95
Type of Steel	DW465_50	DW465_50	DW465_50	DW465_50
Polar Arc Radius (mm)	51	51	51	51
Mechanical Pole Embrace	0.89	0.89	0.89	0.89
Electrical Pole Embrace	0.864 433	0.864 433	0.864 433	0.864 433
Max. Thickness of Magnet (mm)	7	7	7	7
Width of Magnet (mm)	26.562 2	26.562 2	26.562 2	26.562 2
Type of Magnet	NdFe35	NdFe35	NdFe35	NdFe35
Type of Rotor	1	1	1	1
Magnetic Shaft	Yes	Yes	Yes	Yes

（续表）

GENERAL DATA	原设计	原设计 0.8P2	实用设计	实用设计长度减少
PERMANENT MAGNET DATA				
Residual Flux Density (T)	1.23	1.23	1.23	1.23
NO-LOAD MAGNETIC DAT				
Stator-Teeth Flux Density (T)	1.801 99	1.801 99	1.883 65	1.883 93
Stator-Yoke Flux Density (T)	1.460 37	1.460 37	1.597 34	1.597 58
Rotor-Yoke Flux Density (T)	0.633 638	0.633 638	0.614 733	0.614 826
Air-Gap Flux Density (T)	0.930 034	0.930 034	0.903 42	0.902 72
Magnet Flux Density (T)	1.026 63	1.026 63	9.96E-01	0.996 147
No-Load Line Current (A)	32.046	32.046	6.067 59	7.931 65
No-Load Input Power (W)	1 265.77	1 265.77	1 086.09	1 055.35
Cogging Torque (N·m)	2.988 32	2.988 32	3.320 77	2.931 71
FULL-LOAD DATA				
Maximum Line Induced Voltage (V)	427.151	427.151	563.832	498.16
Root-Mean-Square Line Current (A)	53.581 9	46.754	40.043 3	41.991 7
Root-Mean-Square Phase Current (A)	53.581 9	46.754	40.043 3	41.991 7
Armature Thermal Load (A^2/mm^3)	366.59	279.115	262.488	288.654
Specific Electric Loading (A/mm)	51.165 9	44.645 9	44.120 5	46.267 3
Armature Current Density (A/mm^2)	7.164 73	6.251 74	5.949 34	6.238 83
Output Power (W)	25 007.8	20 008.4	25 003.1	25 002.6
Input Power (W)	26 739	21 566.6	26 670.5	26 624.7
Efficiency (%)	93.525 4	92.774 9	93.748	93.907 7
Power Factor	0.750 97	0.692 55	0.999 82	0.953 12
Synchronous Speed (r/min)	1 700	1 700	1 700	1 700
Rated Torque (N·m)	140.474	112.392	140.448	140.446
Torque Angle (°)	17.214 1	13.628 3	21.234 9	20.783 9
Maximum Output Power (W)	79 558.7	79 558.7	67 412	67 861.8
TM/TN	3.182 35	3.182 35	2.696 48	2.714 47

注：本表直接从 Maxwell 软件计算结果中复制，仅规范了单位。

9.5　永磁同步电机的分步目标设计

分步目标设计法是先确定电机磁通密度，再求取电机匝数，最后求取电机长度，分步求取，这与一般电机设计方法不同。永磁同步电机也可以进行分步目标设计，设计方法简单、目标明确，设计符合率较高。设计思路和无刷电机分步目标设计的思路差不多，但是永磁同步电机的转速与电机匝数无关，是一种与频率相关的恒转速电机，所以要根据永磁同步电机的特点来制定分步目标设计的方法与步骤。

还是首先优化冲片，使冲片的磁通密度达到目标值，其次根据电机电流密度 j、槽利用率 K_{SF} 和冲片槽面积 A_S 求取电机的每槽导体根数 N_1，最后根据电机的 K_E 目标值，求取电机的定子叠厚 L。这样分步达到永磁同步电机的目标设计。

下面用一个实例进行永磁同步电机分步都目标设计：电机 60 V(DC)、$n_N = 3\,000$ r/min、$P_2 = 6\,000$ W、定子外径 $D = 185$ mm。

(1) 确定无刷电机的选定值：电机输入电压 60 V(DC)，电机内转子，定子外径 $D = 185$ mm，定子内径 $D_i = 120$ mm，18 槽 12 极，分数槽集中绕组，黏结钕铁硼磁钢，$B_r = 1.23$ T，叠压系数 0.95，绕组用星形接法。

(2) 无刷电机的目标值：电机输出功率 6 000 W，电机转速 3 000 r/min，槽利用率为 0.22，齿磁通密度目标值 1.9 T，轭磁通密度 1.2 T 左右，电流密度 5 A/mm^2。

(3) 求取值为电机的线径 d、匝数 N 和电机的定、转子长 L。

下面是永磁同步电机的分步目标设计：

1) 电机冲片磁通密度的目标设计　定子冲片的齿磁通密度 B_Z 和轭磁通密度 B_j 分别与冲片的齿宽 b_t 和轭宽 h_j 有关。当一个电机的定子外径 D、内径 D_i 和磁钢确定后，那么，B_Z 就和 S_t 与 b_t 之比有关，即

$$B_Z = \alpha_i B_r \left(1 + \frac{S_t}{b_t}\right)$$

因此

$$\frac{S_t}{b_t} = \frac{B_Z}{\alpha_i B_r} - 1 = \frac{1.9}{0.72 \times 1.23} - 1 = 1.145$$

$$S_t + b_t = \frac{\pi D_i}{Z} = \frac{\pi \times 12}{18} = 2.094\,4$$

$$b_t = 0.976\ \text{cm} = 9.76\ \text{mm}$$

轭宽 $h_j = \dfrac{b_t}{2} \times \dfrac{B_Z}{B_j} = \dfrac{9.76}{2} \times \dfrac{1.9}{1.2} = 7.73$(mm)(取 8 mm)

这样永磁同步电机的定子冲片就基本确定了，如图 9-82 和图 9-83 所示。

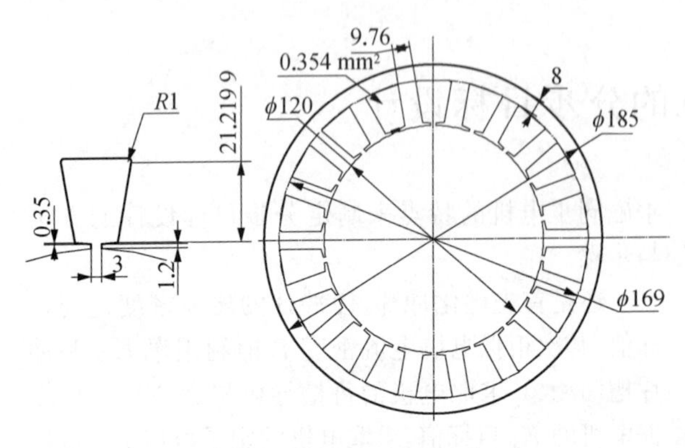

图 9-82　电机定子冲片

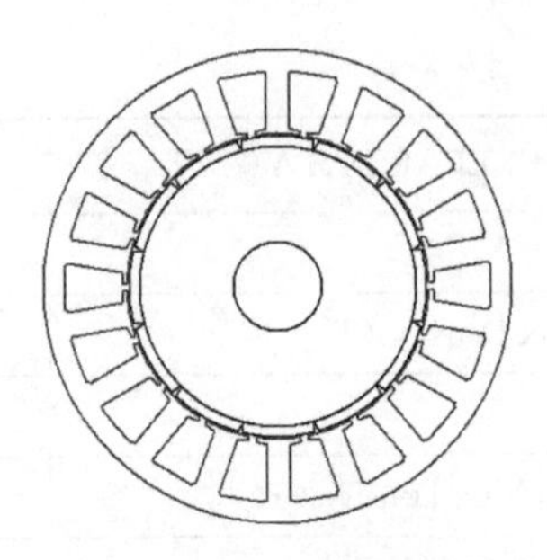

图 9-83　电机结构

2) 求取永磁同步电机的电流　求取永磁同步电机的电流有多种方法，现取一种方法求取永磁同步电机的电流。

从电机输出功率与输入功率之比是电机效率观点计算 $I_{母线}$。设电机效率为 0.94，功率因数为 1，则

$$U_{线} = \frac{60 \times 0.9}{\sqrt{2}} \times 0.8 = 30.5(\text{V})(\text{AC 有效值})$$

$$I_{母线} = \frac{P_2}{\sqrt{3} U_{线} \cos\varphi \eta_{电机}} = \frac{6\,000}{\sqrt{3} \times 30.5 \times 0.94} = 120(\text{A})$$

3) 求取槽内导体根数(设 8 股并绕)

$$N_1 = \frac{4 K_{SF} A_S a'}{I} = \frac{4 \times 0.22 \times 354 \times 8}{120} = 20.76$$

每绕组匝数 $W = \dfrac{N_1}{2} = 20.76/2 = 10.38$(取 10 匝)(因此计算 $N_1 = 20$)

$$d = \sqrt{\frac{4I}{aa' j \pi}} = \sqrt{\frac{4 \times 120}{6 \times 8 \times 5 \times \pi}} = 0.797\,88(\text{mm})(\text{取 } 0.8\ \text{mm})$$

至此符合标目标参数的 j、K_{SF} 的每槽导体根数 N_1 和绕组线径 d 就求出了。那么无刷电机的总有效导体根数为

$$N = \frac{2 Z N_1}{3a} = \frac{2 \times 18 \times 20}{3 \times 6} = 40$$

4) 求取电机的定子叠厚 L(设定子叠厚和转子叠厚相同)

$$\Phi = Z B_Z b_t L K_{FE} \times 10^{-4}$$

$$K_E = \frac{N\Phi}{60} = \frac{N Z B_Z b_t L K_{FE} \times 10^{-4}}{60} = \frac{U_d}{n}\ (U_d = 0.9U)$$

$$L = \frac{60U_d \times 10^4}{NZB_Z b_t K_{FE} n}$$
$$= \frac{60 \times 54 \times 10^4}{40 \times 18 \times 1.9 \times 0.976 \times 0.95 \times 3\,000}$$
$$= 8.5(\text{cm})$$

至此，永磁同步电机的求取值为电机的线径 $d=0.8$ mm、匝数 $W=10$ 匝和电机的定子、转子长 $L=85$ mm 都已经分步求出。这些求取值都是满足了永磁同步电机的目标值，电机输出功率 6 000 W、电机转速 3 000 r/min、槽利用率为 0.22、齿磁通密度目标值 1.9 T、轭磁通密度 1.2 T 左右，电流密度 5 A/mm^2 的要求，计算误差不大。下面是 Maxwell RMxprt 的验证：

ADJUSTABLE-SPEED PERMANENT MAGNET SYNCHRONOUS MOTOR DESIGN

GENERAL DATA

Rated Output Power (kW): 6
Rated Voltage (V): 30.5
Number of Poles: 12
Frequency (Hz): 300
Frictional Loss (W): 120
Windage Loss (W): 0
Rotor Position: Inner
Type of Circuit: Y3
Type of Source: Sine
Domain: Frequency
Operating Temperature (C): 80

STATOR DATA

Number of Stator Slots: 18
Outer Diameter of Stator (mm): 185
Inner Diameter of Stator (mm): 120

Type of Stator Slot: 3
Stator Slot
hs0 (mm): 1.2
hs1 (mm): 0.35
hs2 (mm): 21.22
bs0 (mm): 3
bs1 (mm): 11.7887
bs2 (mm): 19.272
rs (mm): 1
Top Tooth Width (mm): 9.76
Bottom Tooth Width (mm): 9.76
Skew Width (Number of Slots): 1
Length of Stator Core (mm): 85
Stacking Factor of Stator Core: 0.95
Type of Steel: DW465_50
Slot Insulation Thickness (mm): 0.2
Layer Insulation Thickness (mm): 0.2
End Length Adjustment (mm): 0
Number of Parallel Branches: 6
Number of Conductors per Slot: 20
Type of Coils: 21
Average Coil Pitch: 1
Number of Wires per Conductor: 8
Wire Diameter (mm): 0.8
Wire Wrap Thickness (mm): 0.06
Slot Area (mm^2): 354.584
Net Slot Area (mm^2): 308.459
Limited Slot Fill Factor (%): 80
Stator Slot Fill Factor (%): 38.3636

ROTOR DATA

Minimum Air Gap (mm): 1
Inner Diameter (mm): 36
Length of Rotor (mm): 85
Stacking Factor of Iron Core: 0.97
Type of Steel: DW465_50
Polar Arc Radius (mm): 59
Mechanical Pole Embrace: 0.92
Electrical Pole Embrace: 0.905951
Max. Thickness of Magnet (mm): 4
Width of Magnet (mm): 28.1469
Type of Magnet: NdFe35
Type of Rotor: 2
Magnetic Shaft: Yes
Residual Flux Density (Tesla): 1.23
Stator Winding Factor: 0.866025

NO-LOAD MAGNETIC DATA

Stator-Teeth Flux Density (Tesla): 1.90621

$$\Delta_{B_Z} = \left| \frac{1.906\,21 - 1.9}{1.9} \right| = 0.003\,27$$

Stator-Yoke Flux Density (Tesla): 1.37546

$$\Delta_{B_j} = \left| \frac{1.375\,46 - 1.2}{1.2} \right| = 0.146$$

（轭宽计算和 Maxwell 有些差别，引起轭磁通密度计算相差，但是只要轭磁通密度较小于齿磁通密度，对电机性能影响不大）

Rotor-Yoke Flux Density (Tesla): 0.329979
Air-Gap Flux Density (Tesla): 0.813084
Magnet Flux Density (Tesla): 0.854559

FULL-LOAD DATA

Maximum Line Induced Voltage (V): 39.8948
Root-Mean-Square Line Current (A): 121.095

$$\Delta_I = \left| \frac{121.95 - 120}{120} \right| = 0.009\,125$$

Root-Mean-Square Phase Current (A): 121.095
Armature Thermal Load (A^2/mm^3): 96.7281
Specific Electric Loading (A/mm): 19.2725
Armature Current Density (A/mm^2): 5.01897

$$\Delta_j = \left| \frac{5.018\,97 - 5}{5} \right| = 0.003\,79$$

Frictional and Windage Loss (W): 120
Iron-Core Loss (W): 226.084
Armature Copper Loss (W): 91.8178
Total Loss (W): 437.902
Output Power (W): 6002.97

$$\Delta_{P_2} = \left| \frac{6\,002.97 - 6\,000}{6\,000} \right| = 0.000\,495$$

Input Power (W): 6440.87
Efficiency (%): 93.2012
Power Factor: 0.971539

$$\Delta_{\cos\varphi} = \left| \frac{0.971\,539 - 1}{1} \right| = 0.028$$

永磁同步电机机械特性曲线如图 9-84 所示。

通过 Maxwell RMxprt 验证，各项指标均达到了设计目标。分步目标设计法设计永磁同步电机目标明确、简捷方便、设计准确，应该可以适合永磁同步电机工程方面的设计应用。

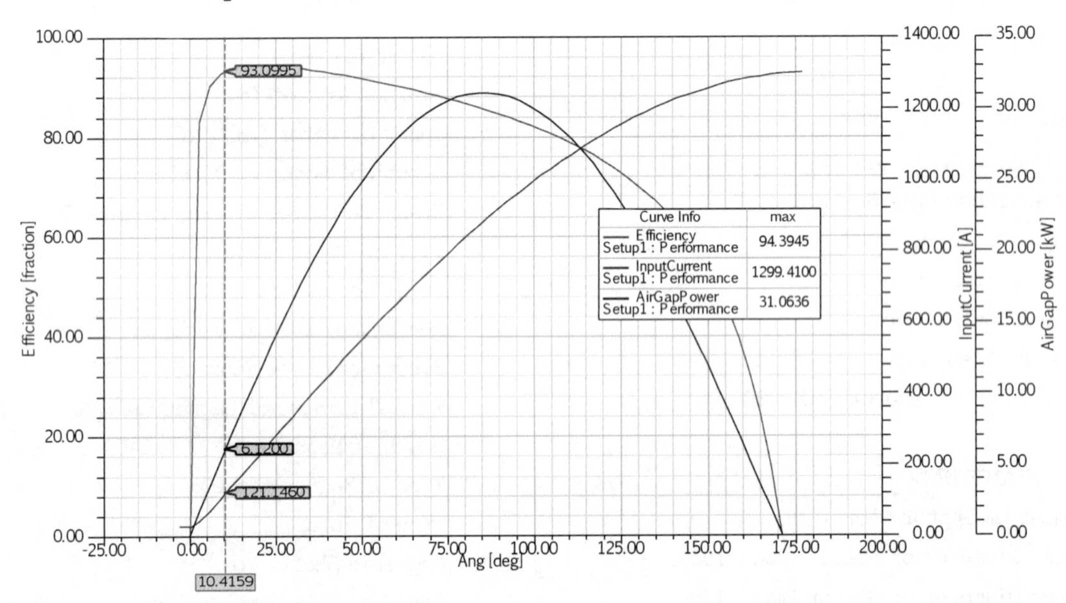

图 9-84 永磁同步电机机械特性曲线

9.6 永磁同步电机的 Maxwell 分步目标设计

Maxwell RMxprt 也可以对永磁同步电机进行分步目标设计，设计目标明确，设计过程简捷。用 Maxwell RMxprt 对永磁同步电机进行分步目标设计和无刷电机的分步目标设计有一定的区别，主要是永磁同步电机的转速只与输入电源的频率有关，因此电机的定子长度求取的参照参数是电机的功率因数，因此要用 Maxwell 中的 AC 模式来对永磁同步电机进行目标设计。下面以实例介绍 Maxwell RMxprt 无刷电机分步目标设计。

为了与实用设计法的目标设计进行对比，因此用本章 9.5 节的实例进行 Maxwell RMxprt 无刷电机分步目标设计。电机 60 V(DC)、3 000 r/min、P_2=6 000 W、定子外径 185 mm。

(1) AC 模式(SPWM)进行设计，那么将

$U_{线} = \frac{60 \times 0.9}{\sqrt{2}} \times 0.8 = 30.5(\mathrm{V})$ (AC 有效值)输入 Maxwell RMxprt 进行计算。

(2) 输入定子外径 185 mm、定子内径 120 mm、18 槽 12 极，黏结钕铁硼磁钢 $B_r = 1.23$ T、叠压系数 0.95、绕组用星形接法。

(3) Maxwell 设计计算必须有一个初始电机模型，因此采用 9.5 节实用设计法求出的电机模型数据代入，导线直径仍设置为 0.8 mm，并联支路数为 6，并联股数为 8，每槽导体根数设置为 0，让 Maxwell 自动计算，填充系数设置为 0.4，风摩损耗设置 120 W，为了介绍 Maxwell 分步目标法计算定、转子长度 L，因此不用 9.5 节计算出的 $L = 85$ mm 的数据，定、转子计算长度设置为 100 mm 以待修正，叠压系数 0.95，转子外径设置为 118.2 mm，黏结钕铁硼磁钢 $B_r = 1.23$ T。

用 Maxwell RMxprt 计算永磁同步电机，计算出的磁通密度主要参数：

Stator-Teeth Flux Density (Tesla): 1.90621

Stator-Yoke Flux Density (Tesla): 1.37546

磁通密度基本达到要求，轭磁通密度相差不大，不做调整。如果调整，方法与第 7 章 7.8 节内容相同，不再介绍。

(4) 绕组设计，此时绕组为

Number of Parallel Branches: 6

Number of Conductors per Slot: 14

Average Coil Pitch: 1

Number of Wires per Conductor: 8

Wire Diameter (mm): 0.8

Limited Slot Fill Factor (%): 40

Stator Slot Fill Factor (%): 26.8545(以此进行匝数调整)

调整绕组导线直径

$$N = 14 \times \frac{0.38}{0.268\,545} = 19.81$$

(取 20 根，完全与实用设计结果相同)

代入 Maxwell RMxprt 进行重新计算：

Stator Slot Fill Factor (%): 38.3636

(5) 用 Maxwell RMxprt 进行电机长度计算：

Power Factor: 0.86339

减少长度进行调整

$$L = 100 \times \frac{0.863\,99}{1} = 86.399(\mathrm{mm})$$

以定、转子长 86 mm 代入 Maxwell RMxprt 计算：

Power Factor: 0.984316

永磁同步电机的长度并不是与电机的功率因数成正比，适当的电机长度才能使电机功率因数最大。因此读者可以在电机长度 86 mm 附近取几个点，求出电机的最大功率因数。但是同一电机的功率因数相差不大，电机长度相差较大，因此大可不必为了使电机的功率因数最大化而使电机的长度加大很多而大大增加电机的体积。

$L = 85$ mm：功率因数为 0.971 539；$L = 90$ mm，功率因数为 0.997 952。取 $L = 86$ mm，功率因数 0.984 316 作为电机计算最终值(与实用设计法仅差 1 mm)。

至此用 Maxwell RMxprt 对永磁同步电机进行分步目标设计已经结束。

列出用 Maxwell RMxprt 电机分步目标计算结果的相关数据：

Stator Slot Fill Factor (%): 38.3636

Stator-Teeth Flux Density (Tesla): 1.90621

Stator-Yoke Flux Density (Tesla): 1.37546

Maximum Line Induced Voltage (V): 40.3642

Root-Mean-Square Line Current (A): 119.492

Armature Current Density (A/mm^2): 4.95253

Output Power (W): 6002.98

Input Power (W): 6441.91

Efficiency (%): 93.1863

Power Factor: 0.984316

Synchronous Speed (rpm): 3000

Rated Torque (N.m): 19.1081

Torque Angle (degree): 10.4669

两种分步目标设计法计算结果与目标值对比见表 9-32。

表 9-32　两种分步目标设计法计算结果与目标值对比

	槽利用率	齿磁通密度 (T)	轭磁通密度 (T)	电流密度 (A/mm²)	输出功率 (W)	功率因数	额定转速 (r/min)
目标值	0.22	1.9	1.2	5	6 000	1	3 000
实用设计	0.22	1.906 21	1.375 46	5.018 97	6 000.297	0.971 539	3 000
Maxwell	0.383 636 (槽满率)	1.906 21	1.375 46	4.952 53	6 002.98	0.984 316	3 000

至此，可以看出实用设计和 Maxwell RMxprt 两种分步目标设计法计算永磁同步电机比较方便、设计符合率好，不失为一种工程用电机设计方法。可以看出，先用实用设计法算出电机初始模型数据，然后用 Maxwell 进行核算修正，设计永磁同步电机的效果更好。

9.7 永磁同步电机实用设计小结

本章作者介绍了多种永磁同步电机的实用设计方法，为了对永磁同步电机进行实用设计，因此提出了一些电机设计实用化的观点和方法。

(1) 永磁同步电机机械特性 $T-n$ 曲线是平行于 T 轴的一条直线。

(2) 永磁同步电机可以看作一种人为没有内阻的电机。

(3) 永磁同步电机的理想空载转速 n_0' 与电机任何工作点的转速相同。

(4) 永磁同步电机最重要的常数是反电动势常数，其表示法是

$$K_E = \frac{E}{n} = \frac{U}{n_0'}$$

因为 $n = n_0'$，所以 $E = U$。

(5) 在实用设计中，设置永磁同步电机的反电动势 E(幅值)等于输入定子线电压(幅值)$\sqrt{2}U$。

(6) 永磁同步电机如下公式成立。

$$K_E = \frac{E}{n} = \frac{\sqrt{2}U}{n_0'} = \frac{N\Phi}{60}$$

所以，$K_E = \dfrac{U}{n} = \dfrac{N\Phi}{60}$ 也成立。

故反电动势常数是由输入电压 U 和输出转速 n 之比决定的。反电动势常数是由电机内部的有效通电导体数 N 和工作磁通乘积决定的。从相当无刷电机概念看，N 是永磁同步电机定子绕组总根数的 2/3。

(7) 在永磁同步电机的电流计算中，作者还是采用了 $I = \dfrac{P_2}{\sqrt{3}\eta U\cos\varphi}$ 的电机基本关系式，因为电机的功率因数等于 1，永磁同步电机的效率的设置就比较容易，大功率同类电机的功率因数大于0.95，中功率在 0.85 左右，小功率在 0.75 左右，再参照一些同类电机的效率，那么电机的效率设置是完全没有困难的。

(8) 关于电机的转矩常数和反电动势常数，在永磁同步电机中，提出 $K_T = \sqrt{3}K_E\cos\gamma$ (γ 为相反电动势与相电流相差相位角)，当 $\cos\gamma = 1$ 时，$K_T = \sqrt{3}K_E$ 的概念。因为 γ 在永磁同步电机设计前难以确定，因此这种思路没有采用。

把永磁同步电机当作测试发电机，当测试发电机的转速为 n 时，发出的感应电动势的电压幅值为 E，有效值为 $U_E = \dfrac{E}{\sqrt{2}}$，为了和无刷电机的感应电动势常数统一，则永磁同步电机的感应电动势常数为

$$K_E = \frac{E}{n}$$

转矩常数有两种理解：

从相当无刷电机的观点看，永磁同步电机的转矩常数为

$$K_T = 9.549\,3K_E,\ K_E = \frac{E}{n}$$

从逆变器出线端看，如果转矩常数以永磁同步电机输出转矩与输入电机的线电流之比来衡量，那么永磁同步电机的转矩常数为

$$K_T = 9.549\,3\sqrt{3}\eta_{电机}\cos\varphi U_{线电压}/n$$

这和 Maxwell 计算值相近。

$$I_{母线} = \frac{Tn}{9.549\,3\times\sqrt{3}U_{线电压}\cos\varphi\eta_{电机}}$$

$U_{线电压}$ 为逆变器输入永磁同步电机的线有效电压值。

(9) 关于输入电压与感应电动势。本章的电机实用设计中，在选定电机匝数时以电机感应电动势与输入电压相等为原则。但是在实际的永磁同步电机设计中，往往使电机的感应电动势接近或小于电机的输入电压。例如，在油田抽油机中，为了追求电机的功率因数最大化，往往要求设计的永磁同步电机的感应电动势接近输入电压。而在伺服控制电机和车用电机，往往追求其调速性能，因此电机的感应电动势要小于输入电压。因此，设计者要根据电机的实际用途而决定感应电动势与输入电压之比。

(10) 在永磁同步电机的实用设计中，由于设置

了 $U_{线电压} = E/\sqrt{2}$，$\cos\varphi = 1$，则

$$K_T = 9.5493\sqrt{3}\eta_{电机}\frac{U_{线电压}}{n}$$

因此设计中的永磁同步电机的电流为

$$I = \frac{Tn}{9.5493\sqrt{3}\eta_{电机}U_{线电压}}$$

（11）关于永磁同步电机的电流计算。I_d有两种求法。从相当无刷电机的观点计算，有

$$K_E = \frac{U_d}{n},\ K_T = 9.5493K_E,\ I = \frac{T}{K_T},\ I = I_d - I_0$$

$$I_0 = (1-\sqrt{\eta_{电机}})I,\ I_d = (I+I_0)/\eta_{逆变器}$$

从电机输出功率与输入逆变器的功率之比是永磁同步电机系统效率的观点计算 I_d，有

$$I_d = \frac{Tn}{9.5493U_d\eta_{系统}},\ \eta_{系统} = \eta_{电机}\eta_{逆变器}$$

$I_{母线}$的求取也有两种方法。从输入电机功率与输入逆变器的功率之比是逆变器效率的观点计算 $I_{母线}$，有

$$I_{母线} = \frac{U_d I_d \eta_{逆变器}}{\sqrt{3}U_{线电压}\cos\varphi}$$

从电机输出功率与电机输入功率之比是电机效率观点计算 $I_{母线}$，有

$$I_{母线} = \frac{Tn}{9.5493\sqrt{3}U_{线电压}\cos\varphi\eta_{电机}}$$

这两种算法结果是一致的。

（12）永磁同步电机的同步转速是由控制器的输入电源的频率决定的。

$$n = 60f/P$$

（13）由于永磁同步电机的硬特征 $N\Phi$、P、f 决定了电机的反电动势常数，因此当控制器的电源频率 f 确定后，电机的反电动势 E 也就确定，因此不管电源电压高低，K_E是恒值。

（14）永磁同步电机的输出功率确定后，电流 I 相应确定，如果冲片确定后，选定电机的槽利用率 K_{SF}和电机电流密度 j，在选定的电机冲片中利用 $j = \dfrac{I}{\pi d^2/4}$ 求出 d 代入 $K_{SF} = \dfrac{2W(\pi d^2/4)}{A_S}$ 求出 W，从而求出 N，代入$\dfrac{U}{n} = \dfrac{N\Phi}{60}$ 求出 Φ，最终求出 L，这是一种永磁同步电机实用设计的思路。

（15）作者提出了永磁同步电机相当无刷电机、槽利用率、槽面积计算公式的理念，这样把复杂的永磁同步电机内外参数进行了简化，把电机的主要技术参数、机械特性、电机要求的结构尺寸、电机磁通密度要求、电机的绕线工艺限制和电机发热限制等作为设计的多目标值，与永磁同步电机的冲片形状、大小尺寸、转子结构、绕组形式、并联绕组数、导线线径、导线并联根数、磁钢材料、磁钢形式等组成电机的实际数据的内在关系用数个简单的公式联系了起来。把这些多目标要求值作为电机设计的依据并参与了电机的设计，从而求出的电机主要尺寸数据必须符合电机多目标值的要求。

（16）永磁同步电机设计可以用相当无刷电机法、感应电动势法、电机推算法、实用变换法、多目标实用设计等方法求取永磁同步电机的主要尺寸参数，有方便、直观、设计符合率好等优点。避开了电机设计中许多重要计算参数，如铁耗与效率、阻抗和电感、直轴与交轴、扭矩波动和高次谐波、短距系数和绕组系数等对电机的设计计算的影响，简化了永磁同步电机的设计计算方法和过程。因此不可避免有一定的计算误差，再结合一些实用的调整方法达到工程设计计算的目的。

（17）本章介绍了根据永磁同步电机负载设计冲片的各种方法，这样在设计永磁同步电机时，根据不同情况，可以用不同的设计方法很好地设计、计算永磁同步电机。

（18）实用推算法是一种非常好的电机算法，简单、灵活、巧妙、方法多、计算非常精准，建议多多采用。

（19）感应电动势法能够很方便、简单、准确地求出永磁同步电机的工作磁通，并能校正电机计算误差。

（20）永磁同步电机多目标实用设计法是一种很好的永磁同步电机的综合设计法，方法简单，可选的电机方案多，扩大了电机设计人员的设计思路。

（21）先求取电机匝数，后求取电机长度的永磁同步电机分步目标设计非常方便、简捷，设计符合率好，方法与无刷电机方法相同。永磁同步电机的转速是恒定的，求取电机长度可以根据电机的功率因数而定。

（22）用实用设计法计算出永磁同步电机的结构尺寸和主要参数的电机计算模型，再用功能强大的 Maxwell 电机设计程序进行有限元仿真、分析、校正，效果更好。

参考文献

[1] 许实章. 电机学[M]. 北京：机械工业出版社，1980.

[2] 叶尔穆林. 小功率电机[M]. 北京：机械工业出版社，1965.

[3] 王宗培. 永磁直流微电机[M]. 南京：东南大学出版社，1992.

[4] 李铁才，等. 电机控制技术[M]. 哈尔滨：哈尔滨工业大学出版社，2000.

[5] 邱国平，邱明. 永磁直流电机实用设计及应用技术[M]. 北京：机械工业出版社，2009.

[6] 叶金虎. 现代无刷直流永磁电动机的原理和设计[M]. 北京：科学出版社，2007.

[7] 谭建成. 永磁无刷直流电机技术[M]. 北京：机械工业出版社，2011.

[8] 胡岩，武建文，李德成，等. 小型电动机现代实用设计技术[M]. 北京：机械工业出版社，2008.

[9] R. Krishnan (美). 永磁无刷电机及其驱动技术[M]. 柴凤，等，译. 北京：机械工业出版社，2013.

[10] 张燕宾. SPWM 变频调速应用技术[M]. 北京：机械工业出版社，2009.

[11] 彭莫，刁增祥. 汽车动力系统计算匹配及评价[M]. 北京：北京理工大学出版社，2009.

[12] 电子工业部第二十一研究所. 微特电机设计手册[M]. 上海：上海科学技术出版社，1997.